Wolfgang Weißbach

Werkstoffkunde

Wolfgang Weißbach

Werkstoffkunde

Strukturen, Eigenschaften, Prüfung

18., überarbeitete Auflage

Mit 315 Abbildungen und 248 Tabellen

Unter Mitarbeit von Michael Dahms

STUDIUM

VIEWEG+
TEUBNER

Bibliografische Information der Deutschen Nationalbibliothek
Die Deutsche Nationalbibliothek verzeichnet diese Publikation in der Deutschen Nationalbibliografie; detaillierte bibliografische Daten sind im Internet über <http://dnb.d-nb.de> abrufbar.

Das Buch erschien bis zur 15. Auflage unter dem Titel *Werkstoffkunde und Werkstoffprüfung* im gleichen Verlag.

1. Auflage 1967
2., berichtigte Auflage 1970
3., unveränderte Auflage 1972
4., vollständig bearbeitete und erweiterte Auflage 1974
5., durchgesehene Auflage 1975
6., durchgesehene Auflage 1976
7., verbesserte Auflage 1979
8., verbesserte und erweiterte Auflage 1981
9., verbesserte Auflage 1988
10., verbesserte und erweiterte Auflage 1992
11., verbesserte Auflage 1994
12., vollständig überarbeitete und erweiterte Auflage 1998
13., neu bearbeitete Auflage 2000
14., verbesserte Auflage 2002
15., überarbeitete und erweiterte Auflage 2004
16., überarbeitete Auflage 2007
17., überarbeitete und aktualisierte Auflage 2010
18., überarbeitete Auflage 2012

Lektorat: Thomas Zipsner | Imke Zander

Vieweg+Teubner Verlag ist eine Marke von Springer Fachmedien.
Springer Fachmedien ist Teil der Fachverlagsgruppe Springer Science+Business Media.
www.viewegteubner.de

Umschlaggestaltung: KünkelLopka Medienentwicklung, Heidelberg
Technische Redaktion: Stefan Kreickenbaum, Wiesbaden
Bilder: Graphik&Satz Studio Dr. Wolfgang Zettlmeier, Barbing
Druck und buchbinderische Verarbeitung: AZ Druck und Datentechnik
Gedruckt auf säurefreiem und chlorfrei gebleichtem Papier
Printed in Germany

ISBN 978-3-8348-1587-3

Vorwort

Am Lebenslauf eines technischen Erzeugnisses von der Entwicklung über seine Fertigung mit Qualitätssicherung, der späteren Nutzung mit Wartung und evtl. Regeneration bis hin zum Recycling, wird die zentrale Stellung des Werkstoffes deutlich. In all diesen Phasen müssen Beteiligte ihre Maßnahmen auf die Eigenart der verwendeten Werkstoffe abstimmen.

Ein einführendes Lehrbuch über Werkstoffe sollte eine Übersicht schaffen, über:

- den theoretischen Hintergrund, denn das Verhalten der Werkstoffe lässt sich beeinflussen und verändern, z.B. durch die Anwendung von Temperaturen.
- die Eigenschaften, denn in der Konstruktion sind für die Auswahl von Werkstoffen und für die Dimensionierung Kennwerte zur Berechnung notwendig, z.B. Steifigkeit, etc.
- Werkstoffarten, weil es unterschiedlichste Anforderungen an ein zu entwickelndes Bauteil bzw. System gibt, z.B. Dichte/Gewicht, Festigkeit, etc.

Das vorliegende Lehrbuch vertritt diese Richtung, die im ersten Abschnitt als Einführung und Motivation dargelegt wird. Es wird das Prinzip „Eigenschaften sind eine Funktion der Struktur" erläutert und Überlegungen zur optimalen Werkstoffwahl vorgestellt. Bereits hier werden die beiden wichtigen Werkstoffgruppen der Metalle und der Kunststoffe mit ihrem sehr unterschiedlichen Aufbau gegenübergestellt.

Das Buch ist mit seiner Stoffauswahl und sprachlichen Gestaltung für Studienanfänger der Fach- und Fachhochschulen angelegt und für alle Fachrichtungen, bei denen Werkstoffeigenschaften und Werkstoffverhalten bei technologischen Prozessen eine wichtige Rolle spielen.

In der 18. Auflage wurden – teilweise auf Anregungen aus dem Leserkreis – Umstellungen vorgenommen, Fehler berichtigt und Normen aktualisiert. Wesentliche Änderungen sind:

- Im Kapitel 1 wurde die Rolle der Kunststoffe betont und wesentliche Unterschiede zu den Metallen herausgehoben. Bei den Eigenschaften wird für alle Werkstoffe allgemein auf das mechanische Verhalten unter Zugbelastung eingegangen.
- Im Kapitel 4 wurde der Abschnitt „Stähle zum Kaltumformen" überarbeitet und aktualisiert.
- Im Kapitel 11 wurden die Werkstoffe für Lötungen gestrichen.

Herrn Prof. Dr.-Ing. Christoph Jaroschek gilt ein besonderer Dank für die Mitarbeit am Kapitel 1.

Die Autoren danken Frau Imke Zander und Herrn Thomas Zipsner vom Lektorat Maschinenbau sowie Herrn Stefan Kreickenbaum von der technischen Redaktion für die fruchtbare Zusammenarbeit.

Autoren und Verlag danken Firmen und Instituten für Unterlagen und den Benutzern für konstruktive Anmerkungen und Vorschläge. Wir sind auch weiterhin bestrebt, diese zu realisieren.

Braunschweig, Flensburg, im Oktober 2011

Wolfgang Weißbach
Michael Dahms

Inhaltsverzeichnis

Hinweise für den Benutzer des Lehrbuches

Die meisten Seiten des Buches sind zweispaltig gesetzt. Beide Spalten stehen absatzweise miteinander in Beziehung:

Linke Spalte:	Hier steht der erläuternde **Text,** daneben die **Bildbeschreibungen** und auch **Merksätze**.

Rechte Spalte:	Standort für die meisten **Bilder**, für **Beispiele** zur Veranschaulichung, **Hinweise** auf andere Buchstellen. **Begriffe** werden erläutert und **Analogien** zum Verständnis und als Merkhilfen angeboten.

Größere Zahlentabellen oder Zusammenfassungen am Ende eines Abschnitts gehen teilweise über die ganze Satzspiegelbreite. Die Symbole für die am meisten gebrauchten Werkstoffkennwerte sind in der folgenden Tabelle zusammengestellt. Ihre Definition und Ermittlung ist im Abschnitt 14 Werkstoffprüfung zu finden.

Tabelle: Symbole für Werkstoffkennwerte

Symbol	Kennwert	Einheit	Symbol	Kennwert	Einheit
R_m	Zugfestigkeit		A	Bruchdehnung	%
R_e	Streckgrenze		Z	Brucheinschnürung	%
$R_{p0,2}$	0,2 %-Dehngrenze	MPa	**HBW**	Brinellhärte	
R_{p1}	1 %-Dehngrenze	=	**HV**	Vickershärte	---
G	Gleitmodul	N/mm²	**HRC**	Rockwellhärte C	---
E	Elastizitätsmodul		KV	Kerbschlagarbeit	J
$\sigma_{b,W}$	Biegewechselfestigkeit		T_m	Schmelztemperatur	K, °C
k_f	Fließspannung		T_R	Rekristallisationstemperatur	K, °C

In der Literatur werden häufig Abkürzungen für lange Begriffe gebraucht und teilweise auch in diesem Buch verwendet. Dann sind sie beim ersten Gebrauch jeweils in der rechten Spalte unter „Begriff" erläutert, später nicht mehr. Eine Zusammenfassung gibt die folgende Tabelle.

Tabelle: Abkürzungen

Abk.	Bedeutung	Abk.	Bedeutung
AAS	Atomabsorptions-Spektroskopie	**CVD**	Chemical Vapour Deposition, chem. Beschichtung aus der Dampfphase
AES	Augerelektronen-Spektroskopie		
AMK	Austausch-Mischkristall	**DESU-**	Druck-Elektro-Schlacke-Umschmelz-Verfahren
AF-	Coating: Anti-Friktions-Beschichtung		
ARRM	Akustische Reflexionsraster-Mikroskopie	**Eht**	Einhärtetiefe
At	Aufkohlungstiefe	**EKD**	Eisen-Kohlenstoff-Diagramm
BMC	Bulk Moulding Compound, faserverstärkte, duroplastische Pressmasse	**EMK**	Einlagerungs-Mischkristall
		EN	Elektronegativität
CBN	Kubisches Bornitrid, (auch PKB)	**ESU**	Elektroschlacke-Umschmelzen
CFK	Kohlenstofffaserverstärkter Kunststoff	**EZ**	Elementarzelle
CIP	Kaltisostatisches Pressen	**FEM**	Finite-Elemente-Methode
CMC	Ceramic Matrix Composites	**FPM**	Fachverband Pulvermetallurgie
		GFK	Glasfaserverstärkter Kunststoff

Abk.	Bedeutung	Abk.	Bedeutung
GMT	Glasmattenverstärktes, flächiges Thermoplast-Halbzeug	**MPI**	Max-Planck-Institut
hdP	hexagonal dichteste Packung	**Nht**	Nitrierhärtetiefe
HIP	Heißisostatisches Pressen	**near net shape**	endkonturnah
HSC	High Speed Cutting, Hochgeschwindigkeitsspanen	**ODS**	Oxid-Dispersion-Strengthened, oxidteilchenverstärkt
KZ	Koordinationszahl	**PM**	Pulvermetallurgie
LC-	Liquid-Crystal Polymer, Flüssigkristall-Kunststoff	**PVD-**	Physical Vapour Deposition, phys. Beschichtung a.d. Gasphase
IBAD	Ion-Beam-Aided Deposition, Ionenunterstütze Beschichtung	**PKD**	Polykristalliner Diamant
LE	Legierungselement	**REM**	Raster-Elektronenmikroskop
IM	Ingotmetallisch, schmelzmetallurgisch	**Rht**	Randhärtetiefe
IP	Intermetallische Phase	**RSP**	Rapid Solidification Processing, schnelle Erstarrung von Tröpfchen
MD	Multidirektional, in vielen Richtungen liegende Fasern	**RT**	Raumtemperatur
MIM	Metal Injection Moulding, Metall-Spritzgießen	**SMC**	Sheet Moulding Compound, flächiges faserverstärktes Duroplast-Halbzeug
MMC	Metal Matrix Composites, Metall-Verbundwerkstoff	**TEM**	Transmissions-Elektronenmikroskopie
MK	Mischkristall	**TM**	Thermomechanisches Umformen
		UD	Unidirektional, in einer Richtung verlegte Fasern
		WEZ	Wärmeeinflusszone beim Schweißen

Das Internet bietet viele Informationen zu Werkstoffen und Verfahren. Für den Zugriff sind in den Literaturhinweisen und z. T. im Text Direktadressen von Verbänden und Firmen angegeben. Darüber hinaus können werkstofftechnische Begriffe über Suchmaschinen abgefragt werden.

Tabelle: Haltepunktbezeichnungen und Linien im Eisen-Kohlenstoff-Diagramm

Linienzug	Haltepunkte und Vorgänge beim **Wärmen**, Index c[1]		Haltepunkte und Vorgänge beim **Abkühlen**, Index r[2]	
GSK	**Ac_3**	Austenitbildung ist beendet (α-γ-Umwandlung)	**Ar_3**	Beginn der Ferritausscheidung (γ-α-Umwandlung)
PSK	**Ac_1**	Auflösung des Perlits, Umwandlung zu Austenit	**Ar_1**	Austenitzerfall = Perlitbildung
ES	**Ac_{cm}**	Einformung des Sekundärzementits ist beendet	**Ar_{cm}**	Beginn der Ausscheidung von Sekundärzementit

[1] Index c: chauffage (franz.) Heizung [2] Index r: refroidissement (franz.) Abkühlung

Tabelle: Kurzzeichen für Werkstoffe (im Anhang A, Seite 405 ff.)

Werkstoffe	Seite	Werkstoffe	Seite	Werkstoffe	Seite
Stähle, Kurznamen	405	NE-Metalle allgemein	412	Polymere	414
Stähle, Werkstoffnummern	409	Aluminium u. -legierungen	412	Sintermetalle	300
Eisen-Gusswerkstoffe	411	Kupfer u. -legierungen	413	Siliciumkeramik	232 f.

1 Grundlegende Begriffe und Zusammenhänge

1.1 Gegenstand und Bedeutung der Werkstoffkunde

Der Abschnitt will dem Einsteiger in das Gebiet die Bedeutung und Verflechtung mit anderen Fachgebieten aufzeigen, auf Entwicklungsrichtungen hinweisen und die grundsätzliche Herangehensweise an den vielfältigen Stoff vorführen.

1.1.1 Das Fachgebiet Werkstoffe

Werkstoffe sind jener Teil der Materie, die der Mensch zur Herstellung von Gütern aller Art benutzt, um seine Bedürfnisse zu befriedigen. Dazu gehören auch die Maschinen zu ihrer Herstellung.

Das Buch beschränkt sich auf Werkstoffe, die in der Maschinentechnik, im Fahrzeugbau und in der Feingerätetechnik verwendet werden (→).

Werkstoffkunde ist der Name für ein Lehrfach, das die Erkenntnisse der Werkstoffwissenschaft benutzt, um Stoffeigenschaften und Vorgänge in Stoffen bei der Verarbeitung zu erklären. Mit Hilfe von Modellvorstellungen versucht sie, das Unsichtbare zu veranschaulichen.

Werkstofftechnik ist der moderne Name für dieses Fachgebiet. Sie versteht ihre Aufgabe im Umsetzen der wissenschaftlichen Erkenntnisse in technische Anwendungen, z. B. bei der Erzeugung von Produkten, die sich auf den Märkten behaupten können. Ihre Ziele sind:

- Eigenschaften vorhandener Werkstoffe verbessern,
- neue Werkstoffe entwickeln,
- zugehörige Fertigungsverfahren optimieren.

Ein Lehrbuch für Einsteiger in dieses Fach muss werkstoffkundliche Erklärungen mit anwendungsbezogenen Darstellungen und Beispielen zur Werkstoffanwendung verknüpfen. Sie sind meist in den rechten Spalten zu finden.

Zu den Werkstoffen zählen alle Stoffe für Bauteile in Maschinen, Geräten und Anlagen, ebenso das Material für die Werkzeuge zu ihrer Fertigung (→).

Beispiele: Andere Bereiche sind z. B.: Luftfahrtwerkstoffe, Werkstoffe der E-Technik und Elektronik, Baustoffe für Hoch- und Tiefbau, Werkstoffe für Textilien und Bekleidung, Dentalwerkstoffe.

Werkstoffwissenschaft ist ein Fachgebiet der Ingenieurwissenschaften. Es besteht fächerübergreifend aus Inhalten von Chemie, Physik, Kristallographie, Maschinenbau und Biowissenschaften. Es wird in der BRD an ca. 20 Universitäten und Hochschulen gelehrt, wo auch Grundlagenforschung betrieben wird.

Forschungsinstitute sind weiterhin: Max-Planck-Gesellschaft; Fraunhofer Gesellschaft; BAM, Bundesanstalt für Materialprüfung Berlin; Kernforschungsanlagen Jülich und Karlsruhe; Deutsche Versuchsanstalt für Luft- und Raumfahrtforschung DVLRF Köln und Braunschweig.

Technisch-Wissenschaftliche Vereine:

DGM: Dt. Gesellschaft für Materialkunde,
DGO: Dt. Gesellschaft für Oberflächentechnik,
DVM: Dt. Verband für Materialprüfung,
VDI-W: VDI-Gesellschaft Werkstofftechnik,
VDEh: Verein Deutscher Eisenhüttenleute.

Werkstofftechnik ist dabei auf die Methoden der *Werkstoffprüfung* angewiesen, mit denen sich Strukturen erkennen und Eigenschaften ermitteln lassen. Das ist auch für die *Qualitätssicherung* wichtig.

Die wichtigsten Prüfverfahren. sind im Kapitel 15 erläutert, z. B. Härteprüfungen, Zugversuch und Kerbschlagbiegeversuch.

Hilfsstoffe zur Herstellung oder störungsfreien Funktion (Prozessgase, Salzbäder, Schmierstoffe sind dabei nur erwähnt.

Tabelle 1.1 zeigt den umständlichen Weg vom natürlich vorkommenden Rohstoff zum Werkstoff.

Tabelle 1.1: Vom Rohstoff zum Werkstoff, Übersicht

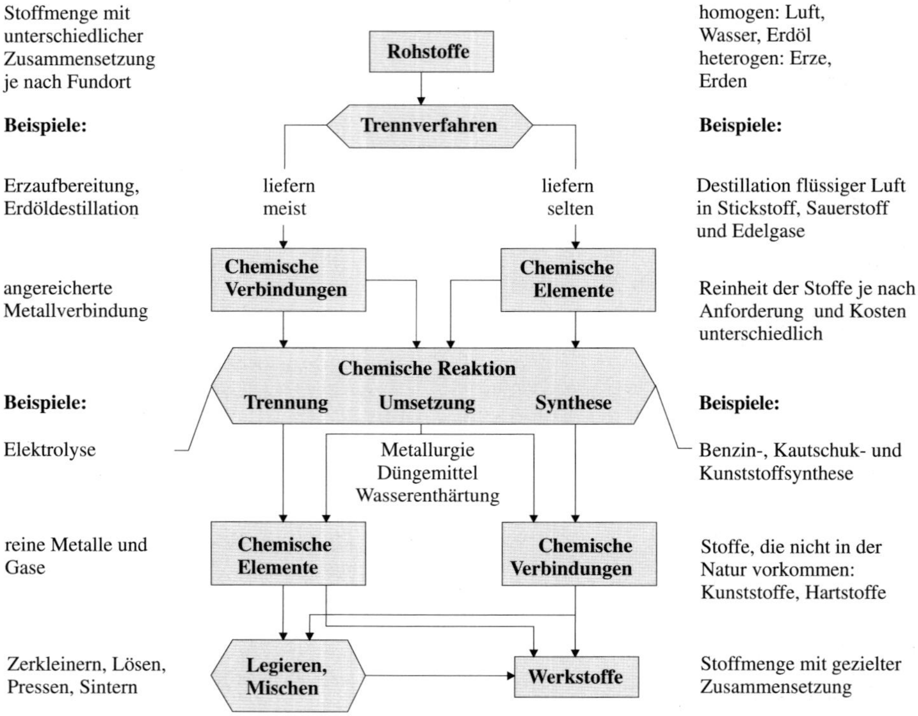

Jede Wissenschaft muss als Erstes ihre Gegenstände ordnen, hier also die Vielzahl der Werkstoffe in Gruppen einteilen. Das kann nach verschiedenen Gesichtspunkten erfolgen, z. B. eine Grobgliederung nach Art der kleinsten Teilchen und ihrer Bindungsart:

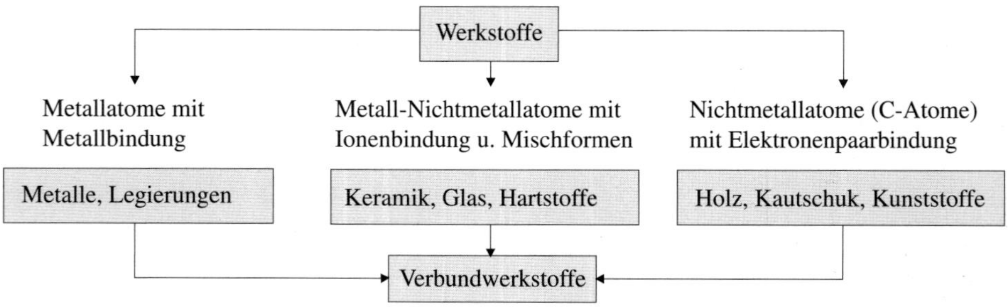

Eine häufig benutzte Zweiteilung ist die nach der Verwendungsart:

Strukturwerkstoffe geben dem Bauteil die geometrische Form und Steifigkeit gegenüber den angreifenden Kräften, z. B.: Stahl, Al- und Titanlegierungen für große Bauteile, Strukturkeramik für z. B. Abgasturbinenläufer, Kunststoffe für kleinere Teile.

Funktionswerkstoffe übernehmen, meist örtlich begrenzt, spezielle Aufgaben aufgrund ihrer besonderen chemisch-physikalischen Eigenschaften, z. B.: Metalle zum Oberflächenschutz, Lagerwerkstoffe, Funktionskeramik für elektronische Bauelemente u. a.

1.1.2 Stellung und Bedeutung der Werkstoffkunde in der Technik

In der Produktionstechnik sind Ingenieure und Techniker an irgendeiner Stelle des folgenden Aufgabenkomplexes tätig:

Bauteile müssen so **entworfen**, wirtschaftlich **hergestellt** und in **Funktion erhalten** werden, dass sie eine hohe, dabei sinnvolle **Lebensdauer** erreichen. Der Werkstoff ist entsprechend auszuwählen. Dabei muss der Fertigungsweg vorgedacht werden, einschließlich der Verfahren, die seine Eigenschaften den Anforderungen anpassen und der Sicherung der Qualität dienen (→).

Als Lebensdauer ist die Zeit anzusehen, in der das Bauteil seine Aufgabe (Funktion) voll erfüllt (d. h. funktioniert).

Beispiele Lebensdauerbegriff:

- Standmenge, Standzeit von Werkzeugen,
- Laufleistung von Reifen, Motoren
- Lastspiele von Federn.

Qualitätssicherung heißt: Bei allen Fertigungsstufen vorbeugende Maßnahmen zu treffen, um Ausschussteile zu vermeiden. Ziel ist die Null-Fehler-Produktion.

Die Verflechtung der *Werkstofftechnik* mit *Konstruktion* und *Fertigung* sowie ihr Einfluss auf die Kosten eines Bauteils sind dem Studienanfänger meist nicht klar. Nachfolgender Lebenslauf eines Bauteils soll die gegenseitigen Abhängigkeiten aufzeigen und auf die Schwierigkeit des Problems „optimale" Werkstoffwahl weisen.

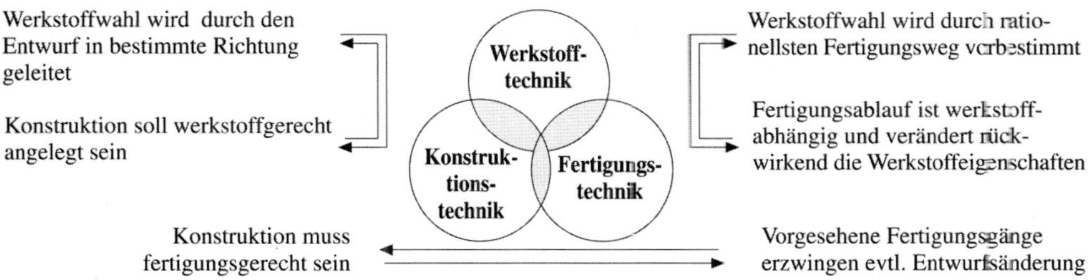

Schema: Wechselwirkungen zwischen Werkstoff, Konstruktion und Fertigungsablauf

Im Lebenslauf der Bauteile ist in allen Phasen der Einfluss des Werkstoffes auf die zu fällenden Entscheidungen erkennbar:

Konstruktion: d. h. Entwurf von Gestalt und Abmessungen des Bauteiles nach Methoden der Konstruktions- und Festigkeitslehre mit Beachtung des späteren Fertigungsverlaufes. Dieser bestimmt meist die Werkstoffart mit Rückwirkung auf die Gestalt.

Fertigung: d. h. Festlegung der Arbeitsgänge, ihre Durchführung und die Kontrollen zur Qualitätssicherung. Die Arbeitsgänge müssen die

Beispiele: Wechselwirkungen

Bauteil stark verrippt: typische Gusskonstruktion

→ Gusswerkstoff

Bauteil dünnwandig mit etwa konstanter Wanddicke: günstig für Blechkonstruktion

→ Blech oder Kunststoff, je nach Bauteilgröße

Querschnitt- und Querschnittsübergänge richten sich nach den Werkstofffestigkeiten

Beispiel: Für größte Stückzahlen sind Verfahren mit aufwändigen Werkzeugen geeignet, die endformnahe oder *endformgetreue* Teile in kurzer Zeit liefern.

Eigenschaften des Werkstoffes berücksichtigen. Keiner ist für alle Fertigungsverfahren geeignet. Für hohe Stückzahlen sind nur wenige Fertigungsverfahren einsetzbar, sie beeinflussen rückwirkend die Werkstoffwahl.

Qualitätssicherung: Das große Ziel einer Null-Fehler-Produktion erfordert vorbeugende Maßnahmen, um unzulässige Änderungen von Bauteil und Werkstoffeigenschaften oder auch Prozessunterbrechungen zu vermeiden. Die FMEA (→) muss dazu alle Verfahrensbedingungen (Prozessparameter) überprüfen.

Betriebsunterhaltung: Das Bauteil übernimmt seine Funktion in einer Maschine im Zusammenspiel mit anderen unter Betriebsbedingungen (Wärme, Staub, feuchte Luft) und muss zur Funktionserhaltung gewartet werden.

Schadensfall: Die Lebensdauer des Bauteiles wird durch Verschleiß oder Korrosion vermindert, evtl. beendet. Überlastung führt zum Gewaltbruch, Ermüdung zum Dauerbruch.

Regeneration (Aufarbeitung) von verschleißgeschädigten Bauteilen kann günstiger sein als Ersatz durch neu gefertigte (auch unter ökologischen Gesichtspunkten!). Das gilt besonders für größere Bauteile, die nicht Serienteile sind.

Beispiele: Stahlguss lässt sich nicht dünnwandig und in verwickelten Formen vergießen. Tempergusssorten sind nicht für große Wanddicken und für Teile über ca. 100 kg Masse geeignet.

Begriff: FMEA (Failure Mode and Effects Analysis) ist die Ausfallmöglichkeits- und Einfluss-Analyse. Sie dient zum Aufdecken von Schwachstellen in allen Phasen der Produktion (System-, Konstruktions- und Prozess-FMEA).

Beispiele: Zur Wartung werden Schmiermittel und Korrosionsschutzmaßnahmen eingesetzt, die auf den Werkstoff abgestimmt sein müssen.

Schadensanalyse versucht die Ursachen zu ermitteln, um zu klären, ob:

- Überbeanspruchung oder
- Werkstoffversagen vorliegt.

Durch Änderungen der Konstruktion, des Werkstoffes oder mittels einer anderen Oberflächenbehandlung können künftige Schäden am Bauteil vermieden werden.

Beispiele: Geschädigte Bauteile können nach zahlreichen Verfahren beschichtet werden. Sie sind z. T. werkstoffabhängig. Auftragsschweißen von Radspurkränzen, Hartverchromen von Wellenzapfen, thermisches Spritzen.

Recycling: Schrott und Fertigungsabfälle müssen in miteinander verträgliche Fraktionen sortiert werden, wenn daraus wieder brauchbare Werkstoffe entstehen sollen. Das Schema zeigt die Verwertungskreisläufe für Kunststoffabfälle.

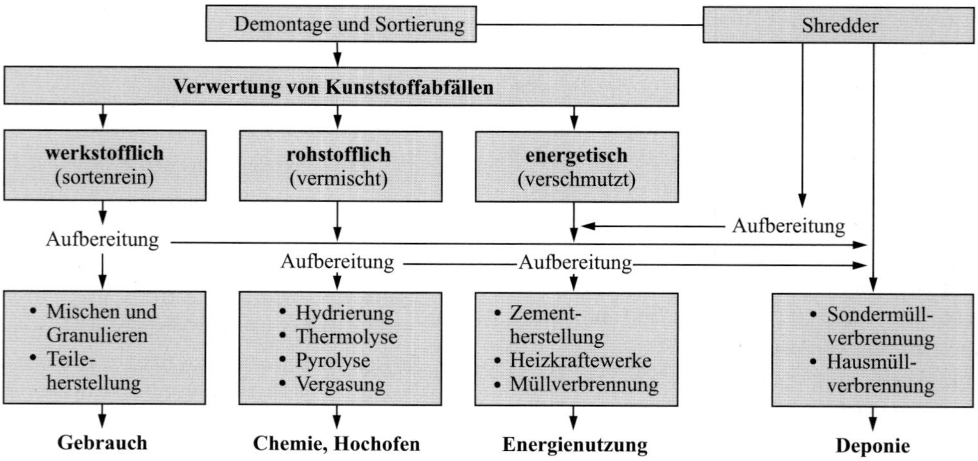

Abnehmende Rohstoffvorräte und dadurch zunehmende Rohstoffpreise fördern die Wiederverwertung ausrangierter technischer Produkte. Das ist auch zum Schutz der Umwelt erforderlich. Nach EU-Richtlinien ist für die Zulassung neuer Kfz-Typen ein Nachweis der Eignung zum wirtschaftlichen Recycling erforderlich (→).

Zur Zeit sind es 85 %, ab 2015 sogar 95 %. Wegen der Rücknahmeverpflichtung von Altautos legen die Hersteller dazu umfangreiche Dateien mit Werkstoffbezeichnungen und Zerlegeplänen für die einzelnen Baugruppen an.

Zunehmend wichtiger wird der Einsatz solcher Fertigungsverfahren, die mit geringem Werkstoffverbrauch auskommen und keinen Sondermüll erzeugen (Bild 1.1).

Beispiel: Kühlschmierstoffe für die Zerspanung müssen als *Sondermüll* entsorgt werden. Neue keramische Schneidstoffe arbeiten im Trockenschnitt oder mit Minimalmengenschmierung.

1.2 Entwicklungsrichtungen der Werkstofftechnik

Die Endlichkeit der Rohstoffvorräte auf der Erde lässt Kosten für Werkstoffe und Energie steigen. Das gestiegene Umweltbewusstsein fordert zusätzlich einen sparsameren Umgang mit der Energie und den Rohstoffen (sustainable development (→).

Begriff Sustainable Development (nachhaltige Entwicklung) ist eine globale Zielsetzung seit der UN-Konferenz 1992 in Rio.

Die gegenwärtige Gesellschaft darf zur Befriedigung ihrer Bedürfnisse nicht alle Energie- und Rohstoffquellen (Ressourcen) so ausschöpfen, dass künftigen Generationen nichts mehr übrig bleibt.

Technische Produkte sind dem Druck eines internationalen Wettbewerbs ausgesetzt. Dadurch stehen die Hersteller ständig unter dem Zwang,

- Herstellkosten zu senken oder
- bessere Produkte zu gleichem Preis zu liefern.

Konstruktionen sind heute oft ausgereift, sodass eine Verbesserung nur noch über die Werkstoffe möglich ist. Neben bekannten Werkstoffen, die weiterentwickelt wurden, sind es neue Materialien, deren Entwicklung ständig weitergeht. Sie sind oft nur mit *neuen Fertigungsverfahren* konkurrenzfähig.

Alle Industrieländer fördern deshalb Projekte der Forschungsanstalten, Hochschulen und Firmen mit langjährigen Förderprogrammen. Hier ist es das Bundesministerium für Bildung und Forschung (BMFB) mit dem Programm „WING" mit einer Laufzeit von 2004 bis 2009. Dabei arbeiten jeweils einige Institute zur schnelleren Realisierung „im Verbund" zusammen.

WING (**W**erkstoffinnovationen für **In**dustrie und **G**esellschaft). Schwerpunkte sind:

- Nanotechnologische Werkstoffkonzepte
- Schichten und Grenzflächen
- Leichte Werkstoffe und Strukturen
- Intelligente Werkstoffe
- Elektromagnetische Funktionswerkstoffe

(pdf-Datei bei www.bmbf.de)

Zur Motivation sind einige Wettbewerbe eingerichtet (→).

Stahl-Innovationspreis:
Stahl-Informations-Zentrum, PF 10 48 42
40039 Düsseldorf (www.stahl-online.de)

Innovative Werkstoffanwendung heißt, die Ergebnisse der Werkstoffforschung nicht nur in den „High-Tech-Produktionen" (Luft- und Raumfahrt), sondern auch in den anderen Zweigen auf konventionelle Bauteile anzuwenden.

Innovationen in Guss
Zentrale für Gussverwendung (ZGV) im Deutschen Gießereiverband DGV. PF 10 19 61,
40010 Düsseldorf (www.dgv.de)

Das Umsetzen der Forschungsergebnisse zur Herstellung neuer technischer Produkte ist **die** große Aufgabe der Werkstofftechnik.

Dabei lassen sich drei Zielrichtungen (→) erkennen. Die folgenden drei Übersichten zeigen ihre Verwirklichung an Beispielen.

Zielrichtungen:

- Reduktion des Werkstoff- und Energieverbrauches durch Leichtbau,
- Oberflächenbehandlung als Schutz gegen Verschleiß, Korrosion und zum Erzielen neuer chemisch-physikalischer Effekte,
- Energieeinsparung durch bessere Nutzung oder höhere Wirkungsgrade.

1.2.1 Bessere Nutzung von Werkstoff und Energie (Material- und Energieeffizienz)

In der BRD werden Materialien im Werte von 5000 Mrd. EUR verarbeitet, die Materialkosten betragen etwa 42 % der Gesamtkosten.

Durch gestiegene Rohstoffpreise haben diese Probleme an Bedeutung gewonnen und sind Gegenstand zahlreicher Bemühungen (→).

Hinweise: Deutscher Materialeffizienzpreis des BMWi (seit 2004).

Deutsche Materialeffizienzagentur DMEA. Sie berät kleine und mittlere Unternehmen zu Einsparmaßnahmen für Werkstoffe, Betriebsstoffe und Energie über ein Netzwerk (www.demea.de).

Entwicklungsrichtung	Beispiele
Leichtbau durch Werkstoffe höherer Festigkeit	Thermomechanische Behandlung von Blech (TM), höherfeste Stähle für Stahlkonstruktionen erlauben kleinere Blechdicken (weniger Schweißnahtvolumen und Lohnkosten → Bild 4.9), desgl. Feinbleche für Karosserien in Verbindung mit neuen Fertigungstechniken (tailored blanks, tailored tubes → Bild 4.13), desgl. von Federdraht (Beispiel 1 unten)
Verbundwerkstoffe (Fasern) mit konstruierter Anisotriopie	C-Faserverstärkte Kunststoffe für Bauteile, die hohen Beschleunigungen unterliegen: Kardanwellen, Pleuel. Keramik für Werkzeugmaschinenspindeln
Al- und Mg-Legierungen mit höherer Festigkeit entwickeln	Lithium, Li (Dichte 0,534 g/cm^3) in Al- und Mg-Legierungen ergibt ca. 10 % leichtere Werkstoffe mit höheren E-Moduln. Auch durch Teilchenverstärkung mit Oxidpartikeln möglich (→ 10.6.3)
Bauteile mit Metallschaumkern	Karosserieteile im Frontbereich als Crash-Absorber (→ 10.6.5).

Beispiel 1: Abrollcontainer für Transporte in der Abfall- und Bauindustrie „Lightbox" (→).

Ausgangslage: Geschweißter Behälter aus Baustahl S235JR, seitlich und am Boden mit Spanten verstärkt. Leergewicht 3...3,3 t, Inhalt 36...400 m^3.

Neue Lösung: Verbundkonstruktion aus hochfestem Dualphasenstahl (R_m = 900 MPa) und verschleißfestem Stahl (R_e von 1000 MPa und Härte von 400 HB). Die Spanten entfallen, dadurch sinkt die Schweißnahtlänge um 30 %.

Hinweis: Stahl-Innovationspreis 2009 für **Sirch,** Apparate- und Behälterbau, Kaufbeuren. Lightbox wird in Serie gefertigt und kann ohne Änderung der Fahrzeuge eingesetzt werden.

Vorteile der Neukonstruktion:

- Gewichtseinsparung von ca. 1,5 t je Container durch die höherfesten Stähle und Wegfall der Spanten,
- Fertigungszeit und Schweißenergie sinken,
- Glatte Seitenwände, bessere Aerodynamik, Möglichkeit für großflächige Beschriftung.

Beispiel 2: Verbundbremsscheibe SHEET CAST DISK (Bild ↓).

Ausgangslage: Einteilige gusseiserne Bremsscheiben bestehen aus dem Reibring und dem Topf mit den Bohrungen im Boden.

Hinweis: Stahl-Innovationspreis 2009 für SHEET CAST Technologies, München.

Bisherige Verbundbremsscheiben aus Al-Topf und gusseiserner Reibring mit verschiebbaren Verbindungselementen sind teuer, so dass sie keinen breiten Einsatz erlangten.

Der Reibring kann beim Bremsen Temperaturen bis zu 800 °C erreichen. Die behinderte Wärmedehnung führt zu Verzug mit Folgen für Verschleiß und zu Schwingungen, die den Fahrkomfort mindern (Rubbeln).

Neukonstruktion: Stanz-Umformteil aus nichtrostendem Stahl mit gezahnten, radial verlaufenden Verbindungssegmenten zum Umgießen. Es wird als Bestandteil des Kerns in der Form mit dem Reibring aus Gusseisen umgossen.

Vorteile der Neukonstruktion:

- kaum behinderte Ausdehnung des Reibringes durch die radial-elastischen Segmente;
- Entkoppelung des Wärmeflusses zur Nabe (Radlager);
- Gewichtseinsparung von 1,5 kg je Bauteil;
- reduzierte ungefederte Massen, Verbesserung des Fahrkomforts;
- geringere Fertigungskosten als bei anderen Verbundsystemen.

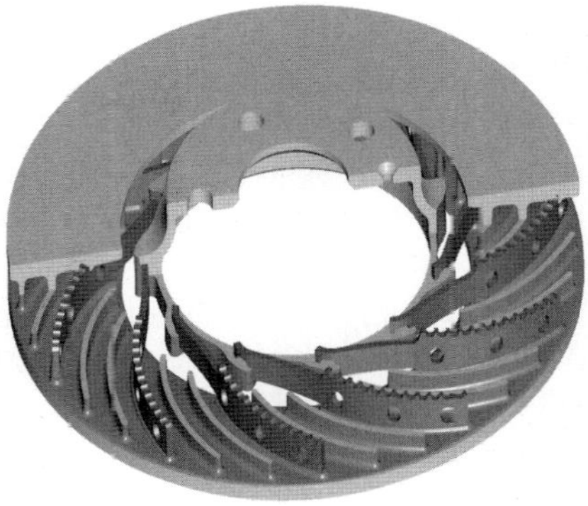

Bild 1.1 Verbundbremsscheibe Sheet Cast Disk

Das Bild zeigt eine Weiterentwicklung der Wettbewerbsausführung mit kleinerem Stahlanteil und einem Topfboden aus Al-Legierung. Sie ist noch kostengünstiger und leichter.

1.2.2 Oberflächenbehandlungen, Nanotechnologie [1)]

Maßnahmen	Beispiele
Verschleißschutz für alle Oberflächen	Dünne Schichten (< 20µm) durch CVD- und PVD-Verfahren in vielen Stoffkombinationen, auch mehrschichtig. Diamantartige Strukturen mit hoher Wärmeleitung (Tabelle 11.17).
Nanopartikel in der Oberfläche	Nano-Rußpartikel in der Lauffläche von Reifen erhöhen die Laufleistung. Anorganische Nano-Partikel, die bei Erhitzung aufquellen und isolieren
Nanostrukturierte Oberflächen	Nano-Silber ergibt antibakterielle Wirkung auf medizinischen Geräten. Härtung der Oberfläche von Polymeren bei Erhaltung der Transparenz, wasser-, öl- oder schmutz*abstoßende* Eigenschaften (hydro- oder lypophob). Ebenso ist eine *anziehende* Wirkung möglich (hydro- oder lypophil).

1) Vorsilbe nano = 10^{-9} = 1 Milliardstel. Nanotechnologie fasst die Verfahren zusammen, die sich mit der Erzeugung, Verarbeitung und Anwendung von Teilchen und Strukturen in der Größe von < 100 nm befassen.

1.3 Wie lassen sich die unterschiedlichen Eigenschaften der Werkstoffe erklären?

Die Eigenschaften (→) der Werkstoffe lassen sich mit ihrem Aufbau erklären, wobei die Details häufig selbst mit Mikroskopen nicht sichtbar sind. Vielfach muss der Blick bis auf die Ebene der Atome gerichtet werden. Diese Betrachtung basiert auf Gedankenmodellen, die über Versuche vielfach bestätigt wurden und die Grundlage für die Vorhersage des Werkstoffverhaltens sind.

Holz hat längs zur Wuchsrichtung Fasern, weshalb es in dieser Richtung eine erheblich höhere Belastung aushält.

Gusseisen (GJS) zeigt bei Betrachtung unter dem Mikroskop (→ Bild 1.2) neben eigentlichen Eisen noch Graphitkugeln, die dem Material eine gewisse Selbstschmierung mitgeben.

Man kann zwei Werkstoffgruppen unterscheiden:

- Metalle sind in ihrem Aufbau atomar,
- Kunststoffe sind molekular.

Dieser Aufbau erklärt das unterschiedliche Verhalten der Werkstoffe z. B. unter mechanischen Lasten oder ihre elektrische Leitfähigkeit.

Eine Erklärung, weshalb ein Werkstoff einen Aufbau entsprechend der beiden Gruppen hat, liefert das Periodensystem.

Atome sind Grundbausteine und bestehen aus einem Protonen-Atomkern und einer Hülle aus Elektronen. Atome können sich gegenseitig anziehen, wenn ihr Abstand **sehr klein** ist.

Moleküle sind Ansammlungen von Atomen, die über die Elektronen der Hülle fest miteinander verbunden sind.

1.3.1 Atombau und Periodensystem (PSE)

Atome sind die kleinsten beständigen Teile der chemischen Elemente. Die Stellung im PSE (Bild 1.4) ist verknüpft mit der Struktur der äußersten Elektronenhülle eines Atoms. Sie ist für das chemische Verhalten des Elementes maßgebend (→).

Im PSE sind die Elemente mit steigenden **Ordnungszahlen** von 1 bis über 92 in

- 7 waagerechten **Perioden** und
- 8 senkrechten (Haupt)-**Gruppen** angeordnet.

Regel:

Im PSE nimmt von Element zu Element die Zahl der Protonen im Kern und die der Elektronen in der Hülle um **eins** zu (→).

Die Eigenschaften der Elemente (und ihrer Atome) ändern sich jeder Periode von links nach rechts wiederkehrend und in den Gruppen von oben nach unten.

Dabei wird unterschieden in **Hauptgruppen-** und **Nebengruppenelemente** (→).

Das Verhalten der Atome richtet sich nach der Zahl der Elektronen auf der Außenschale und der **Elektronegativität EN** (→).

Nach dem Verhalten der Außenelektronen werden die Elemente grob eingeteilt in:

Metalle liegen im linken unteren Bereich des PSE einschließlich der sog. **Nebengruppenelemente,** zu denen die meisten der technisch wichtigen Metalle zählen.

Hinweis: Atombau und chemische Bindung (→) **Internet:** www.Rutherford.de

Darstellung des Periodensystems mit ausführlicher Beschreibung der Elemente. Seiten mit zahlreichen Tabellen, jeweils gegliedert nach Perioden und Gruppen mit physikalischen Daten der Elemente.

Das **hinzukommende** Elektron wird in die jeweils nächsthöhere Schale (Energieniveau, Orbital) eingebaut. Die Außenschale kann max. 8 Elektronen aufnehmen. Das ist bei den Edelgasen der Fall (Ausnahme He mit 2). Daraus folgt die Theorie, alle anderen Elemente versuchen, durch **chemische Bindungen** mit anderen Atomen diese stabile **Edelgaskonfiguration** herzustellen.

Hauptgruppenelemente: ihre Atome haben vollständige Unterschalen. Das hinzukommende Elektron wird in die Außenschale eingebaut.

Nebengruppenelemente: Ihre Atome haben unvollständige Unterschalen, das hinzukommende Elektron wird dort eingebaut.

Elektronegativität (EN) ist ein relatives Maß für die Fähigkeit eines Atoms, Elektronen in einer chemischen Bindung an sich zu ziehen, womit auch Elektronen benachbarter Atome betroffen sind.

Im PSE (Bild 1.5) stehen die EN-Zahlen unterhalb des Element-Symbols.

Metalle haben niedrige EN-Zahlen, Nichtmetalle höhere, Fluor, die höchste mit 4,0.

Bild 1.2 Periodisches System der Elemente

Hauptgruppen-Elemente															**Hauptgruppen-Elemente**					
	IA	IIA													IIIA	IVA	VA	VIA	VIIA	0
1s	H		↓ Orbitale für den Einbau der hinzukommenden Elektronen ↓																	He
2s	**Li** 1,0	**Be** 1,5		← **Nebengruppenelemente** →										*2p*	B 2,0	C 2,5	N 3,0	O 3,5	F 4,0	Ne
3s	**Na** 0,9	**Mg** 1,2		IIIB	IVB	VB	VIB	VIIB	VIIIB			IB	IIB	*3p*	**Al** 1,5	Si 1,8	P 2,1	S 2,5	Cl 3,0	Ar
4s	**K** 0,8	**Ca** 1,0	*3d*	**Sc** 1,3	**Ti** 1,5	**V** 1,6	**Cr** 1,6	**Mn** 1,5	**Fe** 1,8	**Co** 1,8	**Ni** 1,8	**Cu** 1,9	**Zn** 1,6	*4p*	**Ga** 1,6	Ge 1,8	As 2,0	Se 2,4	Br 2,8	Kr
5s	**Rb** 0,8	**Sr** 1,0	*4d*	**Y** 1,3	**Zr** 1,4	**Nb** 1,6	**Mo** 1,8	**Tc** 1,9	**Ru** 2,2	**Rh** 2,2	**Pd** 2,2	**Ag** 1,9	**Cd** 1,7	*5p*	**In** 1,7	**Sn** 1,8	Sb 1,9	Te 2,1	I 2,5	Xe
6s	**Cs** 0,7	**Ba** 0,9	*5d*	La[1)]	**Hf** 1,3	**Ta** 1,5	**W** 1,7	**Re** 1,9	**Os** 2,2	**Ir** 2,2	**Pt** 2,2	**Au** 2,4	**Hg** 1,9	*6p*	**Tl** 1,8	**Pb** **1,8**	Bi 1,9	Po 2,0	At 2,2	Rn
7s	**Fr** 0,7	**Ra** 0,9	*6d*	Ac[2)]	[1)] Lanthaniden (14 seltene Erden), bei ihren Atomen wird das 4f-Orbital aufgefüllt, [2)] Actiniden (14 Transurane), bei ihren Atomen wird das 5f-Orbital ausgefüllt															

Innerhalb einer senkrechten Hauptgruppe nimmt die Anzahl der **Elektronenschalen** um eine zu.	**Gruppen-Nr. = Anzahl der Außenelektronen**
Innerhalb einer waagerechten Periode nimmt die Anzahl der **Außenelektronen** um jeweils eins zu.	**Perioden-Nr. = Anzahl der Schalen**

Nichtmetalle liegen im oberen rechten Bereich des PSE. Davon sind Stickstoff N und Phosphor P in Metallverbindungen für Werkstoffe von Bedeutung. Die Edelgase werden als Schutzgase und Füllung von Leuchtröhren verwendet.

Eine Abgrenzung ist nicht scharf, sondern ein Bereich (Bild 1.2, schattierte Elemente). Sie verhalten sich je nach Kristallgitter metallähnlich (Halbmetalle) oder nichtmetallähnlich.

Kohlenstoff hat die größte Bedeutung für die Technik. Seine Verbindungen mit Wasserstoff, die **Kohlenwasserstoffe**, sind sowohl Energieträger (Brennstoffe) als auch Basis für fast alle Kunststoffe.

Carbide und **Nitride** sind Hartstoffe, die in kleinen Anteilen in Legierungen deren Verschleißfestigkeit erhöhen.

1.3.2 Bindungsart

Für den Materialaufbau sind die Kräfte der Atome untereinander entscheidend. Ihre Größe und Richtung erklären die Eigenschaftsunterschiede von Metallen, Keramik und Kunststoffen (Tabelle 1.2).

Die stärkste Bindung ist die **kovalente** Bindung zwischen zwei Nichtmetallen. Diese Elemente haben wegen der hohen Elektronegativität das Bestreben, Elektronen an sich zu binden. Bei geringem Abstand überlagern sich die Außenhüllen, (Bild 1.3) so dass die Elektronen der beiden Atome nicht mehr einem Atom zugeordnet werden können und somit die beiden Außenhüllen scheinbar eine Edelgaskonfiguration haben. Dieser Zustand ist energetisch sehr stabil und lässt sich nur mit erhöhter Energie lösen. Moleküle bestehen aus mindestens 2 oder mehr Atomen.

Bindungsenergie hält die Atome zusammen. Je höher die Energie der Bindung, desto mehr Energie muss aufgebracht werden, um die Bindung zu lösen. Stoffe mit hohen Bindungskräften haben daher hohe Schmelzpunkte.

Kovalente Bindung, auch Elektronenpaarbindung. Durch Überlagern der äußeren Schalen werden fehlende Elektronen scheinbar ersetzt, so dass jedes Atom eine vollständige Außenschale besitzt.

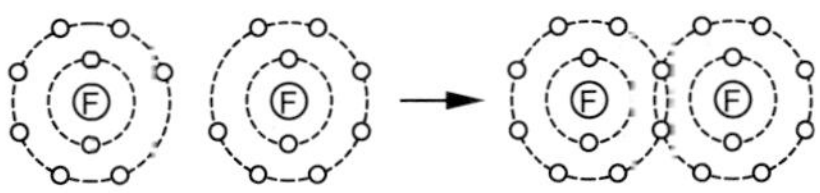

Bild 1.3 Zwei Fluor-Atome binden sich zu einem Fluor-Molekül

Ionenbindung. Bei der Annäherung eines Metall- und Nichtmetallatoms kann die Differenz der Elektronegativität größer als 1,8 sein. Dann geht mindestens ein Elektron vom Atom mit kleinerer EN auf das benachbarte Atom über (→). Dadurch entstehen ein positives und ein negatives Ion. Diese Ionen ziehen sich an, es entsteht eine Ionenbindung (Bild 1.4)

Beispiel: Das Natriumatom Na hat eine kleine EN-Zahl, weil das einzige Außenelektron weit vom Kern entfernt ist. Es wird leicht vom Chloratom Cl aufgenommen. Es entstehen unterschiedlich geladene Ionen, die sich anziehen.

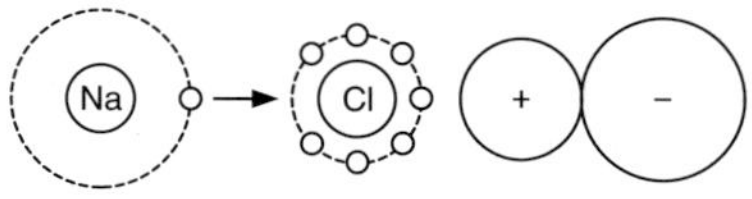

Bild 1.4 Entstehen einer Ionenbindung

Metallbindung liegt bei Metallen vor, deren Atome durch die Massenanziehungskraft verbunden sind. Sie ist schwächer als die Ionenbindung. Wegen der kleinen EN geben die Atome die Elektronen der Außenhülle an die Umgebung ab, womit frei bewegliche Ladungsträger für die Leitung elektrischen Stromes bereit stehen.

Wegen der kleinen Reichweite dieser Kraft kann sie nur bei enger und geordneter Lage der Atome wirken (Modelle Bild 1.5). Sie bilden ein räumliches Gitter mit gleichen Abständen, ein Kristallgitter.

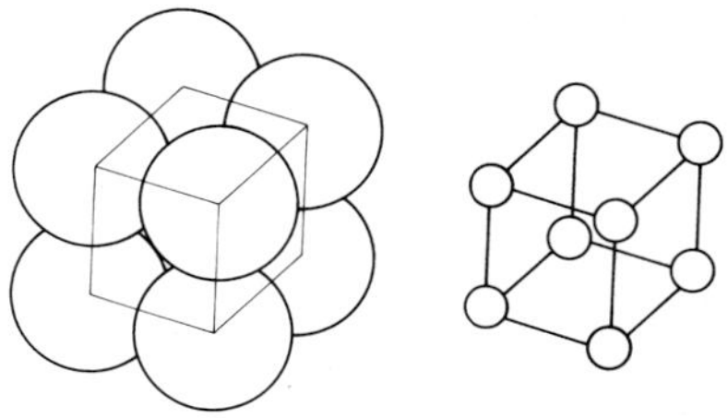

Bild 1.5 Kugel- und Stäbchenmodell eines kubisch-einfachen Gitters.

Kugelmodelle (links). Atomdurchmesser und Atomabstände sind etwa maßstäblich, die Teilchen liegen dichter, aber die geometrische Anordnung ist schlechter erkennbar.

Stäbchenmodelle (rechts) lassen die geometrische Struktur (z. B. Würfel, Quader) erkennen, die Teilchen (Atome, Ionen) sind unmaßstäblich kleiner und berühren sich nicht.

Nebenvalenzkräfte sind unterschiedliche Anziehungskräfte zwischen Molekülen und ergeben die schwächste Bindungsart, als zwischenmolekulare Bindung bezeichnet.

Tabelle 1.2: Übersicht über die Bindungen in der Materie

Bindungsart Eigenschaft	**Metallbindung**	**Ionenbindung**	**Kovalente Bindung**	**Nebenvalenzbindung**
Bausteine, Teilchenart	Metallatome und, freie Elektronen	positive Metall- und negative Nichtmetallionen	Moleküle der Nichtmetalle, besonders C	Kräfte zwischen benachbarten Molekülen
Kräfte zwischen den Bausteinen	mittel bis groß	groß	sehr groß	sehr schwach
Siede- und Schmelzpunkte	hohe Siedepunkte	hohe Siede- und Schmelzpunkte	niedrige Siede- u. Schmelzpunkte	niedrige Schmelzpunkte
elektrische Leitfähigkeit	gute Elektronenleiter	Ionenleiter in Schmelzen und Lösungen	Nichtleiter, z. T. Isolatoren	Nichtleiter
plastische Verformbarkeit – kalt – warm	vom Kristallsystem abhängig, meist gut sehr gut	nicht vorhanden, spröde – z. T. unter Druck	unverformbar Diamant (3-D-Gitter)	 gut (Thermoplaste)
typische Vertreter	Metalle und Legierungen	Metalloxide, Salze	Graphit, Kunststoffe, Diamant, Bornitrid	

1.3.3 Materialaufbau

Metalle

Bei mikroskopischer Betrachtung erkennt man bei Metallen ein Gefüge. Je nach Reinheitsgrad bzw. Legierung sieht man unterschiedliche Körner. Die voneinander abgegrenzten Körper werden als **Phasen** bezeichnet (→ Bild 1.6).

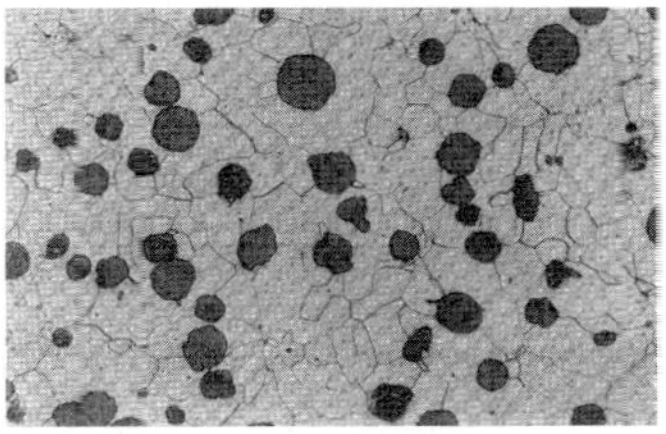

Bild 1.6 2-phasiges Gefüge von Gusseisen mit Kugelgraphit GJS: Graphitkugeln (Phase 1) in einem Grundgefüge aus Fe-Kristallen (Phase 2).

Im einfachen, spröden Gusseisen GJL liegt der Graphit in *Lamellenform* (Bild 6.2) vor. Durch die Kugelform entstehen Sorten mit höherer Festigkeit und Zähigkeit.

Phasen sind in sich *homogene* Körper mit etwa konstanten Eigenschaften, die durch *eine Grenzfläche* von andersartigen Phasen unterschieden werden können.

Diese Phasen wachsen durch die Entstehungsvorgänge zum Gefüge des Werkstoffes, z. B.:

- Erstarren einer Schmelze (Gussgefüge),
- Umformen eines Metalles (Walzgefüge)

Die nebenstehende Tabelle 1.3 zeigt, wie wir durch immer feiner werdende Betrachtung das Gefüge weiter unterteilen und gedanklich zu den kleinsten beständigen Materieteilchen (Atomen, Molekülen) gelangen können.

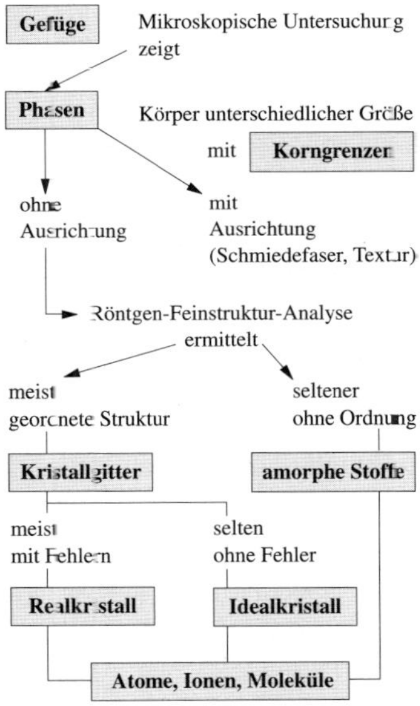

Tabelle 1.3: Gliederung der Struktur.

Ionen und Metalle kristallisieren als Feststoff und lagern sich regelmäßig aneinander. Die Regelmäßigkeit freigewachsener Kristalle beruht auf der Ordnung der Teilchen im Verband. Dadurch gelingt es, anziehende und abstoßende elektrostatische Kräfte ins Gleichgewicht zu bringen (Bild 1.7).

In diesem Zustand ist der Energiezustand sehr gering, ein Auflösen dieser Ordnung braucht demnach viel Energie. Damit können hohe Schmelzpunkte erklärt werden.

Gefüge von Metallen haben als Phasen überwiegend metallische **Kristalle.** Sie sind klein, so dass sie erst nach entsprechenden Vorbereitungen erkennbar werden, das erfolgt durch Schleifen, Polieren und evtl. Ätzen (→ Schliffbild 15.8).

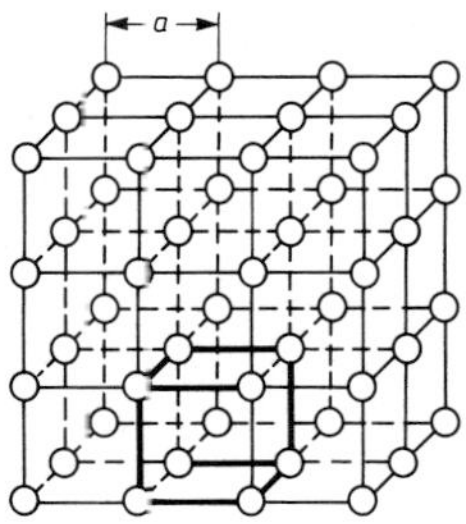

Bild 1.7 Kristallgitter (einfach kubisch) mit Elementarzelle und Gitterkonstanten *a*

Den Begriff **Kristall** verbindet man zunächst mit freigewachsenen Mineralien, wie z. B. Quarzkristallen. Die ebenen Flächen deuten auf eine innere Ordnung, das Kristallgitter hin (in 2.1.4 ausführlich behandelt).

Unter dem Mikroskop lassen sich dann zusammengewachsene Kristalle, als Kristallkörner oder Kristalliten bezeichnet, neben nichtmetallischen Einschlüssen (z. B. Schlackenteilchen) erkennen und Korngröße und Kornform beurteilen.

Kunststoffe

Kunststoffe bestehen aus fadenförmigen Makromolekülen, deren Verhältnis von Länge zu Dicke zwischen 10^3 und 10^5 liegt. Diese großen Moleküle sind ähnlich wie sehr lange Spaghetti ineinander verknäuelt (→).

Der Zusammenhalt zwischen den Molekülen erfolgt über die sehr schwachen Nebenvalenzbindungen, die sich bereits bei niedriger Temperatur, der sog. Glastemperatur T_{glas} lösen, so das die Moleküle frei beweglich sind und der Kunststoff dann fließen kann. Diese Form der Kunststoffe wird auch **Thermoplaste** genannt, da sie bei höheren Temperaturen plastisch sind.

Kunststoffe haben keine Gefüge aus unterschiedlichen Kristallen. Selbst kleine Moleküle sind räumlich **komplex** und nicht kugelförmig wie die Atome im Modell. Eine kristalline Struktur aus Molekülen ist daher wenig wahrscheinlich. Die ungeordnet erstarrte Struktur wird als **amorph** bezeichnet.

Je nach chemischem Aufbau können Kunststoffe **teilweise** kristallisieren, wobei sich ähnliche Molekülsegmente aneinanderlegen.

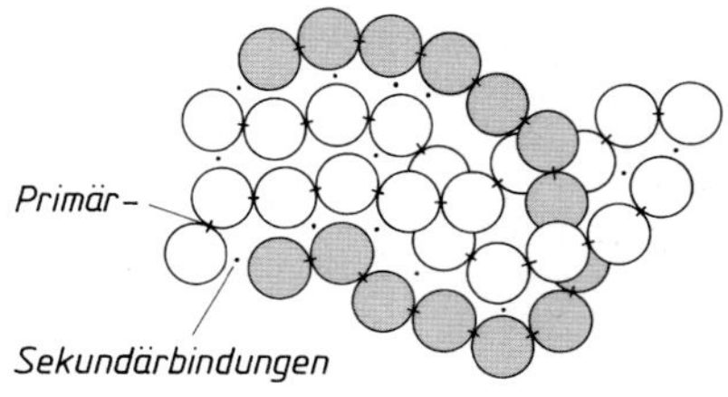

Bild 1.8 Ketten oder Fadenmoleküle

Analogie: Spaghetti sind ein gutes Modell für Kunststoffe. Die Moleküle haben eine > Dicke von ca. 0,1 nm und sind damit mikroskopisch nicht sichtbar. Ein Spaghettihaufen zeigt, dass lange Fäden sich ineinander verknäueln. Die einzelnen Stränge können gegeneinander gleiten, wenn die Kräfte zwischen ihnen (Sekundärbindungen) klein sind.

Glastemperatur T_{glas}: Molekulare Stoffe sind unterhalb T_{glas} **eingefroren** und damit spröde. Mit Überschreiten von T_{glas} können die Moleküle gegeneinander abgleiten, der Stoff wird plastisch formbar.

Teilkristalline Kunststoffe können bei weiterer Erwärmung bis über die **Schmelztemperatur $T_{schmelz}$** flüssig werden, indem die kristallinen (geordneten) Bereiche ebenfalls abgleiten können.

Eine vollständige Kristallisation ist bei Kunststoffen unmöglich, da sich die Moleküle gegenseitig behindern. Der Grad der Kristallisation liegt meist zwischen 40 % und 60 %. Der nicht kristallisierte Teil ist amorph.

Übersicht: Strukturen der Kunststoffe und Eigenschaftsunterschiede

nicht vernetzte Kunststoffe		**vernetzte Kunststoffe**	
amorph	teilkristallin		
	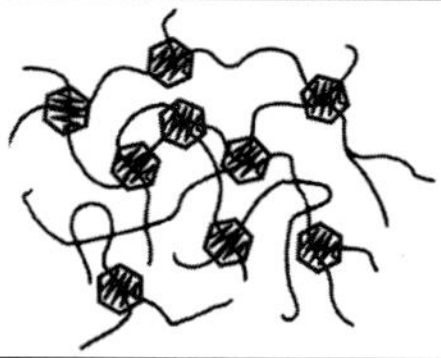	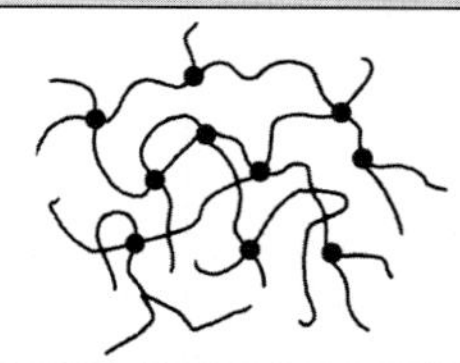	
lose miteinander verschlaufte Moleküle Einsatztemperatur < T_{glas} überwiegend spröde bei $T > T_{glas}$: plastisch formbar	verschlaufte und über Kristalle verbundene Moleküle Einsatztemperatur < $T_{schmelz}$ bei $T < T_{glas}$ spröde bei $T > T_{glas}$ zäh/elastisch bei $T > T_{schmelz}$ formbar	Moleküle mit Querverbindungen untereinander Einsatztemperatur < $T_{zersetzung}$ überwiegend spröde, nicht schmelzbar	Moleküle mit Querverbindungen, weiche Zwischensegmente, Einsatztemperatur < $T_{zersetzung}$ bei $T < T_{glas}$ spröde bei $T > T_{glas}$ zäh/elastisch nicht schmelzbar
Thermoplaste		**Duromere**	**Elastomere**

Neben schmelzbaren Kunststoffen gibt es die nicht schmelzbaren Kunststoffe, bei denen die Moleküle untereinander über kovalente Bindungen verknüpft sind. In dieser Gruppe gibt es die elastischen **Elastomere** und die harten und spröden **Duromere.** (→).

Kohlenstoff C

Das Element hat eine Sonderstellung, da es weder zu den Metallen noch zu den Nichtmetallen gehört. Das C-Atom hat vier Elektronen auf der Außenhülle und kann damit unterschiedliche Bindungen eingehen. Die Bindungen sind gleichmäßig verteilt in den Raum gerichtet (tetraedrisch (Bild 1.9).

Herausragend ist seine Fähigkeit, mit anderen C-Atomen über diese vier Bindungen lange Ketten (oder Ringe) zu bilden. Dabei bindet ein jedes C-Atom jeweils zwei Nachbaratome und mit den weiteren zwei Elektronen Elemente wie Wasserstoff H, oder Sauerstoff O. Es können auch andere Teile chemischer Verbindungen durch kovalente Bindungen an diesen zwei Bindungsarmen hängen (Bild 1.10). Auf diese Weise ist eine große Anzahl chemischer Verbindungen möglich (Kohlenstoffchemie).

Elementarer Kohlenstoff

Graphit: Die C-Atome gehen Bindung mit jeweils drei benachbarten C-Atomen ein. Das vierte Elektron wird nicht gebunden und ist im entstehenden flächigen Kristall frei beweglich. Dadurch ist Graphit elektrisch leitfähig und wegen der Schichtstruktur ein Festschmierstoff (Bild 1.11).

Diamant: Die C-Atome gehen jeweils Bindung mit vier benachbarten C-Atomen ein, so dass ein dreidimensionales Gitter entsteht (Bild 1.12). Durch kovalente Bindung ist diese Struktur besonders stabil und hat im Vergleich zu anderen Materialien die höchste Härte.

Das hexagonale Gitter des Graphits kann durch eine Hochdruck-Hochtemperatur-Behandlung in das kubische Diamantgitter umgewandelt werden (künstliche, Industrie-Diamanten).

Duromere (ältere Bezeichnung Duroplaste) entstehen durch chemische Reaktion zweier Kohlenwasserstoffe und haben enge Bindungen zwischen den Kettenmolekülen.

Elastomere (Beispiel Kautschuk) entstehen durch eine chemische Reaktion mit Schwefel (Vulkanisation) und haben weitmaschige Vernetzungen zwischen den Kettenmolekülen.

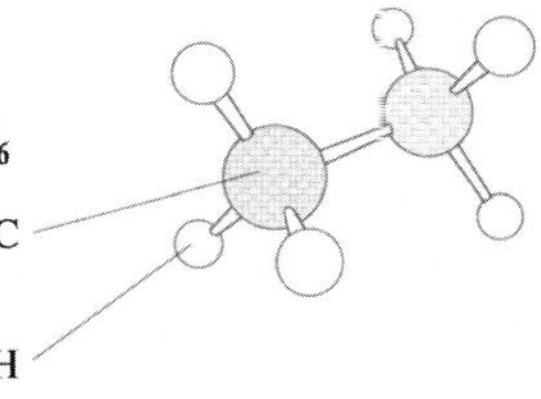

Bild 1.9 Ethan-Molekül, eine Aneinanderreihung von ca. 500 solcher Moleküle zu einer Kette ergibt den Baustein zum Kunststoff Polyethylen PE.

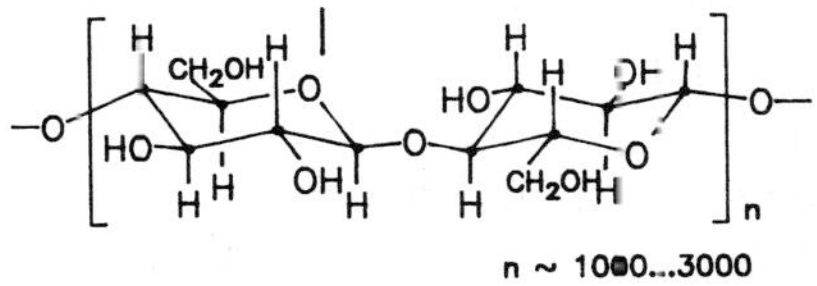

Bild 1.10 Baustein eines Cellulosemoleküls

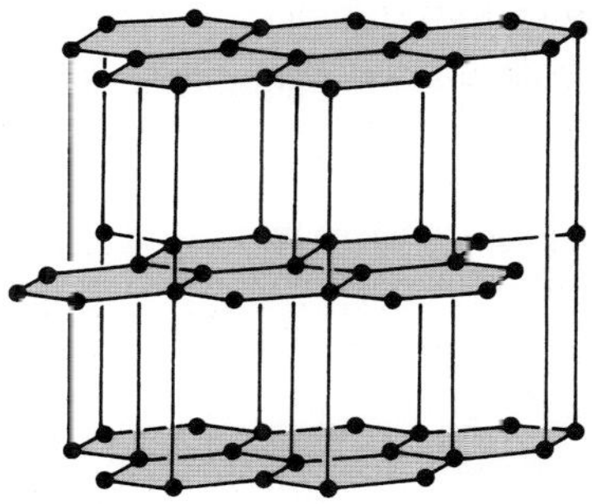

Bild 1.11 Graphit, hexagonales Schichtgitter

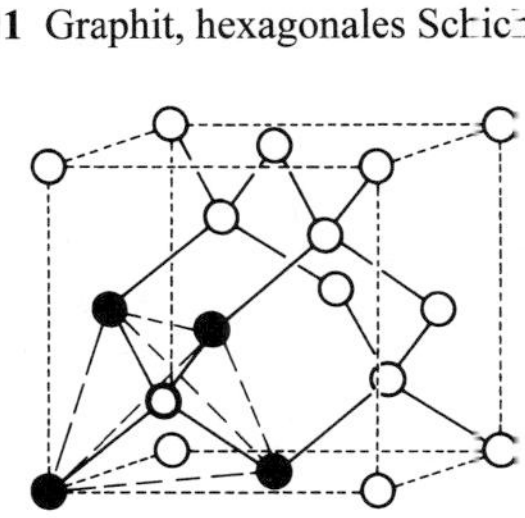

Bild 1.12 Diamant, kubisches Atomgitter

1.3.4 Werkstoffeigenschaften

In diesem Abschnitt werden die wichtigsten Strukturwerkstoffe,

- **Metalle** und ihre Legierungen mit den
- **Kunststoffen** in ihrem Verhalten

unter der **mechanischen Beanspruchung** verglichen. Dieser Gesichtspunkt ist für die ingenieurmäßige Anwendung besonders wichtig.

Äußere Kräfte können unterschiedliche Spannungen bewirken (→).

Das mechanische Versagen eines Werkstoffes unter Last ist i. Allg. gekennzeichnet durch:

- Plastische Verformung oder
- Spontanes Brechen/Trennen (Sprödbruch).

Für die Dimensionierung von Bauteilen sind deshalb Belastungsgrenzen erforderlich, um Verformung oder Bruch auszuschließen. Diese Grenzen sind die **zulässigen Spannungen σ_{zul}** (→).

Verhalten der Metalle

Wenn ein Probestab in Längsrichtung einer zunehmenden Kraft, also einer wachsenden Zugspannung ausgesetzt wird, so lassen sich verschiedene Erscheinungen beobachten:

- **Geringe Längenänderungen**, die nach Entlastung **wieder zurückgehen**, wenn die Spannungen unterhalb einer Grenzspannung (Elastizitätsgrenze) liegen. Bei steigenden Spannungen kommt es zu
- **stärkeren, bleibenden** Längenänderungen bis zum Bruch

Im ersten sog. **elastischen** Bereich gilt das **Hooke´sche Gesetz** (→). Hier liegen auch die zulässigen Spannungen! Metalle haben aufgrund der hohen E-Moduln nur geringe elastische Verformungen (→ Beispiel und Vergleich).

Die E-Module der Metalle stehen in Verbindung mit dem Kristallgittertyp und seinen Zusammenhangskräften, so dass Metalle hoher Wärmedehnung geringere Werte besitzen (→).

Kunststoffe haben in vielen Bereichen, im Alltag wie bei technischen Anwendungen Metalle verdrängt. Das liegt z. B. an der günstigen **Formbarkeit** und an der **niedrigen Dichte**. Einige Sorten können mit Faserverstärkung auch Leichtmetalle ersetzen.

Begriffe:

Kräfte F sind physikalische Größen und zeigen *Größe* und *Richtung* einer Last an. Sie erzeugen im Innern von Bauteilen die **Spannungen.** Dabei wird die Kraft auf den Belastungsquerschnitt bezogen (Einheit N/mm^2 = MPa).

- **Normalspannungen σ** wirken senkrecht zur Fläche,
- **Schubspannungen τ** wirken parallel zur Fläche.

Zulässige Spannungen sind die ertragbaren Beanspruchungen. Ein Kriterium für die zulässige Spannung ist in der Regel ein bestimmtes Maß an bleibender, plastischer Verformung.

Hooke´sches Gesetz: Im elastischen Bereich ist jede Spannung der zugehörigen Dehnung proportional. Der Proportionalitätsfaktor ist der **Elastizitätsmodul E.** Er beschreibt die **Steifigkeit** des Metalls in diesem Bereich und ergibt sich aus dem Verhältnis von Spannung und Dehnung im elastischen Bereich. Mit diesem Wert lässt sich somit die Verformung bei einer bestimmten Beanspruchung errechnen.

E-Modul = Spannung σ / Dehnung ε

$\varepsilon = \sigma / E$

ε = Längenänderung ΔL/Ausgangslänge L_0

Beispiel: Ein Stahldraht von A = 10 mm Querschnitt und 1 m Länge wird durch eine Zugkraft von 2100 N gedehnt. Wie groß ist die elastische Verformung?

$\sigma = F/A$ = 2100 N/10 mm^2 = 210 N/mm^2 (MPa)

ΔL = 1000 mm 210 MPa / 210 000 MPa = **1 mm.**

Vergleich: Elastizitäts-Module (in MPa)

Metalle		Kunststoffe
Stahl, unlegiert	**210 000**	Polyamid PA,
Cr-Ni-legiert	195 000	wenn Luftfeuchte
Titan	101 000	• hoch /30 °C: **1 000**
Aluminium	70 000	• gering/0 °C: **3 000**

Wenn die Spannungen über den elastische Bereich hinausgehen, kommt es zur

- **Plastischen Verformung**, zuerst Verlängerung, dann zu einer örtlichen Querschnittsverminderung (Einschnürung) und Bruch.

Bild 1.13a zeigt einen zugbeanspruchten Stab. Ein Querschnitt unter 90° (Bildteil b) wird auf Zug beansprucht. Spröde Werkstoffe würden bei Überschreiten der Zugfestigkeit einen verformungslosen Trennbruch erleiden (Bildteil a; Ebene I-I).

In einer Fläche unter einem Winkel α (Bildteil 1.13c) wirkt, wie die Kräftezerlegung (d) zeigt, neben der Normalkraft F_N mit Normalspannungen σ noch die Schubkraft F_q welche die Schubspannungen τ hervorruft.

Unter α = 45° erreichen diese Schubspannungen ein Maximum (→ Berechnung unterhalb Bild 15.13),

Wenn die Bindungskräfte kleiner sind als die herrschenden Schubspannungen τ entsteht plastische Verformung, indem sich Kristallschichten gegeneinander **verschieben**, bevor es zur Trennung unter Wirkung der Normalspannungen kommt.

Die Verschiebung erfolgt auf bestimmten, sehr gleichmäßig gebauten Kristallebenen eines Kristallgitters (Gleitebenen, Bilder 2.27…2.30).

Deshalb bleiben die Normalkräfte ohne Wirkung, solange die Gleitvorgänge ablaufen, also die plastische Verformung stattfindet. Sie verursacht allerdings zunehmende Störungen im Gitter, die den Widerstand, d. h. die Festigkeit erhöhen.

Weitere Verformung erfordert deshalb zunehmend höhere Spannungen. Wenn alle Gleitvorgänge blockiert sind tritt der Bruch durch Trennung unter Normalkräften ein.

Verhalten der Kunststoffe

Kunststoffe sind molekular aufgebaut, sie haben keine Gleitebenen.

Nicht vernetzte Kunststoffe **erweichen** oberhalb **der Glastemperatur,** d. h. die Moleküle können bei Belastung gegeneinander abgleiten.

Verzweigte Moleküle ergeben **amorphe** Kunststoffe, **lineare Moleküle** können geordnete Bereiche bilden, d. h. **teilkristallisieren**.

Die plastische Verformung eines Metallgitters kann modellhaft mit dem Abgleiten der Seiten beim Biegen eines Buches beschrieben werden. Es verschieben sich Atomschichten in bestimmten Ebenen gegeneinander.

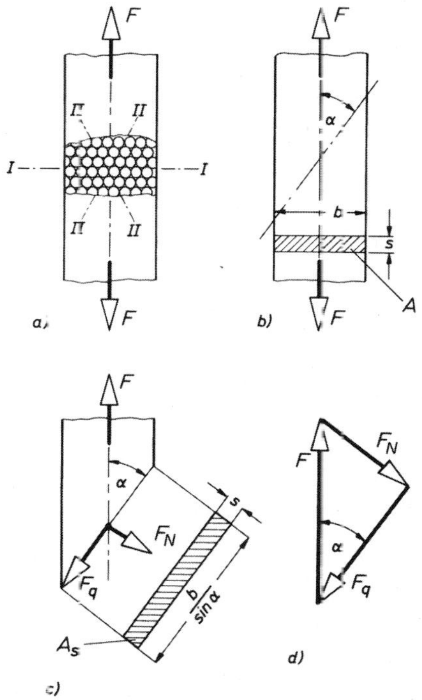

Bild 1.13 Kräfte im zugbeanspruchten Stab

Durch Einbau von Störungen in die Gleitebenen wird der Gleitwiderstand erhöht, die Festigkeit steigt. Möglichkeiten dafür sind z. B.

- **Kaltverformung** erhöht die Gitterstörungen → erhöhter Kraftbedarf für weitere Verformung! → (Kaltverfestigung 2.3.2).
- **Legieren** baut größere oder kleinere Atome als Hindernisse in das Kristallgitter ein (Mischkristallverfestigung 2.3.1).

Amorphe Kunststoffe (keine Kristallisation) werden immer *unterhalb* der Glastemperatur eingesetzt, sie sind weitgehend spröde.

Teilkristalline Kunststoffe sind *oberhalb* der Glastemperatur zäh und können bis nahe der Erweichungstemperatur eingesetzt werden.

Bei teilkristallinen Kunststoffen bilden die Kristalle *mechanische Verknüpfungen* der Molekülketten, wodurch oberhalb der Glastemperatur ein komplettes Abgleiten der Ketten verhindert wird.

Bild 1.14 zeigt schematisch Knäuelmoleküle. Bei Belastung werden sie gedehnt, nach einer ersten spontanen Dehnung ε_1 bei t_1 erfolgt die Verformung **zeitabhängig** abnehmend bis t_2. Dazu sind nur geringe Kräfte erforderlich. Bei t_2 beginnt die Entlastung, die maximale Verformung ε_2 geht verzögert um den Betrag ε_3 auf einen Restwert **bleibender** Dehnung (beim Zeitpunkt t_3) zurück.

Längere Belastungen führen unweigerlich zu bleibenden Verformungen. Dabei können die schwachen zwischenmolekularen Bindungen ein Verschieben nicht verhindern Deshalb gibt es bei Kunststoffen **keinen** vollkommen **elastischen Bereich**.

Analogiemodell Bild 1.15: Mit einer Kombination aus Federn und Dämpfern lässt sich das mechanische Verhalten von Kunststoffen beschreiben. Unterhalb der Glastemperatur ist das Material weitgehend elastisch. Die Dämpfer wirken erst oberhalb der Glastemperatur und repräsentieren das Abgleiten von Molekülketten.

Der **E-Modul** ist deshalb stark abhängig von Temperatur und Dehngeschwindigkeit und somit **keine Materialkonstante**.

Eine weiter Folge des viskoelastischen Verhaltens der Kunststoffe ist die **Relaxation,** d. i. die Ermüdung eines unter Spannung stehenden Bauteils.

Beispiel: (Bild 1.16). Ein fest eingespanntes Seil ist um einen bestimmten Betrag ε gedehnt. Die Relaxation verursacht in der Zeit t_1 bis t_2 ein Nachgeben mit Abfall der Spannung.

Neben dem E-Modul gibt es für Kunststoffe den **Kriechmodul,** der mit dem Langzeitversuch ermittelt wird. Über diesen Wert lässt sich beurteilen, wie stark sich ein Bauteil unter langzeitiger Belastung verformt. Im Allgemeinen dient für die Konstruktion als Richtwert eine Verformung von < 0,5 %.

Im kristallinen Bereich können teilkristalline Kunststoffe **schmelzen.** Im Temperaturbereich zwischen Erweichungs- und Schmelztemperatur sind diese Kunststoffe viskoelastisch.

Viskos: Das Zähigkeitsverhalten ist von **Zeit, Temperatur** und **Geschwindigkeit** abhängig.

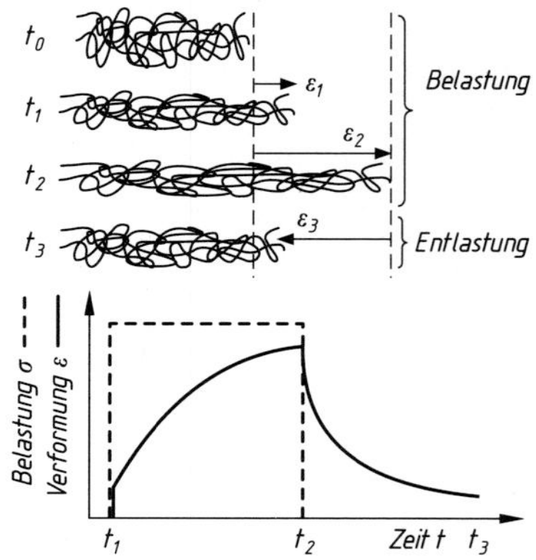

Bild 1.14 Kriechen, Verformung eines Kunststoffes bei Be- und Entlastung

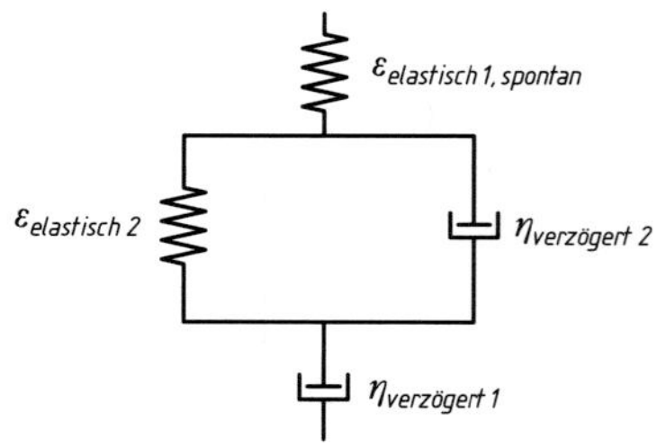

Bild 1.15 mechanisches Analogiemodell für Kunststoffe. Je höher die Temperatur ist, desto leichter „laufen die Dämpfer“. Bei einer Belastung wird dementsprechend die Verzögerung der Verformung rascher. Das gilt auch für Rückverformungen.

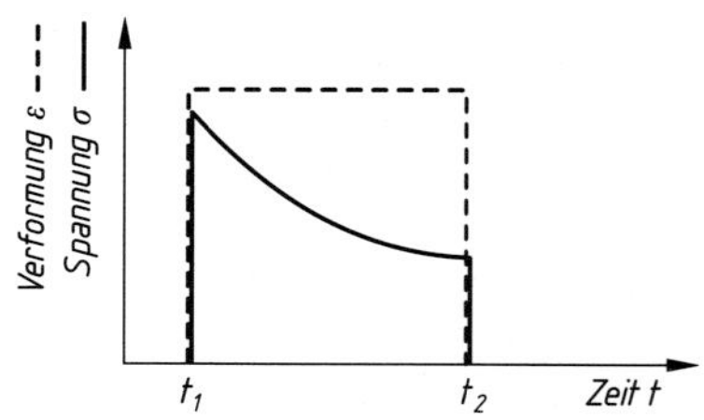

Bild 1.16 Relaxation, zeitabhängige Entspannung eines Kunststoffes, Dehnung konstant

Vernetzte Kunststoffe (Duromere) sind wegen der starken Bindungen zwischen den Ketten nicht schmelzbar und nicht plastisch verformbar. Ihre E-Moduln sind höher und die Eigenschaften weniger temperaturabhängig.

Elastomere haben weniger Verknüpfungen zwischen den Ketten. Sie können sehr elastisch sein und können sich nach Entlastung wieder weitgehend zurückverformen.

Duromere werden immer **unterhalb** ihrer Glastemperatur eingesetzt, sie sind formsteifer und brechen spröde.

Elastomere werden **oberhalb** der Glastemperatur eingesetzt. Sie können mit den teilkristallinen Kunststoffen verglichen werden, nur sind ihre Ketten flexibler und die Verknüpfungen können nicht schmelzen.

1.4 Anforderungen an Werkstoffe

1.4.1 Anforderungsprofil

Jedes Bauteil soll den Anforderungen genügen, denen es im Zusammenwirken mit anderen innerhalb eines Systems (Gerät, Maschine) ausgesetzt ist. Zum Erkennen und evtl. Berechnen der Anforderungen benötigen wir Kenntnisse und Lösungsverfahren aus anderen Fachgebieten (→).

Die Anforderungen an das Bauteil führen zur Beanspruchung bestimmter Werkstoffeigenschaften. Bei Überbeanspruchung wird das Bauteil geschädigt.

- Äußere Kräfte können zu Bruch führen,
- umgebende Stoffe schädigen die Oberfläche,
- Reibung führt zu Verschleiß (Stoffverlust),
- bei tiefen oder hohen Temperaturen ist das Bauteil weniger belastbar.

Die Summe aller Einflüsse, die von außen an das Bauteil herantreten, nennen wir das Anforderungsprofil. Es kann in vier Bereiche gegliedert werden (→ Übersicht).

Anforderungsprofil ist die Summe aller Beanspruchungen, die ein Bauteil in Funktion ertragen muss.

Schema: Anforderungen und Fachgebiete

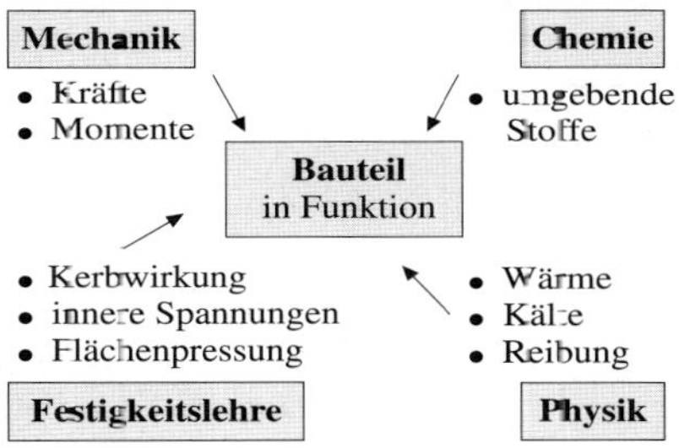

Übersicht: Anforderungsprofil

Beanspruchungsbereich	Wirkung auf das Bauteil
Festigkeits- Beanspruchung	Innere Kräfte (Spannungen) führen zu Verformungen, evtl. zum Bruch
Korrosions- Beanspruchung	Reaktionen mit anderen Stoffen führen zu Stoffverlust (Durchbrüche)
Tribologische Beanspruchung	Reibung und Verschleiß ergeben Werkstoff- und Energieverluste
Thermische Beanspruchung	Erweichung in der Wärme, Versprödung in der Kälte, Wärmeausdehnung

Dem Anforderungsprofil an das Bauteil stehen die **Widerstandseigenschaften** des Werkstoffes gegenüber. Sie bilden zusammen das Eigenschaftsprofil.

1.4.2 Eigenschaftsprofil

Eigenschaftsprofil ist die Summe aller Werkstoffeigenschaften **im Bauteil**. Es lässt sich in 4 Bereiche gliedern (→ Übersicht).

Werkstoffeigenschaften sind physikalische Größen mit Symbol, Maßzahl und Einheit. Sie werden nach genormten Prüfverfahren quantitativ ermittelt und sind von den Prüfbedingungen abhängig (Normung → Kapitel 15).

Zusätzlich müssen auch die **technologischen Eigenschaften**, also das Verhalten bei den Fertigungsgängen vom Rohmaterial zum Fertigteil beachtet werden (→).

Dadurch liegen die Eigenschaftswerte **im** Bauteil z. T. niedriger als die mit genormten Proben aus der Werkstoffprüfung.

Anforderungs- und Eigenschaftsprofil sind für die Auswahl des Werkstoffes für ein Bauteil von Bedeutung (→ Kapitel 14).

Übersicht: **Eigenschaftsprofil (Auswahl)**

Eigenschaft	Eigenschaftskennwerte
Mechanische Eigenschaften	
Widerstand gegen Zerreißen	Zugfestigkeit R_m in MPa = N/mm²)
Verhalten bei elastischer	
plastischer Verformung	E-Modul E in GPa Bruchdehnung A in % Brucheinschnürung Z in %
Chemische Eigenschaften	
Beständigkeit gegen Wasser	Korrosionsgeschwindigkeit in mm/a (Jahr)
Tribologische Eigenschaften	
Reibungsverhalten Verschleißbeständigkeit	Reibungszahl f, (μ)
Thermische Eigenschaften	
Schmelzpunkt	Temperatur T_m in °C
Verhalten bei tiefer,	Kerbschlagarbeit KV in J
hoher Temperatur	Zeitstandfestigkeiten
Technologische Eigenschaften	
Verhalten beim Gießen	Schwindmaß in %, Gießtemperatur
Tiefziehen	Tiefung t in mm
Schweißen	Kohlenstoffäquivalent CEV
Härten	Härtetiefe, Stirnabschreckkurve

Literaturhinweise:

VDI-Bericht 1080 Leichtbaustrukturen und leichte Bauteile. 1994

VDI-Bericht 1151 Effizienzsteigerung durch innovative Werkstofftechnik. 1995

Schneider, W.: Werkstoffinnovationen in der Unternehmensstrategie. VDI-B. 1021, S. 1

Herfurth, K.: Einsparung an Material und Energie durch Gussteilfertigung. K+G, 4/1989

Rieß, R.: Recycling Technischer Thermoplaste. VDI-Z, II/96, S. 46

2 Metallische Werkstoffe

2.1 Metallkunde (→ 1.3.3 Periodensystem)

2.1.1 Vorkommen

Metalle bilden unter den chemischen Elementen die größte Gruppe, es sind etwa 70 unter den 88 natürlich vorkommenden Elementen.

Einige Metalle haben einen beachtlichen Anteil an der Erdmaterie (Wasser, Luft und Erdmantel) Bild 2.1. Die wichtigen Strukturwerkstoffe Eisen, Fe Aluminium, Al und Magnesium, Mg sind dabei vertreten.

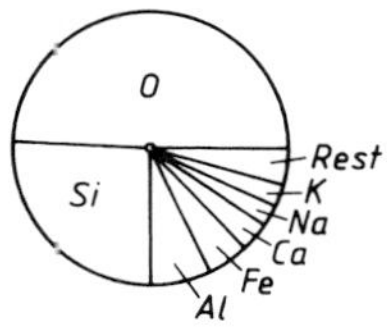

Stoff	%	Stoff	%
O	49,4	Si	25,7
Al	**7,5**	**Fe**	**4,7**
Ca	2,6	Na	2,6
K	2,6	**Mg**	**1,9**
Zn	0,02	Cu	01

Bild 2.1 Anteil der häufigsten Elemente an der Erdmaterie. Wichtige NE-Metalle liegen um 10-er Potenzen darunter (z. B. Cu) und sind im Diagramm nicht darstellbar. Ihre Gewinnung ist möglich, da sie oft in Erzgängen und -nestern konzentriert sind.

Metalle in der Technik: Für die Verwendung als Werkstoffe sind besonders die mechanischen Eigenschaften wichtig. Nur ein kleiner Teil der Metalle genügt den Anforderungen (→).

Technische Anforderungen an Metalle

- Ausreichende Festigkeit, Zähigkeit und Eignung für wirtschaftliche Fertigungsgänge
- Ausreichende Korrosionsbeständigkeit bei normalen klimatischen Bedingungen, evtl. höhere Anforderungen durch Seewasser oder Chemikalien.

Metalle unterscheiden sich von anderen Werkstoffgruppen (Polymere, Keramik) durch eine Kombination von Eigenschaften. Typische Metalleigenschaften sind:

- **Leitfähigkeit** für **Wärme** und **Elektrizität**,
- **Reflektion** von Licht an oxidfreien Flächen,
- **Festigkeit und Duktilität** (Fähigkeit, plastische Verformungen ohne Bruch zu ertragen),
- **Reaktionsfähigkeit** mit Sauerstoff, Säuren und Salzlösungen (→).

Wirtschaftliche Anforderungen:

- Ausreichendes Vorkommen,
- einfache Aufbereitung der Erze und ihre Reduktion zum Metall,
- mittlere Verarbeitungstemperaturen,
- leichtes Recycling aus den Abfallstoffen.

Metalleigenschaften sind eine Folge der besonderen Struktur der **Metallatome** und der **Metallbindung** in Kristallgittern mit einfacher Struktur.

Hinweis: Nach der Reaktionsfähigkeit wird in edle und unedle Metalle unterteilt (Spannungsreihe der Elemente 12.2.1). Edle Metalle wie z. B. Ag, Au und Platinmetalle sind gegenüber Säuren beständig.

2.1.2 Metallbindung

Struktur der Metallatome. Metalle sind im Periodischen System der Elemente (PSE → 1.3.2) im linken Teil angeordnet. Sie folgen jeweils auf ein Edelgas und beginnen eine neue Periode, d. h. sie besitzen eine neue Elektronenschale mit größerem Abstand zum Kern. Die Folgen für Besetzung der Schale und das Verhalten der Elektronen sind:

Hinweis: Für die Atomstruktur wird das Atommodell von Bohr und das Periodensystem der Elemente benötigt. Beide gehören zu den chemischen Grundlagen. Das Periodensystem PSE mit weiteren Angaben zu Metallatomen ist unter Bild 1.5 zu finden.

Eine detaillierte Darstellung von beiden steht im Internet unter www.rutherford.de.

- Wenige Elektronen (1…3) in der energiereichsten (Außen)-hülle, die sog. **Valenzelektronen**
- Schwache Bindung an den Kern, die Valenzelektronen werden an Atome mit einer höheren **Elektronegativität EN** (→) abgegeben.
- Niedrige EN-Zahlen

Die EN-Zahlen zweier Elemente und ihre Differenz ΔEN lassen Schlüsse zu über die Art der chemischen Bindung zwischen ihren Atomen.

Elektronegativität EN (nach Linus Pauling). Er berechnete aus den Bindungsenergien chemischer Verbindungen die Vergleichszahlen EN. Sie bewerten die Anziehung, die ein Atom innerhalb einer chemischen Verbindung auf die Elektronen des Partners ausübt.

Im PSE steigt EN in den Perioden von links nach rechts und sinkt in den Gruppen von oben nach unten.

Tabelle 2.1: EN-Zahl und Bindungsart

EN-Zahl	ΔEN	Bindungsart
< 1,5 Metalle	klein	Metallische Bindung
> 2 Nichtmetalle	Null	Elektronenpaarbindung (kovalente B.)
Metall/ Nichtmetall	groß	Ionenbindung (heteropolare B.)

Beispiel: Fluor F hat die höchste EN-Zahl (EN = 4,1). Die Verbindung SF_6, Schwefelhexafluorid, wird als Isoliergas in der Hochspannungstechnik verwendet. Fluor hält die Bindungselektronen so fest, dass das Gas auch im elektrischen Lichtbogen nicht ionisiert (d. h. es werden keine Elektronen abgespalten).

Metallatome allein erreichen einen Zustand niedrigerer Energie – das **Energie-Minimum** → – wenn sie kleinste, regelmäßige Abstände zueinander einnehmen und ihre Valenzelektronen in die Zwischenräume abgeben, wo sie eine Art Elektronengas bilden. Der Zusammenhalt entsteht aus der Wechselwirkung zwischen Elektronengas und Atomrümpfen:

- Positive Atomrümpfe stoßen sich gegenseitig ab, ebenso die negativ geladenen Elektronen.
- Positive Atomrümpfe und Elektronengas ziehen sich gegenseitig an.

Die Kräfte werden dadurch im Gleichgewicht gehalten, dass die Atomrümpfe eine einfache, regelmäßige Anordnung bilden, das Metallgitter (Bild 2.2). Metallgitter sind Kristallgitter, die sich gegenüber anderen Kristallen (z. B. Oxiden oder Salzen), durch besondere Bindungen der Atome abgrenzen (→ auch Tabelle 1.3).

Begriff Energie-Minimum: Allgemeines Streben der Materie nach einem Zustand niedrigster Energie, vergleichbar mit dem Fließen des Wassers zu Orten niedrigster Höhe.

Die dabei abgegebene Energie taucht dann in Form von Wärme wieder auf (Energieerhaltungssatz), z. B. als

- Kondensationswärme, beim Übergang gasförmig zu flüssig, oder als
- Kristallisationswärme beim Übergang flüssig zu fest, oder als
- elektromagnetische Strahlung (Röntgenstrahlung).

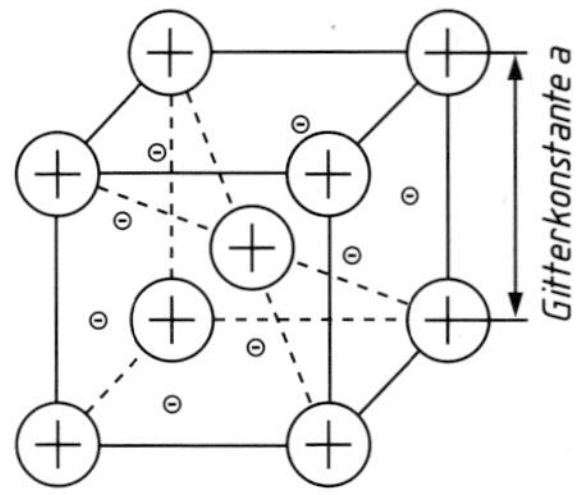

Bild 2.2 Metallgitter aus Atomrümpfen und Elektronen-„Gas“

Bindungskräfte

Im Kristallgitter suchen die Atome einen Abstand einzunehmen bei dem abstoßende und anziehende Kräfte gleichgroß werden. Dann ist das Energie-Minimum erreicht (Bild 2.3a). Bei Metallen entspricht dieser Abstand l_0 etwa der Summe der Atomradien. Dann wird die Resultierende F_{res} zu null (Bild 2.3a). Jede Änderung von l_0 erfordert eine Energiezufuhr.

Wird der Abstand l_0 durch äußere Kräfte vergrößert, so erreicht die Resultierende F_{res} aus beiden Kräften ein Maximum bei l_{max} und nimmt dann ab. Bei Annäherung der beiden Atome erhöht sich die abstoßende Kraft stärker und steigt steil an. **Folge:** Metalle sind praktisch nicht zusammendrückbar.

Der Energieaufwand zur Trennung der Atome ist die **Bindungsenergie *Q***. Ihr Betrag hängt von der Bindungsart ab. Metalle stehen nach den Ionen- und Atombindungen an dritter Stelle (Tabelle 2.2).

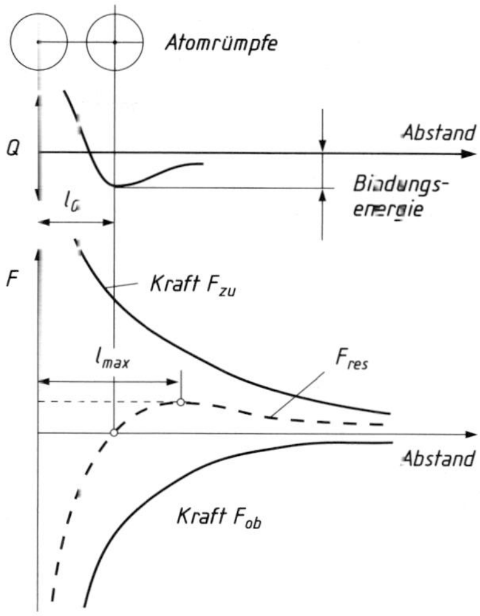

Bild 2.3a Bindungsenergie *Q* und Kräfte *F* zwischen den Bausteinen des Kristallgitters

Tabelle 2.2: Bindungsenergien in den Gitterarten

	Gitterart			
	Ionen-	Atom-	Metall-	Molekül-G.
Energie *Q* kJ/mol	600… 1500	500… 1250	**100… 800**	< 50
Beispiele	Metall-Oxide	Quarz Diamant	**Blei… Wolfram**	Eis, festes CO_2

1 mol = $6{,}02 \cdot 10^{23}$ Teilchen

Die Kräfte zwischen Atomen (Ionen) sind abstandsabhängig, erkennbar an der Steigung der Kurven in Bild 2.3b. Die Steilheit der Kraftkurve entspricht der Stärke der Bindung und lässt Schlüsse auf weitere Eigenschaften zu (Tabelle 2.3).

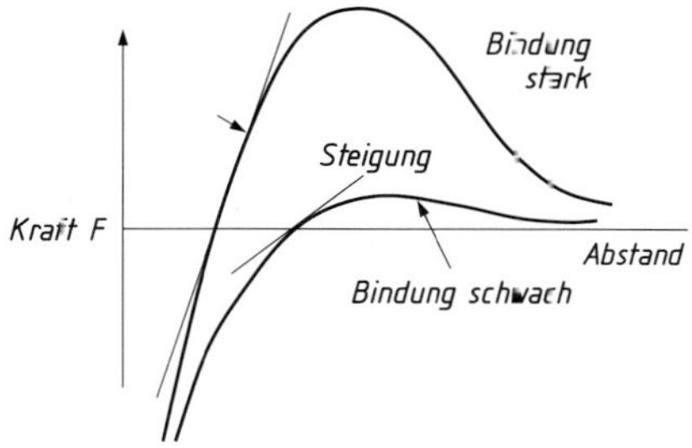

Bild 2.3b Steigung der Resultierenden und Stärke der Bindung

Tabelle 2.3: Bindungskräfte und Eigenschaften

Eigenschaft	steiler Verlauf	flacher Verlauf
Elastizitätsmodul *E*	groß	klein
Schmelztemperatur T_m [1]	hoch	niedrig
Lin. Längenausdehnung α_l	gering	hoch

[1] Siehe auch Bild 2.4

2.1.3 Metalleigenschaften

Verformungsverhalten. Metalle sind, abhängig vom Kristallgittertyp, mehr oder weniger stark plastisch verformbar. Das unterscheidet sie von anderen kristallinen Stoffen und ist eine typische Metalleigenschaft. Sie ist im Kapitel 2.2 eingehend behandelt.

Schmelztemperaturen liegen in weiten Grenzen je nach Größe der Bindungskräfte. Sie sind Einteilungskriterien für technische Metalle in niedrig-, hoch- und höchstschmelzende.

Zwischen Schmelzpunkt und Wärmeausdehnung besteht ein Zusammenhang (Bild 2.4). Hochschmelzende Metalle (große Bindungskräfte) haben die niedrigsten linearen Ausdehnungskoeffizienten α_l.

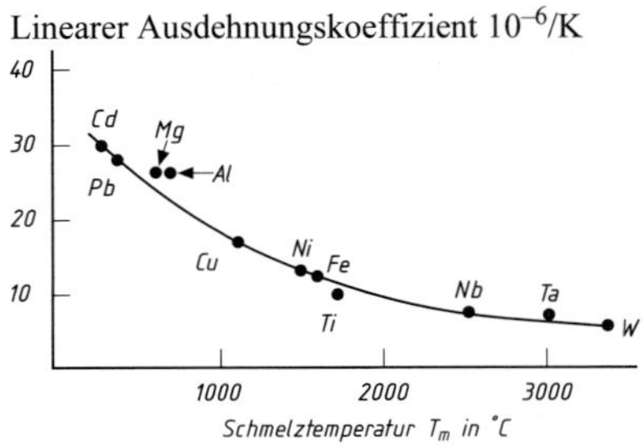

Bild 2.4 Lin. Ausdehnungskoeffizient α_l und Schmelztemperatur T_m (nach Grüneisen)

Dichte ρ: Kriterium für Einteilung in Leicht- und Schwermetalle. (Werte in Tabelle 2.6). Die Dichte hängt von der molaren Masse des Metalles und seiner Gitterkonstanten (Volumen der E-Zelle) ab. Berechnung der Loschmidt'schen Zahl L (→).

$$N_L = 6{,}02 \cdot 10^{-23} \text{ Atome/mol}$$

Berechnung der theoretischen Dichte:

$$\textbf{Dichte } \rho = \frac{(\text{Atome/E-Zelle}) \cdot (\text{molare Masse Metall})}{(\text{Volumen E-Zelle}) \cdot N_L}$$

Thermische Ausdehnung, z. B. die lineare Verlängerung eines Stabes beim Erwärmen, wird durch zunehmende Schwingweiten der Atome verursacht. Ihre Größe hängt von den Kräften im Gitter ab. Bild 2.4 zeigt die Beziehung zwischen Schmelztemperatur (Gitterkräfte) und thermischer Ausdehnung. Metalle nehmen darin eine Mittelstellung zwischen Keramik und Polymeren ein.

Tabelle 2.4: Vergleich der Wärmedehnungen

lin. Ausdehnung	Keramik	Metalle	Polymere
α_l in 10^{-6}/K	0,5…10	4,4…30	20…100

Beim Zusammenbau von Bauteilen mit unterschiedlicher Wärmedehnung kommt es zu thermischen Spannungen, deren Betrag von den E-Moduln, dem Temperaturunterschied und der Wärmedehnung abhängt.

Leitfähigkeit λ (Tabelle 2.5) für elektrische Ströme und Wärme ist an die Zahl *der* freien Elektronen gebunden, die neben dem Gitterzusammenhalt für den Ladungstransport zur Verfügung stehen. Bester Leiter ist das Silber, bei dem jedes Atom sein Valenzelektron zur Leitung abgibt. Tabelle 2.6a enthält die Angaben für Metalle hoher Leitfähigkeit im Vergleich zu solchen mit niedrigen Leitwerten wie Zn, Fe und Pb.

Die Leitfähigkeit wird gesenkt durch alle Störungen des idealen Gitters, welche die *Beweglichkeit* (freie Weglänge zwischen zwei Zusammenstößen) der Elektronen behindern. Durch Kaltumformung (Zunahme der Versetzungen) sinkt die Leitfähigkeit auf ca. 95 % des geglühten Zustandes.

In Mischkristallen gelöste Fremdatome senken die Leitfähigkeit stark (Tabelle 2.5b, CuZn-Leg.).

Tabellen 2.5: Vergleich von Leitwerten

Elektrisch: κ in m/mm²Ω (Länge eines Drahtes in m mit 1 mm² Querschnitt und 1Ω Widerstand).

Thermisch: λ in W/mK.

a) Leitwerte von Metallen, hochrein, bei 20 °C

Metall	Ag	Cu	Au	Al	Zn	Fe
κ	62,9	59,8	45,5	37,7	16,9	10,3
λ	420	386	318	230	112	75

b) Leitwerte von Kupfer, technisch rein, legiert, ausgehärtet, bei 20 °C

Metall	Cu 99,95	Cu Zn5	Cu Zn40	CuSn2, geglüht	+ Ti + Cr ausgehärtet
κ	≥ 58	33,3	15,0	4,6	27
λ	≥ 393	243	117	–	–

Hinweis: Wenn die Fremdatome in ausgeschiedene Phasen eingebaut sind, wirken sie weniger stark (Tab. b: CuSn2,5 + Ti + Cr, ausgehärtet).

Temperaturabhängigkeit (Tab. 2.5c): Bei Erwärmung (Energiezufuhr) erhöht sich die thermische (kinetische) Energie der Atome, die Beweglichkeit der Leitungselektronen wird geringer. Die elektrische Leitfähigkeit reiner Metalle sinkt stärker:

- Cu99,995 $\Delta\kappa = -43{,}1$ % (→ Tabelle)
  bei Legierungen geringer, z. B.
- CuNi9Sn $\Delta\kappa = -9{,}4$ %.

c) Leitwertevergleich, Reinkupfer mit Legierung

	Elektrische Leitfähigkeit κ			Wärmeleitfähigkeit λ		
Temp. °C	20	200	$\Delta\kappa$ %	50	200	$\Delta\lambda$ %
Cu 99,995	59,8	34	–43,1	397	384	–1,3
CuNi9Sn	**6,4**	**5,8**	–9,4	**48**	**65**	+35

Die Wärmeleitfähigkeit reiner Metalle sinkt ebenfalls mit der Temperatur (Cu 99,99), bei Legierungen kann sie dagegen ansteigen (CuNi9Sn).

Tabelle 2.6 Daten technisch wichtiger Metalle

Name Symbol	OZ	KG[1)]	Gitter- [1)] konst. a pm	Dichte ρ[2)] kg/dm³	Schmelz- punkt T_m °C	Leitfähigkeit für Strom[4)] m/Ωmm²	Leitfähigkeit für Wärme[3)] W/mK	Wärme ausdeh- nung α[5)]	Elast.- Modul GPa
Aluminium, Al	13	kfz	404	2,7	660	37,7	237	23,8	71
Beryllium, Be	4	hdP	229/1,57	1,7	1287	23,81	200	11	293
Blei, Pb	82	kfz	490	11,3	327	5,2	35	29,2	19
Cadmium, Cd	48	hdP	290/1,83	8,6	321	14,3	97	30,0	63
Chrom, Cr	24	krz	288	7,2	1907	7,9	94	6,6	250
Cobalt, Co α- > 417 °C β-	27	hdP kfz	250/1,62	8,89	1495	15	95	13	210
Eisen, Fe α- > 912 °C γ-	26	krz kfz	287 365	7,87	1538	10,3	80	12	210 195
Gold, Au	79	kfz	408	19,3	1064	45,5	320	14,2	80
Iridium, Ir	77	kfz	384	22,7	2446	13,8	147	6,5	530
Kupfer, Cu	29	kfz	361	8,95	1084	59,8	400	17,0	125
Magnesium, Mg	12	hdP	320/1,62	1,74	649	22,7	156	25,8	44
Mangan, Mn	25	kub	893	7,4	1246	0,54	7,8	22,8	201
Molybdän, Mo	42	krz	315	10,28	2620	19,2	138	4,8	334
Nickel, Ni	28	kfz	352	8,8	1455	14,6	91	13,0	210
Niob, Nb	41	krz	329	8,6	2470	6,7	53	7	105
Osmium, Os	76	hdP	273/1,58	22,6	3130	12,31	88	6,6	560
Platin, Pt	78	kfz	392	21,5	1768	9,48	71	9,0	170
Rhodium, Rh	45	kfz	379	12,4	1964	22,17	150	8	280
Silber, Ag	47	kfz	409	10,5	961	62,89	429	19,7	81
Tantal, Ta	73	krz	330	16,7	2996	8	xxx	6,5	185
Titan, Ti α- > 882 °C β-	22	hdP krz	295/1,59 332	4,5	1668	7	22	8,2	108
Vanadium, V	23	krz	302	5,7	1910	5,0	31	8,4	150
Wolfram, W	74	krz	317	19,3	3422	17,7	174	4,5	407
Zink, Zn	30	hdP	266/1,86	7,1	419	16,9	116	26	128
Zinn, Sn α- > 13 °C β-	50	diam tetr	 649	5,73 7,3	 232	 9,1	 66	 26,9	 44
Zirkon, Zr α- > 862 °C β-	40	hdP krz	323/1,59 361	6,5	1852	2,47	22,7	6,3	90

Werte beziehen sich auf reine Metalle.

1) KG, Kristallgitter. kfz.: kubisch-flächenzentriert; krz.: kubisch-raumzentriert; tetr.: tetragonal; hdP.: hexagonaldichteste Packung; bei hexagonalen Metallen ist das Verhältnis der senkrechten Konstante c zu Basis a angegeben (Gitterkonstante Bild 2.7).

2) Dichte ρ bei 20 °C.

3) Wärmeleitfähigkeit λ für Metalle allgemein bei 27 °C.

4) Leitfähigkeit κ (kappa) bei 20 °C entspricht der Länge eines Drahtes von 1 mm² Querschnitt und einem Widerstand von 1 Ω. Die SI-Einheit ist S/m (1 Siemens, Sm = Ω^{-1}).

5) Längenausdehnungskoeffizient α_1 10^{-6}/K bei 0…100 °C.

Weitere Elemente mit Bedeutung für die Werkstofftechnik (Fußnoten auf vorhergehender Seite)

Name Symbol	OZ	KG	Gitter-[1] konst. a pm	Dichte ρ[2] kg/dm³	Schmelz-punkt T_m °C	Leitfähigkeit für Strom[4] m/Ωmm²	Wärme[3] W/mK	Wärme-ausdehnung α[5]
Antimon, Sb	51	hex	431/2,61	6,68	631	3	24	10,5
Arsen, As	33	hex	376/2,80	5,72	subl.	2,8	50	
Bismut, Bi	83	hex	455/2,61	9,8	271	0,93	8	13,4
Bor, B	5	trig	1012	2,46	2075	$1 \cdot 10^{-3}$	29	
Graphit, C Diamant	6	hex diam	3,35	2,26 3,51	3750 subl.	$4{,}6 \cdot 10^{-3}$ –	120–165 2000	2...6 1,3
Silicium, Si	14	diam	543	2,33	1414	$4{,}4 \cdot 10^{-6}$	148	7,6
Selen, Se	34	hex	436/1,14	4,79	221		2	37

Internet: rutherford.de; seilnacht.com; wikipedia.de; periodensystem.info

2.1.4 Die Kristallstrukturen der Metalle (Idealkristalle)

Allgemeines:

Unter einem Kristall versteht man im Allgemeinen einen frei gewachsenen, mineralischen Körper mit ebenen Flächen. Die äußere Regelmäßigkeit von Kristallen ist eine Auswirkung der inneren Fernordnung, die als *Kristallgitter* bezeichnet wird.

Kristallgitter bestehen aus Bausteinen (Ionen, Atomen oder Molekülen) in regelmäßigen Abständen (Gitterkonstanten), die sich in drei Achsrichtungen periodisch wiederholen.

Hinweis:
Mineralien kristallisieren in einer großen Vielfalt von Formen und Farben, z. B. als violette Amethystprismen oder goldene Pyritwürfel.

Bei Metallen sind freigewachsene Kristalle selten. Man findet sie oft gut ausgebildet in den Lunkern großer Gussstücke (Bild 2.5). Sie bilden tannenzweigartig verästelte Formen und heißen Tannenbaumkristalle oder **Dendriten.**

Bild 2.5 Tannenbaumkristalle (Dendriten) im Lunker eines Gussstückes

Im massiven Metall sind Kristalle als **Kristallite** miteinander verwachsen (polykristallin) und sind wegen der Kleinheit meist nur unter dem Mikroskop sichtbar. Vorher muss die Metalloberfläche präpariert werden (→ 15 Werkstoffprüfung). Bild 2.6 zeigt das *Schliffbild* eines Stahlbleches.

Bild 2.6 Schliffbild Stahlblech 200:1

Amorphe Metalle (metallische Gläser) sind Legierungen aus Komponenten mit stark unterschiedlichen Atomen in dichtester Packung ohne Ordnung. Sie entstehen in sehr dünnen Quer-

Amorphe Metalle: Durch Einbau von bis 25 % Metalloiden auf Zwischengitterplätzen wird der amorphe Zustand stabilisiert.

schnitten durch Erstarren auf gekühlten Kupferwalzen (Schmelzspinnen) durch schnelle Abkühlung mit 10^6 K/s. und sind thermodynamisch nicht im Gleichgewicht, damit metastabil. Beim Wiedererwärmen bilden sich Kristallite.

Beispiele: Fe-P-B, Fe-Ni-Cr-P oder Ni-P als stromlos abgeschiedene Verschleißschichten.

Eigenschaften: hohe Härte (keine Gleitebenen), isotrop, keine Korngrenzen, korrosionsbeständig

Kristallsysteme

Zur Beschreibung der Geometrie dienen die **Gitterkonstanten a, b, c** und *Winkel* α, β, γ der Achsen zueinander. Kristallsysteme werden durch ein herausgeschnittenes Element, die **Elementarzelle EZ** (Bild 2.7), beschrieben. Es ist die kleinste, systematische Anordnung der Bausteine in einem Kristallgitter, die sich in den drei Achsrichtungen ständig wiederholt (→ Bild 1.6).

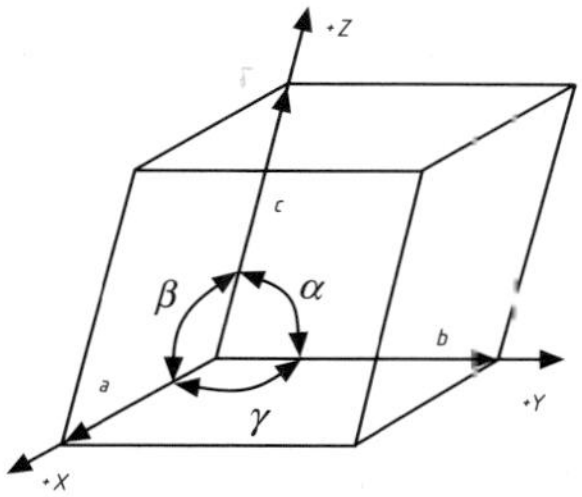

Bild 2.7 Elementarzelle (allgemein) mit Gitterkonstanten *a*, *b*, *c* und Achswinkeln α, β, γ

Tabelle 2.7: Die 7 Kristallsysteme

Kristall-system	Gitter-konstanten	Achswinkel	EZ Körper		Kristall-system	Gitter-konstanten	Achswinkel	EZ Körper
triklin	a ≠ b ≠ c	alle ungleich	Parallel-epiped		**hexagonal**	a = b ≠ c	$\alpha = \beta = 90°$; $\gamma \neq 120°$	Sechseck-säule
monoklin	a ≠ b ≠ c	$\alpha = \gamma = 90°$; $\beta \neq 90°$	schiefer Quader		**tetragonal**	a = b ≠ c	alle 90°	Quader üb. Quadrat
orthorhomb.	a ≠ b ≠ c	alle 90°	Quader		**kubisch**	a = b = c	alle 90°	Würfel
trigonal	a = b ≠ c	alle gleich, nicht 90°	Rhomboid					

Unterarten: Basis-, flächen- oder raumzentriert, mit Bausteinen mittig im Raum oder in den Flächen. Die meisten Metalle kristallisieren in den o.a. (fett gedruckten) Systemen. Daten für alle Metalle in Tabelle 2.6.

Zur Beurteilung der Kristallgitter sind neben der (den) Gitterkonstanten noch die folgenden Kennzahlen wichtig.

Koordinationszahl KZ: Anzahl der Nachbarn eines Atoms mit gleichem, kleinstem Abstand. In Bild 2.8 sind zwei übereinander liegende kfz E-Zellen abgebildet. Das stark gezeichnete Atom in der Flächenmitte hat zu den 12 Nachbarn in den schraffierten Ebenen den gleichen Abstand.

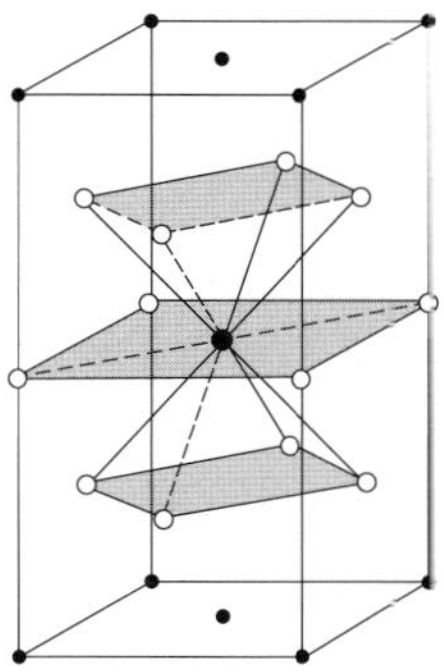

Bild 2.8 Koordinationszahl 12 im kfz-Gitter

Packungsdichte PD ist das Verhältnis vom Volumenanteil der Atome an der E-Zelle zum Volumen der E-Zelle (mit der Annahme, die Atome berühren sich).

Dabei gehört z. B. ein Eckatom des Würfels zu den benachbarten 4 E-Zellen der gleichen Ebene und zu 4 der darüber liegenden Ebene.

Zahlenwerte für die PD der häufigsten Metallgitter sind in Tabelle 2.8 aufgeführt.

Beispiel: Packungsdichte PD im kfz-Gitter: In einer kfz E-Zelle ist der Raumanteil der Atome 1/8 von jedem der 8 Eckatome und 1/2 von jedem der 6 Zentrumsatome. Das ergibt 4 Atome je E-Zelle. Die Atome berühren sich in der Flächendiagonalen.

Diagonale $d = a\sqrt{2} = 4\,r_{at} \Rightarrow a = 4\,r_{at}\,/\sqrt{2}$;

$$PD = \frac{4\,V_{at}}{a^3} = \frac{4 \cdot 4/3\pi\, r_{at}^3}{(4r_{at}/\sqrt{2})^3} = \frac{6{,}755}{22{,}628} = \mathbf{0{,}74}$$

Entstehung eines Kristallgitters

Mit einer einfachen Modellvorstellung lässt sich das Entstehen eines Kristallgitters verdeutlichen. Wir schütten gleich große Kugeln in einen Kasten, den wir dabei rütteln (Wärmebewegung). Die Kugeln suchen dann von selbst eine regelmäßige Anordnung (benachbarte Reihen auf Lücke).

Eine dichteste Packung in der **Ebene** liegt dann vor, wenn jede Kugel von 6 anderen umgeben ist (Bild 2.9).

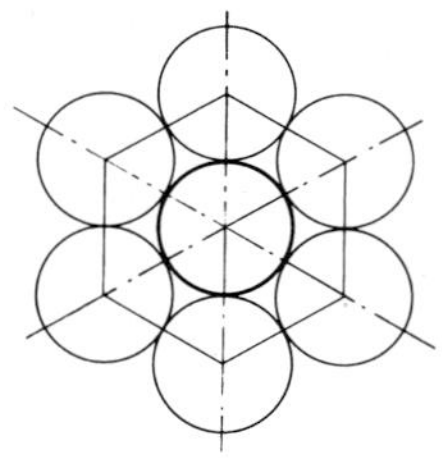

Bild 2.9 Dichteste Kugelpackung in der Ebene

Eine dichteste Packung im **Raum** ergibt sich, wenn die Schichten auf Lücke liegen. Jede Kugel der zweiten Schicht liegt in einer Mulde, die von 3 Kugeln der unteren Schicht gebildet wird. Für die Lage der folgenden dritten Schicht gibt es dann zwei Möglichkeiten, die zu den beiden Systemen mit dichtester Packung führen (→).

Möglichkeiten der Stapelfolge

	1. Möglichkeit	2. Möglichkeit
Stapel-folge	1,2,1(3) – 1,2,1(3)...	1,2,3,1(4) – 1,2,3,1(4)...
Kristall-gitter	hexagonal **hdP**	Kubisch-flächen-. zentriert **kfz**

Möglichkeit 1: Hexagonales Kristallgitter (hdP)

mit **h**exagonal **d**ichtester **P**ackung, (Bild 2.10): Die dritte Schicht liegt senkrecht über der ersten, die Stapelfolge ist 1-2-1-2 usw. Damit ergibt sich als EZ eine **Sechsecksäule.** Die Gitterkonstanten sind Kantenlänge *a* und Höhe *c*. Ihr Verhältnis beträgt theoretisch $c/a = 1{,}633$. Als Koordinationszahl ergibt sich KZ = 12.

Einige Halbmetalle, wie z. B. Bismut (Bi) und Antimon (Sb), haben ein Verhältnis c/a über 2,0. Damit sinken Packungsdichte und Metalleigenschaften. Bi und Sb haben hexagonale Schichtgitter (ähnlich Graphit Bild 1.7). Sie erstarren unter Volumenzunahme und mindern das Schwindmaß in Sn- und Pb-Legierungen.

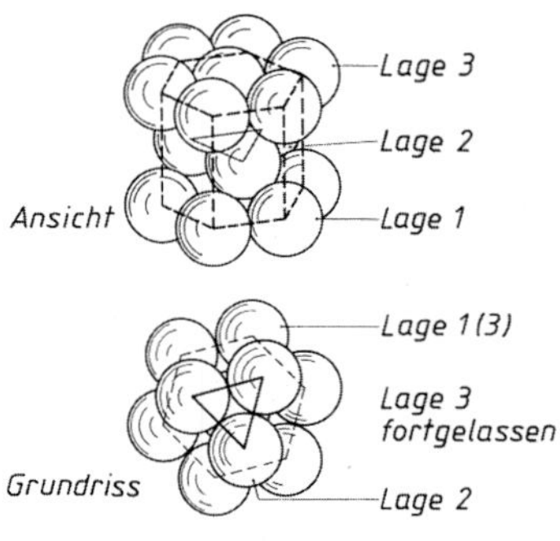

Bild 2.10 Elementarzelle des hexagonal dichtesten (hdP) Kristallgitters

Möglichkeit 2: Kubisch-flächenzentriertes (kfz) Kristallgitter (Bild 2.11): Die dritte Schicht liegt nicht senkrecht über der ersten, sondern besetzt die anderen freien Mulden der zweiten Schicht. Die vierte Schicht liegt dann wieder senkrecht über der ersten. Die Stapelfolge ist 1-2-3-1(4) usw. Als Elementarzelle erkennen wir einen Würfel mit 8 Eckatomen, der auf der Spitze steht. In den Flächenzentren ist jeweils ein Atom angeordnet (Bild 2.11), was dem Kristallgitter den Namen gibt.

Es ist die kubisch dichteste Packung mit der Koordinationszahl 12 (Bild 2.8). Die Packungsdichte PD beträgt 0,74.

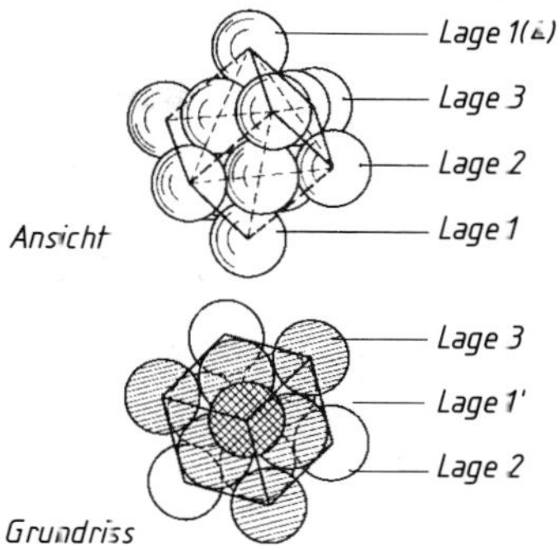

Bild 2.11 Elementarzelle des kfz-Gitters

Kubisch-raumzentriertes (krz) Kristallgitter. Im Würfelzentrum liegt ein Atom, das von den 8 Eckatomen umgeben wird. Die Atome berühren sich in der Raumdiagonalen. Es liegt eine weniger dichte Packung mit KZ = 8 vor (→ Bild 2.12a).

Tetragonale Kristallgitter haben in der Elementarzelle eine quadratische Grundfläche. Die Höhe des darüber errichteten Quaders ist größer (oder kleiner) als die Quadratseite (Bild 2.12b).

Das **kubisch primitive** Gitter (→ 1.3.4) mit einer KZ = 4 hat bei Metallen keine Bedeutung.

Diese idealen Gitterstrukturen werden bei den wirklichen Kristallen nicht erreicht. **Realkristalle** entstehen mit zahlreichen **Baufehlern** (Gitterstörungen). Diese **Kristallfehler** und ihre Auswirkungen sind unter 2.2 näher behandelt.

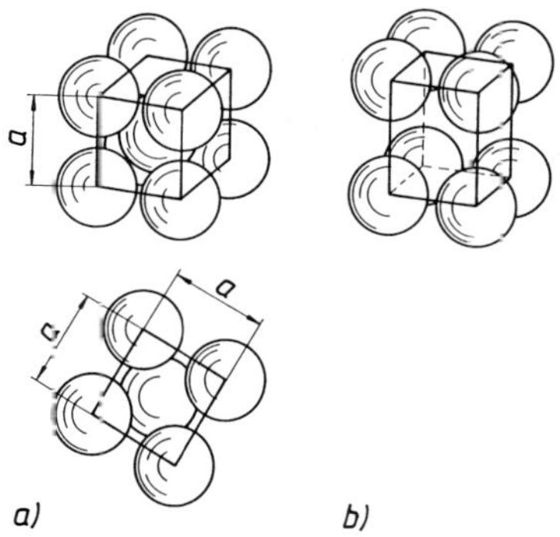

Bild 2.12 a) krz und b) tetragonale E-Zellen

Polymorphe Metalle haben je nach Temperatur verschiedene Kristallgitter. Die α-Phase existiert bei tiefen Temperaturen. Sie wandelt sich an der Umwandlungstemperatur **A_1 in die β-Phase**, evtl. bei der nächsten Umwandlungstemperatur **A_2 in die γ-Phase** um Tabellen 2.8 und 2.6).

Begriff: polymorph = vielgestaltig

Beispiel: Beim Eisen existieren 4 Phasen von α-Fe bis δ-Fe (→ Bild 3.1). Neben anderen Metallen (Tabelle 2.8) sind auch z. B. Kohlenstoff polymorph. Graphit wandelt sich bei Hochdruck und Hochtemperatur in Diamant um. Ähnlich verhält sich Bornitrid BN (→ 1.3.4).

Tabelle 2.8: Kristallgitter wichtiger Metalle (→ auch Tabelle 2.6)

Gitter	KZ[1)]	PD[2)]	$a = f(r_{at})$[3)]	Metalle
kfz	12	0,74	$4\,r_{at}/\sqrt{2}$	Ag, Al, Au, β-Co, Cu, γ-Fe, Ni, Pb, Pt-Metalle
krz	8	0,68	$4\,r_{at}/\sqrt{3}$	Cr, α-Fe, Mo, Nb, Ta, β-Ti, V, W, β-Zr
hdP	12	0,74	$2\,r_{at}$	Be, Cd, α-Co, Mg, α-Ti, Zn, α-Zr

[1)] Koordinationszahl; [2)] Packungsdichte; [3)] Gitterkonstante a und Atomradius r_{At}

2.1.5 Entstehung des Gefüges und seine Ausrichtungen (Gefügeuntersuchung → 15.8)

Gefüge ist der Oberbegriff für den Verbund der Kristallite (Kristallkörner) eines vielkristallinen Werkstoffes und wird durch das Schliffbild und andere metallographische Untersuchungen bestimmt. Unter den Gefügebegriff fallen auch weitere Einzelheiten z. B. (→).

- Größe und Form der Kristallite (Korngrößen nach ASTM (Tabelle 2.19),
- Korngrenzen und Versetzungen,
- Ausscheidungen, (z. B. durch Wärmebehandlung entstandene, feinstverteilte Phasen),
- Reinheitsgrad, d. h. Anteil von unerwünschten Einschlüssen (Verunreinigungen, Schlackeneinschlüsse und Gasblasen),
- Eigenspannungen,
- Ausrichtungen der Kristalle (Texturen) oder einzelner Gefügebestandteile.

Angaben über Begriffe sind im laufenden Abschnitt erläutert:

Primärgefüge entstehen beim *Urformen* (erstmalige Formgebung der formlosen Materie) durch:

- Erstarrung einer Schmelze (Gießen, Bild 2.13),
- Sintern von Pulvern (Pulvermetallurgie, Bild 2.14),
- Kristallisation aus dem Plasmazustand (PVD- und CVD-Verfahren).

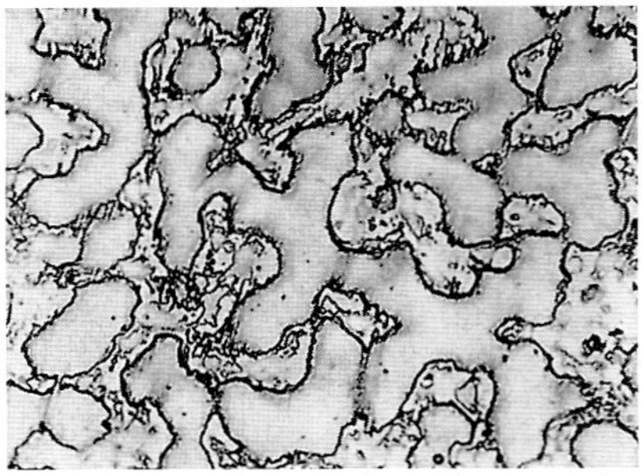

Bild 2.13 Primärgefüge, Gusszustand

Besonderheiten von Gussgefügen sind sog. Tannenbaumkristalle (Dendriten, Bild 2.5), die im Schliffbild erkennbar sind sowie Stängelkristalle (Bild 2.20). Beide Kristallformen verschwinden beim Warmumformen.

Hinweis: Zahlreiche Gefügebilder sind im Internet unter www.metallograf.de zu finden.

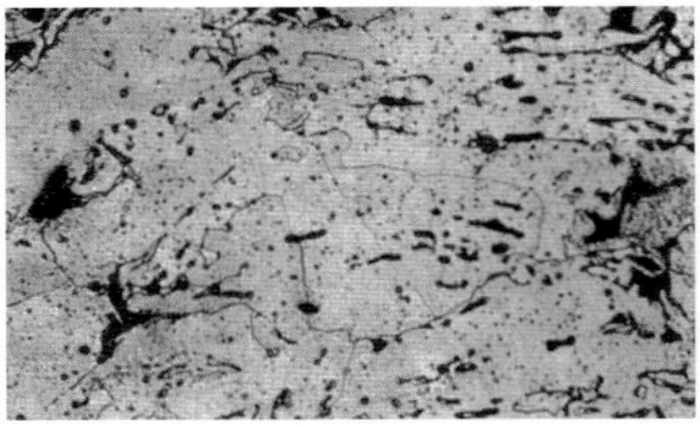

Bild 2.14 Primärgefüge durch Sintern

Sekundärgefüge (Bild 2.15) entstehen aus den Primärgefügen durch den Einfluss der verschiedenen Fertigungsverfahren:

- Umformen der gegossenen Vorprodukte durch Walzen, Strangpressen und Schmieden zu Blech, Band, Profilen und Schmiedeteilen. Dabei erhalten die Kristallite evtl. eine für das Verfahren charakteristische Gestalt (Bilder 2.22 und 2.23).
- Wärmebehandlungen wie Glühen, Vergüten und Aushärten.

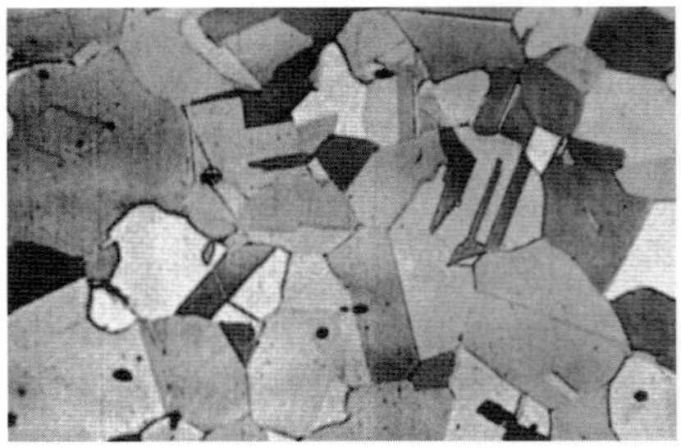

Bild 2.15 Sekundärgefüge, verformt

Erstarrungsvorgang

In einer Schmelze haben die Teilchen eine so hohe Bewegungsenergie, dass sie sich *regellos* bewegen. Es besteht keine *Fernordnung* zueinander. Kristallgitter bestehen nicht mehr oder noch nicht, höchstens in wenigen Atomabständen (Nahordnung) als **Keime** (→).
Zur Abkühlung wird Wärme entzogen, sie verringert die kinetische Energie der Teilchen. Beim Erreichen der Erstarrungstemperatur ist ihre Bewegung so klein geworden, dass die Anziehungskräfte zwischen den Teilchen wirksam werden.

Eigenkeime sind noch nicht aufgeschmolzene, winzige Kristallitreste. Sie kommen in allen nicht überhitzten Schmelzen vor und bilden sich in der Nähe der Erstarrungstemperatur von selbst.

Fremdkeime können Schlackenteilchen sein oder Schmelzzusätze, welche die Kristallisation in eine bestimmte Richtung lenken sollen.

Beispiele: Kugelgraphitguss wird mit einer MgNi-Legierung geimpft, um die kugelige Graphitausbildung zu erreichen, AlSi-Legierungen mit Na, um feinkörnige Erstarrung zu erzielen.

Wachstumsbedingungen für Kristalle

- **Kristallkeime,**
- **Unterkühlung** (→) und Abfuhr der entstehenden Kristallisationswärme

Um die Keime lagern sich die träger gewordenen Atome zu einem Kristallgitter an. Der Kristallit wächst. Er wächst solange, bis er an einen benachbarten stößt oder die Schmelze vom Wachstum der Kristallite aufgezehrt ist.

Unterkühlung ist die Temperaturdifferenz zwischen der *örtlichen Temperatur* in der Schmelze und ihrem *Erstarrungspunkt*. Sie kann mit einer Trägheit der Teilchen erklärt werden. Mit der Unterkühlung wächst die Wahrscheinlichkeit der Keimbildung.

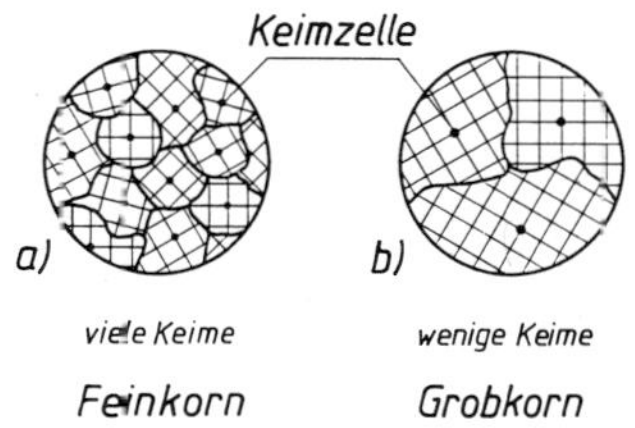

Bild 2.16 Korngröße bei der Erstarrung

Beeinflussung der Kristallisation:

Für die Korngröße sind **Keimzahl** (Bild 2.16) und **Abkühlgeschwindigkeit** von größter Bedeutung. Keime können von außen zugeführt werden (→). Die Abkühlgeschwindigkeit wird durch Gießquerschnitte, Temperatur und Wärmeleitung der Formen beeinflusst (→ Tabelle).

Abkühlgeschwindigkeit	Kristallisation
sehr hoch 10^6 K/s	amorphe Strukturen
in Sandformen	normalkörnige Gefüge
in Metallformen	feinkörnige Gefüge
sehr niedrig 10 K/h	Einkristalle → 2.2.1

Unterkühlung tritt an den kälteren Wänden der Form auf, dort beginnt dann das Wachsen der Kristallite. Metallformen kühlen schneller ab als Sandformen, ergeben stärkere Unterkühlung mit Feinkorngefüge und höheren mechanischen Eigenschaften (→ Beispiel).

Beispiel: Legierung EN AC-Al Si7Mg0,3 in Formen aus Sand oder Metall (Kokillen) vergossen (unbehandelt)

Eigenschaft	Einheit	Sand	**Kokille**
0,2-Grenze $R_{p\,0,2}$	MPa	80…140	90…150
Bruchdehnung A	%	2…6	4…9

viele Keime ⇒ **Feinkorn**
schnelle Abkühlung

wenige Keime ⇒ **Grobkorn**
langsame Abkühlung

Kristallisationswärme

Wenn ein Atom aus der ungeordneten Schmelze an ein Kristallgitter anlagert, wird seine Schwingungsenergie sprunghaft kleiner, da es im Gitter nur noch kleinere Schwingbewegungen ausführen kann. Da Energie nicht verloren gehen kann, wird diese Energiedifferenz als **Kristallisationswärme** frei. Sie kann örtlich an einer kleinen Temperaturerhöhung beobachtet werden (Bild 2.17).

Bei sehr langsamer Abkühlung bleibt während der Kristallbildung die Temperatur konstant, obwohl die Wärme weiter durch die kältere Umgebung abgeführt wird. Dadurch ergibt sich bei **reinen Metallen** ein waagerechter Verlauf der Abkühlungskurve bei der Haltepunkttemperatur Ar (Bild 2.18 und 2.19).

Legierungen haben andere Abkühlungskurven (Bild 2.61).

Hinweis: Antrieb der Kristallisation ist das Streben nach dem Energieminium, das durch die Abgabe der Kristallisationswärme erreicht wird. Der kristalline Zustand kann nur durch Zufuhr von Energie (der Schmelzwärme) wieder aufgehoben werden.

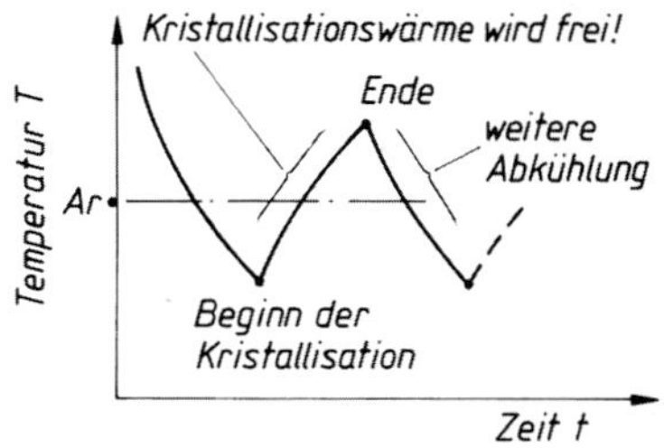

Bild 2.17 Kristallisationswärme

Zusammenfassung:

Für das Wachstum von Kristalliten müssen Keime vorhanden sein. Bei der Kristallisation wird Wärme frei. Diese muss ständig abgeführt werden. Keimzahl und Wachstumsgeschwindigkeit steigen mit der Unterkühlung. Gute Wärmeabfuhr begünstigt die Unterkühlung der Schmelze und die Ausbildung feinkörniger Gefüge.

Isotropie/Anisotropie. In einer E-Zelle sind die Atomabstände verschieden, wie z. B. im kfz-Gitter in der Flächendiagonalen klein, in Richtung der Würfelkante größer. Für einen Einzelkristall sind deshalb manche Eigenschaften (chemische und physikalische!) von der Richtung abhängig, in der die Beanspruchung oder Messung erfolgt.

Anisotropie:
Eigenschaften sind richtungsabhängig
Isotropie:
Eigenschaften sind nicht richtungsabhängig

In vielkristallinen Metallen liegen die Kristallachsen normalerweise ungeordnet vor, die Unterschiede heben sich auf, sie verhalten sich scheinbar isotrop (quasiisotrop).

Begriff: Anisotropie ist der Gegensatz von Isotropie (griech.), isos = gleich; tropos = Richtung

Isotropes Verhalten zeigen amorphe Stoffe:

- Gase, Flüssigkeiten, Glas, Bitumen, Wachs

Anisotropes Verhalten zeigen z. B.

- Holz: Festigkeit und Wasseraufnahme ist längs und quer zur Faser verschieden.
- Graphit leitet den Strom *in* den Schichten wesentlich besser als *quer* dazu.

Faserverstärkte Werkstoffe besitzen höchste Festigkeiten bei Ausrichtung der Fasern in eine Richtung.

Beachte: Das scheinbar isotrope Verhalten der vielkristallinen Metalle kann durch Ausrichtungen im Gefüge (Texturen, Zeilengefüge) wieder anisotrop werden.

Hysterese. Die Trägheit der Teilchen führt bei schneller Abkühlung zur Unterkühlung, bei schneller Erwärmung zum Überschreiten des Schmelzpunktes, ohne dass Schmelze entsteht.

Schmelz- und Erstarrungspunkt liegen also nur bei unendlich langsamer Abkühlung auf gleicher Temperatur. Das gilt auch für Phasenveränderungen im festen Zustand:

Bild 2.19 zeigt den Einfluss der Abkühlbedingungen auf die Lage eines Haltepunktes A_r bei einem Stahl. Dort findet bei 723 °C eine Gitterumwandlung statt, die bei schneller Abkühlung (Gebläseluft) auf ca. 670 °C, beim Abschrecken in Öl auf ca. 600 °C gesenkt wird. Mit der Lage der Umwandlungstemperatur ändert sich auch der Verlauf der Umwandlung, es entstehen unterschiedliche Gefüge.

Auf dieser Erscheinung beruhen viele Wärmebehandlungsverfahren, wie z. B. das Härten und Vergüten von Stahl.

Texturen (Ausrichtung von Kristalliten)

Einige Formgebungsverfahren erzeugen Kristallite, die überwiegend in einer Richtung gewachsen oder in eine Vorzugsrichtung gedrängt worden sind. Diese Ausrichtung heißt Textur.

Textur: Gleichrichtung der Kristallachsen. Führt zu anisotropem Verhalten des Werkstoffes.

Bild 2.20 zeigt eine Gusstextur mit langen dünnen Stängelkristallen (kolumnares Gefüge). Sie wachsen senkrecht auf den wärmeabführenden Formwänden. Stängelkristalle verschwinden bei einem nachfolgenden Umformen.

Anwendung: Eine gezielte Stängelkristallisation wird bei Gasturbinenschaufeln aus Ni-Superlegierungen angewandt (→ Beispiel). Die Kristalle verlaufen in Längsrichtung der Schaufeln. Dadurch wird das Korngrenzengleiten bei höheren

Begriff Hysterese: Das Zurückbleiben der Wirkung hinter der Ursache z. B. bei Blattfedern. Ein- und Rückfedern verlaufen wegen der Reibung nach verschiedenen Kennlinien. Auch magnetische Hysterese.

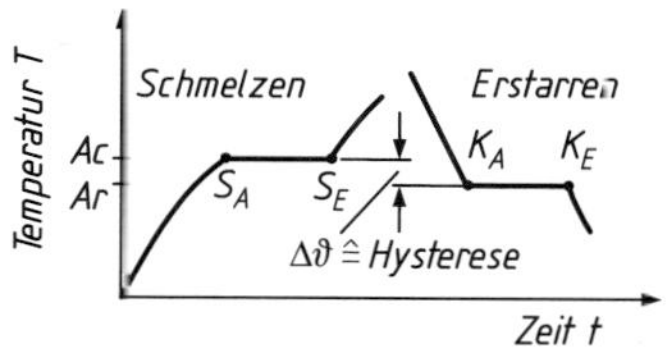

Bild 2.18 Wärm- und Abkühlkurve eines reinen Metalles. Haltepunkte Ac für Erwärmen, Ar für Abkühlen

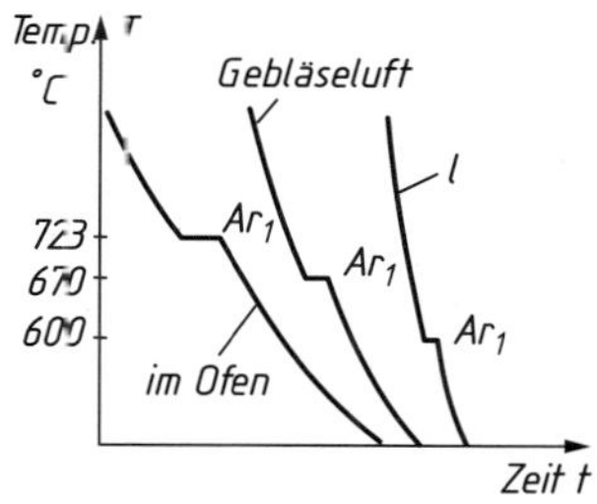

Bild 2.19 Einfluss der Abkühlungsart auf die Lage des Haltepunktes Ar_1 von Stahl 0,6 % C

Texturen können entstehen beim Gießen, Umformen und Rekristallisieren.

Bild 2.20 Gusstextur in Al-Gussbarren

Hinweis: In Schweißnähten lässt sich eine ähnliche Ausrichtung senkrecht zu den Kanten der verschweißten Bleche erkennen

Beispiel: Gerichtete Erstarrung von Bauteilen erfolgt nach dem Bridgeman-Verfahren. Sie wachsen unter Vakuum in Kokillen auf wassergekühlten, absenkbaren Cu-Platten auf. Im Bereich der Erstarrungszone liegt die Formtempe-

Temperaturen reduziert, die Zeitstandfestigkeit steigt. Eine Weiterentwicklung ist die einkristalline Schaufel.

Die Entstehung einer Walztextur ist in Bild 2.21 schematisch dargestellt. Die Kristallite verformen sich in Richtung des geringsten Widerstands, also senkrecht zum Walzdruck. Dadurch ähnelt ein so verformtes, vielkristallines Metall mit seinen richtungsabhängigen Eigenschaften einem Einkristall.

Ausrichtungen im Gefüge entstehen durch die Schlackenteilchen (Oxide, Sulfide u. a.), die sich trotz aufwändiger Herstellung noch im Metall befinden. Sie werden bei der Warmumformung z. T. gestreckt und durchsetzen als dünne Fasern das Gefüge. Durch diese Schmiedefaser (Bild 2.22), werden längs und quer zur Faser unterschiedliche Eigenschaften beobachtet, ohne dass eine Textur vorliegt. Die Anteile an Schlacken- und Gaseinschlüssen werden durch Vakuumbehandlung stark herabgesetzt. Dadurch gleichen sich die Eigenschaften von Längs- und Querproben an (→ Zahlenbeispiel). Der Stahl verhält sich nahezu isotrop. Gleichzeitig erhöht sich die Dauerfestigkeit.

Stähle für hochbeanspruchte Werkzeuge (z. B. Druckgießformen, Gesenke) werden ebenfalls vakuumbehandelt.

In Verbindung mit der Schmiedefaser tritt beim Warmumformen auch das Zeilengefüge auf. Dabei kristallisiert eine Phase an die Schlackenteilchen als Keim, während sich die zweite Phase dazwischen anordnet (Bild 2.23).

2.1.6 Verformung am Idealkristall (Modellvorstellung)

Eine wesentliche Eigenschaft der Metalle ist ihre plastische Verformbarkeit, Duktilität genannt.

ratur über der Erstarrungstemperatur, um eine Wandkristallisation zu verhindern. Auch zur Züchtung von Einkristallen (Si, GaAs, Rubine) eingesetzt. Anwendung für Laser und Halbleiter.

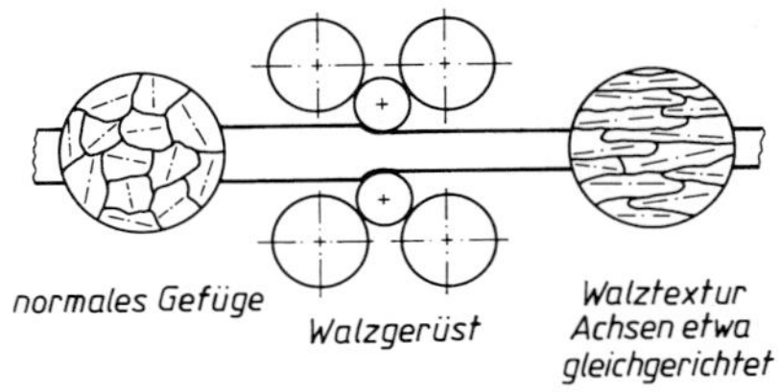

Bild 2.21 Entstehung einer Walztextur

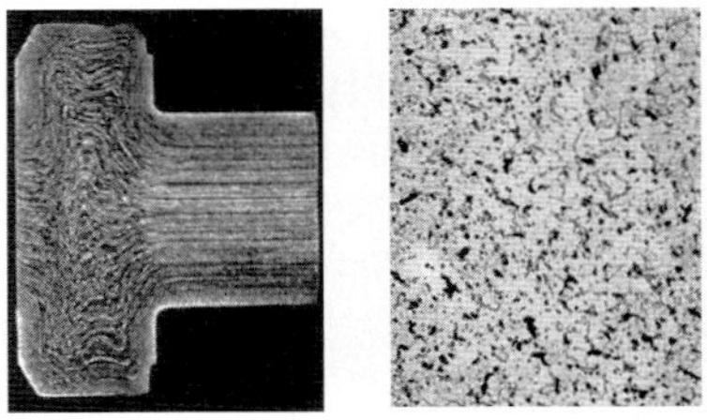

Bild 2.22 Faserverlauf im Kopf einer Schraube, links Längsschliff; rechts Querschliff 100:1

Beispiel: Vergütungsstahl 30CrNiMo8

Erschmelzung		Elektro-Stahl		Vakuum-Stahl	
Richtung		längs	quer	längs	quer
Bruchdehnung A	%	15	10	16	15,5
-einschnürung Z	%	60	32	62	58
Kerbschlagarbeit KV	J	60	25	75	65

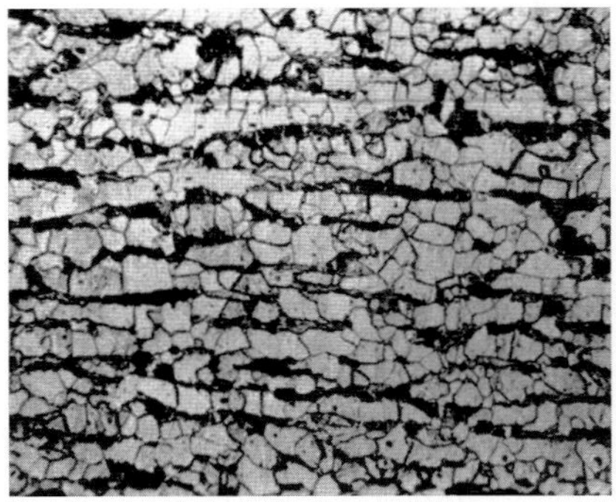

Bild 2.23 Zeilengefüge von Stahlblech; hell: Ferrit; dunkel: Perlit 200:1

Zur Erklärung der inneren Vorgänge, die sich dabei abspielen, wird hier zunächst als Modell ein idealisierter Kristall, der **Idealkristall** benutzt. Er ist im Gegensatz zum Realkristall ohne Fehler oder Gitterstörungen aufgebaut.

Hinweis: Im **Realkristall** sind die Verformungsvorgänge komplizierter, sie werden im Kapitel 2.2 behandelt.

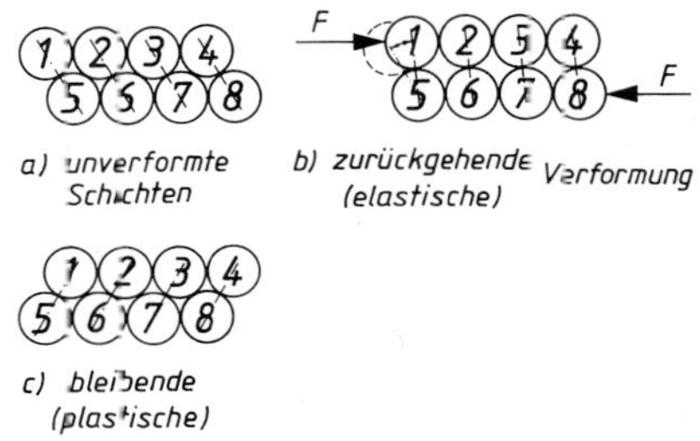

Bild 2.24 Elastische und plastische Verformung von Atomschichten, schematisch

Elastische Verformung. Bei niedrigen Belastungen verformt sich ein Bauteil (z. B. eine Blattfeder) so, dass die Verformung bei Entlastung wieder **zurückgeht.** Konstruktionsteile dürfen nur so beansprucht werden. Bild 2.24 zeigt diesen Vorgang schematisch an zwei Atomschichten.

Durch die Kraft F wird die obere Lage (Zahlen 1…4) aus den Mulden herausgehoben (Bildteil b). Solange sie noch nicht „über den Berg" ist, kann sie bei Entlastung wieder in die alte Lage zurückfallen. Erst wenn die Kräfte $\boldsymbol{F}$ groß genug sind, wird die obere Lage „über den Berg" geschoben. Dann hat eine bleibende (plastische) Verformung stattgefunden (Bild 2.24c).

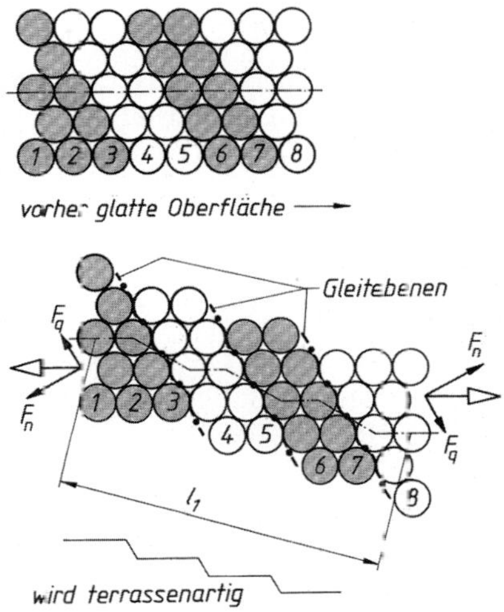

Bild 2.25 Gleiten am Einkristall, schematisch

Plastische Verformung

Modellvorstellung am **Idealkristall:** Die äußeren Kräfte F auf einen Kristalliten lassen sich nach Bild 2.25, o. in Bezug auf eine Atomschicht in Normalkomponenten F_n und Schubkomponenten F_q zerlegen. Sie erzeugen im Innern Normal- und Schubspannungen.

Bei größeren plastischen Verformungen gleiten Kugelschichten unter der Wirkung der Schubspannungen aneinander vorbei (Bild 2.25 u.). Im unverformten Zustand ist die Oberfläche eben (Ziffern 1…8). Die äußeren Kräfte F verformen den Kristalliten so, dass er länger und dünner wird.

Die verschobenen Atomschichten ergeben an der Oberfläche Stufen mit parallelen Linien (Gleitlinien, Bild 2.26). Die terrassenartig verformte Oberfläche wirkt matt.

Bild 2.26 Gleitlinien an der Oberfläche eines verformten Metalles

Dieses Gleiten findet auf **Gleitebenen statt.** Sie liegen zwischen Atomschichten mit dichtester Packung, weil dort der Schichtabstand groß ist und das „Herausheben über den Berg“ eine kleine kritische Schubspannung (→) erfordert. Bei Schichten mit größeren Atomabständen sinken die oben liegenden Kugeln tiefer in die untere Schicht ein. Das ergibt größere kritische Schubspannungen.

Die kleinste kritische Schubspannung innerhalb eines Gitters liegt in den sog. Gleitebenen vor, weil dort ist die „Reibung“ niedrig ist.

Gleitebenen sind zunächst die Gitterebenen *zwischen* den dichtest gepackten Kugelschichten im hdP- und kfz-Gitter (Bild 2.27).

HdP-Gitter: 1 Basisebene und alle parallel dazu liegenden Ebenen. Die Seitenflächen sind weniger dicht gepackt.

Kfz-Gitter: 4 Tetraederflächen (1 davon ist eingezeichnet).

Gleitrichtungen ergeben sich aus dem geringsten Energieaufwand unter Erhaltung der Schichtfolge. Bild 2.28 zeigt eine Tetraederebene im kfz-Gitter. Gleitrichtungen sind die Flächendiagonalen (1). Bei Verschiebungen in den Richtungen (2) ergeben sich Stapelfehler (Bild 2.39).

Gleitebenen werden nur dann einer Schubspannung ausgesetzt, wenn sie unter einem Winkel < 90° zur äußeren Kraftrichtung liegen (Bild 2.29). Bei 45° zur Zugrichtung erreichen die Schubspannungen ein Maximum (→ Hinweis). Dort beginnt die plastische Verformung evtl. auch in weniger dicht gepackten Ebenen.

Gleitebenen und Gleitrichtungen bilden das **Gleitsystem** mit den Gleitmöglichkeiten. Die verschiedenen Kristallsysteme unterscheiden sich darin stark (Tabelle 2.9).

Beispiel: Die kritische Schubspannung τ_0 für den Idealkristall liegt theoretisch bei 0,1 Schubmodul G, z. B. für Fe: τ_{th} = 8000 MPa, im Realkristall wegen größerer Abstände durch Kristallfehler sehr viel niedriger (↓).

Metall/Gitter		Cd, hdP	Cu, kfz	Fe, krz
τ_{th}	MPa	200	4200	8000
τ_0	MPa	**0,5**	**0,6**	**14**

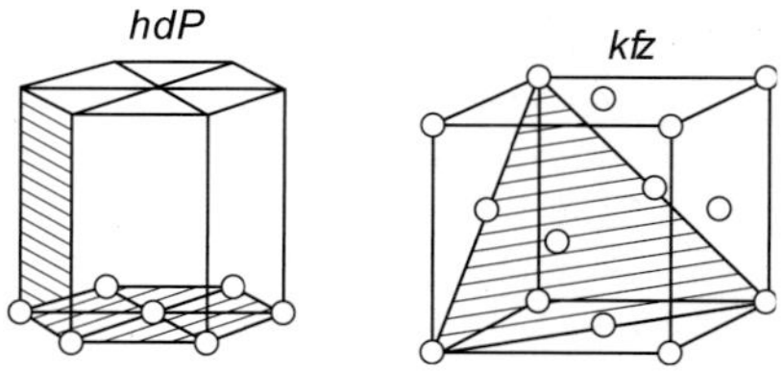

Bild 2.27 Gleitebenen in den beiden dichtest gepackten Metallgittern

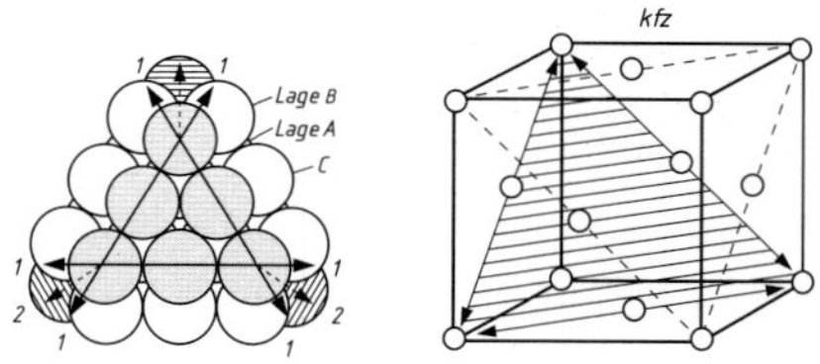

Bild 2.28 Gleitrichtungen im kfz-Gitter

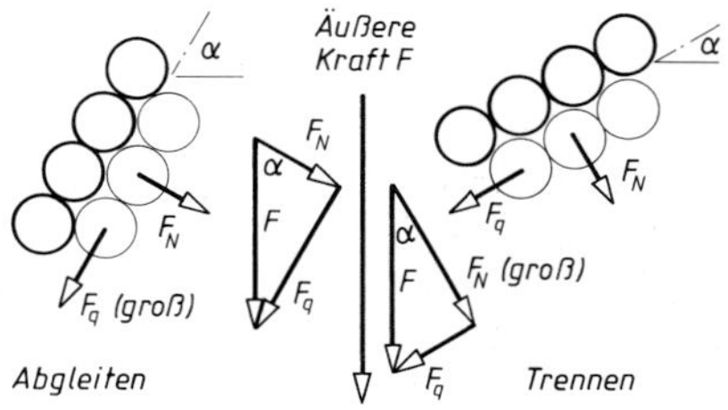

Bild 2.29 Lage der Gleitebenen zur Richtung der äußeren Kraft

Hinweis: Herleitung bei Bild 15.13

Gleitmöglichkeiten sind das Produkt aus der Anzahl der Gleitebenen und Gleitrichtungen in der EZ. Tabelle 2.9 vergleicht die Kristallsysteme unter diesen Gesichtspunkten.

Die **kfz-Metalle** besitzen mit den 4 Tetraederflächen sehr viele Gleitebenen, die sich unter 60° schneiden.

Die **krz-Metalle** haben insgesamt mehr Gleitsysteme, aber mit weniger dicht gepackten Ebenen, in denen eine größere Schubspannung erforderlich ist (Bild 2.30). Ihre Verformbarkeit ist gut bei größerem Energieaufwand.

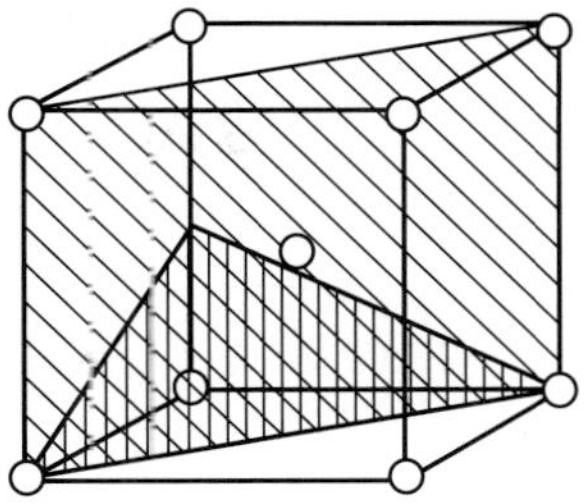

Bild 2.30 Gleitebenen im krz-Gitter

Tabelle 2.9: Vergleich der Kristallgitter und Gleitsysteme

Gitter	kub. -flächenzentriert **kfz**	kub. -raumzentriert **krz**	hex. dichteste Pckg. **hdP**
Hauptgleitebenen	**4** Tetraederflächen (und alle dazu parallelen) {111}[1)]	**6** Dodekaederebenen mit der Raumdiagonalen {110}	**1** Basisebene (und alle dazu parallelen) {0001}
weitere mögliche Gleitebenen	Würfelaußenflächen {110}	**6** Flächen mit der Raumdiagonalen {110} dazu 12 {112} + 24 {123}	Prismenaußenflächen {1010}
Gleitrichtungen	**3** mal in Richtung der Flächendiagonale < 110 >[1)]	**2** mal in Richtung Raumdiagonale < 111 >	**3** Richtungen unter 120°
Gleitsysteme	**12** mit kleinen Kräften sehr stark verformbar	**12** (+ 12 + 24) mit großen Kräften stark verformbar	**3** mit niedrigen Kräften nur gering verformbar

1) Die in Klammern gesetzten Ziffern sind die Miller'schen Indizes, die eine mathematische Behandlung der Gittergeometrie ermöglichen. Ihre Herleitung ist in der weiterführenden Literatur zu finden. {111}-Klammern: Gesamtheit der Tetraederflächen, < 110 >-Klammern: Gesamtheit der Flächendiagonalen

Zwillingsbildung ist eine weitere Möglichkeit der plastischen Verformung. Hier klappen Teile des Kristalliten unter Schubspannungen in eine spiegelbildliche Lage um. Bild 2.31 vergleicht schematisch den Gleitvorgang mit der Zwillingsbildung.

Im Schliffbild sind Zwillinge durch parallele Linien zu erkennen (Bild 2.15). Die Zwillingsbildung ist besonders für hexagonale Metalle (Mg, Ti) mit ihren begrenzten Gleitsystemen eine zusätzliche Verformungsmöglichkeit.

Bei höherfesten Stahlblechen zum Kaltumformen wird die Zwillingsbildung zur Verfestigung benutzt (TWIP-Stähle, Tab. 4.26).

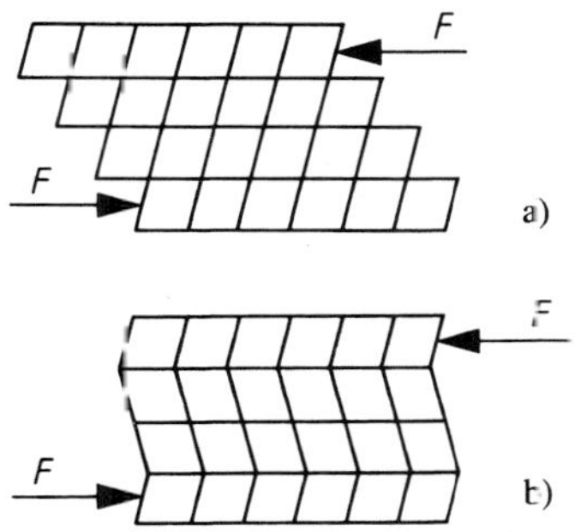

Bild 2.31 a) Gleiten und b) Zwillingsbildung

Kaltverfestigung (am Idealkristall)

Eine steigende Verformung des Metalls erfordert immer größere Kräfte, seine Härte nimmt zu. Anscheinend steigt die „innere Reibung". Am Ende sind alle Gleitmöglichkeiten erschöpft. Weitere Versuche, das Metall zu verformen, führen zu Rissen und Bruch.

Beispiel: Cu-Rohr lässt sich leicht biegen. Zum weiteren Nachrichten ist bereits ein größerer Kraftaufwand nötig, der Werkstoff ist härter geworden. Jedes Nachbiegen verstärkt diese Erscheinung bis zum Verspröden. Weitere Verformung führt zum Bruch.

Die Verfestigung durch Umformen wird als Kaltverfestigung (auch Verformungsverfestigung) bezeichnet. Sie tritt auf, wenn Metalle bei niedrigen Temperaturen verformt werden.

> Kaltverfestigung ist der Anstieg von Härte und Festigkeit beim Kaltumformen. Dabei sinkt die restliche Kaltumformbarkeit, der Werkstoff wird spröder.

Sie tritt nur bei Metallen mit höheren Schmelzpunkten auf. Blei, Zinn, Zink u. a. verfestigen nicht.

Mit der Zunahme der Gitterfehler (und der Spannungen) ändern sich nicht nur die mechanischen, sondern weitere chemisch-physikalische Eigenschaften (↓):

Korrosionsbeständigkeit: Die stark verformten Bereiche sind *unedler* als ihre Umgebung, sie sind unbeständiger und werden korrodiert.

Elektrische Leitfähigkeit beruht auf der Beweglichkeit der Leitungselektronen. Durch Zunahme der Gitterfehler und Spannungen sinkt sie bis auf 95 % gegenüber dem unverformten Zustand.

Verformungsgrad $\boldsymbol{\varepsilon}$ ist allgemein die prozentuale Änderung des Querschnittes im Verhältnis zum Ausgangsquerschnitt.

Beim Walzen von Blech oder Band ist es die prozentuale Dickenänderung Δs (→).

$$\varepsilon = \frac{\text{Querschnittsänderung } \Delta A}{\text{Ausgangsquerschnitt } A_0} \times 100\,\%$$

Verformungsgrad, Beispiel: Blech von 5 mm Dicke wird auf 1,5 mm abgewalzt.

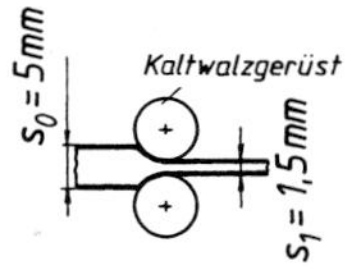

$$\text{Verformungsgrad } \varepsilon = \frac{\Delta s}{s_0} 100\,\% = \frac{3{,}5\,\text{mm}}{5\,\text{mm}} 100\,\%$$

$$\varepsilon = 70\,\%$$

Eigenschaftsänderungen

Bild 2.32 zeigt den Einfluss steigender Verformung auf Rein-Al und eine Legierung AlMn. Die Zugfestigkeit kann durch starke Kaltumformung etwa verdoppelt werden. Die weitere Verformbarkeit (hier als Bruchdehnung A) sinkt jedoch steil ab. Das ist charakteristisch für die Kaltverfestigung.

Der Kurvenverlauf zeigt: Die Legierung besitzt im unverformten Zustand eine höhere Zugfestigkeit (Mischkristallverfestigung) aber kleinere Dehnung als das reine Al. Im Verformungsbereich zwischen 20…60 % liegen beide Werte jedoch **über** denen des Reinmetalles.

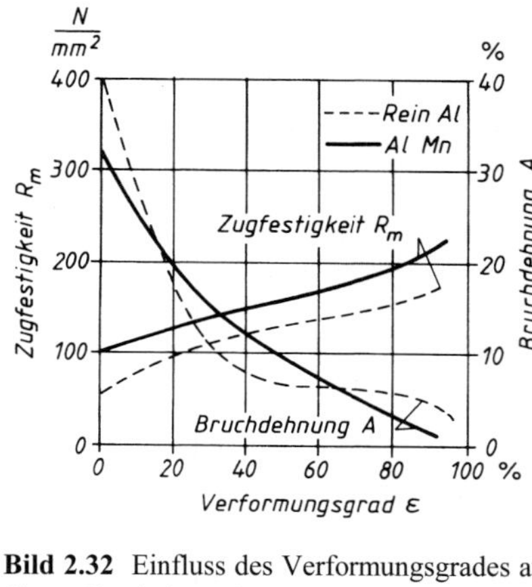

Bild 2.32 Einfluss des Verformungsgrades auf die mechanischen Eigenschaften

2.2 Struktur und Verformung der Realkristalle

2.2.1 Kristallfehler

Bei idealen Kristallen sind alle Gitterpunkte besetzt, die Bausteine haben kleinste Abstände und damit das Energie-Minimum. Reale Metalle bestehen aus Kristalliten mit Baufehlern, die zu Gitterverzerrungen (Aufweitungen und Verdichtungen) führen und damit einen *höheren* Energiezustand haben.

Alle Gitterfehler erhöhen die Kristallenergie.

Gitterfehler entstehen bei der Kristallisation (→) durch die ständigen Schwingungen der Atome (Wärmebewegung), Energiezufuhr durch Verformungsarbeit oder energiereiche Strahlen. Hilfreich ist die Einteilung nach der *Ausdehnung* der Fehler, ihrer Dimension, in ein-, zwei-, oder dreidimensionale.

a) Punktförmige Fehler, Bild 2.33, (auch nulldimensionale), sind unbesetzte Gitterplätze, sog. **Leerstellen,** sowie die **Fremdatome.** Leerstellen enthält jeder Kristall. Ihre Konzentration, die Leerstellendichte, erhöht sich bis zum Schmelzpunkt auf etwa 0,01 %.

Leerstellen ermöglichen die Diffusion.
Fremdatome erhöhen die Festigkeit (Mischkristallverfestigung).

Durch energiereiche Strahlen können Atome von Gitterplätzen auf einen Zwischengitterplatz verschoben werden, wobei eine Leerstelle zurückbleibt.

b) Linienförmige Fehler (eindimensionale) sind die **Versetzungen.** Zum Verständnis ihrer Wirkungsweise werden sie zunächst in zwei Grundtypen eingeteilt, die meist gemischt auftreten.

Stufenversetzungen (Bild 2.34 und 2.35) sind tunnelartige Hohlräume, die durch einen Teilungsfehler entstehen. Versetzungslinien liegen senkrecht zur Schubrichtung mit dem Gleitschritt b. Die dargestellte Versetzung ist positiv (⊥). Bei negativen Versetzungen (T) endet die überschüssige Schicht von unten an der Gleitebene.

Fehlerursache: Beim Erstarren von Druckguss erfolgt die Kristallisation innerhalb Sekunden. In dieser Zeit muss eine große Zahl von Atomen seinen Gitterplatz finden.

Ein Kristall von 1 cm³ Volumen enthält etwa 10^{23} Atome.

Wenn die Kristallbildung an den kälteren Formwänden beginnt, ist es, als ob ein dichter Hagelschauer auf die sich bildenden Kugelschichten niedergeht. So entstehen Fehler.

Nur bei langsam wachsenden Einkristallen sind fast fehlerfreie Strukturen herstellbar. Sie werden mit einem Einkristallkeim unter Drehung aus einer Schmelze langsam mit Geschwindigkeiten von wenigen mm/h abgezogen (Czochralski- oder Bridgeman-Verfahren).

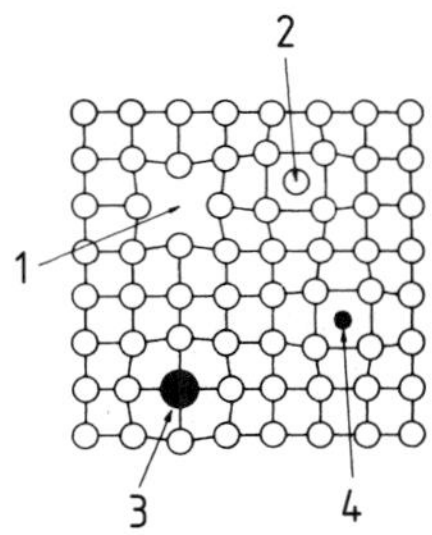

Bild 2.33 Punktfehler im kubisch-einfachen Gitter aus Atomen. 1 Leerstelle; 2 Atom auf Zwischengitterplatz; 3 Austauschatom (größer); 4 Einlagerungsatom (kleiner)

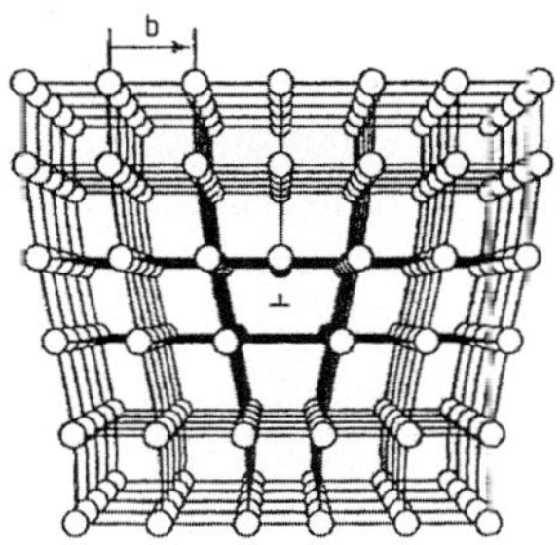

Bild 2.34 Stufenversetzung im kubisch einfachen Gitter

Bild 2.35 zeigt schematisch das Entstehen einer Stufenversetzung durch Schubkräfte. Sie drücken oberhalb des waagerechten Schnittes (der Gleitebene) die senkrechten Atomschichten zusammen (Kompressionszone), sodass dem unteren Teil eine Schicht zu viel gegenübersteht. Der untere Teil wird gedehnt (Dilatationszone).

Als Folge der Spannungen ziehen sich ungleiche Versetzungen an und können sich bei höheren Temperaturen auslöschen.

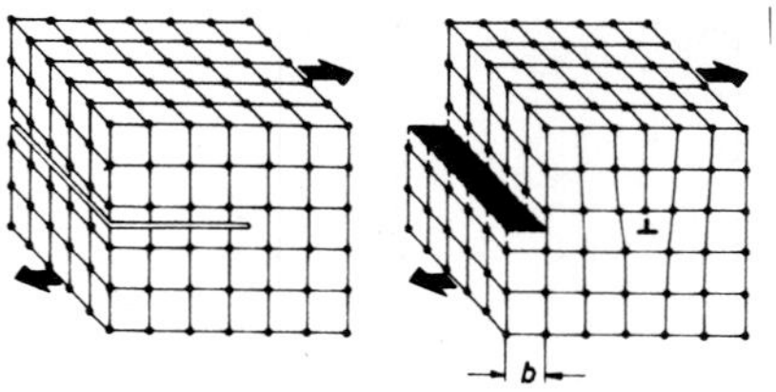

Bild 2.35 Entstehen einer Stufenversetzung durch Schubkräfte (*Macherauch*)

Schraubenversetzungen (Bild 2.36). Durch Gleiten eines Segmentes *parallel* zur Versetzungslinie entsteht eine rampenartige Fläche um die Versetzungsachse (Schraubenachse), die linke Seitenfläche wird durch das Abscheren zum Teil einer Schraubenfläche (Wendeltreppe).

Meist entstehen kombinierte Versetzungen aus beiden Arten, sodass die Versetzungslinien gekrümmt sind (Bild 2.37). Sie durchsetzen in hoher Zahl die Kristallite und enden an den Oberflächen, wo sie metallographisch nachgewiesen werden können.

Nachweis von Versetzungen. Beim Ätzen werden die verspannten und damit unedleren Bereiche um die Austrittsstelle angegriffen. Es entstehen Ätzgrübchen.

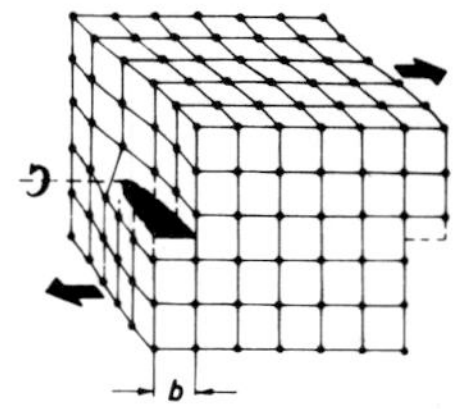

Bild 2.36 Schraubenversetzung (*Macherauch*)

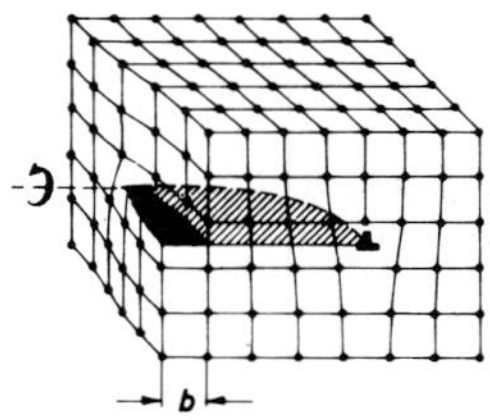

Bild 2.37 Kombinierte Versetzung

Bedeutung der Versetzungen:

- Der innere Widerstand gegen Abgleiten sinkt (kleinere kritische Schubspannungen).
- Ihre Beweglichkeit ist die Grundlage für die plastische Verformung.
- Kaltverfestigung beruht auf der Neubildung weiterer Versetzungen, die sich dabei gegenseitig bei den Gleitvorgängen behindern.

c) Flächenförmige Fehler (Bild 2.38, zweidimensionale) sind die Korngrenzen, die Bereiche zwischen den Kristallkörnern eines vielkristallinen Metalles mit ungleich gerichteten Kristallachsen. Dort ist die Regelmäßigkeit gestört.

Die Länge der Versetzungen je Volumeneinheit wird als **Versetzungsdichte** bezeichnet. Sie nimmt mit der Kaltumformung zu. Die Versetzungsdichte reicht von 10^6 cm/cm^3 geglüht bis zu 10^{12} cm/cm^3 nach starker Kaltumformung.

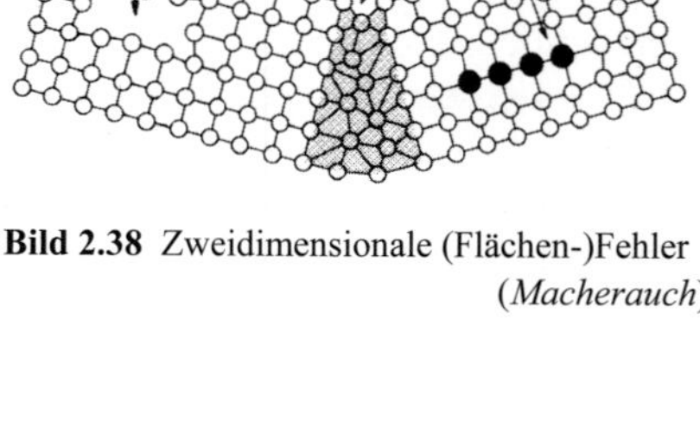

Bild 2.38 Zweidimensionale (Flächen-)Fehler (*Macherauch*)

Korngrenzen unterbrechen die Gleitvorgänge, d. h. die Versetzungslinien können sie nicht über-winden und stauen sich. Damit behindern sie das Wandern der nachfolgenden Versetzungen und erhöhen damit den Kraftbedarf zur weiteren Verformung. Das ist eine Ursache der Verformungs-(Kalt-)verfestigung.

Hinweis: Bei Kristalliten mit ungleichen Kristallgittern werden Korngrenzen auch Phasengrenzen genannt (→ Bild 2.40).

Stapelfehler (Bild 2.39) sind Bereiche mit einer anderen Stapelfolge wie die Umgebung (z. B. ABAB-Folgen (hex), im kfz-Gitter mit AB-CABC-Folgen). Sie entstehen z. B. bei der Kristallisation, wenn eine Schicht von außen nach innen wächst. Beim Zusammenwachsen entstehen Teilversetzungen.

Stapelfehler unterbrechen die Gleitebenen und behindern damit die Gleitvorgänge.

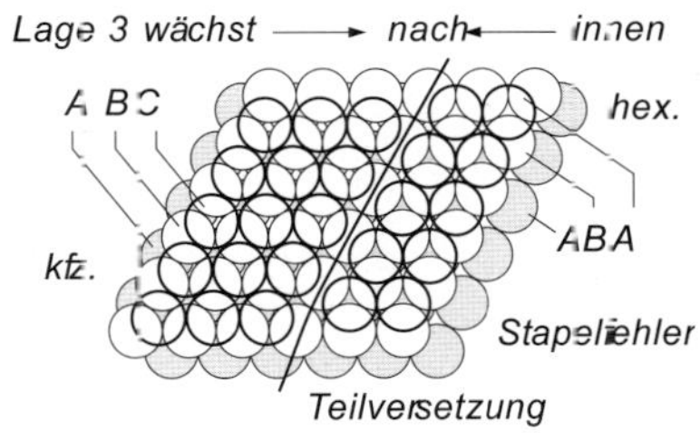

Bild 2.39 Entstehung einer Teilversetzung mit Stapelfehler. Während links die Stapelfolge ABC (kfz) vorliegt, ist sie im rechten Teil ABA (hex.).

d) Dreidimensionale Fehler (Bild 2.40) sind kleinste Körper mit anderer Struktur als die Matrix. Sie bleiben als Verunreinigungen beim Erschmelzen zurück oder werden gezielt durch Behandlungsverfahren zur Eigenschaftsänderung eingebaut (→ 2.3.4 Teilchenverfestigung).

Wechselwirkungen: Gitterfehler können aufgrund des umgebenden Spannungsfeldes (Zug- und Druckspannungen) miteinander reagieren. Beim Umformen eingebrachte Energie und/oder thermische Aktivierung begünstigen diese Vorgänge. Tabelle 2.10 gibt eine Übersicht (Vertiefung in der weiterführenden Literatur).

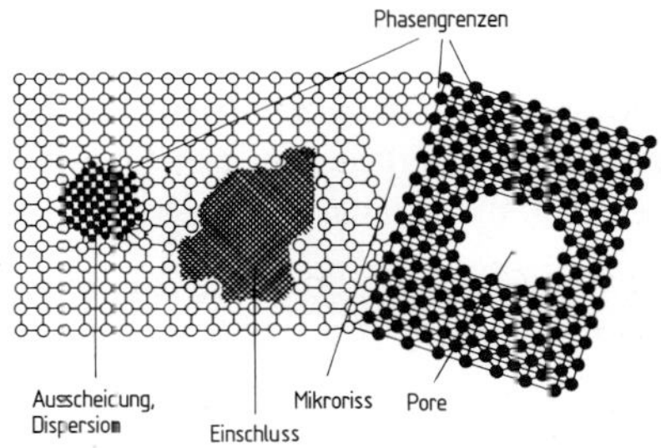

Bild 2.40 Dreidimensionale (Volumen-)-fehler (*Macherauch*)

Tabelle 2.10: Zusammenfassung: Gitterfehler, Entstehung und Wechselwirkungen

Dim.	Bezeichnung	Entstehung	Reaktion mit anderen Fehlern bei Kaltumformung oder Erwärmung (thermischer Aktivierung)
0	Leerstellen	Entropiestreben, Anzahl steigt mit der Temperatur	Leerstellen ziehen Fremdatome an, sie ermöglichen das Klettern einer Stufenversetzung in eine parallele Gleitebene
0	Fremdatome	Verunreinigungen, Legieren	werden von Versetzungen und Leerstellen angezogen
1	Versetzung	fehlerhaftes Kristallwachstum	ungleichartige Versetzungen in *einer* Gleitebene können sich auslöschen, gleichartige sich blockieren. Aufspaltung in zwei Teilversetzungen (kleinere Gleitschritte)
2	Korngrenze	Kristallisation der Schmelze, Rekristallisation bei $T > 0{,}4\ T_m$	Behindern das Wandern von Versetzungen, es kommt dort zum Stau, d. h. höherer Versetzungsdichte
2	Stapelfehler	fehlerhaftes Schichtwachstum	unterbrechen Gleitebenen, sind selbst nicht gleitfähig
3	Teilchen	Ausscheidung in übersättigten Mischkristallen	Versetzungen müssen das Hindernis abscheren oder umgehen und bilden dabei neue Versetzungen

2.2.2 Verformung der Realkristalle und Veränderung der Eigenschaften

Modellvorstellung im Realkristall. Die wirklichen kritischen Schubspannungen sind um Zehnerpotenzen kleiner als der theoretische Wert beim Gleiten ganzer Atomschichten (Tabelle 2.11). Die Ursache sind die Versetzungen.

Die modellhafte Erklärung der Gleitvorgänge in Gleitebenen unter bestimmten Gleitrichtungen kann beibehalten werden. Sie wird durch die Existenz der Versetzungen nur abgewandelt:

Idealkristall: Schrittweises Gleiten ganzer *Atomschichten,*

Realkristall: Schrittweises Wandern von *Atomreihen* an den Versetzungslinien.

Bild 2.41a zeigt das Wandern einer Stufenversetzung unter Wirkung einer Schubspannung τ. Dabei wandert die Störung nach rechts und erzeugt unter Auflösung eine Verschiebung um einen Schritt b. Der Vergleich mit dem Ausstreichen einer Teppichfalte ist in Bild 2.4b dargestellt.

Tabelle 2.11: Vergleich zwischen theoretischen (τ_{th}) und wirklichen (τ_0) kritischen Schubspannungen

Metall/Gitter	**Cd,** hdP	**Cu,** kfz	**Fe,** krz
Ideal τ_{th} MPa	200	4200	8000
Real τ_0 MPa	0,5	0,6	14

(nach *Guillery*, am Einkristall gemessen)

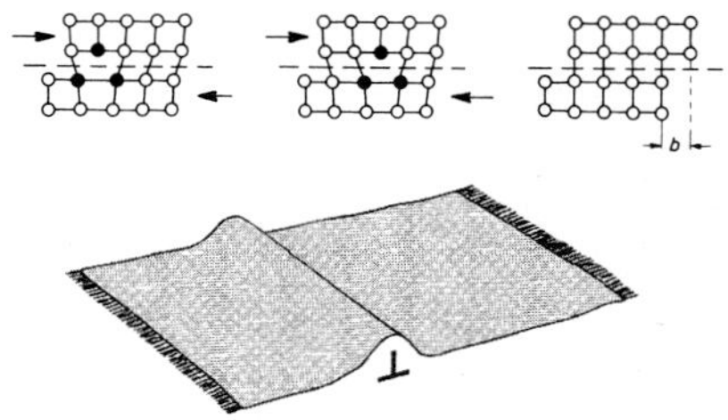

Bild 2.41 a) Wandern einer Stufenversetzung
b) Wandern einer Teppichfalte

2.3 Verfestigungsmechanismen

Reine Metalle haben meist eine niedrige Festigkeit. Für die technische Verwendung ist eine Steigerung der Streckgrenze wichtig, also der Spannung, bei der eine erste kleine plastische Verformung beginnt.

Das wurde schon im Altertum durch Legierungselemente erreicht (→). Diese Technik beruht u. a. auf der sog. Mischkristallverfestigung.

Dieser Abschnitt behandelt die Mechanismen zur Erhöhung der Festigkeit metallischer Kristalle. Gezielt herbeigeführte Gitterstörungen durch Versetzungen und Legierungsatome erhöhen die kritische Schubspannung τ_0, bei der **Versetzungen zu wandern** beginnen (Hinweis →).

Die ersten beiden Mechanismen sind auch für Reinmetalle anwendbar (→), die beiden letzten benötigen Legierungsatome.

Hinweis: Für Verfestigung wird auch der Begriff Härtung verwendet (von engl. hardening).

Die moderne Technik benötigt leichte Werkstoffe mit möglichst hohen Festigkeiten. Stahl, als Schwermetall steht in Konkurrenz zu den Leichtmetallen, diese wiederum zu den Kunststoffen mit allgemein niedrigerer Festigkeit.

Bronzezeit ist nach der als Bronze bezeichneten Cu-Sn-Legierung benannt. Mit 6...20 % Zinn wurde das weiche Kupfer verfestigt und für Waffen, Geräte und Schmuck geeignet gemacht.

Hinweis: Wichtig ist es, das Wandern zu erschweren, aber nicht unmöglich zu machen. Damit verbleibt eine gewisse Duktilität, die dem Werkstoff eine der Beanspruchung angepasste Zähigkeit gibt. Das ist zur Umformung und für die Dauerfestigkeit (Kerbwirkung) wichtig.

Verfestigungsmechanismen sind:

- Verformungs-(Kalt-)verfestigung,
- Korngrenzenverfestigung (Feinkorn)
- Mischkristallverfestigung,
- Teilchenverfestigung.

2.3.1 Mischkristallverfestigung

Reinmetalle bestehen aus gleichgroßen Atomen, die Gleitebenen ihrer Kristallite sind eben.

Bei Mischkristallen wird je nach Größe der enthaltenen Fremdatomen das Kristallgitter örtlich verzerrt. Die punktförmigen Fehler führen zu Unebenheiten der Gitterebenen. Es entstehen

- **„Mulden"** durch Atome mit kleinerem und
- **„Höcker"** mit größerem Atom-∅.

Durch das verzerrte Kristallgitter ist die kritische Schubspannung erhöht (Bild 2.42).

Die **Dichte** der Unebenheiten ergibt sich aus ihrer Anzahl (Konzentration des LE).

Zwei Einflussgrößen bestimmen damit die festigkeitssteigernde Wirkung:

- **Konzentration** der Fremdatome (→),
- **Differenz der Atom-∅** (Tabelle 2.12).

Sie wirken gleichsinnig, je größer, umso stärker ist die Verzerrung des Gitters und die Festigkeitssteigerung. Die Zugfestigkeit R_m steigt mit der Konzentration des LE bis zu einem Maximum. Die Dehnbarkeit (A_5) wird i. Allg. geringer, mit Ausnahmen einiger Cu-Legierungen, Tabelle 2.12).

Tabelle 2.12: Durchmesser (Radius-)differenz der Atome von Cu und LE und Festigkeitssteigerung ΔR_m

LE %	Radius pm	Δ Radius %	R_m MPa	ΔR_m %	A_5 %
Cu	128	—	220	—	50
CuNi10	124	– 2,7	270	**13,6**	35
CuZn10	133	+ 4,2	240	**9**	62
CuAl8	143	+ 11,7	370	**68**	35
CuSn8	151	+ 18,0	430	**95**	65

Die Eigenschaftsänderungen hängen auch von der Bindung der Fremdatome und ihrem Standort ab (Beispiel Titan):

- Metallatome besetzen Gitterplätze,
- kleinere oder Nichtmetallatome die Lücken oder Zwischengitterplätze, wie z. B. das Be in Bild 2.42).

Sie sind deshalb nur gering löslich und erhöhen mit kleinen Anteilen die Festigkeit stark, jedoch mit starkem Abfall der Bruchdehnung (→).

Reinmetalle haben niedrige Härte und Festigkeit. Alle Verunreinigungen erhöhen sie durch Mischkristallverfestigung (Tabelle ↓).

Werkstoff	Festigkeit MPa		Bruchdehnung
	R_m	$R_{p0,2}$	A_5 %
Al 99,8	60	15	35
Al 99	75	25	28

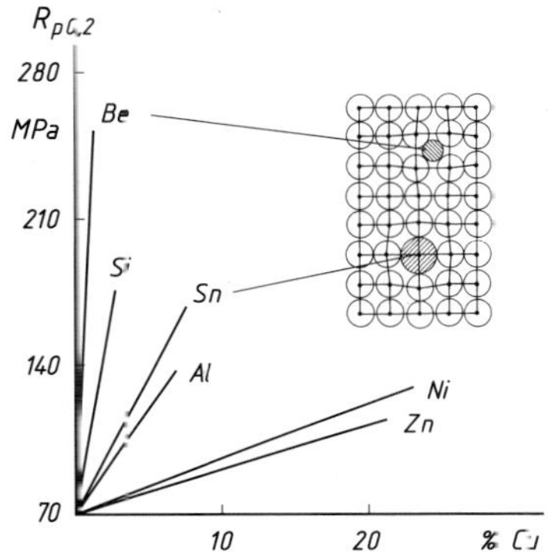

Bild 2.42 Mischkristallverfestigung bei Cu

Hinweis: Die Konzentration eines LE in einem Basisgitter ist von seiner *Löslichkeit* abhängig, Die max. Löslichkeit (Sättigung) hängt von der physikalischen Ähnlichkeit mit den Atomen des Basisgitters ab (→ Legierungsbegriffe 2.5.1, Tabelle 2.22).

Hinweise: Die Verläufe von Festigkeit und Dehnung sind für Cu-Zn in Bild 7.6; für Cu-Sn in Bild 7.7 und für Cu-Ni in Bild 2.61 dargestellt. Die Strukturen von Austausch- und Einlagerungsmischkristallen sind unter *Legierungsstrukturen* zu finden (Bilder 2.59 und 2.60).

Beispiel: Sauerstoff im Titan

O-Gehalt %	0,1	0,2	0,25	0,3
$R_{p0,2}$ in MPa	200	250	350	420
A_5 in %	30	22	18	16

Ein ähnliches Verhalten zeigt Kohlenstoff C im kfz-Eisen (Bild 3.17).

2.3.2 Verformungsverfestigung (→)

Plastische Verformung findet durch Wandern von Versetzungen am *leichtesten* auf den im Kristallgitter vorhandenen Gleitebenen (Bilder 2.27...2.30) statt, die unter kleinen Winkeln zur Richtung der Schubkräfte liegen. Es kommt zur gegenseitigen Behinderung, dabei entstehen neue Versetzungen:

Die **Versetzungsdichte** (→) **steigt,** damit auch die **kritische Schubspannung.**

Für die Umformungstechnik ist der Fließbereich der Spannungs-Dehnungs-Kurve interessant (→). Dafür existieren besondere Fließkurven, mit denen der steigende Kraft- und Energiebedarf für die Umformung berechnet werden kann.

Fließkurven (Bild 2.43) zeigen den Verlauf der Formänderungsfestigkeit k_f (Fließspannung) mit steigendem Umformgrad φ. Die Steigung der Kurven entspricht der Verfestigungsneigung. Sie hängt vom Gittertyp ab und wird auch durch LE beeinflusst.

- **Formänderungsfestigkeit** k_f ist die **wahre** Fließspannung in MPa (auf den Augenblicksquerschnitt bezogen).
- **Umformgrad** φ**:** $\varphi = \ln(1+\varepsilon)$ ist die auf die Momentanlänge bezogene *logarithmische* Formänderung (durch Integration der Differential-Quotienten $\Delta L/L$).

Verfestigungsexponent *n*

Die Fließkurven von Kaltumformstählen und Al-Legierungen können im Bereich von $\varphi = 0{,}2...1$ angenähert durch eine Gerade mit der Steigung *n* im doppellogarithmischen Netz dargestellt werden. Dabei ist *n* der Verfestigungsexponent. Wird die Gleichmaßdehnung ε_{gl} aus dem Zugversuch in die Formel für den Umformgrad φ eingesetzt, so ergibt sich der **Verfestigungsexponent** ***n*** zu

$n = \ln(1+\varepsilon_{gl})$. Zahlenwerte → Tabelle 2.13

Bedeutung der Verformungsverfestigung.

Die Fertigung von Bauteilen durch Kaltumformung hat eine große Bedeutung, weil sie

- Energie sparend ist (kein Erwärmen),
- Oberflächen nicht verändert (Verzunderung),
- kleinere Toleranzen zulässt.

Verformung bei RT wird Kaltumformung genannt. Die eintretende Verfestigung wird deshalb auch als **Kaltverfestigung** bezeichnet.

Sie findet bei Temperaturen **unterhalb** der Rekristallisationsschwelle statt (2.4.2). Durch eine Glühbehandlung **oberhalb** kann die Verfestigung wieder aufgehoben werden, dabei bildet sich ein neues Gefüge mit unverzerrten Kristallkörnern.

Versetzungsdichte ist Länge der Versetzung je Volumeneinheit in der Einheit cm/cm^3. Sie steigt von 10^8 weichgeglüht auf 10^{16} hart gewalzt.

Fließbereich erstreckt sich von oberhalb der Streckgrenze bis zum Beginn der Einschnürung (→ Bild 15.9).

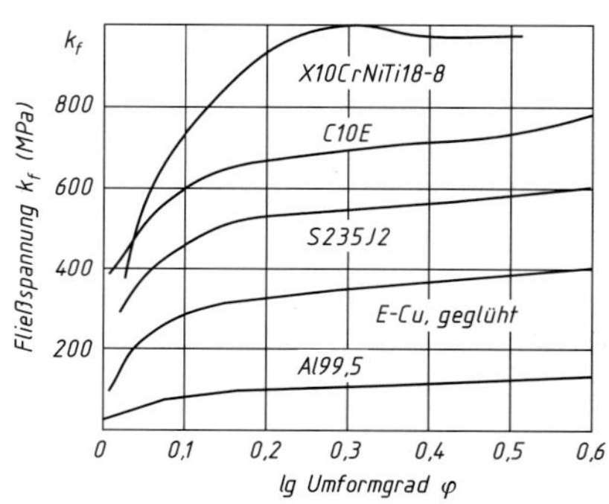

Bild 2.43 Fließkurven einiger Metalle bei RT

Tabelle 2.13: Verfestigungsexponent *n* (→ 4.5.2)

Gitter	Verfestigungsneigung	*n*
kfz	**hoch!** Viele sich schneidende Gleitebenen bewirken Versetzungsstau und Stapelfehler.	**≈ 0,5**
kfz	**mittel!** Hauptwerkstoff sind Stahlbleche zum Kaltumformen. Durch LE wie z. B. 0,1 % P wird *n* erhöht.	**0,18** bis **0,3**
hex	**niedrig!** Keine schneidenden Gleitebenen. Nicht angewandt	**< 0,1**

Beispiele: Bei fließgepressten Schrauben kann durch die Kaltverfestigung evtl. ein Vergüten eingespart werden.

Hinweis: Mechanische Oberflächenhärtung durch Kaltwalzen oder Kugelstrahlen zur Steigerung der Dauerfestigkeit (→ Kapitel 5.6.6).

Für Blech aus NE-Metallen ist die Kaltverfestigung die einzige Möglichkeit die Festigkeit zu erhöhen. Die Lieferzustände werden durch Anhängesymbole nach Norm angegeben . Das Beispiel (→) zeigt drei Möglichkeiten, ausgehend vom Herstellungszustand.

Beispiel (zur Tabelle): Im Zustand H22 wird durch Rückglühen (Kristallerholung) die Bruchdehnung von 5 % auf 8 % erhöht, die Streckgrenze sinkt dabei etwas, von 85 MPa auf 75 MPa gegenüber dem Zustand H12.

Beispiel: Blech Al-Legierung EN-AW-Al Mn1

Symbol	Zustand	R_m	$R_{p0,2}$	A_{50}
F	Herstellungs- zustand	90... 130	35	21
H12	kaltverfestigt (viertelhart)	115... 155	85	5
H22	kaltverfestigt + rückgeglüht (viertelhart)	115... 155	75	8
H18	kaltverfestigt (vollhart)	185	155	2

Werte für Blech 1,5...3 mm dick; Anhängesymbole → Tabellen A.16 + A.18

Karosseriebleche sollen im Werkzeug eine hohe Dehnbarkeit aufweisen, aber als Fertigteil eine hohe Streckgrenze als Widerstand gegen Einbeulen besitzen. Hier sind Werkstoffe mit starker Kaltverfestigung erwünscht (→ 4.5.2)

2.3.3 Korngrenzenverfestigung (Feinkorn)

Tabelle 2.14 gibt eine Übersicht der Verfahren zur Erzeugung feinkörniger Gefüge.

Tabelle 2.14: Wege zum Feinkorn

Werkstoff	Maßnahme
Stähle	Feinkornstähle durch thermomechanische Verfahren (→ 5.5), allgemein durch Normalglühen (→ 5.2.1) oder Vergüten (→ 5.3.8)
Knetwerkstoffe	Rekristallisation nach starker Kaltumformung
Gusswerkstoffe	Schmelzzusätze, die als Fremdkeime wirken

Korngrenzen bilden für Gleitvorgänge ein Hindernis, da die Nachbarkristallite eine andere Ausrichtung der Gleitebenen haben.

Die Fläche der Korngrenzen lässt sich durch feinkörnige Gefügeausbildung erhöhen. Bei kleinem Korndurchmesser erreichen die Versetzungen schneller die Korngrenzen. Zum Überwinden der Korngrenzen müssen größere Schubspannungen aufgebracht werden ⇒ die Streckgrenze steigt.

Im Gegensatz zu den anderen Verfestigungsmechanismen steigt hier neben der Festigkeit auch die Duktilität (→ Beispiel).

Beispiel: Kornverfeinerung am Stahlguss mit 0,25 % C[1)]

Eigenschaft Einheit	R_e MPa	A_5 %	Z %	A_v J
Grobkorn	230	13	14	20
Feinkorn	280	24	40	65
Änderung %	**+ 22**	**+ 84**	**+ 185**	**+ 225**

[1)] entspricht etwa dem Stahlguss GP260GH

Bei feinem Korn besteht die Wahrscheinlichkeit, dass mehr Gleitebenen günstig zur Richtung der Zugbeanspruchung liegen (45°), so können mehr Gleitvorgänge ablaufen.

Beachte: Änderung der Bruchdehnung A_5 und Brucheinschnürung Z

Die Verkleinerung der Korngröße wird bei harten, spröden Werkstoffen ausgenutzt, um sie weniger spröde herzustellen, z. B. bei Sinterhartmetallen 11.1.6; Sinterkeramik 8.2.

Bei spröden Werkstoffen wird zur Beurteilung der Zähigkeit die *Biegefestigkeit* herangezogen. Sie steigt mit sinkender Korngröße (→ Bild 8.1, Korngröße und Biegefestigkeit).

2.3.4 Teilchenverfestigung

Als Gleithindernisse für die Versetzungen wirken hierbei feindisperse Teilchen (Partikel) auf allen vorhandenen Gleitebenen innerhalb der Kristallite.

Begriff dispers: zerstreut, fein verteilt,

- Größe etwa 0,002...0,1 μm
- mittlerer Abstand von 0,1...0,5 μm

Wichtig ist eine Optimierung von Größe und Abstand der Teilchen.

Die Wirkung kann mit der Mischkristallverfestigung verglichen werden. Es wirken allerdings nicht nur einzelne Atome, sondern größere Ansammlungen (Teilchen) von ihnen. Entsprechend größer sind auch die

- Verzerrung des Kristallgitters, und
- kritische Schubspannung τ_0 zur Bewegung der Versetzungen.

Je nach Art der beteiligten Atome und Entstehung können folgende Teilchenarten mit steigender Größe auftreten (Bild 2.44).

- **Cluster** sind *ungeordnete* Ansammlungen weniger LE-Atome *innerhalb* des Mischkristalls.
- **GP-Zonen** (nach *Guinier* und *Preston*) sind scheibchenförmige Kristalle einer Atomart im Mischkristall mit ca. 10 nm Durchmesser (bei Al-Legierungen beobachtet).
- **Kohärente** Ausscheidungen (Bild 2.44 a) behalten noch das Wirtsgitter in *verzerrter* Form bei und wirken sich am stärksten auf die Umgebung aus und ergeben eine **starke Gleitblockierung**.
- **Inkohärente** Ausscheidungen (Bild 2.44b) besitzen ein artfremdes Gitter und verzerren das Wirtsgitter wenig, sie ergeben eine **geringere Gleitblockierung**.
- **Teilkohärente Ausscheidungen** sind eine Mischung aus beiden.

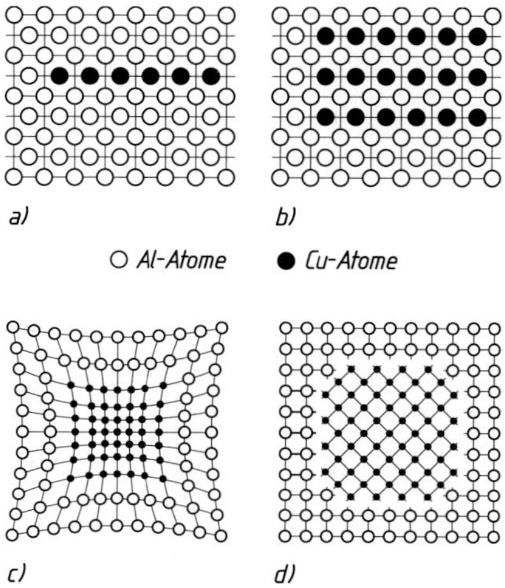

Bild 2.44 Form der Ausscheidungen a) GP-Zonen I, b) GP-Zonen II, c) kohärent, d) inkohärent. Teilkohärent liegt zwischen c) und d).

Das Einlagern der Teilchen kann auf zwei verschiedenen Wegen erfolgen.

1 Aushärten (Ausscheidungshärten) ist eine Wärmebehandlung (Beschreibung → 5.4).

2 Dispersionsverfestigung erfolgt z. B. durch pulvermetallurgisch eingebrachte Teilchen.

Aushärten als Wärmebehandlung wurde 1906 an Al-Cu-Legierungen (→ 7.3.7) entdeckt und im Laufe der Entwicklung auf zahlreiche andere Legierungssysteme erweitert.

Dispersionsverfestigung liegt auch bei den Verbundwerkstoffen mit metallischem Grundgefüge (Metallmatrix) vor (→ 10.6.3)

1 Aushärten

Voraussetzung sind Mischkristalle, deren Löslichkeit für das LE mit fallender Temperatur sinkt, eine Erscheinung, die z. B. von Lösungen von Zucker in Wasser bekannt ist (→).

Analogie: In heißem Wasser wird Zucker bis zur Sättigung gelöst. Bei der Abkühlung kann Wasser nur noch wenig Zucker lösen. Nach Abkühlung auf RT liegt eine bei dieser Temperatur gesättigte Lösung vor, der Überschuss scheidet sich am Boden ab.

Bei langsamer Abkühlung der Legierung entsteht ein **gesättigtes** Mk-Gefüge, der Überschuss der LE-Atome scheidet sich als Sekundärkristalle auf den Korngrenzen ab.

Der Einfluss der LE ist bei dieser Struktur gering.

Übersättigte Mischkristalle entstehen beim sog. Lösungsbehandeln. Dazu wird so weit erhitzt, bis alle Sekundärkristalle wieder gelöst sind und dann abgeschreckt. Die Ausscheidung unterbleibt. Die Mischkristalle sind übersättigt. Sie sind dadurch instabil und streben zum Gleichgewichtszustand (der Sättigung).

Auslagern (kalt oder warm) führt zu den gewünschten Ausscheidungen. Bei RT drängt das Wirtsgitter die zwangsgelösten Atome in Fehlstellen des Gitters (Versetzungen, Lücken) wo sie als Cluster oder G-P-Zonen das Wandern der Versetzungen erschweren, die Festigkeit steigt, (Bild 2.45).

Im Laufe der Zeit oder bei Erwärmung entstehen größere Teilchen als neue Phasen je nach Legierungsart. Sie werden mit der Zeit und steigender Temperatur immer gröber und haben größere Abstände. Dann lässt der Verfestigungseffekt nach (Bild 2.45).

Für den Verfestigungseffekt ist ein kleiner Teilchenabstand wichtig.

Die Masse der möglichen Ausscheidungen wird durch den Legierungsgehalt bestimmt. Es treten folgende Grenzfälle mit Auswirkung auf Verfestigung und Verformbarkeit auf:

Hinweis: Zum Verständnis des Aushärtens gehört auch das Zustandsschaubild einer aushärtbaren Legierung. Das ist Gegenstand des folgenden Kapitels 2.5.7.

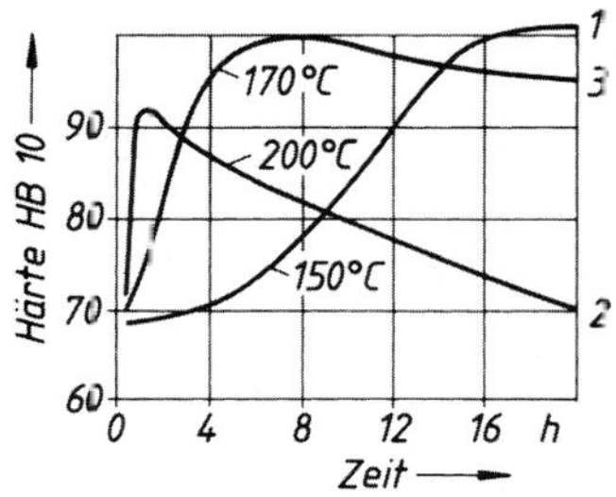

Bild 2.45 Aushärtung von G-Al SiMg Anstieg der Härte beim Warmauslagern unter verschiedenen Temperaturen. Kurve 3 zeigt, dass nach 8 h die höchste Härte erreicht ist, weiteres Halten lässt die Härte wieder absinken (Überalterung). Ist die Temperatur zu hoch, wird nur eine geringere Härte erreicht (Kurve 2).

Beispiel: Eigenschaftsänderung durch Aushärtung von CuBe2 (Berylliumbronze)

Eigenschaft	Einheit	lösungs-behandelt	warmausgelagert 325 °C
R_m	MPa	420...600	1150...1350
$R_{p0,2}$	MPa	**140...210**	**1000...1250**
A_5	%	**35**	**3**
HV		90...125	360...390

Zusammenfassung: Verformungsmechanismen bei teilchenverfestigten Legierungen

Teilchengröße	Viele, **kleine Teilchen**	Weniger, aber **größere Teilchen**
Abstände	**klein**	**größer**
Anpassung an das Wirtsgitter und die Lage der Gleitebenen	**Kohärente** Strukturen, starke Verzerrung der Umgebung. Gleitebenen des Wirtsgitters laufen in verzerrter Form durch die Teilchen.	**Inkohärente** Strukturen bilden neue Phase und ergeben geringe Verzerrung der Umgebung. Die Gleitebenen enden an der Phasengrenze, Versetzungen können nicht weiter wandern.
Wirkung auf die kritische Schubspannung	Versetzungsbewegungen können diese Hindernisse (eine Art Palisaden) nur mit einer höheren Schubspannung durchlaufen. Sie werden dabei geschnitten (abgeschert).	Versetzungsbewegungen werden nur an den Teilchen selbst behindert, sie suchen sich den Weg des geringeren Widerstandes dazwischen, sie umgehen die Teilchen.
Mechanismus	**Schneidmechanismus**	**Umgehungsmechanismus**

Die höchste Verfestigungswirkung entsteht bei Gleichheit der Schubspannungen für die beiden Mechanismen. Das ist bei optimaler Ausbildung von Teilchengröße und -abstand der Fall.

2. Dispersionsverfestigung

Dispergieren ist das Einbringen feinstverteilter, im Grundmetall **unlöslicher**, Teilchen. Es werden Oxide, Carbide, Boride u. a. durch mechanisches Legieren gemischt und gesintert.

Hinweise: 10.4 Dispersionshärtung, Teilchenverbunde.

Mechanisches Legieren in Kugelmühlen ergibt zugleich feindispers gemengte Teilchen.

Größere Teile und Rohlinge zum Schmieden werden wirtschaftlich durch das Sprühkompaktieren erzeugt (→ 11.1.8).

Die in der Matrix unlöslichen Teilchen unterscheiden sich von denen im Mischkristall:

- Die Legierungen sind thermisch stabiler, weil bei Erwärmung keine Vergröberung der Teilchen erfolgt, d. h. höhere Warmfestigkeit (Bild 10.3).

Anwendung bei thermisch belasteten Al-Legierungen im Motorenbau, Kolben, Zylinderbuchsen, Pleuel (→ Metallmatrix-Teilchenverbunde 10.6.3).

- Metalle und Legierungen mit hoher elektrische Leitfähigkeit verlieren diese Eigenschaft durch gelöste Atome. Bilden die LE-Atome unlösliche Teilchen, so bleibt die Leitfähigkeit erhalten.

Anwendung für verschleiß- oder festigkeitsbeanspruchte Teile, die Strom führen (→ Glid Cop ® Tabelle 10.4

- Verschleißfeste Legierungen können mit hohen Anteilen an feinkörnigen, harten Phasen hergestellt werden, das wäre über die Schmelzmetallurgie nicht möglich.

Anwendung: Schmelzmetallurgisch hergestellte Werkzeugstähle können wegen der Forderung nach Schmiedbarkeit nur begrenzte Anteile an harten Carbiden enthalten. Sinterhartmetalle lassen wesentlich höhere Carbidanteile zu.

Tabelle 2.15 Zusammenfassung: Verfestigungsmechanismen durch Ausnutzung der Gitterfehler

Mechanismus, technische Maßnahme	Fehler-Dimension	Strukturänderung, Hindernisse gegen die Versetzungsbewegungen	Festigkeit und Duktilität, schematischer Verlauf
Mischkristall-verfestigung Legieren innerhalb der Löslichkeit	0 Punkt-Fehler	Welligkeit der Gleitschichten durch größere oder kleinere LE-Atome. Wirkung steigt mit den ∅-Unterschieden und der Konzentration der LE.	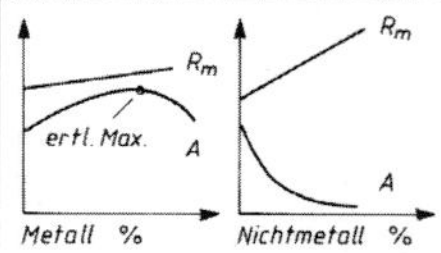
Kaltverfestigung Umformen	1 Linien-Fehler	Kaltumformen erhöht die Versetzungsdichte von 10^8 cm/cm^3 auf 10^{12} cm/cm^3.	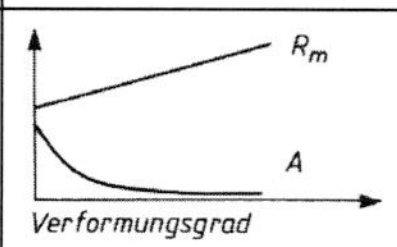
Korngrenzen-verfestigung Feinkorn herstellen	2 Flächen-fehler	Korngrenzen blockieren die Bewegung der Versetzungen. Die Vielzahl der Körner erhöht die Zahl der Gleitmöglichkeiten.	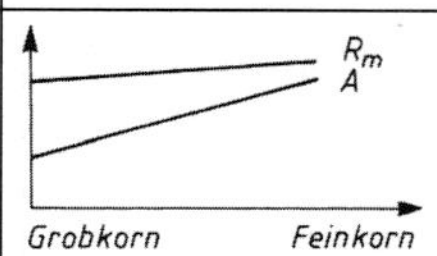
Teilchenverfestigung • Aushärten • Dispersionshärtung	3 fremde Partikel	Behinderung durch feindisperse, kohärente Ausscheidungen in Mischkristallen, die *abgeschert* werden müssen. Feindisperse, inkohärente Teilchen, die *umgangen* werden müssen.	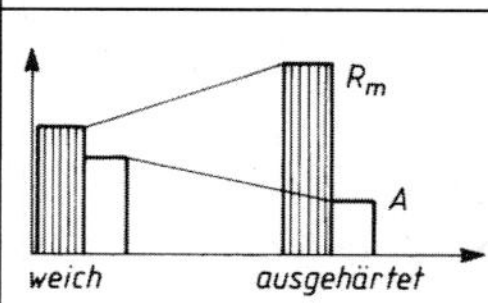

2.3.5 Verfestigungsmechanismen kombiniert

Höherfeste Legierungen entstehen durch eine Kombination vorstehender Mechanismen. Zur gezielten Nutzung sind genau abgestimmte Behandlungen erforderlich, damit sich die Wirkungen summieren und nicht gegenseitig aufheben.

Beispiel (Bild 2.46) Streckgrenzenerhöhung einer NiCrAl-Legierung durch eine Kombination aus mechanischer und thermischer Behandlung.

Untere Kurve: In ihrem Ausgangszustand *lösungsbehandelt* wirkt nur die Mischkristallverfestigung, die Streckgrenze $R_{p0,2}$ liegt bei 280 MPa, eine ca. 5-fache Erhöhung gegenüber reinem Ni. Durch Warmauslagern bei ca. 300 °C wird durch Teilchenverfestigung ein Wert von 460 MPa erreicht, eine Steigerung um nochmals ca. 50 %.

Obere Kurve: Nach dem Lösungsbehandeln wurde um ca. 20 % kaltumgeformt. Die Streckgrenze $R_{p0,2}$ liegt dann bei 650 MPa (doppelt so hoch wie im ersten Fall). Die Warmauslagerung erbringt jetzt die gleiche Erhöhung (parallele Kurven) bis auf 830 MPa.

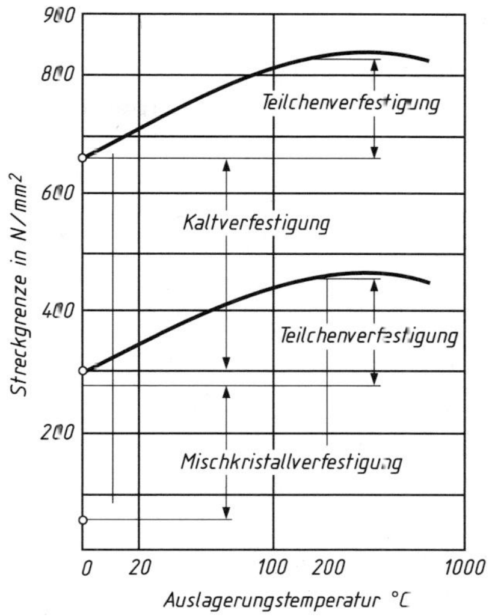

Bild 2.46 Erhöhung der Streckgrenze $R_{p0,2}$ durch Kombination von Verfestigungsmechanismen bei einer NiCrAl-Legierung

Hinweis: Höherfeste Stähle Kapitel 4.3.1 und Bild 4.2. Bei ihnen werden die Verfestigungsmechanismen ebenfalls kombiniert.

2.4 Vorgänge im Metallgitter bei höheren Temperaturen (Thermisch aktivierte Prozesse)

2.4.1 Allgemeines

Nach Erzeugung und Behandlung sind metallische Werkstoffe meist in einem Zustand höherer innerer Energie durch z. B. Gitterfehler, Spannungen oder innere Unterschiede in der Verteilung der Atome (Seigerungen). Sie sind nicht im Gleichgewicht (→). Bei Erwärmung streben sie dem Gleichgewichtszustand zu, je höher die Temperatur, umso schneller.

Das Verhalten einer großen Zahl von Teilchen mit ungeregelter Bewegung und Zufallszusammenstößen lässt sich nur statistisch mit einer gewissen Wahrscheinlichkeit erfassen. Mit steigender Temperatur erhöht sich die Zahl der Zusammenstöße und damit Wahrscheinlichkeit von **Platzwechseln**.

Gleichgewicht: Zustand höchster Stabilität, in dem sich ein Stoffsystem nicht mehr verändert. Stabilität liegt vor im

- **Energie-Minimum**, wenn die freie Energie des Systems ein Minimum erreicht, vergleichbar mit der Ruhelage eines Pendels, oder aber, besonders bei höheren Temperaturen, im
- **Entropie-Maximum**, dem Zustand *kleinster Ordnung* der Teilchen = Zustand größter thermodynamischer Wahrscheinlichkeit.

Platzwechsel von Atomen im Kristallgitter erfolgen, angeregt durch die Stöße von Nachbaratomen, sprunghaft zu Lücken, Leerstellen oder anderen Störungen.

Die Geschwindigkeit von thermisch aktivierten Prozessen ist die Zahl der Platzwechsel/Zeit.

Das wird in einem **Wahrscheinlichkeitsfaktor *B*** deutlich, der die Temperatur im *Nenner* des Exponenten enthält. Das erklärt ihren großen Einfluss auf diese Vorgänge. Für Materie am absoluten Nullpunkt wird die Wahrscheinlichkeit *B* zu Null (keine Platzwechsel). Wenn *T* gegen Unendlich strebt, wird sie zu Eins (alle Atome wechseln ihre Plätze) → Grenzwertbetrachtung.

Wahrscheinlichkeit von Platzwechseln:

$$v = v_0 \cdot B = v_0 \cdot \exp(-Q/RT) = v_0 \cdot e^{-Q/RT};$$

v: Platzwechsel/Zeit; v_0 Konstante; Q Aktivierungsenergie; Gaskonstante R = 8,314 J/mol; T Temperatur.

Grenzwertbetrachtung

Temperatur	Exponent	Faktor B
$T \to 0$	$\to \infty$	0
$T \to \infty$	$\to 0$	1

Bei manchen Legierungen können Veränderungen durch **Platzwechsel** der Atome bereits bei RT ablaufen (Alterungsvorgänge), bei den meisten erst bei höheren Temperaturen. Die zugeführte Wärmeenergie wirkt beschleunigend, Wärmeenergie wird in Schwingungen der Atome um die Gitterpunkte umgewandelt. Die Folge ist die sog.

Analogien: Im Dampfdruckkochtopf wird die Kochzeit durch 20 °C Temperaturerhöhung auf ¼ verkürzt. Im Dieselmotor wird vorgeglüht, damit die Selbstzündung des Gemisches erfolgt.

Beispiel: Temperaturerhöhung verkürzt die Aufkohlungszeit für eine bestimmte Aufkohlungstiefe.

Temperatur in °C	900	1000	1100
Prozesszeit in h	32	10	4

Thermische Aktivierung:

Wärmezufuhr ergibt höhere thermische Energie der Atome,
mehr Zusammenstöße der Atome/Zeit,
schnelleren Ablauf der Prozesse (→).

Thermische Aktivierung ist Ursache für zahlreiche innere Vorgänge in Kristallgittern und Gefügen und hat wegen der Verkürzung der Behandlungszeiten Anwendungen in der Werkstofftechnik (→):

Bedeutung der thermischen Aktivierung:

Kristallerholung und Rekristallisation 2.4.2;
Kornwachstum 2.4.3;
Diffusion 2.4.5;
Warmumformung 2.4.4;
Festigkeit bei höheren Temperaturen 2.4.6

Zum Start des Vorganges muss zunächst eine *Energieschwelle* überwunden werden (Bindungen zu den Nachbarn), dann folgt die Materie dem Streben nach dem Gleichgewicht. Die Schwelle wird als **Aktivierungsenergie *Q*** bezeichnet. Zum Platzwechsel eines Atoms muss die Anziehung der momentanen Nachbarn überwunden und gleichzeitig der Durchlass aufgeweitet werden.

Bild 2.47 zeigt, wie das Atom aus einer „Energiemulde" (mit Q_0) angehoben werden muss, um den neuen Platz zu erreichen. Dazu ist die Aktivierungsenergie Q erforderlich (Tabelle 2.16). Im Kristallgitter wird die Aktivierungsenergie durch die thermische Energie der Nachbarn (zufällige

Beachte: Für dichte Gitter (kfz-Fe) wird für das gleiche Atom (C) höhere Aktivierungsenergie benötigt als für weniger dichte (krz-Fe). Der Vergleich (Tabelle 2.16)

Tabelle 2.16: Aktivierungsenergien im Vergleich

Atom	Gitter	Q kJ/mol	Atom	Gitter	Q in kJ/mol
C	Fe, kfz	138	**Ni**	Cu, kfz	243
	krz	87,6	**Al**		166

Ni und Al im Cu-Gitter zeigen den Einfluss der höheren Schmelztemperatur (stärkere Bindung ⇒ höheres Q).

Zusammenstöße) aufgebracht. Ihr Betrag wird von Kristallgittertyp und Atomgröße beeinflusst.

Metallatome (etwa gleichgroße in Austausch-Mischkristallen) springen über Leerstellen und brauchen

⇒ **stärkere Anstöße Q_A** (→ Bild 2.47)

Nichtmetallatome (kleine in Einlagerungsmischkristallen) springen durch Lücken

⇒ **schwächere Anstöße Q_Z** (→ Bild 2.47)

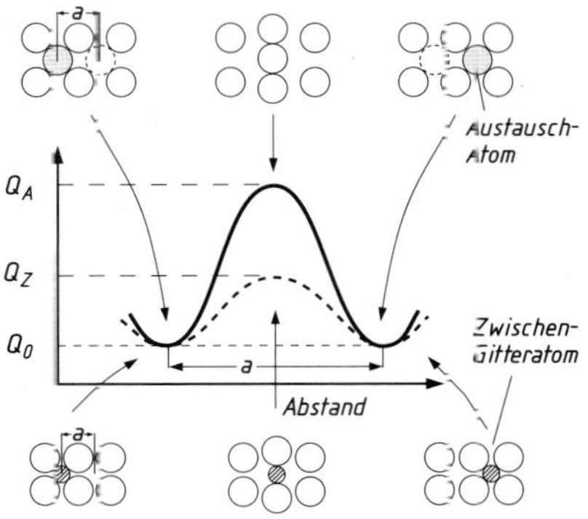

Bild 2.47 Aktivierungsenergie Q. Unten: Einlagerungs-, oben: Austausch-Mischkristalle (nach *Bürgel*)

2.4.2 Kristallerholung und Rekristallisation

Die durch Umformen erzeugte hohe Versetzungsdichte und Kaltverfestigung werden bei Erwärmung stufenweise abgebaut, ebenso Gitterverzerrungen, die durch Abschrecken entstehen.

Kristallerholung

Bild 2.48 zeigt, dass im schraffierten Temperaturbereich die Zugfestigkeit R_m nur gering abfällt und die Bruchdehnung A_5 etwas steigt, ohne dass sich die Korngröße ändert. Das ist der Bereich der Kristallerholung. Dabei reduzieren sich Gitterfehler, indem sie miteinander reagieren:

Zwischengitteratome wandern in Leerstellen. Entgegengesetzte Versetzungen in einer Gleitebene können sich aufheben. Gleiche Versetzungen suchen energieärmere Positionen, sog. Polygonisierung zu Subkorngrenzen (Bild 2.49).

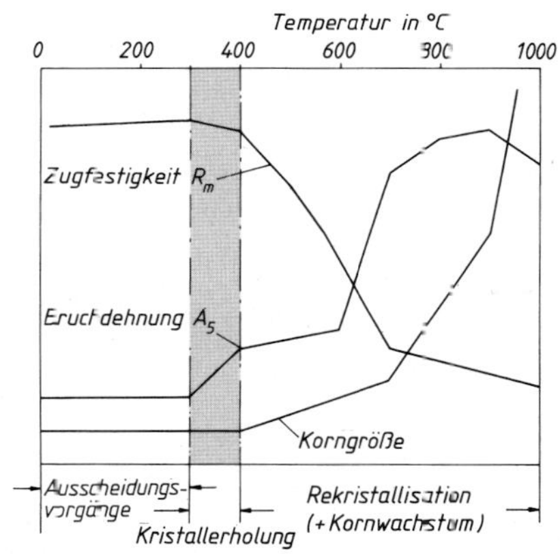

Bild 2.48 Einfluss der Glühtemperatur auf Korngröße und mechanische Eigenschaften von NiCu30Fe, ca. 30 % kaltgeformt und 1 h bei steigenden Temperaturen geglüht

So werden Spannungen reduziert. Damit führt die Kristallerholung zu folgenden Änderungen im Gefüge und den Eigenschaften:

- Festigkeit und Härte sinken schwach,
- die Duktilität steigt gering an,
- das Verformungsgefüge bleibt erhalten.

Anwendung: Spannungsarmglühen (5.2.3), Altern von kaltgeformten Federn, Leitfähigkeitssteigerung bei kaltgeformtem Cu.

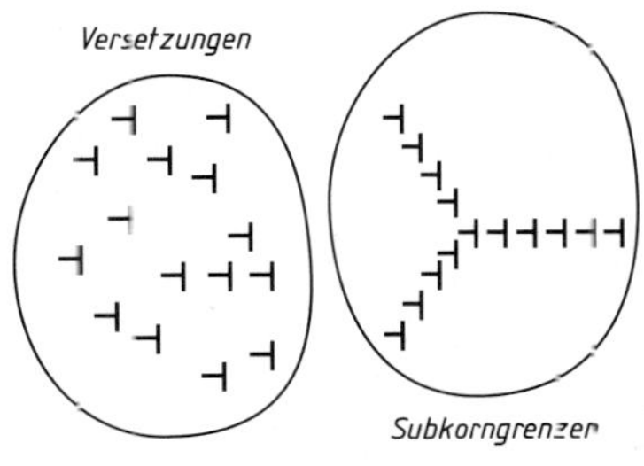

Bild 2.49 Kristallerholung durch Polygonisierung, Subkorngrenzen innerhalb der Körner

Rekristallisation

Mit Überschreiten einer bestimmten Rekristallisationstemperatur T_R (→) verändern sich die Eigenschaften stärker (Bild 2.48). Innerhalb der Subkörner gibt es geringer verformte Bereiche, die als Keime wirken, an die sich die energiereicheren Bereiche durch Platzwechsel der Atome angliedern. Dabei wandern die Subkorngrenzen und das ursprüngliche Gefüge wird aufgezehrt. Es entsteht das Rekristallisationsgefüge mit normaler Kornform (Bild 2.50).

Mit wachsender Verformung werden die Kristallite energiereicher, die Neubildung beginnt bei niedrigeren Temperaturen. Bei geringem Verformungsgrad wirken sich Abweichungen von der Temperatur stark auf die Korngröße aus, bei größerem Verformungsgrad dagegen weniger. Tabelle 2.18 gibt eine Gegenüberstellung.

Tabelle 2.17: Rekristallisationstemperaturen T_R

Metall	Pb, Sn	Zn	Mg	Al	Cu
Temp. °C	20	20	150	150	200
Metall	Fe	Stahl	Ni	Mo	W
Temp. °C	450	600	600	900	1200

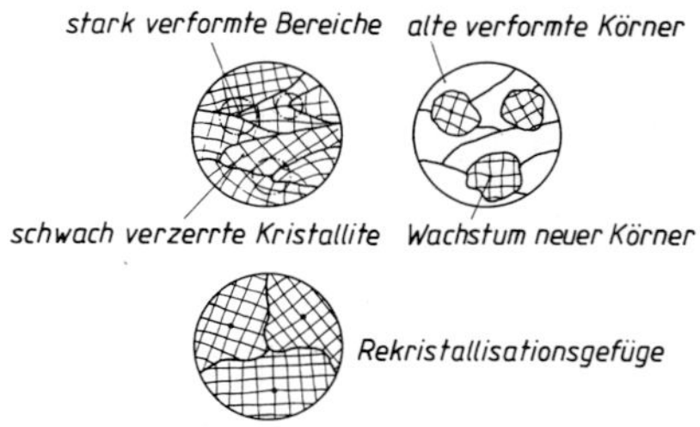

Bild 2.50 Grobkörnige Rekristallisation in schematischer Darstellung

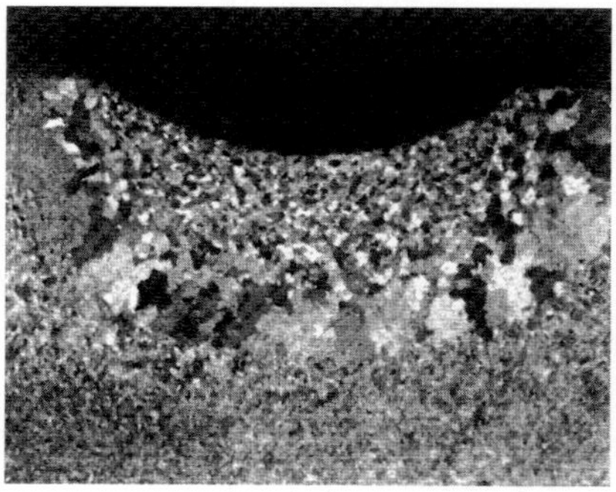

Bild 2.51 Kugeleindruck (Brinellmessung) in Stahl mit C-Gehalt von 0,09 % nach Rekristallisationsglühen bei 750 °C/7h. (200:1)

Unterhalb der Kugelkalotte ist die unterschiedliche Korngröße zu erkennen: Der Kalottenrand ist durch starke Verformung feinkörnig rekristallisiert, tiefere Bereiche, geringer verformt, sind grobkörniger rekristallisiert. Unterhalb ist das zeilige Ausgangsgefüge sichtbar, mangels Verformung nicht rekristallisiert.

Tabelle 2.18: Verformungsgrad und Auswirkungen auf Rekristallisation und Gefüge

Ausgangsbedingungen		↑ steigt, ↓ fällt	
Verformung schwach	wenig Keime, niedrige Energie	Korngröße ↑	Rekrist.-Temp. T_R ↑
Verformung stark	viele Keime, hohe Energie	Korngröße ↓	Rekrist.-Temp. T_R ↓
Ausgangsgefüge	fein	Rekrist.-Temp. T_R ↓	Rekrist.-Zeit ↓

Die Korngröße lässt sich als Funktion der Temperatur und des Verformungsgrades in einem räumlichen Diagramm darstellen. Es ergibt sich eine gewölbte Diagrammfläche (Bild 2.52).

Als Folge der thermischen Aktivierung fällt mit steigender Glühtemperatur die Dauer der Rekristallisation **exponentiell** ab.

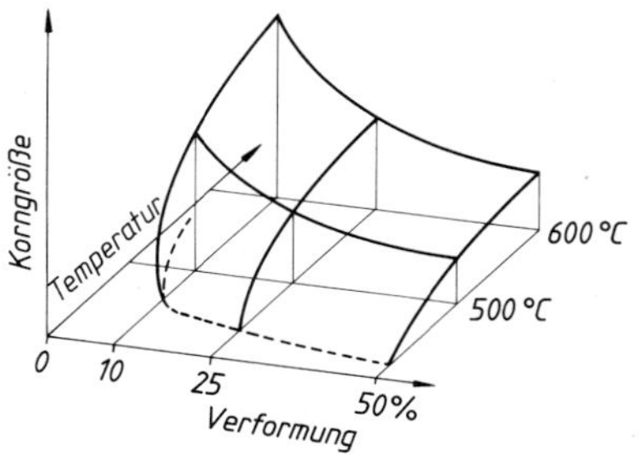

Bild 2.52 Rekristallisationsschaubild

Zusammenfassung: Rekristallisation

Rekristallisation ist die Umkristallisation eines verformten Gefüges.

Sie geht von den am stärksten verformten Kristallbereichen aus und erfordert eine Mindestumformung (krit. Umformgrad).

Die Korngröße wird vom Umformungsgrad und der Ausgangskorngröße beeinflusst.

Die Rekristallisationstemperatur T_R liegt bei etwa $T_R = 0{,}4\ T_m$

Die Lage der Rekristallisationstemperatur T_R wird durch Legierungsatome erhöht (→ Beispiel Blei). Das ist sehr wichtig für Werkstoffe, die ständig höheren Temperaturen ausgesetzt sind (warmfeste und hitzebeständige Werkstoffe).

Mithilfe der Rekristallisationstemperatur können auch die Unterschiede zwischen Kalt- und Warmumformung (→ 2.4.4) erklärt werden.

Rekristallisationstemperatur T_R

$$T_R = 0{,}4\ T_m - 273\ °C$$

Beispiel: Bei Blei mit T_R bei 20 °C ist eine Verformung bei *RT* bereits eine Warmumformung mit gleichzeitig einsetzender Rekristallisation. Deshalb versprödet ein Weichbleiklotz nicht, wenn er als Unterlage zum Schlagen benutzt wird. Für legiertes Blei (Hartblei) liegt T_R höher, hier ist eine Versprödung zu bemerken.

2.4.3 Kornvergröberung (-wachstum)

Neben einer grobkörnigen Rekristallisation durch ungünstige Bedingungen können grobkörnige Gefüge auch entstehen, wenn Werkstücke höheren Temperaturen ausgesetzt sind (→ Beispiele).

- **Überhitzen:** kurzzeitig zu hoch,
- **Überzeiten:** zu lange erhitzt.

Dazu gehört auch die Abkühlung von Gussteilen mit größerer Masse in der Form. Stahlguss erstarrt grobkörnig (→ Bild 5.6) und hat geringe Zähigkeit, die durch Normalglühen ansteigt.

Beispiele für Grobkornbildung

Wärmebehandlung: Bei einigen Verfahren werden Werkstücke langzeitig bei hohen Temperaturen behandelt. Hier müssen die Verfahrensbedingungen genau eingehalten werden, um übermäßiges Kornwachstum zu vermeiden.

(→ ZTA-Schaubild für isothermische Austenitisierung 5.4)

Innere Vorgänge: Die Bereiche der Korngrenzen sind gekrümmt, weniger geordnet und energiereicher. Sie besitzen eine Oberflächenspannung, die versucht, die Oberflächen zu verkleinern. Größere Körner haben eine kleinere **Krümmung** (→) und kleinere Spannung.

Geringste Oberflächenspannungen hätte ein Gefüge aus gleichen Sechsecken (im Schliffbild) mit gleichen Winkeln von 120° (sog. Bienenwabenstruktur).

Bei höheren Temperaturen können durch thermische Aktivierung Platzwechsel ablaufen, die diese Spannungen in Richtung „weniger Korngrenzen" abbauen. Dabei werden die jeweils kleineren

Korngröße: Mittlerer Durchmesser der Körner, die im Schliffbild auf einer eingezeichneten Geraden ausgemessen werden können (Tabelle ↓).

Begriffe: Krümmung $1/r$ ist der Kehrwert vom Radius r.

Tabelle 2.19: Korngrößenklassen nach ASTM

Typ	Korngrößenklasse				
Grobkorn	**1**	**2**	**3**	**4**	**5**
Körner/mm^2 [1)]	16	32	64	128	256
Feinkorn	**6**	**7**	**8**	**9**	**10**
Körner/mm^2	512	1024	2048	4096	8192

[1)] der wahren Schnittfläche

Kristallite von den benachbarten größeren aufgezehrt. Die Platzwechsel brauchen eine Aktivierungsenergie.

Einfluss auf die Kornvergröberung

Das Kornwachstum wird behindert, wenn bei den hohen Temperaturen noch ungelöste Phasen (andere Kristallite) zwischen den Körnern liegen. Solche Werkstoffe sind nicht überhitzungsempfindlich und sind für längeres Halten bei höheren Temperaturen geeignet (→).

Kornwachstum wird durch intermetallische Phasen der Legierungselemente: Al, Mo, Nb, Ti, V evtl. in Verbindung mit C und N, verhindert.

Bauteile, die hohen Dauertemperaturen ausgesetzt sind, müssen aus Werkstoffen bestehen, die durch legierungstechnische Maßnahmen keinem oder nur geringem Kornwachstum unterliegen.

Beispiele: Einsatz- und Nitrierstähle, warmfeste und hitzebeständige Werkstoffe und Stähle für Schweißkonstruktionen (Feinkornbaustähle)

2.4.4 Warmumformung

Merkmale: Plastische Formänderung bei Temperaturen dicht unterhalb der Solidus-Linie bis oberhalb der Rekristallisationstemperatur T_R. Dadurch erfolgt ständige Rekristallisation und eine Verfestigung unterbleibt. Bei höheren Temperaturen sind die Gleitvorgänge erleichtert (niedrige Verformungskräfte und -arbeit). Zusätzlich treten Gleitvorgänge an den Korngrenzen auf (Korngrenzengleiten). Die für die Verformung notwendige Fließspannung k_f ist wesentlich kleiner.

Bei der Warmumformung lässt sich die Gefügeausbildung (Korngröße) durch die Verformungsendtemperatur (z. T. auch unterhalb T_R) und die folgende Abkühlungsart beeinflussen. Auf diese Weise werden Stahlsorten mit erhöhter Streckgrenze erzeugt (→).

Die Auswirkung der thermischen Aktivierung auf die max. Fließspannung k_f zeigt Bild 2.53 bei den Temperaturen 700 °C (obere Kurvenschar) und bei 1000 °C (untere Kurvenschar).

Vergleich 1: Temperaturen (Bild 2.53)

Graph	Temp. °C	Umformgeschwindigkeit $\Delta\varphi/\Delta t$	Fließspannung k_f MPa
1a	**700**	20/s	**430**
2a	**1000**	20/s	**190**

Graph	Umformgeschwindigkeit $\Delta\varphi/\Delta t$	Beispiel
a	20/s	Schmiedehämmer
b	10/s	mechanische Pressen
c	1/s	hydraulische Pressen

Warmumformung findet bei Stahlerzeugern und Verarbeitern in zahlreichen Fertigungsstufen zur Erzeugung von Halbzeugen und Schmiederohteilen statt.

Gießformate	Warmumformung durch	Erzeugnis
Brammen, Barren	Walzen	Bleche, Bänder, Profile
Pressbarren	Strangpressen	Profile
Blöcke, Abschnitte	Schmiedepressen, -hämmer	Schmiederohteile

Hinweis: Thermomechanische Behandlung von Stahl → 5.5.3

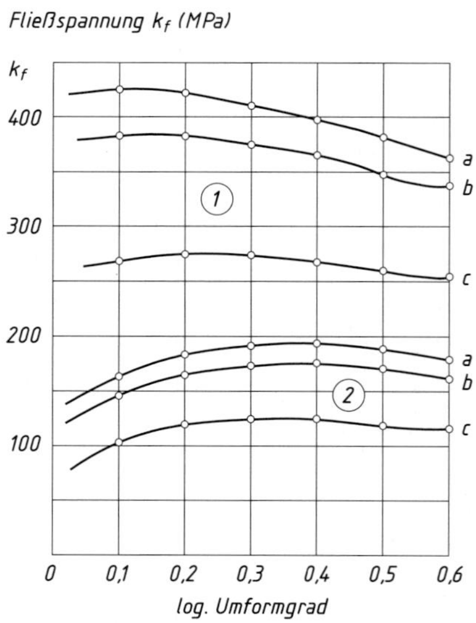

Bild 2.53 Fließkurven von Stahl C45E (Erläuterungen zu k_f und φ bei Bild 2.43)

Vergleich 2 (→) zeigt den großen Einfluss der Verformungsgeschwindigkeit $\Delta\varphi/\Delta\tau$ auf die Fließspannung k_f, weil die Rekristallisation eine gewisse Zeit benötigt, die z. B. bei Schmiedemaschinen und hydraulischen Pressen vorliegt, bei Verformung mit dem Schmiedehammer jedoch nicht. Bei letzteren erhöht sich k_f noch durch eine Umformbeschleunigung.

Vergleich 2: Verformungsgeschwindigkeiten

Graph	Temp. °C	Umform-geschwindigkeit $\Delta\varphi/\Delta\tau$	Fließspannung k_f MPa
1a	700	**20/s**	**430**
1c	700	**1/s**	**275**

Superplastizität. Fähigkeit einiger Werkstoffe, unter *geringen* Spannungen sehr *hohe* Umformungen bis zu 1000 % **ohne** Einschnürung auszuhalten. Die Voraussetzungen dafür sind:

- Korngröße unter ca. 10 µm,
- Temperatur über 0,5 T_m (Schmelztemp. in K),
- niedrige Umformgeschwindigkeiten.

Letzteres ist erforderlich, damit im Werkstoff Platzwechsel der Atome (Diffusion, Kristallerholung, Korngrenzengleiten) stattfinden können und keine Verfestigung auftritt. Es besteht die Gefahr von Hohlraumbildung (Kavitation) durch Ansammlung von Leerstellen. Günstig sind zweiphasige Legierungen mit ähnlich hohen Schmelzpunkten der Komponenten (eutektische oder eutektoide Sorten).

Werkstoffe mit superplastischem Verhalten:

Die Erscheinung wird bei einigen Titanlegierungen ausgenutzt: TiAl6V4 lässt bei 850...525 °C und 5 %/min eine Dehnung von > 700 % zu.

AlZnMg-, AlCuZr- und AlLiZr-Legierungen erreichen bei Temperaturen von 490...540 °C und z. T. höheren Dehngeschwindigkeiten Dehnungen bis zu 1200 %.

Umformverfahren sind Blasformen für flächige Teile und Isothermschmieden unter Argon-Atmosphäre für kompaktere Teile. Die geringe Dehngeschwindigkeit ergibt Umformzeiten von 30...90 min für z. B. Triebwerksteile und -verkleidungen.

Entwicklungen für hex. Mg-Legierungen und IP-Werkstoffe wie TiAl und $TiAl_3$.

2.4.5 Diffusion

Diffusion ist das gegenseitige Durchdringen von Gasen oder Flüssigkeiten infolge der Wärmebewegung ihrer kleinsten Teilchen. Dabei kommt es durch die Zusammenstöße zwischen Molekülen oder Ionen zu einer Vermischung (→ Beispiel).

Diffusion zum Ausgleich von Konzentrationsunterschieden ist die Grundlage für zahlreiche Verfahren der Wärmebehandlung (Tabelle 2.20).

Begriff: Diffusion, lat. = Ausbreitung, Verschmelzung, Ergießung

Beispiel: Diffusion im Alltag: Kirsch- und Bananensaft wird geschichtet serviert. Im Laufe der Zeit verwischt sich die Grenze und wird unscharf durch Diffusion der Teilchen über die Grenzfläche von beiden Seiten.

Tabelle 2.20: Verfahren mit Diffusionsvorgängen

Verfahren	Ausgleich bzw. Platzwechsel	Hinweise
Glühverfahren	Verteilung von LE, Ausgleich v. Seigerungen	Tabelle 5.1 und 5.2
Lösungsglühen	Lösen sekundärer Ausscheidungen	5.4.3 und 7.3.5
Ausscheidungen, Auslagern	Abbau von Übersättigung in Mischkristallen	5.4.3 und 7.3.5
Thermochemische Verfahren	Einbringen von C, N, Cr u. a. Elementen	5.6.3 bis 5.6.5
Kristallgitterumwandlungen	Platzwechsel gelöster Atome	3.3.2 Bild 3.7
Sintern, Diffusionsschweißen	Platzwechsel im Korngrenzenbereich	11.1.4

Hinter dieser Wanderung der Teilchen steht das Entropiestreben. Ziel ist ein Zustand mit geringerer Ordnung der Teilchen (→ Ausnahme).

Diffusion ist Bewegung der Atome unter Einfluss eines Konzentrationsgefälles infolge der Wärmebewegung.

Die unregelmäßigen Platzwechsel der Teilchen ergeben einen resultierenden **Teilchenstrom *J***, wenn ein **Konzentrationsgefälle Δc/Δx** als (konstant gedachte) Triebkraft vorhanden ist (→).

Wie im ohmschen Gesetz (→) ist bei konstanter Spannung (Triebkraft) der Strom eine Funktion des Leitwertes.

Diesem Leitwert entspricht der sog. Diffusionskoeffizient *D* (→) mit der unanschaulichen Einheit cm^2/s.

Er berücksichtigt wie der elektrische Leitwert die *Widerstände*, die dem Teilchenstrom entgegen stehen (Tabelle 2.21):

- Größe des wandernden Atoms und die
- Bindungen im Metallgitter (Packungsdichte),
- Diffusionswege über **Leerstellen, Zwischengitterplätze** (→). Versetzungen oder Korngrenzen und Oberfläche mit unterschiedlichen Widerständen.

Je nach Größe der difundierenden Atome gibt es:

Leerstellendiffusion: Größere oder gleichgroße Austausch-Atome gelangen in eine Leerstelle, die Leerstelle rückt in die Gegenrichtung (Bild 2.47).

- Große Aktivierungsenergie ***Q*** (→ Beispiel)
- kleinerer Diffussionskoeffizient ***D***.

Zwischengitterdiffusion: Kleine Nichtmetall-Atome gelangen zu den nächsten Zwischengitterplätzen (Bild 2.47), die in großer Zahl vorhanden sind.

- Kleine Aktivierungsenergie ***Q***,
- großer Diffussionskoeffizient ***D*** (→ Beispiel).

Ausnahme: Bei tieferen Temperaturen kann auch ein Zustand *höherer* Ordnung angestrebt werden, wenn er *niedrigere* Energie besitzt (z. B. Ansammlung von Fremdatomen in Leerstellen, Clusterbildung (5.4.2)).

Teilchenstrom: $J = D \cdot \Delta c/\Delta x$;

(1. Fick'sches Gesetz)

($Atome/cm^2\ s = cm^2/s\ \ Atome/cm^3\ cm$)

Der Teilchenstrom *J* entspricht einem elektrischen Strom, der dem ohm'schen Gesetz unterliegt:

Analogie: Strom = Leitwert x Δ Spannung

Diffusionskoeffizient *D*

$D = D_0 \cdot B = D_0 e^{-Q/RT}$ (B → 2.4.1)

Der Faktor B berücksichtigt den Einfluss von **Aktivierung** und **Temperatur** auf die Wahrscheinlichkeit von Platzwechseln. Wegen der Exponentialfunktion von B umfasst *D* viele Zehnerpotenzen (Tabelle 2.21).

Tabelle 2.21: Diffusionsgrößen für einige Diffusionspaarungen (gerundete Werte)

Paarung Atom	Gitter	Q [1]	D_0 [2]	D 400 °C	D 800 °C
H	α-Fe	12	$2\cdot10^{-3}$	10^{-3}	–
C	α-Fe	88	$8\cdot10^{-3}$	$6\cdot10^{-8}$	$1{,}6\cdot10^{-5}$
Cr	α-Fe	247	1,48	$9{,}9\cdot10^{-20}$	$1{,}3\cdot10^{-13}$
C	γ-Fe	138	$2\cdot10^{-1}$	–	$3{,}7\cdot10^{-8}$
Cr	γ-Fe	170		–	$3{,}7\cdot10^{-13}$

[1] Einheit kJ/mol [2] cm^2/s

Beispiele: Werte aus Tabelle 2.21

Leerstellen-Diffusion: Element Cr im α-Fe,

- Q = 247 kJ/mol, hoher Wert,
- $D_{800\,°C}$ = $1{,}3 \cdot 10^{-13}$ m^2/s, niedriger Wert.

Ergebnis: Cr-Atome diffundieren sehr langsam im α-Eisen (Ferrit).

Zwischengitter-Diffusion: Element C im α-Fe:

- Q = 88 kJ/mol, niedriger Wert,
- D_{800} = $1{,}6\ 10^{-5}$ m^2/s, hoher Wert.

Ergebnis: C-Atome diffundieren sehr schnell im α-Eisen (Ferrit).

Nach einem Logarithmieren lassen sich die Einflussgrößen besser beurteilen:

$$\ln J = \ln D_0 - Q/RT$$

Diese Funktion kann im logarithmisch geteilten Netz (Bild 2.54) als fallende Gerade dargestellt werden. D_0 ist der Schnittpunkt auf der Ordinate bei der Temperatur $T \rightarrow \infty$ bzw. $1/T = 0$ (Teilung der Abszisse mit $1/T$).

- Die Aktivierungsenergie Q entspricht der Steigung der Geraden.
- Je steiler die Gerade, umso größer ist der Energieaufwand für einen Platzwechsel.

In Bild 2.54 verlaufen die Linien für die Diffusion von C und H im *dichter* gepackten γ-Eisen (kfz) *steiler* als die im weniger dichten α-Eisen (krz).

Für thermochemische Verfahren (z. B. Aufkohlen, Nitrieren) ist das zweite Diffusionsgesetz wichtig. Es ergibt sich durch Differenzieren des 1. Gesetzes.

Eine Lösung der Differenzialgleichung verknüpft hier den mittleren Randabstand x_m, wo die Konzentrationsdifferenz (Kohlungsatmosphäre – Werkstoff) auf die Hälfte gesunken ist, mit der Zeit t. Der Graph ist eine liegende Parabel, Bild 2.55:

$$x_m^2 = D \cdot t; \Rightarrow \mathbf{x_m} = \sqrt{\mathbf{D \cdot t}} \quad \text{(mit D konstant)}$$

Die Auswertung des Diagrammes ergibt:

Eine n-fache Eindringtiefe x_2 erfordert die n^2-fache Zeit t_2 bei T = konst. (→)

Geringe Temperaturerhöhungen (2,78 %) senken die Behandlungszeiten stark (61 %). (→)

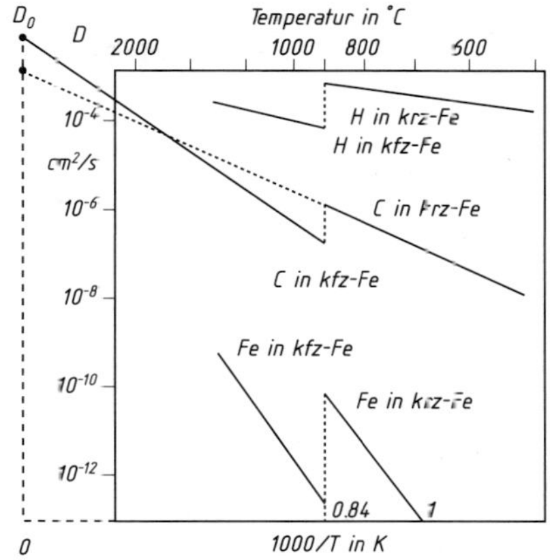

Bild 2.54 Diffusionskoeffizienten $D = f(T)$ für einige Paarungen

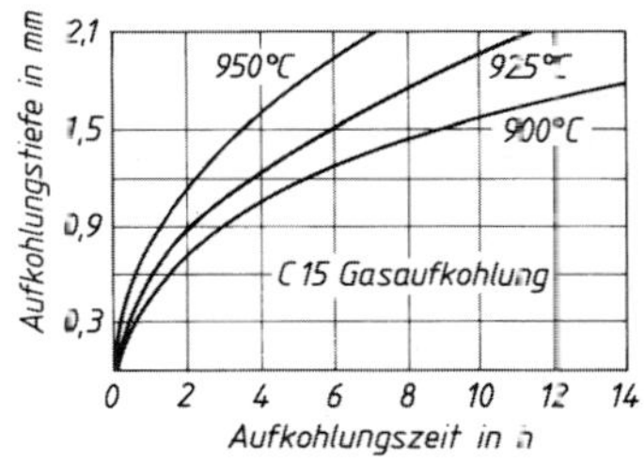

Bild 2.55 Verlauf der Aufkohlungstiefe über der Zeit bei verschiedenen Temperaturen

Erläuterung der Abhängigkeiten:

Eindringtiefe und Zeit: Bei 925 °C werden erreicht:

- 1-fache Eindringtiefe von 0,9 mm in 2 h, die
- 2-fache von 1,8 mm in ca. 8 h.

Temperatur und Zeit: Für eine konstante Eindringtiefe von 1,5 mm (waagerechte Linie in Bild 2.55) sind erforderlich:

- bei 900 °C ca. 9 h;
- bei 925 °C ca. 3,5 h

2.4.6 Werkstoffverhalten bei höheren Temperaturen unter Beanspruchung

Die bei höheren Temperaturen im Innern ablaufenden Vorgänge – die thermische Aktivierung – sind der Grund, dass dann der metallische Werkstoff die sonst zulässigen Spannungen nicht mehr ertragen kann. Sie nehmen mit steigender Temperatur ab.

Durch Rekristallisation werden Verfestigungen aufgehoben, Diffusion der Korngrenzenatome verursacht langsames Abgleiten der Körner gegeneinander (Korngrenzengleiten). Es kommt zu einer ständigen langsamen plastischen Verformung unter der Spannung, dem sog. **Kriechen,** das mit dem Bruch endet.

Bild 2.56 zeigt den Abfall der Streckgrenze $R_{p0,2}$ beim Kurzzeitversuch.

Oberhalb der Rekristallisationsgrenze sind Bauteile nicht unendlich lange haltbar, sondern nur eine endliche Zeit, sie haben sog. Zeitfestigkeiten, die durch aufwändige Langzeitversuche (Normen →) ermittelt werden. Ihr Ergebnis sind Zeitstandschaubilder (Bild 2.57).

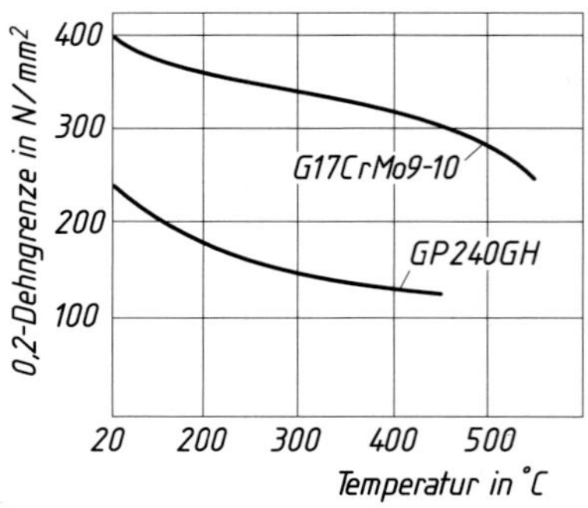

Bild 2.56 0,2-Warmdehngrenze von unlegiertem und niedriglegiertem Stahlguss

Zeitfestigkeiten

- **Zeitstandfestigkeit $R_{m/1000/500°}$ = 100 MPa** bedeutet, dass bei einer Zugbeanspruchung von 100 MPa nach 1000 h bei 500 °C der **Bruch** erfolgt.
- **Zeitdehngrenze $R_{p1/100000/600°}$ = 22 MPa** bedeutet, dass bei einer Zugbeanspruchung von 22 MPa nach 100 000 h bei 600 °C eine **bleibende Dehnung** von 1 % gemessen wird.

Bauteile mit Dauerbeanspruchung im Bereich über der Rekristallisationstemperatur zeigen das **Kriechen,** eine langsame, plastische Verformung. Dabei liegt die Spannung *unterhalb* der Fließgrenze.

Die inneren Vorgänge sind vereinfacht:

- Aufweitung des Kristallgitters durch die Wärmebewegung, Platzwechsel werden erleichtert,
- Gleithindernisse verschwinden durch Diffusion,
- ausgeschiedene Phasen gehen wieder in Lösung,
- ständige Kristallerholung und Rekristallisation, es erfolgt keine Kaltverfestigung.

Die Auswirkungen des Kriechens sind:

- Spannungsrelaxation (→),
- Kriechdehnung bis zum Bruch.

Normung:
DIN EN 10291/01 Zeitstandversuch unter Zugbeanspruchung
DIN EN 10319-1/03 Relaxationsversuch unter Zugbeanspruchung

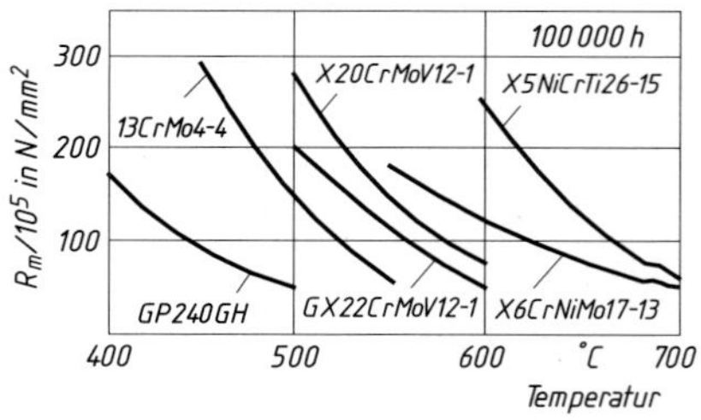

Bild 2.57 Zeitstandschaubild, schematisch

Der Vergleich der Kurven zeigt, dass hohe Zeitfestigkeiten bei Stählen nur durch hohe Anteile von Legierungselementen erreicht werden können (→ Übersicht am Ende des Abschnittes).

Spannungsrelaxation (Spannungsermüdung): Nachlassen der Spannung durch das Kriechen z. B. bei vorgespannten Schrauben, oder das Setzen von Dichtungen und Federn.

Vergleich: Werkstoffverhalten bei tiefen und hohen Temperaturen

Merkmale bei $T < T_{Rekrist.}$	Merkmale bei $T > T_{Rekrist.}$
Festigkeiten sind zeitunabhängig, weitere Verformung nur bei Spannungen > Fließgrenze	Festigkeiten sind zeitabhängig, Verformung läuft bei allen Spannungen weiter (Kriechen)
Kaltverfestigung, Feinkorn ist festigkeitssteigernd	Ohne Kaltverfestigung, Grobkorn ist kriechfester
Kristallkörner verschieben sich nicht zueinander	Korngrenzengleiten längs der Korngrenzen

Der Kriechvorgang verläuft idealisiert in drei Phasen. Bild 2.58 zeigt den Verlauf der plastischen Dehnung A_p über der Zeit t. Die Steigung der Kurve b entspricht dabei der Kriechgeschwindigkeit.

Erläuterungen zu Bild 2.58, Kurve b: Es lassen sich drei Kurventeile erkennen:

I Primär- oder Übergangsbereich

Nach einer sehr kleinen Anfangsdehnung A_i bei Aufbringen der Belastung nimmt die Steigung der Kurve stetig ab und erreicht ein Minimum. Anfangs bilden sich durch Verformung mehr Versetzungen, als sich bestehende durch die Diffusionsvorgänge auflösen.

II Sekundär- oder stationärer Bereich

Die etwa konstante Steigung (Kriechgeschwindigkeit) in diesem Bereich beruht auf einem Gleichgewicht zwischen dem Auflösen von Versetzungen durch Diffusionsvorgänge und der Neubildung durch die Verformung. Im Bereich von Korngrenzen, die senkrecht zur Zugrichtung stehen, erhöht sich die Zahl der Leerstellen (Aufweitung des Gitters).

Das erzeugt Diffusionsströme (→ Bild 2.58a) in diese Bereiche.

III Tertiärbereich (Bild 2.58)

Starker Anstieg der Kurve, die Kriechgeschwindigkeit erhöht sich. Die Probe wird evtl. unter Einschnürung stark verlängert und bricht nach der Zeit t_m. Der Bruch wird eingeleitet durch Mikroporenbildung zwischen den gleitenden Körnern. Es entstehen Hohlräume zwischen drei Korngrenzen, die sich vergrößern und als Rissquellen wirken.

Die Kriechkurve verläuft bei **höherer** Spannung **steiler** und endet nach **kürzerer Zeit.**

Die Diffusionsströme (Bild 2.58a) sind spannungs- und temperaturabhängig und beeinflussen sich gegenseitig. Dieser Materietransport führt zu einer stetigen Verlängerung des zugbeanspruchten Stabes unter Querschnittsabnahme.

Beim Zeitstandversuch wird eine Zugprobe langzeitig bei konstanter Temperatur mit konstanter Zugkraft geprüft und die Dehnung gemessen. Das Ergebnis ist das lineare Zeitdehnschaubild (Bild 2.58).

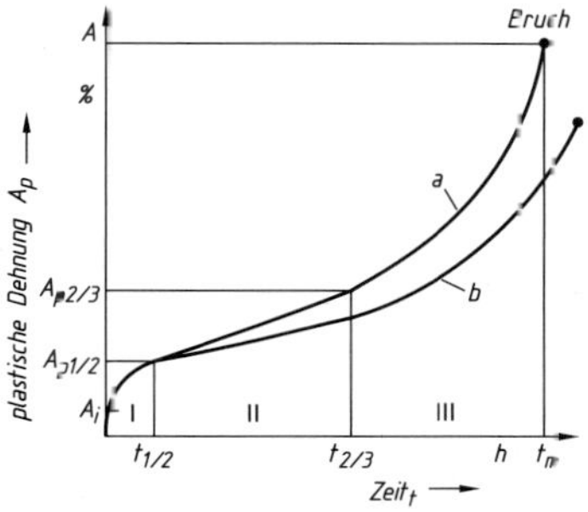

Bild 2.58 Kriechvorgang

Kurve a: Reale Kurve bei konstanter Last. Bei Längenänderung erfolgt auch Querschnittminderung, dadurch steigen Spannung und Dehnung langsam aber stetig.

Kurve b: Idealisierte Kriechkurve bei konstanter Spannung mit drei Bereichen.

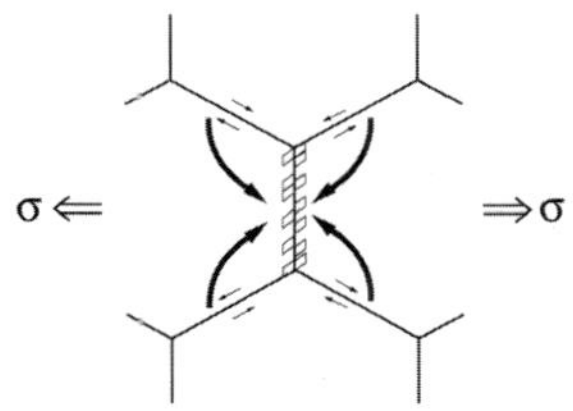

Bild 2.58.a Materietransport durch Diffusionsströme verbunden mit Korngrenzengleiten
← Legende links (nach *Bürgel*)

Legende:

Dicke Pfeile: Volumendiffusion im Innern des Kristalls, führt zum Diffusionskriechen, durch LE-Atome hochschmelzender Metalle behindert.

Dünne Pfeile: Korngrenzengleiten als Ausgleich. Kann durch kleine Nichtmetallatome auf Zwischengitterplätzen behindert werden.

Die zulässige Beanspruchung thermisch beanspruchter Bauteile liegt im unteren bis mittleren, linearen Bereich der Kriechkurve.

Erhöhung des Kriechwiderstandes

Bauteile, die bei hohen Temperaturen langzeitig beansprucht werden, dürfen nur geringe Kriechgeschwindigkeiten aufweisen, damit die bleibende Dehnung nicht zu Funktionsstörungen führt.

Die zusätzliche Schädigung durch Korrosion ist dort behandelt (Kapitel 12).

Werkstoffe für solche Einsätze sind durch Legierungszusätze, Wärmebehandlung oder spezielle Gießverfahren entwickelt worden (→).

Beispiel: Eine konstant gedachte Kriechgeschwindigkeit ($d\varepsilon/dt$) von 2,8 10^{-10}/s führt nach 10000 h zu einer Dehnung von 1 %.

Eine Turbinenschaufel von 200 mm Länge würde dann 2 mm länger geworden sein.

Bei biegebeanspruchten Teilen wäre die Deformation stärker.

Werkstoffe sind warmfeste Stähle, hitzebeständige Stähle und hochwarmfeste Legierungen (4.4.5), Ventilwerkstoffe.

ODS-Legierungen sind durch Oxide teilchenverstärkte, pulvermetallisch hergestellte Legierungen (→ 10.6).

ODS: (Oxid-Dispersion-Strengthened alloys)

Zur Steigerung der Warmfestigkeit auch bei Mg- und Ti-Legierungen angewandt.

Übersicht: Maßnahmen zur Erhöhung der Kriechfestigkeit der Metalle:

Maßnahme	Wirkung
Stähle mit LE wie Mo und V (Vergütungsstähle) verwenden. Sie benötigen zur Bildung ihrer Carbide höhere Anlasstemperaturen.	LE behindern die Diffusionsvorgänge beim Anlassen, höhere Anlasstemperaturen ermöglichen auch höhere Einsatztemperaturen.
Metalle mit Kristallgittern dichtester Packung verwenden. Von ferritischen Stählen auf austenitische Stähle oder Ni- bzw. Co-Legierungen übergehen.	In dichtest gepackten Gittern (austenitischer Stahl; kfz/Co-Legierungen, hdP) ist die Diffusion erschwert, die Warmfestigkeiten sind höher als z. B. in krz-Gittern (ferritische Stähle).
Grobkörniges Gefüge ausbilden, Stängelkristallisation, im Grenzfall einkristalline Erstarrung herbeiführen (→ Textur).	Ein kleinerer Anteil an Korngrenzen mindert das Korngrenzengleiten und fällt bei Einkristallen ganz weg. Anwendung bei hoch durch Fliehkräfte beanspruchten Turbinenschaufeln. Nutzung des Korngrenzengleitens bei der Superplastizität (2.4.4).
Korngrenzen durch ausgeschiedene Carbide oder Nitride „verzahnen“. Ähnlich wirken die LE B, Ce, Re, W, Zr.	Das Korngrenzengleiten wird behindert, bei optimaler Größe der Ausscheidungen wird die Rissgefahr kleiner.
LE einbauen, die thermisch stabile, intermetallische Phasen (IP) bilden. Eine weitere Möglichkeit sind nichtmetallische Phasen (Oxide), die pulvermetallurgisch eingebracht werden (ODS-Legierungen).	Teilchenhärtung, wichtig ist eine feindisperse Verteilung der Phasen. Beide sind durch ihre Bindungsart thermisch stabil. Anwendung z. B. bei: γ-Phase Ni_3Al in Ni-Superlegierungen, Al-Oxide in Al-Legierungen (DISPAL®).

2.5 Legierungen (Zweistofflegierungen)

2.5.1 Begriffe

In der Technik werden meist nicht die reinen Metalle verwendet, sondern Legierungen. Durch Zusatz anderer Elemente können die Eigenschaften eines Metalles (meist die Festigkeit) gezielt verändert und bestimmte Eigenschaftsprofile verwirklicht werden (→ Beispiele).

Älteste bekannte Legierung ist die Zinnbronze (Bronzezeit). Cu-Erze enthielten zufällig auch Zinn. Sn erniedrigt die Schmelztemperatur und erhöht die Festigkeit und Härte, wichtig für Waffen und Werkzeuge.

Beispiel: Festigkeit von Al

Werkstoff	R_m in MPa		A %
Al 99,9	40		30
Al Mn1Mg1	155	weichgeglüht	14
Al Mg4Cu1	420	(ausgehärtet)	8

Legierungen sind Stoffgemenge mit metallischen Eigenschaften. Hier ist eine Begrenzung auf solche aus zwei Komponenten nötig, um den Einfluss von Legierungselementen **(LE)** auf ein **Basismetall** darzustellen.

Beispiel: Wärmedehnung α

Werkstoff	Analyse	α 10^6/K
Eisen	Fe, rein	12,0
INVAR	FeNi36	1,5

Die meisten technisch wichtigen Legierungen sind solche aus drei und mehr Komponenten, wobei viele als Verunreinigungen gelten, die auch mit großem Aufwand nicht völlig entfernt werden können (→ Reinheitsgrad, Tabelle 3.4).

Unlegierter Stahl enthält neben Fe und C auch kleine Anteile von Mn, Si, P und S.

Zweistofflegierungen:	Cu-Ni, Pb-Sn (Lötzinn)
Dreistofflegierungen:	Cu-Sn-Zn (Rotguss)
Mehrstofflegierungen:	NiCr MoV-Stahl

Legierungen werden durch gemeinsames Einschmelzen hergestellt. Wenn das wegen hoher Schmelzpunkte nicht möglich ist, kann das pulvermetallurgische Verfahren angewandt werden Es entstehen die sog. Pseudolegierungen (→).

Beispiele für Pseudolegierungen: Cu-Graphit für Stromabnehmer wegen Unlöslichkeit des C in der Cu-Schmelze.

Sinterhartmetalle WC/TiC-Co und Kontaktwerkstoff W-Cu wegen zu hoher Schmelztemperaturen (→ Pulvermetallurgie 11.1.6).

Für den Einsatz von Legierungen sind neben den Metallpreisen weitere technische Kriterien wichtig (→).

Technisch verwendbare Legierungen ergeben sich dadurch nur bei bestimmten Legierungssystemen und Mischungsbereichen.

Kriterien für die Verwendbarkeit:

Von den vielen Legierungssystemen sind nur jene Sorten brauchbar, bei denen Gefüge entstehen, welche

- gute Festigkeit, angepasster Zähigkeit mit
- wirtschaftlicher Formbarkeit und
- ausreichender Beständigkeit (thermisch und chemisch) verbinden.

Die Grundbestandteile einer Legierung heißen **Komponenten** (A und B). Sie reagieren evtl. miteinander und bilden Kristalle, die **Phasen** (α, β, γ usw.). Alle Legierungen aus A und B bilden **das Legierungssystem**.

Als Komponenten können auftreten:

Metall/Metall	häufigster Typ: Cu-Sn (Bronze), Cu-Zn (Messing), Sn-Pb (Lote)
Metall/Nichtmetall	Gusseisen mit Graphit

Die Komponenten einer Legierung können miteinander reagieren (→). Dadurch entstehen Gefüge, die aus den folgenden Phasen (allein oder gemischt) bestehen können:

Physikalische Reaktion ist hier das *In-Lösung-Gehen*, die Mischbarkeit der Komponenten.

Chemische Reaktionen zwischen Metall und Nichtmetall (C, N, O) ergeben nichtmetallische Phasen, z. B. Carbide, Nitride und Oxide.

Legierungsstrukturen

Metallgitter können als Realkristalle immer Fremdatome einbauen. Reine Kristalle aus einer einzigen Atomart sind evtl. als gezüchtete Einkristalle denkbar. Kristallstrukturen sind:

- fast **reine Kristalle** einer Komponente,
- **Mischkristalle (MK),** feste Lösungen, als Austausch-MK oder Einlagerungs-MK,
- **Intermetallische Phasen.**

Begriff: Reinheit ist relativ und von der Genauigkeit der Analyse und den Anforderungen abhängig. Hochrein bedeutet ≥ 99,99 %. Dann sind 0,001 % Fremdatome enthalten, d. h. auf 100 000 Atome 1 fremdes (bei gleichen Atommassen).

Austausch-Mischkristalle (AMK, Bild 2.59) LE-Atome können Basisatome im Gitter ersetzen, im **Austausch** an seine Stelle treten (deshalb auch Substitutions-MK). Sie sind *regellos* verteilt. MK bilden *eine* Phase und werden deshalb feste Lösungen genannt. Die vollkommene Löslichkeit, d. h. MK in allen Mischungsverhältnissen, ist nur möglich, wenn sich die Komponenten sehr ähnlich sind (→ Tabelle 2.22).

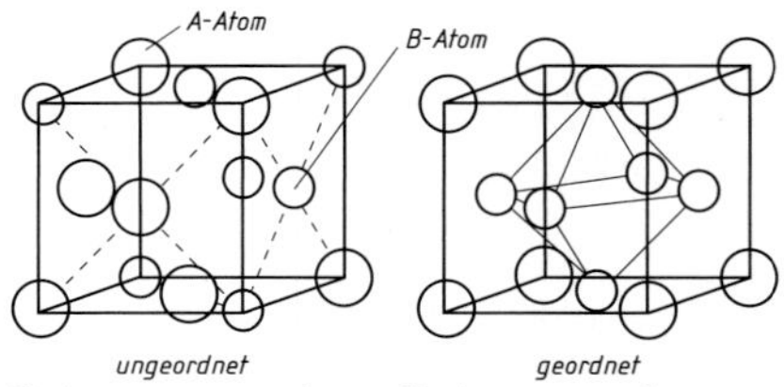

B-Atome, ungeordnet im A-Basisgitter B-Atome geordnet im A-Basisgitter

Bild 2.59 Austausch-Mischkristalle, links ungeordnet, rechts geordnet (Überstruktur)

Bedingungen für Mischkristalle mit unbegrenzter Mischbarkeit:

- Gleiche Kristallgitter,
- Atomradien differieren weniger als 15 %,
- gleiche Wertigkeiten,
- annähernd gleiche Elektronegativität EN.

Tabelle 2.22: Legierungssysteme mit vollkommener Mischbarkeit im festen Zustand Cu + LE

Metall/Eigenschaft	Cu	LE		
		Ni	Pt	Au
Atomradius in pm	128	124	138	144
Kristallgitter	kfz	kfz	kfz	kfz
Außenelektronen	1	2	1	1
EN-Zahl	1,8	1,8	1,4	1,4

Überstrukturen sind *geordnete* AMK (Gitter im Gitter). Sie entstehen, wenn die Anziehung *ungleicher* Atome größer ist, als die *gleichartiger* und nur bei *bestimmten* Verhältnissen. Ihre Bildung erfordert Zeit (langsame Abkühlung), bei Erwärmung gehen sie langsam in den ungeordneten Zustand über (Entropiestreben).

Überstrukturen besitzen andere, z. T. *extreme* Eigenschaftswerte gegenüber den normalen Mischkristallphasen des Systems (z. B. elektrische Leitfähigkeit, Härte).

Beispiel Überstruktur: Im System Cu-Au gibt es die 2 Typen:
Beim Atomverhältnis 3:1 bildet sich Cu_3Au: Cu-Oktaeder im Au-Würfel (Bild 2.57). Dieser Typ ist in vielen Legierungssystemen anzutreffen (z. B. Ni-Al, Ni-Fe, Ni-Cr).
Beim Verhältnis 1:1 entsteht der Typ CuAu, (Cu in Grund- und Deckflächen, Au in senkrechten Flächenzentren eines Quaders).

Größere Abweichungen der Atome führen zu einer begrenzten Löslichkeit der LE-Atome, die zudem temperaturabhängig ist (Tabelle 2.23).

Tabelle 2.23: Legierungssysteme mit teilweiser Mischbarkeit im festen Zustand Cu + LE

Metall/Eigenschaft	Cu	LE		
		Al	**Sn**	**Zn**
max. Löslichkeit %	–	**9,4**	**15,8**	**37**
Atomradius in nm	124	143	141	133
Kristallgitter	kfz	kfz	tetr	hdP
EN-Zahl	1,8	1,5	1,7	1,7
Außenelektronen	1	3	4	2

Im Allgemeinen steigt die Löslichkeit mit der Temperatur (ähnlich Zucker in Wasser). Beim Abschrecken dieser MK bleibt der hohe Gehalt bei RT bestehen, es entstehen übersättigte Mischkristalle, die metastabil, d. h. nicht im Gleichgewicht sind. Sie versuchen, durch Ausscheidung des Überschusses den stabilen Zustand zu erreichen (→).

Hinweis: Übersättigte Mischkristalle sind Ursache von Kristallausscheidungen im festen Zustand (Anwendung beim Aushärten → 5.4).

Legierungen mit einem LE-Gehalt über der Löslichkeit bilden dann neben den Mischkristallen eine (oder mehr) weitere Phasen aus, die meist zu den intermetallischen Phasen (IP) gehören.

Beispiel: Eisen kann bei RT nur sehr wenig C-Atome lösen. In den Stählen liegt der Kohlenstoff dann als intermediäre Phase Eisencarbid, Fe_3C (Zementit) vor. Sie ist hart und spröde und hat im Stahl C60 mit 0,6 % C einen Anteil von 9 % am Gefüge (→ Bild 3.13 unten).

Begrenzte Löslichkeit gilt besonders für die Nichtmetallatome, die kleiner als die Atome des Basisgitters sind, also H, C und N. Sie bilden Einlagerungs-MK (↓). Ihre *Löslichkeit* ist gering, bleibt meist unter 1 % und fällt mit der Temperatur (kleinere Schwingungen ⇒ kleinere Lücken, → Beispiel).

Beispiel: Kohlenstofflöslichkeit im Fe

Phase	Temperatur °C	max. C-Gehalt
α- Fe krz	20	0,02 %
γ- Fe kfz	723	0,80 %
γ- Fe kfz	1147	2,06 %

Einlagerungsmischkristalle (EMK, Bild 2.60) werden auch interstitielle MK genannt. Die LE-Atome sind auf Zwischengitterplätzen eingelagert, den Lücken zwischen den „Kugeln" des Basisgitters. Bei ausreichend großen Lücken sind kleine LE-Atome, meist Nichtmetalle löslich.

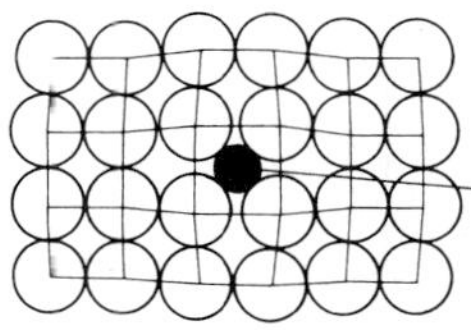

Bild 2.60 Einlagerungsmischkristall

Bedingungen für die Bildung von EMK sind:

- Basisgitter aus Übergangsmetallen,
- Radienverhältnis $r_{LE}/r_{Bas} < 0,41$ (B, C, N, O).

Intermetallische Phasen (IP) bilden sich, wenn die Mischkristallregeln nicht erfüllt sind und über die Löslichkeitsgrenze hinaus legiert wird. Der Begriff IP wird auch als Oberbegriff für folgende Strukturen verwendet:

Name	Partner	Beispiele
Intermetallische Phase	Metall/Metall	CuZn, Al_2Cu
Intermediäre Phase	Metall/Nichtmetall	Fe_3C
Einlagerungsstrukturen, (geordnete Einlagerungs-Mk)	Metall/Nichtmetall mit Radienverhältnis r_{NM}/r_M von 0,43 …< 0,59	Carbide, Nitride z. B. Mo_2C, TaC, TiC, TiN, WC

Sie haben andere, oft kompliziertere und weniger dicht gepackte Kristallgitter als die Komponenten. Die Schichten aus Atomen mit unterschiedlichen Radien erfordern hohe Kräfte beim Gleiten. Die metallische Bindung hat Anteile an Ionen- oder Atombindung, der Metallcharakter sinkt und damit auch die Duktilität, die Härte steigt.

Bezeichnung der IP entspricht den chemischen Formeln, ohne dass ein exaktes stöchiometrisches Verhältnis vorliegen muss. Bei den meisten IP haben die Atomverhältnisse eine Schwankungsbreite.

Beispiel Intermetallische Phasen der Legierung Cu (kfz) mit Zn (hdP), (→ Bild 7.6).

E- Zelle	krz	kub. 58 Atome	hdP
Phase	β-Phase	γ-Phase	ε-Phase
IP- Formel	CuZn	Cu_5Zn_8	$CuZn_3$

Die gemischte Bindung führt zu hoher Steifigkeit (E-Modul) bei hohen Temperaturen, ebenso zum Widerstand gegen Kriechen und Oxidation. Dadurch kommen einige IP trotz der geringen Verformbarkeit als Strukturwerkstoff infrage (→).

Intermetallische Phasen sind meist hart und spröde, ihr Anteil am Gefüge der bekannten Legierungen ist niedrig und dient zur Steigerung der Härte und Festigkeit.

Beispiel: Leichtbaustoff Titanaluminid, die γ-Phase TiAl mit einer Dichte von 3,84 g/cm^3 tetragonale E-Zelle mit a = 399; c = 407 pm.

Eigenschaften stranggepresst: hohe Wärmeleitfähigkeit 22 W/m^{2}K bei RT. $R_{p0,2/RT}$ = 800 MPa; $R_{m,800\,°C}$ > 500 MPa; spezifische Steifigkeit E/ρ = 46 GPa cm^3/g (zum Vergleich: Stahl hat 26), Werkstoff für Gasturbinen.

Tabelle 2.24 gibt eine Zusammenfassung über die in den Legierungen vorkommenden Kristallstrukturen.

Tabelle 2.24: Übersicht, Möglichkeiten für den Einbau von Legierungsatomen in ein Wirtsgitter

<table>
<tr><th rowspan="2">LE-Atome im Wirtsgitter</th><th colspan="2">Legierungselement ist</th></tr>
<tr><th>Metall</th><th>Nichtmetall</th></tr>
<tr><td>sind ungeordnet</td><td>Austauschmischkristalle Bild 2.59</td><td>Einlagerungsmischkristalle Bild 2.60</td></tr>
<tr><td>sind geordnet (Gitter im Gitter)</td><td>Überstrukturen
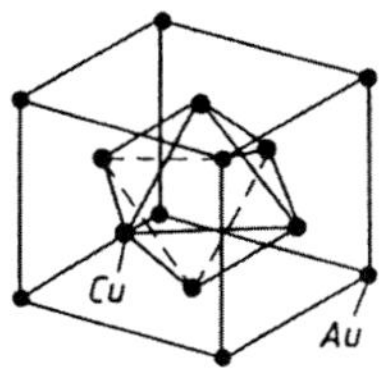

Oktaeder im Würfel, Cu_3Au</td><td rowspan="2">Einlagerungsstrukturen
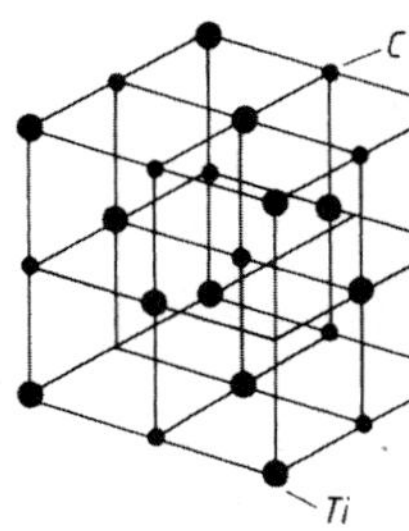

Titancarbid TiC, Titannitrid TiN</td></tr>
<tr><td>bilden neues, anderes Gitter</td><td>Intermetallische Phase
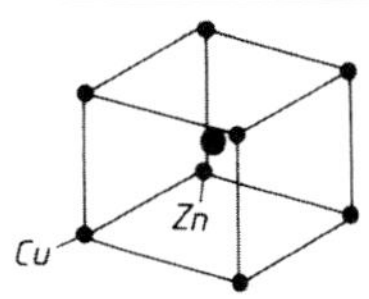

CuZn, ß-Messing</td></tr>
</table>

2.5.2 Zustandsdiagramme, Allgemeines

Diese Schaubilder, auch Phasendiagramme genannt, sind eine Art Landkarte für Stoffsysteme. Aus ihnen lassen sich für alle Legierungen eines Systems die Art und Zusammensetzung der Phasen und ihr Anteil am Ganzen ermitteln.

Zustand eines Stoffsystems beschreibt die Phasen, aus denen das Stoffsystem bei einer Temperatur *T* besteht, sowohl nach ihrer Konzentration (Zusammensetzung) als auch nach ihrem Anteil am Gefüge.

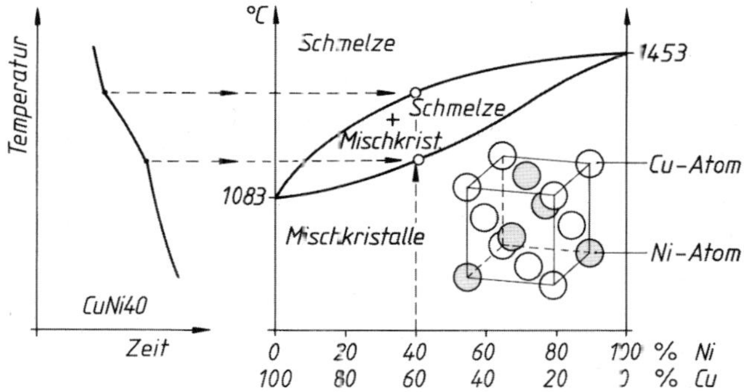

Bild 2.61 Zustandsdiagramm des Systems Cu-Ni mit Abkühlkurve einer Legierung und E-Zelle eines Austauschmischkristalls.

Aus der Abkühlkurve der Legierung CuNi40 (Bildteil links) werden die Haltepunkttemperaturen nach rechts in das Diagramm übertragen und mit der Senkrechten bei der Konzentration CuNi40 zum Schnitt gebracht. So entstehen punktweise die Linienzüge. Sie begrenzen die Zustandsfelder.

Aufstellung eines Zustandsdiagrammes erfolgt aus den Abkühlkurven (nach Bild 2.61) vieler Legierungen eines Systems oder durch rechnerische Bestimmung der Haltepunkte.

Zustandsdiagramme bestehen aus einer waagerechten Konzentrationsachse mit den beiden reinen Komponenten links und rechts außen, ihr Anteil jeweils nach rechts und links fallend. Auf den beiden senkrechten Achsen ist die Temperatur aufgetragen.

Verhalten einer Legierung im Diagramm.

Jede Legierung wird mit dem Wertepaar Konzentration/Temperatur durch einen **Punkt** im Diagramm dargestellt. Mit sinkender Temperatur wandert dieser Punkt auf einer Senkrechten abwärts, schneidet Linien und durchläuft Zustandsfelder.

Alle Punkte in **einem** Zustandsfeld stellen Legierungen mit gleicher Struktur dar, obwohl sie sich voneinander durch die Phasenanteile und deren Konzentration unterscheiden.

2.5.3 Zustandsdiagramm mit vollkommener Mischbarkeit der Komponenten (Bild 2.61)

Es ist das Einfachste der Phasendiagramme mit nur drei Phasenfeldern (Grundtyp I)

Linien und Felder	Erklärung
Liquidus-Linie: (liquidus, lat. = flüssig)	Oberer Linienzug. Darüber sind alle Legierungen flüssig (1-phasig). Beim Schneiden der Linie beginnt die Kristallisation.
Solidus-Linie: (solidus, lat. = fest)	Unterster Linienzug. Beim Schneiden der Linie ist die Kristallisation beendet. Unterhalb bestehen alle Legierungen aus Mischkristallen.
Oberes Feld (oben offen)	Alle Legierungen sind schmelzflüssig, einphasig.
Linsenförmiges Feld	Erstarrungsbereich, alle Legierungen sind 2-phasig und bestehen aus Schmelze (abnehmend) + Mischkristallen (zunehmend).
Unteres Feld	Alle Legierungen sind kristallisiert, einphasige Mischkristalle, homogene Gefüge.

Mit dem Erreichen der Liquiduslinie beginnt die Kristallisation. Mit sinkender Temperatur wachsen die Kristalle auf Kosten der Schmelze. An der Solidus-Linie ist die Kristallisation beendet: Es entstehen einphasige MK-Gefüge.

Zustandsdiagramme gelten für eine sehr (unendlich) langsame Abkühlung, damit sich das **Phasengleichgewicht** einstellen kann. Die Phasen, z. B. Schmelze und Kristalle, haben unterschiedliche Energieinhalte. Für jede Temperatur stellt sich ein Verhältnis der Phasen ein, bei dem das Ganze ein Energie-Minimum besitzt.

Lesen des Zustandsdiagrammes (Bild 2.62). Da die Wärmeenergie an die Masse der Phasen gebunden ist, kann das mechanische Gleichnis der Waage verwendet werden, um die Phasenanteile in Prozent vom Ganzen zu berechnen. Es gilt also das Hebelgesetz in der Form einer Verhältnisgleichung.

Jede Phase ist dem abgewandten Hebelarm proportional.

Bild 2.62 zeigt den Abkühlverlauf der Legierung CuNi40 (L). Im linsenförmigen Erstarrungsbereich ist sie zweiphasig. Sie wird zunächst dicht unterhalb der Liquiduslinie beim Punkt A betrachtet. Die Kristallisation hat gerade begonnen. Der geringe Anteil der Kristalle MK_1 entspricht dem kurzen Hebelarm, der lange Arm dem Anteil der Schmelze.

Mit sinkender Temperatur wachsen immer mehr Kristalle bei abnehmender Schmelze. Bei Punkt B sind die Hebelverhältnisse umgekehrt wie bei A.

Mit Bild 2.63 und den herausgezogenen Hebelarmen lassen sich die Massenanteile von Schmelze und MK berechnen (↓):

Berechnung des MK-Anteils für Punkt B:

$MK_2 : S2 = 29 : 3$ (korrespond. Addition)

$MK_2 : (MK_2 + S_2) = 29 : (29 + 3)$;

$MK_2 + S_2 = 100\,\%$ eingesetzt !

$MK_2 : 100\,\% = 29 : 32$

$$MK_2 = \frac{29}{32} 100\,\% = \underline{\underline{90{,}93\,\%; S_2 = 9{,}37\,\%}}$$

Begriff: Phasengleichgewicht ist hier der Zustand der größten thermodynamischen Stabilität. Sie ist erreicht, wenn das System ein Minimum der freien Enthalpie (d. h. nutzbaren Energie) besitzt.

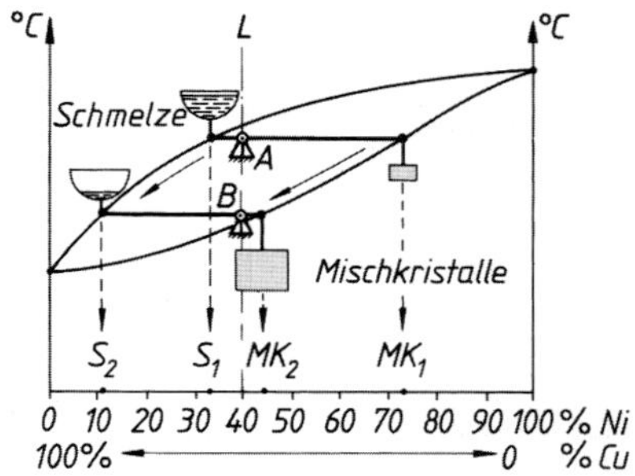

Bild 2.62 Abkühlung der Legierung CuNi40 mit Hebelbeziehung

Die Tabelle 2.25 zeigt für Punkt A diese Abschätzung und zugleich die Konzentration der Phasen (den Ni-Gehalt), die man auf der Konzentrationsachse durch das Lot ablesen kann.

Tabelle 2.25 Abschätzung der Phasen (A und B)

Pkt.	Hebelarm	Phasen	% Ni
A	links klein rechts groß	wenig MK viel Schmelze	MK1 : 73 S1 : 33
B	links groß rechts klein	viele MK wenig Schmelze	MK2 : 43 S2 : 11

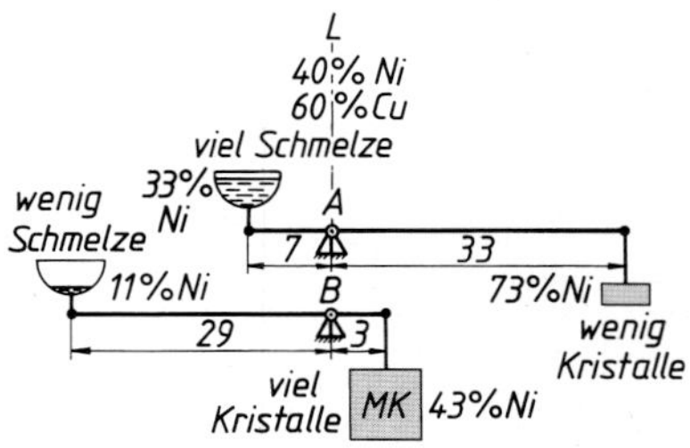

Bild 2.63 Hebelbeziehung aus Bild 2.62

Die ersten MK, bei Punkt A entstehend, sind Nireich, bei Punkt B sind sie Ni-ärmer. Wenn die Legierung vollständig kristallisiert ist, haben die Mischkristalle 40 % Ni gelöst. Die entstehenden Mischkristalle müssen also während des Wachsens ständig ihre Zusammensetzung ändern. Das verlangt langsame Abkühlung, damit die Diffusion stattfinden kann.

Bei technischen Abkühlungen entstehen sog. *Schichtkristalle*, die für die betrachtete Legierung im Kern reicher an Ni ist als in den Randzonen. Diese Erscheinung wird als *Kristallseigerung* bezeichnet (Bild 2.64 o). Durch anschließende Warmumformung und Rekristallisation entsteht ein Ausgleich innerhalb der Kristalle, sodass das Gefüge danach aus gleichartigen homogenen Mischkristallen besteht (Bild 2.64 u).

Systeme mit vollkommener Mischbarkeit im festen Zustand sind neben Cu-Ni:

Ag-Au, Ag-Pd, Co-Mn, α-Fe-Cr, α-Fe-V, γ-Fe-Co, γ-Fe-Pt, γ-Fe-Pd, Cu-Au, Cu-Ni, Cu-Pd, Cu-Pt, Ni-Co, Ni-Fe, Ni-Pd, Ni-Pt, Mo-W, Pt-Ir.

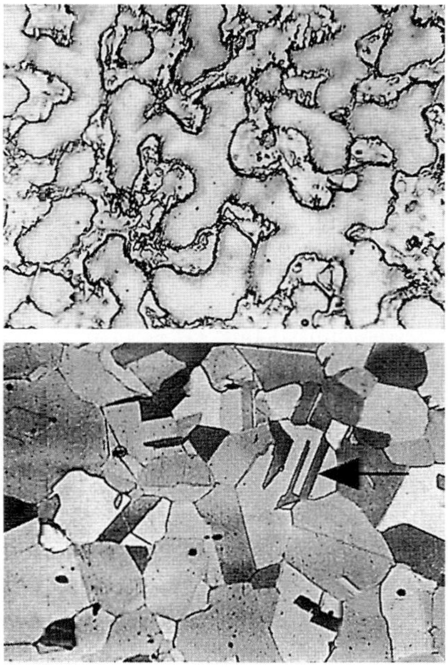

Bild 2.64 Mischkristallgefüge NiCu30Fe. Oben: Gussgefüge mit Kristallseigerung. Korngrenzen sind anders geätzt als die Kornmitte. Unten: Gefüge nach Warmumformung und Rekristallisation, homogene Mischkristalle mit Zwillingsbildung (Pfeil ←) 200:1

2.5.4 Allgemeine Eigenschaften der Mischkristall-Legierungen (Tabelle 2.26)

Wichtigste Wirkung der LE ist die Mischkristallverfestigung (→ Kapitel 2.3.2). Bild 2.65 zeigt, dass sie sowohl durch Ni-Atome im Cu-Gitter als auch durch Cu-Atome im Ni-Gitter erreicht wird. Das gilt auch für die Härte, wobei die Maxima nicht an der gleichen Stelle liegen.

Neben der Festigkeit werden andere Eigenschaften beeinflusst, hier z. B. der elektrische Widerstand und seine Temperaturabhängigkeit.

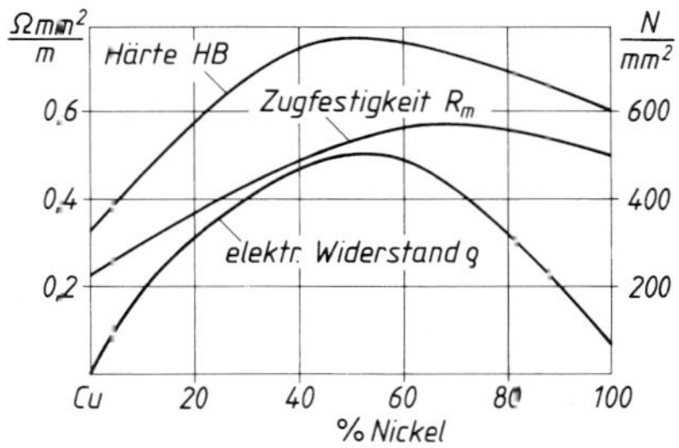

Bild 2.65 Eigenschaften der Legierungen des Systems Cu-Ni. CuNi44 ist eine korrosionsbeständige Widerstandslegierung (Konstantan)

Tabelle 2.26: Technologische Eigenschaften der homogenen Mischkristalllegierungen

Kaltumformen	Alle Kristallite nehmen daran teil. Bei einfachen Kristallgittern (kfz, krz) ist Kaltumformen stark bis sehr stark möglich. Cu-Legierungen haben durch die LE eine verbesserte Dehnbarkeit.
Zerspanen	Da keine spröde, spanbrechende Phase vorliegt, tritt Fließspan und Schmieren des Werkstoffes auf. Kaltverfestigter Werkstoff ist besser zerspanbar. Viele Systeme haben Automatenlegierungen mit 1…3 % Pb und günstigerer Spanbildung.
Gießen	Der längere Erstarrungsbereich und die Kristallseigerung führen zu höheren Schwindmaßen und inneren Spannungen. Die Gießbarkeit ist im Allgemeinen weniger gut und kann evtl. durch dritte LE verbessert werden (z. B. CuSnZn = Rotguss).

2.5.5 Eutektische Legierungssysteme (Grundtyp II)

Bekannte Legierungen dieses Typs sind die Blei- oder Zinnlote, mit **niedrigen Schmelztemperaturen** zum Verbinden von Blei- und Zinkblech durch Löten.

Diese Systeme ergeben sich bei Unterschieden in allen Eigenschaften der Komponenten (→ Tab.).

Bild 2.66 zeigt das Zustandsdiagramm Pb-Sn. Die Liquidus-Linie ist v-förmig. Sie beginnt an den Schmelzpunkten der Komponenten und fällt von beiden Seiten bis zum eutektischen Punkt ab. Er liegt bei 183 °C und ist Schmelz- und Erstarrungspunkt der sog.

Eutektischen Legierung mit 61,9 % Sn. Bis zu dieser Temperatur behindern sich die unterschiedlich kristallisierenden Atome

– **Pb** kristallisiert **kfz, Sn** aber **tetragonal** –

bei der Keimbildung, bis sie am eutektischen Punkt, beide gleichzeitig, aber jede für sich, kristallisieren. Sie erstarrt wesentlich tiefer als die reinen Komponenten Pb oder Sn, ist deshalb stark unterkühlt und hat meist ein feinkörniges Gefüge (→ Bildteil 2.66c) mit dem Namen **Eutektikum.** Es ist immer ein Kristallgemisch, hier aus den beiden Phasen α + β.

Phasen im System Pb-Sn:

α-Phase: Pb-Mischkristalle mit max. 19 % Sn, ihr Gehalt sinkt mit der Temperatur auf 4 %,

β-Phase: Sn-Mischkristalle mit max. 2,5 % Pb, ihr Gehalt sinkt mit der Temperatur auf etwa Null.

Die beiden Phasen wachsen oft lamellen- oder stäbchenartig. Der Lamellenabstand kann durch höhere Abkühlgeschwindigkeit verkleinert werden. Das führt zu höherer Festigkeit. Bei RT liegen die beiden Phasen α (Pb-MK mit 2 % Sn) und β (Sn-MK mit sehr geringem Pb-Gehalt) vor.

Die Felder der Phase α und Phase ß (Bild 2.66) sind durch die Äste der Solidus-Linie und die jeweilige **Löslichkeitslinie** (Solvus) begrenzt. Zwischen ihnen liegt die **Mischungslücke.** Legierungen, die in diesem mittlerem Feld liegen, sind heterogen und bestehen aus einem Gemisch der beiden Phasen α und β:

Begriff: eutektisch, zum **Eutektikum** gehörend (griech.) = das Feingebaute. Eutektikum ist das feinkörnige, besonders strukturierte Gefüge.

	r_{Ion} 1)	Gitter	Gitterkonst. 1)	EN
Pb	**132**	**kfz**	**490**	1,6
Sn	**93**	**tetr**	**649**	1,7

1) Einheit pm

Grundtyp II wäre der Gegensatz zum Grundtyp I, die **vollkommene Unlöslichkeit** der Komponenten. Diese existiert in Wirklichkeit nicht, da jedes Metallgitter – besonders bei höheren Temperaturen – Fremdatome eingliedern kann. Darum scheiden sich aus der Schmelze immer Mischkristalle aus. Im Schaubild wird es durch schmale Zustandsfelder rechts und links deutlich, in denen nur eine Phase = Mischkristalle vorliegen.

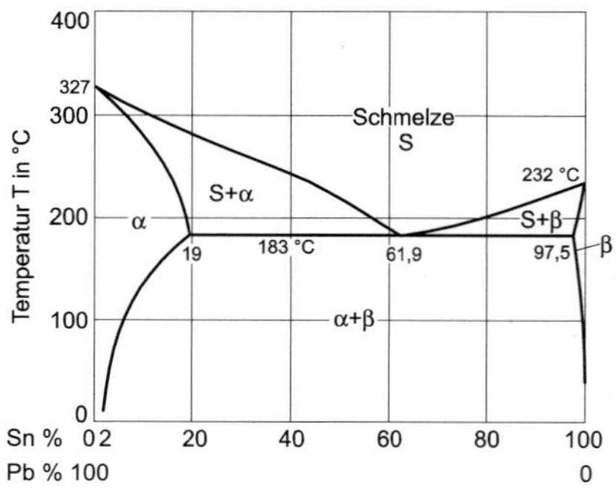

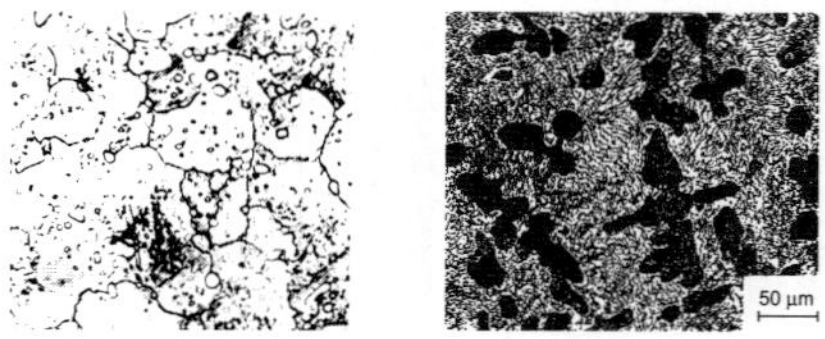

a) PbSn10 b) PbSn50

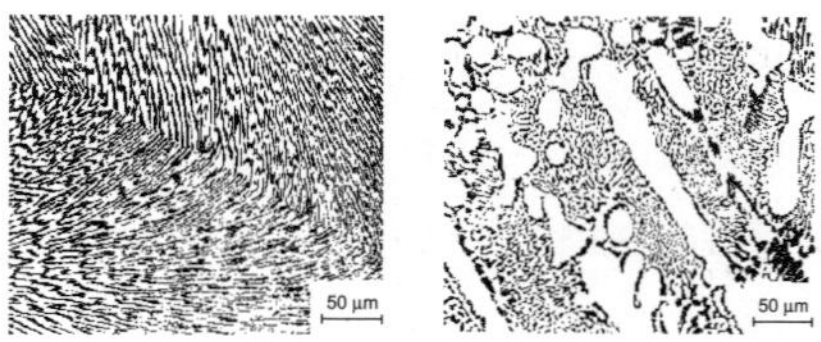

c) Eutektikum PbSn 62 d) SnPb10

Bild 2.66 Zustandsdiagramm Blei-Zinn. Mit charakteristischen Gefügen des Legierungssystems

Übersicht: Legierungstypen im Zustandsschaubild Pb-Sn (Bild 2.66)

Legierungsbereich	Gefüge	Beschreibung
α-Bereich **Pb-Mischkristall-** Legierungen aus Pb + 2…≤ 19 % Sn	Bildteil 2.66a	Sind unterhalb der Solidus-Linie **homogen**, beim Erreichen der Löslichkeitslinie beginnt die Ausscheidung von sekundären Kristallen[1]. Die aus der Schmelze kristallisierten Pb-MK sind zunächst ungesättigt, an der Löslichkeitslinie gesättigt und scheiden bei weiterer Abkühlung den Überschuss an Sn an die Korngrenzen aus. Bei RT ist das Gefüge heterogen und besteht aus Pb-MK (4 % Sn) + Sn-K.
α+β-Bereich **Untereutektische** Legierungen aus Pb + ≥ 19…< 61,9 % Sn	Bildteil 2.66b	Liegen **links vom eutektischen Punkt**. Ihr Gefüge besteht an der Solidus-L. aus Eutekikum und den in der Schmelze erstarrten Pb-Mischkristallen (19 % Sn). Im Laufe der Abkühlung verringern sie ihren Sn-Gehalt von 19 % auf 2 %. Die in der Schmelze wachsenden Kristalle (sog. Primärkristalle) werden meist größer ausgebildet und heben sich im Schliffbild (dunkel) vom feinkörnigen Eutektikum ab.
α+β-Bereich **Übereutektische** Legierungen aus Pb + > 61,9…≥ 97,5 % Sn	Bildteil 2.66d	Liegen **rechts vom eutektischen Punkt**. Ihr Gefüge besteht an der Solidus-L. aus Eutekikum und den in der Schmelze ausgeschiedenen Sn-Mischkristallen. Im Laufe der Abkühlung verringern letztere ihren Pb-Gehalt von 2,5 % durch sekundäre Ausscheidungen auf fast Null %.
β-Bereich **Sn-Mischkristall-L.** aus Sn + ≤ 2,5 % Pb	ohne Bild	Sind unterhalb der Solidus-Linie **homogen**, beim Erreichen der Löslichkeitslinie beginnt die Ausscheidung von Sekundärkristallen[1], hier ist es der Überschuss an Pb. Bei RT ist das Gefüge dadurch **heterogen** und besteht aus Sn-K. + Pb-MK (2 % Sn).

[1] Sekundäre Ausscheidungen führen zu Eigenschaftsänderungen (unerwünschte, Altern) oder werden beim Aushärten zum Eigenschaftsändern benutzt.

2.5.6 Allgemeine Eigenschaften der eutektischen Legierungen

Eutektische Legierungen fallen durch niedrige Schmelztemperaturen auf. Tabelle 2.27 vergleicht sie mit denen der Komponenten.

Tabelle 2.27: Technisch wichtige eutektische oder naheutektische Legierungen

Legierung	Komponente A			Komponente B			Eut. Leg.
	A	%	T_m °C	B	%	T_m °C	T_m °C
Gusseisen	Fe	96	1538	C	3…4		1200
Weichlot	Sn	60	232	Pb	40	327	183
Silberlot	Cu	55	1083	Ag	45	961	620
Zn-Druckguss	Zn	96	419	Al	4	660	380
Al-Druckguss	Al	88	660	Si	12	1414	577
Hartblei	Pb	87	327	Sb	13	630	274

Eutektische Legierungen haben ein heterogenes Gefüge aus den zwei Phasen. In der Realität sind es Mischkristalle mit geringen Anteilen der jeweils anderen Komponente. Eine dieser Phase wird härter und spröder sein. Das wirkt sich auf die Eigenschaften aus (Tabelle 2.28).

Die Absenkung der Schmelzpunkte durch fremde Zusätze wird häufig angewandt:

- Al-Schmelzfluss-Elektrolyse (→ 7.3 1),
- beim Löten werden **Flussmittel** zum Lösen der Metalloxide zugesetzt.
- **Hochofenzuschläge** aus SiO_2, $CaCO_3$ oder Al_2O_3 sind zur Gangart berechnet (gattiert), um dünnflüssige Schlacken zu bilden.

Allgemeines Verhalten der Legierungen vom eutektischen Typ:

- Alle flüssigen Legierungen streben bei der Abkühlung zur eutektischen Konzentration.
- Es wird die Komponente ausgeschieden, die gegenüber der eutektischen Konzentration im Überschuss vorhanden ist.
- Wenn die Solidus-Linie erreicht ist, hat die Restschmelze die eutektische Konzentration und erstarrt zum Eutektikum.

Durch Hinzufügen weiterer unterschiedlicher LE entstehen niedrigschmelzende Mehrstoffeutektika, z. B. die Wood'sche Legierung aus Bi, Cd, Pb und Sn mit dem Schmelzpunkt bei 70 °C.

%-LE	50 Bi	10 Cd	27 Pb	13 Sn
Gitter	hex	hex	kfz	tetr
Konstante pm	431	290	490	649
Schmelzp. °C	273	321	327	232

Tabelle 2.28: Technologische Eigenschaften der eutektischen Legierungen

Kaltumformung	Nur die weichere Kristallart nimmt an der Kaltumformung teil, die andere weniger oder nicht. Daraus folgt eine geringere Kaltformbarkeit gegenüber homogenen Legierungen.
Spanbarkeit	Der Span wird durch eine vorhandene sprödere Phase gebrochen, sodass sich kein Fließspan ausbildet. Daraus folgt eine leichte Spanbarkeit.
Gießbarkeit	Niedrige Schmelztemperatur (kein Erstarrungsbereich), geringes Schwindmaß und gutes Formfüllungsvermögen (keine Primärkristalle an Formwänden)
Mechanische Eigenschaften	Das Gefüge ist eine Mischung aus zwei Phasen mit Mischkristallverfestigung. Festigkeit und Dehnung ergeben sich als Mittelwerte aus dem Verhältnis der reinen Komponenten.

Übung: Beschreibung des Abkühlverlaufs unter Anwendung der Hebelbeziehung

Zum leichteren Einstieg wird der linke Teil des Diagrammes vereinfacht und eine Unmischbarkeit der beiden Komponenten angenommen. Bild 2.67 zeigt dieses fiktive System A-B mit der Legierung L aus 80 % A und 20 % B, ähnlich dem System Bi-Cd.

Die Abkühlung beginnt im Gebiet der Schmelze. Der darstellende Punk L wandert bei Abkühlung senkrecht abwärts, schneidet die Liquidus-Linie und gelangt in das Zweiphasenfeld zum Punkt 1 (oberer Hebel).

Die eingezeichnete Temperaturwaagerechte stößt links an die Phasengrenze Punkt K und rechts an das Phasenfeld Schmelze. Punkt S. Die Waagerechte (Konode) symbolisiert den Waagebalken, an dem die Kristalle und Schmelze als gedachte Masse bei dieser Temperatur im Gleichgewicht sind (↓ Auswertung Punkt 1).

Mit fallender Temperatur wachsen immer mehr A-Kristalle. Dadurch verringert sich der Anteil der Schmelze, gleichzeitig wird sie A-ärmer.

Zur Klärung wird dicht über der Solidus-Linie bei Punkt 2 (mittlerer Hebel) eine zweite Konode gelegt und ausgewertet (↓ Auswertung Punkt 2).

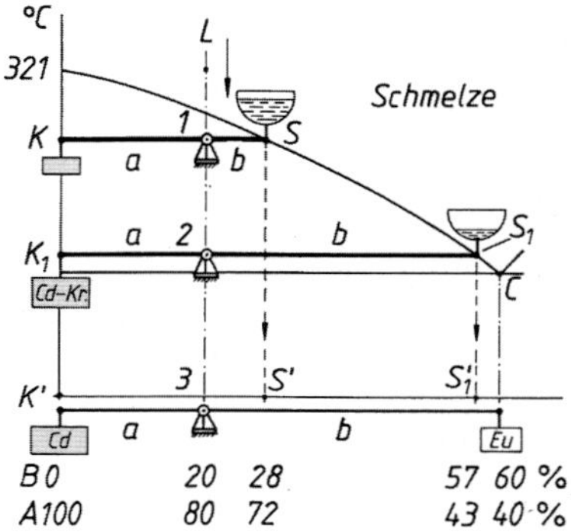

Bild 2.67 Darstellung der Hebelbeziehung am linken Ausschnitt eines eutektischen Systems

Komponente A = Cadmium, Cd; Komponente B = Bismut, Bi

Auswertung der Hebelbeziehungen (Bild 2.67)

Punkt 1:	Punkt 2:
Abschätzen der **Massenverhältnis** der Phasen:	
langer Hebel a ⇒ kleine Masse Kristalle	langer Hebel b ⇒ kleine Masse Restschmelze
kurzer Hebel b ⇒ große Masse Schmelze	kurzer Hebel a ⇒ große Masse Kristalle
Ablesen **der momentanen Konzentrationen** der Phasen:	
Von den Punkten K und S ein Lot auf die waagerechte Achse zu **K'** und **S'** fällen und ablesen:	Von den Punkten K_1 und S_1 ein Lot auf die waagerechte Achse zu $\mathbf{K_1}$**'** und $\mathbf{S_1}$**'** fällen und ablesen:
Punkt **K':** Kristalle bestehen aus 100 % A, Punkt **S':** Schmelze aus 72 % A und 28 % B.	Punkt **K1':** Kristalle bestehen aus 100 % A, Punkt **S1':** Schmelze aus 43 % A und 57 % B.

Beim Erreichen der Solidus-Linie besteht ein bestimmtes Verhältnis zwischen den Kristallen und der Restschmelze, welche dann die eutektische Konzentration hat. Hier läuft die eutektische Reaktion ab: Die homogene Schmelze zerfällt in ein Kristallgemisch aus A- und B-Kristallen.

Die Berechnung der Anteile von Kristallen und Eutektikum erfolgt mit einer Verhältnisgleichung, die durch Behandlung beider Seiten nach der korrespondierenden Addition umgeformt wird (→).

Allgemein gilt für den Massenanteil einer Phase:

$$\text{Phase } \% = \frac{\text{abgewandter Hebel}}{\text{Gesamthebel}} 100\ \%$$

Berechnung der Massenanteile bei RT:

K : Eu = b : a (korrespondierende Addition)

K : (K + Eu) = b : (a + b); K + Eu = 100 %

K : 100 % = b : (a + b);

$$\mathbf{K} = \frac{b}{a+b} 100\ \% = \frac{40\ 100\ \%}{20+40} = \mathbf{66{,}6\ \%}$$

Eu = 33,3 %

Beachte: Eutektikum ist keine Phase, sondern ein Gefügebestandteil. Es entsteht aus der Phase „eutektische Restschmelze". Die **Phasenzusammensetzung** für AB20 ist natürlich 80 % A-Kristalle und 20 % B-Kristalle. Der Waagebalken verläuft zwischen den beiden T-Achsen.

Hinweis: Phasenanteile können auch graphisch abgelesen werden (→ Bild 3.12 unten).

Hinweis: 7.3.7 Aushärten der Al-Legierungen

Vergleich: Warmer Kaffee kann mehr Zucker lösen als kalter. Nach Abkühlung liegt im kalten Kaffee ein Bodensatz von dann nicht mehr löslichem Zucker vor, eine zweite Phase.

2.5.7 Ausscheidungen aus übersättigten Mischkristallen

Im vorangehenden Abschnitt traten zum ersten Mal Mischkristalle auf, deren Löslichkeit mit der Temperatur abnahm. Zum Vergleich ein Beispiel aus dem Alltag (→).

Zur Klärung der Vorgänge dient eine bekannte Al-Legierung (Duraluminium). Bild 2.68 zeigt dazu einen Ausschnitt aus dem Zustandsdiagramm Al-Cu. Die Linie BC zeigt, dass die Löslichkeit von 5,7 % bei 548 °C auf ≈ 0 bei RT zurückgeht.

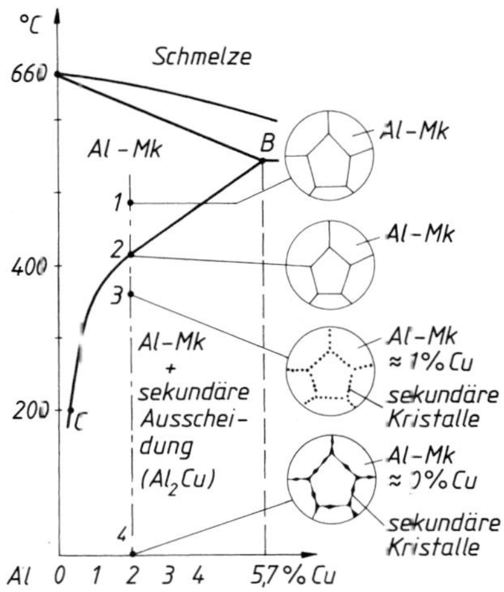

Bild 2.68 Zustandsdiagramm Al-Cu, linke Seite mit schematischen Gefügen bei langsamer Abkühlung. Die sekundären Ausscheidungen bestehen aus der intermetallischen Phase Al_2Cu.

Abkühlverlauf der Legierung AlCu2: Nach Erstarrung besteht sie aus einem homogenen Al-MK-Gefüge und ist am Punkt 1 **ungesättigt**, da die MK mehr lösen könnten (die Linie BC gibt bei dieser Temperatur ca. 4 % an) und am Punkt 2 gerade **gesättigt.**

Am Punkt 3 wäre sie **übersättigt** (die Linie BC gibt bei dieser Temperatur ca. 1 % an). Bei langsamer Abkühlung wandern deshalb Cu-Atome an die Korngrenzen und bilden dort sekundäre Ausscheidungen (Segregat).

Mit der Temperatur sinkt die Löslichkeit schließlich gegen null, sodass ständig weitere Cu-Atome ausdiffundieren müssen, bis bei Punkt 4 das Gefüge aus Al-MK mit sehr wenigen Cu-Atomen besteht, die an den Korngrenzen Sekundärkristalle besitzen. Das vorher homogene Gefüge wird dadurch heterogen.

Schnelle Abkühlung aus dem Mk-Gebiet verhindert die Ausscheidungen und erzeugt übersättigte Mischkristalle. Sie sind nicht im Gleichgewicht und nicht stabil (metastabil). Die zwangsgelösten Cu-Atome können z. T. bei RT diffundieren und bewirken im Laufe der Zeit Gefüge- und damit auch Eigenschaftsänderungen (→).

Bedeutung der Ausscheidungen:

- Mit der Temperatur sinkende Löslichkeit tritt bei den meisten Metallen auf.
- Dadurch können bei normaler Abkühlung nach Gießen, Schweißen oder Warmumformen übersättigte Mischkristalle entstehen.

Die festigkeitssteigernde Wirkung von sekundären Ausscheidungen wird beim **Aushärten** angewandt (→ Teilchenverfestigung 2.3.4 und 5.4).

Werkstoffe und Ausscheidungen:

Alterung: Abnahme der Zähigkeit (Übergangstemperatur) durch unerwünschte Ausscheidungen über längere Zeit bei RT (→ 5.4.4).

Künstliche Alterung: Wenn vom Werkstoff Konstanz der Eigenschaften verlangt wird (z. B. Federn für Messgeräte), nimmt man durch Erwärmen evtl. Ausscheidungen vorweg. Dann ist das Gefüge stabil bevor Eichungen erfolgen. Die Temperaturen sind legierungsabhängig.

Aushärten ist die gesteuerte Ausscheidung bestimmter Phasen in geeigneten aushärtbaren Legierungen zur Festigkeitssteigerung.

Beispiel: Aushärtung der Legierung Al ZnMg1

Zustand	R_m MPa	A in %	Härte HB
weich	150	14	60
ausgehärtet	350	10	105

2.5.8 Zustandsdiagramm mit intermetallischen Phasen

Die Legierung Cu-Zn ist mit ca. 40 Legierungen genormt, darunter auch Mehrstofflegierungen (Sondermessinge) und Gusslegierungen mit weiteren Zusätzen. Die hohe Zahl spiegelt ihre vielseitige Verwendbarkeit wieder (→).

Das Zustandsdiagramm (Bild 2.69) zeigt ebenfalls eine hohe Zahl von Phasenfeldern und Linien, eine Folge der intermetallischen Phasen (IP), die in diesem System auftreten. Das technisch interessante Diagramm schließt bei 50 % Zn, da Legierungen nur bis ca. 45 % nutzbar sind. Darüber ist der Einfluss der harten und spröden IP so stark, dass sie keine verwendbaren Legierungen ergeben (Tabelle 2.29).

Cu-Zn Zweistofflegierungen (binäre) lassen sich vom Gefüge her in drei Gruppen einteilen:

α-Legierungen haben homogene Gefüge aus flächenzentrierten Cu-Mischkristallen mit bis zu 37,5 % Zn. Ihre Festigkeit steigt durch Mischkristallverfestigung, ebenso die Dehnbarkeit bis zu einem Maximum bei 30 % (Bildteil unten). Die 9 Sorten von CuZn5 bis CuZn37 sind gut bis sehr gut kaltformbar und als Band, Blech und Rohr genormt. Kaltverfestigung erhöht ihre Zugfestigkeit bis auf 340…610 MPa, ebenso die Wechselfestigkeit gegenüber dem geglühten Zustand.

Anwendungen: CuZn-Legierungen werden z. B. für feinmechanische Geräte, Armaturen für Gas und Wasser bis hin zu Schiffsschrauben verwendet.

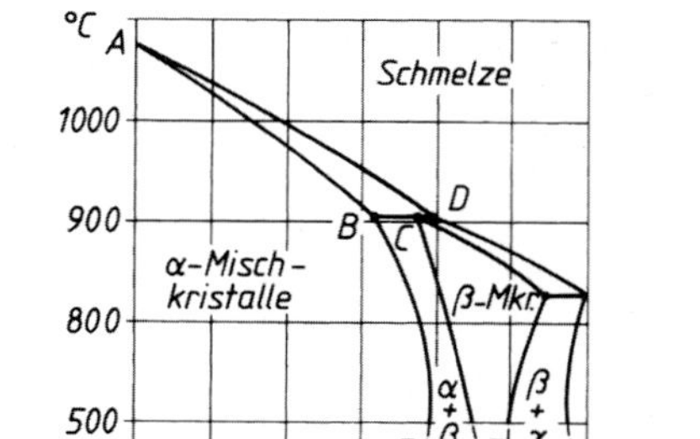

Bild 2.69 Zustandsdiagramm Cu-Zn und Auswirkung des steigenden Zn-Gehaltes auf die mechanischen Eigenschaften (geglüht)

α-Legierungen über ca. 35 % Zn können bei schnellerer Abkühlung aus dem Zweiphasengebiet unterhalb BC, auch nach Kaltumformung und Glühen, geringe Anteile von ß enthalten.

α + **β-Legierungen** liegen zwischen 37,5 % und 46 % Zn-Gehalt und haben heterogene Gefüge. Zu den α-Mischkristallen kommt die erste der intermetallischen Phasen, die β-Phase CuZn. Ihre E-Zelle ist ein Würfel mit 8 Cu-Atomen und einem Zn-Atom im Zentrum (Bild in Tabelle 2.24).

Sobald die härtere IP-Phase im Gefüge auftritt, steigt die Zugfestigkeit an (die Streckgrenze verläuft ähnlich, aber tiefer), um ab 44 % Zn wegen fallender Dehnbarkeit stark abzufallen. Die Härte (Messung durch Druck) steigt steil an. Die Dehnung fällt über 30 % Zn bis auf null bei reinem β-Gefüge ab (Bild 2.69 unten).

Tabelle 2.29: Phasen im System Cu-Zn

Phase	α	β	γ
Zn-%	> 0...37,5	43.8...48,2	ca. 58
Formel[1]	–	CuZn	Cu_5Zn_8
E-Zelle	kfz	krz	kub 52 Atome
Umformbarkeit	kalt gut bis sehr gut	kalt nur gering, warm gut	nicht umformbar

[1] Formeln geben keine stöchiometrische Zusammensetzung an, sondern einen Mittelwert der Konzentration dieser Phasen.

β-Legierungen mit ca. 46...50 % Zn haben ein homogenes Gefüge aus der b-Phase.

Mit steigenden Zn-Gehalten treten nach β- und γ-Phase noch weitere extrem spröde Phasen auf. Sie ergeben technisch unbrauchbare Werkstoffe.

2.5.9 Übung: Auswertung eines Zustandsdiagrammes, Abkühlverlauf einer Cu-Zn-Legierung (64,5 % Cu)

Die Legierung kühlt aus der Schmelze ab. Beim Erreichen der Solidus-Linie tritt eine zweite Phase auf, die α-Phase (kfz Cu-Mischkristalle), die nach und nach die Konzentration des Punktes B annimmt (67 % Cu). Die Schmelze strebt der Konzentration des Punktes D zu.

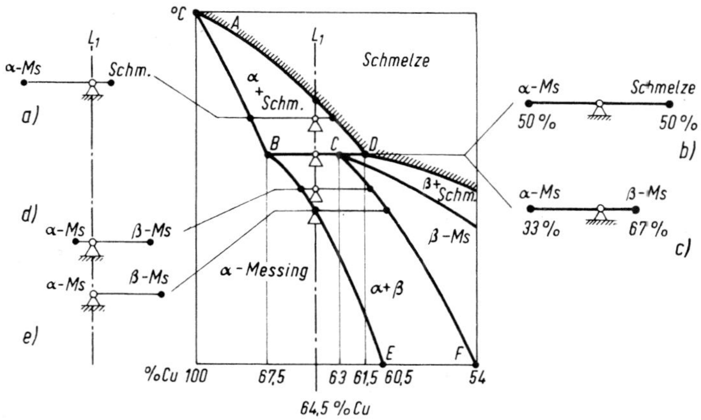

Bild 2.70 Zustandsdiagramm Cu-Zn mit Abkühlverlauf der Legierung (64,5 % Cu) und Phasenverhältnissen

Bildteil a: Unterhalb der Liquidus-Linie überwiegt noch der Anteil der Schmelze.

Bildteil b: Dicht über der Solidus-Linie sind bei dieser Legierung gleiche Anteile von Schmelze und α-MK vorhanden (gleiche Hebelarme).

Bildteil c: An der Linie BC tritt die **peritektische Reaktion** ein

α (B) + Schm.(D) → α (B) + β (C)

Dabei reagieren α-MK mit der Schmelze zu β-MK Dadurch wird die Schmelze aufgezehrt und der Anteil der α-MK reduziert (Hebelverhältnis). Dicht unterhalb der Linie CD liegt dann ein Gefüge mit 1/3 α-MK vor (mit 67,5 % Cu) und 2/3 β-Kristallen (mit 63 % Cu). Die Hebelarme verhalten sich wie 2:1.

Bildteil d: Mit weiterer Abkühlung ändern sich die Konzentrationen beider Phasen: α-MK längs der Linie BE, β-Kristalle längs der Linie CF. Gleichzeitig wächst der Anteil der α-MK, jener der β-Kristalle sinkt (**Bildteil d**). Beim Erreichen der Linie BE (**Bildteil e**) ist der Anteil der β-Kristalle auf null gesunken: homogenes Gefüge aus α-MK.

Zusammenfassung: Regeln für die Auswertung von Zustandsdiagrammen

Die Vorgänge lassen sich im Diagramm auf einer senkrechten Linie verfolgen. Sie liegt bei der Konzentration der untersuchten Legierung. Der darstellende Punkt wandert abwärts (Abkühlen) oder aufwärts (Abkühlen). Mit der Hebelbeziehung können bei jeder Temperatur die Phasen ermittelt werden (→).

- Wenn dabei im Diagramm eine Grenzlinie durchlaufen wird, ändert sich die Art der Phasen oder ihre Zahl der Phasen um eins. Abweichungen sind nur an Punkten möglich.
- Der Anteil einer Phase am Gefüge ist dem abgewandten Hebelarm proportional (Hebelgesetz). Die Phasen liegen im Schnittpunkt zwischen Hebel und Phasengrenzen.

2.5.10 Vergleich von homogenen und heterogenen Legierungen

In dieser Zusammenfassung werden die beiden Grundgefüge gegenübergestellt und daraus auf Eigenschaften und Verwendung geschlossen. Die Zuordnungen sind grob, in Sonderfällen können auch Abweichungen auftreten.

	Homogene Legierungen	**Heterogene Legierungen**
Zustandsdiagramm (prinzipiell)	Legierungen Grundtyp I oder im Randbereich bei den meisten anderen Typen	In den Mischungslücken bei teilweiser Mischbarkeit der Komponenten
Beispiele	Cu-Legierungen mit geringem Gehalt an LE, austenitische Stähle	Eutektische Gusslegierungen, Einsatz-, Vergütungs- und Werkzeugstähle, aushärtbare Al-Legierungen
Gefüge	homogen, eine Phase Mischkristalle	heterogen, zwei Phasen bilden ein Kristallgemisch
Fertigung durch		
Gießen	ungünstig bei breitem Erstarrungsbereich, Schwindung, Seigerung	günstig, da niedriger Schmelzpunkt, kleines Schwindmaß
Kneten	günstig, alle Kristallite nehmen daran teil, homogen verformbar	Rissgefahr, wenn beide Phasen sehr unterschiedliche Verformungswiderstände haben,
Spanen	Fließspan, rauere Oberfläche	günstig, weichere oder sprödere Phase kann spanbrechend wirken, glatte Oberfläche
überwiegende Verwendung	**Knetlegierungen**	**Gusslegierungen**
Fertigungsgänge	Gussblock → Umformen → Halbzeug → Umformen/Verbinden → Fertigteil	Rohgussteil → Spanen → Fertigteil
Verlauf der **Eigenschaften** über der Konzentration	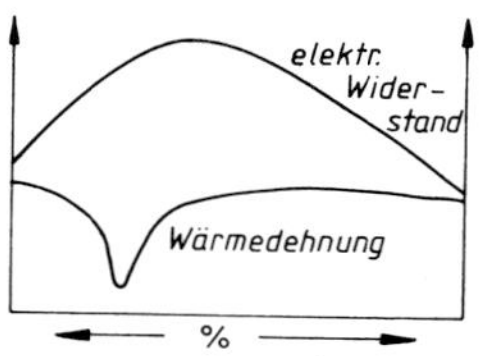 Bei bestimmten Konzentrationen sind extreme Eigenschaften möglich.	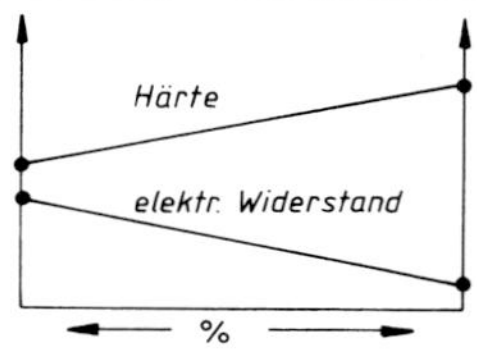 Eigenschaften liegen zwischen denen der reinen Komponenten (Ausnahme Schmelztemperaturen).

2.5.11 Übersicht über Phasenumwandlungen im festen Zustand

Neben den unter 2.4.7 behandelten Ausscheidungen aus Mischkristallen beim Überschreiten der Löslichkeitslinie und langsamer Abkühlung oder innerhalb der übersättigten Mischkristalle beim schnellen Abkühlen, gibt es weitere Umwandlungen im festen Zustand. Sie sind nicht auf die Stähle beschränkt, für die sie eine besondere Bedeutung haben und dort eingehend behandelt werden.

Name	Vorgänge	Anwendungen, Beispiele, Hinweise auf Lehrbuch-Abschnitte
Ausscheidungen in übersättigten Mischkristallen	Überschuss bildet intermetallische Phasen in feindisperser Form	Aushärten zahlreicher Legierungen (5.4, Tabelle 5.8; Al: 7.3.7; Cu: 7.4.4)
Eutektoide Umwandlung (Ähnlichkeit mit Bildung des Eutektikums)	homogene Mischkristalle reagieren am eutektoiden Punkt und zerfallen dann wegen Gitterumwandlung zu einem Kristallgemisch	Austenitzerfall zu Perlit (Bild 3.7) oder Bainit (Bild 5.34)
Martensitische Umwandlungen	Diffusionslose Gitterumwandlung unter **Volumenvergrößerung** (bei Stahl durch zwangsgelöste C-Atome) Sie erzeugt Gitterbereiche mit verzerrten oder unterbrochenen Gleitebenen.	Härten von Stahl (5.33). Tritt auch auf beim Abkühlen von Co und Ti: • Co wandelt von kfz in hdP • Ti wandelt von krz in hdP → 7.6 Formgedächtnislegierungen → 11.5.3 Umwandlungsverfestigung von ZrO_2 → 8.4.1

Literaturhinweise

Fachzeitschrift: Zeitschrift für Metallkunde (Aufsätze überwiegend engl.). Hanser-Verlag

Askeland, D.R.: Materialwissenschaften. Spektrum-Verlag, 1996
Bargel/Schulze: Werkstoffkunde. VDI-Verlag, 2004
Bergmann, W.: Werkstofftechnik 1. Hanser-Verlag, 2003
Bürgel, R.: Handbuch der Hochtemperatur-Werkstofftechnik. Vieweg Verlag, 2006
Gräfen. H. (Hrsg.): Lexikon Werkstofftechnik. VDI-Verlag, 1991
Hornbogen, E. u. Warlimont, H.: Metallkunde. Springer, 2001
Macherauch, E.: Praktikum in Werkstoffkunde. Vieweg Verlag, 1989
Merkel/Thomas: Taschenbuch der Werkstoffe. Hanser-Verlag, 2003
Schatt, W. (Hrsg.): Einführung in die Werkstoffwissenschaft. Wiley-VCH, 2002
Wellinger/Krägeloh: Werkstoffkunde und Werkstoffprüfung. rororo-Technik-Lexikon Rowohlt, 1971

3 Die Legierung Eisen-Kohlenstoff

Das Eisen ist mit einem Anteil von etwa 4,7 % an der Erdrinde nach dem Aluminium das am häufigsten vorkommende Metall.

Die Legierungen auf der Basis „Eisen" sind sehr zahlreich und haben einen breiten Anwendungsbereich. Es sind ca. 2500 verschiedene Stähle lieferbar.

Die Ursache dafür liegt in den großen Möglichkeiten, ihre Eigenschaften zu ändern:

- durch Wärmebehandlung,
- durch Legierungselemente

} Kombination aus beiden

Sie ist in einigen Besonderheiten des Eisen gegenüber anderen Metallen begründet (a, b).

Zunehmend wichtig wird das *Recycling* von Werkstoffen, für das Stahl und Eisen hervorragend geeignet sind.

Beispiel: Massenanteile verschiedener Metalle an der Erdrinde in %:

Al	Fe	Mg	Ti	Cr	Zn	Ni	Cu
7,5	4,7	1,9	0,58	0,33	0,02	0,018	0,01

Beispiel: Legierungen des Eisens

Walz- und Schmiede-Stähle ↘ für ↗ Konstruktionsteile
Gusslegierungen ↗ für ↘ Werkzeuge

Beispiel: Veränderbarkeit der Eigenschaften

Weichglühen ↔ Härten
Grauguss (weich) ↔ Hartguss

a) Polymorphie des Eisens (polymorph siehe unten),
b) Verhalten zum Legierungselement „C".

3.1 Abkühlkurve und Kristallarten des Reineisens

Das Eisen gehört zu den wenigen *polymorphen* Metallen. Es tritt somit in verschiedenen Kristallarten auf (Bild 3.1):
Reineisen erstarrt bei 1536 °C zu Kristallen mit kubisch-*raumzentriertem* Gitter, dem δ-Eisen. Darin ist jedes Fe-Atom von 8 Nachbarn umgeben (Koordinationszahl 8).
Bei 1392 °C entstehen ruckartig durch eine Gitterumwandlung kubisch-*flächenzentrierte* Gitter, das γ-Eisen. Darin ist ein Fe-Atom räumlich von 12 anderen umgeben (Koordinationszahl 12), es ist also *dichter* gepackt.
Nach weiterer Abkühlung findet bei 911 °C eine *letzte* Gitterumwandlung statt, es entsteht Eisen mit kubisch-*raumzentriertem* Gitter, das α-Eisen. Dieses bleibt bei weiterer Abkühlung bis auf Raumtemperatur bestehen.
Bei 769 °C liegt noch ein Knickpunkt, hier wird α-Eisen wieder magnetisch, im kfz-Zustand ist es unmagnetisch. Das unmagnetische α-Eisen wird auch als β-Eisen bezeichnet.

Begriff: polymorph = vielgestaltig. Weitere polymorphe Metalle sind Cobalt Co, Mangan Mn, Titan Ti, Zinn Sn, Zirkon Zr (Tabelle 2.6).

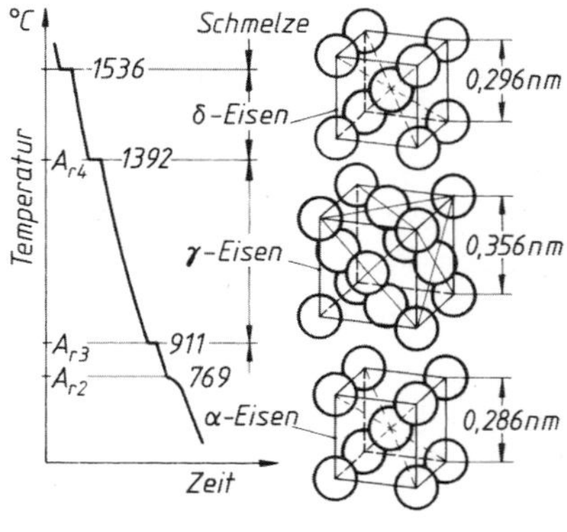

Bild 3.1 Abkühlkurve des Reineisens und seine Kristallarten

r = refroidissement (frz.: Abkühlung)

Bei einer Erwärmung verlaufen die Vorgänge im entgegengesetzten Sinn. Die angegebenen Haltepunkttemperaturen gelten nur für sehr langsame Temperaturänderungen, schnellere Änderungen verschieben sie (Hysterese, Bild 2.18).

Die Umwandlung am Haltepunkt A_3 bei 911 °C, die γ-α-Umwandlung, ist besonders wichtig. Wir dürfen sie uns nicht als eine Auflösung des geordneten Zustandes vorstellen!

Die Skizze soll zeigen, dass sich im kfz-Gitter (zwei E-Zellen mit dünnen Kreisen) bereits ein etwas verzerrtes krz-Gitter (dicke Kreise) befindet, die Gitterumwandlung erfordert nur *kleinste* Bewegungen der Atome.

Dadurch werden die Anziehungskräfte im Gitter nicht aufgehoben, und die Materie behält ihren Zusammenhang: Form und Festigkeit der Bauteile bleiben erhalten!

Die Umwandlung von einer dichtesten Packung in eine weniger dichte ist mit einer sprunghaften *Volumenänderung* verbunden, die mit Messgeräten ermittelt werden kann.

Dazu wird ein Stab des Metalles gleichmäßig über seiner Länge erhitzt und seine Längenausdehnung über der Temperatur aufgezeichnet. Die entstehende Kurve wird *Dilatometer*kurve (lat. Dilatation = Dehnung) genannt.

Stoffe ohne kristalline Veränderungen zeigen dabei eine *stetige* Kurve, bei Gefügeänderungen wird der stetige Verlauf unterbrochen.

Diese Dilatometermessung wird für Metalle und Legierungen mit hohen Schmelztemperaturen zur thermischen Analyse verwandt.

Von den Kristallarten des Eisens sind zwei von besonderer Bedeutung:

Bei *Raumtemperatur* und niedrigen Temperaturen werden Eigenschaften und Verhalten des Metalles bestimmt durch das

α-Eisen, Ferrit mit kubisch-raumzentriertem (krz) Kristallgitter.

Hinweis:
Das Verschieben der Haltepunkte bei schneller Abkühlung zu tiefen Temperaturen und die Folgen für die Gefügebildung sind Voraussetzung für Härten und Vergüten der Stähle.

Analogie:
Übergang einer Kugelpackung in der Ebene in eine solche mit dichterer Packung.

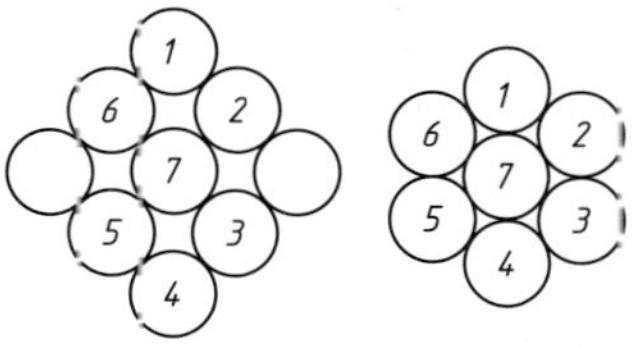

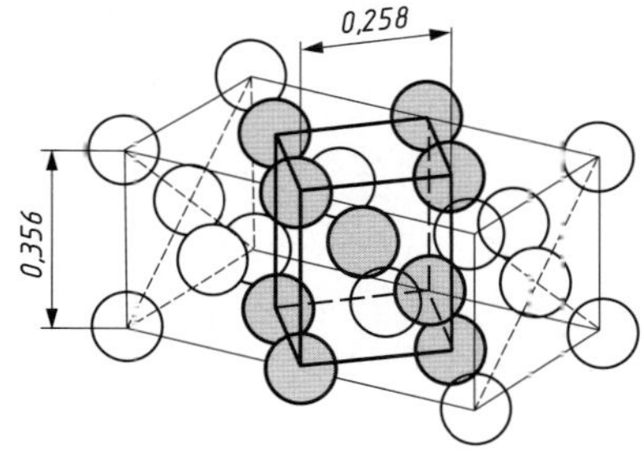

2 γ-Fe-Zellen mit Vorstufe einer α-Zelle

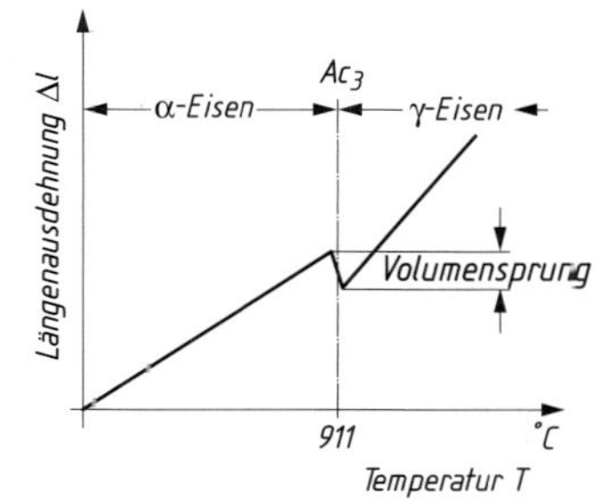

Bild 3.2 Dilatometerkurve, Längenänderung eines Eisenstabes bei Erwärmung

Die unterschiedliche Struktur ergibt bedeutsame Eigenschaftsunterschiede:

Ferrit: (lat. ferrum, Eisen)

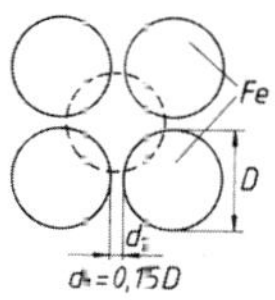

weniger dichte Packung,
gute Verformbarkeit,
sehr kleine C-Löslichkeit,
kleinere Wärmedehnung

Bei höheren Temperaturen (oberhalb Ar_3), z. B. beim Warmumformen durch Schmieden, liegt vor:

γ-Eisen, Austenit mit kubisch-flächenzentriertem (kfz) Raumgitter

Austenit: (Roberts-*Austen*, engl. Forscher)

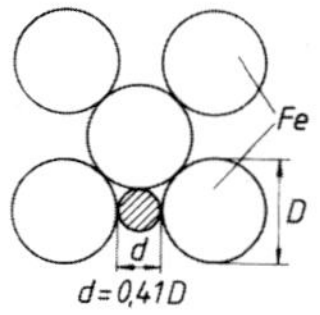

dichteste Packung,
beste Verformbarkeit,
unmagnetisch,
löst max. 2 % C-Atome.
größere Wärmedehnung

Trotz dichterer Packung können im Austenit *mehr* C-Atome eingelagert (EMK) werden als im Ferrit. Die Bilder zeigen:

Das kfz-Gitter des Austenits hat größere *Zwischengitterplätze* als das krz-Gitter des Ferrits.

Auswirkungen:

Eine Legierung aus Fe-C hat unterhalb A_3 wegen der Unlöslichkeit ein *heterogenes* Gefüge mit begrenzter Verformbarkeit. Oberhalb A_3, im austenitischen Zustand, besteht Löslichkeit, das Gefüge ist *homogen* (sehr wichtig für die Schmiedbarkeit).

Die sprunghafte Volumenänderung, die mit der Gitterumwandlung einhergeht, hat für Teile, die ständig im Wechsel erhitzt und abgekühlt werden, eine schwerwiegende Folge:

Eine gebildete Oxidschicht (Zunder), die ja ein anderes Kristallgitter besitzt, wird durch die entstehenden Schubspannungen gelockert und platzt ab. Deshalb sind unlegierte Stähle nicht hitzebeständig, d. h. sie verzundern allmählich, wenn sie ständig die γ-α-Umwandlung in beiden Richtungen durchlaufen.

Hinweis:

Hitzebeständige Stähle müssen deshalb *umwandlungsfrei* sein. Das ist nur durch Zusatz von Legierungselementen möglich.

- Cr, Si, Mo in höheren Gehalten ergeben ferritische Stähle. Sie erstarren kubisch-raumzentriert und behalten dieses Gitter bis auf Raumtemperatur bei (Bild 4.7).
- Ni, Mn, Co in höheren Gehalten ergeben austenitische Stähle. Sie sind bei der Abkühlung auf RT noch kubisch-flächenzentriert, d. h. noch nicht umgewandelt (Bild 4.6).

3.2 Erstarrungsformen

Kohlenstoff ist das wichtigste Legierungselement, weil es bereits in kleinen Anteilen

- die Härtbarkeit der Stähle bewirkt,
- die Festigkeit stark erhöht.

Die Erhöhung der Festigkeit setzt allerdings die *Verformbarkeit* herab (→ 3.4.1).

Kohlenstoff erniedrigt den Schmelzpunkt des reinen Eisens bei 4,3 % C von 1536 °C auf 1147 °C, (sehr wichtig für die Eisen-Guss-Legierungen).

Eine C-haltige Eisenschmelze kann je nach dem C-Gehalt bei der Erstarrung unterschiedliche Gefüge bilden. Es gibt zunächst *zwei gegensätzliche* Erstarrungsformen und Mischgefüge aus beiden.

Kohlenstoff ist ein „billiges“ Legierungselement, es gelangt durch Koks und CO-Gas in das Eisen und Stahl z. B. bei der

- Erschmelzung im Hochofen mit Koks,
- Erzeugung von Eisenschwamm,
- Stahl aus Kohle-Lichtbogenöfen

und ist im Roheisen mit ca. 4 % enthalten.

Übersicht: Erstarrungsformen

Schmelze
(aus Fe und C-Atomen)
erstarrt zu

weißem Eisen (Ferrit, Zementit) ↙ ↓ ↘ **grauem Eisen** (Ferrit, Graphit)

meliertem Eisen, Mischform
(Ferrit, Zementit, Graphit)

Die nachstehende Übersicht ist von den Kriterien in der mittleren Spalte jeweils nach links und rechts zu lesen!

	Schmelze	
hat **wenig** C-Atome	Kriterium	hat **mehr** C-Atome
unmöglich	⟵ Keimbildung für Graphit ⟶	möglich
schnelle Abkühlung + Mn-Gehalte ergeben:	begünstigt durch	langsame Abkühlung + Si-Gehalte ergeben:
Zementit-Kristalle (dunkel) (Eisencarbid, Fe_3C) und **Ferrit**, α-Eisen (hell) 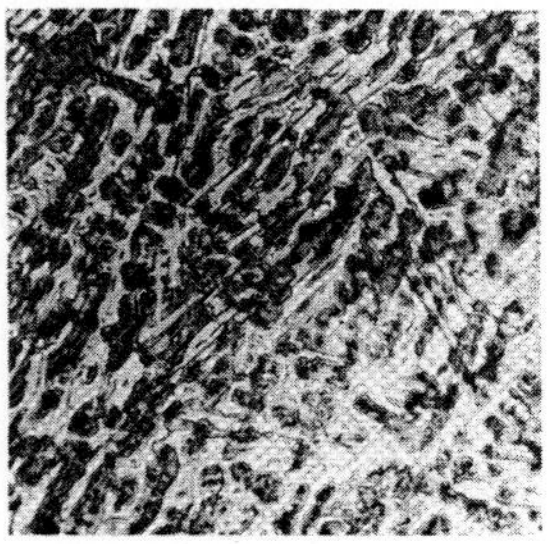	Gefügeausbildung 100 : 1	**Graphit-Kristalle (dunkel)** (elementarer Kohlenstoff) und **Ferrit**, α-Eisen (hell) 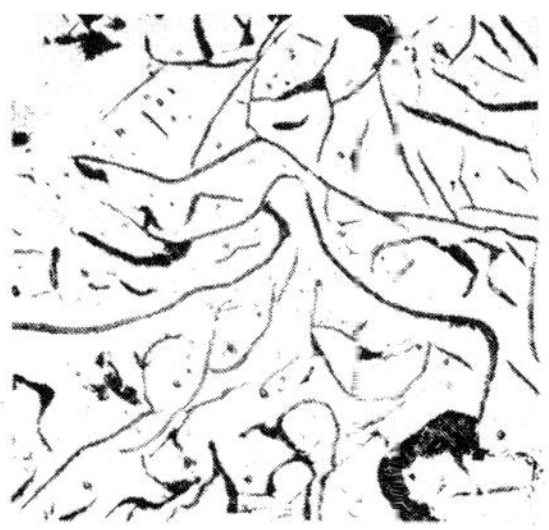
Gefüge kann durch Glühen verändert werden nach $Fe_3C \rightarrow 3\ Fe + C$ (Zementit) (Graphit)	⟵ Beständigkeit ⟶	Gefüge ist beständig: keine Veränderung
Metastabile Erstarrung	Folge: ⟷	**Stabile Erstarrung**
Metastabiles System (Fe - Fe_3C), Bild 3.13.o	⟵ 2 Zustands-schaubilder ⟶	Stabiles System (Fe - C), Bild 3.13.u
Stähle, Hartguss und Temperrohguss	⟵ Verwendung z. B. als ⟶	Gusseisen mit kleinen Festigkeiten, wie z. B. GJL-150

Mischformen:

Durch Überlagerung beider Erscheinungen entstehen Gefüge, die aus Ferrit und Graphit bestehen, ein Teil des C-Gehaltes ist als Zementit im Ferrit verteilt (Perlit).

Dadurch entstehen Gusswerkstoffe höherer Härte und Festigkeit, *perlitisches Gusseisen* wie z. B.: GJL-300, GJS-600-3, GJMB-550-4 (Kapitel 6 Eisen-Gusswerkstoffe).

Der *metastabile* Zementit zerfällt bei höheren Temperaturen.

Das wird benutzt, um *Temperguss* zu erzeugen. Dabei entsteht durch eine Glühbehandlung (Tempern) aus metastabil erstarrtem Eisen ein ferritisches (bis perlitisches) Grundgefüge mit flockigem Graphit (Temperkohle).

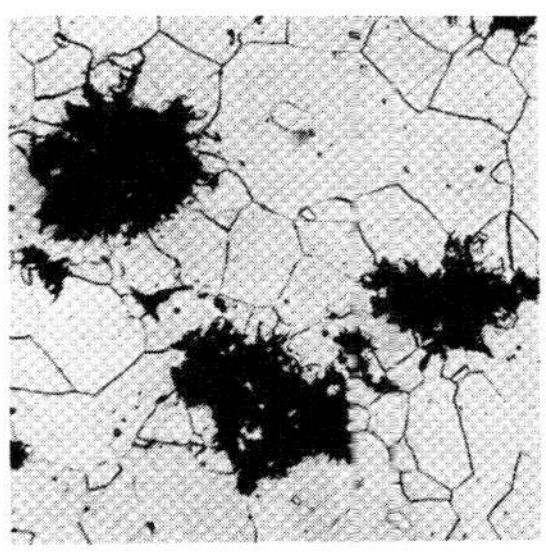

Gefüge von Temperguss
hell: Ferrit
dunkel: Flockengraphit

3.3 Das Eisen-Kohlenstoff-Diagramm (EKD)

Das Bild zeigt zunächst den oberen Teil des EKD mit Liquidus- und Solidus-Linie. Man erkennt, dass es sich hier um eine Überlagerung der zwei Legierungsgrundtypen Mischkristallsystem + Eutektisches System handelt:

- Es liegt ein *eutektischer* Typ vor mit einem eutektischen Punkt bei 4,3 % C.

Der Schmelzpunkt des reinen Eisens wird am Eutektikum durch gelösten Kohlenstoff auf 1147 °C gesenkt. In diesem Bereich liegen die meisten „Gusslegierungen".

- Das linsenförmige Erstarrungsfeld lässt den *Mischkristalltyp* erkennen.

Bis zu einem C-Gehalt von max. 2 % C entstehen homogene γ-Mischkristalle. Das ist der Bereich der schmiedbaren „Stähle".

Das Schaubild endet auf der rechten Seite mit einem C-Gehalt von 6,67 % C, entsprechend einem 100%-igen Anteil der Phase *Zementit*, Fe_3C (Stöchiometrische Rechnung →):

Im Bild sind die Legierungen in drei Gruppen eingeteilt. Innerhalb dieser Gruppen verhalten sich die Legierungen bei der Abkühlung gleichartig, deshalb genügt es, aus jeder eine beliebige Legierung zu beschreiben.

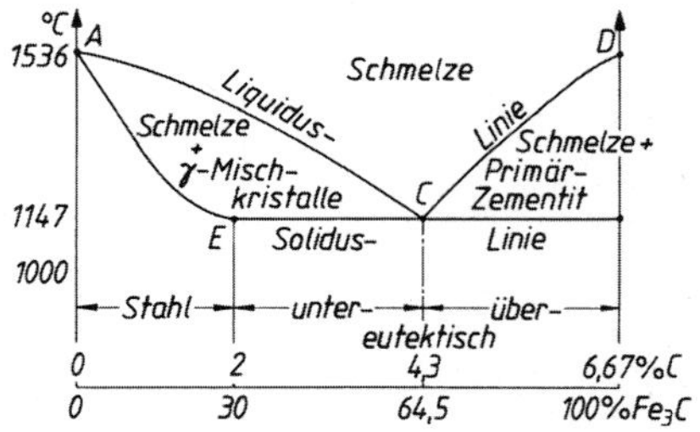

Bild 3.3 Eisen-Kohlenstoff-Diagramm, Erstarrungsbereich des metastabilen Systems (vereinfacht). Die exakten Vorgänge am Pkt. A werden hier nicht behandelt. Vollständiges EKD → Bild 3.13

Berechnung: C-Gehalt von Zementit, Fe_3C

$$C = \frac{A(C)}{M(Fe_3C)} \cdot 100 = \frac{12}{3 \cdot 56 + 12} \cdot 100$$

A(C) = relative Atommasse von C = 12,

$M(Fe_3C)$ = relative Molekularmasse von Fe_3C mit A(Fe) = 56

- Stähle
- untereutektische Gusslegierungen
- übereutektische Gusslegierungen

3.3.1 Erstarrungsvorgänge

Stähle

Alle Legierungen von 0…2 % C verhalten sich wie Grundtyp I (Mischkristalltyp): In der Schmelze scheiden sich unterhalb der Liquidus-Linie Mischkristalle aus. Sie sind zunächst C-arm, werden aber zunehmend C-reicher.

Diese Veränderung lässt sich im Diagramm (Bild 3.4) am Weg des Punktes K auf der Solidus-Linie darstellen. Die zugehörigen Konzentrationen liest man auf der unteren Achse ab (Punkte K' u.K_1'). An der Solidus-Linie ist der Anteil der Schmelze auf null gesunken.

Das Gefüge besteht dann aus γ-Mischkristallen, einem homogenem Gefüge, **Austenit**.

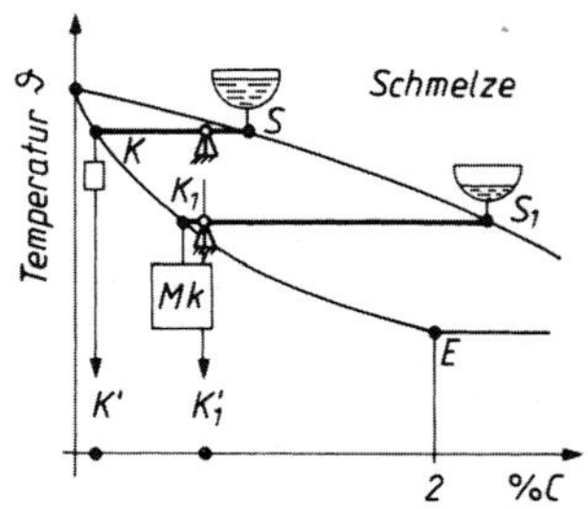

Bild 3.4 Konzentrationsänderung bei der Erstarrung eines Stahles

γ-Mischkristalle können frei in der Schmelze wachsen und bilden langgestreckte Formen mit Seitenästen, als Tannenbaumkristalle oder *Dendriten* bezeichnet (Bild 2.5).

Durch Warmumformung entsteht ein Korngefüge.

γ-Mischkristalle sind *Einlagerungs*-Mischkristalle, kleine C-Atome sitzen auf Zwischengitterplätzen (Hilfsvorstellung: Sie besetzen das Innere der kfz-Elementarzellen).

Hinweis Wenn man die relativen Atommassen berücksichtigt (Fe = 56; C = 12), so ist bei max. 2 % C im Mischkristall etwa jede dritte Elementarzelle mit einem C-Atom belegt.

Untereutektische Legierungen

Der Erstarrungsverlauf gleicht anfangs dem der Stähle: Die γ-Mischkristalle werden vom Punkt K dargestellt. Mit sinkender Temperatur streben sie zum Punkt E, die Mischkristallkonzentration steigt dabei auf max. 2 % C, Punkte K' und K_1' der waagerechten Achse (Bild 3.5).

Die Schmelze wird durch die Punkte S dargestellt. Mit sinkender Temperatur streben sie dem Punkt C zu. Dabei verschiebt sich ihre Konzentration auf 4,3 % C, d. h. auf die eutektische Zusammensetzung, wenn die Solidus-Linie erreicht wird (1147 °C).

Dann erstarrt die Restschmelze zum Eutektikum. Am Hebelverhältnis können die Masseprozente von γ-Mischkristallen und Eutektikum bei einer bestimmten Temperatur errechnet oder abgeschätzt werden.

Obere Temperatur: Viel Schmelze, wenig Kristalle, Erstarrung hat eben begonnen

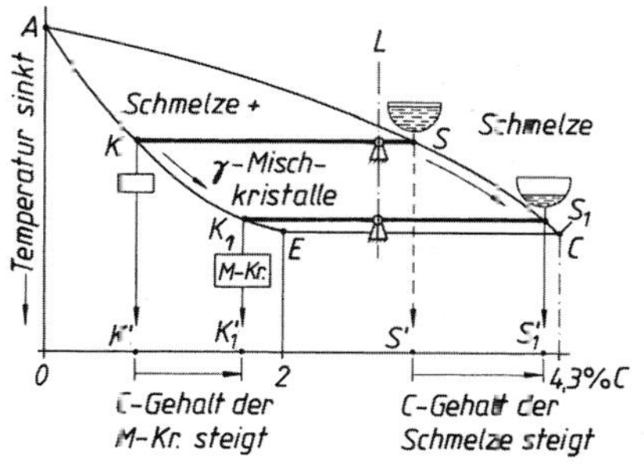

Untere Temperatur: Wenig Schmelze, viel Kristalle, Erstarrung fast beendet

Bild 3.5 Erstarrung einer untereutektischen Legierung, Darstellung der Hebelbeziehung

Übereutektische Legierungen

Diese Legierungen verhalten sich wie die des Grundtyps II (Kristallgemischtyp). Es scheidet sich in der Schmelze die Komponente aus, die gegenüber der eutektischen Zusammensetzung im *Überschuss* vorhanden ist. Hier sind es Fe_3C-Kristalle (Primär-Zementit). Primärkristalle können unbehindert in der Schmelze wachsen und sind darum größer.

Mit sinkender Temperatur verarmt die Schmelze an Kohlenstoff und nähert sich der eutektischen Zusammensetzung. Diese ist an der Soliduslinie erreicht, es entsteht das Eutektikum.

Eutektikum (erstarrte Schmelze 4,3 % C): Wie bei den Legierungen des Grundtyps II ist auch hier das Eutektikum ein feinkörniges Gemenge aus zwei Kristallarten, weil im festen Zustand nur eine sehr geringe Löslichkeit für C-Atome vorliegt.

Darum besteht das Eutektikum unmittelbar nach der Erstarrung aus γ-Mischkristallen und Zementit in feiner Verteilung. Es hat die metallographische Bezeichnung Ledeburit nach Prof. Ledebur, 1837…1906, Freiberg).

Analogie:

Das begrenzte Lösungsvermögen der γ-Mischkristalle für C-Atome kann man mit dem Verhalten von Wasser und Zucker vergleichen:

3.3.2 Die Umwandlungen im festen Zustand

Bei weiterer Abkühlung verändern sich die Gefüge *aller* Legierungen, weil:

- die *Löslichkeit* des γ-Eisen für den Kohlenstoff mit der Temperatur *abnimmt* (→).
- γ-Eisen sich bei A_1 in α-Eisen umwandelt, das praktisch keine C-Atome lösen kann.

Heißes Wasser kann eine bestimmte Masse von Zucker lösen. Die Lösung ist dann *gesättigt*. Kaltes Wasser kann weniger Zucker lösen. Deshalb wird sich bei der Abkühlung der heißen, gesättigten Zuckerlösung auf Raumtemperatur fester Zucker als Bodensatz ausscheiden.

Diese Gefügeänderungen sind besonders für die Stähle wichtig und werden an einem Ausschnitt des EKD, der Stahlecke, behandelt (Bild rechts). Die eben zu γ-Mischkristallen erstarrten Stähle verhalten sich bei weiterer Abkühlung wie die Legierungen eines eutektischen Systems (Grundtyp II Bild links). Mit Hilfe dieser Analogie lassen sich die Umwandlungen des Stahles im festen Zustand aus Bekanntem folgern:

Vergleich: Grundtyp II mit Stahlecke

<table>
<tr><th>Grundtyp II</th><th rowspan="2">Löslichkeit der Komponenten</th><th>System Fe-Fe_3C</th></tr>
<tr><td>Löslichkeit in der Schmelze, Unlöslichkeit im festen Zustand</td><td>Löslichkeit im Mischkristall, Unlöslichkeit nach Umwandlung</td></tr>
<tr><td>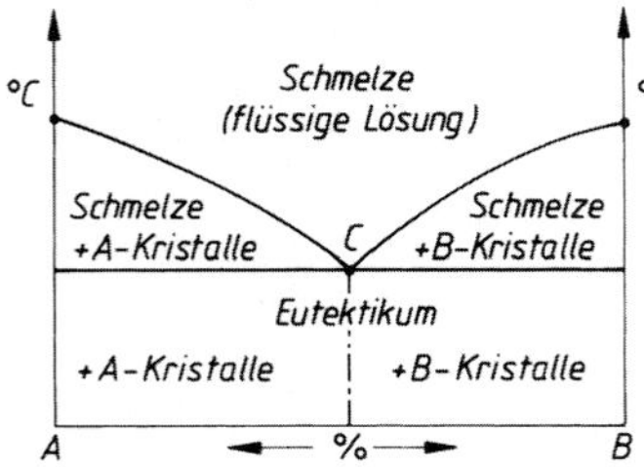</td><td>Schaubild
Liquidus-Linie ≙ Linie GSE
⟵ ⟶
Solidus-Linie ≙ Linie PSK</td><td>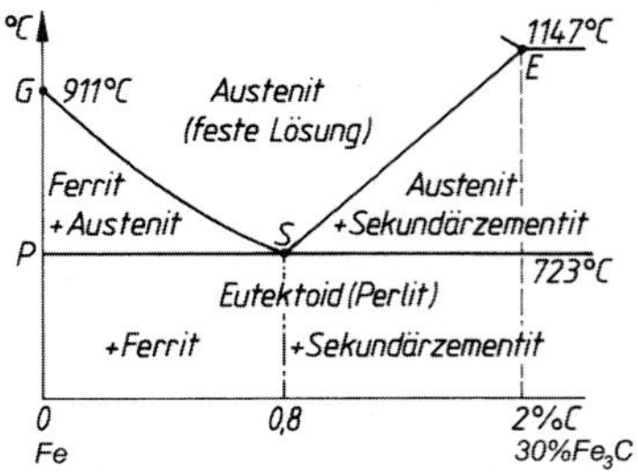</td></tr>
<tr><td>Aus der Schmelze (flüssige Lösung) scheiden sich solange Kristalle aus,

links A-Kristalle,
von Pkt. C:
rechts B-Kristalle,

bis die Restschmelze die eutektische Konzentration angenommen hat.</td><td>Verhalten bei der Abkühlung
⟷</td><td>Aus den Mischkristallen (feste Lösung) scheiden sich solange Kristalle aus,

links α-Eisen (Ferrit),
von Pkt. S:
rechts Fe_3C (Zementit),

bis die restlichen Mischkristalle die Konzentration des Punktes S (0,8 % C) angenommen haben.</td></tr>
<tr><td>Einphasige Schmelze wird zum zweiphasigem Kristallgemisch, dem</td><td>Verhalten am Pkt.
C bzw. S
⟷</td><td>Einphasige Mischkristalle zerfallen zu einem zweiphasigen Kristallgemisch, dem</td></tr>
<tr><td>Eutektikum</td><td></td><td>Eutektoid (Perlit)</td></tr>
</table>

Wegen der Ähnlichkeit der Vorgänge wird die an der Linie PSK erfolgende γ-α-Umwandlung als *eutektoider* Zerfall des Austenits bezeichnet. Das entstehende Kristallgemisch ist dann das *Eutektoid* mit dem metallographischen Namen Perlit.

Perlit ist ein Gefügebereich aus den beiden Phasen *Zementit* (in Lamellen, dunkel) und *Ferrit* (hell), der das Grundgefüge bildet (→ Bild und Abschnitt Austenitzerfall).

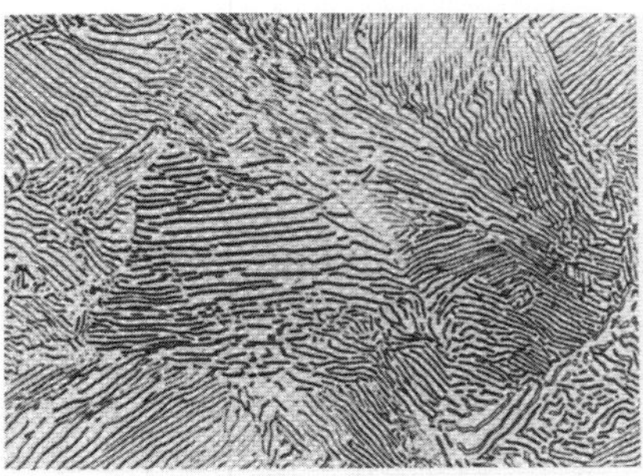

Perlitischer Stahl, 0,8 % C; 500:1

Nachfolgend sind nochmals die Ausscheidungs- und Umwandlungsvorgänge von je einem Stahl links und rechts vom Punkt S (0,8 % C) mit Hilfe der Hebelbeziehung erläutert.

Einteilung der Stähle nach ihrer Lage zum Punkt „S“:

links von S: unterperlitisch, (– eutektoid)

rechts von S: überperlitisch, (– eutektoid)

Stähle mit C-Gehalten unter 0,8 % C
(unterperlitische Stähle), Bild 3.6.

Im Bild ist ein Stahl mit 0,2 % C an vier verschiedenen Temperaturpunkten untersucht und sein Gefüge schematisch skizziert.

Oberhalb GS ist er homogen austenitisch, die γ-Mischkristalle enthalten 0,2 % C und sind *ungesättigt*, da sie bei dieser Temperatur noch mehr C-Atome lösen könnten.

Beim Schneiden der Linie GS beginnt die γ-α-Umwandlung, die beim reinen Eisen am Punkt G (911 °C) erfolgt und durch C-Gehalte erniedrigt wird.

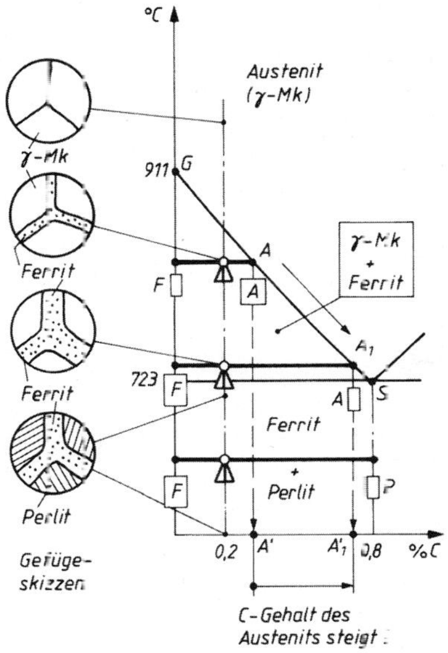

Bild 3.6 Abkühlung eines unterperlitischen Stahles mit 0,2 % C

Dabei entsteht im Austenit als zweite Phase Ferrit, kubisch-raumzentriertes α-Eisen. Die eingezeichneten Hebelwaagen zeigen mit sinkender Temperatur die Zunahme des Ferrits und Abnahme des Austenits. Gleichzeitig erhöht sich der C-Gehalt des Austenits in Richtung auf Punkt S, (Weg des Punktes A nach A_1 bzw. auf der unteren Achse von A' nach A_1').

Hinweis:

C-Atome können im dicht gepackten γ-Eisen nur langsam diffundieren, im lockerer gepackten α-Eisen ist die Diffusionsgeschwindigkeit etwa 100-mal so groß.

Diese Anreicherung des C-Gehaltes geschieht durch Diffusion der C-Atome aus den γ-Mischkristallbereichen, die zu Ferrit werden. Ferrit hat keine ausreichenden Zwischengitterplätze für C-Atome (→ 3.1). Eine „Wanderung“ der C-Atome durch das Raumgitter (bei höheren Temperaturen schwingt es infolge der Wärmebewegung) ist wegen der Kleinheit der C-Atome gegenüber den Fe-Atomen möglich, benötigt jedoch Zeit.

Vergütungs- und Härtungsgefüge entstehen durch eine teilweise oder vollständige Behinderung der Kohlenstoffdiffusion beim Abschrecken, dabei verschieben sich die Umwandlungstemperaturen nach unten, Bild 2.19.

Bei schneller Abkühlung wird die Diffusion behindert, es entstehen andere Gefüge.

Zusammenfassung: Immer, wenn ein unterperlitischer Stahl bei langsamer Abkühlung die Temperatur 723 °C (Linie PSK) erreicht, besteht er aus dem voreutektoid ausgeschiedenen Ferrit und noch nicht umgewandelten γ-Mischkristallen, mit 0,8 % gelöstem C.

Analogie: Verhalten einer Legierung des Grundtyps II, Kristallgemisch:

Beim Erreichen der Solidus-Linie wurden solange Primärkristalle ausgeschieden, bis die Restschmelze die eutektische Konzentration angenommen hat.

Austenitzerfall = Perlitbildung

Beim Durchlaufen der Linie PSK erfahren alle Stähle diese letzte Umwandlung. Sie kann in zwei Teilvorgängen gesehen werden:

- Der kfz γ-MK wandelt sich in das krz α-Eisen. Dieser Vorgang verläuft mit geringem Energieaufwand schlagartig.
- Die eingelagerten C-Atome (0,8 %) werden aus dem entstehenden α-Gitter herausgedrängt, sie müssen *diffundieren*, um nach längerem Weg zusammen mit Fe-Atomen die intermetallische Phase Fe_3C, Zementit, zu bilden.

Zur Veranschaulichung dieses Vorganges ist in Bild 3.7 modellhaft ein Austenitkorn abgebildet. Der mittlere Bereich hat die Umwandlungstemperatur 723 °C, oberhalb liegt sie höher. Deshalb ist erst das halbe untere Korn umgewandelt.

Ferrit und Zementit wachsen in Lamellenform nach oben in den Austenit hinein. Dabei müssen die im Austenit gelösten C-Atome vor der Front der wachsenden Ferritlamellen seitlich ausweichen und sich an die Zementitlamellen angliedern (kleine Pfeile).

Das Wachstum der Ferrit- und Zementitlamellen ist mit der Diffusion der C-Atome aus dem Austenit gekoppelt. Diffusion (= Platzwechsel von Atomen) braucht aber Zeit.

Beim Abschrecken steht sie nicht zur Verfügung. So können die C-Atome nur kleine Wege zurücklegen, es bilden sich *dünnere*, dafür *zahlreichere* Lamellen, d. h. ein feinkörnigeres Gefüge.

Bei weiterer Abkühlung auf Raumtemperatur finden keine Umwandlungen mehr statt.

Das Gefüge der unterperlitischen Stähle besteht dann aus dem (voreutektiod) ausgeschiedenen Ferrit (helle Flecken im Schliffbild) und den Perlitbereichen (dunkle Flecken), deren Lamellenstruktur erst bei stärkerer Vergrößerung zu erkennen ist (Bilder 3.9 und 3.8).

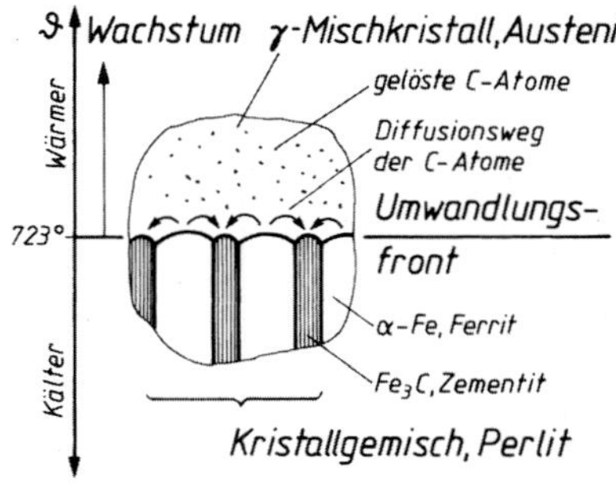

Bild 3.7 Bildung des lamellaren Perlits, Modellvorstellung

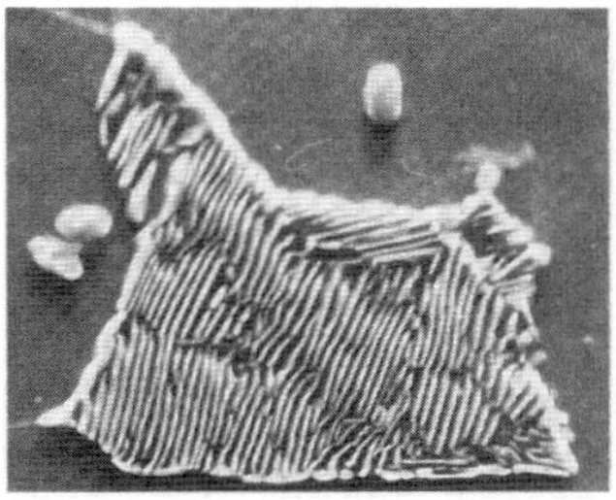

Bild 3.8 Perlit, 6400:1

Der metallographische Name „Perlit" rührt vom perlmuttartigen Glanz unter dem Mikroskop her.

Hinweis:

Diese Erscheinung ist die Grundlage aller Vergütungsverfahren. Die feinere Verteilung der harten, spröden Phase Zementit im zähen Grundgefüge ergibt höhere Festigkeit und Zähigkeit des Werkstoffes.

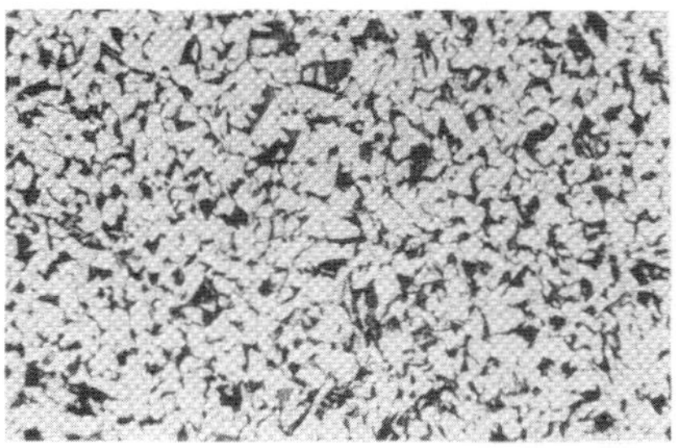

Bild 3.9 Unterperlitischer Stahl, 0,2 % C, 100:1

Stähle mit C-Gehalten über 0,8 % C
(überperlitische Stähle)

Im Bild 3.10 ist ein Stahl mit 1,4 % C bei der Abkühlung an vier Temperaturpunkten untersucht, die Gefüge schematisch skizziert.

Bei der Temperatur der Linie ES sind die Mischkristalle *gesättigt*.

Linie ES gibt für jede Temperatur die größte Löslichkeit der C-Atome im γ-Eisen an. Bei 1147 °C können 2 % C gelöst werden, bei 723 °C nur noch 0,8 % C. Deshalb kann die Linie ES als *Löslichkeits- oder Sättigungslinie* bezeichnet werden.

Unterhalb der Linie ES kann das Gitter nicht mehr so viele C-Atome einlagern (siehe Lot von Punkt A auf die untere Achse).

Deswegen müssen C-Atome aus den γ-Mischkristallen diffundieren, sie wandern an die Korngrenzen und bilden dort Zementitkristalle: *Sekundärzementit*.

Diese Zementitausscheidung erfolgt bei sinkender Temperatur so lange, bis der restliche Austenit seinen C-Gehalt auf den des Punktes S (0,8 % C) erniedrigt hat (Weg des Punktes A nach A_1 und Lote auf die untere Achse A' und A_1').

An der Linie PSK besteht der Stahl zunächst aus γ-Mischkristallen mit 0,8 % C und einem Netz von Sekundärzementit, dann erfolgt wie bei unterperlitischen Stählen der Zerfall des Austenits zu Perlit.

Das Gefüge der überperlitischen Stähle besteht bei Raumtemperatur aus Perlit mit dem Netz aus Sekundärzementit (Bild 3.11).

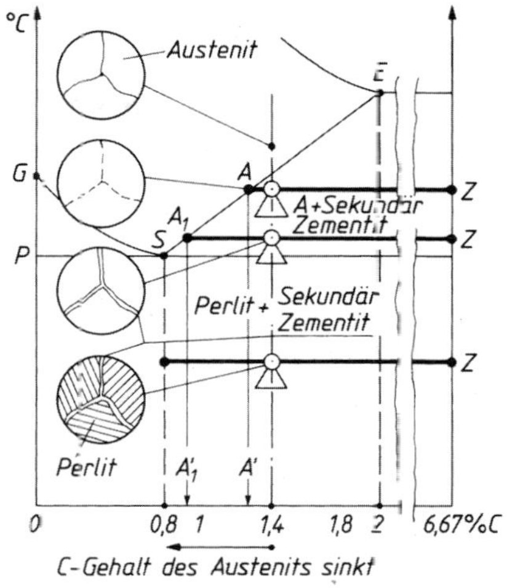

Bild 3.10 Abkühlung eines überperlitischen Stahles

Begriff: Sekundär- und Primärzementit unterscheiden sich durch die Kristallisationstemperatur:

Primärzementit entsteht in der flüssigen Schmelze, grobkörnig (Bild 3.16).

Sekundärzementit, im festen Zustand durch Ausscheidung aus γ-Mischkristallen auf den Korngrenzen wachsend, feinkörnig (Bild 3.11).

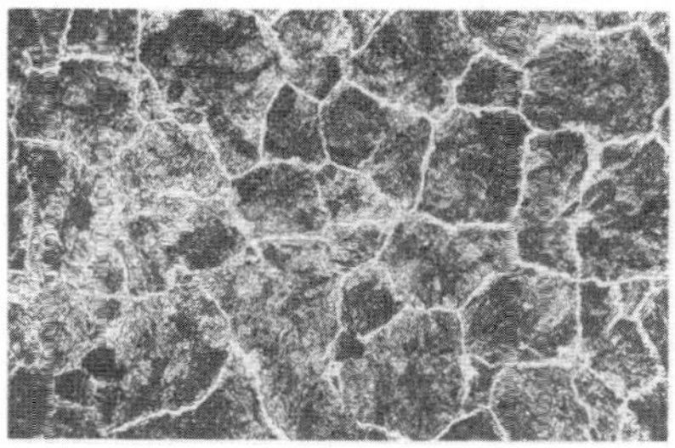

Bild 3.11 Überperlitischer Stahl, 1,4 % C
helles Netz: Sekundärzementit; dunkle Bereiche: Perlit, 200:1

Untereutektische Legierungen (2…4,3 % C)

Wie in 3.3.1 behandelt, enthalten diese Legierungen primäre γ-Mischkristalle im Eutektikum Ledeburit. Letzteres enthält ebenfalls γ-Mischkristalle mit Zementit in feinkörniger Verteilung.

Anwendung:

Untereutektische Legierungen sind z. B.

- Temperrohguss und Hartguss (metastabiles System),
- Gusseisen mit Lamellen- oder Kugelgraphit

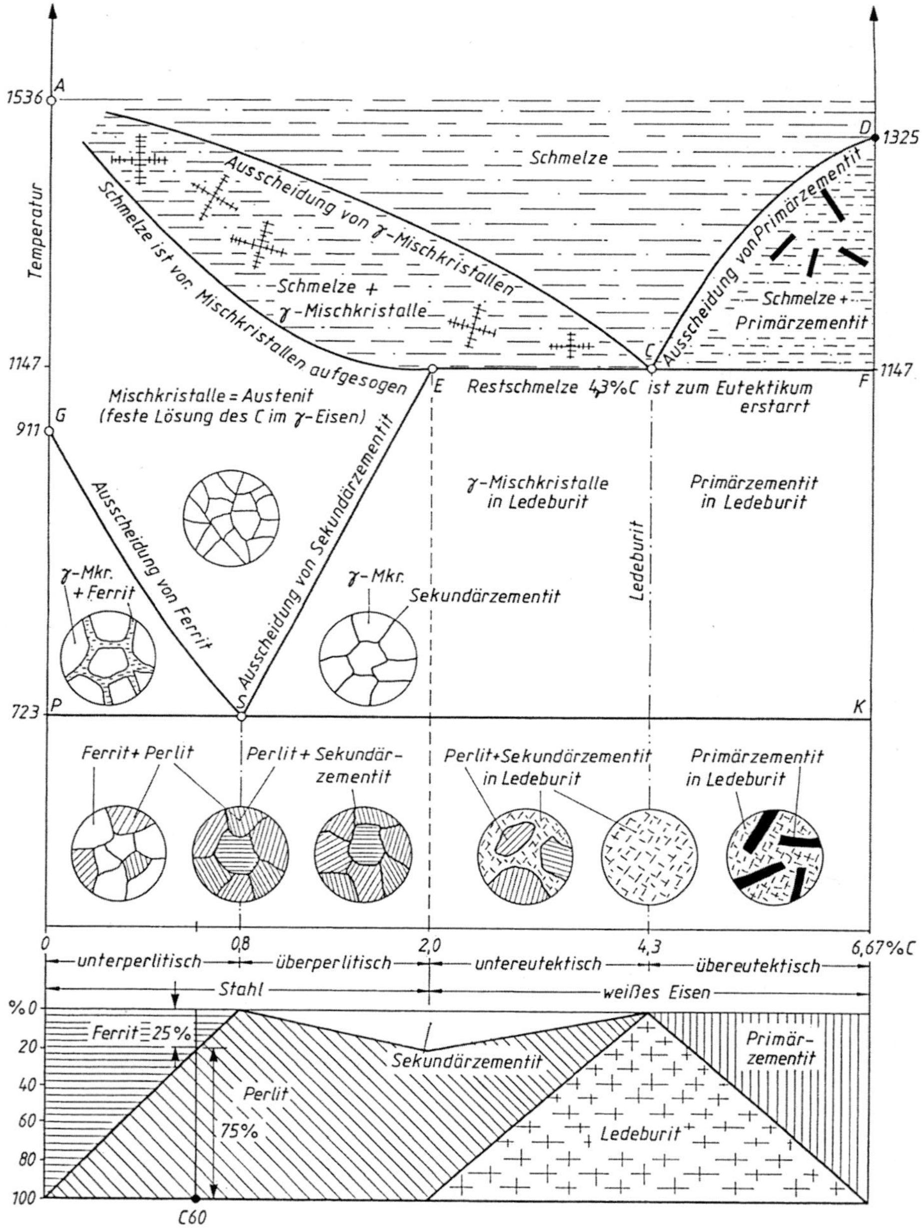

Bild 3.12 Eisen-Kohlenstoff-Diagramm (vereinfachte Darstellung des metastabilen Systems)

Ablesebeispiel für Wirkung von 0,6 % C auf das Gefüge (unteres Diagramm): Senkrechte Hilfslinie bei 0,6 % C schneidet die Felder „Ferrit“ und „Perlit“. Die Strecke im Ferritfeld beträgt 25 %, die im Perlit 75 %. Das sind die Gefügebestandteile eines Stahles C60 (0,6 % C-Gehalt).

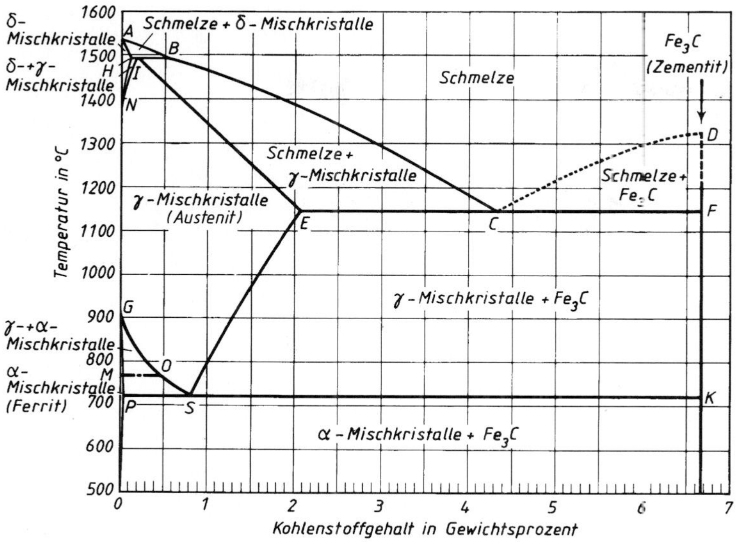

Metastabiles System Fe-Fe_3C

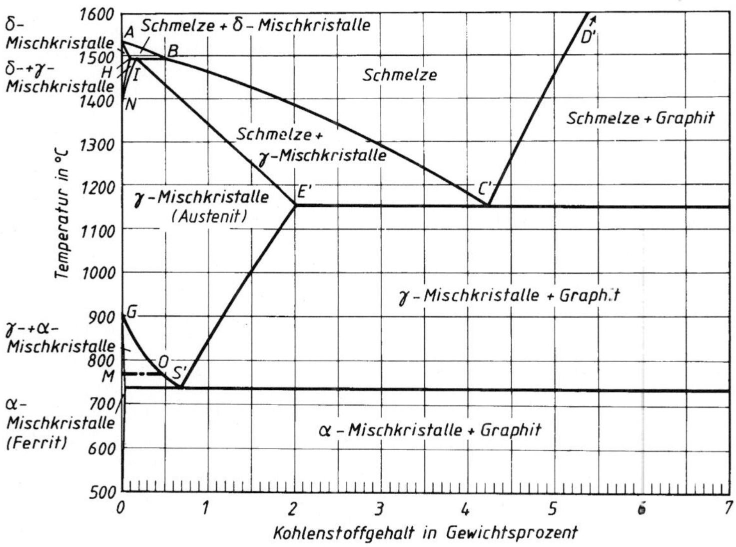

Stabiles System Fe-C

Bild 3.13 Eisen-Kohlenstoff-Diagramme

Wollen wir dagegen die *Phasen* (Ferrit und Zementit) bestimmen, müssen wir die Hebelbeziehung anwenden: Das Bild (→) zeigt:

9 % Zementit und 91 % Ferrit,

d. h. 0,6 % C-Atome bauen 9 % Zementit Fe_3C auf, die aber 75 % des Gefüges (im Perlit) als harte, spröde Lamellen durchsetzen!

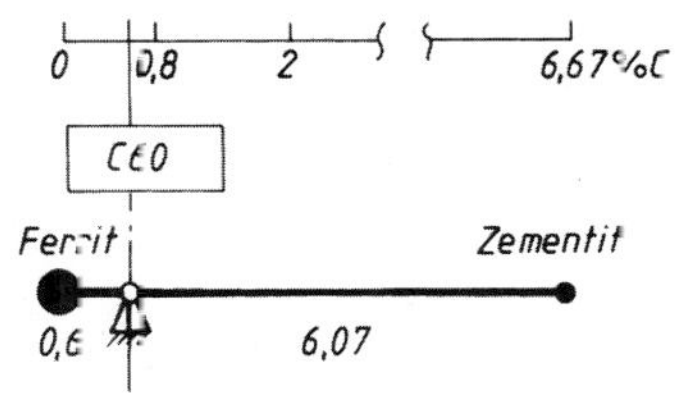

Mit fortschreitender Abkühlung erfolgen die bereits behandelten Umwandlungen:

- Zementitausscheidung aus den γ-Mischkristallen, der Zementitanteil erhöht sich.
- Bei PSK zerfallen die γ-Mischkristalle zu Perlit.

Bei RT bestehen diese Legierungen aus dem Eutektikum Ledeburit mit eingebetteten Perlitbereichen (Bild 3.14, dunkle Flecken: Perlit; gesprenkelte Fläche: Ledeburit).

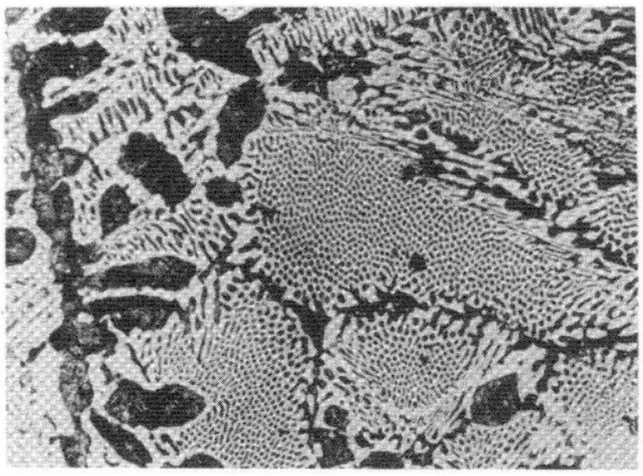

Bild 3.14 Untereutektisches Eisen, 2,8 % C, 200:1

Das Eutektikum Ledeburit

Unmittelbar nach der Erstarrung liegt ein feinkörniges Gemenge aus γ-Mischkristallen und Zementit vor. Die γ-Mischkristalle unterliegen der Zementitausscheidung und zerfallen bei 723 °C zu Perlit.

Bei RT besteht Ledeburit aus einem feinkörnigem Gemenge von Perlit und Zementit (Bild 3.15).

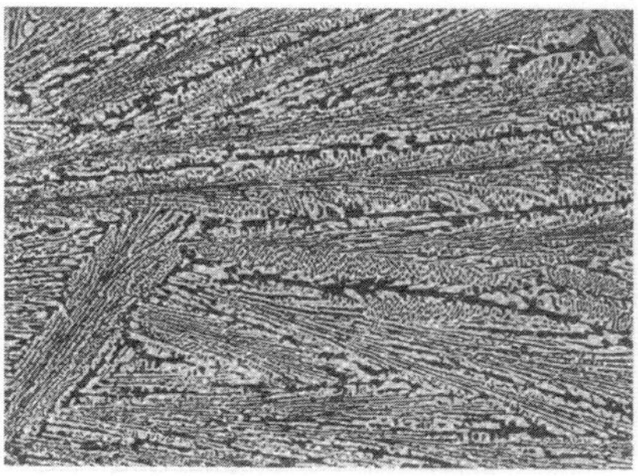

Bild 3.15 Eutektisches Eisen, 4,3 % C, Ledeburit 200:1

Übereutektische Legierungen

Das Gefüge besteht bei RT aus dem ledeburitischen Grundgefüge mit eingebetteten primären Zementitkristallen (helle Streifen in Bild 3.16).

3.4 Einfluss des Kohlenstoffs auf die Legierungseigenschaften

3.4.1 Mechanische Eigenschaften

Die Eigenschaften eines Werkstoffes, der ein Haufwerk verschiedener Kristallarten – Phasen – darstellt, werden von diesen geprägt und sind abschätzbar. Das Mischungsverhältnis der Phasen kann mit der Hebelbeziehung bestimmt werden. Die Gefügebestandteile lassen sich aus dem EK-Diagramm unterhalb Bild 3.12 ablesen.

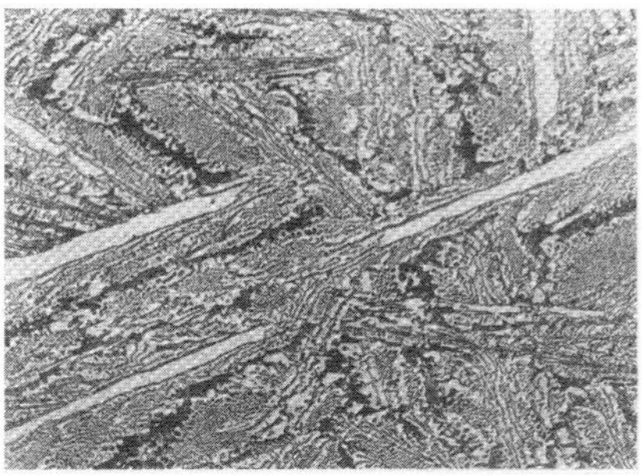

Bild 3.16 Übereutektisches Eisen, 5 % C, 200:1

Tabelle 3.1 gibt einen Überblick über die im Stahl auftretenden Kristallarten, ihre Struktur und die Eigenschaften (Bild 3.17).

Tabelle 3.1: Kristallarten in Fe-C-Legierungen

Eigenschaften	Ferrit	Austenit	Zementit	Graphit
Stoff/Gitter	α-Fe, krz	γ-Fe, kfz	Fe_3C, rhomboedrisch	C, hex. Molekülgitter
Härte	weich 60 HV	unleg. nur > 723° vorhanden	hart, 800 HV	sehr weich
Verformbarkeit	hoch	sehr hoch	keine, spröde	keine, spröde
sonstige	magnetisch	unmagnetisch	magnetisch	Festschmierenstoff

Stähle: Im Gefüge kommt zum reinen Ferrit mit steigendem C-Gehalt zunehmend Zementit hinzu, zunächst in lamellarer Form im Perlit. Bei 0,8 % C ist Stahl rein perlitisch. Härte HB und Festigkeit R_m nehmen zu (Bild 3.17), Verformungskennwerte wie Bruchdehnung A und Brucheinschnürung Z dagegen ab.

Mit steigendem C-Gehalt tritt Sekundärzementit auf den Korngrenzen auf (im Gefüge als Netz zu erkennen), dessen Anteil bei 2,0 % C ca. 20 % beträgt. Er entsteht zwischen den Kristallen und schwächt den Zusammenhalt. Damit sinkt die Zugfestigkeit wieder ab (Kurve R_m in Bild 3.17). Die Härte steigt dagegen weiter an.

Unter- bis übereutektische Legierungen gehören zu den Gusswerkstoffen (→ 6.2 u. Tabelle 6.1).

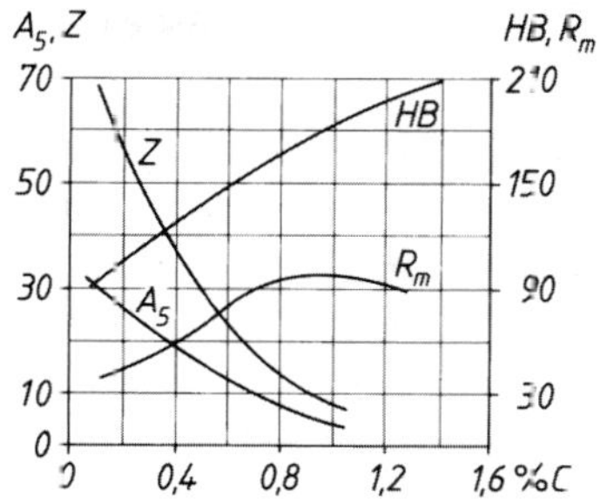

Bild 3.17 Einfluss des C-Gehaltes auf die mechanischen Eigenschaften von Stahl, Zugfestigkeitswerte R_m mit 10 multiplizieren, Einheit ist MPa = N/mm^2. Bruchdehnung A_5 und Brucheinschnürung Z in %

3.4.2 Technologische Eigenschaften

Für die Formgebung zu Bauteilen müssen zahlreiche Fertigungsverfahren durchlaufen werden. Das erfordert bestimmte technologische Eigenschaften (→ Werkstoffprüfung).

Tabelle 3.2: Einfluss des Kohlenstoffs auf die technologischen Eigenschaften

Eignung zum	Einfluss des Kohlenstoffs
Gießen	Erniedrigt die Schmelztemperaturen erst bei größeren C-Gehalten (> 3 %), günstig durch niedriges Schwindmaß (1.0…1,5 %), Stahlguss (< 1,2 %) ist wegen der Ausscheidung von γ-Mischkristallen in der Schmelze nicht dünnwindig vergießbar, hohes Schwindmaß (1.5…2 %).
Warmumformen	Umformtemperaturen liegen im Austenitgebiet unterhalb der Solidus-Linie. Das Gefüge ist homogen austenitisch, Stähle mit höheren C-Gehalten werden bei sinkenden Temperaturen zweiphasig durch Ausscheidung von Sekundärzementit, Gefahr von Rissen. C-arme Stähle sind bei höheren Temperaturen leichter verformbar (kleinere Kräfte).
Kaltumformen	Ferrit lässt stärkere Umformungen zu. Der spröde Zementit vermindert Bruchdehnung und -einschnürung. Die Grenze liegt bei etwa 0,8 % C. Kraft- und Arbeitsbedarf steigen mit dem C-Gehalt. Eine kugelige Form der Zementitkristalle erhöht die Kaltformbarkeit.
Spanen	Schnittkraft und Schneideverschleiß steigen mit dem Zementitanteil, bei kugeliger Zementitausbildung werden sie vermindert. Kohlenstoff C als Graphit (Gusseisensorten) erleichtert das Spanen durch seine Schmierwirkung.
Schweißen	Schweißeignung hängt von der Fähigkeit ab, die beim Schweißen entstehenden Spannungen durch kleine plastische Verformungen abbauen zu können. Deshalb sind Stähle mit höherem C-Gehalt und kleiner Bruchdehnung rissgefährdet.
Härten, Vergüten	Eine merkliche Härtesteigerung nach dem Abschrecken ist ab 0,3 % C festzustellen, sie steigt bis 0,8 % C und bleibt dann konstant (Bild 5.19).

Literaturhinweise

Horstmann, G.: Das Zustandsschaubild Eisen-Kohlenstoff und die Grundlagen der Wärmebehandlung der Stähle. Verlag Stahleisen 1985

Hougardy, H.: Umwandlung und Gefüge unlegierter Stähle. Verlag Stahleisen 2003

4 Stähle

4.1 Erzeugung und Klassifizierung

4.1.1 Allgemeines

Stähle und Stahlguss sind wegen ihrer Vielseitigkeit noch immer die wichtigsten Werkstoffe des Maschinenbaues. Ihre Eigenschaften lassen – in Verbindung mit der Wärmebehandlung – viele Kombinationen zwischen

Festigkeit (Härte) und **Verformbarkeit** zu.

Der hohe E-Modul ergibt Steifigkeit. Als Nachteil erweist sich die hohe Dichte gegenüber Leichtmetallen, Polymeren und Verbundwerkstoffen. Neue Stahlsorten (→) und Leichtbaukonstruktionen versuchen, diesen Nachteil aufzuheben.

Die Bedeutung wird durch die Zahl von über 2000 lieferbaren Stahlsorten deutlich. Es gibt Sorten für gegensätzliche Anforderungen, z. B. für

- Konstruktion- und Werkzeuge,
- warm-/kalt gewalzte Profile und Gussteile,
- extrem tiefe und hohe Temperaturen.

Entscheidend dafür sind die Möglichkeiten der Eigenschaftsänderung durch z. B. Glühen, Härten und Vergüten.

Neuentwicklungen sind z. B. hochfeste Stähle zum Kaltumformen (→ Tab. 4.22), bei denen hohe Festigkeit mit ausreichender Verformbarkeit kombiniert ist.

4.1.2 Ausgangsstoffe und Aufgaben der Stahlerzeugung

Ausgangsstoffe für die Stahlerzeugung sind:

- Roheisen aus dem Hochofenprozess,
- Neuschrott aus dem Kreislauf der Stahlgewinnung (z. B. Steiger, Endstücke),
- Altschrott aus dem Abriss von Industrieanlagen und dem Recycling.

Im EKD ist Roheisen (→ Analyse) im eutektischen Bereich zu finden, Stahl dagegen in der Stahlecke. Aus Tabelle 4.1 ergibt sich die Aufgabenstellung bei der Stahlerzeugung aus Roheisen (→):

Hinweis: Stahlerzeugung aus Schrott ist metallurgisch einfacher, da er wenig S und P enthält.

Tabelle 4.1: Analysenvergleich (%)

Werkstoff	C	Si	Mn	P	S
Roheisen	3,5	0,4	1	2	0,08
Stahl S235J0	0,19	–	1,5	0,04	0,04

Verfahrensweg vom Roheisen zum Stahl:

- **C-Gehalt** absenken,
- **Eisenbegleiter** (*qualitätsmindernde*) auf möglichst niedrige Werte reduzieren (Phosphor P, Schwefel S, Sauerstoff O, Stickstoff N, Wasserstoff H),
  festigkeitssteigernde auf bestimmte Gehalte nach Norm einstellen (Mangan Mn und Silicium Si).

4.1.3 Rohstahlerzeugung

Hochofenprozess: Reduktion der Eisenerze durch das CO-Gas des verbrennenden Kokses mit Zusatz von Kohle, Öl und Kunststoffabfällen. Hauptverfahren zur Roheisenerzeugung, Leistung 10 000 t/24 h.

Die wichtigsten Vorgänge sind:

- **Reduktion** der Fe-Oxide im Erz durch aufsteigendes CO aus der Verbrennung des Kokses, auch direkt durch Kontakt der Oxide mit dem Koks.
- **Oxidation** der Eisenbegleiter P und S.

Direktreduktion von aufbereiteten Erzen in Schachtöfen mit einem meist außerhalb erzeugten Reduktionsgas aus CO und H_2 bei niedrigen Temperaturen zu Eisenschwamm mit Fe-Gehalten von < 95 %. Leistung ca. 100 t/24 h.

Wegen der geringeren Leistung der Anlagen ist der Anteil an der Roheisenerzeugung gering. Verwendung z. B. für Sintereisenpulver.

Oxidation (hist. Frischen) ist das Verschlacken bzw. Vergasen (z. B. C zu CO) der Eisenbegleiter mit Hilfe von Sauerstoff (früher mit Luft) oder chemisch gebunden. Die Verfahren unterscheiden durch die Sauerstoffzufuhr:

- Sauerstoffgas bei den Blasstahlverfahren,
- Fe-Oxide beim Elektrostahlverfahren.

Bild 4.1 gibt einen Überblick über den Weg vom Erz zum Stahl. Auf die verfahrenstechnischen Einzelheiten kann im Rahmen des Buches nicht eingegangen werden.

Eine gute Darstellung ist in Lit. [1] zu finden.

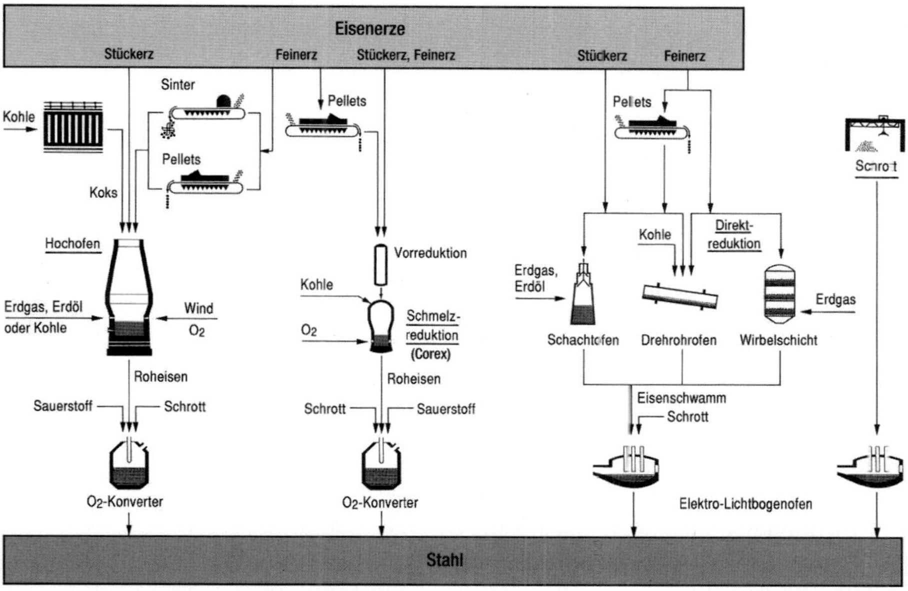

Bild 4.1 Verfahrenslinien zur Rohstahlerzeugung

Sauerstoff-Aufblasverfahren (Bild 4.2): Einsatz ist flüssiges Roheisen mit Schrottzusatz zur Kühlung. Der Gasstrom kann von oben über eine Lanze, durch Düsen im Boden und auch kombiniert zugeführt werden. Die Leistung beträgt 600 t/h. Die Verfahren haben einen Anteil von ca. 80 % an der Stahlerzeugung in der BRD.

Zum Absenken des P-Gehalte wird mit dem O_2-Strom noch Feinkalk auf die Schmelze geblasen LDAC-Verfahren (Stahlerzeuger **L**inz-**D**onawitz, **A**RBED, **C**RNM).

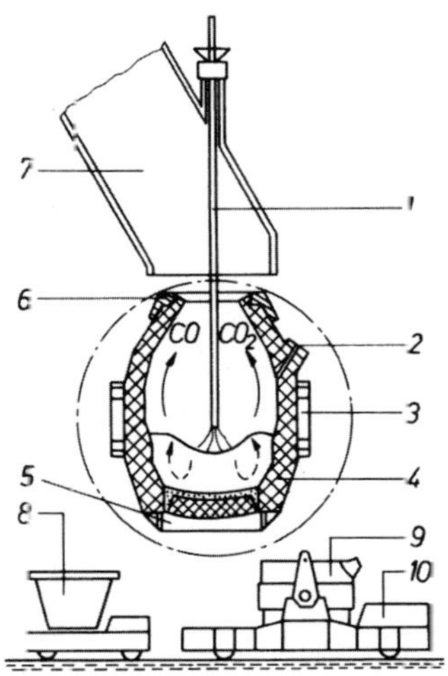

Bild 4.2 Sauerstoffblasverfahren mit LDAC-Konverter
1 Sauerstofflanze, 2 Abstichloch, 3Tragring, 4 Futter,
5 Boden, 6 Schutzring, 7 Abgashaube, 8 Schlackenpfanne,
9 Gießpfanne, 10 Stahlentnahmewagen (nach DEMAG)

Elektrostahlverfahren (Bild 4.3): Einsatzmaterial ist fester Schrott und Eisenschwamm. Die Öfen werden in den Stahlgießereien und Ministahlwerken eingesetzt. Letztere haben begrenztes Lieferprogramm und damit niedrigere Investitionskosten. Die Leistung der Öfen beträgt etwa 130 t/h.

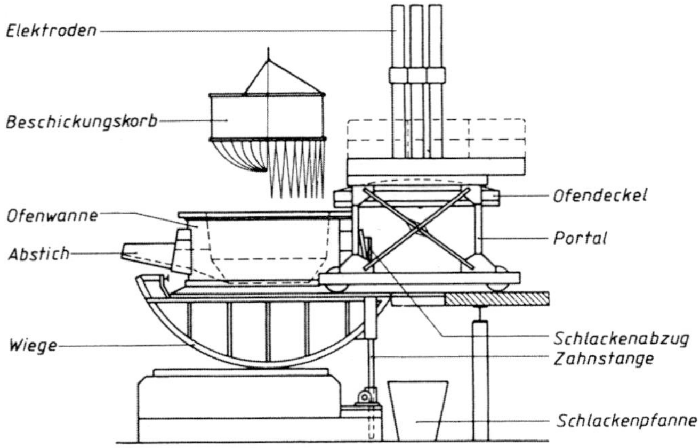

Bild 4.3 Elektrostahlverfahren, Lichtbogenofen mit ausgefahrenem Deckel beim Beschicken. Beschickungskorb linke Hälfte gefüllt, rechte Hälfte im leeren Zustand gezeichnet

(DEMAG)

4.1.4 Sekundärmetallurgie

Rohstahl enthält nach dem schlackenfreien Abstich in die Gießpfanne noch gelöstes FeO, das nach der Erstarrung im Gefüge als Oxidschlacke vorliegt. Seine Entfernung wird **Desoxidation** genannt, d.h. Reduktion des gelösten FeO durch Zugabe von Stoffen mit höherer Affinität zum O. Solche *Desoxidationsmittel* sind Al, Ca, Mg, Si und Ti, auch in Kombination.

Dabei laufen Redox-Reaktionen ab, es entstehen nichtmetallische Teilchen, die nicht vollständig in der zähen Schmelze aufsteigen können. Ihre Entfernung und weitere Arbeiten wie das Einstellen der Analyse, Legieren, sowie Absenken des Gasgehaltes werden in der Gießpfanne oder besonderen Gefäßen durchgeführt, auch Pfannenmetallurgie genannt. Dazu sind zahlreiche Verfahren entstanden (Tabelle 4.2).

Tabelle 4.2: Sekundärmetallurgie

Rohstahlmerkmale	Verfahren	Beispiele für Reaktion/Anlagen
Gasgehalte zu hoch (N_2 und H_2)	**Entgasen** durch Vakuum	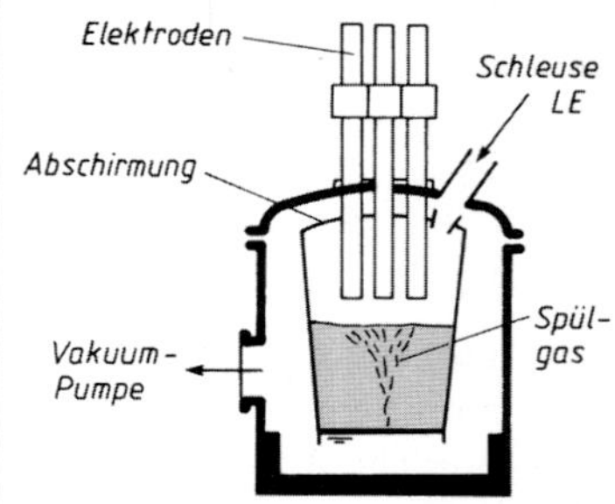
Nichtmetallische Teilchen in der Schmelze, aus der Desoxidation, oder Entphosphorung stammend	**Spülen** mit Argon durch poröse Bodensteine fördert das Aufsteigen und homogenisiert Temperatur und Analyse	
Temperatur zu niedrig	**Elektrisch Heizen** durch Elektroden (Bild 4.4), oder chemisch durch Verbrennung von Al unter Schutzgas	
Ungenaue Gehalte an Legierungselementen	**Legieren** durch Zugabe über eine Schleuse	**Bild 4.4** Heizbarer Pfannenstand VAD-Verfahren
FeO-, FeS-, P_2O_5-Gehalte zu hoch	**Desoxidation, Entphosphorung** durch Einblasen oder Einspulen reaktionsfähiger Metalle bzw. Oxide	$3\,FeO + 2\,Al \Rightarrow Al_2O_3 + 3\,Fe$ $P_2O_5 + 3\,CaO \Rightarrow Ca_3(PO4)_2$

Tabelle 4.2 Fortsetzung

Rohstahlmerkmale	Verfahren	Beispiele für Reaktion/Anlagen
C-Gehalte zu hoch	**Tiefentkohlung** durch Frischen im Vakuum	VOD-Verfahren für C-arme Cr-Ni-Stähle
Gasgehalte zu hoch (N_2 und H_2) Schlackenteilchen mindern den Reinheitsgrad	**Umschmelzen** (ESU, Elektro-Schlacke-Umschmelzen (Bild 4.5), oder im Vakuum-Lichtbogenofen ergibt: • Gasgehalte auf 50 % abgesenkt, • Abschirmung vor O_2 und N_2 aus der Luft, • Abdampfen von Spurenelementen wie Sn und Pb, • Wiederaufleben der Kohlenstoffdesoxidation FeO-Gehalte sinken weiter	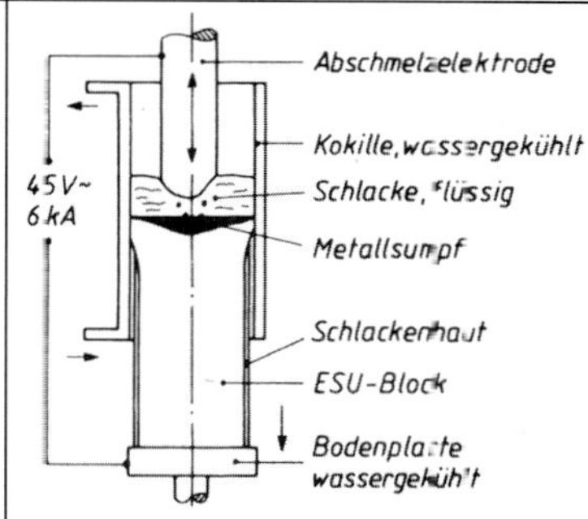 **Bild 4.5** ESU-Umschmelzanlage

Umschmelzverfahren sind wegen der Kosten auf Stahlsorten für hochbeanspruchte Schmiedeteile begrenzt, wenn Längs- und Quereigenschaften möglichst gleich sein sollen (isotropes Verhalten).

Beispiele: Kaltwalzen höchster Oberflächengüte, Wälzlager für höchste Sicherheit, Vergütungsstähle für den Flugzeugbau, warmfeste Schmiedeteile für Kraftwerksbau, Druckgießformen, HS-Stähle.

4.1.5 Vergießen und Erstarren des Stahles

Vergießen: Der größte Teil (ca. 90 %) des in der BRD erschmolzenen Stahles wird im Strangguss vergossen. Der Rest ist Blockguss für große Schmiedeteile und Stahlguss.

Erstarren. In der Schmelze ist durch das Blasen mit Sauerstoff FeO entstanden, das mit dem noch vorhandenen C-Atomen reagiert, die sog. Kohlenstoffdesoxidation (→).

Die in der Schmelze gelösten Stoffe FeO und C liegen mit Fe und CO im sog. Chemischen Gleichgewicht (→) vor, die Reaktion kommt praktisch zum Stillstand.

Jede Änderung der Zustandsgrößen (Vakuum) oder die Entnahme eines Reaktionspartners führt zum Wiederaufleben der Reaktion, die ein neues Gleichgewicht anstrebt (→ Beispiele).

Das nach Beispiel 2 aufsteigende CO-Gas bewirkt ein Kochen in der Form, der Stahl ist **unberuhigt** (→) vergossen. Das Kochen fördert das Aufsteigen von nichtmetallischen Teilchen, es bleiben jedoch Gasblasen eingeschlossen.

Die Entwicklung geht zu endmaßgenauen Gießformaten, um Walzwerke und Energie einzusparen: Vorbandgießen (15…20 mm) und Gießwalzen (1…2 mm Dicke).

Kohlenstoffdesoxidation:

Reduktion

$$\uparrow \qquad \downarrow$$

$$\mathbf{FeO + C \Leftrightarrow Fe + CO}\uparrow$$

$$\downarrow \qquad \uparrow$$

Oxidation

Begriff: Chemisches Gleichgewicht. Wenn Druck und Temperatur konstant gehalten werden, streben die Stoffe der Gleichung ein bestimmtes Verhältnis an.

Beispiel 1: CO-Gas wird beim Vakuumguss abgezogen. Das Gleichgewicht ist gestört, es wird weiteres CO gebildet, dadurch sinkt der FeO Gehalt (Desoxidation).

Beispiel 2: Bei der Erstarrung in Kokillen wird die Schmelze durch die Ausscheidung von Fe-Kristallen ärmer an Fe, die Reaktion läuft weiter nach rechts unter Bildung von CO-Gas.

Unberuhigt vergossen: CO-Blasen bleiben als Blasenkranz unter einer Schicht C-armen Stahles eingeschlossen, verschwinden aber bei einer starken Warmumformung.

Die CO-Entwicklung während der Erstarrung muss verhindert werden bei:

- C-reichen Stählen, die nicht stark umgeformt werden können (Rissgefahr durch Fe_3C),
- Stahlformguss, (Blasen wären innere Fehler), Strangguss.

Hier muss ohne aufsteigende CO-Blasen, also **beruhigt** (→) vergossen werden.

Beruhigt vergossen: Durch Zugabe von Desoxidationsmitteln (Al, Ca, Si) entstehen **feste** Reaktionsprodukte, keine Gasentwicklung, der Stahl erstarrt ohne Badbewegung (↓).

Desoxidationsreaktionen sind z. B.:

$$FeO + \mathbf{Ca} \Rightarrow Fe + \mathbf{CaO}$$
$$3\,FeO + \mathbf{2\,Al} \Rightarrow 3\,Fe + \mathbf{Al_2O_3}$$
$$2\,FeO + \mathbf{Si} \Rightarrow 2\,Fe + \mathbf{SiO_2}$$

Seigerung ist die Entmischung einer Schmelze durch die Kristallisation. Seigerungszonen sind i. Allg. Werkstoffbereiche minderer Qualität.

Blockseigerung tritt bei Stahlblöcken und dickwandigen Gussteilen auf. Im Randbereich (Formwand) bilden sich fast reine Fe-Kristalle, die Verunreinigungen reichern sich in der Restschmelze an und bilden die Seigerungszone im Kern.

Schwerkraftseigerung bei C-reichen Gusseisensorten. Auskristallisierter, leichter Graphit schwimmt auf der Schmelze.
Antimonkristalle (Sb) steigen in der Pb-reichen, schwereren Schmelze von PbSbSn-Lagermetallen auf.

Blockseigerung: Beim Warmumformen wird die Seigerungszone mit ausgewalzt und lässt sich im Profil nachweisen (Bild 15.32a).

4.1.6 Eisenbegleiter und Wirkung auf Gefüge und Stahleigenschaften

Einfluss der Nichtmetalle

Diese Elemente bilden bei den hohen Temperaturen mit dem Fe chemische Verbindungen: **Phosphide, Sulfide, Oxide**, die nach Abkühlung als Schlackenteilchen vorliegen.

Die nachstehenden Tabellen beschreiben die einzelnen Eisenbegleiter nach.

- Herkunft,
- Gefügeeinfluss und
- Eigenschaftsänderungen.

Tabelle 4.3: Übersicht, Einfluss von Phosphor und Schwefel

	Phosphor P	**Schwefel S**
Herkunft	P-haltige Erze und Zuschläge im Hochofen, Energiequelle für Blasverfahren	Sulfidische Erze, auch im Koks enthalten
Standort im Gefüge	Im Ferrit löslich (max. 2,8 % bei 1050 °C) bildet mit Fe Phosphide. Im Gusseisen entsteht aus Fe_3C und Fe_3P das niedrigschmelzende Dreifach-Eutektikum Steadit mit T_m = 950 °C.	Im Ferrit unlöslich, bildet mit Fe und Mn Sulfide (Schlackenteilchen). Das Eutektikum aus Fe, FeO, und FeS hat T_m = 935 °C. Abhilfe durch Mn-Gehalte, es entsteht MnS statt FeS.
Auswirkung auf das **Verhalten**	Diffundiert langsam (Atom-Ø groß) ergibt Seigerungen, erniedrigt die Schmelztemperatur des Ledeburits, das Formfüllungsvermögen steigt.	Warmumformung unter 1200 °C, oberhalb Heißbruch durch Eutektika, Rotbruch unter 1000 °C.
auf die **Eigenschaften**	Fe-P-Einlagerungs-Mischkristalle sind kaltspröde. Der Steilabfall (Übergangstemperatur) der Kerbschlagarbeit (Bild 15.26) wird nach rechts verschoben.	Feinverteilte Sulfidschlacken (meist MnS) ergeben Kurzspan mit hoher Oberflächengüte.
Anwendungen	Stähle für Warmpressmuttern enthalten bis zu 0,3 % P, Kunstguss bis 1 %.	Automatengestähle unlegiert und niedrig legiert mit 0,08…0,4 % S und 0,06…0,11 % P

Einfluss von Gasgehalten

Gase sind in der Schmelze löslich und bleiben z. T. bei der Erstarrung als Gasblasen im Gefüge zurück, wo sie die Zähigkeit stark vermindern. Sie werden durch Sekundärbehandlung mit Vakuum weiter reduziert. Tabelle 4.4 beschreibt ihre Auswirkungen.

Tabelle 4.4: Einfluss der Gase Sauerstoff, Stickstoff und Wasserstoff

Gas	Herkunft und Standort	Auswirkungen auf Verhalten und Eigenschaften
Sauerstoff O	O_2-Blasverfahren erzeugen FeO, das sich in der Schmelze löst und als FeO-Schlacke im Gefüge vorliegt.	Führt in Kombination mit FeS (Tabelle 4.3) zu Rotbruch beim Warmumformen, d. h. Stahl ist nicht schmiedbar bei FeO ≥ 0,2 %.
Stickstoff N	Aufnahme beim Kontakt der Schmelze mit Luft und Reststickstoff von technisch reinem O_2	Löslichkeit von N im Ferrit ist gering, sie sinkt bei RT fast auf null Ausscheidungen von Fe-Nitrid nach schneller Abkühlung führen zur Abnahme der Kaltzähigkeit (Alterung).
Wasserstoff H	Rostiger, feuchter Schrott und Brenngase. Hohe Löslichkeit im Ferrit und als H_2-Gas in Poren. H-Atome diffundieren bei RT so schnell wie C bei 1000 °C.	Abnahme der Löslichkeit bei der Erstarrung und Abkühlung führt zur Molekülbildung in Fehlstellen unter hohem Druck. Dadurch sog. Flockenrisse und innere Spaltbrüche besonders bei der Verformung großer Querschnitte aus Ni- und Mn-Stählen. Abhilfe durch Glühen mit Ausdiffundieren des Wasserstoffs.
	Kaltverformter Stahl nimmt bei chemischer Behandlung mit Säuren (Beizen, Galvanik) H-Atome auf.	Beizsprödigkeit ist eine geringe Kaltformbarkeit durch H-Atome auf Zwischengitterplätzen im Ferrit (Mischkristallverfestigung) und kann durch Glühen bei 200 °C beseitigt werden.

Einfluss von Mangan Mn und Silicium Si

Alle Stähle enthalten von der Erschmelzung her die Elemente Mangan Mn und Silicium Si. Für die Gruppe der unlegierten Stähle sind es wichtige Legierungselemente.

Tabelle 4.5: Übersicht: Einfluss von Mangan und Silicium

	Mangan Mn	Silicium Si
Herkunft	In Erzen enthalten und durch Desoxidation nach z. B.: $FeO + Mn \Rightarrow MnO + Fe$ $FeS + Mn \Rightarrow MnS + Fe$	In Erzen enthalten, Gangart Quarz, SiO_2 Durch Desoxidation nach z. B.: $2\,FeO + Si \Rightarrow SiO_2 + 2\,Fe$; Das SiO_2 (Nichtmetalloxid, Säurebildner) ergibt mit Akalimetalloxiden spröde, hoch schmelzende Silikate.
Standort Gefügewirkung	Schlackenteilchen nach o. a. Reaktionen	
	Rest Mn im Ferrit und Zementit	Rest Si im Ferrit gelöst
	ergeben Walz- und Schmiedefaserstrukturen mit anisotropem Verhalten	
Eigenschaften erwünscht	Mn bildet Mischcarbide $(Fe, Mn)_3C$, bremst den Zementitzerfall bei Temp. über 700 °C, steigert Festigkeit ohne Zähigkeitabfall und die Härtbarkeit.	Fördert den Zementitzerfall (zu Graphit). Steigert Festigkeit, Korrosionsbeständigkeit und Härtbarkeit, mindert Ummagnetisierungs- und Wirbelstromverluste.
unerwünscht	Begünstigt das Kornwachstum bei höheren Temperaturen.	Begünstigt das Kornwachstum, mindert Bruchdehnung, Tiefzieheigenschaften, Warmformbarkeit und Schweißeignung (zähflüssige Silikathaut).
Anwendung	Hochbaustahl S355J2 (St 52-3) erhält hohe Festigkeit bei niedrigem C-Gehalt durch 0,9…1,7 % Mn.	Magnetbleche für Trafos und E-Maschinen enthalten bis zu 4 % Si, säurefester Guss 16 % Si.

4.1.7 Einfluss der Legierungselemente

In diesem Abschnitt werden die Einflüsse der besonders zugesetzten LE in Gruppen auf die

- Gefügeausbildung,
- Linien des EKD
- Eigenschaften beschrieben (→).

Legierungselemente wirken unterschiedlich, weil sie im Gefüge an verschiedenen Standorten eingebaut sind (Tabelle 4.6).

Hinweise: Der C-Gehalt beeinflusst zusätzlich die Wirkung mancher LE stark (Bild 4.8).

Die Wirkung zweier LE muss nicht die Summe beider Einflüsse sein.

Beispiel: Cr-Ni-Stähle (Bild 4.11).

- Cr bildet bevorzugt Carbide.
- Ni erweitert das Austenitgebiet auf RT.

Bei diesen-Stählen wird durch Cr die Wirkung von Ni verstärkt.

Tabelle 4.6: Übersicht, Standort und Wirkung der LE im Stahl

Standort, LE-Atome bilden	Auswirkung / Bedeutung
Austausch-Mischkristalle bis zur Löslichkeitsgrenze	Mischkristallverfestigung (→ 2.3.2) Die Umwandlungspunkte und -linien des EKD werden verschoben, es entstehen neue Zustandsschaubilder (→ Bilder 4.6 + 4.7)
LE im Mischkristall ändern Löslichkeit der C-Atome und behindern die C-Diffusion bei der wichtigen γ-α-Umwandlung. Das Härten wird vereinfacht. Zum Durchhärten und Durchvergüten kann langsamer abgekühlt werden (wichtig für Teile mit großen Querschnitten).	
Neue Phasen: Mischcarbide, Sondercarbide mit anderer Struktur und Carbonitride	Phasen sind härter als Zementit und erhöhen den Verschleißwiderstand, wichtig für Werkzeugstähle, erhöhen in feindisperser Form die Festigkeit, auch bei höheren Temperaturen (Anlassbeständigkeit).

Mischkristallbildner

Alle LE sind in kleinen Gehalten im Ferrit und Austenit löslich, manche vollkommen (Tabelle 4.7). Eine Ausnahme ist Blei, es ist unlöslich.

Gelöste Elemente erhöhen die Festigkeit des Ferrits (Mischkristallverfestigung → 2.3.2).

Gleichzeitig wirken sich die LE auf das γ-α-Umwandlungsverhalten aus. Die LE-Atome ändern die Löslichkeit der C-Atome und behindern die Diffusion aus dem Austenit bei der Umwandlung. Die Folgen sind (→):

- Oberhalb der Linie PS wird weniger Ferrit ausgeschieden,
- beim Austenitzerfall wird der Abstand der Zementitlamellen kleiner, dadurch bildet sich der Perlit feinstreifiger aus (→ Auswirkungen).

So entstehen Stähle mit perlitischem (untereutektoidem) Gefüge, obwohl ihr C-Gehalt unter 0,8 % liegt (→ Beispiel). Für die Wirkung auf das EKD bedeutet das:

Gelöste LE verschieben die Punkte S und E des EKD nach links.

Tabelle 4.7: Löslichkeit (%) einiger LE im Eisen

Element	im Ferrit	bei T in °C	im Austentit	bei T in °C
Ferrit bildende Legierungselemente				
Chrom	**100**	800	12,5	1050
Molybdän	**37,5**	1450	1,6	1100
Vanadium	**100**	1400	1,5	1100
Austenit bildende Legierungselemente				
Mangan	3,5	700	**100**	1130
Cobalt	76,0	600	**100**	1000
Nickel	8	300	**100**	910

Auswirkungen: Ferrit ist die weichere Phase im Stahl. Hier beginnt die erste plastische Verformung, die Streckgrenze ist erreicht. Viele dünne Zementitlamellen im Ferrit stützen das Ferritgefüge besser als wenige dickere. Das bedeutet größere Kräfte, oder die

Dehngrenze $R_{p0,2}$ wird erhöht.

Beispiel: Stahl mit 10 % Cr hat bereits bei 0,3 % C ein rein perlitisches Gefüge, es gibt keinen voreutektoid (zwischen GS und PS im EKD) ausgeschiedenen Ferrit. LE wie Mo, V, und W erreichen dies mit noch kleineren Anteilen.

Carbidbildner

Metalle mit einer höheren Affinität zum Kohlenstoff können Fe-Atome im Zementit teilweise ersetzen und Mischcarbide bilden, daneben auch eigene (→). Diese Metalle bilden einen Block im PSE als Nebengruppenelemente.

Periode	Nebengruppe IVB		VB		VIB	
4	Titan	**Ti**	Vanadium	**V**	Chrom	**Cr**
5	Zirkon	**Zr**	Niob	**Nb**	Molybdän	**Mo**
6	Hafnium	**Hf**	Tantal	**Ta**	Wolfram	**W**

Ihre Carbide zählen zu den intermetallischen Phasen mit gemischten Bindungsarten, härter als Zementit (Tabelle 4.8). Die Löslichkeit im Austenit ist verschieden, ebenso ihr Einfluss auf Härteverhalten (v_{krit}) und die Gefügestabilität bei höheren Temperaturen. Sie erhöhen Anlassbeständigkeit und verhindern als Korngrenzenausscheidung das Kornwachstum.

Der Anteil der LE, die in Carbiden gebunden sind, geht dem Grundgefüge verloren. Damit auch dort genügend LE-Atome wirken können, ergibt sich für Carbidbildner die Forderung:

Hoher C-Gehalt im Stahl erfordert hohen Anteil an Carbidbildnern (→ Beispiel).

Nitridbildner

C und N haben als Nachbarn im PSE kleine, *ähnliche* Atomradien, ihre Carbide und Nitride z. T. gleiche Kristallgitter. Darin sind C- und N-Atome austauschbar. Es können sich auch Carbonitride bilden. Dazu gehören die Elemente:

Aluminium Al, Bor B, Chrom Cr, Niob Nb, Titan Ti, Vanadium V, Zirkon Zr

Nitride liegen als feindisperse Ausscheidungen innerhalb der Kristalle vor und bewirken:

- Streckgrenzenerhöhung bei C-armen, mikrolegierten Bau- und austenitischen Stählen (→),
- Behinderung des Kornwachstums beim Glühen,
- Steigerung der 0,2 %-Dehngrenze bei warmfesten Stählen (vergütet) ohne Zähigkeitsabfall, geringere Kriechrate bei T über 400 °C.

Beispiele für Carbide

Mischcarbide	$(Fe, Mn)_3C$, $(Fe, Cr)_3C$
Doppelcarbide	Fe_3W_3C, Fe_4Mo_2C
Sondercarbide	$Cr_{23}C_6$, Cr_7C_3

Sondercarbide ist ein Sammelname für solche Carbide, die nicht die Zementitstruktur besitzen. Ihre Härte steigt mit dem C-Anteil, also MC härter als M_2C (Tabelle 4.8).

Tabelle 4.8: Mikrohärte einiger Carbide

Carbid	Härte	Carbid	Härte
TiC	3200	VC	2800
NbC	2800	WC	2400
Cr_3C_2	2150	Mo_2C	1500

Anwendung: Alle Werkzeugstähle und verschleißfester Guss enthalten diese Carbide möglichst feinkörnig im gehärteten Grundgefüge. Aus Gründen der Schmiedbarkeit ist der Carbidgehalt auf ca. 15 % begrenzt.

Höchste Carbidanteile besitzen die Sinterhartstoffe mit ca. 95 % (WC + TiC + TaC) in einem Co-Grundgefüge.

Beispiel: Kaltarbeitsstahl **X210Cr12** Mit 2,1 % C und 12 % Cr hat er ca. 15 % Carbidanteil. Bei Härtetemperatur ist genügend Cr im Austenit gelöst, sodass er die Eigenschaft *lufthärtend* besitzt.

Beispiele: TiC und TiN haben die gleiche kubisch-flächenzentrierte Einlagerungsstruktur, (→ Tabelle 2.24).

Hinweis: Nitride sind die Träger der Härte beim Nitrieren von Nitrierstählen. Al-legierte Sorten erreichen die höchste Härte mit 950 HV1.

Nitride und Carbonitride werden durch CVD- oder PVD-Verfahren in Dünnschichten (≈ 10 µm) als Verschleißschutz auf Werkzeuge aufgebracht.

Beispiele:

S550MC, kaltumformbarer Stahl mit hoher Streckgrenze nach DIN EN 10149.

P460NH, warmfester Stahl für Druckbehälter DIN EN 10028-2 mit ≤ 0,2 % N; an Al oder V ≤ 0,2 % gebunden.

Elemente, die das Austenitgebiet erweitern

Beim Reineisen ist der Haltepunkt Ar_3 (911 °C) die niedrigste Temperatur, bei der langsam abgekühlter Austenit noch existieren kann. Gelöste C-Atome erweitern diesen Bereich, indem A_3 nach unten verschoben wird (Linien PSK im EK). LE mit ähnlicher Wirkung werden als Austenitbildner bezeichnet. Es sind:

Mangan, Nickel, Cobalt, Stickstoff

Bei höheren Gehalten erweitern sie den Existenzbereich der γ-Mischkristalle bis auf RT (Bild 4.6), dadurch entstehen **austenitische Stähle**, sie haben bei RT ein homogenes Gefüge aus γ-Mischkristallen und dadurch ein besonderes Eigenschaftsprofil:

- niedrige Streckgrenze, stark umformbar,
- zäh, auch bei tiefen Temperaturen,
- unmagnetisch durch das Kfz-Gitter,
- umwandlungsfrei, kein Härten und Vergüten möglich.

Die Austenitbildner können sich gegenseitig ersetzen, dadurch sind kostengünstige Kombinationen möglich (Ni durch Mn, N und Cu ersetzt).

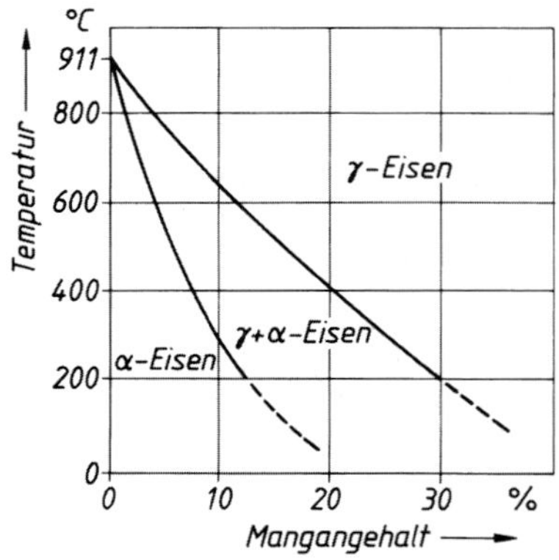

Bild 4.6 Zustandsschaubild Fe-Mn, linke Seite

Bei kleineren Anteilen, z. B. Stahl mit 10 % Mn, muss aus Temperaturen im γ-Gebiet abgeschreckt werden. Dann entsteht unterkühlter Austenit, der durch Kaltumformung örtlich zu Martensit umwandelt (Prinzip der Mangan-Hartstähle, z. B. **X120Mn12**).

Stickstoff N diffundiert beim Carbonitrieren in das Gefüge, erweitert das Austenitgebiet auf ca. 600 °C und erniedrigt so die Abschrecktemperatur.

Hinweis: Austenitische Stähle 4.4.3

Elemente, die das Austenitgebiet verkleinern

Elemente einer anderen Gruppe verkleinern das Gebiet der γ-Mischkristalle oder schnüren es ab. Es sind dies

Chrom Cr, Silicium Si, Molybdän Mo, Vanadium V, Titan Ti, Aluminium Al

Im System Fe-Cr (Bild 4.7) erstarren Legierungen bis 12 % Cr wie andere Stähle, durchlaufen das γ-Gebiet und unterliegen dem Austenitzerfall = Perlitbildung. Sorten mit über 13 % Cr erstarren zu α-Eisen und kühlen ohne Umwandlung bis auf RT ab. So entstehen die ferritischen Stähle. Sie unterscheiden sich von den austenitischen Stählen in wichtigen Eigenschaften (→ Tabelle 4.20).

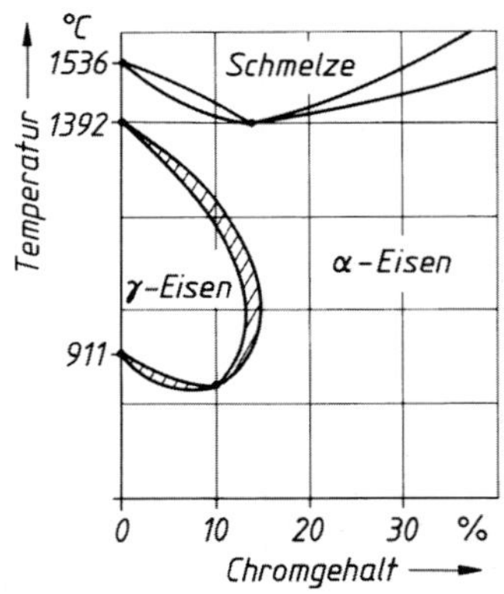

Bild 4.7 Zustandsschaubild Fe-Cr, linke Seite

Geringste Anteile von C und N weiten das abgeschnürte γ-Feld (Bild 4.7) nach rechts aus.

Folge: Für ferritische Gefüge erhöht sich bei C+N-Gehalten von ca. 0,14 % der erforderliche C-Gehalt auf etwa 25 %, ist er niedriger, so entstehen die sog. halbferritischen Gefüge mit Austenitanteilen.

Einfluss weiterer Elemente

Da alle Stähle Kohlenstoff C enthalten, kommt es zu einer Dreistofflegierung. In den erzeugten

Stählen sind stets noch weitere Elemente enthalten, die auf das Gefüge Einfluss nehmen. Die Beurteilung ist vielschichtig, weil sich ihre Wirkungen nicht einfach addieren. Sie können sich gegenseitig verstärken, abschwächen oder gemeinsam neue Wirkungen hervorrufen.

Das kann am Beispiel der Cr-Stähle gezeigt werden. Durch die Höhe des C-Gehaltes wird die Wirkung der Cr-Atome verändert.

- Cr > 12 % schnürt das Austenitgebiet ab.
- Cr ist Carbidbildner, d. h. bindet C-Atome, die dann für die erste Wirkung nicht zur Verfügung stehen.

Bild 4.8 zeigt die möglichen Gefüge der Cr-Stähle.

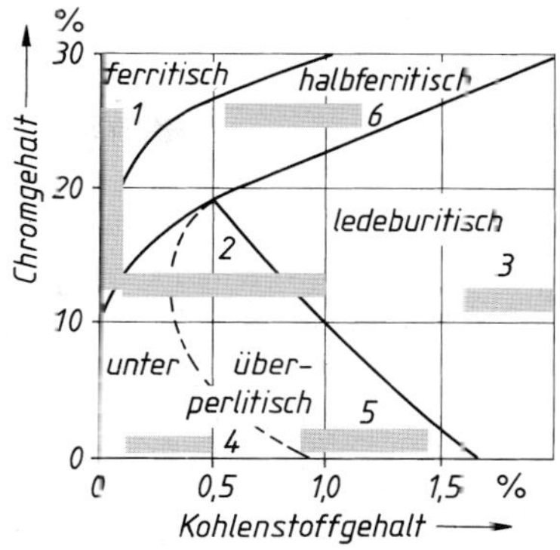

Bild 4.8 Gefüge der Chromstähle

Legende zu Bild 4.8

Feld C, Cr %	Beschreibung	Stahlsorten, Beispiele
1 C: < 0,1 Cr: 12…30	Umwandlungsfreie, homogene ferritische Stähle, sie haben keine sprunghafte Volumenänderung bei Erwärmungs- und Abkühlzyklen. Die Oxidschicht lockert sich nicht. Die festhaftende Cr-Oxidschicht wird durch Si und Al verstärkt.	**X6Cr17** Nr. 1.4016 Korrosionsbeständiger Stahl für Küchengeräte, Beschläge und Verkleidungen im Ladenbau **X10CrAl25** Nr. 1.4762 hitzebeständiger Stahl bis zu 1200 °C. Für Ofenbauteile, die heißen Gasen ausgesetzt sind
2 C: 0,1…0,5 Cr: < 13	Härt- und vergütbare Werkzeugstähle, korrosionsbeständig durch > 12 % Cr (bei geschliffener Oberfläche)	**X46Cr13** Nr. 1.4034 korrosionsbeständiger, härtbarer Stahl für Messer aller Art, Kunstharzpressformen, Wälzlager
3 C: 1,5…2,2 Cr: bis 13	Ledeburitische Werkzeugstähle, schmiedbar, härtbar. Durch Cr-Carbide verschleißfest und schneidhaltig. Weitere verbesserte Sorten mit W- und V-Anteilen	**X210Cr12** Nr. 1.2080 verzugsarmer Werkzeugstahl für Schnittwerkzeuge schwieriger Form. Ledeburit ist schmiedbar, da er statt Fe_3C die Cr-Carbide mit höherem Schmelzpunkt enthält
4 C: 0,1…0,6 Cr: niedrig	Einsatz- und Vergütungsstähle, niedriglegiert, Cr bewirkt die Durchhärtung bei größeren Querschnitten, nicht korrosionsbeständig	**41Cr4** Nr. 1.7035 Vergütungsstahl zum Öl- und Salzbadhärten, für Dicken bis 40 mm und $R_{p0,2}$ = 1300 MPa
5 C: < 1,0 Cr: niedrig	Werkzeugstähle, niedriglegiert mit überperlitischem (übereutektoidem) Gefüge. Verschleißfest bei ausreichender Zähigkeit, Ölhärter	**100Cr6** Nr. 1.3505 Wälzlagerstahl für Kugeln, Rollen und Ringe von 17…30 mm Wanddicke. Kaltarbeitsstahl für z. B. Reibahlen, Lehren
6 C: > 0,1 Cr: 12…30	Halbferritische Stähle , der geringe Austenitanteil wird je nach Abkühlgeschwindigkeit zu Perlit, Bainit oder Martensit umgewandelt	**X23CrNi17** Nr. 1.2787 Vergütbarer Stahl für Werkzeuge zur Glasformung

4.1.8 Einteilung der Stähle

Der im Strang- oder Blockguss erzeugte Stahl wird nach dem Vergießen warm- und evtl. kaltumgeformt und als Stahlerzeugnis (→) durch Trennen, Umformen und Fügen weiterverarbeitet.

Stahlerzeugnisse: (DIN EN 10079/07)

- Flacherzeugnisse: Bleche und Bänder
- Langerzeugnisse: z. B. Rohre, Doppel-T-Träger und andere Profile, nebst Sonderprofilen wie z. B. Spundwandbohlen

Stahlguss ist in Formen vergossener Stahl mit ähnlichen Analysen (→ Kapitel 4.8).

Stahlsorten werden nach unterschiedlichen Gesichtspunkten (→) zu Gruppen zusammengefasst. Ihnen ist jeweils eine bestimmte Eigenschaft oder Eignung gemeinsam, mit denen auch die jeweiligen Normblätter benannt sind.

Einteilung nach DIN EN 10020/00

Übergeordnet ist die Unterscheidung nach den Grenzwerten für P und S (→) in:

- **Qualitätsstähle**, sie sind i. Allg. nicht für eine Wärmebehandlung vorgesehen.
- **Edelstähle** haben höheren Reinheitsgrad und sind i. Allg. für eine Wärmebehandlung bestimmt, bei der sie gleichmäßiger ansprechen als Qualitätsstähle.

Eine weitere Gliederung erfolgt nach dem Gehalt an LE in drei Klassen:

- **Unlegierte Stähle:** Die Sorten erreichen keinen der Grenzwerte nach Tabelle 4.9b.
- **Nichtrostende Stähle:** Die Sorten haben max. 1,2 % C-Gehalt und > 10,5 % Cr.
- **Andere legierte Stähle:** Alle Sorten, die nicht zu den beiden genannten gehören.

Unlegierte Qualitätsstähle

Stahlsorten, die nicht den Kriterien für Edelstähle entsprechen.

Unlegierte Edelstähle

Stahlsorten mit einem höheren Reinheitsgrad durch aufwändigere Metallurgie. Sie erfüllen eine oder mehrere der folgenden Anforderungen:

- Besonders niedrige Gehalte an nichtmetallischen Einschlüssen.
- Gleichmäßiges Ansprechen auf Wärmebehandlungen, mit bestimmter Einhärtungstiefe beim Oberflächenhärten,
- Festgelegter Mindestwert der Kerbschlagarbeit (vergütet), *KV* > 27 J bei –50°C, Charpy-V-Proben (längs), bzw. > 16 J quer.

Einteilungskriterien sind die Eignung für z. B.:

- bestimmte **Anforderungen:** warmfeste, kaltzähe und korrosionsbeständige Stähle;
- bestimmte **Fertigungsverfahren:** z. B. Nitrier-, Einsatz-, Vergütungs-, Automatenstähle, oberflächenhärtbarer Stahlguss;
- bestimmte **Bauteile:** z. B. Feder-, Nieten-Schrauben-, Ventil-, Wälzlager- und Werkzeugstähle.

Tabelle 4.9a: Grenzwerte für P und S

Stahlart	% P	% S
Qualitätsstähle		
unlegiert	0,045...0,035	0,045...0,035
legiert	0,030...0,025	0,030...0,015
Edelstähle		
unlegiert	} 0,035...0,020	0,035...0,025
legiert		0,035...0,015

Tabelle 4.9b: Grenzwerte zwischen unlegierten und legierten Stählen (Schmelzenanalyse)

LE...	%	LE...	%	LE...	%
Al	0,30	Cr	0,30	Co	0,30
Cu	0,40	Mn	1,65	Mo	0,08
Ni	0,30	Nb	0,06	Pb	0,40
Se	0,10	Si	0,60	Te	0,10
Ti	0,05	V	0,10	Bor	0,0008
W	0,30	Zr	0,05	Sonst.	0,10

Tabelle 4.9c: Grenze der chemischen Zusammensetzung zwischen Qualitäts- und Edelstählen bei schweißgeeigneten, legierten Feinkornbaustählen

Element	Masseanteil in %	Element	Masseanteil in %
Cr	0,50	**Cu**	0,50
Mn	1,80	**Mo**	0,10
Nb	0,08	**Ni**	0,50
Ti, V, Zirkon (**Zr**)		je 0,12	

Beispiele für unlegierte Edelstahlsorten sind: Stähle mit vorgeschriebenen max. P- und S-Gehalt < 0,02 %, (Federdraht, Elektroden, Reifenkorddraht).

Ausscheidungshärtende Stähle mit ferritisch-perlitischem Mikrogefüge (≥ 0,25 % C),

Spannbetonstähle, Kernreaktorstähle,

Stähle mit festgelegter elektrischer Leitfähigkeit von > 9 Sm/mm^2.

Nichtrostende Stähle werden noch unterteilt:

Kriterium	Stahlart
Ni-Gehalt	Stähle mit < 2,5 % Stähle mit ≥ 2,5 %
Haupteigenschaften	korrosionsbeständige Stähle hitzebeständige Stähle warmfeste Stähle

DIN EN 10088-1 unterteilt die Stähle zusätzlich nach dem Gefüge in:

- Ferritische, martensitische und ausscheidungshärtende, austenitisch-ferritische und
- austenitische **korrosionsbeständige** Stähle.
- ferritische, austenitisch-ferritische und austenitische **hitzebeständige** Stähle,
- martesitische und austenitische **warmfeste** St.

Legierte Qualitätsstähle: Stahlsorten mit Anforderungen an z. B. Zähigkeit, Korngröße oder Umformbarkeit. Sie sind i. Allg. nicht für ein Vergüten oder Oberflächenhärten vorgesehen.

- Stähle mit Dicken ≤ 16 mm, einer Streckgrenze < 380 MPa und
- festgelegtem Mindestwert der Kerbschlagarbeit KV > 27 J bei –50 °C (Charpy-V-Kerbprobe, längs entnommen) oder > 16 J (quer),
- Gehalte an LE sind niedriger als in Tabelle 4.9c.

Legierte Edelstähle sind außer den nichtrostenden Stählen alle Stahlsorten, die nicht zu den Qualitätsstählen gehören.

Beispiele für **legierte Qualitätsstähle** sind:

Schweißgeeignete Feinkornstähle für Konstruktionen im Stahl-, Druckbehälter- und Rohrleitungsbau, legierte Stähle für Schienen, Spundbohlen und Grubenausbau.

Legierte Stähle mit festgelegtem **Cu-Gehalt**.

Legierte Stähle für Flacherzeugnisse kalt- und warmgewalzt für die Kaltumformung und mit B, Nb, Ti, V und/oder Zr legiert sind.

Dualphasenstähle (→ Tab. 4.26).

Beispiele für **legierte Edelstähle** sind:

Einsatz- und Vergütungsstähle, Werkzeugstähle, Wälzlagerstähle, Schnellarbeitsstähle und Stähle mit besonderen physikalischen Eigenschaften.

4.2 Stähle für allgemeine Verwendung

4.2.1 Anforderungsprofil

Die Masse des erzeugten Stahles besteht aus Grund- und Qualitätsstählen, die aufgrund ihrer gewährleisteten Streckgrenze als Konstruktionswerkstoff eingesetzt werden. *Temperaturen* und *Korrosionsangriff* müssen dem normalen Klima entsprechen. Für die Verarbeitung sind folgende Eigenschaften wichtig:

- **Eignung zum Kaltumformen** (→), z. B. durch Abkanten, Walzprofilieren oder Tief- und Streckziehen

Die Erzeugnisse müssen das Abkanten mit bestimmtem Biegehalbmesser rissfrei gewährleisten. Er ist von der Erzeugnisdicke abhängig (→ Beispiel) und steigt mit der Streckgrenze an (steigender C-Gehalt = steigender Zementitanteil mindert Dehnung).

Sorten mit *besonderer* Kaltumformbarkeit werden im Kurzzeichen durch ein nachgestelltes **C** gekennzeichnet. Genormte Stahlsorten mit besonderer Kaltumformbarkeit (→ 4.5.2).

Normung: Technologischer Biegeversuch nach DIN EN ISO 7438/05 (→ 15.7).

Beispiel: Biegehalbmesser in mm

Sorte		Erzeugnisdicke s in mm				
	C %	≤ 1,5	>5…≤6		>10…≤12	
t: quer, l: längs[1)]		l	t	l	t	l
S235J0C	0,19	1,6	8	10	20	25
S275J0C	0,21	2,0	10	12	25	32
S355J0C	0,23	2,5	10	12	25	32

[1)] Lage der Biegeachse zur Walzrichtung

- **Eignung zum Schmelzschweißen**

Diese Eigenschaft hängt zunächst vom C-Gehalt ab (→ Tabelle 3.2).

Sind weitere LE enthalten, so kann es bei der Abkühlung zur **Aufhärtung** kommen. Das findet in den Bereichen statt, welche die Härtetemperatur überschritten hatten und durch Luft und die Wärmableitung in die kälteren Bereiche abgeschreckt werden.

Steigende C-Gehalte lassen die Werte für Bruchdehnung A_5 und Brucheinschnürung Z absinken (Bild 3.17). Der dadurch spröder gewordene Werkstoff ist durch das behinderte Schrumpfen während der Abkühlung rissgefährdet.

Aufhärtung ist die teilweise Martensitbildung in den Randbereichen der Schweißnaht mit Folgen wie vorstehend.

Der Anteil der LE wird auf einen gleichartig wirkenden (äquivalenten) Kohlenstoffanteil **CEV** umgerechnet (→). Nach dem CE-Wert werden die Stähle in drei Gruppen eingeteilt (→ Tabelle 4.10).

Kohlenstoffäquivalent CEV ist ein scheinbarer C-Gehalt, errechnet nach IIW (International Institute of Welding)

$$CEV = C + Mn/6 + (Cr + Mo + V)/5 + (Ni + Cu)/15$$

in Masse-%

Bedingt schweißgeeignet bedeutet, dass unter gewissen Bedingungen, wie Vorwärmen der Teile oder eine nachträgliche Wärmebehandlung, die Stähle für das Schweißen geeignet werden.

Tabelle 4.10: Schweißeignung und CEV-Wert

… schweißgeeignet	CEV in %
gut …	< 0,45
bedingt …	< 0,6
schwer …	> 0,6

Schwer schweißbare Stähle lassen sich mithilfe austenitischer Elektroden (z. B. aus Cr-Ni-Mn-Stahl) schweißen. Eine Schweißnaht aus diesen nicht härtbaren Stählen mit niedriger Streckgrenze kann beim Schrumpfen durch geringe plastische Verformung die Spannungen abbauen, sodass sie keine gefährliche Höhe erreichen.

Die Elemente Cr und Si verbrennen beim Schweißen zu hochschmelzenden Oxiden, die das Zusammenfließen der Schweißnahtränder behindern. Mn, das ebenfalls oxidiert, erniedrigt durch sein Oxid den Schmelzpunkt der anderen. Dadurch gleicht Mn die ungünstige Wirkung von Si und Cr aus.

4.2.2 Baustähle nach DIN EN 10025

Die Stähle sind nach ihrer gewährleisteten Mindest-Streckgrenze R_{eH} benannt. Sie wird bei den Sorten S185 bis S450J0 und E295 bis E360 durch den Einfluss der Eisenbegleiter und des C-Gehaltes auf das Gefüge eingestellt:

- Mischkristallverfestigung durch kleine Gehalte der im α-Eisen gelösten Eisenbegleiter,
- Erhöhung des Perlitanteils im ferritisch-perlitischen Gefüge durch Mn-Gehalte,
- Kornverfeinerung durch eine Pfannenbehandlung der Schmelze (→ 4.1.4 Sekundärmetallurgie) und normalisierendes Walzen.

Jede Festigkeitsstufe enthält mehrere Sorten mit steigender Sicherheit gegen Sprödbruch. Das wird durch kleinere P-, S- und N-Gehalte und Desoxidation (Feinkorn) erreicht.

Wegen der erforderlichen Schweißeignung und Kaltformbarkeit ist der C-Gehalt begrenzt auf Werte von 0,19...0,27 %.

Mn ist in Anteilen von 1,5... 1,8 % Mn enthalten und wirkt doppelt durch Bildung von Mischcarbiden und Mischkristallverfestigung.

Eine Erhöhung der LE-Gehalte würde die Schweißeignung durch mögliche Aufhärtung vermindern. Deshalb ist für die höheren Festigkeitsstufen die Kornverfeinerung (Korngrenzenverfestigung) wichtig.

Die wesentlichen Unterschiede der Stahlsorten *einer* Festigkeitsstufe (Tabelle 4.12) liegen in der steigenden **Sprödbruchsicherheit**. Sie wird mit dem Kerbschlagbiegeversuch ermittelt.

Mit sinkender Temperatur erhöhen sich die Anforderungen an den Werkstoff, unter ungünstigen Bedingungen noch verformbar zu bleiben.

Damit ist die **Sprödbruchsicherheit** eines Stahles ist umso höher, je tiefer die Prüftemperaturen für die gewährleistete Kerbschlagarbeit KV liegen. Die angehängten Kurzzeichen geben die Prüfbedingungen des Kerbschlagbiegeversuches an (Tabelle 4.11).

Tabelle 4.11: Kurzzeichen für Sprödbruchsicherheit, Werte gültig für Spitzkerb-Längsproben und Dickenbereich.

Zeichen	KV J	Zeichen	T °C	Dicke in mm
J	27	R	+20	> 12 ≤ 250
		0	0	
		2	−20	> 12 ≤ 400
K	40	2		≤ 150

Hinweis: Für Anwendungen bei tieferen Temperaturen gibt es die kaltzähen Stähle (→ 4.4.1).

Tabelle 4.12: Warmgewalzte Erzeugnisse aus unlegierten Baustählen, DIN EN 10025-2/05, mechanische Eigenschaften, gewährleistete Mindestwerte

Stahlsorte	Werkstoff-Nr.	R_{eH} bzw. $R_{p0.2}$ Nenndicken (mm) ≤ 16	≤ 100	≤ 200	R_m MPa ≤ 100	A_{80} [1)] Nenndicken (mm) ≤1...<3	A % ≤3...<40	Bemerkungen
Stahlsorten mit Angaben der Kerbschlagarbeit KV (→ Tabelle zu 4.3 Stahlbau)								
S235JR **S235J0** **S235J2**	1.0038 1.0114 1.0117	235	215	185	360 ...510	l: 17...21 t: 15...19	l: 26 t: 24	Niet- und Schweißkonstruktionen im Stahlbau, Flansche, Armaturen **schmelzschweißgeeignet**
S275JR **S275J0** **S275J2**	1.0044 1.0143 1.0145	275	235	215	410 ...560	l: 14...18 t: 12...20	l: 22 t: 20	Für höhere Beanspruchung im Stahl- und Fahrzeugbau, Kräne und Maschinengestelle **schmelzschweißgeeignet**
S355JR **S355J0** **S355J2** **S355K2**	1.0045 1.0153 1.0577 1.0596	355	315	285	470 ...630	l: 14...18 t: 12...16	l: 22 t: 20	wie bei S275 **schmelzschweißgeeignet**
S450J0	1.0590	450	380	---	550 ...720			Nur für Langerzeugnisse
Stahlsorten ohne Werte für die Kerbschlagarbeit KV								
S185	1.0035	185	175	155	290 ...510	t: 10...14	l: 18 t: 16	Bauschlosserei
E295	1.0050	295	255	235	470 ...610	l: 12...16	l: 20 t: 18	Achsen, Wellen, Zahnräder, Kurbeln, Buchsen, Passfedern, Keile; Stifte, alle Sorten sind **pressschweißgeeignet**
E335	1.0060	335	295	265	570 ...710	l: 8...12	l: 16 t: 14	
E360	1.0070	360	325	295	670 ...830	l......3...7	l: 11 t: 10	

[1)] Bruchdehnungswerte an Längsproben (l) und Querproben (t) gemessen

4.3 Baustähle höherer Festigkeit

Durch den Zwang zu Material- und Energieeinsparung in vielen Bereichen, besonders im Fahrzeugbau, sind die Anforderungen an Stähle gestiegen. Um der Konkurrenz von Leichtmetallen und faserverstärkten Kunststoffen – vor allem im Fahrzeugbau – zu begegnen, hat die Stahlindustrie Baustähle höherer Festigkeit entwickelt, mit denen Material- und Herstellungskosten gesenkt werden können. Voraussetzung waren Verfahren der Sekundärmetallurgie zur Absenkung des C-Gehaltes sowie der P- und S-Gehalte im Stahl.

Beispiel: Bei Verwendung hochfester Stähle können im Stahl- und Brückenbau, für Schwerlast- und Kranfahrzeuge erhebliche Einsparungen erzielt werden durch (Bild 4.9):

- Kleinere Blechdicken (kleinere Masse) bei etwas höheren Werkstoffkosten/t Stahl.
- Wegfall des Vorwärmens zum Schweißen,
- Nahtvolumen kleiner, kürzere Schweißzeiten.

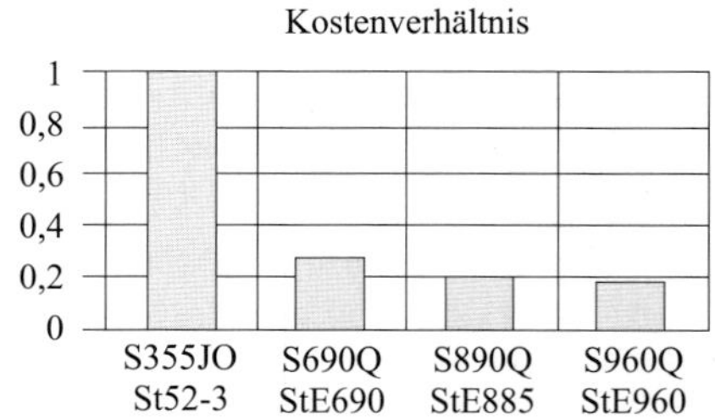

Bild 4.9 Einfluss der Stahlsorte auf die Gestehungskosten bei Mobilkranen

Hinweis: Beim Ersatz konventioneller Stahlsorten durch höherfeste Stähle sind kleinere Querschnitte möglich. Damit sich die Durchbiegung nicht vergrößert (gleiche E-Moduln) müssen dann die Flächenmomente vergrößert werden.

Übersicht

Anforderung	Maßnahme
Schweißeignung, Kaltformbarkeit, kaltzäh bei -40 °C	niedrige C-und LE-Gehalte perlitarm oder perlitfrei, Feinkorn, P- u. S-Gehalte weiter abgesenkt,
Hohe Streckgrenze	Kombination festigkeitssteigernder Maßnahmen (2.3)

4.3.1 Die Erhöhung der Festigkeit

Um die Anforderungen an diese höherfesten Stähle zu erfüllen, sind zusätzliche metallurgische Maßnahmen erforderlich (→ Übersicht).

Der Zementitanteil begrenzt die Kaltformbarkeit und senkt die Zähigkeit. C-arme Stähle haben diese Schwächen nicht, sind gut schweißgeeignet und haben dafür niedrige Streckgrenzen.

So muss die Steigerung ihrer Festigkeit durch solche Maßnahmen erfolgen, die weder Schweißeignung, Kaltformbarkeit noch Kaltzähigkeit senken. Das geschieht durch eine Kombination von Verfestigungsmechanismen (Bild 4.10).

Voraussetzung sind geringe Gehalte bestimmter LE (mikrolegiert) in Verbindung mit thermomechanischer Behandlung. Sie erzielt ein besonders feinkörniges Gefüge, das auf andere Weise nicht erzeugt werden kann (Anhängezeichen M). Dadurch wird in Verbindung mit kleinen P- u. S-Gehalten die Übergangstemperatur $T_{Ü}$ zu tiefen Temperaturen verschoben (Kaltzähigkeit).

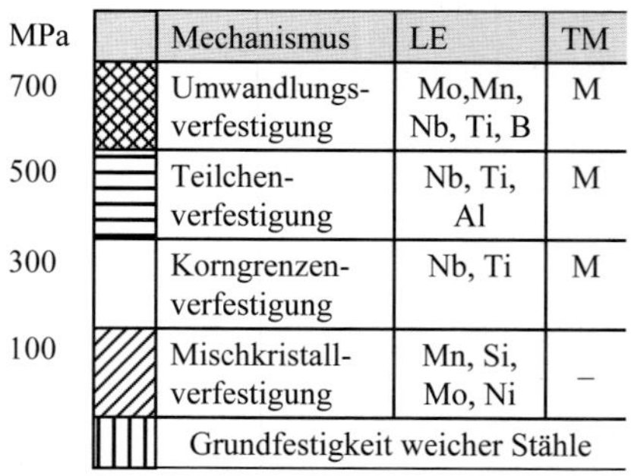

Bild 4.10 Erhöhung der Streckgrenze $R_{p0,2}$ bei mikrolegierten Feinkornstählen (nach *L. Meyer*)

Begriff: Mikrolegierte Stähle enthalten nur geringe Anteile einer Kombination der LE Nb, Ti, Al und V. Ihre Wirkung beruht auf der Aushärtung, in Verbindung mit der Thermomechanischen Behandlung TM (→ 5.3.2).

Die CEV-Werte dieser Stähle liegen niedriger als bei konventionellen Stählen gleicher Festigkeit.

Das Beispiel (→) vergleicht 3 Sorten mit gleicher Streckgrenze von 355 MPa. Der normalisierte Stahl (N) hat bei gleichem C-Gehalt ein kleineres CE als der S355J2, während der TM-Stahl (M) diese Festigkeit mit kleinerem C-Gehalt und damit kleinerem CEV-Wert besitzt.

Beispiel: CEV-Werte einiger Baustähle

Sorte	veraltete Bez.	C %	CE [1]
S355J2	St 52-3	0,2	0,45
S355N	StE 355 N	0,2	0,43
S355M	StE 355 TM	**0,16**	**0,39**

[1] für Blechdicken ≤ 40 mm

4.3.2 Schweißgeeignete Feinkornbaustähle, nicht vergütet

Tabelle 4.13: Normenübersicht

DIN EN 10025/05 Warmgewalzte Erzeugnisse aus schweißgeeigneten Feinkornbaustählen (Tabelle 4.10) (bisher DIN EN 10113 Z) **T 3:** normalgeglühte/normalisierend gewalzte (N), **T 4:** thermomechanisch gewalzte Stähle (M).	**DIN EN 10028**/03 Flacherzeugnisse aus Druckbehälterstählen (Tabelle 4.10) Schweißgeeignete Feinkornbaustähle, **T 3:** normalisierend gewalzt (N), **T 5:** thermomechanisch gewalzt (M).
DIN EN 10222-4/01 Schmiedestücke aus Stahl für Druckbehälter, schweißgeeignete Feinkornbaustähle hoher Dehngrenze.	

Kaltzähe Sorten werden durch angehängte Zeichen **L** oder **L1,** auch **L2** unterschieden. Bei sonst ähnlichen Analysenwerten haben sie noch weiter abgesenkte P- und S-Gehalte und damit steigende Kaltzähigkeit (Kerbschlagarbeit *KV* für tiefere Temperaturen in Tabelle 4.14).

Tabelle 4.14: Vergleich der schweißgeeigneten Feinkornbaustähle DIN EN 10028-3/5 und DIN EN 10025-3/5

DIN EN 10025			DIN EN 10028					Kerbschlagarbeit *KV* Joule [3]			
T-3	T-4		T-3		T-5						
Kurzname [1]		R_m [1] MPa	Kurzname [1]	R_m [1] MPa	Kurzname [1]	R_m [1] MPa	A [2] in %	An Längsproben gemessen Sorte °C	0°	-20°	-40
S275N	**S275M**	370	**P275NH**	390			24	**N/M**	47	40	--
NL	**ML**	...510	**NL1**	...510	-------	----		**NL/ML**	55	47	31
			NL2								
S355N	**S355M**	470	**P355NH**	490	**P355M**	450	22	Für P-Stähle gelten höhere *KV*-Werte ↓			
NL		...630	**NL1**	...630	**ML1**	...610					
	ML		**NL2**		**ML2**			Sorte °C	0°	-20°	-40
S420N	**S420M**	520	---------	------	**P420M**	500	19	**N**	40	30	--
NL	**ML**	...680			**ML1**	...660		**NL1**	50	35	27
					ML2			**NL2**	60	40	30
S460N	**S460M**	550	**P460NH**	570	**P460M**	530	17	**M**	40	27	--
NL	**ML**	...720	**NL1**	...720	**ML1**	...720		**ML1**	60	40	27
			NL2		**ML2**			**ML2**	80	60	40

[1] Der Kurzname enthält die obere Streckgrenze in MPa für Nenndicken ≤ 16 mm.
[2] A-Werte gelten für S- und P-Sorten gleichermaßen.
[3] KV-Werte sind den Anhängesymbolen zugeordnet und gelten jeweils für alle Festigkeitsstufen.

4.3.3 Vergütete schweißgeeignete Feinkornbaustähle, DIN EN 10025-6/09 Blech und Breitflachstahl (DIN EN 10137-2 Z). Ähnliche Sorten auch in DIN EN 10028-6/09.

Höhere Streckgrenzenwerte von 500...960 MPa werden durch Abschrecken der Ni-legierten Stähle (2 %) in Wasser und Anlassen erreicht. Durch niedrigste C-Gehalte (≤ 0,2 %) hat der bei ca. 650 °C angelassene Martensit andere Eigenschaften als der in Werkzeugstählen. Die Kaltzähigkeit steigt bei den Sorten mit den Anhängesymbolen Q < QL < QL1 durch höheren Reinheitsgrad (P+S-Gehalte, Tabelle 4.15), die Bruchdehnungen fallen mit steigender Streckgrenze ab.

Tabelle 4.15: Feinkornbaustähle, vergütet, Unterschiede der Sorten Q, QL, QL1 [1)]

Sorte	S460Q	S500Q	S550Q	S620Q	S690Q	S890Q	S960Q
R_m in MPa	550...720	590...770	640...820	700...890	770...940	940...1100	980...1150
A in %	17	17	16	15	14	11	10

Kerbschlagarbeit Alle Q-Sorten: *KV* bei 0 °C = 40 J

R_m und *A* wie oben			Kerbschlagarbeit *KV* (Längsproben) in J bei *T*		
Variante	P %	S %	–20 °C	–40 °C	–60 °C
S ... QL	≤ 0,025	≤ 0,015	40	30	--
S ... QL1	≤ 0,020	≤ 0,010	50	40	30

1) Mechanische Werte für Erzeugnisdicken von ≥ 3...≤ 50 mm; Nicht genormt ist: S1100QL (1.8942) mit R_m = 1200...1500 MPa bei 8 % Bruchdehnung, S-Gehalt 0,005 % (XABO® 1100).

4.4 Stähle mit besonderen Eigenschaften

4.4.1 Kaltzähe Stähle

Anwendungsbereich: Wenn die kaltzähen Sorten der Feinkornbaustähle (bis –50 °C) den Anforderungen nicht mehr genügen, z. B. bei Rohrleitungen, Armaturen und Apparaten, die mit verflüssigten Gasen in Kontakt sind oder in Gebieten mit Dauerfrost eingesetzt werden, werden Sorten nach Tabelle 4.17 eingesetzt.

Durch die Maßnahmen nach Tabelle 4.16 wird der Steilabfall der Kerbschlagarbeit zu tieferen Temperaturen verschoben (→), die Stähle werden damit kaltzäh.

Tabelle 4.17: Kaltzähe Stähle DIN EN 10028-4/09

Sorte	Zustd.	Werk-St. Nr.:	*KV* mit	bei ...°C	$R_{m.\,min}/R_{eH,\,min}$
11MnNi5-3	+N	1.6212	40	-60	420/275
13MnNi6-3	+N	1.6217	40	-60	490/345
15NiMn6	+N	1.6228	40	-80	490/345
12Ni14	+N	1.5637	40	-100	490/345
X12Ni5	+N	1.5680	40	-120	530/380
X8Ni9	+N	1.5662	50	-196	640/480
	+QT	---	70	-196	680/575
X7Ni9	+QT	1.5663	100	-196	680/575

Tabelle 4.16: Profile der kaltzähen Stähle

Anforderungsprofil:
Hohe Sicherheit gegen **Sprödbruch**, wenn Leitungen oder Behälter bei den tiefen Temperaturen verformt werden (z. B. durch Unfall oder Erdsetzungen). Schweißeignung und Korrosionsbeständigkeit bei Rohren und Behältern.
Eigenschaftsprofil:
Schweißeignung und **Zähigkeit** werden durch metallurgische Maßnahmen erreicht. • Niedrige C-Gehalte, hoher Reinheitsgrad, • Feinkörnigkeit durch TM-Behandlung, • Legieren mit Ni und Vergüten.

Ausnahme: Austenitische Stähle haben keinen Steilabfall in der *KV,T* - Kurve (Bild 15.26).

Weitere Normen:

DIN EN 10213/08	Stahlgusssorten für tiefe Temperaturen
DIN EN 10222-3/99	Schmiedestücke aus Stahl, Nickelstähle
DIN EN 1562/05	Temperguss, kaltzäh
DIN EN 10028-7/08	Austenitische Stähle für Druckbehälter

Eine Stahlauswahl kann nach der Arbeitstemperatur der Betriebsmittel (Tabelle 4.18) in Verbindung mit Tabelle 4.17, Spalte 3 Kerbschlagarbeit/Temperatur erfolgen.

4.4.2 Wetterfeste Baustähle
DIN EN 10025-5/05

Diese Stähle bilden durch Einwirkung der Umgebung fest haftende Schutzschichten. Das wird erreicht durch kleine Gehalte von Cu, Cr und Ni. Dadurch haben sie eine niedrige Korrosionsgeschwindigkeit. Die Wetterbeständigkeit gilt für Industrieklimate, jedoch nicht für *Meeresnähe und chloridhaltige Luft.*

Tabelle 4.18: Siedetemperaturen einiger technischer Gase in °C [1)]

Propan	-42	Methan	-164	N_2	-196
CO_2	-79	O_2	-183	H_2	-253
Ethan	-89	Argon	-186	He	-269

[1)] gerundete Werte

Hinweis: Wetterfeste Stähle 434/04 Merkblatt über www.stahl-info.de/

Die mechanischen und Verarbeitungseigenschaften gleichen denen der Stähle nach DIN EN 10025-2.

Verwendung: im Stahlhochbau, für Fahrzeuge und Anlagen im Freien, Spundwände.

4.4.3 Austenitische Stähle

Wie in Kapitel 4.1.7 erläutert, erweitern die Elemente **Ni, Mn** und **N** neben dem Kohlenstoff den Existenzbereich der γ-Mischkristalle bei bestimmten Gehalten bis auf RT. Es entstehen umwandlungsfreie, **homogene** Stähle.

Bild 4.11 zeigt die Gefüge der Cr-Ni-Stähle in Abhängigkeit vom Cr- und Ni-Gehalt bei 0,2 % C.

- Homogener Austenit wird erst bei hohen Ni-Gehalten erreicht (> 24 %),
- durch Cr-Zusatz kann der Ni-Gehalt reduziert werden,

sodass mit 18 % Cr bereits 8 % Ni genügen, ein austenitisches Gefüge durch Abschrecken auf RT zu erhalten, Durch ihr kfz-Gefüge besitzen austenitische Stähle eine Kombination von Eigenschaften, sodass sie bei besonderen Anforderungen eingesetzt werden können (Tabelle 4.19).

Der metastabile Austenit kann sich bei Kaltumformung umwandeln und zusammen mit gelösten C-Atomen Martensit bilden. Das ist die Ursache für die starke Verfestigungsneigung austenitischer Stähle (→ Beispiel).

Abhilfe durch Erhöhung des Ni-Gehaltes zur Stabilisierung des Austenits. Stahlsorten für Tiefziehzwecke haben deshalb 10...12 % Ni.

Die Korrosionsbeständigkeit wird durch Erhöhung von Cr und Ni und Zusatz weiterer LE für alle chemisch angreifenden Stoffe angepasst.

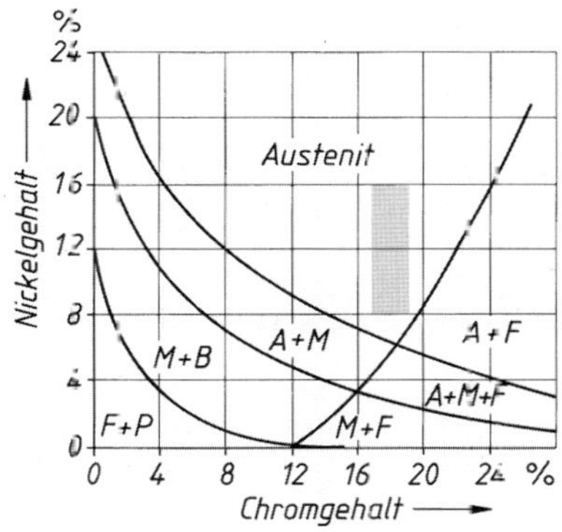

Bild 4.11 Gefüge von C-armen Cr-Ni-Stählen nach dem Abschrecken aus 1000 °C

Austenitische Stähle basieren auf der 1912 von Krupp als **Rostfreier Stahl** patentierten Sorte mit 18 % Cr und 8 % Ni bei niedrigem C-Gehalt.

Beispiel: Beim Bohren von austenitischem Stahl mit unscharfen Bohrern kommt es zur Erhöhung der Vorschubkraft mit geringer plastischer Verformung (niedrige Streckgrenze) und Martensitbildung. Der Bohrer schneidet noch weniger, reibt, erhitzt sich, wird höher angelassen und erweicht.

DIN EN 10088/05: Korrosionsbeständige Stähle (→ Abschnitt Korrosion, Tabelle 12.7).

DIN EN 10283/10: Korrosionsbest. Stahlguss.

DIN EN 10028-7/08: Flacherzeugnisse für Druckbehälter, nichtrostende Stähle.

Tabelle 4.19: Eigenschaftsprofil der austenitischen Stähle

Merkmale	Ursachen, Eigenschaften	Stahlgruppe
Homogenes Gefüge aus kfz-Mischkristallen	Das kfz-Gitter hat maximale Gleitmöglichkeiten, beste Kaltumformbarkeit, hohe Werte für Bruchdehnung und Brucheinschnürung, ebenso für die Kerbschlagarbeit bis –200 °C. Korrosionsbeständigkeit die mit dem Gehalt an weiteren Legierungselementen steigt.	**Kaltzähe Stähle** **Korrosionsbeständige Stähle**
Streckgrenze niedrig, bei hoher Zugfestigkeit, dadurch **Großer Dehnungsbereich** im σ, ε-Diagramm	Niedrige kritische Schubspannung im kfz-Gitter, für höher beanspruchte Bauteile sind deshalb N-legierte und aushärtbare Sorten mit höherer Streckgrenze entwickelt worden. Stickstoff N wird beim Umschmelzen unter Druck zugesetzt und wirkt auf Zwischengitterplätzen verfestigend, durch Übersättigung kommt es später zur Ausscheidungshärtung.	**Schweißelektroden** **Aushärtbare austenitische Stähle**
Umwandlungsfrei	Keine Möglichkeit zum Härten, Vergüten und Normalisieren. Rekristallisationsglühen ist möglich. Keine Volumenänderung wie sie bei umwandelnden Stählen erfolgt. Dadurch kein Abscheren von Oberflächenschutzschichten.	**Warmfeste, hitzebeständige Stähle**
Unmagetisierbar	Eigenschaft des kfz-Gitters. Wegen des metastabilen Austenits haben diese Stähle höhere Anteile an LE.	**Nicht magnetisierbare Stähle**

4.4.4 Ferritische Stähle

Wie im Kapitel 4.1.7 erläutert, engen die Elemente **Cr, Si, Al** und einige weitere das Austenitgebiet ein oder schnüren es ab. So entstehen bei höheren Gehalten dieser Legierungselemente die umwandlungsfreien, homogenen ferritischen Stähle (Bild 4.7).

Voraussetzung sind > 13 % Cr und ein **niedriger C-Gehalt**. Cr wird als Carbidbildner von C-Atomen gebunden und so dem Mischkristall entzogen. Damit würde weniger Cr für die Veränderung des Kristallgitters zur Verfügung stehen und die Korrosionsbeständigkeit wäre nicht mehr gegeben.

Schweißeignung: Beim Erwärmen entstehen Cr-Carbide ($Cr_{23}C_6$) als weitere Phase und der Ferrit verarmt an Cr. Damit verliert er seine Korrosionsbeständigkeit (→ interkristalline Korrosion 12.3.2). Stärkere Carbidbildner wie Ti stabilisieren das homogene Gefüge.

Cr-ärmere Stähle unterliegen der Umwandlung und sind dann härtbar (→ Bild 4.8).

Anwendungsbereich der ferritischen Cr-Stähle.

- Wegen des homogenen Gefüges als korrosionsbeständige Werkstoffe,
- wegen der Umwandlungsfreiheit als **hitzebeständige** Werkstoffe.

Hitzebeständigkeit: Weil die γ-α-Umwandlung (und α-γ) mit einer sprungartigen Volumenänderung fehlt, wird eine entstandene Oxidschicht nicht gelockert. Sie ist auch bei ständigen Wärm- und Abkühlzyklen festhaftend und wird durch die Elemente Si und Al verstärkt (→ hitzebeständige Stähle 4.4.5).

Hinweis: korrosionsbeständige, ferritische Stähle sind auch im Abschnitt Korrosion (Tabelle 12.9) behandelt.

Schweißgeeignete beständige Cr-Stähle: Durch die Verfahren der Sekundärmetallurgie können Stähle mit sehr niedrigem C-Gehalt erzeugt werden. Sie sind auch nach dem Schweißen korrosionsbeständig, da ohne C-Atome keine Carbidausscheidungen erfolgen können.

Tabelle 4.20: Vergleich austenitischer und ferritischer Stähle

Kriterium	Austenitische Stähle	Ferritische Stähle
Hochlegiert mit, stabilisiert durch	**Ni, Mn** (Cr), Zusätze von Mo, V, Ti, Nb, Ta, einzeln oder kombiniert	**Cr,** Zusätze von Al, Si, Mo; V **Ti**
Gefüge	Homogene Gefüge entstehen durch Abschrecken aus Temperaturen von 1000 °C, **kubisch-flächenzentriert** (bei höheren Gehalten an LE auch nach langsamer Abkühlung)	800 °C, **kubisch-raumzentriert**
Zähigkeit	**hoch**, kein Steilabfall, **kaltzäh**	**niedriger**, Steilabfall, **kaltspröde**
Kaltformbarkeit	hoch, dabei stark kaltverfestigend, wird besser mit steigenden Ni-Gehalten	Geringer, wenig verfestigend, Halbwarmumformung günstig
Schweißeignung	**sehr gut** Nur bei sehr niedrigen C-Gehalten oder durch Zusatz von starken Carbidbildnern (Ti, Nb), die das Gefüge gegen Chromverarmung stabilisieren, sonst Gefahr von interkristalliner Korrosion.	**geringer**
Korrosions-beständigkeit	durch Zusatz weiterer LE breite Anwendung mit zahlreichen Sorten	gegen Wasser, Dampf, nicht anfällig gegen Spannungsrisskorrosion (SpRK)
Warmfestigkeit	650 °C...750 °C (ausgehärtet). Hochwarmfeste Stähle	300...600 °C im Glühzustand. Warmfester, ferritischer Stahlguss.
Hitzebeständigkeit	800...1150 °C, Si-Zusatz, wenig beständig gegen S-haltige Gase und Aufkohlung	750...1150 °C, Al- und Si-Zusatz bewirken Beständigkeit gegen oxidierende und S-haltige Gase

4.4.5 Stähle für Einsatz bei hohen Temperaturen

Die Stähle dürfen bei der Gebrauchstemperatur keine Gefügeveränderungen erleiden, die zu Erweichung führen. Durch die thermische Aktivierung verlieren die Mechanismen der Festigkeitssteigerung z. T. ihre Wirkung, sodass Versetzungen, die bei RT blockiert sind, nun langsam wandern, z. T. in andere Ebenen klettern können. Durch Diffusion wirken Korngrenzen nicht mehr als Hindernisse, es kommt zum Korngrenzengleiten. Feindispers ausgeschiedene Teilchen können in Lösung gehen und wirken nicht mehr verfestigend. Die Folge ist das **Kriechen** (→).

Für höhere Temperaturen gelten deshalb die sog. **Zeitfestigkeiten:**

Zeitstandfestigkeit $R_{m/t/T}$ (→)

Zeitdehngrenze $R_{p/\varepsilon/t/T}$ (→)

Warmfeste Stähle für den Dauereinsatz z. B. in Dampferzeugungsanlagen als Kesselrohre, Sammler usw. müssen das folgende Eigenschaftsprofil aufweisen (→ Tabelle 4.21).

Unlegierte Stähle sind vergütet bis ca. 400 °C einsetzbar.

Kriechen ist eine sehr langsame, bleibende Formänderung unter Spannung. Nach einer längeren Kriechphase mit konstanter Kriechgeschwindigkeit (temperatur- und spannungsabhängig) stellt sich eine Zunahme der Kriechgeschwindigkeit ein, die bis zum Bruch führt (Vorgänge in Kapitel 2.4.6). Wegen dieser Kriechvorgänge haben Metalle keine Dauerstandfestigkeit, also eine Spannung, die sie zeitlich **unbegrenzt** ertragen könnten.

Zeitstandfestigkeit ist die Spannung σ, die nach einer Zeit t bei der Temperatur T zum Bruch führt.

Zeitdehngrenze ist die Spannung σ, die nach einer Zeit t bei der Temperatur T eine bestimmte Dehnung ε (in %) hervorruft.

Tabelle 4.21: Eigenschaftsprofil warmfester Stähle

Eigenschaft	Maßnahme
Kaltformbarkeit	0,1...0,15 % C
Schweißeignung	max. 0,25 % Si
Vergütbarkeit	...2,2 % Cr
Anlassbeständigkeit	...1 % Mo; ...0,3 % V
Zähigkeit (Sprödbruchsicherheit)	durch niedrigen C-Gehalt und Vergütung

Legierte Stahlsorten enthalten Cr, Mo, und V, zur Mischkristallverfestigung, zur Anhebung der Anlasstemperatur und zur Bildung thermisch stabiler, feinstverteilter Carbide als Kriechhindernisse. Die Stähle werden vergütet (bainitisiert) und sind bis ca. 540 °C geeignet (Tabelle 4.22).

Hochwarmfeste Stähle sind ferritisch-martensitisch durch 12 % Cr und bis ca. 600 °C einsetzbar. Darüber werden austenitische CrNi-Stähle bis 700 °C verwendet, noch höher müssen Ni- und Co-Basislegierungen eingesetzt werden.

Entwicklungen: Höhere Arbeitstemperaturen, d. h. höherer Wirkungsgrad, werden ermöglicht durch (→):

- Lebensdauer (Standzeit) herkömmlicher Stoffe wird erhöht (z. B. durch Wärmedämmschichten,
- Entwicklung von neuen Werkstoffen mit höherer thermischer Beständigkeit.

Normung:

DIN EN 10028/09 Flacherzeugnisse aus Druckbehälterstählen:

T-2 unlegierte und legierte, warmfeste Stähle;

T-3 schweißgeeignete Feinkornbaustähle, normalgeglüht; **T-5** wie vor, TM-gewalzt; **T-6** wie vor, vergütet; **T-7**/08 nichtrostende Stähle.

DIN EN 10213-2/08 Stahlguss für Druckbehälter, warmfeste Stähle.

DIN EN 10222-2/00 Schmiedestücke aus ferritischen und martensitischen Stählen für höhere Temperaturen.

Beispiele für Maßnahmen und Werkstoffe:

Dämmschichten auf Gasturbinenschaufeln aus stabilisiertem ZrO_2 durch Plasmaspritzen aufgebracht (Wärmedehnung wie bei Metallen).

IP-Werkstoffe, Intermetallische Phasen haben keine Gleitsysteme im Kristallgitter, kein Kriechen, z. B: TiAl, Ti_3Al, NiAl, $TiSi_2$,

ODS-Legierungen (→ 10.4).

Tabelle 4.22: Auswahl warmfester Stähle DIN EN 10028

Sorte	Kurzzeitversuch [1] $R_{p0.2}$ in MPa bei T in °C				Langzeiteigenschaften über 100 000 h in MPa bei T in °C								Gefüge
	50	300	400	500	500		550		600		650		
					R_{p1}	R_m	R_{p1}	R_m	R_{p1}	R_m	R_{p1}	R_m	
P265GH	237	160	139	--									ferrit.-perlit.
P460NH	416	281	244	--									ferrit.-perlit.
13CrMo4-5	285	209	180	159	98	137	36	49					vergütet
10CrMo9-10	270	221	198	173	103	135	49	68	22	34			vergütet
X20CrMoV12-1[2]	490	390	360	290	190	235	98	128	43	59	17	23	vergütet
X8CrNiNb16-13	205	137	128	118		157		154		108	49	64	austenitisch
GX23CrMo12-1[3]	540	430	390	340	172	207	91	118	34	49	--	--	oberer Bainit

[1] Erzeugnisdicke $t < 60$ mm; [2] DIN EN 10222-2; [3] DIN EN 10213

Hitzebeständige Stähle

Hitzebeständigkeit bedeutet Widerstand gegen *Zunderung* (→) durch heiße Gase verbunden mit Gefügestabilität bei der Betriebstemperatur. Die LE Cr, Al und Si reagieren mit den heißen Gasen und bilden eine dichte Schutzschicht. Der Grundwerkstoff muss umwandlungsfrei sein.

Die Stähle sind deshalb hochlegiert und

- **ferritisch** durch 7...27 % Cr oder
- **austenitisch** durch 18...36 % Cr+8...20 % Ni

Begriff: Zunderung (Verzunderung) ist der Materialverlust durch Reaktion des Stahles mit heißen Gasen über 600 °C.

Eisen und seine Oxide haben unterschiedliche Wärmeausdehnung. Dadurch wird bei Stählen mit γ-α-Umwandlung die gebildete Oxidschicht beim Wechsel von Erwärmen und Abkühlen gelockert (Volumensprung, Bild 3.2), sodass ständig eine weitere, tiefer gehende Oxidation stattfindet.

und weiteren Elementen für die Bildung der Schutzschichten zur Erhöhung von Zunderbeständigkeit und Warmfestigkeit.

Werkstoffwahl erfolgt nach der Art des Gases (Tabelle 4.23) und der Dauergebrauchstemperatur. Austenitische Sorten haben höhere Zeitfestigkeiten, die aber insgesamt niedrig sind. Die Zeitstandfestigkeit $R_{m/10000}$ liegt für 900...1000 °C etwa zwischen 20 und 3 MPa, je nach Sorte.

Tabelle 4.23: Beständigkeit der Sorten.

Beständigkeit gegen Gase	**Ferritisch** 7...25 % Cr	**Austenitisch** 9...21 % Ni
S-haltig, oxidierend	sehr groß	mittel...gering
S-haltig, reduzierend	mittel (groß)	gering
N-reich, O-arm	gering	groß
aufkohlend	gering	gering

Hitzebeständige Stähle und Ni-Legierungen DIN EN 10095/99:

- **Ferritische** Sorten vom Typ CrAlSi (7–25 % Cr), X3CrAlTi18-2 und X18CrNi28 für Temperaturen von 800...1000 °C (in Luft!),
- **Austenitische** Sorten Typ CrNi/CrNiTi, NiCrSi/NiCrAlTi für 850...1170 °C,
- **Ni-Basis-Legierungen:** NiCr15Fe, NiCr20Ti NiCr23Fe geeignet für 1150-1200 °C.

Ventilwerkstoffe DIN EN 10090/98 ähnliche Analysen (Al-frei), höhere C-Gehalte.

Hitzebeständiger Stahlguss DIN EN 10295/03 ähnliche Analysen (Al-frei), höhere C-Gehalte.

Verwendung: Bauteile für Industrieöfen und Geräte zum Handhaben und Fördern des Glühgutes (Gestelle, Ofenrollen), Teile für Dampfkesselbau, chemische Apparate und Anlagen zur Erdölverarbeitung.

4.5 Stähle für bestimmte Fertigungsverfahren

4.5.1 Automatenstähle

Stähle mit Eignung für das Spanen bei hohen Schnittgeschwindigkeiten unter geringem Werkzeugverschleiß bei guter Spanbildung, Spanabfuhr und Oberflächengüte.

Diese Eigenschaften werden durch S-Gehalte von 0,08 ...0,4 % und evtl. zusätzlich 0,15...0,35 % Pb erreicht. Die feinverteilten Sulfide wirken spanbrechend. Die Sorten haben Festigkeiten R_m zwischen 380...570 MPa und Bruchdehnungen A von 25 bis 8 %.

Tabelle 4.24: Automatenstähle DIN EN 10087/99

Normale Sorten	Einsatzstähle	Vergütungsstähle
11SMn30	10S20	35S20, 35SPb20
11SMnPb30	10SPb20	38SMn28
11SMn37	15SMn13	38SMnPb28
11SMnPb37		44SMn28
		44SMnPb28
		46S20, 46SPb20

Verwendung: Massendrehteile für Feinmaschinen, den Geräte- und Apparatebau, auch für dünnwandige und verwickelte Formen.

4.5.2 Stähle zum Kaltumformen

Anforderungsprofil: Eignung für die zahlreichen Verfahren des Umformens bei kleinen Kräften (Energie- und Werkzeugaufwand) im Blech, im fertigen Bauteil dagegen höherer Widerstand gegen Beulen und Crash durch die Verformungsverfestigung (→).

Stähle guter Kaltformbarkeit lassen sich am Spannungs-Dehnungs-Diagramm erkennen:

- Niedrige Streckgrenze R_e, bzw. $R_{p0,2}$,
- stetig steigende Kennlinie mit großer Gleichmaßdehnung ε_{gl} bis zum Maximum,
- insgesamt hohe Bruchdehnung A.

Die Verformungsverfestigung wird durch den **Verfestigungsexponenten *n***

$$n = \ln(1 + \varepsilon_{gl})$$ bewertet.

Er hängt von der Gleichmaßdehnung ε_{gl} ab. Wenn die Fließkurve im doppelt log. Netz dargestellt wird (Gerade), so entspricht deren Steigung dem Verfestigungsexponenten n.

***n*-Werte** liegen bei Tiefziehstählen zwischen 0,18 und 0,3, je höher, desto stärker ist die Kaltverfestigung und umso geringer die Dickenminderung (Einschnürung), die zu Rissen führen kann, wichtig für Umformen unter allseitigem Zug, z. B. beim Streckziehen oder bei Böden von gezogenen Näpfen.

Für die Kaltformbarkeit und Schweißeignung sind niedrige Gehalte an C und nichtmetallischen Teilchen erforderlich (→).

Die weichen Stahlsorten (Tabelle 4.25) haben niedrige, fallende Gehalte an C, P, S und Mn mit steigender Bruchdehnung A_{80} und dabei sinkender Streckgrenze R_e, bzw. $R_{po,2}$.

Tabelle 4.25: Kaltgewalztes Blech und Band aus weichen Stählen z. Kaltumformen DIN EN 10130/06

Sorte	Werkstoff-Nr.	C % max.	Mn % max.	Festigkeiten [1] R_e, $R_{p0,2}$	R_m	A_{80} %	Verwendung	r_{90} [3) 4)] min	n_{90} [3)] min
DC01	1.0330	0,12	0,60	**-/280**	270...410	**28**	Abkanten, Sicken	--	--
DC03	1.0347	0,10	0,45	**-/240**	270...370	**34**	Einfaches Tiefziehen	1,3	--
DC04	1.0338	0,08	0,40	**-/210**	270...350	**38**	Für höhere Umformansprüche	1,6	0,18
DC05	1.0312	0,06	0,35	**-/180**	270...330	**40**		1,9	0,20
DC06 [2)]	1.0873	0,02	0,25	**-/170**	270...350	**41**	Sondertiefziehgüten	2,1	0,22
DC07 [2)]	1.0898	0,01	0,20	**-/150**	250...310	**44**		2,5	

[1)] Als Streckgrenze kann ein Mindestwert 140 MPa verwendet werden, bei DCO6 120 MPa und bei DO7 100 MPa

[2)] legiert, Zusatz von max. 0,3 %Ti ;

[3)] Werte gelten für Erzeugnisdicken ≥ 0,5 mm ; 4) für Dicken > 2 mm sind um 0,2 kleinere Werte anzusetzen

Durch das Walzen und Glühen entstehen Ausrichtungen der Kristalle (Texturen) in der Walzrichtung. Beim Umformen wird das Blech in der Ebene nach allen Richtungen beansprucht. Erwünscht ist geringe Anisotropie. Das unterschiedliche Fließen in Breiten- und Dickenrichtung (anisotropes Verhalten) lässt sich am Verhältnis der Formänderungen von Breite zu Dicke der Probe nach dem Versuch beurteilen und wird senkrechte **Anisotropie *r*** (→) genannt.

r*-Wert** kennzeichnet die Neigung zu Dickenänderungen unter Zug/Druck beim Tiefziehen, **Δ*r die Neigung zur Zipfelbildung.

Anisotropie: Die *r*-Werte sind von der Winkellage der Zugprobe zur Walzrichtung abhängig. Deshalb gibt es mehrere Anisotropie-Werte *r* (→).

Senkrechte Anisotropie *r*:

r-Werte liegen zwischen 0,8 und 2,8. Aus 3 Werten (0°, 45° und 90° zur Walzrichtung) wird ein Mittelwert $r_m = 1/4(r_0 + r_{90} + 2r_{45})$ errechnet.

Ebene Anisotropie Δ*r* $= 1/2(r_0 + r_{90} - r_{45})$, sie liegt zwischen 0 und 1, kann auch negativ sein und äußert sich in der *Zipfelbildung*.

Höherfeste Stähle für den Fahrzeugbau

Neue Stahltypen mit hoher Streckgrenze bei geringerer Bruchdehnung sind wichtig für wenig gewölbte, großflächige Blechteile (z. B. Kühlerhauben, Dächer) mit kleineren Blechdicken, ohne dass Beulfestigkeit und Crash-Verhalten absinken.

- Hohe Festigkeit im Bauteil entsteht durch *zusätzliche* Verfestigungsmechanismen Tab. 4.27 und Bild 4.12),
- Al-Gehalte senken die Dichte,
- geschweißte Platinen und Rohre als Vorprodukte (Bild 4.13) senken die Kosten.

Die neuen Sorten sind erst teilweise genormt.

Die Kfz-Industrie ist wichtigster Abnehmer von Feinblechen. Der Trend zum Leichtbau, die Konkurrenz von Al-und Mg-Legierungen sowie verstärkten Polymeren führen zu Neuentwicklungen bei Blechen zum Kaltumformen.

Neue Sorten besitzen niedrige C- und LE-Gehalte, um **hohe Verformbarkeit** zu erhalten. Höhere Festigkeiten werden durch gezielte Anteile von LE in Verbindung mit einer gesteuerten Abkühlung erreicht.

Im ZTU-Diagramm schneidet dabei die Abkühlkurve bestimmte Felder, so dass Gefüge mit zwei oder mehr Phasen in steuerbaren Anteilen entstehen können.

Tabelle 4.26: Entwicklungen für höherfeste Stähle zum Kaltumformen, z. T. in DIN EN 10268/06 u. DIN EN 10346

Stahltyp	Beispiel [1)]	Beschreibung
Y-Stähle (Interstitiell frei)	HC160**Y**	Ferritische Stähle ohne C-Atome auf Zwischengitterplätzen. max. 0.01 % C sind an 0,12 % Ti + 0,09 % Nb gebunden. Dadurch hohe Kaltformbarkeit. 5 Sorten 160/180/220/260/300
B-Stähle (Bake-Hardening-Effekt)	HC180**B**	Sorten, die beim Einbrennen des Lacks aushärten. Anlieferungszustand ist *lösungsbehandelt*, mit einer noch niedrigen Streckgrenze. Das Einbrennen stellt den Auslagerungsvorgang dar. Die Streckgrenze erhöht sich um den Index BH_2 = 35...40 MPa. 4 Sorten 180/220, 260, 300
LA-Stähle (low alloy)	HC260**LA**	Mikrolegierte Stähle, C-arm, mit Nb/Ti legiert, Festigkeit wird durch Aushärtung erreicht 7 Sorten 260/300/340/380/ 420/460/500

Tabelle 4.27: Weiterentwicklung von Mehrphasenstählen, Bild 4.12

Stahltyp	Beispiel [1)]	Beschreibung
FB-Stähle	HDT450**F**	0,18 % C, 0,005 % B, ferritisch-bainitisch, 2 warmgew. Sorten 450/560
DP-Stähle [2)] (Dualphasenstähle)	HCT450**X**	ca. 0,14...0,23 % C, 2 % Mn, ≤ 2 % Al, 1 % Cr+Mo, Ferrit mit ca. 20 % Martensitinseln durch schnelles Abkühlen aus dem γ-α-Zweiphasenfeld. 5 Sorten 5450/500/ 600/780/980 + H**D**T580X (**D** warmgewalzt)
CP-Stähle [2)] (Komplexphasenstähle)	HCT600**C**	ca. 0,18 % C, 2,2 % Mn, 2 % Al, 1 % Cr+Mo. Mehrphasige Gefüge aus Ferrit, Martensit und Bainit 6 Sorten, 600/750/780/950/980
TRIP-Stähle [2)] (Restaustenitstähle) Transformation induced Plasticity	HCT690**T**	ca. 0,3 % C, 2,5 % Mn, 2 % Al; 2 % Si, Metastabiler Austenit im ferritisch-bainitischem Gefüge durch schnelle Abkühlung nach dem Endwalzen bei Temperaturen von 800...900°C und Haspeln bei ca. 300 °C. Kaltumformung erzeugt zusätzliche Verfestigung durch Austenitumwandlung in Martensit. Bruchdehnung A > 20 % 2 Sorten 690/780
Martensitphasen-Stähle [2)]	HDT1200**M**	ca. 0,25 % C, 2 % Mn, 2 % Al und 1,2 % Cr+Mo. Bruchdehnung nur 5 %. Für Pkw-Säulenverstärkung, Längsträger von Lkw, Mobilkrane

[1)] **H**: Höherfest, **C**: Kaltgeformt, Zahlen geben die Mindest -0,2 Dehngrenze in MPa an; bei einem **T** *vor* der Zahl die Mindestzugfestigkeit R_m in MPa: Die Folgebuchstaben bezeichnen den Stahltyp. [2)] Zusätzlich Bake-Hardening Effekt

Neuere Entwicklungen sind hoch Mn-legierte Stähle mit austenitischem Gefügeanteil (Bild 4.6).

TRIP-Stähle (neue Zusammensetzung)

(z. B. X5MnAlSi **15** 3 3). Im Austenit liegen ca. 30 % Ferrit und zunächst wenig Martensitanteil vor, der sich durch die Verformung erhöht. Festigkeitsanstieg bis zu R_m = 1100 MPa bei 40 % Bruchdehnung.

TWIP-Stähle (Twinning induced Plasticity)

(z. B. X5MnAlSi **25** 3 3). Die Verfestigung erfolgt durch Zwillingsbildung *schlagartig* und *schneller* als bei normaler Verformung. Starke Dehnbarkeit bei geringer Einschnürung mit niedrigeren Kräften. Zugfestigkeit R_m bis 600 MPa; Bruchdehnung A von 90…40. Hohe Verformungsarbeit bis zum Bruch, für Crash-beanspruchte Teile.

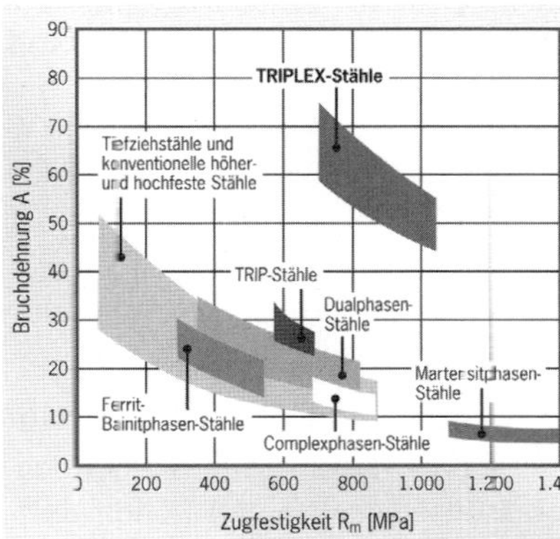

Bild 4.12 Entwicklung der hochfesten Stähle für Bleche zum Kaltumformen (MPI)

Info: www. iw.uni-hannover.de/uploads-stahlwerkstoffe.pdf (M. Schaper)

Triplex-Stähle, Stahl-Innovationspreis 2009, Max-Planck-Institut, Düsseldorf).

(z. B. X111MnAl **25** 11) mit einer stabilen austenitisch-ferritischen Matrix sowie feindispers eingelagerten Carbidausscheidungen (→). Die Stähle kombinieren eine hohe Streckgrenze ($R_{p0,2}$ > 700 MPa), hohe Kaltformbarkeit (A = 60 %) mit 15 % kleinerer Dichte. Es ergibt sich ein Einsparpotential von bis zu 30 % Bauteilgewicht.

Zur Gewichtsverminderung tragen weiterhin bei:

Geschweißte Platinen (tailored blanks, Bild 4.13) sind Blechzuschnitte aus Blechen verschiedener Dicke und Festigkeit, Beschichtung und Walzrichtung. Sie sind laser- oder quetschnaht geschweißt. Damit werden beim Verarbeiter Versteifungen und Fertigungsstufen eingespart. Durch sie werden

- die geeignete Blechgüte in der
- notwendigen Wanddicke an der
- richtigen Stelle im Bauteil platziert.

Geschweißte Rohre (welded tubes und tailored tubes) haben ähnliche Funktion. Es sind dünnwandige Rohre oder Hohlprofile, die durch die Innenhochdruck-Umformung (Hydroforming) in einem Werkzeug durch Wasserdruck ihre Außenkonturen erhalten. Sie werden z. T. mit tailored blanks zusammen zu Karosserieteilen verarbeitet.

Warmgewalzte Flacherzeugnisse aus Stählen mit hoher Streckgrenze zum Kaltumformen, DIN EN 10149-1...3 (→). Die hohen Streckgrenzenwerte bei noch hoher Bruchdehnung werden durch TM-Behandlung erreicht, die Schweißeignung und Kaltformbarkeit durch niedrige C-Gehalte.

Oberflächenveredelte Bleche und Bänder gibt es mit zahlreichen Werkstoffen und verschiedenen Dicken beschichtet (→).

Kaltstauch- und Kaltfließpressstähle

Die Werkstoffausnutzung ist bei den Fließpress- und Kaltstauchverfahren höher als bei den spanenden Verfahren, ebenso die Oberflächengüte. Phosphatieren der Rohlinge ergibt eine wenige µm dicke, reibungsmindernde Gleitschicht. Für die unterschiedlichen Beanspruchungen gibt es die Stähle nach Tabelle 4.28.

Carbidausscheidungen aus Zementit und FeMn-Carbiden lagern sich auf bestimmten parallelen Gitterebenen ab und führen zur sog. homogenen *Scherbandbildung*, die starke Verformungen ohne Einschnürung zulässt.

Analogie: Mischen von Spielkarten.

Info: Höherfeste und supraduktile Leichtbaustähle. MP-Institut für Eisenforschung 2007. www.mpg.de/335116/ForschungsSchwerpunkt

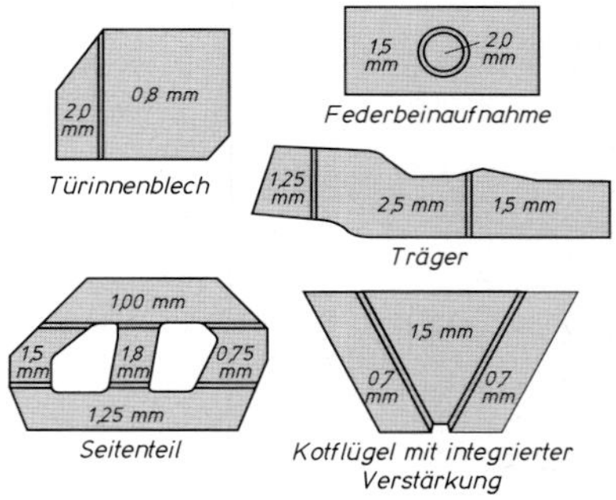

Bild 4.13 Maßgeschneiderte Platinen, Tailored Blanks und Tailored Tubes

DIN EN 10149/95:

Teil 2: enthält 9 Sorten thermomechanisch behandelt von **S315MC**, in Stufen 355 / 420 / 460 / 500 / 550 / 600 / 650 bis **S700MC**.

Teil 3: enthält 4 Sorten normalisierend gewalzt von **S275NC** in Stufen 315 / 355 bis **S420NC**.

Anwendung: Zum Abkanten oder Walzprofilieren in Dicken bis 15 mm, für Pressteile im Waggon-, Schwerlast- und Kranfahrzeugbau.

Oberflächen mit Zn-, Al- und Legierungen elektrolytisch (7...20 µm Auflage) oder schmelztauchveredelt (5...42 µm oder 70...600 g/m^2 Auflage).

DIN EN 10346/09 kontinuierlich schmelztauschveredelte Flacherzeugnisse aus Stahl

Anwendungen des Verfahrens zur rationellen Herstellung von:

Befestigungsmitteln wie z. B. Schrauben aller Art, Nieten.

Maschinenteilen wie z. B. Differenzialkegelrädern, Synchron- und Schaltelementen und Teilen für Bremsanlagen.

Tabelle 4.28: Kaltstauch- und Kaltfließpressstähle DIN EN 10263/02 (5 Teile)

Teil	Werkstoffgruppe	Anzahl	Sorten
– 2	Unlegierte Stähle	8	C2C, C4C C8C, C10C, C15C, C17C, C20C, 8MnSi7, nicht für eine Wärmebehandlung vorgesehen
– 3	Einsatzstähle	25	4 unlegierte, 3 B-legierte, 7 S-legierte Automatensorten
– 4	Vergütungsstähle	35	4 unlegierte, 16 Bor-legierte, 15 Cr-, CrMo- CrNiMo-legierte Sorten
– 5	Nichtrostende Stähle	19	2 ferritische, 1 martensitische, 1 austentisch-ferritische, 15 austenitische Sorten nach DIN EN 10088

Nachgestellte Symbole für Lieferzustände +U = unbehandelt (wie warmgewalzt)

+PE	wälzgeschält	+C	kaltgezogen	+ LC	kalt nachgezogen	Symbole können mit + Zeichen kombiniert werden: z. B. + AT+C
+AT	lösungsgeglüht	+AC	geglüht auf kugelige Carbide			

Tabelle 4.29: Weitere Stahlsorten für bestimmte Fertigungsverfahren (→ auch 4.8 Stahlguss)

Stahlsorten	Normen DIN	Eigenschaften, Hinweise
Einsatzstähle	EN 10084/08	5.6.3 Einsatzhärten, Tabelle 5.10
Nitrierstähle	EN 10085/01	5.6.4 Nitrieren, Tabelle 5.12
Vergütungsstähle	EN 10083/09	5.3.8 Vergüten, Tabelle 5.6
Stähle für große Schmiedeteile	SEW 555/01	

4.6 Stähle für bestimmte Bauteile

4.6.1 Wälzlagerstähle

Anforderungsprofil: Das ständige Überrollen bewirkt eine hohe Zug-Druck-Wechselbelastung und dadurch Wälzverschleiß mit Oberflächenzerrüttung (13.4.1). In Sonderfällen tritt auch Korrosion und /oder thermische Beanspruchung auf.

Eigenschaftsprofil: Hohe Härte und Streckgrenze werden durch Härten erreicht. Die Stähle haben ca. 1 % C und steigende Cr-Gehalte zum Durchhärten der Rollen, Kugeln, Ringe und Scheiben.

Hohe Dauerfestigkeit wird durch hohe Reinheitsgrade (Edelstähle) erreicht, da winzigste Schlackenteilchen in der Oberfläche als Risskeime wirken.

Durch halbwarmes Umformen von stranggegossenen Vorformen aus 100Cr6 zu Hohlzylindern mit gleichzeitigem Abtrennen der Käfigrohlinge wird beim Abkühlen ein feinkörniger Zementit ausgebildet. Dadurch kann das bisher notwendige GKZ-Glühen eingespart werden (→).

Normung: DIN EN ISO 10683-17/00. Für eine Wärmebehandlung vorgesehene Stähle, **Wälzlagerstähle.**

Für Normalbeanspruchung, mit Härten von 58...64 HRC:

- **C100Cr6, C100CrMn6, C100CrMo7**

Bei Korrosionsangriff:

- **X46Cr13, X90CrMoV18**

Bei höheren Temperaturen bis ca. 300 °C:

- **X30CrMoN15-1**

Unmagnetisch ist X5CrNi18-8 plasmaaufgekohlt und ausscheidungsgehärtet auf 540 HV. Stabil von –196 °C bis +700 °C (INA)

CRONIDUR 30 ähnlich X30CrMoN15-1 + 0,4 % N mit homogener, sehr feinkörnigen Carbidverteilung (10 µm) sehr hohe Lebensdauer bei Mangelschmierung und Korrosionsangriff.

TRENPRO-Verfahren (→ 5.5.3).

Hinweis: Hybridlager mit Kugeln aus Si-Nitrid für hohe Drehzahlen (Dichte 3,2 kg/dm^3) eingesetzt (Vollkeramiklager → 8.4.2).

4.6.2 Federstähle

Anforderungsprofil: Werkstoffe für Federn und federnde Bauelemente müssen hohe zulässige Spannungen im elastischen Bereich aufweisen, um die bewegten Massen klein zu halten, dazu hohe Dauerschwingfestigkeit, in besonderen Fällen auch Korrosionsbeständigkeit oder Warmfestigkeit.

Eigenschaftsprofil. Erhöhte Streckgrenze durch Vergüten mit niedrigen Anlasstemperaturen. Glatte Oberflächen mit evtl. Kaltverfestigung zur Erhöhung der Dauerfestigkeit. Verbesserter Korrosionsschutz durch Beschichten. (Z = Zn, ZA = ZnAl-Überzüge, ph = phosphatiert).

Federn haben i. Allg. kleinere Querschnitte. Deshalb genügen zum Durchvergüten unlegierte oder niedriglegierte Stähle. Die nachträgliche Kaltverformung ergibt hohe Festigkeitswerte, die mit zunehmender Erzeugnisdicke absinken (Tabelle 4.31, DIN EN 10270).

Tabelle 4.30: Normenübersicht Federstähle

Drähte	patentiert + kaltgezogen	DIN EN 10270-1 5 Sorten
	ölschlussvergütet	DIN EN 10270-2 9 Sorten
Draht + Flachstahl	warmgewalzt + vergütet	DIN EN 10089 19 Sorten
Bänder	kaltgewalzt	DIN EN 10132-4
Nichtrostende Stähle		
Bänder	kaltgewalzt	DIN EN 10151 16 Sorten
Draht	kaltgezogen	DIN EN 10270-3 3 Sorten

Ein neues Verfahren benutzt thermomechanisch vorbearbeitetes Halbzeug zum Wickeln hochfester Federn (→ 1.2.1 Beispiel 1).

Eine Erhöhung der Dauerfestigkeit kann durch mechanische Verformung der Randschicht mittels Kugelstrahlen erreicht werden (→ 5.6.6).

Tabelle 4.31: Übersicht über die Federstähle

DIN EN 10089/03 Federstähle warmgewalzt + vergütet in Dicken 3...20 mm

19 Sorten Rund- und Flachstäbe, gerippter Federstahl und Walzdraht. Die Härte steigt mit dem C-Gehalt von 61 auf 66 HRC, die Durchhärtung mit dem LE-Gehalt von 7 mm ∅ (38Si7) bis auf 54 mm ∅ (52CrMoV4)

38Si7 Federringe, Federplatten für Schraubensicherungen (wasservergütet)	Lieferformen sind:
54SiCr6 Blatt- und Kegelfedern für Schienenfahrzeuge bis 7 mm Dicke	**+H** unterer Bereich des Streubandes,
60SiCr7 Fahrzeugblattfedern, Schrauben-und Tellerfedern	
55Cr3 hochbeanspruchte Blatt-, Schrauben-, Teller-, Drehstabfedern, Stabilisatoren	**+HH** oberer Bereich der Stirnabschreckkurven
51CrV4, 52CrMoV4 desgl. höchstbeansprucht und für größere Abmessungen	

DIN EN 10151/03 Federband aus nichtrostenden Stählen **s ≤ 3 mm , max. 600 mm breit**

16 Sorten kaltverfestigt geliefert von +C700 bis +C1900 (Anhängezeichen für $R_{m,min}$ in MPa) z .T. für Wärmebehandlung geeignet. Die Korrosionsbeständigkeit steigt mit dem Gehalt an Ni und Mo.

Gefüge	Beispiele	Stoff-Nr.	Eigenschaften, Verwendung
ferritisch	**X6Cr17**	1.4016	nur kaltverfestigt +C850, geringe Zähigkeit
martensitisch	**X20Cr13**	1.4021	vergütet auf R_m = 1600 MPa, E-Modul = 220 GPa
ausscheidungshärtend	**X7CrNiAl17-7** [1]	1.4568	+C1500, geformt, + ca. 500 °C/Luft; R_m = 1800 MPa
austenitisch	**X10CrNi18-8**	1.4310	+C1900 (max.), angelassen R_m = 2100 MPa

[1] Für Temperaturen bis 300 °C, NiMo16Cr16Ti (Hastelloy C4) bis 450 °C, Nimonic 90 bis 600 °C.

DIN EN 10132-4/03 Kaltband aus Stahl f. eine Wärmebehandlung T4: Federstähle Dickenbereich 0,2...10 mm

8 unlegierte: **C55S, C60S, C67S, C75, C85S, C90S, C100S, C125S**

7 niedriglegierte: **48Si7, 55Si7, 51CrV4, 80CrV2, 75Ni8, 125Cr2, 102Cr6**

Zugfestigkeit je nach Dicke bis 3 mm und C-Gehalt, vergütet:	unlegierte Sorten: 1100...2100 MPa niedriglegierte: 1200...2100 MPa

Tabelle 4.31: Übersicht über die Federstähle, Fortsetzung

DIN EN 10270/01 Stahldraht für Federn					Teil 1 patentiert und kaltgezogen (Kurzzeichen **fett**) Teil 2 ölschlussvergütet (Kurzzeichen normal gedruckt)	
Sorten nach	Federbeanspruchung		Dauerfestigkeit		Draht-∅ für die Sorten in mm	
	Festigkeit	statisch	mittel	hoch	SL, SM, SH, DM, DH	0,5...20
T1 (fett)	niedrig	**SL** / FDC	---/ TDC	--- / VDC	FDC, FDCrV, FDSiCr	0,5...17
T2	mittel	**SM** / FDCrV	**DM** / TDCrV	**DH** / VDCrV	TDC, TDCrV, TDSiCr,	0,5...10
.....	hoch	**SH** / FDSiCr	--- / DSiCr	--- / VDSiCr	VDC, VDCrV, VDSiCr	

	R_m [1] in MPa für Draht-∅ in mm				R_m [1] in MPa für Draht-∅ in mm				R_m [1] in MPa für Draht-∅ in mm		
Sorte	1	4	15	Sorte	0,5	4	15	Sorte	0,5	3	5
SL		1320		**FDC**	1900	1550	1270	**TDC, VDC**	1850	1600	1540
SM	----	1530	1110	**FCrV**	2000	1620	1410	**TDCrV, VDCrV**	1910	1670	1570
SH	2230	1740	1270	**FDSiCr**	2100	1870	1570	**TDSiCr, VDSiCr**	2080	1910	1810
DM		1530	1110	[1] untere Werte der Zugfestigkeit. R_m; E-Modul E = 206 000 MPa, Gleitmodul G = 81 500 MPa.							
DH		1740	1270								

Die Sorten mit mittlerer und höherer Dauerfestigkeit haben gegenüber den statisch belastbaren Sorten einen höheren Reinheitsgrad und definierte Oberflächenbeschaffenheit (Oberflächenfehler und Randentkohlung).

DIN EN 10270-3/01 Nichtrostender Federstahldraht, kaltgezogen								d = 0,2...10 mm ∅
Sorte	Stoff-Nr.	Zugfestigkeit R_m in MPa für Draht-∅ in mm				Tmax	E-Modul	G-Modul
		≤ 0,2	0,4...0,5	4,25...5	8,5...10	°C	MPa	
X10CrNi18-8	1.4310	2200	2050	1450	1250	30...270	180 000	70 000
X5CrNiMo17-12-2	1.4401	1725	1650	1200	1050	300	175 000	68 000
X7CrNiAl17-7	1.4568	1975	1900	1350	1250	350	190 000	73 000

4.7 Werkzeugstähle

4.7.1 Allgemeines

Übersicht: Einteilung der Werkzeugstähle

Bereich	Einsatzgebiet	Beispiele: Werkzeuge für / zum ..
Kalt-Arbeitsstähle	Umformen, Prägen und Trennen von Halbzeugen, Pressen von pulvrigen Ausgangsstoffen in kaltem Zustand	Tiefziehen, Fließpressen, Kaltschlagen, Schneiden und Stanzen, Pressen von Sinterteilen, Handwerkzeuge
Warm-Arbeitsstähle	Urformen von flüssigen, Umformen von erhitzten Metallen und Glas	Druckgießformen, Strangpressen, Glasformen, Schmiedegesenke
Kunststoff-Formen-stähle	Urfomen von körnigen/pulvrigen Formmassen aus duro- oder thermoplastischen Polymeren mit Füllstoffen	Formen für Press- u. Spritzgussteile, Bauteile von Kunststoffmaschinen zum Spritzgießen oder Extrudieren
Schnell-arbeitsstähle	Spanen mit geometrisch bestimmten Schneiden [1]	Bohrer, Fräser, Gewindebohrer, Metallsägen, Reibahlen

[1] Für hohe Schnittgeschwindigkeiten durch Sinterhartstoffe und Keramik ersetzt

Werkzeugstähle sind härtbare Edelstähle, die in den verschiedenartigsten Werkzeugen im direkten Kontakt mit dem Werkstoff zur Fertigung von Halbzeugen und Bauteilen dienen. Unlegierte Stähle genügen den immer weiter gestiegenen nicht mehr, deshalb sind legierte und hochlegierte Sorten in der Überzahl.

Normung: DIN EN ISO 4957/01; VDI-Richtlinien 3388/97)

Beanspruchungen: Der Kontakt mit harten und verschleißenden oder flüssigen Werkstoffen unter hohen Kräften verlangt vom Werkzeug neben weiteren speziellen Eigenschaften allgemein:

- **harte Oberflächen** (Verschleißwiderstand)
- **Druckfestigkeit** im Kern (Erhaltung der Form).

Einhärtung ist die Tiefe der martensitisch umgewandelten Zone vom Rand aus. Die LE vergrößern sie bis zur **Durchhärtung** (Bild 4.15).

- Legierte Stähle härten tiefer ein.
- Legierte Stähle können langsamer abgeschreckt werden (Öl, Salzbäder, Luft/Gase)

Den Einfluss der LE auf das Härteverhalten zeigt Bild 4.14 anhand der ZTU-Schaubilder.

- Die Felder von Perlit- und Bainitstufe sind getrennt durch
- einen umwandlungsträgen Bereich, in dem Austenit längere Zeit beständig ist, günstig für den Temperaturausgleich bei der Warmbadhärtung von großen Teilen.
- Der Bainitbereich ist nach rechts verschoben. Die gewählte Abkühlkurve kann dicht vor den Umwandlungsfeldern verlaufen. Es kommt zu vollständiger Martensitbildung.

Das Bild 4.14 enthält 3 ledeburitische Stähle (↓ Tabelle). Bei Stahl Nr. 3 sind Perlit- und Bainitstufe stärker nach rechts verschoben als bei den beiden anderen Sorten.

Nr.	Sorte	LE-Anteile
1	**X210Cr12**	ohne W, V und Mo
2	**X210CrW12**	mit 0,7 % W
3	**X153CrVMo12**	mit 1 %V + 0,9 % Mo

Bild 4.15 zeigt die Auswirkungen der LE auf die Härteverläufe über den Querschnitt eines Rundstahles von 100 mm ∅. Stahl 3 hat die höchste Randhärte bei vollkommener Durchhärtung. Es zeigt, dass Mo und V stärker wirken als das Element W. 1 % Mo ersetzt 2 % W.

Hinweis: Das Härten des Stahles ist im Kapitel Wärmebehandlung 5.3 ausführlich behandelt. Es besteht aus drei Arbeitsgängen:

Austenitisieren: Erwärmen und Halten auf Temperaturen, bis das Gefüge in Austenit umgewandelt ist, in dem die LE- und C-Atome homogen verteilt sind (Bilder 5.2 und 5.3).

Abkühlen (Abschrecken) mit einer kritischen Geschwindigkeit v_{krit}, bei der die Perlitbildung übersprungen wird und die Umwandlung ohne Diffusion der C-Atome stattfindet. Es entsteht ein verzerrtes Gitter, der Martensit. Seine Härte ist C-abhängig und erreicht bei 0,8 % C das Maximum (Bild 5.19).

Anlassen: Erwärmen auf Temperaturen bis ca. 300 °C (600 °C), dabei steigt die Zähigkeit an, während die Härte sinkt. Durch die Anlasstemperatur kann die Zähigkeit der Beanspruchung des Werkzeuges angepasst werden (Bild 5.29).

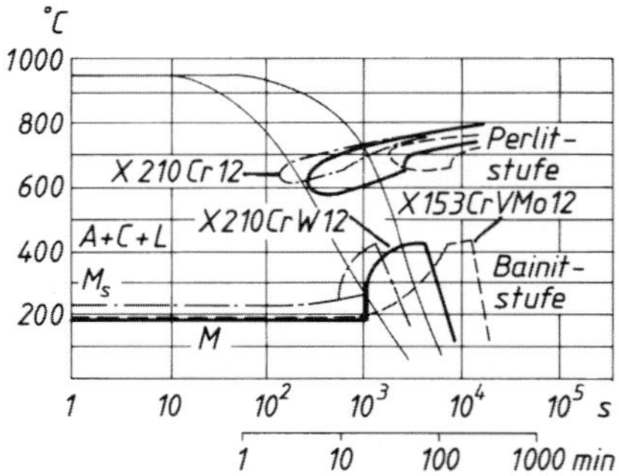

Bild 4.14 ZTU-Schaubilder hochlegierter Stähle

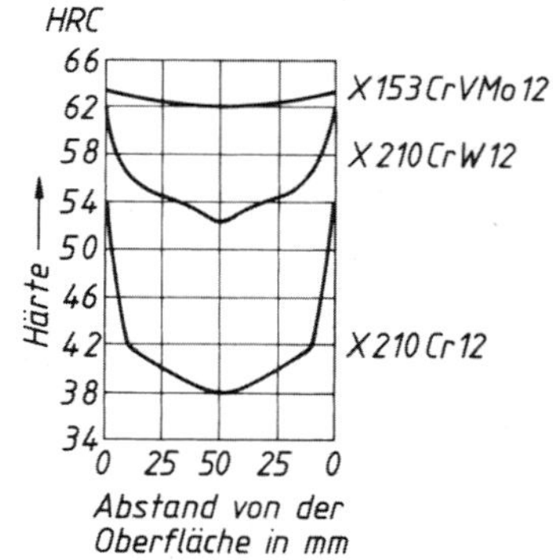

Bild 4.15 Härtbarkeitsschaubild ledeburitischer Stähle. Rundstahl von 100 mm ∅ nach Vakuumhärtung mit Stickstoffabkühlung

Übersicht: Einfluss des Kohlenstoffs und der Legierungselemente (LE) auf das Härten

Einfluss des **Kohlenstoffs**	↑ C-Gehalt steigt, Härte steigt, Zähigkeit sinkt	↓ C-Gehalt sinkt, Zähigkeit steigt, Härte sinkt und muss durch LE (wie Cr, Mo, V und W) ausgeglichen werden	
Einfluss der **Legierungselemente**	LE-Gehalt niedrig	LE-Gehalt mittel	LE-Gehalt hoch
	Wasserhärtung, Verzug hoch	Ölhärtung, Verzug geringer	Warmbad-/Lufthärtung, Verzug kein
Werkzeug, Querschnitt und Komplexität	niedrig	mittel	hoch

Leistungssteigerung bei Werkzeugstählen

Standzeit und -menge der Werkzeugstähle können verbessert werden.

- Größerer Reinheitsgrad durch ESU- oder Vakuumerschmelzung verbessert Oberflächengüte und Dauerfestigkeit (weniger nichtmetallische Teilchen.
- Oberflächenbehandlung oder Beschichten erhöht Widerstand gegen Verschleiß.
- PM-Herstellung der carbidreichen Stähle lässt höhere Carbidanteile zu und ergibt gleichmäßig feinkörnige Verteilung. PM-Stähle härten dadurch verzugsärmer.

Hinweis: Zum vollständigen Auflösen der Legierungsbestandteile müssen vor allem höher legierte Stähle vor dem Abschrecken auf Temperaturen über 1000 °C erwärmt werden. Zum Mindern oder Vermeiden von Härteverzug sind Stahlauswahl und Härtetechnik zu beachten.

Verschleißwiderstand wird durch diamantartige Schichten erhöht, die nach dem PVD-Verfahren aufgebracht werden (→ 11.2.5 und Tabelle 11.17).

4.7.2 Kaltarbeitsstähle

Stähle dieser Gruppe sind für Werkzeuge (→) bestimmt, deren Oberfläche im Einsatz nicht über 200 °C steigt. Sie benötigen keine besondere Anlassbeständigkeit. Tabelle 4.32 zeigt das Anforderungsprofil.

Beispiele für Kaltarbeitswerkzeuge

Schnittwerkzeuge, Scherenmesser, Räumnadeln, Schneideisen, Sägen, Feilen, Meißel, Prägewerkzeuge, Kaltschlag- und Fließpresswerkzeuge, Mess- und Prüfzeuge.

Tabelle 4.32: Anforderungsprofil der Kaltarbeitsstähle und erforderliche Gefügeausbildung

Anforderung, Widerstand gegen	Eigenschaft	LE Wärmebehandlung
Plastische Verformung	Hochliegende Fließgrenze	Martensitische Gefüge, Durchhärtung/Durchvergütung 0,3...0,6 % C+ 1...5 % Cr
Verschleiß	Härte	Widerstand gegen Abrasion durch hohen Carbidanteilen (LE Mo, V, Cr, W),
	Tribologische Eigenschaften	gegen Adhäsion: Laserhärten, nichtmetallische Beschichtungen, Nitrocarburieren, PVD-Beschichtung mit TiN, Ti(CN)
Schlag, Stoß, Kantenausbrechen	Zähigkeit	C-Gehalt niedrig, Ausgleich durch höhere LE-Gehalte, Ni steigert Härtbarkeit und Zähigkeit. Reinheitsgrad durch Vakuumerschmelzung erhöhen, Feinkorngefüge durch besondere Wärmebehandlung
Härteverzug	Verzugsarmut	Warmbad- oder lufthärtende Sorten einsetzen, PM-Stähle

Der C-Gehalt bestimmt Härte und gegenläufig die Zähigkeit über den **Carbidanteil.** Sie erhöhen den Verschleißwiderstand. Damit lassen sich drei Gruppen von Stählen erkennen (→).

Stähle mit höheren Carbidgehalten als 28 % (z. B. X280W12) sind durch die Schmelzmetallurgie (+ Schmieden) nicht herstellbar. Hier knüpfen die PM-Stähle an, die bis zu 75 % enthalten können.

Die Carbide einiger LE (Carbidbildner 4.1.2) sind wesentlich härter als Fe_3C, Zementit (Tabelle 4.5). Diese LE wie Cr, W, und V sind für leistungsfähige Werkzeugstähle unverzichtbar.

Zähharte, untereutektoide Stähle ohne Carbide, < 62 HRC. Anwendung zum Schneiden und Umformen von dicken Blechen und Werkzeuge mit starker Kerbwirkung.

Harte, übereutektoide Stähle mit ca. 10 % Carbidanteil und der vollen Martensithärte von > 64 HRC. Anwendung für Schneidplatten und Stempel mittlerer Blechdicken und Leistung.

Verschleißfeste, ledeburitische Stähle mit bis zu 28 % Carbidanteilen und 60...65 HRC. Für Schneidplatten, Ziehringe und -stempel bei hohen Standmengen und Blechen bis zu 4 mm.

Tabelle 4.33: Kaltarbeitsstähle, Auswahl aus 6 + 17 Sorten der DIN EN ISO 4957/01

Kurzname	Stoff-Nr.	Eigenschaften, Anwendung
C45U	1.1730	Unlegiert, für Handwerkzeuge, Meißel, Aufbauteile von Werkzeugen
102Cr6	1.2067	Bördelrollen, Stempel, Lehren, Wälzlager
60WCrV8	1.2550	Schnitte u. Stempel für dickere Bleche, Holzbearbeitungswerkzeuge
X153CrVMo12	1.2379	Gewindewalzrollen und -backen, Schneid- und Stanzwerkzeuge für Blech < 6 mm, Feinschneidwerkzeuge bis 12 mm, Tiefziehwerkzeuge
X210CrW12	1.2436	Durchhärtender, maßbeständiger, verschleißfester Stahl für Schnittplatten und -stempel, Tiefzieh- und Fließpresswerkzeuge
X220CrVMo13-4	1.2380	PM-Kaltarbeitsstahl, (K 190 PM Böhler), verzugsarm, hochverschleißfest

Werkzeugstahlguss: Für Großwerkzeuge (z. B. zum Pressen von Karosserieteilen) eingesetzt: z. B. G45CrNiMo4-2 (1.2769) oder GX100CrMoV5-1 (1.2363), mit Randschichthärten von 56...62 HRC; G41CrMn6 (1.7104) Schnittwerkzeuge für Karosserieteile.

4.7.3 Warmarbeitsstähle

Diese Stähle werden für Werkzeuge zum Urformen und Warmumformen der Werkstoffe eingesetzt. Tabelle 4.34 nennt Anforderungen und Gefüge. Im Allgemeinen sind Kaltumformbarkeit und Schweißeignung nicht erforderlich (→).

Die Anforderungen an Kaltarbeitsstähle erhöhen sich bei den Warmarbeitsstählen.

Durch den Kontakt mit flüssigen oder auf Formgebungstemperatur erwärmten Metallen besteht die Gefahr der Gefügeveränderung. Ursache ist ein Weiterlaufen des Anlassvorganges (→).

Ständige Temperaturwechsel warm/kalt erzeugen ein Netz von Ermüdungsrissen (Brandrissen). Höhere Zähigkeit ist für stoßbeanspruchte Teile wichtig (Hammergesenke).

Beispiele für Warmarbeitswerkzeuge: Gesenke für Schmiedehämmer und -maschinen, Warmscheren, Druckgießformen, Strangpresswerkzeuge, Glasformen.

Ausnahmen: Kalteinsenken flacher Gravuren, Auftragschweißung zur Reparatur von Gesenken.

Wichtig: Die Anlasstemperatur sollte etwa 80...100 °C höher als die Betriebstemperatur des Werkzeuges sein. Danach richtet sich die Werkstoffwahl.

Rissursachen: Die Oberflächenschicht wird erhitzt, dehnt sich aus, wird aber vom noch kalten Untergrund behindert, dadurch **gestaucht**. Beim Reinigen und in Pausen kühlt die Oberfläche ab, schrumpft und wird dabei unter Zugspannungen gesetzt.

Tabelle 4.34: Zusätzliche Anforderungen an Warmarbeitsstähle und erforderliche Gefügeausbildung

Anforderung	Eigenschaft	Σ LE, Wärmebehandlung
Hohe Temperaturen verändern das Gefüge und senken die Härte	Anlass-Beständigkeit, Warmhärte	Aushärtungseffekt durch 0,3...0,9 % V, V-Carbide scheiden erst bei hohen Anlasstemperaturen aus. W und /oder Mo zulegieren, ihre Carbide sind härter als Cr-Carbide
Ständige Temperaturwechsel	Thermoschock-beständigkeit	Σ LE niedrig halten, um Wärmeleitfähigkeit (Rissanfälligkeit) zu verbessern, 1 % Mo ersetzt 2 % W, V wirkt noch stärker
Stoß- und Schlag-beanspruchung	Warmzähigkeit	C-Gehalt niedrig, Ni zulegieren, Feinkorn und Reinheitsgrad verbessern

Tabelle 4.35: Warmarbeitsstähle, Auswahl aus DIN EN ISO 4957/01

Kurzname	Stoff-Nr.	Eigenschaften, Anwendung
55NiCrMoV7 **G56NiCrMoV7**	1.2714	Warmzäh, durchhärtend, weniger anlassbeständig. Gesenkstahl für große Hammergesenke (Vollform)
X37CrMoV5-1 **GX38CrMoV5-1**	1.2343	Hohe Warmfestigkeit und -zähigkeit, wenig empfindlich gegen Temperaturwechsel, warmverschleißfest. Gesenke, Schnecken und Zylinder für Kunststoff-Spritzgussmaschinen und Extruder
X40 CrMoV5-1 **GX40CrMoV5-1**	1.2344	Wie vor, für größere Querschnitte, sekundärhärtend, Druckgieß- und Strangpresswerkzeuge, nitrierte Auswerfer, Warmscherenmesser
32CrMoV12-28 **GX32CrMoV3-3**	1.2365	Hoch anlassbeständig (sekundärhärtend), wenig rissempfindlich bei Wasserkühlung, weniger durchhärtend, für kleinere Querschnitte, Druckgießformen

4.7.4 Kunststoff-Formenstähle

Bei der Verarbeitung duro- oder thermoplastischer Formmassen liegen die Temperaturen unter denen der Metalle. Wichtig ist eine dauerhaft glatte Oberfläche zum leichten Entformen von Spritzgussteilen (Polierfähigkeit).

Massen, die korrodierende Stoffe abgeben, erfordern **Korrosionsbeständigkeit,** harte und abrasive Zusätze erhöhten **Verschleißwiderstand**.

Höhere Standmengen ergeben PVD-Schichten aus TiN, CrN, TiCN und AlTiN in Dicken von 2...8 µm (→ Schichten 11.2.5).

Korrosionsbeanspruchung entsteht z. B. durch die Hilfsstoffe (Weichmacher, Flammschutzmittel, antistatisch wirkende Zusätze) oder Stoffe, die bei der Polykondensation frei werden.

Verschleißbeanspruchung entsteht durch Zusätze wie Gesteinsmehl, Kreide, Schwerspat, Silikate, Kaolin, Glasfasern).

Die Entformung der Werkstücke wird durch Oberflächenkräfte beeinflusst, die zwischen den chemischen Endgruppen der Polymere und dem Charakter der Schicht (metallisch, hetero- oder kovalent gebunden) wirken, wichtig für die Schichtwahl.

Tabelle 4.36: Kunststoff-Formenstähle, Auswahl

Kurzname	Stoff-Nr.	Eigenschaften, Anwendung
21MnCr5	1.2162	zum Einsatzhärten, polierfähig, kalteinsenkbar. Für hochglanzpolierte flache Kunststoffformen, Führungssäulen
40CrMnNiMo8-6-4	1.2738	Gut spanbar, polierbar, narbungsgeeignet, für Großformen mit tiefer Gravur durch 1 % Ni durchvergütend
X38CrMo16	1.2316	Gute Polierbarkeit, korrosionsbeständig, für aggressive Polymere

Neben Stählen werden auch elektrolytisch abgeschiedene Formschalen aus Hart-Ni verwendet, die zur Abstützung hintergossen werden. Für einfache Teile und Temperaturen < 100 °C sind auch Zn-Legierungen geeignet.

4.7.5 Schnellarbeitsstähle (HS-Stähle)

Hochleistungs-**S**chnittstähle (früher HSS-Stähle) sind Werkstoffe für hohe Spanungsleistungen, z. B. für Fräser und Fräserzähne, Wendel- und Gewindebohrer, Schneideisen. Die Hauptbeanspruchung entsteht durch hohe Schneidentemperaturen.

HS-Stähle sind hoch mit W, Cr, Mo, V und Co legierte Stähle (→ Beispiel). Die LE liegen im Gusszustand als grobkörnige Primärcarbide vor und werden durch Schmieden mit evtl. Weichglühen feinkörniger. Sie sind härter als Martensit und thermisch stabiler. So ergibt sich die hohe Warmhärte und Anlassbeständigkeit der HS-Stähle (Bild 4.16). Sie wird nur erreicht, wenn besondere Bedingungen für das Härten eingehalten werden.

Der hohe Legierungsanteil führt zu verminderter Wärmeleitung und Diffusionsgeschwindigkeit. Die Wärmebehandlung benötigt deshalb längere Zeiten und höhere Temperaturen.

Härten der HS-Stähle

Austenitisieren: Stufenweises Erwärmen in Luftumwälzern + Salzbädern, Wirbelschichtbetten oder Vakuumöfen auf 1180...1320 °C je nach Sorte. **Wichtig:**

Optimale Härtung erfordert die **vollständige** Auflösung der Sondercarbide durch richtige **Temperatur und Haltezeit** (Bild 4.16).

Abschrecken erfolgt in Öl, Warmbad von 550 °C, Gebläseluft, oder Vakuumhärten mit N_2 unter Druck. Das Gefüge besteht dann aus Martensit, Restaustenit und Sondercarbiden.

Anlassen besteht aus zwei- bis dreimaligem Anlassen bei 540...580 °C je nach Sorte. Die Härte fällt durch Martensitzerfall zunächst leicht ab, steigt dann aber durch feinste Carbidausscheidungen wieder an und kann höher liegen als die Abschreckhärte.

Sie wird als **Sekundärhärte (→)** oder Sprunghärte bezeichnet (Bild 4.16, Kurven mit 1200 und 1280 °C Anlasstemperatur).

Die ersten Schnellarbeitsstähle wurden 1900 von den Amerikanern *Taylor* und *White* erfunden und für Dreh- und Hobelmeißel eingesetzt. Sie enthielten bis zu 20 % Wolfram. Später sind zahlreiche wolframärmere Sorten entstanden.

Die frühere Bedeutung der HS-Stähle für Drehmeißel ist auf moderne Schneidwerkstoffe wie Hartmetall und Keramik übergegangen.

Zur Carbidbildung sind 0.8...1,4 % C, zur Durchhärtung ca. 4 % Cr erforderlich. Die anderen LE sind je nach Sorte unterschiedlich.

Beispiel: Sorte HS 10-4-2-10, Analyse

C	Cr	Mo	V	W	Co
1,2	4,1	3,5	3,3	9,5	10

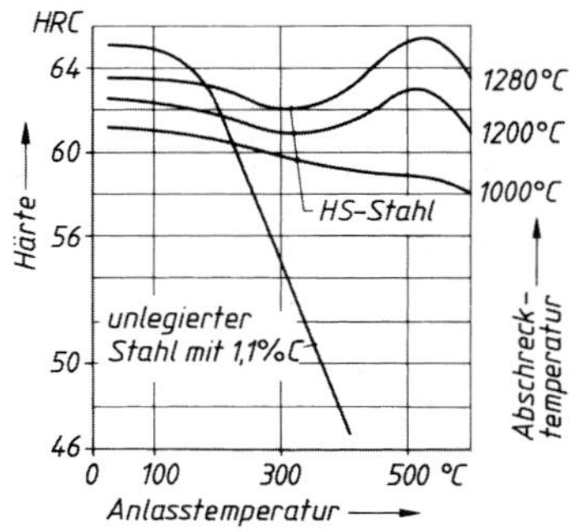

Bild 4.16 Einflüsse der Abschreck- und Anlasstemperaturen auf Härte der HS-Stähle im Vergleich mit unlegiertem Stahl

Sekundärhärte der HS-Stähle (Bild 4.15). Ursache sind die Sondercarbide der gelösten LE. Sie scheiden erst bei diesen hohen Anlasstemperaturen in submikroskopischer Form aus und wirken als Gleitblockierung im Grundgefüge.

Für das „In Lösung gehen" der LE sind die richtigen, **hohen** Abschrecktemperaturen erforderlich. Ein Unterschreiten führt zu kleineren Härtewerten, mit Wegfall des Sekundärharte-Effektes.

Hinweis: Die höhere Anlassbeständigkeit durch Sekundärausscheidungen von Sondercarbiden liegt auch bei einigen hochlegierten Warmarbeitsstählen vor (Tabelle 4.35).

Tabelle 4.37: Schnellarbeitsstähle

LE-Gruppe	Sorte [1)]	Stoff-Nr.	Verwendungsbeispiele
W hoch	**HS18-1-2-5**	1.3255	Schrupparbeiten für harte Werkstoffe und große Spanungsleistungen, Hartguss, nichtmetallische Werkstoffe
W mittel	**HS10-4-3-10**	1.3207	Schlichtarbeiten mit hohen Schnittgeschwindigkeiten und hoher Oberflächengüte
W+Mo	**HS6-5-2-5**	1.3243	Fräser, Bohrer und Gewindeschneidwerkzeuge höchster Beanspruchung
W+Mo höher	**HS6-5-3**	1.3344	Hochleistungswerkzeuge zum Schneiden dicker Bleche > 6 mm, Stempel für Feinschneidwerkzeuge, auch als PM-Stahl

[1)] Zahlen geben den Prozentsatz der LE in der Folge W, Mo, V und Co an, bei ca. 4 % Cr und 0,8...1,4 % C

Leistungssteigerung bei HS-Stählen

Pulvermetallische Herstellung von Schnellarbeitsstählen und anderen hochcarbidhaltigen Werkzeugstählen ergibt eine homogenere und feinkörnigere Carbidverteilung, als es schmelzmetallurgisch möglich ist (→). Dadurch steigen Biegefestigkeit (Zähigkeit gegen Kantenausbrechen) und damit die Standzeiten.

Carbide scheiden sich als Primärkristalle in der Schmelze grobkörnig aus, bei Warmumformung werden sie nur ungleichmäßig verkleinert.

Standzeiterhöhung durch Nachbehandlungen: Badnitrieren und PVD/CVD-Beschichtungen mit TiN. TiC oder Ti(CN), evtl. auch mehrlagig (Multilayer).

Zahlreiche Sorten sind als PM-Stähle im Handel.

4.8 Stahlguss

4.8.1 Allgemeines

Stahlguss ist in Formen vergossener Stahl mit ähnlichen Analysen wie Walz- und Schmiedestähle, jedoch nicht in der Vielzahl der Sorten.

Erschmelzung. In Stahlgießereien werden Lichtbogen- und Induktionsöfen (kleine Abstichmassen) verwendet. Da Gussteile nicht plastisch weiterverformt werden, wird zur Vermeidung von Gasblasen *desoxidiert, beruhigt* vergossen, oder vakuumentgast (→ 4.1.4 Sekundärmetallurgie).

Erstarrung. Stahlguss hat beim Erstarren eine Volumenschrumpfung von 6...8 %, deshalb müssen zum Abguss lunkerfreier Gussstücke viele Speiser zum Nachsaugen gesetzt werden. Die langsame Abkühlung führt zu Grobkorn (Widmannstätten'sches Gefüge, Bild 5.5). Die Zähigkeit ist gering und muss durch Normalisieren und Spannungsarmglühen angehoben werden. Je nach C-Gehalt (und LE) sind alle anderen Wärmebehandlungen möglich.

Gießeigenschaften. Von allen Gusswerkstoffen besitzt Stahlguss die erwünschten Gießeigenschaften (→ Kapitel 6.1) am geringsten.

- Hohe Gießtemperatur 1500...1700 °C.
- Das Schwindmaß beträgt insgesamt 2 %.
- Schlechtes Formfüllungsvermögen, da auf der kälteren Formwand dendritische Mischkristalle senkrecht wachsen und bei dünnen Querschnitten den Durchfluss sperren.

Anwendung: Stahlguss wird dann verwendet, wenn das Eigenschaftsprofil der anderen Fe-Gusswerkstoffe nicht ausreicht. Das ist bei folgenden Beanspruchungen der Fall:

- wenn höhere Zähigkeit verlangt wird,
- bei Tieftemperatur-Einsatz,
- bei Betriebstemperaturen über 300 °C,
- bei besonderen Korrosions- und Verschleiß-Beanspruchungen.

Für besondere Beanspruchungen ausgelegt sind die Sorten der Normen nach den Tabellen 4.39 bis 4.41.

4.8.2 Stahlguss für allgemeine Verwendung

Tabelle 4.38: Stahlguss, Auswahl aus DIN EN 10293/05

Stahlsorte		Stoff-	Dicke	R_m	$R_{p0.2\,min}$	A	KV in J [1]		Anwendungsbeispiele
Kurzname	Zustand	Nr.	mm	MPa	MPa	%	RT / °C		
GE200	+N	1.0420	≤ 300	380...530	200	25	27	--	Kompressorengehäuse
GE240	+N	1.0446	≤ 300	450...600	230	22	27	--	Konvertertragring
GE300	+N	1.0558	≤ 100	520...670	300	18	31	--	Großzahnräder
G17Mn5 [2]	+QT	1.1131	≤ 50	450...600	240	24	70	27 / -40	Tunnelabdeckung für U-Bahn
G20Mn5 [2]	+N	1.1120	≤ 30	480...620	300	20	60	27 / -40	Fachwerkknoten (2,3 t)
G30CrMoV6-4	+QT	1.7725	≤ 100	850...1000	700	14	45	27 / -40	Achsschenkel (400 kg)
G9Ni14	+QT	1.5638	≤ 35	500...650	360	20	---	27 / -90	Kaltzäh, Kälteanlagen

[1] ISO-V-Probe bei RT [2] Stahlguss mit guter Schweißeignung (früher DIN 17182); SEW 520/96 Hochfester Stahlguss mit guter Schweißeignung mit 10 Sorten

Schweißeignung ist wichtig für

- Reparaturschweißung zum Beheben von Oberflächenfehlern bei großen Gussstücken.
- Konstruktives Schweißen, wenn Werkstücke aus gießtechnischen Gründen geteilt gegossen und durch Schweißen zusammengefügt werden. Vielfach werden auch Verbunde aus Walzprodukten mit Gussteilen aus Kostengründen gewählt.

Moderne Form- und Gießverfahren sind in der Lage, Bauteile mit komplexen Formen in hoher Genauigkeit und Oberflächengüte herzustellen. Sie werden auch für Präzisionsteile aus Stahlguss angewandt:

- Feingießverfahren (bis zu 100 kg),
- Keramikformverfahren mit hoher Oberflächengüte für Bauteile bis zu 1000 kg und etwa 1000 mm Kantenlänge, bei geringen bis mittleren Losgrößen,
- Lost-Foam-Guss. Vollform mit verlorenem Modell als Ersatz für mehrere Fügeteile.

4.8.3 Weitere Stahlgusswerkstoffe

Tabelle 4.39: DIN EN 10283/10 Korrosionsbeständiger Stahlguss

Gefüge/Sorten	Beispiele	$R_{p0,2}$ MPa	Gefüge	Beispiele	$R_{p0,2}$ MPa
6 martensitische	**GX12Cr12,**	450	7 voll-austenitische	**GX2NiCrMo28-20-2**	165
	GXCrNiM016-5-2	540		**GX2CrNiMoCuN20-18-6**	260
8 austenitische	**GX2CrNiMo19-11-2**	195	7 austenitisch-ferritische	**GX6CrNiN26-7**	420
	GX2CrNiMoN17-13-4	210		**GX2CrNiMoN26-7-4**	480

Tabelle 4.40: DIN EN 10213/08 Stahlguss für Druckbehälter

Gefüge/Sorten	Anzahl	Beispiele	Zustand	$R_{p0.2}$ / R_m MPa	A %	KV J /°C
Ferritisch.-martensitische	19	**GP240GH**	QT	240 / 420...600	22	40 RT
		G17CrMo5-5	QT	315 / 490...690	20	27 RT
		GX23CrMoV12-1	QT	540 / 740...880	15	27 RT
Austenitisch. und austenitisch-ferritisch	12	**GX2CrNi119-11**	AT	185 / 440...640	30	80 RT
		GX2CrNiMoN25-7-3	AT	480 / 650...850	22	50 RT

Zustandsbezeichnungen: **QT:** vergütet; **AT:** Lösungsgeglüht und in Wasser abgeschreckt

GX12CrMoWVNbN10-1-1 als Neuentwicklung für thermische Kraftwerke bis 600 °C bei 330 bar (nicht genormt)

Tabelle 4.41: DIN EN 10295/03 Hitzebeständiger Stahlguss

Anzahl	Gefüge	Beispiele	$T_{max/Luft}$
8	ferritische, und	**GX30CrSi7**	750 °C
	ferritisch-austenitische	**GXCrNiSi27-4**	1100 °C
17	austenitische Sorten	**GX40CrNiSi25-20**	1100 °C
4	Ni- und Co-Basislegierungen	**G-NiCr 28 W**	1150 °C

Literaturhinweise und Informationsquellen:

Fachzeitschriften	Stahl und Eisen. Verlag Stahleisen, Düsseldorf www.vdeh.de
	Konstruktion, mit Fachteil Ingenieur-Werkstoffe. Springer-VDI-Verlag
Informationen	Stahl-Eisen-Informationszentrum, Breite Straße 69, 40213 Düsseldorf www.stahl-online.de
	Stahlguss: Zentrale für Gussverwendung, kostenfreie downloads www.kug.bdguss.de
Info-Stelle Edelstahl Rostfrei	PF 10 22 05 40013 Düsseldorf. Informationsschriftenreihe, (Pdf-Dateien) www.edelstahl-rostfrei.de
Arnold, M.-O. u. a.	Stahlguss Herstellung-Eigenschaften-Anwendung. Konstruieren und Gießen Heft 1/2004. ZGV-Zentrale für Gussverwendung, Düsseldorf
Bleck, W. u. a.	Grundlagen der integrierten Wärmebehandlung. Stahl und Eisen 4/1997
Herfurth, K.N Netscher und M.Köhler	Gießereitechnik kompakt – Werkstoffe – Verfahren, Anwendung. Hrsg. Verein Deutscher Gießereifachleute VDG, Gießerei-Verlag Düsseldorf
Spitzer, H.	Stahl – Entwicklungstendenzen und Perspektiven. VDI-Bericht 670 Bd. I.
VDI-Bericht 1080	Leichtbaustrukturen und leichte Bauteile. Stahlwerkstoffe: S. 25–54, 771–799
VDEh (Hrsg.)	Stahl Eisen Liste, 11. Auflage. Verlag Stahleisen, 2003
	Stahl im Automobilbau. Verlag Stahleisen, 2003
	Stahl Fibel, Verlag Stahleisen, 2002
DIN-Taschenbücher	401: Begriffe, Bezeichnungen, Oberflächengüte usw. 402: Bauwesen, Metallbearbeitung; 403: Druckgeräte, Rohrleitungsbau; 404: Maschinenbau, Werkzeugbau; 405: Nicht rostende, hochwarmfeste, hitzebeständige Stähle, Ventilwerkstoffe, Heizleiterlegierungen, Beuth-Verlag, 2002

5 Wärmebehandlung des Stahles

5.1 Allgemeines

5.1.1 Einteilung der Verfahren

Die in diesem Abschnitt behandelten Verfahren sind Teil einer Fertigungshauptgruppe mit der Bezeichnung „**Stoffeigenschaft ändern**" (→), deren Verfahren sich auf alle metallischen Werkstoffe beziehen.

Schwerpunkt ist die **Wärmebehandlung der Stähle**. Die zugehörigen Verfahren **ändern** die **Eigenschaften** von Halbzeugen, Werkzeugen oder Bauteilen zielgerichtet.

Die Eigenschaften des Werkstoffes hängen von seiner Struktur ab. Bei allen Verfahren wird in diese Struktur eingegriffen (→). Das läuft bei erhöhten Temperaturen schneller ab, oder wird überhaupt erst möglich.

Einige Verfahren sind auch auf andere Metalle und Gusswerkstoffe anwendbar, ebenso die Verfestigung durch Kaltumformen im Randbereich von Bauteilen.

Alle Verfahren haben das Ziel, dem Werkstoff ein gewünschtes Eigenschaftsprofil zu geben. Die hier behandelten Verfahren sind in Tabelle 5.1 fett gedruckt.

Hinweis: Werkstoffeigenschaften, die **an Proben** ermittelt werden, unterscheiden sich von denen **im** Bauteil (→)!

Definition: Stoffeigenschaft ändern ist Fertigen durch Eigenschaftsänderungen z. B. mithilfe von Erzeugung und Bewegung von Versetzungen im Kristallgitter, Diffusion von Atomen oder chemische Reaktionen mit Wirkmedien.

Die hier beschriebenen Verfahren bilden eine Verfahrenshauptgruppe (DIN 8580/03).

Form und Abmessungen sollen sich dabei nicht ändern (mit Ausnahmen), also kein **Verzug** von Bauteilen auftreten.

Die Verfahren verändern das Gefüge, teilweise auch die Kristallgitter.

Beispiele:

Kristall-gitter	Verzerrung der Gitter durch Kaltumformen oder Abschrecken, Einbringen von Fremdatomen oder Umlagern von Atomen durch Diffusion
Gefüge	Änderung von Größe und Form der Kristalle, sekundäre Ausscheidungen, Abbau innerer Spannungen

Normung: DIN EN 10052/94 Begriffe der Wärmebehandlung von Eisenwerkstoffen.

Proben haben einfache Gestalt, einfachen Spannungsverlauf, überall gleiche Werkstoffbeschaffenheit und werden unter normalen klimatischen Bedingungen geprüft.

Tabelle 5.1: Stoffeigenschaft ändern (Die Dezimalteilung in der Tabelle folgt der Norm)

<table>
<tr><th>Gruppen</th><th colspan="5">Untergruppen</th></tr>
<tr><td>6.1 Verfestigen durch Umformen</td><td colspan="2">6.1.1 Verfestigungsstrahlen</td><td>6.1.2 Walzen</td><td>6.1.3 Ziehen</td><td>6.1.4 Schmieden</td></tr>
<tr><td rowspan="2">6.2 Wärmebehandeln</td><td colspan="2">6.2.1 Glühen</td><td>6.2.2 Härten</td><td>6.2.3 Isothermisch Umwandeln</td><td>6.2.4 Anlassen, Auslagern</td></tr>
<tr><td>6.2.5 Vergüten</td><td>6.2.6 Tiefkühlen</td><td colspan="2">6.2.7 Thermochemisches Behandeln</td><td>6.2.8 Aushärten</td></tr>
<tr><td colspan="2">6.3 Thermomechan. Behandeln</td><td colspan="2">6.3.1 Austenitformhärten</td><td colspan="2">6.3.2 Heißisostatisches Nachverdichten</td></tr>
<tr><td colspan="2">6.4 Sintern, Brennen</td><td colspan="2">6.5 Magnetisieren</td><td colspan="2">6.6 Bestrahlen</td></tr>
<tr><td colspan="2">6.7 Photo-chemische Verfahren</td><td colspan="2">6.7.1 Belichten</td><td colspan="2"></td></tr>
</table>

5.1.2 Zeit-Temperatur-Folgen

Die Behandlung durch „Wärme“ wird mit Ausnahmen in drei großen Schritten durchgeführt (Bild 5.1).

Erwärmen: Die Temperatur der Randschicht eilt vor. Nach der Anwärmzeit t_{an} ist die Haltetemperatur T_h erreicht. Der Kern braucht dazu noch die Durchwärmzeit t_d. Bis dahin ist die Erwärmzeit t_e verstrichen. Mit steigender Wärmgeschwindigkeit und Wanddicke der Teile streben die Kurven auseinander.

Halten: Wärmzeit t_h mit konstanter Temperatur, die sich auf Ofen, Werkstückoberfläche oder den Querschnitt beziehen kann. Dabei können sich Spannungen und Gefügeunterschiede ausgleichen. Die Länge von t_h ist vom Verfahren abhängig, i. Allg. möglichst kurz, um Kornwachstum zu vermeiden.

Abkühlen: Abkühlzeit t_{ab} je nach Verfahren kürzer (beim Härten) oder länger (beim Glühen) und je nach Wanddicke der Werkstücke.

Bei einigen Verfahren sind Erwärmen und Abkühlen in Stufen unterteilt, um z. B. bei großen Querschnitten oder schlechter Wärmeleitfähigkeit legierter Stähle Risse zu vermeiden.

Die Temperaturen hängen vom C-Gehalt des Stahles ab und werden durch die *Haltepunkte* angegeben oder mit den Linien des EKD veranschaulicht (Tabelle 5.2).

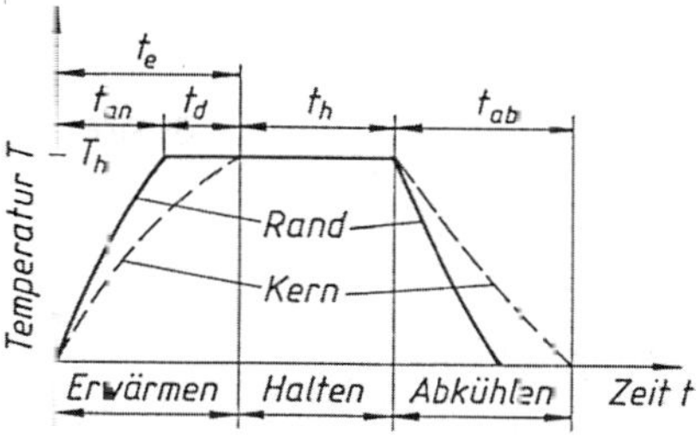

Bild 5.1 Temperatur-Zeit-Folge

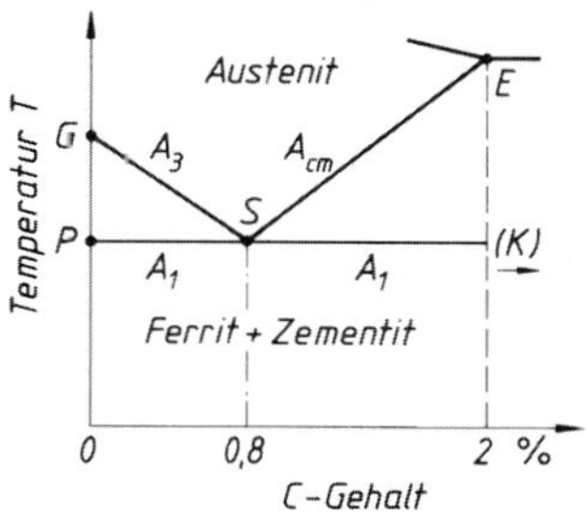

Bild 5.2 Stahlecke des EKD

Durch die Erscheinung der *Hysterese* werden die praktischen Temperaturen gegenüber dem EKD verändert. Bei schneller Erwärmung (z. B. durch Induktion) erhöht sich der Umwandlungspunkt Ac_3 um bis zu 300 °C.

Tabelle 5.2: Haltepunkte, Linien und Umwandlungen in der Stahlecke des EKD

Haltepkt./Linie		Vorgänge/Gefügeänderung	Haltepkt./Linie		Vorgänge/Gefügeänderung
Ar_3	GSK ↓	Abkühlen des Austenits, die Ferritausscheidung beginnt (γ-α-Umwandlung)	**Ac_3**	GSK ↑	Erwärmen, Ferritumwandlung zu Austenit ist beendet (α-γ-Umwandlung)
Ar_1	PSK ↓	Abkühlen, Austenitzerfall = Perlitbildung (γ-α-Umwandlung)	**Ac_1**	PSK ^	Erwärmen, Auflösung des Perlits zu Austenit (α-γ-Umwandlung)
Ar_{cm}	ES ↓	Abkühlen, Beginn der Sekundäzementitausscheidung (C-Löslichkeit sinkt)	**Ac_{cm}**	ES ^	Erwärmen, Einformung des Sekundärzementits (C-Löslichkeit steigt)

Stahlbegleiter und Reinheitsgrad beeinflussen die Vorgänge bei der Austenitisierung, die Angaben der Stahlhersteller müssen eingehalten werden. Den Einfluss der Wärmequelle zeigt die Übersicht.

Übersicht: Vergleich der Erwärmungsarten

Wärmequelle	Erwärmungsverlauf, Folgeerscheinungen
Äußere Zufuhr durch Wärmeübertragung über Gase, Schmelzen und elektrische Heizelemente, Strahlen	Wärme gelangt durch Wärmestrahlung, -übergang und -leitung von außen in das Werkstück, **ungleichmäßig** (der Kern erreicht die Endtemperatur später) und **langsam,** um Spannungen und Rissen vorzubeugen.
Innere Erzeugung durch elektrische Widerstands- oder Induktiverwärmung	Wärme entsteht innerlich durch Wirkung des elektrischen Stromes, **gleichmäßig** im Querschnitt (niedrige Frequenz → 5.6.2) und **schnell.**

5.1.3 Austenitisierung (ZTA-Schaubilder)

Viele Verfahren benötigen den γ-Zustand des Stahles (Austenit), um von da aus bestimmte *Gefügeumwandlungen* zu erreichen. Diese Art des Erwärmens heißt *Austenitisieren.*

Austenitisieren ist das Herstellen eines homogenen, feinkörnigen γ-MK-Gefüges im Stahl. Dazu müssen Ferrit umgewandelt und Carbide gelöst und verteilt werden. Dieser Auflösungs- und Diffusionsvorgang benötigt Zeit. Dabei kann die Korngröße wachsen.

Der Grad der Austenitisierung – *Homogenität* und *Korngröße* – beeinflusst sehr stark das bei der Abkühlung entstehende Gefüge. Dabei entsteht ein Zielkonflikt:

- **Homogenität** erfordert *längeres* Halten im Austenitgebiet (Diffusionsvorgänge),
- **Feinkorn** erfordert kurzes Halten bei Temperaturen im Austenitgebiet, sonst tritt Kornwachstum auf.

Hinweis: Überperlitische Stähle bestehen im austenitisierten Zustand aus feinkörnigem Austenit mit Sekundärcarbiden.

ZTA-Schaubilder (Bild 5.3)

Sie entstehen aus dem EKD durch Antragen einer Zeitachse *senkrecht* zur Ebene des EKD an der Stelle, die sich aus dem C-Gehalt des untersuchten Stahles ergibt.

Damit gelten ZTA-Schaubilder nur für jeweils *einen* Stahl *bestimmter* Analyse (hier 0,45 % C). Merkmale sind:

- Die Haltepunkte des EKD A_3 und A_1 werden mit schnellerer Erwärmung (kürzere Zeit) stetig nach **oben** verschoben und ergeben die Linien für Ac_1 und Ac_3,
- oberhalb der Linie Ac_3 liegt noch eine gestrichelte Linie. Sie zeigt an, wann der Austenit *homogen* geworden ist.

ZTA: Zeit-**T**emperatur-**A**ustenitisierung

Diese Schaubilder gibt es in zwei Arten, entsprechend der praktisch durchgeführten Erwärmung:

- **isotherm:** für Erwärmen bei *konstanter* Temperatur, z. B. in Salzbädern (Bildteil 5.3 links),
- **kontinuierlich:** für ein Erwärmen bei *fortlaufender* Temperaturänderung, z. B. durch elektrische Widerstands- oder Induktiverwärmung, Schweißen (Bildteil 5.3 Mitte).

Beachte: ZTA-Schaubilder werden mit Hilfe von 2 mm dicken Stahlproben aufgestellt und gelten streng nur dafür und für die untersuchte Schmelze. Die Angaben haben etwa ± 10 % Messgenauigkeit.

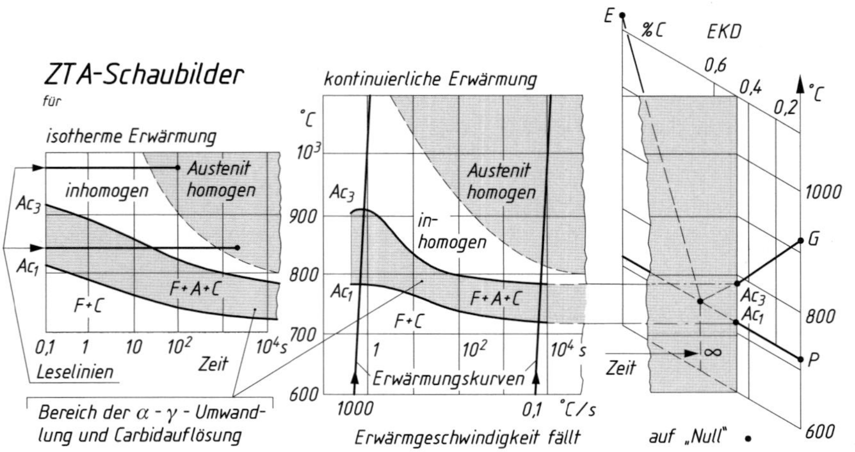

Bild 5.3 ZTA-Schaubilder und Beziehung zum EKD, schematisch für Stahl C45, A Austenit, C Zementit, F Ferrit. Perlit besteht aus den Phasen Ferrit und Zementit.

Das Lesen der ZTA-Schaubilder

Die Umwandlung des Gefüges zu Austenit wird im ZTA-Schaubild für isotherme Austenitisierung auf einer *Waagerechten* verfolgt (Bild 5.3, links). Dabei werden verschiedene Phasenfelder durchlaufen, die durch die Linien der Haltepunkte Ac_3 und Ac_1 begrenzt sind.

Ablesebeispiel (Bild 5.4) ZTA-Schaubild für isotherme Erwärmung:

Von der senkrechten Achse bei 800 °C waagerecht durch das Diagramm gehen.

Der Haltepunkt Ac_1 ist zu einem *Bereich* erweitert, weil die Carbide des Perlits erst *gelöst* werden müssen.

An der *unteren* Ac_1-Linie beginnt die α-γ-Umwandlung der Ferritlamellen im Perlit. Zwischen den Schichten entstehen viele kleine Austenitkörner. Sie sind ungesättigt und können die Zementitlamellen lösen. Dabei werden diese aufgelockert. So liegen zunächst *drei* Phasen nebeneinander vor. Erst an der *oberen* Ac_1-Linie ist die Auflösung der Carbide beendet.

Jetzt wandelt sich der voreutektoide Ferrit um, bis an der Ac_3-Linie nur noch Austenit vorliegt (inhomogener A., mit ungleichmäßig verteilten C-Atomen). Erst über der gestrichelten Linie liegt *homogener* Austenit vor.

Zusammenfassung: ZTA-Schaubilder lassen erkennen (Bild 5.4):

- Haltepunkttemperaturen liegen bei kurzzeitiger Erwärmung höher (linke Seite) als bei langsamer (rechte Seite). Das ist die Auswirkung der Trägheit der Teilchen (Hysterese).
- Austenit ist nach der Umwandlung zunächst feinkörnig, aber inhomogen.
- Homogener Austenit entsteht bei niedriger Temperatur (800 °C) erst nach langer Zeit (nach 10^5 s, die Diffusion der C-Atome benötigt Zeit).
- Bei hohen Temperaturen (1000 °C) ist bereits nach 10 s ein homogenes Gefüge entstanden. Nur genaues Einhalten der Zeit kann grobkörniges Gefüge vermeiden.

Das Lesen der ZTA-Schaubilder für kontinuierliche Erwärmung erfolgt auf den steil verlaufenden Wärmkurven von unten nach oben (links mit hoher Wärmgeschwindigkeit und rechts mit einer sehr kleinen (Bild 5.3 Mitte).

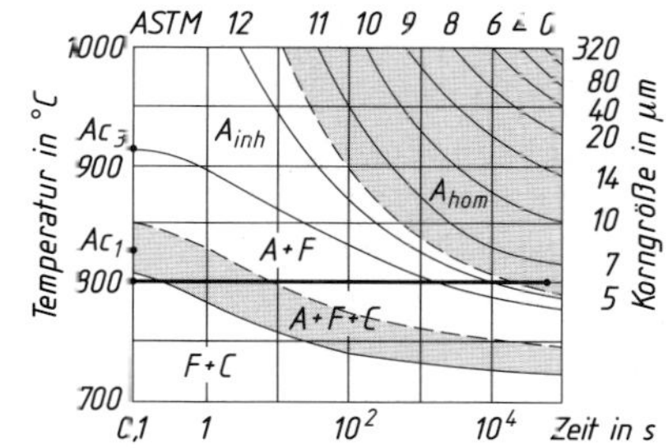

Bild 5.4 ZTA-Schaubild für isotherme Austenitisierung, Stahl mit 0,45 % C (nach *Hougardy*)

ZTA-Schaubilder können zusätzlich die Austenitkorngröße (nach ASTM) oder auch die erzielbare Abschreckhärte angeben.

ASTM-Klasse	Kornzahl/mm² Schlifffläche	mittl. Korn-Durchmesser
0…5 grob	4… 256	320…56 µm
6…12 fein	512…32 768	40… 5 µm

ASTM: American Society for Testing Materials

Aus dem Schaubild ist zu erkennen, dass ein längeres Verweilen im Temperaturbereich über 1000 °C (z. B. Stahlguss und Schmiedeteile nach der Umformung) zu einem groben Korn führen muss.

Bei warmgewalzten Blechen wird deshalb im letzten Verformungsgang mit *niedriger* Endtemperatur gearbeitet. Die sofort einsetzende Rekristallisation erzeugt ein neues Korngefüge, das dann nicht vergröbert.

Hinweis: Überperlitische (-eutektoide) Stähle werden beim Austenitisieren nicht in den γ-Bereich erwärmt (über Ac_{cm}), sondern nur über Ac_1. Eine vollständige Auflösung der sekundären Carbide dauert sehr lange, dabei würde sich ein sehr grobes Korn bilden. Angestrebt wird ein homogener Austenit mit fein verteilten Carbiden.

5.2 Glühverfahren

Wärmebehandlung, bestehend aus **Erwärmen** auf eine bestimmte Temperatur, **Halten** und **Abkühlen** in einer Weise, dass der Zustand des Werkstückes bei Raumtemperatur dem Gleichgewichtszustand näher ist.

Die wichtigsten Verfahren sind nachstehend unter folgenden Gesichtspunkten beschrieben:

- **Verfahrensziel**, Eigenschaften und Gefüge, die durch das Glühen erzeugt werden sollen,
- **Gefügeänderungen**, innere Vorgänge,
- **Verfahren,** Zeit-Temperatur-Folge,
- **Anwendungsbeispiele** und Werkstoffe.

Glühtemperaturen richten sich nach dem C-Gehalt des Stahles und dem Verfahren (Bild 5.5).

5.2.1 Normalglühen

besteht aus Austenitisieren und abschließendem Abkühlen an ruhender Luft.

Verfahrensziel: Herstellung eines *möglichst feinkörnigen* Gefüges – unabhängig von der vorangegangenen Behandlung – mit normalen Eigenschaften, die sich immer wieder herstellen lassen (Reproduzierbarkeit), Bild 5.6 unten. Gewährleistete Eigenschaften beziehen sich oft auf diesen Zustand.
Gussteile besitzen durch die Erstarrungsbedingungen Gefüge mit *ungleichen* Korngrößen (Rand fein, Kern grob) und -formen (Bild 5.6 oben, Widmannstätten'sches Gefüge mit Dentriten). Hinzu kommt das Kornwachstum bei langsamer Abkühlung. Letzteres gilt auch für Schmiedeteile, die unkontrolliert an der Luft abkühlen.

Gefügeänderungen: (Bild 5.7) Nach der Austenitisierung (→ 5.2) liegt ein feinkörniges Gefüge vor, das dem Kornwachstum unterliegt. Deshalb wird schnell bis zum Ende der Umwandlungen abgekühlt, um das Feinkorn des Austenits auf das Umwandlungsgefüge zu übertragen. Die Wärmeabfuhr (Masse/Oberflächenverhältnis des Werkstückes) hat Einfluss.

Kaltverfestigungen werden beseitigt und Eigenspannungen reduziert.

Einige Glühverfahren geben dem Werkstoff günstigere Verarbeitungseigenschaften, z. B. zum Fließpressen oder Spanen und erzeugen dazu geeignete Gefügezustände.

Andere Verfahren beseitigen ungünstige Wirkungen vorangegangener Behandlungen, wie z. B. Kaltverfestigung, Grobkorn oder Spannungen.

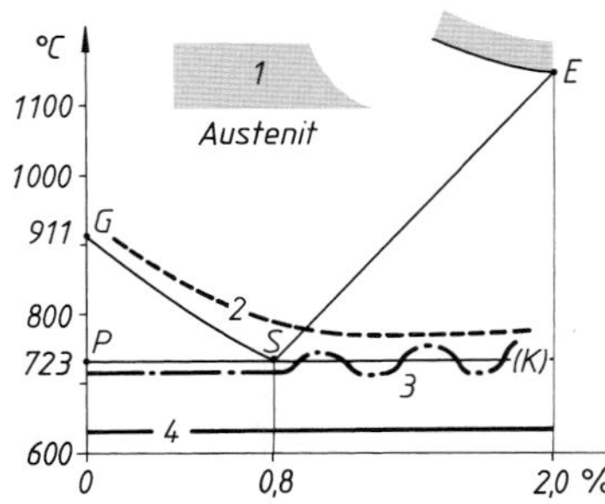

Bild 5.5 Glühtemperaturen der Stähle in Abhängigkeit vom C-Gehalt
1 Diffusionsglühen, 2 Normalglühen,
3 Weichglühen, 4 Spannungsarmglühen

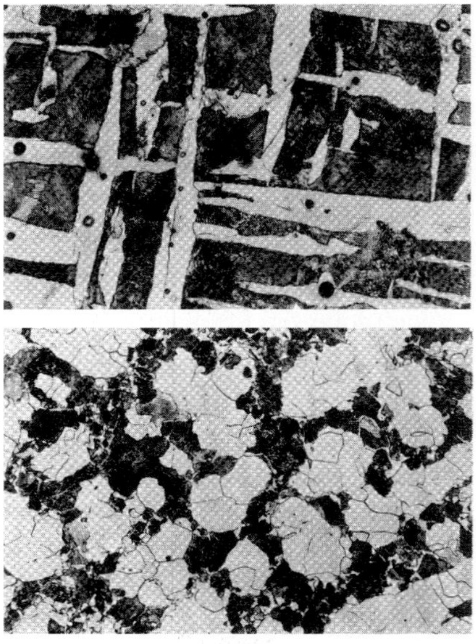

Bild 5.6 Gefüge von Stahlguss GE200 (GS-38), oben Rohgusszustand; unten normalisiert bei 930 °C/3h, Ofenabkühlung 100:1

Verfahren, Zeit-Temperatur-Folge → Bild 5.7: Nach langsamer Erwärmung bis ca. 600 °C folgt eine *schnellere* im Bereich der Umwandlungen bis auf 30...50 °C über Ac_3 (Linie GSK) und Halten bis der Kern der Teile völlig umgewandelt ist (Erfahrungswert ca. 2 min/mm Wanddicke).

Anschließend wird schnell bis unter Ar_1 abgekühlt, danach beliebig, legierte Stähle langsam, um eine Aufhärtung zu vermeiden. Für sperrige und dickwandige Teile gelten die Regeln des Spannungsarmglühens.

Tabelle 5.3 zeigt den Anstieg **aller** Eigenschaftswerte durch das Normalglühen, insbesondere bei den Verformungskennwerten und der Zähigkeit.

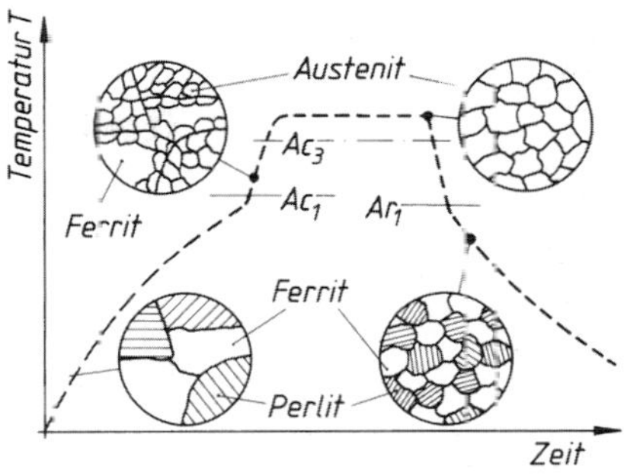

Bild 5.7 Normalglühen, Zeit-Temperatur-Verlauf mit Gefügeumwandlungen

Tabelle 5.3: Wirkung des Normalglühens auf die Eigenschaften von Stahlguss mit 0,25 % C

Eigenschaft	Einheit	Guss-Zustd.	normalisiert	Änderung in %
R_m	MPa	430	480	+11,6
$R_{po,2}$	MPa	230	280	+21,7
A	%	13	24	+69,2
Z	%	14	40	**+185**
KV	J	20,3	65,8	**+224**

Anwendungen: Guss- und Schmiedeteile nach unkontrollierter Abkühlung. Langzeitig geglühte Teile (nach Diffusionsglühen, Aufkohlen u. a.), Schweißkonstruktionen mit Stoßbelastung und kaltgeformte Teile mit kritischen Verformungsgraden.

Nicht normalisierbar sind umwandlungsfreie, ferritische und austenitische Stähle.

Höherfeste Stähle DIN EN 10025-3 und DIN EN 10028-3 (→ 4.3.1) werden im *normalisierend* gewalzten Zustand geliefert. Dabei erfolgt der letzte Walzstich im unteren Austenitbereich mit anschließender Temperaturführung wie Bild 5.7. Die Rekristallisation erzeugt ein feinkörniges Austenitgefüge, das bei der Umwandlung feinkörnig ferritisch-perlitisch wird.

Hinweise: Mechanische Eigenschaftswerte sind oft auf den normalisierten Zustand bezogen und mit dem Anhängesymbol +N bezeichnet.

Beispiel: GE200+N, Stahlguss normalisiert, 200 MPa Streckgrenze gewährleistet.

5.2.2 Glühen auf beste Verarbeitungseigenschaften

Diese Verfahren stellen einen Gefügezustand her, der für die Weiterverarbeitung geeignete Eigenschaften besitzt. Sie unterscheiden sich nach der Art des:

- Fertigungsverfahrens (spanlos, spanend),
- Werkstoffes (C-Gehalt, legiert).

Für die wirtschaftliche Zerspanung von Massenteilen sind Gefüge gefordert, in denen harte Phasen (Carbide) *feinkörnig homogen* verteilt sind.

Die Verfahren werden oft vom Stahlhersteller bzw. -umformer durchgeführt. Dadurch kann u. U. die Restwärme aus der Warmformung genutzt werden (Zeit- und Energieeinsparung).

Kaltumformen stellt an den Werkstoff andere Anforderungen als *spanende* Verfahren.

Zeit-Temperatur-Folgen müssen auf unlegierte, legierte, unter- und überperlitische Stähle abgestimmt werden. Legierte und C-reiche Stähle brauchen mehr Zeit zur Carbidauflösung.

Zitat: (Henry Ford) „An den Werkzeugschneiden hängt die Dividende der Aktionäre".

Grobkornglühen

Verfahrensziel: Der Name gibt das Ziel an: Erzeugung von Grobkorn mit Versprödung des Stahles zur Verbesserung der Spanbarkeit (kurzbrechende Späne). C-arme Stähle sind zäh und ergeben Aufbauschneide und ein Schmieren, das zu schlechter Oberflächenqualität führt.

Gefügeänderung: Bei Halten auf höheren Temperaturen im Austenitbereich wird im Werkstück durch Kornwachstum vorübergehend ein grobkörniges Gefüge hergestellt (Bild 5.4).

Verfahren: Glühen bei 950...1100 °C/1...2 h mit Ofenabkühlung im Bereich von 900...700 °C (ca. 50 °C über Ac_3), dann schneller.

Anwendungen: unlegierte Einsatz- und Vergütungsstähle.

Wichtig: Die niedrige Zähigkeit des grobkörnigen Gefüges muss nach der spanenden Bearbeitung durch Vergüten oder Normalisieren der Werkstücke beseitigt werden.

Weichglühen

Verfahrensziel: Wärmebehandlungen zum Vermindern der Härte eines Werkstoffes auf einen vorgegebenen Wert.

Dabei werden Eigenschaften angestrebt, welche die mechanische Bearbeitung erleichtern: geringere Kräfte, höhere Standzeiten, oder Standmengen der Werkzeuge bei hoher Oberflächengüte.

Je nach Werkstoff gibt es mehrere Zeit-Temperatur-Folgen, die das Gefüge für das jeweilige Fertigungsverfahren optimieren (Bild 5.8).

Gefügeänderung: Stähle enthalten den harten Zementit im Perlitanteil als Lamellen im weichen Ferrit eingebettet (Bild 5.9a). Überperlitische Stähle haben zusätzlich Sekundärzementit auf den Korngrenzen. Beide Zementitformen sind die Träger der Härte und ungünstig für die Zerspanung wie auch für die Kaltumformung.

Beim Glühen dicht unter Ac_1 formen sich die Lamellen im Perlit aufgrund der Oberflächenspannung zu kleineren Körnern um.

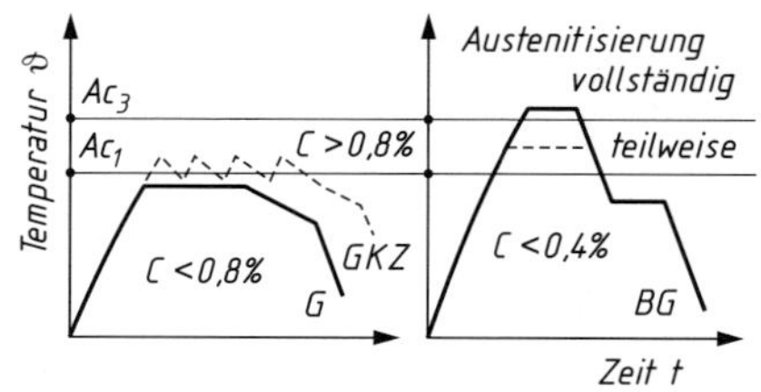

Bild 5.8 Weichglühen, Zeit-Temperatur-Folgen für verschiedene Zustände (→ Tabelle 5.4)

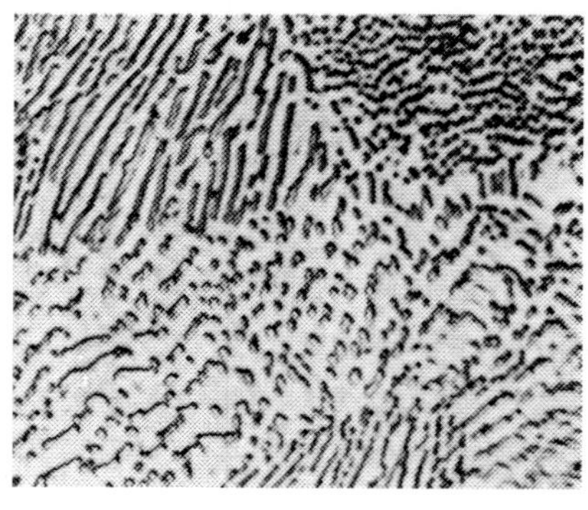

Bild 5.9a Perlit = Zementitlamellen in Ferrit

Tabelle 5.4: Angestrebte Werkstoffzustände (Symbole) beim Weichglühen

Symbol	Ziel: Behandeln auf ...	Eigenschaftsänderung	Anwendung auf Stahlsorten
G	niedrigste Härte (HB_{min} gewährleistet)	Konstante Zerspanungsbedingungen	C < 0,8 %, Vergütungs-, Wälzlager- und Werkzeugstähle, HS-Stähle
BG	gleichmäßiges Ferrit-Perlit-Gefüge	Umwandlung von Zeilengefügen, durch isotherme Umwandlung i. d. Perlitstufe	Niedriglegierte Stähle
GSK	kugelige Carbide	Niedrigste Formänderungsfestigkeit zur Massivumformung	Fließpressstähle, Werkzeugstähle zum Kalteinsenken
BF	bestimmte Festigkeit (Tolerenz-Bereich)	Verbesserung der Spanbarkeit, Vermeiden des Schmierens	C-arme Stähle

Zunächst entsteht ein Netz von Rissen, später streben die Bruchstücke eine eckige bis rundliche Kornform an (Bild 5.9 b).

Das Einformen der Carbidlamellen geht umso schneller, je weniger stabil das Gefüge ist, z. B. abgeschreckt oder kaltumgeformt.

Verfahren: Zeit-Temperatur-Folgen (Bild 5.8).

5.2.3 Spannungarmglühen

Verfahrensziel: Innere Spannungen (sog. Eigenspannungen) sollen verringert werden. Sie sind im Bauteil vorhanden, auch wenn keine äußeren Kräfte wirken und können bei späteren Fertigungsgängen zu Verformungen führen,

- wenn spannungsführende Werkstofffasern einseitig abgespant werden (→ Beispiel),
- wenn spannungsbehaftete Teile gehärtet werden (Härteverzug).

Innere und betrieblich bedingte Spannungen überlagern sich bei Funktion des Bauteiles und führen zu Verformung oder Bruch.

Gefügeänderungen: Bei höheren Temperaturen sinkt die Fließgrenze des Stahles ab (Bild 5.10).

Liegen die inneren Spannungen höher, so gibt der Werkstoff durch plastische Verformung nach. Dabei verringern sich die Spannungen bis auf eine *Restspannung* vom Wert der Fließgrenze bei Glühtemperatur.

Kaltgeformte Teile werden beim Spannungarmglühen rekristallisiert
(Gefahr von Grobkornbildung 5.2.5).

Verfahren: Die Teile werden langsam in den Bereich 550...650 °C erwärmt und bis zu 4 h lang gehalten. Wesentlich ist eine langsame Abkühlung, sodass im Werkstück keine großen Temperaturunterschiede auftreten.

Anwendungen: Schmiede- und Gussteile vor der spanenden Weiterbearbeitung. Teile mit engen Toleranzen nach dem Schruppen, geschweißte Bauteile. Sperrige Schweißkonstruktionen können durch Erwärmen mit Brausebrennern parallel zur Schweißnaht entspannt werden.

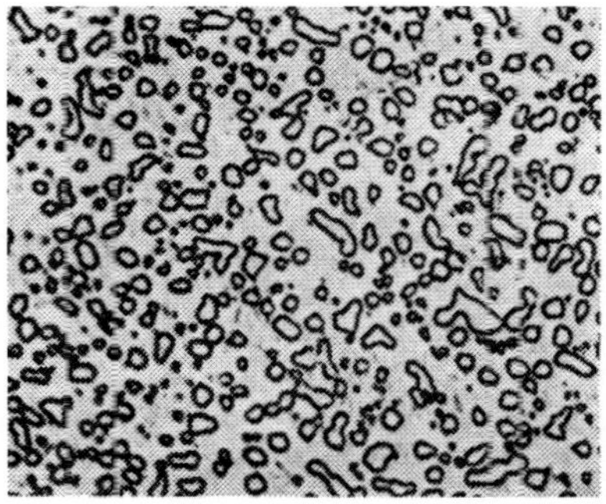

Bild 5.9b Zementitkörner in Ferrit, körniger Perlit

Ursachen der Eigenspannungen:

Wärmespannungen durch behindertes Schrumpfen. Der Werkstückkern hat beim Abkühlen stets eine höhere Temperatur als die Randzone. Der erkaltete Rand behindert das Schrumpfen des noch heißen Kerns ⇒ Zugsspannungen im Rand und Druckspannungen im Kern.

Umwandlungsspannungen entstehen, wenn Gitterumwandlungen (z. B. γ-α-Umwandlung) mit einer Volumenänderung einher gehen und diese nicht in allen Bereichen gleichzeitig stattfindet.

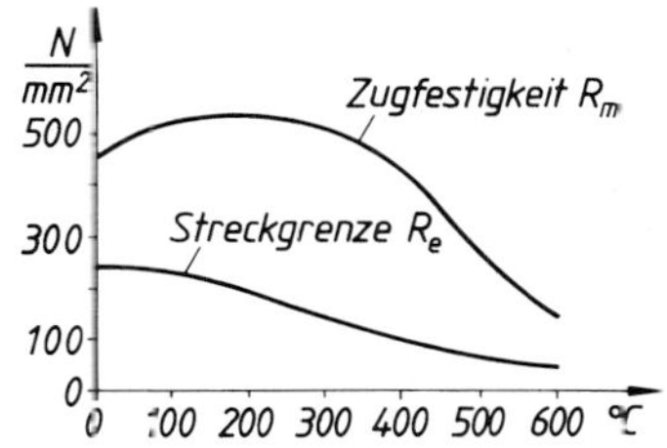

Bild 5.10 Zugfestigkeit und Streckgrenze (Fließgrenze) bei höheren Temperaturen

Kaltumformen ergibt dann Eigenspannungen, wenn nicht alle Werkstoffbereiche gleichmäßig betroffen werden. Beim Rückgang des elastischen Anteils der Verformung behindern die plastisch verformten Bereiche die Rückfederung.

Beispiel: Kalt gezogener Rundstahl steht an der Oberfläche unter Zugspannungen. Beim einseitigen Fräsen einer Nute überwiegen die Zugspannungen an der gegenüberliegenden Seite und versuchen, die Seite zu verkürzen. Dadurch wird die Welle elastisch verbogen. Beim Fräsen von gegenüberliegenden Nuten oder Flächen tritt kein Verzug auf.

Hinweis: Normal- und Weichglühen können mit einem Spannungsarmglühen gekoppelt werden. Dazu ist nach diesem Glühen nur ein langsames Abkühlen aus ca. 600 °C erforderlich.

5.2.4 Diffusionsglühen

Verfahrensziel: Ausgleich von Konzentrationsunterschieden im Gefüge durch Diffusion. Die Unterschiede werden gemildert, aber nicht völlig abgebaut (Bilder 5.11 und 5.12).

Gefügeänderung: Diffusion erfordert hohe Temperaturen, Stahl ist dann austenitisch und löst ausgeschiedene Phasen auf. Fremdatome können von Bereichen hoher Konzentration in solche mit niedriger wandern. Dabei wirkt der Konzentrationsunterschied als treibende Kraft.

Verfahren: Der Werkstoff wird langzeitig im Bereich zwischen 1000 und 1300 °C je nach C-Gehalt geglüht und langsam abgekühlt. Begleiterscheinungen sind:

- Zunderbildung und Randentkohlung, die durch Schutzgas oder Vakuum vermieden werden können.
- Starkes Kornwachstum, das durch nachträgliches Normalisieren behoben werden muss.

Bei Anwendung des Verfahrens auf Rohblöcke werden diese Nachteile durch die Warmumformung aufgehoben. Die Diffusionswege werden verkürzt (kürzere Glühzeiten).

Anwendungen: Verteilung von Korngrenzenseigerungen bei Automatenstählen, die höhere S-Gehalte (als MnS) aufweisen (Bild 5.11).

Das Verfahren kann auf alle anderen metallischen Werkstoffe angewandt werden.

Beispiel: Zur Vorbeugung gegen Spannungsrisskorrosion werden Kaltformteile aus CuZn-Legierungen bei ca. 300 °C spannungarmgeglüht.

Konzentrationsunterschiede entstehen beim Erstarren durch *Seigerung* (→ 3.6.5). Ein Ausgleich kann nur stattfinden, wenn die Diffusionswege klein sind, z. B. bei Unterschieden zwischen Kern und Rand eines Kristalls (→ Bild 2.62).

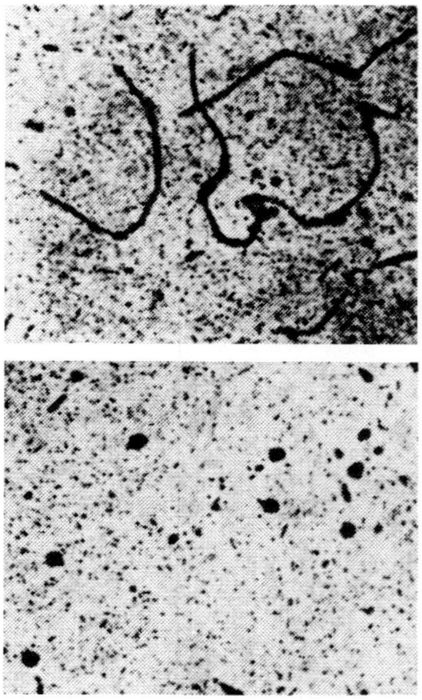

Bild 5.11 Gefügeänderung durch Diffusionsglühen, oben Sulfidseigerungen auf den Korngrenzen, unten nach dem Glühen.

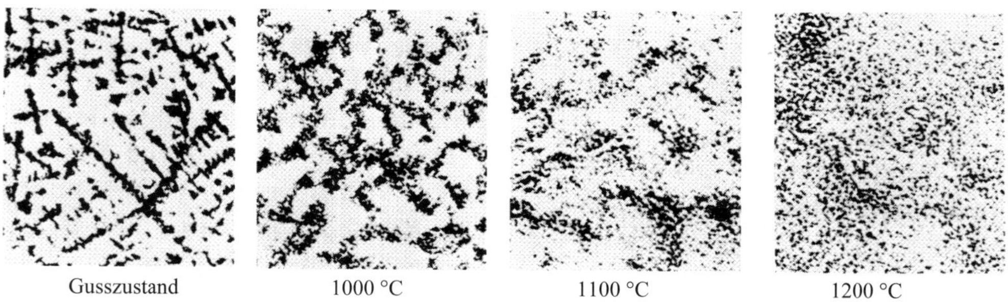

Gusszustand 1000 °C 1100 °C 1200 °C

Bild 5.12 Legierter Stahlguss mit groben Primärkristallen aus hochschmelzenden Carbiden. Sie werden mit steigender Temperatur gleichmäßiger über den Querschnitt verteilt (auch Homogenisierungs- oder Verteilungsglühen genannt).

5.2.5 Rekristallisationsglühen

Verfahrensziel: Das Verfahren soll die mit einer Kaltumformung einhergehende Kaltverfestigung wieder rückgängig machen und die plastische Verformbarkeit wiederherstellen.

Gefügeänderungen: Neubildung des Gefüges durch die Rekristallisation. Die gestreckten Kristallite des verformten Gefüges lösen sich auf, es entstehen solche mit normaler polyedrischer Gestalt (Bild 5.13).

Bei stärkeren Kaltumformungen (z. B. Feinblech) muss evtl. zwischen den Walzgängen der verfestigte Werkstoff wieder „weich" gemacht werden. Das Rekristallisationsglühen wird deshalb auch *Zwischenglühen* genannt.

Hinweis: Kapitel Rekristallisation 2.4.2 mit Rekristallisationsschaubild.

Geringe Kaltumformung ergibt nach dem Glühen ein *grobkörniges* Rekristallisationsgefüge. Dieser kritische Verformungsgrad (für C-arme Stähle ca. 5...15 %) ist zu vermeiden, oder es muss normalisiert werden.

Verfahren: Temperatur-Zeit-Verlauf hängen:

- vom Werkstoff ab, es ist für alle Metalle geeignet. Glühen dicht oberhalb der Rekristallisationstemperatur (Tabelle 2.17),
- vom Verformungsgrad, je höher, desto niedriger kann die Glühtemperatur sein.

Glühtemperaturen können den Rekristallisationsschaubildern entnommen werden. Mit steigender Glühtemperatur fällt die Glühzeit stark ab.

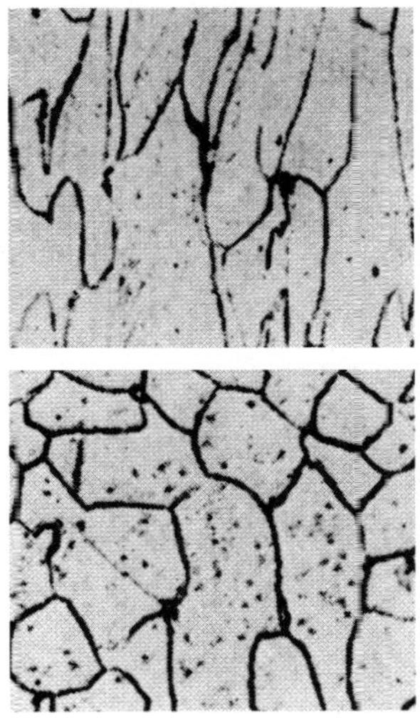

Bild 5.13 Änderung des Gefüges durch Rekristallisationsglühen, oben kaltverformt, unten rekristallisiert

Anwendungen: Zwischenglühen beim Ziehen von Draht, Kaltwalzen von Blech, Tiefziehen von Blechteilen, Fließpressen in mehreren Stufen.

Bei umwandlungfreien (ferritischen und austenitischen) Stählen ist Rekristallisationsglühen die einzige Möglichkeit, ein grobes Korn zu beseitigen (Halbzeuge, Rohteile).

5.3 Härten und Vergüten

5.3.1 Allgemeines

Härte- und Vergütungsverfahren geben dem Werkstoff eine Eigenschaftskombination **Härte-Zähigkeit**, die in Grenzen veränderbar ist und dem Anforderungsprofil des Bauteiles angepasst werden kann.

Sie beruhen auf ähnlichen inneren Vorgängen während der beschleunigten Abkühlung (Abschrecken) des Stahles, führen aber zu unterschiedlichen Eigenschaftsprofilen und damit Einsatzbereichen (→ Übersicht).

Übersicht: Unterschied Härten/Vergüten

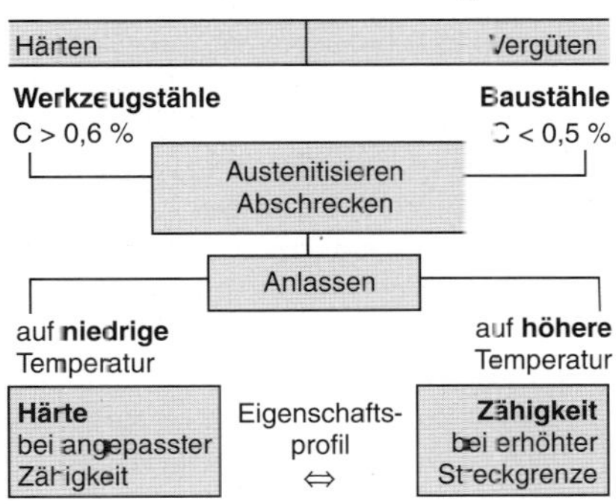

Voraussetzungen für das Härten des Stahles sind (→ auch Kapitel 3.3.2):

- Gitterumwandlung von kfz Austenit zu krz Ferrit am Haltepunkt Ar_3,
- Verschiebung der Umwandlungspunkte infolge der Hysterese,
- praktische Unlöslichkeit des C im Ferritgitter.

5.3.2 Austenitzerfall

Die Umwandlung des Austenits zu Perlit, wie sie mit Bild 3.7 beschrieben wird, stellt sich nur bei sehr langsamer Abkühlung ein.

Bild 5.14 zeigt, dass sich mit zunehmender Abkühlgeschwindigkeit die Haltepunkte vereinigen und dann ganz verschwinden. Zuvor tritt ein neuer Haltepunkt auf, als Martensit-Startpunkt M_s bezeichnet. Hier beginnt die Umwandlung des Austenits zu **Martensit** (Bild 5.17).

Dann ist die *untere,* kritische Abkühlgeschwindigkeit v_{ukrit} überschritten. Um die Perlitbildung vollständig zu unterdrücken, muss die *obere,* kritische Abkühlgeschwindigkeit v_{okrit} überschritten werden.

Bild 5.15 zeigt schematisch die Auswirkung zunehmender Abkühlgeschwindigkeit auf das Gefüge eines Stahles mit 0,4 % C. Die zunehmende Abkühlwirkung wird durch die Abkühlmedien (Luft, Wasser, Öl) erreicht.

Bildteil a: Bei langsamer Abkühlung im Ofen bildet sich ein Gefüge mit etwa gleichen Teilen Ferrit und Perlit mit gröberen Körnern (Gefügebild 5.16a).

Bildteil b: Bei Abkühlung an ruhender Luft entsteht ein feinkörnigeres Gefüge aus Perlit mit weniger Ferritkörnern (Gefügebild 5.16b).

Bildteil c: Bei weiterer Steigerung der Abkühlgeschwindigkeit, z. B. im Bleibad, kann die Ferritausscheidung ganz unterdrückt werden, evtl. bildet sich sehr feinstreifiger Perlit mit netzförmigem Ferrit (Gefügebild 5.16c).

Bildteil d: Bei Abschrecken in Ölbädern kann eine neue Kristallart, der nadelige Martensit entstehen, neben sehr dichtstreifigem Perlit, der z. T. rosettenförmig von einem Keim aus wächst.

Bildteil e: Bei sehr hoher Abkühlgeschwindigkeit durch Abschrecken in Wasser wird die Perlitbildung vollständig unterdrückt. Der Austenit wandelt sich in Martensit um (Gefügebild 5.16d).

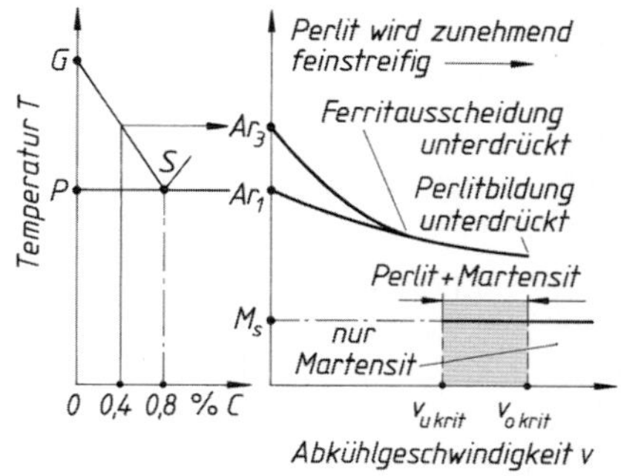

Bild 5.14 Einfluss der Abkühlgeschwindigkeit auf die Lage der Haltepunkte Ar_3 und Ar_1 eines Stahles mit bestimmten C-Gehalt

Hinweis: Martensit, Härtungsgefüge des Stahles, nach A. Martens, +1900, Forscher auf dem Gebiet der Werkstoffprüfung

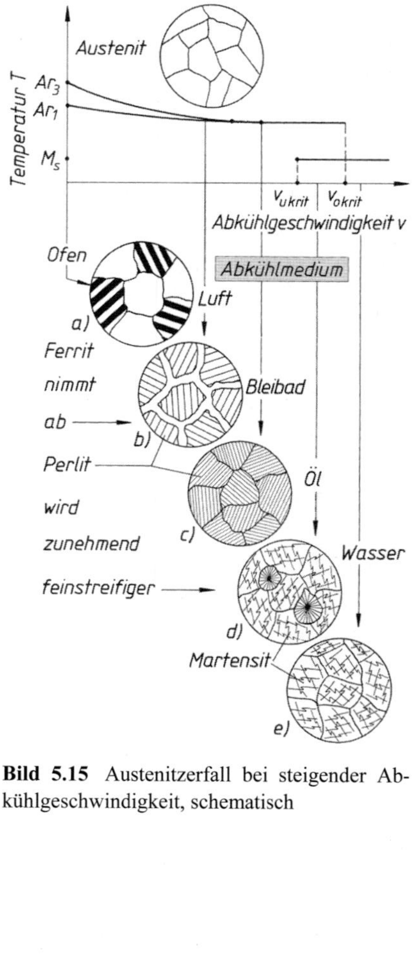

Bild 5.15 Austenitzerfall bei steigender Abkühlgeschwindigkeit, schematisch

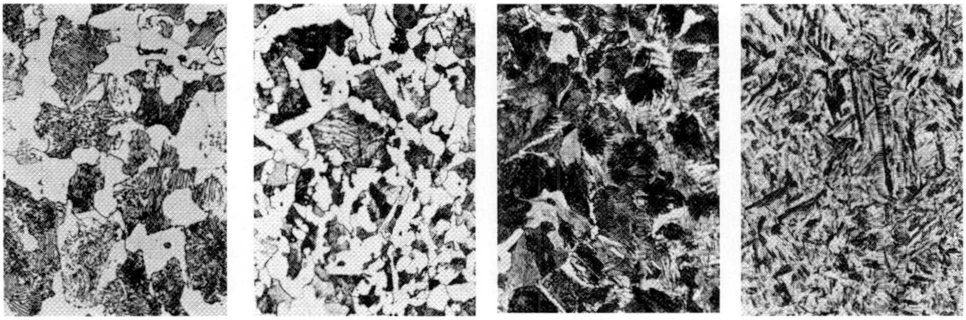

a) Ofen, Ferrit + Perlit b) Luft, Ferrit + Perlit c) Öl, feinstreifiger Perlit + Ferritnetz d) Wasser, Martensit

Bild 5.16 Austenitzerfall bei steigender Abkühlgeschwindigkeit, Stahl mit 0,45 % C, bei 860 °C austenitisiert wird in verschiedenen Medien abgekühlt 500:1

Beim Härten soll Austenit in reinen Martensit umwandeln. Es gilt, die Perlitbildung vollständig zu unterdrücken. Hierzu muss mit einer Abkühlgeschwindigkeit $v > v_{okrit}$ abgekühlt werden. v_{krit} hängt von der Stahlanalyse ab (Tabelle).

Kritische Abkühlgeschwindigkeit bei steigendem Mangangehalt

C %	Mn %	v_{krit} in K/s = °C/s
0,6	–	1800
0,6	0,3	750
0,9	1,1	200
0,8	1,5	80

5.3.3 Martensit, Struktur und Bedingungen für die Entstehung

Martensit ist eine Kristallart, die dann entsteht, wenn die Gitterumwandlung des Austenits mit gelöstem Kohlenstoff bei *niedriger* Temperatur erfolgt, sodass die C-Atome *nicht diffundieren* können.

Martensit entsteht durch Umwandlung des kfz-Austenitgitters ohne Platzwechsel der C-Atome (diffusionslose Umwandlung).

Es bilden sich plattenförmige Kristalle, die im Schliffbild als Nadeln oder Spieße erscheinen (Bild 5.20).

Das größere Volumen des Martensits erzeugt im Kristallgitter Druckspannungen, die zusammen mit der Mischkristallverfestigung durch die C-Atome die große Härte und Sprödigkeit des martensitischen Gefüges erklären.

Im kubisch-raumzentrierten Gitter des α-Eisens ist für das C-Atom normalerweise kein Raum frei. Seine *Zwangslösung* verzerrt das Gitter und weitet es *tetragonal* auf (Bild 5.17).

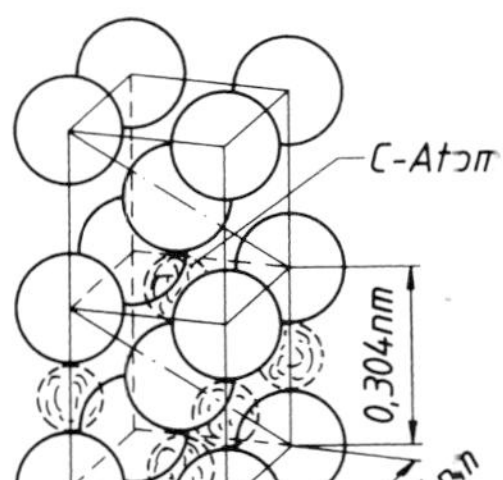

Bild 5.17 Elementarzelle des Martensits. Die gestrichelten Kreise sind die möglichen Zwischengitterplätze für das C-Atom.

Hinweis: Weitere martensitische Umwandlungen: Phasenumwandlungen (→ 2.5.11), Martensitaushärtende Stähle (→ 5.4.4), Umwandlungsverfestigung von ZrO_2 (→ 8.4.1).

Ablauf der Martensitbildung

Die Martensitbildung beginnt beim Punkt M_S und verläuft nicht bei konstanter Temperatur, wie z. B. die Bildung eines Eutektikums, oder des Eutektoides Perlit. Martensit entsteht nur bei weiter *fallender* Temperatur.

Bild 5.18 zeigt zwei Linien, die mit steigendem C-Gehalt fallen. Es sind dies die Haltepunkte für die Martensitbildung:

- M_s Beginn (start),
- M_f Ende (finish) der Martensitbildung.

Im schraffierten Bereich bildet sich dann Martensit, wenn vorher austenitisiert und überkritisch abgekühlt wurde. Beide Linien werden durch LE nach unten verschoben.

Martensit wächst unter Volumenvergrößerung und schließt unter Druck kleine Reste von Austenit ein, die zunächst nicht mehr umwandeln (Restaustenit).

An der unteren Linie (Bild 5.18) ist zu erkennen:

Bei Stählen mit über 0,6 % C-Gehalt liegt der M_f-Punkt unter RT. Sie enthalten nach dem Abschrecken größere Anteile an Restaustenit, der wesentlich weicher ist als Martensit.

Restaustenit führt zu einer geringeren Gesamthärte des Gefüges (Bild 5.19).

Als wichtige Forderung ergibt sich daraus: Überperlitische Stähle dürfen beim Austenitisieren nur über Ac_1 erwärmt werden, sonst löst der Austenit weitere C-Atome und wandelt sich nicht vollständig um (Bild 5.20).

Tieftemperaturbehandlung: Restaustenit kann bei ca –100 °C in Martensit umgewandelt werden. Diese Behandlung muss *sofort* nach dem Abschrecken erfolgen. Das Verfahren führt zu einer Erhöhung der Standzeit von Werkzeugschneiden, z. B. bei feinen Messern.

Restaustenit wandelt auch beim nachfolgenden Anlassvorgang direkt in kubischen Martensit um, der sich bei 100...200 °C unter Abnahme der Spannungen bildet.

Hinweis: Restaustenit in bainitischem Gusseisen erhöht die Zähigkeit und Dauerfestigkeit (→ 6.4).

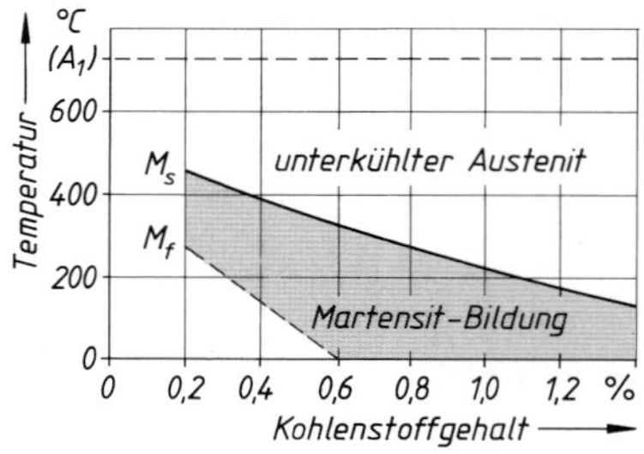

Bild 5.18 Start und Ende der Martensitbildung

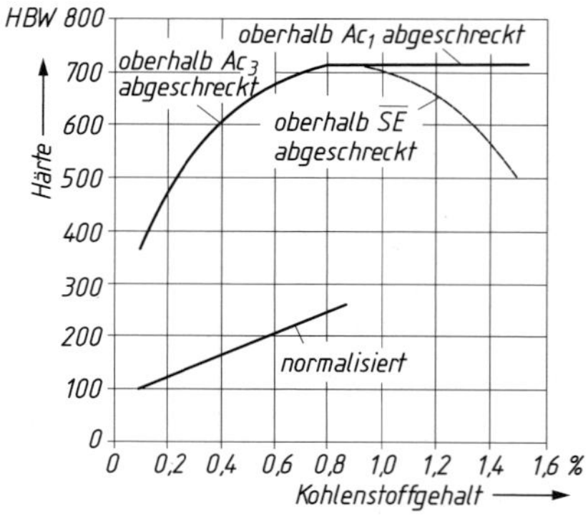

Bild 5.19 Glüh- und Abschreckhärte von Stahl in Abhängigkeit vom C-Gehalt

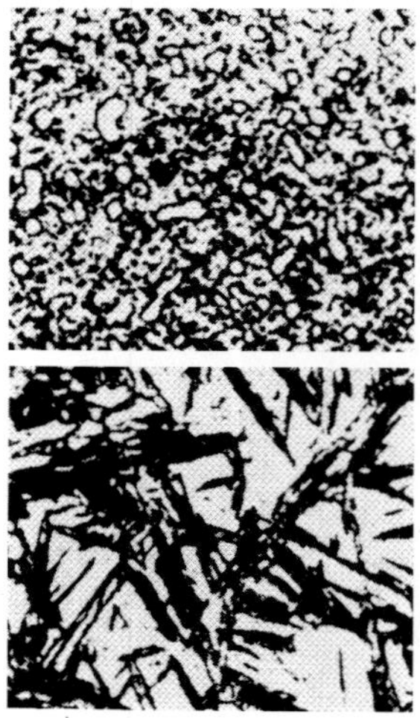

Bild 5.20 Härtungsgefüge eines unlegierten Stahles mit 1,3 % C
a) richtig gehärtet, körniger Zementit in strukturlosem martensitischen Grundgefüge,
b) überhitzt gehärtet, grobe Martensitnadeln in Restaustenit (hell)

5.3.4 Härtbarkeit der Stähle

Beim Abschrecken größerer Querschnitte führt die schlechte Wärmeleitfähigkeit des Stahles zu großen Temperaturunterschieden ΔT (Bild 5.21).

Ablesebeispiel: Bei t_1 auf der Zeit-Achse senkrecht nach oben gehen. Der Abstand der beiden Kurven (Punkte) ist $\Delta T \approx 250$ °C, die Kerntemperatur ist um diesen Betrag höher.

Bei 500 °C auf der Temperatur-Achse (Pfeil) nach rechts gehen. Die Schnittpunkte mit den Kurven auf die Zeit-Achse projezieren. Der Rand ist nach 20 s, der Kern nach 60 s auf 500 °C abgekühlt, erreicht die *Perlitstufe* also 40 s später!

Wenn in der Randschicht gerade noch die Abkühlgeschwindigkeit v_{krit} auftrat, so wird sie zum Kern hin mehr und mehr unterschritten.

Unlegierte Stähle erreichen dadurch nur an der Oberfläche eine martensitische Schicht mit hoher Härte (Schalenhärter). Dicht darunter entstehen die anderen Umwandlungsgefüge, je nach Dicke des Werkstückes (Bild 5.23).

Härtbarkeit ist die Eigenschaft des Stahles, beim Abschrecken Härte anzunehmen. Sie wird mit zwei Werkstoffkennwerten beschrieben, die durch die Werkstoffprüfung ermittelt werden:

- **Aufhärtbarkeit** (Aufhärtung) wird durch die *größte* am Rand erreichbare *Härte* beschrieben und gemessen. Sie wird allein von seinem C-Gehalt bestimmt (Bild 5.19). Mehr als 65 HRC (≤ 720 HB) sind nicht möglich.
- **Einhärtbarkeit** (Einhärtung) wird durch die Einhärtungstiefe der martensitischen Umwandlung beschrieben und gemessen.

Die Härtbarkeit der Stähle wird auch von ihrer Erschmelzungs- und Vergießungsart beeinflusst. Ursache sind hierfür die winzigen, nichtmetallischen Einschlüsse, die je nach Herstellungsverfahren im Stahl vorhanden sind.

Sie stellen *Keime* dar, an denen beim Abschrecken die Perlitbildung beginnt, was beim Härten vermieden werden muss.

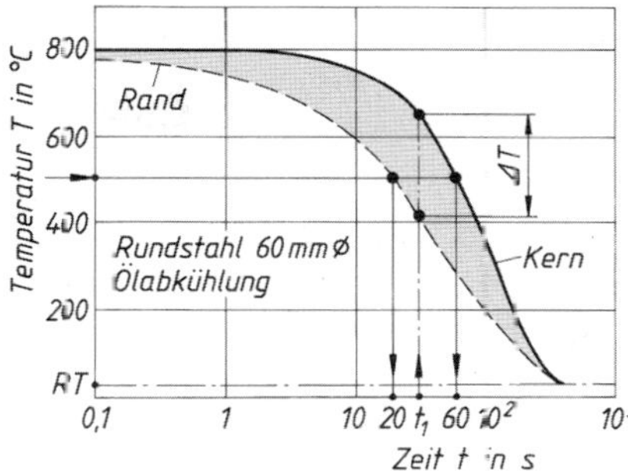

Bild 5.21 Abkühlverlauf in Rundstahl von 60 mm Ø bei Ölabkühlung (nach *Hougardy*)

Der Linienabstand (Rasterfläche) steigt mit dem Durchmesser an (größere Wärmeenergie), ebenso mit dem Gehalt an LE (schlechtere Wärmeleitung).

Unlegierte Stähle sind sog. *Schalenhärter*, sie behalten einen zähen Kern, für schlagbeanspruchte Werkzeuge und Bauteile geeignet (Kaltschlagmatrizen, Ziehringe und -stempel, Sägen für die Holzbearbeitung).

Hinweis: Die Härtbarkeit eines Stahles kann mit der Stirnabschreckkurve beurteilt werden (Bild 5.22). Sie wird mit wenig Aufwand durch den *Stirnabschreckversuch* DIN EN ISO 642/00 ermittelt (→ 15.7).

Einhärtungstiefe Et ist der Abstand in mm vom Rand senkrecht zum Kern bis zu einer Stelle mit einer vereinbarten **Grenzhärte GH.** GH kann z. B. auf 50 % der Randhärte festgelegt werden (Bild 5.22).

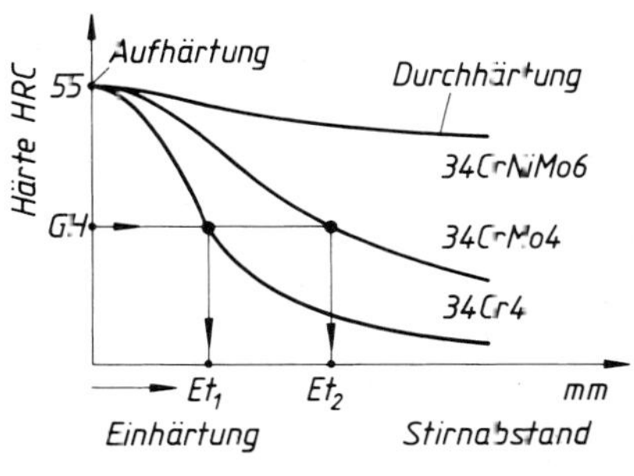

Bild 5.22 Stirnabschreckkurven (schematisch) und Begriffe der Härtbarkeit

Deshalb mindern diese Teilchen die Einhärtung. Damit ergibt sich eine Möglichkeit, die Einhärtung zu vergrößern, nämlich durch eine

Höhere Härtetemperatur. Mögliche Keime für die Perlitbildung gehen noch in Lösung. Das verzögert die Perlitbildung. Die kritische Abkühlgeschwindigkeit wird erniedrigt.

Hinweis: Stähle *gleicher* Sorte, aber aus *verschiedenen* Chargen, haben wegen des verschiedenen Reinheitsgrades ein unterschiedliches Einhärten (Streuband der Stirnabschreckkurven Bild 15.30).

Diese Maßnahme ist begrenzt durch die Gefahr des Kornwachstums, es entsteht dann ein grobnadeliges Martensitgefüge. Bei überperlitischen Stählen erhöht sich der Anteil an Restaustenit (Bild 5.20 b).

Eine weitere Möglichkeit ist das Abschrecken in:

Abschreckmitteln mit angepasster Kühlwirkung. Das ideale *Abschreckmittel* muss seine größte Abschreckwirkung dann entfalten, wenn der *Rand* des Teils ohne Umwandlung in die Perlitstufe eintritt. Es soll erst dann langsamer wirken, wenn der *Kern* die Perlitstufe ohne Umwandlung durchlaufen hat (→).

Beispiel: Das Abschreckmaximum kann bei Wasser durch den Zusatz von 10 % Natronlauge (NaOH) oder durch Cyansalze verbreitert werden (Bild 5.27). Härteöle besitzen gegenüber einfachen Mineralölen ebenfalls ähnlich wirkende Zusätze.

In der *längeren* Kochperiode wird dem Teil mehr Wärme entzogen, sodass auch im Kern die kritische Abkühlgeschwindigkeit überschritten wird.

Durchhärtung ist die Einhärtung bis hin zum Kern. Sie ist für hochbeanspruchte Werkzeuge und Bauteile (vergütet) erforderlich.

Größere Einhärtung erfordert ein überkritisches Abkühlen bis in größere Tiefe hin zum Kern des Werkstückes.

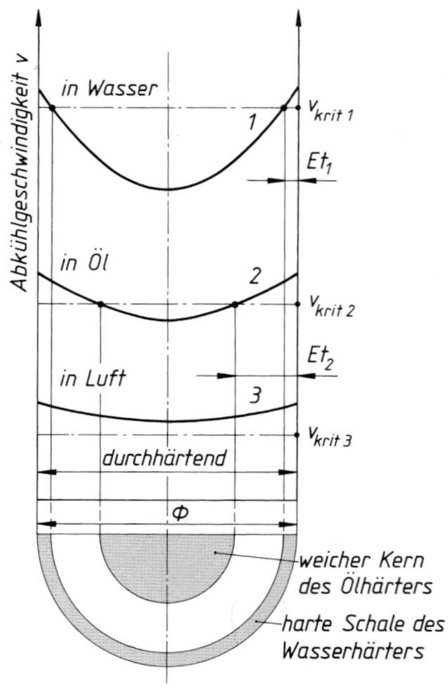

Bild 5.23 Ein- und Durchhärtung bei Stählen verschiedener Analyse (Houdremont) Rundstab 100 mm Ø

Verwendung legierter Stähle. Legierungselemente, die bei der Härtetemperatur im Austenit „in Lösung" sind, müssen bei der Perlitbildung ebenfalls diffundieren. Sie behindern die Perlitbildung, die dadurch viel langsamer erfolgt.

Das bedeutet, dass die kritische Abkühlungsgeschwindigkeit *kleiner* wird. Es kann in Öl abgeschreckt werden (Bild 5.23, Kurve 2).

Bei größeren Gehalten an z. B. Mn, Cr und Ni entstehen Stähle, die bei Abkühlung durch bewegte Luft härten, die *Lufthärter* (Bild 5.23, Kurve 3).

Legierungselemente senken die kritische Abkühlgeschwindigkeit. Dadurch können mildere Abschreckmittel verwendet werden, welche eine Durchhärtung möglich machen.

5.3.5 Verfahrenstechnik

Härten läuft in 3 Stufen ab (Bild 5.24):

1. Austenitisieren, d. h. Erwärmen und Halten auf Abschrecktemperatur,
2. Abschrecken mit über v_{krit}[1],
3. Anlassen.

Die erreichbare Härte hängt *allein* vom C-Gehalt des Stahles ab (Bild 5.19). Die Legierungselemente (LE) senken allgemein v_{krit}, ihr Gehalt bestimmt das Abschreckmittel.

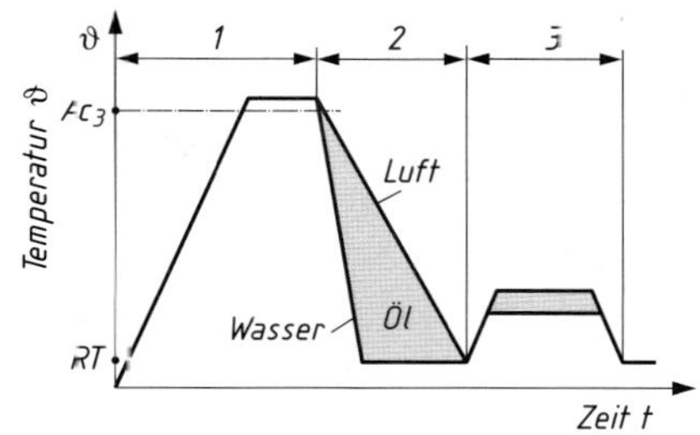

Bild 5.24 Temperatur-Zeit-Verlauf beim Härten, schematisch

1) Austenitisieren

Austenitisieren ist unter 5.2 behandelt. Die Temperaturen liegen je nach C-Gehalt 30...50 °C *oberhalb* der Linie GSK.

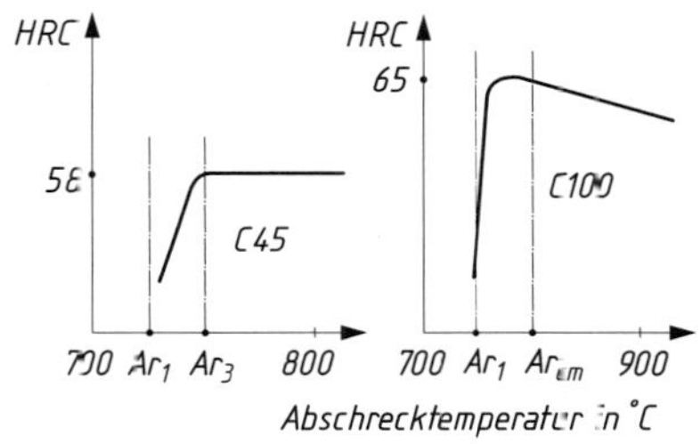

Bild 5.25 Härte unlegierter Stähle bei verschiedenen Abschrecktemperaturen

Fehlermöglichkeiten beim Erwärmen sind:

Zu *hohe* Temperaturen (Überhitzen). Sie erzeugen ein gröberes Austenitkorn, das sich ungünstig auf das Härtegefüge auswirkt. Dieses wird dann entsprechend *grobnadlig*. Bei überperlitischen Stählen tritt dabei noch *Restaustenit* auf, der die Gesamthärte senkt (Bild 5.20b).

Hinweis: Der Verlauf der richtigen Härtetemperatur für überperlitische Stähle ist mit Hilfe des Bildes 5.19 erläutert.

Zu *niedrige* Temperaturen (Unterhärten). Sie lassen Ferritreste im Austenit zurück, die beim Abschrecken nicht zu Martensit umgewandelt werden können. Die Folge ist *Weichfleckigkeit* durch den weichen Ferrit im Martensit. Die max. Härte wird nicht erreicht (Bild 5.25).

Randentkohlung entsteht durch Oxidation im Ofenraum oder durch Salzbäder. Nach dem Abschrecken hat das Teil eine *Weichhaut*. Die Folgen auch einer *sehr dünnen* Weichhaut sind:

Randentkohlung kann daneben auch beim Überführen des glühenden Werkstückes vom Erwärmen zum Abschreckmittel eintreten. Moderne Verfahren (Vakuumhärten) vermeiden diese Schwachstelle.

Bauteile ↘ mit ↗ **Dauerfestigkeit**
kleinerer
Werkzeuge ↗ ↘ **Standzeit**

Hinweis: Das *Nitrieren* gehärteter Werkzeuge kann eine evtl. vorhandene Weichhaut durch Härtesteigerung kompensieren.

[1] bei v_{krit} ist immer die obere kritische Abkühlgeschwindigkeit gemeint.

2) Abschrecken

Zur Erzeugung von Martensit muss die Perlitbildung *vollständig* übersprungen werden. Das tritt ein, wenn mit der kritischen Abkühlgeschwindigkeit v_{krit} abgeschreckt wird.

v_{krit} ist eine Werkstoffgröße, die von der Stahlanalyse abhängt. Legierungselemente (LE) senken diese Größe, Mn sehr stark (Tabelle 5.5).

LE senken die kritische Abkühlgeschwindigkeit, dadurch können *milderwirkende* Abschreckmittel verwendet werden.
Höhere Abschrecktemperaturen wirken in die gleiche Richtung.

Die hohe Abkühlgeschwindigkeit braucht nicht bis auf Raumtemperatur eingehalten werden. Bild 5.26 zeigt, dass Perlit im Temperaturbereich der *Perlitstufe* besonders schnell gebildet wird. Dort muss das Abschreckmittel besonders intensiv wirken.

In dieser *Perlitstufe*, im Temperaturbereich um 550 °C, zerfällt Austenit in Bruchteilen einer Sekunde *zu feinstreifigem* Perlit.

Bei tieferen Temperaturen, oberhalb M_s, verläuft die Austenitumwandlung träger. Die hohe Abkühlungsgeschwindigkeit braucht deswegen nicht bis auf Raumtemperatur herunter eingehalten zu werden.

Richtiges Abschrecken soll den Austenit ohne Umwandlung auf Temperaturen dicht über M_s abkühlen.

Abschreckmittel

Abschreckmittel mit fallender Wirkung sind:

- Wasser, evtl. mit Zusätzen,
- Öle,
- Metallschmelzen, Salzschmelzen,
- Wirbelbetten,
- strömende Gase, ruhende Luft.

Flüssigkeiten wie Wasser und Öl entziehen die Wärme dem Bauteil *nicht gleichmäßig*. Nach

Tabelle 5.5: Kritische Abkühlgeschwindigkeit bei steigendem Mangangehalt

C %	Mn %	v_{krit} in K/s = °C/s
0,6	–	1800
0,6	0,3	750
0,9	1,1	200
0,8	1,5	80

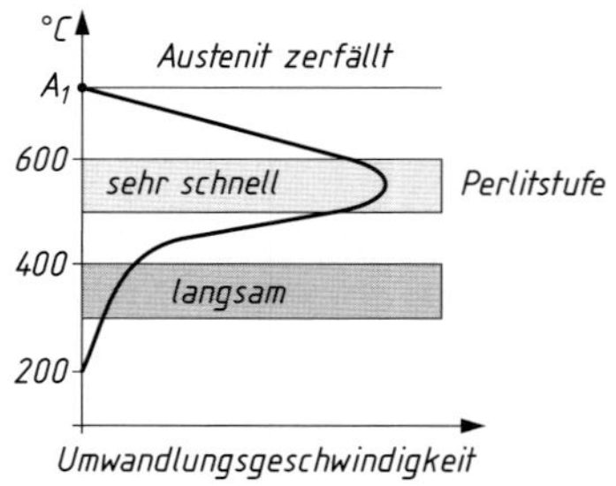

Bild 5.26 Der Zerfall des Austenits in verschiedenen Temperaturbereichen

Anwendung: Feinstreifiger Perlit hat bei hoher Festigkeit noch gute Dehnungswerte, günstig für das *Ziehen von Draht*. Diese Umwandlung wird als *Patentieren* angewandt.

Anwendung: Die Trägheit der Austenitumwandlung dicht oberhalb der M_s-Temperatur wird zum *verzugsarmen* Härten benutzt (Stufenhärten, Warmbadhärten, Bild 5.33). Es besteht aus folgenden Abschnitten:

Schnelles Durchlaufen der Perlitstufe, dann Halten des *unterkühlten* Austenits zum Temperaturausgleich und Abbau der Wärmespannungen. Danach Abkühlung auf RT und Martensitbildung.

Das Abschrecken des Stahles steht unter einem Zielkonflikt:

Abschrecken	Begründung
– so schnell wie **nötig**	Perlitbildung vermeiden.
– so langsam wie **möglich**	Spannungen, Verzug, Risse

dem Eintauchen bildet sich ein *Dampfmantel*, der die Wärmeabfuhr verhindert und das Werkstück gegen die Flüssigkeit isoliert. Die Abkühlgeschwindigkeit ist deswegen anfangs noch gering (Bild 5.27).

Später wird der Dampfmantel durchbrochen, und es lösen sich mehr und mehr Dampfblasen ab. Sie entziehen ihre *Verdampfungswärme* dem Werkstück. Dadurch kühlt es schneller ab, seine Abkühlgeschwindigkeit erhöht sich und erreicht in dieser Kochperiode ein Maximum (Nase in Bild 5.27).

Wenn das Werkstück kälter wird, lässt die Dampfentwicklung nach. Schließlich wird die Wärme nicht mehr durch Verdampfung, sondern durch *Wärmeleitung* abgeführt. Dadurch verringert sich die Abkühlgeschwindigkeit.

Der *Bereich der größten Abschreckwirkung* (Nase in Bild 5.27) lässt sich durch Zusätze verschieben oder erweitern (Kurve 3).

Öle haben demgegenüber höhere Siedepunkte und schlechtere Wärmeleitfähigkeit (Kurve 2 in Bild 5.27). Bild 5.28 zeigt die Abkühlzeit in Wasser, Öl und Luft für Rundbolzen mit steigenden Durchmessern.

Salzbäder bestehen aus geschmolzenen Na- und K-Nitraten von 150…550 °C. Sie wirken nur durch Wärmeleitung und dadurch wesentlich milder.

Wirbelbetten arbeiten mit Al-Oxidteilchen, die durch einströmende Luft ein *Fluid* bilden, d. h. sich wie eine Flüssigkeit verhalten.

Ihre Abkühlwirkung (unbeheizt) ist geringer als die von Öl. Sie können aber auch mit *gekühlten* Gasen betrieben werden. Für die Warmbadhärtung von mittel- und hochlegierten Stählen sind sie den Salzbädern gleichwertig.

Bei Einsatz als Wirbelbett-*Ofen* kann mit Stickstoff fluidisiert werden, die Beheizung erfolgt dann indirekt. Ihre Erwärmkurve steht zwischen der im Salzbad und Kammerofen.

Analogie: Wassertropfen auf einer heißen Herdplatte gleiten zischend auf einem Dampfpolster hin und her. Es isoliert und verhindert die spontane Verdampfung.

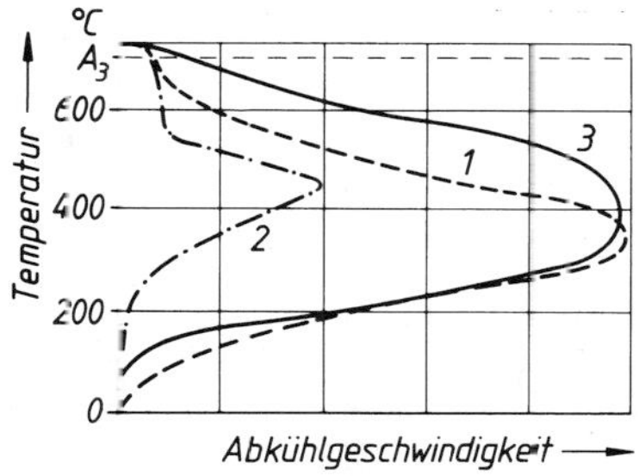

Bild 5.27 Die Abkühlwirkung von Abschreckmitteln bei sinkender Temperatur
1 Leitungswasser, 2 Öl, 3 Wasser mit Zusatz

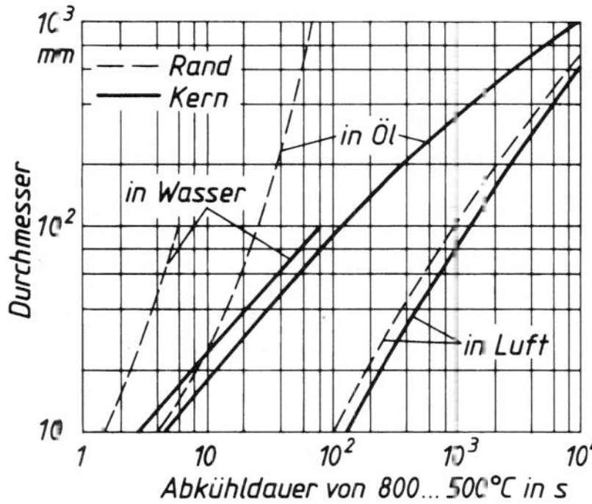

Bild 5.28 Abkühlverlauf von Rundbolzen in verschiedenen Abschreckmitteln

Das Diagramm wird in Verbindung mit ZTU-Schaubildern verwendet, um die unterschiedliche Umwandlung von Rand und Kern zu beurteilen.

Vorteile des Wirbelbettverfahrens für die Wärmebehandlung gegenüber Salzbädern:

Kurzfristige Inbetriebnahme (keine Gefahr des Einfrierens), Gleichmäßigkeit der Temperaturverteilung, Wegfall der Reinigung der Teile von Salzresten, keine Entsorgungsprobleme.

Nachteil ist die *Schattenwirkung*, d. h. ein ungleichmäßiges Anströmen der Teile, wenn viele in Gestellen eingehängt werden.

Vakuumhärten ist Erwärmen in evakuierten Retorten mit Stickstofferwärmung im unteren Temperaturbereich (konvektive Erwärmung), im oberen über Strahlung. Das Abschrecken erfolgt im Vakuumofen durch Hochdruckgasabschreckung.

Hochdruckgasabschrecken wird mit N_2 oder einem Gemisch aus He/N_2 unter 6 bar mit hoher Geschwindigkeit durchgeführt. Die Abschreckwirkung liegt zwischen der von Öl- und Salzbädern und ist regelbar.

3) Anlassen

Alle richtig abgeschreckten Teile sind *glashart* und auch so *spröde* wie Glas. Zum Gebrauch benötigen sie eine gewisse *Zähigkeit*, damit sie nicht schon durch einfaches Anstoßen zerbrechen.

Diese Zähigkeit wird durch das *Anlassen* erreicht.

Anlassen ist ein *Wiedererwärmen* nach dem Abschrecken.

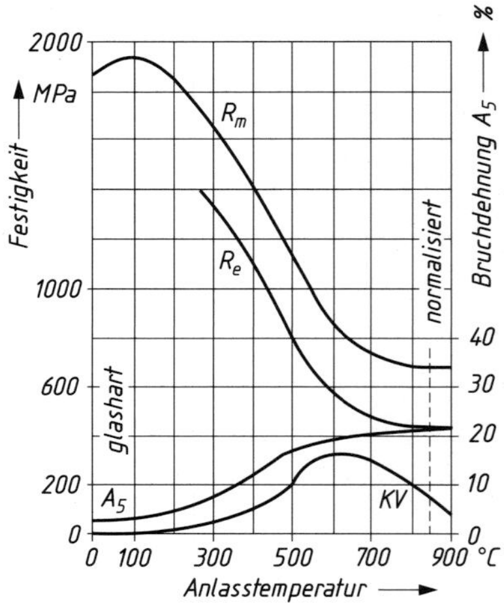

Bild 5.29 Anlassschaubild, Einfluss der Anlasstemperatur auf die Eigenschaften eines glashart abgeschreckten Stahles, 0,45 % C

Die Anlasstemperaturen hängen von der Stahlsorte und dem Verwendungszweck ab, sie liegen im Temperaturbereich von 150... 650 °C. Die Eigenschaftsänderungen zeigt Bild 5.29.

Härte und die **Streckgrenze** R_e sinken bei niedrigen Anlasstemperaturen nur *wenig*, mit steigender Temperatur schnell auf die Werte des normalisierten Zustandes.

Bruchdehnung A_5 und **Kerbschlagarbeit** KV verlaufen umgekehrt. Bei bestimmten Anlasstemperaturen wird ein *Höchstmaß* an Zähigkeit erreicht. In diesem Bereich liegen die Anlasstemperaturen zum Vergüten.

Gefügeänderung: Mit steigender Anlasstemperatur können sich die Wärmespannungen ausgleichen, ohne dass die Härte zurückgeht. Dabei verringert sich die Sprödigkeit. Diese *Entspannung* erfolgt bei Temperaturen bis 180 °C (Bild 5.30a).

Mit steigender Temperatur können C-Atome aus ihrer *Zwangslösung* im Martensit immer besser diffundieren.

Der metastabile Martensit versucht die C-Atome aus seinem Gitter zu verdrängen und in die stabile Form des C-freien Ferrits überzugehen.

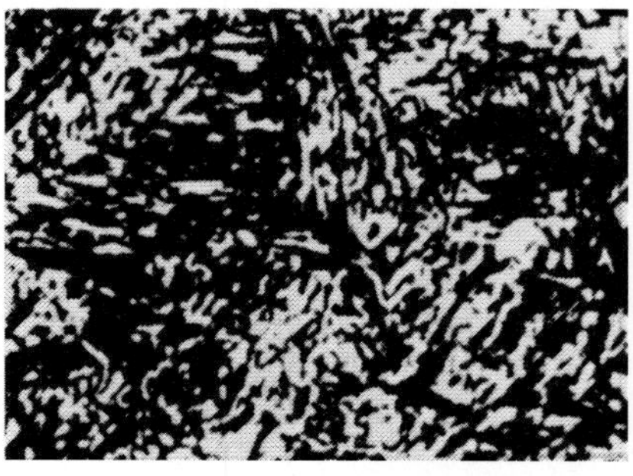

Bild 5.30a Anlassgefüge eines gehärteten Stahles, 0,45 % C
a) bei 150 °C 500:1

Zunächst geht bei etwa 200 °C die tetragonale Aufweitung des Martensits zurück. Einzelne C-Atome verlassen das Martensitgitter und bilden feinste Carbidteilchen.

Der Restaustenit wandelt sich in kubischen Martensit um. Dies ist ein etwas vergrößertes α-Gitter mit C-Atomen in einigen Elementarzellen. Bild 5.30b zeigt sehr dunkel geätzte Nadeln.

Mit *steigender Anlasstemperatur* kann der Kohlenstoff immer besser diffundieren und sich zu *größeren* Carbidkörnern zusammenballen, sie werden dann im Schliffbild sichtbar.

Durch die Carbidausscheidungen lässt die Härte des Martensits nach. Die feinkörnige, nadelige Struktur bleibt erhalten (Bild 5.30c).

Bei Anlasstemperaturen von 700 °C entsteht ein Gefüge, das dem körnigen Perlit ähnelt (Bild 5.30d). Infolge der Zunahme des Ferritanteils nehmen Dehnung und Zähigkeit zu.

Anlassen ist ein Diffusionsvorgang. Bei legierten Stählen sind diese Vorgänge durch die Anwesenheit der LE-Atome erschwert. Sie benötigen *höhere* Anlasstemperaturen und *längere* Anlasszeiten.

Wirksam sind dabei sowohl Temperatur als auch die Zeit. *Kurzzeitiges* Halten auf *höherer* Temperatur und *längeres* Halten auf *tieferer* Temperatur haben gleiche Wirkungen (Bild 5.31).

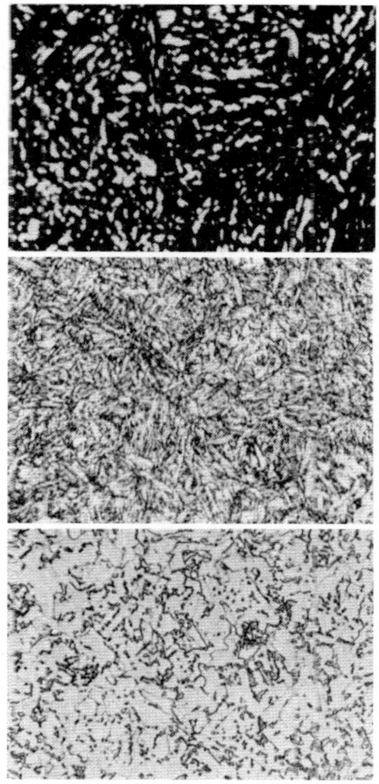
b) c) d)

Bild 5.30 Anlassgefüge eines gehärteten Stahles, 0,45 % C, bei b) 400 °C, c) 550 °C, d) 700 °C angelassen 500:1

Warmarbeitsstähle, d. h. Stähle für Gesenke, Pressformen für Kunststoff usw. müssen deshalb um 50…100 °C höher angelassen werden, als sie später im Betrieb erreichen (→).

Hinweis: Die Betriebswärme würde ein weiteres Anlassen mit Härteabfall bewirken. Maß- und Formänderungen sowie verminderte Standmenge oder -zeit wären die Folge.

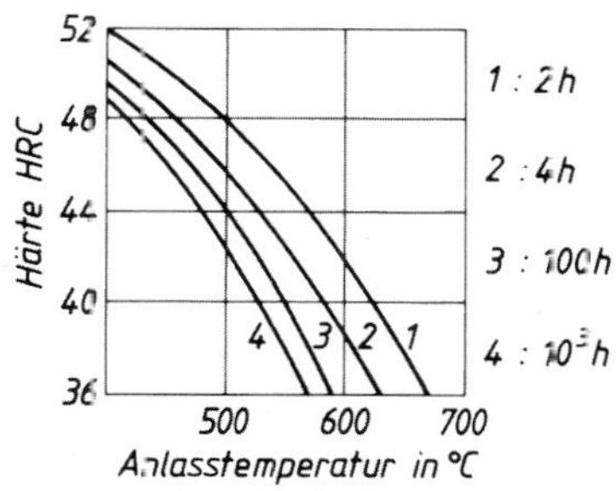

Bild 5.31 Anlassverhalten eines abgeschreckten Warmarbeitsstahles bei verschiedener Anlassdauer

Die Teile werden sofort nach dem Abschrecken je nach ihrer Form und Größe in Öfen oder Salzbädern, evtl. auch im Sandbad oder auf heißen Platten, erwärmt und etwa 2 h auf Anlasstemperatur gehalten.

Nach dem Anlassen soll das Teil langsam auf Raumtemperatur abkühlen, damit nicht neue Wärmespannungen entstehen. Nur für bestimmte legierte Stähle ist ein schnelles Abkühlen aus der Anlasstemperatur vorgeschrieben (Anlasssprödigkeit).

5.3.6 Härteverzug und Gegenmaßnahmen

Wir wissen aus unserer Werkstattpraxis, dass abgeschreckte Teile *Maß- und Formänderungen* aufweisen. Im ungünstigsten Falle treten Risse auf. Sie sind die Folge von inneren Spannungen, die durch den *ungleichmäßigen* Abkühlungsverlauf im Werkstück entstehen.

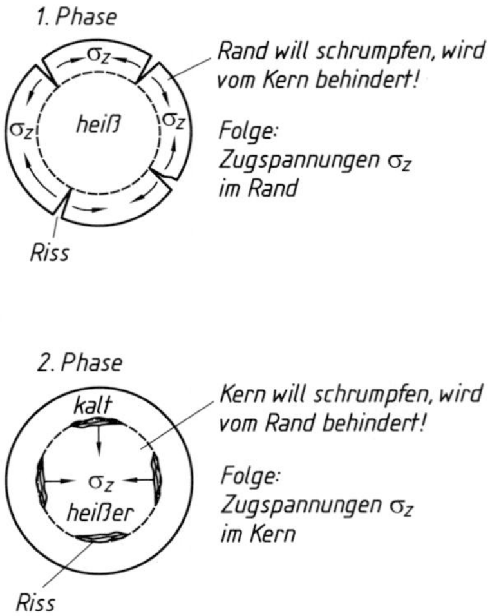

Bild 5.32 Das Entstehen von Wärmespannungen beim Abschrecken

Spannungen beim Härten

Beim Eintauchen in das Abschreckmittel wird der Rand sofort kalt und zieht sich zusammen, er wird jedoch vom heißen Kern behindert (Bild 5.32 oben). Es entstehen Zugspannungen im Rand, die zu Rissen führen können. Im weiteren Verlauf versucht der Kern zu schrumpfen, wird aber jetzt vom kalten, starren Rand behindert. Es entstehen Zugspannungen im Kern, evtl. *Schalenrisse* oder Risse im Kern.

Diese Spannungen als Folge *ungleicher* Temperaturen *im Rand und im Kern* heißen deswegen auch *Wärmespannungen.*

Bei symmetrischen Teilen halten sich diese Spannungen evtl. das Gleichgewicht, während unsymmetrische Teile zu Verzug neigen.

Risse ergeben *Ausschussteile*, Verzug erfordert *Nacharbeit*, was bei dem harten Martensit nur durch Schleifen möglich ist. Daneben gibt es Flächen, die durch ihre Lage oder Form nicht schleifbar sind: Flächen an Schnittplatten oder Kegelräder mit gekrümmten Zahnflanken (Paloidverzahnung).

Daneben treten auch noch *Umwandlungsspannungen* auf. Der Martensit mit seinem aufgeweiteten Gitter bewirkt eine Volumenzunahme von 1 %. Wenn der Rand martensitisch wird und im Kern keine Durchhärtung erfolgt, so erhöhen sich dadurch die Zugspannungen im Kern.

Eine *wirtschaftliche Fertigung* verlangt ein *verzugsarmes* Härten, das nur geringste Nacharbeit erfordert. Die Möglichkeiten sind:

Hinweis: Wenn verwickelte Werkstücke (Werkzeuge, Zahnräder) *Eigenspannungen* besitzen, sollten sie vor dem Härten noch *spannungsarmgeglüht* werden. Damit kann der mögliche Härteverzug *vermindert* werden.

Angepasste Abschreckmittel. Das Abschreckmittel wird dem betreffenden Stahl so angepasst, dass es bei jeder Temperatur *keine größere* Abschreckwirkung besitzt, als sie zur Unterdrückung der Perlitstufe gebraucht wird. Dadurch werden die Wärmespannungen so klein wie möglich gehalten.

Zur Anpassung des Abschreckmittels bzw. seine Auswahl aus den angebotenen Härteölen und -salzen können die ZTU-Schaubilder (→ 5.3.7) in Verbindung mit Diagrammen wie Bild 5.28 verwendet werden. (Atlas zur Wärmebehandlung der Stähle, Band 1...4, Verlag Stahleisen).

Abschrecken in Vorrichtungen. Die Teile werden unter Pressen in Matrizen abgeschreckt. Damit das Öl das Werkstück überfluten kann, müssen sie Durchbrüche und Kanäle besitzen.

Anwendung: Bei Werkstücken in größeren Stückzahlen, bei denen eine Nacharbeit technisch oder wirtschaftlich nicht möglich ist.

Beispiele: Tellerräder mit Bogen- oder Palloidverzahnung, Kreissägeblätter.

Abschrecken in zwei Stufen. Dabei wird der umwandlungsträge Bereich bei Temperaturen über der Martensitstufe zum Temperatur- *und Spannungsausgleich* ausgenutzt (Bild 5.26).

1. Stufe: Zuerst wird in einem schroff wirkenden Mittel die Perlitstufe schnell durchlaufen, um den Austenit auf diesen umwandlungsträgen Bereich zu unterkühlen. Die Wärmespannungen werden von dem austenitischen Gefüge (kfz-Gitter) rissfrei abgebaut.

2. Stufe: Anschließend wird in einem milderen Mittel bis auf Raumtemperatur abgekühlt. Erst jetzt treten beim Zerfall des Austenits zu Martensit die Umwandlungsspannungen auf.

Diese Möglichkeit wird bei zwei technisch angewandten Verfahren benutzt (Bild 5.33):

Gebrochenes Abschrecken (Handwerkliches Verfahren): Der Stahl wird zuerst in *Wasser* abgeschreckt, dann herausgenommen und in *Öl* bis auf Raumtemperatur abgekühlt. Die Wahl des richtigen Zeitpunktes für den Badwechsel setzt große Erfahrungen des Härters voraus (Bild 5.33, Kurve 2).

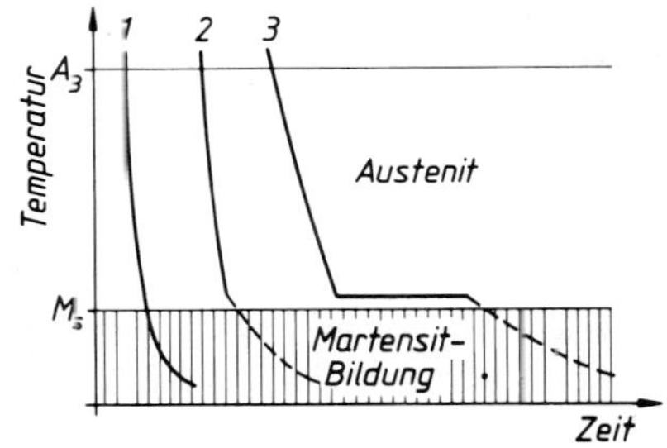

Bild 5.33 Verzugsarme Härteverfahren
1 normales
2 gebrochenes Abschrecken
3 unterbrochenes

Ein guten Überblick über die Austenitumwandlung und alle damit verknüpften Verfahren geben die ZTU-Schaubilder. Ihnen können wichtige Infomationen über die gesamte Wärmebehandlung entnommen werden, z. B. auch die metallphysikalische Voraussetzungen für die nebenstehenden Verfahren (folgender Abschnitt).

Unterbrochenes Abschrecken (Warmbadhärten). Als Wärme-und Abschreckmittel dienen beim Warmbadhärten *Salzschmelzen* und evtl. heiße Öle mit *festen* Temperaturen. Der Stahl wird in *Stufen* erwärmt, zuletzt in einem Bad mit der Härtetemperatur zur Austenitisierung.

Im Abschreckbad wird auf eine Temperatur *oberhalb* des Martensitpunktes heruntergekühlt und gehalten. Danach kann beliebig bis auf RT abgekühlt werden (Bild 5.33, Kurve 3).

5.3.7 Zeit-Temperatur-Umwandlung (ZTU-Schaubilder)

Aus dem Eisen-Kohlenstoff-Diagramm wissen wir, dass sich Austenit unter der Linie PSK (723 °C) in Perlit umgewandelt hat. *Temperatur-* und *Geschwindigkeitsverlauf* dieser Umwandlung können daraus nicht entnommen werden, es gilt wie alle Zustandsschaubilder nur für sehr langsame Abkühlung.

ZTU-Schaubilder werden durch aufwändige Versuchsreihen mit zahlreichen Proben je Stahlsorte aufgestellt und sind in den Normen der härt- und vergütbaren Stähle enthalten.

Eine Zusammenfassung von ZTU-Schaubildern ist im Atlas zur Wärmebehandlung der Stähle Bd. 1 u. 2 zu finden.

ZTU-Schaubilder werden für zwei verschiedene Abkühlarten aufgestellt:

ZTU-Schaubild für

Kontinuierliche Abkühlung	↙ ↘	**Isotherme** Umwandlung

Beide Schaubilder können folgende Fragen beantworten (→):

Zunächst werden zwei Schaubilder für kontinuierliche Abkühlung betrachtet. Sie machen die Wirkung von Legierungselementen auf die kritische Abkühlgeschwindigkeit deutlich.

Kontinuierliche Abkühlung erfolgt stetig von Härtetemperatur bis auf RT in Wasser, Öl, Luft oder kalten Gasen.

Isotherme Umwandlung erfolgt nach schneller Abkühlung des Austenits auf Temperaturen zwischen 700 und 350 °C bei konstanter Temperatur in das gewünschte Gefüge.

Abschätzung von:

- Zeit und Temperatur für den Beginn der Austenitumwandlung,
- Ende der Umwandlung (Zeit, Temperatur),
- Gefügeausbildung (Verteilung der Phasen, Gesamthärte).

ZTU-Schaubild für kontinuierliche Abkühlung

Auf der waagerechten Achse ist die Zeit logarithmisch aufgetragen, auf der senkrechten die Temperatur. Die Linien begrenzen Felder, denen bestimmte Gefüge zugeordnet sind. Die schräg verlaufenden Linien sind Abkühlkurven von Austenitisierungs- auf Raumtemperatur. Das Durchlaufen der Felder entspricht den Umwandlungsvorgängen im Stahl.

Bei beiden Schaubildern beziehen sich die Abkühlkurven auf Rundstahl von 95 mm Durchmesser, von ca 850 ° C in Wasser abgeschreckt.

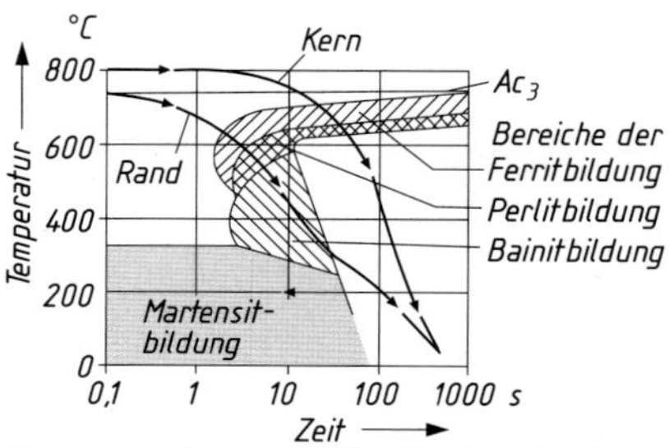

Bild 5.34 ZTU-Schaubild, Stahl C45E (kontinuierliche Abkühlung)

Beispiel: Unlegierter Stahl **C45E** (Bild 5.34). Der Rand (untere Kurve) kühlt ab, die Kurve gelangt in den Bereich der Ferritbildung und es entsteht eine bestimmte Menge Ferrit.. Die Kurve verläuft weiter durch den Bereich der Perlitbildung und es entsteht Perlit, ein Rest des Gefüges ist noch austenitisch. Im folgenden Feld, dem Bereich der Zwischenstufe, wandelt sich dieser Rest in Bainit (→) um. Die Kurve für den Kern durchläuft nur die Felder Ferrit und Perlit. Das bedeutet, dass unlegierte Stähle dieser Dicke nicht vergütet werden können.

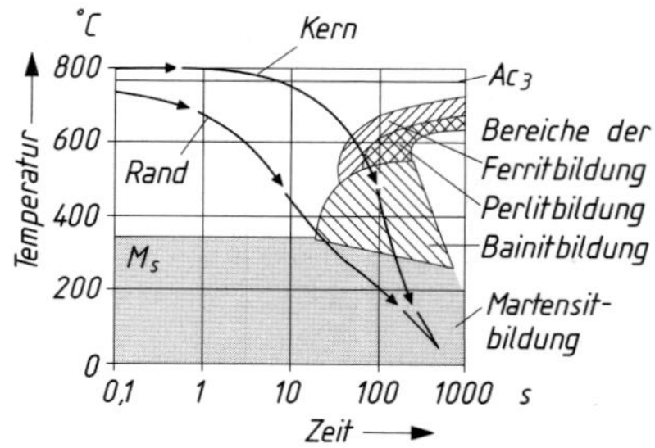

Bild 5.35 ZTU-Schaubild, Stahl 41Cr4 (kontinuierliche Abkühlung)

Beispiel: Niedriglegierter Stahl **41Cr4** (Bild 5.35): Es tritt eine ausgeprägte Zwischenstufe auf, innerhalb der sich das Gefüge Bainit (→) bildet. Beim 41Cr4 entsteht durch Wasserabschreckung im Rand vollständig Martensit, während der Kern etwas Ferrit bildet, dann Bainit, der Rest wird ebenfalls zu Martensit.

Damit lässt sich dieser Stahl mit größerem Querschnitt noch durchvergüten. Dabei ist die Abkühlung so zu führen, dass kein Ferrit gebildet wird, er ist weich und senkt die Streckgrenze.

Bainit (nach E. C. Bain, amerikan. Forscher 1930) entsteht beim Durchlaufen der sog. Zwischenstufe oder Bainitstufe und ist ein Gemenge aus übersättigtem Ferrit mit eingelagerten Carbiden, deren Form und Größe vom Temperaturverlauf abhängen und damit zu beeinflussen sind.

Im unteren Umwandlungsbereich werden sie sehr feinkörnig und ergeben hohe Zähigkeit bei hoher Streckgrenze (unterer Bainit).

Beim Vergleich der Bilder 5.34 und 5.35 fällt auf, dass die schraffierten Felder nach rechts verschoben sind, Ferrit und Perlitbereiche stärker. Eine Überhitzung des Stahles wirkt ebenso.

Ablesebeispiel ZTU-Schaubild

Bild 5.36 zeigt ein vereinfachtes ZTU-Schaubild, mit nur 4 Abkühlungskurven 1...4 mit unterschiedlichen Abkühlungsbedingungen, die sich durch Werkstück-∅ und Abschreckmittel unterscheiden. Das Lesen erfolgt längs dieser Abkühlungskurven (→).

- Zahlen am Schnittpunkt mit den Umwandlungslinien geben den Gefügeanteil in % an.
- Zahlen im Kreis am Ende der Abkühlkurve geben die Härte in HRC (hart) oder HV (weicher) an.

Die Umwandlungen setzen beim legierten Stahl später ein und verlaufen langsamer. Durch das Zurückweichen der Felder für Ferrit- und Perlitbildung ist es einfacher, auch im Kern ein ferrit- und perlitfreies Gefüge herzustellen.

In den vollständigen ZTU-Schaubildern sind die Abkühlkurven mit den sog. Abkühlparametern λ gekennzeichnet. Sie können aus weiteren Diagrammen abgelesen werden, die z. B. für verschiedene Randabstände von Rundstäben von 50...200 mm ∅ bei Abschrecken in Wasser, Öl oder Luft aufgestellt wurden. Mit diesem Parameter lässt sich für ein konkretes Werkstück das zu erwartende Gefüge im ZTU-Schaubild abschätzen.

Stahl-Informations-Zentrum, Merkblatt MB 460, Härten, Anlassen, Vergüten, Bainitisieren (www.stahl-online.de)

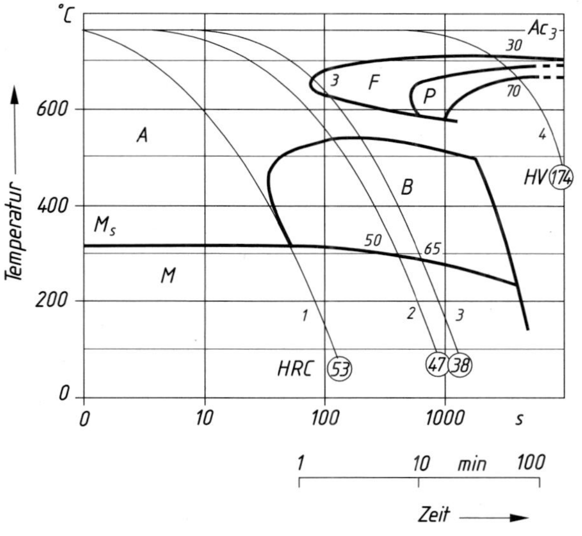

Bild 5.36 ZTU-Schaubild, Vergütungsstahl 36CrNiMo4

Ablesebeispiele:

Kurve 1: Kerntemperatur von Stahl 35 mm ∅ bei Wasserabschreckung. Sie fällt in der kürzesten Zeit auf RT ab und schneidet das Feld B nicht. Der Austenit wandelt sich vollständig in Martensit um, die Härte beträgt 53 HRC.

Kurve 2: Kerntemperatur von Stahl 100 mm ∅ bei Ölabschreckung. Sie verläuft durch das Feld Zw und zeigt, dass so dicke Teile in Öl nicht durchhärten, es entsteht 50 % Bainit in der Bainitstufe. Der restliche Austenit wandelt sich zu Martensit mit einer Härte von 47 HRC.

Kurve 3: Kerntemperatur von Stahl 170 mm ∅ bei Ölabschreckung. Sie zeigt, dass bei noch dickeren Teilen ein geringer Teil Ferrit entsteht (3 %) dann 65 % Bainit, der Rest wird zu Martensit. Die Härte beträgt 38 HRC.

ZTU-Schaubilder sind die Grundlage für die Wärmebehandlung der Stähle und auch andere Legierungen, die Umwandlungen im festen Zustand aufweisen. Bei Schweißnähten lässt sich die mögliche Gefügeausbildung in der Wärmeeinflusszone (WEZ) mit ZTU-Schaubildern für kontinuierliche Abkühlung beurteilen.

Kurve 4: Werkstücktemperatur bei langsamer Abkühlung im Ofen. Sie zeigt, dass ein ferritisch-perlitisches Gefüge nur bei *sehr langsamer* Abkühlung bei einer Abkühlgeschwindigkeit von ca, 3 K/min entstehen kann (von 850 bis 550 °C in ca. 100 min). Das Gefüge besteht aus 30 % Ferrit und 70 % Perlit. Die Härte beträgt 174 HV.

ZTU-Schaubild für isotherme Umwandlung

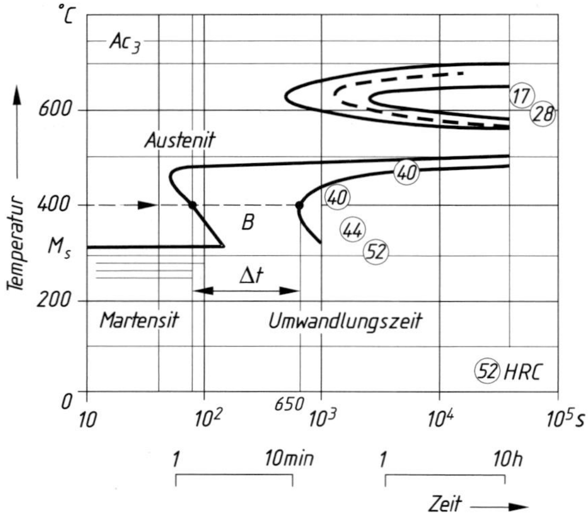

Bild 5.37 ZTU-Schaubild, Vergütungsstahl 36CrNiMo4 (isotherm)

Die Schaubilder sind wie folgt zu lesen:

Die schrägen Abkühlungskurven fehlen, weil hier die Umwandlung bei *konstanter* Temperatur (isotherm) verläuft und auf einer *Waagerechten* verfolgt wird. Damit lassen sich Beginn, Ende und Art der Austenitumwandlung ablesen (Beispiel).

Ablesebeispiel: Die Teile werden aus der Austenitisierungstemperatur (≥ Ac_3) schnell auf die gewünschte Umwandlungstemperatur gebracht (400 °C). In Richtung der Zeitachse stößt man nach etwa 80 s auf die erste Umwandlungslinie der Zwischenstufe. Es ist der Beginn der Bainitbildung.

In der folgenden Zeit wandelt sich nach und nach der restliche Austenit um, bis nach insgesamt etwa 650 s die Umwandlung beendet ist. Nach weiterer Abkühlung ohne Umwandlung beträgt die Härte 40 HRC.

Für die Wärmebehandlung ist es wichtig, dass der Austenit möglichst lange stabil bleibt. Bild 5.37 zeigt, dass beim Abschrecken auf eine Temperatur von 350 °C eine Zeit von ca. 100 s vergehen kann, ehe die Bainitumwandlung einsetzt (→).

5.3.8 Vergüten

Verfahrensziel: Stähle sollen die folgende Eigenschaftskombination erhalten:

Hohe Festigkeit Streckgrenze $R_{p0,2}$	⇒	höhere zulässige Spannung
hohe Zähigkeit Kerbschlagarbeit *KV*	⇒	Verformungsbruch, Dauerfestigkeit steigt

Vergleich: Vergütungsstahl C45E (Laborwerte)

Zustand	R_m [1)] in MPa	*KV* in J	Bruchart
normalgeglüht	625	22	Mischbruch
gehärtet	(700 HV)	6	Sprödbruch
vergütet 600~C	**865**	**90**	Verformungs-B.

1) aus Härtewerten errechnet

Vergütungsgefüge sind noch gleichmäßiger als normalgeglühte und haben weniger Schwachstellen, was den Verformungsbruch begünstigt (höhere Verformungsarbeit → Bild 5.38)

Warmbadhärten benutzt diese Zeit zum Temperatur- und Spannungsausgleich, ehe dann bei weiterer Abkühlung die verzugsarme Umwandlung zu Martensit erfolgt.

Hinweis: ZTU-Schaubilder Bild 5.41

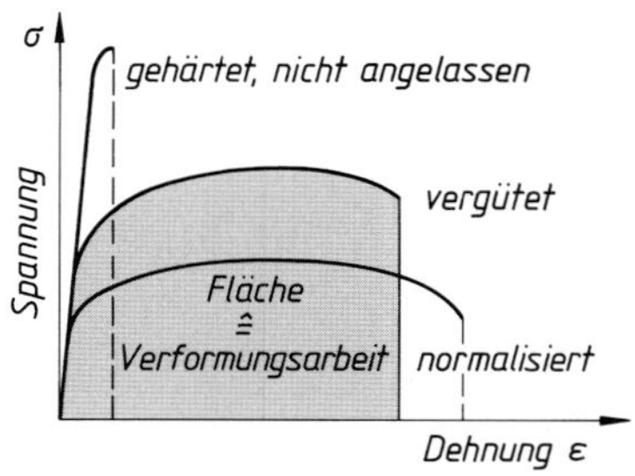

Bild 5.38 Verformungsarbeit eines Stahles bei verschiedenen Gefügezuständen

Der *unterperlitische* Stahl besteht im normalisierten Zustand aus Ferrit und Perlitbereichen. Bei hoher Beanspruchung beginnt die plastische Verformung, (d. h. das Wandern der Versetzungen) *zuerst* an der weicheren Ferritphase.

In den Vergütungsstählen ist der Ferrit dagegen *übersättigt* und mit *feinverteilten* Carbiden durchsetzt. Das Abgleiten tritt erst bei höheren Spannungen ein: Die *Streckgrenze* liegt höher.

Die Kennlinie des vergüteten Stahles kann durch die Anlasstemperatur verändert werden. Das Vergütungsschaubild Bild 5.39 zeigt, wie sich die mechanischen Eigenschaften ändern, wenn abgeschreckte Stähle auf Temperaturen zwischen 450 und 650 °C angelassen werden.

Bei 450 °C ergeben sich höhere Festigkeit R_m und Streckgrenze R_e, dafür sind Bruchdehnung A_5 und Einschnürung Z niedriger, als wenn der obere Anlassbereich gewählt wird

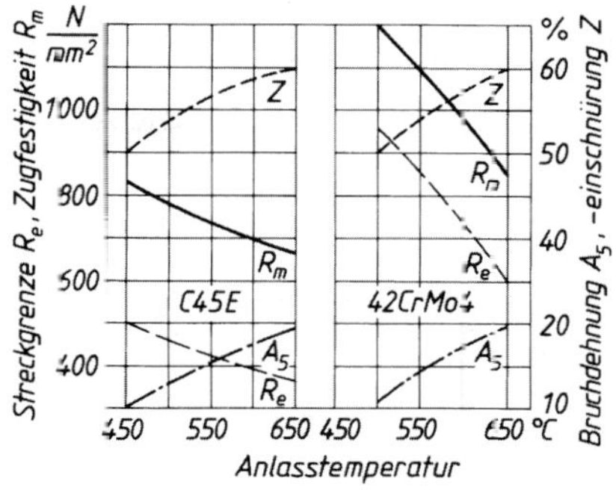

Bild 5.39 Anlassschaubilder von zwei Vergütungsstählen DIN EN 10083

Der Vergleich der beiden Schaubilder zeigt, dass der legierte Stahl bei gleichen Verformungskennwerten (Kurven A_5 und Z) wesentlich höhere Festigkeiten (Kurven R_m und R_e) besitzt

Gefügeänderung: Die Vorgänge zur Bildung von Vergütungsgefügen, d. h. Austenitisieren, Abschrecken und Anlassen sind unter 5.3.5 mit Bildern 5.30 beschrieben.

Verfahren

Das Austenitisieren und Abschrecken wird wie beim Härten durchgeführt. Für Teile mit größeren Querschnitten ist ein Durchhärten nicht erforderlich, es genügt, wenn im Kern Bainit entsteht.

Anlassen erfolgt im Glühofen oder in Salzschmelzen. Danach sind die Teile so zäh, dass ein Verzug durch *Richten* beseitigt werden kann. Ebenso sind spanende Verfahren wie *Fertigdrehen* oder *-fräsen* wirtschaftlich durchführbar.

Vergütungsstähle DIN EN 10083/06 (→)

Die Norm (Teil-2) unterscheidet 5 unlegierte Qualitätsstähle (mit max. je 0,045 % P und S) und 7 unlegierte Edelstähle (max. 0,03 % P und 0,035 % S). Legierte Stähle (Teil-3/07) sind ausnahmslos Edelstähle, 22 Sorten und 6 Borlegierte mit sehr geringen B-Anteilen (0,0005...0,008 %), die aber sehr stark die kritische Abkühlgeschwindigkeit erniedrigen (→ Presshärten 5.5.2).

Zu einigen Sorten gibt es Varianten mit verbesserter Eignung zur spanenden Bearbeitung (siehe Tabelle 5.6, Fußnote).

Vergütbare Stähle sind auch in zahlreichen anderen Normen enthalten (Übersicht).

Vergütungsstähle sind Stähle mit C-Gehalten 0,22 bis 0,5 (0,85) und niedrig legiert mit LE, welche die *kritische Abkühlgeschwindigkeit* senken. Mit zunehmender Wanddicke der Teile sind mehr LE zum *Durchvergüten* erforderlich.

Tabelle 5.6: Vergütungsstähle, Bor-legiert

Stahlsorte	∅-Bereich $d \leq 16$ mm Flacherzeugnisse $t \leq 8$ mm			
Kurzname	R_e MPa	R_m MPa	A %	Z %
20MnB5	700	900...1050	14	55
30MnB5	800	950...1150	13	50
38MnB5	900	1050...1250	12	50
27MnCrB5-2	800	1000...1250	14	55
33MnCrB5-2	850	1050...1300	13	50
39MnCrB5-2	900	1100...1350	12	50

Übersicht: Vergütungsstähle in anderen Normen

Stahlgruppe	DIN EN-	Tabelle	Stahlgruppe	DIN EN-	Tabelle
Automatenstähle	10087	4..24	Warmfeste Stähle	10028-2	4.22
Einsatzstähle	10084	5.10	Kaltzähe Stähle	10028-4	4.17
Nitrierstähle	10085	5.12	Stahlguss, vergütbar	10293	4.39
Federstähle	10089, 10270	4.27	kaltzäh	10213-3	---

Tabelle 5.6: Vergütungsstähle, Fortsetzung

Stahlsorte		Durchmesserbereich $d \le 16$ mm Flacherzeugnisse $t \le 8$ mm				Durchmesserbereich $16 \le d \le 40$ mm Flacherzeugnisse $8\ t \le 20$ mm					Durchmesserbereich $40 \le d \le 100$ mm Flacherzeugnisse $20\ t \le 60$ mm					
Kurzname	Stoff.-Nr.	R_e MPa	R_m MPa	A_5 %	Z %	R_e MPa	R_m MPa	A_5 %	Z %	KV J	R_e MPa	R_m MPa	A_5 %	Z %	KV J	Kurzname
C22E [1]	1.1151	340	500...650	20	50	290	470...620	22	50	50	---	---	---	---	---	**C22E** [1]
C35E [1]	1.1181	430	630...780	17	40	380	600...750	19	45	35	320	550...700	20	50	35	**C35E** [1]
C40E [1]	1.1186	460	650...800	16	35	400	630..780	18	40	30	350	600...750	19	45	30	**C40E** [1]
C45E [1]	1.1191	490	700...850	14	35	430	650...800	16	40	25	370	630...780	17	45	25	**C45E** [1]
C50E [1]	1.1206	520	750...900	13	30	460	700...850	15	35	--	400	650...800	16	40	--	**C50E** [1]
C55E [1]	1.1203	550	800...950	12	30	490	750...900	14	35	--	420	700...850	15	40	--	**C55E** [1]
C60E [1]	1.1221	580	850...1000	11	25	520	800...950	13	30	--	450	750...900	14	35	--	**C60E** [1]
28Mn6	1.1170	590	800...950	13	40	490	700...850	15	45	40	440	650...800	16	50	40	**28Mn6**
38Cr2	1.7003	550	800...950	14	35	450	700...850	15	40	35	350	600...750	17	45	35	**38Cr2**
46Cr2	1.7006	650	900...1100	12	35	550	800...950	14	40	35	400	650...800	15	45	35	**46Cr2**
34Cr4 [2]	1.7033	700	950...1150	12	35	590	800...950	14	40	35	460	700...850	15	45	40	**34Cr4** [2]
37Cr4 [2]	1.7034	750	950...1200	11	35	630	850...1000	13	40	50	510	750...900	14	40	35	**37Cr4** [2]
41Cr4 [2]	1.7035	800	1000.. 1200	11	30	660	900...1100	12	35	35	560	800...950	14	40	35	**41Cr4** [2]
25CrMo4 [2]	1.7218	700	900...1100	12	50	600	800 950	14	55	50	450	700..850	15	60	50	**25CrMo4** [2]
34CrMo4 [2]	1.7220	800	1000...1200	11	45	650	900...1100	12	50	40	550	800...950	14	55	45	**34CrMo4** [2]
42CrMo4 [2]	1.7225	900	1100...1300	10	40	750	1000...1200	11	45	35	650	900...1100	12	50	35	**42CrMo4** [2]
50CrMo4	1.7228	900	1100...1300	9	40	780	1000...1200	10	45	30	700	900...1100	12	50	30	**50CrMo4**
34CrNiMo6	1.6582	1000	1200...1400	9	40	900	1100...1300	10	45	45	800	1000...1200	11	50	45	**34CrNiMo6**
30CrNiMo8	1.6580	1050	1250...1450	9	40	1050	1250...1450	9	40	30	900	1000...1300	10	45	35	**30CrNiMo8**
35NiCr6	1.5815	740	880...1080	12	40	740	880...1080	14	40	35	640	780..980	15	40	35	**35NiCr6**
36NiCrMo16	1.6773	1050	1250...1450	9	40	1050	1250...1450	9	40	30	900	1100...1300	10	45	35	**36NiCrMo16**
39NiCrMo3	1.6510	785	980...1180	11	40	735	930..1130	11	40	35	685	880...1080	12	45	40	**39NiCrMo3**
30NiCrMo16-6	1.6747	880	1080...1230	10	45	880	1080...1230	10	45	35	880	1080...1230	10	45	35	**30NiCrMo16-6**
51CrV4	1.8159	900	1100...1300	9	40	800	1000...1200	10	45	35	700	900...1100	12	50	30	**51CrV4**

[1] Zu diesen Sorten gibt es je einen Qualitätsstahl (z. B. C35) und eine Variante mit verbesserter Spanbarkeit (z. B. C35R)

[2] Zu diesen Sorten gibt es eine Variante mit verbesserter Spanbarkeit (z. B. 34CrS4) erreicht durch leicht erhöhte S-Gehalte von 0,02...0,04 %

Auswahlgesichtspunkte:

Vergütete Stähle werden überall dort verwendet, wo sich mit den Stählen nach DIN EN 10025-2 zu große Abmessungen ergeben würden, oder für dynamisch belastete Bauteile (→ Beispiele).

Die durch Vergüten erreichbare Streckgrenze R_e ist querschnittsabhängig, da bei dickeren Bauteilen die Umwandlungsvorgänge langsamer verlaufen (→ Bild 5.36).

Eine geringfügig höhere Streckgrenze kann durch eine niedrigere Anlasstemperatur erzeugt werden (Bild 5.39). Das wird mit einer kleineren Zähigkeit erkauft. (Linien für Bruchdehnung A_5 und Brucheinschnürung Z).

Für kompliziert gestaltete Teile mit Kerben und starken Querschnittsübergängen, welche zusammengesetzten Beanspruchungen ausgesetzt sind (z. B. Biegung und Torsion) hat ein *zäherer* Stahl die *höhere Dauerfestigkeit*, da er örtliche Verformungen durch geringe plastische Verformungen auffangen kann.

Bild 5.40 zeigt, dass für einen bestimmten Streckgrenzenwert die höhere Zähigkeit durch höhere Anteile an LE erzielt werden kann.

Beispiele für hochbeanspruchte Bauteile in Getrieben, Motoren und Fahrwerken:

34CrMo4 für Kurbelwellen,
30CrNiMo8 für Drehstabfedern,
42CrMo4 für hochfeste Schrauben,
41Cr4 für Zahnräder,
51CrV4 für warmfeste Federn.

Anwendung der Tabelle 5.6: Für ein Bauteil wird Stahl mit einer Streckgrenze von 450 MPa benötigt. Welche Stahlsorte 1 ist je nach Bauteilquerschnitt geeignet? Welche Sorte 2 müsste gewählt werden, wenn höhere Zähigkeit verlangt wird, evtl. mit höherer Streckgrenze?

∅ *d* in mm	Sorte 1	Sorte 2
12	C40E	28Mn6
20	C50E	28Mn6
60	34Cr4	25CrMo4

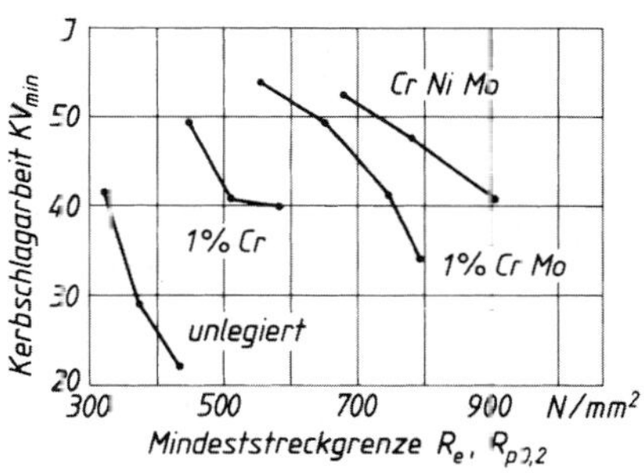

Bild 5.40 Einfluss der LE auf Streckgrenze und Zähigkeit von Vergütungsstählen (40...100 ∅ mm)

Anlasssprödigkeit

Vergütungsstähle mit den LE Mn, Cr oder Cr+Ni zeigen nach dem Anlassen und *langsamer* Abkühlung eine geringere Kerbzähigkeit.

Bei *schneller* Abkühlung von der Anlasstemperatur tritt diese *Anlasssprödigkeit* nicht auf.

Das Element Molybdän Mo verhindert diese Versprödung, wenn es in Gehalten von etwa 0,4 % zulegiert ist. Mo-legierte Stähle dürfen nach dem Anlassen beliebig abkühlen.

Ursache der Anlasssprödigkeit sind Ausscheidungen von Phosphor auf den Korngrenzen, die bei Abkühlen im Bereich von 550...450 °C wegen abnehmender Löslichkeit entstehen.

Bei schnellem Durchlaufen dieses Temperaturbereiches werden die Ausscheidungen verhindert.

Vergütungsverfahren

Die Eigenschaftskombination hohe Festigkeit und hohe Zähigkeit = **hohe Dauerfestigkeit** kann auf zwei Wegen erreicht werden:

Anlasssprödigkeit wird beim isothermen Vergüten (Bainitisieren, Folgeabschnitt) umgangen.

Anlassvergütung	Isothermische Umwandlung
Durch Anlassen eines martensitischen Gefüges auf höhere Temperaturen (wie bisher beschrieben)	des Austenits in das Vergütungsgefüge Bainit (Behandlung im folgenden Abschnitt)

Vergütung durch isothermische Umwandlung

Abschrecken eines austenitisierten Gefüges auf Temperaturen zwischen M_S und Ac_1 und Halten bei dieser Temperatur bis zur vollständigen Umwandlung, danach beliebige Abkühlung.

Die verschiedenen Verfahren des Härtens und Vergütens lassen sich mit Hilfe der ZTU-Schaubilder anschaulich vergleichen (Bild 5.41).

Oben: für kontinuierliche Abkühlung,
unten: für isotherme Umwandlung

Kurve 1: Gebrochenes Abschrecken,
Kurve 2: Warmbadhärten, Rand —, Kern - - -,
Kurve 3: Patentieren,
Kurve 4: Zwischenstufenvergüten, Bainitisieren (z. B. Kugelgraphitguss)

Induktive Einzelstabvergütung auf einer vollautomatischen Anlage (EVA-Anlage, Krupp) ergibt durch induktive Kurzzeiterwärmung eine tiefere Einhärtung (höhere Austenitisierungstemperatur 1000 °C) ohne Grobkorn, ohne Randentkohlung mit hoher Gleichmäßigkeit in Gefüge und Geradheit.

Gegenüber normalem Vergüten werden höhere Streckgrenz- und Kerbschlagarbeitswerte erzielt. Dadurch besteht evtl. die Möglichkeit, auf einen Stahl mit kleinerem LE-Gehalt überzugehen.

Dieses Verfahren wird isothermes Vergüten oder *Bainitisieren* genannt und wird bei der Herstellung von Federband oder -draht angewendet. Die Umwandlung erfolgt in Salzbädern (ca. 500 °C) oder Luftgebläse (Patentieren). Es entsteht ein sehr feinstreifiger Perlit mit guter Zugfestigkeit und Kaltformbarkeit, günstig für das *Ziehen* des Drahtes.

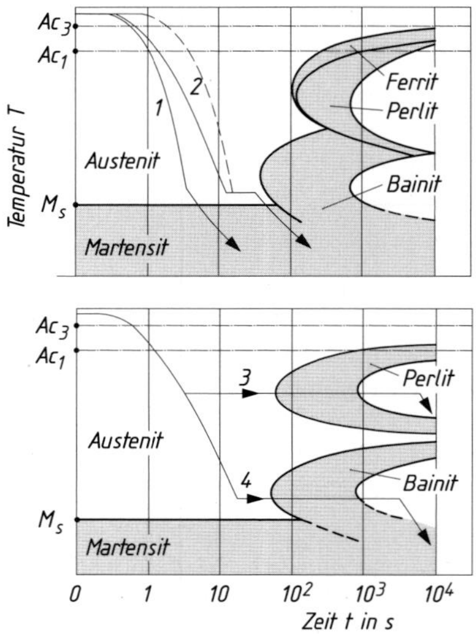

Bild 5.41 Einige Wärmebehandlungen in ZTU-Schaubildern, schematisch

Anwendung: Stabstähle aus unlegierten und legierten Edelbaustählen, nichtrostenden, hitzebeständigen Stählen und Werkzeugstählen von 20...85 mm Ø für z. B. Zahnstangen, Bolzen, Wellen, Achsen

5.4 Aushärten

5.4.1 Allgemeines

Die Steigerung von Härte und Festigkeit durch **Martensitbildung** ist auf Fe-C-Basislegierungen und wenige andere begrenzt.

Die Entdeckung des Aushärtens durch Wilm (→ 7.3.7) führte zu einer *universelleren* Möglichkeit, die Streckgrenze von Legierungen zu erhöhen, daneben auch von anderen Eigenschaften (thermische, magnetische).

Martensitbildung ist eine *diffusionslose* Gitterumwandlung, die zu Kristallen mit hoher Versetzungsdichte führt. Sie findet bei *einigen* Legierungen statt, die Phasen mit verschiedenen Kristallgittern bilden (Fe-C, Fe-Ni, Cu-Zn, Co).

Aushärten ist ein diffusionsabhängiger Vorgang in Mischkristallen, der prinzipiell in den meisten Legierungen ablaufen kann, seine technischen Anwendungen sind zahlreich.

Aushärten = Ausscheidungshärten

Das Aushärten nutzt die **Teilchenverfestigung**. Das Wandern der Versetzungen wird hier durch Ausscheidungen aus übersättigten Mischkristallen behindert (→).

Damit die (meist) submikroskopischen Ausscheidungen diese Wirkung entfalten, ist eine sorgfältige Wärmebehandlung erforderlich.

5.4.2 Verfahren

Tabelle 5.7: Arbeitsgänge beim Aushärten

Arbeitsgang	Verfahren, Vorgänge, Auswirkungen
Lösungs-behandeln	**Erwärmen und Halten** auf Temperaturen[1)] (Bild 5.42, Feld 1) die im Werkstoffgefüge ein homogenes Mischkristallgefüge erzeugen. Sekundäre Ausscheidungen auf den Korngrenzen werden dabei wieder aufgelöst, auch Homogenisieren genannt (→ Gefüge 5.42 a und b). **Abschrecken** oder Abkühlen, um Ausscheidungen zu *verhindern* und Mischkristalle in einen *übersättigten* und damit instabilen Zustand zu bringen. Die Festigkeit ist nur wenig verändert.
Auslagern	Hierzu Bild 5.43 **Lagern** bei RT (Kaltauslagern) oder bei höheren Temperaturen[1)] (Warmauslagern) je nach Legierungsart. Bei RT drängt das Wirtsgitter zwangsgelöste Atome in Fehlstellen des Gitters (Versetzungen), wo sie als Gleitblockierungen das Wandern der Versetzungen erschweren. Die Diffusion verläuft langsam und unvollständig, die Teilchen sind sehr klein (→ Kurve + Gefügebild a). **Warmauslagern** begünstigt die Diffusion und lässt größere Teilchen entstehen, die das Gitter in ihrer Umgebung verzerren. Die Ausscheidungen laufen bis zur gewünschten Größe (feindispers und gleichmäßig) im Gefüge ab. Bei optimaler Temperatur (170 °C) steigt die Festigkeit in kurzer Zeit bis zu einem Maximum an (→ Kurve + Gefügebild b). Höhere Temperaturen führen schneller zu gröberen Ausscheidungen auf Kosten der kleineren mit größeren Abständen. Dadurch sinkt die Festigkeit wieder ab (→ Kurve + Gefügebild c). Deshalb müssen **Auslagerungstemperatur** und **-zeit** genau eingehalten werden.

[1)] Temperaturen und Zeit sind von der Legierungsart abhängig

Hinweis: Die dabei wichtigen, inneren Vorgänge sind in Kapitel 2.3.4 ausführlich erläutert

Nach den Leichtmetallen Al und Mg wurde das Aushärten für weitere Legierungen entwickelt und gibt auch bestimmten Stahlsorten eine zusätzliche Steigerung der Streckgrenze oder Härte (Tabelle 5.8).

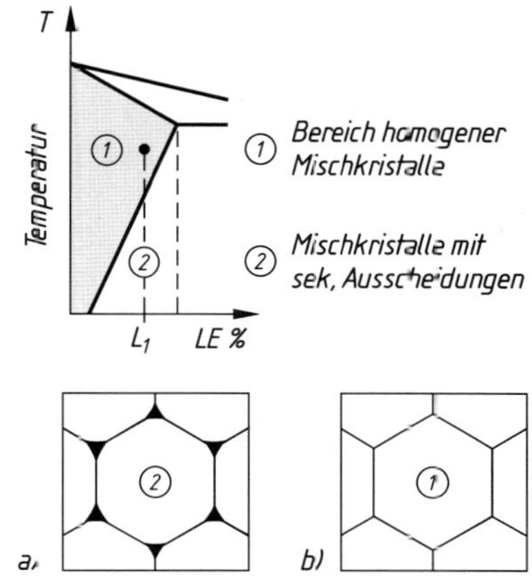

Bild 5.42 Zustandsschaubild (schematisch). Mischkristalltyp mit sinkender Löslichkeit
a) Ausgangsgefüge
b) Gefüge homogenisiert

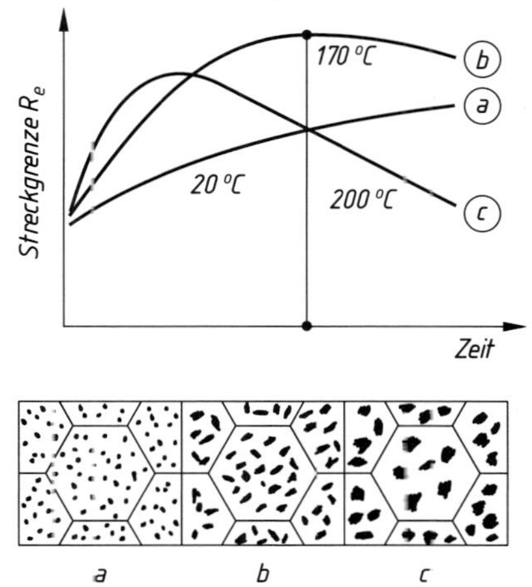

Bild 5.43 Anstieg der Streckgrenze R_e über der Zeit t bei verschiedenen Auslagerungstemperaturen (nur beispielhaft) mit Gefügebildern (schematisch)

Tabelle 5.8: Hinweise auf aushärtbare Legierungen oder solche mit Aushärtungserscheinungen

Werkstoffgruppe	Beispiele	Anwendungen	Eigenschaftsverbesserung durch das Aushärten
Al-Legierungen (7.3.6)	Al MgSi1Mn Al Cu4MgTi	Schmiedeteile, Beschläge, Sicherheitsbauteile für Kraftfahrzeuge. Waggondrehgestelle	Hohe Festigkeit bei mittlerer Bruchdehnung w.o. + Dauerfestigkeit
Mg-Legierungen (Tab.: 7.21)	MgAl9Zn1	Gehäuse für Getriebe, Laptops, Kameras, Mobiltelefone	Höhere Festigkeit **und** Bruchdehnung als im Gusszustand
Cu-Legierungen (7.4.4)	CuCr CuBe1,7	Elektroden zum Punktschweißen Federn, nicht funkende Werkzeuge	Härte und Anlassbeständigkeit bei guter elektrischer Leitfähigkeit
Stahlguss, perlitarm	GE8Mn7	Schweißverbundkonstruktionen, Knoten für Rohrfachwerke (off-shore)	Schweißeignung, Kaltzähigkeit bei erhöhter Dauerfestigkeit.
Höherfeste Stähle für Bleche	Tab.4.27	Karosseriebauteile	„bake hardening"-Effekt. Die Streckgrenze steigt um ca. 40 MPa

5.4.3 Ausscheidungshärtende Stähle

Niedrig legierte Stähle (DIN EN 10267/98)

Für diese kostensparende Wärmebehandlung sind u. a. Stähle nach Tabelle 5.9 entwickelt worden. Sie werden für bestimmte Anwendungen anstelle von Vergütungsstählen eingesetzt (Beispiel →).

Das Aushärten erzeugt ein feinkörnig bainitfreies, ferritisch-perlitisches Gefüge mit hohen Festigkeits- und Zähigkeitswerten.

Martensitaushärtende Stähle

Diese Sorten sind ein herausragendes Beispiel für die Änderung des Eigenschaftsprofils durch Aushärten.

Beispiel: X3NiCoMoTi18-9-5, Eigenschaftswerte (Böhler W270 VMR, Werkstoff-Nr. ≈ 1.2709)

R_m MPa	$R_{p0,2}$ MPa	A %	Z %	HRC
Lösungsbehandelt				
980-1130	650	10	60	32
Ausgelagert bei 430 °C/Luft				
1720-1870	1620	8	45	51
Ausgelagert bei 480 °C/Luft				
1860-2260	1815	6	40	55

Im Zustand „lösungsbehandelt" hat der Stahl mittlere Festigkeit und Zähigkeit und ist kaltumformbar und besitzt nur geringe Verfestigungsneigung.

Tabelle 5.9: Von Warmformgebungstemperatur ausscheidungshärtende, Stähle (ausgehärtet)

Sorte [1)]	R_m MPa	R_e MPa	A %	Z %
19MnVS6	600…750	390	16	32
30MnVS6	700…900	450	14	30
38MnVS6	800…950	520	13	25
46MnVS6	900…1050	580	10	20
46MnVS3	700…900	450	14	30

Anwendungsbeispiel: Exzenterwelle zur Ventilsteuerung (Valvetronic) eines BMW-6-Zylindermotors. Die Oberfläche wird plasmanitrocarburiert.

Hinweis engl. Bezeichnung: *maraging steel*

Der Stahl enthält wenig C (gute Schweißeignung und Kaltumformung) und ist hoch mit Ni, Co und Mo legiert. Der Aushärtungseffekt wird durch geringe Al- und Ti-Gehalte erreicht.

Wärmebehandlung: Bei 830 °C lösungsgeglüht hat der Stahl ein austenitisches Gefüge, die LE sind im Mischkristall gelöst. Der hohe Ni-Gehalt senkt die γ-α-Umwandlung auf ca. 200 °C, sodass bei Luftabkühlung ein übersättigter α-Mischkristall entsteht. Er wird als Nickelmartensit bezeichnet.

Nickelmartensit ist fast C-frei. Er entsteht durch Austenitumwandlung ohne Diffusion der LE-Atome. Die Festigkeitssteigerung beruht auf starker Mischkristallverfestigung und hoher Versetzungsdichte. Da die tetragonale Aufweitung fehlt, ist dieser Martensit weniger hart, aber sehr duktil (Beispiel (←).

Anwendung wegen der hohen Werkstoffkosten begrenzt. Für Werkzeuge, mit Langzeitbeanspruchung bei Temperaturen bis ca. 450 °C, z. B. komplizierte Druckgießformen für Al- und Zn-Legierungen mit hohen Standmengen, Kunststoffformen, Warmpresswerkzeuge, Sicherheitsbauteile an Luftfahrzeugen, Wehrtechnik.

Warmauslagerung kann bei verschiedenen Temperaturen stattfinden, je nach Anforderungen an Härte und Zähigkeit. Dabei steigt die Streckgrenze auf mehr als das Doppelte, ohne dass die Verformungswerte stark absinken (Beispiel links, linke Spalte).

5.4.4 Vergleich Härten/Vergüten und Aushärten

Aushärtbare Legierungen erfahren durch das Lösungsbehandeln i. Allg. *keine* wesentliche Festigkeitssteigerung. In diesem Zustand ist eine Endbearbeitung möglich. Während der nachfolgenden Kalt- oder Warmauslagerung bilden sich die Ausscheidungen *langsam* und *gleichmäßig* über den ganzen Querschnitt. Daraus folgen die wesentlichen Unterschiede zum Härten bzw. Vergüten:

- Eigenschaften sind nicht dickenabhängig,
- keine Gefügeunterschiede zwischen Rand und Kern, die Ursache für Verzug sein können.
- Aushärten spart Energie und Zeit (Bild 5.44).
- Einsparen teurer LE, weil zur Bildung der Ausscheidungsphasen geringste Anteile genügen (z. B. mikrolegierter Stahl).

Ein Vergleich der Eigenschaften (→) zeigt, dass sowohl Streckgrenze als auch die Verformungskennwerte höher liegen als beim Vergütungsstahl 38Cr2.

[1] Normbezeichnung enthält ein +P für Zustand ausgehärtet. Der Stahl hat reduzierte S- und P-Gehalte gegenüber der Norm.

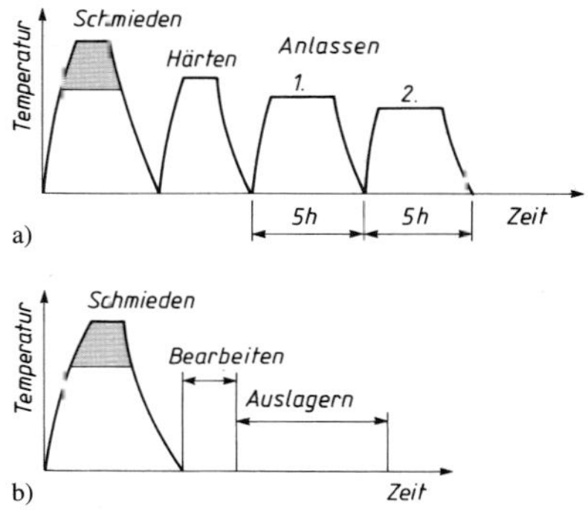

Bild 5.44 Temperatur-Zeit-Schaubild für Schmiedeteile aus: a) Vergütungsstahl b) mikrolegierter, aushärtbarer Stahl

Vergleich: Vergütungsstahl und ausscheidungshärtender Stahl

Sorte	DIN EN	R_e MPa	A_5 %	Z %
38 Cr2	10083	450	15	40
38MnVS6+P [1]	10267	665	17,5	54

5.4.5 Ausscheidungsvorgänge mit negativen Auswirkungen

Alterung werden solche Vorgänge genannt, die zu ungewollten Eigenschaftsänderungen eines Werkstoffes führen, meist Versprödung durch Ausscheidungen im Gefüge im Laufe der Zeit.

Künstliche Alterung von Stahl soll diese Vorgänge beschleunigen. Es ist eine Kombination von Reckalterung und Warmauslagern, um die Alterungsanfälligkeit von Stählen zu untersuchen.

Dazu werden die Proben um 10 % der Länge gereckt (verlängert) und 2 h lang bei 250 °C gehalten. Die höhere Temperatur beschleunigt die Vorgänge, so dass sie statt in Wochen in ca. 1 h ablaufen. Ist der Stahl alterungsbeständig, ändern sich die Eigenschaften kaum.

Beispiele: Alterung bei Stählen mit N-Gehalten (ehem. Thomas-Stähle) durch Ausscheiden von C und N im Ferrit mit Abfall der Zähigkeit und Erhöhung der Übergangstemperatur $T_{ü}$ (Bild 15.26).

Reckalterung ist eine gleichartige Erscheinung, die nach geringer Kaltumformung auftritt. Die Ausscheidungen lagern sich in den Versetzungen ab und blockieren Gleitvorgänge.

Künstliche Alterung wird auch bei Werkstoffen für Messgeräte, z. B. Federn vor dem Eichen durchgeführt, um Konstanz der Messwerte über die Zeit zu gewährleisten.

5.5 Thermomechanische Verfahren

5.5.1 Allgemeines

Hierzu gehören zahlreiche Verfahren, bei denen die Gefügeänderungen (→) durch Wärmebehandlungen, d. h. durch

- **Glühen, Härten, Vergüten und Anlassen**

mit denen der *Warmumformung* durch:

- **Walzen, Schmieden, Ziehen ablaufen**

verknüpft werden. Die dabei eingebrachte Energie wirkt sich zusätzlich auf Diffusion und Keimbildung aus. Dabei werden mehrere Ziele verfolgt:

- **Energiesparen** durch Ausnutzung der Wärme aus der Warmumformung, z. B. Vergüten aus der Schmiedehitze oder durch normalisierendes Walzen.
- **Festigkeitssteigerung** bei Erhaltung einer hohen **Zähigkeit** durch besonders feinkörnige Gefügeausbildung.

Die Verfahren unterscheiden sich durch den **Zeitpunkt** der Verformung (Bild 5.45):

- vor/während oder nach der Umwandlung des Austenits, damit auch zur Rekristallisation:
- oberhalb mit sofortigem Kornwachstum, unterhalb mit Unterdrückung. Dabei erhöht sich die Zahl der Gitterstörungen stark. Sie wirken als Keime für das neue Gefüge (Feinkorn) Standort für (feindisperse) Ausscheidungen.

Zusätzlich wirkt sich dabei der **Grad der Umformung** aus. Weitere Unterschiede bestehen in der Lage der Umwandlungstemperatur:

- Umwandlung in der Perlit-, Bainit- oder Martensitstufe (Bild 5.43).

> TM-Behandlungen erzeugen Gefügezustände, die allein durch Wärmebehandlung nicht herstellbar sind. Der Vorgang kann nicht wiederholt werden!

Sie sind die Grundlage für die Erzeugung warmgewalzter, **höherfester** und schweißgeeigneter Baustähle als Weiterentwicklung der Baustähle für allgemeine Verwendung nach DIN EN 10025-2 (→).

Gefügeänderungen

- Austenitisieren mit Auflösung der LE, γ-α-Umwandlung, Perlitbildung und Ausscheidungen beim Anlassen.

Veränderungen durch Verformung

- Verformung der Kristallite, Erhöhung der Versetzungsdichte, Rekristallisation und neues Kornwachstum.

Anwendungsbeispiele:

Glühverfahren zur besseren Bearbeitung (Weichglühen) werden für Draht- und Stabstahl unmittelbar nach der Umformung in Durchlauföfen durchgeführt (sog. Conti-Glühe).

Für **Schmiedeteile** wird auch angewandt:

- isothermes Umwandeln (Zustand BF),
- kontrollierte Abkühlung von Gesenkteilen mikrolegierter Stähle aus der Schmiedehitzen (Zustand BY).

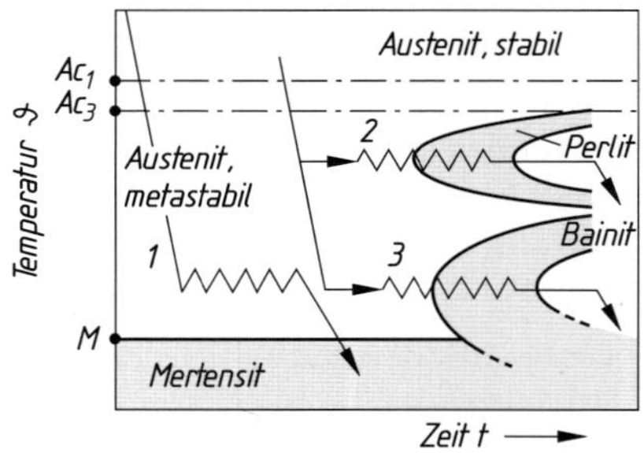

Bild 5.45 Schematische Darstellung thermomechanischer Behandlungen im ZTU-Schaubild:
1 Austenitformhärten und TM-Behandlungen mit Umwandlung in der 2 Perlitstufe, 3 Bainitstufe

Die Verformung des metastabilen Austenits unmittelbar vor bis zum Beginn der γ-α-Umwandlung unterdrückt die Rekristallisation des Austenits mit Kornwachstum. In gleichem Sinne wirken ungelöste Ausscheidungen von Carbiden, Nitriden oder Carbonitriden.

Unlegierte Baustähle: Die Festigkeitsstufen werden durch **steigende C-Gehalte** (Zementitgehalt) in Verbindung mit Mischkristallverfestigung durch die LE erreicht. Damit **sinken** die Eignung zum Kaltumformen, Schweißen und die Zähigkeit (als Sicherheit gegen Sprödbruch).

5.5.2 Thermomechanische Behandlung (TM)

Die Verfahren wurden zunächst für warmgewalzte Flacherzeugnisse entwickelt, um die Nachteile der unlegierten Baustähle mithilfe von Neuentwicklungen zu vermeiden:

Um die **Schweißeignung** und hohe **Kaltumformbarkeit** zu bewahren, sind bei **höherfesten** Baustählen die Gehalte an Kohlenstoff und Legierungselementen niedrig. Sie sind mit V, Ti und Nb < 0,1 % **mikrolegiert**, die zusammen als ausgeschiedene Carbonitride *mehrfach* wirken:

- Sie begrenzen das Kornwachstum im austenitischen Zustand,
- verzögern die Rekristallisation, dadurch
- sehr feinkörnige Umwandlung des verformten Austenits zu übersättigtem Ferrit, der bis zum Aufhaspeln warmauslagert.

Ein weniger kompliziertes Verfahren für geometrisch einfache Teile aus hoch legierten Stählen ist das folgende.

Höherfeste Baustähle (4.3.2) erreichen höhere Festigkeiten bei ausreichender Zähigkeit durch das Zusammenwirken von festigkeitssteigernden Mechanismen (→ Tabelle 2.15 und Bild 4.10).

- Korngrenzenverfestigung durch Feinkorn steigert Festigkeit **und** Bruchdehnung, und
- Teilchenverfestigung durch die Ausscheidungen der besonderen LE.

Flacherzeugnisse (Bleche und Bänder):

Temperaturgeregelte Warmumformung erzeugt. durch möglichst niedrige Walz-Endtemperatur mit beschleunigter Abkühlung ein feinkörniges Gefüge mit hoher Kaltzähigkeit Es wird **normalisierendes Umformen** genannt, weil es das Normalglühen ersetzt.

Beispiel: mikrolegierter, perlitarmer Stahl

	R_m MPa	$R_{p0.2}$ MPa	A %	KV J	$T_ü$ °C
normalisiert	550	450	30	92	-80
TM-behandelt	710	610	21	61	-60

5.5.3 Austenitformhärten

Bei höher legierten Stählen ist der unterkühlte Austenit oberhalb der Martensitstufe einige Zeit beständig (ZTU-Schaubild 5.45, Kurve 1).

Eine sofortige Austenitverformung unterhalb der Rekristallisationstemperatur (500...600 °C) erzeugt weitere Gitterstörungen, die durch Keimwirkung beim nachfolgenden Abkühlen ein äußerst feinkörniges Martensitgefüge ergeben. Es hat höhere Festigkeit **und** Zähigkeit als normale Vergütungsgefüge (→ Beispiel).

Beispiel: Stahl X41CrMoV5-1

Zustand	R_m MPa	$R_{p0.2}$ MPa	A %
normal vergütet	1900	1600	7
austenitformgehärtet	2600	2000	7

Dabei steigt der Festigkeitszuwachs mit dem Grad der vorherigen Austenitverformung!

Anwendung dieses Verfahrens ist auf Teile mit einfacher Geometrie und aus höher legierten Stählen beschränkt.

5.3.4 Weitere Anwendungen

Nach den Flacherzeugnissen wurde das Verfahrensprinzip auf andere Erzeugnisse erweitert:

Formhärten (Presshärten)

Verfahren, mit dem dünnwandige Verstärkungsteile für Karosserien herstellbar sind. Sie erhalten dabei eine höhere Festigkeit, als es mit den hochfesten Stählen zum Kaltumformen möglich ist. Dafür werden mit Bor legierte Stähle verwendet (→).

Bor-legierte Stähle gehören zu den niedriglegierten Vergütungsstählen (Tabelle 5.6) und sind geeignet für die Fertigung durch Schneiden, Kaltumformen und Spanen. Bor senkt in kleinsten Mengen (0,001...0,005 %) die kritische Abkühlgeschwindigkeit stark.

Die Verarbeitung kann auf zwei Wegen erfolgen:

- Kaltumformen und Vergüten.
- **Presshärten:** Nach Austenitisierung unter Schutzgas (→) bei > 950 °C wird im wassergekühlten Werkzeug umgeformt und dabei auf 100...200 °C abgekühlt (→). Ein Anlassen ist meist nicht erforderlich.

Das martensitische Gefüge erreicht Zugfestigkeiten bis zu 1350 MPa (bauteilabhängig). Komplexere Teile werden in 2 Schritten gefertigt:

- Vorform durch Kaltumformung,
- Endform durch Presshärten (wie oben).

Nachteil ist die Verweilzeit im Werkzeug nach der Umformung (8...10 s), die erforderlich ist, um die Umwandlung vollständig ablaufen zu lassen. Das Ausbringen beträgt dadurch nur ca. 2...3 Stück/min.

Beispiel: Stahl 20MnB5

Zustand	R_m	$R_{p0,2}$	A_5	Z
	MPa		%	%
Lieferzustand	600	370	26	60
vergütet	1050	700	14	55

Schutzgas ist erforderlich, um eine Verzunderung zu vermeiden. Die z. T. abplatzende Schicht verschmutzt Bauteil und Werkzeug.

Zunderschutz: Aufbringen von Sprühlack auf das kaltgeformte Rohteil, einem 6...7 µm dicken Nanokomposit aus Glas, Polymer und Al. Es besitzt zugleich Gleiteigenschaften zur Schonung der Umformwerkzeuge (Nano-X GmbH).

Verwendung: Sicherheitsbauteile in Karosserien wie z. B. A- und B-Säulenverstärkung (Vectra), Schweller, Seitenaufprallschutz, Stoßfänger, Rahmenteile, Bodenplatte (Passat).

Hochfester Federstahl für den Fahrzeugbau

Das Vormaterial des Stahles 54CrSi6 wird in zwei Stufen bei 900 °C und bei 750 °C gewalzt, dann die Feder gewickelt, martensitisch umgewandelt und angelassen. Es entsteht ein sehr feinkörniges Gefüge ohne Carbidsäume auf den Korngrenzen mit Steigerung der Zähigkeit und Dauerfestigkeit.

Hinweis: Einer der Stahl-Innovationspreise 2006 für das Max-Planck-Institut für Eisenforschung.

Die Festigkeit steigt auf 2300 MPa. Dadurch sind Federn mit **15 % weniger Gewicht** möglich. Das Verfahren ist für eine wirtschaftliche Serienfertigung geeignet und ergibt reproduzierbare Eigenschaften.

Wälzlagerstahl 100Cr6

Rohrvormaterial wird thermomechanisch reduziert und noch warm in einem Trennprozess (→) die weichen Rohlinge abgetrennt. Es entsteht eine feinere Carbidverteilung als beim konventionellen GKZ-Glühen, das damit eingespart werden kann.

TRENPRO®-Verfahren reduziert das bisherige vielstufige Verfahren bis zum (noch ungehärteten) Weichring auf drei Arbeitsgänge. Der eigentliche Trennprozess liefert je nach Durchmesser bis zu 1000 Ringe/min.

(Mannesmann-TU-Freiberg)

5.6 Verfahren der Oberflächenhärtung

5.6.1 Überblick

Die Eigenschaften Härte und Zähigkeit verlaufen in Werkstoffen fast immer entgegengesetzt, beide lassen sich in **einem** Gefüge nicht maximieren. Viele Bauteile (→) benötigen jedoch an den Berührungsstellen mit anderen Bauteilen hohen Verschleißwiderstand (Oberflächenhärte) und einen zähen Kern als Sicherheit gegen spröde, verformungslose Brüche. Hierzu sind zahlreiche Verfahren entwickelt worden (Tabelle 5.10).

Beispiele für Bauteile: Kurbel-, Nocken- und Keilwellen, Zahnräder, Kupplungsteile, Ketten- und Raupenantriebe, Werkzeuge

Auswahl der Verfahren geschieht technisch nach:

- Gestalt, Größe und Werkstoff, wirtschaftlich nach
- Masse und Stückzahl

Tabelle 5.10: Übersicht: Stoffeigenschaftändern für die Oberfläche (DIN 8580)

Verfahrensgruppe	Verfahren, Hinweise auf Kapitel im Lehrbuch
Verfestigen durch Umformen	5.6.6 **Verfestigungswalzen** oder **Verfestigungsstrahlen**
Wärmebehandlung	5.6.2 **Randschichthärten** (Flamm-, Induktions- und Laserhärten, Umschmelzhärten) 5.6.3 **Einsatzhärten,** 5.6.4 **Nitrieren** 5.6.5 **Borieren, Chromieren, Aluminieren**

5.6.2 Randschichthärten

Bei diesen Verfahren wird das Gefüge nur in einer Randschicht austenitisiert bzw. aufgeschmolzen, so dass nach sofortiger, schneller Abkühlung martensitische bzw. ledeburitische Gefüge entstehen. Dazu sind Energiequellen hoher spezifischer Leistung erforderlich, damit nur die Randschicht die Abschrecktemperatur erreicht.

Verfahren der Randschichthärtung. Die Benennung erfolgt nach der Wärmquelle:

- **Flammhärten** mit Brenngasen,
- **Induktionshärten** über Induktionsspulen,
- **Laserhärten** mit Laserstrahlen.

DIN EN 10328/05, Bestimmung der Einhärtungstiefe nach dem Randschichthärten.

Mit steigender **spezifischer Leistung** (→) sinken Verzug beim Härten, Randhärtetiefe und die Größe der Wärmeeinflusszone (WEZ).

Begriff: Spezifische Leistung, Quotient aus Leistung (in kW) und Fläche A (in cm^2). Die Verfahren unterscheiden hierbei stark.

Wärmequelle	Spez. Leistg. kW/cm^2
Schmelzen (Salze, Metalle)	0,1
Flammen von Brenngasen	1
Induktions- und Wirbelströme	10
Laser- und Elektronenstrahlen	100

Die schnelle Erwärmung verschiebt die Umwandlungspunkte nach oben (Hysterese), so dass höhere Temperaturen als beim normalen Härten erforderlich sind, damit die Austenitisierung vollständig abläuft. Die Martensitzone reicht nur so tief, wie das Gefüge austenitisiert und mit $> v_{krit}$ abgeschreckt wurde.

Gehärtet wird meist im vergüteten Zustand. Dabei entsteht zwischen vergütetem Kern und hartem Rand eine weichere Zwischenschicht, die Wärmespannungen ausgleichen kann.

Vorteil des Randschichthärtens: Sperrige Teile, die zu Verzug neigen oder zu groß sind, brauchen nicht durchgreifend erwärmt werden. Sie können partiell, d. h. nur an den verschleißbeanspruchten Stellen gehärtet werden.

Einflussgrößen für Härte und Randhärtetiefe sind:

Die Härte **steigt** mit dem C-Gehalt des Stahles. Die Randhärtetiefe **steigt** mit dem Gehalt an LE und **sinkt** mit steigender spez. Leistung.

Flammhärten:

Wärmquelle sind gasbetriebene Brenner, deren Formen den Konturen des Werkstückes angepasst sind. Brenner und Werkstück führen gesteuerte Bewegungen aus, wofür spezielle Härtemaschinen, z. T. Automaten eingesetzt werden.

Linienhärtung wird für größere Flächen, z. B. an langen Wellen, Führungsbahnen und breiten Zahnrädern angewandt. Brenner und Brause bewegen sich dicht hintereinander über die Fläche (Bild 5.46). Der Vorschub muss so bemessen sein, dass die Randschicht in der gewünschten Tiefe austenitisch ist, ehe die Abschreckung durch die Brause erfolgt.

Mantelhärtung ist für kleine Oberflächen geeignet. Der Brenner überdeckt die zu härtende Fläche oder führt Pendelbewegungen aus, um sie zu überdecken. Zylindrische Teile rotieren vor dem Brenner, bis ein „Mantel" die Abschrecktemperatur besitzt und eine Brause das Abschrecken übernimmt.

Induktionshärten

Energiequelle ist der elektrische Strom. Er wird mit wassergekühlten Spulen oder Schleifen als Induktor durch Induktion im Werkstück erzeugt (Transformatorprinzip).

Das Werkstück ist Eisenkern, die Randschicht stellt die kurzgeschlossene Sekundärspule dar. Ein physikalischer Effekt bewirkt, dass die Induktionsströme mit steigender Frequenz (→) in die Randzone abgedrängt werden (Skineffekt = Hautwirkung). So wird die eingebrachte Energie dort konzentriert und die Randschicht schnell erwärmt.

Das Abschrecken erfolgt mit Wasser, bei sehr dünnen Querschnitten (Sägeblätter) durch Selbstabschreckung über den kalten Kern.

Anwendung auch zum Erwärmen von Werkstücken bei der Warmumformung und zum Löten.

Werkstoffe für die Randschichthärtung

Geeignet sind Vergütungsstähle DIN EN 10083. Bessere Eignung für rissfreie Aufnahme der Spannungen durch Temperaturwechsel haben:

Stähle für Flamm- und Induktionshärten, DIN 17212 (zurückgezogen):

- unlegiert: **Cf35...Cf70** (4 Sorten),
- niedrig-legiert: **45Cr2; 38Cr4; 42Cr4; 41CrMo4; 49CrMo4**.

Stahlguss für Flamm- und Induktionshärtung SEW-835 mit ähnlichen Zusammensetzungen:

- **G36Mn5; G46Mn4; G42CrMo4;**
- **G50CrMo; G50CrV4**.

Gusseisen und Temperguss sind härtbar, wenn das Gefüge vorwiegend perlitisch und der Graphit feinlamellar oder kugelig vorliegt.

- **Gusseisen:** GJL-400, GJS-600-3, GJS-700-2
- **Temperguss:** GJMB-450-6; GJMB-550-4; GJMB-650-2

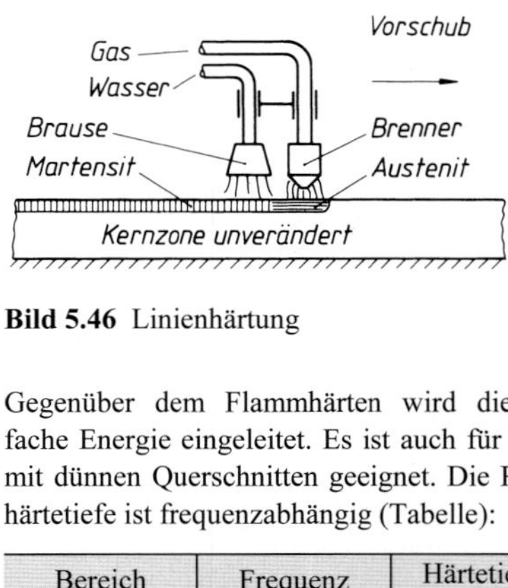

Bild 5.46 Linienhärtung

Gegenüber dem Flammhärten wird die 10-fache Energie eingeleitet. Es ist auch für Teile mit dünnen Querschnitten geeignet. Die Randhärtetiefe ist frequenzabhängig (Tabelle):

Bereich	Frequenz	Härtetiefe mm
Netzfrequenz	50 Hz	bis 70
Mittelfrequenz	1...10 kHz	16...5
Hochfrequenz	0,25...30 MHz	1,0...0,3

Vorteile: Das Verfahren erzeugt keine Abgase, Verzunderung, Verzug und Energieverbrauch sind gering, die Behandlungszeit kurz. Die räumlich kleinen Anlagen lassen sich gut in Fertigungsstraßen einstellen

Nachteile: Höhere Kosten für Stromerzeuger und Regelgeräte.

Laserhärten

Wärmequellen sind Laserstrahlen mit hoher spez. Leistung, so dass die Randschicht in Sekunden die Abschrecktemperatur erreicht. Der kleine Brennfleck erfordert eine schwingende Bewegung des Strahles durch Spiegel um eine Fläche in Spuren „abzurastern“.

Erzeugung der Laserstrahlen mit Hochleistungsdioden bis zu 6 kW Leistung.

Daten: Spurbreiten bis zu 40 mm, bei einem Vorschub von 700...200 mm/min, je nach Randhärtetiefe bis zu 2 mm.

Geeignete Werkstoff sind z. B.: **C45, C60, 42CrMoV4, 100Cr6** vergütet,

Durch die Konzentration der eingebrachten Energie auf kleinstem Raum ist die Erwärmung in die Tiefe gering. Dadurch ist Selbstabschreckung durch die noch kalte Kernzone möglich.

Laser-Verfahren sind günstig für linienförmige Härtezonen, wie z. B. Verschleißkanten von Werkzeugen zum Schneiden und Umformen und schwer zugängliche Bereiche von Werkstücken, z. B. Sacklöcher.

Beispiele: Führungsleisten, Lagersitze Kurvenscheiben. Turbinenschaufeln: Laserbehandlung der Eintrittskante führt zu vermindertem Kavitationsverschleiß und erhöhter Lebensdauer (IWS Dresden).

Laser-Umschmelzhärten

Die Verfahren sind nur für graphitische Eisen-Gusswerkstoffe geeignet. Die Härtesteigerung beruht nicht auf Martensitbildung, sondern auf der schnellen Erstarrung des Gusseisen zu Hartguss mit ledeburitischem Gefüge (→ Bild 6.3).

Bei schnell abgekühltem Gusseisen entsteht ein ledeburitisches Gefüge, der gesamte C-Gehalt liegt dann im Fe_3C, Zementit vor.

Beim Umschmelzhärten wird ein ähnliches Gefüge durch schnelles Aufschmelzen einer Oberflächenschicht mit nachfolgender Selbstabschreckung erzeugt.

Zum Härten von Flächen werden schmale Streifen durch Pendelbewegungen des Lasers aufgeschmolzen. Durch den Vorschub des Teiles werden diese zur gewünschten Fläche überlappend nebeneinander gereiht.

Laserhärten kommt ohne Abschreckmittel aus und gewinnt deshalb an Bedeutung bei der Entwicklung zur „trockenen Fabrik“, die möglichst auf Wasser, Öle, Salzbäder usw. verzichtet, um Probleme und Kosten mit Emissionen und Entsorgung der Reststoffe zu vermeiden. Hierzu gehört auch das Tauchhärten, bei dem die Werkstücke in Salzbädern kurz erwärmt und sofort abgeschreckt werden.

Hinweis: Ledeburit, das Eutektikum der Legierung Fe-C, besteht aus 64,5 % Eisencarbid in Ferrit mit einer Gesamthärte von 50 HRC.

Wichtig: Unter der aufgeschmolzenen Zone liegt eine austenitisierte Schicht, die bei kaltem Kern wegen der schnellen Wärmeabfuhr zu Martensit umwandelt (unter Volumenvergrößerung). Zur Vorbeugung gegen Risse werden die Teile vorgewärmt (ca. 400 °C) behandelt.

Randhärten betragen 55...60 HRC je nach Vorwärmung bis in 1 mm Tiefe.

Normung: Ermittlung der Schmelzhärtetiefe nach DIN 50190-4/99.

Anwendung: Nockenwellen- und Kipphebelflächen. Umlenkrollen, Führungsbahnen von Werkzeugmaschinen, Härten von Zylinderlaufbuchsen von Großdieselmotoren im Kompressionsbereich (MAN). Ölverbrauch und Verschleiß sinken. Es werden einzelne Spuren nach verschiedenen Mustern gelegt.
Die Paarung Ledeburit-Ledeburit ist bei höheren Kräften verschleißärmer als Martensit-Ledeburit.

Weitere Nutzungen der Laser:

Laserbeschichten mit Aufschmelzen der Randschicht unter Zufuhr harter, hochschmelzender Stoffe zum Verschleißschutz , auch zur Aufarbeitung verschlissener Flächen (Ventilsitze).

Materialbearbeitung zum Herstellen dünnster Bohrungen und Mikrostrukturen (0,5 µm Breite).

Thermochemische Verfahren, Allgemeines

Allgemeines Kennzeichen dieser Verfahren ist die chemische Veränderung der Randschicht durch zugeführte Stoffe. Sie dringen aus dem *Spendermittel* über die Oberfläche in das Werkstück ein. Das geschieht durch Diffusion unter folgenden Bedingungen:

- Ein Stoffangebot (Konzentration im Spendermittel ist höher als die im Bauteil,
- bestimmte Temperatur-Zeit-Verläufe.

Spendermittel können *Pulver* (meist als Granulat), *Pasten, Salzschmelzen* oder *Gase* sein, sie geben dem Verfahren den Namen.

Die Stoffe gehen in Lösung und/oder bilden intermetallische Phasen. Von großem Einfluss ist die Abkühlgeschwindigkeit. Von ihr hängt es ab, ob Martensit, übersättigte Mischkristalle oder Ausscheidungen entstehen.

Die Struktur der Randschichten lässt sich in Grenzen durch die Verfahrensbedingungen anpassen:

- Stoffangebot (Konzentration des Elementes),
- Temperatur und Einwirkzeit,
- Bauteilwerkstoff (legiert, unlegiert),
- Aktivierung durch Plasmatechnik

Am meisten werden Einsatzhärte- und Nitrierverfahren angewandt. Dazwischen liegen zwei Verfahren, die Kombinationen aus beiden darstellen: Carbonitrieren und Nitrocarburieren.

Sie unterscheiden sich in den Arbeitstemperaturen, dadurch wird auch ein verschiedener Schichtaufbau erzeugt (→ Übersicht).

Die wichtigsten zugehörigen Verfahren sind:

Verfahren	Element	Zweck
Einsatzhärten	C	Härte, Dauerfestigkeit, zusätzl. Verschleiß- und Korrosionswiderstand
Carbonitrieren	C+N	
Nitrieren	N	
Nitrocarburieren	N+C	

Die möglichen Diffusionswege sind klein und zeitabhängig. Die Eindringtiefen der Atome oder Ionen können je nach Verfahren bis zu 2 mm betragen.

Übersicht: Einsatzhärten/Nitrieren

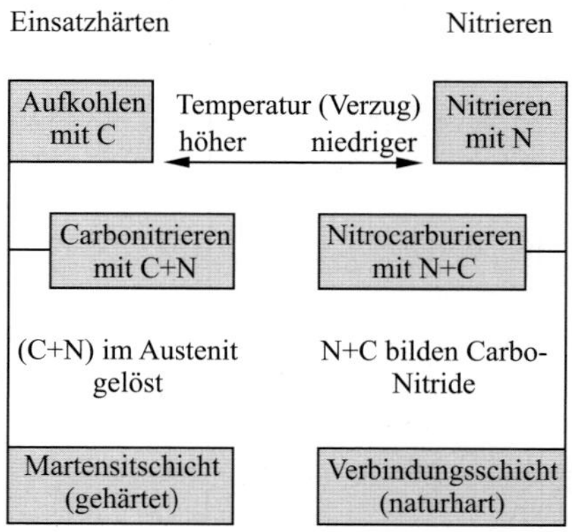

5.6.3 Einsatzhärten

Älteste Verfahren, früher für z. B. Schwertklingen angewandt, um Bauteilen mit weichem, zähen Kern eine harte verschleißfeste Oberfläche zu geben.

Heute ist es zusätzlich die Dauerfestigkeit von dynamisch belasteten Bauteilen, die durch Einsatzhärten erhöht wird.

Einsatzhärten ist ein aufwändiges Verfahren. Dafür liefert es unter allen Verfahren die höchste Steigerung der Zahnflankentragfähigkeit (Widerstand gegen die Zerrüttung der Oberfläche durch Grübchenbildung, Pittings) bei zähem Kern mit hoher Dauerfestigkeit (Zahnfußfestigkeit).

Einsatzhärten bestehen aus zwei Arbeitsgängen:

- **Aufkohlen** von C-armen Stählen bis zu einer bestimmten Aufkohlungstiefe und dem
- **Härten** nach Abkühlen aus der Aufkohlungswärme, oder
- **Direkthärten** aus der Aufkohlungswärme (zeit- und energiesparend).

Stähle hoher Zähigkeit müssen C-arm sein, dann nehmen sie beim Abschrecken aber nur eine geringe Härte an. Durch Zufuhr von C-Atomen in die Randzone entsteht dort ein härtbarer Stahl (mit ca. 0,8 % C). Beim Abschrecken wird der Rand *gehärtet*, der Kern schwach *vergütet*.

Einsatzstähle sind C-arme Stähle (max. 0,22 %). Weitere Legierungselemente sollen die Durchvergütung auch größerer Querschnitte ermöglichen (Cr, Mn, Mo und Ni), höchste Zähigkeit haben Ni-legierte Sorten (Tabelle 5.11).

Unlegierte Sorten sind für kleine Bauteile geringer Belastung geeignet,
Mn-Cr-Stähle sind preisgünstig, sie neigen jedoch zur Grobkornbildung,
Mo-Cr-Stähle sind für die *Direkthärtung* geeignet, sie neigen nicht zu Grobkorn,

Tabelle 5.11: Einsatzstähle, Auswahl nach DIN EN 10084/08, mechanische Eigenschaften

Kurzname	Stahlsorte Werkst.-Nummer	HB 30 geglüht (+ A)	Stirnabschreckversuch [1] Härte HRC (Stirnabstand in mm) 1,5	5	11	25	Anwendungsbeispiele
C10E+H	1.1121	131	–				kleine Teile mit niedriger Kernfestig-
C15E+H	1.1141	143	–				keit: Bolzen, Zapfen, Büchsen, Hebel
17Cr3+H	1.7016	174	39	–	–	–	desgl. mit höherer Kernfestigkeit
16MnCr5+H	1.7131	207	39	31	21	–	} Zahnräder und Wellen im
20MnCr5+H	1.7147	217	41	36	28	21	} Fahrzeug- und Getriebebau
20MoCr4+H	1.7321	207	41	31	22	–	besonders für die Direkthärtung
22CrMoS3-5+H	1.7333	217	42	37	28	22	für größere Querschnitte
20NiCrMo2-2+H	1.6523	212	41	31	20	–	Getriebeteile höchster Zähigkeit
17CrNi6-6+H	1.5918	229	39	36	30	22	mittlere } hochbeanspruchte Getriebeteile
18CrNiMo7-6+H	1.6587	229	40	39	36	31	größere } Wellen, Zahnräder

[1] Mindestwerte des Streubandes (Stirnabschreckversuch 15.7) für Stahlsorten mit normalen Härtbarkeitsanforderungen (H-Sorten)

Aufkohlen

Stahl kann nur im austenitischen Zustand C-Atome lösen, dazu ist ein Erwärmen auf über Ac_3 erforderlich, also über 900 °C. Sofern Kohlenstoff von außen her im Überschuss vorhanden ist, wandern C-Atome in das Randgefüge ein und weiter nach innen. Je höher die Temperatur, umso schneller verläuft dieser Diffusionsvorgang.

C-Gehalt (Randhärte) wird durch das C-Angebot (C-Pegel des Kohlungsmittels), Aufkohlungstiefe (At) durch Zeit und Temperatur beeinflusst.

Hinweis: Ältere Bezeichnungen für Aufkohlen sind *Zementieren und Einsetzen*.

Nach dem EKD kann Austenit bei 1147 °C max. 2 % C-Atome auf Zwischengitterplätzen einbauen (Einlagerungs-MK), bei niedrigeren Temperaturen entsprechend der Linie SE.

Einflussgrößen beim Aufkohlen sind:

- C-Gehalt (Randhärte) wird durch das Kohlungsmittel (C-Pegel) gesteuert,
- Aufkohlungstiefe (At) durch die Zeit.
- Höhere Temperaturen erleichtern die Diffusion und verkürzen die notwendige Zeit für eine bestimmte At (Bild 5.47).

Aufkohlungstiefe ist der Abstand senkrecht von der Oberfläche ins Innere bis zu einer Stelle mit 0,3 % C-Gehalt (Bild 5.50).

Bezeichnung $\mathbf{At}_{0,3}$ = 0,8 mm heißt: Der C-Gehalt ist 0,8 mm unter Oberfläche vom Randwert auf 0,3 % C abgefallen.

Erwünscht ist ein nicht zu *steiler* Abfall des C-Gehaltes von der Randschicht (0,8 %) zum Kern (C-Gehalt des Einsatzstahles).

Kohlenstoff wird über *Spendermittel*, die es in allen drei Aggregatzuständen gibt, an das Werkstück herangebracht:

- gasförmig, Gasaufkohlung, wichtigstes Verfahren für Massenteile,
- flüssig, Salzbadaufkohlung, universell,
- fest Pulveraufkohlung, partielles Tiefaufkohlen großer Teile.

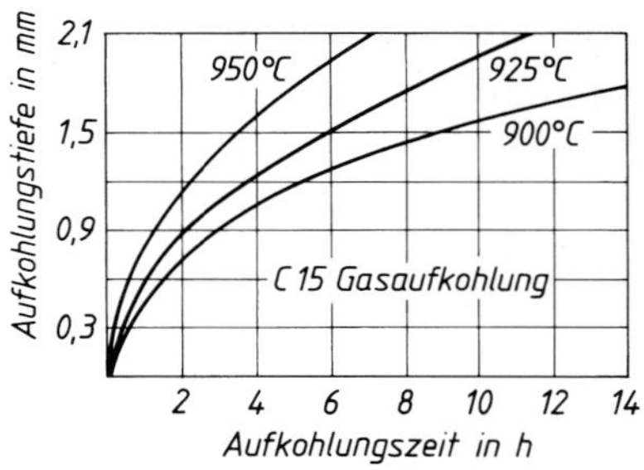

Bild 5.47 Aufkohlungszeit und -temperatur

Erschmelzung und Analyse des Stahles beeinflussen ebenfalls die Aufkohlung. Fremdatome im Austenit behindern die Diffusion der C-Atome. Deshalb brauchen legierte Stähle längere Aufkohlungszeiten. Stähle gleicher Sorte aus verschiedenen Chargen können sich unterschiedlich verhalten.

Pulveraufkohlung

Die Teile werden in Kästen oder Töpfen in Kohlungspulver (Granulat) eingerüttelt, abgedichtet und bei etwa 900 °C geglüht. Das Härten kann erst nach dem Abkühlen und Auspacken erfolgen.

Vorteile: Günstig für Teile großer Masse mit *stellenweiser* Aufkohlung. Dann ist die Zeit für das Ein- und Auspacken klein gegenüber der Gesamtzeit. *Große* Aufkohlungstiefen mit *geringen* Kosten herstellbar.

Nachteile: Aufwändiges Ein- und Auspacken, Staubentwicklung, längere Erwärmungszeiten, da das Kohlungspulver ein schlechter Wärmeleiter ist. Ungleichmäßige Temperaturverteilung im Ofenraum führt zu *ungleichmäßiger* Aufkohlung. Der Verlauf des Aufkohlens ist durch Pulver und Temperatur festgelegt und nicht regelbar. Eine Direkthärtung kann nicht durchgeführt werden.

Kohlungspulver enthalten Holzkohle, Koks oder Knochenkohle und Alkaliverbindungen in einer Körnung von 0,5…6 mm. Bei der Aufkohlungstemperatur entsteht ein Gasgemisch aus CO und CO_2. Bariumoxid und -carbonat wirken aktivierend, d. h. sie verkürzen die Kohlungszeit.

Am Werkstück zerfällt das Gasgemisch in

$2\,CO \rightarrow [C] + CO_2$; [C] löst sich im Austenit

CO_2 reagiert mit dem Kohlenstoff des Spenders nach:

$CO_2 + C \rightarrow 2\,CO$; CO zerfällt wieder.

Der C-Gehalt der Randzone erhöht sich zu Anfang schnell, dann langsamer und strebt einem Wert zu, der bei der Temperatur vom CO/CO_2-Verhältnis abhängt, das während des Pulveraufkohlens nicht von außen her beeinflusst werden kann.

Aufkohlung in Salzbädern

Die Teile werden vorgewärmt in wasserfreie Salzschmelzen eingehängt. Die Temperaturen liegen bei 850...930 °C.

Vorteile: Schnelle, gleichmäßige Wärmeübertragung auf *alle* Werkstücke und kurze Anwärmzeiten. Hohes C-Angebot verkürzt die Aufkohlung. Eine Direkthärtung aus dem Salzbad ist möglich. Lange Werkstücke können teilweise eingehängt werden.

Nachteile: Eine konstante Kohlungswirkung der Bäder verlangt ständige Kontrollen. Die hochgiftigen Cyanidbäder sind durch neue sog. *Regenerationsbäder* ersetzt worden. Cyanid entsteht nur während des Vorganges im Bad. Moderne Anlagen bereiten keine Probleme mit Spülwässern und Altsalzentsorgung. Damit sind frühere Nachteile der Salzbäder behoben.

Als Salze werden handelsübliche Gemische mit Kaliumcyanat (KCNO) als C-*Träger* und Carbonaten verwendet.

Das Cyanat zerfällt bei hoher Temperatur und gibt atomares C und N an das Werkstück ab. Bei den hohen Temperaturen wird überwiegend C aufgenommen. Stickstoff erhöht die Löslichkeit des Austenits für C-Atome im Bereich 800 ...900 °C und begünstigt die Aufkohlung.

Als Tiegelwerkstoff für diese Beanspruchung (Hochtemperaturkorrosion) hat sich Titan bewährt.

Anwendung: Aufkohlung im Salzbad ist günstig für die vollständige Aufkohlung kleinerer Massenteile bei kleinen Kohlungstiefen, auch für Teile, die einseitig aufgekohlt und deshalb teilweise in das Kohlungsbad gehängt werden müssen.

Gasaufkohlung

Die Teile werden mittels gasdichter Retorten in Öfen eingehängt. Massenteile werden meist in Durchlauföfen behandelt. Spendermittel ist ein Kohlenwasserstoff, meist Propan, C_3H_8, das zu einem *Trägergas* dosiert zugegeben wird. Es sorgt für *gleichmäßige* Umspülung und Temperaturverteilung.

Das Trägergas entsteht durch unvollkommene Verbrennung von Erdgas und wird von schädlichen Stoffen befreit (SO_2, H_2O, CO_2). Die Kombination N_2 und Methanol, CH_3OH wird ebenfalls verwendet.

Vorteile: Durch ständige Überwachung und Regelung des Gasgemisches kann die Aufkohlung optimiert werden, sodass der gewünschte C-Verlauf in kürzester Zeit erreicht, Überkohlung und Entkohlung vermieden werden können (Bild 5.48). Sauberes, ungiftiges Verfahren, gut in eine Fließfertigung einzugliedern.

Nachteile: Hohe Anlagekosten für Geräte zur Herstellung und Regelung des Gasgemisches.

Die chemischen Vorgänge gleichen denen der Pulveraufkohlung. Weiterhin laufen ab:

$$CO + H_2 \rightarrow [C] + H_2O; \qquad [C] \text{ ist im}$$
$$CH_4 \rightarrow [C] + 2\,H_2; \qquad \gamma\text{-MK gelöst}$$

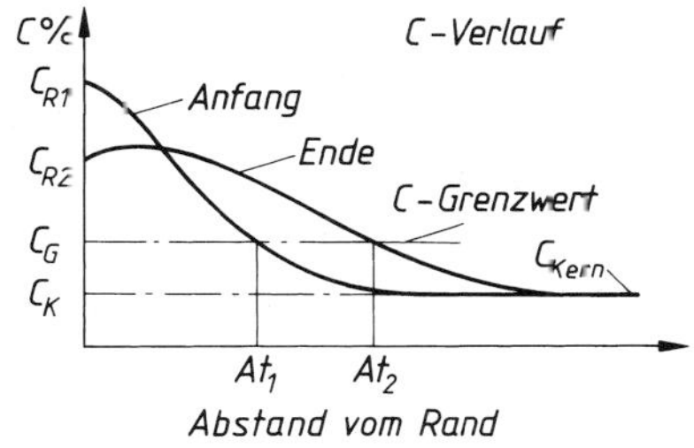

Bild 5.48 C-Verlauf in der Randschicht beim Gasaufkohlen in zwei Phasen:

Phase 1: Mit hohem C-Pegel wird ein überhöhter C-Gehalt im Rand erzeugt, steiler Verlauf bis zur Aufkohlungstiefe At_1.

Phase 2: Bei niedrigem C-Pegel Diffusion der C-Atome nach innen, bis der gewünschte C-Gehalt im Rand und At_2 erreicht sind.

Carbonitrieren

Carbonitrieren findet bei Temperaturen *über* Ac_1 statt, also im Bereich zwischen den Linien GS und PS (im EKD), das Gefüge besteht aus Ferrit und Austenit.

Infolge der niedrigeren Temperaturen (700... 800 °C) wird der Randzone mehr N und weniger C zugeführt als beim Aufkohlen.

Innere Vorgänge: Durch Stickstoff N treten folgende Änderungen ein:

Streng genommen ist die Aufkohlung im Salzbad auch ein Carbonitrieren, da diese Bäder neben C auch etwas N abgeben, der auch in die Randschicht eindiffundiert.

Carbonitriert werden Einsatz- und Vergütungsstähle. Die Schichten haben meist eine Einsatzhärtungstiefe CHD von < 0,5 mm.

Nach dem Anlassen auf 180 °C sind die Teile einbaufertig.

Änderung	Auswirkung
N senkt die Austenitisierungs-Temperatur,	Rand wird durch die (C + N)-Aufnahme *während* des Carbonitrierens austenitisch,
N senkt die kritische Abkühlgeschwindigkeit,	mildere Abschreckmittel möglich, kleinerer Verzug,
N beschleunigt die Diffusion des C,	kürzere Zeit bzw. größere Aufkohlungstiefe At,
N ist auch im Martensit enthalten.	der Adhäsionsverschleiß wird verringert.

Vorteile: Geringer Verzug, da niedrigere Härtetemperatur und mildere Abschreckmittel möglich werden. Die Randschicht erhöht die Steifigkeit dünner Teile und deren Dauerfestigkeit.

Isolierung. Vielfach soll nicht die gesamte Oberfläche aufgekohlt werden. Diese Stellen können mit Pasten oder Lehm (mit Fasern) abgeschirmt werden, galvanisch aufgebrachte Cu-Schichten sind auch für Salzbäder geeignet. Sicherste, jedoch aufwändige Methode ist das Anfertigen dieser Stellen mit Übermaß und Abspanen vor dem Härten.

Härten der Einsatzstähle

Nach dem Aufkohlen besteht das Werkstück aus zwei Stahlsorten, die Härtetemperaturen sind verschieden:

Kernzone: Unveränderter Einsatzstahl mit ca. 0,2 % C, nicht härtbar! Durch Abschrecken erhöhen sich die Festigkeiten und die Kerbschlagzähigkeit. Die Abschrecktemperatur liegt zwischen **850 und 900 °C**.

Randzone: Auf etwa 0,65...0,8 % C aufgekohlter Stahl, dadurch härtbar. Durch richtiges Abschrecken entsteht Martensit mit einer Härte bis zu 64 HRC. Die Härtetemperatur liegt zwischen **770 und 830 °C** je nach Sorte des Einsatzstahles.

Beide Werkstückbereiche sind durch die Aufkohlung *grobkörnig*. Ein sofortiges Abschrecken ergibt dann bei normalen Einsatzstählen:

- grobkörniges Kerngefüge mit geringerer Zähigkeit und hoher Übergangstemperatur,
- grobnadeligen Martensit im Rand (überhitzt gehärtet): höherer Anteil an Restaustenit,
- keine maximale Härte.

Für das sofortige Abschrecken sind geeignet:

Direkthärtestähle, mit Nb, Ti oder B legiert, deren Carbide beim Aufkohlen nicht gelöst sind und das Kornwachstum hindern.
Die Cr-Gehalte sind gesenkt und durch Mo ersetzt, was die Bildung von Restaustenit verringert (Tabelle 5.11).

Bei der Wahl des Härteverfahrens (Bild 5.49) nach dem Aufkohlen (Carbonitrieren) muss das Anforderungsprofil des Bauteiles herangezogen werden (→):

Direkthärten ist Abschrecken aus der Salzbad- oder Gasaufkohlung, günstig durch das Einsparen von Energie und Behandlungszeit. Härteverzug und Restaustenitgehalt werden verringert, wenn die Teile aus der Aufkohlungstemperatur auf die Randhärtetemperatur von 840 °C abkühlen (Verschlagenlassen), ehe sie im Warmbad abgeschreckt werden.

Einfachhärten erfolgt nach Abkühlen auf niedrige Temperaturen. Durch die γ-α-Umwandlung ergibt sich eine *Kornfeinung*.

- Erwärmen auf **Kernhärtetemperatur** über Ac_{3Kern} und Abschrecken in Öl, Warmbad, bei unlegierten Stählen in Wasser, ergibt optimale Kerneigenschaften bei leicht überhitztem Rand. Bei zu hohen C-Gehalten entsteht Restaustenit (geringere Härte).
- Erwärmen auf **Randhärtetemperatur** über Ac_{1Rand} und Abschrecken ergibt optimale *Randeigenschaften*, der Kern ist unterhärtet, d. h. nicht vollständig austenitisiert, dadurch geringere Zähigkeit und Dauerfestigkeit als möglich.

Doppelhärten war die Aufeinanderfolge der beiden o.a. Verfahren nacheinander mit hohem Verzug und hohen Energie- und Arbeitskosten.

Einfachhärten mit Zwischenglühen wird zum Erleichtern der Bearbeitung angewandt, wenn aufgekohlte Stellen abgespant werden müssen (630...650 °C, Bild 5.49).

Einfachhärten mit isothermischer Umwandlung bei etwa 580...680 °C in der Perlitstufe erzeugt bei legierten Stählen ein günstiges Ausgangsgefüge für die Austenitisierung.

Einsatzhärtungstiefe CHD ist der Abstand eines Messpunktes vom Rand bis zu einer Stelle, welche die *Grenzhärte* (GH) besitzt. GH beträgt 550 HV 1.

Je nach Anforderung ist zu wählen zwischen:

- höchster **Verschleißfestigkeit** der Randschicht (z. B.: Wälzfestigkeit bei Zahnrädern, Wälzlagern, Werkzeugen) oder
- höchster **Dauerfestigkeit** des Kernes (Kerbdauer- und Zahnfußfestigkeit).

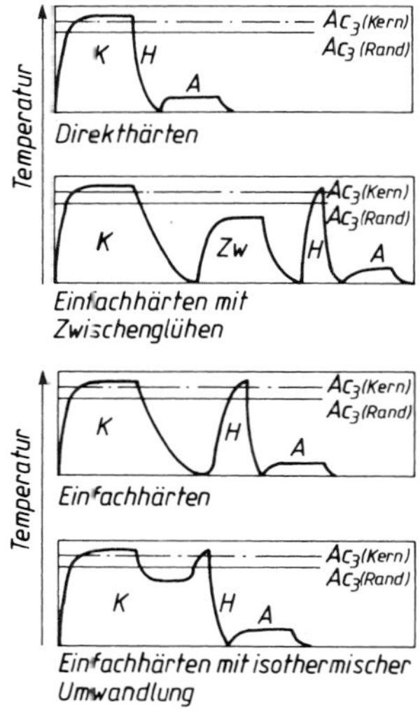

K Aufkohlen
H Härten
Zw Zwischenglühen
A Anlassen

Bild 5.49 Temperatur-Zeit-Schaubilder zum Einsatzhärten

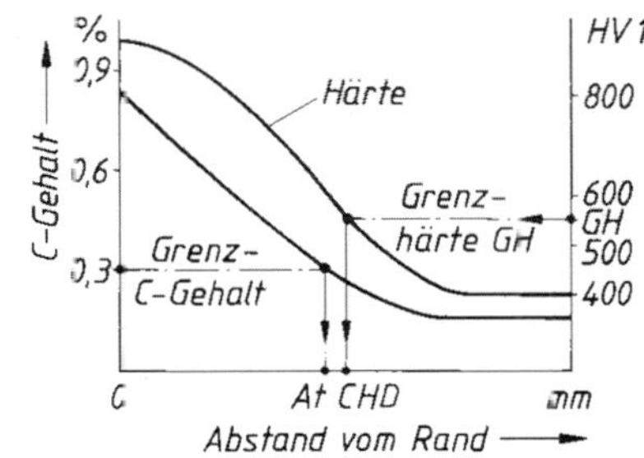

Bild 5.50 Aufkohlungstiefe At und Einsatzhärtungstiefe CHD nach DIN EN ISO 2639/03

Fehler, die beim Einsatzhärten vorkommen, sind: *Weichfleckigkeit* durch ungleichmäßige Aufkohlung bei unsauberen Teilen oder Graphitausscheidungen an der Oberfläche; auch durch Entkohlung beim Wiedererwärmen oder zu niedrige Härtetemperatur. Führt zu geringerer Dauerfestigkeit.

Anlassen. Im Anschluss an alle Härteverfahren werden die Teile 1...2 h im Heißluftstrom auf 150...200 °C angelassen.

Schalenrisse nach dem Abschrecken entstehen, wenn der C-Gehalt des Randes zu steil zum Kern hin absinkt. Die harte Schale mit geringerer Dehnung löst sich vom Kern.

5.6.4 Nitrieren, Nitrocarburieren

Verfahrensziel: Nitrierschichten verbessern Verschleißverhalten, Dauerfestigkeit und Korrosionsbeständigkeit der Bauteile, diese Eigenschaften bleiben bis unterhalb der Entstehungstemperatur erhalten.

Die Eigenschaften beruhen auf einer Randzone mit *Nitriden* bzw. *Carbonitriden* (Bild 5.51), die durch Aufnahme von Stickstoff N (oder N+C) entstehen. Die Temperaturen liegen zwischen 500...580 °C. Es erfolgen kein Abschrecken und keine Gefügeumwandlung. Die Maßänderungen sind klein, eine Nacharbeit ist meist nicht erforderlich.

Nitrieren wird bei Fertigteilen angewandt.

Nitrier- und Carbonitrierschichten sind zweilagig aufgebaut:

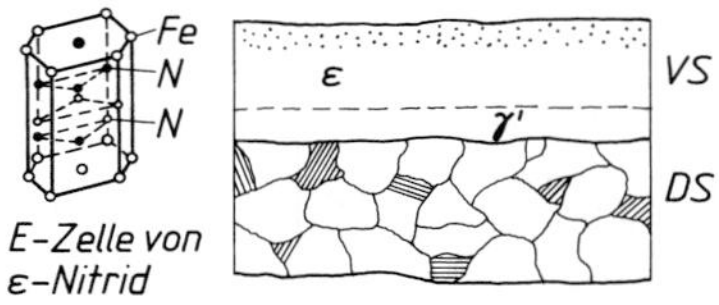

Bild 5.51 Nitridschicht, schematisch (H. Kunst)

Verbindungsschicht VS, 5...30 µm dick, mit Fe-Nitriden, mit einem Porensaum, der etwa 30...50 % der Schichtdicke ausmacht. Die Härte liegt zwischen 500...1000 HV 0,01.

Diffusionsschicht DS (Ausscheidungsschicht), 0,2...1,5 mm dick, mit zwangsgelöstem N oder ausgeschiedenen Nitriden (bei langsamer Abkühlung). Die Härte liegt zwischen 300...1200 (1500) HV 0,01.

Gefügeänderung

Stahl ist bei den o.a. Temperaturen ferritisch und löst nur ca. 0,1 % N auf Zwischengitterplätzen. Der Überschuss bildet die sog.

Verbindungsschicht (VS) aus den Fe-Nitriden, bei Anwesenheit von LE auch Sondernitriden. Die Zusammensetzung der VS kann beim Plasmanitrieren gesteuert werden (monophasige VS). Mit C wird die ε-Phase bevorzugt gebildet.

Der *Porensaum* kann durch eine oxidierende Behandlung verdichtet werden (Korrosion!).

Darunter liegt die wesentlich dickere Diffusionsschicht (DS), in der die N-Atome gelöst sind (Mischkristallschicht). Durch Übersättigung und Ausscheidungen steht sie unter Druckeigenspannungen, wichtig für die Dauerfestigkeit der Bauteile.

In der VS kommen zwei Fe-Nitride vor:

γ'-Phase (Fe_4N: kubisch-flächenzentr.) E-Zelle mit N im Würfelzentrum), zäher als die

ε-Phase ($Fe_{2-3}N$, hexagonal), N-reicher und korrosionsbeständiger.

Sondernitride werden von z. B. Al, Cr, Mo und V gebildet, sie haben größere Härtewerte und sind in den *Nitrierstählen* enthalten.

Carbonitride bilden sich, weil C- und N-Atome ähnliche Atomdurchmesser haben und sich gegenseitig ersetzen können. Sie sind weniger spröde und haben kleinere Reibzahl.

Der Stickstoffgehalt fällt zum Kern hin langsam ab, so dass eine gute Verankerung von Schichten und Kern besteht. Als Maß für die Dicke der Nitrierschichten gilt die **Nitrierhärtetiefe Nht.** Es ist der Abstand eines Messpunktes von der Oberfläche, der die sog. *Grenzhärte* (GH) besitzt. Sie liegt 50 HV 0,5 *über* der Kernhärte (KH): GH = KH + 50 HV 0,5 (Bild 5.52).

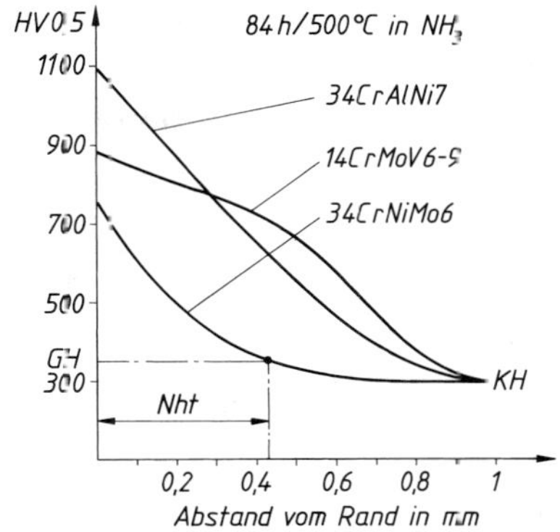

Bild 5.52 Härteverlauf bei verschiedenen Stählen nach dem Gasnitrieren und Nitrierhärtetiefe nach DIN 50 190-3/79

Gegenüber dem Martensit (Metallbindung) geben Nitridschichten (Metall-Nichtmetall) dem Bauteil andere Eigenschaften:

Tabelle 5.12: Eigenschaften der Schichten

Eigenschaften	Ursache, Auswirkung
Höhere Härte (700...1500 HV)	Nitride sind naturharte intermetallische Phasen (Einlagerungsstrukturen, ähnlich TiC) mit ca. 2000 HV 0,05
Anlassbeständigkeit bis etwa zur Bildungstemperatur	Bei langsamer Abkühlung entstehen keine metastabilen Gefüge
Geringere Adhäsionsneigung (Fressen) gegenüber Metallen	Typische Eigenschaften der Nitride, kleinere Reibzahl μ, geringe Neigung zum Kaltschweißen (adhäsiver Verschleiß)
Hoher Korrosionswiderstand durch Nachoxydation erhöht	Geringe Reaktionsbereitschaft der N-haltigen Phasen, chemische Verbindung mit gesättigter Elektronenschale

Nitrierstähle sind *Vergütungsstähle*, weil die dünne Schicht (0,1...0,3 mm) bei hohen Flächenpressungen in einen zu weichen Kern eingedrückt würde. Als Nitridbildner enthalten sie Mo, V und Al (Tabelle 5.13).

Eine Vorbehandlung der Teile besteht i. Allg. in folgenden Arbeitsgängen

- Vergüten (Stützwirkung für die Schichten),
- Spannungsarmglühen (Verzugsfreiheit),
- Reinigung (Gleichmäßigkeit der Schicht).

Tabelle 5.13: Nitrierstähle DIN EN 10085/01

Stahlsorte		Eigenschaften vergütet					
Kurzname	Werkst. Nummer	Durchmesserbereich mm	$R_{p0.2}$ MPa	A %	KV J	HV 1	Eigenschaften und Anwendungsbeispiele
31CrMo12	1.8515	... 40	850	10			warmfest, für Teile von Kunststoff-
		41 ... 100	800	11	35	800	maschinen
31CrMoV9	1.8519	... 80	800	11	35	800	ionitrierte Zahnräder hoher Dauer-
		81 ... 150	750	13	35		festigkeit
15CrMoV6-9	1.8521	... 100	750	10	30	800	größere Nitrierhärtetiefe, warmfest
		101 ... 250	700	12	35		(nicht genormt)
34CrAlMo5	1.8507	... 70	600	14	35	950	Druckgießformen für Al
34CrAlNi7	1.8550	70 ... 250	600	15	30	950	für große Querschnitte

Formelzeichen: $R_{p0,2}$ 0,2-Dehngrenze, A Bruchdehnung, KV Kerbschlagarbeit (ISO-V-Probe)

Grundsätzlich können alle Eisenwerkstoffe durch Nitrieren behandelt werden. Dabei ist oft nicht die Oberflächenhärte das Ziel, sondern die Zunahme der **Dauerfestigkeit** infolge der Druckeigenspannungen, welche in der Diffusionsschicht entstehen, besonders nach einem Abschrecken (Tenifer-Verfahren).

Die Korrosionsbeständigkeit von nitrocarburierten Schichten wird durch eine Nachoxydation erhöht (Stellung in der Spannungsreihe zwischen Cu und Ag).

Hinweis: Die Temperaturen der Verfahren müssen vom Vergüten zum Nitrieren hin abfallen, damit das Vergütungsgefüge nicht durch Nachanlassen verschlechtert wird.

Je nach Anforderungsprofil können dadurch höchste Härte, gute Gleiteigenschaften und Dauerfestigkeit, jeweils in Verbindung mit erhöhter Korrosionsbeständigkeit oder Anlassbeständigkeit, erreicht werden.

Nitrierverfahren

Ausgehend vom *Gasnitrieren* haben sich weitere Verfahren entwickelt. Sie arbeiten mit anderen Spendermitteln und Verfahrensbedingungen und können Schichten mit unterschiedlicher Struktur in *kürzeren* Zeiten herstellen.

Anwendung: Schnecken und Zylinder für Kunststoffpressen und -extruder, Großzahnräder, Spindeln für Werkzeugmaschinen, Gehäuse für Differentialgetriebe.

Gasnitrieren bei ca. 520 °C in Ammoniak, NH_3. Durch katalytische Wirkung des Fe spaltet das NH_3 atomaren Stickstoff ab. Nitriertiefen sind werkstoffabhängig (Bild 5.52), größere erfordern lange Zeiten bis zu 100 h.

Volumenzunahme beim Nitrieren entsteht durch die Zufuhr von Materie und Bildung weniger dichter Kristallarten. Sie muss bei kleinen Toleranzen berücksichtigt werden. Kantenaufwölbung entsteht bei rechtwinkligen Absätzen (Nuten). Die Grate sind sehr spröde und neigen zum Ausbrechen. Abhilfe durch Abziehen mit Ölstein oder – wenn möglich – vorheriges Fasen.

Kurzzeitgasnitrieren mit Gasmischungen, die auch C und O enthalten. Dadurch werden die langen Glühzeiten reduziert (etwa auf 50 %).

Plasmanitrieren (KLÖCKNER Ionitrieren) und **Plasmanitrocarburieren**

Die Teile werden in einer Vakuumkammer als Kathode eingebracht. Durch eine Spannung ab 350 V werden die Spendergase ionisiert und prallen mit hoher Geschwindigkeit auf das Werkstück.

Begriff: Plasma. Gase werden in Vakuum durch elektrische Felder *ionisiert*, d. h. in gleich viele Ladungsträger zerlegt:

Positive Gas-Ionen + Negative Elektronen

In diesem Plasmazustand können sie in elektrischen Feldern beschleunigt werden.

Verfahrensmerkmale	Beschreibung, Auswirkung
Aufheizung des Werkstückes (350…580 °C).	Kinetische Energie setzt sich in Wärme um.
Der Aufprall der Teilchen lässt Fe-Teilchen abstäuben, Entstehung von oberflächlichen Gitterfehlern, die Diffusion wird beschleunigt.	Behandlungszeit sinkt (60…360 min.), die Verbindungsschicht wird dünner und zäher.
Regelbarkeit der Gasatmosphäre.	Möglichkeit einphasiger Schichten (γ' oder ε)
Nicht zu härtende Stellen können zuverlässig abgeschirmt werden.	Abdecken der Stellen mit Pasten oder Blechblenden, Gewinde mit Stopfen

Im Unterschied zu anderen Nitrierverfahren besteht die Möglichkeit, den Schichtaufbau durch Änderung der Verfahrensbedingungen zu gestalten, auch *während* des Nitrierens.

Salzbadnitrieren erfolgt durch Einhängen in Salzschmelzen von 550...580 °C. über 30...180 min. Durch besseren Wärmeübergang sind kürzere Behandlungszeiten möglich. Bei diesen Temperaturen wird vom Ferrit überwiegend Stickstoff aufgenommen. Je nach Art des Werkstoffes lassen sich folgende Verbesserungen erzielen:

Hochlegierte Werkzeugstähle werden fertigbearbeitet (gehärtet und angelassen) bei einer Temperatur behandelt, die 30...50 °C unter der letzten Anlasstemperatur liegen muss. Dann wird das Härtungsgefüge nicht verändert.

Es werden 3...4-fache Standzeiten gegenüber nichtnitrierten Werkzeugen beobachtet, wobei die Nitrierbehandlung nur Minuten bis 0,5 h dauert.

Unlegierte Stähle erhalten mangels besonderer Nitridbildner eine weichere Verbindungszone von ca. 400 HV 5 mit gutem Verhalten gegenüber adhäsivem Verschleiß.

Tenifer®-Verfahren ist Badnitrieren unter Belüftung. Die Sauerstoffzufuhr beschleunigt die Stickstoffaufnahme und verkürzt die Tauchzeiten. Wasserabschreckung (Quench) aus dem Nitrierbad erzeugt eine Diffusionsschicht aus stickstoffübersättigtem Ferrit. Sie bewirkt eine Steigerung der Biegewechselfestigkeit um 40...100 % (Bild 5.53).

Dadurch können unlegierte Stähle, z. B. C15E, C45E, anstelle von niedriglegierten Stählen verwendet werden. Der abgeschreckte Zustand ist metastabil, so dass bei späterer Erwärmung Ausscheidungsvorgänge ablaufen, die zu weiterer Versprödung der Nitrierschicht führen.

QPQ-Verfahren (Quench-Polish-Quench) verbessert die Korrosionsbeständigkeit weiter durch ein zwischen geschaltetes Polieren, Läppen oder Strahlen mit Nachoxidation bei 370 °C/Wasser.

Verfahrensbedingungen sind: Temperatur, Spannung, Strom, Gasart und Druck. Damit lassen sich für jeden Fe-Werkstoff die günstigsten Werte einstellen.

Nitriersalze sind Kaliumcyanat mit Kaliumcarbonaten gemischt. Cyanat zerfällt unter Wirkung von Sauerstoff in Carbonat und gibt sowohl N als auch C ab. Die Umweltgefährdung durch Abluft und Abwasser nebst Abfallentsorgung wird bei neuen Anlagen minimiert. (Durferrit).

- Die Oberflächenhärte steigt von 54 HRC (ca. 868 HV) auf max. 1400 HV 0,05,
- eine evtl. vorhandene Weichhaut infolge Randentkohlung verschwindet,
- Reibungsverminderung bei Werkzeugen der spanlosen Formung, höhere Standmengen auch bei Warmarbeitswerkzeugen.
- Nitrierschichten verhindern die Aufbauschneide bei der Zerspanung.

Für nur mittelbeanspruchte Stähle ist das Nitrocarburieren günstiger als Einsatzhärten, da wegen des geringeren Verzugs das Nachschleifen entfallen kann.

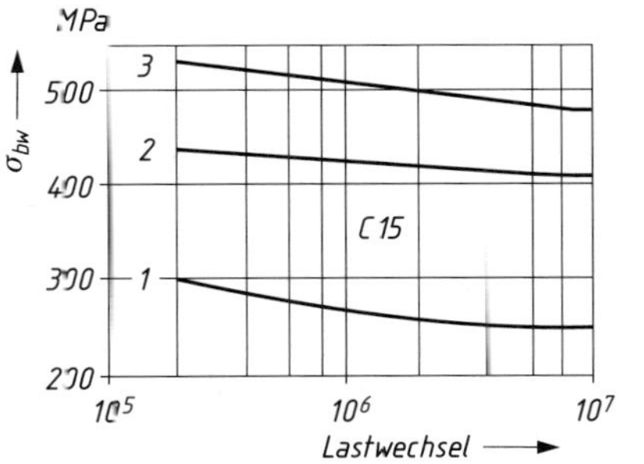

Bild 5.53 Erhöhung der Dauerfestigkeit durch Nitrieren (DEGUSSA)
1 unbehandelt, 2 badnitriert Luftabkühlung,
3 Tenifer-Verfahren, Wasserabkühlung

Anwendungen: Die dekorative, reflexfreie, schwarze Oberfläche ermöglicht einen Ersatz für Brünieren, Phosphatieren, Hartchrom- oder Zinkschichten, je nach Anforderung.

Anwendung: Nitrocarburieren wird für Teile des Fahrzeug- und Motorenbaues angewandt, wenn sie nicht zu großen **Flächenpressungen** unterliegen und wechselnd oder schwellend auf Biegung beansprucht werden (→):

Beispiele: Zahnräder für Getriebe, Wasser- und Ölpumpen; Kipphebel, Zylinderbuchsen, Steuerteile in der Hydraulik; Stanz- und Automatenteile für Nähmaschinen, Büro-, Textil- und Verpackungsmaschinen.

5.6.5 Weitere Verfahren (Auswahl)

Borieren (Tabelle 5.14), ähnlich dem Pulveraufkohlen oder Pastenborieren, erzeugt Schichten bis 250 µm Dicke in ca. 5 h bei 900 °C. Dadurch können keine gehärteten Teile behandelt werden.

Die hohe Härte ergibt hohen Widerstand gegen *abrasiven* Verschleiß durch harte körnige Stoffe (dafür dickere Schichten > 150 µm). Das Fe_2B ist stabil bis zu 1000 °C und neigt nicht zum Fressen (Adhäsionsverschleiß). Dafür reichen dünnere Schichten aus.

Die Schichten aus FeB und Fe_2B wachsen stängelartig auf und haben gute Verankerung zum unlegiertem Stahl. Mit zunehmendem Gehalt an LE nimmt diese Struktur und auch die Zähigkeit ab. Deshalb sind dünne Schichten auf niedriglegierten Stählen günstiger, ebenso wie einphasige aus dem zäheren Fe_2B.

Die Maßzunahme beträgt ca. 25 % der Dicke der Boridschicht und wird am besten durch Vorversuche geklärt, wenn Teile mit Untermaß gefertigt werden sollen.

Anwendung: Alle Stähle, Gusseisensorten und Sintereisen für Werkzeuge und Bauteile, die mit verschleißenden Massen in Berührung stehen. Wegen der umständlichen Handhabung wird es dort eingesetzt, wo andere Verfahren geringere Verschleißbeständigkeit ergeben.

Beispiele: Sieblochbleche und Strangpressmatrizen für keramische Massen, Extruderschnecken, Glasformwerkzeuge, Loch- und Prägestempel, Kugelhahnküken, Ölpumpenräder, Armaturen für die Förderung verschleißender Flüssigkeiten (z. B. Kalkmilchpumpen).

Anwendungsgrenzen: Stähle mit höherem Si-Gehalt und auch HS-Stähle sind nicht borierbar. Werkzeuge müssen in milden Abschreckmedien gehärtet bzw. vergütet werden, um ein Abplatzen der Schicht zu vermeiden.

Hinweis: Wegen der Unlöslichkeit von C und Si in der Boridschicht werden diese Elemente nach innen abgedrängt. Dadurch könnte unter der Schicht ein ferritischer Stahl entstehen, der nicht austenitisierbar ist.

Tabelle 5.14: Weitere thermochemische Verfahren

Verfahren	Element	Spender-Mittel	Arbeits-Temperatur, °C	Phase	Härte HV 0,1	Schichteigenschaft, (Schutz gegen ...)
Aluminieren	Al	P, B	800…1100	Al-MK, Al_2O_3		zunderbeständig bis 950 °C, zum Schutz C-armer Stähle
Borieren	B	P	800…1000	Fe_2B (FeB)	…2000 …2100	Abrasionsverschleiß,Tribooxydation, evtl. Härten muss nachträglich erfolgen
Chromieren	Cr	P, B	900…1200	Fe-Cr-MK		korrosionsbeständig durch über 13 % Cr
Sherardisieren	Zn	P	400	Fe-Zn		korrosionsbeständig, für Kleinteile (Schrauben, Muttern), auch vergütet!
Silizieren	Si	P, G		Fe-Si		in Verbindung mit Al angewandt
Sulfonitrieren	N, S	B	< 600	FeS	350…400	Adhäsionsverschleiß
Vanadieren	V	P, B	1000…1100	VC, V_2C		Festkörperreibung, Spindeln, Werkzeuge

Spendermittel: P Pulver (Granulat), B Salzschmelze, G Gas, Arbeitstemperatur in °C

5.6.6 Mechanische Verfahren

Die Verfestigung einer dünnen Randschicht durch Druckkräfte erzeugt einen Eigenspannungszustand. Die Oberflächenschicht müsste durch Verformung länger und dünner werden. Da sie vom Basiswerkstoff daran gehindert wird, gerät sie unter Druckspannungen.

Bei Belastung entstehen max. Biege-Zugspannungen in der Randfaser, insbesondere auch im Grunde von Kerben. Druckeigenspannungen vermindern sie um ihren Betrag. Meist wird durch die Verfestigung die Rauhtiefe kleiner. Als Folge dieser beiden Veränderungen werden Anriss und Rissausbreitung behindert. Die Teile ermüden erst bei höheren Spannungen.

Druckeigenspannungen erhöhen die Dauerfestigkeit der Bauteile (Bild 5.54).

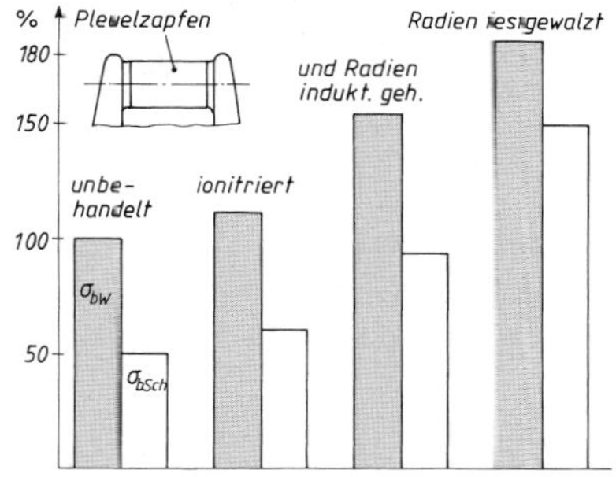

Bild 5.54 Steigerung der Dauerfestigkeit von Kurbelwellen aus GJS-700-2 durch verschiedene Verfahren

Anwendung: Festwalzen von Übergangsradien, Rillen und Nuten an z. B. Kurbelwellen im vergüteten Zustand mit einer Erhöhung der Dauerfestigkeit um 80...150 %.

Bekannt ist die höhere Dauerfestigkeit von Schrauben mit gerollten Gewinden gegenüber solchen mit geschnittenen. Dabei ist der Anstieg größer, wenn nach dem Vergüten das Gewinde gerollt wird, allerdings bei kleinerer Standzeit der Werkzeuge.

Verfestigungswalzen

Rotationssymmetrische Bauteile können durch angepresste Walzen oder Rollen (abgestützt) behandelt werden, meist vergütet oder auch im badnitrierten oder einsatzgehärteten Zustand.

Um eine Schädigung des Werkstoffs zu vermeiden, müssen die Einflussgrößen

- Rollen-Durchmesser
- Rundungsradius
- Walzkraft

} Verformungsgrad und Tiefenwirkung

durch Versuche optimiert werden, um die Dauerfestigkeit maximal zu steigern. Damit kann der Einfluss der Kerben auf die Dauerfestigkeit kompensiert werden (Bild 5.55).

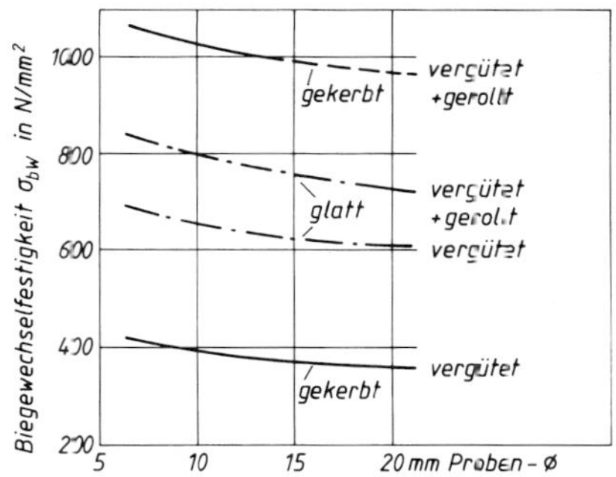

Bild 5.55 Aufhebung der Kerbwirkung durch Verfestigungswalzen

Verfestigungsstrahlen (Kugelstrahlen)

Teile, die nicht rotationssymmetrisch geformt sind, können oberflächlich durch Bestrahlung mit kleinen Stahlkugeln verfestigt werden.

Schmiede- und Warmbehandlungsteile weisen oft eine geringe Randentkohlung oder -oxydation auf. Das ergibt geringere Oberflächenhärte und auch geringere Dauerfestigkeit des Bauteils. Auch hier kann durch Bestrahlung diese Erscheinung wieder rückgängig gemacht werden.

Anwendung: Schmiedeteile mit Zunderschichten, z. B. Pleuelstangen, Fahrwerksteile, Schrauben- und Blattfedern.

Durch eine Vorspannung während des Bestrahlens werden die Eigenspannungen erhöht und in die Tiefe verlagert. Das ergibt eine weitere Steigerung der Biegewechselfestigkeit.

Literaturhinweise

Fachzeitschriften Stahl und Eisen. Verlag Stahleisen, Düsseldorf
HTM Zeitschrift für Werkstoffe-Wärmebehandlung-Fertigung, Hanser-Verlag, München

Atlas zur Wärmebehandlung der Stähle 1...4. Verlag Stahleisen

VDI-Bildungswerk: BW 34-05-08 Grundlagen und praktische Anwendung der Wärmebehandlungsverfahren metallischer Werkstoffe – Glühen – Härten – Anlassen – Vergüten, Oberflächenhärten

Verfasser	Titel
Hougardy, H.:	Umwandlung und Gefüge unlegierter Stähle. Verlag Stahleisen, 2003
Kunst, H.:	Nitrocarburieren zur Verbesserung der Schwingfestigkeits-, Korrosions- und Verschleißeigenschaften. VDI-Bericht 852, S.559...570
Liedke, D. u. Jönsson, R.:	Wärmebehandlung, Grundlagen und Anwendung für Eisen-Werkstoffe, expert-Verlag, 2004
Macherauch, E.:	Praktikum in Werkstoffkunde, Vieweg Verlag, 1999
DIN TB 218	Werkstofftechnologie, Wärmebehandlungstechnik, Beuth-Verlag, 2002 (2007)
DIN EN 10052/94	Wärmebehandlung von Eisenwerkstoffen, Fachbegriffe und -ausdrücke
DIN 6773/01	Wärmebehandlung von Eisenwerkstoffen, Darstellung und Angaben wärmebehandelter Teile in Zeichnungen.
DIN 17021-1/76	Werkstoffauswahl aufgrund der Härtbarkeit
DIN 17022-1/94	Verfahren der Wärmebehandlung – Härten, Bainitisieren, Anlassen und Vergüten von Bauteilen. T-2/86 Härten und Anlassen von Werkzeugen; T-3/89 Einsatzhärten; T-4/98 Nitrieren und Nitrocarburieren; T-5/00 Randschichthärten
Stahl-Informations-Zentrum	Merkblätter zur Wärmebehandlung von Stahl über www.stahl-online.de MB 447/05: Nitrieren und Nitrocarburieren; M B460/05: Härten, Anlassen, Vergüten, Bainitisieren; MB 452/95: Einsatzhärten (auch als pdf-Dateien)

Weitere Informationen

Thema	Titel und Quelle	Internet: www.
Die Umwandlung der Kohlenstoffstähle	In mancherlei Gestalt. Rose, A. u. Houggardy, H.: Leihfilm von IWF, Göttingen	iwf.de
Wärmebehandlung	Böhlerstahl über www.rubig.com/upload/Haertetechnik	
Gefügebilder	Informationen zu Wärmebehandlung mit Gefügebildern	metallograf.de

6 Eisen-Gusswerkstoffe

6.1 Übersicht und Einteilung

Eisen-Gusswerkstoffe sind durch die Steigerung der Festigkeit und Qualität auch für die Serienfertigung hochbeanspruchter Teile eingeführt, weil sie oft *wirtschaftlichere* Lösungen bieten als Schmiede- oder Schweißkonstruktionen.

Die Entwicklung verlief auf mehreren Ebenen:

- **Metallurgische** Verfahren mit verbesserten Öfen, Verfahren und Messtechnik ergeben höhere Treffsicherheit der Schmelzanalysen (konstante Qualität).
- **Formtechnik** mit Feinguss und verlorenen Modellen führte zu hoher Oberflächengüte und engeren Toleranzen sowie größerer Freiheit in der Gestaltung.
- **Gießtechnik** mit besserer Kenntnis des Einströmens der Schmelze, der Formfüllung mithilfe der Anschnitt- und Speisergestaltung ergibt Gussteile ohne Lunker und Porositäten (Qualitätssicherung, Nullfehlerproduktion).

Die Verbesserungen der Werkstoff- und Fertigungstechnik des Gusseisens haben dazu geführt, dass die verschiedenen Eisen-Gusswerkstoffe ihr Eigenschaftsprofil den Knetwerkstoffen (Stahl) genähert und zum Teil angeglichen haben, besonders hinsichtlich der Duktilität (Bruchdehnung A_5 Bild 6.1.)

Hinweis: Die systematische Benennung der Gusseisensorten DIN EN 1560 ist im Anhang A.2 beschrieben.

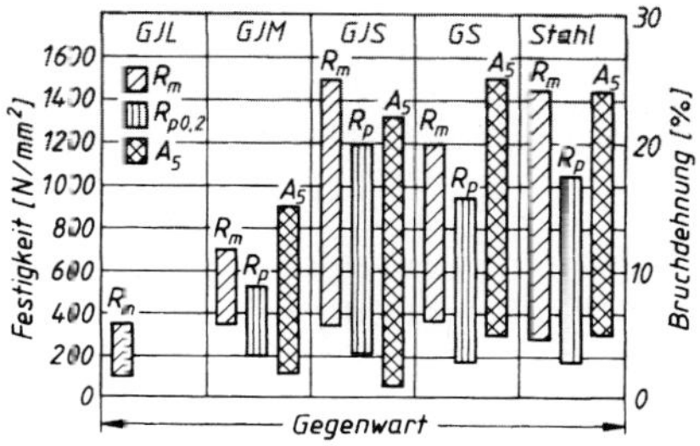

Bild 6.1 Vergleich der Eigenschaften: Allgemeine Bau- und Vergütungsstähle mit den gegenwärtig erzeugbaren Gusseisenwerkstoffen (*K. Herfurth*)

Bei der Auswahl von Werkstoffen rücken damit die Gusswerkstoffe in die vordere Reihe, besonders, wenn nicht nur mechanische Eigenschaften berücksichtigt werden, sondern das gesamte Eigenschaftprofil, einschließlich der Freiheiten in der Formgestaltung.

6.1.1 Vorteile der Gusskonstruktionen

Gießen ist eine der Möglichkeiten, endkonturgetreue oder endkonturnahe Rohteile zu fertigen und damit aufwändige Nacharbeit, meist durch Spanen, zu vermindern bzw. ganz einzusparen.

Bei allen *dynamisch* beanspruchten Teilen ist nicht die Dauerfestigkeit des Werkstoffes allein maßgebend. Auch die *Gestalt* des Bauteils beeinflusst die Spannung, bei der das Teil bricht. Durch Gießen lassen sich Absätze, Querschnittsübergänge und Rippen leichter ohne Kerbwirkung gestalten.

Die günstigste Gestalt hinsichtlich Spannungsverteilung und Werkstoffausnutzung

- kann durch rechnergestützte Konstruktion CAD mit der Finite Elemente Methode (FEM) ermittelt werden und
- lässt sich am einfachsten durch Gießen herstellen.
- Gießgerechtes Gestalten wird durch Computersimulation der Einström- und Erstarrungsverläufe und der Temperaturverteilung im Gussteil vereinfacht.

Zahlreiche Verfahren zur Herstellung einer Form in Verbindung mit verschiedenen Formstoffen und Gießverfahren bieten sowohl Fertigungsmöglichkeiten für alle Stückzahlen als auch für Kleinteile bis hin zu Großgussstücken aus Fe-Gusslegierungen oder NE-Metallen.

Übersicht: Gießen

Modelle	**Verlorene Modelle** aus Wachs, Paraffin oder Hartschaumstoff. Das ungeteilte Einformen ergibt große Freiheit in der Formgestaltung (z. B. Hinterschneidungen). **Dauermodelle** aus Gips, Holz, Kunststoff oder Metall für Hand-, Maschinen- und Maskenformerei mit Abformungen je nach Modellgüteklasse von 5 (Großmodelle aus Holz) bis 1000, Kunststoff bis zu 30000, Metall bis zu 50000 Stück.
Formen	**Einmalformen:** Sandformerei für alle Metalle und auch Großteile (300 t). Maschinenformerei für kleine bis mittlere Teile und mittlere bis große Stückzahlen **Wachsausschmelzverfahren** in keramisch beschichteten Formen für Feinguss und auch für alle Stahlgusssorten und hochschmelzende Metalle geeignet. Teile von 1 g bis 50 kg **Maskenformen:** Kunstharzgebundene Formschalen ergeben hohe Oberflächengüte und geringsten Versatz. Teile bis 150 kg **Dauerformen:** Kokillen aus GJL und Druckgießwerkzeuge aus Warmarbeitsstahl für Gussteile aus NE-Metallen in großen Stückzahlen
Gießen	**Schwerkraftguss** für alle Teile möglich. **Druckguss** (→ 7.8) in komplizierten und dünnwandigen Formen für NE-Metalle. **Niederdruck- und Vakuum-Druckguss** führen zu besserem Einströmen der Schmelze und ergeben dichtere Gefüge, bei Al-Legierungen auch schweißbare Werkstücke. **Thixoforming** im Erstarrungsbereich (ca. 40 % Schmelzanteil)
Sonderverfahren	**Schleuderguss** für Rohre aus Gusseisensorten, Mehrschichtlager **Strangguss** für Halbzeug aus Gusseisen. Druckdichte Gefüge für Hydraulikteile

Durch *Rapid Prototyping* (→) können Modelle für das Wachs-Ausschmelzverfahren hergestellt werden. Damit sind auch komplizierte Erstbauteile von Neuentwicklungen schnell verfügbar, wichtig zur Verkürzung der Entwicklungszeiten.

Rapid Prototyping: Schnelle Herstellung von Erstbauteilen (Prototypen) nach verschiedenen Verfahren. Sie werden mithilfe der Daten aus der CAD-Konstruktion in *Schichten* aus lichthärtenden Kunststoffen, Papierlagen oder lagenweise aufgespritzten Metallen erzeugt. Auch zur Herstellung von Einmalformen aus Kunstharzsand angewandt.

Innovative Gusskonstruktionen

Die Deutschen Gießerei-Verbände veranstalten jährlich einen, von der ZGV (→) durchgeführten, Wettbewerb
„Konstruieren mit Gusswerkstoffen“.
Dabei werden Schweißkonstruktionen durch günstigere Gusskonstruktionen ersetzt.

ZGV: Zentrale für Gussverwendung im Deutschen Gießereiverband (DGV), Sohnstraße 70, 40237 Düsseldorf

Wie das Beispiel zeigt (→), werden neben der Masse auch die Anzahl der Teile verringert und Zeit für Bearbeitung und Montage eingespart.

Beispiel: Vorderachssystem für Leicht-Lkw

	Früher	Heute
Fertigung des Querlenkers	Stahlblech-Schweiß-Montagekonstruktion	Gießen
Werkstoff	Stahl	GJS-400
Masse	10 kg	9 kg
Einzelteile	18	4
Kosten	**100 %**	**87 %**

Die Einsparung (13 %) summierte sich bei der großen Stückzahl auf ca. 1,15 Mio. €/Jahr.

Entscheidend für den Erfolg solcher Änderungen ist die Einbeziehung der Gießerei in die Entwicklung *von Anfang an*, um optimale Fertigungsbedingungen zu erreichen!

Gießeigenschaften sind für eine fehlerfreie und wirtschaftliche Fertigung wichtig (→ Übersicht).

Umweltverträglichkeit: Eisen-Gusswerkstoffe werden überwiegend aus Recyclingmaterial gewonnen (Stahlschrott, Gussbruch und Kreislaufmaterial der Gießerei). Roheisen wird nur zu 15 % eingesetzt. Die Erschmelzung des Roheisens benötigt sehr viel mehr Energie (16 GJ/t RE) als die Einschmelzung von Recyclingmaterial (d. h. Energiebedarf und CO_2-Ausstoß werden verringert).

Übersicht: Eigenschaften der Gusswerkstoffe

Eigenschaft	Auswirkungen
Schmelztemperatur niedrig	Kosten für Energie und feuerfeste Stoffe in Öfen, Pfannen und Formen sind niedrig
Schwindmaß klein	Geringe Neigung zu Lunkerbildung und Eigenspannungen
Formfüllungsvermögen	Abgüsse werden scharf und formtreu, kleinere Wanddicken sind möglich
Spanbarkeit	niedrige Kosten für die Fertigbearbeitung

6.1.2 Einteilung der Gusswerkstoffe

Stahlguss ist in Formen gegossener Stahl, ist also graphitfrei. Deshalb wird er im Abschnitt Stahl behandelt (→ 4.8). Von allen Fe-Gusswerkstoffen besitzt er die o.a. Eigenschaften in geringstem Maße. Stahlguss wird statt Gusseisen verwendet, wenn höhere Zähigkeit, Warmfestigkeit oder Korrosionsbeständigkeit verlangt werden.

Gusseisen wird nach der *Graphitform* (Tabelle 6.1), die überwiegend im Gefüge auftritt, in verschiedene Sorten eingeteilt. Eine zusätzliche Untergliederung ist durch die Art des *Grundgefüges* möglich. Es besitzt starken Einfluss auf Festigkeit und Zähigkeit und kann wie bei den Stahlsorten ferritisch, perlitisch usw. ausgebildet sein.

Tabelle 6.1: Einteilung der Gusswerkstoffe nach Graphitform (Bild 6.4) und Grundgefüge

Graphitform ↓	Grundgefüge: **Ferrit ⇒ Ferrit/Perlit ⇒ Perlit** Übergangsformen	**Bainit**	**Austenit**	**Ledeburit**
lamellar	**Gusseisen mit Lamellengraphit** 5 Sorten GJL-150 ⇒ GJL-350 (GG-15 ⇒ GG-40)	–	**Austenitisches Gusseisen** 2 Sorten	–
flockig (Temperkohle)	**Temperguss** (weiß/schwarz) 5+9 Sorten GJMW-350-4 ⇒ GJMB-650-2 (GTW-35-04 ⇒ GTS-70-02)	GJMW-550-4, GJMB-700-2, GJMB-800-1		Temperrohguss
Kugelform	**Gusseisen mit Kugelgraphit** 9 Sorten GJS-350-22 ⇒ GJS-700-2 (GGG-35 ⇒ GGG-70)	**Bainitischer Kugelgraphitguss** 4 Sorten	**Austenitisches Gusseisen** 10 Sorten	–
Wurmform	**Gusseisen mit Vermiculargraphit** GJV-300 ⇒ GJV-500 5 Sorten	–		**Verschleißbeständiges Gusseisen** 8 Sorten
graphitfrei	**Stahlguss** (→ 4.8)	Vergütungsstahlguss	Nichtrost. Stahlguss	

Temperguss ist ein Fe-C-Gusswerkstoff, dessen gesamter C-Anteil im Gusszustand (Temperrohguss) zunächst als Fe-Carbid (Zementit) vorliegt. Durch Glühen (Tempern) zerfällt Zementit ganz oder teilweise in Temperkohle (Flockengraphit).

Das reine Eisencarbid Fe_3C ist nur bis ca. 700 °C beständig. Es zerfällt nach:

$Fe_3C \Rightarrow 3\ Fe + C$ in Austenit + Temperkohle.

C-Atome können dabei nach außen diffundieren und werden oxidiert (entkohlendes Glühen).

Sonderguss: Hierzu zählen alle Fe-Gusswerkstoffe, die nicht in die o.a. Gliederung passen. Sie sind z. T. hochlegiert und haben bestimmte Eigenschaften, z. B.:

- Warm- und Zunderfestigkeit,
- Nichtmagnetisierbarkeit,
- besondere Wärmedehnung,
- Säurebeständigkeit.

Sondergussarten sind z. B.

- säurefester Guss mit 15 % Si legiert,
- verschleißfester Guss mit hohem Carbidanteil in ledeburitischer Grundmasse,
- austenitisches Gusseisen mit 12 Sorten, Ni-hochlegiert und mit Lamellen- und Kugelgraphit (DIN EN 13835/03).

6.2 Allgemeines über die Gefüge- und Graphitausbildung bei Gusseisen

6.2.1 Gefügeausbildung

Die Gefüge der Fe-C-Legierungen mit C-Gehalten von 2,5…4 % sind *heterogen.* Im Grundgefüge sind Graphitkristalle eingebettet (→), sodass die Eigenschaften des Bauteiles von der Kombination beider abhängen.

Grundgefüge

Grauguss gehört zunächst zum stabilen System der Legierung Fe-C (der gesamte C-Gehalt liegt elementar als Graphit im Gefüge vor).

Zwischen diesen Grenzfällen liegen wichtige Sorten, die beide Erstarrungsformen, also Graphit und Zementit, *nebeneinander* im Gefüge haben. Dabei erstarrt die Schmelze zunächst stabil (Austenit + Graphit). Die folgende γ-α-Umwandlung vollzieht sich ganz oder teilweise metastabil:

Dabei zerfällt Austenit zu Perlit, dessen Zementitlamellen teilweise zu Ferrit werden, während sich die C-Atome an die vorhandenen Graphitkristalle anschließen. (Bild 6.2)

Einflüsse auf die Gefügebildung

Für die Keimbildung von reinen C-Kristallen müssen die relativ wenigen C-Atome lange Wege zurücklegen, dadurch braucht die Graphitbildung viel Zeit. Bei Zementit Fe_3C verlaufen Keimbildung und Wachstum wesentlich schneller, weil beide Atomarten in der Schmelze dicht nebeneinander zur Verfügung stehen.

Zusätzlich haben die Legierungselemente Einfluss auf die Art der Kristallisation des Kohlenstoffs (→):

Auswirkungen: Durch den hohen C-Gehalt liegen die Werkstoffe in der Nähe des Eutektikums (im EKD) und

- haben niedrige Schmelztemperaturen,
- lassen sich leicht überhitzen und dadurch zu komplizierten Formen vergießen.
- Die Graphiteinschlüsse erleichtern die Zerspanung und sind wirksam als Schwingungsdämpfung und Festschmierstoff.

Erinnerung: Stahlguss erstarrt wie Stahl metastabil (der gesamte C-Gehalt liegt als Zementit im Gefüge vor). Stahl darf wegen der geforderten Schmiedbarkeit keinen Graphit enthalten.

Bei Temperaturen > 700 °C zerfällt Zementit. Durch Mischcarbidbildung mit Mn oder anderen Carbidbildnern entstehen *stabile* Carbide. Deshalb muss Mn immer auch in unlegierten Stählen enthalten sein.

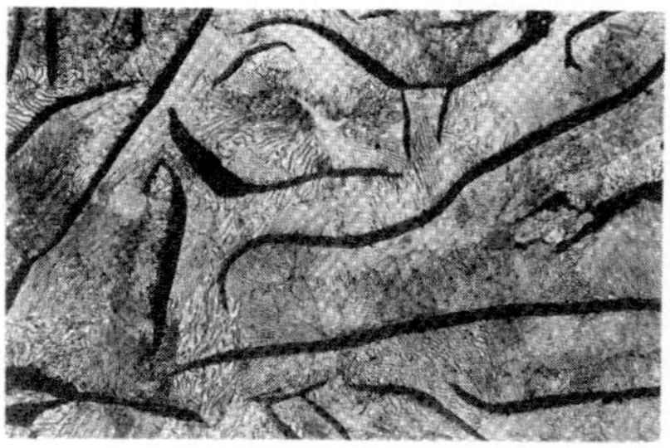

Bild 6.2 Gusseisen mit Lamellengraphit in ferritisch-perlitischem Grundgefüge 500:1

Einfluss der Legierungselemente:

Mn, Mo, Cr bilden *Mischcarbide* und begünstigen die Carbidbildung beim Austenitzerfall, z. B. im verschleißfesten Gusseisen.

Damit liegen zwei Einflussgrößen vor, mit denen sich die Gefügebildung steuern lässt.

Graphit entsteht bei Si-Gehalten und langsamer Abkühlung,

Zementit entsteht bei Mn-Gehalten und schneller Abkühlung.

Si, P, Ni behindern die Carbidbildung und fördern die Graphitausscheidung. (Si liegt im PSE unter dem C in der gleichen Hauptgruppe und hat die gleiche Anordnung der Außenelektronen).

Hinweis: Die Abkühlgeschwindigkeit eines Gussstückes ist indirekt durch seine Wanddicke festgelegt.

Wanddickenempfindlichkeit

Der Zusammenhang dieser Einflussgrößen wird in Bild 6.3 (Schaubild nach *Greiner-Klingenstein*) dargestellt. Darin kann die zu erwartende Gefügeausbildung, abhängig vom (C + Si)-Gehalt und der Wanddicke, ermittelt werden.

- Dicke Querschnitte neigen zu ferritischem Grundgefüge,
- dünne Querschnitte können graphitfrei (zu Hartguss) erstarren.

Ein Gussteil wird selten eine durchgehend gleiche Wanddicke besitzen. Dadurch entstehen in einem Werkstück, das aus *einer* Schmelze abgegossen wurde, *verschiedene* Gefüge mit unterschiedlicher Härte. Das ist für die Eigenschaften von Bedeutung (z. B. für die Zerspanbarkeit).

In Gussteilen mit wechselnden Wanddicken entstehen unterschiedliche Gefüge mit wechselnder Härte.

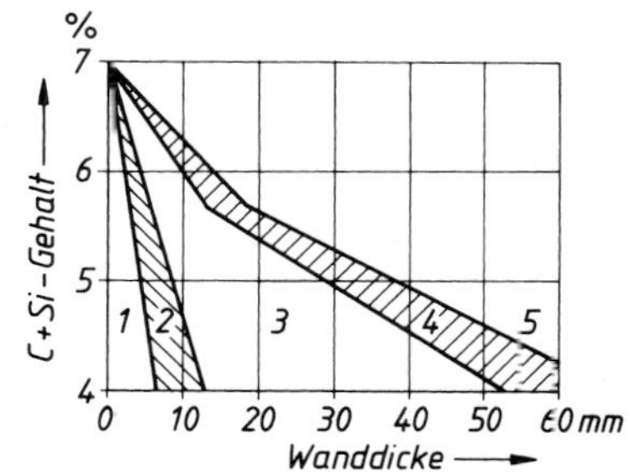

Bild 6.3 Gefügeausbildung in Abhängigkeit vom (Si + C)-Gehalt und der Wanddicke

1 ledeburitischer Hartguss,
2 meliertes Eisen,
3 Perlitguss,
4 ferritisch-perlitischer Grauguss,
5 ferritischer Grauguss

Ablesebeispiel: Um ein rein ferritisches Gefüge zu erhalten, muss bei Wanddicken < 10 mm der (C + Si)-Gehalt etwa 7 % betragen.

Ferritisches Gefüge (5) hat niedrigste Härte und Festigkeit. Steigender Perlitanteil erhöht diese Eigenschaftswerte und die Verschleißfestigkeit. Meliertes Eisen ist ledeburitisch mit Graphit. Hartguss (1) ist graphitfrei.

Gießkeilprobe. Schnelle Kontrolle der zu erwartenden Gefügeausbildung durch Abguss einer keilförmigen Probe, die abgeschreckt und längs gebrochen wird. Die Bruchfläche zeigt von der Spitze her ein *ledeburitisches* (weißes) Eisen, das nach dem dicken Ende hin in perlitisch-ferritisches Gefüge mit Graphit übergeht (graues Eisen). Die Länge der *weiß* erstarrten Zone gibt Aufschluss über das zu erwartende Verhalten in der Form.

6.2.2 Graphitausbildung

Form und *Größe* der Graphitkristalle lassen sich sehr unterschiedlich ausbilden. Sie üben den stärksten Einfluss auf Zugfestigkeit und Bruchdehnung aus. Bild 6.4 zeigt die Grundformen, die den Gusseisensorten den Namen geben.

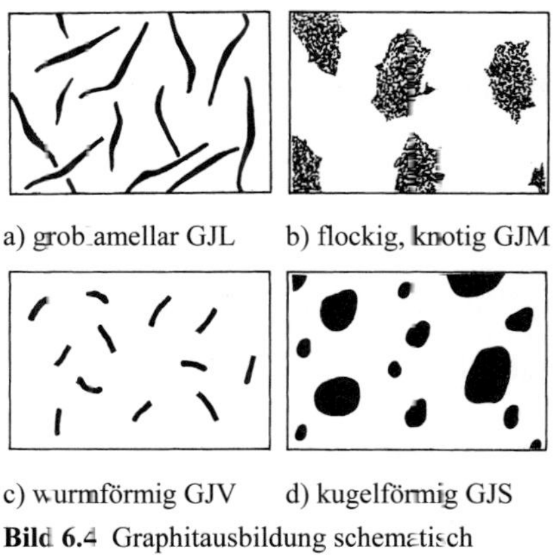

a) grob lamellar GJL b) flockig, knotig GJM

c) wurmförmig GJV d) kugelförmig GJS

Bild 6.4 Graphitausbildung schematisch

Durch *Graphitverfeinerung* steigen Festigkeit und Zähigkeit. Bild 6.5 zeigt schematisch, wie der Kraftfluss durch Lamellen *stark*, durch Kugeln *wenig* gestört wird. Daher ist Kugelgraphitguss GJS in seinen Eigenschaften stahlähnlich. Temperguss GJMW (GTW) oder GJMB (GTS) und Gusseisen mit Vermiculargraphit GJV (GGV) liegen mit ihren mechanischen Eigenschaften zwischen GJL (GG) und GJS (GGG).

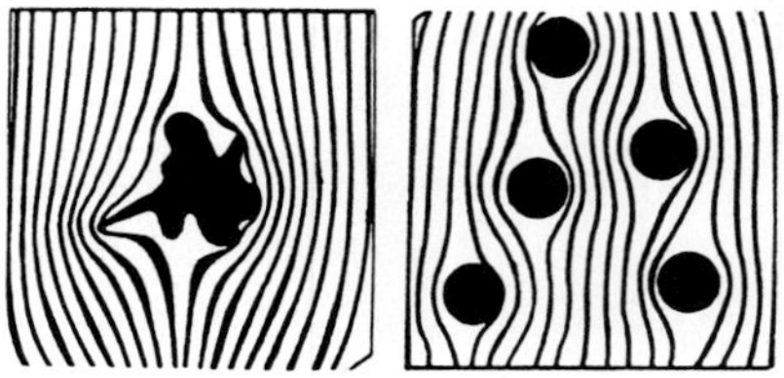

a) Lamellen b) Kugeln

Bild 6.5 Gestörter Kraftfluss

6.3 Gusseisen mit Lamellengraphit GJL (DIN EN 1561/97) [1]

Herstellung

Als Einsatzmaterial wird vorwiegend Kreislaufschrott (Eingüsse, Speiser, Fehlgüsse), unlegierter Stahlschrott oder paketierte Späne verwendet. Den kleineren Anteil haben Gießereiroheisen I...IV (steigende P-Gehalte) oder P-armes Hämatitroheisen mit Zusätzen.

Schmelzanlagen sind der Gießereischachtofen (Kalt- und Heißwindkupolofen), Induktionsofen (bei hohem Anteil an Stahlschrott und zum Legieren) und Flammofen (bei Großschrott).

Hinweis: Normentwurf DIN EN 1561/E-2010

Gattierung ist die berechnete Zusammenstellung der Einsatzstoffe aufgrund ihrer Analyse, unter Berücksichtigung des Ab- und Zubrandes von Elementen, um eine Gusseisenschmelze mit bestimmter Analyse zu erhalten.

Entschwefelung: erfolgt durch Zugaben von Soda Na_2CO_3, Kalk CaO oder Calciumcarbid CaC_2, z. T. in Schüttelpfannen, die in etwa 5 min bei einer CaC_2-Zugabe von 0,4...0,5 % auf S-Gehalte von 0,02 % entschwefeln.

Tabelle 6.2: Eigenschaftsprofil von Gusseisen mit Lamellengraphit

Eigenschaft	Beschreibung, Ursachen, Auswirkung
Gießbarkeit	**günstig**, da niedrige Schmelztemperatur (1200...1400 °C) und Schwindmaß von 0,6...1,4 %. Verwickelte Formen sind gut gießbar.
Zerspanbarkeit	**günstig**, die Graphitlamellen wirken als Festschmierstoff und Spanbrecher. Mit steigender Härte (steigender Perlitanteil) sinkt die Zerspanbarkeit.
Dehnung	**gering,** da die Graphitlamellen eine Verformung nicht mitmachen
Druckfestigkeit	**hoch**, sie beträgt etwa das Dreifache der Zugfestigkeit
Dämpfung	**hohe** Schwingungsdämpfung durch den weichen Graphit. Sie nimmt mit steigender Festigkeit ab (weniger Ferrit, mehr Perlit)
Gleiteigenschaften	**mittel**, Graphit wirkt als Notlaufschmierstoff, die Perlitbereiche wirken tragend und ergeben geringeren Verschleiß
Korrosionsbeständigkeit	**ausreichend** bei unverletzter Gusshaut, die aus dem Formsand Si aufgenommen hat. Hohe Si-Gehalte ergeben Säurebeständigkeit
Wachsen des Gusseisens	Volumenvergrößerung durch Zementitzerfall und Oxidation bei ca. 400 °C beginnend. Zusätze von Cr und höhere Si-Gehalte stabilisieren den Zementit, wichtig für den Einsatz bei höheren Temperaturen

Die Sorten sind nach Zugfestigkeit (Tabelle 6.3) oder Härte in je 5 Sorten eingeteilt und danach benannt mit Gewährleistung unter bestimmten Bedingungen.

Zugfestigkeit R_m. Probestücke zum Nachweis werden je nach Wanddicke hergestellt. (→) Die daraus ermittelten Werte unterscheiden sich je nach Abkühlbedingungen. Bild 6.6 zeigt die Beziehung zwischen Mindestzugfestigkeit und Wanddicke von Gussstücken einfacher Gestalt.

Härte HB, gemessen im Wanddickenbereich 40...80 mm. Für die Härtemessung an Großteilen werden angegossene Kegelstümpfe abgetrennt (evtl. nach Wärmebehandlung). Die 6 Sorten sind:

EN-GJL-HB155 (175, 195, 215, 235, 255).

Zwischen *Zugfestigkeit* und *Härte* besteht keine strenge mathematische Beziehung, nur eine durch Versuche ermittelte mit breiter Streuung.

Beachte: Im Gussstück kann entweder die Mindestzugfestigkeit **oder** die Härte an vereinbarten Stellen gewährleistet werden.

Für die Auswahl der Sorten sind neben der Festigkeit oft andere Eigenschaften wie z. B. Druck-, Biege- und Dauerfestigkeit wichtig.

Kokillen- und Horizontalstrangguss ergeben ein dichteres Gefüge mit verbesserten mechanischen Eigenschaften. Anwendungen für z. B. Hydraulikteile, Schlitten für Werkzeugmaschinen, Profilbarren für Führungsleisten, Zahnstangen, u. ä.

Bezeichnung von Gusseisen mit Lamellengraphit kann erfolgen nach der:

- Mindestzugfestigkeit R_m
  z. B **EN-GJL-150**
- Durchschnittshärte HB,
  z. B. **EN-GJL-HB155**

Probestücke:

Herstellung des Probestückes	Festigkeitswerte sind...	Anhängezeichen
getrennt gegossen	verbindlich	**S**
angegossen[1)]	verbindlich	**U**
dem Gussstück entnommen[1)]	Erwartungswerte	**C**

[1)] Gussstücke > 200 kg und Wanddicke > 20 mm

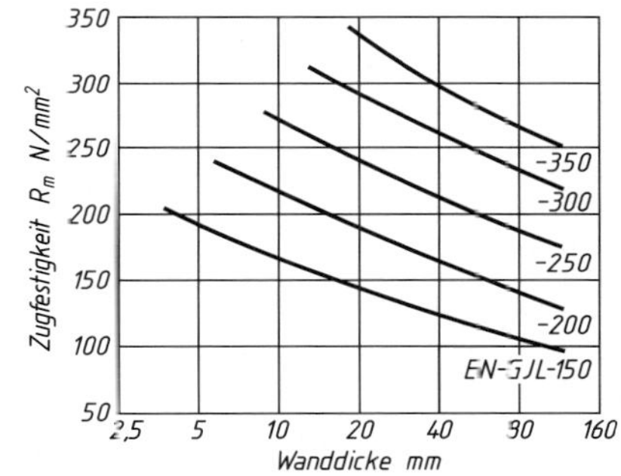

Bild 6.6 Beziehung zwischen Festigkeit und Wanddicke bei Gusseisen mit Lamellengraphit

Tabelle 6.3: Eigenschaften von Gusseisen mit Lamellengraphit nach DIN EN 1561/97 (in getrennt gegossenen Proben von 30 mm Rohdurchmesser), weitere physikalische Eigenschaften nach Literaturangaben in [1]

Eigenschaft			Sorte		EN-GJL-		
			– 150	**– 200**	**– 250**	**– 300**	**– 350**
Zugfestigkeit	R_m	MPa	150...250	200...300	250...350	300...400	350...450
0,1 %-Dehngrenze	$R_{p0,1}$	MPa	98...165	130...195	165...228	195...260	228...285
Bruchdehnung	A	%	0,8...0,3	0,8...0,3	0,8...0,3	0,8...0,3	0,8...0,3
Druckfestigkeit	σ_{dB}	MPa	600	720	840	960	1080
Biegefestigkeit	σ_{bB}	MPa	250	290	340	390	490
Torsionsfestigkeit	τ_{tT}	MPa	170	230	290	345	400
Biegewechselfestigkeit	σ_{bW}	MPa	70	90	120	140	145

Meehanite-Guss: 28 Sorten mit Lamellen- und Kugelgraphit. Durch eine patentierte Pfannenbehandlung mit graphitisierenden Impfstoffen wird ein sorbo-perlitisches Gefüge mit feiner Graphitausbildung erzielt. Gegenüber DIN-Sorten haben sie höhere Festigkeiten (bis max. 1000 MPa) und geringere Wanddickenempfindlichkeit.

Meehanite-Guss gibt es in 4 Anwendungsgruppen (allgemeine, korrosionsbeständige, verschleißfeste und hitzebeständige Sorten).

Nodular ist Meehanite-Gusseisen mit Kugelgraphit in 10 Sorten.

Arbeitsgemeinschaft der deutschen Meehanite-Gießereien, Alexanderstraße 51, 70182 Stuttgart.

6.4 Gusseisen mit Kugelgraphit GJS (DIN EN 1563/05) [2, 3, 4]

Der Werkstoff ist auch als *sphärolithisches* Gusseisen (Sphäroguss) oder *duktiles* Gusseisen bekannt (duktil = bildsam). Bild 6.7 zeigt die Kugelform der Graphitkristalle.

Hinweis: Normentwurf DIN 1563/E-2010

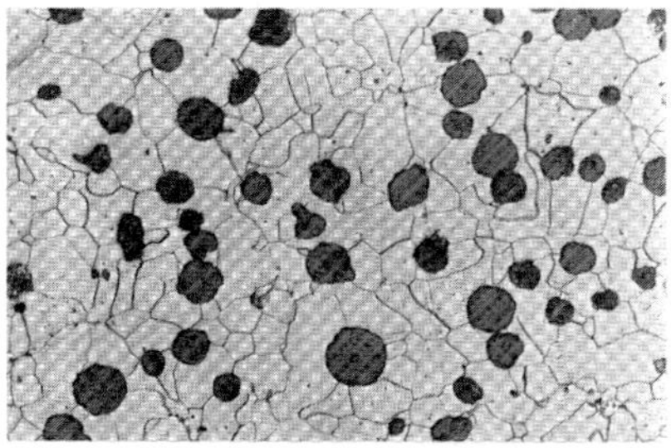

Bild 6.7 Gusseisen mit Kugelgraphit in ferritischem Grundgefüge 100:1

Herstellung

Einsatzmaterialien sind Sonderroheisen, d. h. wenig S, frei von As, Pb, Bi, Ti und sortierter Stahlschrott ohne Legierungselemente und frei von Öl und Rost.

Schmelzanlagen sind meist Induktionstiegelöfen evtl. mit Vorschmelzen im Heißwindkupolofen. Damit lässt sich die Abstichtemperatur von ca. 1500 °C leichter einstellen und es gibt keine Anreicherung von Schwefel aus dem Heizmaterial.

Vorbehandlung zum Erzeugen der Kugelform des Graphits. Nach dem Abstich in spezielle Gießpfannen erfolgen noch drei Schritte, die zum gewünschten Gefüge führen:

Übersicht: Vorbehandlung der Schmelze

Entschwefeln

Zugabe von CaC_2 unter Badbewegung in Schüttelpfannen oder durch Rührgeräte und Reduktion auf ≤ 0,02 % S, auch durch Einblasen mit Tauchrohren, als Voraussetzung für den nächsten Schritt.

Mg-Behandlung

Wegen der Verdampfung des Reinmagnesiums (Explosionsgefahr) meist mit Mg-Vorlegierungen (FeSiMg, NiMg) nach verschiedenen Verfahren.

Impfen

Zugabe von feinkörnigem FeSi (mit geringen Anteilen von Al, Ca, Zr oder seltenen Erden) in die Gießpfanne oder in den Gießstrahl als Graphitkeime (Anzahl und Größe der Sphärolithen), Einstellung des gewünschten Grundgefüges.

Wärmebehandlung. Die gewünschten Gefüge (damit die Sorte) können auch *nachträglich* durch eine Wärmebehandlung eingestellt werden. Dann kann mit einer Art Einheits-Schmelze (mit größerer Analysenstreuung) abgegossen werden.

- Austenitisieren (15 min…4 h bei 880…940 °C) und langsames Abkühlen im Umwandlungsbereich und Halten unterhalb oder nochmaliges Erwärmen auf ca. 720 °C ergibt ferritische Gefüge (*Ferritisieren*).
- Schnelles Abkühlen im Umwandlungsbereich ergibt perlitisches Gefüge, evtl. auch durch Normalisieren (*Perlitisieren*).
- Randschichthärten ist ebenfalls möglich.
- Isotherme Umwandlung ergibt ein bainitisches Gefüge (→ Bainitisches Gusseisen ADI).

Eigenschaftsprofil, Normung

GJS hat stahlähnliche Eigenschaften, dabei die gute Gießbarkeit des Gusseisens mit Lamellengraphit, allerdings geringere Dämpfung und Wärmeleitfähigkeit (→). In Tabelle 6.4 sind die genormten Sorten mit ihren mechanischen Eigenschaften aufgeführt.

Ursachen: Durch die Kugelform des Graphits wird die starke Kerbwirkung der Lamellen vermieden (→ höhere Festigkeit und Zähigkeit). Dagegen haben die Lamellen eine größere Oberfläche, wodurch Dämpfungsfähigkeit bei Schwingungsbeanspruchung und elektrische Leitfähigkeit höher sind als bei der Kugelform.

Tabelle 6.4: Gusseisen mit Kugelgraphit (DIN EN 1563/05), weitere physikalische Eigenschaften in [5]

Kurzname EN-GJS-	$R_{p0,2}$ MPa	τ_a [5] MPa	K_{IC} in [2] MPa$\sqrt{m}$	σ_d MPa	σ_{bB} [3] MPa	σ_{bB} [4] MPa	Gefüge	Anwendungsbeispiele
-350-22 [1]	220	315	31		180	114	Ferrit	
-400-18 [1]	250	360	30	700	195	122	Ferrit	Windenergieanlagen
-400-15	250	360	30	700	200	124	Ferrit	Pressholm für 6000 t-Presse, 47 t
-450-10	310	405	23	700	210	128	Ferrit	Pressenständer (165 t)
-500-7	320	450	25	800	224	134	Ferrit/Perlit	Zylinder für Diesel-Ramme, 1,7 t
-600-3	380	540	20	870	248	149	Ferrit/Perlit	Kolben (Großdieselmotor)
-700-2	440	630	15	1000	280	168	Perlit	Planetenträger, Kurbelwelle VR5
-800-2	500	720	14	1150	304	182	Perlit/Bainit	
-900-2	600	810	14	----	317	190	Martensit, wärmebehandelt	

1) Hierzu gibt es Sorten mit gewährleisteter Kerbschlagarbeit bei Raumtemperatur (-RT) oder tiefen Temperaturen (-LT) → Tabelle.
2) Bruchzähigkeit;
3) Umlaufbiegeversuch, ungekerbte Probe;
4) Umlaufbiegeversuch, gekerbte Probe; Werte für getrennt gegossene Probestücke.
5) Scherfestigkeit τ_a = Torsionsfestigkeit τ_t

Kurzname	Mindestwerte f. d. Kerbschlagarbeit in J bei Temperatur		
EN-GJS-	RT	-20 °C	-40 °C
-350-22-LT	---	---	12
-RT	17	---	---
-400-18-LT	---	12	---
-RT	14		---

Anwendung: Gusseisen mit Kugelgraphit wird für Bauteile aller Größen verwendet,

- die in Stahlguss sehr schwierig zu gießen sind (komplexe Gestalt, kleine Wanddicke),
- Gusseisen mit Lamellengraphit zu spröde ist (Stoßbelastungen) und
- Temperguss wegen der Größe ausscheidet.

GJS füllt auf Grund seines Eigenschaftsprofils die Lücke zwischen Stahl- und Temperguss. Für die endgültige Wahl entscheiden die Kosten.

Beispiele: Der Kfz.-Bau ist mit einem Anteil von 40 % der Gesamtproduktion an GJS der größte Abnehmer. 70 % der Kurbelwellen in Pkw-Motoren bestehen aus GJS-600-3; Lkw-Radnaben aus GJS-600-3; Lenk- und Getriebegehäuse für Landmaschinen und Sonderfahrzeuge GJS-500-7; Kolben für Dieselmotor aus GJS-600-3 (68 kg); Einteiliger Pressenständer aus GJS-400-22-LT (165 t); Tische, Querbalken und Planscheiben für Werkzeugmaschinen aus GJS-600-3; Gondelrahmen für Windkraftanlagen GJS-400-18-LT.

Bainitisches Gusseisen mit Kugelgraphit (**ADI**): hat zähhartes Gefüge aus übersättigtem Ferrit mit Carbidsäumen und Restaustenit. Es wird durch eine isotherme Umwandlung bei 270...450 °C erzeugt. Für größere Wanddicken wird es mit Cu, Ni, und Mo niedriglegiert, damit die Perlitumwandlung beim Abkühlen umgangen werden kann. Der Restaustenit führt bei Verformungen zu geringer Martensitbildung (Verschleißwiderstand steigt) mit Druckeigenspannungen. Dadurch wird ein evtl. Risswachstum behindert (Dauerfestigkeit steigt).

ADI: Austempered Ductile Iron [3, 4]

Normung: DIN EN 1564/06 (Normentwurf E-2009) und VDG-W-52

Sorte EN-GJS-	$R_{p0,2}$ MPa	A %
-800-8 (GGG-80B)	500	8
-1000-5 (GGG-90B)	700	5
-1200-2 (GGG-120B)	850	2
-1400-1 (GGG-140B)	1100	1

Anwendung: Stahlwerkswalzen, Tellerräder u. Radnaben für Lkw, Gehäuse von Presslufthämmern, Pickelarme für Gleisbaumaschinen

6.5 Temperguss GJMW/GJMB (DIN EN 1562/06) [5, 6]

Temperguss wird in zwei Arten hergestellt, die sich in Analyse, Wärmebehandlung und dem entstehenden Gefüge unterscheiden (→).

GJMB muss etwas weniger C-Gehalt haben, da nichts entfernt wird (→). **GJMW** verliert beim Glühen einen Teil, deswegen kann die Schmelze mehr enthalten. Schmelz- und Gießbarkeit sind dadurch besser. Für beide Sorten ist der (Si+C)-Gehalt gleich und ergibt auch bei kleinen Wanddicken ein ledeburitisches (graphitfreies) Gefüge.

Herstellung von Temperguss

Erschmelzung erfolgt im Kupolofen aus Sonderroheisen, Bruch und Stahlschrott. GJMB wird in einem zweiten Ofen (meist Induktionsofen) fertiggeschmolzen, da der niedrigere C-Gehalt im Kupolofen schwierig zu erreichen ist.

Erstarrung. Temperrohguss muss *graphitfrei* erstarren (Bild 6.8). Damit ist die Masse von Tempergussteilen nach oben begrenzt. Sie liegt bei etwa 100 kg und Wanddicken von max. 60 mm.

Hinweis: Für GJMW ist die Wanddicke auf ca. 25 mm begrenzt, damit die Entkohlung mit wirtschaftlichen Glühzeiten möglich ist.

Wärmebehandlung für GJMB. Bild 6.9 zeigt den Temperatur-Zeitverlauf beim Tempern.

Hinweis: Normentwurf DIN EN 1562/E-2009

GJMW (GTW, weißer Temperguss) ist *entkohlend* geglüht. Der Rand wird völlig entkohlt, zum Kern hin sinkt der C-Gehalt ab. Die Gefügeausbildung ist perlitisch mit **weißer Bruchfläche**.

GJMB (GTS, schwarzer Temperguss) ist *nicht* entkohlend geglüht. Der gesamte C-Gehalt liegt als Temperkohle im Gefüge vor. *Temperkohle* ist Graphit in flockiger Form mit **grau-schwarzer Bruchfläche**.

Vergleich: Temperguss, Rohgussanalysen:

Sorte	C in %	Si in %	Mn in %	S in %
GJMB	2,5	1,3	0,45	0,12
GJMW	3,2	0,6	0,45	0,12...0,25

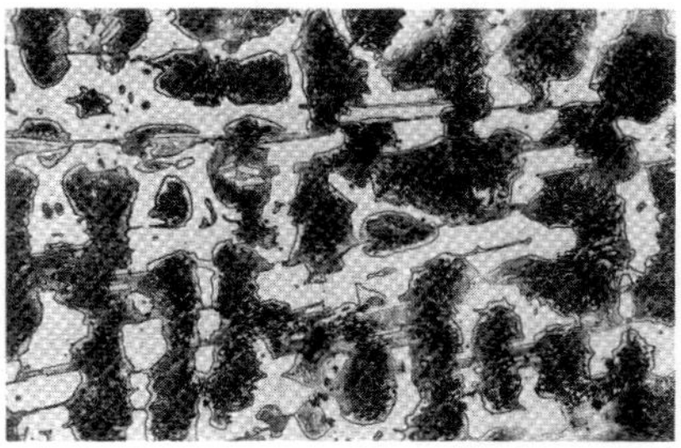

Bild 6.8 Temperrohguss, Perlit (dunkel) in ledeburitischem Grundgefüge 200:1

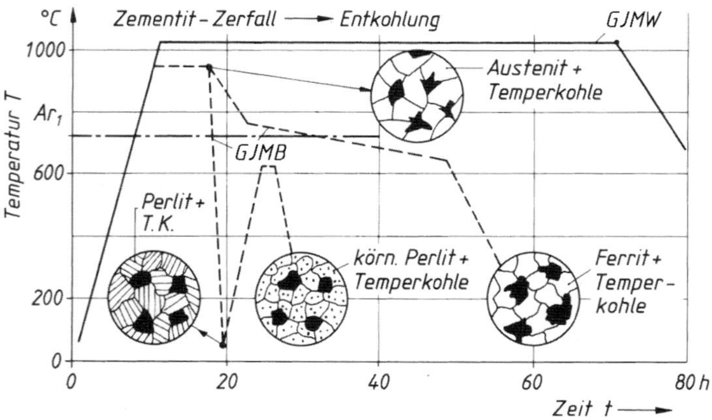

Bild 6.9 Wärmebehandlung von Temperguss, t,T-Diagramm

Schwarzer Temperguss, GJMB wird in neutraler Atmosphäre geglüht. Es erfolgt nur der Zementitzerfall, die Glühzeiten sind kürzer.

Legende zu Bild 6.9

a) Langsames Durchlaufen der γ-α-Umwandlung (760...680 °C). Hierbei muss der im Austenit gelöste Kohlenstoff ausscheiden und kann an die entstandene Temperkohle ankristallisieren. Auch bei der Gitterumwandlung gliedern sich die restlichen 0,8 % C an die Temperkohle an. Es entsteht ferritischer Temperguss **GJMB-350-10** aus Ferrit und Temperkohle (Bild 6.10).

b) Schnelles Durchlaufen der Umwandlung durch Abkühlung an der Luft lässt den Austenit zu Perlit umwandeln, sodass der perlitische Temperguss entsteht, z. B. **GJMB-550-4** (Bild 6.11).

Durch entsprechende Abkühlung entstehen ferritisch-perlitische Grundgefüge (**GJMB-450-6**).

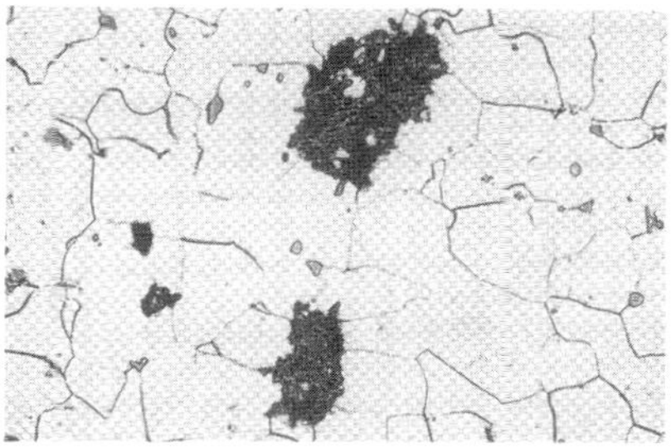

Bild 6.10 Temperguss GJMB-350-10, Temperkohle in ferritischem Grundgefüge 200:1

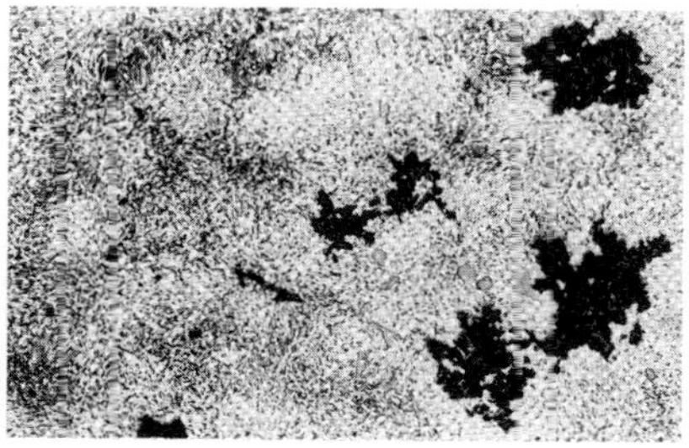

Bild 6.11 GJMB-550-4, Temperkohle in perlitischem Grundgefüge 200:1

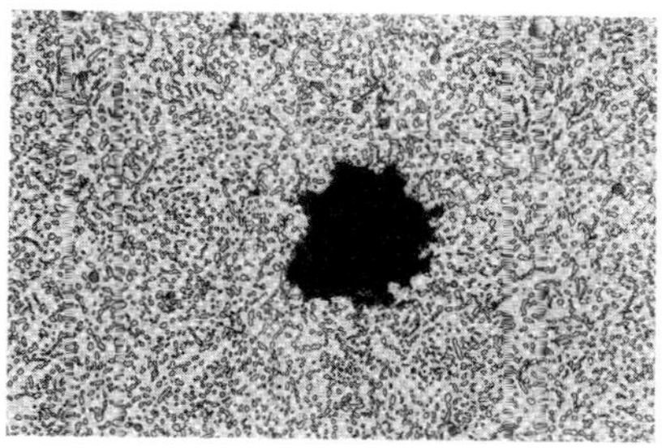

Bild 6.12 GJMW-450-7, Temperkohle in Grundgefüge aus körnigem Perlit 200:1

Weißer Temperguss, GJMW wird in oxydierenden Mitteln geglüht, meist in geregelter Gasatmosphäre. Dabei verbrennt der Kohlenstoff der zerfallenden Verbindung Fe_3C und auch der im Austenit gelöste (Randentkohlung). Aus dem Kern diffundieren C-Atome nach außen, sodass bei kleinen Wanddicken (max. 8 mm) ein **rein ferritisches** Gefüge entsteht.

- Der Rand ist entkohlt und ferritisch, die
- Übergangszone besteht aus Ferrit + Perlit + Temperkohle,
- der Kern aus Perlit + Temperkohle.

Grundgefüge mit körnigem Perlit besitzt der **GJMW-450-7** durch ein anschließendes Weichglühen (Bild 6.12).

Wegen der Diffusionswege sind die Glühzeiten lang (Bild 6.9). Bei größeren Wanddicken bleiben C-Atome im Kern zurück. Das Gefüge ist dann wanddickenabhängig.

Die schweißgeeignete Sorte GJMW-360-12 ist so legiert, dass sie tief entkohlt. Gussteile können mit Walzstahl verschweißt werden, eine Wärmenachbehandlung ist nicht nötig.

Beispiel: Pkw-Radlenker, Stahlblechschale mit gegossenem Lagergehäuse verschweißt. [6]

Vergütungsgefüge mit Temperkohle werden durch Ölvergütung und abschließendem Anlassen erzeugt. Dadurch ergeben sich Sorten mit höherer Festigkeit (**GJMB-700-2**, Tabelle 6.5).

Temperguss ist wenig kerbempfindlich und damit für schwingbeanspruchte, komplizierte Bauteile mit hoher Formzahl k_t günstiger als hochfeste Stähle (z. B. Lkw-Pleuel aus GJMB-700-2).

Eigenschaften, Normung (weitere physikalische Eigenschaften in [5])

Nach dem Tempern ist der Werkstoff zäh und schlagfest bis zu Temperaturen von –70 °C. Die Zerspanbarkeit ist bei GJMB besser als bei GJMW. Randschichthärtung ist bei perlitischem Grundgefüge möglich (entkohlte Randschicht bei GJMW entfernen).

Tabelle 6.5: Eigenschaften von Temperguss nach DIN EN 1562/06

Werkstoffbezeichnung **DIN EN 1562**	DIN 1692 Z	$R_{p0.2}$ MPa	HBW →	Anwendungsbeispiele (Härte HBW nur Anhaltswerte)
EN-GJMW-	Entkohlend geglühter (weißer) Temperguss			
-350-4	GTW-35-04	—	max. 230	Für normalbeanspruchte Teile, Fittings, Förderketten, Schlossteile
-360-12	GTW-S38-12	190	max.200	Schweißgeeignet für Verbunde mit Walzstahl, Teile für Pkw-Fahrwerk, Gerüststreben
-400-5	GTW-40-05	220	max.220	Standartwerkstoff für dünnwandige Teile, Schraubzwingen, Kanalstreben, Gerüstbau, Rohrverbinder
-450-7	GTW-45-07	260	max.220	Wärmebehandelt, höhere Zähigkeit Pkw-Anhängerkupplung, Getriebeschalthebel
-550-4		340	max.250	
EN-GJMB-	Nicht entkohlend geglühter (schwarzer) Temperguss			
-300-6	GTS-35-10	—	max. 150	Anwendung, wenn Druckdichtheit wichtiger als Festigkeit und Duktilität ist
-350-10	GTS-35-10	200	max. 150	Seilrollen mit Gehäuse, Möbelbeschläge, Schlüssel aller Art, Rohrschellen, Seilklemmen
-450-6	GTS-45-06	270	150 ... 200	Schaltgabeln, Bremsträger
-500-5	GTS-50-04	300	165 ... 215	
-550-4	GTS-55-04	340	180 ... 230	Kurbelwellen, Kipphebel für Flammhärtung, Federböcke, Lkw-Radnabe
-600-3		390	195 ... 245	
-650-2	GTS-65-02	430	210 ... 260	Druckbeanspruchte kleine Gehäuse, Federauflage für Lkw (oberflächengehärtet)
-700-2	GTS-70-02	530	240 ... 290	Verschleißbeanspruchte Teile (vergütet), Kardangabelstücke, Pleuel, Verzurrvorrichtung für Lkw
-800-1		600	270 ... 310	Verschleißbeanspruchte kleinere Teile (vergütet)

Die Werkstoffbezeichnung enthält an erster Stelle die Zugfestigkeit in MPa und an zweiter Stelle die Bruchdehnung A in Prozent. Die Werte gelten für Probestäbe von 12 oder 15 mm ∅.

Anwendung: Temperguss hat gute Eignung

- für dünnwandige Bauteile mit
- verwickelter Form, die auch
- stoßfest sein müssen.

Für solche Teile ist Stahlguss wegen seiner gießtechnischen Schwierigkeiten unwirtschaftlich und Gusseisen GJL kommt wegen mangelnder Zähigkeit nicht infrage. Es sind vorwiegend Serien- und Großserienteile zwischen wenigen Gramm bis zu max. 100 kg, meistens weniger als 10 kg, Wanddicken über 20 mm sind die Ausnahme. Sicherheitsbauteile an Fahrzeugen.

Hauptabnehmer der Tempergusserzeugung

Branche	Anteil %	Branche	Anteil %
Fahrzeugbau	37,4	Fittings	28,2
Maschinenbau	4,8	Sonstige	29,6

Verbundkonstruktionen aus GJMW-369-12W mit Blech oder Profilstahl für Pkw-Achsen oder Schräglenker, Ventilgehäuse z. Einschweißen, Schaltgabel für Lkw-Getriebe aus GJMB-550-4 mit induktiv gehärteten Schaltklauen, Stell- und Befestigungselemente für Gerüst- und Schalungsbauten aus GJMW-400-5, Tellerräder mit fertiggegossener Verzahnung für landwirtschaftliche Maschinen aus GJMB-550-4 u. GJMB-700-2.

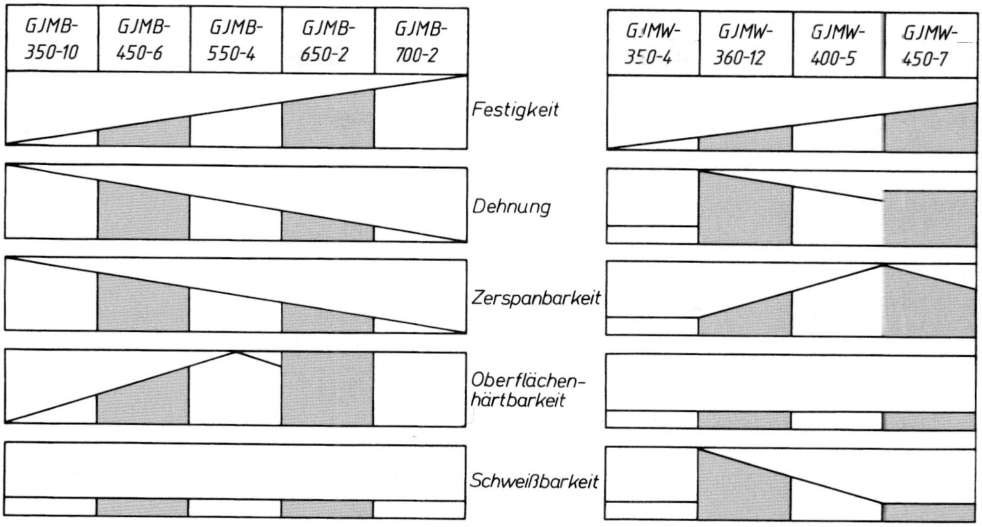

Bild 6.13 Eigenschaftsprofil der Tempergusssorten (*H. Kowalke*)

6.6 Gusseisen mit Vermiculargraphit [7]

Vermiculargraphit ist *wurmförmiger* Graphit, eine Art Zwischenform von Lamelle zur Kugel (Bild 6.14).

Herstellung in ähnlicher Weise wie GJS mit einer Mg-Behandlung von S-armen Roheisen nach 3 verschiedenen Verfahren. Durch einen Rest-Mg-Gehalt wird die *lamellare* Graphitausbildung unterdrückt, die kugelförmige aber nicht ganz erreicht.

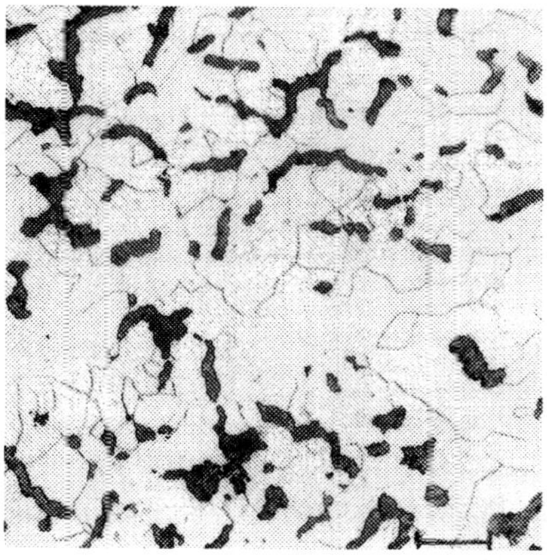

Bild 6.14 Gusseisen mit Vermiculargraphit GJV-300 200:1

Erstarrung. Es besteht eine starke Wanddickenabhängigkeit: In dünnen Querschnitten überwiegen Kugeln, in dicken die wurmartigen Graphitkristalle. Meist entsteht ein ferritisches Grundgefüge, dünnwandige Gussstücke brauchen nicht geglüht zu werden.

Wegen der ähnlichen Herstellungsweise ist GJV kaum kostengünstiger als GJS. Die Sicherung konstanter Qualität im Gussteil ist aufwändiger (Ultraschallprüfungen).

GJV hat wegen seiner Graphitstruktur Eigenschaften, welche *zwischen* denen der beiden anderen Gusswerkstoffe GJL und GJS liegen:

Tabelle 6.6: GJV-Sorten VDG-Merkblatt W-50/02

Symbol	R_m [1)]	$R_{p0,2}$	A_{min}	HBW
GJV-300	300…375	220…295	1,5	140…210
GJV-350	350…425	260…335	1,5	160…220
GJV-400	400…475	300…376	1,0	180…240
GJV-450	450…525	340…415	1,0	200…250
GJV-500	500…575	380…455	0,5	220…260

[1)] Werte steigen mit fallender Wanddicke

Die VGD-Norm enthält u. a. 3 Diagramme der Wanddickenabhängigkeit zur Wahl der getrennt gegossenen Probestücke für die maßgebliche Wanddicke des Gussteils.

Eigenschaften. Die Kombination aus kleinerem E-Modul, höherer Wärmeleitfähigkeit und geringere Wärmedehnung gegenüber GJS macht sich in kleineren thermischen Spannungen bei Temperaturwechseln bemerkbar: d. h. weniger Rissneigung oder Verzug. Die innere Oxydation von GJL bei höheren Temperaturen, die längs der zusammenhängenden Graphitlamellen verläuft, entsteht bei Wurmgraphit nicht. Daher kein „Wachsen“ des Bauteils, wichtig bei thermischer Beanspruchung.

Vergleich von GJV mit GJL und GJS

GJV ist günstiger in folg. Eigenschaften als	
GJL in	**GJS** in
Festigkeit, Zähigkeit	Gießeigenschaften
Steifigkeit	Zerspanbarkeit
Dauerwechselfestigk.	Dämpfungsfähigkeit
Oxidationsbeständigk.	Formbeständigkeit
Temperaturwechselbeständigkeit	bei Temperaturwechseln (Verzug)

Anwendungen: Thermisch beanspruchte Bauteile wie z. B. Abgaskrümmer, Abgasturboladergehäuse, Kupplungsscheiben, Zylinderköpfe für stationäre Dieselmotoren 200 kg, Motorblock für Opel-Kfz. (Rennversion), Stahlwerkskokille 23 t, AUDI/BMW-Achtzylinderblock für Dieselmotor.

Für Bauteile mit umfangreichen Zerspanungsarbeiten ist GJV kostengünstiger als GJS, wenn dessen höhere mechanische Eigenschaften nicht erforderlich sind, GJL aber nicht ausreicht, z. B. Getriebegehäuse, Grundplatte für einen Großdieselmotor.

6.7 Sonderguss

Für besonders hohe Anforderungen an Korrosions- und Verschleißbeständigkeit oder bei thermischer Beanspruchung sind weitere Gusswerkstoffe entwickelt worden.

Sonderguss umfasst die Sorten, die wegen ihres Legierungsgehaltes und Grundgefüges nicht in die bisher behandelten Gusswerkstofftypen passen.

Säurebeständiges Gusseisen mit 14…17 % Si bei 0,6…0,9 % C ist außerordentlich hart und spröde und gehört trotz des niedrigen C-Gehaltes nicht zur Werkstoffgruppe Stahl, da die Schmiedbarkeit fehlt.

Beispiel: GJH-X70Si15 ist gegen heiße Säuren beständig, für Pumpenteile und Armaturen in der chemischen Industrie, Anoden für den kathodischen Korrosionsschutz.

Schalenhartguss wird in Kokillen vergossen, so dass durch die Abschreckwirkung der Rand weiß erstarrt, im Kern tritt zunehmend Graphit auf.

Anwendungsbeispiele: Walzen aller Art, die keiner Stoßbelastung ausgesetzt sind, hohlgegossene Nockenwellen für BMW-V8-Dieselmotoren, Oberflächenhärte 50…55 HRC.

Verschleißbeständiges Gusseisen [9]

Widerstand gegen furchenden Verschleiß (Abrasion) bringen steigende Anteile von Carbiden, die stäbchenförmig in einer martensisch-austenitischen Grundmasse liegen. Sie entsteht bei Abkühlung aus dem Gusszustand oder durch Wärmebehandlung mit Luftabkühlung. Das erfordert hohe LE-Gehalte (Cr, Ni, Mo).

Normen: DIN EN 12513/01 (Entwurf E-2009)

Die Carbide dieser Legierungen sind z. T. **Mischcarbide**. In ihnen sind Fe-Atome im Fe_3C durch Cr-Atome ersetzt. **Cr-Carbide** haben nicht die Zementitstruktur. Beide Arten sind härter als Zementit Fe_3C (→ Carbidbildner, Tabelle 4.8)

Die bisherigen Bezeichnungen ließen die chemische Zusammensetzung erkennen, Die neuen geben nur die Vickershärte an (→).

Die Sorten haben ein graphitfreies Gefüge aus überwiegend Martensit (Anteile von Bainit und Austenit), z. T. nach normaler Abkühlung. Die C-Gehalte liegen von 2,6 bis 3,6 %. Wichtigstes LE ist Cr, daneben Ni und Mo.

Cr stabilisiert die graphitfreie Erstarrung, bei geringen Si-Gehalten (< 1%) und bildet härtere Cr-Mischcarbide. Der nicht gebundene Anteil (im Mischkristall gelöste) steigert Härtbarkeit und Korrosionsbeständigkeit.

Sortenvergleich

DIN EN 12513	DIN 1695 Z	Handelsname
GJN-HV350	unlegiert	
Chrom-Nickel-Gusseisen, 3 Sorten		
GJN-HV520	G-X260NiCr 4 2	Ni-Hard 2
GJN-HV550	G-X330NiCr 4 2	Ni-Hard 1
GJN-HV600	G-X300CrNiSi 9 5 2	Ni-Hard 4
Hochchromhaltige Gusseisen, 4 Sorten [1]		
GJN-HV600(XCr14)	**G-X 300 CrMo 15 3**	
GJN-HV600(XCr23	**G-X 300 CrMo 27 1**	

[1] Innerhalb jeder Sorte gibt es drei Varianten mit gestuften C-Gehalten zwischen 1,8 und 3,6 %. Mit jeweils abnehmender Zähigkeit und Durchhärtung.

Austenitisches Gusseisen DIN EN 13835/06 [8]

Die mit Ni hochlegierten Sorten (12...35 %) verbinden die hohe Korrosionsbeständigkeit und evtl. Hitzebeständigkeit der entsprechenden Stahlgusssorten mit der leichteren Gießbarkeit eutektischer Fe-C-Legierungen, d. h. niedrige Schmelztemperaturen, geringere Lunkerneigung und gutes Formfüllungsvermögen. Der Aufwand beim Formen, Schmelzen und Gießen ist jedoch höher als bei den GJS-Sorten.

Die Sorten unterscheiden sich durch abgestuften Ni-Gehalte und weitere LE, die in Kombination bestimmte Eigenschaften bewirken sollen (→ Tabelle 6.7).

Hinweise: Diese Werkstoffe sind seit Jahren unter der geschützten Bezeichnung *Ni*-Resist in *zahlreichen Sorten* im Handel. Die EN-Norm hat ihre Anzahl auf 2 Sorten mit Lamellengraphit (GJLA-) und 10 mit Kugelgraphit (GJSA-) reduziert, Normentwurf E-2009.

Austenitisches Gefüge kann bei tiefen Temperaturen oder örtlich bei mechanischer Beanspruchung zu Martensit umwandeln (nicht zu Perlit, da keine C-Diffusion stattfinden kann). Die Folgen sind Versprödung und der vorher unmagnetische Werkstoff wird magnetisierbar (dadurch Nachweismöglichkeit einer evtl. Umwandlung).

Tabelle 6.7: Wirkung der Legierungselemente

LE	LE- %	Wirkung
C	2,6...3	Wegen der Gießbarkeit wird eine naheutektische bis eutektische Zusammensetzung angestrebt. Da Ni den eutektischen Punkt im EKD nach links verschiebt, genügen dazu 2,6...3 % C
Ni	12...35	Hauptlegierungselement, stabilisiert den Austenit bis zu tiefen Temperaturen. Wird darin unterstützt von Mn, Cr und Cu. Ni ergibt bei ca. 35 % Anteil Sorten mit geringster thermischer Ausdehnung
Cr	1...5,5	Cr-Gehalt wegen der Gefahr der Cr-Carbidbildung niedrig (Versprödung). Cr ist aber wichtig für dichten Guss, die Korrosionsbeständigkeit und Schweißeignung
Mn	0,5...7	Unterstützt die Wirkung des Ni, hat aber keine Wirkung auf Korrosions- und Hitzebeständigkeit, deshalb nur bei nichtmagnetisierbaren Sorten in höheren Anteilen (3 Sorten)
Si	1...6	Notwendig für die Graphitbildung, erhöht bei hohen Ni-Gehalten die Zunderbeständigkeit durch Bildung einer SiO_2-Schicht (in 2 Sorten enthalten)
Nb	...0,2	Verbessert die Schweißeignung, 1 Sorte für Bauteile mit Fertigungs-/Konstruktionsschweißungen

Durch ca. 2 % Mo wird die Warmfestigkeit weiter erhöht. Mo ist in den genormten Sorten nicht enthalten

Tabelle 6.8: Austenitisches Gusseisen, Auswahl

Sorte	R_m MPa	A %	Eigenschaften	Anwendungsbeispiele
GJLA-XNiCuCr15-6-2	170 ...210	2	Gute allg. Korrosionsbeständigkeit und Gleiteigenschaften (Lamellengraphit, hohe Wärmedehnung und Dämpfungsfähigkeit)	Kolbenringträger für Leichtmetallkolben, gering mechanisch beanspruchte Teile
GJSA-XNiCr20-2	370 ...480	7	w.o. mit höherer Zähigkeit, hohe Hitzebeständigkeit	Pumpen, Ventile, Zylinderbuchsen
GJSA-XNiMn23-4	440 ...480	25	kaltzäh bis -196°C, nicht magnetisierbar, hohe Dehnung und Zähigkeit	Gussteile für die Kältetechnik
GJSA-XNiSiCr35-5-2	370 ...450	7	Höchste Hitze- und Temperaturbeständigkeit (960 °C) geringe Wärmedehnung	Abgaskrümmer für hochbelastete Motoren (BMW), Turbo-ladergehäuse (Porsche)

Tabelle 6.9: Daten zur Gusserzeugung 2010 (nach DGV)

Branche	Abnahme in 1000 t	%
Fahrzeugbau	2 092	57,0
Maschinenbau	942	25,7
Sonstige	636	17,3
	3,67 Mio. t	

Sorten	Erzeugung in 1000 t	%
Stahlguss	192	5,2
GJL (GG)	2 181	59,4
GJS (GGG)	1 245	33,9
GJM (GT)	52	1,4
	3,67 Mio. t	

Literaturhinweise:

Fachzeitschriften Konstruieren und Gießen (K+G), ZVG, Zentrale für Gussverwendung, download kostenfrei (www.kug.bdguss.de/publikationen)
Gießerei, VDG-Verlag, beide 40010 Düsseldorf, PF 10 19 61 (www.dgv.de)

[1] Deike, R. u. a.: **Gusseisen mit Lamellengraphit**, Eigenschaften und Anwendungen. K+G, 2000/2

[2] Herfurth, Röhrig u. a.: **Gusseisen mit Kugelgraphit**. K+G, 2007/2 (auch Sonderdruck)

[3] Schock, D.: **Bainitisches Gusseisen mit Kugelgraphit** – Ein Werkstoff mit großem Entwicklungspotential. K+G, 2000/4

[4] Röhrig, K.: Europäische ADI-Entwicklungskonferenz – Eigenschaften, Bauteilentwicklung und Anwendungen. K+G, 2003/1

[5] Engels, A. u. a.: **Duktiles Gusseisen, Temperguss**. K+G, 1983/1+2

[6] Werning, H.: **Schwarzer Temperguss** – Herstellung, Eigenschaften und Anwendungen. K+G, 2000/1; Schweißkonstruktionen mit weißem Temperguss. K+G, 1995/2

[7] Röhrig, K.: **Gusseisen mit Vermiculargraphit** – Herstellung, Eigenschaften, Anwendung. K+G, 1991/1

Ludwig, Pusch u. a.: Mechanische und bruchmechanische Kennwerte für unterschiedlich behandeltes Gusseisen mit vermicularer Graphitausbildung, K+G, 2006/3

[8] Röhrig, K.: **Austenitisches Gusseisen**, Eigenschaften und Anwendung. K+G, 2004/2

[9] Röhrig, K.: **Verschleißbeständige Gusseisen**, von DIN 1695 zu DIN EN 12513, K+G, 2001/2

Werning. H.: Verschleißbeständige weiße Gusseisenwerkstoffe. K+G, 1999/1

Herfurth, K. Gusseisen – kleine Werkstoffkunde eines viel genutzten Eisenwerkstoffes. K+G, 2007/1

Röhrig, K.: Gusseisen-Strangguss, Wärmebehandlung, Beschichten, Anwendungen. K+G, 2005/3

Aue, H. u. a. **Feingießen.** Herstellung, Eigenschaften, Anwendung. K+G, 2008/1

Wolters, Diether, B.: Wärmebehandlung von Gusseisen mit Lamellen- oder Kugelgraphit. K+G, 1996/2

Oldewurtel, A.: Werkzeug(Guss)-werkstoffe für Großwerkzeuge. K+G, 20003/1

7 Nichteisenmetalle

7.1 Allgemeines

In Tabelle 7.1 sind die Anteile der wichtigsten Metalle angegeben, die in der Erdrinde enthalten sind. Aluminium ist das *häufigste* (→).

Die anderen *Nicht*-Eisen-Metalle, kurz NE-Metalle, sind wesentlich seltener. Sie können wirtschaftlich nur gewonnen werden, weil sie vielfach in Erzgängen, Erznestern oder Schichtablagerungen *konzentriert* anstehen.

Meist sind *mehrere* Metallverbindungen miteinander verwachsen, ihre Trennung ist umständlich und teuer. Die Erzeugung beträgt nur einen Bruchteil der Eisen- und Stahlproduktion.

So erklärt sich der z. T. hohe Preis. Der Einsatz der NE-Metalle und ihrer Legierungen ist deshalb auf solche Fälle beschränkt, bei denen ihre besonderen Eigenschaften gegenüber Stahl benötigt werden.

Tabelle 7.1: Anteil wichtiger Metalle an der Erdrinde

Element	Al	Fe	Mg	Ti	Zn	Ni	Cu
Anteil %	7,5	4,7	1,9	0,58	0,02	0,02	0,01

Trotzdem hat Al nicht die Bedeutung des Eisens erlangt. Die Gründe dafür sind:

- Al ist in vielen nicht abbauwürdigen Erden und Gesteinen enthalten,
- Al benötigt zur Darstellung aus den Rohstoffen viel elektrische Energie, die erst im Jahre 1880 (Werner v. Siemens) erzeugt werden konnte, während Eisen und seine Herstellung schon im Altertum bekannt war,
- Al ist nicht durchhärtbar, es scheidet als Werkstoff für höher beanspruchte Werkzeuge aus.

Übersicht: Besondere Eigenschaften der NE-Metalle

Eigenschaften	Metalle und Legierungen
Niedrige Dichte (kg/dm^3)	Magnesium (1,75), Aluminium (2,7), Titan (4,5)
Niedriger Schmelzpunkt (Gießbarkeit)	Blei 327 °C, Zink 420 °C, Magnesium 650 °C, Aluminium 660 °C
Korrosionsbeständigkeit	Aluminium, Kupfer, Nickel, Titan u. Legierungen
Warmfestigkeit, Hitzebeständigkeit	Wolfram, Kobalt, Nickel, Chrom, Molybdän u. ihre Legierungen
Leitfähigkeit für Wärme und Elektrizität	Silber, Kupfer, Aluminium
Gleiteigenschaften (Lagermetalle)	Blei, Zinn, Kupfer, Aluminium (nur als Legierungen)
Neutronenaufnahme (Reaktorbau)	Zirkonium (gering), Cadmium, Hafnium (hoch)

7.2 Bezeichnung von NE-Metallen und -Legierungen

7.2.1 Übersicht

Wie bei Stahl gibt es Bezeichnungssysteme nach

- Werkstoffnummern und
- Kurzzeichen mit chemischen Symbolen.

Durch Wegfall der DIN 1700 *Bezeichnungen für NE-Metalle* gelten die Regeln für die einzelnen Legierungssysteme wie sie in den Normen zu finden sind, z. B. für Al und seine Legierungen (→).

Beispiel: Al und Al-Legierungen – Chemische Zusammensetzung und Form von Halbzeug

DIN EN	Bezeichnung
	Bezeichnungssysteme
573-1/05	mit Werkstoffnummern
573-2/94	mit chemischen Symbolen
573-3/09	Chemische Zusammensetzung + Formen von Halbzeug
515/93	Bezeichnung der Werkstoffzustände

Die vollständige (eindeutige) Bezeichnung von Produkten aus NE-Metallen erfolgt in der unten angegebenen Reihenfolge, jeweils mit Kurzzeichen (Symbolen). Vollständige Regeln für die Benennung der Legierungen sind im Anhang unter A. 3 zu finden.

Legierung	Zustand [1]	Erzeugnis
Werkstoffnummern oder **chemische Symbole** geben die Zusammensetzung an	**Zustandsbezeichnungen** (mit Bindestrich angehängt) geben Herstellungsart, Wärmebehandlung, Festigkeit oder Härte an.	**Abmessungen und Norm** der Erzeugnisform (Bleche und Bänder, Rohre, Stangen usw.)

[1] Die Herstellungsart prägt den Gefügezustand entscheidend und legt damit die Eigenschaften des Produktes fest.

7.2.2 Werkstoff

Für Metalle werden die chemischen Symbole verwendet. Wenn es auf die Reinheit ankommt (Korrosionsbeständigkeit, Duktilität, elektrische Leitfähigkeit), wird der Metallgehalt in Prozenten nachgestellt (→).

Verunreinigungen bewirken eine Zunahme der Festigkeit und Härte mit Abnahme der Bruchdehnung (Beispiel →).

Beispiele: Bezeichnung reiner Metalle

Al 99,9 Aluminium mit 99,9 % Metallgehalt
Ni 99,2 Nickel mit 99,2 % Metallgehalt

Beispiel: Einfluss von Verunreinigungen auf die Eigenschaften bei Al-Strangpressprofilen

Werkstoff	R_m	$R_{p0,2}$	$A_{50\,mm}$
	MPa		%
Al 99,8	55	20	25
Al 99	75	30	18

In anderen Fällen werden nach den jeweiligen Normen Zählziffern angehängt (→).

Beispiel: Bezeichnung von unlegiertem Titan. DIN 17850: 4 Sorten T1, T2, T3, T4 mit steigendem O-Gehalt.

7.2.3 Zustandsbezeichnungen

Nachgestellte Symbole (Tabelle 7.2) können entweder *keine bestimmten*, oder aber gewährleistete Festigkeits- oder Härtewerte markieren. Für einige Werkstoffgruppen (Al- und Cu-Legierungen) sind DIN EN-Normen erschienen, die mit neuen Bezeichnungssystemen arbeiten (Anhang, Tabellen A.16…A.18).

Tabelle 7.2: Beispiele, Zustand von Halbzeugen

EN-Norm	Bedeutung	früher	Symbol DIN **Z**
M, D f, Cu, **F** f. Al	stranggepresst gezogen gewalzt	ohne bestimmte Festigkeit	p zh wh
– O	weichgeglüht	R_m > 100 MPa	W10
– H16	kaltverfestigt	R_m > 160 MPa	F16
– H26	kaltverfestigt + rückgeglüht	R_m > 140 MPa	G16

Die Festigkeitsstufen werden durch die Kaltverfestigung beim Umformen erzielt. Die Zahlen in Tabelle 7.3 zeigen, dass dabei die Bruchdehnung sinkt. Rückglühen steigert sie wieder, *ohne* dass die Festigkeit stark abfällt. (Bedeutung der Anhängezeichen → Tabelle Anhang A.16).

Die Metalle Blei, Zinn und Zink können nicht auf diese Weise in Halbzeugen mit erhöhter Festigkeit geliefert werden, da sie bei Raumtemperatur rekristallisieren.

Tabelle 7.3: Beispiel, Zustände bei Al 99,8 [1]:

Kurzzeichen	R_m	$R_{p0,2}$	A_{50mm}	Biegeradius r
	MPa		%	
Al99,8 – **O**	80…90	15	18	0 t
– **H12**	80…120	55	7	0,5 t
– **H22**	80…120	50	11	0,5 t
– **H14**	100…140	70	5	1,0 t
– **H16**	110…150	80	3	1,0 t
– **H18**	125	105	2	2,5 t

[1] Erzeugnisdicke, Blech t = 1,5 mm

Neben Normbezeichnungen sind für viele NE-Metalllegierungen noch überlieferte Namen in Gebrauch, wie z. B. Messing, Bronze, Neusilber, Rotguss, auch nicht genormte Legierungen unter meist geschützten Namen (→).

Legierungen auf der Basis von Al, Cu, Mg, Ni und Ti werden nach der Art der Verarbeitung eingeteilt in *Knetlegierungen und Gusslegierungen*.

Beispiele für Handelsnamen:

Ni-Werkstoffe: *Inconel®*, *Nimocast®*, *Nimonic®*, *Coronel®*, *Nicorros®*, *Magnifer®*.

Cu-Werkstoffe: *Carobronze®*, *Nidabronze®*.
Al-Werkstoffe: *Alufont®*, *Durfondal®*, *Veral®*.

7.2.4 Knetlegierungen

Hauptanforderung ist gute *Formbarkeit* kalt oder warm. Das ist bei homogenem Gefüge der Fall, d. h. wenn die LE in Mischkristallen vollständig gelöst vorliegen. Dann ist allerdings eine Zerspanung schwierig. Knetlegierungen neigen dabei zum Schmieren, d. h. ergeben *raue* Oberflächen. In den Zuständen mit höherer Festigkeit (halbhart, hart) ist die Zerspanbarkeit besser. Für Teile mit größeren Zerspanungsarbeiten sind Automatenlegierungen günstiger (→).

Begriff: *Kneten* ist ein Oberbegriff für die Umformverfahren (→ 1.6), z. B. Walzen, Ziehen, Fließpressen, Strangpressen u. a.

Lieferformen der Knetlegierungen sind Bleche und Bänder, Stangen, Rohre, Drähte, Strangpressprofile und Barren zum Gesenk- und Freiformschmieden mit jeweils eigenen Normen.

Automatenlegierungen haben Anteile von Pb oder S und lassen sich ähnlich wie Automatenstähle leichter und mit guter Oberfläche zerspanen. Die Kurzzeichen dieser Sorten enthalten ein nachgestelltes Pb, evtl. mit Prozentzahl.

Normalsorte	CuZn37	(Ms 63)
Automatensorte	CuZn36Pb1,5	(Ms 63Pb)

7.2.5 Gusslegierungen

Hauptanforderungen sind gute Gießeigenschaften (6.1) und leichte Zerspanbarkeit. Sie haben deshalb andere Analysen als Knetlegierungen und meist heterogene Gefüge. Die sprödere Kristallart wirkt damit von selbst spanbrechend. Die Sorten sind oft *eutektisch* oder *naheutektisch* mit niedrigen Schmelztemperaturen und Schwindungen.

Die Gießart (Tabelle 7.4) beeinflusst das entstehende Gefüge und damit die mechanischen Eigenschaften (Tabelle 7.5). Gewährleistete Abnahmewerte gelten für größere Wanddicken. Je nach Erstarrungsbedingungen lassen sich höhere Werte erzielen (Rücksprache mit der Gießerei!).

Kokillenguss erstarrt durch die bessere Wärmeleitung in der Metallform schneller und feinkörniger als Sandguss.

Schleuderguss besitzt dichtere Gefüge, weil Gasblasen und Schlackenteilchen unter Wirkung der Fliehkraft innen verbleiben (z. B. bei Zahnkränzen).

Tabelle 7.4: Anhängezeichen für die Gießart

	Regelwerk	
Gießart	DIN EN	DIN (bisher)
Sandguss	– **G**	GS-
Kokillenguss	– **GM**	GK-
Druckguss	– **GP**	GD-
Strangguss	– **GC**	GC-
Schleuderguss	– **GZ**	GZ-

Die Zeichen werden nach gültigen DIN EN-Normen nach die Kurzbezeichnung gesetzt. DIN Normen stellten sie vor.

Tabelle 7.5: Einfluss der Gießart auf die Eigenschaften von CuAl10Ni

Gießart	R_m MPa	$R_{p0,2}$ MPa	A_5 %	HBW 10/1000
Sandguss	600	270	12	140
Kokillenguss	600	300	14	150
Schleuderguss	700	300	13	160
Strangguss	700	300	13	160

Strangguss weist ähnlich gute Werte auf (Tabelle 7.5).

Druckguss hat durch das verwirbelte Einströmen in die Form Lufteinschlüsse und dadurch geringe Bruchdehnung und keine Schweißeignung.

Neue Gießverfahren ergeben bessere Zähigkeit und Schweißeignung: Niederdruck-Gießen, Vakuum-Druckguss, Squeeze-Casting (→) und Thixoguss (Gießen im halbfest-flüssigem Zustand).

Festigkeitswerte der genormten Gusslegierungen werden an Probestäben ermittelt, deren Herstellung mit dem Gusslieferanten zu vereinbaren ist:

- Abgießen der Charge in getrennter Form;
- Angießen von Probeleisten für die Probe,
- Herausarbeiten aus dem Gussteil (Stichprobe).

Squeeze-Casting, Pressgießen, Gießen mit langsamer Formfüllung und hohem Stempelnachdruck in Druckgießformen ergibt porenfreien Guss. Anwendung z. B. für Sicherheitsbauteile an Fahrzeugen.

7.3 Aluminium

7.3.1 Vorkommen und Gewinnung

Wichtigster Rohstoff ist der *Bauxit*, nach dem Ort Les Baux südlich Avignon benannt, wo dieses Verwitterungsgestein erstmals abgebaut wurde (Entdeckung 1821) Tabelle 7.6.

Tabelle 7.6: Zusammensetzung des Bauxits

Stoff	Al_2O_3	Fe_2O_3	SiO_2	H_2O
Anteil in %	55…65	…28	…7	12…30

Hauptlagerstätten sind in Südfrankreich, Ungarn, dem ehemaligen Jugoslawien, Griechenland, Indien, Brasilien und Westafrika.

Aufbereitung. Dieses Erz muss zunächst von den Fremdstoffen befreit werden. Tabelle 7.7 zeigt den Ablauf des BAYER-Verfahrens (1892).

Durch Behandlung mit heißer Natronlauge NAOH wird das Al-Oxid in die wasserlösliche Verbindung *Natriumaluminat* $NaAl(OH)_4$ umgewandelt. Sie kann durch Filtrieren von den anderen unlöslichen Stoffen getrennt werden. Der eisenhaltige Filterrückstand, als Rotschlamm bezeichnet, wird von den Hochofenwerken und der keramischen Industrie abgenommen.

Aus der Aluminatlösung wird durch Kristallisation das Al-Hydroxid $Al(OH)_3$ gewonnen, gewaschen und in Drehrohröfen geglüht (kalziniert). Dabei wird Wasser ausgetrieben und technisch reine Tonerde Al_2O_3 bleibt zurück. Sie ist das Einsatzmaterial für den nachfolgenden Reduktionsprozess zu **Primär-Aluminium** (→).

Tabelle 7.7: BAYER-Verfahren, schematisch

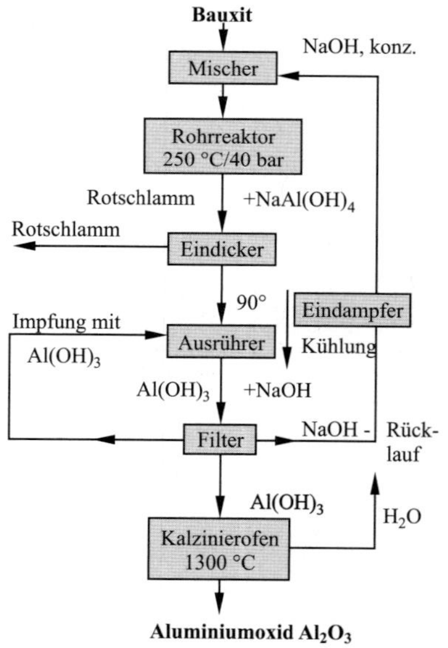

Neben dem Primär-Aluminium aus Bauxit hat das Sekundär-Aluminium aus dem Recycling einen großen Anteil an der Gesamterzeugung in der Bundesrepublik Deutschland von 1,34 Mill t:

Schmelzfluss-Elektrolyse (Bild 7.1)

Al und die anderen Metalle der ersten beiden Gruppen des PSE (Be, Ca, K, Mg und Na) haben zum Sauerstoff eine viel größere Bindungsenergie (= -wärme) als der Kohlenstoff. Die endotherme Energie, welche die Reduktion erfordert, muss deshalb vom elektrischen Strom aufgebracht werden.

Das Verfahren wird in Wannenöfen mit Kohlestampfmasse (Kathode) durchgeführt (Bild 7.1). Das Al-Oxid (T_m > 2000 °C) muss dazu geschmolzen werden. Flussmittel ist Kryolith, der Al-Oxid bei einer Arbeitstemperatur von 950 °C löst (1886 von Heroult entdeckt). Bei 5 V Gleichspannung und 70…140 kA Strom werden die Al-Ionen an der Kathode reduziert.

Als Anoden dienen Kohleblöcke. Das frei werdende O bindet den Kohlenstoff zu CO. Das flüssige Al sammelt sich am Boden und wird periodisch abgepumpt, verbrauchtes Al-Oxid ebenso nachgefüllt.

Die technische Herstellung des Al war erst dann möglich, als elektrische Energie wirtschaftlich mit der Dynamomaschine erzeugt werden konnte (Siemens 1866).

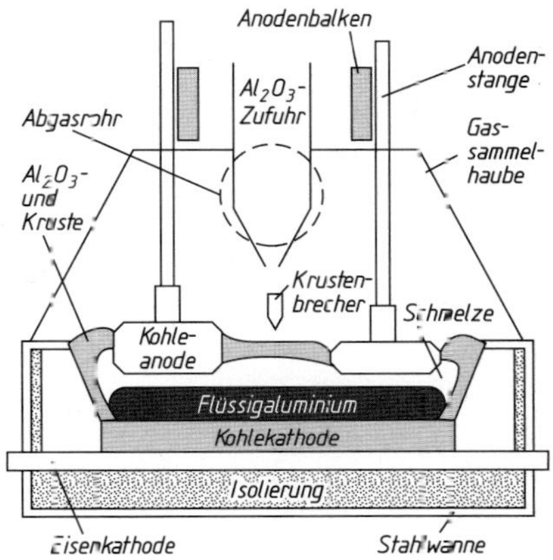

Bild 7.1 Wannenofen zur Schmelzfluss-Elektrolyse des Aluminiums

Tabelle 7.8: Stoff- und Energiebilanz für die Erzeugung von 1 t Aluminium (Al-Zentrale)

Verfahrensschritt	Rohstoffe	Energie-Bedarf	
Oxid-Gewinnung	4 t Bauxit ergeben 2 t Al-Oxid	8400 kWh	**Wärmeenergie**
Elektrodenherstellung	0,55 t Petrolkoks + Steinkohlenteerpech	85 kWh	**Wärmeenergie**
Schmelzfluss-Elektrolyse	2 t Al-Oxid + 0,05 t Kryolith 0,5 t Elektrodenverbrauch	13500 kWh	**Gleichstrom**

7.3.2 Einteilung der Al-Knetwerkstoffe

Die Al-Knetwerkstoffe sind in DIN EN 573 genormt. Die Einteilung in 8 Legierungsserien 1000 bis 8000 nach den Hauptlegierungselementen (Tabelle 7.9) folgt dem Internationalen Legierungsregister der Aluminium Association (AA).

Gegenüber der Norm DIN 1725 hat sich die Anzahl der Sorten erhöht (Tabelle 7.9), weil zu den *Originalsorten* zahlreiche nationale Varianten und Legierungsabwandlungen kommen. Sie haben nur geringe Unterschiede zum Original. Zahlreiche Sorten werden nur in kleinen Mengen und für spezielle Anwendungen hergestellt (z. B. Luftfahrtwerkstoffe).

Tabelle 7.9: Gliederung der Al-Legierungen nach chemischer Zusammensetzung (DIN EN 573-3)

Leg - serie	Haupt-LE	weitere LE	Sorten Anzahl[1)]
1 xxx	Al	Al > 99 %, unlegiert	7 (17)
2 xxx	Cu	Mg, Mn, Bi, Pb, Si	10 (17)
3 xxx	Mn	Mg, Cu	5 (15)
4 xxx	Si	Mg, Bi, Fe, CuNi	10 (14)
5 xxx	Mg	Mn, (Cr, Zr)	14 (54)
6 xxx	MgSi	Mn, Cu, Pb	13 (33)
7 xxx	Zn	Mg, Cu, Ag, Zr	26 (27)
8 xxx	Sonst.	Fe, FeSi, FeSiCu	8 (13)

1) Originalsorten (Gesamtzahl in Klammern).

Das Herstellverfahren bestimmt den Zustand des Erzeugnisses und damit seine mechanischen Eigenschaften. Sie sind in den Normen (Tabelle 7.10) festgelegt und werden durch die angehängten **Zustandszeichen** (→) markiert.

Die bisherigen F-Zahlen (1/10 R_m) werden nicht mehr verwendet, sondern Symbole aus Buchstaben und Ziffern (→). Zwischen dem Zustand *geglüht* (weich) und der höchsten Verfestigung *vollhart* sind vier Stufen der Verfestigung zwischengeschaltet (viertel-, halb- und dreiviertelhart) und durch die zweite Ziffer hinter dem H gekennzeichnet. Die Festigkeitswerte lassen sich daraus nicht ablesen, sie sind Teil der jeweiligen Erzeugnisnormen.

7.3.3 Unlegiertes Aluminium, Serie 1000

Al bildet wegen seiner großen Affinität zum Sauerstoff an der Luft eine dünne, aber dichte, festhaftende Oxidschicht, die ihr Kristallgitter auf dem des Grundwerkstoffes aufbaut (Epitaxie) und die es vor weiterem Angriff schützt. Laugen und manche Säuren (HCl) und Salze (Halogenide) lösen sie auf. Dagegen ist Al nicht beständig. Die Oxidschicht kann durch *anodische* Oxidation verstärkt werden (→ Oberflächenbehandlung).

Verwendung des Reinaluminiums: Lager- und Transportfässer, Verpackungsmittel, Haus- und Küchengerät, elektrische Leitwerkstoffe für Kabel, Stromschienen und Freileitungen (hartgezogen), Kondensatoren und Kabelmäntel.

Eloxierte Halbzeuge im Bauwesen und Fahrzeugbau zur Dekoration und hochglänzend für Reflektoren, Plattierwerkstoff für Al-Legierungen. Al ist *Reduktionsmittel* (Granulat) für hochschmelzende Metalle (Thermit-Verfahren), Al-*Pulver* für Farben (Hammerschlaglack).

Wirkung der Legierungselemente. Die LE sollen die niedrige Streckgrenze anheben, ohne dass die Korrosionsbeständigkeit verloren geht. Das kfz-Al-Gitter kann nur wenige Prozente dieser LE lösen und Mischkristalle bilden. Die Fremdatome erhöhen den Gleitwiderstand (damit die Streckgrenze) bei Erhalt der Verformbarkeit.

Zustandsbezeichnungen DIN EN 515/93

Symbol[1]	Bedeutung
-F	Herstellungszustand, keine Grenzwerte der mech. Eigenschaften
-O	Weichgeglüht (O1, O2, O3)
-H1 -H12 -H14 -H16 -H18	nur kaltverfestigt (viertelhart) (halbhart) (dreiviertelhart) (vollhart)
-H2 **-H3** **-H4**	kaltverfestigt und rückgeglüht kaltverfestigt und stabilisiert kaltverfestigt und einbrennlackiert
-W	lösungsgeglüht (instabiler Zustd.)
-T4 **-T6**	lösungsgeglüht + kalt ausgehärtet lösungsgeglüht + warm ausgehärtet

[1] -H2, -H3 und -H4 ebenfalls mit 2, 4, 6, 8 oder 9 kombinierbar.
→ Anhang, Tabellen A.16...18.

	Aluminium-Eigenschaften
+	Niedrige Dichte, $\gamma = 2{,}7$ kg/dm³, gute Witterungsbeständigkeit, Wärme- und Stromleitfähigkeit hoch, Polierbarkeit, anodisch oxidierbar
–	Niedrige Festigkeit und Streckgrenze, unbeständig gegen basische Stoffe, Löten u. Schweißen nur mit Flussmitteln[2]

[2] Flussmittel sollen den Schmelzpunkt von Al_2O_3 herabsetzen (> 2000 °C). Beim Elektroschweißen ist das Flussmittel in der Umhüllung der Elektrode enthalten.

Werkstoffkennwerte des Rein-Al

Festigkeiten	MPa	Temperaturen	°C
R_m	40...80	Schmelzen	660
$R_{p0,2}$	10...30		
E-Modul	$7{,}2 \cdot 10^4$	Schmieden	300...500
G-Modul	$2{,}7 \cdot 10^4$	Rekristallisieren	> 150
Härte HB 2,5	12...20		

Wichtige LE sind **Mn, Mg, Si, Cu** und **Zn**, die bei höheren Anteilen mit dem ungelösten Teil intermetallische Phasen bilden, die hart und spröde sind. Durch sie wird Härte und Festigkeit erhöht, jedoch geht die Verformbarkeit verloren. Knetlegierungen enthalten deshalb wenig LE, insgesamt meist 3...5 % (Cu evtl. mehr).

Al-Mischkristalle haben eine mit sinkender Temperatur abnehmende Löslichkeit (Bild 2.66). Bei der Abkühlung finden sekundäre Ausscheidungen statt (Segregat an den Korngrenzen). Dadurch sind einige Legierungstypen aushärtbar.

Korrosionsbeständigkeit. Das edlere Element Cu vermindert schon in Anteilen von 0,1 %° die gute Beständigkeit des reinen Al. AlCu-Legierungen sind deshalb nicht ausreichend witterungsbeständig. Sie können als Blech und Band mit Rein-Al plattiert geliefert werden.

Oberflächenbehandlung

Bei allen Al-Legierungen lässt sich die natürliche Oxidschicht verstärken. Sie ist elektrisch isolierend, hart und mikroporös, sodass sie Farben und Schmiermittel in geringem Maße festhalten kann.

Dekorativ wirkende Schichten (gleichmäßige Färbung und hochglänzend) lassen sich nur mit bestimmten Sorten erzielen (Glänzlegierungen mit 99,5 % Al, Mg und ohne Cr), Verschleißschutzschichten (hartanodisieren) auf allen Sorten.

Die Aushärtung ist für Al-Legierungen sehr wichtig. Erst dadurch kommen sie in den Festigkeitsbereich der unlegierten Stähle und ermöglichen Leichtbaukonstruktionen. Nur die Legierungen der Reihen 2000, 6000 und 7000 sind aushärtbar.

Hinweis: Beim Recycling von Al-Schrott kann Cu nicht entfernt werden. Dieses Umschmelzaluminium wird bei der Herstellung als Verschnitt für das Primärmetall verwendet. Die so erschmolzenen Gusslegierungen enthalten höhere Anteile an Cu als solche aus Primärmetall, Kennzeichnung erfolgte durch ein nachgestelltes (Cu).

Chemische Oxidation in sauren oder alkalischen Bädern nach verschiedenen patentierten Verfahren erzeugt *Chromat-* oder *Phosphat-*Schichten von 1…3 µm Dicke in verschiedenen Farbtönen. Viele dienen als Haftgrund für Farbanstriche (Alodine-, Bonder- und a. Verfahren).

Anodische Oxidation in schwefelsauren Bädern erzeugt Schichten bis zu 60 µm mit hoher Verschleiß- und Korrosionsbeständigkeit (Härte HV = 1100) nach Eloxal, Veroxal-Verfahren).

Tabelle 7.10: Erzeugnisformen für Al-Knetlegierungen, Normen für mechanische Eigenschaften

Erzeugnisformen	Normen DIN …	Werkstoffserien[1]	Erzeugnisformen	Normen DIN …	Werkstoffserien[1]
Gesenkschmiedestücke, Vormaterial	EN 586-2/94 EN 603-2/96	2000, 5000 6000, 7000	Stranggepresste Stangen, Rohre, Profile	EN 755-2/08 (9 Teile)	außer 4000 und 8000
Drähte, bes. Anforderg. f. d. elektr. Verwendg.	EN 1715-2/08	alle bis auf 4000	Bleche, Bänder, Platten	EN 485-2/09	alle Reihen
Gezogene Stangen, Rohre	EN 754-2/08 (8 Teile)	1000, 2000 5000, 6000 7000	Folien, Butzen zum Fließpressen TL	EN 546-2/07 (4 Teile) EN 570/07	1000, 6000 1000, 6000
Vormaterial für Wärmetauscher	EN 683-2/07	1000, 3000 6000, 8000	HF-längsnaht-geschweißte Rohre	EN1592-2/97	3000, 5000. (6000) 7000

Hinweis: Für Kontakte mit Lebensmitteln ungeeignet sind Legierungen der Reihen 2000, 7000 sowie Pb-, Bi- und Li-haltige Sorten.

[1] jeweils die Hauptsorten innerhalb der Serien

7.3.4 Nicht aushärtbare Legierungen

Diese Sorten erhalten höhere Festigkeiten durch die Mischkristallverfestigung der LE in Verbindung mit der Kaltverfestigung, die sich bei der Herstellung einstellt, z. B. Kaltwalzen von Blech.

Die Festigkeiten im Halbzeug liegen zwischen 100…310 MPa je nach Legierung und dem Grad der Kaltumformung. Ein Schweißen führt zum Festigkeitsabfall in der WEZ.

Serie 3000 Al Mn (+Mg)

Eigenschaften wie bei Al 99,9 mit etwas höheren Festigkeiten und Beständigkeit gegen Alkalien. Gut löt-, schweiß- und kaltumformbar. Mn erhöht die Rekristallisationsschwelle und dadurch die Warmfestigkeit.

Anwendung für Dachdeckung und Fassaden, Geräte der Nahrungsmittelindustrie, Kernwerkstoff von lotplattiertem Blech für Wärmetauscher. MnMg-legierte Sorten für Blechverpackungen.

Stoff-Nr.	Sorten **EN AW** Chemische Symbole mit Zustandsbezeichnung		R_m MPa	$A_{50\,mm}$ %	(Werte für Blech 0,5…1,5 mm) Beispiele
3103	**Al Mn1-F**	(W9)	90	19	Dächer, Fassadenbekleidung, Profile
	Al Mn1-H28	(F21)	185	2	Niete, Kühler, Klimaanlagen, Rohre, Fließpressteile
3004	**Al Mn1Mg1-O**	(W16)	155	14	Getränkedosen, Bänder für Verpackung
	Al Mn1Mg1-H28	(F26)	260	2	

Serie 4000 Al Si (+Fe, Mg, Ni)

Si erniedrigt den Schmelzpunkt (bei 12,5 % eutektischer Punkt) und ist mit 0,8…13,5 % enthalten. Eine aushärtbare Sorte (Al Si1Fe) wird für Bleche eingesetzt.

Anwendung: Schweißzusatzdrähte (wenig Si), Schmiedekolben: 4032 [Al Si12,5MgCuNi] mit geringer Wärmedehnung,

Lotplattierung: 4343 [Al Si7,5] oder 4045 [Al Si10] auf 3103 [Al Mn1] für Wärmetauscherbleche.

Serie 5000 Al Mg (+Mn)

Erhöhte Korrosionsbeständigkeit gegen Seewasser, stärker verfestigend als AlMn. Gute Schweißeignung bei > 2,5 % Mg-Gehalt, bei niedrigen (Mg + Mn)-Gehalten gut kaltformbar.

Anwendung: Statisch beanspruchte Konstruktionsteile im Fahrzeug- und Schiffbau (Bootsrümpfe), Untertagegeräte. Mn ergibt höhere Festigkeit bei Strangpressprofilen und bessere Warmfestigkeit gegenüber AlMg-Sorten.

Stoff-Nr.	Sorten **EN AW** Chemische Symbole mit Zustandsbezeichnung		R_m MPa	$A_{50\,mm}$ %	(Werte für Blech 3…6 mm) Beispiele
5005	**Al Mg1-O**	(W10)	100…145	22	Fließpressteile, Metallwaren
5049	**Al Mg2Mn0,8-O**	(W16)	190…240	8	Bleche für Fahrzeug u. Schiffbau
	-H16	(F26)	265…305	3	
5083	**Al Mg4,5Mn0,7-O**	(W28)	275…350	15	Formen (hartanodisiert), Schmiedeteile
	-H26	(G35)	360…20	2	Masch. Gestelle, Tank u. Silofahrzeuge

7.3.5 Aushärtbare Legierungen

Zustandsbezeichnungen **T1…T9** (Tabelle A.16) geben die Art der Wärmebehandlung an.

Hinweis: In Gebrauch sind auch noch die älteren Bezeichnungen: **ka** für kaltausgehärtet und **wa** für warmausgehärtet.

Serie 6000 Al MgSi (+ Mn, Cu)

Kalt- und warmaushärtbare Legierungen, davon 4 für die E-Technik. Die Aushärtung wird durch die Phase Mg_2Si bewirkt. Die Sorten sind schweißbar, korrosionsbeständig, jedoch nicht dekorativ anodisierbar. Die beiden niedrigerlegierten Sorten sind besser strangpressbar.

Anwendung: Profile für alle Zwecke im Bauwesen, für Fahrzeug- und Schiffsaufbauten, Wärmetauscher, Rolltore, Waggontüren, Höckerplatten für transportable Brücken. Schmiedelegierung 6082 für Beschläge an Fördergeräten. Sonderlegierungen für Karosseriebleche enthalten etwas Cu, zum Vermeiden von Fließfiguren beim Tiefziehen.

Stoff-Nr.	Sorten **EN AW** Chemische Symbole mit Zustandsbezeichnung	R_m MPa	$A_{50\,mm}$ %	Werte jeweils für das Beispiel
6060	**Al MgSi-T4**	130	15	Strangpressprofile aller Art, Fließpressteile
6063	**Al Mg0,7Si-T6**	280		Pkw-Räder u. Pkw-Fahrwerkteile
6082	**Al MgSi1gMn-T6**	310	6	Schmiedeteile, Sicherheitsteile am Kfz
6012	**Al MgSiPb-T6** (F28)	275	8	Automatenlegierung, Hydr.-Steuerkolben

Serie 2000 Al Cu (+ Mg, Mn, Si, Pb)

Hochfeste Legierungen mit hoher Bruchdehnung (max. 13 %). Sie werden kaltausgehärtet (T4) eingesetzt, durch den Cu-Gehalt haben sie nur geringe Korrosionsbeständigkeit, besonders im Zustand warmausgehärtet (T6). Verbindung durch Nieten, Druckfügen u. a., da beim Schweißen eine Entfestigung eintritt.

Anwendung: Hochbeanspruchte Bauteile im Fahrzeug-, Ingenieur- und Maschinenbau, wenn die geringe Korrosionsbeständigkeit nicht stört: Zahnräder, Pressbleche, Formwerkzeuge für Kunststoffe (hartanodisiert), Bleche und Schmiedeteile für Flugzeugbau, Grubenstempel, Schildvortrieb für Grubenausbau.

Stoff-Nr.	Sorten **EN AW** Chemische Symbole mit Zustandsbezeichnung	R_m MPa	$A_{50\,mm}$ %	Werte jeweils für das Beispiel
2117	**Al Cu2,5Mg-T4** (F31 ka)	310	12	(Drähte < 14 mm), Niete, Schrauben
2017A	**Al Cu4MgSi-T42**	390	12	Platten für Vorrichtungen, Werkzeuge
2024	**Al Cu4Mg1-T42**	420	8	(Blech < 25 mm) Flugzeuge, Sicherheitsteile
2014	**Al Cu4SiMg-T6**	420	8	(Schmiedestücke), Bahnachslagergehäuse
2007	**Al CuMgPb-T4** (F34 ka)	340	7	Automatenlegierung, Drehteile

Die Automatenlegierungen werden nur in Form von Stangen und Rohren geliefert und haben warmausgehärtet ausreichende Beständigkeit.

Die Nietlegierung Al Cu2,5Mg kann im kaltausgehärteten Zustand geschlagen werden.

Serie 7000 Al Zn (+ Mg,Cu)

Konstruktionslegierungen höchster Festigkeit mit geringerer Beständigkeit. Für die Luftfahrt werden deshalb Bleche mit Al Zn1 plattiert.

Anwendung ähnlich wie Reihe AlCu: Gesenk- und Frästeile für den Flugzeugbau, hartanodisierte Formen zum Tiefziehen von Al-Blech.

Stoff-Nr.	Sorte **EN AW** Chemische Symbole mit Zustandsbezeichnung	R_m [1] MPa	$A_{50\,mm}$ %	(Werte für Bleche < 12 mm) Beispiele
7020	**Al Zn4,5Mg1-O**	220	12	Cu-frei, nach dem Schweißen selbst-
	-T6	350	10	aushärtende Legierung
7075	**Al Zn5,5MgCu -O**	275	10	Bleche und Bänder
	-T6	525	6	
7022	**Al Zn5Mg3Cu-T6** (F45wa)	450	8	Masch.-Gestelle, } überaltert (T7) gut beständig
7075	**Al Zn5,5MgCu-T6** (F53wa)	545	8	Schmiedeteile } gegen SpRK

[1] Mindestwerte der Zugfestigkeit

7.3.6 Aluminium-Gusslegierungen

Bei Gusslegierungen wird die Festigkeitssteigerung durch Mischkristallverfestigung der LE bewirkt, zusätzlich durch Korngrenzenverfestigung über die Ausbildung feinkörniger Gefüge (→).

Auch die Gießart hat Einfluss auf das Gefüge. Durch schnellere Abkühlung beim Kokillenguss (K) wird gegenüber Sandguss (S) ein feinkörnigeres Gefüge erzeugt, Festigkeit und Bruchdehnung steigen (→ Eigenschaftsvergleiche).

Durch Teilchenverfestigung (Aushärten) wird eine weitere Steigerung der Streckgrenze erreicht, wobei die Bruchdehnung wieder sinkt (→).

DIN EN 1706 gliedert die Sorten nach steigenden Werkstoffnummern. Die Zahl der Sorten wurde auf 37 erhöht (davon 7 für Fein- und 9 für Druckguss (→ Tabelle 7.11).

Veredeln von AC-Al Si12 ist eine metallurgische Behandlung der Schmelze mit Na-Metall oder Salzen. Diese stören die Kristallisation, sodass Unterkühlung auftritt und ein feinkörniges Eutektikum entsteht. Andere Sorten werden zum gleichen Zweck mit Al-Borid, TiC oder ZrC geimpft.

Eigenschaftsvergleiche: (Tabelle 7.11 in Zeile 3), **Al Si10Mg(a)**. Die Festigkeitswerte gelten für Sandguss (S) im Gusszustand (F), desgl. für Kokillenguss (K) und warmausgehärtet (T6).

Durch eine **Teil**aushärtung (T64) lässt sich eine etwas geringere Streckgrenze mit höherer Bruchdehnung kombinieren (hierzu auch **Al Si7Mg0,3** in Tabelle 7.11).

Tabelle 7.11: Aluminium-Gusslegierungen, DIN EN 1706/10, Auswahl aus 37 Sorten

Kurzname, Gießart Stoff-Nr. nach DIN EN 1706 **EN AC-...**	Gießart, Zustd. [1]	R_m	$R_{p0,2}$	$A_{50\,mm}$	HBW	Gießen Schweißen Polieren Beständigk. [2]	Bemerkungen
-Al Cu4MgTi S, K, L -21000	S T4 K T4 L T4	300 320 300	200 220 220	5 8 5	90 90 90	C/D D B D	einfache Gussstücke hochfest und -zäh, Waggonrahmen und -fahrgestelle
-Al Si7Mg0,3 S, K, L -42100	S T6 K T6 T64	230 290 250	190 210 180	2 4 8	75 90 80	B B C B	Sicherheitsbauteile: Hinterachslenker, Vorderradnabe, Bremssättel, Radträger
-Al Si10Mg(a) S, K -43000	S F K F K T6	150 180 260	80 90 220	2 2,5 1	50 55 90	A A D B	Motorblöcke, Wandler- und Getriebegehäuse, Saugrohr für Kfz
-Al Si12(a) S, K -44200	S F K F	150 170	70 80	5 6	50 60	A A D B	dünnwandige, stoßfeste Teile aller Art
-Al Si8Cu3 S, K, D -46200	S F K F	150 170	90 100	1 1	60 100	B B C D	warmfest bis 200 °C, für dünnwandige Teile, Kfz-Kurbelgehäuse
-Al Si12CuNiMg -48000 K	K T5 T6	200 280	185 240	< 1 < 1	90 100	A A C C	erhöhte Warmfestigkeit bis 200 °C, Zylinderkopf
-Al Mg3 -51100 S, K	S F K F	140 150	70 70	3 5	50 50	C/D C A A	Beschlagteile f. Bau- u. Kfz-Technik, Schiffbau

[1] **Gießart:** S: Sandguss; K: Kokillenguss, D: Druckguss, L: Feinguss, das Zeichen wird nachgestellt!
Beispiel: EN 1706 AC-Al Cu4MgTiKT4 oder EN 1706 AC-21000KT4: bedeutet Kokillenguss (K), kaltausgehärtet (T4). Zustände Tabelle A.16 Anhang.

[2] **Wertung:** A ausgezeichnet, B gut, C annehmbar, D unzureichend.

7.3.7 Aushärten der Aluminium-Legierungen

Der Aushärtungseffekt (→) wurde 1906 von A. Wilm an AlCuMg-Legierungen entdeckt und später von weiteren Forschern an vielen anderen Legierungen. Das Leichtmetall Al ist erst dadurch zum wichtigen Werkstoff für Leichtbaukonstruktionen geworden.

Eigenschaftsverbesserungen bei Al-Legierungen sind (→ Tabelle 7.11, Zustände T4, T6):

- Erhöhung der niedrigen Streckgrenze,
- geringerer Abfall der Zähigkeit als bei kaltverfestigten Legierungen, dadurch gleichzeitig höhere Dauerfestigkeit.

Die Eigenschaftsänderungen entstehen durch kleinste Teilchen (→), die sich bei einer Wärmebehandlung innerhalb der Mischkristalle bilden. Voraussetzungen dafür sind:

Hinweis: Das Prinzip des Aushärtens ist die Teilchenverfestigung (→ Abschnitt 2.3.4). Die Wärmebehandlung Aushärten ist auch unter 5.4 zu finden.

- Aushärtbare Legierungen müssen ein Zustandsschaubild mit einem MK-Gebiet besitzen, die **Löslichkeit** muss mit sinkender Temperatur **abnehmen**.
- Erzeugung eines **übersättigten** und damit instabilen MK-Gefüges durch Lösungsbehandeln (Erwärmen und Halten im MK-Gebiet und sofortiges Abschrecken →).

Zustandsschaubilder dieser Art (→ Bild 2.68) ähneln dem EKD mit dem Austenitgebiet. Dort sinkt die C-Löslichkeit von ca. 2 % an der Solidus-Linie bis auf 0,8 % bei 723 °C.

Erwärmen erhöht die Anzahl der Leerstellen und damit die Löslichkeit für die LE. Das **Halten** soll eine homogene Verteilung der LE-Atome erreichen. Die bei langsamer Abkühlung ausgeschiedenen sek. Kristalle von Al_2Cu lösen sich vollständig im Mk.

Abschrecken „friert" diesen Zustand ein. Das geschrumpfte Kristallgitter erzeugt einen Druck auf die zwangsgelösten LE-Atome.

Abhängig von Temperatur und Zeit wird danach langsam oder schneller der Zwangszustand durch Platzwechsel der LE-Atome abgebaut. Diese Phase – das **Auslagern** – kann bei RT (Kaltauslagern) oder höheren Temperaturen stattfinden (Warmauslagern).

Dabei entstehen **Ausscheidungen** mit unterschiedlichen instabilen **Zwischenzuständen** und **wachsender Größe** und bewirken damit unterschiedliche Eigenschaftsänderungen.

Hinweis: Die Strukturen dieser Zwischenzustände sind im Abschnitt 2.3.4 und Bild 2.44 zu finden.

Wichtig: Das Maximum der Festigkeitssteigerung ist bei einer bestimmten Kombination aus Teilchengröße und -abstand erreicht.

Bei niedrigen Temperaturen ist die Diffusion erschwert. Es entstehen feinverteilte, scheibenförmige, zunächst kohärente Strukturen:

- GP-Zonen I, einlagige Cu-Teilchen,
- GP-Zonen II, mehrlagige aus Al- und Cu-Atomen mit Dicken von bis zu 100 nm.

Begriffe: GP-Zone nach *Guinier* und *Preston*

Beide Teilchenarten liegen in Richtung einer Würfelebene der E-Zelle des kfz-Gitters und haben steigende ∅.

GP I-Zonen ca.100 nm, GP II-Zonen bis 1500 nm Durchmesser.

Bei ansteigenden Temperaturen bilden sich teilkohärente, plättchenförmige Teilchen mit tetragonaler Struktur und Dicken von ca. 300 nm.

Kohärent: „zusammenhängend", alle Gleitebenen laufen verzerrt durch die Teilchen.

Inkohärent: (Gegensatz), kein Zusammenhang zwischen den Gleitebenen.

Nach längerer Zeit und bei höheren Temperaturen wird die letzte Stufe der Ausscheidungen erreicht. Es sind inkohärente Teilchen aus der stabilen Phase Al_2Cu mit geringerer Verzerrung und Wirkung (→).

Endstufe ist der Gleichgewichtszustand des Gefüges aus AlCu-MK mit sehr geringem Cu-Gehalt und der auf den Korngrenzen ausgeschiedenen sekundären Al_2Cu-Phase.

Kaltauslagern. Der Einfluss von Temperatur und Zeit ist mithilfe von Bild 7.2 zu erkennen:

- Bei 0 °C ist erst nach 2 Tagen eine gewisse Steigerung der Streckgrenze eingetreten. Die Übersättigung ist nur wenig abgebaut, die Ausscheidungen gering.
- In gleicher Zeit wird bei 35 °C ein wesentlich höherer Wert erreicht.
- Bei –20 °C ist die Diffusion so behindert, das der „weiche" Zustand tagelang erhalten wird (→ Anwendung).

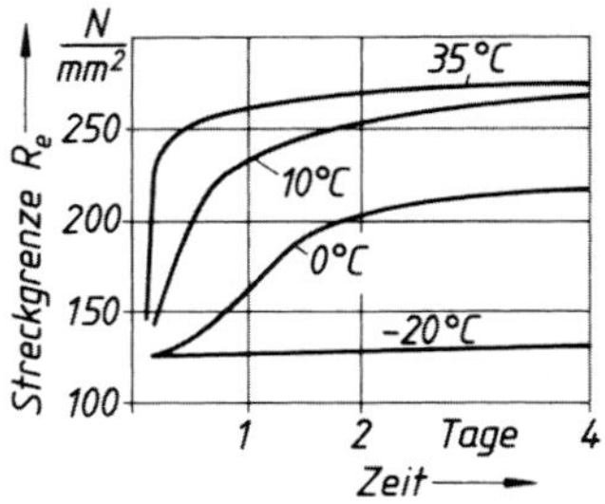

Bild 7.2 Aushärtung von Al CuMg. Anstieg der Streckgrenze beim Kaltauslagern unter verschiedenen Temperaturen

Anwendung: Lösungsbehandelte Niete müssen sofort verarbeitet werden, da im ausgehärteten Zustand kein rissfreier Schließkopf entsteht. Nicht verarbeitete Niete können durch Tiefkühlung im weichen Zustand gehalten und nach dem „Auftauen" geschlagen werden. Danach härten sie im geschlagenen Zustand aus.

Warmauslagern. Bei einigen Legierungen verlaufen die Ausscheidungen erst bei höheren Temperaturen, sie müssen warm ausgelagert werden (Bild 7.3).

- Kurve 1: Niedrige Temperatur, der Höchstwert wird erst nach 20 h erreicht.
- Kurve 2: Temperatur zu hoch. Der Scheitelpunkt der Kurve wird bereits nach 1 h erreicht, beim Überschreiten der Zeit fällt die Streckgrenze stark ab (Vergröberung der Ausscheidungen).
- Kurve 3: Optimale Temperatur. Scheitelpunkt, nur wenig niedriger als nach Kurve 1 bereits nach 8 h erreicht.

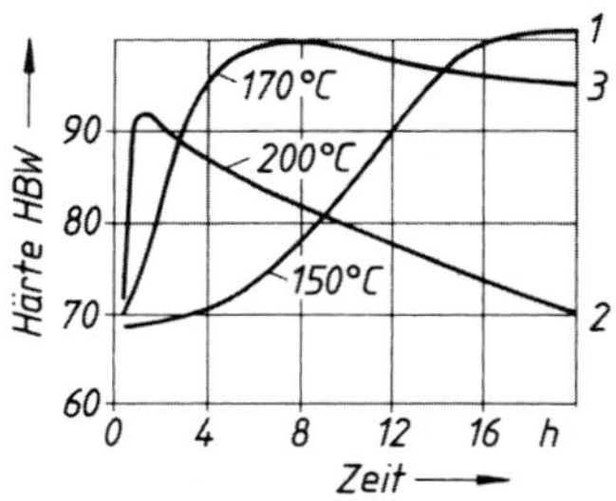

Bild 7.3 Aushärtung von AC-Al SiMg. Anstieg der Härte beim Warmauslagern unter verschiedenen Temperaturen

Hinweis: Kurve 3 zeigt auch, dass warmausgehärtete Al-Legierungen nicht warmfest sind, sie erweichen bei höheren Temperaturen.

Warmfeste Al-Legierungen sind deshalb **dispersionsverfestigt** (→). Die Wirkungsweise ist ähnlich. Die Teilchen müssen im Al-Mk **unlöslich** sein und dürfen bei langzeitig thermischer Beanspruchung nicht zusammenwachsen. Dabei werden etwa die doppelten Festigkeitswerte im Bereich von 250...300 °C erreicht.

Dispersionsverfestigte Legierungen werden z. B. pulvermetallurgisch hergestellt (→ 11.1.8). Auch als Verbundwerkstoff 10.6.3.

Selbstaushärtung Bei einigen Legierungen entstehen durch die beschleunigte Abkühlung z. B.

- beim Kokillenguss (Gießen in Metallformen oder nach dem
- Schweißen von Blech infolge der guten Wärmeleitfähigkeit des Al

unbeabsichtigt übersättigte Mischkristalle, die nicht im Gleichgewicht sind und bei der folgenden Lagerung aushärten, die Härte steigt an.

Hinweis: Bei Gusslegierungen werden wegen dieser Ausscheidungsvorgänge die Festigkeitsproben erst nach 8 Tagen genommen, um die Diffusionsvorgänge ablaufen zu lassen.

Eine speziell entwickelte, selbstaushärtende Legierung ist **Al Zn4,5Mg1**. Sie kann im ausgehärteten Zustand geschweißt werden, entfestigt zunächst in der WEZ, härtet aber nach 1...3 Wochen von selbst wieder aus.

7.3.8 Neuentwicklungen

Zur Steigerung der Warmfestigkeit und Steifigkeit von Al-Legierungen werden neben der Dispersionsverfestigung auch neue Legierungssysteme mit Lithium entwickelt mit Schwierigkeiten beim Legieren durch seine starke Reaktionsfähigkeit.

Lithium ergibt auf Grund seiner Dichte von 0,534 g/cm^3 bei nur 3 % Gehalt einen Werkstoff, der ca. 10 % leichter und 10 % steifer ist (E-Modul). Damit können 15 Masseprozente eingespart werden.

Beispiel: System **Al LiCuMgZr** mit ähnlichen Festigkeitseigenschaften wie AlCuMg.

Übersicht: Aluminium-Verwendung im europäischen Automobilbau (GDA)

Jahr	Masse Al/PkW	Motor/Antrieb %	Räder Fahrwerk %	Karosserie %	Ausstattung %
1978	32 kg	11	20	–	1
1988	60 kg	25	30	–	5
1998	85 kg	35	35	5	10
2002	120 kg	38	40	28	14

7.4 Kupfer

7.4.1 Vorkommen und Gewinnung

Kupfererze haben i. Allg. einen geringen Metallgehalt, sie werden angereichert und in Trommelkonvertern (ähnlich Roheisenmischern) zu einem Rohkupfer erschmolzen, das noch raffiniert werden muss.

Feuerraffination im Schmelzfluss unter Luftzufuhr. Dabei entsteht zunächst das Cu-Oxid, das sich im Bad löst und dann die Beimengungen oxidiert. Das überschüssige Cu_2O wirkt versprödend und muss entfernt werden (Desoxidation). Es geschieht hier durch Eintauchen von frischen Holzstämmen und wird Polen genannt. Zunächst spülen die Gase aus dem Holz das entstehende SO_2 hoch, später reduzieren sie das Cu-Oxid. Das entstehende Hüttenkupfer enthält noch Oxide mit O-Gehalten von 0,015…0,04 %.

Elektrolyse. Hierzu wird ein vorraffiniertes Cu mit 99 % Gehalt als Anodenplatte in eine wässrige Lösung aus Cu-Sulfat und Schwefelsäure eingehängt. Bei einer Gleichspannung von 0,2…0,35 Volt wird reines Cu an der Kathode (Minus-Pol) abgeschieden. Die anderen Elemente gehen im Bad in Lösung oder fallen als **Anodenschlamm** zu Boden.

Das entstehende Kathoden- oder Elektrolytkupfer enthält 99,99 % Cu und besitzt höchste elektrische Leitfähigkeit und Bruchdehnung.

Rohkupfer enthält 97…99 % Cu und viele Verunreinigungen wie z. B. As, Bi, Sb, Pb, sowie Ni, Ag und Au in Spuren.

Die elektrische Leitfähigkeit wird durch die *löslichen* Elemente P, As und Al sehr stark herabgesetzt, sie müssen entfernt werden.

Begriff: Raffination = Reinigung, Veredlung von Naturstoffen (Zucker- und Ölraffination)

Sauerstoff liegt chemisch gebunden als Cu_2O vor. Damit bildet das Cu eine eutektische Legierung. Sauerstoffhaltiges Cu hat dadurch ein Gefüge aus Cu-Kristallen mit einem dünnen Netzwerk des Eutektikums. Durch Warmumformen wird es in kleine Körner zerteilt. Innerhalb der angegebenen Gehalte an O haben sie wenig Einfluss auf Eigenschaften und auch auf die Leitfähigkeit. Sie sind aber die Ursache der sog. *Wasserstoffkrankheit* des Kupfers (siehe folgende Seite).

Elektrolytkupfer ist Ausgangsmaterial für hochkupferhaltige Legierungen und die sog. Leitbronzen (niedriglegiertes Cu mit höherer Festigkeit bei guter Leitfähigkeit).

Anodenschlamm enthält die edleren Metalle Ag, Au, Pt und andere Platinmetalle, z. T. an Selen und Tellur gebunden, die in aufwändigen chemischen Verfahren voneinander getrennt werden.

Ni ist als Sulfat im Elektrolyten enthalten und wird vom Cu-Sulfat abgetrennt, das in den Kreislauf zurückgeht.

7.4.2 Eigenschaften, Verwendung

Die Bedeutung des Werkstoffes Cu liegt in der Kombination von sehr guten Werten für

- **Leitfähigkeit** für Elektrizität und Wärme
- **Kaltumformbarkeit**,
- **Korrosionsbeständigkeit** gegen Außenklima und Wasser.

Nachteilig sind seine schlechten technologischen Eigenschaften für

- **Gießen** (Wasserstoffaufnahme) und
- **Zerspanen** (Neigung zum Schmieren).

Cu ist *unbeständig* gegen Schwefel (z. B. im vulkanisierten Gummi) und oxidierende Säuren (z. B. gegen Salpetersäure, HNO_3).

Beständigkeit. Cu bildet im Laufe der Zeit an der Oberfläche eine Schicht aus, die aus grünem, basischen Cu-Carbonat besteht (durch Industrieluft auch aus basischem Cu-Sulfat).

Sie entsteht durch Reaktion mit den Stoffen der Umgebungsluft (O_2, CO_2, SO, H_2O), ist festhaftend und damit ein Schutz gegen weiteren Angriff (Patina-Schicht). Kupfer verbindet sich unter Druck mit Äthin, C_2H_2 (Acetylen) zu einer explosiblen, chemischen Verbindung.

Wasserstoffkrankheit (→) ist das Entstehen von Rissen und Hohlräumen in *sauerstoffhaltigem* Cu bei höheren Temperaturen bei Kontakt mit H_2-haltigen Gasen (Schweißen, Löten).

Cu-Sorten werden deshalb nach ihrem O-Gehalt (als Cu_2O) in drei Gruppen unterteilt (Tab. 7.12).

Vergleich einiger guter Leitwerkstoffe für Wärme und elektrischen Strom. Relative Werte für Reinmetalle, Cu = 100 gesetzt!

Leitwert für	Ag	Cu	Au	Al	Fe
Elektrizität	106	**100**	72	62	17
Wärme	108	**100**	76	56	17

Hauptverbraucher von Cu-Halbzeug in der BRD:

Elektroindustrie	60	Masch.- u. App.	10
Sanitär-, Bauwesen	14	Verkehr	10
Konsumgüterindustrie	4	(in Prozent)	

Werkstoffkennwerte des Kupfers

Festigkeiten	MPa	Temperaturen für (°C)	
R_m	200…250	Schmelzen	1083
$R_{p0,2}$	40…80	Schmieden	950…800
E-Modul E	$12{,}5 \cdot 10^3$	Rekrist.-Gl.	300…100
Dichte 8,93 kg/dm³		Bruchdehnung	A=45 %
Kristallgitter kfz		-einschnürung	Z=75 %

Wasserstoffkrankheit (-versprödung) wird durch die Reaktion der eindiffundierten H-Atome mit dem enthaltenen Cu_2O bewirkt:

$$Cu_2O + 2\,H \rightarrow 2\,Cu + H_2O \text{ (Dampf)}$$

H_2O-Dampf kann in Metallen nicht diffundieren (Molekülgröße) und sprengt das Gefüge.

Sauerstoffhaltiges Cu muss mit oxidierender Flamme oder Schutzgas behandelt werden. Die sauerstofffreien Sorten sind gut löt- und schweißbar. Die P-Sorten haben steigende Gehalte an P (0,003…0,04 %) und fallende Leitfähigkeiten.

Tabelle 7.12: Vergleich der Roh-Cu-Sorten DIN EN 1976/98 und DIN 1708 (Z)

O-haltiges Cu		O-freies Cu, nicht desoxidiert		O-freies Cu mit **P** desoxidiert		Bedeutung der Zeichen	
EN 1976	(DIN 1708)	EN 1976	(DIN 1708)	EN 1976	(DIN 1708)		
Cu-ETP1	(– –)	Cu-OF,	(OF-Cu)	Cu-**P**HC	(SE-Cu)	1: höchster elektr. Leitwert 58,58 m/Ωmm²	
Cu-ETP,	(E1-Cu58)	Cu-OFE [1)]	(– –)	Cu-**P**HCE	(– –)	E (vorn): elektrolytisch raffiniert	
Cu-FRHC	(E2-Cu58)			Cu-DL**P**	(SW-Cu)	E (hinten): vakuumgeeignet	
Cu-FRTP	(F-Cu)			Cu-DH**P**	(SF-Cu)	F: feuerraffiniert	
				Cu-DX**P**	(– –)	LP: P- % niedrig	HP: P- % höher
						OF: oxygen free	TP: zähgepolt
						HC: high conductivity	(Leitfähigkeit)

[1)] Sorte mit geprüfter Haftung der Zunderschicht

Tabelle 7.13: Kupfersorten für Drahtbarren, Walzplatten und Rundblöcke DIN EN 1976/98

Kurzzeichen	Eigenschaften und Verwendung
Cu-ETP	E-Technik, Elektronik, bei Anforderung an höchste Leitfähigkeit
Cu-FRHC	wie oben, auch für Schmiedestücke allgemeiner Verwendung
Cu-OF	wie oben, nicht desoxidiert, wasserstoffbeständig, schweiß- und lötgeeignet
Cu-PHC	E-Technik, hohe Leitfähigkeit und Umformbarkeit, Plattierwerkstoff
-PHCE	Freiformschmiedestücke für allgemeine Verwendung, Vakuumtechnik
Cu-DLP	Allgemeine Verwendung, für Apparatebau, gut löt-, schweiß- und kaltformbar
Cu-DHP	Allgemeine Verwendung, für Rohrleitungen, Bauwesen, Apparate bei hohen Anforderungen an Schweiß-, Löt- und Umformbarkeit, auch Schmiedeteile
CuAg0,10	insgesamt 10 Ag-haltige Sorten (0,04 %, 0,07 % und 0,1 %), anlassbeständig, mit hoher elektrischer Leitfähigkeit, O-haltig, P-oxidiert oder O-frei

7.4.3 Normen für Kupfer und Kupferlegierungen

Die DIN EN-Normung gibt den **Erzeugnisnormen** die Priorität (Tab. 7.15). Diese enthalten dann alle **Cu-Knetlegierungen**, die für das jeweilige Erzeugnis geeignet und lieferbar sind, mit Analysen und Eigenschaftsangaben. Alle **Cu-Gusslegierungen** sind in der Norm DIN EN 1982 enthalten.

Tabelle 7.14: Ältere DIN-Normen

Leg.-System	Knetlegierung	Gusslegierung
CuZn (+ LE)	17660 Z	1709 Z
CuSn (Zn)	17662 Z	1705 Z
CuSnPb	– –	1716 Z
CuNiZn	17663 Z	– –
CuNi	17664 Z	17658 Z
CuAl	17665 Z	1714 Z

Tabelle 7.15: Normenübersicht mit Anzahl der Sorten

DIN EN	Bezeichnung	Legierungssysteme, Anzahl der Sorten					
Norm/Jahr	Kupfer u. Kupferlegierungen	Cu u.Cu-niedrigleg.	CuAl	CuNi	CuNi Zn	CuSn (+ Zn)	CuZn (+ LE)
Blockmetalle und Gussstücke							
1976/98	– gegossene Rohformen	4+ 9	10	2	–	–	12+12
1982/08	– Blockmetalle und Gussstücke	5 –	6	4	–	5+9	– 14
Walzprodukte							
1652/98	– Platten, Bleche, Bänder, Streifen und Ronden f. allgemeine Verwendung	5+ 6	1	4	5	5	9+ 7
1653/00	– Platten, Bleche und Ronden für Kessel, Druckbehälter, Warmwasserspeicher	2	3	2	–	–	– 4
1654/98	– Bänder für Federn u. Steckverbinder	6	–	5	–	5	– 4
Rohre							
12449/99	– nahtlose Rundrohre f. allg. Verwendung	1+ 3	–	2	2	5	15+ 9
12451/99[1]	– nahtlose Rundrohre f. Wärmeaustauscher	1 –	1	3	–		– 3
12452/99[1]	– nahtlose Rippenrohre f. Wärmeaustauscher	1 –	–	2	–	–	– 2
Stangen, Profile, Drähte							
12163/98[2]	– Stangen f. allgemeine Verwendung	3+11	6	2	2	4	10+10
12164/00[2]	– Stangen f. spanende Bearbeitung	4	–	–	4	4	16+ 7
12166/98[2]	– Drähte f. allgemeine Verwendung	1+12	–	–	7	4	16+ 4
12167/98[2]	– Profile und Rechteckstangen f. allg. Verw.	2+ 9	6	–	7	2	24+12
12168/00[2]	– Hohlstangen f. spanende Bearbeitung	1+ 2	–	–	–	–	14+ 5
Schmiedestücke und Schmiedevormaterial							
12165/98[2]	Vormaterial für Schmiedestücke	4+ 9	10	2	–	–	12+12
12420/99	Schmiedestücke	2+ 4	4	2	–	–	10+ 4

[1] Normentwürfe E/2010; [2] Normentwürfe E/2009

7.4.4 Niedriglegiertes Kupfer

Reinkupfer hat die größte Leitfähigkeit, es hat aber nur geringe Festigkeit und Härte. Im Mischkristall gelöste Atome senken die elektrische Leitfähigkeit (Bild 7.4), am geringsten die LE Cd, Ag, Zn und Ni. Hohe Festigkeit bei wenig gesenkten Leitwerten wird durch Aushärtung erreicht (Tabelle 7.16).

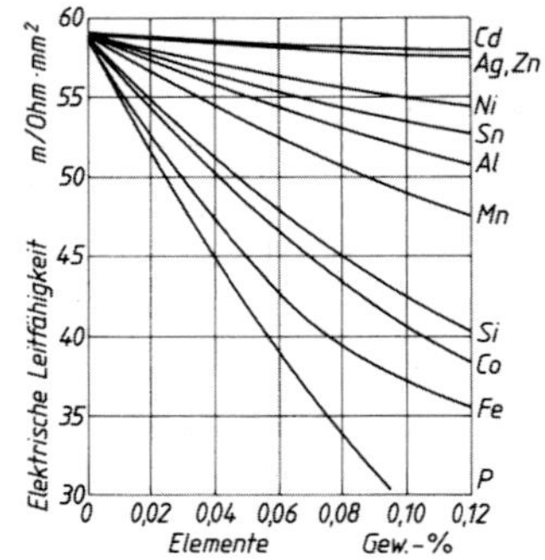

Bild 7.4 Einfluss einiger LE und Verunreinigungen auf die elektrische Leitfähigkeit von Reinkupfer

Tabelle 7.16: Auswahl von Kupfer-Knetlegierungen, niedriglegiert (früher DIN 17666 Z)

Sorte	Eigenschaften, Anwendung
CuFeP2	Kombination von Eignung für Stanzen, Kalt- und Warmumformen, Löten, Schweißen. Anlauf- und korrosionsbeständig, hohe Leitfähigkeit für Wärme und Strom
CuBe1,7	Wärmetauscher, Federn warmaushärtbar bis R_m = 1300 MPa für Kontaktfedern, CuBe2 für nichtfunkende Werkzeuge
CuCrZr	warmaushärtbar bis R_m = 470 MPa, hohe Leitfähigkeit, Elektroden zum Punktschweißen, Schleifringe, Kollektorlamellen
CuNi2Si	warmaushärtbar bis R_m = 640 MPa, mittl. Leitfähigkeit, rauchgasbestg., Freileitungsarmaturen, Federn.

7.4.5 Allgemeines zu den Kupfer-Legierungen

Legierungselemente sollen die niedrige Festigkeit des reinen Cu erhöhen, ohne dass seine Duktilität zu stark sinkt, die gute Beständigkeit soll erhalten und für stärkere Korrosionsbeanspruchung erhöht werden. Die LE erhöhen die Festigkeit durch verschiedene Mechanismen (→):

Die Korrosionsbeständigkeit wird durch gelöste edlere LE wie Ni und Sn verbessert oder durch Schutzschichtbildung wie bei CuAl.

Die Zustandsschaubilder der meisten Cu-Legierungssysteme sind sehr kompliziert. Die Löslichkeit der Legierungselemente (LE) ist wegen der Unterschiede zum Cu in

> Atomdurchmesser, Kristallsystem, Wertigkeit, Stellung in der elektrochemischen Spannungsreihe

nur klein und liegt zwischen 10 % und 37 % des jeweiligen LE (mit Ausnahme von Cu-Ni mit vollständiger Löslichkeit, Grundtyp I). Die Knetlegierungen haben deshalb *niedrige* Gehalte an LE, damit *homogene* Werkstoffe mit guter Verformbarkeit entstehen.

Mischkristallverfestigung, unterschiedlich stark je nach Atom-∅ der LE (→ Bild 2.43). Es entstehen homogene MK-Legierungen für die Kaltumformung. Sie sind in den Erzeugnisnormen für Platten, Bleche und Bänder enthalten.

Kaltverfestigung bei Erzeugnissen, die durch Kaltumformen hergestellt werden. Kennzeichnung durch Anhängesymbole (↓).

Symbol	Eigenschaft nach Kaltumformung	
-A005	Bruchdehnung	A = 5 %
-R700	Zugfestigkeit	R_m = 700 MPa
-Y350	Streckgrenze	$R_{p0,2}$ = 350 MPa

Verfestigung durch geringe Anteile von **intermetallischen Phasen** im Gefüge, das dadurch heterogen wird und an Duktilität verliert. Diese höher legierten Sorten sind mehr für Warmumformung und spanende Fertigung geeignet. Sie sind in z. B. in Normen für Stangen, Strangpressprofile und Schmiedeteile enthalten.

Korngrenzenverfestigung durch Ausbildung feinkörniger Gefüge mithilfe von Schmelzzusätzen (wichtig für Gusslegierungen, bei denen die Kaltverfestigung nicht möglich ist).

Bild 7.5 zeigt als Beispiel dafür das System Cu-Zn (Messing). Bis < 37 % Zn entstehen homogene Gefüge aus kfz-Mischkristallen (α-Messing). Die Festigkeit **und** Dehnung steigen mit dem Zn-Gehalt an (Diagramm 7.6). Sorten in diesem Bereich sind sehr gut bis gut kaltumformbar. (Drück- und Tiefziehmessing).

Nach rechts, mit höheren Gehalten des LE, schließen sich zahlreiche Felder an, in denen intermetallische, spröde Phasen vorliegen. Die Legierungen dieser Analysen sind meist technisch unbrauchbar (Tabelle 2.29).

Beim System CuZn liegt in diesen Bereichen zunächst die β-Phase vor, kub.-raumzentriert, aber hart, spröde und nur **warmumformbar** zwischen 600…700 °C. Durch steigende Gehalte der b-Phase steigen Härte und Festigkeit an, die Dehnung fällt auf null. Sorten in diesem Bereich sind gut warmumformbar, wenn sie nicht zu viel von der spröden Phase enthalten (Schmiedemessing). Der Bereich der technisch nutzbaren Cu-Zn-Legierungen geht dadurch bis etwa 45 % Zn (→ Bild 2.67, Tabelle 2.29).

7.4.6 Kupfer-Zink-Legierungen

Cu-Zn-Legierungen Cu-Zn ohne weitere Zusätze

Bis zu 37 % Zn sind die Werkstoffe homogen. Hauptlegierung sind CuZn36 und CuZn37 die in den meisten Halbzeugarten hergestellt werden. Verarbeitung durch Ziehen, Drücken, Stauchen, Walzen und Gewinderollen. Sorten mit weniger Zn sind noch stärker kaltformbar und haben höhere elektrische Leitfähigkeit.

Die Sorte CuZn40 hat heterogenes (α+β)-Gefüge, ist gut kalt- und warmformbar und wird als Einzige dieser Gruppe auch für Schmiedestücke eingesetzt.

Kupfer-Zink-Legierungen mit Bleizusatz

Blei ist im α-Kristall unlöslich und scheidet sich an den Korngrenzen ab. Es wirkt kornfeinend und spanbrechend. Die Eignung zum Schmelzschweißen wird verringert. Die ersten drei Sorten sind noch gering kaltumformbar. Alle Sorten sind gut warmumformbar, mit steigendem Zn-Gehalt (und damit β-Anteil) sehr gut.

Teilchenverfestigung durch Aushärten ist bei einigen Systemen möglich.

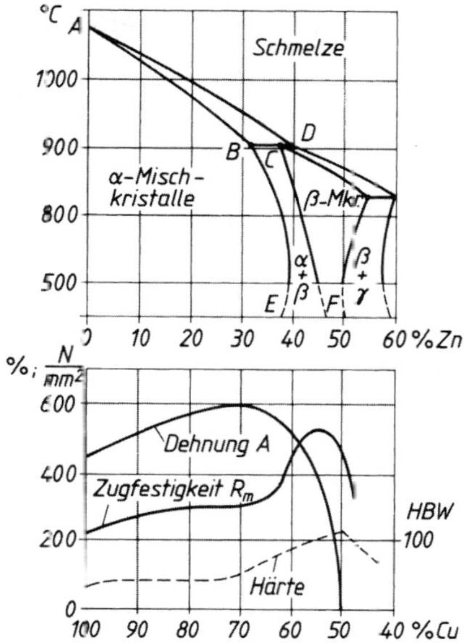

Bild 7.5 Zustandsschaubild Cu-Zn und Verlauf von Festigkeit, Härte und Bruchdehnung (*A*-Werte × 0,1) bei steigendem Zn-Gehalt

Hinweis: Für CuZn-Legierungen ist der historische Name *Messing* weiterhin in Gebrauch.

Cu-Zn-Legierungen Werte für Blech < 2,5 mm

Kurzzeichen Nummer	Zustand R_m	*A* %	Verwendungsbeispiele
CuZn5 CW500L	R250 R340	36 4	elektr. leitfähig, Dämpferstäbe
CuZn10 CW501L	R240 R350	36 4	Plattierwerkstoff, z. Emaillieren
CuZn15 CW502L	R260 R350	38 4	Federbänder, Druckmessgeräte, Hülsen
CuZn20 CW503L	R270 R400	38 5	Metallschläuche
CuZn30 CW505L	R280 R420	40 6	Federn, Tiefziehteile
CuZn33 CW506L	R280 R420	40 6	Drahtgeflecht, Ätz-Platten
CuZn37 CW508L	R300 R480	38 3	Stangen, Profile, Drück-, Prägeteile
CuZn40 CW509L	R340 R470	33 6	Stangen, Profile Schloss- und Beschlagteile

Mit der hohen Anzahl der Sorten lassen sich vielseitige Anforderungen an die Kombination von Spanbarkeit, Kaltformbarkeit und Fertigungsverfahren erfüllen. Die Hauptlegierung ist hier CuZn39Pb3 als Automatenlegierung für Formdrehteile aller Art. Für dünnwandige Schmiedestücke ist CuZn40Pb2 besonders geeignet.

Cu-Zn-Knetlegierungen mit weiteren Zusätzen

Als weitere LE sind Al, Sn, Si, Ni, Mn und Fe in kleinen Mengen enthalten z. T. in zwei- oder dreifacher Kombination (Sondermessing).

- Sie verschieben die Phasengrenzen, d. h. sie wirken sich auf das Verhältnis zwischen den Phasen α und β aus (Gefügeeinfluss),
- die Festigkeit wird durch MK-Bildung in beiden Phasen erhöht,
- bessere Gleit- und Verschleißeigenschaften, die Korrosionsbeständigkeit wird durch Bildung von Deckschichten erhöht.

Die Kaltumformbarkeit ist mittel bis gering, deswegen sind nur die Sorten bis 38 % Zn als Blech herstellbar, die anderen als Rohre, Stangen und Strangpressprofile.

Alle Al-haltigen Sorten sind schlecht lötbar und nur mit Schutzgas gut schweißgeeignet.

CuZnPb-Legierungen (Auswahl aus 24 Sorten)

Kurzzeichen Nummer	Zustand R_m/A [1]	Eigenschaften, Beispiele
CuZn35Pb1 CW600N	R290/40 R470/5	gut warm-, kaltform- und spanbar
CuZn36Pb2As CW602N (neu)	R280/30 R430/15	entzinkungsbeständig, gering kaltformbar
CuZn39Pb3 CW614N	R380/18 R430/10	Formdrehteile auf Automaten
CuZn40Pb2 CW617N	R380/35 R600/8	Warmpressteile
CuZn43Pb2 CW623N	R430/15 R480/5	dünnwandige Strangpressprofile

CuZn-Legierungen + Legierungselemente (Auswahl aus 22 Sorten)

Kurzzeichen (alte Bez.)	Nummer R_m/A [1]	Eigenschaften, Beispiele
CuZn20Al2As (CuZn20Al2)	CW702R R300/35	geglüht beständig g. Seewasser, SpRK
CuZn31Si1 [2] (CuZn31Si1)	CW708R R440/22	kaltformbar, Rohre, Lagerbuchsen
CuZn38Mn1Al1 (CuZn37Al1)	CW716R R440/20	witterungsbeständig für Gleitelemente
CuZn40Mn2Fe1 (CuZn40Mn2)	CW723R R440/20	lötbar, Armaturen

[1] Zahlen für Dehnung sind nur Anhaltswerte
[2] Auch als Gusswerkstoff „Ecocast®", feinkörnig, kalt- und warmformbar (Wieland Werke)

Tabelle 7.17: CuZn-Gusslegierungen, Auswahl aus 14 Sorten nach DIN EN 1982/98

Bezeichnungen n. DIN EN 1982 Kurzname (DIN 1709Z)	Nummer	Gieß- art	R_m MPa	$R_{p0,2}$ MPa	A %	HB	Eigenschaften, Beispiele
CuZn33Pb2-C (G-Cu33Pb)	CC750S	-GS, -GZ	180	70	12	45 50	beständig gegen Brauchwässer bis 90°C, gut spanbar
CuZn15As-C (G-CuZn15)	CC760S	-GS	160	70	20	45	sehr gut lötgeeignet, meerwasserbeständig, für Flansche
CuZn16Si4-C (G-CuZn15Si4)	CC761S	-GS-- -GM	400 500	230 300	10 8	100 130	meerwasserbeständig, dünnwandig vergießbar, schweißbar
CuZn25Al5Mn4Fe3-C (G-CuZn25Al5)	CC762S	-GS-- -GM	750 750	450 480	8 8	180 180	höher belastete Gleitlager und Schneckenradkränze (niedrige Gleitgeschwindigkeit)
CuZn34Mn3Al2Fe1-C (G-CuZn34Al2)	CC764S	-GS-- -GZ	600 620	250 260	15 15	140 150	statisch hoch belastete Ventil- und Steuerungsteile
CuZn35Mn2Al1Fe1-C (G-CuZn35Al2)	CC765S	-GS-- -GC	450 500	170 200	20 18	110 120	Druckmuttern, Gleit- u. Gelenksteine, Schiffspropeller
CuZn37Al1-C (G-CuZn37Al1)	CC766S	-GM	450	170	25	105	mittlere Festigkeit, nur für Kokillenguss

7.4.7 Kupfer-Zinn-Legierungen

Gegenüber den Messing-Legierungen haben sie eine höhere Korrosionsbeständigkeit und Verschleißfestigkeit, sind lötbar, aber teurer.

Die geringe Übereinstimmung der Elementdaten von Cu und Sn (→ ∅ - Unterschiede) führen zu

- **Kristallseigerungen** beim Erstarren, bis 10 % Konzentrationsunterschiede im Mischkristall,
- niedriger **Diffusionsgeschwindigkeit**. Real erstarrte Legierungen entsprechen im Gefüge deswegen nicht dem Zustandsschaubild.

Bis 8 % entstehen homogene Mk.-Gefüge mit hoher Beständigkeit und Kaltumformbarkeit bei starker Verfestigungsneigung. Höchste Festigkeit bei 12 %, höchste Bruchdehnung bei 9 % Sn (Bild 7.6).

Bei höheren Sn-Gehalten bilden sich spröde Phasen, welche die Verformungskennwerte abstürzen lassen, während die Härte weiter steigt. Gusslegierungen enthalten max. 12 % Sn (Glockenguss 20 %, nicht genormt).

Knetlegierungen werden wegen der hohen E-Grenze und der Beständigkeit für federnde Bauteile aller Art eingesetzt. Die Leitfähigkeit ist bei CuSn2 am besten (z. B. für Kontakte).

Durch Zusatz von 2 % Ni werden Festigkeit und Dehnung erhöht, Ni ist deshalb in fast allen Gusslegierungen enthalten.

Gusslegierungen sind korrosionsbeständige, verschleißfeste Werkstoffe mit sehr guter Zerspanbarkeit und Lötbarkeit. CuSn wird wegen der Seigerungen meist im Schleuderguss verarbeitet.

Einige Sorten sind mit Pb legiert, das im festen Zustand fast unlöslich ist und bei 327 °C zu schmelzen beginnt. Es fördert die Zerspanbarkeit und Notlaufeigenschaften auf Kosten der Festigkeit.

Schleuderguss entsteht je nach Form und Größe des Teiles für Schneckenradkränze mit senkrechter Achse bis zu 2,5 m ∅, für Rohre und Buchsen größerer ∅ mit waagerechter Achse.

Hinweis: Historische Bezeichnung Bronze (Zinnbronze), auch heute noch geläufig.

Unterschiede der Komponenten Cu und Sn:

	Wertigkeit	Gitter	Atom-Ø pm	Schmelzpkt. °C	U [1]
Cu	1	kfz	128	1083	– 0,14
Sn	4	tetr	151	232	+ 0,34

[1] U in Volt. Elektrochemische Spannungsreihe

Durch die Unterschiede ist die Löslichkeit gering. Das Zustandsdiagramm zeigt große Abstände zwischen Liquidus- und Soliduslinie und zahlreiche intermetallische Phasen, die sich im festen Zustand noch umwandeln.

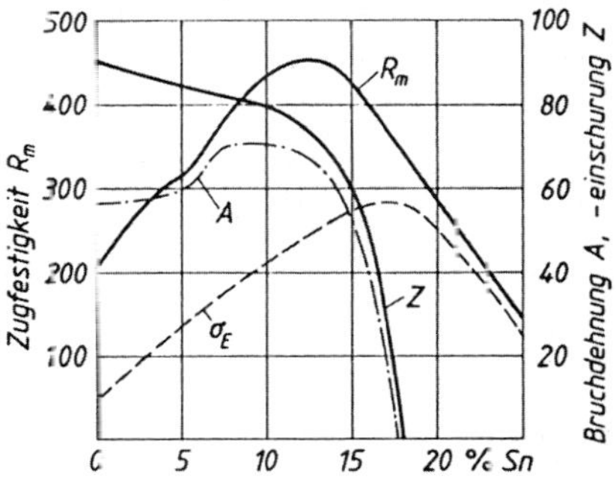

Bild 7.6 Festigkeitseigenschaften der Cu-Sn-Legierungen, weichgeglüht (Kupfer-Institut)

CuSn-Knetlegierungen

Kurzzeichen	R_m MPa	Verwendung
CuSn4	290…610	Metallschläuche
CuSn5	350…690	Kontakfedern, -drähte
CuSn8	370…740	Rohre, Lagerbuchsen
CuSn3Zn9	320…660	Federn, Faltenbälge, Siebbleche, Gewebe

Carobronze® ist CuSn8/CuSn8P von hoher Reinheit mit besseren Gleit- und Warmfestigkeitseigenschaften als genormte Sorten.

CuSn-Gusslegierungen (Auswahl aus 5)

Kurzzeichen (alte Bez.)	Gießart	R_m MPa	$R_{p0,2}$ MPa	A %	HB
CuSn11Pb2-C	-GS	240	130	5	80
(CC482K)	-GC	280	150	5	90
CuSn12Ni2-C	-GS	280	160	12	85
(CC484K)	-GC	300	180	10	95

Senkrechtstrangguss für dünnwandige Rohre bis zu 30 t/Stück, Horizontalstrangguss für Stangen und Rohre mit kleinem Durchmesser.

CuSn-Gusslegierungen für Schnecken- und Zahnkränze, Gleitlager und -elemente für höchste Beanspruchungen.

CuSnZn-Gusslegierungen sind weniger fest, sind aber besser gieß- und spanbar und werden für Pumpen-, Ventil- und Zählergehäuse, Fittings und als Lagerwerkstoffe eingesetzt.

CuSnZn-Gusswerkstoffe[1] DIN EN 1982/98

Kurzzeichen (alte Bez.)	Gießart	R_m MPa	$R_{p0,2}$ MPa	A %	HB
CuSn5Zn5Pb5-C	-GS	200	90	13	60
(CuSn5ZnPb)	-GM	220	110	6	60
CuSn7Zn2Pb3-C	-GS	230	120	15	60
(CuSn6ZnNi)	-GC	260	120	12	70
CuSn7Zn4Pb7-C	-GS	230	120	15	60
(CuSn7ZnPb)	-GM	230	120	12	60

[1] Hierfür wird auch noch die ältere Bezeichnung Rotguss verwendet.

7.4.8 Kupfer-Aluminium-Legierungen

Die besonderen Eigenschaften des Al prägen auch die der CuAl-Legierungen (→). Cu kann nur wenig vom dreiwertigen Al lösen. Einphasige Mk-Legierungen sind deshalb nur bis 8 % Al möglich.

Bei höher legierten Sorten entsteht eine zweite β-Phase, die bei Abkühlung auf 565 °C eine martensitische Umwandlung erleidet. Diese spröde Phase vermindert Festigkeit und Dehnung.

Deshalb müssen weitere LE zulegiert werden, um die ungünstigen Wirkungen aufzuheben. Es ergeben sich dann heterogene Gefüge, wie auch bei den Gusslegierungen, und die Möglichkeit einer Wärmebehandlung (→ Beispiel).

	Eigenschaften der CuAl-Legierungen
+	Korrosionsbeständigkeit wie CuSn, Dichte auf 8,2...7,5 g/cm³ erniedrigt, höhere Festigkeit als CuSn, kaltzäh
–	Al-Zusatz erschwert Löten und Schweißen (Oxidbildung), elektrische und Wärmeleitfähigkeit sinken auf 20...10 % des Cu-Wertes

Beispiel: Wärmebehandlung von CuAl10Ni5Fe5

Zustand	R_m MPa	$R_{p0,2}$ MPa	A %
stranggepresst	727	365	18
900 °C abgeschreckt	784	432	5,5
550 °C/1 h nachgelagert	767	518	11

- Fe wirkt kornverfeinernd und erhöht die Festigkeit (je Prozent um 30 MPa),
- Ni erhöht die Korrosionsbeständigkeit und Dauerschwingfestigkeit in Seewasser,
- Mn desoxidiert die Schmelze und erhöht die Warmfestigkeit.

Tabelle 7.18: CuAl-Knetlegierungen (Mechanische Eigenschaften gelten für das jeweilige Halbzeug)

Kurzzeichen Nummer (DIN 17675)	Zustand[1]	$R_{p0,2}$ MPa	A %	Eigenschaften, Anwendungen
CuAl8Fe3 CW303G (CuAl8Fe3)	-R450 -R480	200 210	30 30	korrosionsdauerfest, Platten u. Bleche f. allg. Verwendung und für Kessel, warmfest bis 300 °C, Schmiedestücke
CuAl9Ni3Fe2 CW304G (CuAl9Ni2)	-R490	180	20	sehr gut schweißbar, Verbunde aus Guss/Knetwerkstoff, Platten u. Bleche für Kessel, warmfest
CuAl10Fe3Mn2 CW306G (neu)	-R590 -R690	330 510	12 6	zunderfest, Stangen, Schmiedestücke für Maschinen, Schrauben, Spindeln, Zahn- u. Schneckenräder
CuAl10Ni5Fe4 CW307G (neu)	-R590 -R620	230 250	14 14	warmfest, kavitationsfest, Platten u. Bleche für Kessel, Stangen. Mech. und chem. hochbeanspruchte Teile
CuAl11Fe6Ni6 CW308G (CuAl11Ni6Fe5)	-R750	450	10	Stangen für allg. Verwendung, höchste Festigkeit, für stoßbelastete Verschleißteile, Umformwerkzeuge

[1] Für den Zustand Rxxx sind Streckgrenzen- und Bruchdehnungswerte nicht gewährleistet.

Kupfer-Aluminium-Gusslegierungen

haben ähnliche Zusammensetzung wie die heterogenen Knetlegierungen, erreichen aber nicht deren Festigkeits- und Dehnungswerte.

Es sind seewasserbeständige, unmagnetische Legierungen mit hoher Zeitfestigkeit in Meerwasser oder Salzlösungen und bestimmten Laugen. Sie haben mittlere Zerspanbarkeit und sind unter Schutzgas schweißgeeignet.

Anwendung: Schiffspropeller, Stevenrohre, Pumpengehäuse und -laufräder, Teile für Meerwasserentsalzung und Offshoretechnik, Heißdampfarmaturen, Gleitlager mit hoher Stoßbelastung, Schnecken- und Schraubenräder für höchste Flächenpressungen, Maschinen der Lebensmittelverarbeitung, Beizkörbe.

CuAl-Gusslegierungen **DIN EN 1982**

Kurzzeichen Nummer (DIN 1714Z)	Gießart	R_m MPa	$R_{p0,2}$ MPa	A %	HB
CuAl9-C (neu)	-GM	500	180	20	100
CC330G	-GZ	450	160	15	100
CuAl10Ni3Fe2-C	-GS	500	180	18	100
CC332G	-GM	600	250	20	130
(G-CuAl9Ni)	-GC	550	220	20	120
CuAl10Fe5Ni5-C	-GS	600	250	13	140
CC333G	-GM	650	280	7	150
(G-CuAl10Ni)	-GZ	650	280	13	150
CuAl11Ni6Fe6-C	-GS	680	320	5	170
(CC334G)	-GM	750	380	5	185
(G-CuAl11Ni)	-GZ	750	380	5	185

Hinweis zur Tabelle Gusslegierungen: Ein Vergleich der Sorten zeigt, dass durch Kokillenguss (-GM) oder Strangguss (-GC) gegenüber Sandguss (-GS) höhere Streckgrenzen bei gleichen oder evtl. höheren Dehnungen erreicht werden, dadurch liegen auch die Dauerfestigkeiten höher.

7.4.9 Kupfer-Nickel-Legierungen

Die Komponenten bilden eine lückenlose Mischkristallreihe (Diagramm → Bild 2.59). Jede Sorte besteht aus kfz CuNi-Mischkristallen. Die Wirkung der LE ist verschieden:

- Cu ergibt hohe Verformbarkeit (Dehnung),
- Ni steigert Festigkeit und Korrosionsbeständigkeit.

Ab 15 % Ni verschwindet die rote Farbe des Kupfers (Münzlegierungen). Je 1 % Fe + Mn ergeben durch Schichtbildung hohe Beständigkeit gegen fließendes Meerwasser.

Al und Mn erhöhen die Entfestigungstemperatur, sodass kaltverformte Teile bis 500 °C beansprucht werden können.

Die Mischkristallverfestigung wird bis zu 30 % Ni ausgenutzt, höhere Festigkeiten sind in Halbzeugen durch Kaltumformung und Kaltverfestigung möglich (Anhängesymbol R). Dabei sinkt die Bruchdehnung stark ab (Tabelle).

Münzen aus CuNi25

Anwendung: Teile in Meerwasserkühlsystemen und -entsalzungsanlagen (Fe-haltig), Kfz-Bremsleitungen

Durch kleine Anteile Cr oder Nb entstehen aushärtbare Sorten (z. B. G-CuNi30Cr R1000, nicht genormt).

Kurzzeichen	Nummer	Symbol[1]	A %	Halbzeuge
CuNi25	CW350H	R290	40	Platten, Bleche, Bänder, Ronden
CuNi9Sn2	CW351H	R340 / R560	30../ 2	w. o., Federband, Schmiedestücke aushärtbar
CuNi10Fe1Mn	CW352H	R300 / R320	30 / 15	w. o., Rohre, Stangen, Schmiedestücke
CuNi30Mn1Fe	CW354H	R350 / R410	35 / 14	w. o., Rohre, Stangen, Schmiedestücke

[1] Symbol R ist Anhängesymbol für die Zugfestigkeit in MPa. Die Hauptlegierungen (fett) sind auch als CuNi-Gusslegierungen in DIN EN 1982 enthalten.

7.4.10 Kupfer-Nickel-Zink-Legierungen

Das teure LE Nickel kann teilweise durch das preiswertere Zink ersetzt werden(→). Die CuNiZn-Werkstoffe dienten früher als Silberersatz für Tafelgeräte. Die Eigenschaften der Sorten liegen zwischen denen der CuZn- und der Cu Ni-Legierungen.

Zn erhöht Warmformbarkeit und Verfestigungsfähigkeit auf Kosten der Korrosionsbeständigkeit. Die Gefügeausbildung ähnelt dem System CuZn, da sich Cu und Ni im Mischkristall gegenseitig ersetzen können.

Mit dem Ni-Zusatz steigt die Anlaufbeständigkeit. Blei-Zusatz wirkt günstig bei der Zerspanung, senkt aber die Zähigkeit und macht warmrissempfindlich (Blei schmilzt). Tabelle 7.19 enthält 3 bleihaltige Automatenlegierungen.

Hinweis: Ältere Bezeichnungen sind Neusilber, German Silver und Alpaka, die nicht in den Normen enthalten sind.

	Eigenschaften von CuNiZn-Legierungen
+	kaltzäh, auch kalt verformt, unmagnetisch, warmfest bis 300°, zunderbest. bis 400 °C polierbar, hart- und weichlötbar
–	schlechtere Leiter für Wärme und Strom als CuZn, weniger beständig gegen Korrosion als CuNi, aber besser als CuZn (Messing)

Tabelle 7.19: Kupfer-Nickel-Zink-Legierungen (Auswahl aus 9 Sorten)

Kurzzeichen	Nummer	R_m MPa	Eigenschaften , Anwendungsbeispiele
CuNi12Zn24	CW403J	350...620	sehr gut kaltformbar, emaillierfähig, Tafelgeräte, Federn
CuNi18Zn20	CW409J	380...620	gut kaltformbar, anlaufbeständiger, Brillen, Kontaktfedern
CuNi18Zn27	CW410J	500...600	nur Bänder und Bleche, stark kaltverfestigend, Federn
CuNi7Zn39Pb3 Mn2	CW400J	520...600	warmpressbar, wenig kaltformbar, Bohr, Fräs- und Drehteile für optische Geräte
CuNi12Zn30Pb1	CW406J	500...600	gut kaltformbar und zerspanbar, Sicherheitsschlüssel, Drehteile für die feinmechanische Industrie
CuNi18Zn19Pb1	CW408J	440...530	Stangen und Profile, anlaufbeständiger, sonst wie vor, Schmuckwaren

Festigkeitsangaben für Bleche und Bänder 0,2…5 mm, bei Automatenlegierungen für Stangen

7.5 Magnesium

7.5.1 Vorkommen und Gewinnung

Mg ist mit einem Anteil von ca. 2 % der Erdrinde nach Al das am häufigsten vorkommende Leichtmetall, der größte Teil davon im Meerwasser gelöst. Seine Herstellung verläuft aufwändig in mehreren Stufen:

- Ausfällen aus dem Meerwasser mit gebranntem Dolomit als unlösliches Mg-Hydroxid
- Brennen des Mg-Hydroxids zu Mg-Oxid.
- Umsetzen mit Kohlenstoff und Chlor zu $MgCl_2$.

Das $MgCl_2$ muss schmelzflüssig reduziert werden,

Meerwasser enthält Magnesiumchlorid und Mg-Sulfat (ca. 1,3 kg Mg/Liter) gelöst.

Hinweis: Ein Würfel Meerwasser von 1 km Kantenlänge enthält damit $1{,}3 \cdot 10^6$ t Mg,. mehr als eine Weltjahreserzeugung.

Reaktionsgleichungen:

$$MgCl_2 + Ca(OH)_2 \rightarrow CaCl_2 + \mathbf{Mg(OH)_2} \downarrow$$

$$Mg(OH)_2\ (600\ °C) \rightarrow \mathbf{MgO} + H_2O\uparrow$$

$$2\ MgO + C + 2\ Cl_2 \rightarrow \mathbf{2\ MgCl_2} + CO_2 \uparrow$$

Der Schmelzpunkt wird durch Zugabe von Flussspat CaF_2 auf ca. 700 °C erniedrigt.

da sich bei nasser Elektrolyse Wasserstoffgas abscheiden würde:

- Elektrolyse des geschmolzenen Chlorids mit hohem Energieverbrauch (17 kWh/kg Mg).

Die andere Möglichkeit ist der thermische Weg:

- Dolomit-Aufbereitung durch Brennen zu CaO·MgO (Austreiben des CO_2),
- Thermische Reduktion mit FeSi nach (→):

Nach diesem Verfahren werden ca. 25 % Mg erzeugt.

Ein großer Teil des Magnesiums wird nicht als Werkstoff eingesetzt (→).

- Mg ist das häufigste LE für Al-Legierungen.
- Wichtiges Reduktionsmittel in der Metallurgie bei der Erschmelzung von Titan und Zirkon, der Desoxidation von Nickel und der Herstellung von Kugelgraphitguss.

7.5.2 Eigenschaften von Magnesium

Unlegiertes Mg hat eine zu geringe Festigkeit, so dass als Strukturwerkstoff nur die Legierungen eingesetzt werden.

Mg ist das leichteste technische Metall, es ist mit 1,74 g/cm³ Dichte ca. 30 % leichter als Al und war als *Elektron* im Kriege im Flugzeugbau im Einsatz, später in der Automobilindustrie (→).

Trotzdem konnten sich Mg-Legierungen gegenüber denen aus Al nur langsam verbreiten. Die Gründe dafür lagen im höheren Metallpreis (ca. das Doppelte von Al), aber auch in den technologischen Eigenschaften, die besondere und damit kostentreibende Maßnahmen erfordern:

- Mg ist sehr reaktionsfreudig: Die Schmelze reagiert mit dem Luftsauerstoff, da die entstehende MgO-Schicht lückenhaft ist und die Entflammungstemperatur etwa der Gießtemperatur entspricht. Das erfordert besondere Maßnahmen (→).
- Kleine Mg-Teilchen mit großer Oberfläche (Späne, Stäube) können sich entzünden. Beim Löschversuch mit Wasser wird der Wasserstoff reduziert, Explosionsgefahr.

Schmelzflusselektrolyse (→ ähnlich Bild 7.1) ist mit ca. 75 % Anteil das wichtigste Verfahren der Magnesiumreduktion.

Die wichtigsten Mg-Mineralien sind die Carbonate **Magnesit** $MgCO_3$ und **Dolomit,** $CaMg(CO_3)_2$ und das Chlorid: **Carnalit,** $KMgCl_3 \cdot 6\,H_2O$.

2 CaO·MgO + FeSi = 2 Mg + Ca_2SiO_4 + Fe

Mg fällt wegen seines niedrigen Siedepunktes von 1107 °C dampfförmig an und muss ohne Verunreinigungen kondensieren.

Abnehmer von Mg-Metall

Branche	Anteil %
Al-Legierungen (→ Tabelle 7.9)	43
Mg-Druckguss	30,5
Metallurgie (Ti → 7.6.1)	16,5
Pharmaindustrie, Medizin	10

Werkstoffkennwerte des Magnesiums

Festigkeiten	MPa	Temperaturen	°C
R_m	80	Schmelz-	
$R_{p0,2}$	90	punkt	649 °C
E - Modul	45 500	Schwindmaß	4 %
G - Modul	17 000	Umformen	> 300 °C
A =	2...15 %	Dichte ρ = 1,74 kg/dm³	

Mg-Druckgusslegierungen waren schon beim ersten VW-Käfer für Kurbel- und Getriebegehäuse in Anwendung (ca. 20 kg). Sie wurden durch korrosionsbeständigere Al-Legierungen ersetzt. Neuere, **hochreine** Legierungssorten (Zusatz-Zeichen hP, high purity) haben wesentlich kleinere Gehalte der edleren Metalle Fe-, Ni- und Cu. Die Korrosionsbeständigkeit wird (z. B. im Salzsprühtest) vervielfacht

Schutzmaßnahmen beim Gießen durch Salzabdeckung oder Vergießen unter Schutzgas mit SF_6-Anteilen (Schwefelhexafluorid). Wegen der Klimagefährdung durch SF_6 (es hat den 24.000-fachen Treibhauseffekt gegenüber CO_2) wird als Ersatz ein SO_2/N_2-Gemisch verwendet.

Weniger umweltbelastend sind O_2-freie, gasdruckdichte Ofen- und Gießanlagen, die auch keine Verunreinigungen der Schmelze bewirken.

- Mg ist unedel und liegt in der Spannungsreihe bei –3,4 V. Es ist durch eine Oxidschicht beständig in trockenen oder basischen Medien, jedoch korrosionsgefährdet in saurer Umgebung. Anwendung nur im Innenbereich, sonst ist Oberflächenschutz erforderlich (→).

  Geringe Anteile von Cu Fe, Ni verstärken die Korrosionsneigung.

  Der unedle Charakter des Mg wird beim kathodischen Korrosionsschutz ausgenutzt (→).

Oberflächenschutz durch anodische Oxidation. Sie erzeugt eine konturentreue 15...20 µm dicke Schicht aus MgO, verschleißfest und elektrisch isolierend (Magoxid-Coat®, AHC).

Bimetallkorrosion (Kontaktkorrosion) beim Zusammenbau mit edleren Metallen muss durch Isolation vermieden werden (z. B. Montage von Deckel und Gehäuse durch Stahlschrauben mit Polyamidauflage, einfacher durch Schrauben aus Al-Legierung).

Opferanoden aus Mg (→ 12.7.2)

- Mg hat ein hdP-Kristallgitter und dadurch wenige Gleitmöglichkeiten, bei über 300 °C erhöht sich ihre Zahl. Knetlegierungen müssen deshalb in diesem Temperaturbereich verformt werden.

Kaltumformung ist deshalb nur sehr begrenzt möglich. Bei über 300 °C werden weitere Gleitebenen aktiviert. Sie liegen auf Pyramidenflächen, die auf der Basisfläche der E-Zelle errichtet werden können.

Magnesium-Gusslegierungen

Durch Legieren werden einige ungünstige Eigenschaften verbessert, so dass zunächst Druckgusslegierungen eine breite Anwendung fanden.

Beispiel: Die Kfz-Industrie ersetzt die Legierung GD-Al-Si9Cu3 für ein Getriebegehäuse durch GD-MgAl9Zn1hP (4,5 kg weniger Gewicht).

Mg-Legierungen enthalten bis zu 10 % LE. Die Zustandsschaubilder zeigen ein schmales Mischkristallfeld mit sinkender Löslichkeit und anschließenden Feldern mit heterogenen Gefügen, z. T. mit intermetallischen Phasen (ähnlich Bild 2.66).

Die Steigerung der Festigkeit beruht auf Mischkristall- und Teilchenverfestigung durch Bildung intermetallischer Phasen, die feindispers verteilt sein müssen, deshalb wird ein homogenisierendes Glühen angewandt und schnell abgekühlt. Das Aushärten kann kalt oder warm erfolgen.

Wirkung der Legierungselemente:

- Al und Zn verbessern Festigkeit in *kleinen* Gehalten. Al bildet die spröde intermetallische Phase $Mg_{17}Al_{12}$, dadurch sinkt die Zähigkeit. Beide LE ermöglichen Aushärtung, führen in höheren Gehalten zu porösem Guss.
- Mn verbessert die Korrosionsbeständigkeit, indem es die Fe zu einer unlöslichen Phase bindet, es steigert Festigkeit *und* Dehnung.
- Seltene Erden (SE, Cer, Yttrium) und Zirkon desoxidieren, und ergeben porenfreien Guss, die Reaktionsprodukte bilden Keime und wirken kornverfeinernd. Dadurch werden höhere Festigkeiten bis 300 °C möglich.

Kurzzeichen für Mg-Legierungen: Neben den nach DIN EN-Normen sind im Handel Symbole nach ASTM eingeführt (Tabelle 7.20).

Tabelle 7.20: Kurzzeichen (KZ) der Mg-Legierungen nach ASTM

KZ	Element	KZ	Element	KZ	Element	KZ	Element	KZ	Element	KZ	Element
A	Al	**D**	Cadmium	**H**	Thorium	**M**	Mangan	**Q**	Silber	**T**	Zinn
B	Bismut	**E**	Seltene Erden	**K**	Zirkon	**N**	Nickel	**R**	Chrom	**W**	Yttrium
C	Kupfer	**F**	Eisen	**L**	Lithium	**P**	Blei	**S**	Silicium	**Z**	Zink

Nachgestellte Ziffern geben den Gehalt der LE in gleicher Reihenfolge in Prozenten an. Nachgestellte Buchstaben A...D geben den zeitlichen Entwicklungsstand (D neu) an.

Vorteile von Mg-Druckgusslegierungen gegenüber Al-Legierungen:

- Geringere Schmelzviskosität, dadurch sind dünnwandige, filigrane, auch großflächige Teile (→) mit niedrigeren Drücken vergießbar.
- Der kleinere Wärmeinhalt (kleinere Masse) der Mg-Legierung lässt kürzere Taktzeiten zu (z. B. 5 kg-Teile, 100 Schuss/h auf Warmkammermaschinen).
- Mg löst im Gegensatz zu Al kein Fe: Schmelzen kann in Fe-Tiegeln erfolgen, kein Kleben in der Form, damit höhere Standmengen.
- Mg-Legierungen lassen sich mit geringerem Energieverbrauch zerspanen, die Standzeiten der Werkzeuge liegen 5...10 fach höher.

Dadurch ist die Anwendung von Mg-Druckguss vor allem im Fahrzeugbau stark angestiegen (→)

Die Schwierigkeiten beim Gießen infolge der hohen Reaktionsfähigkeit des Mg werden verringert beim **Thixoguss** (→)

Wegen der verminderten Reaktionsfähigkeit (niedrigere Temperatur, keine offene Schmelze) sind die Schutzmaßnahmen bei dieser Gießart einfacher.

Anwendungen: Gehäuse für handgeführte Arbeitsgeräte wie z. B. Motorsägen.

Versteifungen von z. B. Aktenkoffern aus Kunststoffschalen.

Kfz-Druckgussteile für Konsolen, Airbag- und Zündschlossgehäuse, Saugrohr, Konsole für Gangschaltung, Innenteile der Karosserie. Getriebegehäuse (Passat).

Ersatz vielteiliger Konstruktionen durch *ein* Gussteil (z. B. Armaturenträger im Kfz).

Neue Entwicklungen erhöhen Festigkeit, auch bei erhöhten Temperaturen, durch Werkstoffverbund, hier Eingießen von C-faserverstärkten Formlingen (Preform aus MMC) zur lokalen Verstärkung hochbeanspruchter Bereiche im Bauteil.

Verbrauch	1996	2005
Mg-Druckguss	5 000	35 000

Begriff: Thixotropie = Verhalten von fest-flüssigen Phasengemischen, bei Scherbeanspruchung dünnflüssiger zu werden, z. B. thixotrope Farben, die zunächst pastös sind und erst durch den Pinseldruck flüssig werden.

Thixogießen: Gezielte, induktive Erwärmung eines zylindrischen Rohlings in den halbfest-flüssigen Zustand, danach Pressen, meist von unten, in die Form. Führt zu weniger Turbulenzen bei der Formfüllung und kleinerer Schwindung.

Tabelle 7.21: Mg-Gusslegierungen, Auswahl aus 9 Sorten DIN EN 1753/97 (getrennt gegossene Proben)

Kurzzeichen W-Nummer EN-MC-	Gieß-arten	Zu-stand	R_m MPa	$R_{p0,2}$ MPa	A %	Beispiele
MgAl9Zn1	-GS	F	160	90	2	Beste Gießeignung und Spanbarkeit. Ge-
21120 (AZ91)	-GM	T4 (ka)	240	110	6	triebegehäuse, Gehäuse für Laptops, Ka-
		T6 (wa)	240	150	2	meras und Mobiltelefone, Teile für elekt-
	-GP	F	200-260	140-170	1-6	ronische Drucker- und Speicherlaufwerke
MgAl6Mn 21230 (AM60)	-GP	F	190-250	120-150	4-14	Für Kfz-Teile im Innenbereich: Sitzrahmen, Instrumententräger, Lüfterräder
MgAl5Mn 21220 (AM50)	-GP	F	180-230	110-130	5-15	Hohe Bruchdehnungen ergeben hohe Energieaufnahme bei Stoßbelastung.
MgAl2Mn 21210 (AM20)	-GP	F	150-220	80-100	8-18	Radfelgen, crash-relevante Teile
MgRe2Ag2Zr1 65210 (QE22)	-GS -GM	T6 (wa)	240	175	2	Luftfahrtlegierung, höchste stat. u. dyn. Festigkeit, warmfest bis 200 °C, WIG-schweißbar, schlecht gießbar

Hinweis: Beim Vergleich der Druckgusslegierungen AZ91 mit den AM-Legierungen fällt der Anstieg der Bruchdehnung bei sinkender Streckgrenze auf, eine Folge des sinkenden Al-Gehaltes.

Mg-Knetlegierungen hatten im Kfz-Bau wegen des Preises, der geringen Tiefziehfähigkeit und der mangelnden Korrosionsbeständigkeit nur geringe Anwendung gefunden.

Neue Entwicklungen versuchen, diese Werkstoffe für Leichtbau-Konstruktionen verwendbar zu machen. Dabei ist der Automobilbau mit seinen hohen Stückzahlen impulsgebend (→). Höhere Forderungen an Komfort, Sicherheit und evtl. Leistung führen zu höheren Fahrzeuggewichten, was durch höheren Mg-Einsatz ausgeglichen werden könnte. Die Forschungen laufen in mehreren Bereichen:

Herstellverfahren für Flachprodukte verbessern (→):

- Walzen von Strangpress-Vormaterial verfeinert das Gefüge und ergibt Bleche mit höherer Streckgrenze und Bruchdehnung (Tabelle 7.22)
- Konti-Verfahren (ThyssenKrupp) erzeugt Bleche von 5...6 mm Dicke durch Gießen des Mg in den Walzspalt.

Umformtechnik an die Eigenschaften der Mg-Knetlegierungen anpassen. Beheizte Tiefziehwerkzeuge mit segmentiertem, elastischem Niederhalter, der sich den örtlichen Fließanforderungen anpasst.

Superplastisches Umformen auch komplizierter Teile ist möglich bei ca. 500 °C und niedriger Umformgeschwindigkeit.

Fügetechnik (Schweißen, Clinchen, Klebfalzen) ist wichtig für Werkstoffverbunde mit Al- oder Polymerteilen (→).

Korrosionsbeständigkeit: Für Bauteile im Innenbereich ist i. Allg. kein Schutz erforderlich. Bei Verbundkonstruktionen mit Al muss ein elektrischer Kontakt durch Isolierung vermieden werden, damit keine Bimetall-Korrosion (früher Kontakt-K.) auftreten kann.

Neue Legierungen: Lithium, Li als LE senkt die Dichte noch weiter (bis ca. 1,4 g/cm^3). Legierungen bestehen bei > 11 % Li aus krz Mischkristallen mit stark erhöhter Duktilität.

Die Norm für Knetlegierungen DIN 1729-1/82 ist zurückgezogen. Sie enthielt 4 Sorten mit 3...8 % Al und Zn zur Verbesserung der Kaltformbarkeit.

Hierzu sind zahlreiche Vorhaben der großen Forschungsinstitute unter Mitwirkung der Hersteller, z. T. mit Unterstützung der EU, auf den Weg gebracht worden, z. B.:

MIA, Magnesium im Automobil, ein BMBF-Verbundprojekt.

WING → Abschnitt 1.2 Leichte Werkstoffe und Strukturen.

Tabelle 7.22: Mechanische Werte für Mg-Knetlegierungen

	Strang-guss	Walzplatten mm 100	Walzplatten mm 10-20
Zugfestigkeit R_m MPa	210... 220	230... 250	245... 260
Dehngrenze $R_{p0,2}$ MPa	50... 70	140... 180	150... 190
Bruchdehnung A %	8... 12	10... 14	12... 18

Mg-Feinblech AZ31, Dicke 1,5 mm, geglüht

EN-MW (ASTM)	R_m MPa	$R_{p0,2}$ MPa	A %
Mg Al3Zn1 (AZ31B-O)	240... 260	140... 180	17... 23

(SMT) Salzgitter-Magnesium-Technologie

Anwendungen: Karosserie-Leichtbaukonzepte aus Verbunden für Heckklappen, Türmodule, Konsolenteile, Sitzschalen, Radkörper und Felgen.

Oberflächenschutz durch Passivierung (Magpass®) oder anodische Oxydation (z. B. Magoxid®). Die Schichten sind verschleißfest und auch ein wirksamer Haftgrund für organische Beschichtungen und Verklebung.

Hinweis: Mg-Schaum in Hohlprofilen wird als leichter Crashabsorber im Kfz-Bau eingesetzt → Verbundwerkstoffe MMC.

7.6 Titan

Aluminium kann die gestiegenen Anforderungen aus dem Flugkörperbau (Warmfestigkeit und Steifigkeit) aufgrund der niedrigen Schmelztemperatur nicht erfüllen. Dadurch ist Ti wegen seines Schmelzpunktes von 1670 °C mit einer Dichte von 4,5 kg/dm^3 und der Festigkeit von Stahl als Leichtbauwerkstoff interessant geworden.

7.6.1 Metallgewinnung

Das Erz wird mit Chlorgas aufgeschlossen, wobei sich die *flüssige* chemische Verbindung Titan (IV)-chlorid bildet. Sie kann durch Destillation von den anderen Bestandteilen getrennt werden.

Weil Ti einen Schmelzpunkt von über 1700 °C hat und bei hohen Temperaturen begierig Gase aufnimmt, ist eine Reduktion schwierig. Sie erfolgt meist nach dem Kroll-Verfahren (→).

7.6.2 Eigenschaften und Anwendung

Neben einer hohen spezifischen Festigkeit (Reißlänge→ Abschnitt 10.3) besitzt es Korrosionsbeständigkeit gegen

- oxidierende Säuren und Mischsäuren,
- Chloridlösungen,
- Loch- und Spannungsrisskorrosion

durch Bildung einer festhaftenden Oxidschicht. Es kriecht bei RT und nimmt beim Glühen > 500 °C Wasserstoff auf, der durch Vakuumglühen entfernt werden kann. Über 700 °C wächst die Oxidschicht weiter durch Aufnahme und weiteres Eindiffundieren von O und N. Die geringe Zähigkeit des hex. Ti wird dadurch weiter verringert.

Zur Wärmebehandlung wird deshalb Schutzgas oder Vakuum angewandt, oder die Schicht wird abgetragen. Ti reagiert mit Fe-Oxiden (Desoxidation), deshalb sollen stählerne Tragvorrichtungen in Öfen zunderfrei sein.

Unlegiertes Titan ist in vier Sorten genormt (Tabelle 7.23). Sie überstreichen die Zugfestigkeits- und Streckgrenzenwerte der unlegierten Stähle. Das festigkeitssteigernde Element ist hier der Sauerstoff durch Bildung von Einlagerungs-MK.

Titan wurde bereits 1795 von Klapproth im Rutil entdeckt, aber erst seit 1949 technisch hergestellt. Seine Erzeugung ist aufwändig, sodass sie sich erst nach einer entsprechenden Nachfrage durch die Flugzeugindustrie lohnte. Titanrohstoffe sind:

Ilmenit (Eisentitanat) $FeTiO_3$ mit 30 % Ti,
Rutil Titan(IV)-Oxid, TiO_2

Kroll-Verfahren: Das Titan-Chlorid wird in einer Argon-Atmosphäre mit flüssigem Mg reduziert. Dabei entsteht zunächst ein poröses Metall in Brocken, der Titan-Schwamm. Er wird durch Vakuum-Destillation von Mg-Resten befreit.

Das Niederschmelzen zu massiven Barren erfolgt in einem Vakuum-Lichtbogenofen (→ ähnlich Bild 3.25) ohne Verunreinigung durch Gase oder Tiegelmaterial.

Werkstoffkennwerte des Titans

Festigkeiten	MPa	Temperaturen	°C
R_m	300...750	Schmelzen	1670
$R_{p0,2}$	185...580	Schmieden	1000
E-Modul	110 000		bis 700
G-Modul	45 000	Rekristallisat.	> 600
A	15...30 %	Dichte $\rho = 4{,}5$ kg/dm^3	
Z	30...35 %		
Ti ist polymorph:		α-Ti, < 882 °C (hdP)	
		β-Ti, > 882 °C (krz)	

Tabelle 7.23: Titan unlegiert, DIN 17850/90

Sorte	O %	R_m MPa	$R_{p0,2}$ MPa	A %	HV 30
Ti1	0,1	300...420	200	30	100
Ti2	0,2	400...550	250	22	120
Ti3	0,25	470...600	360	18	160
Ti4	0,3	550...750	420	16	180

Anwendung: Unlegiertes und niedriglegiertes Ti wird vorwiegend im chemischen Apparatebau und in der Galvanotechnik für Behälter, Rohrleitungen und Armaturen eingesetzt. Es ist biokompatibel und für Implantate und Geräte im medizinischen Bereich geeignet.

Dabei sinkt die Bruchdehnung. Zum Kaltumformen sind mit steigendem O-Gehalt größere Biegeradien erforderlich. Nur Ti1 ist tiefziehfähig, die anderen Sorten kalt-warm bei 400...250 °C.

Niedriglegiertes Titan in vier Sorten Ti1Pd, Ti2Pd und Ti3Pd haben bei ähnlichen Festigkeitseigenschaften (Tabelle 7.23) höhere Beständigkeit in reduzierenden Säuren durch geringe Anteile von Palladium Pd, bzw Ni und Mo (Sorte TiNi0,8Mo0,3).

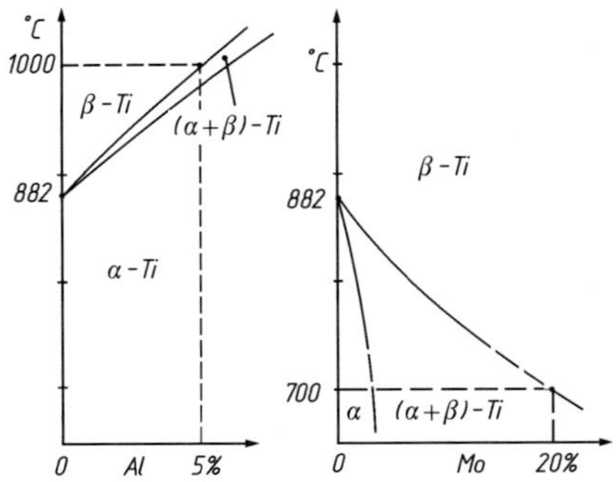

Bild 7.7 Einfluss von Al und Mo auf die Lage des Haltepunktes bei 882 °C von Titan

7.6.3 Titanlegierungen (DIN 17 851/90)

LE verschieben mit steigenden Gehalten die Umwandlungstemperatur so, dass zwei Phasen unterschieden werden (Bild 7.7):

- Elemente wie z. B. **Al, Sn, O** und **N** erweitern den **hexagonalen** Bereich nach **höheren** Temperaturen (Bild 7.7). Sie ergeben die sog. α-Legierungen.
- Die LE **V, Cr, Cu** und **Mo** erweitern den **kubisch-raumzentrierten** Bereich nach **tieferen** Temperaturen. Dadurch kann die krz. Phase bei RT stabil erhalten werden. Sie ergeben die sog. β-Legierungen. Ihre weniger dichte Packung begünstigt die Diffusion.

α-Gefüge (stabil bis ca 1000 °C) sind mit geringen Al-Anteilen möglich.

β-Gefüge entstehen bei normaler Abkühlung durch hohe V- und Mo-Anteile (hohe Dichte). Durch schnelle Abkühlung und Warmauslagern wird ein kfz-Gefüge mit kleineren Anteilen der schweren Elemente erreicht (near-β Typen).

(α+β)-Gefüge entstehen durch Kombination der unterschiedlich wirkenden LE.

Übersicht: Gefüge von Ti-Legierungen

Legierungs-Typ, Gitter	Eigenschaften	Max. Temp.°C
α-Typ: hdP	Kaltzäh, schweißbar mit mittleren Festigkeiten. Durch die hex. dichteste Packung sind sie unempfindlich für das Eindiffundieren von Nichtmetallatomen bei hohen Temperaturen.	ca. 550
β-Typ krz	Die schweren LE erhöhen die Dichte bis zu 4,85 kg/dm^3 und ergeben höhere Festigkeiten. Das krz. Gitter lässt sich besser kaltumfomen, ergibt aber Kaltsprödigkeit (Steilabfall).	ca. 320
(α+β)-Typ hdP+krz	Anteile hängen vom Verhältnis der LE Al und V ab. Ihre Eigenschaften stellen Kompromisse aus Dichte, Kaltformbarkeit und Warmfestigkeit der reinen α- und β-Sorten dar.	ca. 430

Umformverhalten: Bei den Ti-Legierungen liegt die 0,2%-Dehngrenze $R_{p0,2}$ dicht an der Zugfestigkeit R_m (hohes Streckgrenzenverhältnis von ca 0,9). Die Folge ist ein nur kleiner Bereich zur plastischen Verformung bei RT. Das Umformen der Halbzeuge findet deshalb bei Temperaturen über 500 °C statt. Die Oxidschicht wirkt mit Graphit/Molybdändisulfid als Schmiermittel. Nach dem Umfomen wird bei 650...800 °C weich oder bei 500...675 °C spannungsarm geglüht.

Hinweis: Bei Blechen und dünnwandigen Profilen aus TiAl6V4 ist superplastisches Umformen möglich.

Anwendungen: Neben dem Flugzeug- und Flugkörperbau sind Chemieanlagen die Hauptanwendungsbereiche von Titan und -legierungen in Form von Profilen, Rohren, Stangen und Schmiedeteilen.

Randschichthärtung. Eine Behandlung in Salzschmelzen bei 800 °C/2 h lässt die Elemente N, O und C eindiffundieren und erzeugt Schichten von 40...60 µm Dicke mit einer Härte von 750...850 HV 0,025 Neben der Verschleißfestigkeit steigt auch die Dauerfestigkeit (Tiduran-Verfahren®).

Hochdruck- oder Plasmanitrieren (TIDUNIT®) und Laserlegieren in N-haltiger Atmosphäre liefern Schichten mit 1000...1500 HV.

Einsatz von Titan-Halbzeug 2003 (Airbus)

Anwendungsbereich	Anteil %
Chemieanlagen, Offshoretechnik	40
Zivilflugzeuge	40
Militärflugzeuge	10
Andere Anwendungen	10

Normen zu Titan und -legierungen:

DIN 17869/92 Werkstoffeigenschaften von Ti und Ti-Legierungen.
DIN 65084/90 Wärmebehandlung von Titan

Tabelle 7.24: Auswahl von Titanlegierungen (8 hochlegierte Sorten DIN 17851/90)

Sorte	Gefüge	R_m MPa	R_e MPa	A %	$R_{m,450\,°C}$ [2] MPa	Anwendungen
TiAl5Sn2,5	α	880	840	18	500...550	Strahltriebwerksteile, Brandschotte, Implantate für die Chirurgie
TiV13Cr11Al3	β	1270	1200	15	950..1000	höchste Festigkeit, gut kaltformbar
TiAl6V4 [1]	(α+β)	1150	1030	10	600...650	meist verwendet, für Triebwerksteile im Flugzeug- und Rennfahrzeugbau, Rotorköpfe von Hubschraubern

[1] warmausgehärtet, [2] Warmzugfestigkeit

Titan-Gusslegierungen

Als Gusswerkstoffe werden meist verwendet

- unlegiertes Titan G-Ti99,4 und G-Ti99,2Pd und die
- Hauptlegierung G-TiAl6V4.

Die hohen Schmelztemperaturen fordern besondere Formstoffe aus E-Graphit mit organischem Binder. Sie werden nach Austreiben des Binders in einem längeren Graphitisierungsprozess zu temperaturfesten Formen gebrannt.

Anwendung von Ti-Gusslegierungen:

Zahnmedizin: Implantate

Luftfahrt: Feingussteile wie Beschläge, Instrumentengehäuse, Teile der Kraftstoffversorgung
Rumpfspant 160 kg, Hubschrauber-Rotorteile 150 kg

Chemische Apparate: Pumpengehäuse 65 kg, Ventilgehäuse 22 kg, Lagerringe 250 kg

Normung: DIN 17865/90 Gussstücke aus Titan

Titan-Aluminide ist die Bezeichnung für Ti-Legierungen mit > 40 % Al. Bedeutung gewinnt die intermetallische γ-Phase TiAl. Sie hat bei niedriger Dichte von 3,84 g/cm³ einen Schmelzpunkt von ca. 1460 °C und ist bis ca. 750 °C kriechfest und oxidationsbeständig, so dass sie als Ersatz für die schwereren Ni-Basis-Legierungen infrage kommt, die z. B. für die Laufschaufeln von Strahltriebwerken eingesetzt werden.

Sie sind auch für temperaturbeanspruchte, beschleunigte Bauteile in hochtourigen Kolbenmotoren in Erprobung.

TiAl ist tetragonal-flächenzentriert, hat aber als IP nur geringe Gleitmöglichkeiten bei RT. Eine wirtschaftliche Bauteilfertigung ist schwierig. Zur Verbesserung sind in Entwicklung:

- Abgewandelte Legierungen mit Cr, Nb, Mo, die heterogene Gefüge besitzen und etwas zäher sind,
- Feinkornausbildung durch Strangpressen isothermisches Schmieden oder Wärmebehandlung,
- Pulvermetallurgische Fertigungslinie.

Anwendungen für z. B. Auslassventile und Pleuelstangen sind in Erprobung.

7.7 Nickel (DIN 17743)

7.7.1 Rein-Nickel

Ni ist ein ferromagnetisches Schwermetall (→). Am Curiepunkt (> 360 °C) verliert Ni seine ferromagnetischen Eigenschaften und es treten Unstetigkeiten in den thermischen Eigenschaften auf (→).

Die Gitterstruktur ist kubisch-flächenzentriert, ohne Umwandlung beim Curiepunkt. Es hat ähnliche mechanische Eigenschaften wie Kupfer, wird als Blech, Band und Draht kaltverfestigt geliefert und ist kaltzäh bis zu –200 °C.

Verhalten beim Umformen, Schweißen und Löten ist ähnlich gut wie bei Cu. Die Zerspanung ist im weichen Zustand schwierig (Neigung zum Schmieren), im kaltverformten Zustand besser.

Wichtig ist eine schwefelfreie Ofenatmosphäre bei Warmumformen. Ni diffundiert ein und bildet Ni-Sulfid, das mit Ni ein niedrig schmelzendes Eutektikum auf den Korngrenzen bildet (T_m ca. 665 °C). Als Folgen treten Risse bei der Warmumformung auf und Versprödung bei RT.

Hohe Korrosionsbeständigkeit führt zum Hauptanwendungsbereich für Rein-Nickel. Wegen des hohen Preises wird es dann eingesetzt, wenn andere Legierungen versagen.

Ferromagnetische Metalle (Fe, Co, Ni) verstärken in z. B. Spulen das elektromagnetische Feld und behalten es nach Abschalten bei.

Beispiele: Die Wärmeleitfähigkeit λ sinkt mit steigender Temperatur bis zum Curiepunkt und steigt dann wieder an. Der Ausdehnungskoeffizient α erreicht dort eine maximale Spitze, um dann nach Absinken wieder anzusteigen.

Werkstoffkennwerte des Nickels **(weich)**

Festigkeiten MPa		Temperaturen °C	
R_m	400...500	Schmelzen	1453
$R_{p0,2}$	120...200	Schmieden	> 1050
E-Modul	210 000	Rekristallisat.	> 600
A = 35...50 % Z = 30...35 %		Dichte ρ = 8,9 kg/dm³	
Linearer Ausdehnungskoeffizient α α = 13 10⁻⁶ /K (0...100 °C)			
Wärmeleitfähigkeit λ = 90 W/mK			

Hinweis: Ähnliche Vorgänge sind bei Stahl zu finden (Tabelle 4.3).

Verwendung: Medizinische Geräte, Anoden für galvanische Bäder (Vernickeln), Temperaturfühler, Schweißelektroden, Einbauteile von Elektronenröhren.

7.7.2 Niedrig legiertes Nickel

Die Sorten enthalten bis zu 5 % Mn, zusätzlich ca. 2 % Si.

Die Sorte NiBe2 ist aushärtend (ähnlich der Legierung CuBe1,7 → Tabelle 7.16).

Mn erhöht die Festigkeit, ohne dass die Dehnung sinkt und vermindert die Empfindlichkeit gegen schwefelhaltige und aufkohlende Gase in Verbindung mit Si.

Anwendungen: NiMn3Si für Zündkerzen in Ottomotoren. **NiBe2** für Federn, Membranen.

7.7.3 Ni-Basis-Legierungen

Nickel-Kupfer-Legierungen besitzen homogene kfz-Gefüge (→) und damit hohe Warm- und Kaltformbarkeit. Die Festigkeit steigt mit dem Ni-Anteil bis zum Maximum bei ca. 70 % Ni (→). Mischkristallverfestigung durch Mn und Fe, Zusatz von Al und Ti ergibt Aushärtbarkeit.

Geschichte: Ni-Cu-Legierungen wurden ursprünglich aus natürlich vorkommenden Kupfer-Nickel-Erzen gewonnen, Name: Monel®-Metall (nach A. Monel, bis 1921)

Hinweis: Bild 2.61 zeigt das Zustandsschaubild Cu-Ni, Bild 2.66 den Verlauf der Zugfestigkeit über den Legierungsbereich.

Tabelle 7.25: Daten von Ni-Cu-Legierungen

Ni-Cu-Legierungen haben hohen Widerstand gegen Spannungsriss- und Lochkorrosion und sind beständig gegen Meerwasser. Salpetersäure, saure Salze und NH_3-haltige Lösungen greifen an.

Anwendungen: Apparate und Armaturen in der chemischen Industrie, Rohre für Verdampfer, Vorwärmer und Überhitzer Anlagen in Kontakt mit Meerwasser.

Tabelle 7.25: Korrosionsbeständige Ni-Legierungen

Sorte Werkstoff-Nr.	Name	R_m MPa	$R_{p0,2}$ MPa	A_5 %	Verwendung, Beständigkeit
NiCu30Fe 2.4360	Monel-400, Nicorros	500	300	25	Apparate und Armaturen für die chemische Industrie, Wärmetauscher, seewasserfest, Geräte für Stahlbeizereien
NiCu30Al 2.4374	Monel K-500	1035	760	30	Aushärtbare Legierung, Turbinenlaufräder, Wellen, nichtrostende Federn

Eine weitere Unterteilung erfolgt nach besonderen Eigenschaften, die sich auch in den Werkstoffnummern wiederfindet (→).

Übersicht: Ni-Legierungen, Werkstoffnummern

Nr.-Klasse	Bezeichnung
2.44nn 2.45nn	Ni-Fe-Legierungen mit besonderen **physikalischen Eigenschaften**
2.46nn	**Chem. beständige + hochwarmfeste** Ni (+Co)-Legierungen
2.48nn	**Hitzebeständige** Ni-Cr-Legierungen
2.49nn	**Hochwarmfeste** Legierungen

Nickel-Eisen-Legierungen heben sich durch besondere physikalische Eigenschaften hervor.

- **Wärmeausdehnung** stark veränderbar.

Der lineare Ausdehnungskoeffizient von Fe-Ni-Legierungen hat bei 36 % Ni ein Minimum von ca. 1,2 10^{-6}/K (Invar-Stahl) und steigt bei höheren Ni-Gehalten steil an.

- **Weichmagnetismus,** d. h. mit geringem Energieaufwand magnetisierbar (und ummagnetisierbar).

Das bedeutet geringe Verluste (Hysterese) bei ständigem Ummagnetisieren in mit Wechselstrom betriebenen Anlagen.

Beispiel: Werkstoff NiFe46 (2.4475) ist eine von 5 Sorten für Metallglasverbindungen (DIN 17745/02.

Magnetwerkstoffe (weichmagnetisch) für Eisenkerne von Relais, Magnetverstärkern oder Fernsprechtrafos (z. B. NiFe25) oder NiCo25Fe30 (Perminvar).

Hitzebeständige NiCr-Legierungen

Bauteile in langzeitigem Kontakt mit heißen Gasen reagieren an der Oberfläche mit der Bildung von Zunderschichten, meist Oxiden (→).

Bei ständigen Temperaturwechseln treten zwischen Schicht und Grundwerkstoff durch unterschiedliche Wärmedehnungen Spannungen auf, die zum stellenweisen Ablösen der Schicht führen. Dort beginnt das Wachstum der Schicht aufs Neue. Diese zyklische, thermische Beanspruchung wird von einer Al-Oxidschicht besser ausgehalten als von Cr-Oxid.

Hitzebeständigkeit: Es bildet sich eine Zunderschicht, die **festhaftend** ist und bei ständigen Temperaturwechseln nicht abblättert.

- Cr bildet eine Cr_2O_3-,
- Al bildet die Al_2O_3-Deckschicht.

Die Schichten wachsen mit der Zeit verlangsamt (Charakteristik „liegende Parabel"). Eine innenliegende Al-Oxidschicht sperrt die Diffusion der Cr-Atome nach außen.

Die Schichthaftung wird verbessert durch sog. Aktivelemente (z. B. Yttrium Y, Cer Ce, Hafnium Hf in sehr kleinen Anteilen). Ihre Wirkungsweise ist noch nicht geklärt.

Neben oxidierenden Gasen müssen Werkstoffe in den verschiedensten chemischen und Wärmekraft-Anlagen auch solche mit reduzierender, aufkohlender oder aufstickender Wirkung möglichst langzeitig ertragen.

Je nach Art der Gase können Elemente wie C, N oder S eindiffundieren und im Gefüge unerwünschte Phasen bilden, welche den Werkstoff schädigen. Als Gegenmaßnahme werden weitere LE zugesetzt (z. B. Si, Ti).

Ni-Basislegierungen werden wegen des hohen Preises dann eingesetzt, wenn die entsprechenden Stahlsorten (→) nicht mehr ausreichen:

Normung: DIN EN 10095 Hitzebeständige Stähle und Nickellegierungen. Die Norm enthält 5 Ni-Cr-Legierungen (Tabelle 7.26).

Das Basismetall **Ni** hat durch sein dichtest gepacktes kfz-Kristallgitter eine niedrige Diffusions-Konstante (→), das bedeutet hohe thermische Stabilität des Gefüges.

Dadurch laufen Platzwechsel von Atomen im Kristallgitter langsamer ab, die Bildung von intermetallischen Phasen ist erschwert.

Ausgangslegierung ist **NiCr20.** Je nach Beanspruchung wird der Cr-Gehalt erhöht, teilweise durch andere LE ersetzt oder damit kombiniert.

Die Cr-Atome wirken dreifach:

- Cr ist Lieferant für die Oxidschichtbildung,
- Cr erhöht die Warmfestigkeit durch Mischkristallbildung + (Fe, Al, W, Mo, Nb, Ta),
- bildet mit C (bis zu 0,1 % enthalten) Carbide, die als $Cr_{23}C$, durch Wärmebehandlung feinkörnig auf die Korngrenzen verteilt werden. Sie behindern das Korngrenzengleiten, damit das Kriechen bei hohen Temperaturen (→ 2.4.6 und Bild 2.58).

$\mathbf{Cr_{23}C_3}$ (wichtigste Carbidart), bis ca. 1050 °C stabil. Das Cr kann darin durch Fe (billig), Ni, Co, Mo und W ersetzt werden, wenn diese LE in der Legierung enthalten sind.

Fe erniedrigt den Preis und ändert bis ca 20 % die Eigenschaften unwesentlich. Mo, Ta, Ti und W sind zusätzlich Carbidbildner.

Tabelle 7.26 zeigt, dass mit sinkendem Cr-Anteil die max. ertragbare Temperatur sinkt.

Tabelle 7.26: Hitzebeständige NiCr-Legierungen

Sorte Werkstoff-Nr.	R_m	$R_{p0,2}$	A_5	Zeitstandfestigkeit R_m in MPa bei10 000 h			T_{max} °C	Verwendung, Beständigkeit
				600 °C	700 °C	900 °C		
NiCr15Fe(8) 1.4816 [1)]	850	240	30	138	63	13	1150	Zündkerzen, Schutzrohre f. Thermoelemente, best. gegen Chlor, Aufkohlung
NiCr22Mo9Nb 2.4856 [1)]	1000	380	30	--	190	20	1000	Entschwefelungsanlagen, Offshore-Technik
NiCr23Fe 2.4851 [1)]	620	240	30	205	101	10	1200	Bauteile für Ofenanlagen, Glühtöpfe
GNiCr28W 2.4879 [2)]	440	240	3	--	65	17	1150	Ofenbau, Erdöl- /Erdgasanlagen

[1)] DIN EN10095; [2)] DIN EN 10295

Hochwarmfeste Legierungen auf Ni-Basis sind die z. Zt. am höchsten in der Kombination thermisch, mechanisch und korrosiv belastbaren Werkstoffe für Wärmekraftmaschinen und -anlagen.

Antrieb für die Entwicklung war die Steigerung des thermischen Wirkungsgrades von Wärmekraftmaschinen, insbesondere von Gasturbinen für die Luftfahrt. Er steigt mit der Temperatur.

Langzeitbeanspruchung bei hohen Temperaturen führt durch Diffusionsvorgänge zu Gefügeveränderungen im Innern, Das dichtest gepackte kfz-Kristallgitter der Ni-Legierungen verlangsamt die Platzwechsel, damit auch die Kriechvorgänge.

Temperaturwechselbeanspruchung

Die hochlegierten Werkstoffe besitzen i. Allg. eine niedrige Wärmeleitung. Bei häufigen und schnellen Temperaturwechseln entstehen zwischen Kern und Schicht Spannungen und ergeben Risse oder Ablösungen der Randschicht (Thermoermüdung).

Warmfestigkeit wird durch das Zusammenwirken verschiedener Mechanismen erreicht:

- **Mischkristallverfestigung** durch Ta, Nb, Mo, W, Cr, Fe mit abnehmender Wirkung.
- **Teilchenverfestigung** durch intermetallische **Phasen** (Bild 7.8):

  Al und Ni bilden eine Phase (Ni_3Al →, als γ'-Phase bezeichnet) Al kann darin durch Mo, W, Ti, Nb und Ta ersetzt werden.

  Der Al-Gehalt kann nicht weiter erhöht werden (günstig für die Dichte), da sich sonst die spröde Phase NiAl bilden würde.

  Der Anteil der γ'-Phase ist für Knetlegierungen auf ca. 20 % begrenzt, um ausreichende Warmformbarkeit zu behalten. In Gusslegierungen (Turbinenschaufeln) kann sie bis zu 70 % betragen.
- **durch Carbide** aus den Elementen Cr, Mo und W, die feinkörnig auf den Korngrenzen liegen und thermisch stabil sind.

Hohe Kriechfestigkeit erfordert möglichst hohen Anteil der γ'-Phase in einer besonderen Größe, Form und Anordnung. Das gilt auch für die Carbide. Dazu ist eine **Wärmebehandlung** mit engen Temperaturgrenzen (ca. 20...50 °C) erforderlich.

Hinweis: Bei der regelmäßigen Inspektion von Flugzeugturbinen kann ein evtl. verändertes Gefüge durch eine regenerierende Wärmebehandlung in den Ausgangszustand zurückversetzt und Schichtablösungen repariert werden.

Diese Legierungen werden auch als Ni-Superlegierungen bezeichnet, sie enthalten bis zu 15 LE in z. T. eng begrenzten Anteilen, um ungünstige Gefügeausbildungen zu vermeiden. Zum Teil haben sie ungünstige Nebenwirkungen, die dann durch ein weiteres Element ausgeglichen werden müssen. Der Schmelzpunkt des Ni wird durch die LE erniedrigt.

Hinweis: Verfestigungsmechanismen → 2.3

Die Anteile dieser LE müssen eng begrenzt werden, es besteht die Möglichkeit, dass sich unerwünschte, spröde intermetallische Phasen bilden.

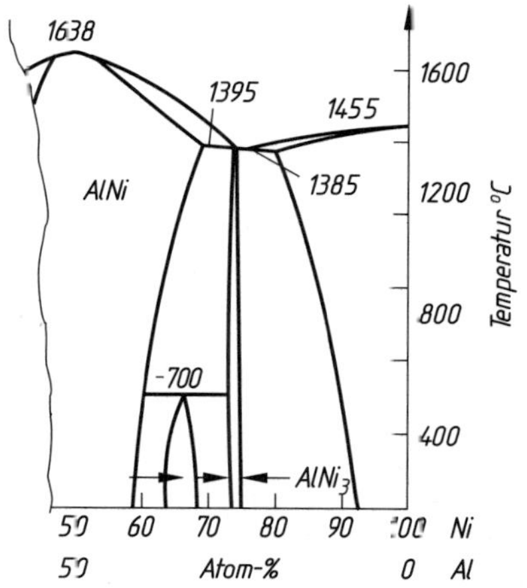

Bild 7.8 Zustandsschaubild Al-Ni, rechte Seite

Ni_3Al ist die Ni-reichste Phase im Sytem Al-Ni mit einem kohärenten kfz-Gitter und etwas größerer Gitterkonstante. Die Gitteranpassung dieser Teilchen an die Matrix ergibt hohe thermische Stabilität.

Wärmebehandlung:

Lösungsglühen bei etwa 1000...1240 °C je nach Sorte, auch mehrstufig, um alle Carbide und die γ'-Phase zu lösen.

Aushärten wird je nach Sorte ausgeführt durch

- langsame Abkühlung nach Lösungsglühen,
- ein-oder mehrstufig nach vorheriger Abkühlung.

Beispiele: Daten für die Wärmebehandlung sind in Tabelle 7.27 für einige Sorten zu finden.

Bei PM-Werkstoffen kann eine HIP-Behandlung als Lösungsglühen dienen.

Speziell für Turbinenschaufeln sind Gießarten entwickelt worden, die zu besonderer Kristallisation mit noch höherer Festigkeit führen (→).

Höher legierte Ni-Legierungen sind zahlreich und z. T. unter geschützten Namen im Handel.

Für thermisch höchstbeanspruchte Teile werden Wärmedämmschichten aufgespritzt; wegen der zum metallischen Grundwerkstoff ähnlichen Wärmeausdehnung ist hierfür das Zirkonoxid besonders geeignet.

Tabelle 7.27 enthält einige Sorten aus DIN EN 10302 mit Daten für die aufwändige Wärmebehandlung. Sie ist Voraussetzung für ein thermisch stabiles Gefüge.

Gerichtete Kristallisationsformen sind

- **stengelkristalline** (kolumnar) und
- **einkristalline** Erstarrung, z. B. nach dem Bridgeman-Verfahren (→ 2.1.5).

Handelsnamen, Beispiele: Nimonic®, Hastelloy®, Inconel,® Nicrofer ®

Normen (alle von 2002):

DIN 17741: Niedriglegierte Ni-Legierungen
DIN 17742: Ni+ Cr; DIN 17743: Ni+Cu, DIN 17744: Ni+Mo+Cr und DIN 17745: Ni+Fe.

Halbzeuge aus Ni und Ni-Legierungen:

DIN 17750: Blech+Band; DIN 17751: Rohre; DIN 17752: Stangen; DIN 17753: Drähte.

Tabelle 7.27: Hochwarmfeste Ni-Legierungen

Sorte Werkstoff-Nr.	Zustand [1]	Festigkeit für bei RT R_m	$R_{p0,2}$	A_5 %	Zeitstandfestigkeit R_m MPa für 10 000 h, T in °C 600	700	800	900	Wärmebehandlung Temperatur°C [2], Kühlmittel
NiCr25FeAlY 2.4633	+AT	680	270	30		120	35	17	120/Luft oder schneller
NiCr22Fe18Mo9 2.4665	+AT	690	270	30	254	119	51	19,5	1160/Luft oder schneller
NiCr25Co20TiMo 2.4878	+P1080	1080	650	15	--	--	--	--	1100/Luft + 650 für 24 h/Luft + 700 für 8 h/Luft
	+P110	1100	700	12	680	370	130	35	1155/Luft + 640...660 für 16 h/ Luft
NiCr20Ti 2.4952 [3]	+P	850	240	30	433	186	70	--	1065/Luft + 850 für 24 h/Luft + 700 für 8 h/Luftkühlung,

[1] Zustand nach Wärmebehandlung: AT lösungsgeglüht, P ausgehärtet; [2] Mittelwerte, Realbereich liegt um 15...20 °C nach oben und unten;, [3] auch Ventilwerkstoff DIN EN 10090

7.8 Druckgusswerkstoffe

Beim Druckgießverfahren wird flüssiges Metall unter Druck mit großer Geschwindigkeit in stählerne Dauerformen „geschossen". Die Leistung der Druckgießmaschinen beträgt je nach Größe des Teiles und Art der Maschine 25...700 Schuss/h, bei kleinen Teilen auf Automaten auch mehr.

Die nachstehende Übersicht stellt die Merkmale des Verfahrens den Auswirkungen auf das Werkstück und die Wirtschaftlichkeit gegenüber.

Daten zum Druckgießen	
Einströmgeschwindigkeiten	20...70 m/s
Arbeitsdrücke	...300 MPa
Entsprechend groß sind die Schließkräfte, welche die Maschine aufbringen muss, um die Formhälften gegen den Druck dicht zu halten	
Schließkräfte	5000...50 000 kN

Schließkraft F = Arbeitsdruck x projezierte Fläche des Bauteils in der Schließebene.

Übersicht: Druckgießen

Merkmale des Druckgießens	Auswirkungen
Abbildungsgenauigkeit, Oberflächengüte hoch	Nacharbeit am Gussteil gering
Gestaltungsfreiheit, kleine Maßtoleranzen	Bearbeitungszugaben klein
Eingussanteil gering	Weniger Kreislaufmaterial, höheres Ausbringen
Dünnwandige Gussstücke möglich	Verkleinerung der Werkstückmasse möglich
Verbundguss durch Eingießteile	Montagearbeit geringer
Metall strömt turbulent ein [1)]	Feinste Luft- und Gaseinschlüsse, Oxidhäute
Hoher Druck in der Form	Hohe Schließkräfte (bis zu 25 000 kN)
Gratbildung an Trennfugen	Nacharbeit (bei verschlissener Form)
Hohe Herstellkosten für Dauerformen	Mindeststückzahl zur Wirtschaftlichkeit erforderlich, Änderungen am Bauteil sind nur begrenzt möglich
Hohe Wärmebeanspruchung der Formen	Formverschleiß, Bauteiloberfläche wird schlechter
Produktionsleistung hoch	Lohnkosten/Stück niedrig

[1)] Moderne Gießverfahren vermeiden die Turbulenzen und ergeben porenfreie Teile ohne Oxidhäute mit Schweißeignung

Um die negativen Auswirkungen klein zu halten, sollten Druckgusslegierungen deshalb das folgende Eigenschaftsprofil besitzen:

Werkstoffeigenschaft	Auswirkung, Einfluss
Niedrige Schmelztemperatur	Geringer Formverschleiß, hohe Standmenge
Fließ- und Formfüllungsvermögen hoch	Scharfe, dünnwandige Abgüsse möglich
Kleines Schwindmaß	Geringe Warmrissneigung in der Form
Niedrige Gasaufnahme der Schmelze	Geringe Porosität des Gefüges
Maß- und Gefügebeständigkeit	Funktionsfähigkeit, Lebensdauer

Die Anforderungen werden am besten von den Zn-Legierungen erfüllt, weniger von den Leichtmetallen Al und Mg. Trotzdem sind diese für Teile großen Volumens wirtschaftlicher, weil sich dann die hohe Dichte des Zn (7,13 kg/dm3) auswirkt und den Vorteil seiner hohen Standmenge zurückdrängt (Tabelle 7.28).

Für die Taktzeiten ist der Wärmeinhalt der Legierung wichtig, weil die Kristallisationswärme des Teiles abgeführt und seine Temperatur abgesenkt werden muss, um es rissfrei auszustoßen. Hier ist Al ungünstiger als Mg.

Cu-Legierungen stehen wegen der hohen Schmelztemperaturen in der Bedeutung hinter den links genannten zurück, ebenso die Pb- und Sn-Legierungen.

Die Porosität der Druckgussteile wird vermindert durch Vakuum in der Form, oder langsameres Einströmen in geneigte Formen, so dass die Luft besser entweichen kann.

Hinweis: neue Gießverfahren, wie Sqeeze-Casting und Thixoguss → 7.2.5).

Tabelle 7.28: Druckgusslegierungen

Kurzzeichen	Dichte ρ g/cm³	0,2-Dehngrenze $R_{p0,2}$ MPa	Zugfestigkeit R_m	Bruchdehnung A_5 %	Härte HBW	Schmelztemperatur T_m °C	Gießbarkeit	Spanbarkeit	Standmenge ca. 10³	Wanddicke s_{min} mm	Masse m_{max} kg	Anwendung	Eigenschaften
Zink-Legierungen DIN EN 1774/97 (Auswahl aus 8 Sorten)													
ZnAl4 ZL0400 (Z400)	6,7	160...170	250...300	1,5...3	70...90	380...386	1	1	500	0,6 bis 2	20	Plattenteller, Vergasergehäuse, Pkw-Scheinwerferrahmen,	dekorativ galvanisierbar
ZnAl4Cu ZL0410) (Z410)		180...240		2...3	80...100							-türschlösser, -griffe	wenig kaltzäh, Basis Feinzink 99,99
Aluminium-Legierungen DIN EN 1706/10 (Auswahl aus 9 Sorten)													
AC-Al Si12(Fe) (230)	2,55	140...180	230...280	1...3	60...100	575	2	2...3	80	1 bis 3	35	Hydraulische Getriebeteile, druckdichte Gehäuse.	Eutektische Legierung, keine Warmrisse. korr.beständig.
AC-Al Si9Cu3(Fe) (226)	2,75	160...240	240...320	0,5...3	80...110	510...620	2	2				Trittstufen f. Rolltreppen, E-Motorengehäuse.	Billig, z. T. aus Umschmelzmetall, viel verwendet.
AC-Al Si12CuNi (239)	2,65	190...230	260...320	1...3	90...120	570...585	2	2...3				Kolben, Zylinderköpfe. Nähmaschinen.	Warmfest, Gleiteigenschaften
AC-Al Mg9 (349)	2,6	140...220	200...300	1...5	70...100	520...620	3...4	1				Gehäuse f. Haushalts-, Büro- und optische Geräte	Dekorativ anodisierbar, korrosionsbeständig
Magnesium-Legierungen DIN EN 1753/97(Auswahl aus 8 Sorten)													
MCMgAl9Zn AZ 91	1,8	140...170	200..260	1...6	65...85	470...600	1...2	1	100	1 bis 3	15	Rahmen f. Schreibmaschinen und Tonbandgeräte.	sehr leicht, Oberflächenschutz erforderlich
MCMgAl6Mn AM 60		120...150	190...250	4...14	55..70	470...620	1...2					Gehäuse f. tragbare Werkzeuge u. Motoren.	
MCMgAl4Si AS 41		120...150	200...250	3...12	55..60	580...620	2					Gehäuse f. Kfz-Getriebe, Radfelgen	
Kupfer-Legierungen DIN EN 1982/08													
CuZn39Pb1Al-C	8,5	(250)	(350)	(4)	(110)	880...900 850	3	3	10	2 bis 4	5	Armaturen für Warm- und Kaltwasser	höhere Festigkeit und Zähigkeit, hoher Formverschleiß durch hohe Gießtemperatur
CuZn16Si4-C	8,6	(370)	(530)	(5)	(150)		2	3					
Zinn Legierungen DIN 1742/71													
GD-Sn80Sb	7,1		115	2.5	30	250...320	1	2				Teile von Messgeräten	Höchste Maßbeständigkeit, kaltformbar, korrosionsbeständig

Literaturhinweise und Informationsquellen

GDA Gesamtverband der AluminiumIndustrie	Technische Merkblätter zu Al-Werkstoffen, Verarbeitung und Anwendungen W01/04: Werkstoff Aluminium; W2/03: Al-Knetlegierungen; W3/03: Formguss von Al-Werkstoffen; W07/07: Wärmebehandlung von Al-Knetlegierungen; W017 Aluminiumschaum www.aluinfo.de
Deutsches Kupfer-Institut Düsseldorf (DKI)	Auskunft- und Beratungsstelle f. d. Verwendung von Kupfer und Kupferlegierungen. Am Bonneshof 5, 40474 Düsseldorf www.kupfer-institut.de DKI-Fachbücher über Kupfer und -legierungen Datenblätter (download) über Kupfer Sorten (10), Kupfer-Zink (13), Kupfer-Zinn/Zink (14), weitere 16 zu Kupfer-Nickel, Kupfer-Aluminium u. a.)
Beck, A.	Magnesium und seine Legierungen. Springer, 2001
Magnesium-Taschenbuch	Aluminium-Verlag, 2002
Zink	Zinkberatung e.V., Friedrich-Ebert-Str.37/39, 40210 Düsseldorf Schriftenreihe, Bestellung über www.zinkberatung.de
NE-Metalle Al, Cu, Mg, Ti	Legierungen und Anwendungsbeispiele aus den Bereichen Luftfahrt Fahrzeug- und Maschinenbau, Bauwesen www.otto-fuchs.com
Druckgießen	Serienverfahren für hochkomplexe, dünnwandige Leichtmetallbauteile www.kug.bdguss.de/gießverfahren
DIN-Taschenbücher	Beuth-Verlag, Berlin 459/10 Blei, Magnesium, Nickel, Titan, Zink, Zinn und deren Legierungen 455/05 Gießereiwesen 2, Nichtmetallguss 450-1/09 Aluminium 1. Bänder, Bleche, Platten, Folien Butzen, Ronden, geschweißte Rohre, Vormaterial 450-2/09 Aluminium 2. Stangen Rohre, Profile, Drähte, Vormaterial 452/05 Aluminium 3. Hüttenaluminium, Aluminiumguss, Schmiedestücke, Vormaterial 456/04 Kupfer 1. Walzprodukte und Rohre 457/04 Kupfer 2. Stangen Drähte, Profile, Gussstücke und Schmiedestücke

8 Anorganisch-nichtmetallische Werkstoffe

8.1 Einteilung und Abgrenzung

In diesem Abschnitt sind Werkstoffe behandelt, die nicht zu den Metallen oder Polymeren zählen. Ihre Rohstoffe gehören zur unbelebten Natur (anorganisch) und bestehen oft aus Gemischen chemischer Verbindungen von Metallen der ersten drei Gruppen des PSE und Verbindungen des Siliciums, das in der Erdrinde mit ca. 25 % enthalten ist. Ihre Kristallgitter sind weniger dicht gepackt als die der Metalle und haben ionische oder kovalente Bindungen. Nach Aufbereitung werden die pulvrigen Stoffe geformt und erhalten je nach Art der Stoffe ihre Konsistenz (→ Übersicht).

Die Stoffe werden in vielen Technikbereichen genutzt, Tabelle 8.1. gibt einen Überblick.

Der Abschnitt beschränkt sich auf die Stoffe, die durch ihr Eigenschaftsprofil als **Ingenieur-Keramik** für Bauteile im Maschinenbau und Feinwerktechnik verwendet werden können.

Keramik gehört zu den ältesten Werkstoffen der Menschheit. Es waren Naturstoffe mit ortsabhängiger Zusammensetzung.

Durch Verwendung reinerer Ausgangsstoffe wurden diese Produkte für die moderne Technik verwendbar, wie z. B. Porzellan als Isolator für die E-Technik.

Übersicht:

Stoffgruppe	Verfestigung
Keramische Stoffe, Tonwaren, Porzellan	Sinterung (Brennen)
Gläser (unterkühlte Flüssigkeiten)	Zähigkeit steigt mit Sinken der Temperatur
Bindemittel mit Füllstoffen Zement, Kalk, Gips	Erhärten hydraulisch durch Kristallisation mit H_20

Tabelle 8.1: Anorganisch-nichtmetallische Werkstoffe in der Technik

Technik-Bereich	Produkte / Stoffe
Bautechnik	Betonwerkstein, Stahl- und Spannbeton, Ziegel, Flachglas
Rohrleitungen	Rohre aus Glas, Ton, Steinzeug und Schleuderbeton
Chemieanlagen	Beschichtungen von Bauteilen mit Emaille, Glas- und Steinzeugprodukte
Optik	Gläser verschiedener Brechung, Absorption oder Reflexion
Elektronik	Halbleiter, Sensoren, Piezokristalle
Metallurgie	Feuerfeste Stoffe zur Auskleidung von Schmelzgefäßen, Graphitelektroden
Maschinenbau	**Schneidkeramik, technische Keramik für Bauteile**

8.2 Struktur und Eigenschaften keramischer Stoffe

Neue Stoffe und Verfahren haben technische Keramik für den Maschinenbau interessant gemacht. Sie besitzen eine Kombination von Härte, Verschleißwiderstand und Korrosionsbeständigkeit auch bei hohen Temperaturen, die selbst Ni-Basis-Superlegierungen nicht aufweisen.

Schwierigkeiten bereiten die mangelnde Zähigkeit und die Qualitätssicherung, d. h. Einhaltung der Maßtoleranzen und Werkstoffgüte in der Serienfertigung. Die Konstanz der Eigenschaften hängt von der hohen Reinheit der Stoffe ab. Tabelle 8.2 gibt einen Überblick über die gängige Einteilung der Stoffe.

Tabelle 8.2: Einteilung der Keramik in drei Gruppen

Silikatkeramik		**Oxidkeramik**		**Nichtoxidkeramik**	
Sorten	Beispiele	Sorten	Beispiele	Sorten	Beispiele
Steinzeug	Muffenrohre, Sanitärkeramik	**Al-Oxid**	Schneidplatten, Hüftgelenke	**Si-Carbid, SiC**	Schleifscheiben, Düsen
Porzellan	Hochspannungs-isolatoren	**Zr-Oxid**	Zieh- und Umformwerk-zeuge	**Si-Nitrid, SN**	Brenner, Wälzkörper
Steatit	maßhaltige Iso-lationsteile	**Al-Titanat**	Bauteile in Kontakt mit NE-Metallschmelzen	**B-Nitrid, BN**	Schleif- und Schneidkörper

Ingenieur-Keramiken gehören zu den beiden rechten Gruppen der Tabelle 8.2. Ihre Kristallgitter sind **weniger dicht** gepackt als die der Metalle und haben andere Bindungsarten (→):

Die Bausteine dieser chemischen Verbindungen liegen überwiegend im oberen Bereich des PSE (Tabelle 8.3), es sind damit

- Elemente **geringer Dichte** mit
- **kleinen Atomradien**, dadurch z. T.
- **kleinen Abständen** im Kristallgitter und
- **großen Bindungskräften**.

Daraus ergeben sich die wesentlichen Eigenschaftsunterschiede zu den Metallen (Tabelle 8.4).

- **Oxidkeramik,** sie besitzt überwiegend Ionenbindung zwischen Metall-und Nichtmetallionen
- **Nichtoxidkeramik** (Carbide und Nitride) ist kovalent gebunden: Elektronenpaar-Bindung überwiegend zwischen Nichtmetallen.

Tabelle 8.3: Bausteine der Ingenieurkeramik und Stellung der Elemente im PSE

Periode	Hauptgruppe						
	I	II	III	IV	V	VI	VII
2	Li	Be	**B**	**C**	**N**	**O**	F
3	Na	**Mg**	**Al**	**Si**	P	S	Cl
4				**Ti**			
5				**Zr**			

Tabelle 8.4: Struktur- und Eigenschaftsvergleich Metall – Ingenieur-Keramik

Kriterien	Metalle (technische)	Ingenieur-Keramik
Bindungsart	**Metallbindung** und einfache Metallgitter, freie Elektronen	**Ionenbindung** (Oxide), andere mit hohem Atombindungsanteil, z. T. komplizierte Kristallgitter
und daraus resultierende **Eigenschaften**	**Gute Wärmeleiter** Lineare Längenausdehnung α von 4,5 (W) bis 25,8 (Mg) $\cdot$ 10^{-6}/K. **Weiche Stoffe** (z. T. härtbar), je nach Kristallgitter ist plastische Verformbarkeit gering bis hoch, als Folge können **Verformungsbrüche** auftreten **Schmelztemperaturen mittel** T_m = 649 °C (Mg) bis 1670 °C (Ti) wenige sind warmfest bis max. 800 °C	**Schlechte Wärmeleiter**, Carbide sind metallähnlich Kleine Längenausdehnung α von 1 (Quarz) bis13 (ZrO_2) $\cdot$ 10^{-6}/K **Naturharte Stoffe**, über 2000...6000 HV 1 im Endzustand ist keine plastische Verformung möglich, als Folge können **Sprödbrüche auftreten,** $\sigma_{bB,Keramik} << \sigma_{bB,Metalle}$. **Schmelztemperaturen hoch** T_m > 2000 °C, allgemein warmfest zwischen 900...1700 °C
Qualitäts-sicherung	Relative Konstanz der Eigenschaften bei Massenfertigung Einfachere Prüfverfahren	Starke Streuung der Eigenschaften, abhängig von der Reinheit der Ausgangsstoffe, den Herstellverfahren und dem Schrumpfen beim Sintern Prüfung aufwändig (Klang-, Röntgen- evtl. auch Tomografieprüfungen)

Die Entwicklung der Ingenieur-Keramik zielt auf eine Verbesserung der Zähigkeit (Biegefestigkeit) durch folgende Maßnahmen:

- Kleinste Korngröße der Ausgangsstoffe (→ Bild 8.1),
- Reinheit der Pulver und enge Korngrößenverteilung,
- Verstärkung durch infiltrierte Stoffe oder Fasern (→ Verbundwerkstoffe).

Die Maßnahmen zur Erhöhung der Zähigkeit werden als Duktilisierung bezeichnet und sind mit größerem Aufwand verbunden (z. B. Fertigung unter Reinraumbedingungen). Hierzu gehören auch **neue Verfahren** zur synthetischen Erzeugung der Pulver mit höherer Reinheit, kleinerer Korngröße und engerer Korngrößenverteilung.

Biegefestigkeit ist die wichtigste mechanische Eigenschaft (DIN EN 843-1/95).

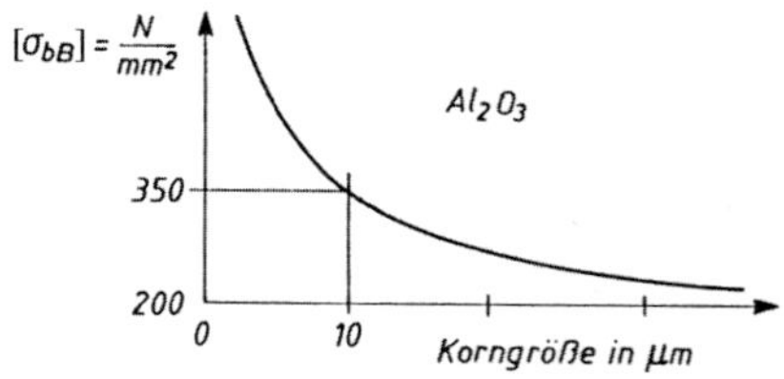

Bild 8.1 Korngröße und Biegefestigkeit

Mit sinkender Korngröße (bis in den Nano-Bereich) steigen Aufwand für Reinheit, Pulverherstellung, Sintern mit Wärmebehandlung und damit der Preis.

Hinweis: Neue Verfahren (→ Abschnitt 8.5).

8.2.1 Thermoschockbeständigkeit

Zu den größten Schwächen nichtmetallisch-anorganischer Werkstoffe zählt ihr Verhalten bei schnellen Temperaturwechseln, beim sog. **Thermoschock:** Es kommt zur Rissbildung, die i. d. R. das Bauteil unbrauchbar macht (→).

Ursache: Ungleichmäßige Temperaturverteilung im Bauteil führt zu unterschiedlicher thermischer Ausdehnung, die bei komplexen Bauteilen *behindert* ist.

Behinderte Ausdehnung führt zu mechanischen Spannungen. Ist die Spannung örtlich größer als die Trennfestigkeit der Atome, kommt es zur Rissbildung (→ Beispiele).

Herleitung einer einfachen Formel für den Thermoschock (Bild 8.2):

Linkes Bild: Der eingespannte Stab von der Länge l_0 ist auf die Temperatur T_0 erhitzt.

Rechtes Bild: Der Stab ist abgekühlt und müsste um Δl auf die Länge l_1 schrumpfen. Der punktierte Bereich entspricht der thermischen Dehnung (Schrumpfung) ε_{th}. Es bildet sich ein Riss oder der Balken muss durch eine **gleich große** elastische Dehnung $\varepsilon_{el} = \Delta l / l_1$ auf der ursprünglichen Länge l_0 gehalten werden. Die dabei auftretende resultierende Spannung errechnet sich nach dem hookeschen Gesetz (→).

Versagen tritt ein, wenn die resultierende Spannung σ die Zugfestigkeit R_m überschreitet, bei nichtmetallisch anorganischen Werkstoffen die Biegebruchfestigkeit σ_{bB}.

Typische Schadensfälle des täglichen Lebens, die auf Thermoschock zurückzuführen sind:

- Springen von Trinkgläsern beim Einfüllen von kochend heißem Wasser,
- Reißen von Porzellan, wenn man es aus Versehen auf eine heiße Herdplatte stellt,
- Zerspringen von Töpferwaren im Brennofen, wenn er zu früh nach dem Brennen geöffnet wird.

Thermoschock in der Ingenieurspraxis:

- Ventile im Verbrennungsmotor,
- Turbinenschaufeln in der Gasturbine.

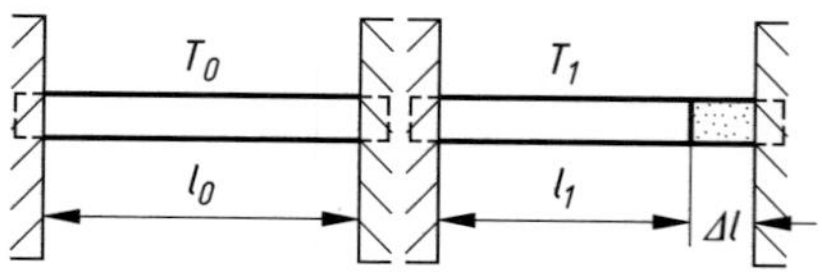

Bild 8.2: Starr eingespannter Stab, erhitzt auf T_0, danach abgekühlt auf T_1.

Berechnungen:

Thermische Dehnung: $\varepsilon_{th} = \alpha \cdot \Delta T$

Resultierende elastische Spannung σ:

$\sigma = \varepsilon_{el}/E$

$\varepsilon_{el} = \varepsilon_{th} = \alpha \cdot \Delta T$ eingesetzt:

$\sigma = \alpha \cdot \Delta T/E$ (nach $\cdot \Delta T$ aufgelöst:

$\Delta T = \sigma / \alpha \cdot E$ (σ durch R_m ersetzt)

Kritischer Thermoschock: $\cdot \Delta T_{krit} = R_m / \alpha \cdot E$

Thermoschockbeständigkeit kann man als den Temperaturwechsel ΔT_{krit} verstehen, der gerade eben zum Versagen führt.

Bei hoher Wärmeleitfähigkeit eines Werkstoffes tritt ein Temperaturausgleich schneller ein, dadurch sinkt die Beanspruchung durch Thermoschock. Das gilt i. Allg. für Metalle.

Durch hohen Anteil an LE sinkt die Wärmeleitfähigkeit und evtl. auch die plastische Verformbarkeit. Dann sind sie auch gefährdet.

Duktile Metalle sind nicht thermoschockempfindlich, da bei ihnen die Spannungen zu örtlichen, plastischen Verformungen führen.

Spröde Metalle wie z. B. lamellarer Grauguss sind daher thermoschockempfindlich.

Tabelle 8.5: Kritischer Thermoschock einiger Werkstoffe (Daten aus Tabelle 8.10)

Werkstoff	ΔT_{krit} °C	Werkstoff	ΔT_{krit} °C
Al-Oxid	80	Kalk-Alkali-Glas	170
HFSiC	370		
HPSN	830	**Quarzglas**	**3000**
ATi	1660	GJL-250	210

Hinweis: Genauere Formeln, z. B. für hochlegierte Stähle, enthalten noch die Wärmeleitfähigkeit λ.

Folgerung: Die Beständigkeit eines Werkstoffes gegen Thermoschock steigt mit

- höherer Festigkeit R_m, und
- Wärmeleitfähigkeit,
- kleinerem Elastizitätsmodul E und
- therm. Ausdehnungskoeffizienten α.

8.3 Bearbeitung der Werkstoffe

Aufgrund des Eigenschaftsprofils (hart und spröde) sind nicht alle Fertigungsverfahren anwendbar. Nach dem Pressen der Rohmasse erfolgt die Bearbeitung der geformten Rohteile in Stufen (→).

Mit den Verfahrensstufen steigen Härte der Rohteile und damit Kosten der Bearbeitung.

Die Fertigung durch Formung aus Pulvern mit anschließendem Sintern (Brand) hinterlässt mit großer Wahrscheinlichkeit *Störungen* im Gefüge, z. B. Risse, Poren und Verunreinigungen. Sie wirken als innere Kerben, d. h. als *Risskeime* (→).

Volumeneinfluss: Mit zunehmenden Bauteilvolumen steigt die Zahl der inneren Fehler, damit sinkt die zulässige Spannung stark ab.

Bearbeitungsstufen sind :

- **Grünbearbeitung** erfolgt am ungesinterten Rohteil,
- **Weißbearbeitung** am vorgebrannten (hilfsverfestigten) Rohteil, dabei werden die organischen Bindemittel ausgetrieben,
- **Hartbearbeitung** am fertiggesinterten Bauteil. Eine Übersicht der möglichen Fertigungsarten gibt Tabelle 8.6.

Folgen: Breite *Streuung* der mechanischen Eigenschaften. Die Festigkeitswerte vieler Proben liegen nicht innerhalb der sog. Glockenkurve (Normalverteilung), sondern innerhalb einer breiteren, unsymmetrischen Kurve (sog. Weibull-Verteilung).

Tabelle 8.6: Fertigungsverfahren für keramische Stoffe

Fertigungshauptgruppe	Fertigungsverfahren
Urformen	Meist durch Pressen der pulverförmigen Ausgangsstoffe, Schlickerguss für technische Keramik anwendbar, PM-Spritzguss für Kleinteile bis 300 g, Plasmaspritzen für Hohlkörper
Umformen	Nur im Grünzustand möglich
Trennen	Schleifen mit Diamant- oder Borcarbidscheiben, laserunterstütztes Drehen, elektroerosive Bearbeitung möglich bei Leitwerten > 0,01 S/cm (z. B. Si-Carbid)
Verbinden	Reib- und Diffusionsschweißen, Löten nach Metallisierung, Reaktionslöten auch von Metall mit Keramik möglich (DVS 3102/05).
Beschichten	Thermisches Spritzen (bis 20 mm), CVD- und PVD-Verfahren (< 20 µm)

8.4 Werkstoffsorten

8.4.1 Oxidische Werkstoffe

Aluminiumoxid, Al_2O_3 wird am häufigsten verwendet. Es hat wegen der kleinen Ionenabstände eine große Bindungsenergie. Daraus ergibt sich

- Hohe Stabilität bei hohen Temperaturen,
- Korrosions- und Verschleißbeständigkeit,
- Hohe Biegefestigkeit und Härte.

Es wird in Sorten mit steigendem Al-Oxid-Gehalt von 90...99 % angeboten. Dabei steigen Dichte, Wärmeleitfähigkeit, Biegefestigkeit und Einsatztemperaturen (Tabelle 8.6).

Mischkeramik enthält Anteile von ZrO_2 oder Ti(C,N) mit höherer Härte und Biegefestigkeit, bei ZTA durch Umwandlungsverfestigung (↓).

Oxidische Werkstoffe sind Al-Oxid, Mg-Oxid, Zr-Oxid und Al-Titanat.

Anwendungen:

Schutzrohre für Thermoelemente bei Hochtemperaturmessungen, Brennerdüsen.

Dichtscheiben für Armaturen, Fadenführer an Textilmaschinen, Futtersteine und Mahlkugeln für Mühlen aller Art, Feinschleifwerkzeuge, metallisierbare Isolierteile (hartlötbar) für Elektronik und Vakuumtechnik.

Schneidplatten besonders für die Zerspanung von Gusseisen (Sandeinschlüsse) mit höherer Härte als normale Hartmetallsorten (auch bei 1000 °C).

ZTA (Zirkonia Toughened Alumina) ist mit ca. 10 % ZrO_2 verstärktes Al-Oxid.

Zirkonoxid ZrO_2 ist polymorph, d. h. tritt in mehreren Gitterstrukturen auf (→):

Kristallarten des Zirkonoxids

Temperaturbereich °C	Gitter	
$T_m \approx 2370$	kubisch, kfz	$T_m = 2680$ °C
≈ 2370... ≈ 1170	tetragonal	↓ Volumensprung
≈ 1170	monoklin	

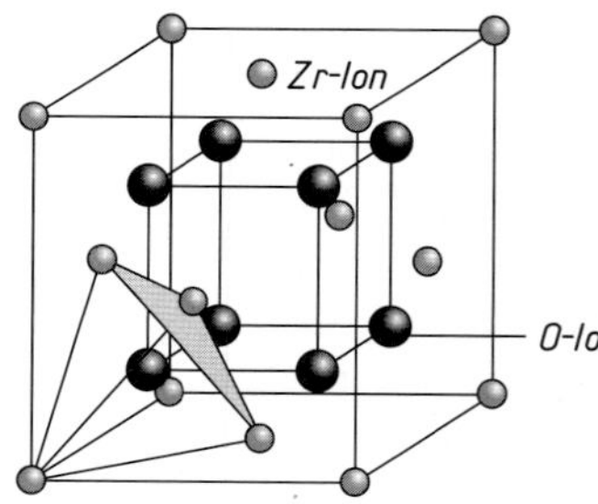

Bild 8.3 E-Zelle des kubischen ZrO_2

Die E-Zelle des kfz-Gitters besteht aus kleineren Zr-Ionen, auf Zwischengitterplätzen sind größere 4 O-Ionen so angeordnet, dass sie tetraedrisch von Zr-Ionen umgeben sind (Bild 8.3).

Bei der Abkühlung aus der Sintertemperatur ist die **Gitterumwandlung** von der tetragonalen in die monokline Struktur mit einer Volumenerweiterung von 3...5 % verbunden (→), auch als martensitische Umwandlung bezeichnet.

Während bei Stahl diese Umwandlung vom Metallgitter ertragen wird, führt sie beim Ionengitter des Zr-Oxid mangels Gleitmöglichkeiten zu inneren Rissen und zur Unbrauchbarkeit.

Für einen praktischen Einsatz müssen deshalb die Gitterumwandlungen – wie bei den Metallen – durch **Legieren** mit anderen **Oxiden** unterdrückt werden, hier Stabilisierung (→) genannt.

Gitterumwandlung: Die *Anordnung* der Ionen ändert im Prinzip sich nicht. Der Würfel wird zum etwas höheren Quader (tetragonal). Später ändert sich die quadratische Grundfläche zum Rhombus (monoklin).

Martensitumwandlung bei Stahl ist die Umwandlung des metastabilen kfz-Austenitgitter (mit gelösten C-Atomen) in das tetragonal aufgeweitete Martensitgitter mit einer Volumenzunahme von ca. 4 % und den bekannten Eigenschaftsänderungen (→ 5.3.3).

Stabilisierung des Zirkonoxids erfolgt durch Mischkristallbildung mit: **MgO**, CaO, CeO_2 oder $\mathbf{Y_2O_3}$. (Bild 8.4). Die Metall-Ionen setzen sich dabei an die Stelle des Zr.

Stabilisierung ergibt je nach Anteil an Oxiden die ZrO_2-Sorten:

FSZ, (**F**ully **S**tabilized **Z**irkonia),

vollstabilisiert, das kubische Kristallgitter ist bis auf RT stabil, Dazu sind z. B. > 17 % des Oxids Y_2O_3 erforderlich (→ Zustandsschaubild 8.4).

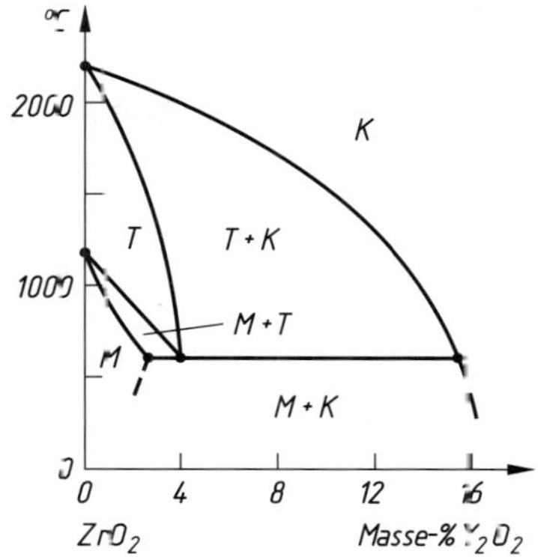

Bild 8.4 Zustandsschaubild ZrO_2–Y_2O_3
K: kubisch, T: tetragonal, M: monoklin

Ionenleitfähigkeit: Die Mischung von ZrO_2, $Zr^{4+}O^{2-}$mit Oxiden der Metalle Ca $^{2+}$, Mg^{2+}, Y^{3+} führt zu unbesetzten O-Plätzen im Ionengitter. Sie ermöglichen Platzwechsel. Das FSZ wird dadurch zu einem ionenleitenden Stoff.

Anwendung: FSZ ist hochwarmfest (2200 °C), für λ-Sonden zur Abgaskontrolle, Feststoffelektrolyt in Brennstoffzellen.

Bei geringeren Oxidgehalten entstehen nach Bild 8.4 heterogene Gefüge, die **teilweise** umwandlungsfähig sind und durch die **Umwandlungsverfestigung**, (→ Vergleich) zu Werkstoffen mit höherer Biegebruchfestigkeit werden.

Vergleich: Der Stahl vom Typ X8CrNi18-8 hat bei RT ein metastabiles, austenitisches Gefüge. Durch Kaltumformung, z. B. Tiefziehen, wird teilweise Martensit gebildet, damit die Verformungsverfestigung verstärkt (Bild 2.43).

PSZ (**P**artially **S**tabilized **Z**irkonia),

teilstabilisiert, hat Oxidgehalte von 3...5 % und ist nach einer Wärmebehandlung bei RT kubisch mit feinkörnigen, tetragonalen Ausscheidungen (≤ 0,1 µm), die bei Abkühlung teilweise in die monokline Phase umgewandelt sind. Ihre Volumenzunahme setzt das Gefüge unter Druckeigenspannungen, so dass die tetragonale Phase an weiterer Umwandlung gehemmt wird und damit metastabil ist.

Umwandlungsverfestigung, Wirkungsweise: Beim Entstehen eines Risses werden an der Rissspitze die Druckspannungen abgebaut und die metastabile tetragonale Phase wird örtlich in die (voluminösere) monokline umgewandelt. Die entstehenden Druckeigenspannungen hemmen die weitere Rissausbreitung bzw. führen zu einer Mikrorissverzweigung.

Anwendungen PSZ: Plasmagespritzte Wärmedämmschichten an Ventilkegeln (Pkw), Ventilführungen, Brennkammern, Turbinenschaufeln, Zylinderlaufbüchsensegmente von thermisch hochbelasteten Dieselmotoren, Zieh- und Biegewerkzeuge, Schneidkeramiken.

Die Umwandlungsverfestigung (auch Transformationsverfestigung), wirkt sich in höheren Werten für Biegebruchfestigkeit und Bruchzähigkeit gegenüber anderen Oxidkeramiken aus (Tabelle 8.7).

Die Paarung ZrO_2/Stahl hat geringe Verschweißneigung zu Stahl, deshalb auch kleine Reibzahlen.

TZP (**T**etragonal **Z**irkonia **P**olycrystal)

hat ein tetragonales, metastabiles Gefüge. Es wird durch Verwendung sehr feinkörniger Pulver (< 1 µm) unter Zugabe von Yttriumoxid

Durch das Zusammenwirken von Feinkorn- und Umwandlungsverfestigung sowie Nachverdichtung durch heißisostatisches Pressen (HIP) lassen sich Biegefestigkeiten bis zu 1800 MPa bei hoher Bruchzähigkeit erreichen.

Y_2O_3 (Y-TZP) erreicht. Die Herstellung des feinkörnigen Gefüges erfordert besondere Maßnahmen: und ist mit hohem Aufwand und Kosten verbunden.

Maßnahmen sind:

- Hohe Reinheit der Ausgangsstoffe,
- längere, optimierte Mahldauer und
- exaktes Einhalten der Temperatur-Zeitabläufe beim Sintern und Abkühlen.

Anwendung Y-TZP: In der Dentaltechnik und für Hüftgelenkprothesen.

Aluminiumtitanat ATi, Al_2TiO_5, ist eine Mischphase aus Al-Oxid und Ti-Oxid im stöchiometrischen Verhältnis und offener Porosität von 10...16 %. Mit seinen Eigenschaften hebt es sich von den anderen ab:

- Niedriger E-Modul,
- niedrige Wärmeleitung und -ausdehnung.

Das führt zu einer sehr hohen Beständigkeit gegen Thermoschockbeanspruchung.

Anwendungen: Al-Titanat für Umgießteile im Motorenbau: Einsätze für Kolbenböden und Auskleidung von Auspuffkrümmern (Portliner), Ofenschieber.

Es wird auch eine geringe Benetzbarkeit durch Al- und Buntmetallschmelzen beobachtet. Anwendung für z. B. Steig- und Dosierrohre, Düsen, Tiegel.

Tabelle 8.7: Eigenschaftswerte von Oxidkeramiken (Keramverband)

Sorte Kurzzeichen	Dichte g/cm³	E-Modul GPa	Biegefestigkeit σ_{bB} MPa	Wärmeleitfähigkeit λ W/mK [1]	Wärmeausdehnung α 10^{-6}/K [2]	Maximale Temperatur °C	K_{Ic} [3] MPa $\sqrt{m}$
Al-Oxid 86 %	> 3,2	> 200	> 200	14...24	6...8	1400...1500	3,5...4,5
Al-Oxid > 99 %	3,7...3,9	300...380	300..580	19...30	7...8	1400...1700	4...5,5
Al-Oxid (ZTA)	4,0	380	400...480	15	9...11	1000	4,4...5
PSZ, ZrO_2	5...6	140...210	500...1000	1,2...3	9...13	1500	8
TPZ (Y-TPZ)	6,05	210	1050	2,5	10.5	1000	15
ATi, Al_2TiO_5	3...3,7	10...30	15...50	1,5...3	1	900...1600	3...5

[1...3] Siehe Fußnote bei Tabelle 8.10

8.4.2 Nichtoxidische Werkstoffe

Diese Gruppe der technischen Keramiken unterscheidet sich von der Oxidkeramik durch die vorherrschende Bindungsart:

- Oxidkeramik mit Ionenbindung,
- Nichtoxidkeramik mit kovalenter (Elektronenpaar-) Bindung.

Die Elektronenpaarbindung ist Ursache der geringen Sinterfähigkeit (→) dieser Sorten. Die Herstellung der Ausgangspulver geschieht synthetisch nach verschiedenen Verfahren, evtl. unter Schutzgas. Dabei entstehen Werkstoffe verschiedener Porosität (Dichte) und innerer Bindung mit entsprechenden Eigenschaftsunterschieden (Tabellen 8.8 und 8.9).

Nichtoxidisch sind Carbide und Nitride von Silicium, Bor und Al.

Carbide sind elektrisch- und wärmeleitend.

Nitride sind elektrisch isolierend, auch bei hohen Temperaturen.

Sinterverhalten: Die feste Bindung der Elektronen lässt keine Stoffübergänge zwischen den Pulverteilchen zu. Sie brauchen Sinterhilfsmittel, die bei Sintertemperatur *verglasen* und damit *binden,* aber leider die Wärmebeständigkeit verschlechtern. Bei geringem Druck entstehen poröse Werkstoffe mit geringer Festigkeit.

Höchste Dichte und Biegefestigkeit bei erhöhten Kosten erreichen die heißisostatisch und gasdruckgesinterten Sorten.

Siliciumcarbid SiC

Silicium, Si steht im PSE unter dem Kohlenstoff in der gleichen Hauptgruppe und hat damit die gleiche Besetzung der Elektronen-Außenhülle. Die Si-Atome ersetzen das C im Diamantgitter (→).

Die verschiedenen Herstellverfahren führen zu unterschiedlicher Porosität und Dichte. Für größere Bauteile ist eine geringe Schwindung beim Sintern wichtig.

SiC ist als Carborundum als hartes, abrasiv wirkendes Korn in Schleifscheiben u. a. enthalten. Die Herstellung erfolgt unter hoher Energiezufuhr im elektrischen Lichtbogen bei ca. 2500 °C (→):

Übersicht: Siliciumcarbidsorten:

Sorte	Herstellungsart	Dichte g/cm³
Artfremdgebunden		
NSiC	nitridgebunden, porös 10...5 %	2,7...2,82
SiSiC	reaktionsgebunden, Si-infiltriert	3,1
LPSiC	flüssigphasengesintert (Al-Oxid)	3,20...3,24
Arteigengebunden		
RSiC	rekristallisiert, porös 11...15 %	2,6...2,8
SSiC	drucklos gesintert	3,1...3,15
HPSiC	heißgepresst (HP)	3,2
HIPSiC	heißisostatisch gepresst (HIP)	3,2

RSiC und SiSiC sintern schwindungsfrei und sind für größere Bauteile geeignet. Beim Si-infiltrierten SiSiC werden die Poren mit flüssigem Si gefüllt (höchste Wärmeleitfähigkeit).

Dichte und Festigkeit steigen auch mit sinkender Korngröße (< 2 µm mit R_m = 500 MPa) .

Hinweis: (Diamantgitter→ Bild 1.8)

SiC besitzt hohe Härte und höhere Wärmeleitfähigkeit als andere keramische Stoffe.
(Diamant leitet die Wärme besser als Kupfer!)

Offene Porosität mit Hohlräumen von 50...200 µm

- verringert die Oxidationsbeständigkeit des Bauteils bei höheren Temperaturen,
- wird genutzt zur Aufnahme von Schmierstoffen (SSiC) oder flüssigem Silicium (SiSiC).

Reaktionsgleichung:

$SiC_2 + 3\,C \rightarrow SiC + 2\,CO - 618{,}5\ kJ$

Für die technische Keramik müssen die Ausgangsstoffe eine hohe Reinheit besitzen.

Übersicht: Die Sorten NSiC, SiSiC und LPSiC erhalten ihre Bindung durch *artfremde* Zusätze, dadurch ist ihre max. Einsatztemperatur geringer.

Die anderen Sorten bestehen aus reinem SiC und verfestigen durch den Sintervorgang

- drucklos die Sorten RSiC und SSiC), bzw.
- mit steigendem Druck bei 2000 bis 2500 °C die Sorten HPSiC und HIPSiC.

Anwendungen: Gleitringdichtungen und Lager für Pumpenwellen in aggressiven Medien (SiSiC).
Läufer für Abgasturbinen (kleineres Massenträgheitsmoment als Stahlrotoren).
Vorrichtungen zum Stapeln von Glühgut in Glühöfen (RSiC).

SiSiC wird wegen der guten Wärmeleitfähigkeit (> Stahl) auch für Wärmeaustauscher in heißen korrodierenden Medien eingesetzt. (→ Durchdringungsverbundwerkstoffe 10.5).

Tabelle 8.8: Werkstoffkennwerte der SiC-Sorten (ceramverband)

Sorte Kurzzeichen	E-Modul GPa	Biegefestigkeit MPa	Wärmeleitfähigkeit[1] λ W/mK	Wärmeausdehnung α[2] 10^{-6}/K	Maximale Temperatur °C	K_{Ic}[3] MPa $\sqrt{m}$
RSiC	230...280	80...120	18...20	4,8	1600	3...4
SSiC	370...450	300...600	40...120	4,0...4,8	1400...1750	3...4,8
SiSiC	270...350	180...450	110...160	4,3...4,8	1380	3...5
HPSiC	440...450	500...800	80...145	3,9...4,8	1700	3
HiPSiC	440...450	640	80...145	3,5	1700	
LPSiC	420	600	100	4,1	1200...1400	6,0
NSiC	150...240	180...200	14...15	4,5	1450	--

[1...3] siehe Fußnote bei Tabelle 8.9

Borcarbid B_4C, Stoff mit höchster Härte (nach Diamant und Bornitrid) und höchstem Widerstand gegen abrasiven Verschleiß. Der Schmelzpunkt liegt bei 2450 °C. Borcarbid ist ein guter Neutronenabsorber, der keine langlebigen Sekundärstrahler bildet.

Anwendungen: Düsen für die Strahltechnik, Schleifscheibenabrichter, Läppkorn für Hartmetall

Panzerplatten für ballistische Zwecke, Dichte 2,5 g/cm^3, E-Modul = 450 GPa

Absorberplatten gegen Neutronenstrahlung, B_4C/Graphit-Thermoelemente bis 2200 °C

Siliciumnitrid Si_3N_4 (SN)

Stoffe mit höchster Zähigkeit und Biegefestigkeit (bis 1000 °C). Sie werden wegen der Zersetzung bei 1750...1959 °C *unter Druck* (Übersicht) gesintert.

Si_3N_4 ist ein synthetischer Stoff, der sich bei ca 1700 °C unter Normaldruck in die Elemente zersetzt. Er kommt als Pulver mit Sinterhilfsmitteln aus den Oxiden das Al, Mg und Y mit Korngrößen unter 1 µm in den Handel (hoher Preis).

Übersicht: Siliciumnitridsorten

Sorte	Herstellungsart	Dichte g/cm^3
RBSN	reaktionsgebunden, porös	1,9...2,5
SSN	drucklos gesintert, porös	3...3,3
HPSN	mech. heißgepresst (100 bar)	3,2..3,4
HIPSN	heißisostatisch gepresst (bis 2000 bar)	3,2...3,4
GPSN	gasdruckgesintert (100 bar)	3,2

Anwendungen: Rotor für Abgasturbolader (SSN). Ventile für Pkw-Motoren (GPSN).

Schneidkeramik für unterbrochenen Schnitt und Schruppfräsen mit Kühlung.

Schutzrohre für Thermoelemente und Steigrohre in Schmelzöfen für Niederdruckguss.

Statt einer *infiltrierten* Sorte gibt es hier ein reaktionsgebundenes RBSN, dass erst während des Pressens von Si-Pulver durch Einleiten von N_2-Gas erzeugt (nidridiert) wird. Es sintert schwindungsfrei mit feiner Porosität, die zu niedrigeren mechanischen Werten führt und bei hohen Temperaturen zu innerer Oxidation führen kann.

Wälzlager als Vollkeramiklager bis 500 °C einsetzbar. Im Trockenlauf 40 % weniger Reibmoment, aber 5...10-fach teurer als Stahl, für extrem hohe Drehzahlen geeignet (kleinere Dichte), unmagnetisch, korrosionsfest. Höchste Genauigkeit erforderlich, da Innenring durch Wärmedehnung der Welle auf Zug beansprucht wird. Deshalb werden meist Hybridlager mit HPSN-Kugeln in Stahlringen verwendet.

Tabelle 8.9: Werkstoffkennwerte der SN-Sorten

Sorte Kurzzeichen	E-Modul GPa	Biege-festigkeit MPa	Wärme-[1] leitfähigkeit λ W/mK	Wärmeaus-dehnung α[2] 10^{-6}/K	Maximale Temperatur °C	K_{Ic}[3] MPa $\sqrt{m}$
SSN	290...330	700...1000	15...40	2,5...3,5	1300	5...8,5
RBSN	80...180	80...330	4..15	2,1...3	1400	1,8...4
HPSN	290...320	300...600	15...40	3,0...3,4	1400	6...8,5
HIPSN	290...330	800...1100	15...50	3,1...3,3	1400	8,5
GPSSN	300...320	900...1200	20...25	2,7...2,9	1200	8...9

[1...3] siehe Fußnote bei Tabelle 8.10

Aluminiumnitrid AlN hat unter den keramischen Stoffen ein besonderes Eigenschaftsprofil:

- höchste Wärmeleitung (bis zu 220 W/m K),
- hohen elektr. Isolationswiderstand bis 600 °C,
- Wärmedehnung dem Silicium ähnlich,
- ist metallisierbar.

Anwendungen: Durch sein Eigenschaftsprofil ist AlN der ideale Isolierwerkstoff für die Elektronik als Unterlage (Substrat) für gedruckte Schaltungen, mit angelöteten elektronischen Bauelementen, und Si-Halbleitern.
Es dient als Ersatz für das verwendete toxische Berylliumoxid BeO.

Bornitrid kann ähnlich wie Kohlenstoff als Graphit und Diamant in zwei Kristallgittern (→) auftreten und in das dichtere überführt werden.

- Hexagonales Bornitrid HBN,
- Kubisches Bornitrid CBN.

Die Synthese von Bornitrid erfolgt bei 900 °C aus Bortrioxid und Ammoniak (→).

Hinweis: Graphit- und Diamantgitter (→ 1.3.4)

Reaktionsgleichung:

$B_2C_3 + 2\,NH_3 \rightarrow 2\,BN + 3\,H_2O$

Nach einer Behandlung mit Stickstoff bei 1500 °C entsteht BN in Plättchenform von 0,1...0,5 µm Dicke und ca. 5 µm ∅.

Hexagonales HBN (weißer Graphit genannt), ist weich und wird massiv in Form von Pulver, Suspension oder PVC-Schicht als Trockengleitwerkstoff und Trennmittel verwendet. Bedeutung hat seine geringe Benetzungsfähigkeit mit Metallschmelzen. Im Vergleich mit Graphit ist es

- oxidationsbeständiger (chem. Verbindung),
- elektrisch isolierend und wärmeleitend,
- hat ab 400 °C bessere Gleiteigenschaften als Graphit und Molybdändisulfid.

Anwendungen von HBN:
(→ www.henze-bnp.de)

Matrizen beim Stranggießen von NE-Metallen, Pulver und Spritzmittel für Gieß- und Warmumformwerkzeuge, Schutz gegen Schweißspritzer (HeboCoat®)

Polymerenzusatz: Erhöhte Wärmeleitung bei hohem elektrischem Widerstand. Der Gleiteffekt schont die Werkzeuge.

Nanopulver (ca. 70 nm Teilchengröße)

Kubisches Bornitrid CBN entsteht aus der hexagonalen Form durch Hochdruck- und Hochtemperaturbehandlung. Es hat ein Diamantgitter und steht in der Härte unter dem Diamanten, aber vor dem Titancarbid TiC.

CBN-Werkzeuge als Wendeschneidplatten oder als polykristalline Beschichtung von Hartmetall zum Spanen gehärteter Stähle eingesetzt (mit hoher Oberflächengüte).

Kohlenstoff wird als Werkstoff in Form von Kohlenstoffprodukten, Graphit und Diamant eingesetzt.

Graphit ist ein mineralischer Rohstoff, der auch aus Koks durch Hochtemperaturbehandlung entsteht (Graphitisierung bei 2800 °C). Seine seltene Eigenschaftskombination erlaubt zahlreiche Anwendungen:

- Hochtemperatur-Festigkeit und Korrosionsbeständigkeit,
  Gleiteigenschaften durch das hex. Schichtengitter (→ Bild 1.4),
- Leitfähigkeit für Wärme und Elektrizität,
- Niedrige Zugfestigkeit, die mit der Temperatur (bis 2500 °C) auf das Doppelte zunimmt.

Durch Kunstharztränkung entstehen gas- und flüssigkeitsdichte Werkstoffe mit besseren mechanischen Eigenschaften, die Wärmebeständigkeit ist, abhängig vom Polymer, auf etwa 200 °C begrenzt.

Vorkommen: Graphit kommt als Mineral mit wechselnder Reinheit vor.

Anwendungen: Kohlenstoffprodukte sind Elektroden für die Elektro-Stahlgewinnung und die Schmelzflusselektrolyse des Aluminiums, Magnesiums und anderer Metalle. Sie werden aus Petrolkoks, Pechkoks mit Zugabe von Graphit geformt und bei > 1000 °C gebrannt.

Dazu auch Kohlenstoffsteine und -stampfmassen für hochfeuerfeste Auskleidungen in metallurgischen Anlagen.

Rohre und Bauelemente für den chemischen Apparatebau (DIABON® von SIGRI).

Hinweis: C-Fasern → 10.3.1

CFC ist carbonfaserverstärkter Kohlenstoff mit der Kombination aus geringer Dichte (Masse) und hoher Warmbiegefestigkeit bis 1200 °C. Anwendung z. B. für Chargiersysteme in Ofenanlagen als Ersatz für NiCr-Legierungen. (Sigrabond®).

www.sglcarbon.com; www.schunck-tribo.com

8.5 Neue Verfahren zur Herstellung der Pulver-Ausgangsstoffe

Die Anwendung auf Bauteile in der Serienfertigung von z. B. Verbrennungsmotoren ist schwierig wegen der gegenüber Metallen größeren Abhängigkeiten (→).

- Streuung der Eigenschaftswerte, da die natürlichen Ausgangsstoffe in Reinheit und Korngröße schwanken,
- Abhängigkeit der Bauteileigenschaften vom Herstellverfahren. Sie führen zu
- Schwierigkeiten in der Qualitätssicherung durch eine höhere Ausfallwahrscheinlichkeit der nichtmetallisch anorganischen Stoffe.

Es ist sehr aufwändig, aus Naturstoffen mit wechselnden Verunreinigungen die Ausgangsstoffe für Keramik ständig in reinster, gleichmäßig **feink**örniger Pulverform herzustellen (→).

Das hat zur Entwicklung anderer Herstellungsverfahren für Pulver kleiner Korngröße geführt. Wegen der Kosten sind diese Pulver zunächst auf kleine Teile und solche mit höchster Beanspruchung begrenzt.

Nanoskalige Pulver aus TiCN erhöhen Oxidations- und Temperaturbeständigkeit von feuerfesten Massen in Kontakt mit Metallschmelzen, wie Elektroden, Auskleidungen für Konverter und Pfannen, Gießstrahlrohre (2500 EUR/t).

Polymer-Pyrolyse: Synthese von nichtoxidischen, anorganischen Festkörpern aus AlN, BN, SiC und SN in zwei Schritten:

- **Polymerisation** von solchen organischen Verbindungen, die **Silicium** u. a. anorganische Elemente im Molekül enthalten (z. B. Silane →),
- **Keramisierung:** Thermische Zerlegung der hochmolekularen Verbindungen zu nichtmetallischen, anorganischen Feststoffen.

Begriff: Pyrolyse (pyro- [griech.] mittels Feuer, Hitze): Zerlegung von höhermolekularen Stoffen bei hohen Temperaturen.

Beispiel: Silane entsprechen den Kohlenwasserstoffen und sind polymerisierbar. Sie zerfallen bei ca. 1000 °C unter Abspaltung von Methan und Wasserstoff:

$$[(CH_3)_2Si]_n \rightarrow SiC + CH_4 + H_2$$

Polycarbosilan

Hinweis: Anwendung dieser Technik seit längerem zur Herstellung von C-Fasern aus PAN-Fasern (Polyacrylnitril).

Vorteile: Wesentlich niedrigere Temperaturen beim Sintern, Reinheit und Mikrogefüge im Nanometer-Bereich, und Möglichkeiten für neue Stoffkombinationen, die auf die konventionelle Weise nicht herstellbar sind.

Versuche zur Herstellung kleiner dichter Formkörper aus SiC und SiN und Infiltration von porösen Körpern zur Herstellung von Verbundwerkstoffen.

Sol-Gel-Verfahren: Ausfällen von schwer löslichen Hydroxiden aus Lösungen. Die Teilchen haben Größen im Bereich von einigen Nanometern (1 nm = 0,001 µm) und sind besser vermischt, als es durch mechanisches Mahlen und Vermischen erzeugt werden kann. Hinzu kommt eine hohe Reinheit der Stoffe.

Durch Wasserentzug entsteht aus dem Sol ein Gel, das durch Trocknung zu einem feinkörnigen Pulver verarbeitet wird.

Begriff: Sol und Gel sind jeweils Zweistoffsysteme von kleinsten Teilchen in einer flüssigen Phase. Sie unterscheiden sich in der Teilchengröße und in der Viskosität: Gel = gallertige Masse.

Einteilung von Stoffmischungen nach steigender Teilchengröße:

Echte Lösung
→ kolloidale Lösung (Sol)
→ Gel
Stoffgemenge

8.6 Vergleich einiger anorganisch-nichtmetallischer Werkstoffe

Tabelle 8.10 und Diagramme zeigen, dass die anorganisch-nichtmetallischen Stoffe nicht nur gegenüber Metallen (Stahl), sondern auch unter sich starke Unterschiede aufweisen können. Die Produkte der einzelnen Hersteller weichen aufgrund der unterschiedlichen Ausgangsstoffe und Verfahrensbedingungen voneinander ab.

Tabelle 8.10: Werkstoffkennwerte anorganisch-nichtmetallischer Stoffe im Vergleich mit Stahl

Sorte Kurzzeichen	Dichte ρ g/cm³	E-Modul GPa	Zug/Biege-festigkeit MPa	Wärme-leitfähigkeit λ W/mK [1]	Wärme-ausdehnung α 10^{-6}/K [2]	Maximale Temperatur in Luft °C	K_{IC} [3] MPa $\sqrt{m}$
Stahl, unleg.	7,85	210	500...700	62	12	200	100
Al-Oxide	3,2...3,9	200...380	200...300	10...16	5...7	1400...1700	4...5
PSZ (ZrO_2)	5...6	140...210	500...1000	1,2...3	9...13	900...1500	8
ATi (Al_2TiO_5)	3...3,7	10...30	25...50	1,5...3	1	900...1600	1
AlN	3,2	320	250...300	180...220	4,5...5,6	1000	3,0...3,5
HPSN	2...3,4	290...320	600...850	15...50	3,2	1400	6,8...8
HPSiC	3,2	440...450	500...800	80...145	3,9...4,8	1700	5,3
HBN	2,1	70	75	20...100 [4]	2,2...4,4	900	----
BC (B_4C)	2,51	450	300...400	30...400	5	700...1000	3,4
Quarzglas	2,21	76	115	1,15	0,5	1500	--
Kalk-Alkali-Glas	2,3...2,8	60	40...80	0,75...1,25	8	500...700	---
GJL250	7,2	103...118	340	48	10...13	200	---

[1] Wärmeleitfähigkeit λ bei 20 °C; [2] Längenausdehnung α für Keramik 30…600 °C; [3] K_{IC}: krit. Spannungs-Intensitätsfaktor (Bruchzähigkeit, aus der Bruchmechanik hergeleitet). v. Mischung und Herstellverfahren abhängig

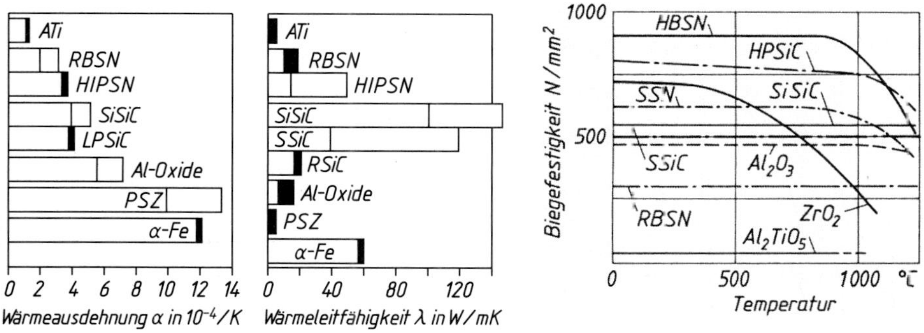

Bild 8.5 Wärmeausdehnung, Wärmeleitfähigkeit und Biegefestigkeit anorganisch-nichtmetallischer Werkstoffe bei höheren Temperaturen im Vergleich mit Stahl

Literaturhinweise und Informationsquellen:

Salmang, H.; Scholze, H.:	Keramik, Teil 1: Allgemeine Grundlagen und wichtige Eigenschaften Teil 2: Werkstoffe.	Springer-Verlag, 2002
Degussa	Oxidkeramik, DEGUSSIT®; FRIALIT®	www.friatec.de
Informationszentrum Technische Keramik	Informationsschriften, Daten und Eigenschaften keramischer Werkstoffe: Brevier Technische Keramik, Pdf-Datei	www.keramverband.de
CeramTec AG	Informationsschriften über einzelne Keramik-Werkstoffe	www.ceramtec.de
H.C. Starck Ceramics	Informationen über Eigenschaften + Anwendungen	www.hcstarck.de

9 Kunststoffe (Polymere)

9.1 Allgemeines

9.1.1 Entwicklung und Bedeutung

Kunststoffe sind gegenüber Metallen und Keramiken junge Werkstoffe, die in kaum 100 Jahren seit ihrer Entdeckung (→) viele Anwendungsbereiche erobert haben. Die Zahl der Sorten und Mischungen untereinander oder mit Zusätzen entstand aus den Anforderungen der Anwender.

Aufgrund ihres Eigenschaftsprofils haben sie viele klassische Werkstoffe ersetzt. Ihre Vorzüge sind die Kombinationen aus Korrosionsbeständigkeit und geringer Dichte verbunden mit kostengünstiger Herstellung von Bauteilen mit großer Gestaltungsfreiheit.

Neue Polymere und Faserverbunde haben höhere Festigkeit und Steifigkeit, so dass sie als Leichtbauwerkstoffe mit Al- und Mg-Legierungen konkurrieren (→).

Bakelite: Phenol-Formaldehyd-Kunststoff im Jahre 1907 von Bakeland erfunden. Bereits im 19. Jahrhundert gab es Zelluloid.

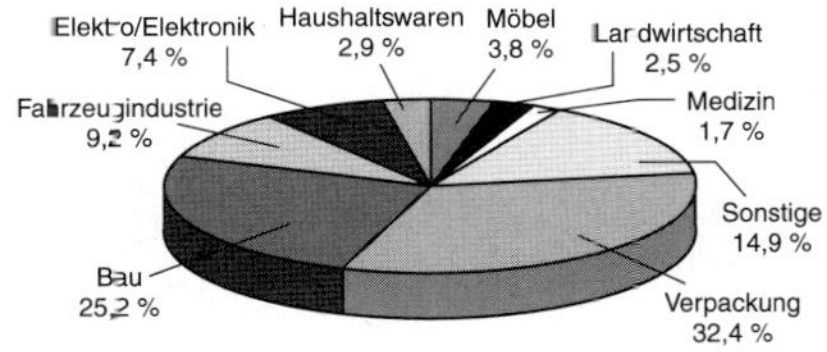

Bild 9.1 Anwendungsbereiche der Polymere in der BRD 2008

Beispiel: Pkw-Kotflügel

Werkstoff	Stahl	Al-Leg.	Polymer
Gewicht in kg	8,3	4,6	4,0
Dicke in mm	0,8	1,25	2,8

9.1.2 Begriffe und Einteilung der Polymere

Polymere sind nichtmetallische, organische Werkstoffe aus Kohlenstoffverbindungen, d. h. Riesen- oder Makromolekülen mit einem Gerüst aus überwiegend C-Atomen mit angehängten H-Atomen (Kohlenwasserstoffe KW und Abkömmlinge).

Monomere sind die einmoleküligen Ausgangsstoffe. Durch chemische Reaktionen (→) werden die Einzelmoleküle durch starke Elektronenpaarbindungen zu Makromolekülen.

Makromoleküle sind ketten- oder netzartig gebaut. Die Netze sind räumlich durchdrungen und werden Raumnetzmoleküle genannt (Bild 9.2). Die Bedingungen für das Entstehen dieser beiden Arten liegen in der Anzahl der frei werdenden Bindungsarme der monomeren Moleküle.

Begriffe:
poly = viel;
meros = Teil; bezieht sich auf die vielteiligen Moleküle, aus denen Kunststoffe bestehen.
monos: einzeln, allein, einmalig

Chemische Reaktionen sind: Polymerisation, Polykondensation, Polyaddition. → 9.2.5 f.

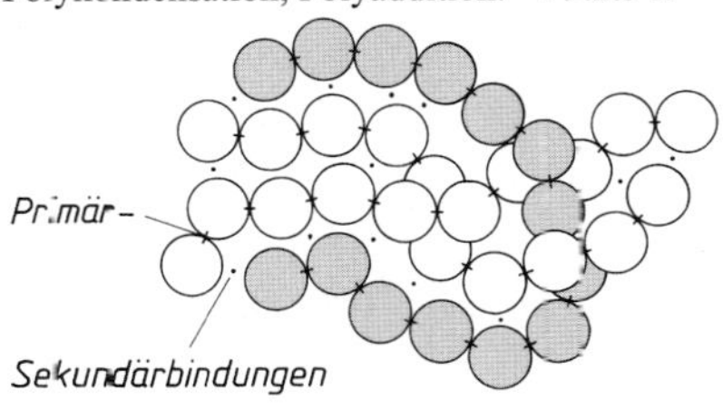

Bild 9.2 Ketten- oder Fadenmoleküle

Kettenmoleküle	Moleküle haben **zwei** zur Reaktion fähige Stellen (Kupplungen)
Raumnetzmoleküle	Moleküle haben **drei** zur Reaktion fähige Stellen

Die Molekülstruktur legt die Haupteigenschaften fest, nach denen die Kunststoffe eingeteilt werden (Tabelle 9.1).

Tabelle 9.1: Einteilung der Polymere nach der Molekülstruktur

Ketten- oder Fadenmoleküle	**Kettenmoleküle + Vernetzungen**	**Raumnetzmoleküle**
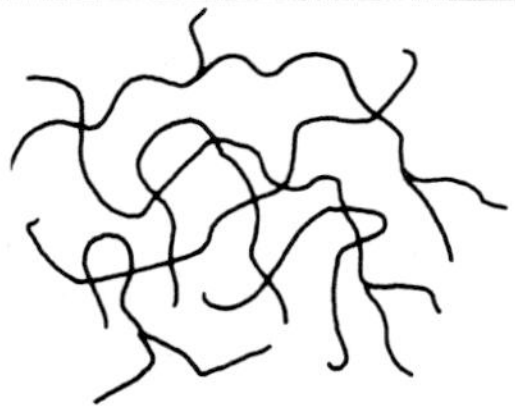	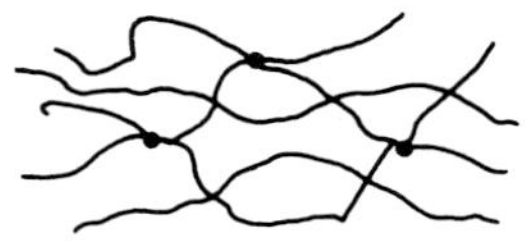	
Schwache Bindungen **zwischen** den Ketten werden bei Wärmebewegung gelockert (Abstand steigt): Die Ketten sind dann gegeneinander beweglich. Das Polymer ist **plastisch verformbar** und schweißbar. Es hat thermoplastische Eigenschaften.	Kettenmoleküle werden durch starke Bindungen weitmaschig vernetzt. Eine Verschiebung der Ketten ist unmöglich, jedoch ein Strecken zwischen den Vernetzungspunkten. Das Polymer ist **gummi-elastisch** mit hohem Rückstellvermögen. Es hat elastische Eigenschaften.	Engmaschig durch starke Bindungen miteinander vernetzte räumliche Moleküle sind durch Wärmebewegung nicht gegeneinander beweglich. Das Polymer ist **unschmelzbar**, fast unlöslich und härter. Es hat duroplastische Eigenschaften.
Thermoplaste, (Plastomere)	**Elaste** (Elastomere)	**Duroplaste** (Duromere)

Die Haupteigenschaften der Kunststoffe sind aus dem Umgang im Alltag geläufig und können – unter Hinweis auf ihre Struktur – mit den Metallen verglichen werden (Tabelle 9.2).

Tabelle 9.2: Eigenschaftsvergleich Metall – Polymer

<table>
<tr><th>Eigenschaften</th><th>Polymereigenschaften und -verhalten</th><th>Ursachen in der Struktur der Polymere</th></tr>
<tr><td>Dichte ρ</td><td>Polymere sind leichter als Metalle, sie sind nicht so dicht gepackt und bestehen aus Nichtmetallen (→). Ihre Dichte liegt zwischen 0,9…2,0 kg/dm^3, sie schwimmen z. T. auf dem Wasser (als massive Stoffe).</td><td>Dichtevergleich mit Fe:
<table>
<tr><td>Element</td><td>Fe</td><td>C</td><td>H</td><td>O</td></tr>
<tr><td>ρ in kg/m^3</td><td>7850</td><td>2200</td><td>0,09</td><td>1,43</td></tr>
<tr><td>Element</td><td>N</td><td>Cl</td><td>F</td><td>S</td></tr>
<tr><td>ρ in kg/m^3</td><td>1,25</td><td>3,21</td><td>1,70</td><td>2100</td></tr>
</table></td></tr>
<tr><td>Chemische Beständigkeit</td><td>Polymere haben hohe Beständigkeit in Säuren, Basen und Salzlösungen, sind jedoch nicht beständig gegen bestimmte Lösungsmittel, die lösen oder aufquellen lassen.</td><td>Polymere sind chemische Verbindungen, molekular gebaut. Ihre Valenzelektronen sind in Elektronenpaaren gebunden. Die Atome haben dadurch die „Edelgashülle“.</td></tr>
<tr><td>Steifigkeit, E-Modul</td><td>Polymere sind biegeweicher als Metalle, ihr E-Modul liegt um Zehnerpotenzen niedriger und ist stark temperaturabhängig. Bespiel: Gartenschlauch wird im Winter steif.</td><td>Polymere haben keine Kristallgitter, ihre Moleküle haben größere Abstände und schwache Anziehungskräfte.
Bei Erwärmung vergrößern sich die Abstände, die Kräfte werden noch kleiner.</td></tr>
</table>

Tabelle 9.2: Fortsetzung

Eigenschaften	Polymereigenschaften und -verhalten	Ursachen in der Struktur der Polymere
Wärmedehnung und **Wärme-beständigkeit**	Polymere **dehnen** sich bei Erwärmung ca. 5...15-fach **stärker** aus als Metalle. Beispiel: Profile, wie Handläufer, Rohrüberzüge heben sich bei Erwärmung ab. Bei höheren Temperaturen erfolgt **Zersetzung** mit Verfärbung, Blasenbildung und Verbrennung.	Bei Wärmezufuhr vergrößern sich die Abstände der Moleküle (Wärmebewegung). **Erweichung** der Stoffe, bei hohen Temperaturen zerfallen die Riesenmoleküle in **niedermolekulare Stoffe,** die flüssig oder gasförmig sein können.
Leitfähigkeit für **Wärme** und **Elektrizität**	Polymere haben **niedrige Wärmeleitzahlen**, sie betragen ca 1/300 der von Stahl. Es sind **Isolatoren** für die E-Technik, (mit Ausnahme der Sorten, die Feuchtigkeit aufnehmen).	Weitergabe von Wärme- und elektrischer Energie ist an freie Elektronen gebunden. Bei Polymeren liegen Elektronenpaarbindungen vor, die Elektronen sind **ortsgebunden** (lokalisiert).
Langzeit-verhalten	Polymere neigen unter Belastung zum **Kriechen**, das ist eine langsame bleibende Formänderung, oder sie lassen in der Spannung nach (Ermüdung).	Das Fehlen eines Kristallgitters und die größeren Molekülabstände lassen ein **Verschieben der Kettenmoleküle** zu.
Farbgebung	Polymere sind glasklar bis milchig und lassen sich durchgehend und mit höherer Beständigkeit einfärben als lackierte Metalle.	

Die Polymereigenschaften lassen sich stark verändern durch die

- **Gestalt** der Makromoleküle, und/oder
- **Ausrichtung** der Makromoleküle, die sog. Kristallisation.

Hinweis: Weitere Veränderungen sind auch möglich durch

Legieren (Copolymerisate, Polymergemische), **Füll- und Verstärkungsstoffe** (folgende Abschnitte).

9.1.3 Polymereigenschaften und ihre Prüfung

Während Metalle im Bereich der Hookschen Geraden elastisch sind, zeigen Polymere ein visko-elastisches Verhalten (→) mit den Folgeerscheinungen:

- **Kriechen**, d. h. eine langsame plastische Formänderung unter konstanter Belastung,
- **Spannungsermüdung** (Relaxation), d. h. das Nachlassen der Spannungen unter konstanter Dehnung.

Hinweis: Eine Zusammenstellung der Eigenschaftsprüfungen gibt die Norm DIN EN ISO 10350/01.

Begriffe:

viskos: zähfließend wie z. B. Harz
elastisch: rückfedernd wie z. B. Gummi

Relaxation tritt z. B. bei verschraubten Dichtungen auf. Sie werden dünner, die Spannung lässt nach und die Verbindung wird undicht.

Durch dieses visko-elastische Verhalten der Polymere sind ihre Eigenschaften von der Versuchsgeschwindigkeit abhängig, Festigkeiten steigen bei den meisten bis zum Bruch an, d. h. bei stoßartiger Belastung kann ein zähes Polymer spröde brechen.

Tabelle 9.3 zeigt die wichtigsten Kenngrößen des Zugversuches nach DIN EN ISO 527/96.

Prüfverfahren ermitteln die mechanischen Kurzzeiteigenschaften wie bei den Metallen an besonderen Proben und mit festgelegten Belastungsgeschwindigkeiten. Eigenschaftswerte haben ähnliche Definitionen, aber z. T. andere Bezeichnungen.

Bild 9.3 zeigt typische Spannungs-Dehnungs-Linien von thermoplastischen Kunststoffen in Verbindung mit den Werkstoffkennwerten in Tabelle 9.3.

Tabelle 9.3: Werkstoffkennwerte des Zugversuches bei Kunststoffen

Größe (Kunststoffe)	Kurve	Einheit
Zugfestigkeit σ_M ist die max. Spannung während des Versuches	1, 2	
Bruchspannung σ_B ist die Spannung beim Bruch (Reißfestigkeit)	1	MPa
Streckspannung σ_Y ist der erste Spannungswert, bei dem eine weitere Dehnung ohne Spannungserhöhung erfolgt	2	
Spannung σ_x bei der Dehnung x	4	
Dehnung ε_M b. d. **Zugfestigkeit** σ_M	1, 2	
Bruchdehnung ε_B (Reißdehnung)	1	%
Streckdehnung ε_Y	2	
E-Modul aus dem Zugversuch E_t (Quotient aus dem Spannungs- und zugehörigen Dehnungsunterschied bei ε_2 = 0,0025 minus ε_1 = 0.0005)		MPa

E-Module werden auch aus der Druckfestigkeit oder der Biegefestigkeit ermittelt.

Biegefestigkeit wird nach DIN EN ISO 178/06 ermittelt, bei dem ein Normstab als Träger auf zwei Stützen durch eine mittige Kraft gebrochen wird. Berechnung der Biegefestigkeit aus dem Biegemoment beim Bruch (→).

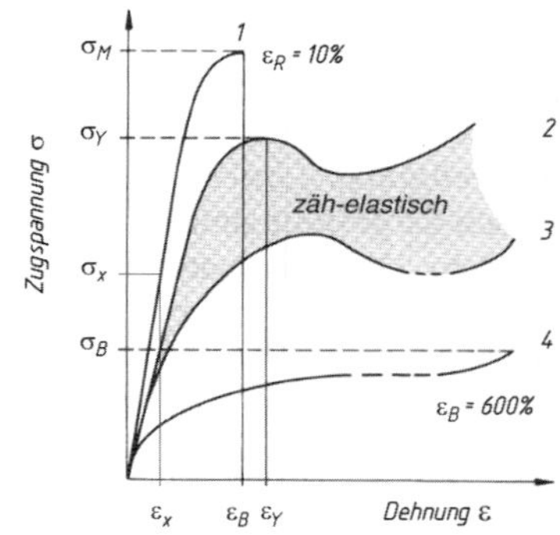

Bild 9.3 σ, ε-Linien von Polymeren, schematisch

Kurve 1: steiler Verlauf bei formsteifen, spröden Polymeren (z. B. Polystyrol PS, Polymethacrylat PMMA).

Kurven 2 und 3: Kurve mit relativem Maximum und anschließender größerer Dehnung bei zäh-elastischen und schlagfesten Polymeren (z. B. Polyamid PA, Polycarbonat PC).

Kurve 4: flacher Verlauf mit sehr großer Dehnung und niedriger Zugfestigkeit, die hier gleich der Bruchfestigkeit ist (Polyurethan PUR).

Normen: Bestimmung der Druckeigenschaften DIN EN ISO 604/03; Bestimmung der Biegeeigenschaften DIN EN ISO 178/06.

Bei zähen Polymeren ohne Bruch wird eine bestimmte Durchbiegung erzeugt und die dann wirkende *Grenzbiegespannung* berechnet.

Tabelle 9.4: Weitere mechanische Prüfungen

Größe (für Kunststoffe)	Norm, Werkstoffkenngröße	Einheit
Kugeldruckhärte H nn nn: Angabe der Prüfkraft F (49,132, 358,961 N) *Beispiel*: H49 = 120 MPa	DIN EN ISO 2039-1/03. Berechnet als Quotient aus der Prüfkraft F und der Oberfläche A der Kalotte mit Stahlkugel 5 mm ∅, Einwirkdauer 10...60 s. A wird aus der Eindringtiefe t berechnet, es gilt die Vorschrift $0{,}15 < t < 0{,}35$ mm	MPa = N/m^2
Schlagzähigkeit α_{cU} **Kerbschlagzähigkeit** α_{cN}	Schlagbiegeversuch DIN EN ISO 179/06 nach Charpy (Index c, U = ungekerbt, N = gekerbter ISO-Stab	kJ/m^2

Für weiche Kunststoffe und Elastomere werden Shore-Härte A und D (DIN 53505/00 und DIN EN ISO 868/03) angewandt. Eindringprüfung, 2,5 mm tief mit Kegelstumpf (A) oder Kegel (D) gegen den Widerstand einer Feder, Skala reicht von 0 bis 100, Shorehärte mit Einheit 1.

9.2 Monomere Stoffe und Entstehung der Polymere

Für das Verständnis der Polymere ist ein kleiner Abschnitt Chemie hilfreich. Er beschränkt sich auf das Notwendige.

Die **Struktur** der Makromoleküle ist wichtiger für das Verständnis der Eigenschaften als die chemischen Vorgänge zu ihrer **Entstehung.**

9.2.1 Kohlenstoffatome

Bild 9.4 zeigt den einfachsten Kohlenwasserstoff, das Methan. Die vier Valenzelektronen des C-Atoms gehen mit den H-Atomen Elektronenpaarbindungen ein. Wegen der größeren EN-Zahl der C-Atome werden die Elektronenpaare von ihm stärker angezogen, so dass die H-Atome eine positive Teilladung erhalten. Sie stoßen sich gegenseitig ab und stellen, auf der „Kugeloberfläche" des C-Atoms gebunden, einen größten Abstand zu sich her.

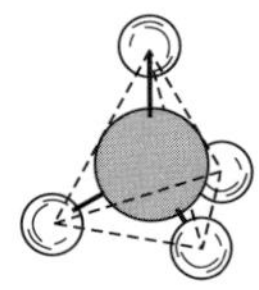

Bild 9.4 Methan, CH_4 Stäbchenmodell

Modellvorstellung: Die vier Elektronenpaarbindungen des C-Atoms wirken in die Ecken eines umschriebenen Tetraeders, wo die H-Atome liegen. Der Winkel zwischen den Bindungsarmen beträgt 109° (Tetraederwinkel).

9.2.2 Kettenförmige Kohlenwasserstoffe (Aliphaten oder aliphatische KW)

C-Atome können sich untereinander binden. Z. B. kann im Methan anstelle eines H-Atoms ein weiteres C-Atom gebunden werden, das seine restlichen Bindungen mit H-Atomen absättigt. Dadurch entsteht das Gas Ethan (Äthan), C_2H_6, wie Methan ein Brenngas (Bild 9.5).

Auf ähnliche Weise ergeben sich weitere Verbindungen mit steigender Kettenlänge. Sie bilden eine Reihe gleichartig gebauter Stoffe, die gesättigten KW (Alkane, sie haben die allgemeine Formel CH_3-$(CH_2)_n$ -CH_3 oder C_nH_{2n+2}).

Gesättigt heißt, alle vier Wertigkeiten sind durch andere Atome besetzt, d. h. es gibt keine Doppel- oder Dreifachbindungen zwischen C-Atomen.

Mit steigender Moleküllänge steigen auch die Berührungsflächen zwischen ihnen, damit die zwischenmolekularen Bindungskräfte. Die Materie wird dichter, so entsteht das (Polyethylen (Tabelle 9.5).

Die ersten Stoffe sind Gase, das Pentan C_5H_{12} ist bei RT flüssig, ab Hexadecan sind es bei RT feste Stoffe und bei noch längeren Ketten entstehen wachsartige (Paraffin) Stoffe mit steigender Härte.

Mit wachsender Kettenlänge steigen Dichte, Schmelztemperatur und Festigkeit

Beispiel: Methanreihe, Alkane (C_nH_{2n+2})

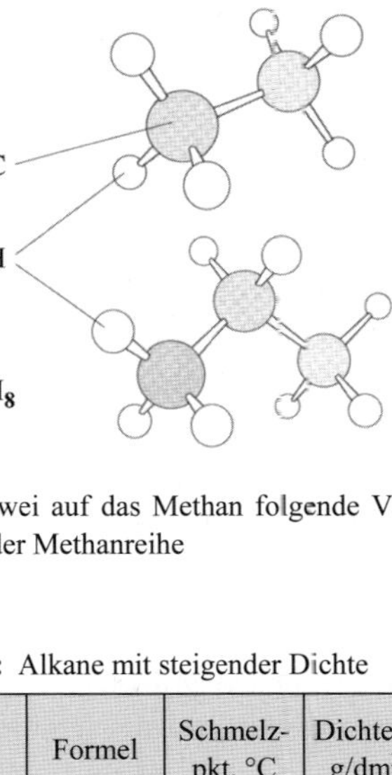

Bild 9.5 Zwei auf das Methan folgende Verbindungen der Methanreihe

Tabelle 9.5: Alkane mit steigender Dichte

Alkane C_nH_{2n+2}	Formel	Schmelzpkt. °C	Dichte ρ g/dm³
Propan	C_3H_8	−190	2
Oktan	C_8H_{18}	−56	702
Hexadekan	$C_{16}H_{34}$	+ 18	775
Eikosan	$C_{20}H_{42}$	38	778
Polyethylen	$[C_2H_4]n$[1)]	200	920

1) Polymerisationsgrad n: $500 < n < 3000$

Die kettenförmigen KW gaben die Bauanleitung für die Herstellung von Kunststoffen. Zu ihrer Herstellung müssen geeignete Einzelmoleküle von C-Verbindungen veranlasst werden, sich zu Makromolekülen zu binden. Bild 9.6 zeigt ein natürliches Polymer, die Cellulose, das z. B. zu Celluloid (Cellulosenitrat, brennbar) und zahlreichen anderen thermoplastischen Sorten verarbeitet wird.

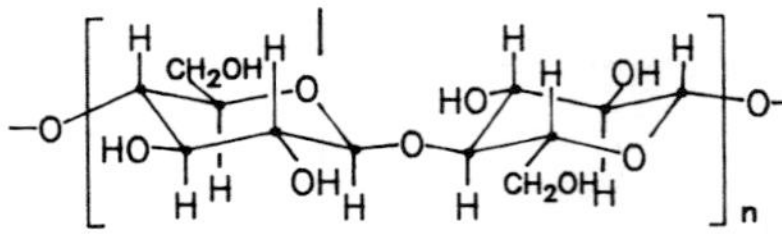

Bild 9.6 Baustein eines Cellulosemoleküls

Isomerie. Mit steigender Kettenlänge wachsen die Möglichkeiten, dass neben linearen Ketten auch verzweigte existieren. Diese Erscheinung wird Isomerie genannt.

Isomere Verbindungen haben bei gleicher Summenformel verschiedene Strukturformeln

Isomere Verbindungen unterscheiden sich geringfügig in den chemischen und physikalischen Eigenschaften, z. B. den Siedepunkten. Verzweigte Moleküle sind sperrig gebaut. Diese Stoffe sind weniger dicht gepackt und ergeben Polymere mit kleinerer Dichte als die linear aufgebauten (Bild 9.7).

n-Butan C_4H_{10} (lineares Molekül)

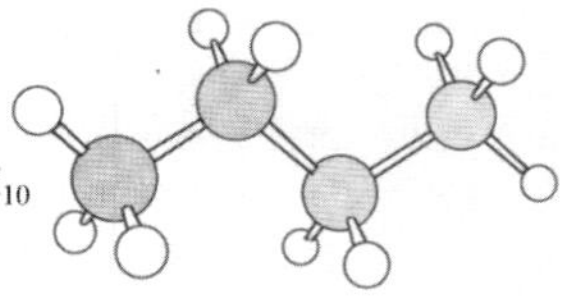

i-Butan C_4H_{10} (verzweigtes Molekül)

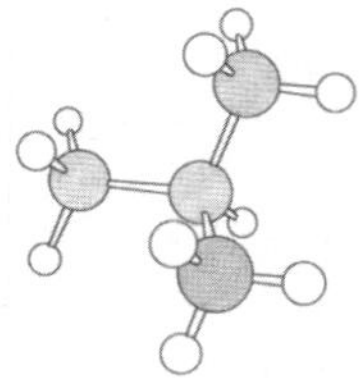

Bild 9.7 Lineare und verzweigte Ketten des Butans

9.2.3 Ringförmige Kohlenwasserstoffe (Aromaten)

Sechs C-Atome bilden einen kompakten Ring mit je drei Doppelbindungen, so dass jedes C-Atom nur einen freien Bindungsarm besitzt, an dem je ein H-Atom gebunden ist (Bild 9.8).

H-Atome können durch Halogene, OH- und andere CH-Gruppen ersetzt werden. Das ergibt die zahlreichen Benzolabkömmlinge (Derivate).

Im Benzolring ist der Abstand der C-Atome kleiner als in den Kettenmolekülen. Sie haben damit eine größere Bindungsenergie. Damit steigt die Beständigkeit in der Wärme (→ Beispiel unten).

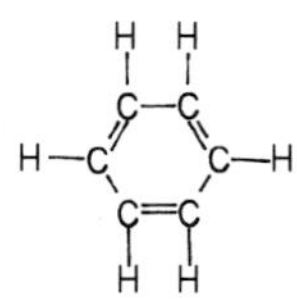

Bild 9.8 Strukturformel Benzol, C_6H_6

Polymere, deren Kettenglieder teilweise oder ganz aus Benzolringen bestehen, sind mechanisch steifer und bei höheren Temperaturen einsetzbar.

Neuere Polymere, die z. B. für den Einsatz im Motorraum geeignet sind, wie

- **Polyphenylenoxid** PPO,
- **Polyphenylensulfid** PPS, **Polyimide** PI

besitzen solche Benzolringe im Monomermolekül (Strukturformeln → Kapitel 9.7).

Beispiel: Klopffestigkeit des Benzols: Vergaserkraftstoffe dürfen sich im Brennraum unter Druck und Temperatur nicht selbst entzünden (klopfende Verbrennung). Richtwert ist das Iso-Oktan, C_8H_{18} (2,2,4-Trimethylpentan) mit einer Oktanzahl 100. Benzol hat 115.

9.2.4 Herstellung synthetischer Makromoleküle, Übersicht

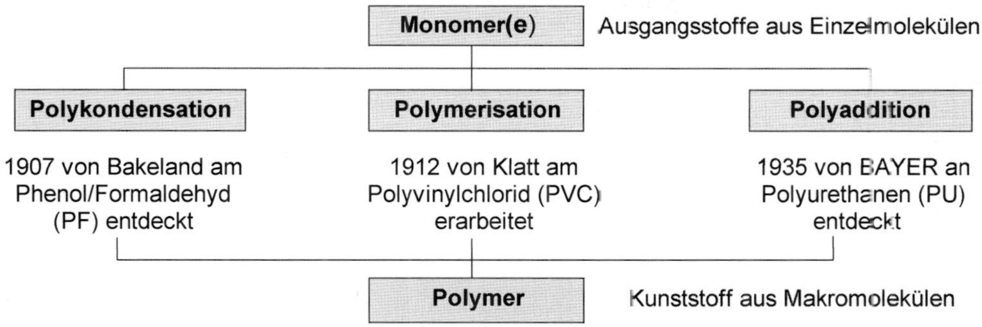

9.2.5 Polykondensation

Die beiden nebenstehenden Stoffe reagieren miteinander, wie das Bild 9.9 zeigt. Dabei setzt sich das C-Atom mit seinen beiden H-Atomen unter Abspaltung des O-Atoms als Bindeglied zwischen zwei Benzolringe. Das O-Atom bindet die H-Atome an den beiden Benzolringen zum Kondensat, hier H_2O.

Die Reaktion wird in Stufen durchgeführt. Der Kunststoffhersteller erzeugt ein noch schmelzbares Zwischenprodukt, das mit Zusatzstoffen gemischt als genormte Formmasse in den Handel kommt.

Die Formmassen werden bei den Kunststoffverarbeitern in Formen unter Druck und Temperatur gepresst und vernetzen zum duroplastischen Formteil.

Phenolharze werden meist mit Füll- oder Verstärkungsstoffen verarbeitet.

> Monomere mit reaktionsfähigen Stellen verknüpfen sich zu Makromolekülen, dabei wird meist ein niedermolekulares **Nebenprodukt** (Kondensat, z. B. Wasser) abgespalten.
> Es **muss** abgeführt werden, damit die Gleichgewichtsreaktion weiterläuft.

Monomere mit zwei reaktionsfähigen Stellen bilden Ketten- oder Fadenmoleküle, bei mehreren Stellen verzweigte und räumlich vernetzte Makromoleküle (Raumnetzmoleküle).

Monomere Ausgangsstoffe sind:

Phenol C_2H_5CH	(Karbolsäure) ist eine wasserlösliche Flüssigkeit, als Desinfektionsmittel verwendet
Methanal $H_2C = O$	(Formaldehyd, Formalin), wasserlösliches Gas, Desinfektionsmittel, durch die Doppelbindung reaktionsfähig

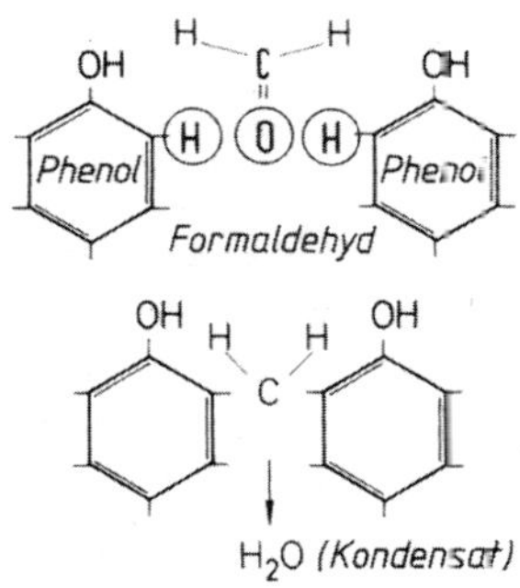

a)

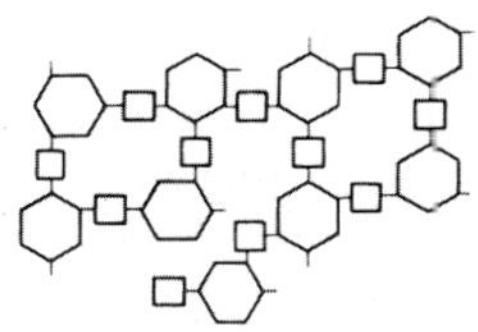

b)

Bild 9.9 Polykondensation von Phenol mit Formaldehyd, a) Reaktion, b) Raumnetzmolekül

9.2.6 Polymerisation

Die Monomere müssen eine (oder mehr) Doppelbindungen im Molekül besitzen. Eine Gruppe dieser Stoffe sind die Alkene (→).

Alkene, auch Olefine genannt, bilden wie die Alkane eine Reihe gleichartig gebauter KW mit der allgemeinen Formel C_nH_{2n} und jeweils einer Doppelbindung im Molekül.

Andere Monomere mit Doppelbindung sind:
Formaldehyd wird zu Polyoximethylen (POM),
Styrol wird zu Polystyrol (PS) (→)
Zweifach-Doppelbindung haben die „Diene".

Polymerisation des Ethylens (Bild 9.10).

Von den Doppelbindungen ist die eine weniger energiereich, d. h. schwächer (sog. π-Bindung). Unter bestimmten Reaktionsbedingungen (Druck, Temperatur, Katalysatoren) wird sie „aufgeklappt", und so entstehen Teilchen mit freien „Bindungsarmen". Diese aktivierten Moleküle (→) lagern sich zu Makromolekülen aneinander. Dadurch wird aus dem Gas Ethen das feste thermoplastische Polymer Polyethen (Beispiel).

Zusammenfassung, Polymerisationsreaktion:

> Monomere mit Doppelbindung verknüpfen sich nach Aufklappen der einen Doppelbindung (Aktivierung) zu Makromolekülen. Die Polymerisation ist eine exotherme Reaktion ohne Nebenprodukt.

Die Wärmeentwicklung bei der Polymerisation stört das Wachstum der Ketten, so dass Moleküle unterschiedlicher Länge entstehen. So kann nur eine mittlere Länge mithilfe des **Polymerisationsgrades *n*** angegeben werden (→).

Zur besseren Wärmeableitung wird die Reaktion in Lösungen oder Suspensionen verlegt. Neue Katalysatoren (→) wirken in kleineren Mengen schneller und erzeugen mit weniger Nebenprodukten sehr einheitliche gebaute Polymermoleküle mit enger Längenverteilung.

Beispiele:

Alkene	(C_nH_{2n})
Ethylen (Äthylen),	C_2H_4
Propylen,	C_3H_6
Butylen,	C_4H_8
Formaldehyd,	HCHO
Styrol,	$CH_2{=}CHC_6H_6$
Butadien,	C_4H_6

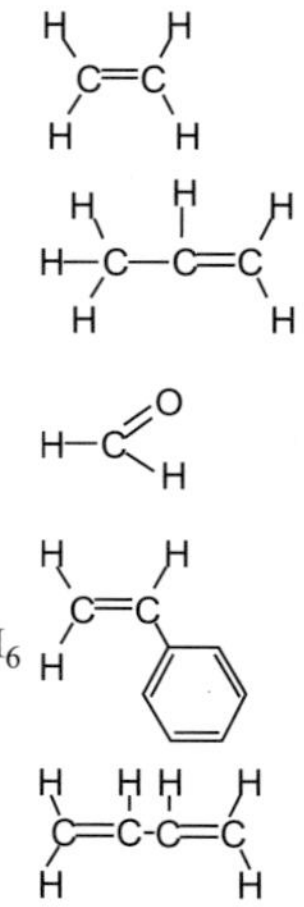

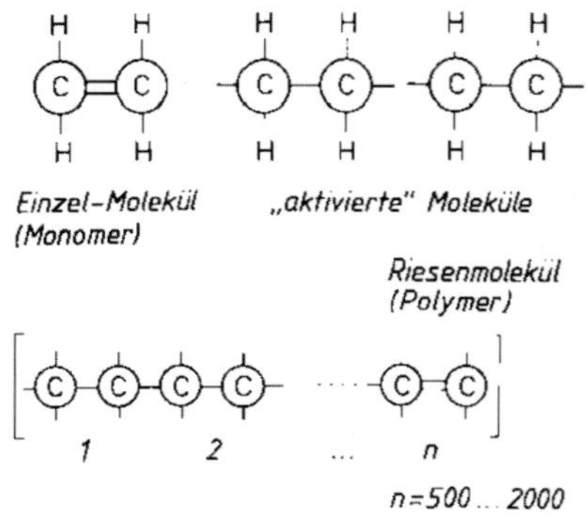

Bild 9.10 Polymerisation von Ethylen

Copolymerisation erzeugt Makromoleküle, die aus zwei oder drei monomeren Teilen bestehen. Dadurch werden unzureichende Eigenschaften des Homopolymers verbessert.

Beispiel: Styrol ist spröde, schlagzähe Styrol-Co-Polymere sind u. a.

- SA, Styrol-Acrylnitril, zäh
- ABS, Acrylnitril-Butadien-Styrol, hochzäh.

Polymerisationsgrad *n*: Größe des Polymermoleküls, 1000 < *n* < 10 000, das entspricht einer Molekülmasse von 28 000...280 000.

Katalysatoren steuern die Anordnung der Teile bei Co-Polymeren (z. B. abwechselnd oder in Blöcken), sie können auch die Gestalt der Makromoleküle beeinflussen, z. B. lineare, verzweigte, isotaktische oder leiterförmige Moleküle (→ Kapitel 9.3.3).

9.2.7 Polyaddition

Die Verkettung erfolgt wie im Beispiel durch einen Platzwechsel von H-Atomen (Bild 9.11, gerasterte Kreise). Dabei klappt die eine (C = N)-Doppelbindung zum O-Atom des Alkohols um.

Damit es zur Kettenbildung kommt, müssen es mindestens Di-Verbindungen sein, also mit je zwei reaktionsfähigen Gruppen an jedem KW-Rest.

Beispiel: Polyaddition von Di-Cyanaten mit Di-Alkoholen

Di-Cyanate sind Verbindungen von zwei CNO-Gruppen mit KW-Resten (Alkylen) oder Benzolringen.

Diole sind Alkohole mit zwei OH-Gruppen an einem KW-Rest, z. B. Ethandiol (Glykol), $C_2H_4(OH)_2$

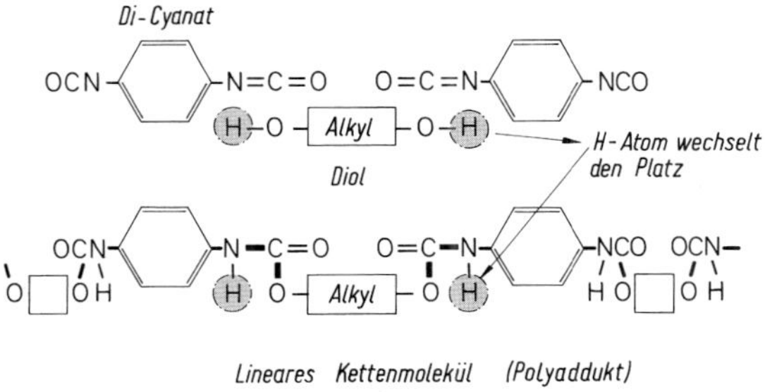

Bild 9.11 Polyaddition
Bei den reagierenden Gruppen sind die Bindungsstriche hervorgehoben

Wenn einer der monomeren Stoffe drei reaktionsfähige Gruppen besitzt (Tri-Verbindungen) entstehen vernetzte Makromoleküle. Mithilfe unterschiedlicher Mischungsverhältnisse der Monomere lassen sich Polyaddukte von weichelastisch (Schaumstoffe) bis hin zu zähhart herstellen. Außerdem Zweikomponentenkleber und Lacke hoher Wärmebeständigkeit.

Beispiele:

PUR-W, Weichschaum für Sitze und Schalldämmung,

PUR-H, Hartschaum für Wärmeisolation,

PUR-M massiv, Granulat für Formteile

Reaktionsschaumguss (RIM).

Zusammenfassung: Polyadditionsreaktion

Die Moleküle von zwei Monomeren mit je zwei reaktionsfähigen Gruppen verknüpfen sich durch Platzwechsel von H-Atomen zu Makromolekülen. Dabei wird kein Nebenprodukt abgespalten.

Tabelle 9.6: Polyaddukte, Beispiele mit Handelsnamen (geschützt)

Name, Kurzzeichen DIN EN ISO 1043	Handelsnamen
Thermoplaste	
Polyurethan **PUR** linear	Durethan U
Duroplaste	
Polyurethan, **PUR** vernetzt	Vulkollan, Moltopren Polyether-Schaumstoff
Epoxidharze **EP**	Araldit, Duroxin, Epikote, Epoxin, Lekutherm

9.2.8 Systematische Benennung der Polymere

Die chemischen Namen der Polymere sind lang und unbequem, deshalb sind Kurzzeichen genormt (Tabelle 9.7).

Eine umfangreichere Aufstellung ist im Anhang unter A.4 zu finden.

Tabelle 9.7: Kurzzeichen für Kunststoffe und Verfahren (Auswahl) DIN EN ISO 1043/02

Der Buchstabe P steht in der Regel vor Homopolymeren, kann aber auch bei Co-Polymeren stehen, um Verwechslungen zu vermeiden. Homopolymere können aus den gleichen Gründen mit Schrägstrich getrennt werden.

Symbol	Polymer	Symbol	Polymer
ABS	Acrylnitril-Butadien-Styrol	**PP**	Polypropylen
EP	Epoxid	**–E**	– expandierbar, statt EPP
FF	Furan-Formaldehyd Harz	**–HI**	– hoch schlagzäh, statt HIPP
LCP	Liquid Crystals Polymers	**PS**	Polystyrol
MF	Melaminformaldehyd	**PTFE**	Polytetrafluorethylen
MP	Melamin-Phenolformaldehyd	**PUR**	Polyurethan
PA	Polyamide	**PVC**	Polyvinylchlorid
PAN	Polyacrylnitril	**–C**	– chloriert, statt CPVC
PAR	Polyarylat	**– U**	– weichmacherfrei, statt UPVC
PB	Polybuten	**PVF**	Polyvinylfluorid
PBT(P)	Polybutylenterephthalat	**SAN**	Styrol-Acrylnitril
PC	Polycarbonat	**SB**	Styrol-Butadien
PCTFE	Polychlortrifluorethylen	**SI**	Silicon
PE	Polyethylen	**TPU**	Thermoplastische Polyurethane
– C	– chloriert, statt CPE	**UF**	Urea- (Harnstoff)-Formaldehyd Harz
– HD	– hohe Dichte, statt HDPE	**UP**	Ungesättigtes Polyester Harz
– LD	– niedrige Dichte, statt LDPE	—	
– LLD	– linear, niedrige Dichte, statt (LLDPE)	**RIM**	Reaction Injection Moulding (RIM)
PET	Polyethylenterephthalat	**RSG**	Reaktionsharz-Spritzguss (RSG)
PF	Phenol-Formaldehyd	**BMC**	Bulk Moulding Compound (Formmasse)
PMMA	Polymethylmethacrylat	**GMT**	Glasmattenverstärkte Thermoplaste
POM	Polyoxymethylen, Polyformaldehyd	**SMC**	Sheet Moulding Compound (Duroplast)

Kurzzeichen für Polymergemische (blends) werden aus den Komponenten mit Pluszeichen gebildet, das ganze in Klammern. Beispiel: (ABS + PC).

Tabelle 9.8: Zusatzzeichen für besondere Eigenschaften der Polymere (mit Bindestrich angehängt)

Symbol	Bedeutung	Symbol	Bedeutung	Symbol	Bedeutung
– C	chloriert	**– H**	hoch	**– E**	verschäumt, verschäumbar
– D	Dichte	**– M**	mittel, molekular	**– I**	schlagzäh
– F	Flexibel, fluoriert	**– R**	erhöht, Resol	**– N**	normal, Novolack
– L	Linear, niedrig	**– S**	duroplastisch	**– U**	ultra, weichmacherfrei,
– P	weichmacherhaltig	**– W**	Gewicht		ungesättigt
– V	very = sehr			**– X**	vernetzt, vernetzbar

Symbole werden auch kombiniert angewandt, Beispiele: – HI = hoch schlagzäh, – LL = linear, niedrig

9.3 Strukturen der Makromoleküle

Die Eigenschaftsunterschiede zwischen den Polymeren, z. B. ihre Dichte, mechanische Eigenschaften oder das Verhalten bei Erwärmung lassen sich mit der Struktur der Ketten erklären.

Struktur umfasst hier die Bindungskräfte, den Aufbau der Ketten aus gleichen oder zwei oder drei verschiedenen Monomer-Gliedern, und die Anordnung der Atome oder Gruppen, welche die H-Atome ersetzt (substituiert) haben und ihre räumliche Anordnung.

9.3.1 Bindungskräfte

Primärbindungen (auch Hauptvalenzbindungen) sind die Elektronenpaarbindungen zwischen den C-Atomen unter sich oder mit den O-, N- oder S-Atomen der verschiedenen Typen.

Primärbindungen in den Ketten sind als federnde Kugelgelenke vorstellbar, so dass die Glieder, abhängig von ihrer Bauart, etwas gegeneinander schwenk- und drehbar sind, wichtig für die Zähigkeit des Werkstoffes.

Wegen der tetraedrischen Anordnung der sog. Bindungsarme beim C-Atom (Bild 9.3) haben die Kettenmoleküle keine gestreckte Gestalt. Ihr wahrscheinlichster Zustand ist der eines Fadenmoleküls (Knäuelmoleküls).

Analogie: Knäuelmoleküle ähneln einem Wollfaden, aus einem gestrickten Teil heraus gezogen.

Sekundärbindungen (auch Nebenvalenzkräfte) sind die Kräfte und Energien zwischen den Fadenmolekülen. Sie sind schwächer und stark abhängig vom Abstand:

- kleiner Abstand bei gestreckten Molekülen,
- großer Abstand bei verzweigten Molekülen, oder solchen mit sperrigen Seitenketten.

Die Größe der Kräfte bestimmt die mechanischen und thermischen Eigenschaften des Polymers.

Sekundärbindungen oder zwischenmolekulare Kräfte beruhen hauptsächlich auf der

- Anziehung von polaren Seitengruppen (Dipolwirkung bei unterschiedlichen Elektronegativitäten z. B. C- und N-Atome),
- Anziehung von H- und O-Atomen der Seitengruppen benachbarter Ketten (Wasserstoffbrücken).

9.3.2 Einfluss der Molekülmasse (Kettenlänge)

Mit steigender Länge der Ketten erhöhen sich die Verschlaufungen und Berührungsflächen zwischen den Makromolekülen. Die Folgen sind:

Sekundärbindungen nehmen zu	Zugfestigkeit und chemische Beständigkeit steigen
Verschlaufungen nehmen zu	Zähigkeit bei RT steigt, Fließverhalten der Schmelze wird schlechter

Wenn die Sekundärbindungen stärker als die Primärbindungen werden, liegt die Bruchstelle zwischen den Kettengliedern selbst und die Zugfestigkeit nimmt trotz steigender Molekülllänge nicht mehr zu (Bild 9.12).

Molekülmasse ist ein statistischer Mittelwert.

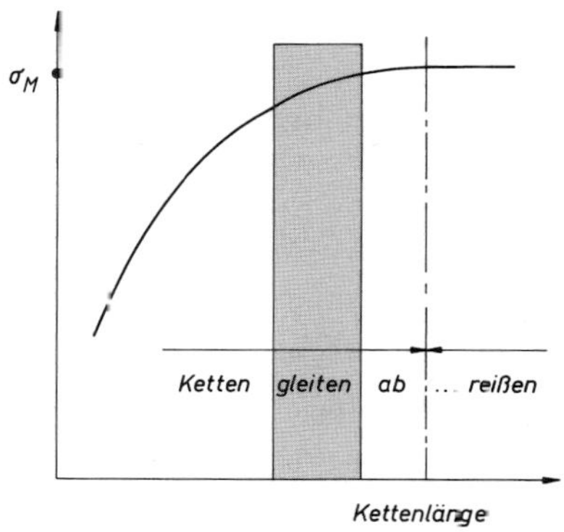

Bild 9.12 Einfluss der Kettenlänge auf die Bruchspannung des Polymers

9.3.3 Gestalt der Makromoleküle

Gestreckte Ketten entstehen z. B. beim Urformen durch Spritzgießen. Dabei ändert sich der Tetraederwinkel der Primärbindungen unter Energiezufuhr (Vergleich mit gespannter Feder).

Beispiel: Beim Spritzen von Kunststoffen unter Druck in eine Form werden die Fadenmoleküle gestreckt und frieren beim Erkalten in dieser Stellung ein. Beim Wiedererwärmen streben die Fäden zurück zu ihrer Knäuelform mit evtl. Verzug des Teiles.

Anwendung z. B. bei Schrumpffolien.

Regelmäßigkeit der Kettenglieder erhöht die Dichte, stärkt damit die Sekundärbindungen und gibt die Fähigkeit zum Kristallisieren.

Sterische (räumliche) **Ordnung** bezeichnet die Anordnung der an das C-Gerüst angehängten Gruppen (Substituenten R, im Beispiel das Cl →).

In Kettenmolekülen sind verschiedene Ordnungen möglich, durch Katalysatoren wird die regelmäßige Kopf-Schwanz-Ordnung bevorzugt eingestellt. Sie ermöglicht eine dichtere Packung.

H H

Vinylchlorid – **C** – **C** –

Schwanz **H Cl** Kopf

–⇒–⇐–⇒–⇒–⇐–⇐– unregelmäßig

–⇒–⇒–⇒–⇒–⇒–⇒– Kopf-Schwanz

–⇒–⇐–⇒–⇐–⇒–⇐– Kopf-Kopf

Bild 9.13 Räumliche Ordnung der Ketten

Sterische Behinderung ist die Versteifung durch sperrigen Molekülbau mit Auswirkungen auf die Beweglichkeit der Ketten und damit auf die Steifigkeit (E-Modul) und Kaltzähigkeit des Polymers. Beispiel dafür ist das Polystyrol PS mit einem Benzolring in der Seitengruppe im Vergleich mit dem „schlanken" Polyethylen PE.

Beispiel: Vergleich PE mit PS

Polymer	Monomer	E in MPa	T_{min} 1)
Polyethylen PE	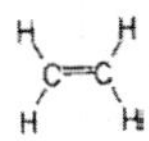	200…1400	– 50 °C
Polystyrol PS	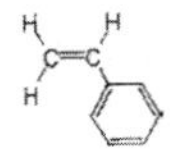	3100…3500	– 10 °C

1) min. Gebrauchstemperatur

Hinweis: Hier kommt noch die Festigkeitssteigerung durch die Teilkristallisation hinzu. Lineare Ketten haben einen höheren Anteil kristalliner Bereiche (→ 9.4.2).

Lineare und verzweigte Ketten

Lineare Ketten sind dichter gepackt und haben höhere Dichte, damit steigt die Festigkeit, die lineare Längenausdehnung sinkt (↓).

Beispiel: Polyethylen PE (nach Saechtling)

	Bedeutung	Verzweigungen auf je 1000 Kettenglieder	Dichte ρ in g/cm³	Längenausdehnung α in 10^{-5}/K	Streckspannung σ_Y in MPa
PE-LD	Low density	8…40 lange, sich verzweigende Stellen	0,91…0,92	23…25	8…10
PE-HD	High density	5 kurze Verzweigungsstellen	0,94…0,96	14…18	18…30

Die Beweglichkeit der Ketten wirkt sich auf das Fließverhalten bei der Formgebung in der Wärme und die Zähigkeit im Bauteil aus. Sperrige Formen des Monomer-Moleküls behindern das Verschieben der Ketten.

Taktizität beschreibt Anordnung der Seitenketten am Hauptstrang der C-Atome (Bild 9.14).

ataktisch unregelmäßig angeordnet,
isotaktisch einseitig ,
syndiotaktisch abwechselnd auf beiden Seiten angeordnet.

Die Regelmäßigkeit im Bau der Ketten begünstigt eine Kristallisation (folgender Abschnitt). So sind die Unterschiede zwischen ataktischen und isotaktischen Polymeren sehr groß.

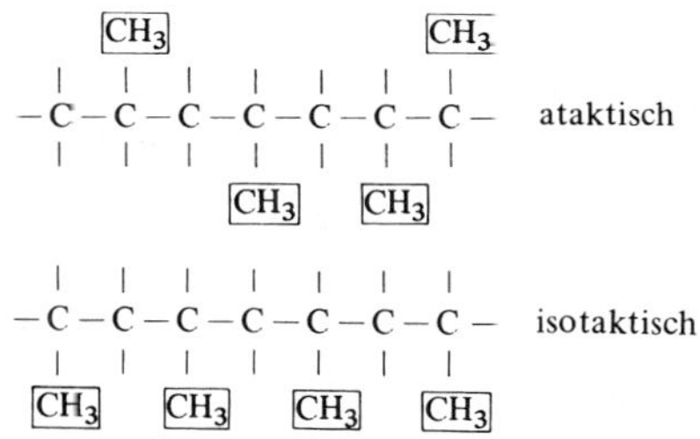

Bild 9.14 Ataktische und isotaktische Moleküle

Vergleich: Polypropylen PP

Sorte	Zustand	Dichte in g/cm^3	Zugfestigkeit σ_M in MPa	E-Modul E in MPa	Bruchdehnung ε_B in %	Anwendungsbeispiel
ataktisches PP -a	amorph	0,855	2	5	2000	Dachabdeckung
isotaktisches PP-i	teilkristallin	0,903	20	1000	300	Pkw-Stoßfänger

Neben dem Polypropylen PP gibt es isotaktische Sorten bei anderen Polymeren (→).

Beispiele für isotaktische Sorten:

Polybuten PB und Polymethylpenten PMP, Polystyrol PS, Polymethylmethacrylat PMMA

Copolymere sind Ketten aus zwei oder mehr Monomer-Bausteinen (Bild 9.15).

Bi-Copolymere aus zwei, **Ter**-Copolymere aus drei Monomerarten, usw.

Blockpolymere bestehen aus Polymerabschnitten (Blöcken), die sich abwechseln.

Propfpolymere entstehen durch Anlagerung eines Polymers B an die Seitenketten des Polymers A.

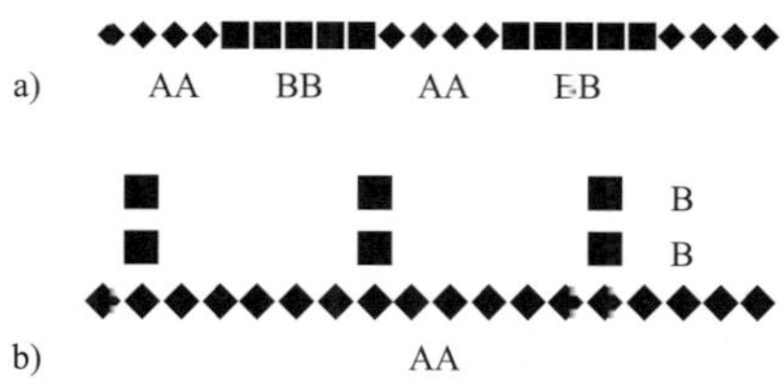

Bild 9.15 Anordnungen in Copolymeren
a) Blockpolymer, b) Propfpolymer

Die gemeinsame Polymerisation hat das Ziel, ungünstige Eigenschaften eines Homopolymers zu kompensieren. Einfluss haben:

- Anteil der einzelnen Monomere (in %),
- Anordnung der Bausteine in der Kette,
- Verträglichkeit der Monomere (Mischbarkeit).

Copolymere sind für die meisten Kunststoffe als Blockpolymere entwickelt worden, ihre Zahl ist sehr groß.

Beispiel ist das Polystyrol PS (→), zu dem zahlreiche Copolymere entwickelt wurden, um die geringe Zähigkeit des Homopolymers zu verbessern. Schlagzäh modifiziertes PS enthält Butadien oder/und Acrylnitril. Beide sind auch Basis hochelastischer Gummi-Werkstoffe. Diese Eigenschaft überträgt sich auf das Copolymer.

Beispiel: Styrol und Copolymere

Sorte	Kerbschlag-zähigkeit kJ/m^2
PS	spröde 2
SB, Styrol-Butadien	zäh, auch in der Kälte 4...14
ABS, Acrylnitril-Butadien-Styrol	zäh, elastisch 8...25

9.3.4 Kristallisation

Kristalline Polymere besitzen Bereiche mit sehr dicht und parallel liegenden Ketten, die von unregelmäßigen (amorphen) verknäuelten Molekülen umgeben sind (Bild 9.16). Kristallisation wird durch folgende Bedingungen begünstigt:

- lineare oder ataktische Ketten mit wenig Verzweigungen,
- langsame Abkühlung bei höherer Formtemperatur, damit ausreichende Zeit für das Ausrichten der Moleküle besteht. Es ist auch eine Wärmebehandlung unterhalb der Schmelztemperatur T_m möglich.
- Verformung unter Zug bei der Abkühlung streckt die Ketten, ergibt eine dichtere Lage und erleichtert die Kristallisation.

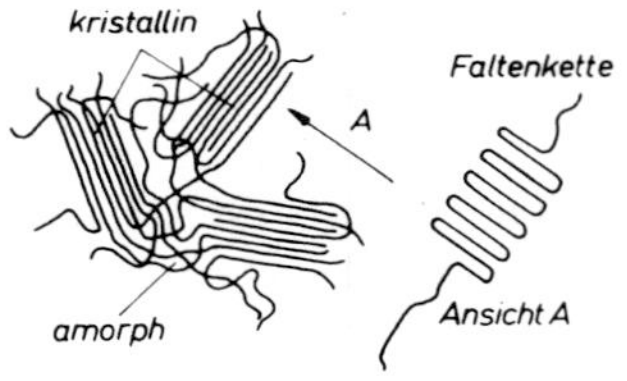

Bild 9.16: Teilkristalliner Kunststoff, schematisch. Die kristallinen Bereiche bestehen aus parallel liegenden Faltenketten (Ansicht A)

Kristallisation führt im Polymer zu folgenden Eigenschaftsänderungen:

Zunahme von:	Abnahme von:
Schmelztemperatur, Zugfestigkeit, Härte und E-Modul Beständigkeit gegen Lösungsmittel	Dämpfung, Schlagzähigkeit, Bruchdehnung, Wärmeausdehnung, Gas- und Wasserdurchlässigkeit. Der Schmelzbereich wird verkleinert (Kristallitschmelzpunkte).

Beispiel: Vergleich von Polyethylen mit verschiedenem Kristallisationsgrad (nach *Saechtling*)

Sorte	Kristallit-Anteil %	Dichte ρ in g/cm³	E-Modul, Strecksp. σ_Y in MPa		Temperaturen in °C für Schmelzen	Gebrauch	Lin. Längenausdehnung α in 1/K
PE-LD	**40**	0,925	140	8…10	105…118	70	$23 \ldots 25 \cdot 10^{-5}$
PE--HD	**80**	0,96	1000	18…30	126…135	90	$14 \ldots 18 \cdot 10^{-5}$

Orientierung durch mechanische Streckung

Bei der Herstellung von Fasern, Fäden und Folien werden die Kettenmoleküle in Längs- (oder in Längs- und Querrichtung) gereckt und orientiert. Dieser Zustand entspricht einer Teilkristallisation, wobei die kristallinen Bereiche zusätzlich noch gleichgerichtet sind. Festigkeit und Dehnung sind z. T. stark erhöht (→ Beispiel). Es tritt starke Anisotropie auf (Beispiel, monoaxial gereckt).

Ausnutzung der Festigkeitssteigerung auch beim Streck-Blasformen von schlauchförmigen Rohlingen in Formen mit Druckluft zu Kfz-Tanks und anderen Behältern.

Beispiel: gereckte Folien aus Polypropylen PP (nach Saechtling)

Art der Reckung	Bruchfestigkeit längs/quer MPa	Bruchdehnung längs/quer %
ungereckt	50/40	430/540
monoaxial	250/40	10/700
biaxial	250/200	80/80

Damit lässt sich die hohe Festigkeit von Synthesefasern und die Reiß- und Durchstoßfestigkeit von dünnen Verpackungsfolien erklären.

Auch amorphe Polymere wie Polystyrol PS unterliegen ebenfalls dieser Erscheinung.

Eigenverstärkung

Sehr lange, lineare Kettenmoleküle können unter bestimmten Fließbedingungen kristallisieren, so dass sie *Shish-kebab-* oder Schaschlik-Strukturen ergeben (Bild 9.17). Bei Gleichrichtung solcher Moleküle legen sich Scheiben und Mulden ineinander. Die räumliche Behinderung ergibt hohe Festigkeiten mit starker Anisotropie und erfordert beim Urformen höhere Arbeitsdrücke und -temparaturen.

Anwendung bei PE-HD- und PE-UHMW-Fasern und Profilen sowie LC-Polymeren für Verbundwerkstoffe.

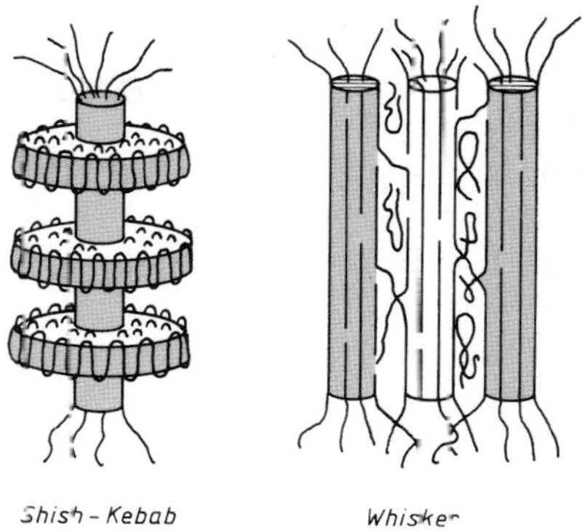

Bild 9.17 Shish-Kebab-Struktur aus Whiskern und Scheiben von Faltenketten (nach *Menges*)

9.4 Gefügeveränderungen bei Polymeren

9.4.1 Polymergemische, Polyblends

Während bei der Co-Polymerisation die Ketten gemischt aufgebaut sind, bestehen Blends aus meist unterschiedlichen Kettenmolekülen. Ihre Herstellung ist einfacher und in kleineren Chargen wirtschaftlich.

Es lassen sich Thermoplaste und Elaste untereinander, aber auch gegenseitig mischen.

Bedeutung der Blend-Technik lag bei den thermoplastischen Elastomeren (TPE) und hat sich auf alle Polymere ausgeweitet. Das werkstoffliche Recycling von Polymeren führt bei nicht sortenreiner Trennung automatisch zu Polymergemischen, die als Recyclat in kleinen Anteilen dann verwendbar gemacht werden müssen.

Das Gefüge ist meist heterogen, wenn sich die unverträglichen Komponenten nicht mischen. Durch Zusatzstoffe (sog. Kompatibilizer) wird an den Grenzflächen die Adhäsion sichergestellt. Die Komponenten behalten ihre spezifischen Eigenschaften und geben sie, vom Mischungsverhältnis abhängig, an das Polyblend weiter.

Die Basiskomponente enthält die andere in verschiedenen Formen, z. B. netzartig durchdrungen, rundlich, lamellar oder in länglichen Bereichen (sog. Domänen).

Zwischen den Komponenten können auch Reaktionen stattfinden, wie z. B. das Aufpfropfen der Komponente auf Seitenketten der Basis (Propf-Copolymerisation).

Beabsichtigte Eigenschaftänderungen sind z. B.:

- Erhöhung der Zähigkeit, auch in der Kälte durch Mischung mit elastischen Polymeren,
- Verbesserung der Fließfähigkeit bei der Verarbeitung durch Beimischung niedriger schmelzender Sorten.

Daneben sind auch die Steigerung der Formbeständigkeit in der Wärme (Wärmestandfestigkeit), Galvanisierbarkeit, Lackierbarkeit, Steuerung der Gasdurchlässigkeit u. a. möglich.

Beispiele für Polymer Blends:

(PC+ABS) mit erhöhter Kaltzähigkeit, die Wärmestandfestigkeit ist geringer als bei PC.

(PC+LCP) mit höherer Fließfähigkeit, erlaubt kleinere Wanddicken (LCP, liquid-crist. Polym.).

(PC+PET oder PC+PBT) mit erhöhter Kraftstoffbeständigkeit, die Wärmestandfestigkeit des PC bleibt erhalten.

(PMMA+ABS) mit erhöhter Schlagzähigkeit, geeignet für metallisierbare Gehäuse für die Kfz- und E-Technik.

9.4.2 Zusatzstoffe und Einfluss auf die Eigenschaften

In den Formmassen der Polymere sind Zusatzstoffe eingearbeitet. Sie sollen bestimmte Eigenschaften des Polymers im Formteil erbringen (→) oder die Formgebung erleichtern. Die Einteilung der Zusätze geschieht nach ihrer Wirkung:

Eine Behandlung der Füllstoffe mit Silanen (Dynasilan®, Degussa) erzeugt Brücken zwischen Füllstoffpartikeln und Polymer. Dadurch werden:

- die Biegefestigkeit erhöht, die
- Wasseraufnahme verringert und die
- elektrischen Isoliereigenschaften verbessert.

Tabelle 9.9: Zusätze in Kunststoffen, Übersicht

Wirkung	Zusatzstoff	Eigenschafts- oder Verhaltensänderung
biologisch	Nano-Silber-Teilchen	Abtöten von Mikroben
chemisch	Stabilisatoren, Katalysatoren	Lichtbeständigkeit (Ruß), Wärmebeständigkeit, nachträgliche Vernetzung von Fadenmolekülen
färbend	Schwermetallverbindungen überwiegend Pigmente	Durchgehende Färbung der Teile; weiß: Ti-Oxid schwarz: Fe_3O_4; Metalleffekt: Al-, Cu-Pulver
verarbeitungs-fördernd	Gleitmittel (Wachse), Glaskugeln, Formtrennmittel	Verminderung der Reibung, Kugeln < 50 µm verbessern das Fließverhalten der Schmelze. Leichteres Entformen der Teile
treibend	Gase abspaltende Stoffe (N_2,CO_2, NH_3)	Schaumstoffe, Bauteile mit Strukturschaum (dichte Oberfläche mit zelligem Kern)
streckend	Holz- oder Gesteinsmehl, Kreide, Talkum	Inaktiv, verbilligend, steigern auch Festigkeit und E-Modul
verstärkend	Fasern, Bahnen, Gewebe, Stränge aus Glas, Textilien, Papier, Holz	Erhöhung des E-Moduls, der Wärmebeständigkeit, Zähigkeit, führt zu anisotropem Verhalten. Längenausdehnung in der Wärme sinkt

9.4.3 Faserverstärkung

Glasfaserverstärkte Kunststoffe (GFK) waren die ersten Verbundwerkstoffe (→ Kapitel 10) und haben die breiteste Anwendung gefunden.

Naturfasern haben beim Rohstoff-Recycling den Vorteil, in gasförmige Produkte überzugehen, während Glasfasern als fester Rückstand verbleiben.

Für höchste Beanspruchungen werden C-Fasern oder Aramidfasern eingesetzt (Tabelle 9.10).

Hinweis: Faserverbundwerkstoffe 10.3.1

Beispiele für GFK: Bootskörper, Tanks, Campingmobile, Well- und Profilplatten, Deckschichten für Sandwichplatten, Fiberglasstäbe, für Stabhochsprung und Angelsport.

Naturfasern werden in Verkleidungselementen im Automobil- und Waggonbau eingesetzt.

Beispiele für CFK: flächige Teile im Raumfahrt- und Flugzeugbau (Seitenleitwerk Airbus). Versteifung von biegebeanspruchten Al-Profilen durch aufgeklebte UD-Laminate (Roboterarme).

Tabelle 9.10: Verstärkungsfasern für Polymere

Faser	Dichte ρ in g/cm³	E-Modul (Zug) in MPa	Zugfestigkeit σ_M in MPa	Bruchdehnung ε_M in %
Hanf, Leinen	1,3	12000…26000	250…400	1,8…3,3
E-Glas	2,54	73 000	3 400	3
C-Faser HT (Festigkeit hoch)	1,7	240 000	**3 500**	1,4
C-Faser HM (E-Modul hoch)	1,85	**400 000**	2 600	0,6
ARAMID AR HM	1,44	65000…90000	2800…3700	2,1

Zur besseren Haftung zwischen Faser und Polymer erhält die Faser eine Oberflächenbehandlung (Interface). Fasern machen die Werkstoffeigenschaften der Faserverbunde richtungsabhängig (anisotrop). Nach ihrer Anordnung wird unterschieden in (→):

Faseranordnung in Faserverbunden

- **UD** (uni-direktional) bei Fasern in Strängen,
- **BD** (bi-) mit senkrecht aufeinander stehenden Fasern bei Geweben,
- **MD** (multi-) bei Matten aus Schnittglas in regelloser Lage.

Höchste Festigkeit wird bei Fasersträngen mit UD-Lage (Rovings) erreicht.

Bei Thermoplasten sind Kurzglasfasern (0,2...0,5 mm ∅) in der Formmasse eingebettet. Um die Fließfähigkeit bei der Verarbeitung zu erhalten sind die Gehalte auf 20...40 Masse-% begrenzt.

Die erzielten Eigenschaftsänderungen sind beachtlich (→ Übersicht).

Ein Vergleich der spezifischen Werte mit Metallen zeigt die Bedeutung der faserverstärkten Kunststoffe als Leichtbauwerkstoffe, insbesondere der C-faserverstärkten mit der hohen spezifischen Steifigkeit (Tabelle 9.11).

Duroplastische GFK bestehen aus UP- und EP-Gieß- und Laminierharzen. Sie härten drucklos oder bei Niederdruck und auch bei RT aus und sind für großflächige Bauteile wirtschaftlich. Höhere Festigkeiten bei niedrigeren Taktzeiten werden durch Warmaushärtung erzielt.

Übersicht: Einfluss der Faserverstärkung

Eigenschaft	Änderung
E-Modul und Zugfestigkeit	2...3 fach
Dehnung und Zähigkeit	sinken
Längenausdehnung	sinkt auf ca. 1/3
Kriechneigung	verringert
Wärmeformbeständigkeit	10...30 °C höher
Fließfähigkeit in der Form	verschlechtert

Glasfaserverstärkung wird für Bauteile des Feinmaschinenbaues und der E-Technik bei den Sorten Polycarbonat PC, Polyamid PA6, Polyropylen PP, Polyoxymethylen POM und einigen neuen, weniger bekannten Sorten eingesetzt.

GMT sind mit **G**las**m**atten verstärkte flächige **T**hermoplaste (z. B. PP), die nach Zuschnitt im beheizten Werkzeug umgeformt werden. Sie entsprechen den duroplastischen SMC-Produkten, sind aber unbegrenzt lagerfähig. Festigkeits- und Zähigkeitswerte liegen höher als bei den aus Formmassen hergestellten Teilen.

Hinweise: Weitere Daten zu faserverstärkten Thermoplasten

→ Bild 9.19, Kurven PC-GF und PA6-GF,

→ Tabellen in Kapitel 9.6.4

Anwendungsbeispiele: Maßbeständige Teile (Temperaturschwankungen) im Schalt- und Messgerätebau, Isolatoren, Spulenkörper, Lüfterräder und -gehäuse, Magnetventile für Waschmaschinen. Gehäuse für Kleinmaschinen. Laufrollen, Lagerkäfige.

GMT für flächige Kfz-Teile zur Geräuschminderung, Sitzschalen, Stoßfänger, Verkleidungen.

Tabelle 9.11: Faserverstärkte Duroplaste, mechanische Eigenschaften im Vergleich

Polymer	Dichte g/cm^3	E-Modul MPa	Zugfestigkeit MPa	Biegefestigkeit MPa	Spezifische Werte für [1)] E-Modul	Zugfestigkeit
UP-GF 45 [2)] (Matte)	1,45	9 000	140	180	628	9,84 km
UP-GF 65 (Gewebe)	1,8	19 000	300	350	1075	17 km
EP-GF 50 (Gewebe)	1,6	10 000	220	280	637	14 km
EP-CF 70 (Roving)	1,5	110 000	1300	1100	7475	88 km
AlMgCu1	2,8	72 000	520	520	2621	19 km
TiAl6V4	4,5	105 000	1150	----------	2378	25 km

[1)] Reißlänge in km → 10.3.2; [2)] angehängte Zahl ist der Fasergehalt in %.

9.5 Duroplaste

9.5.1 Allgemeines

Bei diesen Kunststoffen findet die Reaktion, die zu Makromolekülen führt, erst bei der Formgebung statt. Zur leichteren Verarbeitung werden die Stoffe (Kunstharz und Härter) mit Füllstoffen vermischt (→) als **Formmassen** geliefert. Durch Erwärmung werden sie plastifiziert und unter Druck in die beheizte Form gedrückt, wo sie vernetzen und nach einer Haltezeit das Formteil oder Halbzeug ergeben. Ausgehärtete Duroplaste haben (abhängig vom Gehalt an Zusätzen):

- vielseitige Eigenschaftskombinationen durch die Art der Füllstoffe bis zu 40...60 %,
- bis zu höheren Temperaturen kaum abfallende Festigkeit und Steifigkeit bei Dauergebrauchstemperaturen bis zu > 200 °C.
- Maßhaltigkeit der Teile, glänzende, härtere Oberfläche und geringe Schwindung,
- Eignung für elektrotechnische Teile (→).

Zusatzstoff	Wirkung
Schiefer-Quarzmehl, Glimmer, Kreide, Talkum	steigert Wärmebeständigkeit und Wasseraufnahme, senkt Isoliereigenschaften
Holzmehl	steigert Festigkeit u. Zähigkeit
Papier, Baumwolle	Fasern, Schnitzel, Bahnen senken Wärmebeständigkeit, steigern Zähigkeit
Glas als Kurz- und Langfaser, Kugel, Schuppen	steigert Festigkeit u. E-Modul, geringe Wasseraufnahme und Längenausdehnung, warmfester
Al-Hydroxid	Flammschutzmittel

Anforderungen für elektrotechnische Teile sind z. B. hoher elektrischer Durchgangswiderstand (abhängig von der Art der Füllstoffe, die evtl. Wasser aufnehmen können), Durchschlagfestigkeit in kV/mm für dünnwandige Bauteile (Folien) oder geringe Entflammbarkeit durch Lichtbögen.

9.5.2 Formmassetypen

Formmassen sind vorgefertigte, rieselfähige Pulver oder Granulate aus warmhärtbaren Harzen und Zusätzen in einem noch schmelzbaren Zustand. Sie dienen als Ausgangsstoffe für Formteile und Halbzeuge und besitzen nach Normen konstante Verarbeitungseigenschaften. Von jedem chemischen Typ gibt es verschiedene Anwendungsgruppen und Einstellungen mit Fließfähigkeiten (weich, mittel, hart), je nach dem Fließweg der Masse in der Form (Komplexität der Formteile) Tabelle 9.12.

Tabelle 9.12: Formmassen, auch PMC (Pelletized Moulding Compounds), Übersicht

Harzgrundlage, Norm	Beschreibung	Füllstoff
Phenolharz, PF Kresolharz PF	23 Typen in 5 Gruppen geordnet, nur in dunklen Farben möglich, überwiegend für technische Teile verwendet	
	I allgemeine Verwendung,	Holzmehl
DIN EN ISO 14526/00	II erhöhte Kerbschlagzähigkeit	Gewebe und Gewebeschnitzel, Stränge, Glasfasern
	III erhöhte Wärmeformbeständigkeit	anorganisch, Gesteinsmehl
	IV erhöhte elektrische Eigenschaften (geringe Wasseraufnahme)	Zellstoff, Glimmer
	V sonstige zusätzliche Eigenschaften	Kautschuk
Anwendungen	Wärmebeständige Griffe, Lager, Pumpenteile; Kollektoren, Stecker, Schichtpressstoffe als Platten und Profile, Stuhlsitze, Tischplatten, Brems- und Kupplungsbeläge. Mit Füllstoff: (mineralisch + Kurzglasfaser) kurzzeitig bis 600 °C belastbar.	

Tabelle 9.12: Fortsetzung

Harzgrundlage, Norm	Beschreibung, Anwendungsbeispiele
Harnstoffharz UF DIN EN ISO 14527/00	16 Typen in 5 Gruppen geordnet wie PF-FM, hellfarbig, licht- und alterungsbeständig, geruchs- und geschmacksfrei.
Melaminharz MF DIN EN ISO 14528/00	**UF:** Elektroinstallationsmaterial, Sanitärgegenstände **MF:** Für Kontakt mit Lebensmitteln geeignet, kratz- und spülmittelfest für Haus- und Küchengeräte, Deko-Schichtpressstoffe. Bis zu 60 % Zellulose haltig.
Melamin-Phenol MPF DIN EN ISO 14529/00	**MPF:** Geringere mechanische und elektrische Eigenschaften, hat beim Pressen geringere Nachschwindung
Phenol-und Harnstoffharze werden als Bindemittel in Bremsbelägen, Schleifkörpern und Gießereiformsanden verwendet, ebenso in Holzfaser- und Spanplatten.	

PF, UF- und MF-Duroplaste entstehen in der Form unter Abgabe des Kondensats und benötigen höhere Arbeitsdrücke und Entlüftung in der Form.

Die folgenden **Reaktionsharzmassen** können ohne Abgabe von Nebenprodukten und bei niedrigeren Drücken vernetzen (Tabelle 9.13).

Dadurch sind diese Massen, mit Langfasern verstärkt, für großflächige Bauteile geeignet, die nach zahlreichen z. T. automatisierten Verfahren schichtweise aufgebaut (laminiert) werden (→).

Verarbeitungsdaten:

Spritztemperatur: 85...120 °C (in der Düse)
Spritzdruck: 600...2500 bar
Nachdruck: 600...1200 bar (Schwundausgleich)
Werkzeugtemperaturen: 150...190 °C

Wickelverfahren für Behälter und Hohlkörper,

Faser-Ablegeverfahren für flächige Teile mit gerichteten Eigenschaften.

Tabelle 9.13: Reaktionsharzmassen

Harzgrundlage, Norm	Beschreibung, Anwendungsbeispiele
Polyesterharze UP DIN EN ISO 14530/00	Polyesterharze (ungesättigt) sind Kondensationsprodukte aus einer Reaktion von Säuren mit Alkoholen: Alkohol + Säure → Ester + Wasser. *Ungesättigte* Ester bedeutet, sie enthalten *reaktionsfähige* Doppelbindungen. Die Ester werden in Styrol gelöst, das ebenfalls eine Doppelbindung besitzt, dadurch ist eine Polymerisation möglich.
	4 Typen mit Gesteinsmehl und Glasfasern gefüllt, Schwindung 6...8 % rein, gefüllt ca. 2,5 %.
Anwendungsbeispiele: Als Gießharz zum Einbetten von Teilen wie Spulen, mikroskopischen Präparaten, (Metallschliffe) Tränken von Wicklungen, für Modelle. Laminate für Autokarossen, Bootskörper, Container, Tanks, Well- und Profilplatten, Schalungen, Lehren, Kopierwerkzeuge.	
Epoxidharze EP DIN EN ISO 15252/00	Epoxidharze entstehen durch Polyaddition, sind teurer als UP-Harze und härten schwindungsfrei aus. Es sind mechanisch und elektrisch hochwertige Stoffe (geringere Wasseraufnahme als UP). Die Haftung auf Glas und Metall ist sehr hoch, dadurch hat EP-GF höhere Dauerfestigkeit als UP-GF. Die Beständigkeit gegen Säuren ist geringer als bei UP-Harzen.
Anwendungsbeispiele: Gieß- und Laminierharze, Prepregs. Bauteile wie bei UP mit höherer mechanischer und elektrischer Beanspruchung.	

Härtbare Vorprodukte aus Duroplasten zur rationellen Herstellung größerer Stückzahlen mit Presswerkzeugen sind SMC und BMC (→).

Sie enthalten den Härter und sind nur begrenzt lagerfähig (z. B. bei –18 °C ca. 12 Monate, bei RT ca. 7 Tage je nach Sorte).

9.5.3 Duroplastverarbeitung

Formteile aus Duroplasten werden durch Pressen oder Spritzgießen unter Druck und Temperatur hergestellt.

Pressen: Genau abgewogene Massen der Formstoffe (evtl. in Tablettenform) schmelzen in der beheizten Form bei Temperaturen von 135...170 °C und füllen die Form unter Pressdrücken von 50...600 bar je nach Duroplastsorte und Gestalt des Formteiles.

Zum Aufheizen und Plastifizieren werden Zeiten von etwa 1 min, dazu eine Aushärtezeit von etwa 15...60 s/mm Wanddicke benötigt. Die Taktzeiten liegen zwischen 1...8 min.

Spritzpressen. Hier erfolgen das Erwärmen und die Plastifizierung der Formmasse in einem vorgeschalteten Spritzkanal, die dann in die auf Aushärtetemperatur beheizte Form gedrückt wird. Die Taktzeiten sind kleiner.

Spritzgießen (Bild 9.24) erfolgt ähnlich wie bei Thermoplasten, jedoch mit veränderten Schnecken und niedrigen Temperaturen zur Plastifizierung (60...90 °C), damit die Aushärtung nicht im Zylinder einsetzt. Die Masse wird mit Drücken von 200...2500 bar (je nach Harz und Füllstoff) in die elektrisch beheizten Werkzeuge gespritzt und vernetzt schnell bei 150...200 °C. Die Teile können warm entnommen werden. Die Taktzeiten sind wenig von der Wanddicke abhängig und gleichen denen der Thermoplastverarbeitung.

Duroplastische Formteile erhalten eine glatte, glänzende Oberfläche, die vor Wasseraufnahme schützt. Es können Metallteile (Gewinde-, Lagerbuchsen) eingepresst werden.

SMC (Sheet Moulding Compound) sind flächige, harzgetränkte Laminate als Vorprodukt zum Warmpressen. Sie enthalten bis 50 mm lange Glasfaserstränge (Rovings). In der Fläche unorientiert ist das Produkt allseitig fließfähig. Auch als Gewebeprepregs oder Prepregbänder (Tapes) geliefert. Sorten mit orientierten Fasern sind in Längsrichtung nicht fließfähig. Härtetemperatur und -zeit sind gegenläufig.

BMC (Bulk Moulding Compound) sind teigige, glasfaserhaltige Massen, chemisch verdickt, sie können durch Spritzgießen zu Formteilen oder durch Pultration zu Profilen verarbeitet werden.

Übersicht: Duroplastverarbeitung

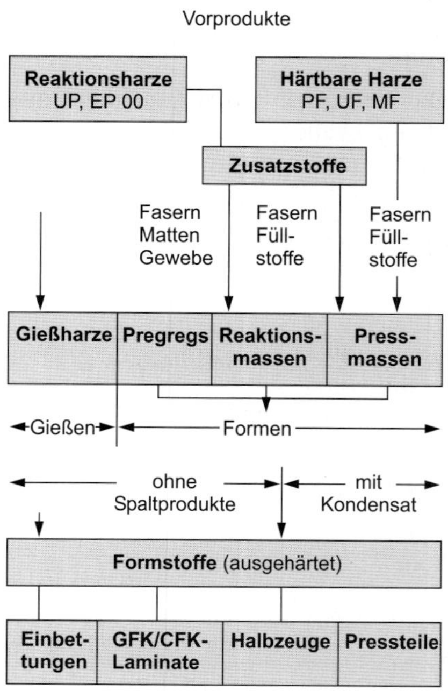

Platten mit vorgetränkten Gewebe-, Papier- oder Holzfurnieren werden schichtweise in Etagenpressen mit langen Presszeiten hergestellt.

Profile werden durch Strangpressen in Extrudern erzeugt. Dabei härtet die plastifizierte Formmasse in der Düse aus und wird kontinuierlich ausgestoßen.

9.6 Thermoplaste

9.6.1 Thermisches Verhalten

Die *Sekundärbindungen* sinken bei Erwärmung schnell auf Null, weil sich infolge der *Wärmebewegung* die Abstände der Molekülketten vergrößern. Die Folgen sind:

- Festigkeit und Steifigkeit *sinken* stark,
- die Dehnung steigt an, erreicht ein *Maximum* und fällt steil ab (Bilder 9.19).

Forderung für technische Teile:

Kunststoffe dürfen im Temperaturbereich, in dem sie eingesetzt werden, ihre mechanischen Eigenschaften nicht *wesentlich verändern*. Das begrenzt die Verwendung der Thermoplaste.

Die Einsatzbereiche liegen je nach Molekülstruktur *unter* oder *über* der **Glasübergangstemperatur** T_g.

Glasübergangstemperatur T_g ist ein Bereich, in dem der abkühlende Stoff *einfriert* und nur noch geringe *molekulare* Wärmebewegung zeigt.

Amorphe Thermoplaste (Bild 9.18 o.) werden *unterhalb* ihrer Temperatur T_g (links von T_g) verwendet. Es sind harte, spröde Stoffe wie PVC-hart, PS und PMMA.

Festigkeit und E-Modul liegen hoch, die Dehnung ist klein (Bilder 9.18). Der Werkstoff ist hart und spröde.

Oberhalb ihrer Glastemperatur erweichen sie schnell, sind zunächst *thermoelastisch*, später *thermoplastisch* warmumformbar. Die Formänderung bleibt nur bei sofortiger Abkühlung unter T_g erhalten.

Die *Verstreckung* von Fäden und Folien zur Festigkeitssteigerung ist in diesem Bereich (hohe Dehnung) möglich (Bild 9.18 oben), ebenso das *Blasformen* von Hohlkörpern (Streckblasen) mit Verbesserung der mechanischen Werte.

Beim Wiedererwärmen erfolgt eine Rückstellung der gestreckten Molekülketten: Verzug der Teile.

Bei noch höheren Temperaturen sinken Dehnung ε und Festigkeit σ_B auf Null, der *schmelzviskose* Zustand ist erreicht und die Formgebung durch Spritzgießen möglich.

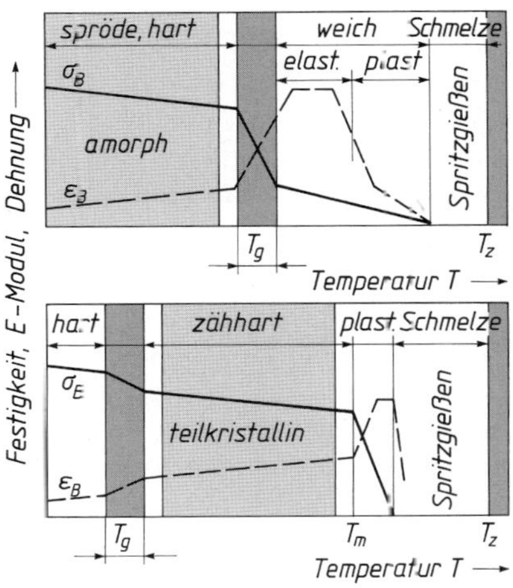

Bild 9.18 Bruchspannung und Bruchdehnung von amorphen Thermoplasten (oben) und teilkristallinen (unten) bei steigender Temperatur

Die gerasterten Felder geben die Einsatzbereiche der Polymerarten an.

Wenn die Temperatur noch weiter gesteigert wird, beginnen sich einzelne *Primärbindungen* zu lösen, die Ketten *zerfallen* in niedermolekulare Stoffe. Der Werkstoff zersetzt sich. Die **Zersetzungstemperatur** T_z ist überschritten (schraffierter Bereich in Bild 9.18 o.).

Teilkristalline Thermoplaste (Bild 9.18 u.) haben ihren Einsatzbereich *oberhalb* T_g. Dann sind die amorphen Bereiche zwischen der kristallinen Struktur *beweglich*, ohne dass sich die Verschlaufungen lösen können, und ergeben einen *zäh-harten* Zustand.

Die kristallinen Bereiche wirken bis zum **Kristallitschmelzpunkt** T_m versteifend, die Festigkeit sinkt nur wenig ab. Bei T_m lösen sich die Kristallite zu amorphen Knäueln auf, und die Verschlaufungen lockern sich. Der plastische Zustand ist erreicht.

Kristalline Bereiche sind dichter gepackt und haben stärkere Sekundärbindungen. Zum Auflösen ist mehr Energie erforderlich, sie haben einen *engen* Schmelzbereich, den sog. **Kristallitschmelzpunkt** T_m. Hier sinkt die Festigkeit steil ab, eine plastische Warmumformung von Halbzeugen ist schwierig.

Diese wichtigen Temperaturbereiche werden durch den Torsionsschwingversuch DIN 53 445 bestimmt. Die Ergebnisse dieser Prüfung sind die *Schubmodul*-Temperaturkurven Bild 9.19a. Bildteil b zeigt die *Zugfestigkeit*-Temperatur-Kurven einiger Thermoplaste.

Begriff: Schubmodul G oder Gleitmodul für die Verdreh- und Scherbeanspruchung entspricht dem Elastizitätsmodul E für die Zug- und Biegebeanspruchung, $E \approx 3 \cdot G$. Sie sind ein Maß für die *Steifigkeit*.

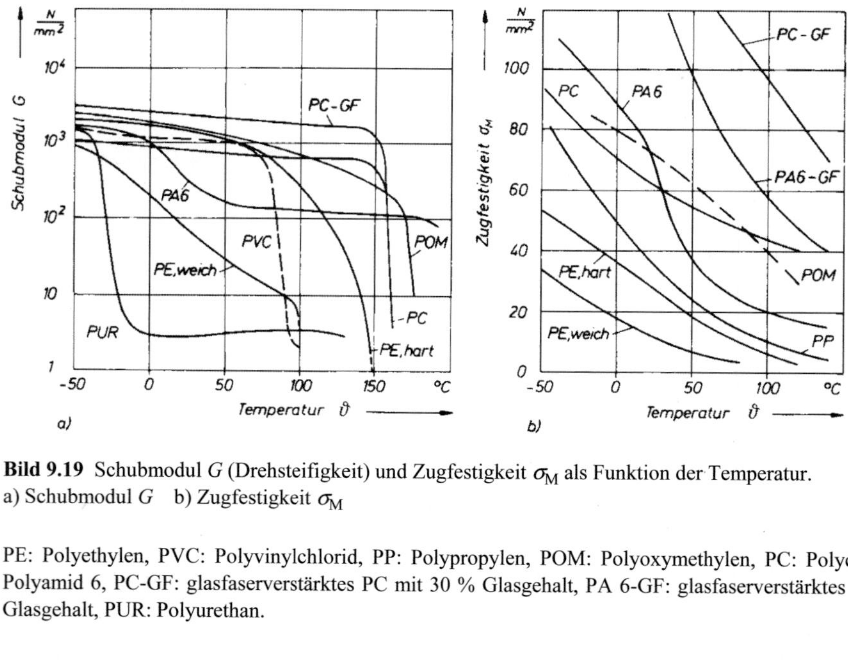

Bild 9.19 Schubmodul G (Drehsteifigkeit) und Zugfestigkeit σ_M als Funktion der Temperatur.
a) Schubmodul G b) Zugfestigkeit σ_M

PE: Polyethylen, PVC: Polyvinylchlorid, PP: Polypropylen, POM: Polyoxymethylen, PC: Polycarbonat, PA 6: Polyamid 6, PC-GF: glasfaserverstärktes PC mit 30 % Glasgehalt, PA 6-GF: glasfaserverstärktes PA 6 mit 30 % Glasgehalt, PUR: Polyurethan.

Den Unterschied zwischen wenig und stark kristallinen Polymeren zeigen die Kurven von PE weich und PE hart.

Beispiele für Weich-PVC: Schläuche, Kunstleder, Profile

Beispiele: Formteile für Maschinenteile, die form-steif und formbeständig sein müssen, und deren Steifigkeit bis über 100 °C erhalten bleiben muss, aus Polyamiden PA, Polyoxymethylen POM und Polycarbonat PC.

Beim PVC wirken durch das polare Cl-Atom zunächst starke Sekundärbindungen, die erst bei 70 °C durch die *Mikro-Braun'sche* Bewegung schwächer werden. Hier liegt die Glastemperatur von PVC.

Steifigkeit und Festigkeit dieser Polymere kann durch Glasfaserverstärkung (30 % Gewichtsanteil) erhöht werden (Kurven PC-GF und PA 6-GF).

Alle Thermoplaste zeigen im Prinzip das in Bild 9.19 skizzierte Verhalten. Dabei schwanken Lage und Breite der Bereiche stark, je nach Art des Monomer-Bausteins und der Sekundärbindungen.

Durch den Einbau von anderen Monomer-Bausteinen mithilfe von Copolymerisation, oder Polymer-Mischung (Blends) lassen sich die Bereiche den Anforderungen von steifen Sorten bis hin zu Elastomeren anpassen.

Prüfung der Formbeständigkeit in der Wärme

Zur Schnellbestimmung der Erweichungstemperatur gibt es zwei Verfahren. Die ermittelten Werte sind stark spannungsabhängig und nur zum Vergleich innerhalb der Polymergruppe geeignet. Die Gebrauchstemperaturen liegen höher.

Die beiden Verfahren ermitteln die Verformung einer Probe in Öl, das mit ca. 2 K/min erwärmt wird bis die Probe eine bestimmte Verformung erreicht (→).

Vicat-Erweichungstemperatur:

DIN ISO 306/97. Eine Nadel mit 1 mm^2 Querschnitt wird mit F = 50 N (Prüfung B) senkrecht in die Probe gedrückt. Sie wird in einem Ölbad mit 50 K/h erwärmt. Beim Erreichen einer Eindringtiefe von 1 mm wird die Vicat-Temperatur abgelesen.

Normbezeichnung: VST/B 50 = 70 °C

Formbeständigkeitstemperatur HDT:

DIN EN ISO 75/96. Die genormte Probe auf zwei Stützpunkten, mittig biegebeansprucht, wird in einem Flüssigkeitsbad mit 2 K/min erwärmt. Wird bei genormten Biegespannungen eine bestimmte Durchbiegung erreicht, kann die HDT-Temperatur abgelesen werden.

Messverfahren A: Biegespannung 1,85 MPa, (max. Durchbiegung 0,33 mm)

Normbezeichnung: HDT/A = 90 °C

Die Diagramme in Bild 9.19 zeigen das Verhalten der Polymere bei kurzzeitiger Beanspruchung. Bei langzeitiger konstanter Belastung verhalten sie sich viskos, d. h. sie fließen in Richtung der Beanspruchung. Das führt zu einer bleibenden Verformung der Bauteile. Für ihre Auslegung ist deshalb das Verhalten eines Kunststoffes über längere Zeit wichtig.

9.6.2 Langzeiteigenschaften der Kunststoffe

Bei Metallen, die langzeitig oberhalb der Rekristallisationstemperatur beansprucht werden, beobachtet man eine langsame und ständig zunehmende Dehnung, die als **Kriechen** bezeichnet wird. Sie führt nach einer bestimmten Zeit, abhängig von Temperatur und Spannung, zum Bruch (→).

Kunststoffe zeigen dieses Kriechen bereits bei normalen Temperaturen. Die Prüfungen dafür sind:

Bestimmung des Kriechverhaltens nach DIN EN ISO 899/03:
Teil 1: Zeitstandzugversuch; Teil 2: Zeitstandbiegeversuch bei Dreipunktbelastung.

Verhalten bei konstanter Spannung

Bei **Zeitstandversuchen** werden Werkstoffe über längere Zeit einer konstanten Zug- oder Biegebeanspruchung ausgesetzt.

Diese Beanspruchungsart tritt z. B. bei Ventilatorflügeln im Dauerbetrieb auf oder bei Bauteilen, die von ihrem Eigengewicht beansprucht werden.

Dabei zeigt sich eine Anfangsdehnung beim Aufbringen der Belastung, dann aber ein zunehmendes Kriechen bis zum Bruch (Bild 9.20).

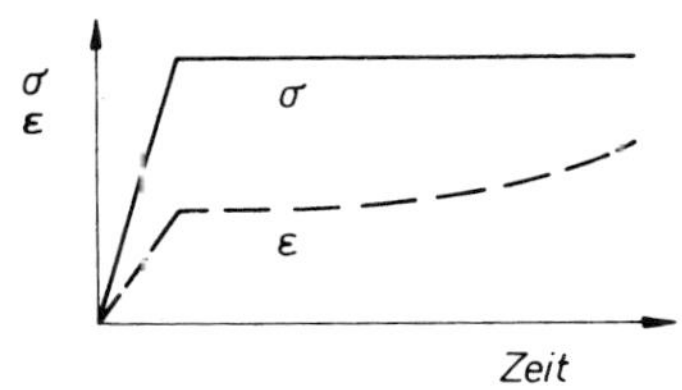

Bild 9.20 Verlauf von Spannung σ und Dehnung ε beim Zeitstandzugversuch

Verhalten bei konstanter Dehnung (Entspannungsversuch, Relaxation)

Bei manchen Maschinenteilen liegt eine konstante Dehnung vor, wenn z. B. Schrauben vorgespannt sind oder Teile eingepresst oder aufgeschrumpft sind. Dieser Dehnung entspricht zunächst eine bestimmte Spannung, die aber durch das Kriechen kleiner wird (Bild 9.21).

Dadurch kann das Teil seine Funktion nicht mehr erfüllen.

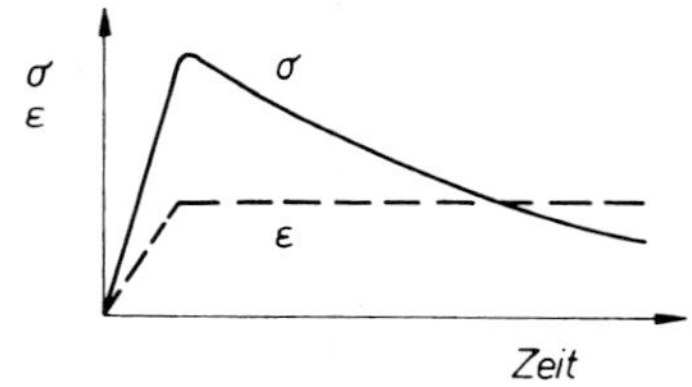

Bild 9.21 σ, ε-Verlauf beim Entspannungsversuch

Beispiel: Sektkorken halten durch Reibkräfte, die mit der Druckspannung im Korken erzeugt werden. Durch Kriechen sinkt letztere, damit auch die Reibkraft. Der Korken löst sich.

Als Ergebnis vieler Zeitstandversuche erhält man die *Zeit-Dehnungs-Linien*, die in Bild 9.22a schematisch dargestellt sind. Daraus lässt sich ableiten, welche Dehnung nach der Zeit *t* für eine vorgegebene Spannung zu erwarten ist.

Ablesebeispiel: Welche Spannung ist zulässig, wenn nach 1000 h eine Dehnung von 3 % auftreten darf?

Im Bildteil a) auf der Zeitachse bei 10^3 h nach oben, auf der Dehnungsachse bei 3 % nach rechts gehen. Der Schnittpunkt liegt auf der schrägen Spannungslinie 50 N/mm², es ist die gesuchte Spannung.

Zeitstandfestigkeiten (obere Linie) sind die Spannungen, die nach der Zeit *t* zum Bruch führen.

Eine weitere Darstellung des Langzeitverhaltens ist in Bild 9.22c aus den Zeit-Dehnungs-Linien konstruiert, die *isochronen* Spannungs-Dehnung-Linien. Sie entstehen durch Auftragen von Wertepaaren von Spannung und Dehnung für *eine bestimmte* Belastungszeit.

Ablesekontrolle mit Bildteil b:

Auf der σ-Achse bei = 50 N/mm² nach rechts, auf der Zeitachse bei 10^3 h nach oben gehen. Der Schnittpunkt liegt auf der schrägen Dehnungslinie 3 %.

Begriff: *isochron* = gleichlang dauernd

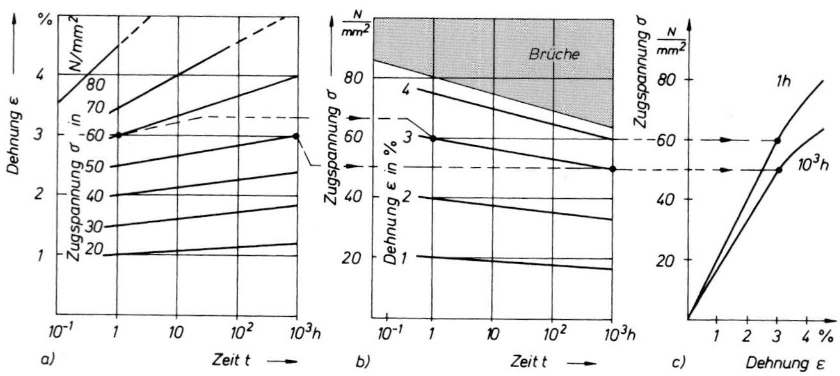

Bild 9.22: Zeitstandversuch, schematische Schaubilder
a) Zeit-Dehnungs-Linien, b) Zeit-Spannungs-Linien, c) isochrone Spannungs-Dehnungs-Linien

Als weitere Einflussgröße kann die Temperatur in das Diagramm eingearbeitet werden. Aus dieser Darstellung kann der Konstrukteur alle wichtigen Daten entnehmen, sie stellt eine Art „Visitenkarte“ des Polymers dar (Bild 9.23).

Die Spannungslinien im Bild 9.23 rechts haben unterschiedliche *Steigungen*, die zudem nach oben hin kleiner werden.

Das bedeutet für das Verhalten des Polymers:

- **steif** bei niedrigen Spannungen oder kurzzeitiger Beanspruchung,
- **weich** bei höherer Spannung oder langzeitiger Beanspruchung.

Das bedeutet auch, dass der E-Modul *keine konstante Größe* mehr ist, wie wir es von den Metallen her kennen.

Dieser zeitabhängige *E*-Modul wird als **Kriechmodul** $E_c(t)$ bezeichnet.

(*t* bedeutet Funktion der Zeit *t*).

Elastizitätsmodul *E* und Auswirkungen

Der gegenüber Metallen um etwa 100-fach kleinere *E*-Modul führt zu entsprechenden elastischen Verformungen. Die Bauteile haben eine geringere *Formsteifigkeit*. Daraus ergeben sich:

Bei Punkt- und Linienberührungen von Kunststoffteilen unter starken Kräften wird durch die Abplattung die Berührungsfläche größer. Dadurch sinkt die örtliche Flächenpressung gegenüber Stahlteilen auf etwa 1/10, damit auch der Verschleiß.

Beim Ersatz von Metallteilen durch Kunststoffe sind die Wanddicken auf das 2…3-fache zu verstärken oder durch *Verrippungen* zu versteifen. Bei großflächigen Teilen besteht die Möglichkeit, *Strukturschaum*-Kunststoffe anzuwenden. Sie haben glatte Außenflächen, nach innen steigt die Porosität an.

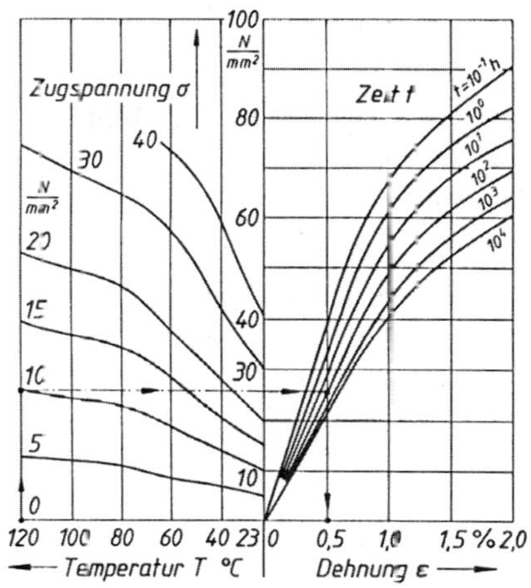

Bild 9.23 Isochrone Spannungs-Dehnungs-Linien von PA6 mit 30 % Glasfasern verstärkt (trocken) (nach *Oberbach*)

Ablesebeispiel: Bei einer Zugspannung von 10 N/mm² und einer Temperatur von 120 °C ist nach einer Dauerbeanspruchung von 10^2 h eine Dehnung von 0,5 % zu erwarten.

Kriechmoduln können in Schaubildern abgelesen und für die Berechnung von Verformungen *anstelle* des *E*-Moduls eingesetzt werden, wenn Langzeitbeanspruchungen vorliegen. Der im *Kurzzeitversuch* ermittelte *E*-Modul ist dazu ungeeignet.

Anwendung des kleineren *E*-Moduls:
Schnappverbindungen lassen sich mit geringeren Kräften schließen, wie bei Spielzeugen, Behältern, Abdeckkappen. Wälzlagerkäfige aus POM können mit Kugeln bestückt werden.

Anwendung: Laufrollen, Lagerbuchsen, Kupplungsteile, Zahnräder, Wälzlagerringe für geräuscharme Lager aus zähharten Polymeren PA, POM und PUR.

Strukturschaum-Anwendung: Gehäuse für Tonmöbel, Sportgeräte, Möbelteile, Kfz-Innenteile (weiche Armaturenbretter).

PUR- und ABS-Strukturschaum mit Dichten von etwa 0,6 g/cm³.

9.6.3 Thermoplastverarbeitung

Die polymeren Rohstoffe werden vom Hersteller mit den Zusätzen gemischt und als Formmasse (Pulver- oder Granulat) in trockenem Zustand den Kunststoffverarbeitern geliefert.

Von jedem Polymer werden unterschiedlich eingestellte Formmassen angeboten, die sich durch das Fließverhalten (→) beim Urformen unterscheiden.

Hohe Fließfähigkeit = hoher Schmelzindex bzw. Fließrate (→)

Die Größen hängen stark von der Form und Länge der Makromoleküle und von Art und Anteil der Zusätze ab.

Das Urformen der Thermoplaste erfolgt nach drei Hauptverfahren.

Spritzgießen (Bild 9.24) ist ein diskontinuierliches Verfahren für Formteile. Das vorgewärmte Granulat wird in Schneckenspritzgießmaschinen (Prinzip Fleischwolf) eingezogen, im beheizten Zylinder geschmolzen und zu einer homogenen Schmelze plastifiziert, die sich vor der Schnecke sammelt.

Zum Spritzen fährt die Spritzeinheit an die geschlossene Form heran. Die stillstehende Schnecke wird axial verschoben und wirkt als Kolben, der die Masse in die Form drückt.

Durch *Nachdrücken* bis zum Einfrieren der Masse im Werkzeug wird die Schrumpfung kompensiert. Dann fährt die Spritzeinheit zurück, die Form wird geöffnet und das Teil ausgestoßen. Nach Reinigung beginnt der nächste Zyklus.

Extrudieren ist ein kontinuierliches Verfahren für Halbzeuge. Die mit Schnecken plastifizierte Masse wird durch eine Düse abgezogen und kühlt an der Luft ab. Das Profil ergibt sich unter Berücksichtigung der *Strangaufweitung* aus der Form der Düse.

Blasformen von Hohlprofilen wird z. B. für Flaschen, Kanister und Tanks angewendet.

Fließverhalten: Wichtig für die vollständige Füllung der Form durch die thermoplastische Schmelze bei langen Fließwegen (komplizierte Teile).

Es wurde durch die Verarbeitungskenngröße Schmelzindex MFI (DIN 53735 Z) angegeben.

$MFI_{250/2,16}$ = 30 g/10 min bedeutet, aus einem genormten Prüfgerät fließt bei 250 °C Massetemperatur unter Belastung mit einem Gewichtsstück von 2,16 g eine Masse von 30 g in 10 min aus der Düse.

Neue Kenngrößen sind (DIN EN ISO 1133/00)

- Volumenschmelzfließrate MVR mit der Einheit cm^3/10 min,
- Masseschmelzfließrate MFR mit der Einheit g/10 min.

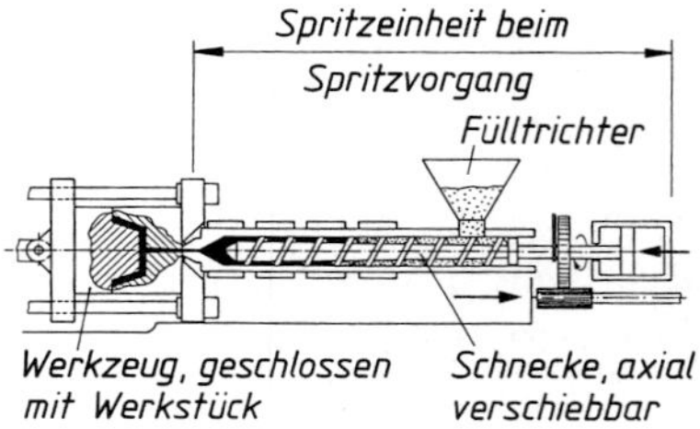

Bild 9.24 Schneckenspritzgießmaschine, schematisch

Die Verfahrensbedingungen haben Einfluss auf das Aussehen und die Eigenschaften des Formteiles und die inneren Spannungen.

Bedingungen	Auswirkungen
Spritzdruck	Geschwindigkeit der Füllung
Massetemperatur	Viskosität der Masse
Formtemperatur	Kristallisation und Zeit bis zum Entformen, Oberfläche,
Nachhaltezeit	Schwindung des Teiles, Verzug

- Breitschlitzdüse für Platten
- Ringschlitzdüse für Schlauchfolien, Rohre
- Düsen für Stangen und Profile
- Schrägspritzköpfe zur Ummantelung von Rohren und Kabeln

Es werden Hohlkörper von 10 ml bis 10 000 l Inhalt von fast beliebiger Gestalt geformt.

9.6.4 Übersicht über die wichtigsten Thermoplaste

Der Abschnitt stellt die am meisten eingesetzten thermoplastischen Kunststoffe vor. In der rechten Spalte sind jeweils die Strukturformeln der monomeren Stoffe abgebildet. Sie lassen erkennen, ob der Baustein kompakt oder sperrig gebaut ist.

Unpolare Stoffe entstehen, wenn die Substitutions-Atome oder -gruppen symmetrisch um die Achse liegen.

Polare Stoffe entstehen bei Unsymmetrie oder wenn einseitig stark elektronegative Atome (z. B. Cl bei PVC) oder solche Gruppen angebaut sind.

Polarität wirkt sich auf das Verhalten in elektrischen Wechselfeldern aus: Polare Moleküle schwingen im Takt der Frequenz, das führt zu Verlusten. Verlustenergie setzt sich in Wärme um (Mikrowellenprinzip). Diese Stoffe sind mit Hochfrequenz schweißgeeignet.

Unpolare Stoffe, wie z. B. das symmetrisch gebaute Polyethylen PE, sind deshalb z. B. für Hochfrequenzbauteile geeignet oder für den Mikrowellenherd.

Polyethylen PE (Tabelle 9.14) PE-Formmassen DIN EN ISO 1872/99

Unpolarer, durchscheinender, milchig bis weiß aussehender Kunststoff mit wachsartiger Oberfläche, sehr zäh, mit unterschiedlicher Steifigkeit, die mit der Dichte steigt. Hohe Beständigkeit gegen Chemikalien, geringe Wasseraufnahme, schweißbar, schlecht klebbar, preisgünstiger Kunststoff mit hohem Marktanteil.

Die Eigenschaften von PE verbessern sich allgemein mit steigender Dichte (Polymerisationsgrad n, Molmasse MM)

PE-LD (Weich-PE) entsteht bei 200 °C und ca. 1500 bar und hat eine mittlere MM von $6 \cdot 10^5$ g/mol.

PE-HD (Hart-PE) entsteht durch besondere Katalysatoren bei geringen Drücken und hat eine MM von $2...4 \cdot 10^5$ g/mol.

PE-UHMW (ultra high molecular weight) entsteht ebenfalls durch besondere Katalysatoren und hat Molekülmassen von $3...6 \cdot 10^6$ g/mol.

Durch Copolymerisation lässt sich der E-Modul der PE-Kunststoffe variieren von Elastomeren bis hin zu hochsteifen Sorten.

Vernetztes PE-X entsteht nach verschiedenen Verfahren, z. B. durch energiereiche Strahlen. Dabei werden die Fadenmoleküle durch primäre Bindungen lose verknüpft (ca. 5 Bindungen auf 1000 C-Atome).

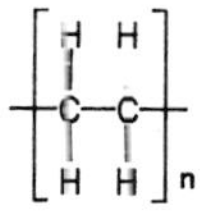

Monomer: Ethylen

Handelsnamen: Baylon, Hostalen, Lupolen, Vestolen

Erkennungsmerkmale, Brennprobe: Leicht entflammbar, brennt außerhalb mit heller Flamme weiter, tropft, Paraffingeruch.

PE-LD besteht aus verzweigten Molekülen und kristallisiert dadurch zu 40...50 %. Die Dichte liegt zwischen 0,915 und 0,935 g/cm^3.

PE-HD besteht aus linearen, größeren Molekülen und kristallisiert zu 60...80 %. Es ist steifer, härter und beständig in kochendem Wasser. Die Dichte liegt zwischen 0,942 bis 0,965 g/cm^3.

PE-UHMW hat durch die langen Moleküle eine geringere Fließfähigkeit beim Verarbeiten und erfordert höhere Drücke. Es ist beständiger gegen abrasive Beanspruchung als PE-LD und PE-HD.

Anwendung: Isolierung von Hochspannungskabeln, Rohre für Fußbodenheizungen, Formteile für höhere Beanspruchungen. Es steigen Kriechwiderstand und Schlagzähigkeit. Die Einsatztemperatur liegt bei 120 °C (kurzzeitig 200 °C).

Polypropylen PP (Tabelle 9.14), PP-Formmassen DIN EN ISO 1873/95

Polypropylen besitzt ähnliche Eigenschaften wie PE, ist jedoch härter und warmfester und neigt weniger zu Spannungsrissen wie PE. Die Kriechneigung ist geringer, so dass PP für formstabile Bauteile besser geeignet ist als PE. Es ist leider kaltspröde.

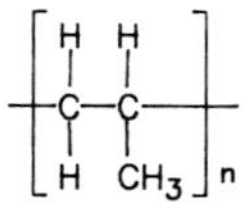

Monomer: Propylen

Für flächige Bauteile gibt es PP-GMT (glasmattenverstärkte Thermoplaste), sie sind im Gegensatz zu duroplastischen Prepregs unbegrenzt lagerfähig.

PP-Sorten haben (auch durch Füllstoffe) ein breites Eigenschaftsspektrum, so dass sie auch wegen des leichteren Recyclings große Marktanteile auf Kosten aromatischer Polymere gewonnen haben.

Handelnamen: Hostalen PP, Hostacom, Hostacen, Novolen, Polystone

Erkennungsmerkmale, Brennprobe: Wie Polyethylen, Geruch ist brenzliger.

Anwendungen: Verpackungsindustrie, Kfz-Bauteile (Benzintanks, großflächige Teile im Fahrgastraum), Rohre für Warmwasser- und Fußbodenheizung, Bauteile für Sonnenkollektoren, Batteriekästen.

Tabelle 9.14: Eigenschaften von PE und PP

Eigenschaft Einheit →		PE-LD	PE-HD	PP	PP- Talkum	PP-GF30
Streckspannung σ_Y	MPa	8...10	18...30	25...40	30...35	-------
Streckdehnung ε_Y	%	ca. 20	8...12	8...18	3	------
E-Modul E (Zug)	MPa	200...400	600...1400	1300...1800	3500...4500	5200...6000
Wärmeformbeständigkeit HDT/A 1,8 MPa	°C	----------	38...50	55...65	70...90	90...115

Polyvinylchlorid PVC (Tabelle 9.15), (PVC-U)-Formmassen DIN EN ISO 1060/00

PVC ist ein polarer, hornartiger, glasklar bis trüber, harter, zäher Werkstoff und hochbeständig gegen die meisten Chemikalien, im Heißluftstrom schweißbar, klebbar, aber nur bis ca. 60 °C einsatzfähig. PVC versprödet unterhalb +20 °C, die Temperatur lässt sich durch Zusätze nach unten erweitern.

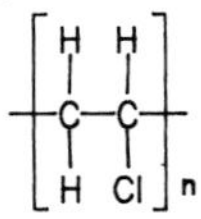

Monomer: Vinylchlorid

Durch verschiedene Herstellungsverfahren, Copolymerisation und Weichmacher lassen sich Typen mit vielseitigen Eigenschaften herstellen.

PVC-U (Hart-PVC) mit höherer Festigkeit und E-Modul für Folien und Tafeln, die zum Warmumformen geeignet sind. Widerstand gegen Abrieb, Kaltfestigkeit und Dauerfestigkeit sind gering.

PVC-C ist nachchloriertes PVC mit > 60 % Cl-Anteil und beständig bis 100 °C.

Handelsnamen: Hostalit, Vestolit, Vinoflex

Erkennungsmerkmale, Brennprobe: Brennt in der Flamme gelb leuchtend, erlischt außerhalb, erweicht, riecht nach Salzsäure HCl.

Anwendungen: PVC-U für Fenster-, Möbel- und Bauprofile, Rohrleitungen, Auskleidungen von Apparaten der chemischen Industrie.

Profile und Tafeln werden dazu warmgeformt und durch Schweißen und Kleben verbunden.

PVC-P (Weich-PVC) enthält neben sog. Weichmachern hohe Anteile an Füllstoffen wie Kreide, $CaCO_3$, Schiefermehl u. a.

Anwendungen: PVC-P für Folien, Blech- und Textilbeschichtungen (Kunstleder), Profile für Möbelbau und Kraftfahrzeuge, Schläuche und Fußbodenbeläge.

Weichmacher: Zahlreiche niedermolekulare Stoffe (Ester, Öle), welche die Sekundärbindungen lockern, so dass der Glasübergang zu tieferen Temperaturen verschoben wird. Wichtig ist Licht- und thermische Stabilität, damit keine Versprödung oder Belastung der Umgebung eintritt (äußere Weichmachung).

Innere Weichmachung ist die Veränderung der Makromoleküle durch Copolymerisation oder Polymermischung (Polyblends).

Tabelle 9.15: Eigenschaften von PVC-Sorten

Eigenschaft Einheit →		PVC-U	PVC-C	PVC-U + 20 % Kreide	PVC-U + 30 % $CaCO_3$
Streckspannung σ_Y	MPa	50...60	70...80	34	46
Streckdehnung ε_Y	%	4...6	3...5	6	3
E-Modul E (Zug)	MPa	2700...3000	3400...3600	3500	3200
Wärmeformbeständigkeit HDT / A 1,8 MPa	°C	65...75	100	---	80

Polystyrol PS (Tabelle 9.16), PS-Formmassen DIN EN ISO 1622/99

Glasklarer, einfärbbarer Kunststoff mit glänzender Oberfläche, steif und spröde, geruch- und geschmacklos, mit sehr guten elektrischen Eigenschaften, schweiß- und klebbar, preisgünstig. Die geringe Schlagzähigkeit und Temperaturwechselbeständigkeit wird durch **Copolymerisation** oder Mischung mit gummiartigen Stoffen verbessert (z. B. mit Butadien = Kautschuk).

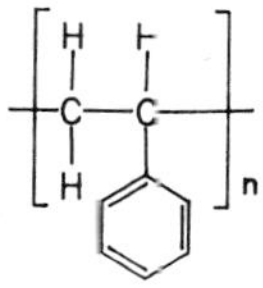

Monomer: Styrol

Handelsnamen: Hostyren, Trolitul, Vestyron Styroflex

Erkennungsmerkmale, Brennprobe: Leicht entflammbar, brennt außerhalb der Flamme leuchtend weiter, stark rußend, süßlicher Geruch

Copolymerisate sind z. B.

Styrol-Butadien	**SB**	Polystyrol schlagfest
Styrol-Acrylnitril	**SAN**	Luran, Vestoran
Acrylnitril-Butadien-Styrol	**ABS**	Novodur, Terluran, Vestodur

Schlag- und hochfeste Polystyrole sind bis 85 °C einsetzbar (SAN) galvanisierbar (ABS) und mit Treibmitteln aufgeschäumt für Teile mit größeren Wanddicken verwendbar (ABS).

Anwendung der Copolymerisate: Abdeckungen aller Art, Armaturenbretter, Gehäuse von Radio-, Phono-, Fernsehgeräten und Büromaschinen, Reise- und Gartengeschirr.

Anwendungen: Isolierfolien für elektrotechnische Bauelemente, Lichtraster, Leuchtenabdeckungen, Zeichengeräte, Verpackung kosmetischer und pharmazeutischer Präparate.

Geschäumtes PS (Styropor) für Wärme- und Schalldämmung (Platten und Verbundwerkstoffe); formgeschäumtes PS für Verpackungen, Gießen mit verlorenem Modell, Formen für Stahlbetondecken.

Tabelle 9.16: Eigenschaften von Polystyrolen

Eigenschaft Einheit →		PS	SB	SAN	ABS	ABS-GF20
Bruchspannung σ_B	MPa	30...55	25...45 [1)]	65...85	30...45 [1)]	65...80
Bruchdehnung ε_B	%	1,5...3	1...2,5 [1)]	2,5...5	2,5...3,5 [1)]	2
E-Modul E (Zug)	MPa	3100...3300	2000...2800	3500...3900	2200...3000	6000
Wärmeformbeständigkeit HDT/A 1,8 MPa	°C	65...85	72...87	95...100	95...105	100...110

[1)] hier Streckspannung σ_Y und Streckdehnung ε_Y

Polymethylmetacrylat PMMA (Tab. 9.17), PMMA-Formmassen DIN EN ISO 8257/06

Durchsichtiger, glasklarer Kunststoff mit besten optischen Eigenschaften, witterungsbeständig, bis 90 °C einsetzbar, schweiß- und klebbar, geringe Wasseraufnahme, hoher Oberflächenwiderstand, teilweise Löslichkeit in organischen Lösungsmitteln.

Es existieren zahlreiche Copolymere und Blends.

Anwendung: Verglasungen aller Art, wenn Leichtigkeit und gute Formbarkeit und Splittersicherheit verlangt werden; durchsichtige Lehrmodelle, Leuchten, Schaugläser, Zeichengeräte, zahnmedizinische Artikel und kunstgewerbliche Gegenstände.

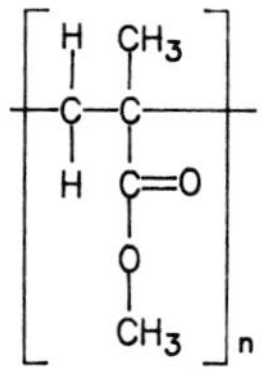

Monomer: MMA

Handelsnamen: Plexiglas, Resarit, Degulan

Erkennungsmerkmale, Brennprobe: Leicht entflammbar, brennt außerhalb der Flamme mit leuchtender Flamme weiter, es erweicht, tropft aber nicht, Geruch fruchtig.

Polytetrafluorethylen PTFE (Tab. 9.17), PTFE-Formmassen DIN EN ISO 12086/06

Wachsartiger, nicht sehr harter, auch kaltzäher Kunststoff mit hohem Schmelzpunkt (>320 °C), der von –270...300 °C langzeitig beansprucht werden kann und höchste Beständigkeit gegen Chemikalien hat, keine Wasseraufnahme, sehr guter elektrischer Isolator, niedrige Reibzahl, bedingt schweißgeeignet, klebwidriges Verhalten. Die Herstellung ist aufwendig und teuer.

Das Verschleißverhalten wird durch Füllstoffe wie Graphit, Molybdändisulfid, Bronze, Stahl oder Glasfasern verbessert.

Die Verarbeitung durch Spritzgießen ist wegen des hohen Schmelzpunktes nicht möglich. Einfache Formteile entstehen durch Pressen und Sintern bei 350...380 °C.

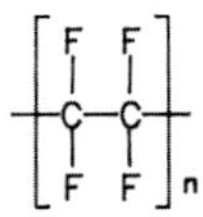

Monomer: Tetrafluorethylen

Handelsnamen: Teflon, Hostaflon Fluon

Erkennungsmerkmale, Brennprobe: Nicht brennbar, nicht verkohlend, ohne Geruch, riecht bei Rotglut stechend nach Fluorwasserstoff.

Anwendungen: Dichtungen (auch glasfaserverstärkt), Verbundlager für Trockenlauf (auch mit MoS_2-Zusatz), Dehnungselemente, Brückenlager, Schläuche, Isolierfolien, Beschichtungen mit abweisender Oberfläche für Walzen und Rührgeräte der Lebensmittelindustrie (Bratpfannen).

Durch Copolymerisation entstehen Fluorpolymere mit etwas niedrigerer Wärmebeständigkeit, die sich aber wie andere Thermoplaste verarbeiten lassen.

Fluorkautschuke sind hoch chemikalienbeständig und für Dichtungen von –20...200 °C eingesetzt.

Copolymere sind z.B:

Polyvinylfluorid **PVF**, glasklare Folien

Polychlortrifluorethylen **PCTFE,** geringste Wasserdampfdurchlässigkeit,

Polyfluormethylenpropylen **FEP** für Kabelisolierungen, Träger für gedruckte Schaltungen.

Tabelle 9.17: Eigenschaften von Polymethylmethacrylat PMMA und Polytetrafluorethylen PTFE

Eigenschaft Einheit →		**PMMA**	**AMMA** [2] Halbzeug	**PFTE**	**PCFTE**
Streckspannung σ_Y	MPa	60...75 [1]	90...100	20...40	30...40 [1]
Streckdehnung ε_Y	%	2...6 [1]	10	> 50	> 50 [1]
E-Modul E (Zug)	MPa	3100...3300	4500...4800	400...750	1300...1500
Wärmeformbeständigkeit HDT/A 1,8 MPa	°C	75...105	75	50...60	65...75

[1] hier Bruchspannung σ_B und Bruchdehnung ε_B [2] Copolymer Acrylnitril/PMMA

Polyamide PA (Tabelle 9.19), Formmassen DIN EN ISO 1874/01

Milchig aussehende, sehr zäh und abriebfeste Kunststoffe, schwingungsdämpfend, bis zu 80...100 °C einsetzbar, geeignet zum Schweißen und Kleben.

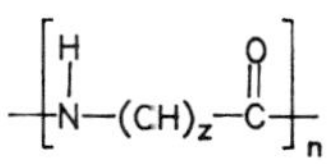

Monomer
Anzahl der CH_2 Gruppen:
PA6 z = 5
PA12z = 11

Polyamide PA werden zusätzlich mit Zahlen gekennzeichnet (Tabelle 9.19).

Die Zahlen geben die Anzahl der CH_2-Gruppen im Monomer an. Durch sie wird die Wasseraufnahmefähigkeit beeinflusst. Je höher die Zahl, desto geringer die Wasseraufnahme und umso besser die Maßbeständigkeit (Tabelle 9.18).

Die Wasseraufnahme erhöht die Schlagzähigkeit, während Festigkeit und E-Modul auf 60...70 % der Werte im trockenen Zustand sinken.

Hochkristallines PA hat eine geringere Wasseraufnahme, ebenso die glasfaserverstärkten Sorten. Neben C-Fasern werden als Füllstoffe noch Glaskugeln, Kreide, Talkum, Si-Oxid (bis 30 %) eingesetzt.

PA ist nicht spannungsrissgefährdet, aber unbeständig gegen starke Säuren und Laugen.

Handelsnamen: Ultramid, Durethan, Trogamid, Vestamid, Nylon, Rilsan.

Erkennungsmerkmale, Brennprobe: Entflammbar, brennt außerhalb der Flamme (bläulich mit gelbem Rand) weiter, tropft und zieht Fäden, Geruch nach verbranntem Horn.

Tabelle 9.18: Wasseraufnahme von Polyamiden

	Wasseraufnahme in %	
Sorte	bei 20 °C bis zur Sättigung	bei 23 °C u. 50 % Luftfeuchte
PA6	9...11	2,9
PA66	7,5...9	2,5
PA610	3,5	1,3
PA12	2,5	0,3

Anwendungen: Werkstoff für Maschinenteile wie Zahn- und Schneckenräder, Gleitelemente, Rollen, Kupplungen, Transportkettenglieder, Wälzlagerkäfige, Spanabstreifer an Führungen von Werkzeugmaschinen.

Tabelle 9.19: Eigenschaften von Polyamiden PA und Poylyoxymethylen POM

Eigenschaft →	Einheit	PA6 trocken	PA6 kondit.	PA6-GF30 trocken	PA6-GF30 kondit.	POM-H Homop.	POM-R-GF30 R: Copolymer.
Streckspannung σ_Y	MPa	70...90	30...60	170...200 [1]	100...135 [1]	60...75	125...130 [1]
Streckdehnung ε_Y	%	4...5	20...30	3...3,5 [1]	4,5...6 [1]	8...25	3 [1]
E-Modul E (Zug)	MPa	2600... 3200	750... 1500	9000... 10 800	5600... 8200	3000... 3200	9000... 10 000
Wärmeformbeständigkeit HDT/A 1,8 MPa	°C	55...80		190...215		105...115	155...160

[1] hier Bruchspannung σ_B und Bruchdehnung ε_B

Polyoxymethylen POM (Tabelle 9.19), Formmassen DIN EN ISO 9988/06

POM (Polyformaldehyd, Acetalharz) ähnelt in den Eigenschaften den PA, hat unverstärkt höhere Festigkeit und Steifigkeit. Hohe Härte und niedrige Reibungszahl ergeben gute Gleiteigenschaften. POM ist kaltzäh und bis 110 °C langzeitig einsetzbar.

Geringere Dampfdurchlässigkeit und Feuchtigkeitsaufnahme ergeben hohe Maßstabilität. POM ist beständig gegen Öle, Treibstoffe und Lösungsmittel. Es wird nur von starken Säuren und Oxidationsmitteln angegriffen.

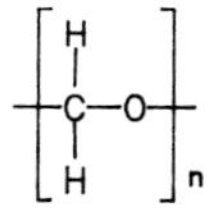

Monomer: Formaldehyd

Handelsnamen: Delrin, Hostaform, Kematal, Ultraform

Erkennungsmerkmale, Brennprobe: Entflammbar, brennt außerhalb der Flamme weiter, Flamme bläulich, POM schmilzt und tropft, Geruch nach Formaldehyd.

Anwendungen von POM: Ähnlich den Polyamiden, jedoch bei höheren Anforderungen an die Maßbeständigkeit. Armaturenteile für Wasserleitungen (Wasch- und Spülmaschinen) Farbspritzpistolen, Kraftstoffpumpensysteme.

Veränderung der Monomerketten zur Eigenschaftsverbesserung

Beim Versuch, Metallteile gegen solche aus Kunststoffen auszutauschen, sind Letztere besonders in der Wärmebeständigkeit unterlegen.

Zur Steigerung muss neben der Faserverstärkung der Grundwerkstoff (Matrix) steifer gemacht werden, z. B. durch Einbau von Benzolringen (→) in die Hauptkette.

Sie behindern die Drehung und Biegung der Kettenglieder stärker, so dass mehr Energie (höhere Temperaturen) aufgebracht werden muss, um sie zum Abgleiten zu bringen.

Diese *aromatischen* Polymere sind damit wärmebeständiger als die bisher behandelten mit kettenförmigen (aliphatischen) Monomer-Bausteinen.

Benzolringe sind gemeinsamer Bestandteil der Verbindungen, die zu den *aromatischen* KW. gehören. Die C-Atome haben im Ring kleinere Abstände als in den Ketten (Aliphaten) und damit stärkere Primärbindungen.

Mit der Anzahl der Ringe in der Kette steigen Warmfestigkeit und Steifigkeit des Polymers, die Fließfähigkeit in der Form wird aber geringer. Abhilfe durch folgende Maßnahmen:

- Die Verarbeitung geschieht durch Pressen und Sintern,
- Modifizierung durch Legieren mit einem geringen Anteil von thermisch „weicheren“ Sorten (sog. Polymer Blends).

Polycarbonat PC (Tabelle 9.20) Formmassen DIN EN ISO 7391/99

Glasklarer, gut einfärbbarer Kunststoff mit hoher Witterungsbeständigkeit, bis 120 °C einsetzbar, zäh-hart mit geringer Kriechneigung. Die Steifigkeit ändert sich im Bereich von –70…120 °C nur gering, es ist schlagzäh von –150...+135 °C.

Die Durchlässigkeit für CO_2 ist hoch, geringe Wasseraufnahme, dadurch sehr gute elektrische Isoliereigenschaften.

PC ist nicht beständig gegen Benzol, organische Lösungsmittel und starke Säuren.

PC ist gefährdet durch Spannungsrisse, Abhilfe durch Faserverstärkung. Es existieren zahlreiche Copolymere und Blends. Partner sind z. B. ABS, PMMA+PS, PET, PBT.

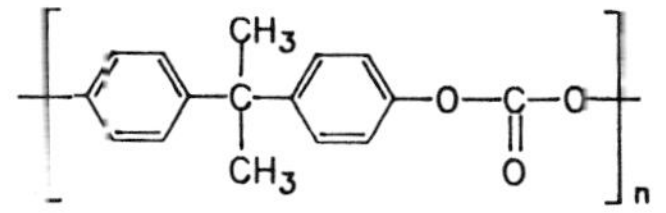

Handelsnamen: Makrolon, Makrofol

Erkennungsmerkmale, Brennprobe: Schwer entflammbar, brennt mit leuchtend rußiger Flamme, erlischt außerhalb. Geruch nach Phenol und Blasenbildung.

Anwendungen: Bauelemente der Feinwerk- und Elektrotechnik: Gehäuse und Steckerleisten, CD-Scheiben. Abdeckungen für Verkehrsampeln und Kfz-Leuchten, Linsen und Brillengläser, extrudierte Platten als Scheiben für Gewächshäuser, Maschinenschutzfenster.

Tabelle 9.20: Eigenschaften von Polycarbonat PC und Polyalkylenterephtalate PET und PBT

Eigenschaft Einheit →		**PC** amorph	**PC--GF30**	**PET** teilkrist	**PET--GF30**	**PBT** Homo-P:	**PBT--GF30**
Streckspannung σ_Y	MPa	55…65	70 [1)]	50…80	160…175 [1)]	50…60	130…150 [1)]
Streckdehnung ε_Y	%	6…7	3,5 [1)]	5…7	2…3 [1)]	3,5…7	2,5…3 [1)]
E-Modul E (Zug)	MPa	2300… 2400	5500… 5800	2800… 3100	9000… 11 000	2500… 2800	9500… 11 000
Wärmeformbeständigkeit HDT/A 1,8 MPa	°C	125…135	135…140	65…75	220…230	50…60	200…210

[1)] hier Bruchspannung σ_B und Bruchdehnung ε_B

Polyalkylenterephtalate (Tabelle 9.20), Formmassen DIN EN ISO 7792/04 **Polyethylentherephtalat PET, Polybutylentherephtalat PBT**

PET ist ein teilkristalliner, polarer, zähharter Kunststoff mit geringer Kriechneigung und hoher Abriebfestigkeit. Unlöslich in organischen Lösungsmitteln, in einigen wird ein Aufquellen beobachtet. Geringe Durchlässigkeit für CO_2.

Formteile aus PET haben hohe Maßhaltigkeit und Zeitstandfestigkeit mit guten Gleit- und Verschleißeigenschaften. Beide Sorten sind geeignet zum Schweißen und Kleben.

PBT hat etwas geringere Festigkeit und Steifigkeit, ist aber kaltzäher, besonders mit Butadien modifiziert.

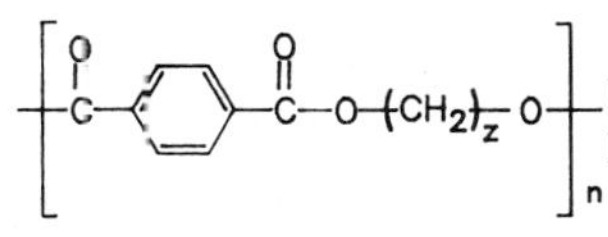

FETP: z = 2
FBTP: z = 4

Handelsnamen: Armite, Celanex, Dynalit, Impet, Pocan, Rynite, Ultradur, Vestodur.

Erkennungsmerkmale, Brennprobe: Rußt in der Flamme und tropft, leuchtende Flamme, süßlich, kratzender Geruch.

Als Füllstoffe werden Glasfasern und -kugeln oder Mineralpulver eingesetzt. Es existieren zahlreiche Blockpolymere und Blends z. B. PET+PBT, PET+PMMA und Elastomere TPE-E.

Anwendungen: Wärmebeanspruchte, elektrische Haushaltsgeräte, Rollen aller Art, Ketten, Federn, Schrauben, Nockenscheiben, Gleitlager, Getränkeflaschen. PET auch für Antihaftfolien, Farbbänder, Schrumpfschläuche und Fasern.

Polyphenylensulfid PPS (Tabelle 9.21)

Teilkristalliner, dunkelbrauner Kunststoff, wenig zäh, unpolar mit geringer Wasseraufnahme. Elektrische Isoliereigenschaften und chemische Beständigkeit liegen hoch, PPS ist unlöslich in organischen Lösungsmitteln, Säuren und Laugen. Eigenschaften (Tabelle 9.21) sind nur gering temperaturabhängig, maßbeständig bis ca. 230 °C.

Meist mit Füllstoffen bis zu 70 % sowie mit Fasern (40 % Glas, Kohlenstoff und Aramid) verstärkt.

Anwendung: Bauteile mit höherer Wärme- und Maßbeständigkeit, z. B. für Heiz- und Kühlsysteme im Kfz. Folien für Brennstoffzellen.

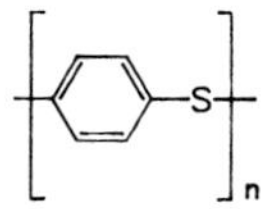

Monomer

Handelsnamen: Fortron, Larton, Ryton PPS, Tedur.

Erkennungsmerkmale, Brennprobe: Schwer entflammbar, leuchtende rußende Flamme, leichter Geruch nach Styrol und Schwefelwasserstoff.

Tabelle 9.21: Eigenschaften von Polyphenylensulfid PPS, Polyethersulfon PES und Polyimiden PI

Eigenschaft Einheit →		PPS- -GF40	PES unverst.	PES- -GF30	PI	PAI unverst.	PAI- -GF30
Bruchspannung σ_B	MPa	165...200	80...90[1)]	205...220	210 [1)]	150...160	205...220
Bruchdehnung ε_B	%	0,9...1,8	6 [1)]	2...3	8	2...3	2...3
E-Modul E (Zug)	MPa	13000... 19000	2600... 2800	9000... 11000	2300	4500... 4700	12500... 14000
Wärmeformbeständigkeit HDT/A 1,8 MPa	°C	260	200...2 05	210...225	> 400	275	280

[1)] hier Streckspannung σ_Y bzw. Streckdehnung ε_Y

Polyethersulfon PES (Tabelle 9.21)

Amorpher, polarer Thermoplast, kaltzäh, aber kerbempfindlich, warmfest bis 180 °C, in Luft bis 200 °C beständig, geringe Kriechneigung, gute elektrische Isoliereigenschaften.

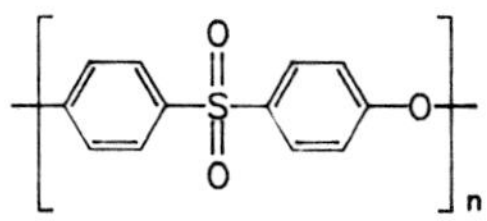

Anwendungen: Für durchsichtige Bauteile mit hoher mechanischer, thermischer und elektrischer Beanspruchung. Elektrowärmegeräte, Teile im Motorraum von Kraftfahrzeugen.

Handelsnamen: Ultrason E, Victorex PES

Erkennungsmerkmale, Brennprobe: Schwer entzündbar, teilweise erlöschende, rußende Flamme, Geruch nach Schwefelwasserstoff.

Polyimide PI, PAI, PEI u. a. (Tabelle 9.21)

Polyimide sind als Kunststoffe mit der höchsten Wärmestandfestigkeit und auch wegen des Preises besonders im Flugzeugbau eingesetzt. Um eine thermoplastische Verarbeitung zu ermöglichen, sind zahlreiche Copolymere entwickelt worden.

Polyimide enthalten im Monomer neben Benzolringen, die durch O-Atome verknüpft sind, weitere ringförmige Strukturen mit einem N-Atom, die sog. Imidgruppe.

PI ist ein amorpher dunkler Kondensationskunststoff, nur durch Sintern zu verarbeiten und für kaltzähe und warmfeste Folien (bis 260 °C an Luft).

PAI (Polyamidimid) und PEI (Polyetherimid) sind thermoplastische Sorten, die auch zu komplizierten, thermisch hoch beanspruchten Formteilen verarbeitet werden. Sie sind beständig gegen Kohlenwasserstoffe und viele Abkömmlinge.

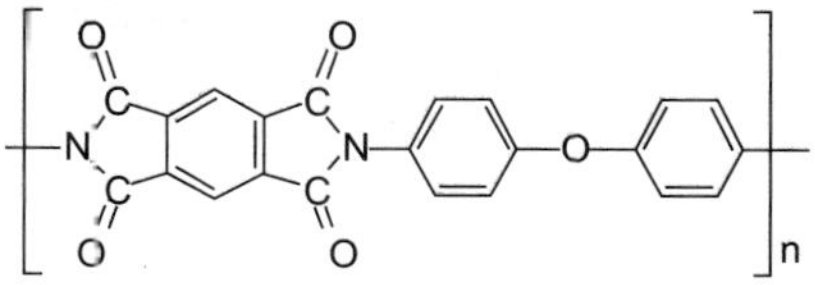

Handelsnamen: Polymer SP, Vespel, Sintimid

Erkennungsmerkmale, Brennprobe: Schwer entflammbar, glüht in der Flamme auf, schmilzt nicht, riecht nach Phenol.

Anwendungen: Mit den Füllstoffen PTFE oder Graphit sind es Werkstoffe mit niedriger Reibzahl für ungeschmierte Lager bis zu 250 °C. Faserverstärkt für Pumpen- und Ventilatorlaufräder, Zahnräder.

9.7 Elastomere

Elastomere sind gummi-elastische Kunststoffe, sie haben aufgrund ihrer Struktur (→) eine hohe elastische Dehnung mit Rückstellkräften.

In den Elastomeren sind die verknäuelten Fadenmoleküle weitmaschig vernetzt, so dass sie bei Dehnung gestreckt werden (Zustand höherer Ordnung), aber nicht abgleiten können. Nach Entlastung versuchen sie den ursprünglichen Zustand mit geringerer Ordnung herzustellen.

Am Anfang dieser Stoffe steht der Naturkautschuk (Latex), ein Polymer aus ca. 5000 Molekülen Isopren (→) mit einer Doppelbindung. In diesem Zustand ist er weich und plastisch verformbar.

Nach Mischung mit Schwefel werden bei der Vulkanisation (Temperaturen 143...180 °C) die Doppelbindungen durch S-Atome weitmaschig miteinander vernetzt (Bild 9.26). Der Stoff wird zu unschmelzbarem und elastischem Gummi (Goodyear 1839).

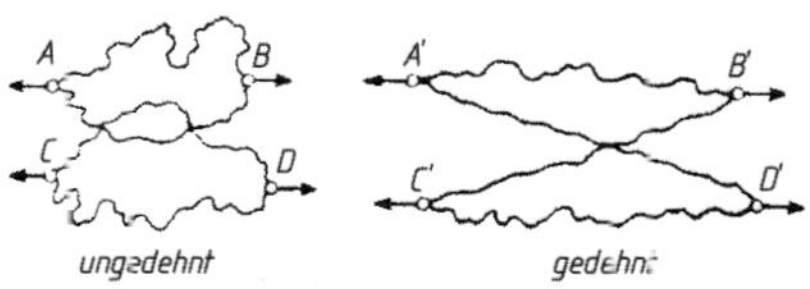

Bild 9.25 Schwach vernetzte Fadenmoleküle unbelastet und gedehnt

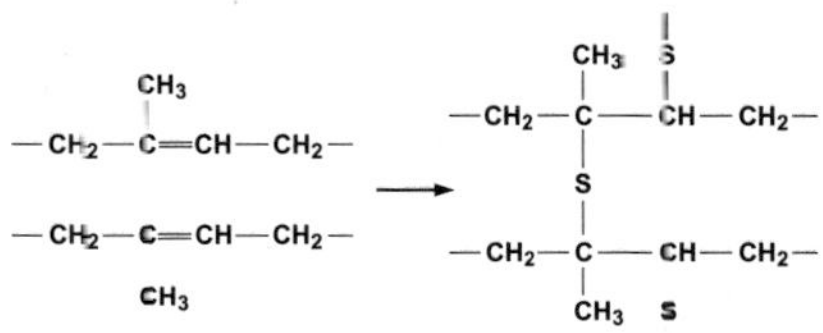

Bild 9.26 Isopren, Methyl-Butadien, Strukturformel und Vernetzung

Die ersten Anwendungen waren Schläuche und Reifen für die wachsende Auto-Industrie.

Mit der Anzahl der Vernetzungen kann die Elastizität beeinflusst werden. Bei Gummi war das durch den S-Gehalt der Mischung möglich (→).

Beispiel:

Sorte	S-Gehalt	Eigenschaft
Weichgummi	3.. .5 %	weich-elastisch
Hartgummi	35...50 %	hart-spröde

Mit der Technikentwicklung entstanden neben den Automobilreifen viele neue Anwendungsbereiche für elastische Stoffe mit neuen Anforderungen (→).

Beispiele Förderbänder, Gummifedern, Bauelemente zur Schwingungsdämpfung oder zum Schutz oder Abdichtung bewegter Maschinenteile, wie Kolbenstangen und Wellen.

Naturkautschuk kann diese Anforderungen nicht erfüllen, deshalb sind für die unterschiedlichen Anforderungen zahlreiche Kautschuksorten entwickelt worden. Sie entstanden durch Veränderung der chemischen Struktur mithilfe anderer Polymere, CH-Gruppen oder Einbau von Elementen wie Chlor oder Fluor.

Abrieb- und Zugfestigkeit werden durch feinstkörnige mineralische Zusätze erreicht, z. B. bis zu 50 % Ruß in der Gummimischung für die Laufflächen der Reifen.

Weitere Zusätze sind Alterungsschutzmittel (→), die gegen Einwirkung von Sauerstoff, Ozon (Oxidation) und Licht stabilisieren oder Ermüdung bei dynamischer Beanspruchung verhindern sollen.

Anforderungen sind z. B.:

Beständigkeit gegen die unterschiedlichsten organischen und anorganischen Stoffe, die mit bewegten Metallteilen in Berührung kommen, z. B. bei Wellendichtungen und Faltenbälgen.

Konstanz der mechanischen Eigenschaften in der Kälte (Kältemaschinen, flüssige Gase) oder bei höheren Temperaturen.

Gasundurchlässigkeit z. B. für Schläuche.

Abriebfestigkeit, Wärme- und Alterungsbeständigkeit bei Reifen und Förderbändern.

Alterung: Die ungenutzten Doppelbindungen in den Molekülen können durch Sauerstoff oder UV-Strahlen aktiviert werden, was zu weiterer Vernetzung und damit zu Versprödung führt.

Tabelle 9.22: Auswahl von Elastomeren

Kautschuk (K.)	Durch chemische Reaktion (Vulkanisation) vernetzte Ketten mit Knäuelstruktur, danach nicht mehr plastisch verformbar.			
	Symbol	Anwendungen	Beständigkeit gegen	Temperatur-Bereich °C (kurz)
Styrol-Butadien-K.	**SBR**	Reifenmischungen, Kabelmäntel, Schläuche	nicht gegen Öle	-40.. 100 (120)
Chloropren-K.	**CR**	Faltenbälge, Kühlwasserschläuche	bedingt geg. Öle	-45...100 (130)
Nitril-Butadien-K.	**NBR**	Dichtungswerkstoff im Kfz- und Maschinen-Bau	Öle, Treibstoffe	-30...100 (130)
Butyl-K.	**HR, CHR**	Geringe Gasdurchlässigkeit, für Reifenschläuche, gasdichte Membranen	Chemikalien, Wasser, Alterung	-40...130
Methyl-Silikon-K. Fluor-Silkon-K.	**MQ** **MVQ**	Weitere Sorten m. Phenyl-, Vinyl-Gruppen Dichtungen in Kfz, Luft- und Raumfahrt	Ozon, Wasser, Wärme, Öl	-60...175 (300) -60...200
Ethylen-Propylen-Dien-K.	**EPM** **EPDM**	Massive und Moosgummi-Dichtprofile, Kfz-Stoßfänger, O-Ringe, Kabelmäntel	Witterung, Ozon, Alterung	-40...130 (150)

Thermoplastische Elastomere TPE haben gummiähnliche Eigenschaften, sind aber thermoplastisch zu verarbeiten, weil sie keine unauflösbaren chemischen Vernetzungen bilden, sondern mechanisch durch Verschlaufungen von härteren (unbeweglichen) Molekülteilen, z. B. Styrol, die sich erst bei höheren Temperaturen auflösen. Dadurch sind TPE wieder einschmelzbar mit Vorteilen (→):

Vorteile der TPE:

- Schnellere Taktfolgen bei der Produktion, weil sie keine Verweilzeit für die Vernetzungsreaktion im Werkzeug benötigen.
- Produktionsrückstände sind wieder verwertbar, das stoffliche Recycling der Bauteile am Ende ihrer Lebensdauer wird möglich.

Tabelle 9.23: Thermoplastische Elastomere, Auswahl

Thermoplastische Elastomere TPE	Bei der Propf- oder Blockpolymerisation entstehen verknäuelte Moleküle mit mechanisch harten und weichen Abschnitten, wobei die harten wie Vernetzungen wirken. Sie sind thermoplastisch formbar.		
	Anwendungen	Beständigkeit gegen	Temperatur-Bereich °C (kurz)
PUR-Elastomer **TPE-U**	Kabelmäntel, Faltenbälge, Zahnriemen, Schleifteller, Skistiefel	Benzin, Ozon, nicht Heißwasser	-40...80 (110)
Styrol/ Butadien **TPE-(SB)**	Schläuche, Profile, Kabelisolier- und Mantelwerkstoff, verträglich im Verbund mit PE, PP, ABS und PA	Säuren, Basen, Alterung gut, Öle gering	-40...80 (90)
Ethylen/ Propylen **TPE-O**	Ersatz für PVC-P, Kfz-Teile wie Stoßfänger, Spoiler, Armaturenbretter. Sport-, Schuh-, und Spielzeugindustrie	Basen hoch, Säuren, Alterung, nicht gegen Öl und Abrieb	-40...115
TPE (3 weitere Grundsorten) sind Austauschstoffe für vulkanisierten Kautschuk und weichgestellte Polymere			

9.8 Statistische Daten und Eigenschaftsvergleiche

Tabelle 9.24: Kunststoffverbrauch in der Automobilindustrie, Westeuropa 1998, nach Sorten

Polymer	**PP**	**PUR**	**ABS**	**PA**	**PVC**	**PE**	**UP**	**PET, PBT**	**POM**	**PMMA**	**PC**	**Blends**	**Sonst.**
Anteil %	34	16	9	9	7	6	4	2	2	2	1	4	3

Anwendungsbereich	Innenteile	Außenteile	unter der Motorhaube	Elektrik, ohne Kabel
Anteil %	47	22	20	11

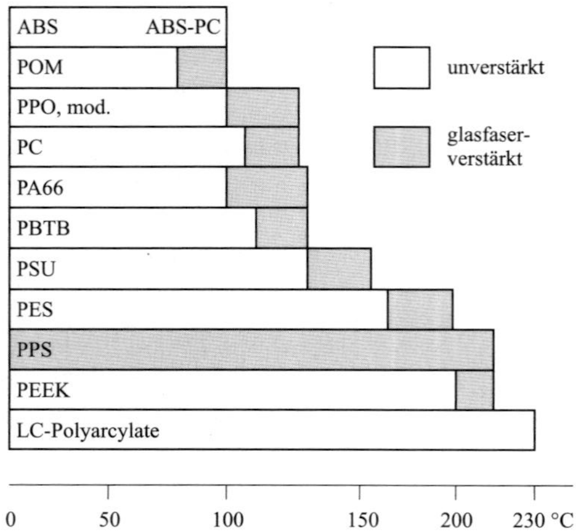

Bild 9.27 Dauergebrauchstemperaturen von Thermoplasten (nach *Saechtling*)

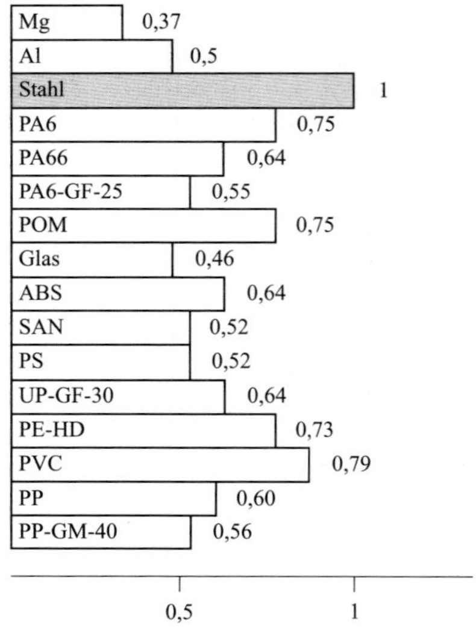

Bild 9.28 Relativer Gewichtsaufwand für Bauteile gleicher Biegesteifigkeit aus verschiedenen Werkstoffen im Vergleich mit Stahl (= 1) (nach *Schäfer*)

Literaturhinweise

Ehrenstein, G.: Mit Kunststoffen konstruieren. Hanser Verlag, 2001
Duroplaste, Hanser Verlag, 1997

Hellerich/Harsch/Haenle: Werkstoffführer Kunststoffe. Hanser Verlag, 2004

Menges,G.: Werkstoffkunde Kunststoffe. Hanser Verlag, 2002

Michaeli, W.: Einführung in die Kunststoffverarbeitung. Hanser Verlag, 2002

Saechtling, H.J.: Kunststoff-Taschenbuch, 29. Auflage Hanser Verlag, 2005

Informationen

Deutsches Kunststoff-Institut www.dki-online.de

Informationen über BAYER-Kunststoffe mit Datenblättern www.bayer.plastics.com

10 Verbundstrukturen und Verbundwerkstoffe

10.1 Begriffsklärung

Verbundlösungen hat es in der Technik schon länger gegeben. Sie sind nicht nur auf Werkstoffe beschränkt (→).

Beispiele: Kraftwerksverbund, Verbunddampfmaschine (mit Hoch- und Niederdruckzylinder).

Dabei werden stets verschiedene Elemente zu einem Ganzen verknüpft. Grundgedanke dabei ist, durch Arbeitsteilung im Verbund:

- Höhere Leistungen, bessere Funktion,
- Material- und Energieeinsparung und evtl.
- Kosteneinsparung zu erreichen.

Einer der ältesten **Verbundwerkstoffe** ist im Lehmbausbau eingesetzt worden. Lehm, mit Häcksel oder auch Langstroh vermengt, mindert sowohl die *Schrumpfung* als auch *Rissneigung*. Die modernen Faserverbundwerkstoffe sind die Weiterentwicklung dieses Prinzips.

Dazu werden die Komponenten so ausgesucht und konstruktiv verbunden, dass jeder Stoff in seinen speziellen und für den vorliegenden Fall benötigten Eigenschaften beansprucht wird (→).

Beispiel Stahlbeton: Beton ist druckfest, hat aber keine Zugfestigkeit. Bei Biegeträgern (Fenstersturz) aus Stahlbeton werden in der unteren auf Zug beanspruchten Zone die Kräfte von der Stahlarmierung aufgenommen.

10.1.1 Verbundkonstruktionen

Verbundkonstruktionen bestehen aus zwei oder mehr Werkstücken, die aus verschiedenen Fertigungsgängen stammen und durch *Fügen* zu einem Bauteil kombiniert werden. Solche Lösungen können *konstruktiv* oder aus Gründen einer *wirtschaftlicheren Fertigung* gewählt werden.

Beispiele: Verbundkonstruktionen

Al-Kolben mit keramischen Einsätzen aus Aluminiumtitanat (AlTi) im Kolbenboden für höhere thermische Belastung, eingegossen oder eingeschrumpft,

Auspuffkrümmer-Auskleidung (Portliner) aus Keramik (Aluminiumtitanat, AlTi) in eine Al-Legierung oder GJL eingegossen.

Die Eigenschaftsunterschiede der Partner in z. B. E-Modul, Härte oder Wärmedehnung sollten nicht zu groß sein, um elastische Verformungen durch Eigenspannungen gering zu halten. Bei Keramik-Metallverbunden sollte Keramik auf Druck beansprucht werden (→).

Frāsdorne und -spindeln mit vorgespannter keramischer Hülse (höherer E-Modul = kleinere Durchbiegung).

10.1.2 Werkstoffverbunde

Kennzeichen ist das Fügen der Werkstoffe durch *unlösbare* Verbindungen. Einen großen Anteil haben die *Schichtverbunde,* sie werden als Halbzeug oder durch Beschichtung von Bauteilen hergestellt.

Beispiele: Werkstoffschichtverbunde

Schichtpressstoffe: Hartpapier, Hartgewebe, Kunstharzpressholz.

Sandwichstrukturen Metall-Kunststoff-Metall.

Hier sind fast beliebige Kombinationen von Grund- und Schichtwerkstoffen möglich, wenn es die Verträglichkeit der Werkstoffe gestattet. Schichtwerkstoffe und Beschichtungsverfahren sind im Abschnitt 11.2 behandelt.

Beschichtungen von Halbzeugen und Fertigteilen nach vielen Verfahren mit metallischen, keramischen oder polymeren Stoffen in Schichtdicken von 1 Atomlage bis in den mm-Bereich.

Verbundschweißen (konstruktiv). Wirtschaftliche Fertigung durch Fügen von z. B. Rohren und anderen Walzprofilen mit Gussstücken. Für letztere wird häufig weißer, schweißbarer Temperguss verwandt (Tabelle 6.5).

Beispiel: Auslassventile von Hochleistungsmotoren, stumpfgeschweißter Verbund:

- Schaft aus Ventilstahl X45CrSi9-3, hartverchromt, Kopf induktionsgehärtet.
- Teller aus NiCr20TiAl (Nimonic 80A, (hochwarmfeste, ausgehärtete Legierung)

Diffusionsschweißen von Stoffen, die nicht durch Schmelzschweißen verbunden werden können, weil sich spröde intermetallische Phasen in der Naht bilden. Verbindung durch Platzwechsel von Atomen unter hohem Druck + Temperatur unter Schutzgas oder Vakuum.

Beispiel: Stahlwalzen mit einer dicken Oberflächenschicht aus PM-Hartstoff zur Erhöhung der Verschleißfestigkeit durch heißisostatisches Pressen, HIP, sog. „Aufhipen".

Verbindungen von Keramik mit Metallen.

Verbundguss verschiedener Werkstoffe. Dabei entsteht eine intermetallische Zwischenschicht als Verklammerung.

Verbundguss: Mehrschichtlager, Al-Verbundguss mit Gusseisen für Bremstrommeln und Motoren-Rippenzylinder (Al-Fin-Verfahren). Einbetten von harten Carbiden in verschleißbeanspruchte Oberflächen von Gussteilen in Hartzerkleinerungsmaschinen.

Aufkleben von hochsteifen C-Faser-Epoxid-Laminaten auf Al-Strangpressprofile zur Erhöhung der Steifigkeit, auch als Innenverstärkung von Al-Rohren.

Beispiel: Versteifung von Portalkonstruktionen für Laserschneidgeräte aus Al-Legierungen.

10.1.3 Verbundwerkstoffe

Bei Verbundwerkstoffen werden in der Regel Stoffe kombiniert, die der Bindungsart nach zu *verschiedenen* Gruppen gehören (→ Tabelle).

Metalle	Metallbindung vorherrschend
Polymere	Zwischenmolekulare Bindung der Makromoleküle
Keramik	Ionen- oder Elektronenpaarbindung und Mischformen

Es gibt auch Verbunde aus artgleichen Komponenten, die dann aber unterschiedliche Form besitzen (→).

Beispiele artgleicher Verbunde: Keramische Stoffe werden mit Fasern gleicher Art zur Verbesserung der Zähigkeit verstärkt, SiC-Faser in SiC-Matrix, C-Faser in einer Graphitmatrix.

Verträglichkeit: Für den Verbund der z. T. chemisch gegensätzlichen Stoffe sind *Benetzung*, *Haftung* und *Verträglichkeit* sehr wichtig. Das begrenzt die Kombinationsmöglichkeiten. Vielfach wird die Verstärkungsphase (Fasern) vorher beschichtet, um Reaktionen mit der Matrix zu verhindern.

Unverträglichkeit: Die Fasern gehen bei höheren Temperaturen in der Matrix **in Lösung** oder bilden oberflächlich **neue Phasen**. Wenn diese ein größeres Volumen besitzen, wird die Matrix unter Druckspannungen gesetzt, die zu Rissen führen können.

Verbundwerkstoffe bestehen aus mindestens zwei Phasen. Kennzeichen ist eine gewisse **Homogenität** bei makroskopischer Betrachtung. Ausnahmen sind Schichtverbunde und **gradierte** Werkstoffe (→ Beispiel). Bei letzteren ändert sich das Verhältnis der Phasen, z. B. zur Oberfläche hin, in Stufen (fertigungsbedingt).

Beispiel: Gradierte Bauteile: Innenzahnkranz, 60 mm Durchmesser durch VPS (Vakuum-Plasma-Spritzen) in Schichten hergestellt. Innen aus CrV-Stahl, außen CrNi rostfrei. Auf diese Weise lassen sich teure Werkstoffe einsparen und gleichzeitig der schroffe Übergang vom Kern zum Rand vermeiden (Haftungsprobleme).

Verbundwerkstoffe entstehen in den meisten Fällen erst *während* der formgebenden Arbeitsgänge aus den Komponenten. Die Folgen sind:

- Werkstoffeigenschaften sind sehr stark von den Verfahrensbedingungen abhängig (→),
- die Qualitätssicherung ist aufwändig und oft nur durch ständige Überwachung der Verfahrensbedingungen möglich.

Reinheit und Zustand der Ausgangsstoffe (z B. Korngröße und ihre Verteilung) und die Bindung zwischen den Phasen wirken sich stark auf die Eigenschaften aus.

Verfahrensbedingungen (Prozessparameter) sind z. B. Temperaturen, Drücke, Einströmgeschwindigkeit und Zähigkeit der Matrix, Gehalt an Verarbeitungshilfsmitteln. Die zerstörungsfreie Prüfung muss evtl. 100 %ig durchgeführt werden.

10.1.4 Struktur und Einteilung der Verbundwerkstoffe

Als Phasen können in Verbundwerkstoffen miteinander kombiniert werden:

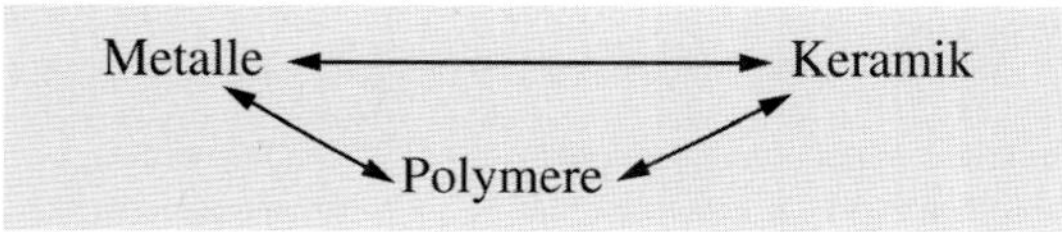

Alle drei Arten können sowohl als Matrix als auch in der Verstärkungsphase auftreten. Dadurch sind die Kombinationsmöglichkeiten sehr groß. Sie werden auf den Gebieten erprobt, wo herkömmliche Werkstoffe nicht mehr in ihren Eigenschaften gesteigert werden können.

Die nach Masse, Volumen oder Dicke überwiegende Komponente ist die **Matrix** (→), auch Grundmasse, Substrat oder Kernwerkstoff. Darin ist die **verstärkende Phase** eingebettet. Sie soll bestimmte Eigenschaften des Matrixwerkstoffes verbessern oder auch erst hervorrufen.

Die **Matrix** (Mutterphase) übernimmt in der Regel die Erhaltung der Form des Bauteiles, die *Stützung* der anderen Phase, hält sie bei Beanspruchung in ihrer Lage und *schützt* sie vor Feuchtigkeit und Chemikalien.

Die **Verbundphase** übernimmt die Funktionen, zu denen die Matrix auf Grund ihres Eigenschaftsprofils nicht in der Lage ist.

Bezeichnung der Verbundwerkstoffe

Im Sprachgebrauch üblich ist:

- Werkstoff und Form der verstärkenden Phase, der Matrixname wird nachgestellt (→).

Beispiele für die Benennung:

glasfaserverstärkter Kunststoff GFK,
glasmattenverstärkte Thermoplaste GMT,
oxidteilchenverstärkte Al-Legierungen ODS,
metallfaserverstärkte Ofenbaustoffe,
kunstharzgetränkter Graphit.

Wichtige Eigenschafen, z. B. thermische und Verformungs-Eigenschaften, werden von der Matrix bestimmt. Deshalb gibt es eine übergeordnete Gliederung nach der Matrix in

- **MMC,** Metal Matrix Composites und
- **CMC,** Ceramic Matrix Composites.

composite: (engl.) zusammengesetzt

Die Vielfalt der Verbundwerkstoffe ergibt sich durch die möglichen Kombinationen von einer

- **Matrix** aus Metallen, Polymeren, Keramiken mit einer Auswahl der Werkstoffe für die
- **Verstärkungsphase** aus Metallen, Polymeren oder Keramiken, die in
- **vier Strukturen** (Schicht, Faser, Teilchen, Durchdringung) möglich sind.

Wichtig ist die Verträglichkeit der beiden Komponenten, damit kein Abfall der Verbundeigenschaften eintritt:

Die Haftung zwischen den Partnern besteht aus mechanischer Verklammerung und Adhäsion und wird interlaminare Scherfestigkeit genannt.

Sie wird bei steigenden Temperaturen durch chemische Reaktionen oder Diffusionsvorgänge zwischen den Partnern gefährdet

Tabelle 10.1: Übersicht über Verbundstrukturen mit Beispielen

Verbundart	Struktur	**Metallmatrix**	**Polymermatrix**	**Keramikmatrix**
Schicht-Verbund: Verstärkungs- oder Funktionsphase als Deckschicht oder abwechselnd	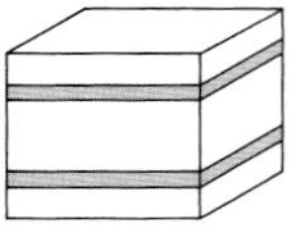	Blech/Dämmschicht-Verbunde, Sandwich-Platten	Hartpapier, Hartgewebe und Kunstharzpressholz	
Faser-Verbund: Dünne Fasern (wenige µm dick), gerichtet oder regellos	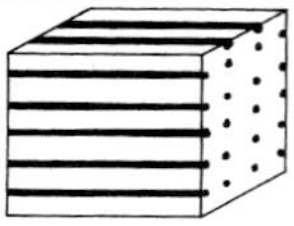	Al-Oxidfaser verstärkte Al-Kolben für Verbrennungsmotoren	Glas- oder Kohlenstofffaserverstärkte EP- oder UP-Harze	Metallfaserverstärkte Hochtemperaturziegel für Ofenauskleidung
Teilchen-Verbund: Feinste, gleichmäßig verteilte Kristalle (bzw. amorphe Körper) in der Matrix	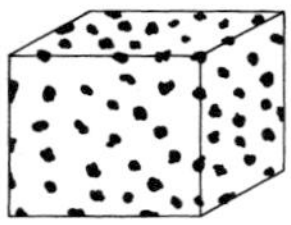	Carbidteilchen in Cobalt (Hartmetall) Al-Oxidverstärktes Al (PM-Werkstoffe)	Duroplaste mit Talkum, Holzmehl oder Glaskugeln gefüllt	TiC-Teilchen verstärktes ZrO_2
Durchdringungs-Verbund Raumnetzartige Durchdringung eines porösen Körpers mit der anderen Phase	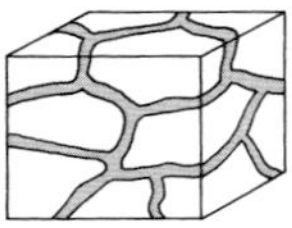	Fett-infiltrierte Sinterbronze als Lagerwerkstoff, Cu-infiltriertes Wolfram für Schaltkontakte.	mit Kunststoff gebundene Schleifscheiben	Si-infiltiertes SiC, harzimprägnierter Elektrographit für Wärmetauscher

10.2 Schichtverbundwerkstoffe

An dieser Stelle werden flächige Halbfabrikate beschrieben, die aus Schichten verschiedener Stoffe bestehen. Platten aus Duroplasten mit flächigen Verstärkungen aus Papier, Geweben oder Holzfurnieren (→ Abschnitt 9.5).

Sandwich-Platten sind Verbunde aus zugfesten dünnen Deckschichten mit einer leichten schubfesten Zwischenschicht. Der Abstand bewirkt eine hohe Steifigkeit des Verbundes bei geringem Gewicht.

Verbunde aus Metall und Dämmstoffen zeigen anschaulich die Arbeitsteilung:

- Metallblech, formsteif, aber gut schall- und wärmeleitend, übernimmt den Schutz vor Korrosion und Verletzung,
- Mineralfaser oder Polymerschaum in einer Zwischenschicht übernimmt die Schall- oder Wärmedämmung (→ Beispiele).

Beispiele für Sandwichplatten: Al-Bleche, mit Schaum- oder Wabenkern verklebt, haben eine 10...100-mal größere Steifigkeit als Platten aus dem metallischen Vollmaterial. Verwendung für Dach- und Wandverkleidungen im Hochbau, Zwischenböden im Fahrzeugbau.

ALUCOBOND: Verbund aus zwei x 0,15...0,5 mm Al-Blechen mit Kunststoff oder Mineral-Wärmedämmstoff, kaltformbar. Biegen, Bördeln, Durchsetzfügen, Schneiden und Stanzen sind möglich. Ähnlich ist DIBOND (ALCAN).

BONDAL: Verbund aus Stahl/Kunststoff/Stahl (verzinkt), 0,4...1,25 mm dicke Bleche mit viskoelastischem Kunststoff von 0,1...0,4 mm Dicke, tiefziehfähig, für Luft- und Körperschalldämmung im Schiffsinnenausbau, für Dach und Wandprofile, Gehäuse für Baumaschinen, Kfz- Radhäuser, -Bodenbleche, -ölwannen und -zylinderkopfdeckel (Thyssen-Krupp).

Als Zwischenschicht wird auch Streckmetall eingesetzt (→). Der Verbund deckt die Beanspruchung (thermisch und korrosiv) von z. B. Rohrleitungen für die Rauchgasentschwefelung ab, auch als Heißgasfilter und zur Schalldämmung eingesetzt (www.melicon.com).

MeliCon. Leichtbaublech aus 3 Schichten z. B.
1 mm Deckblech (2.4602) NiCrMo
Streckmetall als Zwischenlage 1.4301
1 mm Deckblech aus 1.4301 (aust. Stahl).
widerstandsverschweißt, reduzierte akustische und thermische Leitfähigkeit, dadurch kann die Außenisolation verringert werden.

Plattierungen, meist Metall auf Metall ergeben Funktionsschichten:

- Lötfähige Schichten aus Cu und -Legierungen oder Ni auf schlecht lötbaren Basiswerkstoffen,
- Korrosionsschutzschichten auf Blechen und Bändern.

Beispiele: Cu-plattiertes (2 · 0,05 mm) Edelstahlblech (0,41 mm) zum Verlöten für die Herstellung von Wärmetauschern.

Edlere (Ni, Cr-Ni-Stahl) oder unedlere (Al) Schichten auf Baustahl plattiert. Al 99 auf AlCu-Legierungen.

Walzplattieren, warm oder kalt, wird mit einer Dickenreduzierung von min. 50 % nach Oberflächenvorbehandlung durchgeführt. Dabei verschweißen die Lagen miteinander. Rohre werden auch innen durch heißisostatisches Pressen mit hochlegierten Pulvern beschichtet und nachträglich warmwalzt oder stranggepresst.

Weitere Möglichkeiten sind Sprengplattieren auch großflächiger Teile oder thermisches Spritzen.

Verwendung: Leitungsrohre, Behälter in der Offshoretechnik, wenn Sauergas mit Anteilen von H_2S und Chloriden verarbeitet wird. Diese Verbundlösung ist günstiger als eine massive aus z. B. austenitischen Stählen mit niedriger Streckgrenze (größere Wanddicken) oder Ni-Basis-Legierungen (teuer).

Durch Sprengplattieren werden z. B. Kesselböden auf der Innenseite beschichtet.

10.3 Faserverbundwerkstoffe (FVW)

10.3.1 Faserwerkstoffe und Eigenschaften

FVW bilden die Gruppe mit der größten Anwendung. Der Grund liegt in der hohen Festigkeit von *dünnen* Fasern (Tabelle 10.2). Der Abstand der atomaren Fehlstellen ist bei ihnen kleiner als in dickerem Material. Neben den mechanischen Werten sind z. B. noch Dichte, Wärmeleitfähigkeit und die max. Einsatztemperatur für die Wahl maßgebend. Die niedrige Dichte der meisten Fasern macht sie für Leichtbaustoffe interessant.

Fasern sind oft selbst „Verbunde" aus einer Metall- oder C-Seele und aufgedampften Schichten aus SiC, Bor u. a. Die Herstellung ist aufwändig (z. T. höchste Temperaturen zur Keramisierung) und damit teuer.

Für die Auswahl entscheidet der Preis von ca. 2 bis 5 EUR/kg für Glasfasern. Glasfaserverstärkte Kunststoffe haben deshalb eine breite Anwendung gefunden.

Beispiele: In Klaviersaitendrähten kann durch verschiedene Maßnahmen die Zugfestigkeit bis auf 3000 MPa gesteigert werden. Solche Werte sind für dickere Querschnitte nicht erreichbar.

Tabelle 10.2: Faserwerkstoffe und ihre Festigkeiten (Maximalwerte für ∅ von 3...15 µm)

Werkstoff	R_m in	E GPa	A %	ρ g/cm³	Temp. max.°C
Glas	4,6	85	5	2,5	300
Aramid	3,4	500	2	1,45	>200
Kohlenstoff	5,0	700	1,5	1,8	600
Al-Oxid	2,0	470	0,8	3,9	1100
Si-Carbid	3,0	400	1,5	3,0	1100
Bor [1]	3,5	400	1	3,3	2000

[1] Borfasern mit W-Seele und 140 µm ∅.

Informationen (Verstärkungsfasern): Eigenschaftsvergleiche: www.lzr-muenchen.de/

Höhere Steifigkeit und Festigkeit erbringen C-Fasern, die bis 16...60 EUR/kg kosten. Eine Mittelstellung nehmen Aramidfasern ein (z. B. KEVLAR®).

Für warmfeste Verbundwerkstoffe sind SiC-, C-Fasern und Al-Oxidfasern geeignet. Hohe Wärmeleitfähigkeit besitzt SiC, geringe Al-Oxid.

Oberflächenbehandlung der Fasern (Interface, Schlichte, coating) hat den Zweck:

- die *Benetzung* durch den Matrixwerkstoff zu sichern, damit die kraftschlüssige Verbindung zwischen Faser und Matrix gewährleistet ist,
- *Reaktionen* zwischen Faser und Matrix zu verhindern, welche die Haftung vermindern und bei höheren Temperaturen schneller ablaufen, z. B. bei Kontakt von Fasern mit flüssigen Metallen,
- Schutz bei der Weiterverarbeitung bieten.

Je nach Ausrichtung der Fasern tritt Anisotropie auf und wird bei hochbeanspruchten Teilen durch Bündelung der Fasern in Zugspannungsrichtung ausgenutzt. Nach der Lage der Fasern unterscheidet man folgende Fasergelege:

Unidirektional (UD): Fasern liegen möglichst exakt parallel, das liegt bei Rovings (Strängen) und Tapes (Bändern) vor.

Bei UD-verstärkten Werkstoffen ist die Zugfestigkeit in Faserrichtung sehr hoch, jede Lageabweichung davon vermindert die Festigkeit in dieser Richtung stark (Bild 10.1).

Bidirektional (BD) sind Gewebe, deren Fasern unter 90° zueinander liegen.

Multidirektional (MD) sind Fasermatten aus Schnittfasern (Wirrfasern) oder wenn dickere Laminate aus verschieden gerichteten Gewebelagen verarbeitet werden.

C-Fasern werden als **HM**-Typ mit hohem E-Modul/kleinere Bruchdehnung, als

HST-Typ mit hoher Zugfestigkeit/mehrfache Bruchdehnung und

IM-Typ mit mittlere Festigkeit/hohe Bruchdehnung hergestellt.

Aramide sind **ar**omatische Poly**amide.** Ihre Monomere besitzen in den Ketten neben der Amidgruppe noch Benzolring(e).

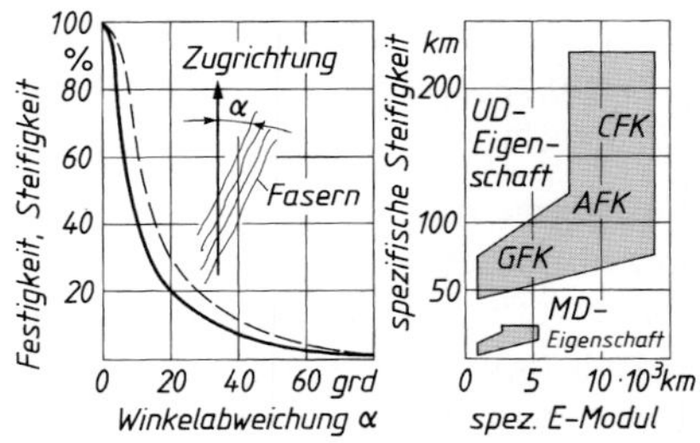

a) b)

Bild 10.1 Richtungsabhängigkeit von Faserverbundwerkstoffen

a) Einfluss einer Winkelabweichung zwischen Faserlage und Richtung der Zugbeanspruchung bei UD-Laminaten mit 60 % Faser.

b) Unterschied zwischen anisotropen UD- und quasiisotropen MD-Verbunden.

Natürliche, nachwachsende **Fasern** sind z. B. Ramie, Sisal, Flachs und Hanf für gering beanspruchte Massenteile wie Kfz-Innenverkleidungen mit biologisch abbaubaren Polymeren auf Stärkebasis (Biopolymere).

Hybridgewebe bestehen z. B. aus steifen C-Fasern mit Schussfäden aus dehnbarem Aramid. Sie lassen sich besser an die Konturen der Form anpassen.

10.3.2 Faserverstärkte Polymere (→ 9.4.3)

Faserverstärkte Kunststoffe bilden die größte Gruppe der Verbundwerkstoffe, mit denen auch langzeitige Erfahrungen vorliegen.

Ihr Vorteil besteht in der niedrigen Dichte der Polymere. Hinzu kommt die leichte Verarbeitbarkeit der plastischen Massen bei niedrigen Temperaturen.

Dadurch haben sie mit Abstand höhere spezifische Festigkeiten (Reißlängen →) und Steifigkeiten (E-Modul) als die Metalle (→ Bild 10.2).

Spezifische Festigkeit R_1 $R_1 = R_m / g\,\rho$
(Reißlänge)

R_1	R_m	g	ρ
km	MPa	m/s²	kg/dm³

Reißlänge: Anschaulicher Vergleichswert: Es ist die Länge eines frei hängenden Stabes (Gedankenexperiment), bei dem im Einspannquerschnitt die vorhandene Spannung den Wert der Zugfestigkeit erreicht, so dass nach Einschnürung der Bruch eintreten würde.

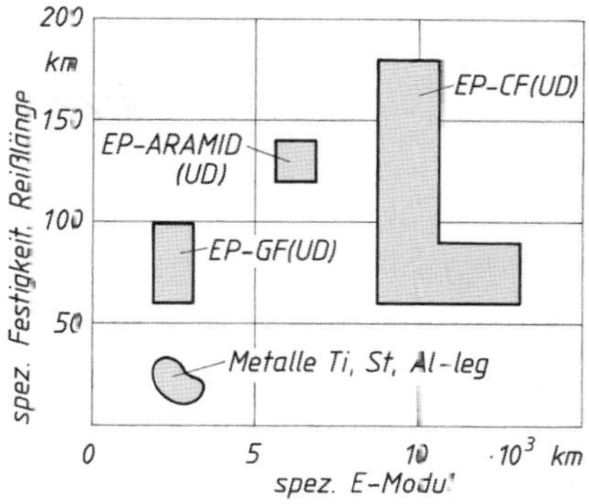

Bild 10.2 Spezifische Festigkeit und E-Modul verschiedener Werkstoffe

Neben *duroplastischen* UP- und EP-Harzen als Matrixwerkstoff für flächige Konstruktionsteile werden zunehmend glasmattenverstärkte *Thermoplaste* **(GMT)** verwendet. Sie bieten Vorteile (→) gegenüber Prepregs aus Duroplasten (**SMC**).

Formpress-GMT haben regellose Endlosfasern, sind wenig fließfähig und nur für einfache, flächige Teile konstanter Wanddicke geeignet.

Fließpress-GMT haben Fasern unterschiedlicher Längen, die mit dem Thermoplast in die Hohlräume der Form fließen können. Dadurch sind Teile mit stärkeren Konturen, Rippen und auch Hinterschneidungen möglich, die dann überall einen gleichen Glasanteil besitzen.

Unidirektionale GMT haben neben wenigen Wirrfasern überwiegend parallel gerichtete Fasern und in dieser Richtung höhere Festigkeit und Steifigkeit.

GMT-Vorteile gegenüber SMC:

- Taktzeiten kleiner, da kein Aushärten,
- Produktionsabfälle sind leichter wieder zu verwerten (Recycling),
- Höhere Zähigkeit des Thermoplasts.

Beispiele: Flächige Bauteile an Fahrzeugen zur Geräuschminderung: Motorkapseln, Unterboden und Innenverkleidungen, Batteriehalter, Pedalböcke, Sitzschalen aus PP-GMT. Kfz-Stoßfänger und Anschlussteile aus PA66-GMT.

10.4 Teilchenverbundwerkstoffe

Kennzeichen sind Teilchen mit rundlicher oder unbestimmter geometrischer Form in einer Matrix. Das ergibt meist einen *isotropen* Werkstoff.

Zu den Teilchenverbunden gehören viele bekannte Werkstoffe (→). Teilchenwerkstoff und -größe richten sich nach der geforderten Eigenschaftsverbesserung.

Beispiele für eingeführte Teilchenverbunde sind

Duroplaste mit Füllstoffen (→ 9.5)

Sinterwerkstoffe mit Graphit oder MoS_2 als Festschmierstoff, mit Diamant als Werkzeug zur Steinbearbeitung,

Sinterhartmetalle mit Carbiden und Carbonitriden in einer Cobalt-Matrix.

Übersicht: Eigenschaftsverbesserung durch Teilchenverbunde

Eigenschaft	Teilchen	Beispiele
Festigkeit E-Modul	kleine harte Teilchen in geringen Abständen	Kunststoffe mit Füllstoffen (9.4.2+ 9.5) oxidverfestigte Al-Legierungen (10.6.3)
Widerstand gegen Abrasion	größere harte Teilchen in homogener Verteilung	Schleifwerkzeuge mit Diamant, CBN, SiC in metallischer, keramischer oder Polymer-Matrix
Gleiteigenschaften	Graphit, Mo-Disulfid, PTFE-Teilchen in der Matrix	Trockengleitlager (11.3)

Polymerbeton (Reaktionsharzbeton RHB), auch Mineralguss genannt, steht für Maschinen- und Gerätegestelle in Konkurrenz zu Gusseisen. Er besteht aus 90...95 % Quarzkies verschiedener Körnung nach Sieblinie in einem duroplastischen Gießharz gebunden. Der geringen Schrumpfung wegen wird meist EP-Harz verwendet, daneben auch UP- und MMA-Harze. Vorteile ergeben sich aus der Kombination niedriger Dichte mit hoher Schwingungsdämpfung, verbunden mit Trägheit gegen Temperaturschwankungen durch niedrige Wärmeleitfähigkeit (→ Tabelle 10.3).

Tabelle 10.3: Vergleich GJL mit RHB

Eigenschaft	GJL	RHB [1)]
E-Modul GPa	105	40
R_m MPa	150...350	10...18
Druckfestigkeit MPa	600...900	140...500
Dichte ρ kg/dm^3	7,25	**2,4**
Dämpfung ---	0,0045	**0,02**
Wärmeleitfähigkeit λ W/mK	75	**0,5**
linearer Ausdehnungskoeffizient α µm/mK	10	10…20

[1)] je nach Harzanteil

Anwendungsbereich sind Werkzeugmaschinen für hohe Oberflächenqualität mit Wärmeeintrag durch hohe Leistungen und Spindeldrehzahlen. **HSC**-Maschinen (→) erfordern wegen der hohen Beschleunigungen Leichtbaukonstruktionen, die auch günstig für z. B. Messtischplatten sind.

Begriff: HSC (high speed cutting) Spanen mit höchsten Schnittgeschwindigkeiten und sehr kleinen Schnittzeiten. Zum Senken der Prozesszeit müssen Werkzeugträger schneller bewegt (beschleunigt bzw. verzögert) werden.

Teilchenverbunde liegen vielfach auch in Schichten vor, z. B. durch kombinierte galvanische Abscheidung von Metallen mit eingelagerten Hartstoffen (Diamant, SiC), oder mit PTFE als Festschmierstoff (→).

Teilchenverstärkte Metalle sind die wichtigste Gruppe dieser Verbundart und im Abschnitt 10.5.3 behandelt.

Herstellung auch durch Plasmaspritzen u. a. Verfahren (→ Schichtherstellung 11.2).

10.5 Durchdringungsverbundwerkstoffe

Kennzeichen sind zwei sich gegenseitig durchdringende Phasen. Meist liegt eine hochschmelzende Matrix mit offenen Poren vor, die von einer flüssigen Phase getränkt wird.

Beispiele: Kontaktwerkstoff aus gesintertem Wolfram-Gerüst und einer Cu-Phase als Durchdringung für hochbelastete Schaltkontakte (Abreißfunken) und Stumpfschweißbacken.

- Die Matrix übernimmt dabei den Erhalt der Form, z. T auch Verschleißbeanspruchung,
- die Durchdringungsphase Aufgaben wie z. B. Wärme- und Stromleitung oder Schmierung.

Selbstschmierende Gleitlager aus Sintereisen oder -bronzegerüst mit Fettfüllung.

Schaumstoffe mit offenen Poren können ebenfalls zu dieser Art Verbund gezählt werden. Die zweite Phase besteht aus Luft oder den zum Schäumen verwendeten Prozessgasen.

Harte Schaumstoffe (Polymer, Metall) dienen als Kerne für leichte und steife Sandwichkonstruktionen. Metallschaumteile werden auch als verlorener Kern beim Gießen von Hohlkörpern benutzt.

Bei geschäumten Stoffen dient die Zellstruktur (offen oder geschlossen) der Dämmung gegen Schall und Wärmeleitung oder der Verminderung der Dichte.

Bei offenen (durchgehenden) Porenräumen können die Schäume als Filter für Flüssigkeiten und Gase genutzt werden

Hinweis: Metallische Schäume 10.6.5

10.6 Metall-Matrix-Verbundwerkstoffe (MMC)

10.6.1 Allgemeines

Für den Leichtbau von Fahrzeugen aller Art sind die Leichtmetalle Al, Mg und Ti von großer Bedeutung. Ihr Potenzial wird durch Verbunde stark vergrößert. Die Entwicklung der verstärkten Metalle wird vom Flugzeug- und Flugkörperbau vorangetrieben. Probleme der Kosten und Qualitätssicherung bremsen eine breitere Anwendung.

Matrix-Werkstoffe sind in der Regel *die* Metalle, die im Eigenschaftsprofil einen Mangel besitzen, der durch die Verstärkung kompensiert werden soll. Damit lässt sich der Anwendungsbereich des Metalles bzw. der Legierung erweitern.

Hinweis: In der Raumfahrt können für 1 kg Masseeinsparung bis zu 5000 EUR Mehrkosten anfallen, die durch die Treibstoffersparnis kompensiert werden.

In der Luftfahrttechnik sind es zwischen 250 und 500 EUR und beim Automobil sind es nur noch 0,5 EUR.

Beispiele für nicht ausreichende Eigenschaften

Ungenügende Eigenschaft	Metalle	Verstärkung
E-Modul und Zugfestigkeit	Al, Mg, Ti	Oxidteilchen, Fasern, Schichtverbunde
Warmfestigkeit	Al, Mg, Stahl	Oxidteilchen
Verschleißwiderstand	Cu, Al, Mg	Oxidteilchen
Korrosionsbeständigkeit	Stahl, Al-Leg.	Schichtverbunde, Plattierungen
Lineare Längenausdehnung zu hoch	Mg, Al	Fasern, Teilchen
Gleiteigenschaften	alle	Graphitteilchen
Dichte zu hoch	alle	Luft, Gase (metallische Schäume)

Bei den Metall-Legierungen bildet sich das Gefüge (Kristallarten und der Anteil der Phasen) bei der Erstarrung nach den Gesetzmäßigkeiten der Zustands-Diagramme.

Die Eignung für bestimmte Fertigungsverfahren (Gießen, Umformen) lässt bei jedem Legierungssystem nur bestimmte Zusammensetzungen zu (→ Beispiel).

Beispiel: Der Carbidgehalt von Werkzeugstählen liegt wegen der Forderung nach Schmiedbarkeit bei max. 25 %.

Bei den MMCs werden die gewünschten Verstärkungsphasen meist in **fester Form** in die metallische Matrix eingebaut. Das ergibt breitere Möglichkeiten in der Wahl der Verstärkungsstoffe und ihrem Anteil am Gefüge.

10.6.2 Metallmatrix-Faserverbunde

Schwierigkeiten bereitet die gleichmäßige Verteilung der Fasern oder Teilchen im Metall. Es haben sich verschiedene Verfahren entwickelt:

- Einrühren in Schmelzen (max. 20 % Teilchen). Kurzfasern werden dabei meist ungleichmäßig über den Querschnitt verteilt, deswegen werden andere Fertigungswege erprobt (→).

RIMLOC-Verfahren (rapid inductions melting): Ein pulvermetallurgisch hergestellter Zylinder wird in einem keramischen Tiegel induktiv sehr schnell geschmolzen und mit einem Stempel von unten in die darüber liegende Form gepresst. Dabei geht der Tiegelboden verloren. Durch die kurze Schmelzzeit kommt es nicht zur Entmischung.

- Schmelzinfiltration von Formlingen (Preform), die vorher zu einem Fasergelege montiert und in der Form fixiert werden müssen, damit sie nicht durch Auftrieb und Strömung in falsche Lagen verdrängt werden. Zum porenfreien Ausgießen sind kleine Drücke und Strömungsgeschwindigkeiten üblich, Pressguss (squeeze casting) oder Vakuumgießen.

Anwendungen: Partiell faserverstärkte Pressgusskolben für Dieselmotoren durch Eingießen mit getrennt gefertigten Faserformkörpern aus Al_2O_3-Kurzfasern zur Verstärkung des Randes der Brennraummulde (20 %-Faseranteil im Kolbenwerkstoff Al Si12CuMgNi (MAHLE).

Al-Legierung, C-faserverstärkt, 50 % Faseranteil, UD, Pressguss, Wärmedehnung Null, Zugfestigkeit R_m = 1800 MPa, E-Modul bei 200 °C = 220 GPa > E_{Stahl}, zäh.

- Thermisches Spritzen (Plasma-) zur Fixierung von Fasern auf Unterlagen,
- Pulvermetallurgisch (bis zu 40 % Teilchen oder Kurzfasern und meist für Formteile angewandt:

Anwendung für flächige Bauteile auch durch Sprühkompaktieren mit anschließender Warmverformung, bis zu 15 % Teilchen (→ 11.1.4). Metallische Faserverbunde sind auch durch Kleben möglich:

ARALL: Langfasern aus ARAMID werden zwischen Al-Bleche geklebt und ergeben einen faserverstärkten Al-Schichtwerkstoff, mit dem sich bis 20 % Masseeinsparung erreichen lassen.

- Lotwalzplattieren. Schichten von C-Faserlagen und Al-Folien, mit Al Si12 als Lot beschichtet, werden bei 600 °C gewalzt. Zur besseren Benetzung sind die C-Fasern mit Ni bedampft.

Weitere Faserwerkstoffe sind SiC, Al_2O_3 Borfasern bestehen aus einer Seele von Wolframdraht, CVD beschichtet (→).

CVD-Beschichtung von Endlos-C-Fasern mit Pyro-C, TiN oder SiC in Dicken von 15...45 nm ist als Schutz vor Oxidation, Diffusion und Reaktionen mit der Matrix erforderlich.

10.6.3 Metallmatrix-Teilchenverbunde

Schwerpunkt sind die dispersionsgehärteten Legierungen. Sie enthalten harte Teilchen, die sich in der Matrix auch bei hohen Temperaturen weder lösen noch mit ihr reagieren dürfen.

Feinstverteilte Partikel (Dispersoide) sind neben **Oxiden** auch **Carbide, Nitride, Boride** und **Graphit.**

Ihre festigkeitssteigernde Wirkung beruht auf der Behinderung von Gleitvorgängen (Wandern von Versetzungen), besonders der Kriechvorgänge bei hohen Temperaturen durch feinstverteilte Partikel (→).

Dazu dürfen bestimmte Teilchengrößen und Teilchenabstände nicht überschritten werden. Als Größe wird 0,01 ...0,1 µm und ein mittlerer Abstand von 0,1...0,5 µm angegeben.

Die Industrie stellt zahlreiche dispersionsverfestigte Legierungen her (→). Sie haben höhere E-Moduln und Festigkeiten als die schmelzmetallurgisch hergestellten vor allem bei höheren Temperaturen (Bild 10.3), wo abgeschreckte oder warm ausgehärtete Sorten durch Nachanlassen bzw. Überalterung versagen, ihre Wärmedehnung ist kleiner.

Herstellungsverfahren sind:

Mechanisch legieren: Ständiges Zerkleinern, Verfestigen und Mischen in Kugelmühlen, sog. Attritoren zum Einstellen einer kleinen Korngröße und homogenen Verteilung der Dispersoide erzeugt die Presspulver zur weiteren PM-Verarbeitung. Wesentlich rationeller arbeitet das Sprühkompaktieren.

Sprühkompaktieren (→ 11.1.8), erzeugt Pressbolzen (bis zu 500 mm ∅ und 2,5 m Länge) zum Strangpressen von Halbzeugen. Die nachfolgende Warmumformung ist wichtig, um die Oxidhäute der Pulverteilchen zu zerstören, wichtig für die Diffusion und Bindung zwischen den Pulverteilchen.

DISPAL-Sorten, Eigenschaften und Verwendung im Abschnitt 11.1.8. (PEAK Werkstoff GmbH), (www.erbsloe.de)

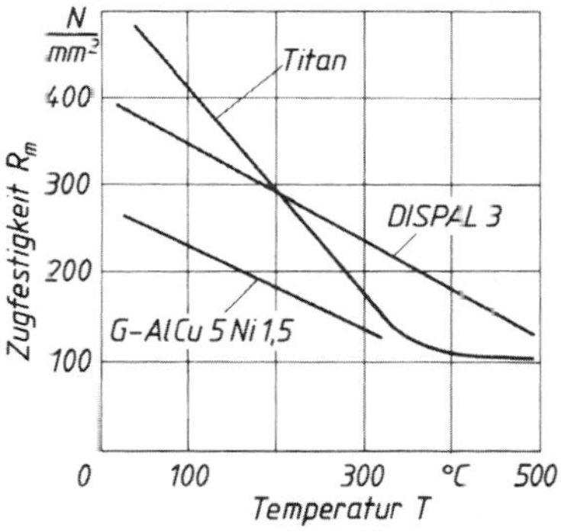

Bild 10.3: Warmfestigkeit von Al-Legierungen, ausgehärtet und dispersionsverfestigt (Erbslöh)

ODS-Legierungen (Oxide dispersions-strengthened alloys), Sintermetalle, Schneidstoffe, TIZIT®, (www.Plansee.com)

Tabelle 10.4: Beispiele für Metallmatrix-Teilchenverbundwerkstoffe

Werkstoff	Beschreibung	Eigenschaftsverbesserung, Beispiel
PM 2000 (ODS-Legierung) 1.4768	FeCr20Al 15,5Ti0,5+**0,5Y_2O_3**, hitzebeständiger, ferritischer Stahl	Hochwarmfest (bis 1200 °C/Luft), im Schwellbereich einsetzbar, Oxidation und Aufkohlung gering. Für z. B. Glasformen und Glasrührer eingesetzt
AlSi7Mg + SiC	10...15 % SiC (5...10 µm) in Feingusslegierung, warmausgehärtet	E-Modul steigt von 75 auf 92 · 10^3 MPa, Festigkeit bei 260° C verdoppelt, für verschleißbeanspruchte Feingussteile
AlMgSiCu partiell mit 25% SiC-Teilchen verstärkt	Strangpressprofile mit SiC in der Randschicht, hergestellt mit mehrteiligen Pressbolzen aus zwei Werkstoffen (Koextrusion)	Verbesserung des Verschleißwiderstandes der Randschicht. Für Pistenraupenprofile, Zylinderlaufbüchsen, erhöhte Steifigkeit (E-Modul)
Glid Cop®	Cu-Teilchenverbundwerkstoff, mit Al mechanisch legiert, das sich dabei durch innere Oxidation zu feinstverteiltem Al_2O_3 (0,3...1,1 %) umwandelt.	Härte und Streckgrenze des Cu steigen, ohne dass die elektr. Leitfähigkeit sinkt. Kaltverfestigung bleibt bis 600 °C erhalten. Für z. B. Punktschweißelektroden
Mg-Mg_2Si (übereutektisches MgSi)	30 % Mg_2Si (intermetallische Phase) im Mg. Schmelzmetallurgisch mit Kornfeinung durch seltene Erden hergestellt.	Entwicklung als Kolbenwerkstoff mit besseren thermischen Eigenschaften als Kolbenlegierung AlSi12CuMgNi bei kleinerer Dichte (< 1,9 g/cm³)
Lokasil® (Mahle)	Poröse Si-Preform (Hohlzylinder) wird beim Gießen (squeeze-casting) mit AlMg9Cu3 infiltriert	In Motorblock eingegossene Zylinderbuchsen mit verschleißfesten Laufflächen, gleiche Wärmedehnungen

10.6.4 Metallmatrix-Durchdringungsverbunde

Diese Verbunde – auch Tränklegierungen genannt – entstehen durch Infiltrieren eines offenporigen Sinterwerkstoffes (z. B. W oder Mo) mit einer flüssigen Schmelze (Cu), oder durch Sinterung bei Temperaturen oberhalb der niedrig schmelzenden Phase.

Die Durchdringung zweier Stoffe ergibt einen Verbund, in dem gegensätzliche Eigenschaften kombiniert werden können (→ Beispiel).

Die guten elektrischen Strom- und Wärmeleiter (Ag, Cu, Al) haben eine zu große Wärmeausdehnung ($\alpha = 17...23 \cdot 10^{-6}$/K). Die Lösung besteht in Verbunden. Durch sie lässt sich ein Kompromiss zwischen beiden Forderungen erreichen (Tabelle 10.5).

Beispiel: Elektronische Bauelemente werden immer kleiner und dichter auf Leiterplatten gepackt. Zur Wärmeableitung werden ihre keramischen Grundkörper auf Metallplatten (sog. Wärmesenken) gelötet. Sie benötigen

- hohe Wärmeleitfähigkeit gegen Überhitzung
- kleiner Wärmedehnung, damit keine thermische Ermüdung der Lötverbindung und damit ein Versagen auftritt.

Tabelle 10.5: Eigenschaften von Werkstoffen für Wärmesenken

Werkstoff	Dichte ρ g/cm³	α [1)] 10^{-6}/K	λ [2)] W/mK
MoCu50	9,5	9,9	250
WCu10	17,1	6,4	195
Cu-SiC (40%)	6,6	11,0	320

[1)] Lineare Ausdehnung; [2)] Wärmeleitfähigkeit

10.6.5 Metallschäume

Im Prinzip lassen sich aus allen Metallen nach zahlreichen Verfahren (→) Schäume herstellen. Sie können geschlossen oder offenporig sein, die Dicke der Zellwände ist einstellbar. Wegen ihrer besonderen Eigenschaften haben sie zahlreiche Einsatzbereiche (Tabelle 10.6).

- **Offenporig:** Alle Hohlräume stehen miteinander in Verbindung. Verwendung als Filterelement, Katalysatorträger, Wärmetauscher oder -kühler.
- **Geschlossenporig:** Werkstoff besitzt eine dichte Außenhaut und kann damit direkt für Bauteile eingesetzt werden.

Es entstehen leichte Werkstoffe mit hoher relativer Steifigkeit (die Masse ist in den Wänden von Hohlkörpern konzentriert).

Leichtmetallschäume bieten weitere Möglichkeiten für Masseeinsparungen bei Verwendung als Kernmaterial in Sandwichstrukturen. Dazu werden Deckbleche oder Schalen aus Al-Legierungen, Edelstahl oder Titan durch Kleben, Schweißen oder Einschäumen mit dem Schaumkern verbunden.

Schaumherstellung aus korrosions- und hitzebeständigen Stählen sowie Ni-Legierungen wird erprobt (IFAM, Dresden →).

Herstellungsverfahren, Beispiele, z. T. unter Patentschutz, sind:

Pulvermetallurgisch mit TiH_2 als Treibmittel, dass sich in der Wärme in Ti und H_2-Gas zersetzt und geschlossene Poren erzeugt. Die Dichte liegt bei 0,5...0,9 g/cm³ (ALULIGHT- und FOAMINAL-Schaum mit hoher Druckfestigkeit).

Schmelzmetallurgisch durch Zugabe von ca. 1,5 % Ca, das oxidiert und die Schmelze dickflüssig macht. Durch Einrühren von TiH_2 in die Gießform kommt es zur Schaumbildung. Nach Abkühlung der Form liegt ein geschlossen poriges Material mit einer Dichte von 0,2...0,25 g/cm³ vor (ALPORAS) Platten (auch offen porig) 600 mm x 2000 mm in Dicken von 7...20 mm.

SchlickerReaktionsSchaumSinter (SRSS)-Verfahren (Stahl-Innovationspreis 2003). Ein Schlicker aus Wasser und Stahlpulver wird mit Phosphorsäure versetzt, die als Binde- und Treibmittel dient. Es entstehen Wasserstoff als Treibmittel und Phosphate, die verklebend die Schaumstruktur verfestigen. Beim Trocknen entsteht durch Verdunstung des Wassers eine offenporige Struktur, die unter O_2-freier Atmosphäre gesintert wird. Die Dichte beträgt für Stahl 1,0...2,5 g/cm³ mit Poren-∅ von 0,01...5 mm.

Beispiel: INCOFOAM ® Hochtemperatur-Werkstoff für Dieselrußfilter aus offenporigem Ni-Schaum, mit hochlegiertem Metallpulver beschichtet und gesintert. Dichte p < 1 g/cm³, bis 95 % Porosität.

Bei plastischer Druckverformung (Bild 10.4) stellt sich die Druckspannung über einen weiten Bereich der Stauchung (bis zu 60 %) konstant ein (sog. Plateauspannung). Das ergibt eine hohe Verformungsarbeit. Die aufnehmbare Arbeit steigt mit der Schaumdichte.

Metallschäume sind deshalb sind als Energieaufnehmer interessant und werden bei Fahrzeugen als Kernmaterial von Hohlstrukturen im Aufprallbereich eingesetzt.

Bild 10.4 Spannungs-Stauchungskurven von Festkörpern und Metallschaum

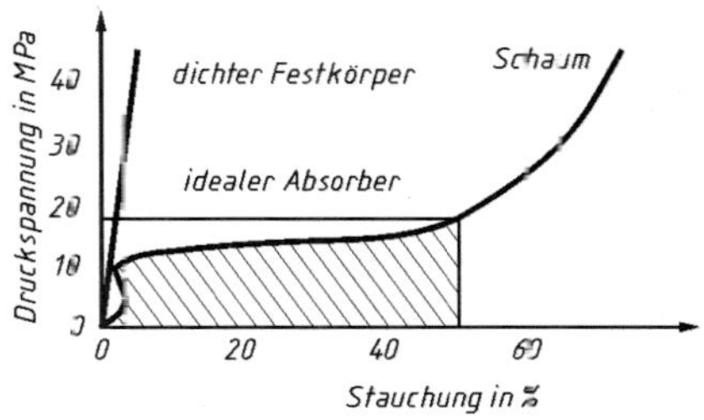

Tabelle 10.6: Anwendung von Metallschäumen aufgrund ihrer Eigenschaften

Eigenschaft der Metallschäume	Anwendungsbeispiel
Geringe Dichte + hohe Steifigkeit	Biegebeanspruchte Leichtbaustrukturen
Druckfestigkeit der Zellstrukturen	Energieaufnehmer (Crashabsorber)
Offene Zellen, gute Wärmeleitung der Wände	Wärmetauscher, Flammenhemmer
Offene Zellen, große Oberflächen	Filterelemente, Katalysatoren
Dämpfung von mechanischen Schwingungen	Schallisolation, Schutzkapseln f. Maschinen
Verringerte elektrische und Wärme-Leitfähigkeit gegenüber massivem Material	Abschirmung gegen elektromagnetische Wellen, Wärmestrahlung

10.7 Keramik-Matrix-Verbunde (CMC)

10.7.1 Allgemeines

Die hohe Steifigkeit (E-Modul) und Temperaturbeständigkeit technischer Keramik in Verbindung mit hoher Korrosionsbeständigkeit macht sie zum idealen Werkstoff für Bauteile im Einsatz bei hohen Temperaturen. Hinderlich ist die niedrige Zähigkeit als Folge ihrer Struktur mit komplizierteren Kristallgitter und Ionen- oder Atombindung.

Hinweis: Alle keramischen Stoffe verhalten sich noch *spröder* als z. B. Gusseisen mit Lamellengraphit.

Neben den Maßnahmen zur Duktilisierung der technischen Keramik(→ 8.2) sind Verbundlösungen eine wichtige Möglichkeit, Zähigkeit und Dauerfestigkeit zu erhöhen.

10.7.2 Faserverbundkeramik

Durch Faserverstärkung steigen *Biegefestigkeit,* die Beständigkeit gegen *Temperaturwechsel und* die Schadenstoleranz.

Das Einbetten von Fasern in eine keramische Matrix ist schwierig, Keramik lässt sich nicht schmelzflüssig verarbeiten, die Schmelzpunkte liegen zu hoch. Kurzfasern können mit der Matrix pulvermetallurgisch verarbeitet werden.

Schadenstoleranz. Fasern bremsen auch die Rissfortpflanzung, sodass ein katastrophales Versagen durch Sprödbrüche unterbleibt.

Fasern für Keramik müssen wegen der hohen Sintertemperaturen hohe Warmfestigkeit und Oxidationsbeständigkeit besitzen, z. B. SiC oder Al_2O_3 bis < 1200 °C. Bei C-Fasern ist innere Oxidation möglich, sie wird durch Beschichtung (Interface) gebremst.

Bei Endlosfasern geht man den Umweg über hoch C-haltige Polymere. Sie werden nach Tränkung der Fasergelege durch *Pyrolyse* vergast und unter Schrumpfung in eine poröse keramische Matrix umgewandelt. Die Porosität kann durch Tränken und weitere Pyrolyse vermindert werden (Beispiel).

Je nach Art des Polymers entsteht nach der Pyrolyse eine C-Matrix (→) oder bei Verwendung von Si-Polymeren eine SiC-Matrix.

Beispiele: C-Faser-Kohlenstoff, Sigrabond (CFC oder C/C). Herstellung aus phenolharzgetränkten Fasergelegen durch

Härtung ⇒ Pyrolyse ⇒ Nachtränken ⇒
⇒ Pyrolyse

Pyrolyse ist die thermische Zersetzung unter Luftabschluss, um eine Oxidation zu vermeiden.

Schwindung: Bei der Pyrolyse entstehen Gase, die übrig bleibende SiC-Keramik (Ausbeute) liegt bei ca. 65 %. Der Materialverlust äußert sich in einer *Schwindung*. Sie wird durch keramische Füllstoffe im Polymer und weitere Imprägnierungszyklen gesenkt.

Spezielle Si-Polymere sind löslich (in z. B. Toluol), damit lassen sich Fasern imprägnieren, die zu Prepregs verarbeitet werden. Das Wickeln ist bei Bauteilen wie z. B. Rohren möglich. Danach folgen:

- Austreiben des Lösungsmittels,
- Aufschmelzen des Polymers und Verdichtung im Autoklaven bei ca. 400 °C,
- Pyrolyse in Schutzgas, drucklos bei > 1100 °C.

Anwendungen in nichtoxidierender Atmosphäre bis über 2000 °C, z. B. Drucksinterformen, Heizelemente, Ablenker für Düsentriebwerke, Panzerplatten.

Durch Infiltration eines C-faserverstärkten Kohlenstoffgerüstes CFC mit flüsigem Si reagiert der Kohlenstoff zu Siliciumcarbid SiC. Die C-Faser muss durch Beschichtung vor einer Reaktion mit dem Si geschützt werden.

- C-Faser führt zu geringer Wärmedehnung und hoher Bruchzähigkeit des Verbundes,
- Si + C ergeben zusammen eine hohe Wärmeleitfähigkeit und Wärmekapazität und die
- SiC-Matrix besitzt hohen Verschleißwiderstand.

SIGRASIC/TAVCOR (SGL-Carbon) PAN-Faser (Polyacrylnitril) wird zu C-Fasern keramisiert und das Fasergelege mit Si getränkt. Es besteht aus etwa 50...60 % SiC, 30...40 % Si und 10...20 % C.

Anwendung: Bremsscheiben für Hochgeschwindigkeitszüge lassen gegenüber Stahlscheiben durch weniger und leichtere Bauelemente Masseeinsparungen von ca. 65 % für das gesamte Bremssystem zu. Auch für Bremsen und Kupplungen der Kfz-Oberklasse eingesetzt.

10.7.3 Durchdringungsverbundkeramik

Die hohen Schmelztemperaturen keramischer Stoffe erlauben das Tränken poröser Strukturen mit flüssigen Metallen. Hierzu gehört das **SiSiC**, bei dem ein Pressling aus SiC-C-Gemisch gesintert und mit flüssigem Si getränkt wird. Dabei reagiert das Si mit dem Kohlenstoff zu SiC und ergibt einen dichten reaktionsgetränkten Körper.

SiSiC (siliziuminfiltriertes Si-Carbid) hat etwa 10...20 % metallisches Si und dadurch hohe Wärmeleitfähigkeit, bis 1350 °C einsetzbar.

Anwendung als Wärmeaustauscher für agressive Medien, Laufräder für Abgasturbolader und Pumpen, Gleitringdichtungen (bei abrasivem Fördermittel). Ein hoher E-Modul macht es geeignet für Tragerollen und -balken in Brennöfen für Keramik.

Verbund Metall-Keramik

Die Zähigkeitsprobleme keramischer Bauteile lassen sich auch konstruktiv durch Metall-Keramik-Verbunde umgehen:

- Metallteil für Beanspruchung auf Biegung und Stoß,
- Keramikteil, druckbeansprucht, schützt vor thermischer Überlastung (kleine Wärmeleitung) Verschleiß und/ oder Korrosion.

Zum Fügen von Keramik und Metall eignen sich auch das Einlegen, Aktivlöten und Kleben (dabei müssen die unterschiedlichen Wärmedehnungen beachtet werden).

Beispiele: Verbund Metall/Keramik: Hüft-Endoprothesen aus einer Keramikkugel mit Passsitz auf einem metallischen Schaft in einer Pfanne aus Polyethylen PE gelagert.

Kugelhahn für abrasive und/oder korrosive Medien mit eingelegter Al-Oxidkeramik in einem metallischen Gehäuse.

Literaturhinweise:

Bunk, W.:	Verbundwerkstoffe mit keramischer Matrix. In: VDI-Berichte 743, VDI-Verlag, 1989
Kainer, K.U. (Hrsg.):	Metallische Verbundwerkstoffe. DGM Informationsgesellschaft Verlag, 1994
Michaeli/Wegener:	Denken in Anisotropien – Faserverbundwerkstoffe, eine Herausforderung für den Konstrukteur. In: VDI-Berichte 852, S.127...163, VDI-Verlag, 1991
Steffen, H.-D. u. a.:	Einführung in die Technologie der Faserverbundwerkstoffe, Hanser, 1989
Ondracek, G.:	Werkstoffkundliche Grundlagen des Verbundgießens von Gusseisen mit Stählen. In: Konstruieren und Gießen, 1999/2
Leonhardt,G. (Hrsg.):	Verbundwerkstoffe und Werkstoffverbunde. DGM, 1993
Heym/Lang:	Aluminium und seine Verbundwerkstoffe. In: Neue Werkstoffe [Hrsg. A. Weber]
VDI-Berichte 563	Faserverstärkte Polymerwerkstoffe. VDI-Verlag, 1989
VDI-Berichte 734	Verbund- und Hybridwerkstoffe. VDI-Verlag, 1985
VDI-Berichte 965.1	Neue Werkstoffe – Verbundstrukturen im Maschinenbau. VDI-Verlag, 1989
und 965.2	Verbundwerkstoffe und Werkstoffverbunde. Teil 1 Konstruktion, Teil 2 Fertigung. VDI-Verlag, 1992
VDI-Berichte 1080	Werkstofftag ´94 Leichtbaustrukturen und leichte Bauteile. VDI-Verlag, 1994
VDI-Berichte 1151	Effizienzsteigerung durch innovative Werkstofftechnik. VDI-Verlag, 1995

11 Werkstoffe besonderer Herstellung oder Eigenschaften

11.1 Pulvermetallurgie, Sintermetalle

11.1.1 Überblick und Einordnung

Pulvermetallurgie (PM) ist nach DIN EN ISO 3252 ein Teilgebiet der Metallurgie, das sich mit der Herstellung von Metallpulvern und Bauteilen daraus befasst. Grundsätzlich müssen mindestens drei Fertigungsstufen durchlaufen werden:

- Pulvergewinnung,
- Formgebung und Verdichtung,
- Verfestigung durch Sintern.

PM gehört damit zu den Verfahren der Fertigungs-Hauptgruppe Urformen (→ Tabelle 11.1).

Teile größerer Masse sind durch PM technisch und aus Kostengründen nicht herstellbar. Deswegen erzeugt die PM nur weniger als 1 % der Gießereiproduktion (Masse-%).

Hinweis: Das Verfahren wird auch für keramische Stoffe und Verbundwerkstoffe angewandt.

Tabelle 11.1: Urformverfahren, DIN 8580

Verfahren	Materie	Vorgang, Produkt
Gießen	flüssig, atomar	Erstarren zu Formteil, Halbzeug, **massiv**
Pulver-metallurgie	feste Pulverteilchen	Pressen zu Formteil, Halbzeug, **porös**
Sprühkompaktieren	Tropfen	Thermisch Spritzen zu Halbzeug, Formschale
Galvanoformen	Ionen in Lösung	Elektrolyt. Abscheiden Formteil, Formschale

Pulvermetallurgische Werkstoffe können mit Eigenschaften ausgerüstet werden, die bei Guss- und Knetwerkstoffen nicht realisierbar sind (→). Das entstehende PM-Werkstoffgefüge kann gesteuert werden.

- Pulverteilchen werden bei der Herstellung stark abgeschreckt (bis zu 10^6 K/s). Die Folgen sind: metastabile und hoch übersättigte Mischkristalle, aus denen beim Sintern feindisperse, intermetallische Phasen ausscheiden.
- Bei PM-Werkstoffen bleibt die jeweilige Pulvermischung erhalten, die Atome diffundieren beim Sintern nur kleine Weglängen über mehrere Pulverteilchen hinweg. Auf diese Weise können z. B. harte Phasen in beliebigem Anteil im Grundgefüge homogen verteilt werden (→).
- Beim Verdichten der Pulverteilchen bleiben Poren zurück, die eine Funktion übernehmen können. Die Porosität kann nachträglich so weit verringert werden, dass die theoretische Dichte erreicht wird.

Schmelzmetallurgisch hergestellte Legierungen erstarren nach den Gesetzen des jeweiligen Zustandsdiagramms. Die dabei entstehenden Gefüge sind gekennzeichnet durch:

Merkmale	Auswirkung
Primärkristalle	grobkörnige Gefüge
Löslichkeiten	nicht beliebig mischbar
Seigerungen	Entmischungen
Intermetallische Phasen	harte, spröde, d. h. unverformbare Stoffe

Brauchbare Werkstoffe entstehen nur bei *bestimmten* Analysen eines Stoffsystems.

Beispiel: PM-Schneidstoffe können bis 95 % Carbide enthalten, schmelzmetallurgisch hergestellte nur bis ca. 25 %.

Beispiele: Porenräume werden genutzt

- als Reservoir für Schmierstoffe in selbstschmierenden Lagerbuchsen,
- als Filter für Gase und Flüssigkeiten,
- zur Verringerung der Dichte (Masse).

- Werkstoff- und Energieaufwand sind gegenüber Gießen und Schmieden geringer (Erzeugung von Fertigteilen).
- Verbundwerkstoffe mit Verstärkung der Grundmasse (Matrix) durch Kurzfasern oder Teilchen anderer chemischer Struktur.

PM-Werkstoffe sind erst im Fertigteil wirklich vorhanden. Ihr Eigenschaftsprofil wird entscheidend durch die Verfahrensbedingungen geprägt, die auf Dichte und Porosität des fertigen Bauteils Einfluss haben (→).

Für die Beurteilung der Eigenschaften von PM-Werkstoffen ist deshalb die Kenntnis der Verfahrensschritte notwendig.

Seit langem werden einbaufertige Formteile durch PM hergestellt. Die Wirtschaftlichkeit beruht auf der hohen Werkstoffausnutzung (95 %) bei geringerem Energiebedarf gegenüber anderen Fertigungswegen.

Beim Gusswerkstoff sind Grundeigenschaften meist durch die Analyse vorgegeben, evtl. im Einschmelzmaterial schon vorhanden.

Beispiel: Dichte von Sinterteilen: Höhere Dichte ergibt höhere Festigkeit und Zähigkeit im Sinterteil (Bild 11.5). Die Sinterdichte wird von Pulverform, Verdichtungsart und Sinterbedingungen beeinflusst und lässt sich evtl. nachträglich noch weiter erhöhen (→ 11.2.2).

Das pulvermetallurgische Fertigungsfahren

Die Hauptarbeitsgänge mit zahlreichen Varianten und möglichen Nachbearbeitungen sind in Tabelle 11.2 angeführt.

Pulver werden meist pressfertig angeliefert, z. T. aber auch beim Verarbeiter legiert.

Pressen erfolgt in komplexen Werkzeugen, die mehrere Aufgaben erfüllen müssen:

- *Füllraum* zur Aufnahme der Pulvermenge bieten, die für das Teil benötigt wird,
- Pulver *Formen* und *Verdichten*, wozu ein oder mehrere koaxiale Stempel mit hoher Kraft bewegt werden müssen. Im Pressling sind die Teilchen mechanisch verklammert.
- *Freilegen* bzw. *Ausstoßen* des Presslings zum automatischen Weitertransport.

Sintern: Wärmebehandlung mit dem Ziel, durch Diffusionsvorgänge zwischen den Pulverteilchen eine feste Bindung zu schaffen und den Porenraum zu verkleinern.

Nachgeschaltete Arbeitsgänge können zur Eigenschaftsänderung gewählt werden:

- Erhöhung der Dichte durch Nachpressen oder Sinterschmieden,
- Verbesserung der Maßhaltigkeit und Oberflächengüte durch Kalibrieren, Veränderung der Oberfläche, Füllung der Porenräume (→).

Tabelle 11.2: Verfahrensschritte der PM

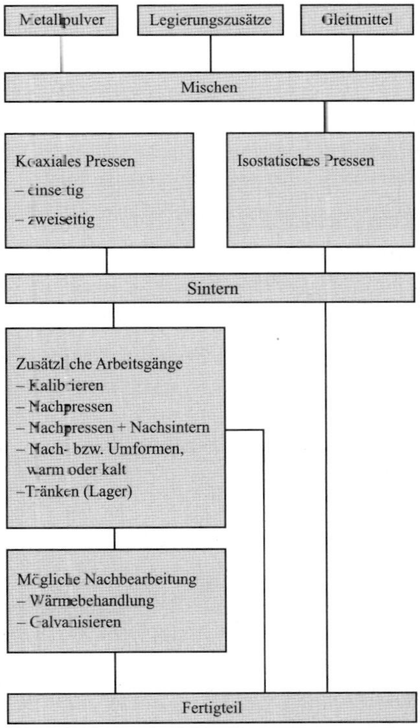

Nachpressen kann die Dichte mithilfe verschiedener Verfahren bis auf 99 % erhöhen, (→ HIP 11.1.4 und 5).

Sinterlager aus PM-Werkstoffen haben mit Graphit, Fett oder Mo-Sulfid gefüllte Poren.

11.1.2 Herstellung der Pulver

Pulver werden nach verschiedenen Verfahren hergestellt. Dadurch haben sie unterschiedliche Gestalt und Größe, was sich auf Press- und Sinterverhalten auswirkt. Die Norm unterscheidet zwölf Formen, Bild 11.1 zeigt zwei Formen.

Neben der Sintertechnik benötigen auch andere Industriezweige Metallpulver, sodass größere Mengen erzeugt und abgesetzt werden können (Tabellen 11.3 und 11.10).

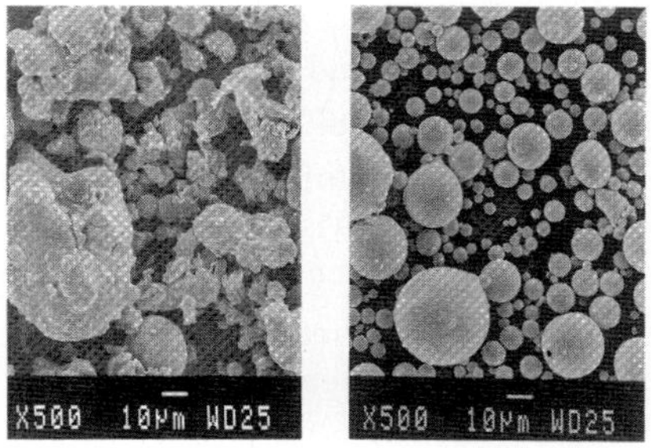

Bild 11.1 Pulverteilchen (HCST)
links wasserverdüst, rechts luftverdüst

Tabelle 11.3: Pulverherstellung

Verfahren	Beschreibung	Werkstoffe
Direkt-Reduktion	Reduktion von Erzen im aufsteigenden CO-H_2-Gasstrom zu Eisenschwamm mit mechanischer Zerkleinerung und Magnetscheidung. Pulverförmige Oxide hochschmelzender Metalle werden im H_2-Strom reduziert.	Fe-Pulver Mo-, Ta-, W-Pulver
Verdüsung	Schmelzen werden mit Luft, Dampf oder Wasser zerstäubt, reaktionsfähige Metalle in Argon oder Vakuum. Teilchenform und -größe sind regelbar (10...50 µm)	Alle Metalle und Legierungen
Carbonyl-Verfahren	Carbonyle sind Metall-(CO)-Verbindungen, bei höheren Temperaturen in reines Metall (Kugeln von 0,1...5 µm) zerfallend.	Fe- und Ni-Pulver für Magnetwerkstoffe
Elektrolyse	Kathodische Reduktion aus Lösungen	Cu-Pulver

Pulvereigenschaften: Zur Verarbeitung zu Sinterformteilen müssen Pulver ein bestimmtes Eigenschaftsprofil besitzen, um eine Fertigung unter gleich bleibenden Bedingungen zu gewährleisten und die Qualität zu sichern. Kontrollgrößen sind (Tabelle 11.4):

Tabelle 11.4: Kontrollgrößen für Pulver

Siebanalyse	gibt den Anteil der verschiedenen Korngrößen am Ganzen an. Kleine Teilchen sintern schneller, sind aber schlechter pressbar.
Fließvermögen	ist für die Füllzeit des Werkzeuges von Bedeutung. Gut rieselfähig sind kompakte Teilchen regelmäßiger Gestalt, kleine schlechter als große. Durch Granulieren wird das Verhalten schlecht fließfähiger Pulver verbessert.
Fülldichte	Quotient aus Masse/Volumen des abgefüllten Pulvers. Ihre Konstanz ist wichtig für die Toleranzen in Pressrichtung.
Pressbarkeit	Die Pulver sollen bei niedrigem Pressdruck (Standmenge) eine hohe Pressdichte im Pressteil ergeben (Bild 11.2). Die Reibung wird durch Zugabe von 1 % Zinkstereat als Festschmierstoff vermindert (vergast beim Sintern).
Presskörper-festigkeit	(Grünfestigkeit) bezieht sich auf den Zustand vor dem Sintern. Sie ist hoch bei zerklüfteten Pulverteilchen, die zu Teilen mit niedriger Dichte verarbeitet werden (z. B. Sinterlagern). Kompakte Teilchen verklammern sich gering (Gefahr des Kantenausbrechens).

11.1.3 Formgebung und Verdichten

Am häufigsten wird das Pressen in Werkzeugen mit einem oder zwei koaxialen Stempeln angewandt, z. B. für alle auf Festigkeit beanspruchte Sinterteile.

Hochporöse Teile, wie z. B. Filter, werden durch Schüttsintern gefertigt. Das Pulver wird in Mehrfachformen eingerüttelt und darin gesintert.

Formgebung durch Pressen

Die Pulver werden in die Füllräume von Werkzeugen gefüllt und verdichtet. Dabei steigt die *Fülldichte* von ca. 3 g/cm^3 auf die Pressdichte von 5,8...7 g/cm^3 (für Sintereisen und -stahl). Die Dichte des massiven Metalles kann durch Pressen allein nicht erreicht werden.

Pressdichte ist die Dichte des ungesinterten Teiles. Sie ist vom Pressdruck abhängig. Daneben wirken sich Gleitmittel, Teilchenform und -größe, ihre Größenverteilung und das plastische Verhalten des Metalles aus (Bild 11.2).

Pressdruck. Bei Massenteilen beträgt der höchste Pressdruck mit Rücksicht auf die Standmenge der Form ca. 6000 N/mm^2 = 60 kN/cm^2.

Isostatisches Pressen (kalt CIP, heiß HIP) vermeidet die ungleiche Dichteverteilung beim Pressen (→): Die Pulver werden in elastische Kapseln gerüttelt, verschlossen und in einer Flüssigkeit hohem Druck ausgesetzt. Nur für einfache Formen und Halbzeug geeignet.

PM-Spritzgießen (→)

Diese Verfahren kombinieren die Freiheit des Spritzgießverfahrens in der Formgestaltung, mit den Eigenschaften hochwertiger Metalle und höchster Materialausnutzung.

Metallpulver mit Teilchengrößen < 20 µm werden mit ca. 30 % eines organischen Binders granuliert und auf Kunststoffpressen bei ca. 150...250 °C zu Formteilen verpresst. Die Teilchen werden dabei nicht plastisch verformt, die Grünfestigkeit wird durch den thermoplastischen Binder hergestellt. Die Bauteilgrößen liegen zwischen 1...100 (200) g.

Hinweis: Um eine möglichst *gleichmäßige* Dichteverteilung über Querschnitt und Länge des Pressteiles zu erhalten, gibt es je nach Form des Teiles verschiedene Werkzeugtypen und Mechanismen.

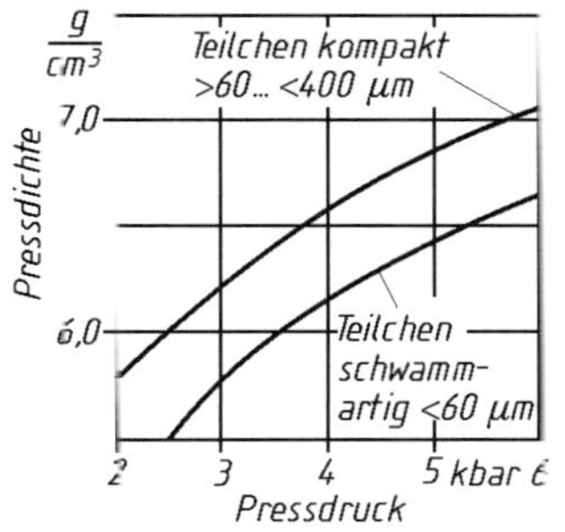

Bild 11.2 Pressbarkeitsschaubild von Eisenpulver verschiedener Teilchengröße

Nach der Pressbarkeit werden unterschieden

- superkompressible, z. B. (Cr-Mn-Mo)
- hochkompressible und z. B.(Ni-Mo)
- normalkompressible Eisenpulver (fertiglegiert).

Für Teile mit höchsten Beanspruchungen (z. B. Werkzeuge aus HS-Legierungen) sind Drücke bis zu 80 kN/cm^2 in Anwendung.

Hinweis, isostatisches Pressen:
In einer Flüssigkeit breitet sich der Druck gleichmäßig (isostatisch) aus und steht auf allen Flächen senkrecht. Beim mechanischen Pressen ist die Verdichtung in Stempelrichtung am größten, quer dazu geringer.

PM-Spritzgießen, Verfahrensbezeichnungen:

MIM: Metal Injection Moulding (Krupp-KPM, Schunk).

PM-Spritzgießen (Sintermetallwerk Krebsöge).

Anwendung: Die Pulverteilchen werden beim Spritzgießen nicht kaltverfestigt, ihr Pressverhalten ist ohne Einfluss. Es können auch harte Legierungen verarbeitet werden. Die endkonturnahe Fertigung ist günstig für komplexe Teile aus teuren und harten Werkstoffen, z. B. HS-Wendeschneidplatten in Mehrfachform, Rotor für Flügelzellenpumpen aus HS6-5-4 (KPM), Sicherheits- und Autozündschlösser, Kleingetriebräder.

Es folgen die weiteren Arbeitsgänge, zunächst muss der Binder entfernt werden:

- Austreiben des Binders in der Wärme (entwachsen, entbindern), das Teil wird porös.
- Sintern unter Schutzgas oder Vakuum mit anschließender Druckerhöhung auf ca. 100 bar und Dichtsinterung.

Die Diffusionswege sind lang (max. Wanddicken bis zu 5 mm), die Zeiten ebenfalls. Durch den Binderverlust schrumpft das Teil linear zwischen 10...17 %. Durch Pulver mit bestimmter Korngrößenverteilung lässt sich die große Schwindung beherrschen (ISO-Toleranz 9-10).

Entbinderung: Die Entwicklung geht auf neue Binder, die in kürzerer Zeit auch aus dickeren Querschnitten entfernt werden können: Katalytische Entbinderung durch Säurezersetzung eines speziellen POM-Binders bei 1100...1400 °C in 20-fach kürzerer Zeit (BASF, Innovationspreis 1996). Auch für CIM (Ceramic Injection Moulding = Keramik-Spritzguss) geeignet.

11.1.4 Sintern

Beim Glühen unter Schutzgas sollen die zunächst nur mechanisch verklammerten Teilchen durch Diffusion und Rekristallisation ein Gerüst von Kristallen bilden, das von den Poren durchsetzt ist.

Sintern ist ein Glühen von feinkörnigen, pulvrigen Stoffen. Die Teilchen vergrößern durch Platzwechsel der Atome ihre Berührungsflächen und kristallisieren darüber hinweg unter Veränderung der Poren.

Sintertemperaturen hängen vom Metall ab:

Metall	Temp. °C	Metall	Temp. °C
Al-Leg.	590-620	Cu-Sn	740-780
Fe, Fe-Cu	1120-1280	Fe-C	1120
Hartmetall	1200-1400	Fe-Cu-Ni	1120
W-Leg.	1400-1500	Fe + Carbide	> 1280

Bild 11.3 zeigt schematisiert Pulverteilchen, die durch den Pressvorgang kaltverformt wurden. Beim Sintern setzen an den Berührungsstellen der Stofftransport und die Rekristallisation ein.

Bild 11.3 Innere Vorgänge beim Sintern, schematisiert

Anfangs entsteht ein zusammenhängender Porenraum (für Filter und Lager genutzt). Später werden die Poren unter Schwindung (→) verkleinert und nehmen rundliche Gestalt an. Nach dem Sintern sind die Teilchengrenzen nicht mehr erkennbar.

Vakuumsintern von Pressteilen aus kugeligen Pulvern (legierte Stähle) beseitigt die Porosität völlig und liefert endkonturnahe Teile mit 85...95 % Materialausnutzung, z. B. Wendeschneidplatten, Matrizen für die Schraubenfertigung, Fräserrohlinge aus HS-Stählen.

Es ist als alternatives Verfahren zum Heißisostatischen Pressen (HIP-Prozess ↓) entstanden und weniger aufwändig.

Schwindung: Die Verkleinerung des Porenraumes führt zu einer Schwindung. Sie hängt von Pressdruck, Pulverart und Sintertemperatur ab und wird bei der Bemessung der Werkzeuge berücksichtigt.

Sintern mit flüssiger Phase. Phasen können bei Sintertemperatur flüssig werden und die Porenräume füllen. Dabei ergibt sich, evtl. auch durch Legierungsbildung, eine festere Bindung zwischen den Teilchen. Auf diese Weise wird auch eine Art Verbundwerkstoff, ein *Durchdringungsverbund,* hergestellt.

Beispiel: Flüssige Phasen treten beim Sintern folgender PM-Legierungen auf:

Hartmetalle WC-Co, Sinterbronze Cu-Sn, HS-Stähle und Kontaktwerkstoffe, z. B. Metall-Graphit für Stromabnehmerbürsten

Heißisostatisches Pressen (HIP): Aufwändiges Verfahren, meist in Verbindung mit kaltisostatischem Pressen (KIP) zum Erreichen höchster Dichte mit folgenden Arbeitsgängen:

- Einkapseln des vorgepressten Rohlings in eine druckdichte Kapsel und evakuieren,
- Sintern unter hohem Gasdruck,
- Entkapseln, d. h. Zerstören der Kapsel aus weichem Stahl, Cr-Ni-Stahl oder Glas.

Die Kapsel wird in einem druckfesten Behälter unter Argondruck elektrisch beheizt. Dadurch steigen Druck (1400 bar) und Temperatur (max. 2000 °C). Haltezeit 1...3 h.

Anwendung für Halbzeuge aus HS-Stählen, hochwarmfesten Legierungen und Warmarbeitsstählen. Homogene Verteilung und Feinheit der Carbide machen die daraus hergestellten Werkzeuge besser bearbeitbar und ergeben höhere Standmengen bzw. Standzeiten (Bild 11.4).

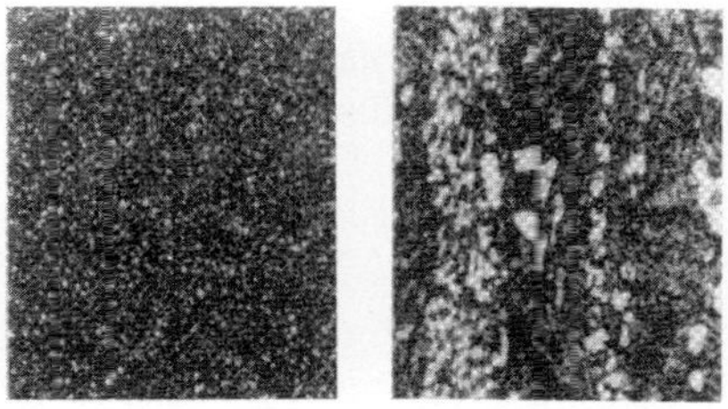

Bild 11.4 HS-Stahl HS12-1-5-5 gehärtet und angelassen, links PM-HIP-Verfahren, rechts gegossen und warmverformt (FPM)

Hinweis: HIP-Verfahren werden auch für Verbunde von massiven Werkstücken mit Sinterwerkstoff durch Diffusionsschweißen angewandt (sog. aufhipen →).

Beispiel: Hartmetall in 2 mm dicker Schicht als Verschleißschutz auf die Oberfläche eines Walzenkörpers aus Baustahl.

11.1.5 Nachbehandlung der Sinterteile

Nachverdichten, Kalibrieren

Mit dem Sintern ist meist eine Volumenänderung verbunden. Ihr Betrag hängt von der Pulverart und der Sintertemperatur ab. Reine Metalle haben stets eine Schwindung, bestimmte Legierungen nicht.

Schwundausgleich: Pulvermischungen aus Fe-Cu verhalten sich bei größeren Cu-Gehalten gegenläufig, sie wachsen. Cu schmilzt und löst Fe-Atome. Die Cu-reichen MK haben ein größeres Volumen. Durch Zugabe von 2 % Cu wird ein Schwundausgleich erreicht. Deshalb ist Cu in vielen Pulvern enthalten.

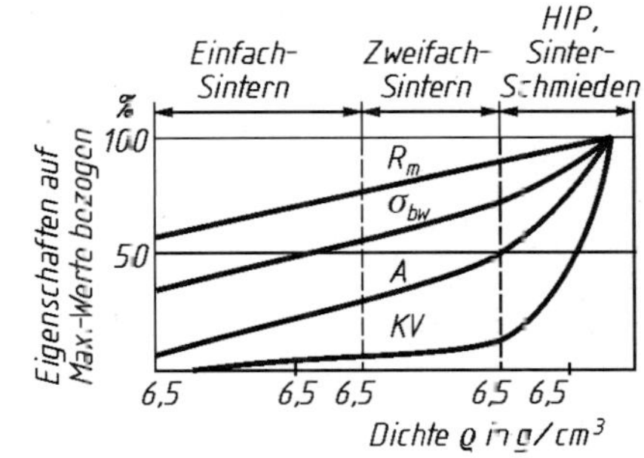

Bild 11.5 Steigende Festigkeit bei steigender Sinterdichte (FPM)

Bei hohen Ansprüchen an Maßhaltigkeit muss das gesinterte Teil in einem zweiten Werkzeug kalibriert werden. Daneben erhöhen sich Dichte und Oberflächengüte.

Zweifachsintertechnik (Doppelpressen). Für höhere Festigkeit und Dehnung muss die Dichte erhöht werden (Bild 11.5). Das kann durch nochmaliges Pressen erfolgen. Durch ein zweites Sintern wird die Kaltverfestigung aufgehoben und die Dauerfestigkeit erhöht.

Die Porosität von Sinterteilen mit < 92 % Raumerfüllung ist dann störend, wenn die Teile mit Flüssigkeiten Kontakt haben (Korrosionsgefahr) oder Gas- bzw. Flüssigkeitsdruck ausgesetzt sind (Durchlässigkeit). Das gilt auch für Fertigungsgänge wie Galvanisieren, Salzbadbehandlung u. a.

Infiltrieren ist bei zusammenhängenden Porenräumen (>12 % Porosität) möglich. Hierzu werden Metalle mit niedrigerem Schmelzpunkt als der Sinterkörper (z. B. Cu- und Cu-Legierungen) unter Vakuum eingesaugt.

Tränken mit Ölen, Wachsen oder Silikonen für Sinterlager und zum Korrosionsschutz, mit Kunststoffen vor einer galvanischen Behandlung.

Dampfbehandlung erzeugt eine blauschwarze Fe-Oxidschicht von 5…10 µm Dicke als einfachen Korrosions- und Verschleißschutz.

11.1.6 Werkstoffe

Für PM-Erzeugnisse stehen zahlreiche Werkstoffe zur Verfügung. Es lassen sich folgende Werkstoffgruppen erkennen (Keramische Stoffe sind im Abschnitt 8 behandelt):

1 Werkstoffe, schmelzmetallurgisch nicht herstellbar (sog. Pseudolegierungen)

Höchstschmelzende Metalle (→) können mangels brauchbarer Feuerfeststoffe für Tiegel und Formen nicht als Schmelze gewonnen werden. Letztere würden sich mit den Metallen legieren und zu unbrauchbaren Legierungen führen.

Hierzu sind auch Werkstoffe zu rechnen, die aus Metallen und hochschmelzenden Hartstoffen (Carbiden, Oxiden, Nitriden oder Diamant) bestehen (Beispiel Ferro-Titanit→).

Toleranzen: Für Maße, die durch die Matrize geformt werden, ist eine Qualität von IT7...IT6 zu erreichen. Die Maße in Pressrichtung tolerieren unabhängig vom Sollmaß um etwa 0,1...0,2 %.

Sinterschmieden (Pulverschmieden) dient der Erhöhung der Dauerfestigkeit und wird in Gesenken bei Warmumformtemperaturen durchgeführt (bei schmiedegeeigneter Form).

Anwendung für höchstbeanspruchte Bauteile, wie z. B. Pleuelstangen.

Wärmebehandlungen aller Art sind technisch möglich (Bild 11.6). Bei thermochemischen Verfahren mit Gasen wird durch die Porosität die Behandlungszeit verkürzt. Salzbadreste müssen sorgfältig entfernt werden.

Bild 11.6 Winkelhebel für Fliehkraftregler Werkstoff Sint D 30, einsatzgehärtet (FPM)

Beispiele: Höchstschmelzende Metalle

Metall	Schmelzpkt.	Verwendung
Wolfram	3422 °C	Glühlampenwendel
Tantal	2996 °C	Elektronenröhren
Molybdän	2633 °C	Heizleiter

Die Metalle werden aus ihren pulverförmigen Oxiden mit H_2-Gas reduziert, gepresst, gesintert und bei 1300 °C verformt.

Ferro-Titanit, härtbarer Sinterwerkstoff aus 50...70 % TiC in einer Grundmasse aus legierten, härtbaren Stählen. Im Anlieferungszustand ist er zerspanbar und kann durch Abschreckhärten auf 70...72 HRC gebracht werden. Nach Weichglühen erneut zerspanbar (Korrektur von Werkzeugteilen). www.ferro-titanit.de

Die wichtigsten Werkstoffe aus dieser Gruppe sind

Sinterhartmetalle, aus den Carbiden des W, Ti und Ta in einer flüssigen Phase aus Co gesintert. Sie haben höchste Carbidgehalte und dadurch höheren Verschleißwiderstand als HS-Stähle (Tabelle 11.5).

Cermets (ceramic + metal) sind Mischungen aus hochschmelzenden Metallen (Co, Ni) mit nichtmetallischen Phasen für thermisch hochbelastete Teile von Triebwerken. Sie werden auch wie Sinterhartmetalle verwendet.

Tabelle 11.5: Anwendungsgruppen der Sinterhartmetalle (DIN 4990 Z):

Eigenschaftstrend der Sorten	Kennzeichen	Anwendung
Härte und Schnittgeschwindigkeit **P01** (groß ⇐ Carbidanteil ⇒ kleiner) **P40**	4 Sorten, blau **P01...P40**	für langspanende Werkstoffe: Stahl, Stahlguss, Temperguss
	3 Sorten, gelb **M10...M40**	für Mehrzweckverwendung, austenitische Stähle, Automatenstahl, Mn-Hartstahl
Biegefestigkeit und Vorschubgeschwindigkeit **K01** (klein ⇐ (Co-Anteil ⇒ größer) **K30**	3 Sorten, rot **K01...K30**	für kurzspanende Werkstoffe: Gusseisen, Hartguss, Stahl gehärtet; Kunststoffe, Hölzer, Werkzeuge der spanlosen Formung

Die Härte steigt mit dem Anteil an TiC/TaC-Anteil, während die Zähigkeit mit dem Co-Anteil verbessert wird, ebenso durch feinkörnigere Gefüge (→).

Beispiel: Feinstkorn-HM mit Korngrößen von 0,3...0,8 µm hat eine Biegefestigkeit von 4300 MPa (normales HM hat nur 2400 MPa).

Einige Legierungssysteme können nur pulvermetallisch ausgenutzt werden, wie z. B. bei

Unlöslichkeit im flüssigen Zustand (→). Sie tritt bei einigen Systemen auf, deren Komponenten sich stark in der Dichte unterscheiden. Der unschmelzbare Graphit schwimmt auf der Cu-Schmelze, oder es entstehen zwei Schmelzen übereinander geschichtet.

Beispiel: Unlöslichkeit der Schmelzen

System	Verwendung
Cu-Graphit	Stromabnehmerkohlen
Cu-W	Schaltkontakte, hoch belastet

Seigerung beim Erstarren führt zu einer ungleichmäßigen Verteilung bestimmter LE im Kristall (Kristallseigerung) oder von Kristallen im Gefüge (grobe Primärkristalle, Bild 11.4 rechts). PM-Werkstoffe besitzen feinkörnigere Gefüge.

Deshalb werden zahlreiche Stähle für hochbeanspruchte Werkzeuge als PM-Stähle angeboten.

Beispiel: Gesinterte HS-Stähle. Schnellarbeitsstähle enthalten nach der Erstarrung grobe Carbide der LE in einem weicheren Grundgefüge. Durch Schmieden und Wärmebehandlung werden die Carbide verfeinert. Durch Verdüsung einer HS-Stahl-Schmelze mit Sinterung (+ HIP) erhält man eine wesentlich feinere Verteilung und höhere Standzeiten.

2 Pulvermischungen für Formteile

Die Teile könnten meist durch die Fertigungslinie Gießen – Umformen gefertigt werden. Das PM-Verfahren wird dann gewählt, wenn sich dadurch geringere Kosten ergeben oder die Teile besondere Eigenschaften besitzen (z. B. durch Nutzung der Porenräume →).

Porenräume in Formteilen werden ausgenutzt bei:

- Leichtbaukonstruktionen mit Schaumkernen,
- Filterteile mit offenen Porenräumen,
- mit Graphit oder Fett gefüllte Poren für tribologische beanspruchte Teile.

Eine hohe Festigkeit im Bauteil kann auf zwei Wegen erreicht werden:

- Steigerung der Dichte mithilfe der Zweifachsintertechnik oder durch Warmpressen (auch Sinterschmieden oder heißisostatisches Pressen, HIP), Bild 11.5.
- Legierungstechniken, mit denen sich die höhere Festigkeit durch Einfachsintern, d. h. bei niedrigerer Sinterdichte, erzielen lässt (Bild 11.7).

Wie bei massiven Metallen ist eine höhere Festigkeit stets mit geringerer Bruchdehnung verknüpft (Vergleich der Kurven für Fe und Fe mit 4,5 % Cu in Bild 11.7).

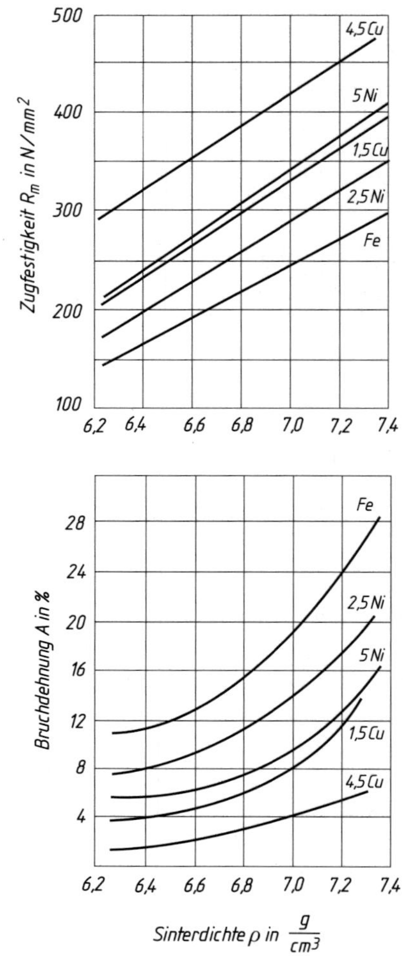

Bild 11.7 Zugfestigkeit (oben) und Bruchdehnung (unten) als Funktion der Sinterdichte für Cu- und Ni-legierte Sinterstähle

Legierungstechniken. Zur Herstellung der Pulver für Bauteile aus legierten Sinterstählen werden verschiedene Verfahren angewendet.

Gemischtlegierungstechnik. Mischung von reinen Metallpulvern oder mit Vorlegierungen (Ferrochrom, Ferromangan usw.). Dabei werden die Presseigenschaften nur gering beeinträchtigt. Die Legierungsbildung findet während des Sinterns statt. Eine volle Homogenisierung erfordert lange Sinterzeit und hohe Temperaturen. Dabei werden die LE durch den Restsauerstoffgehalt der Pulver teilweise oxidiert.

Anlegierungstechnik. Herstellung eines Basislegierungspulvers, das die LE in Form von Carbiden enthält, die bis zur Sintertemperatur beständig sind. Diese konzentrierte Basislegierung wird in Anteilen bis zu 4 % dem Fe-Pulver zugegeben. Die Pressbarkeit ist gut, ebenso die Diffusion der LE in die Grundmasse. Der C-Gehalt macht die Legierungen härt- und vergütbar.

PM-Werkstoffe sind in Werkstoff-Leistungsblättern genormt (WLB, Tabelle 11.6). Die Einteilung erfolgt nach der Dichteklasse und der chemischen Zusammensetzung.

Für die PM-Herstellung von Bauteilen hat die Industrie Pulver auf Fe-, Cu- und Al-Basis entwickelt, die nach dem Pressen eine Festigkeit von etwa 5 MPa, nach dem Sintern jedoch bis zu 1500 MPa besitzen, je nach Pulverart und angewandter Press-und Sintertechnik.

Beispiel: Bezeichnung Sinterstahl Sint B 21

B 2 1

↓

1: Zählziffer, hier C-haltig Tabelle 11.7

↓

2: Grundwerkstoff Stahl, > 5 % Cu

↓

B: Dichteklasse (Porenraum) Tabelle 11.6

Fertiglegierte Pulver werden durch Verdüsen von schmelzmetallurgisch erzeugten Legierungen hergestellt. Jedes Pulverteilchen hat bereits die Zusammensetzung des fertigen Sinterwerkstoffes. Die Presseigenschaften sind durch den LE-Gehalt schlechter (hoher Pressdruck).

Anwendung der fertiglegierten Pulver für Filter- und Lagerwerkstoffe, Cu-Legierungen (Bronze, Messing, Neusilber), austenitische, warmfeste und Werkzeug-Stähle.

Auch für granulierte Ausgangsstoffe (feedstock) zum PM-Spritzgießen.

Zusammenfassung: Einfluss von Verfahrensbedingungen auf die Eigenschaften der Sinterwerkstoffe

Kriterium	Auswirkung
Dichte (Raumerfüllung)	Steigende Dichte verursacht steigende Kosten. Härte und Zugfestigkeit steigen linear mit der Dichte, die elektrische Leitfähigkeit ebenso. Die Bruchdehnung steigt exponentiell an
Pulverzusammensetzung und Legierungstechnik	beeinflussen das Pressverhalten, damit die Pressdichte sowie die Homogenität der Pulvermischung und Ausnutzung der LE
Nachverdichten mit Kaltverfestigung	Die Festigkeitssteigerung führt zu einem starken Abfall der Zähigkeit, damit sinkt die Dauerfestigkeit von dynamisch beanspruchten Bauteilen
Warmpressen, evtl. Warmumformen	Die Dichte steigt auf die des massiven Werkstoffes, damit Festigkeit und Bruchdehnung. Ein Auftreten von Anisotropie ist möglich

11.1.7 Klassifizierung, Normung

PM-Werkstoffe sind nach ihren Anwendungsgebieten gegliedert und in Werkstoff-Leistungsblättern genormt (WLB, Tabellen 11.6 und 11.7). Die Einteilung erfolgt nach der Dichteklasse und der chemischen Zusammensetzung.

Norm	Titel	
DIN 30910/90	Werkstoff-Leistungsblätter (WLB),	Teile 1...6 für Anwendungsgebiete
DIN 30911/90	Sinterprüfnormen (SPN),	Teile 1...7 für Eigenschaftsprüfungen
DIN 30912/90	Sinter-Richtlinien (SR),	Teile 1...6 für Gestaltung, Bearbeitung, Fügen

Tabelle 11.6: Einteilung der Sinterwerkstoffe nach Dichteklassen (WLB)

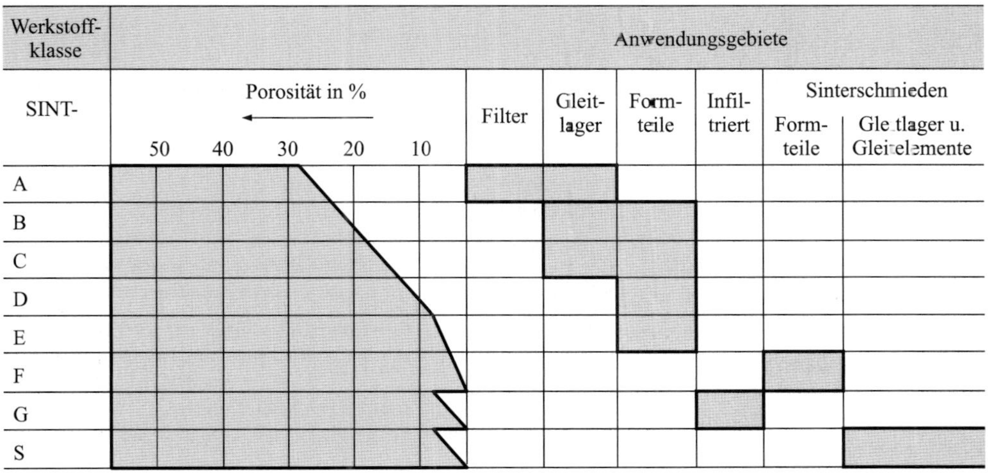

Tabelle 11.7: Einteilung der Sinterwerkstoffe nach der chemischen Zusammensetzung (WLB)

Ziffer	Sinterwerkstoff	LE -Anteile	Ziffer	Sinterwerkstoff	LE -Anteile
0	Sintereisen u. -stahl	< 1% Cu (auch C)	5	Sinterlegierungen	60 % Cu
1	Sinterstahl	1...5 % Cu (auch C)		CuSn, CuSn	
2	Sinterstahl	> 5 % Cu (auch C)	6	Andere, nicht in 5 enth.	
3	Sinterstahl	(C+ Cu), < 6 % LE (Ni)	7	Sintermetalle	z. B. Al
4	Sinterstahl	(C+ Cu), > 6 % LE (Ni)	8 +9	Reserve	

Hinweis: Die WLB enthalten Werkstoffe für Lager, Filter und Formteile, aber keine Hartmetalle, Kontakt- und Dauermagnetwerkstoffe oder hochwarmfeste Legierungen.

Die folgende Tabelle vergleicht einen Sinterstahl steigender Dichte bei gleicher chemischer Zusammensetzung:

Tabelle 11.8: Mechanische Eigenschaften von Sinterstahl mit steigender Dichte

Sorte	SINT-A 10	SINT-B 10	SINT-C 10	SINT-D 10	SINT-E 10
Dichte ρ, g/cm^3	5,6...6,0	6,0...6,4	6,4...6,8	6,8...7,2	7,2
Zugfestigkeit R_m, MPa	140	170	200	300	350
Bruchdehnung A, %	2	2	3	7	10
Härte HB	35	40	55	80	100
Anwendungen	Selbstschmierende Gleitlager	Gleitlager	Stoßdämpferteile	Ölpumpenzahnrad	Büromaschinenteile

11.1.8 Sprühkompaktieren (Spray Forming)

Für die Herstellung von Sinterformteilen oder Halbzeug sind mindestens drei Verfahrensstufen erforderlich:

Pulverherstellung

Formpressen Sintern	PM-Spritzguss Sintern

(Nachbehandlung)

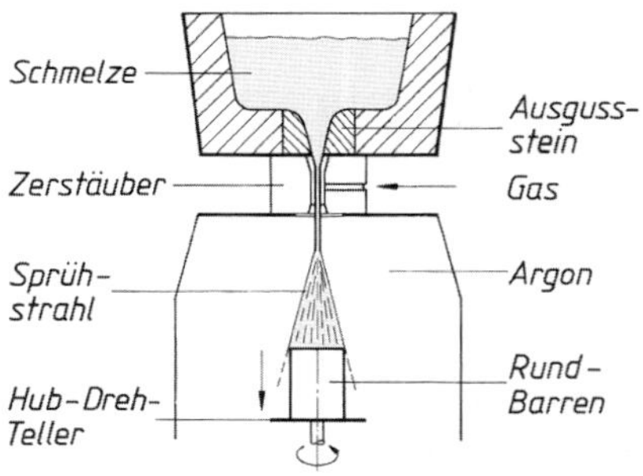

Bild 11.8 Sprühkompaktier-Verfahren, schematisch

Das Sprühkompaktieren bewältigt diese Stufen in *einer* Anlage zur Herstellung von Vormaterial für die Weiterverarbeitung durch Strangpressen oder Schmieden.

Das Verfahren verknüpft das Gasverdüsen (in Argon oder Stickstoff) mit dem thermischen Spritzen. Die verdüsten Schmelztröpfchen (ca. 40 µm) treffen im Zustand *zwischen* Liquidus- und Solidustemperatur auf einen beweglichen Auffangteller und verschweißen (Bild 11.8). Die schnelle Abkühlung (mit $10^4...10^5$ K/s) verhindert Diffusion und ergibt eine Zwangslösung zusätzlicher LE in den Schmelztröpfchen.

Anlagen erzeugen Rundbarren bis zu 500 mm ∅ und 2,5 m Länge aus Al-Legierungen. Es lassen sich auch Flacherzeugnisse und schalenartige Formen nach diesem Verfahren erzeugen.

Anwendung Das Verfahren wird z. B. für Al- und Mg-Legierungen mit Dispersionsverfestigung (→ 2.3.4) angewandt. Zur Herstellung von Verbundwerkstoffen lassen sich in den Verdüsungsprozess feste Teilchen einschleusen und in das Gefüge einbetten.

Es ermöglicht auch die Herstellung von höher legierten Sorten, die auf schmelzmetallurgische Weise nicht hergestellt werden können, weil sie wegen Seigerungen oder einem hohen Gehalt an intermetallischen Phasen keine gieß- oder warmformbaren Werkstoffe ergeben. Als Beispiel dafür sind hier Al-Legierungen angeführt (→ Beispiel und Tabelle 11.9).

Die PM-Al-Werkstoffe variieren in Festigkeit und Bruchdehnung sowie in der thermischen Ausdehnung, sodass sich Anwendungen im Motorbereich ergeben: Kolben, Laufbüchsen, Ölpumpenzahnräder (mit gleicher Wärmedehnung wie das Gehäuse), Pleuel, Ventilsteuerungsteile.

Gleiche Wärmedehnungen von Kolben und Laufbüchse ergeben geringeres Spiel und senken Emissionen und Ölverbrauch.

Beispiel: Kfz.-Kurbelgehäuse aus Al müssen in der Zylinderwand verschleißfest sein. Normale Druckgusslegierungen sind deshalb nicht geeignet. Verschleißfestigkeit ergeben höhere Si-Gehalte, die Sorten mit > 12,5 % Si sind jedoch übereutektisch, erstarren mit groben Si-Primärkristallen und sind schwierig dünnwandig vergießbar,

Lösung: Sprühkompaktierte Sorten mit stark erhöhten Si-Gehalten sind nach Warmumformung feinkörnig und haben zugleich

- niedrige thermische Ausdehnung,
- hohe Warmfestigkeit durch Dispersionsverfestigung, ebenso höheren E-Modul.

Sie werden als Zylinderlaufbuchse mit einer normalen Druckgusslegierung (z. B. Al Si9Cu3) vergossen (Daimler-Benz V8-Motor).

Tabelle 11.9: Sprühkompaktierte Al-Legierungen (PEAK-Werkstoff GmbH, Velbert, www.erbsloe.de)

Werkstoff/	PEAK-Nr.	R_m / $R_{p0,2}$ in MPa	A %	E in GPa	Dichte ρ in g/cm³	α [1)] 10^{-6}/K	Merkmale
Al Si35	S220	220 / 120	3	88	2,6	13	geringe Wärmeausdehnung, für Verbund mit Stahl
Al Si20Fe5Ni2	S250	360 / 240	2	98	2,8	16	Kolbenwerkstoff, schmiedbar
Al Si25Cu4Mg	S260	250 / 180	1	90	2,7	16	Zylinderbüchsen, verschleißfest
Al Zn11Mg2Cu	S790	**750 / 730**	**10**	73	2,8	23	Hohe Festigkeit bei hoher Bruchdehnung, zäh

[1)] Lineare Längenausdehnung

Tabelle 11.10: Verbrauch einzelner Branchen an Sinterteilen und Eisenpulver 2002 (FPM)

Branche	Fertigteile %	Branche	Pulver-Anteil %
Fahrzeugbau	85,5	Pulvermetallurgie	85,0
Haushalt-und Elektrogeräte	4,5	Schweißelektroden	3,0
Maschinenbau	5,0	Pulverbrennschneiden	2,0
Sonstige	5,0	Chemische Industrie u. a.	10,0

Literaturhinweise Pulvermetallurgie:

FPM, Fachverband: Vorlesungsreihe von H. Silbereisen, G. Zapf und K. Dalal (mit Dias).

Pulvermetallurgie Goldene Pforte 1, 58093 Hagen-Emst www.fpm.wsm-net.de

Kolaska, H. (Hrsg.) Hagener Symposium, Pulvermetallurgie in Wissenschaft und Praxis. FPM, 2003

Krebsöge Infos: Sintermetallwerk Krebsöge, PF 5100, 42477 Radevormwald

PEAK-Werkstoff GmbH Informationsschriften www.erbsloe.de

Plansee Information über Werkstoffe und Anwendungen www.plansee.com

11.2 Schichtwerkstoffe und Schichtherstellung

11.2.1 Begriffe, Abgrenzung

In diesem Abschnitt werden Werkstoffe für die Beschichtung von Bauteilen behandelt und die zugehörigen Verfahren unter werkstofftechnischen Gesichtspunkten angeführt.

Hinweis: Die eigentliche Fertigungsprozesse, die zum „Beschichten" gehören, können hier nur angedeutet werden.

Die Bedeutung der Oberfläche für die Haltbarkeit und dekorativen Wirkung der Bauteile ist bekannt und wird durch eigene Fachzeitschriften, Fachorganisation und -tagungen unterstrichen (→).

Fachorganisation:

IUSF, Internationale Union for Surface

Fachzeitschrift:

Mo, Metalloberfläche. Hanser-Verlag

Belastungen eines Bauteiles greifen an der Oberfläche an und wirken sich dort am stärksten aus:

Art der Beanspruchung	Wirkung der Beanspruchung	
	In der Randschicht	Auf die Oberfläche
Festigkeit	Max. Biege- und Torsionsspannungen in der **Randfaser** und im Grund von Kerben	Dauerfestigkeit ist von der Oberflächengüte abhängig
thermisch	Platzwechsel (Diffusion) von Atomen nach innen oder außen. **Veränderung der Randschicht**	heiße, strömende Gase, z. T. oxidierend oder aufkohlend
Korrosion	interkristalline und selektive Korrosion wirken in die Tiefe **von der Oberfläche**	Werkstoffverlust durch die Korrosionsprodukte
tribologisch	Oberflächenzerrüttung, Risse entstehen **unterhalb der Oberfläche**	Werkstoffverlust durch Adhäsion und Abrasion

Es war nahe liegend, den Werkstoff der Oberflächenschicht den Beanspruchungen anzupassen, d. h. geeignete Werkstoffe in dünner Schicht aufzubringen. Das ist wirtschaftlicher, als Bauteile massiv aus hochwertigen Legierungen zu fertigen. Dabei liegt eine Aufteilung der Funktionen vor (Bild 11.9):

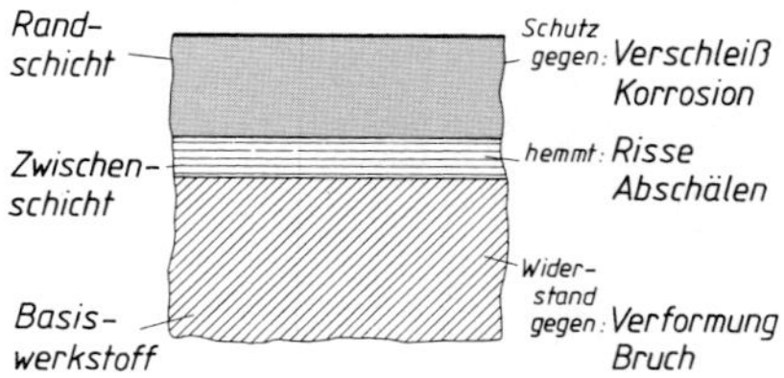

Bild 11.9 Arbeitsteilung bei Schichtverbunden

- **Basiswerkstoffe** (auch Substrat) übernehmen die Festigkeitsbeanspruchung, d. h. den Kraftfluss durch das Bauteil unter Erhaltung seiner Gestalt, auch bei höheren Temperaturen.
- **Schichtwerkstoffe** übernehmen meist die Verschleiß- und Korrosionsbeanspruchung und die dekorative Wirkung. Daneben gibt es sog. Funktionsschichten, die Aufgaben wie Reibungsminderung, Diffusionssperre, Wärmeisolation u. a. übernehmen.

Hinweis:
Hartstoffschichten müssen sehr dünn aufgebracht werden, um noch ausreichend elastisch zu sein.

Vergleich: sprödes Glas ist als dünne Faser (einige μm) biegsam und kann zu Geweben verarbeitet werden (GFK).

- **Zwischenschichten** entstehen durch Wechselwirkungen zwischen Substrat und Schicht, z. B. durch Diffusion oder werden zusätzlich aufgebaut. Sie können Schubspannungen aufnehmen, die bei unterschiedlichen Wärmeausdehnungen entstehen (→).

Wärmedehnung: Bei großen Unterschieden kann es zum Ablösen der Schicht durch sog. Schalenrisse kommen.

Tabelle 11.11: Übersicht über Eigenschaftsverbesserungen durch Veränderung der Oberflächen (enthält auch die Wärmebehandlungen für die Randschicht → Abschnitt 5.6)

Eigenschaft, bzw. Widerstand gegen	Beispiele für Bauteile	Verfahren
klimatische Korrosion bei höherer Temperatur	Stahlkonstruktionen, Blechteile, Glaspressformen	Schmelztauchen (Zn, ZnAl, AlSi), galvan. Beschichten (alle Metalle), therm. Spritzen (AlSi), thermisches Spritzen (NiCrBSi)
Zerrüttung	Zahnflanken, (Wälzlager)	Einsatzhärten, Nitrieren, (Härten)
Adhäsion	Gleitende Bauteile	Hartverchromen, Dispersionsschichten, Umschmelzhärten, therm. Spritzen (Mo), Nitrieren PVD- und CVD-Schichten aus TiN, TiC, AlON
Abrasion	Werkzeuge, Teile in Berührung mit Fördergut, z. B. Fadenführer,	Thermisches Spritzen, Auftragschweißen, Auflöten von Hartstoffpartikeln, Borieren
Tribooxidation	Mischerschaufeln, Ketten Sitz von Nabe auf Welle	 Gleitlacke mit Mo-Disulfid
Dauerfestigkeit erhöhen	Wellenabsätze, Federn Wasser- u. Ölpumpen	Verfestigungswalzen und -strahlen, Randschichthärten, Salzbadnitrieren
Thermischer Schutz (+ Gleitmittel)	Turbinenschaufeln, Wälzlager in Ofenanlagen	Plasmaspritzen (ZrO_2) mit Haftschicht, Phosphatieren

11.2.2 Verfahrensübersicht

Die Einteilung der Verfahrenshauptgruppe Beschichten (DIN 8580) erfolgt nach dem Aggregatzustand des Beschichtungsstoffes.

Beschichten

durch / aus dem...Zustand	Werkstoffe	Verfahren, Anwendungen	Dicke
flüssigen	AlSi, AlZn, Pb, Sn, ZnAl, ZnFe,	Schmelztauchen zum Korrosionsschutz für Halbzeuge und Bauteile aus Stahl, Temperguss (z. B. Feuerverzinken).	bis 140 µm
	SiO2 + Oxide Farben, Lacke	Emaillieren z. Korrosionsschutz , hitzebeständig < 450°C Anstreichen, Färben / Glasieren, Drucken,	
körnig-pulvrigen	Legierungen, Oxide, Carbide, Nitride Thermoplaste	Thermisches Spritzen mit verschiedenen Wärmequellen, Elektrostatisch Beschichten, Wirbelsintern	0,5 bis 20 mm
Schweißen **Löten**	Stahl mit Cr, Mn, Ni, Mo, Cu-, Ni-, Co-Legierungen, Ni-Hartlote + Hartstoffpartikel	Auftragschweißen nach verschiedenen Schweißverfahren, Auftraglöten	2 bis 6 mm
ionisierten...	Metalle, Legierungen (mit Hartstoffpartikeln). NiP, Ni/SiC, Ni/P/Diamant PFTE-Teilchen in Ni-Matrix	Galvanisches Beschichten zum Korrosionsschutz, zur Dekoration, (Verschleißschutz) Chemisches Beschichten (fremdstromlos) zum Verschleißschutz, Zylinderlaufbüchsen	1 bis 100 µm

Beschichten

durch/aus dem...Zustand	Werkstoffe	Verfahren, Anwendungen	Dicke
gas/dampf-förmigen (Vakuum)	Metalle Ni, Ta, Ti, Mo, Nb, W, Boride und Carbide, Nitride, Oxide, Silicide	**CVD-Verfahren:** Konturentreue Abscheidung von Hartstoffen als Reaktionsprodukt der zugeführten Gase bei 1200...850 °C, plasmaunterstützt bei nur 600...300 °C.	1 bis 15 µm
gas/dampf-förmigen (Vakuum)	CrN, TiC, TiN, Ti(C,N) Mehrfachschichten, diamantartige C:H-Schichten gesteuerte Abscheidung ermöglicht gradierte Schichten	**PVD-Verfahren:** Ungleichmäßige Abscheidung der Reaktionsprodukte aus Katodenverdampfung oder Abstäuben (Sputtern) mit den zugeführten Gasen. Durch angelegte Spannung entstehen gerichtete Teilchenströme. Schattenwirkung erfordert Rotation der Bauteile. Prozesstemperatur bis 200...500 °C	1 bis 10 µm

Schicht durch Fügen aufgebracht

	Schichtwerkstoff	Grundwerkstoff (Substrat)	
Plattieren	Cu, CuMn, CuNi10Fe, CuNi30Fe, CuAl8Fe, Ni99, NiCr21Mo (Incoloy)	Walzplattieren zum Korrosionsschutz für Stahlbleche und Feinkornbaustähle	1 bis 10 mm
	Al, AlZn1	Cu-haltige, hochfeste Al-Legierungen	
	Ag, Al 99,5, CuAl10Ni, CuZn39Sn, CuZn20Al; Ta, Ti	Sprengplattieren für Bleche, auch für Kessel und Kesselböden	

11.2.3 Thermisches Spritzen

Ausgehend vom Flammspritzen (1912, Shoop) haben sich viele Varianten entwickelt, die mit höheren Partikeltemperaturen und/oder größeren kinetischen Energien arbeiten, sodass fast beliebige Kombinationen von Schicht- und Grundwerkstoff möglich sind.

Prinzip: Schichtwerkstoffe werden als Spritzzusätze mithilfe von Spritzgeräten im an-, auf- oder abgeschmolzenem Zustand mit hoher Geschwindigkeit auf vorbereitete Oberflächen des Grundwerkstoffes geschleudert. Die Oberfläche wird dabei *nicht* aufgeschmolzen. Die Teilchen haften durch punktförmige Verschweißungen, Adhäsion und mechanische Verklammerung. Wichtig für die Haftung ist eine saubere Oberfläche.

Normung: DIN EN 657/05 Thermisches Spritzen, Begriffe, Einteilung der Verfahren

Energieträger	Verfahren	Variante
Gase Äthen, Propan, Wasserstoff	Flammspritzen	Drahtflammspritzen
		Pulverflammspritzen
	Detonations-(Schock) Spritzen	
	Hochgeschwindigkeits-Flammspritzen HVOF	
Elektrische **Gasentladungen**	Lichtbogenspritzen	Atmosphärisch in Vakuum
	Plasmaspritzen	Atmosphärisch APS in Kammern VPS (Vakuum)
Strahlen	Laserspritzen	

Vorbehandlung der Oberfläche für das thermische Spritzen (→).

Es entstehen Gitterfehler, welche die Oberfläche für eine metallische Bindung mit dem Spritzzusatz aktivieren.

Der Schichtwerkstoff wird als Draht (1,6...3,2 mm) Stab (> 6 mm) oder Pulver (auch in gefüllten Röhrchen) zugeführt und mit einem Zerstäubergas (Druckluft) beschleunigt.

Normung: DIN EN 13507/10. Vorbehandlung von Oberflächen metallischer Bauteile für das Thermische Spritzen.

Die Vorbehandlung besteht aus

- entfetten und entzundern,
- Aufrauen durch Strahlen mit Hartgusskies SiC oder Korund.

Für keramische Schichten ist ein Haftgrund erforderlich (Ni, Mo, NiAl, oder NiCr).

Tabelle 11.12: Spritzzusätze, DIN EN ISO 14919/01 Drähte, Stäbe und Schnüre zum Flamm- und Lichtbogenspritzen, DIN EN 1274/96 Pulver zum thermischen Spritzen.

Gruppe	Beispiele	Gruppe	Beispiele
Reinmetalle	Al, Cu, Cr, Co Ni, Mo, Ti, Zn	Oxide	Al_2O_3, Cr_3O_2, TiO_2, ZrO_2
Legierungen	NiAl, NiCr, NiCr-Al, Stähle, Cu- und Sn-Lagermetalle	Hartstoffe	Boride, Carbide, Nitride
– selbstfließend	NiBSi, NiCrBSi, CoNiCrBSi mit B und Si als Flussmittel	Pulvergemische	Cr_3O_2/NiCr, WC/Co
		Kunststoffe	Polyethen, PE; Polypropen PP

Die flüssig-festen Teilchen oxidieren beim Flug und werden beim Aufprall plattgedrückt. Es entsteht ein lamellares Gefüge mit Poren und Oxideinschlüssen, deren Anteil und Form von den Spritzbedingungen abhängt (Luft, Schutzgas oder Vakuum, Temperatur und Geschwindigkeit).

Oxidteilchen erhöhen die Härte (Verschleißwiderstand) aber senken die Zähigkeit.

Poren können Schmierstoffe aufnehmen, günstig wenn Gleiteigenschaften gefordert sind.

Eigenschaftsverbesserungen (z. B. die Haftung) der Schicht werden erreicht durch:

- Erhöhung der Aufprallgeschwindigkeit durch neue Verfahren, z. B. Hochgeschwindigkeits- oder Schock- (Detonations-) Flammspritzen,
- Spritzen im Vakuum oder Schutzgas,
- Nachträgliches Einschmelzen (nur bei selbstfließenden Legierungen (→ Tabelle 11.12),
- Mechanisches Verdichten durch z. B. Walzen,
- Füllen der Poren durch Imprägnieren mit Lack oder Kunststoffen.

Normung: Thermisches Spritzen

DIN EN ISO 2063/05 Zink, Aluminium und Legierungen.

DIN EN ISO 14924/05 Nachbehandlung von Schichten.

DIN EN ISO 14922/99 Qualitätsanforderungen an thermisch gespritzte Bauteile (4 Teile) und zahlreiche DVS-Merkblätter.

Infos: Gemeinschaft für thermisches Spritzen e.V. www. gts-ev.de

Tabelle 11.13: Thermisches Spritzen, Verfahrensvarianten

Verfahren		Temp. °C	Besondere Merkmale	Geschwindigkeit m/s	Spritzleistung
Flammspritzen	**FS**	3000	Kontinuierlich abschmelzender Draht mit Druckluftunterstützung aufgeschleudert		8 kg/h Stahl
	HOVF	3500	Brennkammer mit Expansionsdüse (Wasserkühlung) und Pulverzufuhr	800…2000	13 kg WC/Co
Lichtbogenspritzen	**LS**	4000	Der Lichtbogen wird zwischen zwei zugeführten Spritzdrähten gezogen, die aufschmelzen und durch Druckluft zerstäubt werden.		15…100 kg/h Stahl
Atmosph. Plasmaspritzen	**APS**	15000	Durch eine gekühlte anodische Düse und Wolframkatode wird ein Gasgemisch (Ar, N_2, H_2) zu einem Plasmastrahl ionisiert, in dem das zugeführte Pulver schmilzt.	100…500	
Vakuum	**VPS**				

Tabelle 11.14: Anwendungsbeispiele für thermisches Spritzen:

Funktion	Beispiel
Wärmedämmung	ZrO-MgO plasmagespritzt auf Brennkammern, Turbinenschaufeln
Reibung mindern	Mo flammgespritzt für Kolben, Synchronringe in Getrieben
Verschleißschutz	Ni-Cr-B-Si flammgespritzt, schmelzverbunden für Glas-Pressformen
	Al-Oxid auf fadenführende Teile von Textilmaschinen
Korrosionsschutz	Al-Si flammgespritzt auf Bootskörper
Regeneration	Cr-Stahl, 5 mm lichtbogengespritzt auf Wanne von Bodenverdichter

11.2.4 Auftragschweißen und -löten

Hartlegierungen werden mit Flammen oder Lichtbogen nach zahlreichen Verfahren abgeschmolzen, bei größeren Schichtdicken auch mehrlagig. Dabei bestehen die unteren sog. *Aufbaulagen* aus zäheren Werkstoffen. Je nach vorhandener Schlagbeanspruchung kann gewählt werden zwischen:

- harten carbidischen,
- zähen austenitischen und
- warmfesten (Ni-Cr-B)-Sorten (Tab. 11.15).

Auftragschweißen dient der Instandsetzung verschlissener Bauteile und Werkzeuge und kann mehrfach wiederholt werden.

Es wird auch bei der Neuanfertigung von Bauteilen eingesetzt, z. B. für Dichtflächen an Auslassventilkegeln (Kfz) oder Panzerung von verschleißanfälligen Kanten von Tiefziehwerkzeugen.

Tabelle 11.15: Schweißzusätze DIN EN 14700/05

Werkstoffgruppe	Typische Anwendungen
Niedriglegierte Aufbauwerkstoffe	Aufbaulagen, Räder
Mangan-Chromlegierte Austenite	Pufferlagen, Brechbacken
mittellegierte, umwandlungs-härtende Werkstoffe	Kegelbrecher, Stachelwalzen
Chromcarbidhaltige Werkstoffe	Baggerzähne, Förderschnecken
Wolframcarbidhaltige Werkstoffe	Aufreißscheiben, Bohrkronen
Nickel-Chrom-Bor-Werkstoffe	selbstfließend, für Glasformen
Cobalt-Chrom-Wolfram-Werkstoffe	Sägen, Schieber

Auftraglöten: Beschichten mit Ni-Hartloten, in die Hartstoffpartikel eingebettet sind. Kunststoff gebundene, flexible Vliese aus Hartstoffen und Loten werden maßgeschnitten fixiert und im Ofen auf die Teile gelötet (BraceCoat M-Verfahren für Schichten im mm-Bereich).

Werkstoffe für Partikel sind: Wolframcarbid WC, Chromcarbid Cr_3C_2, und ihre Mischungen.

Anwendung: Partielles Beschichten von z. B. Mischerschaufeln, Gehäusen, Rotoren und Rohrteilen zur Förderung abrasiv wirkender Flüssigkeiten. Dünne Schichten (0,05...0,3 mm) aus feinkörnigen Suspensionen aus Hartstoff, Lot und Binder durch Tauchen u. a. aufgetragen und ofengelötet (BraceCoat S).

Laserbehandlung: Als Wärmequelle zum Einschmelzen pulverförmiger Zusätze werden Laser eingesetzt. **Laserbeschichten** ermöglicht eine exaktere örtliche Begrenzung mit geringem Wärmeeintrag und verbesserter Haftung.

Laserlegieren ist das Einschmelzen von LE in die Oberfläche.

Laserdispergieren bettet Hartstoffe (z. B. Diamantsplitter in die aufgeschmolzene Oberfläche ein.

11.2.5 Abscheiden aus der Gasphase

Verfahrensprinzip: Aufbringen von dünnen Schichten von < 15 µm, die bei **Unterdruck** und **höheren Temperaturen** aus dem Gaszustand auf dem Werkstück (als Substrat = Unterlage bezeichnet) aufwachsen. Es läuft in einem gasdichten, beschickbaren Gefäß ab.

Im Vakuum haben *weniger* Teilchen (Ionen, Atome, Elektronen) *größere* Abstände (freie Weglänge) und damit höhere kinetische Energie beim Aufprall auf das Substrat. Das erhöht die Haftfestigkeit.

Die beiden Hauptverfahren (→) unterscheiden sich im Mechanismus der Schichtbildung und den Verfahrensbedingungen (weiter unten).

CVD-Verfahren (Chemical Vapour Deposition)

PVD-Verfahren: (Physical Vapour Deposition)

Weiterentwicklungen der Verfahren ermöglichen das Abscheiden beinahe beliebiger Stoffe auf allen Substraten.

Durch neue Verfahrensvarianten konnte die hohe Temperatur von ursprünglich ca. 1000 °C auf 200 °C abgesenkt werden. Dadurch ließen sich auch gehärtete Stähle beschichten.

Substrate: Der Werkstoff muss Temperatur und Unterdruck des Verfahrens ohne Schaden überstehen. Nicht beschichtbar sind offenporige Stoffe. Die Oberfläche (→) des Substrats wird konturentreu nachgebildet.

Oberfläche: Freiheit von Verarbeitungshilfsstoffen (Kühlschmierstoffe, Fette) und Oxiden ist wichtig für die Haftung der Schicht und muss durch aufwändiges Reinigen sichergestellt werden z. B. durch Strahlen mit Hartstoffen und Ätzen.

Schichtstrukturen: Wichtig ist eine dünne Schicht mit hoher Haftung zum Substrat (→). Darauf wächst die eigentliche Schicht z. B. säulenförmig (kolumnar), oder geschichtet (lamellar) auf, Bild 11.13. Strukturen sind wie auch die Korngröße von den Verfahrensbedingungen abhängig und damit steuerbar.

Beispiel für eine Haftschicht: Titanlegierungen für Gelenkprothesen werden mit fast reibungslosen amorphen (diamantähnlichen) Kohlenstoffschichten ausgerüstet. Die C-haltigen Prozessgase erzeugen an der Oberfläche zunächst eine sehr dünne Schicht hartes Titancarbid TiC als Basis für die wachsende C-Schicht und zugleich Stützschicht für das weichere Titan.

Schichtwerkstoffe: Hier kommen meist bekannte Hartstoffe (Carbide, Nitride, Carbonitride und Boride) zum Einsatz, wie sie als

- **Gefügebestandteile** in verschleißbeanspruchten Stählen und Hartmetallen enthalten sind oder durch
- **Wärmebehandlung** in der Randschicht entstehen (z. B. Nitrieren, Borieren), oder durch
- **Thermisches Spritzen** aufgebracht werden können, dann allerdings in größeren Schichtdicken.

Oxide des Al und Zr, die als harte massive Schneidstoffe eingesetzt werden, stehen ebenfalls als Schichtwerkstoffe zur Verfügung.

Stahlgefüge enthalten meist Carbide des Cr, V und Mo, auch Mischcarbide, Hartmetalle Wolframcarbid WC, Titancarbid TiC.

Nitrierstähle enthalten Aluminiumnitrid AlN, durch Borieren bildet sich in der Randschicht Eisenborid Fe_2B.

Plasmaspritzen kann auch hochschmelzende Stoffe, wie z. B. Oxide des Al oder Zirkon Zr verarbeiten.

Schwerpunkt sind Schichtwerkstoffe, welche die Bauteile oder Werkzeuge für höhere tribologische Anforderungen aufrüsten (→):

Tribo-Anforderungen, Beispiele:

- Höhere Schnittgeschwindigkeiten, Standzeiten, Standmengen,
- Trockenlauf, Trockenspanen,
- niedrigste Reibwerte.

Tabelle 11.16: Schichtwerkstoffe für Werkzeuge, Beispiele

Schicht werkstoff(e)	Härte HV 0,05	Reibzahl trocken/Stahl	T_{max} in °C	Widerstandseigenschaft			Verwendung
				adhäsiv	abrasiv	korrosiv	
TiN	2200	0,4	600	++	++	+	goldgelbe Beschichtung, für universelle Verwendung, bioverträglich, Implantate
TiAlO	3700	0,5	900	+++	++	++	Hart- und Trockenbearbeitung GJV, Al-Si-Leg.
TiAlN TiCN/TiN	3300	0,3…0,35	900	++	+++	++	Mehrfachschichten auf HM- und HS-Werkzeugen

Neue Schichtstoffe sind Schichten auf Kohlenstoff-Basis, nach Lösung der Haftungsprobleme auch industriell erzeugt (Symbole nach VDI →):

- Amorphe C-Schichten (a-C:H), auch als DLC-Schichten (diamond like carbon) bezeichnet.

Die Möglichkeiten, durch Zusatz weiterer Elemente die Schichten zu modifizieren, sind groß. (Beispiele Tabelle 11.17).

- **Metallhaltige** C-Schichten (a-C:H:Me), haben elektrische Leitfähigkeit, hohe Haftung und reduzierte Reibung, sie ermöglichen niedrigere Prozesstemperaturen. z. B: WC/C.
- **Nichtmetallhaltige** Schichten (a-C:H:X) mit Si, O, N, F, B haben z. B. besondere Benetzbarkeit und Klebverhalten (Antihaftbeschichtung).
- **Kristalline** (→) Diamantschichten haben die einzigartige Kombination von höchstem Widerstand gegen Abrasion und Adhäsion mit geringster Reibzahl (Trocken), hoher Wärmeleitfähigkeit (> Cu), aber elektrisch *nicht leitend.*

Hinweis: VDI-Richtlinien, C-Schichten; E/04 Nr. 2840: Grundlagen, Schichttypen, Eigenschaften.

Amorphe C-Schichten enthalten C-und H-Atome ohne Kristallgitter. Zwischen den C-Atomen bestehen verschiedene Bindungen.

- Graphitbindung (sp^2) mit drei Bindungen zum Nachbaratom,
- Diamantbindung (sp^3) mit 4 Bindungen zum Nachbaratom

in wechselnden Verhältnissen. Mit dem Anteil an Diamantbindung steigt die Härte.

Zusätzliche Metallatome (Me) bilden Carbide. Bei hohem H-Anteil in der Schicht entstehen Plasma-Polymere mit Kunststoffeigenschaften. Bei Fluor-Anteilen z. B. PTFE (Teflon).

Mit Si- und O-Anteilen ergeben sich Transparenz, Kratz- und UV-Schutz.

Kristallgrößen in Diamantschichten:

Nanokristallin (1...500 nm)
Mikrokristallin (0,5...10 µm)

Tabelle 11.17: Kohlenstoffschichten mit Reibzahlen von 0,1…0,2

Schicht-werkstoff(e)	Härte HV 0,05	T_{max} in °C	Eigenschaften, Anwendung, Handelsnamen
Polykristall.	8000…		Für Wendeschneidplatten, Reibahlen, Bohr- und Fräswerkzeuge.
Diamant	10000	600	z. B. Balinit® Diamond, DIP, Bauteile für Trockenlauf
a-C:H	> 2500	350	Spindellager, Stirnreibringe, Wälzlager, Einspritzpumpenteile z. B. Balinit®Triton
a-C:H:W (WC/C)	1200	350	niedrige Härte, zäher, lamellar gradierte Schichten, werden nach außen C-reicher (Reibzahl ↓) Bauteilbeschichtung z. B. für Zahnräder, Teile mit Minimalmengenschmierung

Tabelle 11.18: Beispiele für Schichten mit speziellen Funktionen

Funktion	Schichtstoff	Substrate	Beispiele
Wärmedämmung	Al-O-N oder	Ni-Legierung	Turbinenschaufeln, Brennkammern
Bioverträglichkeit	Ti-TiN	CoCrMo-Legierg.	Zahnprothesen
	a-C:H	Ti-Legierung	Gelenkprothesen, verschleißfrei
Antihaftend	a-C:H:Si:O	Stähle	Bauteile in Kontakt mit Lebensmitteln
	TiBN		Druckgussformen

CVD-Verfahren (Chemical Vapour Deposition)

Reaktion zwischen zugeführten Gasen und der Werkstückoberfläche. Das Reaktionsprodukt haftet fest auf dem Werkstück (Substrat). Nebenprodukte müssen abgesaugt werden.

Höhere Temperaturen (800...1000 °C)

Beispiel für eine Reaktion: Abscheidung von Titan-Carbonitrid aus Titan-Tetrachlorid, Methan und Stickstoff:

$$2\,TiCl_4 + 2\,CH_4 + N_2 \rightarrow Ti(CN) + 8\,HCl \uparrow$$

Die Reaktion läuft bei Temperaturen über 1000 °C ab. Folglich lassen sich nur Werkzeuge aus Hartmetall beschichten. Das Nebenprodukt HCl (Chlorwasserstoff = Salzsäure) muss abgesaugt werden.

Neue Verfahren arbeiten z. B. mit anderen Reaktionspartnern oder **Plasmen** (→), die durch eingekoppelte, elektrische Felder erzeugt werden. Ziel ist die Absenkung der Substrattemperaturen. Zu diesen Verfahren gehören z. B. PECVD (→). Es sind Mischformen zwischen CVD und PVD.

PVD-Verfahren: (Physical Vapour Deposition)

Sie arbeiten prinzipiell bei niedrigeren Temperaturen, die sich aus der Anwendung physikalischer Wirkungen (→) ergeben.

Beschichtungsstoffe werden aus einer Schmelze durch Verdampfen oder aus Feststoffen atomar in den Gaszustand versetzt und scheiden sich am kälteren Werkstück (Substrat) ab.

Niedrigere Temperaturen (50...500 °C)

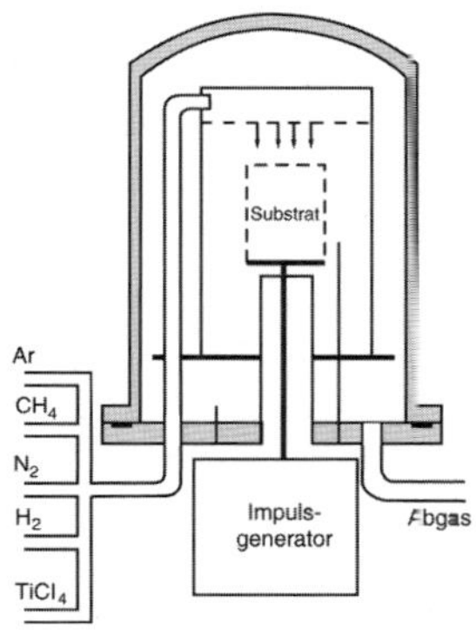

Bild 11.10 Prinzip des PECVD-Verfahrens

PECVD: (**P**lasma **E**nhanced CVD, auch als PACVD, (Plasma Assisted bzw. Activated) bezeichnet (680...750 °C).

MT-CVD Mitteltemperatur-CVD, (700...900 °C)

Begriff: Plasma ist der 4. Aggregatzustand der Materie, die Moleküle sind teilweise in positive Ionen und negative Elektronen gespalten.

Anwendung: Die Beschichtung von Werkzeugen aus Sinter-Hartmetall mit TiN (goldfarben), TiC und Ti(CN) auch in Mehrlagen zur Erhöhung der Standzeit und -menge von Werkzeugen ist Stand der Technik.

Physikalische Wirkungen sind z. B.

- Unter Vakuum (10...3 Pa) verdampfen die Stoffe bei niedrigeren Temperaturen.
- in einem elektrischen Feld (+ Vakuum) werden die Teilchen beschleunigt und haften besser.
- geringe Wärmeleitung im Vakuum und größerer Abstand zwischen Metalldampfquelle und Werkstück halten dessen Temperatur niedrig.

Zur Steigerung der Abscheiderate werden die Gasteilchen durch elektrische Felder beschleunigt und als Teilchenstrom auf das Substrat geschossen. Die Temperaturen liegen bei 160...500 °C.

Die Teilchenströme entstehen z. B. durch:

Kathodenzerstäubung (Sputtern) beim Aufprall von geladenen Teilchen (Ionen) beim sog. *Sputter-Ion-Plating*.

Elektronenstrahlverdampfung (E-Beam) beim sog. *E-Beam-Ion-Plating*.

Lichtbogenverdampfung (Arc) beim sog *Arc-Ion-Plating* oder *Ion-Bond-Plating* (→ Bild 11.11). Bei letzterem ist die Abscheiderate hoch, z. B. 18 µm/h für TiN-Schichten.

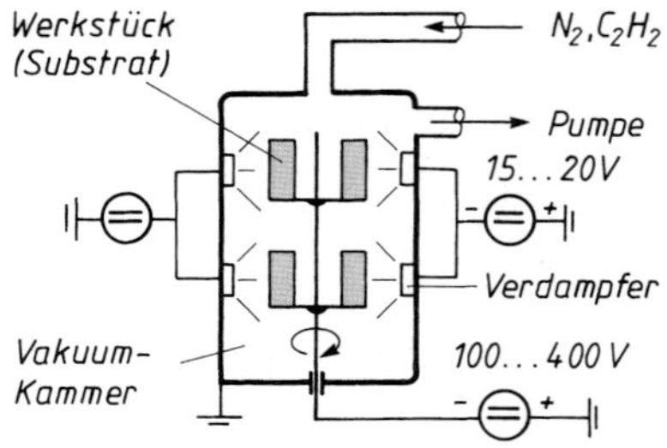

Bild 11.11 PVD-Verfahren (Ion-Bond-Plating), schematisch.

Der gerichtetete Teilchenstrom führt zu einer Schattenwirkung (→) beim Beschichten, die Bauteilrückseite wird geringer getroffen. Teile mit komplizierter Geometrie (Hinterschneidungen, enge Bohrungen) lassen sich deshalb schwierig mit gleichmäßiger Dicke beschichten.

Schattenwirkung: Zum Ausgleich werden die Werkstücke in Halterungen planetenartig rotierend vor den Strahlenquellen angeordnet.

Prozessgase sind: N_2, CH_4, C_2H_4. So entstehen z. B. die Schichtwerkstoffe
TiAlN, (Cr, Al)N, Ti+Al_2O_3, TiN+SiC

Durch Einleiten reaktionsfähiger Gase können Metallverbindungen erzeugt werden. Durch Einbau mehrerer Verdampfungsquellen lassen sich verschiedene Metalle gemischt oder nacheinander in einem Arbeitsgang verdampfen und durch die Reaktionsgase in die gewünschte Verbindung umwandeln.

Durch unterschiedliche Wärmedehnungen von Substrat- und Schichtwerkstoff entstehen Schubspannungen, die zum Ablösen der Schicht führen können.

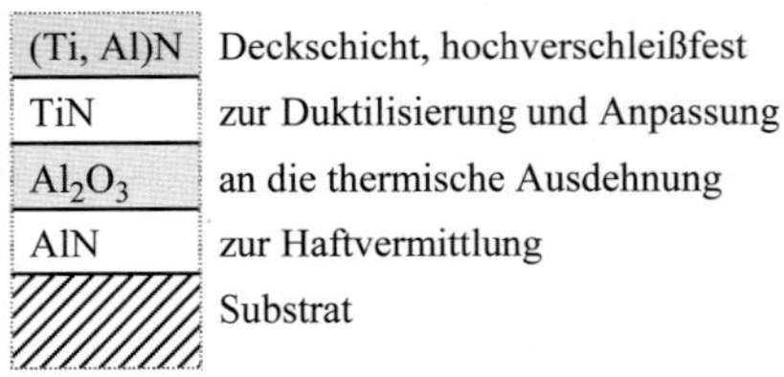

Bild 11.12 Beispiel eines Schichtsystems zur Beschichtung von Werkzeugen

Mehrfachschichten (multilayer) können Schichthaftung und Verschleiß optimieren. Eigenspannungen infolge der unterschiedlichen Wärmedehnungen von Substrat- und Schichtwerkstoff werden minimiert (Bild 11.12).

Neue Verfahren (→) arbeiten mit pulsierenden Plasmen oder Strahlen. Während des Impulses erhalten die Teilchen höhere Ionisation und Energie (damit auch bessere Haftung) als bei konstantem Energieeintrag, während die Substrate auf niedrigeren Temperaturen verbleiben. Das führt zu kleineren Korngrößen (Bild 11.13).

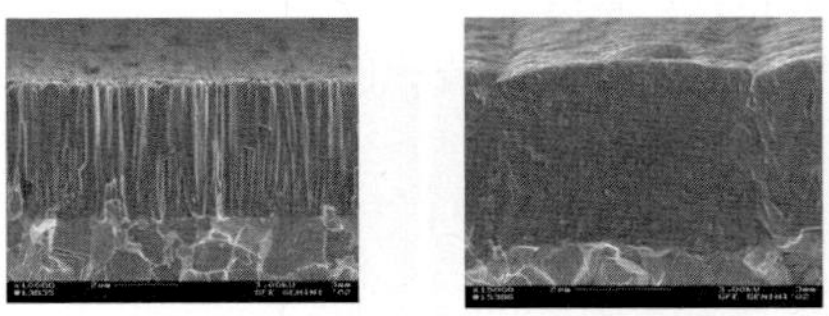

Bild 11.13 Bruchbilder von Ti, Al) N-Schichten, links konventionell, rechts mit H.I.P. hergestellt (CemeCon)

H.I.P.-Technik (High Ionisation Pulsing)

Supernitride, Bezeichnung für nach gepulsten Verfahren hergestellte Schichten z. B. (Ti, Al)N aus TiN und AlN-Mischkristallen mit höherem Al-Anteil, dadurch hoch oxidationsbeständig (→).

Al bildet eine Al-Oxidschicht, die eine weitere Oxidation unterbindet. Supernitride zeigen 30...50 % weniger Werkzeugverschleiß als konventionell hergestellte Schichten (Bild 11.13).

11.2.6 Beschichten aus dem ionisierten Zustand

Mit den Verfahren der Elektrolyse (Galvanik) können Metalle und auch Legierungen zum Korrosionsschutz und zu dekorativen Zwecken auf Bauteile und Halbzeuge aufgebracht werden.

Bei der Elektrolyse liegt der Schichtwerkstoff im Elektrolyten als Ion vor. Das Werkstück ist als Katode (Minus-Pol) einer Gleichstromquelle geschaltet. Die positiv geladenen Metall-Ionen lagern sich auf der Oberfläche an.

Hartverchromen arbeitet mit höheren Stromdichten, dabei werden H-Atome auf Zwischengitterplätze in das entstehende Cr-Gitter eingebaut. Die Gitterverzerrung ist Ursache einer Härte von ca. 1000 HV mit sehr geringer Zähigkeit. Die Folge sind Mikrorisse (→) in den Schichten, die bis 1 mm Dicke haben können.

Mikrorisse mindern die Korrosionsbeständigkeit und Dauerfestigkeit von Bauteilen, dienen aber als Schmierstoffreservoir. Komplizierte Teile werden ungleichmäßig beschichtet (Nacharbeit).

Anwendung: Hydraulikzylinder und Kolbenstangen, Werkzeuge.

Außenstromlos abgeschiedene Schichten entstehen durch Tauchen in Metallsalzlösungen, die ein Reduktionsmittel als Elektronenlieferant enthalten. In Ni-Salzbädern werden Schichten abgeschieden, die Ni mit den Elementen P oder B enthalten. Da elektrische Felder fehlen, ist die Abscheidung an Kanten und in Bohrungen gleich groß bei Dicken bis zu 1 mm.

Nach einer Wärmebehandlung wird durch feindisperse Ausscheidungen von Nickelphosphid Ni_3P die Härte auf ca. 1000 HV erhöht. Die Schichten sind zäher als Hartchrom, die Dauerfestigkeit bleibt erhalten. Günstig bei adhäsivem und Zerrüttungs-Verschleiß, auch gegen Tribooxidation.

Dispersionsschichten auf Metallbasis entstehen durch Ausscheidung aus Lösungen, in die feinste Teilchen (0,01...10 mm) harter Stoffe (WC, SiC, Diamant), oder Festschmierstoffe (PTFE, Mo_2S) bis zu 30 % eingelagert sind. Matrixwerkstoffe sind Ni, Cu, Co und Ag.

Die Kombination vieler Werkstoffe ermöglicht Funktionsschichten zur Verbesserung der Gleit- und Verschleißeigenschaften, Warmfestigkeit oder Oxidationschutz.

Anwendungen: Ni/P-Schicht mit SiC für Zylinderlaufbuchsen von Kleinmotoren, Gleitlagerschalen, Ventilkugeln mit PTFE in Ni-Matrix.

Tabelle 11.19: Übersicht, Beschichtungsverfahren und Dickenbereich

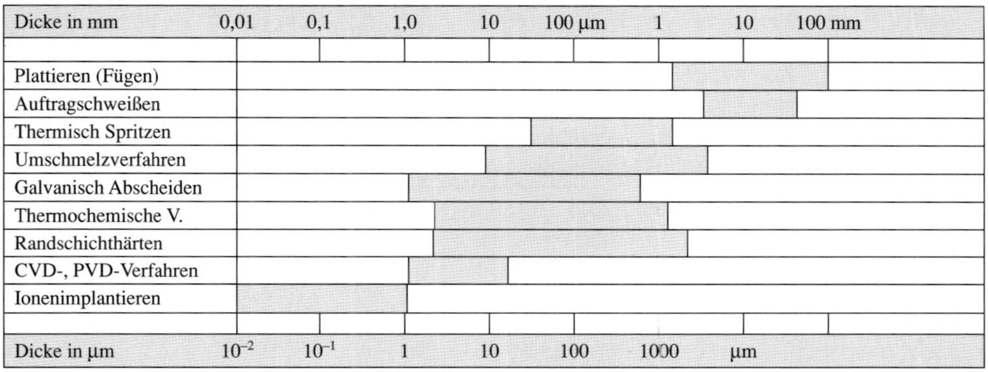

Literaturhinweise Schichten:

Zeitschrift:	mo, Metalloberfläche. Hanser-Verlag
Benninghoff, H.:	Moderne Oberflächen in der industriellen Praxis. In: Ingenieur-Werkstoffe 7+8/1989
Bode, E.:	Funktionelle Schichten. Hoppenstedt, 1989
Grünling, H.W. u. a.	Beschichtungstechnologie- heutige und künftige Anwendung von Schichten. VDI-Bericht 670, S.57...94
N.N.	Oberflächenanalyse: Die wichtigsten Verfahren. In: Ingenieur-Werkstoffe, 7+8/1989
Maier, K.:	NiSiC – Dispersionsschichten im Motorenbau. In: Verbundwerkstoffe und Werkstoffverbunde, DGM, 1993
Pursche, G. (Hrsg.):	Oberflächenschutz vor Verschleiß. Verlag Technik, Berlin, 1990
Steffens, H.-D.; Wilden, J.:	Moderne Beschichtungsverfahren. Dt. Gesellschaft für Materialkunde, DGM Informationsgesellschaft. Verlag, Frankfurt, 1996 Beschichten v. Werkzeugen d. Kaltmassivumformung (CVD/PVD)
VDI-Richtlinie 3198/1992	Beschichten von Werkzeugen der Kaltmassivumformung (CVD,PVD)
DVS, Deutscher Verband für Schweißtechnik; DVS-Verlag Düsseldorf	DVS-Merkblatt 2301 Thermisches Spritzen; DVS 2302 Korrosionsschutz von Stählen und Gusseisenwerkstoffen durch thermisch gespritzte Schichten aus Zn und Al
Informationen	
INO Info-System, FhG	CVD/PVD-Schichten www. schichttechnik.net
AHC-Oberflächentechnik	Beschichtungen für Eisen- und NE-Metalle mit verschiedenen Funktionen www. ahc-Oberflächentechnik.de
Balzers	PVD-Schichten. Balinit®Sorten www.balzers-d.de
CemeCon >AG	CVD / PVD-Anlagen, Schichten www. cemecon.de
VDI	Wissenstransfer Oberflächentechnik www. surface-net.de

11.3 Lager- und Gleitwerkstoffe

11.3.1 Allgemeines

Bei der Kraft- und Bewegungsübertragung berühren sich Maschinenteile und gleiten aufeinander. Sie bilden ein Tribosystem (→ Tabelle 13.2). Grundkörper sind meist Bauteile aus Stahl oder Gusseisen im weichen, gehärteten oder beschichteten Zustand. Die Gegenkörper (Lagerwerkstoff) sollen geringen Verschleiß und Schmiermittelverbrauch verursachen, die Paarung eine niedrige Reibungszahl ausweisen.

Weitere Tribosysteme sind z. B. Zahnradpaarungen, Schnecke / Rad, Schraube / Mutter mit anderen Beanspruchungskollektiven (siehe auch Tabelle 13.3).

Für diese Beanspruchungen stehen zahlreiche Lagerwerkstoffe zur Verfügung. Neben unterschiedlichen Legierungen sind auch Polymere und Keramik geeignet.

Beim System Welle / Lager muss die entstehende Reibungswärme abgeführt werden, damit die Lagertemperatur nicht unzulässig ansteigt, wobei durch Wärmedehnung ein Klemmen auftreten kann.

In Tabelle 11.20 sind die Anforderungen an Lager- und Gleitwerkstoffe mit den erforderlichen Werkstoffeigenschaften gegenübergestellt.

Tabelle 11.20: Anforderungen an Lagerwerkstoffe und Eigenschaftsprofil

Anforderungen an Lagerwerkstoffe	Werkstoffeigenschaften
Belastbarkeit (Flächenpressung) und Fähigkeit, Fremdkörper einzubetten und Schmiertaschen zu bilden	Heterogene Gefüge mit härteren Tragkristallen und weicheren Gefügeteilen
Geringe Wärmeentwicklung, aber gute Ableitung von Reibungswärme, kein Klemmen durch Wärmeausdehnung	Niedrige Reibzahl und hohe Wärmeleitfähigkeit, Wärmedehnungen beachten
Niedriger Verschleiß = hohe Lebensdauer	Geringe Neigung zum Kaltschweißen (geringe Adhäsionsneigung, Abrasionswiderstand hoch)
Bei Mangelschmierung oder Ausfall soll ein kurzzeitiges Gleiten aufrecht erhalten werden (Notlaufeigenschaften)	Oberflächlich schmelzende Bestandteile oder Festschmierstoffe im Gefüge
Bei nicht exakt fluchtenden Achsen kein Bruch durch Kantenpressung, Stoßbelastung oder durch Ermüdung,	Angepasste Zähigkeit, hohe Dauerfestigkeit

Tabelle 11.21: Gefüge der Lagerwerkstoffe

Gefüge	Werkstoffe
Harte Kristalle in weicher Matrix	Pb-Sn-Legierungen mit Antimon, PbSb-Kristalle sind härter (Hartblei) als das Grundgefüge, ebenso SnSb als intermetallische Phase
Weiche Gefügebestandteile in härterer Matrix	Cu-Zn, Cu-Sn, Cu-Al mit Zusätzen: Härtere intermetallische Phasen in weicheren Cu-Mischkristallen (kfz); Cu-Sn-Pb mit härteren CuSn-Phasen mit weicherem Pb (Pb ist im Cu unlöslich und erstarrt als letzte Phase) in feiner Verteilung.
Homogene Gefüge (Mischkristalle)	Cu-Sn-Legierungen bei geringen Sn-Anteilen, P zur weiteren Mischkristallverfestigung und Minderung der Verschweißneigung, P hat Affinität zum Schmierstoff.
Heterogene Gefüge aus Metall- und Nichtmetallphasen	Trockengleitlager: Stahlstützschale mit aufgesinterter CuSn-Schicht (Bronze) und aufgewalzter PTFE-, oder POM -Schicht mit Festschmierstoffanteil (Graphit), Selbstschmierende Lager: Sintereisen oder -bronze. Porenräume mit Öl, Fett oder Graphit gefüllt.

Bauweise von Gleitlagern

- **Massivgleitlager** Die gesamte Lagerschale besteht aus dem Lagerwerkstoff. (Cu-Knet- und Gusslegierungen) als Sand-, Kokillen-, Strang-, oder Schleuderguss, je nach Größe und Stückzahl.
- **Verbundgleitlager** (alle Lagerwerkstoffe) in dünneren Schichten auf korrosionsgeschützten, verzinnten oder verkupferten Stahlstützschalen (1...3 mm) zur Kraftübernahme und Ausgleich der Wärmedehnung. Tragschicht besteht aus Lagermetallen und evtl. Zwischenschichten als Diffusionssperre. Teilweise ist eine äußere Gleitschicht aufgebracht (Dreischichtlager).
- **Gleitschichten** (overlay) aus PbSn(Cu), werden galvanisch in dünner Schicht aufgebracht (< 20 µm), wichtig zum Einlaufen, für Grenzreibungszustände und als Korrosionsschutz.

11.3.2 Lagermetalle

Kennzeichen der Lagermetalle sind im Basismetall unlösliche Komponenten. Diese erstarren – abhängig vom Schmelzpunkt – als erste (Cu) oder letzte Phase (Pb). Auf diese Weise erhält man harte oder weiche Phasen im evtl. durch weitere LE verfestigten Grundgefüge. Es besteht die Gefahr von Seigerungen, deshalb wird Schleuderguss angewandt mit schneller Abkühlung, z. B. beim Ausgießen von Stützschalen.

Tabelle 11.22: Lagermetalle, Übersicht Legierungssysteme

Legierungen		Beschreibung
Blei-Antimon-Zinn DIN ISO 4381/01 für Verbundlager mit kleinen Anteilen von Cu, As, Cd, 7 Sorten		
Gusslegierungen PbSb15SnAs PbSb15Sn10 PbSb10Sn6 SnSb12Cu6Pb		Dreifachsystem aus zwei eutektischen Systemen (Pb-Sn und Pb-Sb) kombiniert mit einem peritektischen (SbSn) mit kompliziertem Erstarrungsverlauf. Primäre Ausscheidung der harten Sb-reichen intermetallischen β-Phase, die als Tragkristalle in der Grundmasse (Pb+ β) vorliegen. As und Cd wirken weiter verfestigend. Bei Cu-haltigen Sorten scheidet sich primär eine harte, intermetallische CuSn-Phase dendritisch aus. Sie hält die später kristallisiertenden würfelförmigen SbSn-Kristalle in der bleireichen Schmelze in Schwebe. Diese Sorten sind auch in DIN ISO 4383 für dünnwandige Gleitlager enthalten
Kupfer-Blei-Zinn-(Zink) DIN ISO 4382-1/92 (Gusslegierungen für dickwandige Massivgleitlager)		
CuPb8Pb2 CuSn10Pb CuSn7Pb7Zn3		Blei ist in Cu unlöslich, es bleibt zwischen den CuSn-Mischkristallen und härteren CuSn-Phasen flüssig und erstarrt zuletzt. Zn ersetzt teilweise das teure Sn (Rotguss). Pb wirkt bei Überhitzung als Notschmierstoff. Mit steigendem Pb-Gehalt sinkt die Härte, mit dem Sn-Gehalt steigt die Streckgrenze.
		für dickwandige Massiv- und Verbundlager
CuPb9Sn5 CuPb10Sn10 CuPb15Sn8 CuPb20Sn5 CuAl10Fe5Ni5		Al erhöht Korrosionsbeständigkeit und Gleiteigenschaften, Fe verhindert das Entstehen spröder Phasen. Verschleißfeste, homogene Gefüge mit geringen Notlaufeigenschaften. Harte Werkstoffe geeignet für gehärtete Gegenkörper (Wellen), mit hoher Zähigkeit und Dauerfestigkeit.
		DIN ISO 4383/01 (Verbundwerkstoffe für dünnwandige Verbundlager)
CuPb10Sn10 CuPb17Sn5 CuPb24Sn4		Gesintert auf Stahlstützschale. Mit dem Pb-Gehalt steigt der Verschleißwiderstand im Bereich der Mischreibung und Korrosionsbeständigkeit gegen Schwefelverbindungen, deshalb Einsatz in Kfz-Verbrennungsmotoren mit Stillständen und Kaltstarts.
Kupfer-Zinn Kupfer-Zink DIN ISO 4382-2/92 (Knetlegierungen für Massivlager),		
CuSn8P CuZn31Si1 CuZn37Mn2Al2Si CuAl9Fe4Ni4		Homogene Gefüge aus kfz-Mk. bis etwa 8 % Sn, darüber heterogene mit der härteren intermetallischen δ-Phase. (Sondermessing), kfz-Mischkristallgefüge, zähhart, geringe Notlaufeignung. Sehr hart, seewasserbeständig, für Konstruktionsteile mit Gleitbeanspruchung.
Aluminium mit Sn, Cu, Mg für dünnwandige Verbundlager		
Al Sn20Cu Al Sn6Cu Al Si11Cu Al Zn5Si1,5Cu1 Pb1Mg	weich härter hart hart	Al ist leicht und gut wärmeleitend, gleiche Wärmausdehnung wie bei Al-Gehäusen, die Al-Oxidschicht verhindert Adhäsion und Korrosion. Dünnwandig auf Stahlblech gewalzt und mit galvanischer Gleitschicht versehen.
Gleitschichten PbSn10Cu2 PbSn10, PbIn7	weich	Galvanisch aufgebrachte Gleitschichten zum Einlaufen (ca. 0,02 mm) PbIn7 für Cu-Pb- und hochfeste Al-Legierungen

11.3.3 Weitere Lagerwerkstoffe, selbstschmierende Lager

Sintermetalle Porenraum mit Schmierstoff gefüllt, selbstschmierend			
Sintereisen, < 0,3 % C, 1...5 % Cu Sinterbronze, Cu + 9...11 % Sn	SKF	Lager mit kleinen Gleitgeschwindigkeiten (< 3 m/s), Haushalt- und Büromaschinen, Ventilatoren, Pumpen, Tonbandgeräte	
Gleitlagerfolie	Glacier DM®	Al-Streckmetall mit PFTE und Festschmierstoff eingewalzt und gesintert	Extrem dünnwandige Bauweise für z. B. spielfreie Scharniere

Trockengleitlager: Stahlrücken mit CuSn10- oder CuPb10Sn10-Schicht (0,2...0,4 mm), Poren mit PFTE oder POM und Festschmierstoffen gefüllt, als Einlaufschicht 5...30 µm oder dicker mit Schmiertaschen

Glycodur, Permaglide, DU-Trockenlager	statisch $_{zul}$ = 250 MPa, dynamisch 80... 120 MPa v_{max} < 2 m/s	niedrige Reibzahl, nicht zu schmierende Lager von Textil-, Druckerei- und Haushaltmaschinen, Lichtmaschinen, Spurstangenlager

Thermoplastische Polymere für Gleitlager DIN ISO 6691 6 Sorten

Polyamid PA PA6; PA66; PA11;PA12	Ultramid, Sustamid, Durethan	zähhart, stoß- und verschleißfest, für schwingbeanspruchte Lager	**Gegenkörper:** Wellen gehärtet, geschliffen
Polyoxymethylen POM	Delrin, Hostaform	Kupplungen, Zahnräder. Für Mischreibung geeignet	**Schmierstoff:**
Polytetrafluorethylen PFTE	Teflon	weich, niedrige Reibzahl, kaltzäh	Öl, Fett, Festschmier-
Polyimid PI	Kinel, Kerimid	hart, wärmebeständig bis 350 °C	stoffe, Wasser

Normen:

DIN ISO 4378/99 – **1** Gleitlager – Lagerwerkstoffe u. Eigenschaften – **2** Reibung und Verschleiß; – **3** Schmierung, – **4** Berechnungskennwerte und Kurzzeichen

DIN 1495-3/96 Gleitlager aus Sinterwerkstoff, Teil – 1 und – 2 sind Maßnormen

11.4 Werkstoffe mit steuerbaren Eigenschaftsänderungen

11.4.1 Begriffe

Diese neueren Werkstoffe werden auch als intelligente Werkstoffe (smart materials) bezeichnet. Sie reagieren – ähnlich den Lebewesen – auf äußere Reize mit bestimmten Änderungen ihres Zustandes.

Als Reize wirken auf diese Werkstoffe von außen physikalische Effekte, wie z. B. mechanische Verformung, elektrische Spannungen oder magnetische Felder.

Sie reagieren darauf mit Zustandsänderungen:

- Auftreten einer elektrischen Spannung (Piezoeffekt),
- Änderung der Lichtdurchlässigkeit (bei Gläsern),
- Änderung der Viskosität (bei Flüssigkeiten).

Diese Änderungen sind reversibel, d. h. gehen bei Verschwinden der Anregung in den Ausgangszustand zurück.

Diese Werkstoffe werden für Sensoren oder Aktoren verwendet und sind für den neuen Technikzweig der Adaptronik von Bedeutung.

Begriffe:

Adaptronik befasst sich mit technischen Systemen, die mithilfe von Sensoren und Aktoren sich automatisch geänderten, äußeren Bedingungen anpassen.

Adaptiv: selbsteinstellend, -anpassend

Sensor: Bauteil, das Änderungen physikalischer Größen erfassen und meist in Form elektrischer Signale weitergeben kann.

Aktor (Aktuator): Gerät, das aufgenommene Signale durch Umwandlung zugeführter Energie in Aktionen umsetzt. Auch Werkstoff, der bei Anlegen einer Spannung sich z. B. verlängert und damit mechanische Arbeit verrichten kann.

Tabelle 11.23: Übersicht, Werkstoffe der Adaptronik (Wirkungsweise → Einzelabschnitte)

Werkstoffe	Wirkungsweise	Anwendung, Möglichkeiten
Piezokeramik monolithisch, Fasern, Folien	Kräfte bewirken Formänderung, die in proportionale, elektrische Spannung umgesetzt wird Elektrostriktion ist die Umkehrung (inverser Effekt)	Sensoren zur Bauteilüberwachung, Schallempfänger, Piezofeuerzeuge, Schwingungsdämpfung flächiger Bauteile, z. B. Lärmreduktion an Rotorblättern Aktoren für Einspritzpumpen und -ventile, Piezotasten, Ultraschallsender
Formgedächtnis-Legierungen (Memory-Leg.)	Ausgangsform wird durch Umformen verändert, nach Erwärmen (Strom) geht die Verformung zur Ausgangsform zurück	Brillengestelle, Rohrverbinder in hydraulischen Hochdruckanlagen. Regelventile, Stell-Antriebe im Modellbau
Flüssigkeiten mit veränderbarer Viskosität	Verkettung von Mikroteilchen mit Dipolen durch Spannungen, bei magnetischen Eigenschaften durch Magnetfelder	Adaptive Stoßdämpfer, Ersatz von Ventilen in hydraulischen Anlagen

11.4.2 Piezokeramik

Piezoelektrizität. An Kristallen von Quarz, Bariumtitanat, $BaTiO_3$ u. a. wird durch eine Formänderung in Richtung bestimmter Kristallachsen das Gleichgewicht zwischen positiven und negativen Ladungsträgern verschoben. Durch diese sog. Polarisation tritt eine elektrische Spannung auf. Sie ist ein Maß für die Verformung. Diese Eigenschaft wird bei den **Sensoren** ausgenutzt.

Bild 11.14 a zeigt schematisch die Ionen eines Quarz-Kristalls im Ruhezustand. Durch Kräfte in x-Richtung wird er gestaucht (Bildteil b) und der positive Ladungsschwerpunkt (Dreieck, große Kreise) liegt tiefer als der negative Es entsteht eine Polarisation mit dem +-Pol unten.
Durch Kräfte in y-Richtung wird der Kristall gestreckt (Bildteil c), der positive Ladungsschwerpunkt verlagert sich nach oben und der +-Pol kommt nach oben zu liegen.

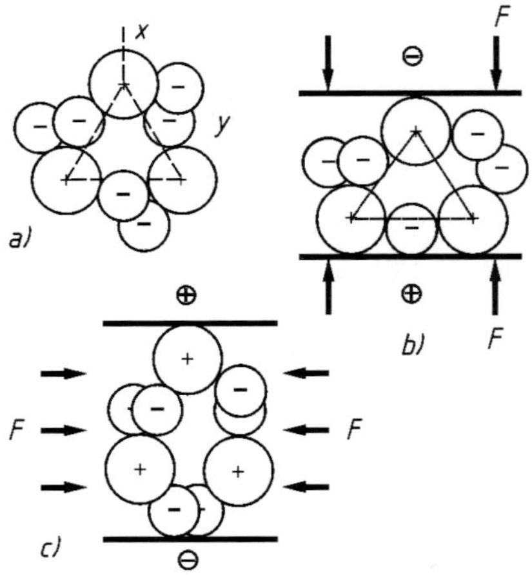

Bild 11.14 Piezoelektrisches Prinzip beim Quarz SiO_2. Si^+ große, O^- kleine Kreise

Elektrostriktion ist die umgekehrte (inverse) Erscheinung, die Formänderung bei Anlegen einer Spannung und wird bei den **Aktoren** ausgenutzt. Sie verläuft sehr schnell und geht nach Abschalten mit einer gewissen Hysterese zurück.

Werkstoff für Anwendungen im Maschinenbau (→ ist als Weiterentwicklung von Bariumtitanat, das Blei-Zirkon-Titanat, $Pb(ZrTiO_3)$, kurz PTZ.

Anwendung in Aktoren, z. B. zur Feinpositionierung von Geräten für die Herstellung von Mikro- oder Nanostrukturen (Computer-Chips), Ventilantriebe für Motoren. Werkstoff wird auch als Folie und Faser mit Polymerschutz und Kontakten zur Stromeinleitung hergestellt. Folien werden übereinander gelegt (Multilayer), um im Paket größere Längenänderungen zu erzielen.

11.4.3 Formgedächtnis-Legierungen (FGL)

Die Stoffe werden auch Memory-Legierungen (→) genannt. Dazu gehören die Systeme NiTi, CuAlZn und AuCd. Technische Bedeutung hat Ni50Ti50 (Nitinol) gewonnen.

Memory-Effekt: Werkstoffe nehmen nach einer plastischen Verformung bis zu 10 % bei niedriger Temperatur ihre ursprüngliche Gestalt an, wenn sie erwärmt werden.

Innere Vorgänge: Bei der Abkühlung erfolgt eine Gitterumwandlung von kubisch (Austenit) zu martensitisch (Zwillingsstruktur) ohne Formänderung. Bei Erwärmung verläuft der Vorgang entgegengesetzt mit einer Hysterese (Bild 11.15). Die zugehörigen Temperaturen sind für

- Martensitbildung: Beginn $\mathbf{M_s}$ und Ende $\mathbf{M_f}$,
- Austenitbildung: Beginn $\mathbf{A_s}$ und Ende $\mathbf{A_f}$.

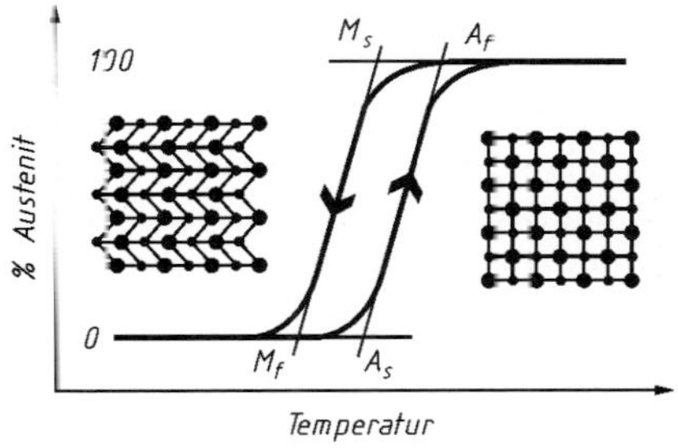

Bild 11.15 Umwandlungen und Hysterese bei der FGL NiTi (nach Stöckel)

Temperaturbereich, Breite und Steigung der Hystereseschleife hängen vom Legierungstyp ab und lassen sich durch dritte LE verändern.

Bei einer Verformung des Martensits unterhalb der Umwandlungstemperatur $T_ü$ wird die Zick-Zack-Form ohne Platzänderung der Atome in Schritten längs der Zwillingsebenen ausgerichtet (Bild 11.16) (diffusionslose Umwandlung). Das geschieht bei niedrigen Kräften bis zu einer Dehnung von ca. 8 %.

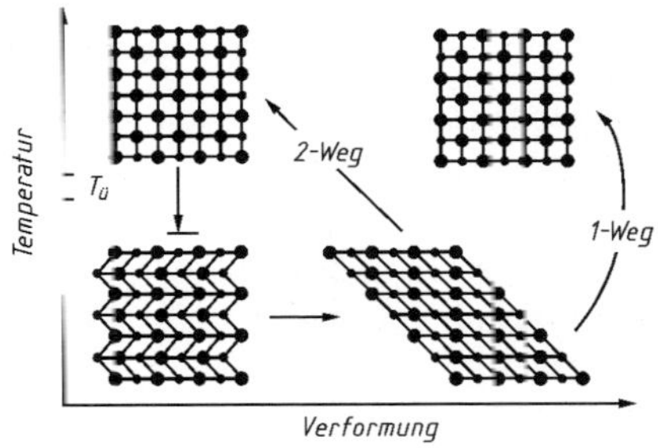

Bild 11.16 Mechanismus des Formgedächtnis-Effektes (nach Stöckel)

Nach Erwärmung oberhalb der Umwandlungstemperaturen versucht das Teil seine ursprüngliche Form wiederherzustellen. Dabei kann das Bauteil eine Kraft ausüben, die bei zwei Anwendungen genutzt wird.

Anwendung 1: Kraft-Weg-Nutzung (Aktor) *wiederholbarer* Effekt (Bild 11.16, Pfeil 2-Weg).

Erfolgt die Verformung des Martensits z. B. eines Drahtes durch eine konstante Kraft (Gewicht), so wird nach Erwärmung über die Umwandlungstemperaturen (Austenit) die Last wieder angehoben. Nach Abkühlung (zu Zwillingsmartensit) kann die Last die Verformung neu beginnen.

Beispiele: temperaturabhängige Regelventile, Thermoschutzschalter, Stellantriebe für Modellbahnsignale.

Anwendung 2: Unterdrücktes Formgedächtnis. *einmaliger* Effekt, (Bild 11.16, Pfeil 1-Weg).

Bei Erwärmung bis oberhalb der Temperatur $T_ü$ wandelt sich der verformte Martensit wieder zurück in Austenit. Das Bauteil wird an der Rückumformung gehindert und es entsteht eine Spannung. Sie ist der unterdrückten Dehnung proportional.

Beispiele: Rohrverbinder für Hochdruckhydraulikleitungen im Flugzeugbau, Schrumpfringe zur Fixierung von Elementen auf Wellen.

Weitere Anwendungen:

Freies Formgedächtnis. Das verformte Teil kehrt beim Erwärmen ohne Kraftanwendung in die Ausgangsform zurück.

Beispiele: Formbare Instrumente oder Werkzeuge in der Medizintechnik. Nach Gebrauch und Sterilisation nehmen sie die Ausgangsform an und können sie neu gebogen werden.

Superelastizität ist ein elastisches Verhalten bis zu 10 % Dehnung (10 mal größer als bei normalen Legierungen). Die Austenit-Martensit-Umwandlung erfolgt bei diesen Sorten nicht durch Abkühlung, sondern durch Verformung **oberhalb** der Umwandlungstemperaturen.

Voraussetzung ist eine tiefe Lage der Umwandlungstemperaturen, der Werkstoff ist bei der Anwendung stabil austenitisch.

Dabei entsteht bei niedrigen Spannungen Martensit (sog. spannungsinduzierter M.) ohne Zwillingsstruktur. Nach Entlastung nimmt das Gitter (ohne Erwärmung!) wieder die stabilere, austenitische Struktur und damit die Ausgangsform an.

Beispiele: Für den medizinischen Bereich gibt es NiTi-Basislegierungen mit Umwandlungstemperaturen unterhalb der Körpertemperatur. Anwendung z. B. für Gefäßstützen (Stents), Zangen und Drähte für die minimal-invasive Chirurgie, superelastische Brillengestelle und Antennen für Mobiltelefone.

11.4.4 Flüssigkeiten mit steuerbarer Viskosität

Rheologische Flüssigkeiten enthalten feindispergierte Teilchen mit Dipolen oder solche mit magnetischen Eigenschaften.

Begriffe:

Viskosität, Zähigkeit von flüssigen Körpern,
Rheologie, Lehre vom Fließen.

Dipole richten sich beim Anlegen einer elektrischen Spannung zu Ketten aus. Dadurch versteift die Flüssigkeit in Bruchteilen einer Sekunde zu einem zähen Gel.

Dipole: siehe S. 13

Diese **elektro-rheologischen** Flüssigkeiten (ERF) sind z. B. isolierende Siliconöle mit Stabilisatoren, die das Absinken der Teilchen verhindern.

Anwendungen: Stoßdämpfer, die elektronisch der Beladung und dem Straßenzustand angepasst werden (adaptive Systeme).

Magnetorheologische Flüssigkeiten (MRF) zeigen die gleiche Wirkung beim Anlegen eines Magnetfeldes.

Hochdruckhydrauliköle mit solchen Teilchen könnten ohne Ventile (Leckgefahr) mit elektrischen oder magnetischen Feldern gesteuert werden (Entwicklungsmöglichkeit).

Literatur:

Czichos, H.:	Mechatronik. Vieweg+Teubner, 2008
Stöckel, D.:	NiTi-Formgedächtnislegierungen – Intelligente Werkstoffe für moderne Problemlösungen, VDI-Bericht 797, S. 203
Wick/Nußkern/Stöckel:	Nickel-Titan – ein außergewöhnlicher Werkstoff. VDI-Bericht 1595, S. 269
GST Gesellschaft für Systemtechnik (Krupp)	Firmenschrift

12 Korrosionsbeanspruchung und Korrosionsschutz

12.1 Einführung

Korrosion ist die chemisch-physikalische Reaktion eines metallischen Stoffes mit seiner Umgebung, die zu einer Eigenschaftsänderung führt. Sie kann die Funktion eines metallischen Bauteiles oder des zugehörigen Systems beeinträchtigen.

Begriff: Korrosion „corrodere“ (lat.) = zernagen.

Korrosion – z. B. das Rosten des Stahles – verursacht Schäden, die jährlich auf ca. 4 % des Bruttosozialproduktes geschätzt werden. Sie steht damit als Schadensursache gleichrangig neben dem Verschleiß. Korrosion- und Korrosionsschutz haben deshalb große Bedeutung. Es wird durch eine große Anzahl von Normen und anderen technischen Regeln deutlich.

Reaktionen des Metalles mit dem Umgebungsmedium, in dem das eigentliche **Angriffsmittel** enthalten ist, wandeln den Werkstoff in das **Korrosionsprodukt** (z. B. Rost) um. Es kann löslich, locker oder auch fest haftend sein.

Normen: Korrosion der Metalle und Legierungen

DIN EN ISO 8044/99 – Grundbegriffe und Definitionen.

DIN 50900-2/02 – Elektrochemische Begriffe

DIN EN 12502/05 Abschätzung der Korrosionswahrscheinlichkeit in Wasserverteilungs- und -speichersystemen (5 Teile).

Die Folgen sind aus dem Alltag bekannt und führen meist zu einem Werkstoffverlust mit folgenden Auswirkungen:

- Schwächung der Querschnitte, dadurch höhere Spannung mit größerer Dehnung unter Last, zunächst elastisch, dann plastisch, evtl. Brüche oder Durchrosten von Rohren mit Leckagen.
- Verletzung der Oberfläche, dadurch evtl. eine Minderung der dekorativen Wirkung, weiterhin Kerbwirkung mit Abfall der Dauerfestigkeit dynamisch belasteter Bauteile (→).
- Volumenvergrößerung durch das Korrosionsprodukt, dadurch Blockierung beweglicher Teile und Sprengwirkung in engen Spalten.

Der Werkstoffabtrag betrifft die Randschichten, das vermindert die Flächenmomente der Bauteile besonders stark, dort herrschen die maximalen Spannungen.

Bei Dauerversuchen in Salzlösung wird keine Dauerfestigkeit erreicht, die Wöhlerkurve geht nicht in eine Waagerechte über (Bild 12.5).

Beispiel: „Festrosten“ von Schrauben oder Nabe/Welle-Verbindungen, Aufwölben von Lackschichten oder Punktschweißnähten durch Rost.

Korrosionsschäden liegen erst dann vor, wenn die Funktion des Bauteils oder Systems beeinträchtigt ist (Definition oben).

Beispiele: Bei dekorativen Flächen kann dies bereits eine Verfärbung sein, während z. B. beim Kanaldeckel eine Rostschicht noch keinen Schaden darstellt.

Korrosion erfolgt durch chemisch-physikalische Reaktionen. Diese können in drei Gruppen eingeteilt werden. Die letzte – die elektrochemische Reaktion – tritt am häufigsten und in zahlreichen Varianten auf und ist Schwerpunkt des Abschnittes Korrosion (→ 12.2).

Hinweis: Korrosionsschäden können bei einer Produkthaftung zu Auseinandersetzungen führen. Dabei wird der Stand der Technik an den geltenden Normen gemessen werden

12.1.1 Chemische Reaktion

Diese Art der Reaktion findet zwischen Metall und Gasen statt (Hochtemperatur- und Heißgaskorrosion). Das Korrosionsprodukt wächst auf dem Grundmetall in Schichten auf, die meist durchlässig sind und dann durch Diffusion weiter wachsen können.

Beispiele: Anlassfarben bei Stahl und Anlaufen von Metallen in Gasen durch Bildung von Oxid- oder Sulfidschichten, Silber wird schwarz.

(Ver)Zunderung von Stahl in heißen Gasen. Es entstehen die Oxide FeO, Fe_3O_4 und Fe_2O_3, letzteres unter Volumenvergrößerung und Lockerung der Schicht.

12.1.2 Metallphysikalische Reaktion

Oberflächliche Auflösung bei Kontakt mit Metallschmelzen, Erhöhung der Rauheit,

Gitterumwandlungen bei tiefen Temperaturen,

Eindiffundieren von H-Atomen in Zwischengitterplätze auch bei niedriger Temperatur, die Entstehung des Wasserstoffs kann dabei durch andere Reaktionen erfolgen.

Beispiele: Druckgussformen für Al-Legierungen haben kleinere Standmengen, da bei den hohen Gießtemperaturen Fe aus der Oberfläche des Werkstückes gelöst wird.

Zinnpest: Umwandlung des tetr. Gitters in ein rhomb. mit größerem Volumen bei unter 13 °C.

Beizsprödigkeit: Abfall der Zähigkeit nach dem Beizen in Säuren bei abgeschreckten oder kaltverfestigten Stählen.

12.1.3 Elektrochemische Reaktion

Bei dieser Reaktion sind elektrische Ströme beteiligt. Sie entstehen, wenn Metalle in Kontakt mit sog. **ionenleitenden Medien** (→) zusammenkommen, in den meisten Fällen Wasser, das Ionen enthält und zum Elektrolyten wird. Es kann dadurch elektrischen Strom transportieren.

Zusammen mit den metallischen Bauteilen ergeben sich galvanische Elemente (→).

Wegen der Häufigkeit von Kontakten der Bauteile mit Wasser (Regenwasser, Brauchwasser usw.) ist das die wichtigste Reaktionsart.

Ionenleitfähige Medien sind:

- Elektrolytlösungen (wichtigste),
- Salzschmelzen (Schmelzflusselektrolyse),
- Durch elektrische Felder ionisierte Luft (z. B. Blitze, Lichtbögen, oder auch Gase mit hohem Unterdruck und hohen Temperaturen (PVD-Verfahren, Ionitrieren),
- Spezielle Polymere und Oxidkeramik in Brennstoffzellen (Feststoffelektrolyte).

In galvanischen Elementen wird elektrische Energie aus der Oxidation eines unedlen Metalles gewonnen, das dabei in Ionenform (positives Kation) in Lösung geht (→ 12.2.3).

12.2 Grundlagen der elektrochemischen Korrosion

12.2.1 Die Entstehung von Ionen

Ion, (grch.) das Wandernde. Ionen entstehen aus Atomen oder Atomgruppen durch Abgabe oder Aufnahme der Valenzelektronen. Sie erhalten dadurch eine elektrische Ladung (Übersicht).

Übersicht: Bildung von Ionen

Elemente oder Gruppe	Elektronen	Ionen und Ladung
Metalle, Wasserstoff	Abgabe	positive **Kationen**
Nichtmetalle, OH-Gruppe, Säurereste,	Aufnahme:	negative **Anionen**

Hinweis: Metallatome → 2.1.2

Metalle sind wegen ihrer unvollständigen Elektronenhülle bis auf die Edelmetalle (Gold, Platin u. a.) unbeständig und gehen deshalb chemische Verbindungen z. B. mit Nichtmetallen ein. Dabei gehen Valenzelektronen auf das Nichtmetall über, und es wird **Energie frei.**

Beide Partner erhalten dadurch (im Idealfall) die stabile Edelgashülle und sind in diesem energieärmeren Zustand (z. B. als Oxide) beständig. Bei der Metallgewinnung muss die Energie wieder zugeführt werden (Reduktionsenergie).

Die ungleich geladenen Ionen ziehen sich an, es entsteht dadurch eine **chemische Verbindung**. Die Partner werden durch die **Ionenbindung** (auch heteropolare B.) zusammengehalten.

Dazu gehören folgende Stoffe:

Anziehungskraft ist die elektrostatische Anziehung nach Coulomb. Sie errechnet sich aus:

Kraft F_C = Produkt der Ladungen/Abstand ^{2}.

Der Abstand ergibt sich aus der Summe der Ionenradien. Die Kraft gilt für das Vakuum und wird durch **Lösungsmittel** erniedrigt.

Beispiel: Ionenbindungen

	Zusammensetzung	Beispiel
Basen	Metall-Ion(en) und OH-Gruppe(n)	Natriumhydroxid NaOH $\rightarrow$ Na^+ + OH^-
Säuren	H-Ion(en) und Säurerest-Ion(en)	Schwefelsäure H_2SO_4 $\rightarrow$ 2 H^+ + $(SO_4)^{--}$
Salze	Metall-Ion(en) und Säurerest-Ion(en)	Kupfersulfat $CuSO_4$ $\rightarrow$ Cu^{++} + $(SO_4)^{--}$

12.2.2 Ursache der Ionenleitfähigkeit von H_2O

Reines Wasser hat eine sehr geringe elektrische Leitfähigkeit, es besteht überwiegend aus H_2O-Molekülen. Die beiden H-Atome liegen jedoch nicht in einer Achse mit dem O-Atom (Perlenkette) sondern einseitig (Bild 12.1).

Das O-Atom zieht die bindenden Elektronen stärker zu sich als die H-Atome. Dadurch ist die H-Seite des Moleküls positiv, die O-Seite negativ geladen, das Molekül wird zum **Dipol.**

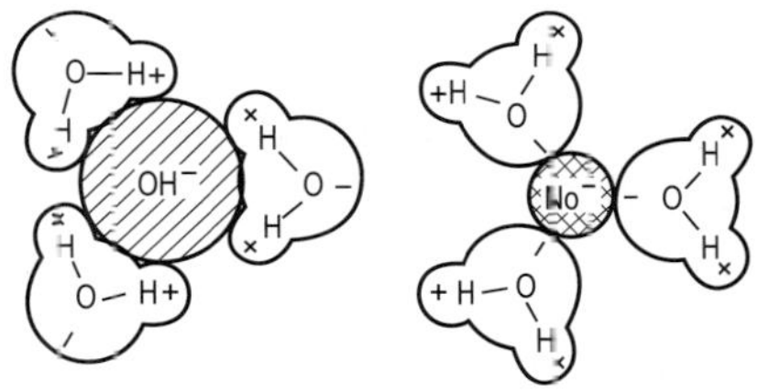

Bild 12.1 Dipol des Wassers und Hydrathülle

Im gelösten Zustand sind die Ionen von Wasser-Dipolen umgeben, sie bilden die **Hydrathülle**. Sie hat nach außen die gleiche elektrische Polarität wie das umhüllte Ion (Bild 12.1). Durch den größeren Abstand verringert sich die Coulombsche Kraft (→) und die Ionen werden im Wasser beweglich, d. h. können zu einer Elektrode mit entgegengesetzter Ladung *wandern*.

Beispiel: NaOH-Kristall im Wasser (Bild 12.1). H_2O-Dipole lagern sich mit der negativen O-Seite an die positiven Na-Ionen an und andere mit der positiven an die negativen OH-Ionen des NaOH-Kristalls und demontieren das Gitter, d. h. die Ionenverbindung **löst sich** im Wasser.

Der beschriebene Vorgang – die Aufspaltung einer Ionenverbindung im Wasser – wird **elektrolytische Dissoziation** genannt, Wasser wird dadurch zu einem **Elektrolyten**, einem ionenleitenden Medium.

Die Abschwächung der Coulombschen Bindungskräfte in Lösungsmitteln wird durch die sog. Permittivität (veraltet Dielektrizitätskonstante) erfasst: Sie beträgt für Wasser ca. 80 und erniedrigt damit die Anziehung der Ionen auf den 80-sten Teil.

12.2.3 Lösungsdruck

Das Bestreben eines Metalles, durch Elektronenabgabe in den Ionenzustand und unter Abgabe von Elektronen in Lösung zu gehen wird als Lösungsdruck bezeichnet (→ Versuch). Es erreicht dadurch einen Zustand niedrigerer Energie und höhere Stabilität.

Versuch: Zn-Blech in einer $CuSO_4$-Lösung, die aus Cu^{++} und SO_4^{--}-Ionen besteht. Das Zn-Blech überzieht sich langsam mit einer rötlichen Schicht aus Kupfer.

Ursache: Zn ist unedler, es hat gegenüber Cu den *höheren* Lösungsdruck (→ galvanische Spannungsreihe).

Übersicht: Beschreibung des Versuches

Vorgänge	Reaktionen	Reaktionsgleichungen
• Zn-Atome gehen als Zn^{++}-Ionen in Lösung:	**Oxidation von Zn:**	$\mathbf{Zn \rightarrow Zn^{++} + 2\,e^-}$
Die abgegebenen Elektronen können nicht abfließen und geben dem Blech ein **negatives Potential**:		
• Cu^{++}-Ionen werden angezogen, nehmen die Elektronen auf, werden reduziert und bilden die Cu-Schicht:	**Reduktion von Cu :**	$\mathbf{Cu^{++} + 2\,e^- \rightarrow Cu}$

12.2.4 Galvanische Spannungsreihe

Der Lösungsdruck kann als elektrische Spannung in Volt gegen eine Bezugselektrode gemessen werden. Sie wird als Standardpotential (Normal-Potential) bezeichnet.

Als Bezugselektrode dient ein Platinblech, das von H_2-Gas umspült wird. Der Wasserstoff H ist damit der Nullpunkt der Skala.

Die Zusammenstellung der Messwerte ergibt die galvanische Spannungsreihe (Tabelle 12.1).

Übersicht: Beschreibung der Spannungsreihe

Oberer Teil: Hier liegen die relativ beständigen Edelmetalle, gegenüber dem Wasserstoff sind sie *positiv*. Sie wirken gegenüber unedlen Metallen als **Oxidationsmittel** (→ Cu im Versuch).

Unterer Teil: Unterhalb des Wasserstoffs liegen die unedlen Metalle. In Kontakt mit einem Elektrolyten haben sie ein stärkeres Bestreben, unter Abgabe von Elektronen als Ion in „Lösung zu gehen". Das zeigt sich durch eine höhere *negative* Spannung, ein negatives Potential. Sie wirken gegenüber den edleren als **Reduktionsmittel** (→ Zn im Versuch).

Tabelle 12.1: Galvanische Spannungsreihe

Metall	Standard-potential V	Charakter
Gold, Au	1,42	
Silber, Ag	0,80	Edel
Kupfer, Cu	0,34	↑
Wasserstoff, H	**0**	
Blei, Pb	-0,13	
Zinn, Sn	-0,14	
Eisen, Fe (2^+)	-0,44	
Chrom, Cr (3^+)	-0,74	
Zink, Zn	-0,76	↓
Aluminium, Al	-1,66	Unedel
Magnesium, Mg	-2,38	

Oxidationsmittel: Stoff, der Elektronen aufnimmt und die Oxidation herbeiführt. Er selbst wird dabei reduziert.

Reduktionsmittel: Stoff, der Elektronen abgibt und die Reduktion herbeiführt. Er selbst wird dabei oxidiert.

12.2.5 Galvanisches Element

Im galvanischen Element als Stromquelle sind jeweils zwei Metalle mit einem Elektrolyten kombiniert (→), die in der Spannungsreihe weit auseinander liegen. Die Differenz der Normalpotenziale ergibt dann die Quellenspannung U_q.

In einer Trockenbatterie (→ Beispiel) „fließen" beim Schließen des Stromkreises Elektronen. Sie werden von der Oxidation der Anode (Zn-Becher) geliefert, dafür gehen Zn-Ionen in den Elektrolyten. Die Kathode (Graphitstab) bleibt unverändert, hier werden H-Ionen entladen und zu H-Atomen reduziert.

Beispiel: Trockenbatterie (Kohle-Zink-Element)

Elektrolyt	Anode	Kathode	U_q
NH_4Cl+H_2O (Salmiak)	Zink −0,76 V	Graphit 0,73 V	1,5 V

Der auf der Kathodenoberfläche abgelagerte Wasserstoff senkt die Potentialdifferenz C–Zn auf den Betrag H–Zn (die sog. Polarisation). Deshalb muss der entstehende Wasserstoff mithilfe von MnO_2 (Braunstein) entfernt werden. Das geschieht nach der Reaktionsgleichung

Depolarisation: $H_2 + MnO_2 \Rightarrow MnO + H_2O$.

Dabei wird Wasserstoff zu Wasser oxidiert und MnO_2 zu MnO reduziert.

Tabelle 12.2: Bestandteile und Reaktionen eines galvanischen Elementes:

Bauteil	Reaktionen
Anode, ist unedel, wird verbraucht	Anodische Reaktion: Anodenmetall wird zum Kation oxidiert und löst sich im Elektrolyten, Elektronen fließen über den metallenen Leiter[1)] zur Kathode.
Elektrolyt	Enthält Ionen in wässriger Lösung, ermöglicht ihre Wanderung durch H_2O-Dipole
Kathode, ist edel, ist geschützt	Kathodische Reaktion: Elektronen ziehen die positiven H-Ionen an und reduzieren sie zu H-Atomen

1) Leiter mit Elektronenleitung (Metalle, Graphit)

12.2.6 Korrosionselemente

Bild 12.2 zeigt ein Bimetall-Element als einfaches Beispiel eines Korrosionselemente (Tabelle 12.2).

Bei den verschiedenen Korrosionselementen werden Anode und Kathode nicht von definierten Metallkörpern gebildet, sondern von Oberflächenbereichen, auch Gefügebestandteilen. Sie werden von der ionenleitenden Phase (evtl. nur in dünner Schicht) bedeckt und ergeben sog. **Lokalelemente** Die Elektronen können durch das Innere der metallischen Teile fließen. Deshalb gilt grundsätzlich:

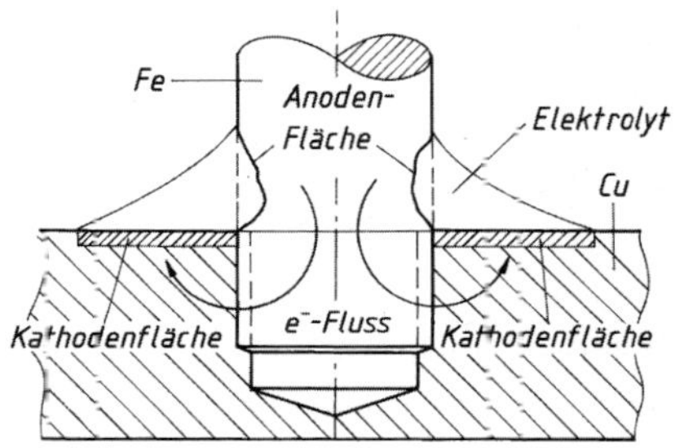

Bild 12.2 Bimetall-(Kontakt)-element aus Stahlschraube (mit Muldenkorrosion) in Kupfer

Korrosionselemente sind kurzgeschlossen.

Der Verlauf der Korrosion wird stark vom Unterschied der Anoden- und Kathodenfläche beeinflusst (→ Beispiele).

Nach den Abständen von Anoden- und Kathodenbereich der Lokalelemente unterscheidet man:

	Abstände
Mikroelemente	Mikroskopischer Bereich
Makroelemente	mm bis km (z. B. bei erdverlegten Kabeln und Röhren)

Weiteren Einfluss auf den Ablauf der Korrosion hat die Art des Elektrolyten, sein pH-Wert (→). Es ist in den meisten Fällen Wasser mit gelösten Stoffen, kann aber auch feuchtes Erdreich sein.

Elektrolyt	pH-Wert	Beispiele
sauer	$1 \leq 7$	Lösungen von Säuren, sauren Salzen oder Gasen wie CO_2, H_2S
neutral	7	Reines Wasser, Salzlösungen
basisch	$\geq 7 \leq 14$	Laugen, basische Salzlösungen (Soda)

Beispiel: Stahlblech verzinkt

- Zn-Oberfläche bildet **großflächige** Anode.

Der Flächenabtrag ist dadurch gering

- Kleine Kathodenflächen entstehen durch kleine Risse in der Schicht und die Schnittkanten des Fe-Kerns, sie sind geschützt.

Beispiel: Stahlblech verzinnt (Weißblech)

- Edleres Sn bildet großflächige Kathode, der
- Fe-Kern bildet bei Kratzern in der Sn-Schicht eine **kleine** Anodenfläche.

Der Abtrag geht in die Tiefe.

Begriff: pH-Wert (potentia hydrogenii), die Wasserstoff-Ionen-Konzentration $[H^+]$.

Reines Wasser ist nur schwach dissoziert, d. h. in H^+- und OH^--Ionen gespalten.

$$[H^+] = 0{,}86\ 10^{-7}\ \text{mol/Liter (bei 13 °C)}$$

Darin ist 1 mol H ≈ 1 g

Als pH-Wert des Wassers ist der negative Wert des Exponenten – 7 festgelegt: **pH (H_2O) = +7.**

Elektrolyten mit pH < 7 (sauer). Unedle Metalle werden darin angegriffen, sie bilden anodische Bereiche, hier findet die anodische Reaktion statt:

- Metalle gehen als positive Ionen in Lösung,
- Elektronen fließen über den metallenen Kurzschluss zur Kathode und reduzieren dort H^+-Ionen, H-Atome reagieren zu H_2-Molekülen

Anodische Reaktion:

Metall → $Metall^+$-Ion + Elektron(en) e^-

Kathodische Reaktion:

H^+–Ionen + e^- → H-Atome
H-Atome → H_2-Moleküle ↑

(Ältere Bezeichnung Säure- oder Wasserstoffkorrosion).

Elektrolyten mit pH ≥ 7 (neutral bis basisch). Sie entstehen häufig durch den Einfluss des Luftsauerstoffs, mit dem der Elektrolyt in Berührung kommt. Das O_2 löst sich und wird an der Kathode durch die Elektronen abgebaut (→).

Hinweis: Belüftetes Wasser liegt in Fluss- und Meeresoberflächenwasser vor, ebenso im Regenwasser als dünne Schicht auf Bauteilen.

Kathodische Reaktion bei Sauerstoffzutritt:

$2\,H_2O + O_2 + 4e^- \rightarrow 4\,OH^-$

Es entstehen OH-Ionen, die den Elektrolyten basisch machen.

Das führt zu weiteren Reaktionen, besonders bei Stahlbauteilen im Freien (→Beispiel).

- Die an der Anode entstehenden Fe-Ionen reagieren mit OH-Ionen zu Eisen(II)hydroxid:
- Durch O-Zutritt wird es zu Fe(III)hydroxid oxidiert, das zu unlöslichem Fe-Oxihydrat zerfällt:

Beispiel: Eisenrost. Eisen kann 2- und 3-wertig auftreten. Kathodenreaktion verläuft in Stufen

1 $Fe^{++} + 2\,OH^- \rightarrow Fe(OH)_2$
2 $4\,Fe(OH)_2 + O_2 + 2\,H_2O \rightarrow 4\,Fe(OH)_3$
3 $Fe(OH)_3 \rightarrow FeOOH$ (Rost) + H_2O

(Ältere Bezeichnung Sauerstoffkorrosion).

Belüftungselemente mit ähnlichen Reaktionen entstehen bei unterschiedlichem O_2-Gehalt des Elektrolyten. Sauerstoffarme Bereiche können keine schützende Oxidschicht aufbauen und sind anodisch, während die sauerstoffreichen als Kathode die Oxidschicht (Rost) aufbauen.

Beispiel: Spundbohlen im Wasser korrodieren an der Wasser-Luft-Grenze. Dicht unterhalb ist der Sauerstoffgehalt des Wassers niedriger, hier wird Fe anodisch gelöst und oberhalb als Rost abgelagert. Diese Erscheinung wird als Belüftungskorrosion bezeichnet und tritt auch in engen Spalten auf (Spaltkorrosion).

Tabelle 12.3: Übersicht Korrosionselemente

Name, Beispiel	Anode (wird angegriffen)	Kathode (ist geschützt)
Bimetall- (Kontakt-) **Element**	aus verschiedenen Metallen, die sich berühren	
Al-Blech mit Cu-Niet Stahlblech verzinkt Messing-Armatur in Stahlrohr	Al-Blech Zn-Schicht Stahlrohr	Cu-Niet Stahlblech CuZn-Armatur (Messing)
Mikro- (Lokal-) **element**	aus kleinen anodischen und kathodischen Bereichen der Oberfläche (des Gefüges)	
heterogene Gefüge, Stahl Gefüge mit Ausscheidungen, Metalle, kaltverformt	Ferrit Al-Mischkristall verformte Bereiche mit Spannungen (höherer Energiezustand)	Zementit AlCuMg-Ausscheidungen unverformte Bereiche, spannungsarm (Energie niedriger)
Konzentrationselemente:	Gleicher Elektrodenwerkstoff, Elektrolyt hat unterschiedliche Konzentrationen oder Temperaturen an Anode und Kathode	
Belüftungselement, Wassertropfen auf Stahl	unbelüfteter, O-armer Bereich im Zentrum, Narben	belüfteter O-reicher Bereich, Außenbereich mit Rostring

12.3 Korrosionsarten

Die Norm DIN EN ISO 8044 nennt 37 Arten der Korrosion, von denen hier nur die wichtigsten behandelt werden können.

Unter Korrosionsarten sind auch die als Korrosionserscheinung (wie z. B. Loch- oder Muldenfraß) bekannten Begriffe zu finden.

Korrosionserscheinung ist die Veränderung des Korrosionssystems (→) durch die Korrosion. Dabei können sog. Korrosionsprodukte entstehen.

Korrosionssystem ist der Oberbegriff für die Gesamtheit, bestehend aus einem oder mehreren Metallen in einer Umgebung, die das Angriffsmedium enthält (Temperatur und Strömungsgeschwindigkeiten), auch Oberflächenschichten und entstandene Korrosionsprodukte (→ Bild 12.6).

12.3.1 Korrosionsprodukte

entstehen als Ergebnis einer Korrosion. Sie können fest, flüssig (selten) oder gasförmig sein (z. B. H_2-Entwicklung).

- **Zunder,** örtlich verstärkt als *Zunderausblühung* auftretend, oder mit höherem S-Gehalt auch als *Schwefelpocken* bezeichnet.
- **Rost**, als *Flugrost* bei beginnender Rostbildung auf Eisen. *Fremdrost* sind Ablagerungen von Rost auf fremden Metalloberflächen.

Zunder besteht vorwiegend aus Oxiden, die bei höheren Temperaturen an der Oberfläche entstehen, z. B. bei Ofenbauteilen oder Wärmekraftanlagen. Bei der Wärmebehandlung wird Zunder durch Schutzgas verhindert.

Rost entsteht bei der Korrosion von Stahl und Fe und ist schichtartig aus den Oxiden und Hydroxiden des Fe zusammengesetzt.

Deckschichten: Wenn das Korrosionsprodukt dichte und festhafte Schichten bildet, welche die Oberfläche gleichmäßig bedecken, können sie die Korrosion verlangsamen oder stoppen.

Beispiele: Als Deckschichten sind es z. B. Schutzschichten, wie Bleisulfatschicht auf Pb in Schwefelsäure oder Patina auf Cu-Dächern.

Passivschichten sind sehr dünne (ca. 10 nm) vom Werkstoff und Korrosionsmedium gebildete Schichten. Sie haben eine geringe Ionenleitfähigkeit und geben dem Werkstoff ein edleres Potenzial (Stellung in der Spannungsreihe).

Beispiel Passivschichten: Oxidschichten auf Cr- und CrNi-Stählen, Al-Oxid auf Al, evtl. durch anodische Oxidation verstärkt (z. B. Hart-Anodisation, Eloxal-Verfahren).

12.3.2 Korrosionsarten und -erscheinungen

Gleichmäßige Flächenkorrosion wirkt mit etwa gleicher Korrosionsgeschwindigkeit auf der gesamten Oberfläche. Sie entsteht durch Witterungseinflüsse in Verbindung mit Staub und Gasen (saurer Regen). Die Abtragung ist kalkulierbar (Tabelle 12.4) und kann durch Wahl dickerer Querschnitte aufgefangen werden.

Tabelle 12.4: Klimaeinfluss auf die Abtragungsgeschwindigkeit in µm/Jahr

Klima	Blei	Zink	Stahl
Landluft	0,7...1,4	1.0...3,4	4...60
Stadtluft	1,3...2	1,0...6	30... 70
Industrieluft	1,8...3,7	3,8...19	40...160
Meeresluft	1,8	2,4...15	64...230

Örtliche Korrosion beschränkt sich auf bestimmte Stellen des Bauteils und ist darum gefährlicher. Zu ihr gehören Loch- und Spaltkorrosion.

Spaltkorrosion entsteht durch Belüftungselemente, die sich in engen Spalten bilden.

Beispiel: Punktgeschweißte Bleche, Dichtungen und Anlageflächen, anliegende Verpackungsfolien mit Rissen (eindringende Feuchtigkeit), Unterseite von nicht durchgeschweißten Nähten.

Lochkorrosion (Lochfraß) ist eine örtliche, tiefer gehende Abtragung mit steilen Rändern, die z. T. unterhöhlt sind (Bild 12.3). Sie wird eingeleitet:

- an Störstellen in der Bauteiloberfläche durch inhomogenen Werkstoff, oder durch
- örtliche Verletzung einer schützenden Schicht.

An dieser Stelle entsteht eine *winzige* Anodenfläche, die einer großen Kathodenfläche zugeordnet ist. Der Abtrag geht dann in die Tiefe und führt in kurzer Zeit zu Durchbrüchen in Rohrleitungen und Behältern mit u. U. schweren Folgeschäden.

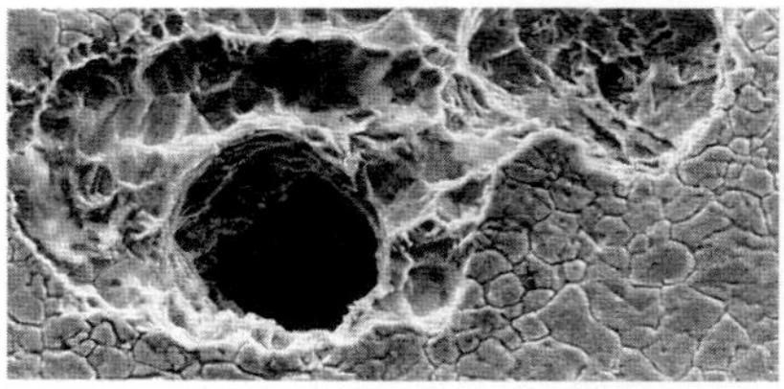

Bild 12.3 Lochkorrosion an X5CrNi18-9 500:1

Lochkorrosion wird bei korrosionsbeständigen CrNi-Stählen in Kontakt mit Halogen-Ionen (F, Cl, Br) beobachtet, ebenso an Cu-Wasserrohren durch Glührückstände von Ziehfetten.

Interkristalline Korrosion (auch Kornzerfall genannt). Dabei verläuft der Angriff längs der Korngrenzen und zerstört den Zusammenhang.

Austenitische CrNi-Stähle sind im Anlieferungszustand abgeschreckt. Beim Wiedererwärmen (Schweißen) scheiden sich Cr-Carbide an den Korngrenzen aus. Der an Cr verarmte Kornrand wird anodisch und geht in Lösung. Die Risse entstehen zwischen (inter) den Körnern.

Interkristalline Korrosion wird bei Cr-Ni-Stählen verhindert durch

- Absenkung des C-Gehaltes auf < 0,03 %, es können keine Carbide mehr ausscheiden, z. B. Stahl **X2CrNi18-9,**
- Zusatz von starken Carbidbildnern (Ti, Ta, Nb, sog. stabilisierte Sorten), sodass keine Cr-Verarmung auftritt, z. B. Stahl **X10CrNiTi18-9.**

Korrosionsrisse gehen meist von der Oberfläche aus und sind durch die kleine Fläche schwer zu erkennen. Sie können quer durch die Kristallite (trans) oder zwischen ihnen (inter) verlaufen. Eine Klärung ist nur durch metallographische Untersuchung möglich (Bild 12.4).

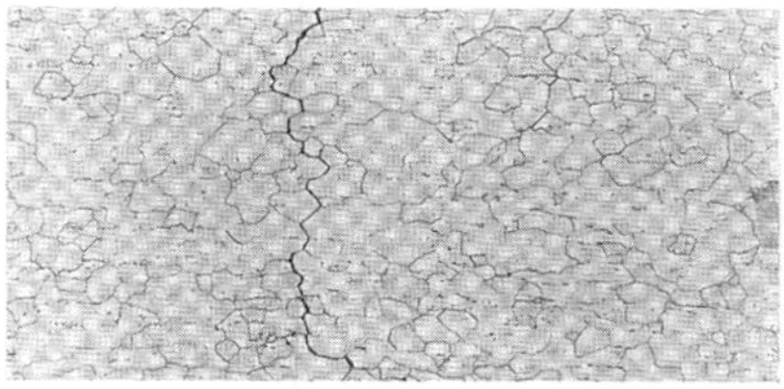

Bild 12.4 Interkristalliner Riss

Selektive Korrosion bedeutet Angriff des Korrosionsmittels auf Gefügebestandteile oder Legierungselemente, die unedler als die Umgebung sind.

Begriff: Selektiv bedeutet, dass die Bestandteile einer Legierung nicht gleichmäßig korrodieren, es verändern sich nur bestimmte Phasen.

Beispiele für Selektive Korrosion

Entzinkung von 2-phasigen Cu-Zn-Legierungen:	Die zinkreichere β-Phase ist Anode, der Cu-Anteil scheidet sich als lockere Schicht ab.
Al Cu mit Ausscheidungen von Al_2Cu	$CuAl_2$ ist Kathode, während das Al anodisch angegriffen wird
Spongiose bei perlitischem Gusseisen in Wasser oder Dampf	Umwandlung von Ferrit in Fe-Oxihydrat. Es verbleibt ein Gerüst aus Graphit und Phosphid-Eutektikum, sodass die Bauteilform erhalten bleibt.

Bimetall- (Kontakt-) **Korrosion kann** entstehen, wenn Metalle mit unterschiedlichem Potenzial (Stellung in der galvanischen Spannungsreihe) elektrisch leitend verbunden und einem Korrosionsmittel ausgesetzt sind. Es bilden sich Bimetall- (Kontakt-) Elemente (→ Bild 12.2).

Beispiel: Fügen von Bauteilen aus verschiedenen Metallen durch Nieten, Clinchen, Schweißen, Löten.
Hartlötnähte (Cu-Legierungen) von Stahl bei Gegenwart von Lötmittelresten.

Abhilfe ist durch Isolierung der Partner möglich.

12.4 Korrosionsarten mit zusätzlichen Beanspruchungen

Schema: Gliederung der zusammengesetzten Beanspruchungen

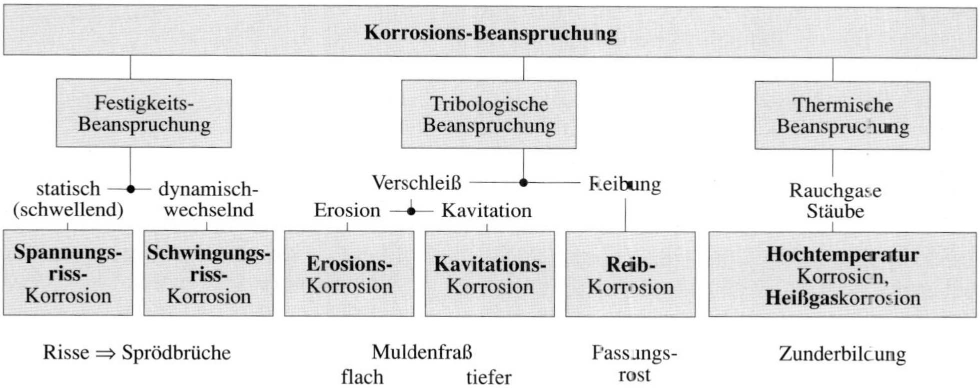

12.4.1 Korrosion und Festigkeitsbeanspruchung

Diese Kombination trifft vor allem Bauteile in chemischen Industrieanlagen bei der Behandlung von korrodierenden Stoffen, auch solche in ständigem Kontakt mit Meerwasser.

Hinweis: In der chemischen Industrie wird etwa ein Drittel der Korrosionsschäden durch diese beiden Korrosionsarten verursacht.

Wie bei der Lochkorrosion kann es zu plötzlichem Versagen der Bauteile kommen, ohne dass größere Korrosionserscheinungen an der Oberfläche eine Vorwarnung geben.

Vorhandene **Mikrokerben** haben erhöhte Spannungen im Kerbgrund, werden dort plastisch verformt und sind *unedler* als die Umgebung. Sie werden anodisch abgetragen, wobei die Spannungen im Kerbgrund weiter steigen, bis der Bruch erfolgt.

Spannungsrisskorrosion (SpRK) entsteht bei *statischer Belastung* (evtl. schwellend überlagert) z. B. bei Druckleitungen und -behältern. Entstehungsbedingungen sind:

- Zugspannungen (auch Eigenspannungen), die unter der Streckgrenze liegen.

Spannungsrisskorrosion erfolgt nach drei Mechanismen.

Anodische SpRK wird durch Anionen (z. B. Cl^-, O^{2-}) ausgelöst, welche die passivierende Oberflächenschicht angreifen. In Verbindung mit Zugspannungen vertiefen sich die Risse bis zum Bruch.

Kathodische SpRK wird durch H-Atome ausgelöst, die an kathodischen Stellen reduziert werden und aufgrund ihrer Kleinheit in das Gitter auf Zwischengitterplätze eindiffundieren. Sie führen zur Wasserstoffversprödung, auch Wasserstoff induzierte SpRK genannt.

Flüssigmetall induzierte SpRK wird seit dem Jahre 2000 bei geschweißten Stahlkonstruktionen mit Schmelztauchüberzügen aus neueren Zn-Legierungen beobachtet. Ursache sind Schweißeigenspannungen in Verbindung mit den hohen Tauchtemperaturen und bestimmten Gehalten der Zn-Legierung an Sn, Pb und Bi.

- bestimmte Paarungen von Metall/Medium, die als **kritische Systeme** bezeichnet werden,
- in kritischen Systemen gibt es keine Neubildung der Passivschicht an den Störstellen.

Gefährdet sind besonders höherfeste Stahlsorten mit geringen Dehnungswerten (→). Die Risse können transkristallin oder intrakristallin verlaufen.

Schwingungsrisskorrosion (SwRK) bei dynamischer Belastung, z. B. bei Wellen von Rührwerken, Pumpen und Schiffswellen kann in *allen* Elektrolyten stattfinden. Durch die Korrosion werden die rissbildenden Vorgänge beim Dauerbruch noch verstärkt. So wird bei Stahl bereits in Leitungswasser die ertragbare Ausschlagspannung von Biegewechselproben durch diese Vorgänge verringert.

Deshalb gibt es für korrosions- und dynamisch belastete Bauteile keine Dauer-, sondern nur **Zeitfestigkeiten.** Die Wöhlerkurve verläuft auch für hohe Lastspielzahlen *fallend* (Bild 12.5).

12.4.2 Korrosion unter Tribo-Beanspruchung

Erosions- und **Kavitationskorrosion** werden durch strömende Medien verursacht. Wesentliche Einflussgröße ist die *Strömungsgeschwindigkeit u* des korrosiven Mediums, die je nach Metall bestimmte Werte nicht überschreiten soll (Tabelle 12.5).

Bei ruhenden Flüssigkeiten kann Stillstandskorrosion mit Loch- und Spaltkorrosion auftreten. Steigende Geschwindigkeiten fördern die **Erosion** (→) Sie trifft die Deckschicht, die besonders bei Wirbelbildung durch Scherkräfte verletzt wird. Dadurch steigt die Abtragungsgeschwindigkeit.

Bei sehr hohen Strömungsgeschwindigkeiten entsteht **Kavitation** (→).

Die Schläge der zusammenbrechenden Gasblasen

- zerstören örtlich die Deckschicht,
- verformen und verspröden den Werkstoff und
- erhöhen die chemische Reaktionsfähigkeit.

Dadurch steigt die Geschwindigkeit der Abtragung, die lochfraßartig in die Tiefe geht.

Anfällig für SpRK sind z. B.:

- **Austenitische Stähle** durch Cl- und OH-Ionen,
- **unlegierte und niedriglegierte Stähle** in basischen Medien,
- **hochfeste Al-Legierungen** in feuchter Umgebung

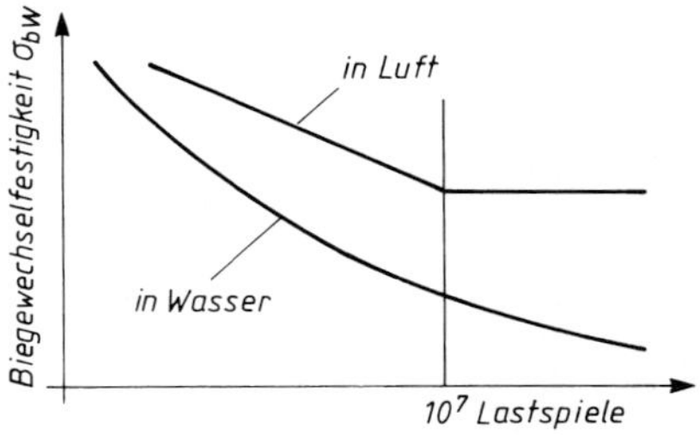

Bild 12.5 Wöhlerkurve bei Angriff durch Schwingungsrisskorrosion (SwRK)

Hinweis: Schweißverbindungen höherfester Stähle in Meerwasser erhalten durch WIG-Aufschmelzen oder Verfestigungsstrahlen der Einbrandkerben eine höhere Dauerfestigkeit. Die Kombination beider Verfahren erhöht die Lebensdauer beträchtlich. Anwendungen bei Stahlkonstruktionen im Offshorebereich.

Tabelle 12.5: Strömungsgeschwindigkeit u_{max} in reinem Wasser

Werkstoff	Cu	Cu-Fe	Cu-Al	Ni-Leg.
u_{max} in m/s	1,8	4,0	3,0	...30

Erosion ist die mechanische Abtragung der Oberfläche durch strömende Flüssigkeiten oder Gase. Mitgeführte Feststoffteilchen verstärken die Verschleißrate durch *Abrasion* (Furchung). Hinter Feststoffablagerungen in Leitungen bilden sich Wirbel. Dort kann Muldenkorrosion auftreten.

Kavitation ist der Verschleiß durch zusammen fallende Dampfblasen an der Oberfläche. Sie entstehen dort, wo der statische Druck in einer Flüssigkeit infolge hoher Geschwindigkeit sinkt (z. B. bei Querschnittsverengungen nach dem bernoullischen Gesetz). Wenn die Strömung sich verlangsamt, steigt der statische Druck wieder und die Dampfblasen fallen zusammen. Dabei wirken hohe Kräfte auf die Oberfläche!

Strömungskavitation z. B. bei Wasserturbinen, **Schwingungskavitation** z. B. im Kühlkreislauf von Dieselmotoren.

Reibkorrosion findet zwischen Bauteilen statt, die fest aufeinander gepresst sind (Welle/Nabe), aber durch Schwingungen eine Relativbewegung ausführen können. Die Reibung zerstört die Deckschicht und das Korrosionsmittel kann ständig den reaktionsfähigen Werkstoff angreifen.

Rattermarken bei Wälzlagern sind auf Reibkorrosion durch Schwingungen im Stillstand unter Last zurückzuführen.

Bei Stahl wird das Korrosionsprodukt auch Passungsrost genannt und kann der Ausgangspunkt von Rissen sein, die zu Dauerbrüchen führen.

12.4.3 Korrosion und thermische Beanspruchung

Hochtemperaturkorrosion: Werkstoff reagiert mit den Bestandteilen der Brennstoffe (Schweröl). Es bilden sich Oxid-, oder Sulfidschichten, auch mehrschichtig (→). Schützende Deckschichten wachsen anfangs schneller, mit der Zeit immer geringer (parabolisches Dickenwachstum, liegende Parabel).

(Ver) Zunderung: Bildung von dickeren porösen oder sich ablösenden Schichten. Durch beide schreitet der Korrosionsangriff weiter. Auf unlegiertem Stahl bilden sich nacheinander FeO, Fe_3O_4 und Fe_2O_3, nicht fest haftend. Die Volumenänderung bei der γ-α-Umwandlung trägt ebenfalls zur Ablösung der Zunderschichten bei.

Größere Volumenunterschiede zwischen Werkstoff und entstandener Schicht ergeben Risse (bei Zugspannungen) oder Aufwölbungen (bei Druckspannungen).

Hitzebeständige Stähle sind deshalb meist umwandlungsfrei, d. h. ferritisch oder austenitisch (→ 4.4.3 und 4.4.4).

Neben der äußeren Schichtbildung gibt es nach innen gehende Oxidation, Nitrid-, Sulfid- und Carbidbildung mit weiteren Schädigungen. Hochtemperaturwerkstoffe enthalten deshalb bis zu 10 % LE zur Unterdrückung dieser Vorgänge.

Beispiele: Durch Hochtemperaturkorrosion gefährdet sind Bauteile von Dampfkessel- und Ofenanlagen, Wärmetauscher, Apparate der Erdölverarbeitung, Gasturbinen.

Heißgaskorrosion: Reaktion von warmfesten Legierungen mit Anteilen der Verbrennungsgase (O, C, S, N, V) und Stoffen der Ansaug- oder Umgebungsluft (Stäube, Salze). Es entstehen zusammen mit den Oxidschichten niedrigschmelzende (eutektische), korrosive Mischungen.

Wirkung der Heißgaskorrosion: Herauslösen von LE durch die Schmelzen, Bildung dicker, poröser Schichten mit Ablösungen an Bauteilen von Rauchgasreinigungsanlagen, bei Gasturbinenschaufeln (Veränderung der Schaufelform senkt den Wirkungsgrad).

12.5 Korrosionsschutz

Hierzu gehören alle Maßnahmen, die Funktionsstörungen durch Korrosion vermeiden helfen, bzw. die Lebensdauer bis zum Eintritt des Korrosionsschadens erhöhen.

Die vielfältigen Korrosionsmittel, mit denen Bauteile aus unterschiedlichen Werkstoffen zusammen kommen können, verlangen ebenso vielfältige Maßnahmen zum Schutz. Dabei darf nicht nur der Werkstoff oder das Korrosionsmittel *allein* betrachtet werden.

Normung: (→ Tabelle 12.6)

DIN 50929/85: Korrosionswahrscheinlichkeit metallischer Werkstoffe bei äußerer Korrosionsbelastung. T1: Allgemeines, T2: – in Gebäuden, T3: – Rohre und Behälter in Böden und Wässern, jeweils mit Abschnitt Korrosionsschutz.

DIN 50927/85: Planung und Anwendung des elektrochemischen Korrosionsschutzes für die Innenflächen von Behältern und Rohren.

Hilfreich ist die Betrachtung des Ganzen als *Korrosionssystem* (Bild 12.6). Es veranschaulicht die Partner der Korrosion mit ihren Wechselwirkungen und Einflussgrößen. Danach lassen sich die Maßnahmen gliedern:

- Trennen von Werkstoff und Korrosionsmittel durch Schutzschichten oder Überzüge (→ 12.5.1), auch als **passiver** Korrosionsschutz bezeichnet.

Der **aktive** greift in die Reaktionen ein durch

- Änderung der Reaktionspartner (12.5.2)
- Änderung der Reaktionsbedingungen. Hierzu gehört die Änderung der elektrochemischen Verhältnisse (12.5.3).

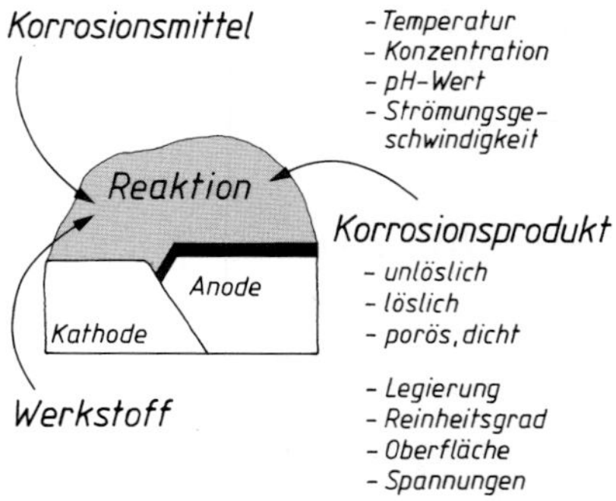

Bild 12.6 Korrosionssystem, Werkstoff und Korrosionsmittel reagieren zum Korrosionsprodukt, das rückwirkend die Reaktion beeinflusst

12.5.1 Trennung von Metall und Korrosionsmittel durch Schutzschichten

Schutzschichten trennen das korrosionsgefährdete Metall vom Elektrolyten. Damit ist die Voraussetzung für die Korrosion beseitigt.

Tabelle 12.6 gibt eine Zusammenfassung mit Hinweisen auf die umfangreiche Normung.

Schutzschichten aus unterschiedlichen Stoffen machen einfache, kostengünstige Grundwerkstoffe einsetzbar. Die Anzahl der Schichtwerkstoffe und Verfahren ist groß und gehört zur Fertigungshauptgruppe Beschichten (Übersicht in 11.2.2).

Tabelle 12.6: Übersicht Korrosionsschutzschichten, Werkstoffe und Verfahren

Verfahren	Normen	Schichtwerkstoffe und Eigenschaften
Allgemeine Richtlinien	DIN EN 12944/98	Korrosionsschutz von Stahlbauten durch Beschichtungssysteme. 8 Teile zu Umgebungsbedingungen, Gestaltung, Vorbereitung der Oberflächen, Beschichtungssysteme, Überwachung der Arbeiten und Prüfung
Elektrolytische Metallabscheidung (Galvanisieren)	DIN 50962/98 DIN 50965/00 DIN EN 15646/09 DIN EN ISO 4527/03	Schichten aus Ag, Cr, Cu, CuNi, CuNiCr, CuZn, Ni, NiCr, Pb, Sn, Zn, nicht vollkommen dicht, z. T. mit dekorativer Wirkung für Halbzeuge und Bauteile. Dicke 2,5...10 µm. Außenstromlos abgeschiedene Ni-P-Legierungen
Hartanodisieren	DIN EN 2536/95	Al-Oxidschichten auf Al und Al-Legierungen, hart, Nichtleiter, Oxidationsschutz.
Aufbringen aus Schmelzen Feuerverzinken u. a.	DIN EN ISO 1461/99	Al-, Pb-, Sn-, Zn-Überzüge durch Tauchen in Schmelzen, dichte Schichten für Bauteile und Halbzeuge ZnAl in Dicken 5...42 µm (70...600 g/m^2)
Thermisches Spritzen	DIN EN 657/05	Poröse Schichten aus fast allen Werkstoffen, Verdichtung bei Metallen durch nachträgliches Einschmelzen (bei Hochtemperatur-Schutzschichten angewandt)
Plattieren Guss-, Walz-, Spreng-schweißen und -plattieren	Fügen von Grundwerkstoff (Al, Cu, Stahl) und ein- oder zweiseitiger Deckschicht mit 5...10 % der Gesamtdicke mit Ni, Cu-Ni oder Cu-Zn-Legierungen, auch mit Cu und Al 99,9	

Tabelle 12.6: Übersicht Korrosionsschutzschichten, Fortsetzung

Verfahren	Normen	Schichtwerkstoffe und Eigenschaften
Umwandlungsschichten Brünieren Chromatisieren Phosphatieren	 DIN 50938/00 DIN EN 12487/07 DIN EN 12476/01	Dünne, z. T. dekorative Schichten aus Reaktionsprodukten des Grundwerkstoffes mit Bädern. Brünieren durch Oxid-Schichten auf Al und Fe, Chromatschichten auf Mg und Zn, Phosphatschichten auf Al, Fe und Zn als Lackgrundierung oder Ölträger für Kaltumformen und kurzzeitigen Schutz.
Diffusionsschichten Alitieren Al Inchromieren Cr Sherardisieren Zn	 DIN EN 13811/03	Glühen in stoffabgebenden Pulvern oder Gasen erzeugt durch Diffusion korrosionsbeständige Randschichten in (meist unlegiertem) Stahl. Durch Inchromieren erhält die Randschicht bis 30 % Cr (zunderbeständig bis 850 °C, bei Al bis zu 1000 °C).
Wirbelsintern	Eintauchen heißer Metallteile (200 °C) in pulvrige Thermoplaste, durch eingeblasene Luft aufgelockert	
Emaillieren	Dichte, dickere Schichten aus feinstgemahlenen Silikaten und Metallverbindungen, durch Tauchen, Spritzen aufgebracht und durch Trocknen und Brennen eingeschmolzen. Emailleschichten haben eine Beständigkeit wie Glas	
Auskleidung	Anwendung bei größeren Behältern im chemischen Apparatebau mit Blechen aus Cu-Ni , Ni-Cu oder korrosionsbeständigen Stählen durch Verschweißen, auch für Thermoplaste und Gummiplatten. Gießharze und Gummischichten werden auch durch Tauchen oder Streichen mit folgendem Aushärten oder Vulkanisation aufgebracht	
Fett-, Öl- und Wachsschichten	Erwärmt oder mit Lösungsmitteln aufgetragen schützen sie kurzzeitig für Transport und Lagerung	

12.5.2 Korrosionsschutz durch Werkstoffwahl oder Eigenschaftsänderung

Mit der Kenntnis der Korrosionserscheinungen lassen sich Lokalelemente vorbeugend schon bei der Konstruktion und Montage vermeiden (→).

- Wassersäcke und unbelüftete Hohlräume, in denen sich Belüftungselemente bilden können.
- Verschiedene Metalle beim Zusammenbau durch Zwischenlagen elektrisch isolieren.

Beispiel: Wasserleitungen aus Cu-Rohr mit Armaturen aus verzinkten Eisenwerkstoffen: Letztere nie in Fließrichtung nach den Cu-Leitungen anbringen. Bei Ablagerung von Cu-Teilchen auf Fe entstehen Bimetallelemente, die zu Lochkorrosion führen.

Die Korrosionsbeständigkeit der Metalle wird durch alle Maßnahmen (→) verbessert, welche die Oberfläche homogener, reiner und glatter machen. Dadurch wird das Wachstum von *dünnen, dichten und gleichmäßigen* Schutzschichten ermöglicht, die z. T. vom Korrosionsmittel selbst erzeugt werden und bei Verletzung der Oberfläche „ausheilen“. Dadurch wird der Grundwerkstoff selbst passiv, d. h. er nimmt nicht mehr aktiv an der Korrosion teil.

Beispiele für Maßnahmen:

Rautiefe niedrig halten, Kratzer vermeiden, es entstehen Belüftungselemente. Der Kerbgrund ist unbelüftet und Anode.

Innere Spannungen vermeiden (z. B. durch Spannungsarmglühen). Die verformten Bereiche im Grunde von Kerben sind mögliche Anodenflächen mit Gefahr von Spannungsrisskorrosion.

Diese **Passivierung** durch sehr dünne Schichten (ca. 10 nm) wird bei zahlreichen unedlen Metallen und Legierungen beobachtet (→).

Beispiele für Passivierung:

Al ist in oxidierenden Mitteln durch seine Oxidschicht geschützt und dadurch z. B. in Salpetersäure beständig,

Eisen ist unedler als seine Oxide und bereits an feuchter Luft unbeständig, es kann durchrosten. Die LE Cr, Si und Al übertragen ihre passivierende Eigenschaft auf den Stahl.

Je stärker der Korrosionsangriff, umso höher muss der Legierungsanteil sein.

Pb in Schwefelsäure durch Bildung einer unlöslichen Bleisulfatschicht.

Cu ist witterungsbeständig durch seine „Patina" (basisches oder schwefelsaures Cu-Carbonat).

Zn ist hinreichend wetterbeständig, die Schutzschicht wird jedoch durch sauren Regen abgewaschen.

Stahlsorten

Die vielen Medien, denen Bauteile in Kontakt mit Chemikalien und Nahrungsmitteln ausgesetzt sind, erfordern eine gleiche Vielfalt von Werkstoffen. Das spiegelt sich in den Normen wieder.

DECHEMA-Tabellen enthalten Beständigkeitsangaben der Werkstoffe in zahlreichen Medien der chemischen Industrie bei verschiedenen Konzentrationen und Temperaturen.

Normenübersicht:

DIN EN	Bezeichnung
10088/05	Korrosionsbeständige Stähle (→)
10283/98	Korrosionsbeständiger Stahlguss (Tab. 4.39)
10213/08	Stahlguss für Druckbehälter (Tab. 4.40)
10028-7/08	Flacherzeugnisse aus Druckbehälterstählen, rostfreie Stähle
10270-3/01	Stahldraht für Federn, nichtrostender Stahl
10222-5/99	Schmiedestücke für Druckbehälter

DIN EN 100088-1 enthält 21 ferritische, 30 martensitische und ausscheidungshärtende, 50 austenitische und 9 austenitisch-ferritische Sorten. Dazu weitere zusätzlich warmfeste oder hitzebeständige (+ AlSi) Sorten.

Die Teile 2/05 + 3/05 sind TL für Bleche und Bänder sowie Halbzeug, Stäbe, Draht, Profile für allgemeine Verwendung, desgl. Teil 4/10 + 5/09 für das Bauwesen.

Für *normale* Witterungsbedingungen gibt es die **wetterfesten Baustähle**. In normaler Industrieatmosphäre bilden sich fest haftende Schutzschichten. Die Stähle haben ohne Anstrich eine höhere Beständigkeit als die Baustähle nach DIN EN 10025-2 bei etwa gleichen mechanischen Eigenschaften.

Beispiel: Wetterfeste Baustähle DIN EN 10025-5 mit ca. 0,5 % Cu, 0,4 % Ni und 0,3...0,8 % Cr. (→ 4.4.1). Handelsnamen sind z. B. COR-TEN, PATINAX® u. a.

Anwendung für Stahlhochbauten, Brücken und Kranbau, Behälter und Fahrzeuge.

Korrosionsbeständige Stähle verhalten sich in Elektrolyten passiv, d. h. sie nehmen wie die Edelmetalle nicht an Reaktionen teil. Es wird durch Cr-Gehalte von ≥ 13 % erreicht. Die Stähle stehen dann in der Spannungsreihe der Elemente vor dem Platin. Das gilt nur, wenn alles Cr gelöst ist (→ C-Gehalt).

Ihre Beständigkeit wird durch ein homogenes Gefüge, entweder **ferritisch** durch Cr oder **austenitisch** durch CrNi (→ 4.4.3 und 4.4.4) und weitere Legierungselemente wie Ti, Mo, V, Cu erreicht. Härtbare Stähle sind **martensitisch**.

Durch Druckaufstickung nach dem ESU-Verfahren (DESU-) wird bei austenitischen Stählen die typisch niedrige Streckgrenze angehoben (z. B. X8CrMnN18-18 in Tabelle 12.7).

Hinweis: Synonymer Begriff ist Edelstahl rostfrei.

C-Gehalt: Da Cr auch Carbidbildner ist, muss mit steigenden C-Gehalten der Cr-Anteil größer werden. Cr-Stähle mit über 0,1 % C sind nur im abgeschreckten Zustand beständig. Beim Erwärmen (Schweißwärme) scheiden sich Cr-Carbide auf den Korngrenzen aus, der an Cr ärmere Rand wird unedler (anodisch) und geht in Lösung. Risse längs der Korngrenzen führen zum Kornzerfall, auch interkristalline Korrosion genannt.

Abhilfe durch extrem niedrigen C-Gehalt (low carbon steel) oder Zulegieren von Ti, Nb, Ta. Sie haben größere Affinität zum Kohlenstoff als Chrom, das dann im Mischkristall verbleibt (sog. stabilisierte Sorten).

Tabelle 12.7: Korrosionsbeständige Stähle (Auswahl), Werte für Dicken < 6 mm

Stahlsorte	Stoff-Nr.	$R_{p0,2}$ MPa	A %	Beständigkeit, Anwendungen
Ferritische Stähle, Werte für Zustand A (geglüht), martensitisch, Zustand QO (ölgehärtet)				
X7Cr13	1.4000	240	19	Geschliffen beständig gegen Dampf und Wasser, Essbestecke, Spindeln für Armaturen
X2CrTi12	1.4512	210	25	Tiefziehbar bis 3 mm Dicke, erhöhte Säurebeständigkeit, Schanktische, Waschmaschinen
X6CrMo17-1	1.4113	260	18	Beständiger gegen Chloride durch Mo-Zusatz, für Kfz-Teile Zierleisten, Fensterrahmen
X46Cr13	1.4034	550	12	Härt- und vergütbar, für Wellen, Spindeln, Ventile, Federn
X90CrMoV18	1.4112	HRC60	---	Härtbarer Werkzeugstahl für Messer in Nahrungsmittelmaschinen, rostfreie Wälzlager
Austenitische Stähle, Werte für Zustand AT (lösungsbehandelt)				
X5CrNi18-10	1.4301	230	45	Grundtyp, schweißgeeignet, beständig gegen interkristalline Korrosion bis 6 mm Blechdicke, Tiefziehteile aller Art,
X6CrNiTi18-10	1.4541	220	40	Ti-stabilisiert, keine Carbidausscheidungen beim Schweißen,
X8CrMnN18-18	1.3816	310	45	hochfest, stabil unmagnetisch, Kappenringe für Generatorläufer
X6CrNiMoTi17-12-2	1.4571	240	40	kaltstauchbar, hochkorrosionsbeständig, Pharma-Industrie
Austenitisch-ferritische Stähle, Werte für Zustand AT				
X2CrNiMoN22-5-3	1.4462	480	20	Beständig gegen Rauchgase, Meerwasser, Chloridlösungen, Rauchgasentschwefelung, Rohre für Entsalzungsanlagen

12.5.3 Änderung der Reaktionsbedingungen

Änderung des Korrosionsmittels

Diese Maßnahme ist nur begrenzt möglich, weil das korrosive Mittel in der Zusammensetzung meist wenig konstant ist und oft nur Spuren von Verunreinigungen enthält. Diese können die Korrosionsgeschwindigkeit erhöhen oder Lochkorrosion einleiten. Ihre Entdeckung und Analyse ist schwierig.

Zusätze (→ Inhibitoren), speziell dem Korrosionsmittel angepasst, verlangsamen die Reaktion.

In manchen Fällen lässt sich der Ablauf der Reaktion durch Ändern von Temperatur, pH-Wert oder Strömungsgeschwindigkeit beeinflussen.

Ein gewisser Einfluss ist durch Entzug schädlicher Begleitstoffe möglich, z. B. gelöster O_2- oder CO_2-Anteile durch Erwärmen oder Vakuumbehandlung (z. B. bei Kesselspeisewasser). Trocknen von feuchtem H_2S-haltigem Erdgas (bildet schweflige Säure).

Inhibitoren: (Hemmstoffe) wirken chemisch oder physikalisch passivierend und sind in Schmierölen, Lösungsmitteln und Treibstoffen enthalten, auch in Sparbeizen zum Ablösen von Zunderschichten.

Beispiele: Bei Auftreten von Lochkorrosion können helfen:

- Erhöhung der Strömungsgeschwindigkeit in den Rohrleitungen, oder
- pH-Wert erhöhen, oder
- Cl-Ionen entfernen.

Kathodischer Schutz

besteht aus Maßnahmen, welche dem zu schützenden Bauteil einen **edleren** Charakter als die Umgebung geben. Damit wird es zur Kathode und ist geschützt. Es gibt zwei Verfahren.

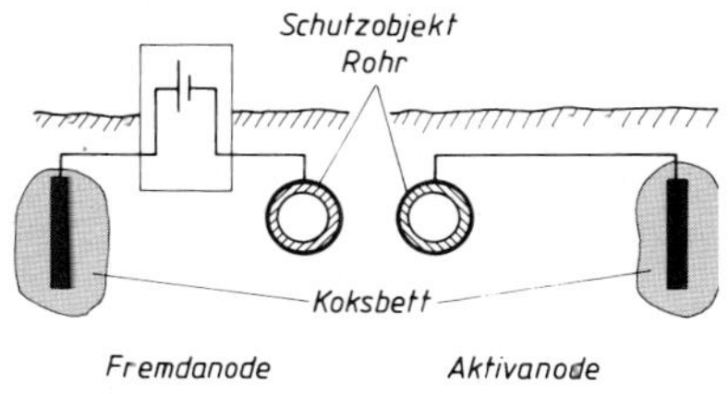

Bild 12.7 Kathodischer Schutz

Galvanischer Schutz durch Schaffung eines künstlichen Bimetallelementes. In der Umgebung des Schutzobjektes wird ein unedles Metall elektrisch leitend angebracht. Es dient als *Opferanode* (Aktiv-Anode) für den zur Kathode gewordenen Schutzbereich (Tabelle 12.8).

Tabelle 12.8: Anoden und Anwendungen

Werkstoff	Anwendungsbeispiele
Mg, Zn	Opferanode zum Innenschutz von Warmwasserbereitern
Al, Zn	Opferanode zum Außenschutz im Schiffbau und Offshorebereich
Al	Fremdstromgespeiste Opferanoden für Behälter aus Stahl, auch verzinkt, für Wasser mit niedriger Carbonathärte

Fremdstromschutz durch Einbau von Fremdstromelektroden. Mithilfe einer äußeren Gleichstromquelle wird das Schutzobjekt als Kathode (Minuspol) geschaltet. Als Anode (Pluspol) dienen im Erdreich vergrabene Fe-Si-Platten, die mit Koks und Fe-Schrott leitend eingebettet werden. Dabei muss je nach Werkstoff des Schutzobjektes die elektrische Spannung (das Schutzpotenzial) genau eingehalten und überwacht werden (Bild 12.7).

Fremdstromanode:

Werkstoff	Medium	Anwendung
GX70Si15	Erdreich	Anoden für erdverlegte Kabel, Tanks, Rohrleitungen

Die Fe-Si-Gusswerkstoffe werden auch für Armaturen und Pumpenteile in Kontakt mit heißen Säuren eingesetzt. Die Härte von 350 bis 450 HBW macht Spanungsarbeiten schwierig.

Tabelle 12.9: Normen zum Korrosionsschutz

Bezeichnung	Norm
Kathodischer Korrosionsschutz für Innenflächen von metallischer Schutzobjekte	**DIN EN 12499**/03
Kathodischer Korrosionsschutz mit Fremdstrom im Sohlebereich von Heizölbehältern aus unlegiertem Stahl	**DIN 50926**/92
Kathodischer Korrosionsschutz von metallischen Anlagen in Böden und Wässern	**DIN EN 12954**/01
Kathodischer Korrosionsschutz für unterseeische Rohrleitungen	**DIN EN 12474**/01
Kathodischer Korrosionsschutz von Stahl in Beton	**DIN EN ISO 12696**/09

Literatur- und Informationshinweise

Kaesche, H.:	Die Korrosion der Metalle. Springer, 1999	
AHC-Oberflächentechnik	Werkstoffguide	www.ahc-oberflaechentechnik.de
Internetportal, Korrosion- und Korrosionsschutz	Informations- und Lernangebot	www.korrosion-online.de
Werkstoffe Korrosion	Anwendungsorientierte Beiträge	www.werkstoffe-korrosion.de
Korrosionsschäden	Glossar, Bilddatenbank	www.corrosion-failures.com
DIN-Taschenbücher	Korrosionsschutz von Stahl durch Beschichtungen und Überzüge. Nr. 286/08 (Bände 1…4)	

13 Tribologische Beanspruchung und werkstofftechnische Maßnahmen

13.1 Allgemeines

13.1.1 Begriffsklärung

Überall, wo Körper aufeinander gleiten, versucht man durch Schmierstoffe die Reibung und den Verschleiß zu erniedrigen. Früher stand nur die Werkstoffpaarung oder nur der Schmierstoff im Mittelpunkt. Heute wird das Gesamtproblem betrachtet. Es tritt dort auf, wo

- Bauteile unter Kräften und in Relativbewegung aufeinander wirken,
- die Verschleißpartner mit dem Umgebungsmedium in Wechselwirkung treten

und wird als **tribologische Beanspruchung** (→) bezeichnet (Tabelle 13.1).

Diese Beanspruchung, die mit den Begriffen **Reibung**, **Verschleiß** und **Schmierung** umrissen wird, ist Gegenstand des Wissenschaftszweiges Tribologie.

„**Tribologie** zielt auf die Optimierung der Funktion, Wirtschaftlichkeit und Umweltverträglichkeit von Bewegungssystemen."

Ihr Wissen soll

- Maschinensicherheit erhöhen,
- Produktionskosten senken,
- Rohstoffe und Energie einsparen,
- Emissionen senken.

Das ist die Zielsetzung der Gesellschaft für Tribologie e.V. (GfT), Ernststr. 12, 47443 Moers. Infos und Arbeitsblätter: (www.gft-ev.de)

Tabelle 13.1: Tribologische Beanspruchung

Beanspruchung erfolgt durch	Auswirkung	Zeiteinfluss	Schadensfälle, Beispiele
Kräfte auf dünne Oberflächenschicht unter Relativbewegungen und chemisch-physikalischen Reaktionen mit dem Umgebungsmedium	Änderung des Reibverhaltens, Verschleiß, Funktionsstörungen, Leistungsabfall	Verschleiß steigt mit der Belastungsdauer	Erwärmung bis zur Blockierung von Lagerstellen, Wälzlagergeräusch, Werkzeugverschleiß

Wichtigstes Ergebnis dieser umfassenden Betrachtung ist die Erkenntnis, dass Reibung und Verschleiß keine Werkstoffeigenschaften sind, sondern sich aus der Gesamtheit der folgenden Einflüsse ergeben:

- Werkstoffpaarung,
- Schmierstoff,
- Kräfte und Geschwindigkeiten,
- Umgebungseinflüsse

und den Wechselwirkungen zwischen ihnen. Für diese Gesamtheit wurde der Begriff tribologisches System, **Tribosystem** eingeführt. Es ist in allen Bereichen der Technik zu finden (Tabelle 13.2 + 3).

Reibung und Verschleiß sind Eigenschaften des jeweiligen Tribosystems (→ Beispiel).

Beispiel: Verschleiß als Systemeigenschaft

Der 1883 von Hadfield entdeckte Manganhartstahl vom Typ X120Mn12 besitzt durch Abschrecken aus ca. 1000 °C ein metastabiles, austenitisches Gefüge mit niedriger Streckgrenze.

Härte und Verschleißfestigkeit erhält er nur durch *stoßende* oder *prallende* Belastungen. Dabei entsteht durch die oberflächliche Kaltverformung teilweise Martensit; die Härte steigt bis zu 700 HV.

Für Tribosysteme mit *schmirgelnder* Beanspruchung ist dieser Stahl nicht geeignet.

Anwendung: Brechbacken, Schläger und Roste für Maschinen der Hartzerkleinerung, Herzstücke von Weichen

13.1.2 Das tribologische System

Der Begriff System wird in der Technik immer dann verwendet, wenn eine Gesamtheit

- von **mehreren Elementen** einem
- **bestimmten Zweck** dienen, sich
- **gegenseitig beeinflussen** und
- **äußeren Einflüssen** ausgesetzt sind.

(→ Beispiele)

Beispiele: Kräftesysteme in der Mechanik zur Analyse der Beanspruchungsarten

Korrosionssystem (→ Bild 12.5)

Größere Systeme können in kleinere Teilsysteme untergliedert werden. Durch diese Betrachtungsweise lassen sich vielschichtige Systeme leichter

- analysieren (Systemanalyse),
- verändern und
- optimieren (Systemoptimierung).

Tabelle 13.2: Tribosystem

Elemente/Beispiele	Tribosystem	Elemente/Beispiele
2 **Gegenkörper** (-stoff): Wellenzapfen, Führungsprisma, Gestein, Pressmassen 3 **Zwischenstoff:** Schmierstoff (verschleißmindernd), Abrieb (verschleißfördernd) 1 **Grundkörper** (der für den Verschleiß wichtigere): Lagerschale, Führungsbahnen, Baggerschaufel, Förderband, Drehmeißel 4 **Systemumhüllende** sind die umgebenden Stoffe, meist Luft mit Anteilen an O_2, CO_2, SO_2 oder H_2O und Staub	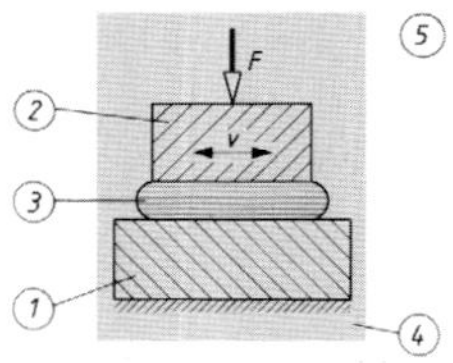	5 **Beanspruchungskollektiv,** bestehend aus den Größen: • **Normalkraft F_N,** nach Richtung, Betrag und zeitlichem Ablauf sehr unterschiedlich • **Relativgeschwindigkeit *v*** der Bewegung (gleitend, wälzend, stoßend, oder strömend bei Flüssigkeiten oder Gasen) • **Temperatur *T*** wirkt besonders auf die Zähigkeit (Viskosität) des Schmierstoffes ein und begünstigt zusammen mit der • **Beanspruchungszeit t_B** Reaktionen zwischen Verschleißpaarung und Umgebungsmedium

13.1.3 Der Bereich der Tribologie

Tribologische Probleme existieren in allen Bereichen der Technik und berühren Konstruktion und Fertigung von Bauteilen sowie die Unterhaltung von Maschinen und Anlagen. Verschleißbehaftete Vorgänge aus vielen Bereichen der Technik lassen sich in das Tribosystem einordnen (Tabelle 13.3).

Die Analyse eines Tribosystems geschieht in 4 Stufen:

I Funktion des Systems beschreiben,

II Beanspruchungskollektiv ermitteln,

III Struktur des Systems, d. h. Geometrie der Kontaktflächen, beteiligte Werkstoffe und ihre Wechselwirkungen kennzeichnen,

IV Verschleißkenngrößen angeben.

Mit Hilfe dieser systemorientierten Betrachtungsweise ist es möglich, vorhandene und neue Tribosysteme zu optimieren. Im Einzelnen geschieht das durch folgende Maßnahmen:

- **Reibung vermindern,** Wirkungsgrad steigern.
- **Verschleiß senken,** damit Lebensdauer und Zuverlässigkeit erhöhen.
- **Schmiermittelverbrauch** und damit Wartungskosten senken.
- Größere Verschleißteile **regenerierbar gestalten,** um damit die Instandhaltungskosten zu senken.

Dabei spielen die Werkstoffeigenschaften eine bedeutende Rolle.

Tabelle 13.3: Tribosysteme in der Technik

		Elemente des Tribosystems			
Funktion	Beispiele	Grundkörper 1	Gegenkörper 2	Zwischenstoff 3	Umgebungs-medium
Bewegung führen	Gleitlager Radsatz	Lagerschale Rad	Wellenzapfen Schiene	Öl, Fett Evtl. Fett	Luft Luft
+ abdichten	Kolben/Zylinder	Zylinder	Kolben	Öl	Abgas
Energie-übertragung	Getriebe	Antriebsritzel	Gegenrad	Getriebeöl	Luft
	Kupplung	Belag	Scheibe	–	Luft
Stoff--förderung	Bagger	Baggerzahn	Gestein	Staub	Luft
-bearbeitung	Spanen	Meißelflächen	Span	Kühlschmierstoff	Luft
-umformung	Schmieden	Gesenk	Werkstück	Oxidschicht	Luft
Stofffluss steuern	Auslassventil	Ventilkegel	Ventilsitz	Oxidschicht	Abgase

13.2 Reibung und Reibungszustände

13.2.1 Reibungskraft und Reibungszustände

Reibung ist der Widerstand, welcher die Bewegung von zwei aufeinander gleitenden oder -wälzenden Körpern hemmt oder auch verhindert (→ Haftreibung).

Haftreibung liegt ohne eine Relativbewegung vor. Sie gehört streng genommen nicht zum Bereich der Tribologie.

In der Berührungsfläche treten die Reibungskräfte paarweise auf (Aktion/Reaktion) und versuchen

- den schnelleren Körper zu bremsen und den
- langsameren oder ruhenden zu beschleunigen.

Beispiel: Motorkupplung beim Anfahren. Motorseite wird gebremst (evtl. abgewürgt), Getriebeseite wird beschleunigt.

Ursachen der Reibung sind Adhäsionskräfte durch ungleiche elektrische Ladungen (Dipolkräfte) und Mikrokontakte zwischen den Rauheitsspitzen mit der der Folge: → hohe Flächenpressung → Verformung → Verschweißung und Abscheren.

Die Reibungskraft $F = F_N\, f$ entsteht in der Kontaktfläche und wirkt längs des Reibungsweges. Diese Reibungsarbeit setzt sich überwiegend in Wärme um sowie zur plastischen Verformung und Abscheren der Mikrokontakte.

Um die Relativbewegung gegen den Widerstand der Reibungskraft aufrecht zu erhalten, muss Energie (Verlustarbeit) aufgebracht werden (Tabelle 13.4).

Reibungszahl f (auch μ) ist das Verhältnis von Normalkraft F_N und Reibungskraft F_R und wird durch Versuche ermittelt.

Tabelle 13.4: Reibungsarten

Haftreibung	Widerstand, der die Relativbewegung zweier sich berührender Körper **verhindert**
Gleitreibung	Widerstand, der die Relativbewegung zweier sich berührender Körper **hemmt**
Rollreibung	Widerstand, der das Rollen eines Zylinders auf der Unterlage hemmt, idealisiert mit Linienberührung und der Relativgeschwindigkeit Null (kein Schlupf)
Wälzreibung	Rollreibung mit Gleitanteil (Schlupf)
Innere Reibung (Viskosität)	Widerstand **in** einem Körper, der eine Relativbewegung innerer Volumen- oder Stoffteilchen behindert

13.2.2 Reibungszustände

Reibungszustand ist die Art der Kontakte zwischen den Reibpartnern. Er hat großen Einfluss auf Reibungszahl und Verschleiß.

Beispiel: Beim Anlaufen eines Verbrennungsmotors aus dem Stillstand werden diese Zustände nacheinander durchlaufen. Der stärkste Verschleiß tritt in der Anlaufphase mit kaltem Öl auf.

Festkörperreibung als Trockenreibung tritt bei direktem Kontakt der Reibpartner auf. Ursache der Reibungskräfte sind

- **Adhäsionskräfte** (→) und
- **Verformung** der Mikrokontakte.

Adhäsion ist das Haften von festen oder flüssigen Körpern aneinander. Die Kräfte beruhen auf ungleichen elektrischen Ladungen von Dipolmolekülen oder von Kettenmolekülen mit polaren (elektrische Ladung tragende) Seitengruppen wie Öle und Polymere.

Die Feingestalt technischer Oberflächen ist ein „Raugebirge". Bei Kontakt berühren sich nur die Spitzen. Mikrokontakte (Bild 13.1).

Diese wirkliche Berührungsfläche beträgt nur einen Bruchteil der scheinbaren (rechnerischen).

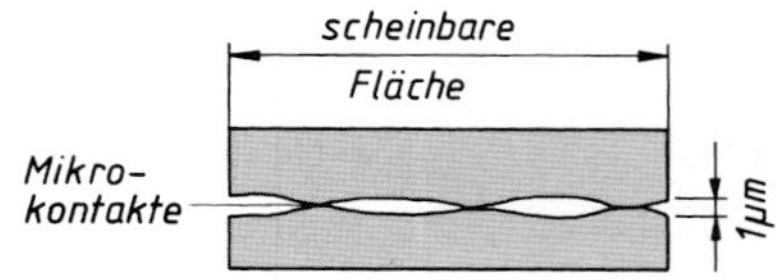

Bild 13.1 Mikrokontakte

Mikrokontakte sind gekennzeichnet durch hohe Flächenpressungen mit folgenden Erscheinungen:

- **Plastische Verformung** mit örtlich hohen Temperaturen,
- **Verschweißungen** und Abscherungen

infolge der Relativbewegung. Der Partner mit dem größeren E-Modul dringt mit seinen Spitzen in den anderen ein. Beim Gleiten schiebt er die Oberfläche des weicheren wulstartig vor sich her (ähnlich einer Rolle auf Kunststoffboden).

Verschweißungen zeigen besonders gleiche und weiche Metalle mit reinen Oberflächen und kfz-Metalle stärker als hexagonal strukturierte.

Bei ungleichen Kristallgittern ist das Verschweißen erschwert. Gegenüber liegende Atomschichten müssen zunächst eine gleiche Orientierung annehmen. Diese Gitterverzerrung erfordert Energie.

Die Oberflächenschichten werden dadurch im Mikrobereich

- impulsartig beansprucht,
- elastisch und plastisch verformt,
- schockartig erwärmt (Blitztemperaturen) und abgeschreckt (Rissbildung und Reibmartensit),
- durch abgelöste verfestigte Partikel zerfurcht,
- aktiviert, d. h. reaktionsfähiger gegenüber dem Zwischenstoff oder Umgebungsmedium.

Diese Einzelvorgänge kennzeichnen die **tribologische Beanspruchung** und die **tribochemische Reaktion**

Dieser stark verschleißende Vorgang tritt nur im Vakuum oder in Schutzgas auf. Bei Zutritt von Luft und von Schmierstoffen als Umgebungsmedium finden an den Werkstoffoberflächen tribochemische Reaktionen statt. Sie erzeugen **Grenzschichten** (→), die **Grenzschichtreibung** ermöglichen.

Grenzschichten vermindern Adhäsion, Reibung und die Mikroverformung und erhöhen damit die Belastbarkeit des Tribosystems.

Grenzschichten entstehen durch

- Luftsauerstoff als Oxidschichten,
- Adhäsion als angelagerte Moleküle der Schmierstoffe,
- Reaktion der Schmierstoffzusätze mit Metall als Sulfidschichten,
- Polymerisation von Kettenmolekülen der Schmierstoffe zu zähen Reibpolymeren, die aktivierte Oberfläche wirkt als Katalysator.

Grenzreibung tritt bei kleinen Geschwindigkeiten und hohen Belastungen der Reibpartner auf. Dabei wird ein vorhandener Schmierfilm örtlich durchbrochen.

Die Trennung der metallischen Stoffe wird durch die Grenzschichten übernommen.

Flüssigkeitsreibung. Kennzeichen ist die Trennung der Reibpartner durch einen lückenlosen Schmierfilm (→).

Voraussetzung ist ein Schmierfilm mit einer Mindestdicke h_0.

$$h_0 > R_{t1} + R_{t2},$$

d. h. h_0 muss größer als die Summe der Rautiefen sein.

Dann wird die **äußere Reibung** zwischen den Partnern in den Schmierstoff verlagert und zur **inneren Reibung** zwischen den Molekülen des Schmierstoffes. Die Übergänge zwischen den Reibungszuständen können an der Stribeck-Kurve verfolgt werden.

Die Kurve wurde erstmals 1902 von Stribeck aufgestellt.

13.2.3 Stribeck-Kurve

Bild 13.2 zeigt die Änderung der Reibungszahl μ in Abhängigkeit von der Drehzahl (Relativgeschwindigkeit) in einem geschmierten Gleitlager.

Die Reibungskraft im Lager, damit auch die Reibungszahl, besteht aus zwei Anteilen (Bild 13.2 gestrichelte Kurven):

- Reibungskraft F_{Rf} der Festkörperreibung,
- Reibungskraft F_{Rh} der Flüssigkeitsreibung.

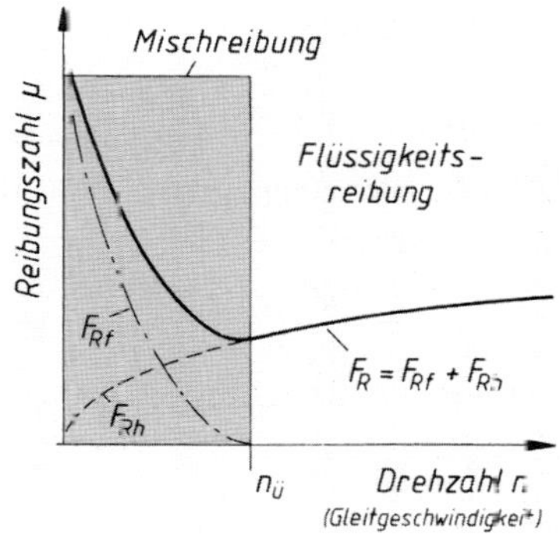

Bild 13.2 Stribeck-Kurve vereinfacht

Mit steigender Gleitgeschwindigkeit bildet sich mehr und mehr ein Schmierfilm aus, die Festkörperreibung F_{Rf} sinkt, bis bei der Übergangsdrehzahl $n_ü$ der Öldruck so groß geworden ist, dass kein Festkörperkontakt mehr erfolgen kann.

Im schraffierten Bereich der **Mischreibung** ist ein Steilabfall der Reibung erkennbar. Hier wechseln kurzzeitige Festkörperkontakte mit Flüssigkeitsreibung ab. Es kann zu ruckartigem Gleiten kommen (slip-stick). Der Öldruck reicht noch nicht aus, um einen tragfähigen Schmierfilm zu bilden.

Hier beginnt die **hydrodynamische** Schmierung. Die jetzt auftretende Reibung ist vom Viskositäts-Temperatur-Verhalten abhängig (→ 13.3.2). Lagerungen sollen oberhalb der Übergangsdrehzahl ohne die verschleißbehaftete Mischreibung arbeiten. Die Kurvenlage wird verschoben durch:

Im tiefsten Punkt der Kurve liegt reine **Flüssigkeitsreibung** vor, wenn die Festkörperreibung F_{Rf} zu Null geworden ist.

Verschiebung der Kurve nach links	Abflachung des rechten Kurvenastes durch
• dickflüssigeres Öl	• dünnflüssigeres Öl
• kleinere Flächenpressung	• größere Flächenpressung
• kleinere Rautiefe der Partner	• Öle mit Zusätzen (→ Strukturviskosität)

Flüssigkeitsreibung wirkt ohne Verschleiß allein im Schmierstoff, die Reibung hängt von dessen Viskosität ab.

Flüssigkeitsreibung, (auch Schwimmreibung oder Vollschmierung) d. h. die Erzeugung des beständigen Schmierfilms kann nach drei Mechanismen erfolgen (Tabelle 13.5).

Der lückenlose Schmierfilm entsteht durch Druckaufbau (Tabelle 13.5) von außen oder im Innern des Öles, Einflussgrößen sind Dicke des Schmierspaltes, Viskosität und Temperatur des Schmiermittels.

Tabelle 13.5: Erzeugung des Schmierfilms

hydrostatisch (aerostatisch)	Eine äußere Pumpe erzeugt vor dem Anfahren den Schmierfilm, der die Reibpartner trennt. Hydrostatischer Schmierfilm	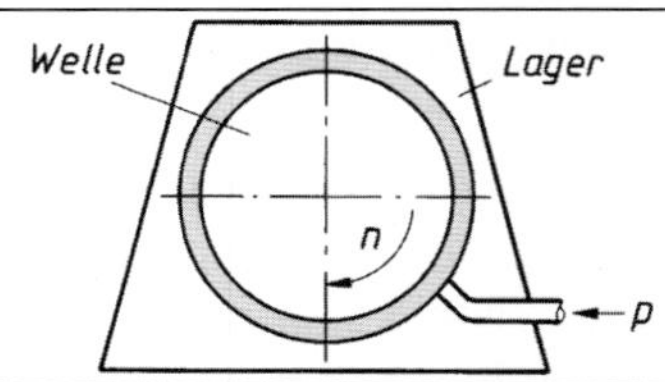
hydro-dynamisch (aero-dynamisch)	Druckaufbau durch Adhäsion der Ölmoleküle, die in den sich verengenden Spalt gezogen werden. Voraussetzungen sind ausreichende Relativgeschwindigkeit der Körper und Viskosität des Schmierstoffes. Hydrodynamischer Schmierfilm	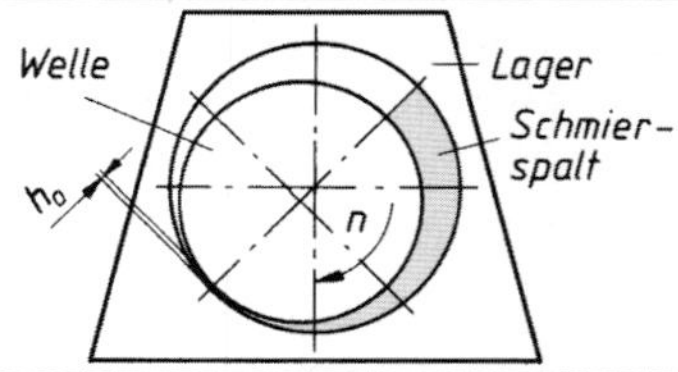
	Verdrängungswirkung von Flächen, die sich aufeinander zu bewegen Aquaplaning	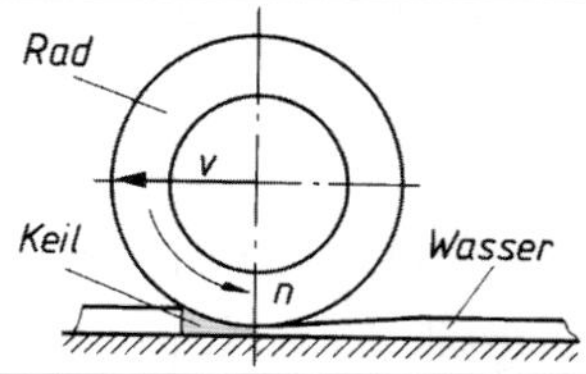

Tabelle 13.6: Zusammenfassung, Reibungszustände

Zustand	Kennzeichen	Verschleiß	Beispiel
Festkörperreibung Trockenreibung (im Vakuum)	Gleiten ohne Zwischenstoff. Bei Metallen erfolgt Adhäsion mit Stoffübertragung und Abscheren. Die Adhäsionsneigung ist umso kleiner, je unterschiedlicher die Kristallgitter der Partner sind.	Sehr hoch „Fressen“	Bremsbelag/Scheibe Radspurkranz/Schiene
Grenzschicht-reibung	Als Zwischenstoff treten Grenzschichten auf, die durch tribochemische Reaktionen der Reibpartner mit dem Umgebungsmedium (Luft) und dem Zwischenstoff (Ölzusätze) entstehen.	Grenzschichten vermindern Reibung und Verschleiß	Schnecken- und Hypoidgetriebe Drahtziehen
Grenzreibung	Durch Adsorption bilden sich auf oxidischen Oberflächen molekulare Schmierstofffilme.		
Mischreibung	Schmierfilm zeitweise unterbrochen, Festkörper- und Flüssigkeitsreibung wechseln ab.		Start mit kaltem Öl
Flüssigkeitsreibung	Lückenloser Schmierfilm, Reibung zwischen den Partnern wird verlagert in die Reibung zwischen den Schmierstoffmolekülen.	Reibung und Verschleiß minimal	Lager im Dauerbetrieb
Gasreibung	Lückenloser Gasfilm trennt die Reibpartner.		

13.3 Schmierstoffe

13.3.1 Allgemeines

Die vielfältigen Anforderungen bei den Tribo-Systemen in der Technik verlangen unterschiedliche Schmierstoffe. Neben der technischen Optimierung geht es dabei auch um die wirtschaftliche Optimierung, d. h. für jeden Anwendungsfall muss die erforderliche Güte und Mindestmenge eingesetzt werden.

Basis der meisten Schmierstoffe sind Mineralöle, d. h. Kohlenwasserstoffe mit unterschiedlicher Molekülform und -länge. Eigenschaften und das Betriebsverhalten der Schmierstoffe lassen sich z. T. aus der Molekülstruktur erklären.

Einteilung der Schmierstoffe erfolgt nach der Konsistenz in:

- **Öle** unlegiert, legiert (mit Zusätzen) oder synthetisch,
- **Fette**,
- **Festschmierstoffe.**

Basis sind Paraffinöle, aus Kettenmolekülen bestehend, die durch die Raffination von Benzolabkömmlingen sowie S-, O- und N-Verbindungen getrennt werden.

Daneben gibt es Naphtenöle, das sind Kettenmoleküle mit Ringschluss (keine Benzolringe).

13.3.2 Eigenschaften und Kenngrößen

Viskositätseinfluss

Viskosität (auch Zähigkeit) einer Flüssigkeit kennzeichnet die Kraft, mit der sich die Moleküle einer Verschiebung in Schichten widersetzen (innere Reibung) und ist wegen der Bedeutung für den Schmierfilm (Tabelle 13.7) ein wichtiges Unterscheidungsmerkmal von Schmierstoffen.

Ursache der Viskosität: Öle bestehen aus Kettenmolekülen, die miteinander verfilzt sind. Bei Bewegung müssen sie beschleunigt oder verzögert werden. Gleichzeitig erfolgt ein Abscheren, das zu kleineren Ketten führt (Alterung und Scherstabilität des Öles).

Tabelle 13.7: Einfluss der Viskosität

Viskosität	Auswirkung auf den Schmierfilm
zu niedrig (dünnflüssig)	Druck im Schmierspalt zu klein, Ölabfluss < Ölzufluss, → Mikrokontakte
zu hoch (dickflüssig)	Druck zu groß, innere Reibung steigt, starke Erwärmung

Strukturviskosität zeigen Stoffe mit einem geringeren Anstieg der Reibung bei steigender Gleitgeschwindigkeit, d. h. der rechte Ast der Stribeck-Kurve verläuft mit kleinerer Steigung, also flacher, d. h.:

- Steigende Schergeschwindigkeit ergibt
- fallende Viskosität.

Ursache und Wirkung: Öle enthalten Polymere, deren Fadenmoleküle regellos verteilt sind und die Flüssigkeitslamellen (Bild 13.3) verklammern. Mit zunehmender Gleitgeschwindigkeit richten sie sich parallel aus, die Klammerwirkung lässt nach und die Viskosität sinkt.

Schmiermittel mit Strukturviskosität sind besonders geeignet für Systeme, die mit ständig wechselnden Stillständen und Drehzahlen arbeiten, weil sie

- bei niedrigen Drehzahlen zäh genug sind, den Schmierfilm aufrecht zu erhalten,
- bei höheren Drehzahlen ihre Reibung niedriger ist als bei normalen Ölen.

Beispiel: Kraftfahrzeugmotoren und -getriebe

Strukturviskosität besitzen z. B.

Schmieröle durch Zusätze wie Polyisobutylen, oder Polymethacrylate, Schmierfette durch die Dickungsmittel (Seifen), Kunstharzlacke mit thixotropem Verhalten.

Tabelle 13.8: Übersicht, Einflüsse auf die Viskosität

Einflussgröße	Veränderung der Viskosität	Erklärung
Molekülbau	Mit steigender Moleküllänge steigt die Viskosität, ähnlich wirkt sich eine Verzweigung der Kettenmoleküle aus.	Längere Molekülketten haben größere Berührungsflächen, damit stärkere zwischenmolekulare Kräfte (→ 9.3.1), eine mechanische Verklammerung bei Verzweigungen wirkt im gleichen Sinne.
Temperatur	**Stärkste Einflussgröße!** Eine Temperatursteigerung um 10 °C erniedrigt die Viskosität auf die Hälfte bis ein Drittel. In der Kälte steigt sie stark an.	Die Wärmebewegung vergrößert den Abstand der Moleküle, dadurch fallen die abstandsabhängigen, zwischenmolekularen Kräfte stark ab.
Druck	Druckerhöhung steigert die Viskosität bei 2000 bar auf das 2...3-fache.	Die Zusammendrückbarkeit (Kompressibilität) von Flüssigkeiten ist gering, deshalb nur geringe Annäherung der Moleküle bei Druckerhöhung.
Zeit, Umgebungsmedium	Öle ändern mit der Zeit ihre Viskosität und damit die Schmierfähigkeit. Sie müssen periodisch ausgetauscht werden (Ölwechsel).	Oxidation durch den Luftsauerstoff, die Abbaustoffe verdicken das Öl (Verharzung). Thermischer Kettenabbau durch höhere Temperaturen und mechanischer Abbau der Ketten durch Scherbeanspruchung ergibt kürzere Moleküle, die Viskosität sinkt.

Viskositäts-Temperatur-Verhalten

Angestrebt wird eine geringe Temperaturabhängigkeit. Sie wird in Viskositäts-Temperaturdiagrammen dargestellt (Bild 13.3).

Starken Temperaturschwankungen sind z. B. Kfz-Motorenöle ausgesetzt:

- Kaltstart und Volllastbetrieb,
- Winter- und Sommerbetrieb.

Einbereichsöle zeigen zwischen den Temperaturen – 18 °C und + 100 °C einen starken Abfall der Viskosität, sodass sie nur im Winter (SAE 10W, Bild 13.4) oder nur im Sommer (SAE 50) die beiden gegensätzlichen Forderungen erfüllen (→):

Mehrbereichsöle überdecken mehrere der SAE-Klassen (SAE 10W-50), d. h. ihre Kurve verläuft flacher. Ideal wäre ein waagerechter Verlauf. Mehrbereichsöle enthalten Viskositätsverbesserer (→), deren Fadenmoleküle sich bei Erwärmen ausdehnen und dadurch verdickend wirken.

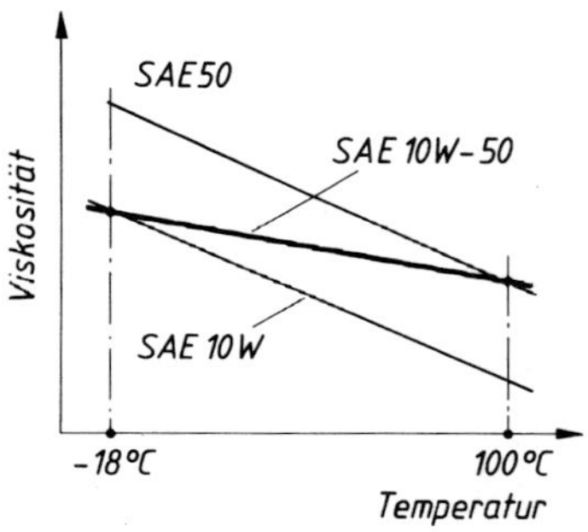

Bild 13.3 v, T-Kurven von Motorölen

Hinweis: SAE-Viskositätsklassen (Society of Automotive Engineers)

Anforderungen sind:

- Dünnflüssig genug, um den Kaltstart zu ermöglichen,
- Dickflüssig, um bei heißem Motor den Schmierfilm aufrecht zu erhalten.

Vikositätsverbesserer → Tabelle 13.9

13.3.3 Schmieröle

Mineralöle sind Mischungen aus linearen oder verzweigten Alkanen (Paraffinbasisöl) oder ringförmigen Cyclo-Alkanen (Naphtenbasisöl).

Schmieröle gibt es in drei Stoffgruppen jeweils mit mehreren Sorten nach Anwendungsgebieten (DIN 51502/90).

Unlegierte Öle sind nur für einfache Beanspruchungen geeignet. Die Vielzahl der Anforderungen bei den vielen Anwendungsbereichen, wie z. B. Kühlmaschinen, Dampfturbinen, Vakuumpumpen, Nahrungsmittelbearbeitung u. a. ergibt eine ebenso große Anzahl von Sorten.

Je nach Einsatzgebiet werden zusätzliche Anforderungen (Temperatur, Korrosion) durch Zusätze erreicht (Tabelle 13.9).

Mineralöle (Beispiele)
Umlaufschmieröle, Motoren-Schmieröle, Schmieröle für Kfz-Getriebe, Kältemaschinenöle, Kühlschmierstoffe, Wärmeträgermedien.

Hydraulikflüssigkeiten, schwer entflammbar, für Bergbau, Walzwerke und Flugzeuge.

Synthese-oder Teilsyntheseflüssigkeiten, biologisch abbaubar für Anlagen der Nahrungsmittelindustrie und Bauwesen.

In den Stoffgruppen unterscheiden sich die Sorten nach ihrer Viskosität (DIN 51519/98).

Tabelle 13.9: Zusätze zu Schmierölen

Eigenschaftsmangel	Zusätze (Additives)	Stoffe und Wirkungsweise
Viskosität sinkt stark mit steigender Temperatur	**VI-Verbesserer** (VI = Viskositätsindex). Die V, T-Kurve wird flacher	Polymere Kettenmoleküle ($M_r = 2\ (10^4 \ldots 10^6)$ aus PMMA, PE-PP, SB. Die Knäuelmoleküle strecken sich und erhöhen die innere Reibung.
Bei Misch-und Grenzreibung kommt es zu Adhäsionsverschleiß, die Reibungszahl steigt	**Verschleißminderer AW-** (anti-wear) und **EP-Zusätze** (extreme pressure)	Polare Zusätze bilden Adsorptionsschichten (elektrostatische Anziehung zum Metall), organische Cl-, Mo-, P-, S- und Zn-Verbindungen bilden durch Triboreaktionen Gleitschichten (die Reibungszahl sinkt).
Feststoffteilchen lagern sich auf den Metalloberflächen ab	**Detergentien**	Zusätze fördern die Benetzung durch Öl und lösen Ablagerungen ab.
Feststoffteilchen (Abrieb) lagern im kalten Öl ab	**Dispersantien**	Zusätze halten die Teilchen (Ruß) in Schwebe, keine Kaltschlammbildung.

13.3.4 Schmierfette

Schmierfette bestehen überwiegend aus einem **Grundöl**, das in eine faserige Struktur aus 5...25 % eines **Verdickungsmittels** eingebettet ist. Sie wirken im Schmierspalt durch langsame Abgabe von flüssigem Schmierstoff unter der Scherbeanspruchung und dichten die Schmierstelle gegen Eindringen von Wasser und Staub ab.

Kennzeichnende Eigenschaft ist die Konsistenz. Sie entspricht der Viskosität der Schmieröle und wird durch die **Konuspenetration** (→) ermittelt.

Die homogene Mischung aus Öl und Verdickern soll bei Lagerung und im Einsatz unter **Druck** und **Temperatur** bei evtl. **Wasserzutritt** stabil bleiben. Sie beeinflussen die Wahl des **Verdickungsmittels** (→).

Seifen entsprechen den Salzen der Metalle, hier mit Mineralsäuren. Verwendete Metalle sind (→)

Komplexfette enthalten Seifen, die aus kurz- und langkettigen Mineralsäuren hergestellt werden. Li-Komplexfette sind bis 170 °C einsetzbar (für Wälzlager meist verwendet).

Grundöle sind je nach Anforderungen

- mineralisch für allgemeine,
- pflanzlich/tierisch für Bioverträglichkeit, z. B. Rapsöl,
- synthetisch, z. B. Silikonöl, wenn z. B. höhere Temperaturen, Geschwindigkeiten oder Drücke auftreten.

Norm: Ermittlung der Konuspenetration nach DIN ISO 2137/97: Ein Kegel wird unter genormten Bedingungen in das Fett gedrückt. Zähes Fett lässt ihn weniger eindringen als dünnflüssigeres. Der Eindringweg (Penetration) ergibt eine Kennzahl, die zwischen 000...0 (Fließfett) und 1...6 (weich...steif) liegt.

Verdickungsmittel aus Metallseifen

Metall	Eigenschaften	T °C
Na	H_2O-empfindlich	...100
Ca	H_2O-beständig	-40...60
Li	**H_2O-beständig**	**-20...130**

Seifenfreie Verdickungsmittel sind z. B: Polyharnstoffe, wasserverträglich, bis 160 °C ein-

Zusätze (bis zu 5 %) verbessern die Notlaufeigenschaften durch Einbetten in die Mikrovertiefungen der Oberflächen.

setzbar, antikorrosiv wirkend. Bitumen mit starker Haftung, für offene Schmierstellen (Seilbahnen)

Zusätze sind Molybdändisulfid, Graphit oder PTFE.

13.3.5 Festschmierstoffe

Diese Stoffe können aufgrund ihrer Kristallstruktur in dünnsten Schichten abscheren. Dabei bleiben kleinste Partikel in den Rauheitsmulden zurück, wo sie die Oberflächen glätten und Mikrokontakte verhindern. Voraussetzung ist eine genügend kleine Partikelgröße (0,1...1 µm).

Festschmierstoffe werden eingesetzt bei hohen Temperaturen oder bei Forderung nach Ölfreiheit (Tabelle 13.10).

Die Strukturen der Festschmierstoffe sind sich ähnlich: Molekülgitter mit starken Kräften innerhalb der netzartigen Moleküle und schwache Kräfte (größere Abstände) zwischen ihnen.

Hinweis: Kristallgitter des Graphits, Bild 1.7

Anwendung für Gleitlager mit niedrigen Gleitgeschwindigkeiten, oszillierenden Bewegungen im Mischreibungsgebiet, bei Forderung nach Ölfreiheit und bei hohen Temperaturen, z. B. bei Schrauben an Auspuff- und Rohrleitungsanlagen.

Tabelle 13.10: Festschmierstoffe, Eigenschaften und Anwendung

Stoff	Beschreibung	Anwendung [1)]
Talkum	Magnesiumsilikat, weißes Mineral, fettiger Griff	Pulver, Gleit- und Trennmittel für z. B. Reifendecke/Schlauch, in Kabeln, Schneiderkreide
Graphit	Reiner Kohlenstoff, schwarzes Mineral, höhere Wärmeleitfähigkeit und Temperaturbeständigkeit in Luft (550 °C) als MoS_2, preisgünstiger	Pulver (4...25 µm) für Sicherheitsschlösser, Pasten mit rückstandsfrei verdampfenden Flüssigkeiten. Zusatz zu Fett und Öl, Bestandteil von Sinterwerkstoffen für Gleitzwecke (Stromabnehmerteile, Kolbenringe f. Gaskompressoren)
Bornitrid (hex. BN)	Wegen des Graphitgitters als weißer Graphit bezeichnet, in Luft stabil bis 1000 °C, in Inertgas bis 1800 °C	Beschichtung (sog. coatings) mit Spray bzw. Pasten (Schlichte) von gießtechnischen Geräten und Anlagen, die mit Al-, Mg-, Zn-, Pb-Schmelzen oder Schlacken Kontakt haben. Geringe Benetzung und Reibung zwischen Schmelze/Wand. Trennmittel beim Löten, Sintern und Warmumformen
Molybdändisulfid MoS_2	Synthetische Verbindung, bleigraue Kristalle, höhere Druckfestigkeit (Dichte) und Beständigkeit im Vakuum (Pumpen) als Graphit, bis ca. 400 °C beständig, mit Korngrößen von 0,1...10 µm	Pulver und Pasten für Grundbehandlung von Gleitstellen, die nicht mehr nachgeschmiert werden können: Stopfbuchsenpackungen, Kreuzgelenke. Gleitlacke für Nabe-Welle-Verbindung zur Verhütung von Reiboxidation (Passungsrost), Bestandteil von Sinterwerkstoffen für Gleitzwecke (in Verbindung mit PTFE (Teflon) und hex. BN (HBN))

1) Festschmierstoffe sind auch Bestandteil von Verbundwerkstoffen für Gleitfunktionen (Sinterlager).Weitere Anwendungsformen sind Pasten, Sprays.

13.4 Verschleiß

Verschleiß ist der Materialverlust durch die tribologische Beanspruchung. Dabei wird die Oberfläche der Reibpartner so beansprucht, dass sich ständig Partikel ablösen (→).

Die Abtragung erfolgt nach unterschiedlichen, physikalisch-chemischen Mechanismen. Sie treten oft in Kombination auf (Tabelle 13.11).

Beispiel: Ablauf der Beanspruchungen:

- Schockartige Erwärmung der Rauspitzen durch Reibung und Abschrecken durch Wärmeleitung nach innen,
- evtl. Martensitbildung verfestigt (sog. Reibmartensit) und versprödet,
- abgelöste Partikel zerfurchen (Abrasion) und aktivieren chemisch.

13.4.1 Verschleißmechanismen

Tabelle 13.11: Verschleißmechanismen

Verschleiß-mechanismus	Kennzeichen	Erscheinungsbild	Gegenmaßnahmen
Adhäsion	Verschweißungen im Mikrobereich, wo örtlich hohe Temperaturen (Blitztemperaturen) auftreten	Fresserscheinungen, Bremsspuren, Aufbauschneide	Reibpartner mit unterschiedlicher chemischer Struktur wählen
Abrasion (Furchung)	Zerspanung im Mikrobereich, Riefen durch harte Teilchen im Zwischenstoff oder durch die Adhäsion entstandene, abgescherte, verfestigte Teilchen	Riefen auf z. B. Bremsscheiben oder an Gleitlagern bei verunreinigtem Öl	Hartstoffpartikel im Grundkörper, Einbettungsfähigkeit des Gegenkörpers
Oberflächen-zerrüttung	Rissbildung in der Oberfläche durch wechselnde Spannungen und Verformungen hervorgerufen	Grübchenbildung bei Wälzlagern, an Zahnflanken	Dickere Randschicht, gehärtet (bei Stahl)
Tribo-chemische Reaktion	Reaktionsprodukte beeinflussen den Verlauf des Verschleißes. Sie entstehen durch Reaktion der Reibpartner mit dem Umgebungsmedium unter Wirkung der Tribobeanspruchung	Reiboxidation, (Passungsrost), Wirkung der Öl-Additiva auf die Oberflächen (Hypoidöle)	Festschmierstoffe in dünnen Zwischenschichten

13.4.2 Verschleißarten

Für den Verlauf des Verschleißvorganges ist die eingeleitete Energie, d. h. der zeitliche Ablauf von Kräften (konstant, stoßartig) und die Richtung von Relativbewegungen maßgebend. Danach werden zahlreiche Verschleißarten unterschieden (Tabelle 13.12). Bei offenen Tribosystemen (Materialförderung) tritt meist **Erosion** auf.

Das folgende Beispiel soll zeigen, dass der Begriff *verschleißfester Werkstoff* relativ ist. Zur Beurteilung müssen insbesondere die Verschleißarten und Verschleißmechanismen betrachtet werden.

Begriffe: Offene Tribosysteme liegen bei der Materialförderung vor. Der Grundkörper wird einem ständig sich erneuernden Gegenkörper ausgesetzt.

Erosion: Allgemein die Abtragung von Werkstoff durch strömende Medien.

Hier unterteilt z. B. in:

Festkörper-, Flüssigkeits-, Tropfenschlag-, Gas- und Kavitationserosion.

Erosionskorrosion, wenn Korrosionsprodukte (Schutzschichten) durch Erosion fortwährend abgetragen werden.

Beispiel (Bild 13.4)**:** Strahlverschleiß (→) von pneumatisch gefördertem Gut, das unter **verschiedenen Winkeln** auf eine Fläche (Stahl oder Gummi) trifft. Das Diagramm zeigt das Verschleißverhältnis von Gummi zu S235J0 (St 37).

Bei einem **flachen** Anstrahlwinkel (Gleit-oder Schrägstrahlverschleiß) zeigt Gummi einen mehrfachen Verschleiß. Bei **senkrechtem** Strahl (Prallstrahlverschleiß) ist der Gummi widerstandsfähiger als der Stahl.

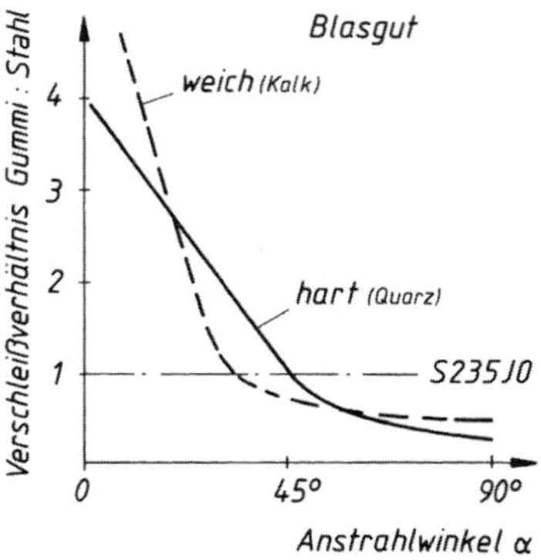

Bild 13.4 Einfluss des Anstrahlwinkels auf den Verschleiß bei der pneumatischen Förderung (nach *Uetz*)

Es zeigt sich, dass Härte allein nicht gleichzeitig höhere Verschleißfestigkeit bedeuten muss.

Verschleißfestigkeit ist eine Eigenschaft des gesamten Tribo-Systems.

Tabelle 13.12: Verschleißarten

Verschleiß-paarung	Verschleißart	Beanspruchung	Beispiele	Erscheinungsform des Verschleißschadens
Festkörper mit und ohne Schmierung	**Gleitverschleiß**	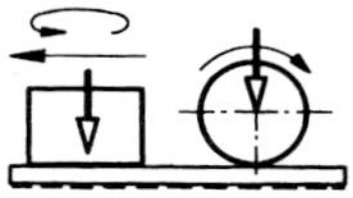	Gleitlager Führungsbahnen Drehmeißel	Fressen, Riefen, Laufspiegel, Rattermarken, Riefen, Verschleißmarken, Auskolkung
	Wälzverschleiß (Rollverschleiß mit Schlupf)	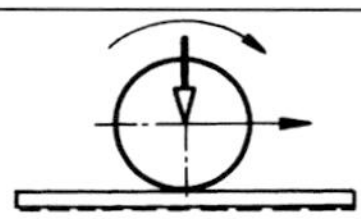	Wälzlager, Zahnflanken, Werkzeuge für Gewinderollen	Grübchenbildung (Pittings), Abblätterungen, Schälungen
	Stoßverschleiß	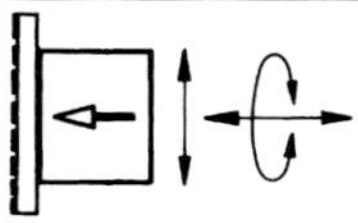	Ventilstößel und -sitze, Prägewerkzeuge	Grübchenbildung, Schälungen, Ausbrechungen
	Schwingverschleiß	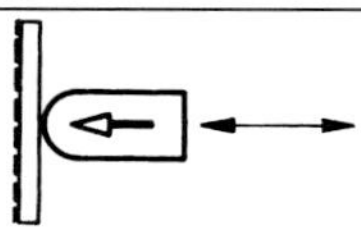	locker sitzende Spann- und Schrumpfverbindungen	Passungsrost (Reiboxidation), Aufrauhen der Oberfläche, Fressen, Oxidwallbildung
Festkörper mit Partikeln als Zwischenstoff (Abrasion) Festkörper mit Gegenstoff	**Korngleitverschleiß** **Kornwälzverschleiß** **Gleitverschleiß** abrasiv ↓ erosiv	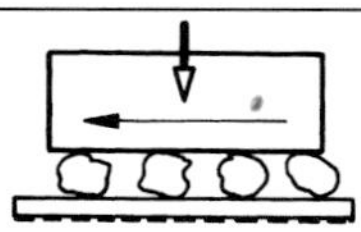 Gegenkörperfurchung Teilchenfurchung	Staub in Gleitlagerstellen: Förderketten Schienenfahrzeuge: Laufflächen Baggerlöffel, Förderrutschen für Gestein Strangpressen von keramischen Massen	Kratzer, Riefen, Einbettung harter Teilchen Walzspuren, Einbettung harter Teilchen, Riefen, Ausbrechungen flache Riefen, Auswaschungen (Mulden)

13.4.3 Verschleißmessung und -kenngrößen

Betriebsversuche in realen Tribosystemen sind sehr aufwändig, solche mit einzelnen Bauteilen weniger. Modellversuche mit Probekörpern (dem Bauteil und seiner Beanspruchung ähnlich) oder mit einfachen Probekörpern sind leicht wiederholbar und in den Einflussgrößen variabel.

Von den vielen „Tribometern“ mit geometrisch unterschiedlichen Körpern und Gegenkörpern ist als Beispiel das Stift-Ring-Tribometer dargestellt (Bild 13.5).

Verschleiß kann durch die Änderung z. B. als Längenabnahme, Volumen- oder Massenverlust gemessen und zu Bezugsgrößen in Verhältnis gesetzt werden.

Dadurch ergeben sich spezifische, vergleichbare Werte (Beispiele Tabelle 13.13), gleiche Versuchsbedingungen vorausgesetzt.

Vielfach wird eine bestimmte Werkstoffpaarung als 1 oder 100 % gesetzt und im Vergleich mit anderen Paarungen ein relativer Verschleißwiderstand ermittelt (Bild 13.5).

Modellversuche bilden die zahlreichen Systemelemente des Triboystems nach. Beispiele:

- Werkstoffe gegen Vergleichswerkstoff, meist 100Cr6, gehärtet,
- Geometrie der Körper (Stift/Scheibe, Stift/ Walze, Walze/ Ebene, 4-Kugeln),
- Kraft (konstant), Bewegung (gleichbleibend, schwellend oder intermittierend),
- Zwischenstoff (Vakuum, Luft, Schmierstoff, Schleifpapier.

Beispiel: Verschleißprüfung mit Stift-Ring

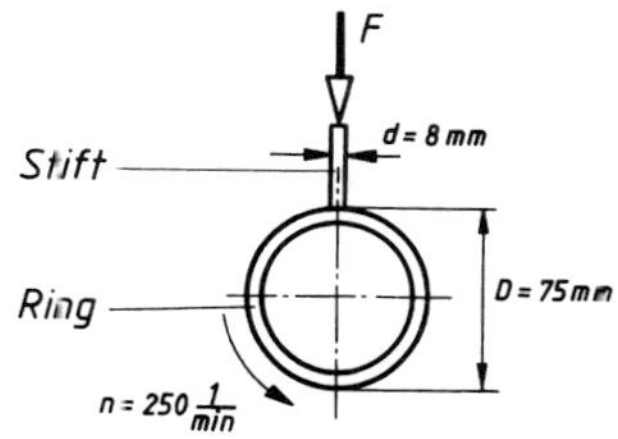

Bild 13.5 Stift-Ring-Anordnung

Verschleißwiderstand ist der Kehrwert der Verschleißgrößen.

Tabelle 13.13: Beispiele für Verschleißkenngrößen

Messgröße	Bezugsgröße	Verschleißgröße W	Formelzeichen	Einheit (Beispiel)
Länge *l*	Zeit *t*	Verschleißgeschwindigkeit	$W_{l/t}$	mm/h
Volumen *V*	Weg *s*	Verschleiß-Weg-Verhalten	$W_{V/s}$	mm³/km
Masse *m*	Weg *s*		$W_{m/s}$	g/km

13.4.4 Verschleißschutz

Maßnahmen zur Verminderung des Verschleißes müssen das jeweilige Tribosystem analysieren und versuchen durch Änderung der Einflussgrößen den Verschleiß zu vermindern. Im Einzelnen sind dies (Übersicht):

Übersicht: Maßnahmen zum Verschleißschutz

Maßnahme	Beispiele
Belastung ändern	Flächenpressung verkleinern
Bewegungen ändern	Wälz- statt Gleitvorgänge vorsehen
Zwischenstoff ändern	Schmierstoff mit anderer Viskosität oder mit Zusätzen
Verschleißmechanismen berücksichtigen	Den überwiegenden Mechanismus durch Werkstoffänderung *eines* Partners (oder beider) verkleinern oder ganz unterdrücken

Werkstoffpaarungen haben unterschiedliche Widerstände gegenüber den 4 Verschleißmechanismen. Einflussfaktoren sind:

- die Härte der Partner,
- chemische Bindungen und Kristallgitter der Stoffe in den Oberflächen, die sich berühren.

Damit kann Verschleißschutz durch Werkstoffänderung auf zwei Wegen erreicht werden.

- Massive Ausführung des auf Verschleiß beanspruchten Bauteiles aus entsprechenden Werkstoffen wird oft bei Bauteilen von offenen Systemen mit verschleißenden Gütern gewählt.
- Beschichtung der Bauteile mit Schichtwerkstoffen, die der Tribobeanspruchung angepasst sind (→).

Stähle können durch Wärmebehandlung im Randbereich verändert werden (Tabelle 13.14).

Dabei muss ein größerer Verschleißabtrag konstruktiv berücksichtigt werden.

Beispiel: Baggerschaufeln, Wiederaufarbeitung durch Auftragschweißen.

Hinweis: Schichtwerkstoffe, Eigenschaften und Verfahren zum Aufbringen sind im Abschnitt 11.2 behandelt.

Tabelle 13.14: Verschleißschutzschichten durch Stoffeigenschaftändern

Werkstoffe	Schicht	Schutzwirkung	Verfahren	Hinweis
C-arme Stähle	Martensit	Abrasion, Oberflächenzerrüttung	Einsatzhärten	5.6.3
Vergütungsstähle			Randschichthärten	5.6.2
Nitrierstähle	Fe- und Al-Nitride	Adhäsion	Nitrieren	5.6.4
Werkzeugstähle	Fe-Boride	Adhäsion, Abrasion	Borieren	5.6.5
Temperguss	Ledeburit, Fe-Carbid	Adhäsion, Abrasion	Umschmelzhärten	5.6.2

Adhäsion bewirkt Stoffübergänge mit Aufschweißungen im Mikrobereich und evtl. zusätzlicher Abrasion durch abgescherte, kleine Teilchen z. B. bei Mangelschmierung in Lagerstellen. Ursache sind Diffusionsvorgänge an der Grenzfläche. Bei der Kombination Metall/Metall sind kfz-Metalle ungünstig, weniger adhäsiv sind:

- krz und hex kristallisierende Metalle mit
- heterogenen Gefügen,
- Metall gegen Kunststoff und (→)
- Metall gegen Keramik.

Kunststoffe und keramische Stoffe neigen wegen der festen Bindung ihrer Elektronen nicht zu Adhäsion und sind auch gegenseitig als Partner geeignet. Hartstoffschichten gehören ebenfalls dazu. Auch Festschmierstoffe mindern die Adhäsion (Tabelle 13.9).

Beispiele: Stahlteile (krz) werden von jeher mit Lagermetallen auf der Basis Cu, Sn, Pb oder Al (mit anderem Kristallgitter) kombiniert.

Kunststoffe (PFTE, PA) haben geringe Haftneigung zu Metallen.

(→ Lagerwerkstoffe 11.3)

Bei hohen Temperaturen bewähren sich Legierungen auf Co-Basis (hex.) oder nicht-metallische Stoffe (Graphit, Siliciumcarbid SiC, Siliciumnitrid Si_3N_4).

(→ keramische Werkstoffe 8.4)

Hinweis: Festschmierstoffe → Tabelle 14.14).

Abrasion (Furchung) durch harte Teilchen des Gegenkörpers tritt insbesondere bei Anlagenteilen zur Förderung oder Zerkleinerung von mineralischen Stoffen auf. Zum Schutz sind dickere Schichten von Hartstoffen erforderlich.

Auskleidungen von Rinnen, Rutschen und Rohren mit Schmelzbasalt oder Oxidgemischen von Al- und Zr-Oxiden zu Formstücken vergossen.

Beispiele: Auftragschweißen von Hartlegierungen in Schichten bis zu 6 mm (→ 11.3.4)

Massive Werkstoffe müssen einen hohen Carbidanteil im Gefüge besitzen. Das bedeutet Einsatz hoch legierter Werkstoffe (→).

Zerspanungswerkzeuge werden gegen die Aufbauschneide (Adhäsion), Kolk- und Freiflächenverschleiß (Abrasion) durch Hartstoffschichten geschützt.

Bei Abrasion sollte die Härte des Grundkörpers um den Faktor 1,3 höher sein als die des angreifenden, abrasiven Stoffes. Dann bleibt der Verschleiß gering (Tieflage), während bei Unterschreiten des Wertes der Verschleiß steil ansteigt (Hochlage).

Hartstoffschichten für Werkzeuge und Bauteile bieten wegen ihrer Härte Schutz gegen Abrasion. Die Adhäsionsneigung variiert und hängt von der chemischen Struktur ab (Tabelle 13.15).

- **Carbide** haben einen höheren Metallbindungsanteil. Bei hohen Schneidentemperaturen sind sie gegenüber Stählen durch Diffusionsverschleiß weniger widerstandsfähig als
- **Nitride** (Atombindungsanteil hoch) oder
- **Oxide** (Ionenbindungsanteil hoch).

Mehrfachschichten (Multilayer) bauen die Eigenspannungen ab und kompensieren die unterschiedlichen Wärmedehnungen zwischen Grundwerkstoff und Schichten (→ Bild 11.12).

Reibungs- und verschleißarme Werkstoffpaarungen im Trockenlauf werden z. B. für Gelenkprothesen oder Geräte benötigt, die im Vakuum oder in Kontakt mit Lebensmitteln usw. arbeiten.

Oberflächenzerrüttung entsteht z. B. bei Wälzlagern und Zahnflanken durch

- periodische, hohe Druckbeanspruchung an
- punkt- oder linienförmigen Berührungsstellen.

Dabei entstehen Risse unterhalb, parallel zur Oberfläche. Als Folge lösen sich dünne Partikel aus der Oberfläche heraus, so dass winzige Grübchen übrig bleiben (Pitting-Bildung).

Verschleißfestes Gusseisen (→ 6.7)

Ledeburitische Werkzeugstähle (→ Tabelle 4.29)

Beispiele: Beschichten von Wendeschneidplatten, Fräsern, Bohrern, Stanz- und Schnittwerkzeugen. (→ Tabellen 11.16 + 11.17).

Dünne Schichten (1-10 µm) aus zahlreichen Werkstoffen und -kombinationen (↓) durch CVD/PVD-Verfahren hergestellt, haben z. T. geringste Reibzahlen, auch beim Trockenspanen.

Tabelle 13.15: Vergleich von Hartstoffschichten

Hart-Stoff	Widerstand gegen Adhäsion	Widerstand gegen Abrasion	Härte HV 0,05
Diamant	+++	++++	10000
TiC	+	+++	3100
TiCN	++	+++	3000
TiN	++	++	2300
TiAlN	++	+++	3000
Al_2O_3	+++	++	2100

Bedeutung: + mittel; ++ hoch: +++ sehr hoch: ++++ extrem hoch

TiAlN-Schichten sind hoch oxidationsbeständig (durch Bildung von Al-Oxid), warmhart und gering wärmeleitend, günstig für Trockenspanen und HSC-Bearbeitung.

CrN-Schichten (PVD) sind zäh, chemisch und thermisch stabil, geringe Adhäsion günstig für Umformwerkzeuge und Kunststoffformen.

TiC-Schichten (CVD) haben hohe Härte und Haftfestigkeit auf HS- und Stahlwerkstoffen, hoch abrasivbeständig, weniger gegen Adhäsion und Oxidation.

Beispiele: Beschichtung von Titanprothesen mit Kohlenstoffschichten. (→ Tabelle 11.17) Gleitelemente aus PFTE (Teflon) oder PE für Gegenkörper aus Stahl.

Widerstand gegen Oberflächenzerrüttung bieten zähe Werkstoffe mit hoher Härte, oder gehärteten Oberflächen, z. B. durch Einsatzhärten erzeugt und mit Dicken von min. 0,2…0,3 x Modul in mm. (→ Einsatzstähle 5.6.3)

Höhere Lebensdauer wird auch durch hohe Reinheitsgrade der Stähle erreicht, z. B. mit vakuumerschmolzenen Stählen.

(→ Wälzlagerstähle 4.6.1)

Tribochemische Reaktionen wirken sich auf die chemisch unbeständigen Metalle aus, Edelmetalle, Kunststoffe und Keramik sind nicht gefährdet.

In vielen Fällen ist die Oxidbildung durch Luftzutritt für die Grenzschicht erwünscht. Schmierstoffzusätze (EP-Zusätze) nutzen solche Reaktionen aus, um dünne, gleitfähige Grenzschichten aufzubauen.

Beispiel: Bei Stahl tritt in Schrumpfverbindungen bei Zutritt von Luft die sog. Tribooxidation (Passungsrost) auf. Ursache ist die Aktivierung der Oberflächenatome durch die minimale Relativbewegung bei elastischen Formänderungen. **Abhilfe** durch Gleitlacke oder Pasten, evtl. Umkonstruktion von form- zu kraftschlüssigen Verbindungen.

Verschleißschutz von Leichtmetallen

Leichtmetalle haben große Bedeutung für den Leichtbau von Fahrzeugen zur Einsparung von Masse und damit Treibstoff. Durch ihre niedrige Oberflächenhärte sind die Metalle Al, Mg und Ti und ihre Legierungen empfindlich gegen Verschleiß und können durch elektrochemisch aufgebrachte Schichten geschützt werden (Tabelle 13.16).

Beispiele: Kfz-Räder aus Al- oder Mg-Legierungen, Beschlagteile, Hydraulik-Zylinder aus Al-Rohren, Gebläserotoren aus Ti-Legierungen.

Tabelle 13.16: Verschleißschutz für Leichtmetalle

Werkstoffe	Schicht	Beschreibung	Verfahren	Hinweis
Aluminium und Legierungen	Al-Oxid, (Kepla-Coat [1])	z. T. in das Substrat einwachsend, elektrisch isolierend, auch Korrosionsschutz	Hartanodisation, plasmachemische Oxidation	7.3.3
Magnesium und Legierungen	Mg-Oxid (Al, Cu), (Magoxid-Coat [1])	konturentreue Beschichtung 15…20 µm, Korrosionsschutz	Plasmachemische Oxidation	–
Titan und Legierungen	Titancarbid, Titannitrid	Eindiffundieren von C, O und N in die Randschicht	Tiduran®- und Tidunit®-Verfahren	7.6.3
Alle	Ni-P + (SiC)	Außenstromloses Abscheiden von Ni-P		11.2.6

[1] ® AHC-Oberflächentechnik (www.ahc-oberflächentechnik.de)

Beispiel: Tribosystem Kolben/Zylinderlauffläche in Kfz-Motoren.

Monolithische Zylinder-Kurbelgehäuse aus Al-Druckguss-Legierungen müssen durch Beschichtung verschleißfester gemacht werden (→).

Beschichtung durch außenstromlos abgeschiedene Schichten aus Ni mit feinsten Einlagerungen von NiP und evtl. Hartstoffteilchen aus SiC (→ 11.2.6), z. B. für Motoren im Rennsport eingesetzt.

Motoren mit höherer Laufleistung bestehen heute aus übereutektischen AlSi-Legierungen, z. B. Al Si17CuMg (Alusil ®). Steigender Si-Gehalt erhöht den Verschleißwiderstand (→), verschlechtert jedoch die Gießeignung für komplexe, dünnwandige Bauteile.

Tragkristalle im Gefüge sind hier die primär ausgeschiedenen Si-Kristalle mit einer Härte von ca. 1400 HV. Durch Hohnen bzw. Ätzen entstehen in der eutektischen Grundmasse flache Riefen oder Mulden als Schmierstoffreservoir für die hydrodynamische Schmierung.

Moderne Verbundlösungen: Zylinderlaufbüchsen aus hoch Si-haltigen Al-Legierungen, werden pulvermetallurgisch hergestellt und eingegossen. Der prozessbedingte Anteil von Al-Oxid erhöht den Verschleißwiderstand (→ Sprühkompaktieren 11.1.8).

Alternativlösung: Herstellen poröser Zylinderbuchsen (Preform) aus Si-Kristallen, die in die Kokille eingelegt und beim langsamen Einströmen der Schmelze getränkt werden. So entsteht eine hoch Si-haltige Laufflächenschicht, die ohne Trennfläche in den Gehäusewerkstoff übergeht.

(Lokasil®, Kolbenschmidt).

Literaturhinweise

Fachzeitschrift — Tribologie und Schmierungstechnik. Curt Vincentz Verlag, Hannover

GfT, Gesellschaft für Tribologie — Arbeitsblatt 7/2002 Tribologie Definitionen Begriffe Prüfung und weitere Blätter zur Schmierung von Wälzlagern, Zahnrädern u. a. (www.gft-ev.de)

Czichos, H.; Habig, K.-H.: Tribologie-Handbuch. Vieweg+Teubner, 2010

Gießmann, H.: Wärmebehandlung von Verzahnungsteilen. Expert-Verlag, 2004

Pursche, G. (Hrsg.) Oberflächenschutz vor Verschleiß. Verlag Technik Berlin, 1990

Duesmann, M.: Hochleistungsbauteile für Verbrennungsmotoren. Expert-Verlag, 2004

VDI-Bericht 624 Beschichtungen für Hochleistungsbauteile VDI-Verlag, 1986

VDI-Bericht 1764 Zylinderlaufbahn, Hochleistungskolben, Pleuel VDI-W, 2003

AWT Verschleißschutz-Ratgeber (www.iwt-bremen.de)

Firmen-Informationen (→ auch bei 11.2, Schichttechnik)

AHC-Oberflächentechnik — Gleit- Trenn- und Verschleißschichten auf Eisen und NE-Metallen (www.ahc-oberflächentechnik.de)

Bodycote Metal Technology — Beschichtungen und Wärmebehandlung (www.bodycote.de)

Verschleißschutztechnik Keller — Beschichten von Werkzeugen für Umformen, Zerspanen, Druckgießen (www.vst-keller.de)

Fraunhofer-Institut Schicht- und Oberflächentechnik — Reibungsminderung und Verschleißschutz (www.ist.fhg.de)

14 Überlegungen zur Werkstoffwahl

14.1 Auswahlprinzip für Werkstoffe

14.1.1 Anforderungs- und Eigenschaftsprofil

Jedes Bauteil einer Maschine, Anlage usw.) arbeitet im Zusammenhang mit anderen Maschinenteilen (ist „in Funktion"). Dabei wird es durch zahlreiche äußere Einflüsse beansprucht (→ Übersicht).

Es sind dies vor allem äußere Kräfte, die innere Spannungen erzeugen. Hinzu kommen die Einflüsse des umgebenden Mediums, Temperatur, Druck und chemisch angreifende Stoffe.

Diese Beanspruchungen ergeben zusammen das **Anforderungsprofil** an das Bauteil. Es wird mit Hilfe anderer Fachgebiete (Mechanik, Mathematik, Chemie, Physik) ermittelt.

Diesen Anforderungen an das Bauteil muss der Werkstoff ohne Funktionsverlust widerstehen. Seine Eigenschaften ergeben zusammen sein **Eigenschaftsprofil**. Durch die Forderung nach einer **Sicherheit** gilt deshalb:

Eigenschaftsprofil ≥ Anforderungsprofil
des Werkstoffes im Bauteil an das Bauteil

Werkstoffeigenschaften werden mit physikalischen Größen (mit Symbol, Maßzahl und Einheit) beurteilt und nach genormten Prüfverfahren quantitativ ermittelt. Sie hängen damit von den Prüfbedingungen ab (→).

Der Werkstoff hat **im Bauteil** z. T. unterschiedliche Eigenschaften (Rand/Kern) und wird evtl. durch die Fertigungsverfahren verändert. Zusätzlich müssen die **technologischen Eigenschaften** (→), also das Verhalten bei den Fertigungsgängen vom Rohmaterial zum Fertigteil beachtet werden.

Hinweis: Begriffe sind auch unter 1.4 erläutert

Übersicht: Anforderungsprofil

- **Festigkeitsbeanspruchung** erzeugt innere Kräfte (Spannungen), sie führen zu Verformungen, evtl. zum Bruch.
- **Korrosionsbeanspruchung:** Reaktionen mit umgebenden Stoffen führen zu Stoffverlust am Bauteil (Durchbrüche an Leitungen).
- **Verschleißbeanspruchung:** Reibung und Verschleiß führen zu Werkstoff- und Energieverlusten.
- **Thermische Beanspruchung:** Abnahme der Festigkeit, evtl. Gefügeveränderung bei höheren Temperaturen, Wärmeausdehnung. Bei einigen Stoffen tritt bei tiefen Temperaturen eine Versprödung auf.

Sicherheit ist das Verhältnis der max. auftretenden Beanspruchungen zu den vom Werkstoff ertragbaren. Sie sind z. T. durch Normen festgelegt, andernfalls müssen sie vom Konstrukteur durch eine Abwägung von der Genauigkeit der Lastannahmen (z. B. Stoßbelastung) und dem Schadensrisiko gewählt werden:

niedrig **Sicherheit**	hoch
Genaue Kenntnis der Belastungen	Hohes Schadensrisiko

Beispiel: Der Zugversuch (15.4.1) ermittelt Festigkeitskennwerte wie Streckgrenze $R_{po,2}$ oder Verformungskennwerte wie Bruchdehnung A.

Prüfbedingungen

- Proben einfacher Gestalt mit glatter Oberfläche,
- einfachem Spannungsverlauf,
- überall gleicher Werkstoffbeschaffenheit.
- normalen klimatischen Verhältnissen.

Technologische Eigenschaften, das Verhalten z. B. beim:

- Gießen (Gießtemperatur, Schwindmaß in %),
- Tiefziehen (Tiefung t in mm),
- Schweißen (Kohlenstoffäquivalent CEV),
- Härten (Härtetiefe, Stirnabschreckkurve).

Unterschiede treten (evtl. nur *örtlich*) auf durch:

- Grad der plastischen Verformung,
- ungleiche Wanddicken,
- Oberflächenstruktur (Rautiefe),
- Spannungsverlauf durch komplizierte Gestalt (Kerben) und Kraftangriff.

Versuche zeigen, dass die im Zugversuch an einer Probe ermittelte Werkstofffestigkeit bei einem Bauteil in Funktion nur noch in Bruchteilen vorhanden ist (→ Diagramm). Deshalb gilt:

Werkstoffkennwerte aus der Werkstoffprüfung können nicht unmittelbar auf die Bauteile übertragen werden.

Formgebung verändert das Gefüge

Umformen	Warm oder kalt
Verbinden	Schweißen, Löten
Beschichten	thermisch, galvanisch
Stoffeigenschaft ändern	Glühen, Härten, Vergüten, Aushärten

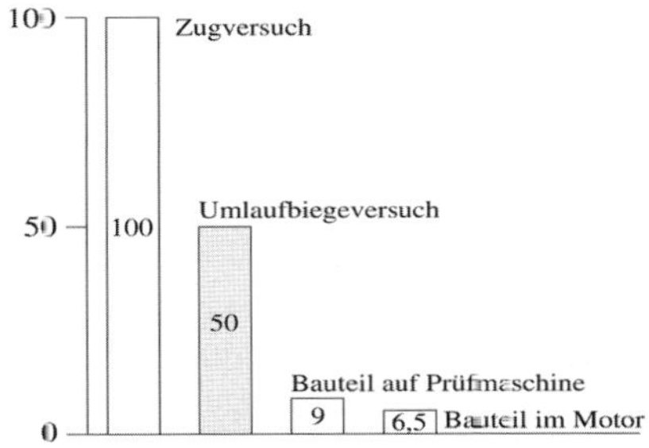

Werkstofffestigkeit und Bauteilhaltbarkeit

14.1.2 Maßnahmen zur Verbesserung nicht ausreichender Eigenschaftsprofile

Im fertigen Bauteil ist nicht nur der Werkstoff örtlich verschieden, auch die Beanspruchungen sind ungleich verteilt. Die Oberfläche ist am meisten betroffen (→). Die Profile lassen sich wirtschaftlich ins Gleichgewicht bringen durch:

- **Veränderung der Werkstückoberfläche**, so dass sie den Anforderungen genügt.

Hierzu gibt es zahlreiche Verfahren der Fertigungshauptgruppen **Stoffeigenschaft ändern** und **Beschichten**. Damit können Randschicht oder Oberfläche in diesem Sinne umgestaltet werden (→ Übersicht Tabelle 14.1).

Oberflächenbeanspruchung entsteht durch Korrosion und Verschleiß. Bei Biegung oder Torsion sind die Randspannungen am größten.

Beispiel: Stahl ist von Preis, Festigkeit und Formbarkeit her ein **universell einsetzbarer** Werkstoff, jedoch **nicht korrosionsbeständig**. Abhilfe durch Beschichten von Halbzeug oder Bauteilen.

Beispiel: Das örtliche Festwalzen von Stellen mit hoher Randspannung (Kerben) erhöht die Dauerfestigkeit des Bauteiles bei dynamischer Belastung. Nicht rotationssymmetrische Teile wie z. B. Pleuel für Kfz-Motoren lassen sich durch Kugelstrahlen behandeln (→ 5 6.6).

Tabelle 14.1: Maßnahmen zur Verbesserung unzureichender Eigenschaftsprofile

Eigenschaft	Verfahren (Hinweise auf Abschnitte im Lehrbuch)
Dauerfestigkeit erhöhen Stähle	Allgemein: Verfestigungswalzen und -strahlen der Oberfläche (5.6.6), Einsatzhärten 5.6.3), Randschichthärten (5.6.2), Nitrieren (5.6.4), Umschmelzhärten für Gusseisen (5.6.2) Allgemein: Legierungen mit höherem Reinheitsgrad verwenden
Zähigkeit erhöhen Stähle	Metalle: Ausbildung von Feinkorn durch hochwertige Erschmelzung. Feinkorn durch Normalglühen (5.2.1) oder Verwendung von Feinkornstählen (4.3.1), mit thermomechanischer Behandlung (5.5.2), Stahl mit wenig C und etwas höher legiert verwenden
Korrosionsbeständigkeit verbessern	Stahl, Temperguss: Korrosionsschutzmaßnahmen (Tabelle 12.5), Al und Al-Legierungen: anodische Oxidation (7.3.3), Mg und Mg-Legierungen: Chromatieren; Titan: Tiduran-Verfahren (7.6.3)
Verschleißwiderstand erhöhen	Allgemeine Angaben: (13.4.4), Thermisch Spritzen (11.2.3),
abrasiv	Hartverchromen 11.2.6, Auftragschweißen (11.2.4), Borieren (5.6.5).
adhäsiv	PVD-und CVD-Verfahren (11.2.5) Salzbadnitrieren (5.6.4).
Zerrüttung	Stahl: Oberflächenhärten nach verschiedenen Verfahren (5.6 u. 11.2.2).

Eine weitere Möglichkeit ist der Übergang zu

- **Werkstoffverbunden** (Hybridbauweise).

Das unzureichende Bauteil wird dabei durch Fügeverfahren mit einem Teil aus dem verstärkenden Werkstoff verbunden (→).

Beispiele: Biegebelastete Al-Strangpressprofile für Portalroboter. Der niedrige E-Modul des Al führt zu unzulässigen Durchbiegungen. Durch Aufkleben von CFK-UD-Laminaten auf Ober- und Untergurt entsteht ein Verbund mit höherer Steifigkeit (siehe auch Beispiel 3 in 1.2.1).

14.2 Werkstoffwahl, eine komplexe Optimierungsaufgabe

14.2.1 Allgemeines

Werkstoffwahl tritt mit steigendem Schwierigkeitsgrad in folgenden Fällen auf:

- **Anpassung** von Werkstoffen. Sie wird erforderlich, wenn Maschinen oder Anlagen auf z. B. höhere Leistungen, Tragfähigkeit oder Durchsatz gebracht werden müssen.
- **Austausch** (Werkstoffsubstitution), zur Kosten- oder Gewichtsverminderung, oder auch fertigungsbedingt zieht fast immer eine Änderung der Konstruktion und des Fertigungsweges nach sich, wenn z. B. ein Schweißteil als Gussteil gefertigt werden soll
- **Neukonstruktionen** erfordern eine ganzheitliche Planung, wie sie in Bild 14.1 dargestellt ist, Sie zeigt auch den Zeitpunkt der Werkstoffwahl.

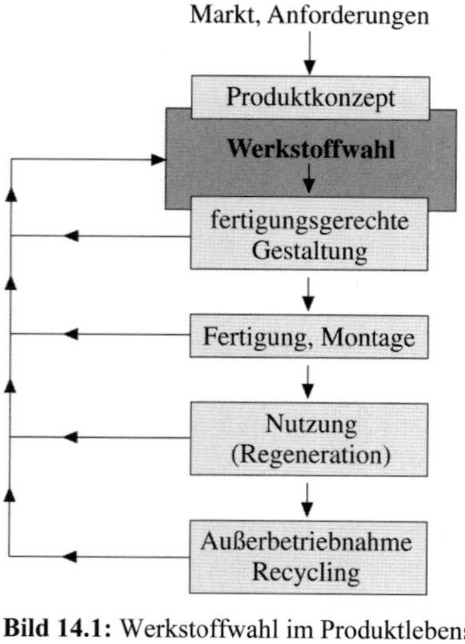

Bild 14.1: Werkstoffwahl im Produktlebenslauf

Hinweis: Die Pfeile am linken Rand bedeuten, dass evtl. „Schleifen durchfahren" werden müssen, wenn an einer Stelle geforderte Eigenschaften nicht erfüllt werden.

Anpassungen: Meist lässt sich hier die gleiche Werkstoffart mit höheren Eigenschaftswerten verwenden.

Beispiel: Vergütungsstahl mit höherer Streckgrenze wählen. Bei **Feinkornbaustählen** steht eine Reihe von Sorten mit Streckgrenzen von 355 bis 960 MPa zur Auswahl .

Austausch von Werkstoffen. Bei Ersatz von Stahl durch Al, Mg oder Ti-Legierungen müssen die kleineren E-Moduln beachtet werden (höhere elastische Verformung). Polymere haben eine höhere Wärmedehnung, keramische Stoffe eine kleinere als Metalle, das kann zu Spannungen führen.

Neukonstruktionen stellen die höchsten Ansprüche an die Zusammenarbeit der Bereiche, wenn eine optimale Lösung in kurzer Zeit gefunden werden soll.

Das Produktionskonzept entsteht nach den Anforderungen des Marktes und Vorstellungen des Abnehmers mit Angaben über z. B. Tragfähigkeiten, Maximalmaße (Lichtraumprofil), Leistung, Geschwindigkeiten, Stückzahlen.

Die **Werkstoffwahl** steht am Anfang der Entwicklung, weil der Entwurf (Gestalt)

- **werkstoffgerecht** sein soll, aber auch
- **fertigungs**- und **montagegerecht**,

der Fertigungsweg nicht ohne konkrete Werkstoffdaten festgelegt werden kann und die

- **Qualitätssicherung** auf den Werkstoff abgestimmt werden muss.

Nach dem Erwerb eines Produktes treten bei seiner **Nutzung** weitere Kosten auf. Sie können für langlebige Produkte wie z. B. Nutzfahrzeuge, Produktionsanlagen usw. die Kaufentscheidung beeinflussen, Dazu gehören auch die Kosten am Ende der Lebensdauer. Eine *ganzheitliche* Betrachtung des Problems bezieht auch diese ein (**Lebenszeitkosten,** life-cycle-cost).

Nutzung	Das Bauteil soll seine Funktion über die geplante Lebensdauer erfüllen. Es darf nicht katastrophal, d.h. durch Sprödbruch versagen. Unterhalts- und Reparaturkosten sollen niedrig sein, z. B. lange Wartungsintervalle und kurze Stillstandszeiten beim Wechsel verschlissener Teile. Wertvolle Verschleißteile sollten zur Wiederaufarbeitung (Regeneration) geeignet sein.
Umweltverträglichkeit	Werkstoff- und Bauteilherstellung sowie Entsorgung möglichst energiesparend, recyclingfähig und wenig Sondermüll erzeugend.

Zur Optimierung müssen kombiniert werden:

Bauteil-Vielfalt	
Anforderungen, Gestalt, Größe, Stückzahl	
Werkstoffvielfalt	**Verfahrensvielfalt**
Metalle, Polymere, Keramik, Verbunde	Urformen, Umformen, Fügen, Trennen, Beschichten
Qualitätssicherung	
Werkstoff-Prüfverfahren	

→ unter minimalen Herstellkosten zur **optimalen Lösung**

Zunächst ausgesuchte Werkstoffe, Bauteildaten und Herstellverfahren beeinflussen sich gegenseitig. Zur Optimierung ist Zusammenarbeit aller Sachbearbeiter notwendig, die gleichzeitig alle Einflussgrößen betrachten. Dazu brauchen alle werkstofftechnisches Wissen, um „mitreden“ zu können.

In der Ausbildung sollte als Motivation für Werkstofftechnik und Fertigungstechnik im Sinne einer **innovativen Werkstoffanwendung** gearbeitet werden. Für bekannte Bauteilarten könnten zunächst *alle* Werkstoffgruppen auf ihre Eignung überprüft werden.(→).

Innovative Werkstoffanwendung

Das Problem „Werkstoffwahl“ liegt oft bereits am Anfang des Studiums vor, wenn z. B. ein handlungsorientierter Unterricht mit Projekten durchgeführt wird.

Bauteile für spezielle Anwendungen ermöglichen eine schnellere Auswahl. Sie werden zunächst im folgenden Abschnitt beschrieben.

Ohne Rücksicht auf bisher verwendete Werkstoffe sollte untersucht werden:

- Muss es unbedingt ein **Metall** sein?
- Würde ein **Kunststoff** genügen?
- Könnte ein **keramischer Werkstoff** geeignet sein?
- Wäre ein **Werkstoffverbund** durch Beschichten oder ein
- **Verbundwerkstoff** oder eine
- **Verbundkonstruktion** als konstruktiv-fertigungstechnischer Weg die Lösung?

14.2.2 Vereinfachte Direktwahl

Die Werkstoffwahl wird durch eine *herausragende* Anforderung stark vereinfacht, weil sich die Zahl der in Frage kommenden Werkstoffe verkleinert, evtl. auf eine Gruppe beschränkt. Eine solche *Direktwahl* ist möglich in folgenden Fällen (Tabelle 14.2):

Tabelle 14.2: Werkstoffwahl für spezielle Anwendungen

Ist das Bauteil ...?	Werkstoffe
Werkzeug im weitesten Sinne	Werkzeugstähle nach DIN EN ISO 4957 in Kaltarbeits-, Warmarbeits-, Schnellarbeits- und Kunststoffformenstähle gegliedert. (4.7), Großwerkzeuge auch aus Stahlguss mit Einsätzen aus hochlegierten Werkzeugstählen (Werkstoffverbund), Al-Legierungen für kleine Stückzahlen, Vorrichtungen auch aus verstärkten Kunststoffen
Maschinenelement	Wälzlagerstähle 4.6.1, Federstähle 4.6.2, Lager- und Gleitwerkstoffe 11.3. Weitere Hinweise gibt das Fach „Maschinenelemente“.

Tabelle 14.2: Fortsetzung

Extreme Anforderungen an das Bauteil in....	Werkstoffe
Temperaturen sehr hoch, sehr tief	Warm- und hochwarmfeste Stähle und Ni-Basislegierungen für biegebeanspruchte, Keramik für kompakte, auf Druck beanspruchte Teile, kaltzähe Stähle u. Stahlguss (→ 4.4.1, 4.8), Ti-u. Ni-Basislegierungen (→ 7.6 u. 7.7)
Wärmeleitung hoch	Hohe Wärmeleitung ist meist mit hoher elektrischer Leitfähigkeit verbunden: Cu und Cu-Legierungen, Al-und -legierungen. Mit steigendem Anteil an Legierungselementen sinken diese Eigenschaften. Nichtmetallische Wärmeleiter sind SiSiC, Graphit-Verbundwerkstoffe und Diamant
besondere **Wärmedehnung**	Tabelle 14.3
Leichtbau Höchste Steifigkeit	Wichtige Kenngröße ist die Reißlänge. Feinkornbaustähle (→ 4.3), martensitaushärtende Stähle (→ 5.4.3), hochfeste Al-Legierungen, Ti-Legierungen (→ 7.6), Faserverbundwerkstoffe (→ 10.3) Werkstoffe mit hohem E-Modul wie Stahl, CFK, Keramik. *Konstruktiv:* Wanddicke oder Randfaserabstände vergrößern, Hohlprofile einsetzen
Korrosionsbeständigkeit gegen bestimmte Stoffe	Auswahl nach den DECHEMA-Tabellen, mit Beständigkeitsangaben in vielen Medien und bei verschiedenen Temperaturen
Verschleiß hoch	Untersuchung des vorliegenden Tribosystems (→ 13.1.3), Ermittlung der Verschleißart (→ 13.4.1),Wahl dafür geeigneter Werkstoffe oder Beschichtungen (→ 13.4.4)

In den meisten Fällen liegen die Beanspruchungen der Bauteile im *mittleren* Bereich, sodass zunächst **viele** Werkstoffe geeignet sein können. Der folgende Abschnitt bezieht sich darauf.

14.2.3 Allgemeine, indirekte Wahl

Im allgemeinen Fall, wenn keine besonderen Anforderungen vorliegen, ergibt sich eine *indirekte* Wahl durch Aussondern der Werkstoffgruppen, die wesentliche Anforderungen *nicht* erfüllen können.

Tabelle 14.3: Eigenschaftsvergleich Metall – Polymer – Keramik

Eigenschaften	**Metalle** (Tab. 2.6)	**Polymere**	**Keramik** (Tab. 8.6)
E-Modul MPa	125 (Cu)...210 (Fe)	Niedrig [1] 1 (PP)...4 (EP) 3,5 (PP-AF)...23 (EP-GF)	> Stahl [2] 200 (ZrO_2)...400 (SiC)
Zugfestigkeit	hoch	niedrig	hoch
Druckfestigkeit	hoch	mittel	sehr hoch
Zähigkeit [1]	mittel bis hoch	mittel bis hoch	niedrig < Gusseisen
Wärmeleitung W/mK	50 (St) ... 429 (Ag)	0,2 (PP) 0,5 (PE-HD) [4]	1,4 (ATi)...120 (SiC)
Wärmeausdehnung bis 100 °C 10^{-6}/K	mittel 12...30 X50Ni36: 1,2	hoch 80...160 verstärkt 15...60	niedrig 2,6...8
Dauergebrauchs-temperatur ° C	mittel bis hoch NiCr20Ti: <1100 °C	niedrig 80...130 verstärkt 100...230	hoch > (950) 1300
Korrosionsbeständigkeit	schlecht bis gut, je nach Sorte	allgemein gut, einzelne Stoffe können schädigen	allgemein sehr gut
Verschleiß abrasiv	carbidreiche Sorten hoch,		
adhäsiv	Lagermetalle gut	einzelne Sorten gut	hoch
Dichte kg/dm³	1,74 (Mg)...19,25 (W)	0,9 (PP)... 2,0 (GFK)	zwischen Al und Ti
elektrischer Leiter	z. T. sehr gut	Isolator	meist Isolator [3]

[1] stark temperaturabhängig, [2] nicht ATi, [3] mit Ausnahme von SiC, [4] durch Füllstoffe größer bis 0,8.

Die Überlegungen zur Werkstoffwahl müssen noch den Fertigungsweg einbeziehen, den der Werkstoff **unbeschädigt** überstehen muss (→).

Der Werkstoff muss nun noch in die Form gebracht, d. h. „gefertigt“ werden. Es gilt, einen optimalen Verfahrensweg zu finden. Er soll für den Werkstoff geeignet sein (Tabelle 14.4) und mit

- wenigen Arbeitsgängen (Zeitaufwand),
- wenig Energieaufwand und Abfall,
- sicherer Qualität,

bei geringsten Kosten zum **Bauteil** führen.

14.2.4 Einfluss des Fertigungsweges auf die Werkstoffwahl

Der Grundsatz Anforderungsprofil = Eigenschaftsprofil ist eine notwendige, aber nicht ausreichende Bedingung. Es ergibt sich eine Vorauswahl von Werkstoffen mit anforderungsgerechtem Eigenschaftsprofil.

Das konstruktive Konzept führt zu weiterer Einengung der gefundenen Werkstoffe.

Viele Werkstoffe entstehen erst durch den Fertigungsgang (z. B. Verbundwerkstoffe, Keramik) oder erlangen erst dadurch ihre Gebrauchseigenschaften (z. B. durch Beschichten).

14.2.5 Integral- oder Differenzialbauweise?

Die Bauweise „aus einem Stück“ wird auch *Integralbauweise* genannt, die „aus Teilen gefügte“ *Differenzialbauweise*.

Übersicht: Hauptfertigungsverfahren für ein Bauteil [1)]

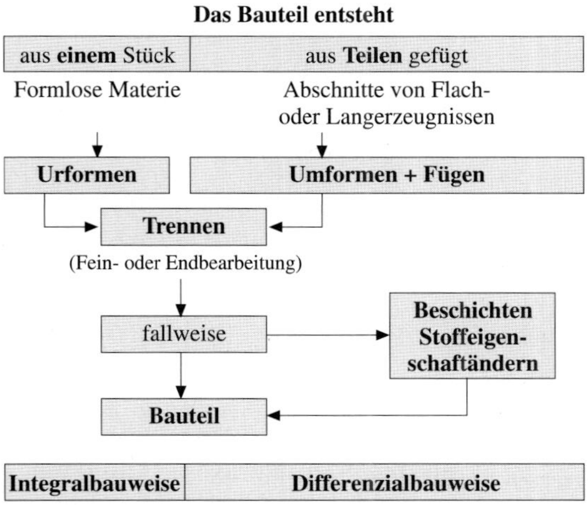

[1)] Das Schema enthält die bekannten Namen der 6 Fertigungshauptgruppen nach DIN 8580.

Ziel des Urformens (→) ist das endkonturnahe Rohteil mit dem geringsten Aufwand für die Endbearbeitung (z. B. Spanen, Schleifen). Neben dem Urformen führt auch das Massivumformen von Materialabschnitten (z. B. Fließpressen) dazu.

Integralbauweise benötigt *weniger* Arbeitsgänge bis zum fertigen Bauteil. Eine Ausnahme ist das „Spanen aus dem Vollen“.

Differenzialbauweise muss für sperrige und große Strukturen (evtl. nach Umformung) und auch für Leichtbau aus Blech angewandt werden. Moderne Gießtechnik ermöglicht es, auch hier teilweise die Integralbauweise einzuführen (→ Beispiel 6.1.1)

Häufig werden beide Bauweisen kombiniert, wenn es wirtschaftlich oder fertigungstechnisch die bessere Lösung ist oder an Gewicht gespart wird, z. B. durch Fügen endkonturnaher Komponenten.

Beispiel: „gebaute“ Nockenwelle statt gegossener Ausführung für Pkw-Motoren (Stahl-Innovationspreis 1994).
Die vorgefertigten Nocken, Lagerstellen und Antriebsflansch werden in einem gesenkartigen Werkzeug auf einem Stahlrohr exakt in der Lage fixiert und durch Innenhochdruck-Umformung kraft- und formschlüssig unter einer Axialkraft durch Aufweiten gefügt, Gewichtseinsparung gegenüber der gegossenen Ausführung 50 %.

Urformen: Fertigungsverfahren, die der formlosen Materie Zusammenhalt und Gestalt geben (Zustand der Materie).

Gießverfahren, Abschnitt 6.1.1

Spritzgießen, **Spritzpressen** (plastisch) für Kunststoffe, Abschnitt 9.6.3, Strangpressen.

Pressen (pulvrig), Pulvermetallurgie 11.1.3, Sprühkompaktieren 11.1.8

Die Suche nach dem geeigneten Fertigungsweg wird weiterhin durch die **Bauteilmerkmale** bestimmt. Sie lassen bestimmte Verfahren ausscheiden, weil sie technisch undurchführbar oder zu teuer sind. Das gilt vor allem für die Stückzahl.

Bauteilmerkmale sind Abmessungen (z. B. Masse, Baulängen usw.) und die Gestalt.

Sie stellen eine Art Sieb dar. Mit ihrer Hilfe lassen sich die nach physikalisch-chemischen Eigenschaften vorausgewählten Werkstoffe weiter reduzieren.

14.2.6 Einfluss der Bauteilmerkmale auf den Fertigungsweg

Übersicht: Optimierung der vorgewählten Werkstoffe

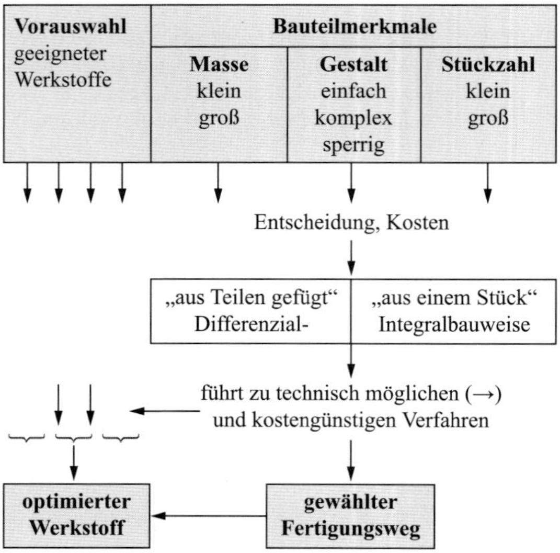

Einfluss der Stückzahl: Nur bei hohen Stückzahlen sind aufwändige Werkzeuge und Vorrichtungen einsetzbar, welche die Bearbeitungszeit stark verkürzen. Jedes Verfahren hat seine Anwendungsgrenzen hinsichtlich von Stückzahl und Masse und auch durch die Komplexität des Teiles (Bild 14.2).

Komplexität meint die Gestalt, die von einfachen geometrischen Formen bis zu komplizierten (mit Hohlräumen, Hinterschneidungen und starken Querschnittsunterschieden) reicht, oder von kompakt bis zu sperrig.

Große **Gestaltungsfreiheit** ist bei den verschiedenen Gießverfahren zu erreichen. Sie ist bei der Massivumformung wegen der geringeren Fließfähigkeit kleiner. Hier dürfen auch bestimmte Wandschrägen oder Wanddicken nicht unterschritten werden.

Einfluss der Masse: Das Beispiel eines Getriebegehäuses zeigt, dass je nach der Größe (Masse) des Bauteils ein anderer Fertigungsweg günstig ist, zu dem auch *unterschiedliche* Werkstoffe gehören (↓ Beispiel).

Beispiel: Getriebegehäuse

Art des Getriebes	Ausführung, Werkstoff
groß, ortsfest	Gusskonstruktion, GJL
Kranhubwerk, leichtere Bauweise	Schweißkonstruktion. Stahlblech
Kfz-Getriebe, Leichtbau	Al- oder Mg-Druckguss
Kleinmaschinen	Polymerspritzguss, GFK
Fahrzeug-Modellbau	Polymerspritzguss

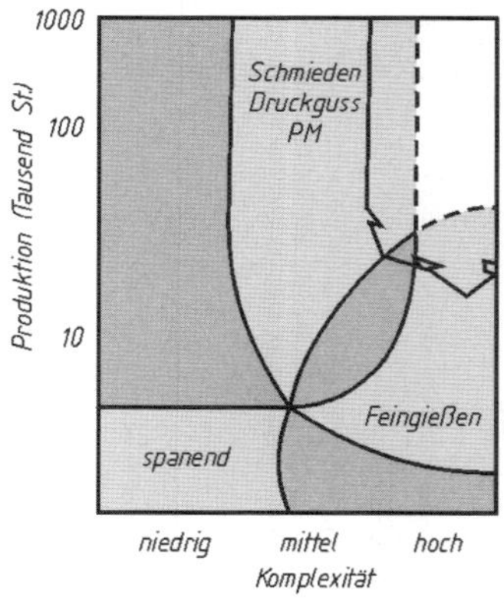

Bild 14.2 Herstellverfahren für kleine bis mittlere Bauteile nach Stückzahl und Komplexität

Einige Verfahren arbeiten mit hohen Kräften. Hier begrenzen die Höchstkräfte der Maschine die Größe des Teiles (z. B. projezierte Fläche in der Teilungsebene.

Beispiele:

- Urformen durch z. B. Druckgießen, Spritzpressen oder pulvermetallurgisch.
- Umformen durch z. B. Fließpressen, Tiefziehen oder Schmieden.

Tabelle 14.4: Eignung der Werkstoffe für die Fertigungsverfahren

Eignung zum	Metalle	Polymer	Keramik
Urformen • Gießen • PM-Technik (Sintern)	bis T_{max} ca.1700 °C auch PM-Spritzguss alle Metalle	Spritzguss (keine hochwärmebeständigen Sorten) PTFE und andere hochschmelzende	Schlickergießen und Keramik-Spritzguss Alle Keramiken
Umformen • kalt • warm	Gefüge mit kleinem Anteil harter Phasen. Knetlegierungen fast aller Metalle	thermoplast. Folien, Platten und Profile. Spritzpressen für Duroplaste	nicht anwendbar
Fügen	alle Verfahren mit Ausnahmen	Schweißen (Thermopl.) Kleben, Schnappverbindungen	Aktivlöten, metallisiert Löten, Kleben, Diffusions- und Reibschweißen
Trennen	Spanen, Schneiden Thermisch trennen, Erodieren	(Spanen), Schneiden	Spanen mit Diamantwerkzeugen, Läppen, (Erodieren für SiC)
Beschichten	alle Verfahren mit Ausnahmen (temperaturbedingt)	galvanisch nach Vorbehandlung, Plasmaspritzen	PVD- und CVD-Verfahren
Stoffeigenschaft ändern	Glühen für alle Metalle, Härten, Vergüten und Aushärten nur für bestimmte Sorten	Erwärmen duroplastischer Teile zum Austreiben des Härters	nicht angewandt

14.2.7 Vergleich einiger Fertigungsverfahren

In Tabelle 14.5 werden einige Formgebungsverfahren unter den o. a. Kriterien und weiteren Fertigungsdaten miteinander verglichen und bewertet (nach *Sigrist, Trapp* u. a.).

Tabelle 14.5: Formgebungsverfahren im Vergleich

Bedeutung: gering/klein; mittel; größer; groß/gut; → variabel

	Spanende Verfahren	Biegen	Pressen, Stanzen	Freiformschmieden	Gesenkschmieden	Sandformguss	Kokillenguss	Druckguss	Feinguss	Schweißen, Löten	Sintern	Elektroerodieren
Werkzeugkosten	mittel	mittel	groß/gut		groß/gut	mittel	groß/gut	groß/gut	mittel	gering/klein	groß/gut	groß/gut
Fertigungskosten	mittel	mittel	gering/klein	groß/gut	gering/klein	mittel	gering/klein	gering/klein	mittel	groß/gut	gering/klein	mittel
Rohteil		×	×	×	×	×	×	×	×	×		
Fertigteil	×	×	×				×	×	×		×	×
Maßgenauigkeit	groß/gut	mittel	größer	gering/klein	größer	mittel	mittel	größer		gering/klein	mittel	groß/gut
Oberflächengüte	groß/gut	→	→	gering/klein	größer	mittel	größer	größer	größer	gering/klein	mittel	groß/gut
Wanddicke	→	gering/klein	gering/klein	größer	größer	→	mittel	gering/klein	gering/klein	→		mittel
Stückzahl	→	gering/klein	groß/gut	gering/klein	groß/gut	→		groß/gut	groß/gut	gering/klein	groß/gut	mittel
Stückgewicht	→	gering/klein	gering/klein	größer		→	mittel		gering/klein	→	gering/klein	mittel
Abmessungen	→	gering/klein	gering/klein	größer	mittel	→	mittel		gering/klein	→	gering/klein	mittel
Komplexität	mittel	gering/klein	gering/klein		größer	groß/gut	groß/gut	groß/gut	groß/gut	gering/klein	gering/klein	mittel
Änderung möglich?	groß/gut	groß/gut	gering/klein	groß/gut	gering/klein	größer	gering/klein	gering/klein		groß/gut	gering/klein	gering/klein

Tabelle 14.6:
Vergleich der Genauigkeit von Fertigungsverfahren (nach Michaeli u. a.)

Fertigungsverfahren	erreichbare Genauigkeiten ISO-Qualität IT											
	5	6	7	8	9	10	11	12	13	14	15	16
Pulvermetallurgie, konv.								■	■	■	■	
PM-Spritzguss							■	■	■			
Sinterschmieden				■	■	■	■	■	■			
Pulvermetallurgie, konv. mit Kalibrieren			■	■	■	■						
Feingießen								■	■	■		
Druckgießen							■	■	■			
Gesenkformen, Warmfließpressen							■	■	■	■	■	■
Halbwarmfließpressen						■	■	■	■			
Kaltfließpressen				■	■	■	■	■				
Drehen		■	■	■	■	■	■					
Schneiden						■	■	■	■	■		
Rundschleifen	■	■	■	■								

Die höheren Qualitäten sind z. T. nur durch Sondermaßnahmen erreichbar.

Literaturhinweise:

Erlenspiel, K.; Kiewert, A.: Die Werkstoffwahl als Problem der Produktentwicklung. VDI-Bericht 797, S. 47...67

Illgner, K. H.: Auswahlkriterien für Werkstoffe und Verarbeitungsverfahren. VDI-Bericht 600.1, S. 283...303

Reuter, M. Methodik der Werkstoffauswahl. Hanser, 2006

15 Werkstoffprüfung

15.1 Aufgaben, Abgrenzung

Das Fachgebiet der Werkstoffprüfung ist sehr umfangreich. Alle Werkstoffe müssen immer wieder geprüft werden – neben den metallischen Werkstoffen auch Kunststoffe, Gläser, keramische Stoffe, Halbleiter und Verbundwerkstoffe. Hauptaufgaben der Werkstoffprüfung sind die Sicherung der Qualität der Produkte in den Fertigungsgängen (Wareneingangs-, Produktionskontrolle), die Untersuchung von Schäden und die Ermittlung von Werkstoffeigenschaften in Forschung und Entwicklung, daneben auch die Entwicklung geeigneter Prüfverfahren. Es gibt zahlreiche Normen[1].

Werkstoffprüflabors findet man bei Herstellern und Anwendern von Werkstoffen, bei Prüfeinrichtungen wie TÜV und Dekra sowie bei Versicherungen. Werkstoffprüfung ist selbstverständlich Bestandteil der Werkstoffforschung in z. B. Hochschulinstituten, Forschungseinrichtungen wie Max-Planck-, Fraunhofer- und Helmholtz-Instituten.

Die Prüfverfahren werden in unterschiedliche Gruppen eingeteilt:

Werkstoffprüfgruppe	Beispiele
Chemische Analysen	Analyse der mittleren Zusammensetzung von Werkstoffen (Spektralanalyse) oder einzelner Werkstoffbereiche (Mikrosonde)
Untersuchung von Gefügen und Schadstellen	Herstellung von Gefügebildern (Schliffbilder) durch Licht- oder Elektronenmikroskopie. Untersuchung von Bruchflächen (Fraktographie)
Eigenschaftsprüfungen	Ermittlung von Werkstoffkennwerten und -linien zur Qualitätssicherung, z. B. Zugversuch, Härteprüfungen Prüfung von Verarbeitungseigenschaften (technologische Prüfungen), z. B. auf Schmiedbarkeit, Härtbarkeit
Fehlersuche	Aufspüren von Werkstofffehlern ohne Zerstörung des Bauteils mittels durchdringender Medien wie Strahlen, Ultraschall oder Magnetfeldern

Im Rahmen des Buches werden nur die Prüfverfahren näher behandelt, die zum Verständnis des behandelten Lehrstoff wichtig sind oder für den Arbeitsbereich des Technikers oder der Ingenieurin im Maschinenbau bedeutsam sein könnten (Qualitätssicherung). Das ist nur ein kleiner Ausschnitt der o. a. Untersuchungen:

- Prüfung von mechanischen Werkstoffkennwerten (Abnahme und Gütekontrolle),
- Prüfung von Verarbeitungseigenschaften,
- Gefügeuntersuchungen,
- Prüfung von Roh- und Fertigteilen auf Fehler (zerstörungsfreie Prüfung, ZfP)
- Chemische Analyse

[1] DIN-Taschenbücher Materialprüfnormen Nr.: 19, 56, 205, 370, Beuth-Verlag, 2006/2011

15.2 Prüfung von Werkstoffkennwerten

Das Eigenschaftsprofil eines Werkstoffes besteht aus vielen Kennwerten und Kennlinien. Der Konstrukteur benötigt sie teilweise für die Werkstoffwahl, die Fertigung für die Kontrollen des Rohmaterials und der Fertigungsgänge, aber auch, um Daten für die einzelnen Arbeitsgänge angeben zu können.

Werkstoffkennwerte werden meist an besonders hergestellten *Probekörpern* (kurz Probe) ermittelt. Bei mechanischen Eigenschaften belastet man die Probe bis zum *Bruch* oder bis zu einer bestimmten *Verformung*. Belastung, Verformung und die Zeit werden gemessen.

Verfahrensmerkmale:

Die Belastung kann auf die Proben unterschiedlich wirken.

statische Verfahren	Beispiele
Belastung wird *langsam* bis zum *Höchstwert* gesteigert oder schnell aufgebracht und konstant gehalten.	Härteprüfung Zugversuch Zeitstandversuch

dynamische Verfahren	Beispiele
Belastung wird *schlagartig* aufgebracht oder *ändert sich* periodisch zwischen zwei Grenzwerten.	Kerbschlagbiegeversuch, Dauerschwingversuche

Nach der Art der Belastung (Zug, Druck, Biegung, Torsion) lassen sich die Verfahren weiter unterteilen.

Art der Beanspruchung	Prüfungsbeispiel
Zug	Zug-, Schlagzugversuch
Druck	Druckversuch
Biegung	Kerbschlagbiegeversuch
Torsion	Torsionsschwingversuch

Probe: In Werkstücken ist der Werkstoff oft nicht homogen verteilt. Damit die Probe zu Durchschnittswerten des Werkstoffes führt, sind Normen für die Entnahme und Bearbeitung der Proben aufgestellt worden. Dabei darf das Werkstoffgefüge nicht durch Erwärmen oder Umformen verändert werden.

Werkstoffkennwerte, Verfahren, Normung

Werkstoffkennwert	Prüfung, Versuch	Normung DIN-Nr.
Statische Verfahren		
Härte	Härteprüfung	
HBW	Brinell	EN ISO 6506
HV	Vickers	EN ISO 6507
HRC	Rockwell	EN ISO 6508
Zugfestigkeit R_m	Zugversuch	EN ISO 6892
Streckgrenze R_e	"	
0,2- % Dehngrenze $R_{p0,2}$	"	
Bruchdehnung A	"	
Brucheinschnürung Z	"	
Elastizitätsmodul E	"	
Scherfestigkeit	Scher-,	EN 3238
Druckfestigkeit	Druck-,	50106
– an Keramik		51104
Biegefestigkeit	Biegeversuch	EN ISO 7438
– an Keramik		EN 843-1
Zeitstandfestigkeit Zeitdehngrenze	Zeitstand- versuch	EN ISO 204
Dynamische Verfahren		
Härte nach Shore	Rücksprunghärte	
Zähigkeit (Kerbschlagarbeit KV)	Kerbschlagbiegeversuch	EN ISO 148
Dauerfestigkeiten	Umlaufbiegeversuch	50113
σ_W, σ_{Sch}	Dauerschwingversuch	50100

15.3 Messung der Härte

Für Mineralien ist die Härteskala nach Mohs eingeführt. Jedes Mineral ritzt das niedrigere und wird selbst vom höheren geritzt. Die Methode ist für Metalle wenig aussagekräftig.

Deshalb wurden ab 1900 bis 1930 drei Verfahren der statischen Härtemessung entwickelt. Sie werden auch heute noch nebeneinander benutzt, da jedes von ihnen seine Anwendungsgrenzen besitzt.

Härte ist der Widerstand des Gefüges gegen das Eindringen eines härteren Prüfkörpers.

Härteprüfungen werden sehr häufig zur Qualitätskontrolle angewandt. Die Gründe sind:

- die Messung erfolgt am Werkstück selbst, es ist keine Probe erforderlich,
- kurze Messzeit, eine Direktablesung der Härte ist möglich,
- eine empirisch ermittelte Beziehung zur Zugfestigkeit ermöglicht bei Stählen ihre Kontrolle durch eine Härteprüfung am Bauteil (→ Anwendungsbereich).

Die Verfahren unterscheiden sich in Eindringkörper, Prüfkraft und Messwert sowie der Art, wie der Härtewert bestimmt wird.

Bild 15.1 zeigt ein Härteprüfgerät, das zur Messung nach mehreren Verfahren geeignet ist. Auf dem verstellbaren Tisch 1 liegt der Prüfling 2, in den der Eindringkörper 3 mittels des Hebelsystems 4 durch die Gewichtskraft geeichter Scheiben 6 eingesenkt wird. Dabei bremst der Stoßdämpfer 6, wenn durch den Handhebel 7 die Arretierung gelöst wird. Auf der Mattscheibe 8 kann der Eindruck vergrößert betrachtet und gemessen werden.

15.3.1 Härteprüfung nach Brinell (DIN EN ISO 6506-1/05)

Eindringkörper: Als preisgünstige, unempfindliche Körper wurden früher geschliffene Kugeln aus Stahl verwandt. Die Norm schreibt jetzt für alle Stoffe Kugeln aus Sinterhartmetall vor. Der Kugeldurchmesser *D* hängt ab von

- der *Dicke* der Probe und
- der *Härte* des Werkstoffs.

Mohs-Härte (Friedrich Mohs 1773–1839, Wien)

1 Talkum	2 Gips, Steinsalz	3 Calcit
4 Flussspat	5 Apatit	6 Feldspat
7 Quarz	8 Topas	9 Korund
10 Diamant	(8…10 ritzen Fensterglas)	

Bei Metallen, vor allen bei Stählen, lassen sich Härte und Festigkeit durch Kaltumformen und Wärmebehandlung in weiten Grenzen ändern. Umgekehrt kann aus Härtemessungen auf den *Gefügezustand* geschlossen werden.

Bei allen Verfahren wird ein *Eindringkörper* mit bestimmter *Kraft* in das Werkstück eingesenkt. Am entstehenden *Eindruck* wird ein *Messwert* abgelesen und daraus der *Härtewert* berechnet.

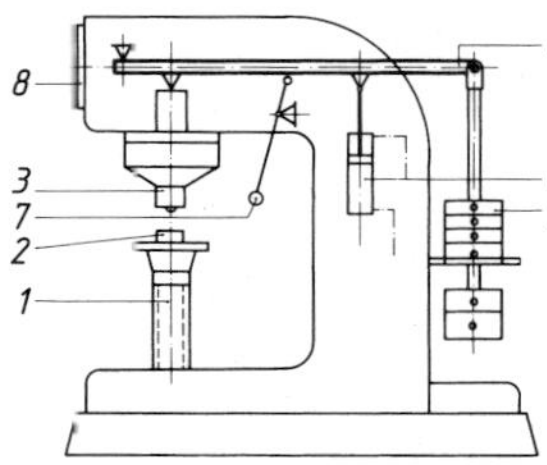

1 verstellbarer Auflagetisch
2 Probe
3 Eindringkörper mit Fassung und Führung
4 Hebelsystem
5 abnehmbare Scheiben zur Einstellung der Prüfkraft
6 Stoßdämpfer
7 Auslösehebel
8 Mattscheibe zur vergrößerten Abbildung des Eindrucks

Bild 15.1 Schematische Darstellung eines Universal-Härteprüfgerätes

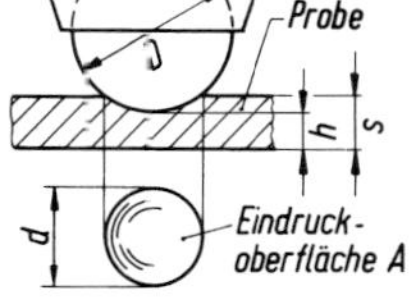

Bild 15.2 Brinellprüfung: Eindringkörper, Eindruck und Messwert

Prüfbedingungen:

a) Die Auflagefläche der Probe darf keine sichtbare Verformung zeigen, deshalb richtet sich der Durchmesser *D* der verwendeten Kugel nach der Probendicke *s*.

b) Deshalb ist der Kugeldurchmesser *D* in vier Stufen genormt:

c) Die entstehende Kalotte soll nicht zu flach sein (unscharfe Ränder), aber auch nicht zu tief (bei unterschiedlicher Eindrucktiefe kaum differenzierte Messwerte). Es soll sein (→):

d) Messwerte sind nur dann vergleichbar, wenn zwischen Prüfkraft und Kugeldurchmesser-Quadrat ein konstantes Verhältnis bestand. Dieses Verhältnis wird Beanspruchungsgrad genannt und ist für 5 Werkstoffgruppen genormt (Tabelle 15.2).

Tabelle 15.1: Mindestdicke der Proben in Abhängigkeit vom mittleren Eindruckdurchmesser

Eindruck-durchm.	Mindestdicke der Proben für die Kugel-∅:				
d	*D* = 1	2	2,5	5	10 mm
0,2	0,08				
1		1,07	0,83		
1,5			2,00	0,92	
2				1,67	
3				4,00	1,84
4					3,34
5					5,36
6					8,00

Prüfkraft: Die am Prüfgerät einzustellende Prüfkraft *F* wird aus Tabellen des Normblattes entnommen, oder

1 nach Tabelle 15.2 für den vorhandenen Werkstoff und die zu erwartende Härte wird der Beanspruchungsgrad abgelesen und

2 die Prüfkraft mit der Formel für den Beanspruchungsgrad berechnet (Kugel-∅ →).

Durch den Eindruck der Kugel wird der Werkstoff plastisch *verformt* und in einem Bereich neben und unterhalb der entstehenden Kalotte *kaltverfestigt*. Damit sich vergleichbare und reproduzierbare Härtewerte ergeben, sind bestimmte Prüfbedingungen festgelegt. Die Höhe *h* der Kalotte (= Eindrucktiefe) soll höchstens 1/8 der Probendicke *s* betragen

Kugeldurchmesser D = 1; 2,5; 5 und 10 mm.

Der Eindruckdurchmesser *d* soll deshalb zwischen 24 und 60 % des Kugeldurchmessers *D* liegen:

Mindestdicke $s_{min} \geq 8$ h

Eindrucktiefe $h = {}^1/_2\,(D - \sqrt{D^2 - d^2})$

Eindruckdurchmesser $d = 0{,}24\,D < d < 0{,}6\,D$

$$\textbf{Beanspruchungsgrad} = \frac{0{,}102\,F}{D^2}$$

Bei Einhaltung des Beanspruchungsgrades ist bei Werkstoffen von hart bis weich die Bedingung nach c) erfüllt.

Tabelle 15.2: Brinellhärteprüfung, Werkstoffgruppen, Beanspruchungsgrad und erfassbarer Härtebereich

Werkstoffe	Brinell-bereich HBW	Beanspruchungs-grad
St, Ni, Ti		30
Gusseisen [1)]	< 140 > 140	10 30
Cu und Legierungen	35…200 > 200 < 35	10 30 2,5
Leichtmetalle	< 35 35…80 > 80	2,5 5/10/15 10/15
Pb, Sn		1

1) Nur mit Kugel 2,5; 5 oder 10 mm

Der Kugel-∅ *D* soll so groß wie möglich gewählt werden. Danach muss nach der Härteprüfung mit Hilfe der Tabelle 15.1 festgestellt werden, ob für den ermittelten Eindruck-∅ *d* die Mindestdicke kleiner ist als die Probendicke. Andernfalls ist die nächstkleinere Kugel zu verwenden.

Messwert: An der Probe wird der Durchmesser d der entstandenen Kalotte ausgemessen. Hierzu ist eine Genauigkeit von ± 0,5 % erforderlich, damit der Härtewert nicht mehr als ± 1 % unsicher ist.

Hinweis: Bei unrunden Eindrücken wird der Mittelwert aus zwei senkrecht aufeinanderstehenden Durchmessern genommen. Das Abmessen erfolgt auf der Mattscheibe des Gerätes, wo ein vergrößertes Bild der Kalotte erscheint.

Härtewert: Durch eine sogenannte Zahlenwertgleichung wird aus Prüfkraft F (in N), Kugeldurchmesser D (in mm) und Messwert d (in mm) die Brinellhärte HBW berechnet:

$$\textbf{Brinellhärte HBW} = \frac{\text{Konstante} \cdot \text{Prüfkraft}}{\text{Eindruckoberfläche}}$$

$$\textbf{Brinellhärte HBW} = \frac{0{,}204 \cdot F}{\pi D\left(D - \sqrt{D^2 - d^2}\right)}$$

HBW	D, d	F
1	mm	N

Anwendungsbereiche:

Werkstoffe mittlerer Härte bis zu 650 HBW. Bei härteren Werkstoffen verformt sich die Kugel unter Belastung *plastisch*, so dass durch die Abplattung ein weicherer Werkstoff vorgetäuscht wird.

Werkstoffe mit Phasen von unterschiedlicher Härte. Die große 10-mm-Kugel trifft mit Sicherheit viele Kristalle, so dass die Durchschnittshärte des gesamten Gefüges ermittelt wird (z. B. für Lagermetalle und Gusseisen).

Nachprüfung der Zugfestigkeit von wärmebehandelten Teilen aus un- und niedriglegiertem Stahl. Aus vielen Versuchsreihen ist eine angenäherte Beziehung zwischen der Brinellhärte HB und der Zugfestigkeit R_m (im Zugversuch ermittelt) festgestellt worden:

Berechnete Zugfestigkeit $R_m \approx 10/3$ HBW

für un- und niedriglegierten Stahl

Dadurch ist es möglich, Wärmebehandlungen zu kontrollieren, z. B. die Festigkeit vergüteter Teile ohne wesentliche Beschädigung.

Nicht geeignet ist die Brinellprüfung für sehr harte Stoffe (ungenau) und dünne Oberflächenschichten, weil diese in den Grundwerkstoff eingedrückt werden. Dunkle Oberflächen sind ebenfalls ungeeignet, da man auf ihnen den Eindruck nicht erkennt.

In der Praxis wird die Brinellhärte nicht errechnet, sondern aus den Tabellen der Norm abgelesen. Prüfgeräte können die Brinellhärte auch direkt anzeigen. Dabei wird die Kalottenoberfläche über die Eindrucktiefe errechnet.

Härteangaben verschiedener Messungen an gleichen Werkstoffen sind nur dann vergleichbar, wenn sie mit gleichen Prüfbedingungen ermittelt wurden. Eine Härteangabe nach Norm muss deshalb die Prüfbedingungen enthalten:

Kurzzeichen: Die Kurzangabe der Prüfbedingungen erfolgt nach dem Härtewert in der Reihenfolge: Kugel-∅/eine Zahl, die der Prüfkraft proportional ist/Einwirkdauer (wenn anders als im Regelfall):

350 HBW 10/3000: Brinellhärte von 350,

gemessen mit Hartmetallkugel, D = 10 mm und F = 3000/0,102 = 29 420 N (Standardmessung für Stahl und GJL).

Älteres Kurzzeichen:

HBS Härte mit Stahlkugel gemessen. Heute nicht mehr zulässig.

Eine Bezeichnung der Brinellhärte mit dem Kurzzeichen **HB** ist nicht mehr normgerecht.

15.3.2 Härteprüfung nach Vickers (DIN EN ISO 6507-1/05)

Eindringkörper: Stumpfe, quadratische Diamantpyramide, empfindlich gegen Stöße und Verkantungen beim Messen. Geeignet für härteste Stoffe und dünne Schichten.

Prüfkraft: Die Pyramide erzeugt geometrisch ähnliche Eindrücke. Deswegen ist die Prüfkraft zwischen 98 und 980 N ohne Einfluss auf den Härtewert. Bevorzugte Prüfkräfte sind:

Normwerte F = 49/98/196/294/490/980 N

Die Kraft F soll in ca. 5 s stoßfrei auf den Höchstwert ansteigen und 10 bis 15 s einwirken.

Messwert: An der Probe wird die Diagonale d des Eindrucks gemessen, evtl. als Mittelwert der beiden Diagonalen (Bild 15.3).

Härtewert: HV und HBW werden nach ähnlichen Formeln (Zahlenwertgleichungen) gebildet, dem Quotienten aus *Prüfkraft* durch *Eindruckoberfläche*.

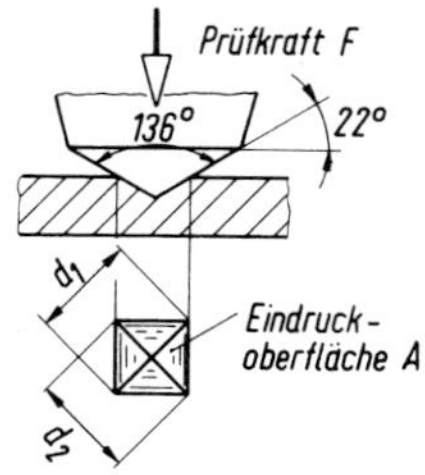

Bild 15.3 Härteprüfung nach Vickers: Eindringkörper, Eindruck und Messwert d.

Kleinkraftbereich: Für Proben, deren Prüffläche sehr klein ist, für dünne Schichten oder wenn die Oberfläche nur wenig beschädigt werden darf, sind kleinere Kräfte genormt. Sie betragen 1,96…49 N (DIN 50133 Bl.2) Die Messunsicherheit der Ableseeinrichtung soll ± 1 % betragen, (Toleranzbereich der Härte von ± 2 %)

$$\textbf{Vickershärte HV} = \frac{0{,}189\,F}{d^2}$$

HV	F	d
1	N	mm

Kurzzeichen: Die Kurzangabe der Prüfbedingungen erfolgt durch eine der Prüfkraft proportionale Zahl, zusätzlich durch die Einwirkdauer, wenn sie von der Norm abweicht.

640 HV 50 Vickershärte von 640 mit F = 50/0,102 = 490 N und normaler Einwirkdauer

180 HV 20/30 Vickershärte von 180 mit F = 20/0,102 = 196 N und erhöhter Einwirkdauer von 30 s ermittelt

Die Vickers-Härteprüfung ist die genaueste Messung und hat den breitesten Messbereich.

Anwendungsbereiche:

Werkstoffe aller Härtegrade, auch härtester Stoffe wie Sinterhartstoffe. Hierbei ergeben sich sehr kleine Eindrücke, deren Diagonale wenige µm beträgt. Je kleiner der Eindruck, umso höher muss die Oberflächengüte sein.

Dünne Randschichten: Hier ist die Prüfkraft im Kleinkraftbereich so zu wählen, dass die Schichtdicke mindestens das 1,5-fache der Eindruckdiagonalen beträgt.

Einzelne Kristalle im Gefüge mit Kräften von 0,01…1 N auf Mikrohärteprüfern, eine Kombination von Härteprüfgerät und Mikroskop.

15.3.3 Härteprüfung nach Rockwell (DIN EN ISO 6508-1/05)

Im Gegensatz zu den beiden vorstehenden Verfahren wird hierbei die Härte nicht als Quotient von Kraft durch Eindruckoberfläche errechnet, sondern direkt über die Eindringtiefe bestimmt. Eindringtiefe und Härtewert können an einem Tiefenmessgerät (Messuhr) abgelesen werden.

Hinweis: Das Rockwell-Verfahren ist automatisierbar. Die Prüfzeit ist kurz. Gegenüber der Vickers-Pyramide mit vier Kanten und einer Spitze ist der Rockwell-Kegel unempfindlicher und das Verfahren für die Fertigungskontrolle besser geeignet.

Eindringkörper: Stumpfer Diamantkegel mit einem Spitzenwinkel von 120°. Die Spitze ist mit einem Radius von 0,2 mm gerundet.

Prüfkräfte: Die Prüfgesamtkraft ist konstant und wird in zwei Stufen aufgebracht:

Messverfahren: Die Prüfung erfolgt in mehreren Phasen (Bild 15.4a...b).

1 Der Prüfling muss sicher auf der sauberen Auflage liegen, die Prüffläche senkrecht zur Kraftrichtung.

2 Der Eindringkörper wird mit der Prüfvorkraft F_0 auf den Prüfling gesetzt und die Messuhr auf Null gestellt. Damit wird eine Messbasis geschaffen und der Einfluss von Auflage und Spiel im Gerät ausgeschaltet (Bild 15.4a).

3 Zuschalten der Prüfkraft F_1. Unter ihrer Wirkung, 2 bis 8 s lang, dringt der Diamant weiter in den Prüfling ein, was an der Messuhr beobachtet werden kann. Wenn der Zeiger zum Stillstand kommt, wird eine Eindringtiefe angezeigt, die für die Messung noch keine Bedeutung hat, weil sie sich aus drei Teilen zusammensetzt (→ Bild 15.4b).

4 Wegnahme der Prüfkraft F_1. Der Eindringkörper bleibt unter Wirkung der Prüfvorkraft in Kontakt mit dem Prüfling. Die Messuhr zeigt, dass sich der Eindringkörper anhebt: Die elastischen Verformungen gehen zurück. Jetzt wird die *bleibende* Eindringtiefe h angezeigt (Bild 15.4c). Die Skale der Messuhr weist zugeordnete Werte der Rockwellhärte auf, die jetzt abgelesen werden können.

Härtewert: Die Rockwellhärte HRC berechnet sich aus der Differenz zwischen einer Referenz- und der tatsächlichen Eindrucktiefe (→ Bild 15.5).

Neben dem HRC-Verfahren sind weitere Varianten genormt, die den Anwendungsbereich auf andere Werkstoffe und kleinere Probendicken erweitern (Tabelle 15.3).

Kräfte		Größe
Prüfvorkraft	F_0	98 N
Prüfkraft	F_1	1373 N
Prüfgesamtkraft	F	1471 N

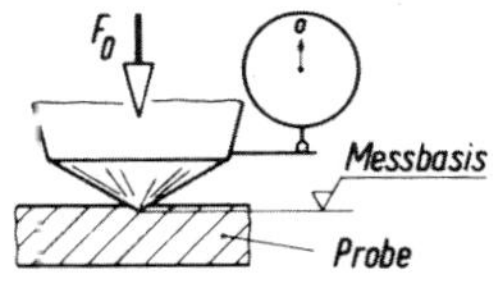

Bild 15.4a Härteprüfung nach Rockwell C

Praktisch wird der Auflagetisch mit dem Prüfling hochgedreht, bis die Diamantspitze den Eindringkörper berührt und ihn so weit anhebt, bis die Messuhr auf Null einspielt. Die Prüfgeräte sind so eingerichtet, dass dann auf den Eindringkörper die Prüfvorkraft F_0 wirkt.

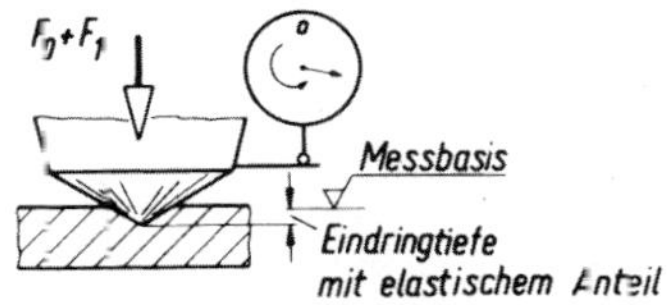

b)

- *plastische* Verformung des Prüflings,
- *elastische* Verformung des Prüflings,
- *elastische* Verformung des Gerätes (Federung des Gestells).

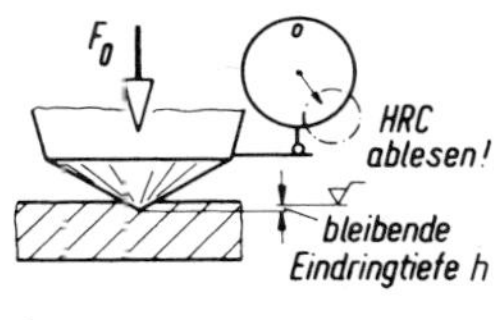

c)

Bild 15.4b+c Härteprüfung nach Rockwell C

$$\mathbf{HRC = 100 - \mathit{h}/0{,}002}$$

HRC	h
1	mm

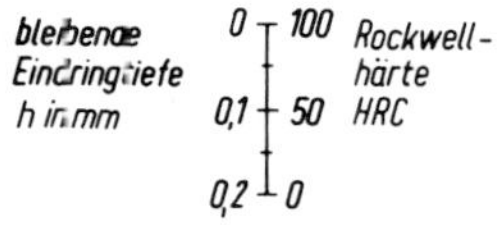

Bild 15.5 Beziehung zwischen Eindringtiefe h und Rockwellhärte HRC

Anwendungsbereiche

Werkstoffe mit Härten 20 < HRC < 70. Das Messergebnis liegt schnell vor. Für weichere Werkstoffe gibt es das HRB-Verfahren. Dabei wird anstelle des Diamantkegels eine Hartmetallkugel von d = 1/16 Zoll = 1,59 mm verwendet. Es ist in Deutschland wenig eingeführt.

Gehärtete Randschichten. Schichtdicken sollen das 10-fache der Eindringtiefe h betragen. Deshalb müssen z. B. Einsatzschichten für die Messung dicker als 0,7 mm sein.

Gehärteter Stahl besitzt eine Rockwellhärte von etwa 47…67 HRC. Für Werkstoffe mit höherer Härte ist das Verfahren ungenau, da bei kleinsten Eindringtiefen der Einfluss der Abrundung groß ist.

Tabelle 15.3 Auswahl von Rockwell-Verfahren

	HRA	HRBW	HR15N[1]
Werkstoffe	Sinterhartmetall	Gusseisen, Cu-Leg.	dünne Schichten
Messbereich	20…88	20…100	66…92
Prüfkräfte $F_0/F_1/F$	98/490/588 N	98/883/981 N	29/117/147 N

[1] Bei den drei HRN-Verfahren (mit Prüfkräften 117,6/265/412 N) ist die maximale Eindringtiefe 0,1 mm. HRN = 100 – 1000 h

DIN EN 10109 enthält ein Schaubild, aus dem die Mindestprobendicke in Abhängigkeit von der Härte abgelesen werden kann.

15.3.4 Vergleich der Härtewerte

Wegen der unterschiedlichen physikalischen Vorgänge bei den einzelnen Messverfahren besteht keine lineare Beziehung unter den gemessenen Härtewerten. Umrechnungsformeln sind nicht bekannt. Mittels zahlreicher Versuchsreihen sind die Umrechnungstabellen nach DIN EN ISO 18265/03 aufgestellt worden. Sie vergleichen in kleinen Sprüngen die verschiedenen Härtewerte.

Näherungsbeziehungen:

Zum schnellen Vergleich dienen die folgenden Näherungsformeln:

- **Brinellhärte HBW ≈ 0,95 HV**
- **Rockwellhärte HRC ≈ 0,1 HV** (im Bereich 200…400 HV)

15.3.5 Dynamische Härteprüfung nach Shore (EN ISO 868/03)

Messprinzip: Harte Werkstoffe haben bei Verformung einen höheren elastischen Anteil (Federung) als weichere Stoffe (→).

Messverfahren: Ein Körper von der Masse 20 g fällt in einem Röhrchen senkrecht auf den Prüfling und wird zurückgefedert. Die Rücksprunghöhe ist ein Maß für die Härte des Prüflings. Das Gerät wird Skleroskop oder Sklerograph genannt.

Als Eichpunkt wird die Härte eines perlitischen, glasharten abgeschreckten Stahles (0,8 % C) mit 100° Shore angesetzt. Seine Rücksprunghöhe wird in 100 gleiche Abschnitte geteilt.

Es können nur Werkstoffe mit gleichen E-Moduln verglichen werden!

Hinweis: Werkstoffverhalten

Werkstoff	Verformungsanteil	
	plastisch	elastisch
weich	stark	gering
hart	schwach	stark

Anwendungsbereich:
Universelle Anwendung, da die Geräte klein, leicht und handlich sind. Sie können überall an die Prüflinge herangebracht werden.

Kontrolle schwerer Werkstücke wie Walzen, Maschinenständer und Schmiedeteile,

Kontrolle der Gleichmäßigkeit in der Härteverteilung bei großen Flächen.

Die Prüflinge müssen genügend Masse haben (min. 5 kg), fest aufliegen oder eingespannt sein.

15.3.6 Schlaghärteprüfung (Poldi-Hammer)

Messprinzip: Die Größe eines Härteeindrucks einer unbekannten Probe wird mit der Größe des Härteeindrucks eines bekannten Vergleichskörpers ins Verhältnis gesetzt.

Messverfahren: Der Poldihammer besteht aus einer Hülse, in der durch leichten Federdruck ein beweglicher Schlagbolzen gegen einen seitlich eingeschobenen Vergleichsstab quadratischen Querschnitts gedrückt wird. Dieser wird wiederum gegen eine lose gefasste, gehärtete Stahlkugel von $D = 10$ mm Durchmesser gedrückt, die am unteren Ende aus der Hülse heraussteht.

Zur Härteprüfung wird das Gerät senkrecht auf die Prüffläche gestellt. Dann wird dem Schlagbolzen ein kräftiger Schlag mit einem Handhammer von ca. 1 kg Masse versetzt.

Dabei drückt sich die Kugel sowohl in die Probe als auch in den Vergleichsstab ein. Da die Härte HBW_v des Vergleichsstabes bekannt ist, lässt sich die Härte H_p der Probe errechnen:

$$H_p = HBW_v \cdot \sqrt{\frac{D^2 - d_p^2}{D^2 - d_v^2}}$$

Praktisch entnimmt man den Härtewert einer Tabelle.

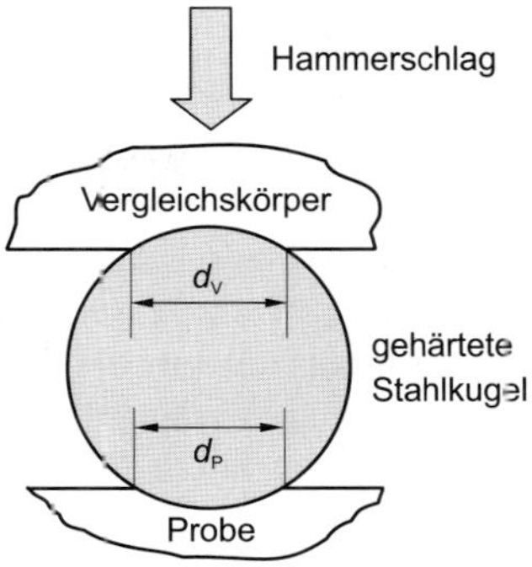

Bild 15.6 Auswertung der Poldi-Härteprüfung

Vorzüge des Poldihammers: leicht, handlich, in jeder Lage benutzbar, preisgünstig

Einschränkung: Die *Poldihärte* ist nicht mit der im Standardversuch ermittelten *Brinellhärte* identisch, denn die statische Druckbeanspruchung im Brinellhärteprüfer wirkt anders als die dynamische Schlagbeanspruchung mit dem Poldihammer. Bei letzterem sind außerdem bedingt durch Reibungsverluste die Druckkräfte auf Vergleichsstab und Probe nicht ganz gleich.

Anwendungsbereich: einfacher Ersatz für die Brinellprüfung, schwere Guss- und Schmiedestücke, bereits eingebaute und nicht mehr ausbaubare Teile, schnelle Warenkontrolle im Materiallager

15.4 Prüfung der Festigkeit bei statischer Belastung

Unter Festigkeit verstehen wir eine nach genormten Versuchen ermittelte Spannung. Sie ist mit einem bestimmten Verformungszustand des Probekörpers verbunden (→).

In den meisten Fällen sind diese Festigkeiten nicht die *wirklich* auftretenden, die *wahren* Spannungen, sondern Rechenwerte aus Prüfkraft und Querschnitt vor dem Versuch, die sog. *Nennspannungen*.

Verformungszustand	Festigkeitsbegriff
geringe plastische Verformung	Dehngrenzen, Streckgrenze
Bruch, beginnende Einschnürung	Zug-, Druck-, Scher- und Biegefestigkeit

15.4.1 Der Zugversuch (DIN EN ISO 6892-1/09)

Eine genormte Probe wird *gleichmäßig* und *stoßfrei* bis zum Bruch gedehnt. Die Dehngeschwindigkeit muss niedrig sein, damit das Ergebnis nicht verfälscht wird (kleiner als 10 % je min oder Spannungszunahme < 10 N/mm² je Sekunde). Kraft und Verlängerung der Probe werden gemessen oder durch schreibende Messgeräte aufgezeichnet.

Dabei wird das Verhalten des Werkstoffes bei *stetig zunehmender* Zugbeanspruchung unter folgenden Bedingungen beobachtet:

- die Spannung ist gleichmäßig über dem Querschnitt verteilt,
- sie wirkt nur in einer Achse, der Stabachse.

Die Werkstoffkennwerte (Tabelle 15.4) des Zugversuches dienen überwiegend als Grundlage für die Abnahme und Qualitätssicherung von Halbzeug und Rohteilen.

Tabelle 15.4: Werkstoffkennwerte aus dem Zugversuch

Werkstoffkennwert	Formelzeichen	Einheit
Elastizitätsmodul	E	MPa/GPa
0,2 %-Dehngrenze	$R_{p0,2}$	MPa
Streckgrenze	R_e	MPa
Zugfestigkeit	R_m	MPa
Bruchdehnung	A	%
Brucheinschnürung	Z	%

1 MPa = 1 N/mm²; 1 GPa = 1000 N/mm²

So genannte „wahre" Spannungen sind auf den *Momentanquerschnitt* bezogen und können nur bei einfachen Belastungsfällen ermittelt werden.

Diese Beanspruchung liegt bei Maschinenteilen nur selten vor. Für die Auslegung von Bauteilen sind meist andere Werte wichtiger (Dauerfestigkeiten, Zähigkeit). Aus der Kombination der Festigkeits- und Verformungskennwerte kann man jedoch die Sprödbruchneigung eines Stahles qualitativ abschätzen.

Zugproben

Bild 15.6 zeigt schematisch eine Rundzugprobe. Wie alle Zugprobenformen besteht sie aus einem schlanken Teil mit konstantem Querschnitt (Versuchslänge), der mit Abrundungsradien in die verdickten Enden übergeht. Sie dienen zum Spannen und Krafteinleiten. Neben Gewindeköpfen gibt es weitere Formen, wie Schulter- und Kegelköpfe. Die wesentlichen Maße sind die Messlänge L_0 und der Durchmesser d_0. Zwischen beiden soll ein festes Verhältnis (Proportionalität) bestehen (→).

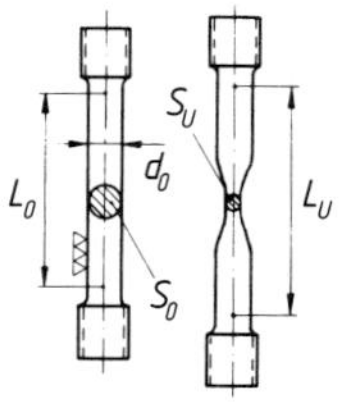

L_0: Messlänge
L_u: Messlänge nach dem Bruch
S_0: Querschnitt, aus d_0: Durchmesser vor dem Versuch berechnet
S_u: Bruchquerschnitt

Bild 15.7 Rundzugprobe (schematisch)

Proportionalität nach Norm:

- $L_0 = 5{,}65\,\sqrt{S_0}$
- $L_0 = 5 \cdot d_0$

Das Normblatt DIN EN ISO 6892-1 enthält Maße und Richtlinien für die Herstellung der Proben. Es sind auch Proben mit Rechteckquerschnitt möglich. Daneben gibt es Normen für Probestäbe aus Gusseisensorten und Blechen.

Messlänge L_0 ist der Abstand von zwei Markierungen, die eingeritzt oder leicht mit dem Körner eingeschlagen werden. Bei kerbempfindlichen Stoffen wird ein Lackstreifen aufgetragen und eingeritzt.

Versuchsablauf

Die Probe wird in die Einspannvorrichtungen der Zugprüfmaschine *biegungsfrei* eingesetzt und durch eine steigende Zugkraft so lange gedehnt, bis der Bruch eintritt. Anfangs verlängert sich die Probe elastisch (federnd), die Messmarken würden nach einer Entlastung wieder den Abstand L_0 zeigen. Die elastische Längenänderung ist sehr klein.

Größere Kräfte bewirken eine *plastische* (bleibende) Verlängerung. Bei Entlastung würde sich der Abstand der Messmarken um den elastischen Anteil verkürzen, aber *größer* als L_0 sein.

Hinweis: Die überlagerte *Biegung* ergibt eine ungleichmäßige Spannungsverteilung über dem Querschnitt. Die Zugspannung an der Außenseite des (gekrümmten) Stabes wäre höher als die rechnerische Nennspannung, d. h. es würde eine niedrigere Zugfestigkeit ermittelt werden.

Bei Keramik führt die überlagerte Biegung sehr schnell zum Bruch der Probe, da Keramik in der Regel nicht plastisch verformbar ist.

Nach weiterer Kraftzunahme beginnt etwa in der Mitte eine örtliche Verkleinerung des Querschnitts, als Einschnürung bezeichnet. An dieser Stelle tritt kurz darauf der Bruch ein.

Spannungs-Dehnungs-Diagramm

Beim Versuch werden Wertepaare von Kraft und Verlängerung gemessen oder die zugehörige Kurve aufgezeichnet. Es sind Werte, die je nach Probengröße *verschieden*, also probenabhängig sind.

Die Probenabhängigkeit der Ergebnisse wird durch Einführung von bezogenen Größen, hier **Spannung** und **Dehnung**, beseitigt (→).

Begriffe:

$$\textbf{Spannung } \sigma = \frac{\textbf{Kraft } F}{\textbf{Probenquerschnitt } S_0}$$

$$\textbf{Dehnung } \varepsilon = \frac{\textbf{Verlängerung } \Delta L}{\textbf{Messlänge } L_0}$$

So entsteht aus dem Kraft-Verlängerungs-Diagramm das Spannungs-Dehnungs-Diagramm, probenunabhängig und *werkstofftypisch* (Bild 15.8) mit folgenden Abschnitten:

Hinweis: Für die Umformtechnik ist die **„wahre" Spannung** im Verformungsbereich wichtig. Für sie wird der sich verjüngende Querschnitt zugrundegelegt (Bild 15.8 Kurve b).

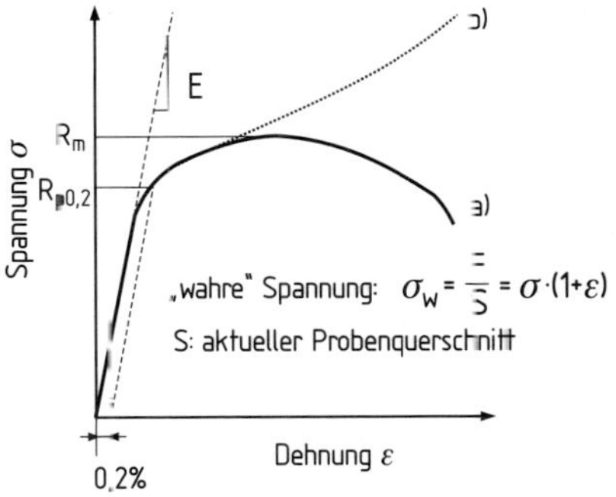

Bild 15.8 Schematische Darstellung des Spannungs-Dehnungs-Diagramms von a) Aluminium, b) Verlauf der wahren Spannung zu a)

Geradliniger Teil (Hooke'sche Gerade). In diesem Spannungsbereich liegt die Beanspruchung von Bauteilen *während* ihrer Funktion. Spannung und Dehnung sind im Rahmen der Messgenauigkeit proportional, d. h. eine Verdoppelung der Spannung würde auch die Dehnung verdoppeln. Es gilt das Hooke'sche Gesetz:

Hooke'sches Gesetz $\boldsymbol{\sigma = \varepsilon \cdot E}$

mit $\varepsilon = \Delta L_{el}/L_0$

Die sog. *zulässigen Spannungen* in einem Bauteil liegen stets auf der Hooke'schen Geraden.

Abweichung von der Gradlinigkeit In der Regel (z. B. Aluminium, Kupfer, austenitischer Stahl, Ausnahme: manche un- und niedrig legierten Stähle, insbesondere Baustahl) gibt es kein scharf definiertes Ende der Hooke'schen Gerade.

Gebräuchlich ist die 0,2 %-Dehngrenze $R_{p0,2}$, also die Spannung, die nach Entlastung gemessen eine leicht *messbare* plastische Dehnung von 0,2 % hervorruft. (Bei einer Messlänge von 50 mm sind 0,2 % gerade 0,1 mm.)

Das effektive Ende der Hooke'schen Gerade wird als *Dehngrenze* bezeichnet und wird willkürlich über eine bleibende Verformung der Zugprobe nach Entlastung festgelegt.

Gebräuchlich ist manchmal noch die „technische Elastizitätsgrenze" genannte 0,01 %-Dehngrenze $R_{p0,01}$.

Bei **Baustahl** und anderen C-armen Stählen steigt die Hooke'sche Gerade mit minimalen, üblicherweise vernachlässigbaren Abweichungen bis zu einem Maximum an, das *Streckgrenze* (obere Streckgrenze) R_{eH} genannt wird, siehe Bild 15.9. Es folgt ein **abfallender Teil**. Die Streckgrenze ist überschritten, die Probe wird *sichtbar* gestreckt, ihre glänzende Oberfläche wird matt. Diese stärkere plastische Verformung wird auch als *Fließen* bezeichnet. Während des Fließens kann die Spannung auch sinken. Das relative Minimum der Kurve ist die untere Streckgrenze R_{eL}.

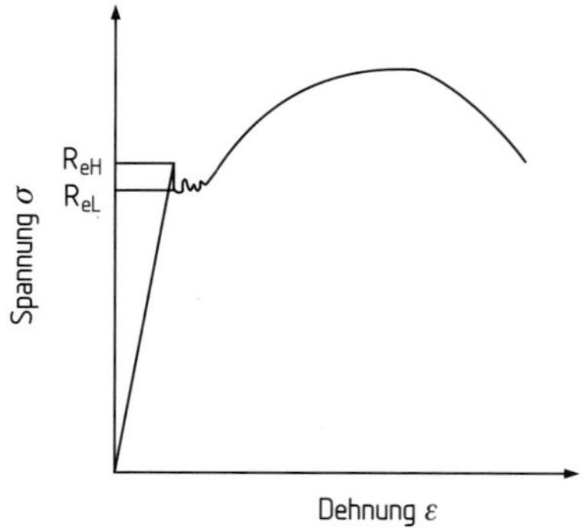

Bild 15.9 Schematische Darstellung des Spannungs-Dehnungs-Diagramms von Baustahl

Der Abfall der Kurve entsteht durch das schlagartige Losreißen der Versetzungen von Kohlenstoffatomansammlungen, den *Cottrell-Wolken*. Wenn Versetzungen an anderen Hindernissen gebremst werden, können sie von hinterher diffundierenden Kohlenstoffatomen wieder blockiert werden und müssen sich dann erneut losreißen. So kann eine wellige Spannungs-Dehnungs-Kurve im Bereich der *Lüders-Dehnung* entstehen.

Hinweis: Streckgrenze R_e und 0,2 %-Dehngrenze $R_{p0,2}$ sind in technischen Dokumenten gleichwertige Grenzspannungen.

Hinweis: Der im Zusammenhang mit Festigkeitsbetrachtungen manchmal gebrauchte Begriff *Fließgrenze* ist der Oberbegriff für Spannungen, die eine erste größere plastische Verformung ergeben.

Ansteigender Teil (alle Werkstoffe). Mit der plastischen Verformung tritt die Verformungsverfestigung (Kaltverfestigung) auf. Deshalb müssen jetzt für eine weitere Dehnung der Probe auch zunehmende Kräfte bzw. Spannungen aufgebracht werden: Die Kraftanzeige steigt. Bis zum Maximum der Kurve wird die Probe auf der gesamten Messlänge gleichmäßig dünner (→).

Hinweis: Die bis zum Maximum auftretende Dehnung heißt deshalb *Gleichmaßdehnung*.

Absteigender Teil. Im Maximum der Kurve tritt bei verformbaren Werkstoffen eine örtliche Querschnittsverkleinerung auf. Sie wird *Einschnürung* genannt. Die weitere Längenänderung der Probe findet nur noch in diesem Bereich statt.

Der schnell abnehmende Querschnitt im Einschnürbereich benötigt kleiner werdende Kräfte zu weiterer Dehnung, deshalb sinkt die Kraftanzeige bis zum Bruch. Beim Bruch geht die *elastische* Dehnung der Probe zurück, übrig bleibt die Bruchdehnung A.

Festigkeitskennwerte

Mit Hilfe der Messwerte und der Zugprobe werden beim Zugversuch also die folgenden Werkstoffkennwerte ermittelt:

In den Formeln für die Festigkeiten sind die folgenden Einheiten üblich:

Kräfte F	Querschnitt S_0	Festigkeiten R
N	mm^2	N/mm^2 = MPa

0,2 %– Dehngrenze $R_{p0,2} = \dfrac{F_{0,2}}{S_0}$ **oder**

$F_{0,2}$ ist die Kraft, die die Probe um 0,2 % *bleibend* gedehnt hat (nach Entlastung).

Streckgrenze $R_e = \dfrac{F_e}{S_0}$;

F_e ist die Kraft, bei der die Kurve die erste Unstetigkeit zeigt, d. h. wenn die Kraftanzeige erstmals stoppt oder sinkt.

Hinweis: Bei einer Zugprobe werden ja nach Werkstoff **entweder** Streckgrenze R_e **oder** 0,2 %-Dehngrenze $R_{p0,2}$ bestimmt.

Zugfestigkeit $R_m = \dfrac{F_m}{S_0}$;

F_m ist die größte Kraft, die während des Versuches an der Probe wirkte. Sie entspricht dem Maximum der Kurve und wurde früher z. B. an einem Schleppzeiger abgelesen.

Verformungskennwerte

Die folgenden Einheiten sind üblich:

A, Z	L_u, L_0	S_0, S_u
%	mm	mm^2

Darin ist L_0 die Messlänge, am unverletzten Stab gemessen. L_u ist der Abstand der Messmarken nach dem Bruch. Zur Messung werden die Bruchstücke sorgfältig zusammengepasst.

Bruchdehnung $A = \dfrac{L_u - L_0}{L_0}$;

Darin ist S_0 der Ausgangsquerschnitt aus dem Durchmesser d_0 zu berechnen. S_u ist die Bruchfläche. Sie wird nach dem Bruch als Mittelwert von zwei aufeinander senkrecht stehenden Durchmessern berechnet.

Brucheinschnürung $Z = \dfrac{S_0 - S_u}{S_0}$;

Hinweis: Nach Norm wird das Rechenergebnis mit 100 % multipliziert, um ein typisches Ergebnis wie A = 22 % zu erhalten.

Steifigkeitskennwert

Der Elastizitätsmodul (E-Modul) wird für die Berechnung der elastischen Verformung und von Dehn-, Schrumpf- und Wärmespannungen benötigt. Von zentraler Bedeutung ist der E-Modul bei der Berechnung von Knick- und Beulsteifigkeiten.

Zur Ermittlung des E-Moduls werden zwei zugeordnete Werte von Spannung σ und Dehnung ε im *elastischen* Bereich eingesetzt. Dabei muss die Dehnung mit Feinmessgeräten ermittelt werden, die auf 1 µm und weniger ansprechen.

Elastizitätsmodul $E = \frac{\sigma_{el}}{\varepsilon_{el}} = \frac{\Delta\sigma}{\Delta\varepsilon}$

Der E-Modul ist eine gedachte Spannung, die einen Probestab elastisch auf die doppelte Länge (also Dehnung $\varepsilon = 1$) dehnen würde, sofern der Werkstoff diese hohe Spannung aushielte.

Hinweis: Beim Austausch des Werkstoffes Stahl durch andere Werkstoffe muss nicht nur die Festigkeit, sondern auch die Steifigkeit, d. h. der E-Modul beachtet werden (Beispiel).

Wegen des kleineren E-Moduls (1/3 von Stahl) würde der Al-Träger die dreifache elastische Formänderung (Durchbiegung) aufweisen.

Neben dem Elastizitätsmodul wird für manche Berechnungen auch der **Schubmodul G** benötigt, der den Widerstand gegen elastische Schubverformung (Scherung, Verdrehung) beschreibt.

Die **Querkontraktionszahl μ** ist das Verhältnis von elastischer Längs- zu Querdehnung im Zugversuch.

Hinweis: Bei Angaben des E-Moduls ist neben der Einheit MPa auch die Einheit GPa (= 1000 MPa) üblich.

Beispiel: Ein Stahlträger wird durch einen AlCuMg-Träger mit gleichem Querschnitt und gleicher Festigkeit ersetzt. Typische E-Moduln sind:

E_{Stahl} = 210 GPa
E_{Al} = 70 GPa

Sofern keine Tabellenwerte für den Schubmodul vorliegen, kann er aus dem Elastizitätsmodul abgeschätzt werden: $G \approx E/2{,}6 \approx E/3$.

Ein typischer Wert für die Querkontraktionszahl eine metallischen Werkstoffes ist $\mu = 0{,}3$.

Es gilt für jedes isotrope Metall die strenge Beziehung $E = 2 \cdot (1 + \mu) \cdot G$.

Die metallischen Werkstoffe weisen unterschiedliche Spannungs-Dehnungs-Diagramme auf. Eine Wärmebehandlung verändert die Form der Kurve stark (Bilder 15.10).

Werkstoffvergleich

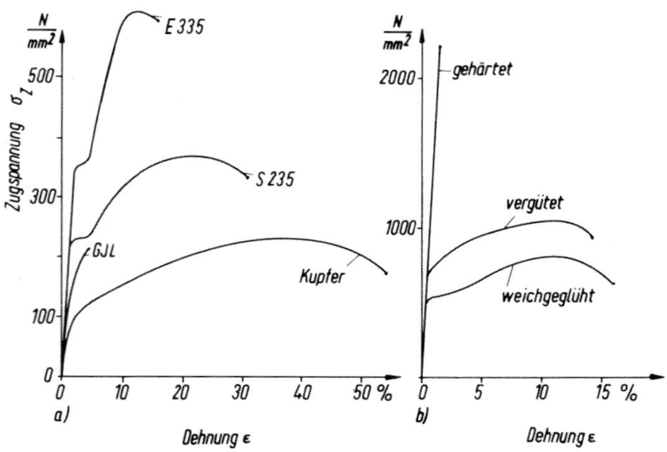

Bild 15.10 Spannungs-Dehnungs-Diagramme
a) Metalle geglüht, b) Stahl mit verschiedener Wärmebehandlung

15.4.2 Allgemeines Bruchverhalten

Beim Bruch von Proben (genauso bei Bauteilen in Betrieb) lassen sich zwei extreme Verhaltensweisen beobachten:

Trennbruch liegt vor, wenn die Probe ohne sichtbare plastische Verformung plötzlich bricht, Kennzeichen für einen spröden Werkstoff. Die Bruchfläche ist wenig uneben und zeigt glatte Spaltflächen (Bild 15.11a).

Trennbruch = Spröder Werkstoff

Verformungsbruch liegt vor, wenn die Probe nach starker plastischer Verformung bricht, Kennzeichen für *zähe* (*duktile*) Werkstoffe. Die Bruchfläche ist zerklüftet, sie zeigt *Waben*, deren Ränder erst in der letzten Phase des Bruches getrennt wurden (Bild 15.11b).

Verformungsbruch = Zäher Werkstoff

Mischbruch. Sehr viele Werkstoffe liegen im Bruchverhalten zwischen diesen Extremen. Dann enthält die Bruchfläche sowohl Spaltflächen als auch Waben (Bild 15.11c).

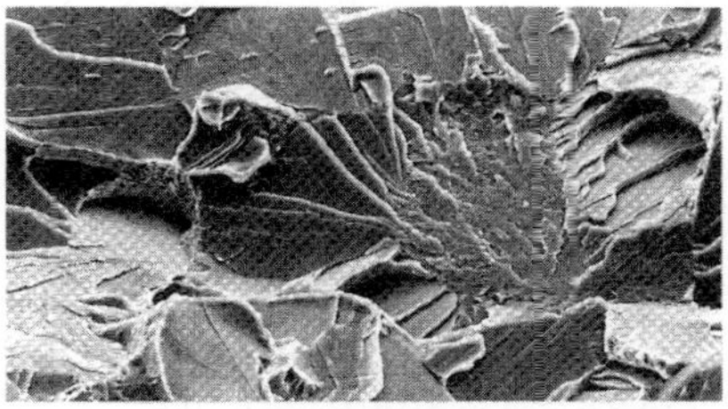

a) Spröder Bruch mit Spaltflächen, G20Mo5

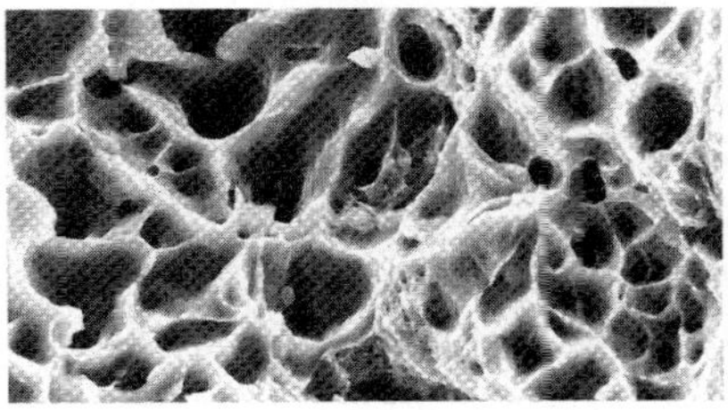

b) Zäher Bruch mit Waben, Baustahl S235J2

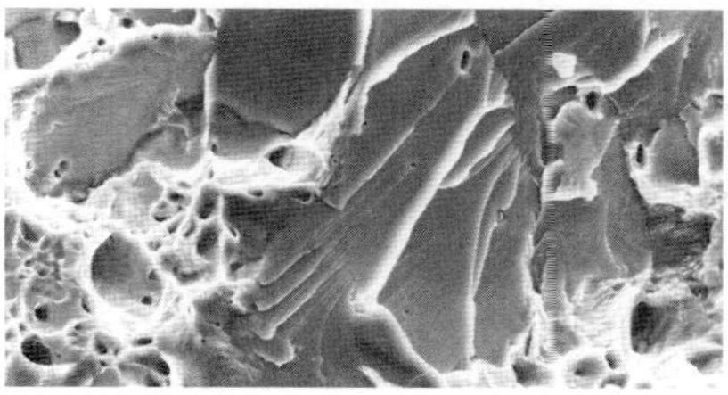

c) Mischbruch

Bild 15.11 REM-Aufnahmen von Bruchflächen

Übersicht: Ursachen für das unterschiedliche Bruchverhalten der Metalle

Ursache		Auswirkungen
Gefüge,	feinkörnig	In feinkörnigen Gefügen werden Risse von den Korngrenzen angehalten → Verformungsbruch.
Gefüge,	heterogen, ungleichmäßig	Im Gegensatz zu homogenen Gefügen gibt es ausgeprägte Schwachstellen, die vorzeitiges Versagen auslösen → Mischbruch.
Gefüge,	heterogen mit spröder Kristallart	Die sprödere Kristallart lässt keine Verformung zu, Neigung zum Trennungsbruch. Beispiel: hoch Sn-haltige Bronzen mit spröden intermetallischen Phasen.
Verformungsgeschwindigkeit		Bei langsamer Verformung haben die Versetzungen genügend Zeit, der Beanspruchung zu folgen, bei schlagartiger Belastung nicht, deshalb Neigung zum Sprödbruch.
Temperatur		Bei tiefen Temperaturen werden in krz-Werkstoffen (z. B. Baustahl) die Versetzungen immer weniger beweglich, → Sprödbruch (→ 15.6.2).
Spannungszustand, Form des Bauteils		Kerben verändern das innere Spannungssystem, Gleitbehinderung durch dreiachsige Zugspannungen → Neigung zum Sprödbruch.

Innere Vorgänge bei Verformung und Bruch

Wir betrachten dazu einen Probestab mit Rechteckquerschnitt, den wir uns zur Vereinfachung sehr grobkörnig denken, so dass ein Kristallit den ganzen Querschnitt einnimmt (Bild 15.12a).

Um die Atome längs der Ebene I zu trennen, muss eine Zugkraft *F* wirken, die größer ist als der Trennwiderstand der Materie. Bevor jedoch dies durch Steigern der Kraft *F* geschieht, kommen in den Ebenen II Versetzungen in Bewegung, der Stab verformt sich.

Ursache der Versetzungsbewegung sind Schubkräfte F_q, welche Schubspannungen τ bewirken. Die Bilder 15.12 b+c zeigen, wie die Schubkräfte zustande kommen. Dazu legen wir unter einem beliebigen Winkel α einen Schnitt durch die Probe und machen ein Teilstück frei.

An der Schnittstelle wird der äußeren Belastungskraft *F* (Bild 15.12 c+d) durch zwei innere Kräfte das Gleichgewicht gehalten:

- **Normalkraft** $F_N = F \sin \alpha$ sie verursacht **Normalspannungen σ**
- **Schubkraft** $F_q = F \cdot \cos \alpha$ sie verursacht **Schubspannungen τ**

Voraussetzung für ein Wandern von Versetzungen ist eine ausreichend große Schubspannung τ, welche den Gleitwiderstand überwindet, ehe die Normalspannung die Größe des Bruchwiderstandes erreicht.

Die Schubspannung bestimmen wir aus der Schubkraft und der Schnittfläche (Bild 15.12c):

$$\textbf{Schubspannung } \tau = \frac{F_q}{A_S} = \frac{F \cdot \cos\alpha \cdot \sin\alpha}{b \cdot s}$$

Die Schubspannung wird dann ein Maximum besitzen, wenn das Produkt cos α · sin α ein solches besitzt. Der zugehörige Winkel α wird aus einer trigonometrischen Betrachtung zu 45° bestimmt.

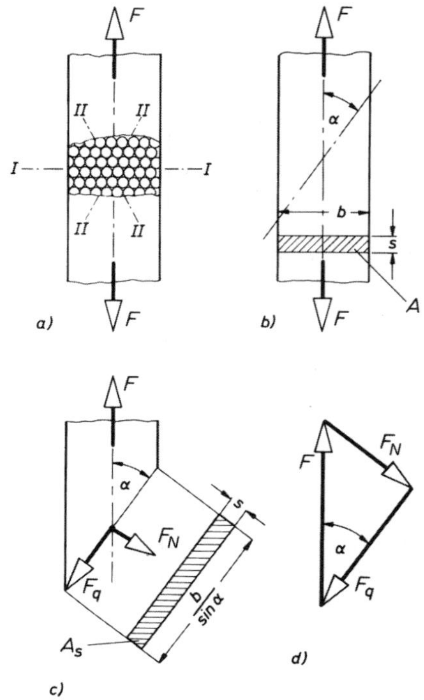

Bild 15.12 Innere Kräfte beim zugbeanspruchten Stab

Hinweis: Die Normalkraft F_N versucht die beiden Schnittufer voneinander zu trennen. Ihr wirkt der *Bruchwiderstand* der Materie entgegen.

Die Schubkraft F_q versucht, die beiden Schnittufer gegeneinander zu verschieben. Ihr wirkt der *Verformungswiderstand* der Materie entgegen.

Aus den Grundlagen der Metallkunde (2.2.2) ist bekannt, dass es leichter ist, Versetzungen zu verschieben als die Atome zu trennen, d. h. für die Gleitebenen gilt:

Verformungswiderstand < Bruchwiderstand

Beachte: Die Größe der Schnittfläche A_s hängt vom Winkel α ab und ist größer als die Querschnittsfläche *A* (Wurstanschnitt).

$$A_s = A / \sin\alpha = \frac{b \cdot s}{\sin\alpha}$$

In diesen 45°-Ebenen kann zuerst der Verformungswiderstand der Materie durch die maximalen Schubspannungen überwunden werden, wenn es sich um Gleitebenen des Kristallgitters handelt.

Die inneren Schubspannungen erreichen in allen Ebenen, die unter 45° zur Achse der Zugkraft liegen, einen Höchstwert.

Das Bruchverhalten eines Werkstoffes beim Zugversuch wird deshalb zunächst von den Gleitmöglichkeiten seiner Versetzungen abhängen.

Trennbruch mit ebener Bruchfläche senkrecht zur Zugrichtung (Bild 15.13a) tritt bei Werkstoffen ohne Gleitmöglichkeiten oder solchen mit hohem Verformungswiderstand ein.

Dabei steigt die Kraft *F*, ohne dass die unter 45° wirkende maximale Schubspannung in der Lage ist, den hohen Verformungswiderstand zu überwinden.

Bereits vorher wird in den Ebenen senkrecht zur Zugrichtung die Trennfestigkeit von der Normalspannung überschritten, und die Atome werden getrennt.

Verformungsbruch (Scherbruch) tritt bei dünnen Flachstäben und Werkstoffen mit vielen Gleitmöglichkeiten auf. Nach einer Einschnürung bricht die Probe unter Wirkung der Schubspannungen in einer 45°-Ebene (Bild 15.13 b + e).

Mischbruch als Kombination beider gegensätzlichen Arten tritt bei den meisten Stählen an Rundproben auf.

Infolge der Einschnürung scheren die Kraterränder unter den Schubspannungen im Winkel von 45° ab (→ Bild 15.13 b-d), während im Kratergrund eine relativ ebene Fläche als Trennbruch entsteht.

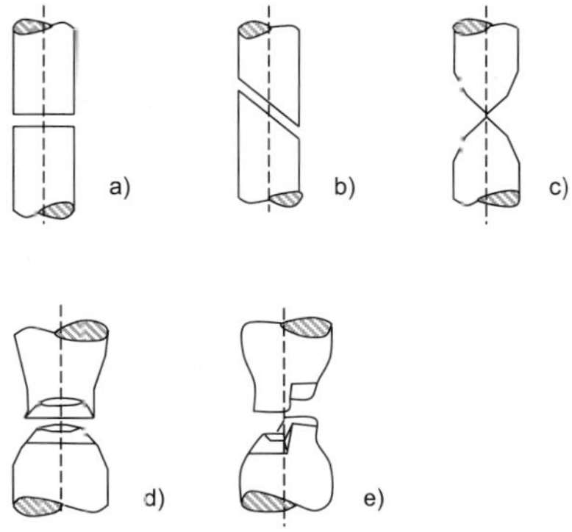

Bild 15.13 Bruchformen beim Zugversuch, schematische Darstellung
a) Trennbruch durch Normalspannungen, b) Scherbruch c) Verformungsbruch durch Schubspannungen, d – e) Mischbruch

Trennbrüche zeigen Werkstoffe, deren Kristalle komplizierte (Keramik) oder stark verzerrte Gitter (Martensit) haben oder solche, in denen eine spröde Kristallart größere Volumenanteile besitzt (Bronze mit intermetallischen Phasen). Korngröße und Kornform der spröden Phase haben großen Einfluss.

Durch die Einschnürung wird das vorherige einachsige Spannungssystem verändert, da durch die geänderte Form auf einmal auch Zugspannungskomponenten schräg zur Zugrichtung auftreten (mehrachsiges Spannungssystem). Sie ermöglichen die weitere plastische Verformung während der Einschnürung.

Bei den meisten Proben bleibt der Kraterrand nicht an einer Probenhälfte stehen, sondern ist unregelmäßig auf beide verteilt.

15.4.3 Zeitfestigkeiten

Mit Langzeitversuchen unter erhöhter Temperatur werden die *Zeitfestigkeiten* eines Werkstoffes ermittelt und im Zeitstanddiagramm dargestellt. (→ Kapitel 2.4.6)

Zeitstandversuche werden gemäß DIN EN ISO 204/09 durchgeführt.

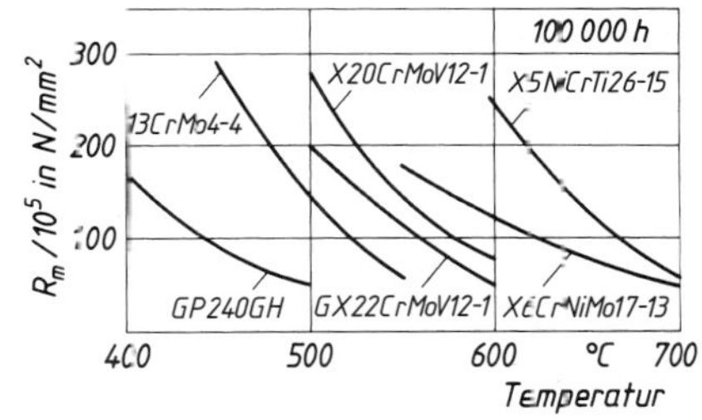

Bild 15.14 Zeitstandschaubild, schematisch

15.5 Prüfung der Festigkeit bei dynamischer Belastung

15.5.1 Allgemeines Verhalten

Beim Zugversuch erfolgt eine einmalige zügige Belastung bis zum *Gewaltbruch*. Viele Bau- und Maschinenteile sind dagegen einer periodisch *schwankenden* Belastung ausgesetzt.

Dabei können sie nach längerer oder kürzerer Zeit bei *niedrigeren* Spannungen brechen. Der Bruch erfolgt durch Ermüdung und heißt *Dauerbruch* oder *Ermüdungsbruch*.

Analogie: Gewichtheber heben ihre Höchstlast nur einmal. Sollten sie dagegen eine Last mehrfach hintereinander heben und senken (mehrere Lastspiele), so würden sie das nur mit einer verkleinerten Last schaffen. Je kleiner die Last, umso mehr Lastspiele bis zur Ermüdung.

- Einmalige Belastung bis zum Bruch
  → erträgt höhere Spannungen
  → führt zu **Gewaltbruch**.
- Periodisch schwankende Belastung
  → nur bei niedrigeren Spannungen
  → führt zu **Dauerbruch** (Ermüdungsbruch).

Übersicht: Vergleich von statischer und dynamischer Belastung

Belastung	Art der Verformung	Lage der Nennspannung	Bruchart und Zeitpunkt
statisch, Zug-, Druck- und andere Versuche			
einmalig bis zum Höchstwert	elastisch, später plastisch	über Streckgrenze R_e oder Dehngrenze $R_{p0,2}$	Gewaltbruch nach Überschreiten von R_m
dynamisch, Dauerschwingversuche			
periodisch ändernd	elastisch	im elastischen Bereich, $\sigma_{max} << R_{p0,01}$	Dauerbruch nach einiger Zeit, wenn $\sigma_{max} > \sigma_D$

Ursachen des Dauerbruches

Dauerbrüche erfolgen, obwohl die rechnerischen Spannungen (Nennspannungen) im Bauteil sich auf der Hooke'schen Geraden, also im elastischen Bereich befinden. Bei den meisten Bauteilen ist jedoch die Verteilung der Spannungen über dem Querschnitt nicht *gleichmäßig*, es entstehen *Spannungsspitzen* an besonderen Stellen.

Ungleichmäßige Spannungsverteilung tritt auf, sobald die äußeren Kräfte einen biegenden Einfluss besitzen. Dann sind nur wenige Querschnitte maximal beansprucht (die sog. gefährdeten Querschnitte).

Das Verlagern der gleichmäßigen Spannungsverteilung zu örtlichen Spannungsspitzen durch den Kerbeinfluss wird als *Kerbwirkung* bezeichnet und rechnerisch mit der Kerbwirkungszahl β erfasst. Als Kerben wirken bereits kleine Querschnittsänderungen, wie z. B. der Absatz einer Welle, wenn er nicht ausgerundet ist.

Gleichmäßige Spannungsverteilung tritt z. B. bei Zugbeanspruchung langer Stäbe mit konstantem Querschnitt auf. Dabei hat jeder Querschnitt die gleiche Beanspruchung und jedes Werkstoffteilchen im Querschnitt den gleichen Anteil zu übertragen. Die wahre Spannung ist gleich der Nennspannung, wie z. B. bei der Zugprobe im Zugversuch vor der Einschnürung.

Kerbwirkung. Durch Kerben entstehen dreiachsige Spannungszustände, so dass Zonen im Kerbgrund entstehen, in denen die *effektive* Spannung ein *Mehrfaches* der Nennspannung sein kann. Gefügefehler führen ebenfalls zu solchen Spannungsspitzen.

Entstehung des Dauerbruches

Die Spannungsspitzen führen örtlich zu einer plastischen Verformung mit begleitender Kaltverfestigung und Versprödung. Sie beginnt an der Oberfläche, weil dort die Kristallite

- meist höheren Spannungen unterliegen (bei Biegung und Torsion),
- leichter verformbar sind als im Innern liegende Kristalle,
- mit der Umgebung evtl. chemisch reagieren können.

Die örtliche plastische Verformung im Mikrobereich erzeugt ein Heraustreten (Extrusion) oder Einsinken (Intrusion) von Material und erhöht dadurch die Rauigkeit, damit die Kerbwirkung und die Spannungen im Kerbgrund. Die Folge ist eine *Rissausbreitung*.

Bruchfläche. Typisch für ihr Aussehen sind zwei Teilflächen (Bild 15.15) mit gegensätzlichem Charakter.

Die Dauerbruchfläche entsteht über eine längere Zeit und ist durch das periodische Aufeinanderpressen der Ränder geglättet, sie kann auch Korrosionserscheinungen zeigen. Rastlinien entstehen durch zeitweilige Abnahme der Belastung.

Die Restbruchfläche entsteht durch Gewaltbruch, wenn der Restquerschnitt zu klein geworden ist. Sie zeigt teils sehnige Ausfransungen (Verformungen), meist aber körnige, wenig zerklüftete Flächen (Trennungen), weil durch den Riss eine starke Kerbwirkung entsteht.

15.5.2 Dynamische Belastung

Die rein statische Belastung ist selten. Häufiger tritt eine statische Grundbelastung auf (z. B. Gewichtskräfte), die von dynamisch wirkenden Kräften überlagert wird.

Beispiel: Zylinderkopfschrauben erhalten bei der Montage eine Vorspannung, welche die Dichtung anpresst. Nach dem Setzen der Dichtung wirkt in der Schraube eine Zugspannung σ_u (Bild 15.16).

Mögliche Ausgangspunkte für Risse sind:

Ausgangspunkt	Beispiele
Werkstofffehler	Schlackenteilchen, Randentkohlung
Oberflächen-schäden	Kratzer, Bearbeitungs-riefen
Kerben (konstruktiv)	Nuten, Wellenabsätze, Bohrungen
Flächenpressung durch Nachbarteile	Aufgepresste Naben, Auflagefläche von Federringen

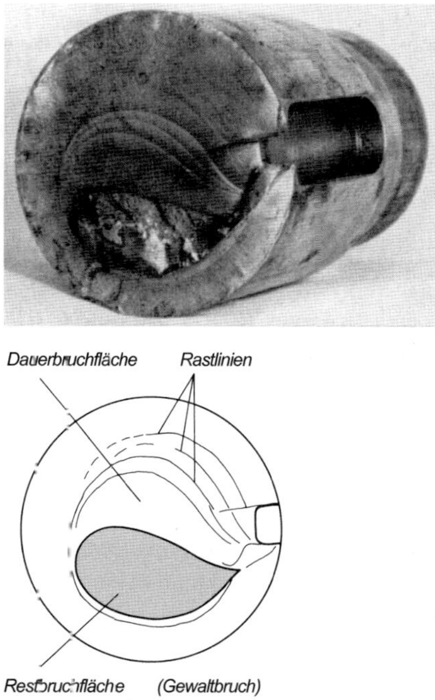

Bild 15.15 Dauerbruch einer Ritzelwelle

Hinweis: Im Restquerschnitt liegt ein sog. mehrachsiges Spannungssystem vor, das eine Verformung sehr erschwert (→ 15.6.2).

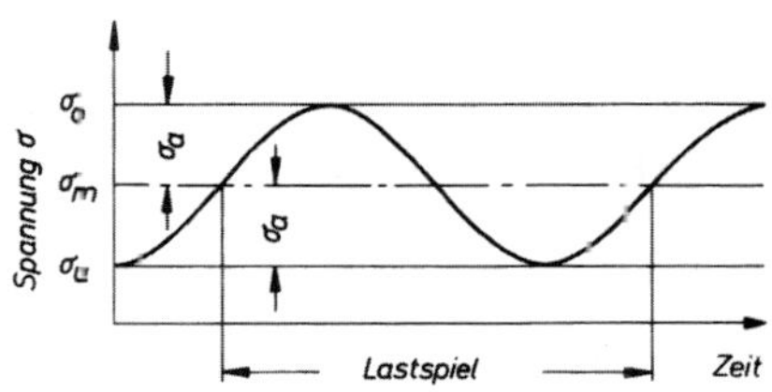

Bild 15.16 Spannungsverlauf bei einer Zugbeanspruchung im Schwellbereich

Bei laufendem Motor entstehen durch den Gasdruck periodische Änderungen der Spannung. Die Spannungsausschläge σ_a pendeln um eine Mittelspannung σ_m.

Lastspiel wird der Ablauf einer vollen Schwingung genannt, in Bild 15.17 sinusförmig skizziert. Dieser Spannungsverlauf ist ein Beispiel für die Beanspruchung eines Bauteiles im sog. *Schwellbereich.*

Übersicht: Dynamische Belastungsfälle

Bel.-Fall	Merkmale
Schwell-bereich	Oberspannung (σ_o, τ_o) und Unterspannung(σ_u, τ_u) haben die gleiche Richtung. Im Diagramm liegen die Schwingungen nur auf einer Seite zur Nullachse, ähnlich Bild 15.16.
Wechsel-bereich	Ober- und Unterspannung haben entgegengesetzte Richtungen. Im Diagramm liegen die Schwingungen auf beiden Seiten zur Nullachse, ähnlich Bild 15.17.

Beispiel: Getriebewelle (Bild 15.17a)

Die skizzierte Welle wird durch die Zahnkraft *F* belastet, sie soll als konstant betrachtet werden. Im Stillstand ist die an der Stelle A liegende Faser spannungslos. Nach einer Viertel-Umdrehung ist sie nach oben gelangt und wird durch die max. Biege-Zug-Spannung σ_o beansprucht (Bild 15.17b).

Nach einer weiteren halben Umdrehung ist Faser A auf der Unterseite und wird durch die max. Biege-Druck-Spannung beansprucht. Nach einem vollen Lastspiel ist Faser A wieder spannungslos, das nächste Lastspiel beginnt.

Der skizzierte Spannungsverlauf ist ein Beispiel für die Beanspruchung eines Bauteiles im sog. *Biegewechselbereich* (die auftretenden Torsionsspannungen sind hier vernachlässigt).

Grundsätzlich kann für alle Arten der Grundbeanspruchung, Zug, Druck, Biegung und Torsion, die Belastung entweder schwellend oder wechselnd sein.

Beobachtungen, die bereits von A. Wöhler im 19. Jahrhundert bei systematischen Versuchen gemacht wurden, zeigen, dass dynamisch belastete Teile nach einer bestimmten Anzahl von Lastspielen brechen, wenn der Spannungsausschlag σ_a zu hoch liegt.

Bei ausreichend niedrigen Spannungen

$$\sigma_m + \sigma_a \quad \text{oder} \quad \tau_m + \tau_a$$

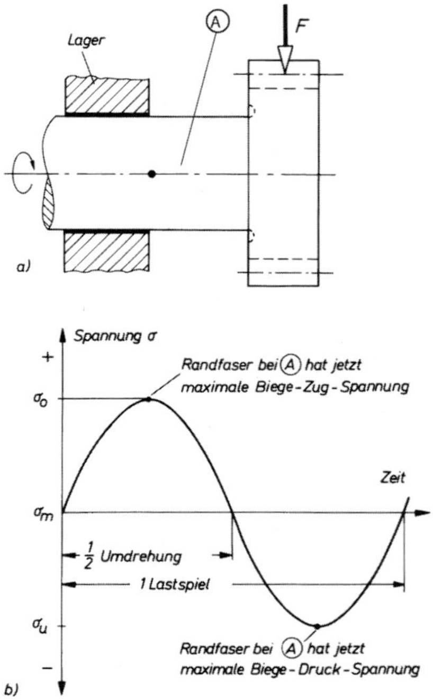

Bild 15.17 Getriebewelle a) schematisch, b) Spannungsverlauf eines Randfaserteilchens

Hinweis: Eine Überlagerung beider Belastungsarten ist bereits bei einfachen Bauteilen möglich, wie die Getriebewelle nach Bild 15.17 zeigt: Beim Antrieb in einer Drehrichtung kommt zur Biegewechselbeanspruchung noch die Torsionsbeanspruchung im Schwellbereich hinzu, d. h., die Welle wird wechselnd auf Biegung und schwellend auf Torsion beansprucht.

Ziel der Dauerschwingversuche (Dauerversuche) ist es, diejenigen Mittelspannungen und

werden praktisch *unendlich* viele Lastspiele ertragen. Das Teil ist dauerfest, seine Beanspruchung liegt unterhalb der Dauerschwingfestigkeit.

Spannungsausschläge zu ermitteln, welche dauernd, d. h. unendlich viele Lastspiele lang, ohne Bruch ertragen werden können. Diese Spannungen ergeben die *Dauerschwingfestigkeit*.

15.5.3 Dauerschwingfestigkeiten

Dauerschwingfestigkeiten (Dauerfestigkeit) $\sigma_D = \sigma_m \pm \sigma_a$, $\tau_D = \tau_m \pm \tau_a$

Dabei sind σ_m und τ_m gewählte Mittelspannungen und σ_a und τ_a die höchsten, ohne Bruch ertragbaren Spannungsausschläge

Wichtige Sonderfälle sind:

Schwellfestigkeit $\sigma_{Sch} = 2\ \sigma_a$; $\tau_{Sch} = 2\ \tau_a$

Die Unterspannung ist null. Im Diagramm berührt die Schwingungslinie die Zeitachse.

Wechselfestigkeit $\sigma_W = \pm\ \sigma_a$; $\tau_W = \pm\ \tau_a$

Die Mittelspannung ist null. Im Diagramm liegen die Schwingungen symmetrisch zur Zeitachse.

15.5.4 Dauerschwingversuche (DIN 50 100/78)

Die zahlreichen Versuchsarten haben unterschiedliche Ziele:

Versuche	Ziele
Versuche mit glatten, polierten Proben	Ermittlung der Dauerfestigkeit für die Hauptbeanspruchungsarten, Aufstellen von Wöhlerkurven
Versuche mit Proben, die Kerben, Bohrungen, Querschnittsänderungen oder andere Oberflächenmerkmale haben	Ermittlung der Gestaltfestigkeit, d. h. der Kerbwirkungszahl und des Einflusses der Oberflächengüte auf die Dauerfestigkeit
Versuche mit vollständigen Bauteilen oder ganzen Baugruppen	Ermittlung von Schwachstellen und ihre Beseitigung durch Konstruktions- oder Werkstoffänderung

Für alle Dauerversuche ist der Zustand der Probenoberfläche von starkem Einfluss auf die Lebensdauer. Aussagekräftige Messwerte können deshalb nur bei gleichartiger Vorbereitung der Proben und gleichen Umweltbedingungen während des Versuches erzielt werden.

Als Beispiel für einen Versuch der ersten Gruppe (Tabelle) wird der Umlaufbiegeversuch beschrieben, mit dem die Biegewechselfestigkeit σ_{bW} eines Werksstoffes ermittelt werden kann.

Umlaufbiegeversuch (DIN 50 113/82)

Dieser Versuch belastet die Probe durch die Anordnung der Kräfte mit einem konstanten Biegemoment (Bild 15.18). Bei einer Drehung entstehen wechselnde Biegespannungen, die um die

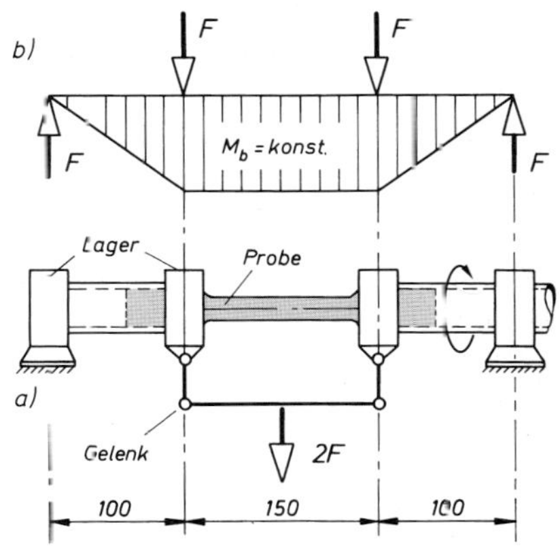

Bild 15.18 Umlaufbiegeversuch, schematisch
a) Probe mit Belastungskräften,
b) Momentenfläche

Mittelspannung null schwingen (ähnlich den Verhältnissen in Bild 15.17b).

Es werden mehrere Proben gleichen Werkstoffs und gleicher Vorbehandlung mit fallenden Spannungsausschlägen σ_a bis zum Bruch geprüft und die Lastspielzahl bis dahin festgehalten (Bruchlastspielzahl). Proben, welche die Grenzlastspielzahl N_G erreichen, brechen i. Allg. nicht mehr, so dass sie aus dem Versuch genommen werden.

Wöhlerkurve

Aus den ermittelten Wertepaaren (Bild 15.19), Bruchlastspielzahl N_B und Spannungsausschlag σ_a, die eine große Streuung haben, ergibt sich die Wöhlerkurve (Bild 15.20). Sie fällt von der statischen Festigkeit (mit $N_B = 1$) steil ab, wird für zunehmende Lastspielzahlen flacher.

Deren Abstand zur Abszisse ist der *höchste* noch ertragbare Spannungsausschlag σ_a. Für den Umlaufbiegeversuch ist er identisch mit der Wechselfestigkeit σ_{bW}.

Der annähernd waagerechte Verlauf lässt den Schluss zu, dass eine Probe *nicht unendlich* lang geprüft werden muss, sondern nur bis zu einer praktisch relevanten Grenzlastspielzahl N_G.

In Bild 15.20 geben alle Punkte auf der deutlich abfallenden Kurve die *Zeitfestigkeit* an. Das ist der Spannungsausschlag, der nur eine *begrenzte* Lastspielzahl ausgehalten wird. Bei genaueren Versuchen werden stets mehrere Proben mit *gleicher* Beanspruchung geprüft. Sie brechen bei verschiedenen Lastspielzahlen, die Werte streuen also, siehe Bild 15.20. Für sichere Aussagen ist die Prüfung *vieler* Proben erforderlich, deren Daten mit statistischen Methoden ausgewertet werden. Im Bereich der Zeitfestigkeit sind Streuungen der Bruchlastspielzahl um den Faktor 25 völlig normal (Bild 15.20).

Die Versuchsdrehzahlen liegen bei Metallen zwischen 1000 und 10000/min.

Grenzlastspielzahlen sind werkstoff- und problemabhängige Größen (Stahl z. B. $10^6 \ldots 10^7$).

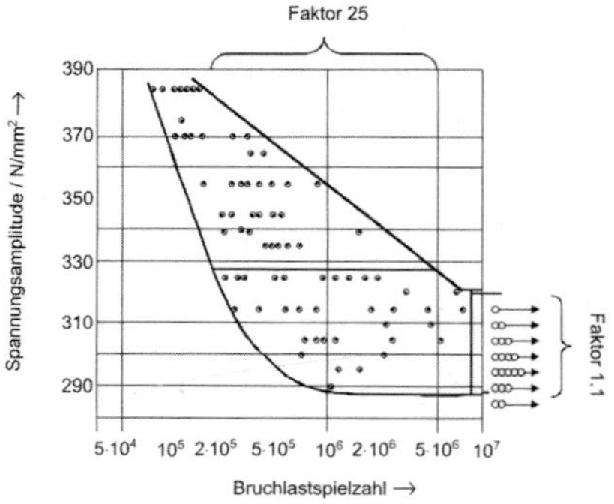

Bild 15.19 Streuung der Wöhlerkurve

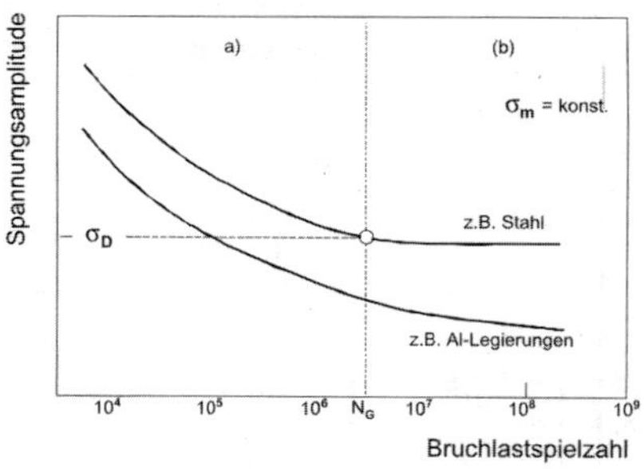

Bild 15.20 Wöhlerkurve, Bereiche: a) Zeitfestigkeit, b) Dauerfestigkeit

Hinweis: Zeitfestigkeiten sind interessant für Bauteile, die während ihres Einsatzes nur eine begrenzte Lastspielzahl durchlaufen.

Hinweis: Wöhlerkurven laufen nicht streng in eine Waagerechte aus, sondern können auch bis zu höchsten Lastspielzahlen stetig abfallen. Das tritt deutlich auf z. B. bei:

- Metallen mit kfz-Kristallgitter,
- bestimmten Konstruktionsfällen, wie z. B. Wälzlagern,
- Dauerversuchen in Salzwasser.

Beachte: Bauteile in korrosiver Umgebung sind nicht dauerfest, sie haben nur Zeitfestigkeiten. Je stärker der Korrosionsangriff, desto eher erfolgt der Dauerbruch.

Die Wöhlerkurve stellt dann die statistische Auswertung eines Streubandes dar. Sie gibt mit einer bestimmten *Wahrscheinlichkeit* den Bruch oder die Dauerfestigkeit σ_D an.

15.5.5 Dauerfestigkeitsschaubild für Zug-Druck-Beanspruchung nach Smith

Einen Überblick über das Dauerschwingverhalten eines Werkstoffes bei verschiedenen Mittelspannungen geben die Dauerfestigkeitsschaubilder (DIN 50 100, Bild 15.21 a).

Es zeigt die ertragbaren Ober- und Unterspannungen (Ordinate) über der Mittelspannung (Abszisse) aufgetragen. Die Ordinatenwerte sind nach oben und unten nur bis zur Fließgrenze (Streckgrenze und Quetschgrenze) gültig. Die Verlängerungen der Ober- und Unterspannungen schneiden sich in einem Punkt, der statischen Festigkeit R_m.

Die ertragbaren Spannungsausschläge lassen sich für jede beliebige Mittelspannung als senkrechte Strecken nach oben und unten abgreifen. Bei Spannungen innerhalb des stark umrandeten Feldes treten keine Dauerbrüche auf.

Das Bild zeigt neben dem Dauerfestigkeitsschaubild (Teil a) einige dynamische Belastungsfälle mit seitlich herausprojezierten Spannungs-Zeit-Diagrammen. Die Spannungen erreichen jeweils die Dauerfestigkeiten.

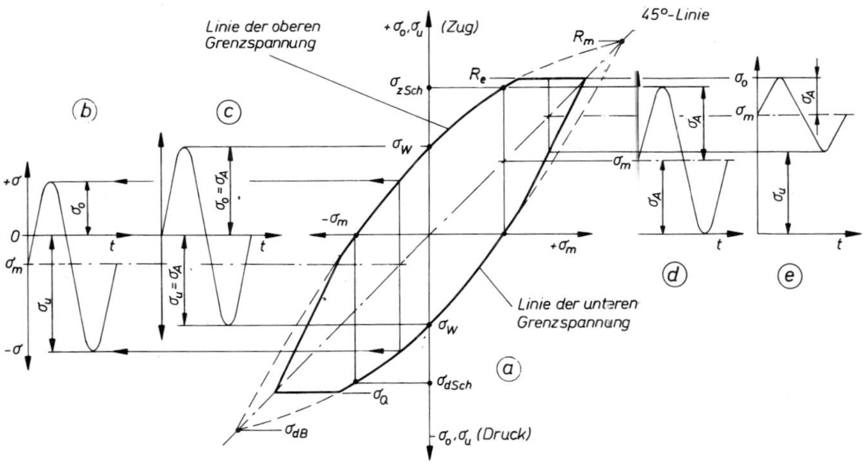

Bild 15.21 Dauerfestigkeitsschaubild für Zug-Druck-Beanspruchung nach Smith

Bildteil a) Dauerfestigkeitsschaubild. Für vier verschiedene Mittelspannungen sind die Spannungsausschläge als Hilfslinien eingetragen und seitlich herausprojeziert.

Bildteil b) Druckbeanspruchung im Wechselbereich, die Unterspannung reicht in den Druckbereich.

Bildteil c) Zug-Druck-Wechselbeanspruchung. Die Mittelspannung ist Null, die Spannungsausschläge sind gleich und erreichen die Dauerfestigkeit,

Bildteil d) Zugschwellbeanspruchung, dabei ist die Unterspannung Null, die Mittelspannung gleich dem Spannungsausschlag. Die Oberspannung ist hier gleich der Zugschwellfestigkeit.

Bildteil e) Zugbeanspruchung im Schwellbereich mit hoher Mittelspannung. Die ertragbaren Spannungsausschläge sind klein. Ober- und Mittelspannung haben die gleiche Richtung.

15.5.6 Dauerfestigkeit und Einflussgrößen

Die Werte der Dauerfestigkeit von Proben und Bauteilen werden von zahlreichen Faktoren beeinflusst, wie die nachstehende Übersicht zeigt.

Einflussgröße	Wirkung auf die Dauerfestigkeit
Kerben	Je schärfer der Kerbradius und je tiefer die Kerbe ist, desto höher ist die Spannungskonzentration im Kerbgrund und desto niedriger ist also die Dauerfestigkeit.
Oberflächen-beschaffenheit	Jede Abweichung vom glatten, polierten Zustand, wie er beim Probestab vorliegt, mindert die Lebensdauer, d. h. die Dauerfestigkeit. Druckeigenspannungen, wie sie durch Kaltumformen beim Walzen, Ziehen oder Kugelstrahlen entstehen und das Randschichthärten erhöhen die Dauerfestigkeit.
Korrosions-beanspruchung	Bei Versuchen in Vakuum erbringen Proben höhere Bruchlastspielzahlen als im normalen Dauerversuch. Somit wirken schon geringste Gehalte an korrosiven Medien stark auf die Dauerfestigkeit ein. Bei Dauerversuchen in wässrigen Lösungen ergibt sich, dass die Wöhlerkurve tiefer liegt und auch bei 109 Lastspielen noch deutlich abfällt.
Temperatur	Da die Dauerfestigkeit an die Festigkeit gekoppelt ist, nimmt grundsätzlich mit zunehmender Temperatur die Dauerfestigkeit jedes Werkstoffes ab.
Frequenz	Bei Metallen tritt bis zu 104 Lastspielen/min keine Erwärmung auf, in diesem Bereich hat die Frequenz keinen Einfluss. Bei Kunststoffen beginnt bei 10 Hz die Erwärmung mit Erweichung und Abfall der Festigkeiten.

15.6 Prüfung der Zähigkeit

Zähigkeit betrachten wir zunächst als eine Eigenschaft des Werkstoffes und beschreiben sie mit dem Bruchverhalten. Zäh ist ein Werkstoff, bei dem eine Probe oder ein Bauteil auch unter ungünstigen Bedingungen erst nach starker Verformung bricht.

Zur Verformung eines Werkstoffs wird nicht nur eine Kraft allein benötigt, sondern eine Kraft, die „längs eines Weges wirkt", d. h. eine Arbeit, die Verformungs- und Brucharbeit.

Die Arbeit, die zum Zerbrechen einer Probe aufgebracht werden muss, ist ein Maß für die Zähigkeit eines Werkstoffs.

Neben dem Kristallgitter wirkt sich der Gefügezustand auf die Verformbarkeit und damit auf die Zähigkeit aus (homogen/heterogen, kaltverformt, Korngröße, Ausscheidungen).

Eine plastische Verformung wird erst durch innere Schubspannungen ausgelöst. Deshalb spielt der Spannungszustand eine außerordentliche Rolle.

In der Umgangssprache wird diese Eigenschaft beschrieben mit:

zäh wie Leder, spröde wie Glas

Leder lässt sich biegen und reißt erst sehr spät, bei Glasscheiben genügt ein Anritzen, und mit geringem Aufwand durch Klopfen mit dem Glasschneider tritt der Bruch ein.

Die Metalle sind verschieden zäh, weil ihre Kristallgitter unterschiedliche Gleitmöglichkeiten besitzen (→ Tabelle 2.9):

Kristall-Gitter	Gleitsysteme	Beispiele
kfz	12 sehr zäh	Cu, Al, austenitische Stähle
krz	keine Hauptgleitebenen zäh/spröde	Baustähle
hdP	3 wenig zäh	Mg, Zn
kompliziert	keine, spröde	Karbide, Gläser, Diamant

Die Zähigkeit ist damit keine reine Stoffeigenschaft, sondern wird von der *Form* des Bauteils und dem *Kraftangriff* stark beeinflusst, die den Spannungszustand bestimmen.

15.6.1 Spannungszustände

Einachsiger Spannungszustand tritt z. B. in der Probe beim Zugversuch vor Beginn der Einschnürung auf. Sie wird durch die äußeren Kräfte *in einer Richtung* des Raumes auf Zug beansprucht (Bild 15.22a).

Es stehen *zwei* oder *drei Achsen* für ein unbehindertes Fließen zur Verfügung (Gleichmaßdehnung mit gleichmäßiger Verjüngung des Querschnitts).

Zweiachsiger (ebener) Spannungszustand tritt z. B. im Blech eines Druckbehälters auf (Luftballon). Bild 15.22b zeigt ein herausgeschnittenes Blechteilchen, an dem allseitig Zugkräfte angreifen.

Ein Schnitt unter einem beliebigen Winkel zeigt, dass in der Schnittfläche *keine Schubkräfte* auftreten (Bild 15.22c), sondern nur Normalkräfte.

Dreiachsiger Spannungszustand tritt bei den meisten Bauteilen auf, bei denen durch *Kerben*, *Absätze* oder *Kröpfungen* eine Kraftumlenkung im Werkstück erfolgen muss.

In solchen Fällen steht *keine* Achse mehr für ein unbehindertes Fließen zur Verfügung, auch wenn die Versetzungen im Gefüge eigentlich beweglich sind.

Dreiachsige Spannungszustände begünstigen ein sprödes Bruchverhalten des Werkstoffs.

Bild 15.23 zeigt, wie durch Kerben in einem biegebeanspruchten Balken ein solches Spannungssystem im Kerbgrund erzeugt wird. Durch das Umlenken der Kraftwirkungslinien entsteht am Kerbrand ein zweiachsiges Spannungssystem mit σ_x und σ_y (Bild 15.23a).

Beim Schlagen der Probe kommt es zum Einschnüren im Kerbgrund (Bild 15.23b). Dann behindern die spannungslosen Kerbränder den quer-schrumpfenden Kerbgrund und setzen ihn unter Zugspannungen σ_z.

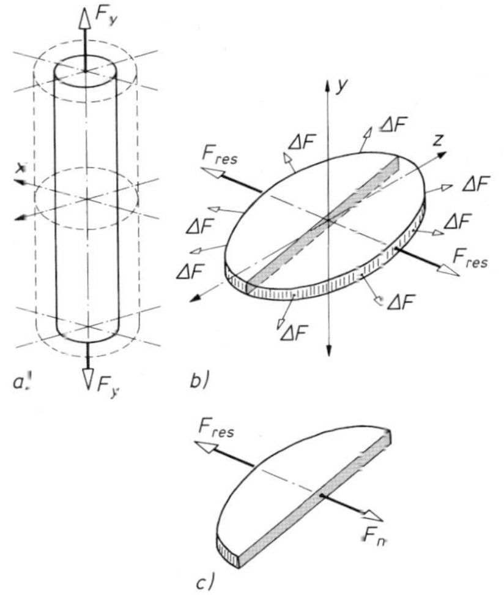

Bild 15.22 Spannungszustände a) einachsig, b) zweiachsig, c) Werkstoffteilchen freigemacht

Beim zweiachsigen Spannungszustand ist eine plastische Verformung in der x-z-Ebene nicht möglich. Es steht nur eine Achse (y-Achse senkrecht zur Oberfläche) für ein unbehindertes Fließen zur Verfügung.

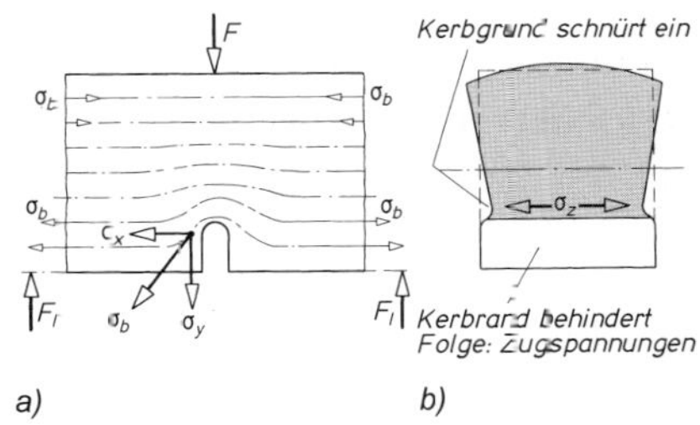

Bild 15.23 Spannungszustand in der Kerbschlagprobe, a) Ansicht, b) Querschnitt mit Bruchfläche

Hinweis: Unterschiedliche Spannungszustände bewirken, dass Proben des gleichen Stahles im Zugversuch brauchbare Bruchdehnung und -einschnürung zeigen, beim Kerbschlagbiegeversuch jedoch spröde brechen können.

15.6.2 **Kerbschlagbiegeversuch** (DIN EN ISO 148/11)

Bei dieser Prüfung wird an einer Probe die Verformungsarbeit bis zum Bruch gemessen. Die Versuchsbedingungen sind so gewählt, dass die Verformung stark behindert wird.

Bedingung	Auswirkung
Schlagartige Belastung	Verformungszeit sehr kurz. Es kommt leichter zu inneren Trennungen als bei langsamen Abgleitvorgängen.
Kerbe	Das verformte Volumen ist klein und nur auf die Umgebung der Kerbe beschränkt.
Dreiachsiger Spannungszustand	Fließbehinderung in allen drei Achsen (Bild 15.23)

Kerbschlagproben

Die Proben stellen einen Balken auf zwei Stützen dar, die durch eine mittig angreifende Kraft (Hammerfinne Bild 15.24) schlagartig auf Biegung beansprucht werden. Im Kerbgrund tritt der mehrachsige Spannungszustand auf.

Scharfe Kerben behindern die Verformung mehr und ergeben kleinere Messwerte. Die Folge ist:

> Versuchsergebnisse sind nur dann vergleichbar, wenn sie an Proben gleicher Form ermittelt wurden.

Neben der Kerbform wirken die Querschnittsmaße (Höhe : Breite) und die Auftreffgeschwindigkeit des Pendels auf die Messwerte ein.

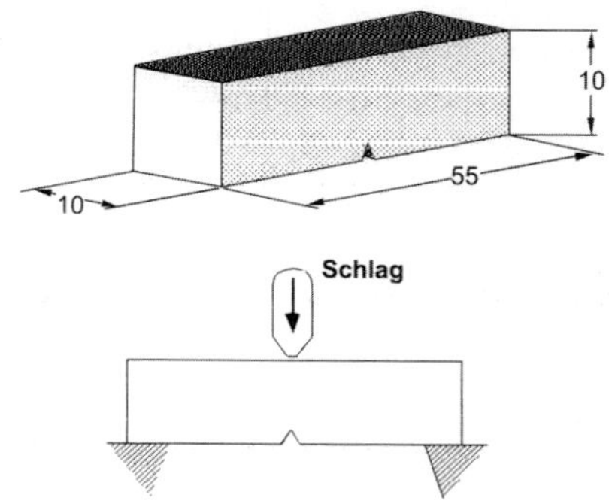

Bild 15.24 Normalprobe mit V-Kerb

Hinweis: In der Literatur findet man auch manchmal Zähigkeitswerte **KU** (Rundkerbprobe).

Versuchsablauf

Als Prüfmaschinen werden Pendelschlagwerke verwendet, die in Baugrößen von 0,5…300 J genormt sind. Die Probe wird am tiefsten Punkt der Pendelbahn in ein Widerlager eingelegt (Bild 15.25) und das Pendel in die Ausgangslage (1) angehoben.

Es hat dann bei der Fallhöhe h die potentielle Energie W_p (Lageenergie). Nach dem Ausklinken fällt es auf kreisförmiger Bahn nach unten. In der tiefsten Lage (2) ist seine potentielle Energie vollständig in kinetische umgewandelt. Dort trifft die Hammerscheibe auf die Probe und zerschlägt sie. Die zum Bruch erforderliche Schlagarbeit wird vom Pendel aufgebracht, wodurch dessen Energie abnimmt. Beim Weiterschwingen erreicht es in der Endlage (3) nur die

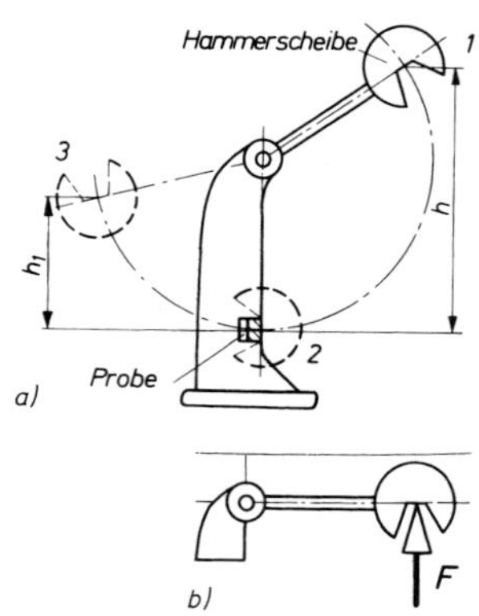

Bild 15.25 Kerbschlagbiegeversuch mit dem Pendelhammer, schematisch dargestellt
a) Pendelschlagwerk, b) Ermittlung der Kraft F

kleinere Steighöhe h_1 und besitzt dort die Überschussenergie $W_ü$. Damit wird die verbrauchte Schlagarbeit *KV* zu (→):

Schlagarbeit $KV = W_p - W_ü = F\,(h - h_1)$

Typische verwendete Einheiten sind:	KV	*F*	*h*, h_1
	J	N	m

F ist die Stützkraft, bei waagerechter Stellung des Pendels gemessen (Bild 15.25b). Angaben der Schlagarbeit enthalten die Probenform und das Arbeitsvermögens des Hammers, das normal 300 J (ohne Angabe) beträgt und bei Abweichungen hinter das Symbol *KV* gesetzt wird.

Beispiel:
KV = 40 J Spitzkerbprobe mit 300 J geschlagen

15.6.3 Kerbschlagarbeit-Temperatur-Kurve

Untersucht man viele Proben des gleichen Werkstoffs bei verschiedenen Temperaturen und trägt die Kerbschlagarbeit über der Temperatur auf, so zeigen sich starke Unterschiede im Verhalten der kubisch-flächen- und der kubisch-raumzentrierten Metalle (Bild 15.26).

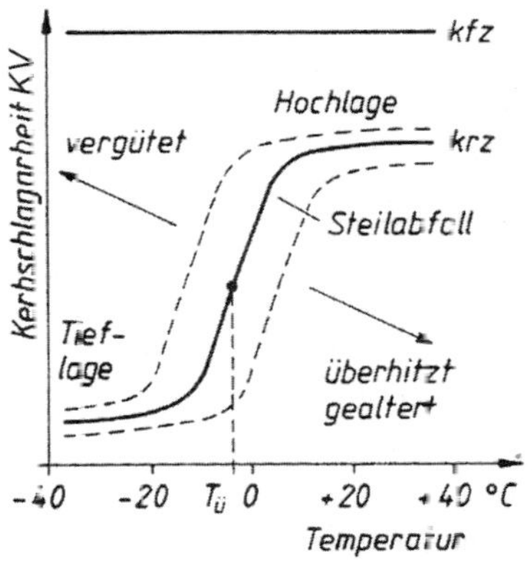

Bild 15.26 Kerbschlagarbeit-Temperatur-Kurve

Beachte: Übergangstemperatur $T_ü$ ist vom Gefügezustand abhängig und lässt sich durch Wärmebehandlung beeinflussen (Bild 15.26).

Kubisch-flächenzentrierte Werkstoffe sind auch bei tiefen Temperaturen zäh (z. B. Kupfer, Nickel und austenitische Stähle).

Kubisch-raumzentrierte Werkstoffe, wie z. B. alle unlegierten, niedriglegierten und die hochlegierten Chromstähle, sind bei höheren Temperaturen zäh (Hochlage), bei tiefen Temperaturen sind sie spröde (Tieflage).

Dazwischen liegt der Steilabfall mit streuenden Messwerten. Die Lage des Steilabfalls wird durch die Übergangstemperatur $T_ü$ gekennzeichnet. Diese kann z. B. in der Mitte zwischen Hoch- und Tieflage liegen. Bei Stahl ist es auch üblich, diejenige Temperatur als Übergangstemperatur $T_{ü27}$ zu bezeichnen, bei der keine Probe weniger als 27 J Kerbschlagarbeit zeigt.

Die Zähigkeit eines Werkstoffs kann auch ohne Messung allein an der Bruchfläche der Probe beurteilt werden. Es gibt zwei Grenzfälle:

Verformungsbruch (Bild 15.27a+b). Merkmal ist eine zerklüftete Bruchfläche, die Ränder haben Stauchungen und Einschnürungen, ein Zeichen für Zähigkeit.

Trennbruch (Bild 15.27c). Merkmal ist eine fast ebene Bruchfläche mit unverformten und glatten Rändern, ein Zeichen für Sprödigkeit.

+ 20 °C

a)

± 0 °C

b)

– 60 °C

c)

Bild 15.27 Bruchflächen von Proben aus Stahl S235JR bei verschiedenen Temperaturen geschlagen

Anwendungen des Kerbschlagbiegeversuches

- Kontrolle der Wärmebehandlung der Stähle. Bei Überhitzung oder Anlasssprödigkeit liegt die Kerbschlagarbeit niedrig.
- Kontrolle der Gütegruppen von Stählen nach z. B.: DIN EN 10025. Die Stahlsorten müssen die Kerbschlagarbeit bei verschiedenen Temperaturen – und damit die Sicherheit gegen Sprödbruch – nachweisen.
- Kontrolle der Alterungsneigung von Stählen. Hierzu wird die Probe künstlich gealtert d. h. um 10 % gereckt und auf 250...300 °C angelassen. Behält der Stahl seine Zähigkeit, so ist er alterungsbeständig.

Hochfeste Stähle haben eine hochliegende Streckgrenze und nur geringe Verformungsfähigkeit bis zum Bruch. Der Kerbschlagbiegeversuch ist für sie nicht geeignet. Bei ihnen wirken atomare Fehlstellen bereits als Kerben, die zum Rissauslöser werden.

Die Theorie des Sprödbruchverhaltens, die sog. Bruchmechanik, arbeitet mit Begriffen wie kritische *Risslänge*, die bei einer kritischen Zug- oder Biegespannung zu einer *Rissausbreitung* führt. Beide stehen im Zusammenhang mit dem sog. *Spannungsintensitätsfaktor*, der auch als **Bruchzähigkeit** K_{Ic} (→) bezeichnet wird. Spröde keramische Stoffe werden ebenfalls damit beurteilt. Die Bruchzähigkeit nimmt bei gleichartigen Werkstoffen mit steigender 0,2 %-Dehngrenze ab (→ Tabelle).

Bruchzähigkeit K_{Ic}, (Risszähigkeit), Werkstoffkennwert, der durch aufwändige Versuche ermittelt wird. In der Zugprobe wird durch Schwingungen ein Anriss erzeugt und die Spannung ermittelt, die zur Rissausbreitung benötigt wird. Der Zusammenhang ist

$$K_{Ic} = \sigma \cdot \sqrt{\pi \cdot a}$$

mit kritischer Risslänge a_c

Einheiten:

$$\frac{MN}{m^2} \cdot \sqrt{m} = MPa \cdot \sqrt{m}$$

Werkstoff	0,2 %-Dehngrenze/MPa	K_{Ic}/ $MPa \cdot \sqrt{m}$
Einfacher Vergütungsstahl	480...490	60...190
höchstfeste Stähle	1300...1400	30...110

15.7 Prüfung von Verarbeitungseigenschaften (technologische Versuche)

Die Prüfungen sind den Verarbeitungsvorgängen nachgeahmt und stellen fest, ob der Werkstoff in der Probe oder im Halbzeug den Arbeitsgang rissfrei übersteht. Meist werden keine Messungen vorgenommen, evtl. Längenmessungen.

Biegeversuch (DIN EN ISO 7438/05)
Der Versuch soll zeigen, ob die Stahlsorte in kaltem Zustand rissfrei gebogen werden kann. Dabei wird ein Flachstahl von der Dicke a nach Bild 15.28 durch einen Dorn von bestimmten Durchmesser D zwischen zwei gerundeten Kanten hindurchgedrückt. An der Probenunterseite entstehen Zugspannungen. Sie führen bei zu großem Biegewinkel α zu Rissen.

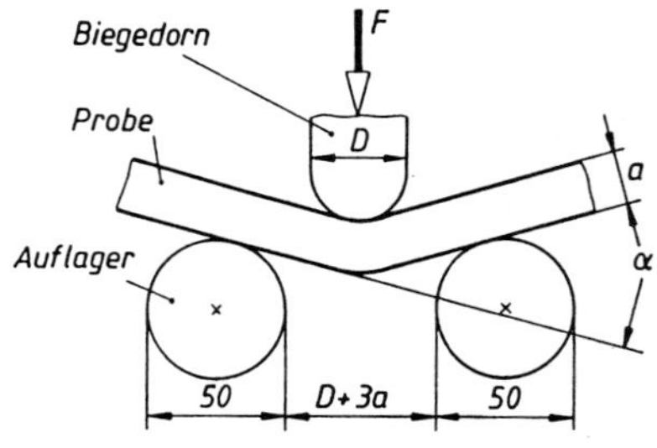

Bild 15.28 technologischer Biegeversuch

Der Dorndurchmesser D in Abhängigkeit von der Dicke a regelt die Beanspruchung. Je kleiner D, umso größer ist die Wahrscheinlichkeit, dass Zugrisse entstehen.

Tiefungsversuch nach Erichsen (DIN EN ISO 20482/03)

Mit einem Werkzeug nach Bild 15.29 wird das Tiefziehen nachgeahmt. In einen Blechstreifen wird dreimal ein Näpfchen solange gezogen, bis an der Unterseite ein Anriss zu sehen ist. Der Weg von der Berührung der Kugel mit dem unverformten Blech bis zum Anriss ist die *Tiefung*. Sie hängt von der Blechdicke ab. Für die Blechqualitäten gibt es unterschiedliche Tiefungswerte, die in Kurvenblättern zusammengefasst sind.

An der Unterseite des Näpfchens lässt sich noch die Korngröße des Werkstoffs beurteilen. Bei Grobkorn entsteht eine *apfelsinenartige* Oberfläche, bei Feinkorn ist die verformte Oberfläche für das Auge glatt.

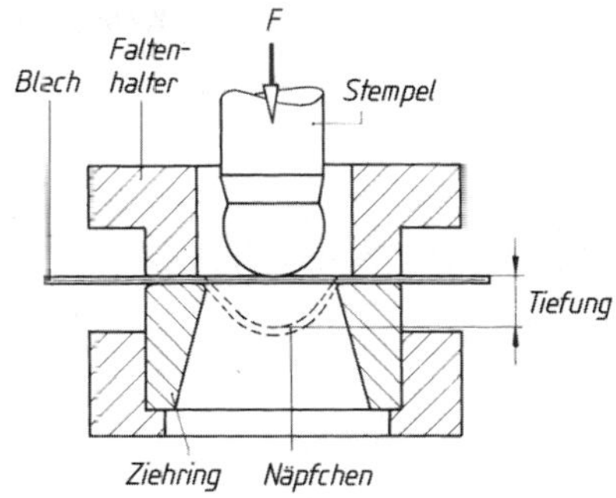

Bild 15.29 Tiefungsversuch nach Erichsen

Stirnabschreckversuch nach Jominy (DIN EN ISO 642/00)

Mit dem Versuch kann die Einhärtung eines Stahles geprüft werden. Eine austenitisierte Probe wird nach Bild 15.30 in eine Vorrichtung gehängt und nur von der Stirnseite her abgeschreckt. Durch Festlegung von Wasserdruck, Rohrquerschnitt und Abstand Rohrende–Blende (12,5 mm) werden konstante Abkühlbedingungen erreicht.

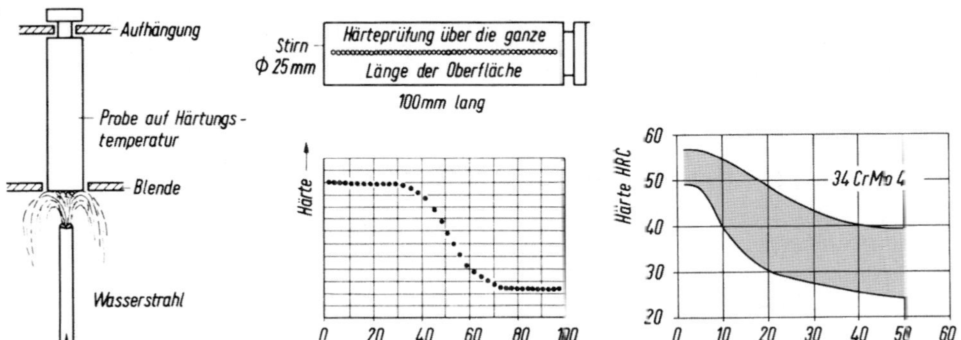

Bild 15.30 Stirnabschreckversuch; a) Versuchsanordnung; b) Stirnabschreckprobe und -kurve; c) Streuband des Vergütungsstahles 34CrMo4

Nach dem Erkalten werden Härtewerte über die ganze Länge der Probe gemessen und über der Länge in ein Diagramm übertragen. Aus dieser *Stirnabschreckkurve* lassen sich Einhärtung oder Durchhärtung des Stahles erkennen (Bilder 15.30c und → 8.6).

Streubänder sind auch in zahlreichen Normen enthalten, z. B. in:

- Vergütungsstähle DIN EN 10083,
- Einsatzstähle DIN EN 10084,
- Werkstoffauswahl aufgrund der Härtbarkeit DIN 17021-1.

Infolge der Analysenstreuungen ergibt sich in der Praxis für eine Stahlsorte nicht eine Einzelkurve, sondern ein *Streuband*. Die Einhärtung ist auch noch vom Grad der Austenitisierung abhängig.

Eine Einengung des Streubandes kann vereinbart und in der Stahlbezeichnung angegeben werden.
Beispiel: Vergütungsstahl 41Cr4H normal 41Cr4HH (oberer Bereich) 41Cr4HL, (unterer Bereich des Streubandes DIN EN 10083)

15.8 Untersuchung des Gefüges

15.8.1 Mikroskopische Untersuchungen

Untersucht werden Strukturelemente in der Größe zwischen 0,001 µm und 100 µm. Dazu müssen sie mikroskopisch vergrößert werden.

Alle Proben haben zunächst raue Oberflächen, die durch den Herstellprozess verursacht wurden. Deshalb müssen sie durch *Schleifen* eingeebnet werden. Durch *Polieren* verschwinden die Schleifspuren und durch *Ätzen* wird ein Relief hergestellt. Es soll *Kontraste* erzeugen, wenn Strahlen auf die Probe fallen (Bild 15.31):

- Lichtstrahlen werden an den geätzten Flächen unter verschiedenen Winkeln reflektiert (Lichtmikroskop),
- Elektronenstrahlen schießen Elektronen unterschiedlich stark aus den Mikroflächen (Raster-Elektronenmikroskop).

Elektronenstrahlen dringen durch Metalle und Keramik, wenn die Proben *sehr dünn* sind. Dann können sie mit der Durchstrahlungs-Elektronenmikroskopie (TEM) untersucht werden. Die nachfolgende Übersicht nennt einige Daten und Anwendungsgrenzen der drei Verfahren.

Strukturelemente sind: Kristallkörner, ihre Form und Größe, die Korngrenzen mit evtl. Ausscheidungen. Kristallfehler wie z. B. Versetzungen. Bruchflächen für die Erforschung von Schadensursachen.

Die Ätzmittel müssen so beschaffen sein, dass sie mit dem Werkstoff reagieren können. Dabei muss der interessierende Gefügebestandteil optisch herausgestellt werden.

Herstellung und Auswertung solcher Gefügebilder ist Gegenstand eines wissenschaftlichen Fachgebietes, der *Metallographie*. Analog gibt es auch eine Keramographie.

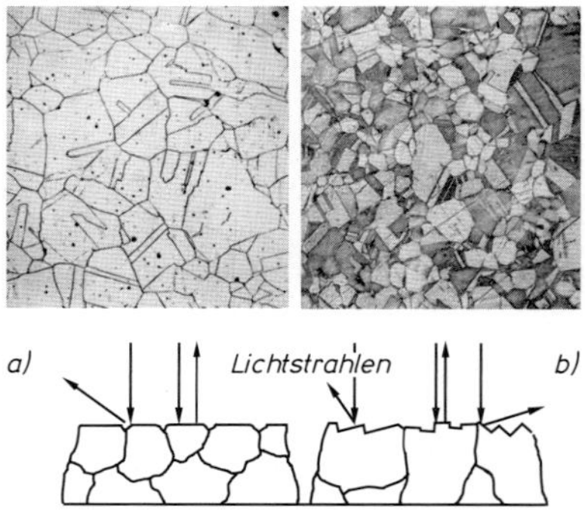

Bild 15.31 Geätzte Metallproben im Schnitt, a) Korngrenzenätzung, b) Kornflächenätzung, schematische Darstellung

Übersicht: Mikroskopische Verfahren

	LM, Lichtmikroskop	REM, Raster-Elektronenmikroskop	TEM, Transmissions-Elektronenmikroskop
Vergrößerung	bis zu 1000	bis 200 000	bis 1 000 000
Auflösung, d. h. kleinster Abstand von 2 Punkten	= 0,3 µm	0,01 µm	0,001 µm = 1 nm
Schärfentiefe bei 1000-facher Vergrößerung	0,01 µm	35 µm	–
Gegenstände der Beobachtung	Gefüge, z. B. Bilder 3.11, 3.14 bis 3.16	Bruchflächen, Gefüge z. B. Bilder 15.11 und 3.8	Gitterstörungen, Spannungsfelder in Gittern

Ultraschallmikroskop. Mit veränderlicher Schallfrequenz (10 MHz...2 GHz) sind Eindringtiefen

Hinweis: Das Prinzip der Ultraschallprüfungen ist unter 15.9.5 behandelt.

bis zu 5 mm möglich. Es können Objekte bis 0,3 µm erkannt werden Diese Art von Mikroskop ist damit in der Lage, unter der Oberfläche liegende Phasen auf dem Monitor abzubilden und zu speichern (ELSAM, Leica).

Anwendung: Zerstörungsfreie Prüfung von Verbunden, wie z. B. Anordnung. Stärke und Richtung von Fasern in einer Matrix, Delaminationen (Ablösungen) und Faserbrüche. Kontrolle von Chips in Telefonkarten.

15.8.2 Quantitative Gefügeanalyse

Neben qualitativen mikroskopischen Untersuchungen spielt in der Technik auch die quantitative Analyse der erhaltenen Gefügebilder eine immer größere Rolle.

Dabei stehen zwei wichtige Kenngrößen im Vordergrund: Korngröße und Phasenvolumenanteil.

Bei der Korngrößenbestimmung (auch Porengrößen, Partikelgrößen) wird meist die mittlere Kornfläche im Gefügebild oder seltener die mittlere Sehnenlänge im Linienschnittverfahren ausgewertet. In allen Fällen ist für die Signifikanz des Ergebnisses wichtig, dass die untersuchte Probenstelle statistisch repräsentativ für das Werkstück ist.

Die mittlere Kornfläche ergibt sich einfach aus dem Verhältnis der Anzahl der Körner innerhalb des untersuchten Bereiches zur Größe des untersuchten Bereiches. In diesem Zusammenhang hat sich in der Praxis eine Korngrößenkennzahl *G* nach ASTM durchgesetzt. Es gilt

$$Z = 8 \cdot 2^G$$

Dabei ist *Z* die Anzahl der Körner pro Quadratmillimeter Probenoberfläche.

Zur Bestimmung des Phasenvolumenanteils (auch Porenvolumen) macht man sich die Erkenntnis zunutze, dass in einer Probe Volumen-, Flächen-, Linien- und Punktanteil einer Phase gleich sind (→).

Für manuelle Auswertung kann man über ein Gefügebild ein Punkt, oder ein Linienraster legen und dann im einfachsten Fall auszählen. Damit das Ergebnis verlässlich ist, werden einige Hundert oder Tausende Punkte bzw. Linienabschnitte benötigt. Es ist hilfreich, mehrere Bilder und Proben zu untersuchen.

Korngröße: Sehr bedeutsam für die mechanischen Eigenschaften Festigkeit und Zähigkeit: Je kleiner die Korngröße, desto größer sind tendenziell Festigkeit und Zähigkeit eines Werkstoffes.

Linienschnittverfahren: Über ein Gefügebild in geeigneter Vergrößerung wird eine so große Anzahl von Linien gelegt, dass sich einige Hundert bis einige Tausend Schnittpunkte ergeben. Das kann anhand eines ausgedruckten Fotos oder im Computer automatisiert erfolgen. Im letzteren Fall muss aber ein geeignetes Bildanalyseprogramm vorausgesetzt werden, welches Korngrenzen zweifelsfrei analysiert. Die mittlere Sehnenlänge (= Korngröße) ist die Gesamtlinienlänge geteilt durch die Anzahl der Schnittpunkte. Bei diesem Verfahren ist es auch möglich, die **Kornform** quantitativ zu analysieren, wenn man die mittlere Sehnenlänge in bedeutsame Richtungen (z. B: Walz-, Quer- und Blechnormaleinrichtung) misst.

Phasenvolumenanteil: Beeinflussung der Eigenschaften eines Werkstoffes auf komplexere Art und Weise. In Sinterwerkstoffen wird eine möglichst niedrige Porosität angestrebt, wenn die Festigkeit hoch sein soll. In Schnellarbeitsstählen ist die Verschleißbeständigkeit davon abhängig, wie viele Karbide sich gebildet haben

$$\frac{V_i}{V_{ges}} = \frac{A_i}{A_{ges}} = \frac{L_i}{L_{ges}} = \frac{N_i}{N_{ges}}$$

V_i: Volumen einer Phase
V_{ges}: Gesamtes untersuchtes Volumen
A_i: Fläche einer Phase im Gefügebild
A_{ges}: Gesamtfläche des Gefügebildes
L_i: Linienanteil einer Phase
L_{ges}: Gesamtlänge der Linien im Gefügebild
N_i: Punktanteil einer Phase
N_{ges}: Anzahl der Punkte im Gefügebild

15.8.3 Makroskopische Untersuchungen

Bereiche mit hohen Schwefelkonzentrationen (Schwefelseigerungen) in Stahl sind in der Regel nicht schweißgeeignet. Schwefelseigerungen treten besonders häufig und stark in unberuhigt vergossenem Stahl auf, der gemäß der aktuellen europäischen Normung nicht mehr Stand der Technik ist. Bei schweißtechnischer Verarbeitung von Stahlhalbzeug ungeklärter Herkunft (z. B. Reparatur von alten Stahlbauten) ist die Kenntnis der Seigerungszonen unverzichtbar, denn in schwefelarmen Bereichen kann der Stahl in der Regel problemlos geschweißt werden.

Für den Baumann-Abdruck wird der interessierende Querschnitt durch Schleifen präpariert. Anschließend wird ein Baumann-Abdruck hergestellt:

Hierzu wird Fotopapier in der Dunkelkammer in Schwefelsäure getränkt und auf die präparierte Fläche gedrückt. An Schwefelseigerungen wird das Papier durch den entstehenden Schwefelwasserstoff dunkel (→ Bild 15.32 b).

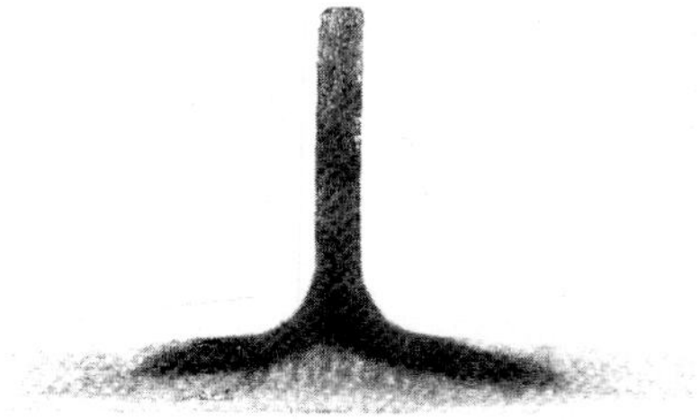

Bild 15.32a Baumann-Abdruck: Seigerungszone in einem T-Profil

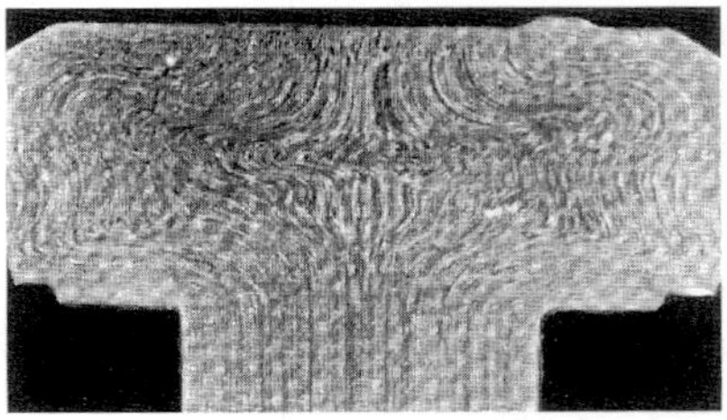

Bild 15.32b Faserverlauf in einem kaltgestauchten Schraubenkopf

15.9 Zerstörungsfreie Werkstoffprüfung und Qualitätskontrolle

15.9.1 Allgemeines

Der allgemeine Trend zu Gewichtseinsparung, um Kosten und Energieverbrauch zu senken, führt zu immer kleineren Querschnitten, so dass sich innere Fehler stärker auswirken können. Für Bauteile, deren Bruch Menschenleben gefährdet oder große Folgeschäden nach sich ziehen kann (Sicherheitsbauteile), muss deshalb eine 100-%ige Stückprüfung auf verborgene Fehler erfolgen,

Sicherheitsbauteile sind z. B. Achsen und Lenkungsteile von Fahrzeugen, Druckbehälter, Hochdruckarmaturen, Schweißnähte.

Dabei sollen *fehlerhafte* Rohguss- oder Schmiedeteile und Halbfabrikate bereits *vor* der Weiterverarbeitung und ebensolche Fertigteile vor dem Einbau oder der Inbetriebnahme ausgesondert werden.

Grundsatz moderner Qualitätssicherung: Qualität der Bauteile wird *produziert* und nicht *„herausgeprüft"*.

Hinweis: Zerstörungsfreie Werkstoffprüfungen Terminologie DIN EN 1330, Teile 1–5/97-00.

Übersicht: Fehler und Entstehung

Risse an der Oberfläche und im Innern:

- Schleifrisse durch örtliche Überhitzung beim Ausfall des Kühlschmierstoffes,
- Härterisse durch zu schroffes Abschrecken,
- Warmrisse bei Gussteilen infolge behinderter Schrumpfung in der Form,
- Schmiederisse durch zu schnelle Umformung heterogener Gefüge,
- Schmiedefalten und Doppelungen,
- Spannungsrisse durch zu schnelles Erwärmen von der Oberfläche her. Der Kern löst sich von der Randschicht oder reißt quer.

Die *Erkennbarkeit* der Fehler mit Hilfe der einzelnen Verfahren ist unterschiedlich und hängt von Art, Größe und Lage des Fehlers im Prüfling ab.

Prüfdauer und *Kosten* bestimmen daneben das Prüfverfahren für einen gegebenen Fall. So hat jedes Verfahren seine Anwendungsbereiche.

Einschlüsse: Gasblasen, Schlackenteilchen, Sandeinschlüsse, Lunker und Bindefehler in Schweißnähten.

Daneben können noch auftreten: Materialverwechslung, falsche Einhärtetiefe oder Kernfestigkeit durch fehlerhafte Wärmebehandlung.

15.9.2 Eindringverfahren (Penetrierverfahren, DIN EN 571/97)

Prüfprinzip. Oberflächenrisse können durch die *Kapillarwirkung* benetzende Flüssigkeiten aufsaugen. Nach oberflächlichem Entfernen bleiben Reste im Spalt zurück (→).

Begriff: Kapillare = Haarröhrchen

Einige Verfahren verwenden Flüssigkeiten, die unter UV-Licht hell aufleuchten (Met-L-Check und UV-Apenol-Verfahren).

Fehleranzeige. Durch Aufbringen einer zweiten Entwicklerflüssigkeit oder eines -pulvers entstehen am Rissausgang farbige Markierungen.

Anwendung: Eindringverfahren sind für *alle* Arten von Werkstoffen zur Ortung von Oberflächenrissen geeignet. Für Massenteile sind automatische Erkennungssysteme mit Kameras und Rechner entwickelt worden (Fa. Deutsch).

15.9.3 Magnetische Prüfungen (DIN EN ISO 9934/02)

Prüfprinzip. Die ferromagnetischen Werkstoffe (Eisen-Triade im PSE: Fe, Ni, Co) lassen sich dauerhaft magnetisieren. Im fehlerfreien Werkstück verlaufen die Feldlinien ungestört (Bild 15.33a).

Querrisse stören den Verlauf und lenken die Feldlinien nach außen, wo sie ein Streufeld erzeugen (Bild 15.33a). Längsrisse sind nicht nachweisbar, wenn die Feldlinien das Teil nur in Längsrichtung durchfluten.

Um beide Fehlerarten zu erfassen, werden verschiedene Arten der Magnetisierung gleichzeitig angewandt.

Bild 15.33b zeigt die Kombination von Jochmagnetisierung mit Stromdurchflutung. Der mit Gleichstrom gespeiste Magnet erzeugt im Prüfling ein *längsgerichtetes* Magnetfeld. Es erfasst Querfehler im ganzen Querschnitt. Gleichzeitig wird ein starker Wechselstrom durch den Prüfling selbst geschickt, der ein *schraubenförmiges* Wechselfeld erzeugt. Damit werden Längsfehler in der Randzone erfasst.

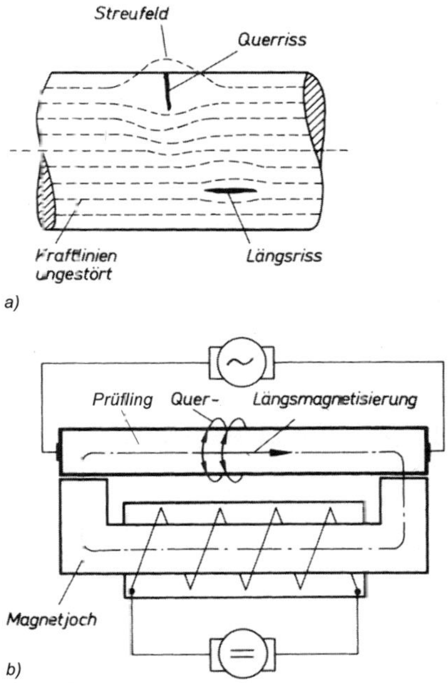

Bild 15.33 Magnetische Rissprüfung,
a) Prüfling mit Längsmagnetisierung,
b) Längs- und Quermagnetisierung kombiniert

Fehleranzeige durch Magnetpulver (Fe_3O_4- oder Fe-Teilchen) in Öl aufgeschlämmt. Im Streufeld werden die Teilchen als Brücke über den Spalt festgehalten und bilden eine *Raupe*.

Induktive Anzeige. Das Streufeld erzeugt in einer kleinen Spule, der *Sonde*, Induktionsströme, die den Fehler akustisch oder optisch am Oszillographenschirm anzeigen.

15.9.4 Wirbelstromprüfung (DIN EN ISO 15549/10)

Prüfprinzip: In einer vom Wechselstrom durchflossenen Spule befindet sich ein metallischer Werkstoff (der Prüfling). Durch *Induktion* entstehen in ihm elektrische Ströme. Sie werden als Wirbelströme bezeichnet, weil sie keine eindeutige Richtung wie in einem definierten Leiter (Draht) besitzen.

Die Wirbelströme erzeugen ein magnetisches Feld, das rückwirkend die *Daten* der Spule verändert. Nach dem Ohm'schen Gesetz hängt bei konstanter Spannung der Strom vom elektrischen Widerstand des Prüflings ab. Damit wirken sich alle Gefügeabweichungen, welche den elektrischen Widerstand verändern, auf die Wirbelströme aus.

Messverfahren: Grundsätzlich wird der Prüfling mit einem fehlerfreien gleichen Teil verglichen. Von diesem *Referenzteil* werden die Daten festgehalten und mit denen des Prüflings verglichen.

Fehleranzeige: Änderung im Ausschlag eines Messinstrumentes oder des Kurvenbildes am Oszillographen. Serienprüfung ist leicht automatisierbar.

Fehlerarten und Unterschiede, die magnetinduktiv erfasst werden können:

- Reinheitsgrad von Reinstmetallen
- Gehalt an Legierungselementen
- Wärmebehandlungszustand (Härte, Festigkeit, Einhärtungstiefe)
- Querschnittsminderung durch innere Fehler

Anwendungen:

Fehlerprüfung an Halbzeugen mit zwei Durchlaufspulen und automatischer Aussortierung (Defektograph). Geschwindigkeit des Durchlaufmaterials bis zu 60 m/min.

Fehlerprüfung an Einzelteilen mit einer Tastspule. Sie kann auch in Bohrungen eingeführt werden. Defektometer (Circograph, Dr. Förster).

Sortierung von Teilen mit z. B. unterschiedlicher Härte, Zusammensetzung, Reinheitsgrad, Porosität u. a.

Dickenmessung von Wanddicken, Folien, Isolier- und Plattierschichten von einer Seite mit Tastspulen, von beiden Seiten mit Gabelspulen.

15.9.5 Ultraschallprüfung (DIN EN 583, Teil 1–6/97–08)

Prüfprinzip: Schallwellen pflanzen sich in Metallen als mechanische Schwingung geradlinig mit hoher Geschwindigkeit fort. Sie werden an *Grenzflächen* stark reflektiert, so dass der weiterlaufende Schall geschwächt wird.

Die Werkstoffprüfung benutzt Schallwellen, deren Frequenzen über dem Hörbereich liegen und darum *Ultraschall* genannt werden.

> Je kleiner der Fehler, desto höher die notwendige Prüffrequenz zur Entdeckung.

Bei der Ultraschallprüfung vergleicht man die Schwächung oder die Reflexion des Schalls an inneren Fehlern mit den Daten eines fehlerfreien Werkstückes.

Grenzflächen im Material sind z. B. Risse und Trennflächen zwischen Phasen wie z. B. Kristallen verschiedener Dichte, Schlackenteilchen und Gasblasen.

Frequenzbereiche:

Hörbereich:	10…20000 Hz
Ultraschallbereich:	0,5…20 MHz

Erzeugung des Ultraschalls:

Piezoelektrischer Effekt (M. und P. Curie): Einige Kristalle, z. B. Quarz, laden sich bei elastischer Verformung (unter Einwirkung von Kräften) elektrisch auf, so dass eine Spannung gemessen werden kann (Piezoelektrizität: piezo = drücken). Umgekehrt werden beim Anlegen einer hochfrequenten Wechselspannung Schwingungen gleicher Frequenz erzeugt (200 kHz…25 MHz). Sie sind als *Sender* und *Empfänger* geeignet.

Durchschallungsverfahren arbeiten mit getrennten Sende- und Empfangsköpfen, der Schall muss den *dazwischenliegenden* Prüfling durchdringen. Bei Innenfehlern wird der Schall stärker geschwächt als im fehlerfreien Werkstoff. Am Empfangskopf entsteht eine *kleinere* Spannung, die am Messgerät angezeigt wird.

Die Tiefenlage des Fehlers kann beim Durchschallungsverfahren nicht bestimmt werden.

Impuls-Echo-Verfahren. Der Prüfkopf enthält Empfänger und Sender in einem Bauelement vereinigt und sendet Ultraschallstöße (Impulse) von sehr kurzer Dauer (1...10 µs) in kurzen Abständen aus. Zwischen den Impulsen ist der Quarz elektronisch als Empfänger für die schwächeren Reflexe von den Grenzflächen geschaltet.

Fehleranzeige: Auf dem Bildschirm sind die Spannungsimpulse als Zacken auf der x-Achse zu sehen (Bild 15.34a). Der Schall durchläuft den Prüfling mit der Dicke *s*, wird an der Rückwand reflektiert und trifft als Echo wieder auf den Prüfkopf. Während dieser Laufzeit wird der Weg *s* zweimal zurückgelegt.

Am Bildschirm ist das Eingangssignal und nach der Laufzeit Δt das Rückwandsignal (Echo) zu sehen. Wegen der konstanten Schallgeschwindigkeit kann die x-Achse in Längeneinheiten geeicht werden. Bei Fehlern im Werkstoff liegt das *Fehlersignal* (Fehlerecho) *zwischen* den beiden Zacken (Bild 15.34b). Seine Tiefenlage kann abgelesen werden.

Beim Impuls-Echo-Verfahren kann die Tiefe des Fehlers bestimmt werden. Die Probenrückseite muss nicht zugänglich sein.

Nachweisgrenzen: Fehler, die parallel zur Schallrichtung liegen, ergeben keine Reflexion. Zum Aufspüren werden Winkelköpfe eingesetzt, die den Schall schräg einleiten. Dabei sind Sender und Empfänger getrennt.

Die Prüfergebnisse unterliegen zahlreichen Einflüssen, die vom Prüfling, den Prüf- und Messgeräten und vom Beobachter ausgehen.

Prüfkopf ist eine kleine gekapselte Einheit aus Schwingquarz, Dämpfung und Zuleitung, die auf den Prüfling aufgesetzt wird.

Ankoppelung: Wird der Prüfkopf trocken auf den Prüfling aufgesetzt, hindert der Luftspalt die Schallwellen. Darum wird die Luft durch einen Stoff höherer Dichte ersetzt (als *Koppelungsmittel* dienen Wasser, Glyzerin, Pasten).

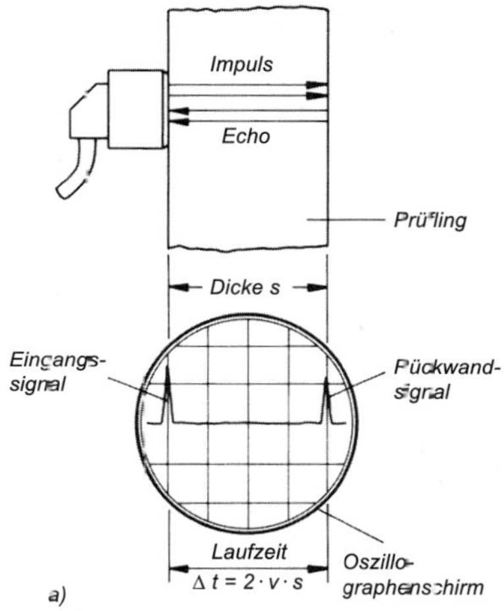

Bild 15.34a Impuls-Echo-Verfahren, schematische Darstellung, Prüfling fehlerfrei

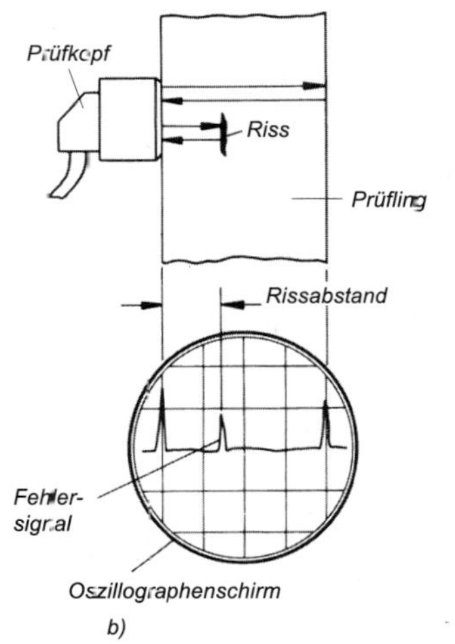

Bild 15.34b Prüfling mit Riss

Anwendung der Ultraschallprüfungen: Günstige Kosten und große Tiefenwirkung führen zu einer breiten Anwendung für Metalle, Gummi und Polymere. Fehlerkontrolle an Schmiede- und

Bei unsicheren Aussagen wird es durch andere Verfahren ergänzt.

Eine neuere Anwendung der Ultraschalltechnik ist das Ultraschallmikroskop (15.8.1).

15.9.6 Röntgen-/Gammastrahlen-Prüfung (DIN EN 444/94)

Röntgen- und Gammastrahlen gleichen physikalisch den Lang-, Mittel- und Kurzwellen der Nachrichtentechnik und dem Licht. Es sind elektromagnetische Schwingungen, die sich geradlinig fortpflanzen. Sie unterscheiden sich durch wesentlich kleinere Wellenlängen und dadurch höhere Frequenzen (Tabelle 15.5).

Auf den kleinen Wellenlängen beruht ihre Fähigkeit, zwischen den Atomen in die Materie einzudringen und sie bei genügend hoher Energie (Frequenz) auch zu durchdringen.

> Je kleiner die Wellenlänge, umso größer ist die prüfbare Werkstoffdicke.

Diese Strahlen reagieren beim Durchgang durch Materie auf verschiedene Weise. Daraus ergeben sich wichtige Anwendungen zur Werkstoffuntersuchung (→ Übersicht):

Zur zerstörungsfreien Fehlersuche wird vorwiegend der erste Effekt ausgenutzt. Bei Gegenwart von inneren Fehlern (Hohlräumen) werden die Strahlen weniger geschwächt als bei massivem Werkstoff. Die austretende Strahlung zeigt dadurch Intensitätsunterschiede. Sie werden

- optisch betrachtet (Leuchtschirm, Monitor),
- fotografisch festgehalten (Dokumentation),
- durch Messgeräte angezeigt.

Erzeugung der Strahlen

Röntgenstrahlen. In einer Röntgenröhre (Bild 15.35) werden von der glühenden Kathode Elektronen ausgesandt. Sie treffen, durch die angelegte Hochspannung beschleunigt, auf die Wolfram-Anode. Ihre hohe Geschwindigkeit wird dabei von der Elektronenhülle der W-Atome abgebremst. Die Bewegungsenergie wandelt sich größtenteils in Wärme um, ein kleiner Teil in

Gussrohteilen, Rissprüfung an Schienen und Rädern von Schienenfahrzeugen, Prüfung von Schweißnähten und Klebverbindungen, Dickenmessung.

Tabelle 15.5 Spektrum der elektromagnetischen Wellen

Frequenz f in Hz	Wellenlänge λ	Wellenart
50	$6 \cdot 10^3$ m	technischer Wechselstrom
$10^6 \ldots 1010$	300 m…3 cm	Rundfunk und Fernsehen
10^{13}	30 µm	Infrarot
	0,4…0,8 µm	sichtbares Licht
$10^6 \ldots 10^{16}$	30 nm	Ultraviolett
$10^{18} \ldots 10^{22}$	0,3 nm… $3 \cdot 10^{-5}$ nm	Röntgen- und γ-Strahlen

Hinweis: Das Produkt aus Wellenlänge λ und Frequenz f ist die Lichtgeschwindigkeit c.

Reaktion	Ausnutzung
Absorption der Strahlen durch die Materie, (Schwächung)	Röntgen-Grobstrukturprüfung, (Gefügeuntersuchung auf Fehler)
Beugung an Kristallgitterebenen	Röntgen-Feinstrukturanalyse, (Bestimmung von Kristallgittern und -fehlern)
Anregung der Atome zur Eigenstrahlung	Röntgen-Fluoreszenz, Bestimmung von Legierungsbestandteilen (Spektralanalyse), Anzeige von Strahlen auf Leuchtschirmen und Filmen

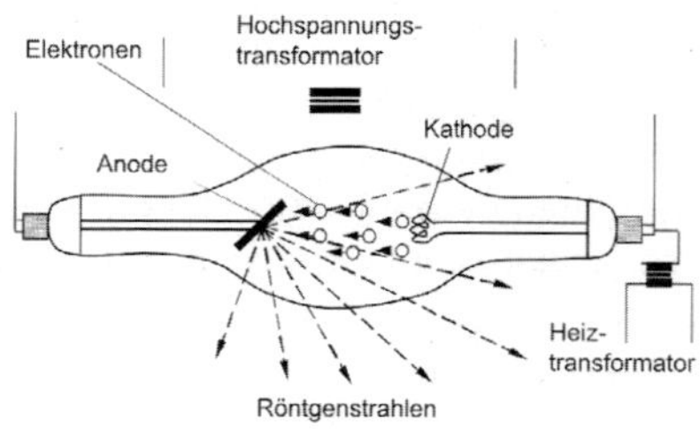

Bild 15.35 Röntgenröhre (schematisch)

eine Bremsstrahlung, in die sog. *Röntgenstrahlung* (C.W. Röntgen, 1895). Deren Frequenz steigt mit der Höhe der angelegten Hochspannung.

Röntgenstrahlen bestehen aus einem Spektrum verschiedener Wellenlängen, Gammastrahler senden eine *konstante* Wellenlänge aus.

Gammastrahlen entstehen durch Kernzerfall radioaktiver Elemente. Aus Kostengründen werden keine natürlichen Strahler (Radium, Thorium), sondern die instabilen Isotope einiger Elemente benutzt, die in Kernreaktoren entstehen (Tabelle 15.6). Gammastrahlen sind kurzwelliger als Röntgenstrahlen (größere Eindringtiefe), benötigen aber längere Belichtungszeiten für Filme.

Strahlenquelle ist das eigentliche Isotop, etwa 0,5…3 mm, zylinderförmig. Sie ist gasdicht in die *Strahlerkapsel* mit Wolfram-Abschirmung eingeschlossen, damit die Strahlung nicht allseitig austreten kann.

Da Gammastrahler nicht „abgestellt" werden können, besteht das vollständige Isotopengerät aus einer massiven Abschirmung, die meist kugelförmig die Strahlerkapsel umschließt (außen Pb, innen W). Die Strahlerkapsel kann ohne Gefährdung des Personals, evtl. fernbedient, der Abschirmung entnommen werden.

Da sie wesentlich kleiner als eine Röntgenröhre ist, lässt sie sich auch *dichter* an den Prüfling heranbringen, wie z. B. beim Isotopenmolch, einem Gerät, das zur Schweißnahtprüfung auf Baustellen durch Rohre gezogen werden kann.

Die entstehende Wärme muss durch Öl- oder Wasserkühlung abgeführt werden. Zur besseren Handhabung und Erfüllung der Vorschriften für Hochspannung und Strahlenschutz ist die Röhre nebst Transformator in ein Gehäuse eingebaut (Eintankanlage).

Hinweis: Das Arbeiten mit Röntgen- oder Gammastrahlen kann zu gesundheitliche Schäden führen (Verbrennungen, Haarausfall, Veränderung von Erbfaktoren, Krebs).

Tabelle 15.6: Künstliche Gammastrahler

Isotop	Halbwertszeit (HWZ)	0,1-Wert Schicht (Blei)	Herstellung
Cobalt ^{60}Co	5,2 Jahre	42 mm	Neutronenbeschuss (^{59}Co)
Cäsium ^{137}Cs	30 Jahre	24 mm	Uranspaltung
Iridium ^{192}Ir	74 Tage	11,5 mm	Neutronenbeschuss

Halbwertszeit: Zeitraum, nach der die Hälfte der strahlenden Atome zerfallen ist.

Zehntelwertschicht: Für den Strahlenschutz wichtige Größe, die Dicke eines Bleibleches, das die Intensität der Strahlung auf 1/10 abschwächen kann.

Fehlernachweismöglichkeiten

Filmaufnahmen halten die geometrische Form des Fehlers dokumentarisch fest, ein Vorteil gegenüber den Ultraschallverfahren.

Die aus dem Prüfling austretenden Strahlen treffen auf eine doppeltbeschichtete Filmfolie. Intensitätsunterschiede setzen sich in Schwärzungsunterschiede des Films um. Um hohe Kontraste zu erzielen, werden Verstärkungsfolien beigelegt und die Filmrückseite mit Bleifolien abgedeckt, um Streustrahlen fernzuhalten.

Bildgüte: Zur Kontrolle der Fototechnik werden genormte Drahtstege DIN EN 462 (7 Drähte mit gestuftem Durchmesser im Abstand von 5 mm in Kunststoff gebettet) auf der filmfernen Seite angebracht und mit abgebildet. Mit Hilfe des dünnsten noch erkennbaren Drahtes wird eine Bildgütezahl festgelegt und damit die Bildgüte bewertet.

Anwendung: Kontrolle von Schweißnähten und Gussteilen mit Dicken bis 100 mm bei Stahl 400 mm bei Al; Lagerschalen für Verbrennungsmotoren, Revisionsuntersuchungen in Kessel-, Brücken- und Flugzeugbau.

Leuchtschirm. Röntgenstrahlen regen bestimmte Kristalle zur Abgabe sichtbarer Strahlen (grüngelb) an. Diese Stoffe, auf einer Platte aufgetragen, bilden den Leuchtschirm. Auf ihm erscheint ein Schattenbild des Prüflings (Fehler hell), jedoch mit geringer Lichtstärke.

Anwendung bei Leichtmetallen und dünnen Stahlteilen und Kunststoffen (Reifen). Der Beobachter muss durch Bleiglas vor der Streustrahlung geschützt werden.

Röntgenbild-Verstärkerröhre: Mit Hilfe der Elektronik kann das Röntgen-Leuchtschirmbild verkleinert und verstärkt werden. Es erhält dann eine 10^3-fache Helligkeit auf dem Monitor und kann fernsehtechnisch übertragen werden. Beobachter können dann in einem strahlengeschützten Raum sitzen.

Die Verarbeitung der Messdaten im Computer (Tomographie) ist ebenfalls möglich.

Anwendung: Prüfung von längs- und spiralgeschweißten Rohren.

DIN EN 444/94 Grundlagen für die Durchstrahlungsprüfung

Mit industrieller 3-D-Computer-Tomographie lassen sich Dichteänderungen und Fehler nachweisen, sowie ihre Art, Geometrie und Lage im Bauteil charakterisieren. Beispielsweise ist Computer-Tomographie bei Turbinenschaufeln aus Ni-Basis-Superlegierungen für Strahltriebwerke üblich.

Tabelle 15.7: Einsatzbereiche zerstörungsfreier Prüfverfahren

Verfahren	physikalischer Effekt	Fehlerprüfung	Anwendbar zur Bestimmung/Ermittlung von			
			Fehlerlage	Fehlergröße	Eigenschaften	Messen
Eindringverfahren	Kapillarwirkung	+	+	(+)	–	–
Magnetpulver-Prfg.	Streufluss	+	+	(+)	–	–
Magnetinduktion	Permeabilität	+	(+)	(+)	+	Abstand, Schichtdicke
Wirbelstromprüfung	elektr. Leitfähigkeit	+	+	+	+	(+)
Durchschallung	Absorption	(+)	–	(+)	+	–
Impuls-Echo-Verf.	Reflexion	+	+	(+)	+	Abstand, Prüfdicke
Klangprobe	Eigenresonanz	+	–	–	–	–
Röntgenstrahlen-						
Grobstruktur	Absorption	+	(+)	(+)	(+)	(+)
Feinstruktur	Interferenz	–	–	–	+	–
Gammastrahlen	Absorption	+	(+)	(+)	–	(+)

+ geeignet (+) bedingt geeignet – nicht geeignet

15.10 Überprüfung der chemischen Zusammensetzung

Die Überprüfung der chemischen Zusammensetzung eines metallischen Werkstückes ist von zentraler Bedeutung in der Wareneingangskontrolle, bei der Vorbereitung von Reparaturen und bei Schadensuntersuchungen. Dazu werden hauptsächlich zwei Verfahren verwendet, die Funkenspektrometrie und die energiedispersive Röntgenanalyse im Rasterelektronenmikroskop.

15.10.1 Funkenspektrometrie

Bei der Funkenspektroskopie wird zwischen Probe und einer Wolframelektrode ein Funken (Lichtbogen) gebildet. Dabei werden Atome aus der Probe gelöst (verdampft). Durch die hohe Temperatur der verdampften Atome werden die Elektronen angeregt, höhere Energiezustände als im Grundzustand anzunehmen. Von den angeregten Zuständen fallen die Elektronen in Zustände niedriger Energie zurück und senden dabei elektromagnetische Strahlung für das betreffende Element charakteristischer Wellenlängen aus. Die Wellenlänge der Strahlung ist umgekehrt proportional zur Energiedifferenz. Die entstehenden Spektren sind sehr komplex und befinden sich im Bereich des sichtbaren Lichtes.

Durch Prismen oder Gitter können die Spektren zerlegt und anschließend die Intensitäten einzelner Wellenlängen (Linien) bestimmt werden. Die Intensität einer Linie ist näherungsweise proportional zum Gehalt des zugehörigen Elementes (→).

Anwendungsbereiche: Werkstoffherstellung, Wareneingangskontolle, Schadensanalyse

Analysevoraussetzungen: Für eine Abfunkung ist eine ebene Probenfläche von ca. 15 mm Durchmesser erforderlich.

Möglichkeiten und Grenzen: Je nach Ausbaugrad eines Funkenspektrometers können unterschiedlich viele (ca. 20) Elemente gleichzeitig analysiert werden. Die Mindestgenauigkeit von heutigen Funkenspektrometern ist 0,01 Masseprozent, durch genaue Kalibration können aber Spurenelemente eine Größenordnung genauer bestimmt werden. Das Element mit dem geringsten Atomgewicht, das heute mit modernsten Geräten analysierbar ist, ist Bor. Elemente mit höherem Atomgewicht sind leichter analysierbar.

Aufgrund der großen Anzahl von Linien (> 1000) ist es zur quantitativen Analyse notwendig, Vergleichsproben mit bekannter Zusammensetzung zu untersuchen (kalibrieren).

15.10.2 Energiedispersive Röntgenanalyse (EDX) im Rasterelektronenmikroskop

Zur eindeutigen Elementanalyse macht man sich die Tatsache zunutze, dass die Elektronen eines einzelnen Atoms auch im Festkörper nur bestimmte, diskrete Energien annehmen können. Durch auftreffende hochbeschleunigte Elektronen können Elektronen des Atoms in einen Zustand höherer Energie angehoben werden. Dieser Zustand (der Anregungszustand) ist instabil. In dem Moment, wo die Elektronen wieder in ihren stabilen Zustand zurückgehen, wird die Energiedifferenz zwischen den Schalen als elektromagnetische Strahlung abgegeben. Die Wellenlänge der Strahlung ist auch hier umgekehrt proportional zur Energiedifferenz.

Bei der Elementanalyse im Rasterelektronenmikroskop (REM) wird durch den Elektronenstrahl die Emission von kurzwelliger Röntgenstrahlung angeregt – im Gegensatz zum langwelligen sicht-

Anwendungsbereiche: Schadensanalyse, Kriminaltechnik, Wareneingangskontrolle für Kleinteile

Analysevoraussetzungen: Solange eine Probe optisch sichtbar und elektrisch leitfähig ist, kann sie analysiert werden. Elektrisch nicht leitfähige Proben laden sich im REM auf, was die Messung stört. Abhilfe: Bedampfen der probe mit Kohlenstoff (Fehlerquelle!)

Möglichkeiten: Ein Rasterelektronenmikroskop mit energiedispersiver Analyse ermöglicht die Kombination aus Abbildung mit gleichzeitiger Bestimmung der chemischen Zusammensetzung an jedem einzelnen Ort. So ist es beispielsweise möglich, die chemische Zusammensetzung von Einschlüssen in heterogenen Legierungen zu analysieren.

Grenzen: Genauigkeiten bis zu 0,1 Masseprozent erreichbar, ungenauer als die Funkenspektrometrie

baren Licht bei der Funkenspektrometrie. Jedes einzelne Element hat auch hier ein charakteristisches Spektrum. Anhand des Spektrums kann ein chemisches Element eindeutig bestimmt werden (→). Die Intensität der Röntgenstrahlung einer bestimmten Wellenlänge und damit Energie ist in erster Näherung proportional zur Konzentration des jeweiligen Elementes.

Zur Analyse muss die emittierte Röntgenstrahlung spektral zerlegt werden, d. h. die Röntgenintensität in Abhängigkeit von der Wellenlänge ist zu bestimmen. Mit Halbleiterdetektoren kann direkt die Energie eines einzelnen Röntgenquants bestimmt werden. Man spricht dann von der energiedispersiven Röntgenanalyse (energydispersive x-ray analysis = EDX).

Im Gegensatz zur Funkenspektrometrie sind Kalibrationsproben bei EDX nicht notwendig, weil die zu analysierenden Spektren nur wenige Linien enthalten. So können völlig unbekannte Werkstoffe untersucht werden.

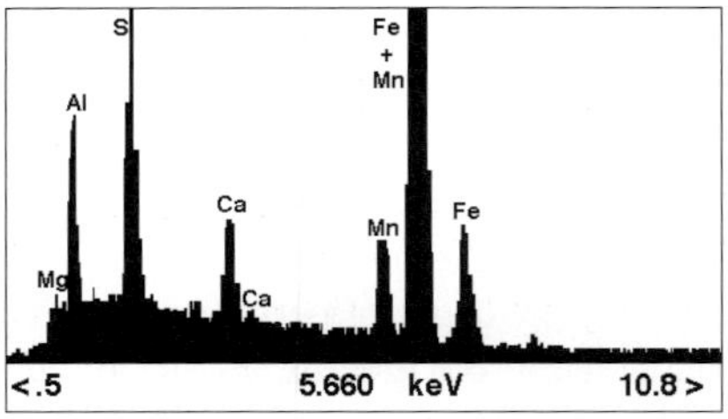

Bild 15.36 EDX-Spektrum eines Einschlusses in einem Baustahl

Die Qualität eines Systems ist an der Untersuchbarkeit leichter Elemente ablesbar. Die Röntgenstrahlung leichter Elemente ist längerwellig und damit schwieriger detektierbar. Modernere Geräte gehen hinunter bis zum **Sauerstoff, Stickstoff** oder **Kohlenstoff**.

Literaturhinweise, Werkstoffprüfung:

DIN-Taschenbücher:	Materialprüfnormen Nr. 19, 56, 205, 370, Beuth-Verlag
Grosch, J.:	Schadenskunde im Maschinenbau. Expert-Verlag, 2003
Petzow G.:	Metallographisches keramographisches, plastographisches Ätzen, Gebrüder Bornträger Berlin-Stuttgart, 1994
Steeb/Basler/Deutsch:	Zerstörungsfreie Werkstück- und Werkstoffprüfung, Expert-Verlag, 1993
Deutsch/Platte/Vogt:	Ultraschallprüfung, Springer-Verlag, 1997
Schott, G.:	Werkstoffermüdung – Ermüdungsfestigkeit, Wiley-VCH, 1997
Schumann/Oettel:	Metallographie, Wiley-VCH, Weinheim, 2004
Flegler/Heckman/Klomparens:	Elektronenmikroskopie, Spektrum Akademischer Verlag, 1995

Anhang A: Die systematische Bezeichnung der Werkstoffe

A.1 Kennzeichnung der Stähle

Die Europäische Norm DIN EN 10027 hat ältere Normen (DIN 17006 und DIN 17007) abgelöst.

Viele DIN-Normen enthalten noch die alten Bezeichnungen, ebenso Lehrbücher und Literatur. Einen Vergleich einiger Kurznamen enthält Tabelle A.1.

A.1.1 Bezeichnungssystem für Stähle

Wie Tabelle A.1 zeigt, sind die Kurznamen der *legierten* Stähle nur gering verändert worden. Dagegen gelten für die unlegierten Stähle völlig neue Kurznamen. Sie werden abhängig von der Verwendung des Stahles gebildet, weitere Symbole sind je nach Verwendungszweck unterschiedlich.

Tabelle A.1: Vergleich alter und neuer Kurznamen für Stähle

DIN 17006 u. a.	DIN EN 10027-1
St 37-3	S235J2
StE 355	S355N
StE 355 TM	S355M
TStE 355	P355NL1
Ck 35, Cm 35	C35E, C35R
57 NiCrMoV 7 7	57NiCrMoV7-7
X 46 Cr 13	X46Cr13
X 10CrNiTi 18 10	X10CrNi18-10
S-6-5-2-5	HS6-5-2-5
GS-38	GE200
GS-17 CrMo 5 5	G17CrMo5-5
G-X 22 CrMoV 12 1	GXCrMoV12-1

A.1.2 Aufbau des Kurznamens (DIN EN 10027-1/05)

Der Kurzname besteht aus einer Folge von Buchstaben und Ziffern auf 4 Positionen:

Pos. 1	Pos. 2	Pos. 3	Pos. 4
Werkstoffsorte	**Haupteigenschaft**	**Besondere Werkstoffeigenschaften, Herstellungsart**	**Erzeugnisart**
Hauptsymbole		**Zusatzsymbole**	

Beispiel: Baustahl S355J2W+Z

1. **S**	2. **355**	3a. **J2**	3b. **W**	+	4. **+Z**
Anwendungsbereich Stahlbau	Streckgrenze R_{eH}	Vorgeschriebene Kerbschlagarbeit	Wetterfester Stahl		Feuerverzinkt

Tabelle A.2: Symbole für den Anwendungsbereich auf Pos. 1; Zeichen (G): Wahlweise für Stahlguss vorgestellt

Symbol	Verwendungszweck	Symbol	Verwendungszweck
B	Betonstahl	**M**	Elektroblech und -band
(G) C	Unlegierte Stähle mit < 1 % Mn	**(G) P**	Stähle für Druckbehälter
(G)--	Niedriglegierte Stähle mit < 5 % Σ LE, unlegierte Stähle mit > 1 % Mn, Automatenstähle	**R**	Schienenstahl
D	Flacherzeugnisse zum Kaltumformen	**(G) S**	Stähle für den Stahlbau
(G) E	Stähle für den Maschinenbau	**T**	Feinst- und Weißblech
H	Kaltgewalzte Flacherzeugnisse aus höherfesten Stählen zum Kaltumformen	**(G) X**	Legierte Stähle mit < 5% Σ LE, (hochlegierte Stähle)
L	Stähle für Leitungsrohre	**Y**	Spannstahl

A.1.3 Stähle für den Stahlbau

Hauptsymbole		Zusatzsymbole			
1 Bereich	**2** Mech. Eigenschaften	**3a** Herstellungsart, zusätzliche mechanische Eigenschaften	**3b** Eignung für bestimmte Einsatzbereiche bzw. Verfahren		**4**
G S	Mindest-streck-grenze $R_{e,\,min}$	Kerbschlagarbeit *KV*	**C**	Bes. Kaltformbarkeit	
z. B. Stähle nach DIN EN 10025-2		(J): 27 | 40 | 60	**D**	Für Schmelztauch-überzüge	
-3		Symbol: **J** | **K** | **L**	**E**	Für Emaillierung	
-4	f. d. kleinsten Erzeugnis-bereich	Schlagtemperatur in ° C	**F**	Zum Schmieden	Tab.
-5		Temp: RT | 0 | -20 | -30 | -40 | -50	**H**	Für Hohlprofile	A.11
-6		Symb: **R** | **0** | **2** | **3** | **4** | **5**	**L**	Für tiefe Temperaturen	A.12
		A Ausscheidungshärtend			A.13
		M Thermomechanisch,	**M**	Thermomechanisch,	
		N normalisierend gewalzt	**N**	normalis. gewalzt	
		Q Vergütet	**P**	Für Spundwände	
G wahlweise vorgestellt		**G** Andere Merkmale (evtl. 1 oder 2 Folgeziffern)	**Q**	Zum Vergüten	
			S	Schiffbau	
			T	Für Rohre	
			W	Wetterfest	

Beispiele:

S235JRC: (S) Stahlbaustahl mit $R_e \geq 235$ MPa, *KV* = 27 J, bei (R) Raumtemperatur, (C) kaltumformbar,

S355J2+CR: (S) Stahlbaustahl mit $R_e \geq 355$ MPa, (J) *KV* = 27 J bei (2) −20 °C, (+CR) kaltgewalzt (→ A.12),

S460NLH: (S) Stahlbaustahl mit $R_e \geq 460$ MPa, (N) normalisierend gewalzt, (L) für tiefere Temperaturen, kaltzäh, (H) Hohlprofil

A.1.4 Stähle für Druckbehälter

Hauptsymbole		Zusatzsymbole				
Pos. 1	**2**	**3a**		**3b**		**4**
G P	$\boldsymbol{R_{e,\,min}}$	**B**	Gasflaschen	**H**	Hochtemperatur	
z. B. Stähle	f. d.	**M**	Thermomechanisch,	**L**	Tieftemperatur	Tab.
DIN EN 10028	kleinsten	**N**	Normalisierend gewalzt	**R**	Raumtemperatur	A.11
Stahlguss	Erzeug-	**Q**	Vergütet	**X**	Hoch- u. Tieftemp.	A.12
DIN EN 10213	nis-	**S**	Einfache Druckbehälter			A.13
	bereich	**T**	Rohre			
		G	Andere Merkmale (evtl. 1 oder 2 Folgeziffern)			

Beispiele:

P355M: (P) Druckbehälterstahl mit $R_e \geq 355$ MPa, (M) thermomechanisch gewalzt, *KV* bei −20 °C geprüft,

P355ML1: desgl. für Tieftemperatur geeignet, kaltzäh, *KV* nach Tab. 4.10.

P460QH: Druckbehälterstahl mit $R_e \geq 460$ MPa, (Q) vergütet, (H) für höhere Temperaturen. Nach Norm wird eine bestimmte 0,2-%-Dehngrenze bei 300 °C gewährleistet.

A.1.5 Stähle für den Maschinenbau

Hauptsymbole		Zusatzsymbole				
Pos. 1	**2**	**3a**		**3b**		**4**
G E	wie oben	**G**	Andere Merkmale, evtl. mit 1 oder 2 Folgeziffern	**C**	Eignung zum Kaltziehen	A.12
z. B. Stähle DIN EN 10025-2 Stahlguss DIN EN 10293		**Beispiele:** E295: Baustahl mit $R_e \geq 295$ MPa; GE200: Stahlguss mit $R_e \geq 200$ MPa				

A.1.6 Flacherzeugnisse (kaltgewalzt) aus höherfesten Stählen zum Kaltumformen

Pos. 1	2	3a				3b		4
H	$R_{e,\,min}$	**B**	Bake Hardening	**P**	P-legiert			
z. B. Bleche + Bänder DIN EN 10268, 10336	oder mit Zeichen T	**C**	Komplexphase	**T**	TRIP-Stahl	**D**	Für Schmelz- tauch- überzüge	Tab. A.13
		I	Isotroper Stahl	**X**	Dualphasen- stahl			
	$R_{m,\,min}$	**LA**	Niedriglegiert					
		M	Thermomech. gewalzt	**Y**	IF,(interstitiell frei)			

Beispiel: H420M +Z: (H) Blech mit $R_e \geq 420$ MPa, (M) thermomechanisch gewalzt, (Z) feuerverzinkt

A.1.7 Flacherzeugnisse (kaltgewalzt) aus weichen Stählen zum Kaltumformen

Pos. 1	2		3		4
D	Cnn	Kaltgewalzt	**D**	Für Schmelztauchüberzüge	Tab. A.12 A.13
	Dnn	Warmgewalzt, für unmittelbare Kaltumformung	**EK**	Für konv. Emaillierung	
			ED	Für Direktemaillierung	
	Xnn	Walzart (kalt/warm) nicht vorgeschrieben	**H**	Für Hohlprofile	
			T	Für Rohre	
	nn	Kennzahl nach Norm	**G**	Andere Merkmale	
z. B. Bleche + Bänder DIN EN 10111, 10130, 10209, 10327		**Beispiele: DC04H:** (FeP04) (H) Blech für Hohlprofile. **DC03+ZE:** (FeP03) (+ZE) Blech elektrolytisch verzinkt. **DX51D+Z:** (FeP02G) (D), Blech für Schmelztauchüberzüge, (+Z) verzinkt.			

A.1.8 Nach der chemischen Zusammensetzung bezeichnete Stähle

Bei Stählen, die für eine Wärmebehandlung vorgesehen sind, werden die Gehalte an C und anderen LE (für das Umwandlungsverhalten wichtig) im Kurznamen angegeben.

A.1.8.1 Unlegierte Stähle mit mittlerem Mn-Gehalt < 1 %

Pos. 1	2		3				4
G **C**	nn	Kennzahl = 100-facher C-Gehalt	**C**	Zum Kaltumformen	**S**	Für Federn	Tab. A.12
z. B. Vergütungs- Stähle DIN EN 10083-1			**D**	Zum Drahtziehen	**U**	Für Werkzeuge	
			E	Vorgeschrieb. *max.* S-Gehalt %,	**W**	Für Schweißdraht	
			R	Vorgeschrieb. S-Bereich (%)	**G**	Andere Merkmale	

Beispiele: **C60S:** Stahl mit 60/100 = 0,6 % C für (S) Federn
C35E: Vergütungsstahl mit 35/100 = 0,35 % C, (E) max. S-Gehalt vorgeschrieben
C35R: Vergütungsstahl wie vorstehend, Automatensorte

A.1.8.2 Niedriglegierte Stähle (mittlerer Gehalt der LE < 5 %) ohne Zeichen, auch unlegierte Stähle mit > 1 % Mn, und Automatenstähle

Pos.1	2		2a	3	4
G —	**nn**	Kennzahl =100-facher C-Gehalt	LE-Symbole nach fallenden Gehalten geordnet, danach *Kennzahlen* mit Bindestrich getrennt in gleicher Folge	—	Tab. A.11 A.12
z. B. Einsatzstähle DIN EN 10084, Automatenstähle DIN EN 10087	**Kennzahlen** sind Vielfache der LE-%. Die Faktoren sind:				

1000	Bor	**10**	Al, Be, Cu, Mo, Nb, Pb, Ta, Ti, V, Zr
100	C, N, P, S	**4**	Cr, Co, Mn, Ni, Si, W

Beispiele zu niedriglegierten Stählen:

9SMn28:	Automatenstahl mit 9/**100** = 0,09% C, (S28)/**100** = 0,28 % S, Mn nach Norm
25CrMo4+QT:	Niedriglegierter Stahl mit 25/**100** % C, (Cr4)/**4** = 1 % Cr, Mo nach Norm, (QT) vergütet
GS20MnMoNi5-5:	(G) Stahlguss, (20) = 0,2 % C, (Mn 5)/4 = 1,25 % Mn, (Mo5)/10 = 0,5 % Mo, Ni nach Norm

A.1.8.3 Nichtrostende Stähle und andere legierte Stähle (ausgenommen Schnellarbeitsstähle), sofern der mittlere Gehalt mindestens eines Legierungselementes ≥ 5 % ist

Pos.1	2		2a	3	4
G **X** z. B. Nichtrostende Stähle DIN EN 10088	**nn**	Kennzahl = 100-facher C-Gehalt	LE-Symbole nach fallenden Gehalten geordnet, danach die %-Gehalte der Haupt-Legierungselemente mit Bindestrich in gleicher Folge	—	Tab. A.11 A.12

Beispiele: X6CrNiMo18-9: hochlegiert, mit 6/**100** = 0,06 % C, (Cr18) = 18 % Cr, (Ni 9) = 9 % Ni, Mo nach Norm.
GX3CrNi13-4: (G) hochlegierter Stahlguss, mit 3/**100** = 0,03 % C, (Cr13) = 13 % Cr und (4 Ni) = 4 % Ni.

A.1.8.4 Schnellarbeitsstähle

Pos.1	2	2a	3	4
HS	**nn**	Prozentualer Gehalt der LE in der Folge W-Mo-V-Co (Bindestrich)	—	Tab. A.12

Beispiel: HS6-5-2: (HS) Schnellarbeitsstahl mit 6 % W, 5 % Mo, 2 % V und C-Gehalt nach Norm.

Zusatzsymbole für Stahlerzeugnisse (Pos. 4)

Tabelle A.11: Für besondere Anforderungen an das Erzeugnis

+C	Grobkornstahl	**+H**	Mit besonderer Härtbarkeit
+F	Feinkornstahl	**+Z15/25/35**	Mindestbrucheinschnürung Z (senkr. z. Oberfläche) in %

Tabelle A.12: Zusatzsymbole für den Behandlungszustand (Pos.4)

+A	Weichgeglüht	**+M**	Thermomechanisch umgeformt
+AC	Auf kugelige Carbide geglüht	**+N**	Normalgeglüht / normalisierend umgeformt
+AR	Wie gewalzt (ohne bes. Bedingungen)	**+NT**	Normalgeglüht und angelassen
+AT	Lösungsgeglüht	**+P**	Ausscheidungsgehärtet
+C	Kaltverfestigt	**+Q**	Abgeschreckt
+Cnnn	Kaltverfestigt auf min. R_m = nnn MPa	**+QA**	Luftgehärtet
CPnnn	Kaltverfestigt auf min. $R_{p0,2}$ = nnn MPa	**+QO**	Ölgehärtet
+CR	Kaltgewalzt	**+QT**	Vergütet
+DC	Lieferzustd. dem Hersteller überlassen	**+QW**	Wassergehärtet
+HC	Warm-kalt-geformt	**+RA**	Rekristallisationsgeglüht
+I	Isothermisch behandelt	**+S**	Behandelt auf Kaltscherbarkeit
+LC	Leicht kalt nachgezogen / gewalzt	**+SR**	Spannungsarmgeglüht
+T	Angelassen	**+U**	Unbehandelt
+TH	Behandelt auf Härtespanne	**+WW**	Warmverfestigt

Tabelle A.13: Symbole für die Art des Überzuges (Pos. 4)

+A	Feueraluminiert	**+SE**	Elektrolytisch verzinnt
+AS	Mit einer Al-Si-Legierung überzogen	**+T**	Schmelztauchveredelt mit PbSN
+AZ	Mit einer Al-Zn-Legierung (> 50 % Al) überzogen	**+TE**	Elektrolyt. mit Pb-Sn überzogen (Terne)
+CE	Elektrolytisch spezialverchromt (ECCS)	**+Z**	Feuerverzinkt
+CU	Cu-Überzug	**+ZA**	Mit einer Zn-Al-Legierung (> 50 % Zn) überzogen
+IC	Anorganische Beschichtung	**+ZE**	Elektrolytisch verzinkt
+OC	Organische Beschichtung	**+ZF**	Diffusionsgeglühte Zn-Überzüge (galvannealed)
+S	Feuerverzinnt	**+ZN**	Zn-Ni-Überzug (elektrolytisch)

A.1.9 Nummernsystem (DIN EN 10027-2/92)

Stähle werden mit einer „Eins“ mit Punkt und einer vierstelligen Ziffernfolge bezeichnet.

Die ersten beiden Ziffern der Ziffernfolge geben die **Stahlgruppe** an, in die der Stahl gehört (Tabelle A.14), die beiden letzten sind **Zählziffern** innerhalb der Gruppe.

Das System unterscheidet unlegierte und legierte Stähle, die jeweils in Qualitäts- und Edelstähle unterteilt werden.

Werkstoff Stahl	Stahlgruppennummer
1.	**2080**
Hochlegierter Cr-Werkzeugstahl	**X210Cr12**

Tabelle A.14: Werkstoffnummern (Die Zählziffern sind **mit nn** bezeichnet)

Unlegierte Stähle

Werkstoffnummer	Beschreibung
Qualitätsstähle	
1.01nn u. 1.91nn	Allgemeine Baustähle mit $R_m < 500$ MPa
1.02nn u. 1.92nn	Sonstige, nicht für eine Wärmebehandlung bestimmte Baustähle mit $R_m < 500$ MPa
1.03nn u. 1.93nn	Stähle mit im Mittel < 0,12 % C oder $R_m < 400$ MPa
1.04nn u. 1.94nn	Stähle mit im Mittel ≥ 0,12 < 0,25 % C oder $R_m \geq 400 < 500$ MPa
1.05nn u. 1.95nn	Stähle mit im Mittel ≥ 0,25 < 0,55 % C oder $R_m \geq 500 < 700$ MPa
1.06nn u. 1.96nn	Stähle mit im Mittel ≥ 0,55 % C $R_m \geq 700$ MPa
1.07nn u. 1.97nn	Stähle mit höherem S- oder P-Gehalt
Edelstähle	
1.10nn	Stähle mit besonderen physikalischen Eigenschaften
1.11nn	Bau-, Maschinenbau- und Behälterstähle mit < 0,50 % C
1.12nn	Maschinenbaustähle mit ≥ 0,50 % C
1.13nn	Bau-, Maschinenbau- und Behälterstähle mit besonderen Anforderungen
1.15nn bis 1.18nn	Werkzeugstähle

Legierte Stähle

Qualitätsstähle

1.08nn u. 1.98nn	Stähle mit besonderen physikalischen Eigenschaften
1.09nn u. 1.99nn	Stähle für verschiedene Anwendungszwecke

Edelstähle

Werkzeugstähle

1.20nn Cr	**1.21nn** Cr-Si, Cr-Mn, Cr-Mn-Si	**1.22nn** Cr-V, Cr-V-Si, Cr-V-Mn, Cr-V-Mn-Si	**1.23nn** Cr-Mo, Cr-Mo-V, Mo-V	**1.24nn** W, Cr-W	**1.25nn** W-V, Cr-W-V
1.26nn Werkstoffe außer Klassen 24, 25, 27	**1.27nn** mit Ni	**1.28nn** Sonstige			

Verschiedene Stähle

1.32nn Schnellarbeitsstähle *ohne* Co	**1.33nn** Schnellarbeitsstähle *mit* Co	**1.35nn** Wälzlagerstähle	**1.36nn** Werkstoffe mit bes. magnetischen Eigenschaften *ohne* Co
1.37nn Werkstoffe mit besonderen magnetischen Eigenschaften *mit* Co	**1.38nn** Werkstoffe mit besonderen physikalischen Eigenschaften *ohne* Ni	**1.39nn** Werkstoffe mit besonderen physikalischen Eigenschaften *mit* Ni	

Chemisch beständige Stähle

1.40nn Nichtrostende Stähle mit < 2,5 % Ni *ohne* Mo, Nb und Ti	**1.41nn** Nichtrostende Stähle mit < 2,5 % Ni *mit* Mo, *ohne* Nb und Ti	**1.43nn** Nichtrostende Stähle mit ≥ 2,5 % Ni *ohne* Mo, Nb und Ti	**1.44nn** Nichtrostende Stähle mit ≥ 2,5 % Ni *mit* Mo, *ohne* Nb und Ti	**1.45nn / 1.46nn** Nichtrostende Stähle mit Sonderzusätzen
Hitzebeständige Stähle und Hochwarmfeste Werkstoffe		**1.47nn** Hitzebeständige Stähle < 2,5 % Ni	**1.48nn** Hitzebeständige Stähle mit ≥ 2,5 % Ni	**1.49nn** Hochwarmfeste Werkstoffe

Bau-, Maschinenbau- und Behälterstähle

1.50nn Mn, Si, Cu	**1.51nn** Mn-Si Mn-Cr	**1.52nn** Mn-Cu Mn-V Si-V Mn-Si-V	**1.53nn** Mn-Ti Si-Ti	**1.54nn** Mo, Nb,Ti,V W	**1.55nn** B, Mn-B <1,65 % Mn	**1.56nn** Ni	**1.57nn** Cr-Ni mit <1 % Cr	**1.58nn** Cr-Ni mit ≥1,0 % <1,5 % Cr	**1.59nn** Cr-Ni mit ≥1,5 % <2,0 % Cr

1.60nn Cr-Ni mit ≥ 2,0 % < 3% Cr	**1.62nn** Ni-Si Ni-Mn Ni-Cu	**1.63nn** Ni-Mo Ni-Mo-Mn Ni-Mo-Cu Ni-Mo-V Ni-Mn-V	**1.65nn** Cr-Ni-Mo mit < 0,4 % Mo + < 2 % Ni	**1.66nn** Cr-Ni-Mo mit < 0,4 % Mo +≥ 2,0 % < 3,5 % Ni	**1.67nn** Cr-Ni-Mo mit < 0,4 % Mo +≥ 3,5 % < 5 % Ni oder ≥ 0,4 % Mo	**1.68nn** Cr-Ni-V Cr-Ni-W Cr-Ni-V-W	**1.69nn** Cr-Ni außer Klassen 57 bis 68
1.70nn Cr Cr-B	**1.71nn** Cr-Si Cr-Mn Cr-Mn-B Cr-Si-Mn	**1.72nn** Cr-Mo mit < 0,35 % Mo Cr-Mo-B	**1.73nn** Cr-Mo mit ≥ 0,35 % Mo	**1.75nn** Cr-V mit < 2,0 % Cr	**1.76nn** Cr-V mit > 2,0 % Cr	**1.77nn** Cr-Mo-V	**1.79nn** Cr-Mn-Mo Cr-Mn-V

1.80nn	1.81nn	1.82nn	1.84nn	1.85nn	1.87nn 1.88nn 1.89nn
Cr-Si-Mo Cr-Si-Mn-Mo Cr-Si-Mo-V Cr-Si-Mn-Mo-V	Cr-Si-V Cr-Mn-V Cr-Si-Mn-V	Cr-Mo-W Cr-Mo-W-V	Cr-Si-Ti Cr-Mn-Ti Cr-Si-Mn-Ti	Nitrierstähle	Nicht für eine Wärmebehandlung beim Verbraucher vorgesehene Stähle. Hochfeste, schweißgeeignete Stähle

A.2 Bezeichnung der Eisen-Guss-Werkstoffe

Nach **DIN EN 1560/97** (Gießereiwesen – Werkstoffkurzzeichen und -nummern) werden Kurzzeichen aus max. 6 Positionen gebildet:
Pos. 1. **EN** für Europäische Norm,
Pos. 2. **GJ** für Gusseisen, J steht für I (iron), um Verwechslungen zu vermeiden,

EN	GJ	3.	4.	5.	6.

Beispiel: **EN GJ S F-300 H** → Pos. 3. 4. 5. 6. — Kugelgraphitguss (GJS) ferritisch (F), $R_{m,\,min}$ = 300 MPa, wärmebehandelt (H)

Pos. 3. Zeichen für Grafitform

L-	Lamellar-	H-	graphitfrei
S-	Kugel-	X-	Sonderstruktur
V-	Vermicular-		
M-	Temperkohle		

Pos. 6. Zeichen für zusätzliche Anforderungen

D	Gussstück im Gusszustand
H	wärmebehandelt
W	Schweißeignung für Fertigungsschweißungen
Z	zusätzliche Anforderungen nach Bestellung

Pos. 4. Zeichen für Mikro- oder Makrogefüge

A	Austenit
F	Ferrit
P	Perlit
M	Martensit
L	Ledeburit
Q	Abschreckgefüge
T	Vergütungsgefüge
B	nichtentkohlend geglüht
W	entkohlend geglüht
N	grafitfrei

Pos. 5. Angabe der mechanischen Eigenschaften

Sorte	Eigenschaft [1)] in MPa
GJL	Mindestzugfestigkeit[1)] oder Härte HB, HV
GJMB GJMW	Mindestzugfestigkeit[1)] – Mindestbruchdehnung (%), zusätzlich angehängt - RT Schlagzähigkeit bei Raumtemperatur, - LT bei Tieftemperatur gemessen
	Anhänger über Herkunft der Probestücke
....S	für *getrennt* gegossene
....C	für dem Gussstück *entnommene*
....U	für *angegossene* Probestücke (→ Beispiele)

Bezeichnung nach der chemischen Zusammensetzung

Alle anderen Sorten	Bezeichnung wie bei den legierten Stählen mit C-Kennzahl, Symbole der LE, Multiplikatoren mit Bindestrich. Hochlegierte Sorten mit vorgestelltem X (wahre Prozente)

Beispiele:

EN-GJL-200U	Gusseisen mit Lamellengraphit (L) und R_m= 200 MPa, Probe angegossen;
EN-GJL- HB150	Gusseisen mit Lamellengraphit und einer Härte von 150 HB;
EN-GJS-350-22-RT	Gusseisen mit Kugelgraphit (S), R_m = 350 MPa, A = 22 % bei RT gemessen;
EN-GJMB-600-3	Temperguss (M), nichtentkohlend geglüht (B), R_m= 600 MPa, A = 3 %;
EN-GJLA-XNiCuCr15-6-2	Gusseisen mit Lamellengraphit (L) in austenitischem Gefüge (A), hochlegiert (X) mit 15 % Ni, 6 % Cu und 2 % Cr.

A.3 Bezeichnung der NE-Metalle

A.3.1 Allgemeines

Reinmetalle werden mit den chemischen Symbolen bezeichnet, dahinter folgt der Metallgehalt in Prozent.

Legierungen werden nach dem Basismetall und dem Hauptlegierungselement in nachstehender Reihenfolge benannt (Chemische Symbole der Metalle).

1. Symbol des Basiselementes
2. Symbol des Hauptlegierungselementes,
3. Prozentzahl des Hauptlegierungselementes
Zur weiteren Klärung können angefügt werden:
4. Symbol des dritten Legierungselementes,
5. Prozentzahl des dritten LE (wenn zur Unterscheidung von ähnlichen Sorten nötig).

Beachte: Abweichungen von diesen Regeln sind evtl. in den Normen für die einzelnen NE-Metalle festgelegt.

Kurzzeichen	Beschreibung
CuCr	Cu-Legierung mit Cr nach Norm. Ohne weitere Angabe, nur eine Sorte!
CuAl10Ni	Cu-Legierung mit 10 % Al und Ni nach Norm
CuNi25Zn15	Cu-Legierung mit 25 % Ni und 15 % Zn
TiAl6V4	Ti-Legierung mit 6 % Al und 4 % V

A.3.2 Bezeichnung von Aluminium und -legierungen

DIN EN 573/05 Aluminium und Aluminiumlegierungen, Chemische Zusammensetzung und Form von Halbzeug

DIN EN 573-1/05 Numerisches Bezeichnungssystem

Normbezeichnung **EN AW - 1 2 3 4** 4 Ziffern + Buchstabe für nationale Variante
für Aluminium **A** — **3**. + **4**. sind Zählziffern
für Halbzeug **W** — **2**. Ziffer für Legierungsvariante
(für Gusslegierungen **C**) — **1**. Ziffer für Legierungsreihe (Tabelle A.15)

Tabelle A 15: Aluminium-Legierungsserien nach DIN EN 573-3/09

Leg.-Serie	Legierungselemente	Leg.-Serie	Legierungselemente
1x x x	Al unlegiert	**5 x x x**	Al Mg + Mn, Cr, Zr
2 x x x	Al Cu + weitere	**6 x x x**	Al MgSi + Mn, Cu, PbMn
3 x x x	Al Mn + Mg	**7 x x x**	Al Zn + Mg, Cu, Zr
4 x x x	Al Si + Mg, Bi, Fe, MgCuNi	**8 x x x**	Sonstige, Fe, FeSi, FeSiCu

DIN EN 573-2/94 Bezeichnungssystem mit chemischen Symbolen

Beispiel für Normangabe: EN AW-6061 [Al Mg1SiCu] als Ausnahme auch EN AW-**Al Mg1SiCu**

Tabelle A.16: Bezeichnung der Werkstoffzustände durch Anhängesymbole aus Buchstaben und bis zu 2 Ziffern nach DIN EN 515/93 Al und Al-Legierungen, Halbzeug

Symbol	Basiszustand	Bedeutung der Ziffer
F	Herstellungszustand	keine Grenzwerte für mechanische Eigenschaften
O1	weichgeglüht	1 hocherhitzt, langsam abgekühlt
O2		2 thermomechanisch behandelt
O3		3 homogenisiert

Symbol	Zustand	Bedeutung der 1. Ziffer	Bedeutung der 2 Ziffer
H **H34**	kaltverfestigt	1 nur kaltverfestigt 2 kaltverf. + rückgeglüht 3 kaltverf. + stabilisiert 4 kaltverf. + einbrennlackiert	2: 1/4-hart, 4: 1/2-hart, 6: 3/4-hart, 8: vollhart, härtester Zustd. geg. O
T	wärmebehandelt	1: aus Warmformtemp. abgeschreckt + kaltausgehärtet 2: aus Warmformtemp. abgeschreckt + kaltverfestigt + kaltausgehärtet 3: lösungsgeglüht + kaltverfestigt + kaltausgehärtet 4: lösungsgeglüht + kaltausgehärtet (stabiler Zustand) 5: aus Warmformtemp. abgeschreckt + warmausgehärtet 6: lösungsgeglüht + warmausgehärtet 7: lösungsgeglüht + überhärtet 8: lösungsgeglüht + kaltverfestigt + warmausgehärtet 9: lösungsgeglüht + warmausgehärtet + kaltverfestigt	stabile Zustände (7–9)

Tabelle A.17: Erhöhung der Festigkeit um ΔR_m in MPa im Zustand Hx8 gegenüber dem weichgeglühten (O)

R_m weich (O)	ΔR_m hart Hx8	R_m weich (O)	ΔR_m hart Hx8
bis 40	55	165...200	100
45...60	65	205...240	105
65...80	75	245...280	110
85...100	85	285...320	115
105...120	90	325... mehr	120
125...160	95		

Beispiel:

H24: bedeutet: (2) kaltverfestigt + rückgeglüht; (4) auf ½-hart kaltverfestigt.

H18: bedeutet (H) kaltverfestigt, (8) vollhart

A.3.3 Bezeichnung von Kupfer und -legierungen

DIN EN 1412/95 Kupfer und Kupferlegierungen, Europäisches Nummernsystem. Die Normangabe besteht aus 6 Zeichen.

C	2.	3.	4.	5.	6.

Zeichen 1: C Zeichen für Kupfer

Zeichen 2: Buchstabe für die Erzeugnisform

B	Blockform zum Umschmelzen	**M**	Vorlegierung	**S**	Werkstoff in Form von Schrott
C	Gusserzeugnis	**X**	nicht genormte		
F	Schweißzusatz, Hartlote	**R**	raffiniertes Cu in Rohform	**W**	Knetwerkstoffe

Zeichen 3. bis 5: Zählziffern für genormte Sorten und 0...799 für nichtgenormte 800...999

Zeichen 6: Buchstabe(n) für Legierungssystem

A oder B	Cu, unlegiert	**G**	CuAl	**L oder M**	CuZn Zweistofflegierung
C oder D	Cu, niedriglegiert, Σ LE < 5 %	**H**	CuNi	**N oder P**	CuZnPb
E, F	Legierungen Σ LE > 5 %	**J**	CuNiZn	**R oder S**	CuZn Mehrstofflegierung
		K	CuSn		

Beispiele: für Kupferwerkstoffe

CG383H: (G) Gusserzeugnis aus einer (H) CuNi-Legierung,
CW101C: (W) Knetwerkstoff aus (C) niedriglegiertem Cu (CuBe2)
CW508L: Knetwerkstoff aus einer(L) CuZn-Legierung (Messing)

DIN EN 1173/08 Kupfer und Kupferlegierungen, Zustandsbezeichnungen

Tabelle A.18: Anhängesymbole, bestehend aus einem Buchstaben und 3 Ziffern für bestimmte Eigenschaftswerte.

Buchstabe	Eigenschaft und Kennwert	Beispiel
A	Bruchdehnung in Prozent:	A005: A = 5 %
B	Federbiegegrenze	B370: 370 MPa
D [1]	gezogen, ohne festgelegte mech. Eigenschaften	
G	Korngröße	
H	Härte HB oder HV	H030: 30 HV
M [1]	wie gefertigt, ohne festgelegte mech. Eigenschaften	
R	Zugfestigkeit,	R700: 700 MPa
Y	0,2%-Dehngrenze	Y350: 350 MPa

[1] Die Buchstaben D und M werden ohne weitere Bezeichnungen verwendet

Beispiele:

Normbezeichnung	Maßnorm	Werkstoff	Eigenschaften
Band EN 1652 CuBe2 R1200	EN 1652	CuBe2 ------	R1200 (Zugfestigkeit)
Stange EN 12164 CuZn39Pb M	EN 12164	CuZn39Pb3	M (ohne vorgegebene Eigenschaften)

A.4 Bezeichnung der Kunststoffe

Normung:

DIN EN ISO 1043-1/02 (E-2009) Kennbuchstaben und Kurzzeichen, Basispolymere
-2/02 (E-2009) Kennbuchstaben und Kurzzeichen, Kurzzeichen für Füll- und Verstärkungsstoffe
DIN EN 14598/05 Verstärkte härtbare Formmassen (SMC und BMC), Bezeichnung

Tabelle A.19: Kurzzeichen für Kunststoffe und Verfahren

Symbol	Polymer	Symbol	Polymer
AAS	Methacrylat-Acrylat-Styrol	**ETFE**	Ethylen-Tetrafluorethylen
ABS	Acrylnitril-Butadien-Styrol	**FF**	Furanharze
APP	ataktisches Polypropylen	**Hgw**	Hartgewebe
BS	Butadien-Styrol	**Hm**	Harzmatte
CA	Celluloseacetat	**Hp**	Hartpapier
CAB	Celluloseacetobutyrat	**LCP**	Liquid Crystals Polymers
CAP	Celluloseacetopropionat	**MF**	Melamin-Formaldehyd
CP	Cellulosepropionat	**MP**	Melamin- Phenolformaldehyd
EC	Ethylcellulose	**PA**	Polyamide
EP	Epoxid	**PAI**	Polyamidimide

Symbol	Polymer
PAN	Polyacrylnitril
PAR	Polyarylat
PB	Polybuten
PBT(P)	Polybutylenterephthalat
PC	Polycarbonat
PCTFE	Polychlortrifluorethylen
PDAP	Polydiallylphthalat
PE	Polyethylen
PEEK	Polyetheretherketon
PEI	Polyetherimid
PES	Polyethersulfon
PET(P)	Polyethylenterephthalat
PFPFEP	Polytetrafluorethylen- Perfluorpropylen
PI	Polyimid
PMMA	Polymethylmethacrylat
POM	Polyoxymethylen, (Polyacetal, Polyformaldehyd)
PP	Polypropylen
PPO	Polyphenylenoxid
PPS	Polyphenylensulfid
PS	Polystyrol
PSU	Polysulfon
PTFE	Polytetrafluorethylen
PTP	Polytetephthalate
PUR	Polyurethan

Symbol	Fertigungsbegriffe
PVC	Polyvinylchlorid
PVDC	Polyvinylidenchlorid
PVDF	Polyvinylidenfluorid
PVF	Polyvinylfluorid
SAN	Styrol-Acrylnitril
SB	Styrol-Butadien
SI	Silicon
TPU	Thermoplastische Polyurethane
UF	Harnstoff-Formaldehyd
UP	Ungesättigter Polyester
MFI	Schmelzindex
RIM	Reaction Injektion Moulding (RSG)
RSG	Reaktionsharz-Spritzguss (RIM)
BMC	Bulk Moulding Compound (Formmasse)
GMT	Glasmattenverstärkte Thermoplaste
SMC	Sheet Moulding Compound (Duroplast)
Verstärkte Kunststoffe	
AFK	Asbestfaserverstärkter Kunststoff
BFK	Borfaserverstärkter Kunststoff
CFK	Kohlenstofffaserverstärkter Kunststoff
GFK	Glasfaserverstärkter Kunststoff
MFK	Metallfaserverstärkter Kunststoff
SFK	Synthesefaserverstärkter Kunststoff.
Beispiel: PP-GF20 Polypropylen, glasfaserverstärkt (20 %)	

Kurzzeichen für Polymergemische (blends) werden aus den Komponenten mit Pluszeichen gebildet, das Ganze in Klammern. Beispiel: (ABS+PC).

Tabelle 4.20: Zusatzzeichen für besondere Eigenschaften der Polymere (mit Bindestrich angehängt)

Symbol	Bedeutung	Symbol	Bedeutung	Symbol	Bedeutung
C	chloriert	**D**	Dichte	**E**	verschäumt, verschäumbar
F	flexibel	**H**	hoch	**I**	schlagzäh
L	linear	**M**	mittel, molekular	**N**	normal, Novolak
P	weichmacherhaltig	**R**	erhöht, Resol	**U**	ultra, weichmacherfrei
V	very, sehr	**W**	Gewicht	**X**	vernetzt, vernetzbar

Bildquellenverzeichnis:

Allianz Zentrum für Technik, Ismaning: 12.3, 14.7; Aluminium-Journal (Brockmann): 10.3;
Bode-Verlag, Westhalten: S. 12;
Bürgel, R.: Handbuch der Hochtemperaturtechnik, Vieweg: 2.45, 2.53;
Beratungsstelle für Stahlverwendung, Düsseldorf: 3.9, 3.11, 3.12, 3.13, 3.14, 5.8, 5.11, 5.12, 5.20, 5.30;
CemeCon, Aachen: 11.13; Degussa-Information: 5.54; DEMAG-Nachrichten: 4.2, 4.3;
Deutsches Kupfer-Institut, Berlin: 7.7;
Fachverband Pulvermetallurgie FPM, Hagen: 2.14, 11.4, 11.5, 11.6, 11.7;
Firma Carl Gomann, Remscheid: 5.53; Firma Hermann C. Stark, Berlin: 11.1;
Guillery, P.: Werkstoffkunde für Ingenieure, Vieweg: 2.34, 2.41;
Hougardy, P.: Die Umwandlung der Stähle: 5.2, 5.3, 5.21, 5.25, 5.28;
Institut für Schweißtechnik TU Braunschweig: 2.5, 2.20, 2.36;
International Nickel GmbH, Düsseldorf: 2.13, 2.15, 2.62;
KAMAX, Bad Lauterberg: 2.22; Kunst, H. in VDI-Berichte 852 S. 562: 5.52;
Macherauch, E.: Praktikum in Werkstoffkunde, Vieweg: 2.33, 2.35, 2.36, 2.37, 2.38, 2.40, 2.64;
Mannesmann-Informationen: 9.2; Stahlwerke Peine-Salzgitter: 5.16;
Meins, W. (Hrsg.): Handbuch Fertigungstechnik, Vieweg: 2.44, 2.51;
Thyssen-Information: 1.2, 1.3, 4.13, 4.14; Verband kunststofferzeugender Industrie: 9.1;
Zentrale für Gußverwendung, Düsseldorf: 6.5, 6.6, 6.2, 6.4, 6.5, 6.7, 6.8, 6.9, 6.11...6.15.

Sachwortverzeichnis

F